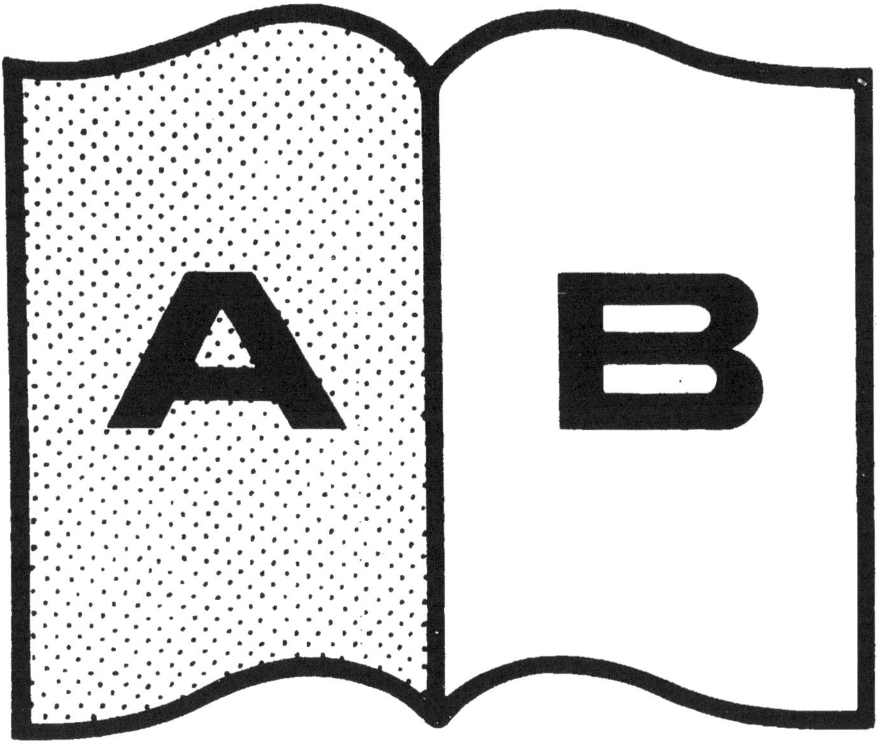

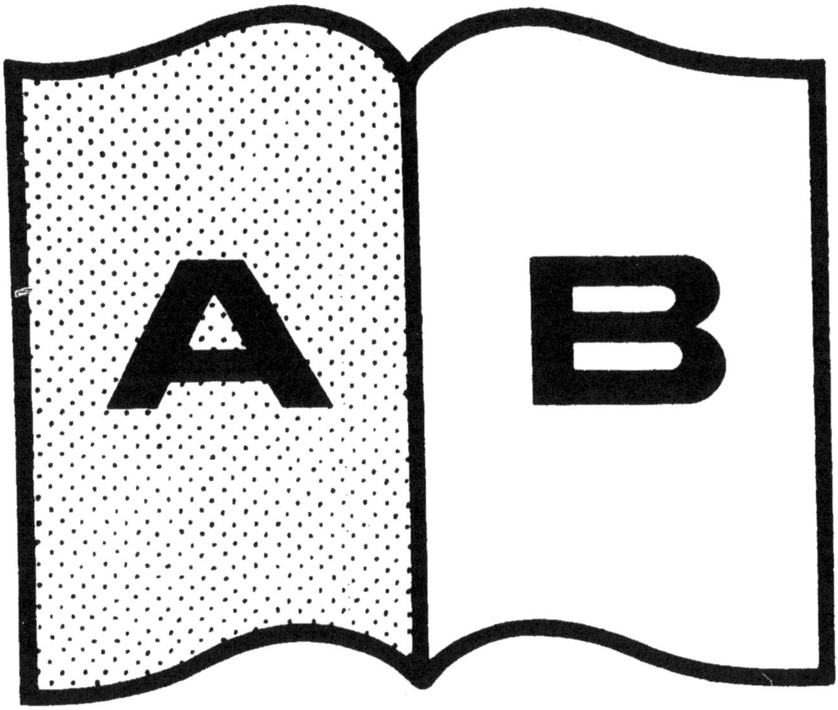

Contraste insuffisant

NF Z 43-120-14

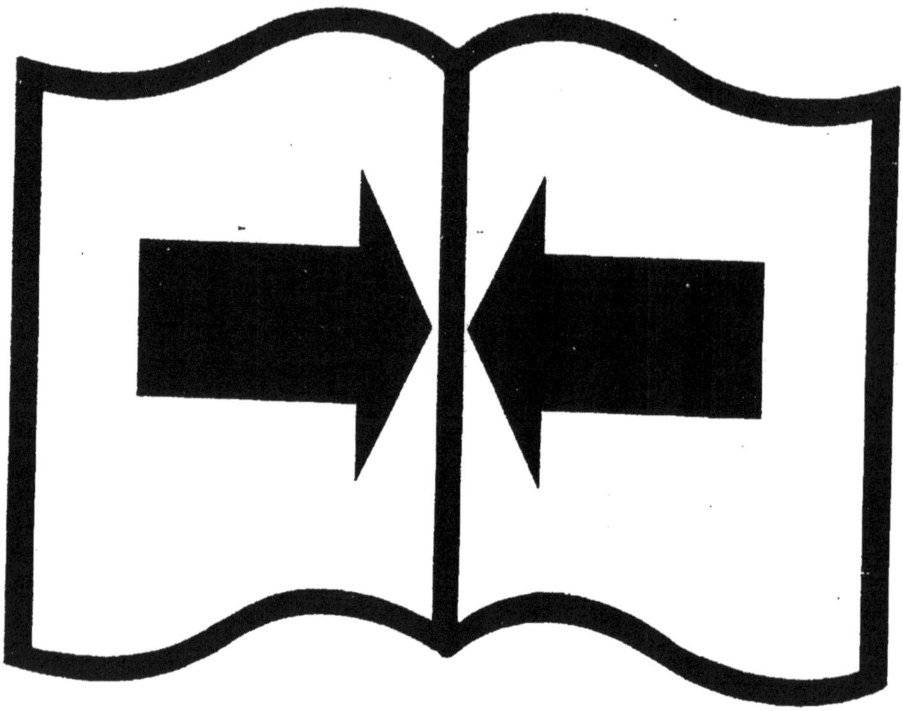

Reliure serrée

G 74

G.

74.

DESCRIPTION GENERALE DE L'EVROPE

QVATRIESME PARTIE DV MONDE

AVEC TOVS SES EMPIRES, ROYAVMES ESTATS, ET REPVBLIQVES.

Où sont deduits & traictez par ordre leurs Noms, Assiette, Confins, Mœurs, Richesses, Forces, Gouuernement & Religion ; Et la Genealogie des Empereurs, Roys, & Princes Souuerains, lesquels y ont dominé iusques à nostre temps.

Composé par FRANCOIS RANCHIN, *natif d'Vsez en Languedoc, Aduocat à Montpellier, tant sur les memoires laissez par l'Autheur apres son decez, ou autres qu'il a recouurez d'ailleurs, que sur ses propres recherches.*

TOME II.

A PARIS,
Chez CLAVDE SONNIVS, & DENYS BECHET, ruë S. Iaques, au Compas d'or, & à l'Escu au Soleil.
M. DC. XLIII.
AVEC PRIVILEGE DV ROY.

PREFACE.

LE ſiecle auquel nous viuons abonde en eſcriuains de toutes ſortes, & quoy que ce regne n'ait eſté qu'vne ſuite continuelle de guerres ciuiles ou eſtrangeres, on y a veu neantmoins publier des eſcrits de toutes ſciences, au grand profit du public & à la gloire du Royaume. La Theologie & ſes queſtions ne furent iamais plus agitées, & l'Hiſtoire Eccleſiaſtique ne fut iamais mieux eſclaircie. Le Droict tant Ciuil que Canon, la Medecine, la Philoſophie, & les Lettres Humaines y ont eu leurs liures. Mais ce qui a le plus releué ſon bonheur ſur celuy des regnes paſſez, dans l'aduantage qu'il a de voir vn grand nombre d'ouurages qui partent des eſprits François, c'eſt qu'eſtans compoſés auec adreſſe & jugement, qui les rendent auſſi ſolides qu'ils ſont ſubtils, ils ont vne politeſſe nompareille, à laquelle on ne peut deſormais rien adiouſter, comme eſtant paruenuë à ſon cõble. Tellement que pour bien eſcrire, de meſme que pour bien parler, l'âge auquel nous ſommes eſt pareil à celuy de Ciceron, comme pour la parfaite obeiſſance deuë au Souuerain, pour la paix aſſeurée au dedans, pour les conqueſtes & ſa belle reputation au dehors, le regne de LOVIS XIII. eſt comparable à celuy d'Auguſte. On ne feit iamais mieux en vers, on ne compoſa jamais mieux en Proſe.

Ie ne parleray point icy de ces diſcours rares & excellents, publiés en diuerſes occaſions ſoit ſur l'Eſtat, dont ils portent le tiltre, ſoit ſur autres ſubjets, & qui ſont comme des eſſays d'eſprit, pieces vniques & raccourcies, où les graces de l'eloquence & la vigueur du raiſonnement s'vniſſent enſemble; mais qui pourtant ne paſſent gueres plus outre que le temps qui les a produites, de meſme que ces Romans ingenieux & agreables, publiés en aſſez bon nombre, depuis certaines années, pour dõner du diuertiſſemẽt aux Dames & aux jeunes Caualiers. Les diuers traictez d'Hiſtoire, & les Genealogies tãt de la maiſon Royale, cõpoſées par Sceuole & Louis de Saincte Marthe

ã ij

freres, que de plusieurs Maisons illustres de France, faites par André du Chesne, auec celles des anciens Ducs ou Comtes, qui ont esté comme autant de Souuerains en ce Royaume, dont les Prouinces sont par mesme moyen descrites, la Chronologie & la Geographie, qu'on a desia si soigneusement cultiuées, sont à mon aduis de meilleurs effects de l'estude & de la plume des nostres. Le grand labeur de la Bibliotheque Historiale de Nicolas Vigner, & les diuers desseins faits pour l'Histoire generale ou particuliere sont aussi de nostre temps, qui a veu reduire en vn corps celle de ce Royaume, auec les Memoires des anciens Gaulois, par Scipion Dupleix, Historiographe de sa Majesté. Et l'œuure incomparable de Iaques Auguste du Thou, President en la Cour de Parlement de Paris, quoy qu'escrit en langue Latine, où paroissent la liberté, la candeur, & l'eloquence Romaine, doit faire passer son autheur pour vn Tacite François, & pour vn autre Caton dans les confusions & les troubles de sa patrie.

Et certes l'Histoire ne sçauroit estre assez recommandée, c'est le liure des Roys, & doit estre leur estude principale. La lecture en est douce & charmante, les ieunes & les vieux s'y plaisent esgalement, & toutes qualités de personnes y trouuent leur compte. Elle rend tesmoignage des temps, esclaire la verité, donne vie à la memoire, instruict & endoctrine la vie. Les hommes priués profitants de ses diuers exemples, en sont rendus capables de commander, & ceux qui commandent y rencontrent de puissants aiguillons qui les poussent à de hauts faits par le desir d'vne gloire qui ne meurt point: les soldats courent apres la loüange qu'ont remportée leurs semblables, les bons continuent à suiure le chemin de la vertu, & les mauuais sont destournez de celuy du vice. Quant à la Chronologie, c'est la lampe & l'addresse des temps, la guide de l'histoire, & sa vraye fourriere. La Geographie, qui n'est pas moins necessaire à l'Histoire, aux Roys & aux Generaux d'armée, a esté traictée assez mal iusques icy, particulierement pour la France & ses Prouinces. Elle peut auoir acquis quelque degré de perfection par les dernieres chartres qu'on a publiées, & dans les ouurages de P. Bertius, & du docte Cluuerius. Les dernieres impressions du Theatre du Monde, ou du grand Atlas Noūueau, faites à Amsterdan dés l'an 1635. donnez au public en trois volumes jusques aux moindres pays tant de la France, que des autres Estats, auec beaucoup de soing & de recherche. Les Histoires anciennes ont aussi leurs traducteurs fideles & elegants, & les Genealogies sont fort auancées & descouuertes par l'estude & les labeurs que nous auons designés, & autres qu'on y peut adjouster.

Geographes a joint l'Astronomie, & Strabon escriuain exact l'histoire, auec la Geographie. Parmy les Modernes P. Merula traictant le mesme subject y a plus recherché, & tesmoigné son sçauoir qu'aucun autre s'il eust poursuiuy toutes les parties de l'Europe, comme il a fait l'Italie, la France & l'Espagne. Toutefois Cluuerius cy-deuant nommé paroist plus docte Geographe pour les Estats anciens qu'il a descrits. [a] Barthelemy Chassané premier President au Parlement d'Aix, auoit publié l'an 1529. vn liure dont le tiltre est *Catalogus gloriæ mundi*, qu'il a dedié à Antoine du Prat Chancellier de France, où il a fait vn grand ramas de choses & d'obseruations, en douze liures contenants les rangs, seances, honneurs & preeminences de tous les Princes, de tous les ordres & Estats, & des choses mesmes inanimées. Plusieurs ont compilé diuerses curiosités dans la description des pays, ou autrement, tels que sont Raphaël Volaterran, François Belleforest, Munster, Theuet, Gabriel Chapuys Tourangeau, lequel en l'an 1583. publia vn volume in folio sous le tiltre de l'Estat, Description & Gouuernement des Royaumes & Republiques, tant anciennes que modernes, diuisé en 24. Liures. Robert Flud, ou *de Fluctibus*, Anglois, qui a dressé & descrit en quatre volumes l'vn & l'autre monde Grand & Petit, Sansouyn *di Corte del Mondo*. Belleforest a donné trois gros volumes de Cosmographie vniuerselle, qui sont pleins de belles recherches. Purchas, Auteur Anglois, à composé iusques à cinq tomes in folio, contenants diuers voyages & relations du monde entier, en langue Angloise. Mais les meilleurs liures, quoy que courts, pour ce qui concerne les Estats & leur description politique, ou locale, sont *Il Thesoro politico*, que l'Autheur de cet ouurage-cy a autrefois traduit en François, & les Relations vniuerselles de Iean Botero, auec son traicté *De Imperiis mundi*. Sur ces Relations & celles de quelques autres Italiens, Guido de Brueqs à composé *Mundus imperiorum*, qui a esté imprimé pour la seconde fois l'an 1603. *Vrsellis*, ville de Suisse. Les petits Estats ou Republiques imprimées à Amsterdam depuis dix ou douze ans en çà, dont la composition est ramassée de diuers Autheurs, sont de mesme subjet, & les volumes n'ont ny ordre, ny liaison, ou rapport entr'eux, dont le nombre peut croistre de iour en iour, sans instruire le Lecteur par la methode gardée en ce Liure.

[a] *Sicilia Germania antiqua.*

L'Autheur de cette Oeuure, Pierre d'Auity, sieur de Montmartin nasquit dans vne famille fort recommandable tant par son extraction que par ses alliances, à Tournon en Viuarez en l'an 1572. & fut esleué dans les lettres, où il donna deslors des preuues d'vn esprit excellent, tres-vif, & né aux sciences, s'addonnant à la Poësie & à escrire en Prose, dont il publia quelque liures, outre plusieurs ausquels sa modestie l'empecha de mettre son nom. Ses vers ont esté mis parmy les plus beaux de ce temps, qu'on a recueillis & imprimez depuis quelques années. Il fut homme de grande pieté & de tres-bonnes mœurs, aymant l'honneur & la gloire des bonnes actions, pour lesquelles il a esgalement suiuy les lettres & les armes durant tout le cours de sa vie. L'année 1606. il fut en l'armée des Estats des Pays-bas durant le siege de Rhinberk que le Prince d'Orenge Maurice de Nassavv tascha de conseruer contre deux grands Capitaines, le Marquis de Spinola & le Comte de Buquoy, lesquels y assirent deux camps. Il veid pour lors la plus grande partie du pays, & continua de seruir le Roy en l'an 1617. sous Monsieur le Connestable de Lesdiguieres, l'ayant suiuy dans les armées, & s'estant trouué en tous les sieges & rencontres de la guerre entreprise en Italie pour le Duc de Sauoye. L'an 1630. pendant le siege que le Marquis de Spinola auoit mis deuant Casal pour le Roy d'Espagne, la Noblesse du Daufiné ayant esté mandée pour le ban & arriereban, quoy qu'il approchast du 60 de son âge, il passa en Italie en tres-bon equipage, & y seruit l'espace de six ou sept mois, prenant part à la gloire que la Noblesse Françoise acquit en obligeant les Espagnols de se retirer de deuant Cazal. Il employa le temps qu'il eut apres les trauaux de la guerre en d'autres voyages, soit en Italie & au Royaume de Naples, où il visita les meilleures villes pendant huict mois de l'année 1620. soit en Allemagne, dont il veid aussi quelques bonnes villes en l'an 1626. Ce qu'il faisoit sur le dessein qu'il auoit formé de composer ce Liure & de le donner au public, auec vn rapport soigneux & fidele des choses, & des Autheurs dont elles sont tirées. De sorte que ses voyages, son estude particuliere, & les diuerses communications qu'il a euës dans le Royaume & dehors, dont il a rapporté de tres-bons memoires, & des Relations completes enuoyées de diuers païs de la Chrestienté, n'ont eu autre but que l'enrichissement & la perfection de l'ouurage; Pour lequel ayant en dernier lieu fait vn long sejour à Paris, sur ce qu'il auoit de prest, l'impression y fut commencée & continuée iusques au mois de Mars de l'an 1635. qu'ayant esté accueilly de maladie, que son âge & le long trauail de corps & d'esprit aggrauerent & rendirent plus dangereuse, il deceda dans la mesme ville, ne laissant qu'vn seul fils en bas âge, & de tres-bonne esperance.

C'est le sommaire de sa vie, qu'il a employée, auec beaucoup de fraiz & d'estude, pour seruir au public & immortaliser son nom, comme, à vray dire, vne tres-grande loüange luy en est deuë : puis qu'il semble n'auoir voulu viure ou rien sçauoir que pour autruy, & qu'il a voulu tout sçauoir pour le communiquer & en faire part à chacun.

Preface.

Cet ouurage meslé de Geographie, Chronologie, Histoire & Genealogie contient en soy plus que chacune de ces parties ne traicte separément. La description des lieux, des terres & des mers n'y est pas seule, pour leur situation, confins, & noms anciens ou modernes, auec les montagnes, riuieres, lacs, ports & choses semblables. Les autres parties y ont leurs endroits, mais principalement aux Chapitres du Gouuernement, & des Genealogies des Empereurs, Roys & autres Princes souuerains. C'est plus qu'Histoire & que Geographie, entant que pardessus les subjets limitez de l'vne ou de l'autre, il donne auec vn tres-bel ordre tout ce qui peut estre consideré en vn Estat, dont les choses naturelles, morales, politiques & Religieuses y ont leurs tiltres particuliers, & toute sorte de Philosophie y trouue ses exemples & applications en tous les hommes, quartiers & habitations du monde vniuersel. Le trauail est tres grand, voire immense, excedant les forces & la vie d'vn homme seul, à cause de la nature du subjet, & de sa varieté presqu'infinie, en laquelle il a esté necessaire que toute sorte de liures ayent esté veus, & que les personnes de toutes conditions ayent esté consultées.

Il a couru cy-deuant vn liure sous le tiltre des Estats, Empires & Principautez du monde, en vn seul volume, sans autre ordre que des Monarchies principales, & des Estats qui y sont les plus cognus, fort confusément & sur des memoires faux, & tres-mal digerez, sans alleguer ou cotter les Autheurs. C'estoit vn fruit cru, que le Soleil & le temps, auec la lumiere de la verité, n'auoient point encor meury & esclairé: vn enfant non aduoüé, & comme exposé. Liure qui a passé par diuerses mains & impressions, premierement à Paris in quarto l'an 1612, à Geneue & à Roüen plusieurs fois en la mesme forme, à S. Omer en Artois, à Paris encor ez années 1625. 1627. & 1630. in folio, & finalemẽt l'année 1635. pendant le cours de la premiere impression de ce liure, chacun des Libraires ou autres s'estant donné la licence d'y adjouster à sa volonté, & d'y apposer les prefaces ou aduertissemens qu'ils ont creu pouuoir seruir, & se rapporter à l'ouurage. La traduction Latine qui en a esté faite & imprimée à Francfort l'an 1628. tesmoigne que le liure, tel qu'il estoit, auoit esté bien receu & estimé des estrangers, qui ont pris la mesme liberté d'y changer & d'y adjouster, en luy donnant vn nouuel ordre, auec vn tiltre [a] sous lequel ils semblent le vouloir faire passer pour vne œuure de leur composition.

[a] *Archontologia Cosm. Io. Ludouici Gothofredi. fol.*

C'est icy vne piece toute nouuelle, faite & bastie auec grand soin, & contenant des recherches tres-curieuses & vniuerselles. Les quatre parties du monde en composent autant de Volumes, & chacune a son discours General, qui prepare à la cognoissance de ses parties, Royaumes & Estats, dont la description s'ensuit auec vn pareil discours, & la mesme methode obseruée vniformement par tout. Les mœurs & coustumes anciennes des peuples, particulierement des Romains y sont doctement descrites, & les principales villes du monde sont comme exposées aux yeux d'vn chacun.

Son vtilité n'est point restrainte à aucune profession, comme il arriue de la pluspart des liures qui traictent de certaines matieres. Car si l'Histoire & la Geographie, qui en sont le principal subjet, sont recherchées des esprits curieux, & seruent à toutes conditions de personnes, sans en excepter les Roys, & leurs principaux Ministres, il s'ensuiura que le Marchand pour ses voyages & son trafic, aussi bien que l'homme de guerre, le Financier comme l'homme de palais, & tout autre qui parle en public, en trouueront la lecture pleine de fruict, & meslée de quelque necessité, à cause de la belle instruction que chacun y pourra prendre pour l'appliquer à ses affaires, auec vn tel diuertissement par sa varieté, que j'ose dire que de tous les escrits publiez jusques à present, il ne s'en peut pas voir vn seul qui luy soit comparable. Le Discours vniuersel que l'Autheur n'auoit pas acheué, se trouue remply d'vne docte curiosité & de plusieurs obseruations singulieres sur le general du monde en sa Theorie, où il a fait paroistre vn sçauoir exquis ez Mathematiques, dont il auoit vne cognoissance fort particuliere. Ce qui a esté composé par moy sur le projet qu'il en auoit fait, contient aussi les denombrements exacts de certains Ordres de personnes sous le Chapitre de la Religion, & autres choses generales & particulieres, dignes de la cognoissance de ceux qui voudront ou auront besoin d'estre preparez à la lecture de ce grand ouurage.

Ceux qui parmy les anciens ont acquis vne cognoissance plus vniuerselle des choses, en ont remporté les eloges dignes de leur sçauoir. Varron estimé le plus docte de tous les Romains, est le premier de ce nombre à qui le pere de l'Eloquence Latine a rendu ce tesmoignage, [a] que la ville de Rome estant vn abbregé du monde enfermé dans ses murailles, l'a donnée à cognoistre à ses Citoyens & aux estrangers, descouurant son origine, ses progrez, ses choses sacrées, & ses ordres vniuersels dans son enceinte & au dehors : Homme qui selon le dire de sainct Augustin, [b] auoit plus escrit qu'on ne se peut imaginer aucun autre auoir peu lire, & si fort leu qu'il y auoit dequoy s'estonner du loisir qu'il pouuoit auoir eu d'escrire quelque chose. Aristote, Didymus, Plutarche, & Origene parmy les Grecs ont beaucoup escrit; Pline a esté curieux par dessus tous les hommes de son temps, & nous à laissé trente-sept liures de l'Histoire du Monde, Solin son Abbreuiateur a parlé de plusieurs choses en peu de pages. Ptolemée pere des

[a] Academ. quæst.

[b] De ciu. Dei.

Lors de son decez, l'Afrique, l'Amerique & l'Asie auoient esté entierement composées & fournies. L'Asie estoit fort auancée & fut acheuée d'imprimer sur la fin d'Octobre 1635. Le Discours vniuersel estoit imprimé iusques au chapitre des Mœurs, où il l'auoit laissé imparfait. Quant à l'Europe, il en auoit la copie preste sauf certaines parties que nous mentionnerons cy-aprés.

L'entiere description de la France en son Discours general, & en toutes ses autres parties, prouinces & pays, auec les terres qui doiuent estre censées de son corps & dans ses limites, quoy que tenuës par d'autres Princes en souueraineté, sçauoir Auignon & le Comté de Venaysse, les Principautés d'Orenge, de Dombes & de Sedan : La Description de la Lorraine, de la Franche Comté, de la Sauoye & du Piedmont, auec la Seigneurie de Genes, dans le corps de l'Italie, restoient à remplir, comme n'y ayant esté rien fait ou composé par l'Autheur (qui en auoit pourtant laissé des memoires & des instructions recueillies de diuers pays) non plus qu'au Discours general de l'Europe, auquel il fut necessaire de mettre la main à l'instant, pour faire suiure les Royaumes & Estats de ceste belle partie du Monde.

Pour rendre cet ouurage accompli, la communication qui a esté necessaire auec vn nombre infiny de personnes, sur infinis subjects, a esté longue, & la recherche des liures differents & de toutes matieres, des Memoires, Ambassades, & Relations de voyages, autant difficile qu'elle est vtile & curieuse. Les choses anciennes y sont comparées auec les modernes, & la diuersité en est renduë agreable par leur meslange. Ce que i'ay recueilly pour l'illustration de la France au chapitre du Gouuernement, & ailleurs, peut seruir aux Estrangers & aux naturels François. Et pour le surplus, i'ay suiuy le plus souuent les memoires laissez par l'Autheur pour la description des prouinces, y adioustant ceux que mon loisir m'a permis d'assembler, & esclaircissant les autres par quelque communication auec des personnes originaires des prouinces. Quoy que mon trauail ait esté grand, il n'a peu pourtant estre assez exact faute de loisir, veu l'importance & la diuersité des choses, & s'agissant de la description de son propre pays. Cete seconde Edition corrige plusieurs choses, qui estoiēt autant d'erreurs en la premiere. La France est plus amplement & curieusement descripte par l'Autheur, qui a receu diuers aduis, & profité de plusieurs memoires qui luy ont esté mis en main.

Si le liure est long, & basty de plusieurs pieces & volumes qui ne font qu'vn corps sous le tiltre du Monde, ou de sa science, on doit sçauoir que sa composition estant de plusieurs années qui l'ont façonné, il ne peut estre leu tout d'vne suite: il y en a pour beaucoup de temps & à diuerses reprises, selon le loisir, la curiosité ou la necessité de chacun, qui le peut consulter aux occasions des affaires & du besoin, addressant ceux qui ignorent, ou qui n'ont pas veu les païs estrangers, & releuant les sçauants & les curieux du ramas de plusieurs liures rares & incognus, auec vn ordre qui desennuye le Lecteur, & luy donne souuent le moyen de prendre haleine.

La distinction des parties du Monde, & des Royaumes ou Prouinces qui en dependent, auec la methode gardée en tout le cours de l'ouurage, seruent de tables & guident le Lecteur pour les choses qu'il desire sçauoir: A cause dequoy l'on n'a pas esté si long & si exact à les dresser.

Ie ne doubte pas que plusieurs ne trouuent à dire en ce Liure, plus subject à censure qu'aucun autre qu'on ait encores veu. Il est libre à chacun de reprendre là où la cognoissance du fait ou de la theorie luy en fera l'ouuerture, estant neantmoins obligé de considerer la grandeur & l'estenduë du subjet. Rien n'est parfait, ou heureux de tout poinct, & ce n'est pas chose humaine de dire ou de sçauoir bien toutes choses. Toutes les reigles & qualitez de l'Orateur de Ciceron, du Prince de Xenophon, ou de la Republique de Platon mises sur le papier, ne rencontreront point vn homme ou vn estat qui les puisse garder ou posseder entierement. Icy doncques les doctes sont priez de suppléer aux endroits où les Autheurs se sont mespris: Les Escriuains polis de ce temps, de corriger les mauuais termes (auec cet esgard toutesfois, qu'en ce genre d'escrire on n'a point tendu les nerfs de l'eloquence pour la persuasion, mais qu'on a parlé pour descrire & signifier plusieurs fois vne mesme chose) & chacun en particulier, de remarquer & fournir ce qui est de sa cognoissance sur les lieux, ou à cause de ses voyages, & d'en donner les aduis là où, selon le priuilege du Roy, l'Edition peut estre encor renouuellée, ou à celuy qui les en aduertit & semond presentement, au bien & vtilité du public, pour lequel il a trauaillé. Que s'il a osé mettre la main à cet ouurage plein de grace & de beauté, pour le parfaire, comme vne autre Venus d'Appelles, il l'expose maintenant aux yeux des passants, comme faisoit cet excellent Peintre, afin que chacun en remarque & releue les deffauts.

Catalogue de ce qui est contenu en ce Tome second de l'Europe.

FIN.

AD V. C. FR. RANCHINVM
DE D'AVITY Mundo, operâ eius absoluto.

EPIGRAMMA.

Dicitur, Atlantis fessa ceruice, cadenti
Alcides humeros supposuisse polo:
Sic imperfecti sustentas pondera Mundi,
Fersque quod alterius morte ruebat opus.
Somniet innumeros nobis Democritus orbes,
Absque tua mundus nec foret vnus ope.

N. BORBONIVS.

DE EODEM D'AVITY MVNDO
IOANNIS SIRMONDI
AD LECTOREM
Elegia.

QVÆ Sol cumque pater lustrat, vel Nereus ambit.
Vel tellus gremio continet alma suo,
Mansuris commissa typis hîc ordine longo
Omnia D'AVITY munere, LECTOR, habes.
Hic licet ingentis molem præstruxerat orsi
Complexus totum mente sublimis opus,
Certa tamen cœpti pars interrupta laboris
Hæserat autoris morte caduca sui.
Adfuit, & fati damnum RANCHINVS iniqui
Sarcijt adiecto, qui datur ecce, libro:
Et nunc æthereas iusso prodire sub auras
A populis toto donat in orbe legi.
Sic teneras licèt in stipulam ver induat herbas,
Eliciens rupto germina prima solo,
Æstatis dos esse tamen sobolésque putatur
Per tempestiuas messis adulta moras.
Vt Semele Bacchus quamquam de matre creatus,
Non minùs est matrem dictus habere Iouem.
Scilicet insertum femori dum fouit abortum,
Impleuit matris Iuppiter ipse vices.
Par hîc officium rapto studiúmque D'AVITO
RANCHINVS curâ præstat & arte pari.
Vix dono tibi scriptor vter plus conferat isto,
Lis est arbitrio nunc dirimenda meo.
Si tamen hac statui vere me iudice poscas,
Et iubeas merito pendere vtrumque suo;
Plura quidem primo debes, extrema secundo;
Scilicet hæc tanti meta laboris erat.

ROYAVME DE FRANCE.

Noms.

LE nom de FRANCE, s'il est comparé à ceux d'Italie, de Sicile, de Sardaigne & autres, se trouuera nouueau; mais s'il est comparé à ceux de Sauoye, de Piedmont, de Pologne, de la Suisse, & autres Estats, il est ancien. Les noms de Naples,[a] & de Venise,[b] sont pareillement anciens, quoy que les Estats formez sur ces puissantes villes, ne le soient pas tant comme les villes mesmes. Les noms d'Espagne & de Moscouie sont anciens, si celuy de Moscouie n'est surmonté par le nom des Sarmates, premiers habitans du pays; & celuy d'Espagne, par les noms d'Iberie, ou Hesperie. Le nom de France tient vn milieu entre l'ancien & le nouueau; & ceux d'Alemagne, d'Angleterre, d'Escosse, & de Dannemark, sont de mesme classe.

[a] Steph. marbres, & med. anciennes.
[b] Li. 29. & 41. Flo. 3. Eutrop. 8 Vell. 2. Plin. lib 2. c. 36. Stheph

La France a son nom des FRANCS, peuple Germanique, dont plusieurs anciens[c] ont fait mention; appellez auparauant Sicambres: cõme S. Remy en appella le Roy Clouis, en le baptisant. Les Francs eurent leurs Rois dés l'an 288. sous l'Empire de Diocletian & Maximinian. Leur entrée en France est d'vn ou deux siecles apres, lors qu'ayans auparauant passé le Rhin, ils occuperent ceste partie de la Gaule, qui est entre la Seine & Loire, qui fut appellée France Occidentale, ou simplement & proprement France. Charles Martel en sa langue germanique, & de son propre nom l'appella Carlingue; & c'est vne partie du Royaume Occidental, & de la Neustrie, au siecle de Charlemagne. L'origine du nom des FRANCS n'a rien de certain, non plus que celuy des Cattes, Cherusces & autres peuples anciens de la Germanie, si l'on ne le tire d'vn terme qui marque leur liberté.

[c] Treb. Poll. in vita Probi Imp. Vopisc. Amm. Marcell. Iul. Panegyr. Constant. Eutrop. Auson. Claudian. Procopius. Iotnandes.

C'est le nom de tout le Royaume d'auiourd'huy, gardé entier & sans changement par les Italiens, les Espagnols & les Anglois; & par les Alemands, Flamands, Polonois & Sclauons auec quelque alteration, addition, ou terminaison propre à leur langue. Les Hebrieux l'ont appellée Tzarphat, comme l'ont remarqué Guill. Postel, & Arrias Montanus.[d] Les Grecs l'ont appellée ΓΑΛΑΤΙΑ. Toutesfois c'est la Galatie Occidentale, à la difference de l'Orientale, qui est en Asie. Son nom est cogneu & venerable à toutes Nations. Les Turcs, les Maures, Arabes, & autres peuples Orientaux appellent tous les Occidentaux Franques.[e] Ce nom a couuert & enseuely celuy des Celtes, des Galates, & des Gaulois;[f] & celuy aussi des Celto-Galates, ou Gallo-Grecs en l'Asie mineur.[g] Le nom de *GALLIA* demeure pour ceux qui parlent, ou escriuent en langue Latine. Aucuns l'ont marié auec celuy de Frãce, la nommans *FRANCO-GALLIA*, pour marquer l'vnion des deux peuples.

[d] In Abdiam Prophetam.
[e] Texera, Ios. de Sesse.
[f] Paus. in Attic.
[g] Ptol. li. 8. & tous les Grecs.

Si l'origine & le nom des Galates, ou Gaulois sont de Gomer, ou Gallus, selon Iosephe,[h] ou de γάλαξ laict, ou de Galen, mot Celtique,[i] ou de Polypheme & Galatée, selon Appian Alexãdrin, la curiosité en est inutile; comme c'est chose fabuleuse aussi de faire sortir les François des Troiens, ou les Gaulois des Aborigenes.

Les Gaulois se sont appellez eux mesmes CELTES; & parmy les diuers peuples entendus souz ce nom là, qui ont habité en Europe, laquelle à cause d'eux, a esté nommée Celtique, cõme il a esté remarqué,[l] les Gaulois ont esté les principaux, & les derniers, qui ont conserué ce nom, mesmes apres les Alemãds, ou Germains: & aucuns ont creu, & voulu prouuer qu'eux seuls ont esté les vrais & anciens Cel-

[h] Li. 8. Antiq. c. 6.
[i] Phil. Cluu. Germ antiq. l. 1. c. 9.
[k] Cesar. 1. Comment.
[l] Discours general de l'Europe.

tes: de sorte qu'à bon droit la France, ou la Gaule, peut porter le nom de l'ancienne Celtique, nombreuse & populeuse par dessus tout ce qui s'en peut croire, composée de trois ou quatre cens peuples ou nations, comme Agrippa le disoit aux Iuifs, & de huict cens villes que Cesar y subiugua,[a] lequel escrit aussi que les Celtes habitent vne partie des Gaules,[b] qu'il appelle pourtant tousiours du nom de Gaule, & de Gaulois, comme l'estans plus proprement que les autres, sçauoir que les Belges & les Aquitains: & Strabon[c] est d'aduis que la Gaule Narbonoise soit la vraye Celtique, & que de-là les Grecs ayent appellé Celtes tous les Galates, ou Gaulois. C'est donc le nom plus ancien du peuple de France, tiré par le docte Cluuerius[d] depuis les descendans de Noé; & le nom des Gaulois restera pourtant fort ancien aussi, quand ce ne seroit que depuis le regne de Tarquinius Priscus Roy des Romains, comme aucuns ont estimé.

a Appian. b 1. Comm. c Lib. 4. d Ger. antiq. lib. 1. c. 4.

La France, comme elle est auiourd'huy, est assise entre les quinze & vingt-neuf degrez de longitude, & entre les quarante-trois & cinquante-deux de latitude: de sorte qu'elle est comprise entre les sept, huict, & neuf climats. Le plus grand iour d'Esté, en ses parties plus meridionales, & au parallele du Midy, qui est distant de l'Equateur de quarāte-deux degrez, y est d'enuirō quinze heures douze minutes; & en ses parties Septentrionales, au parallele boreal, distant de cinquante-vn degrez du cercle Equinoctial, de seize heures & demi; tellement que quand il est midy en la partie plus Occidentale de Bretagne, il est presque vne heure en la partie Orientale de Prouence. Situation celeste.

La France, ou la Gaule ancienne, auec les parties qui en ont esté depuis separées, a eu du Leuant le Rhin, & vne partie des Alpes, auec le fleuue Varus; du midy la mer Interne, ou Mediterranée, auec les monts Pyrenées; du Nord l'Ocean Britannique; & du Couchant, le mesme Ocean, au golfe Aquitanique. La mer Oceane du Septentrion regardant l'Angleterre, a tousiours borné la Gaule: il n'en est pas ainsi des Alpes, puis que les Gaulois ont autresfois passé, & porté le nom au delà, ce que l'Italie a recognu, appellant cette partie qui est auiourd'huy la Lombardie en y comprenant le Piedmont, Gaule Cisalpine à eux, & à nous Transalpine. Quant aux Pyrenées elles ont esté & sont encores confins à la Gaule, ou à la France. Et il est certain que les Rois de France ont autrefois tenu le Comté de Roussillon, & y ont de la pretention: comme il sera dit ailleurs. Confins anciens.

Elle est aujourd'huy plus restrainčte, quoy que du Midy, du Couchant, & du Septentrion regardant l'Angleterre, elle garde ses anciēs limites, qui sont la mer Oceane & la Mediterranée, auec les monts Pyrenées. Mais du Septentrion regardant la basse Alemagne, en tirant vne ligne depuis Calais iusqu'à Mets, pour laisser à la gauche l'Artois, le Haynaut & le Luxembourg, qui ne sont point à la Frāce, & à la droite la Picardie & la Champagne, qui luy appartiennent, la mer Oceane, ou Britannique, la separe de l'Angleterre, & du Leuant, elle est enfermée de la Sauoye, de la Franche-Comté, & de la Lorraine; separée de l'Italie & du Piedmont par les Alpes, des Suisses par le mont Iura, ou de sainct Claude, & de l'Alemagne par le Rhin, qui est son ancien limite. Confins nouueaux.

La longueur & la largeur de la France se prennent diuersement, sçauoir ou par mer, ou par terre. Pour le premier, sa longueur, selon aucuns,[e] du Ponant au Leuant depuis l'Isle de Heyssant, ou Sena, opposée au dernier riuage de la Bretagne, Prouince de France, iusqu'au Rhin, est de trois cens lieuës de France ou plus, ou bien depuis l'Isle d'Aldernay en Normandie, iusqu'à Nisse trois cens trēte lieuës, & autant de chemin qu'il y peut auoir de Paris à Rome. D'autres[f] ont dit depuis le fonds de la Bretagne iusqu'au fleuue Varus, terme & separation de l'Italie, cent quatre-vingts lieuës. Et finalemēt aucuns,[g] depuis Calais iusqu'à Aygues-mortes deux cens huict lieuës ou enuirō. Sa largeur, depuis les riuages plus Meridionaux sur la mer Mediterranée iusqu'à Calais d'enuiron deux cens quatre-vingts cinq lieuës, & autant de chemin qu'il y en a de Paris à Venise, & en tout son circuit, cōmençant le tour à Calais par la mer, & le poursuiuant par les monts Pyrenées, la coste de la mer Mediterranée, les Alpes, le mont Iura, le Rhin, auec vne ligne tirée depuis Mets iusqu'à Calais, mille vingt lieuës. Quant au second, & à mesurer par la terre ferme, sa lōgueur depuis le Cap du Four, qui est la pointe plus Occidētale de la Bretagne, iusqu'à Mets, est de deux cens soixante lieuës, & sa largeur depuis Calais iusqu'à Narbonne, d'enuirō 170 lieuës, ou bien[h] depuis les Pyrenées, dans le Bearn, iusqu'au fonds de la Picardie, 140 lieuës. Aucuns[i] ont dit depuis Estendue & tour.

e Merula. f Cluuerius. g Fauyn & Villamont. h Cluuerius. i Fauyn.

Conqueſt en Bretagne, ſur l'Ocean, iuſqu'au pont de Beauuoiſin entre la France & la Sauoye, cent quatre-vingt douze lieuës, ou cent quatre-vingt ſept, ſelon la droite ligne, comme a eſtimé Villamont. Les anciens [a] ne donnoient à l'ancienne Gaule, que trois cens deux mille pas de circuit.

a Suet. in Iul. Caeſ. c. 24 Eutrop. lib. 6. hiſt. Rom.

Forme. Parce que la France eſt de forme preſque ronde, & comme en ouale, il arriue qu'elle eſt auſſi large, comme elle eſt longue ; ſi de Marſeille iuſqu'à Boulongne il y a deux cens lieuës de longueur, ſa largeur eſt d'autãt, du mont S. Bernard iuſqu'à S. Iean de Luz, & ſi de Bayonne iuſqu'à Toulon, ſa longueur eſt de pareille diſtance de deux cens lieuës, ſa largeur eſt d'autant, de S. Malo en Bretagne iuſqu'aux confins de Picardie ; d'où vient que par ceſte forme ronde, que l'on donne à la France, les lieuës n'eſtans pas égales par tout, on peut eſtablir auec aſſez de certitude, qu'elle a vingt iournées, ou enuiron de longueur, & autant de largeur.

Il y a vn rapport fait par Commiſſaires à ce deputez par l'vn des Rois de France, portant que depuis S. Iean de Luz prés des Pyrenées iuſqu'à Geneue pres le mont S. Bernard, il y a deux cens lieuës, & depuis Bologne ſur la mer Occidentale vers le Septentrion, iuſqu'à Marſeille ſur la mer Mediterranée vers le Midy, trauerſant le Royaume de long & en quarré, huict cens lieuës de circuit, qui font quatre millions huict cens mille pas, chaque lieuë eſtant de ſix mille pas, & en tout le Royaume de long & du large, quatre mille lieuës, chacune quarrée contenant cinq cens arpens de terre, qui eſt en tout le Royaume, cinq millions.

La forme & la ſituation de ce Royaume, qui eſt ioint & vni en toutes ſes parties, aſſis au milieu de l'Europe, clos & batu de la mer Oceane & Mediterranée de deux coſtez, enfermé des Pyrenées & des Alpes és autres endroits, le rendent ſi fort, qu'il n'a gueres à craindre de ſes voiſins.

Diuiſion ancienne. La diuiſion, ou deſcription plus generale de la Gaule regarde deux parties du monde, entãt que les Gaulois ſont paruenus iuſqu'a l'Aſie mineur, où ils ont donné nom de Galatie, ou Gallo-grece, a vn pays : de ſorte qu'on la peut diuiſer en Aſiatique, & Europeane, laquelle reçoit encore vne ſouſdiuiſion en Gaule deçà & delà les Alpes ; les Romains parlãs ſelon leur demeure ont appellé le pays occupé par les Gaulois, qui eſt auiourd'huy la Lombardie, Gaule Ciſalpine, Gaule Citerieure, Italique, & portãt la togue, habit des Romains, elle eſtoit encore nõmée deçà ou delà le Po. Ceſte belle portion de l'Italie deçà le Po, appellée anciennement Hetrurie,[b] & allant iuſqu'au Rubicõ, auiourd'huy *Piſſatello*, ne fut pas longtemps aux Gaulois, qui auoient battu & pris Milan, deux cens ans auant qu'ils aſſiegeaſſent Rome. Elle fut reünie à l'Italie, qui deſlors iuſques auiourd'huy a eu ſes bornes au fleuue Var. Les Lombards, nation Germanique, & renõmée, quoy que petite,[c] s'en ſaiſirẽt fort long tẽps apres, & l'ont dominée par leurs Rois, dont le dernier, nõmé Didier fut défait & chaſſé par Charlemagne, qui ſembloit repeter par armes l'heritage de la nation Gauloiſe, dont il eſtoit deſormais le maiſtre & le Roy. La Gaule, qui eſt à nous deçà les Alpes, Trãſalpine aux Romains, vraye & ancienne Gaule, ſe diuiſe generalemẽt encore en ceſte partie, que l'habit particulier aux Gaulois, & incognu aux Romains, tãt pour le mot de *braca*, que pour l'vſage, faiſoit cognoiſtre & diſtinguer, & en celle que la cheuelure faiſoit de meſmes remarquer. La 1re fut aſſujettie aux Romains auant Iules Ceſar ; la cõmodité de la mer, & la facilité de vaincre les Marſeillois, plus nourris aux lettres, qu'aux armes, en firent vne Prouince, qui en garde encor le nom : [d] La Narbonnoiſe y fut auſſi compriſe, & dans les bornes que les Alpes, la mer Mediterranée, le Roſne, & les monts Pyrenées luy dõnent, ceſte partie peut cõprendre auiourd'huy la Prouence, le Languedoc, la Sauoye, & le Dauphiné. La 2. fut cõquiſe plus tard, & eut beſoin des armes, du courage, & de l'induſtrie de celuy dont le nom [e] demeure iuſques à nous, pour marquer vn hõme vaillant. Les diuiſions ſuiuantes deſignerõt ce qu'elle pouuoit cõtenir, dãs les bornes generales de la mer Oceane, & du Rhin. Iules Ceſar [f] venant depuis à partager les Gaules en Belges, Aquitains & Celtes, obmet la Narbonnoiſe, & toute ceſte premiere partie par nous mentionnée,[g] faiſant de la 2.[h] les trois parties, que les autres auteurs [i] en ont auſſi faites ; & il a eſté ſuiuy d'Agrippa faiſant la dimẽſion & arpentement des Gaules ;[k] la cauſe de ceſte obmiſſion eſt que ceſte partie eſtant deſia conquiſe, reduite en Prouince, & vnie à l'Eſtat de Rome, elle n'a point eſté cenſée eſtre vn pays eſtranger. La Belgique cõmence au Rhin, partie vers le Nord, partie vers le Leuãt, & va iuſqu'aux riuieres de Seine & de Marne. La Celtique va de la Seine, iuſqu'à la riuiere de Loire, la

b T. Liue.

c Tacite.

d la Prouence.

e Iules Caeſar.

f Comment. de bell. gall. lib. 1.

g Gallia Braccata.

h Gallia Comata.

i Strabon.

k Pline lib. c. 17.

Garomne, & le Rosne. L'Aquitaine est entre Loire, la Garomne, les monts Pyrenées, & la mer Oceane. L'Empereur Auguste amenda le defaut de Iules Cesar & de ceux qui l'ont suiuy, & comprenant ce qu'ils obmettoient mal à propos, fit quatre parties, Iurisdictions, ou Gouuernemens des Gaules, sçauoir la Belgique, la Celtique, ou Lugdunense, l'Aquitaine, & la Narbonnoise, & fut suiuy des auteurs escriuans apres luy. [a] Les successeurs d'Auguste, de ces quatre parties firent dix-sept Prouinces, ou sept principales, diuisées en premiere & seconde, &c. dequoy & des villes qui y respondent, il sera parlé au discours du gouuernement ancien. Auguste donna quelques limites differents par les riuieres, aux trois parties de Iules Cesar. Les sept noms principaux de ces Prouinces, ou gouuernements estoient la Lugdunense, ou Lyonnoise, la Belgique, la Germanique, la Viennoise, les Alpes, la Narbonnoise, & l'Aquitaine.

[a] Ptol. Oros. Amm. Marcell.

Le siecle de Charlemagne, comme les auteurs de son temps en font souuent mention, diuisa la France ancienne en Occidentale, qui est la Westrie, ou Neustrie, qui alloit de la riuiere de Loire, iusqu'à la mer; & Orientale, qui estoit l'Austrasie, sur le Rhin, entre la Meuse & la Moselle, sous le nom de Royaume, dont la haute Lorraine, qui est le Duché d'auiourd'huy, fait portion.

La France, comme elle est auiourd'huy, & dans les confins nouueaux, que nous luy auons desia donnez, & qui en excluent les terres qui luy ont autresfois appartenu, dont les principales sont la Lorraine, la Sauoye, & la Franche-Comté, se diuise en trois sortes: La 1. pour les armes, és Prouinces & pays baillés en gouuernement: La 2. pour la Iustice, és Cours de Parlement, Bailliages, & Seneschaussées: La 3. pour l'Eglise & gouuernement Ecclesiastique, en Primaties, Archeueschez, & Eueschez suffragants, & dependants. Pour le premier, il y a douze principales Prouinces, ou pays de gouuernement, dont les deputez ont seance aux Estats generaux du Royaume, sçauoir la ville de Paris, & Isle de France, la Bourgogne, la Normandie, la Guyenne, la Bretagne, la Champagne & Brie, le Languedoc, la Picardie, le Dauphiné, la Prouence; le Lyonnois, Forez & Beaujolois; Orleans & ses dépendances. Les autres Gouuernements sont celuy de Poictou, de Mets & pays Messin, Auuergne, Roüergue, Limosin, Touraine, Bresse, &c. Diuision nouuelle.

Pour le 2. il y a dix Parlemens en France, qui en cõprennent le Royaume entier, & sont establis és principales villes, où ressortissent les appellatiõs de tous ses Bailliages & Seneschaussées, sçauoir celuy de Paris, Toulouse, Dijon, Roüẽ, Bordeaux, Rennes, Grenoble, Aix, Pau & Mets. Les ressorts de tous ces Parlemens & Cours de Iustice souueraine, auec leur premiere institutiõ, les Bailliages & Seneschaussées, seront d'vn autre lieu, en traitans la Iustice, dans le Gouuernemẽt de France.

Pour le 3. il y a 15. Archeueschez en France, sçauoir Paris, Rheims, Sens, Lyon, Bourges, Tours, Narbonne, Auch, Toulouse, Roüen, Bordeaux, Ambrun, Vienne, Aix, & Arles; & d'iceux y en a sept qui pretendent, & sont fondez en quelque droit de Primatie (dequoy, & des Euesques depẽdants, il sera parlé en la Religion de Frãce) sçauoir Sens, Lyon, Bourges, Narbonne, Roüen, Bordeaux, & Vienne.

Sous les Gouuernemens susdits, & dans les ressorts des Parlemens sont diuers païs, en titre de Duchez, & Comtez, ou autrement, dependans de la Frãce, qui seront traitez à part, sçauoir le Duché & païs de Niuernois, Comté de Blois, Duché & païs d'Anjou, Duché & païs d'Angoulmois, & Duché & païs de Berry: Les Cõtez & païs d'Albret, d'Armagnac, Bigorre, le païs & souueraineté de Bearn, vny à la Courõne, les Comtez de Foix, Comminges, les païs de Xaintonge, Aulnis, Limosin, la Marche, Touraine, le Mayne, le Perche, Quercy, Perigord, partie de Biscaye, Medoc, le païs de Lapourde, ou Lourde, & autres nouuellemẽt acquis, cõme la Bresse, ressortissant au Parlemẽt de Dijon, le Charolois, & autres, quoy que non sujets au Roy de France: mais qui comme petits païs, & voisins de la France, y seront aussi traitez, sçauoir les Principautez de Dombes, d'Arches, de Sedan, Boisbelle, & Orenge, auec la Seigneurie d'Auignon, & Comté de Venaisse.

De toutes les montagnes, qu'on peut donner à la Frãce, il n'y en a point, qui luy soient si propres, & qui soient mesmes si considerables pour leur hauteur & estenduë, que celles dont les Grecs [b] font mention, sous le nom de κεμμένος, & les Latins [c] sous celuy de *Gebenna*, ou *Cebenna*, de laquelle Cesar a dit qu'elle separoit l'Auuergne d'auec le Viuarez; [d] c'est donc la montagne d'Auuergne, où elle est tres-haute, & du Viuarez aussi en Languedoc; & parce qu'elle continuë dans le Geuaudan, & le long des Dioceses d'Vsez, de Nismes, & de Montpellier dans la mesme Prouince, sous le nom de Ceuenes, qui se rapporte à l'ancien, Montagnes.

[b] Ptolom. Strabon. [c] Pline, Cesar, Mela. [d] Ab. Heluic.

on peut asseurer que c'est la mesme, iusqu'à y comprendre celle de Tarare prés de Lyon, comme a voulu Budée, [a] ce sont montagnes dans le cœur du pays, & de la France, qu'elles ne separent pas des Prouinces estrangeres, comme les Pyrenées & les Alpes, auec le mont Iura ou de S. Claude. Il sera parlé plus particulierement des montagnes des Ceuenes, en traittant le Languedoc, où elles sont proprement assises. Pour les Pyrenées & les Alpes, il en a esté parlé ailleurs. [b]

a Lib. 4. de asse.
b Discours general de l'Europe.

Le mont Iura, Ἰουρασσός, [c] Iurton ou Iurten aux Sauoyards, de S. Claude aux François, est de la Gaule ancienne, comprenant la Suisse, dans la Belgique, & la Sauoye, dans la Narbonnoise. Les Suisses luy donnent diuers noms, de Leeiberg, Blamberg, & autres, selon les endroits du pays. Il cõmence aux confins de Basle, s'estend entre la Sauoye, les Suisses & la Franche-Comté, laquelle il separe d'auec les Suisses. [d]

c Ptolom.
d Cesar en plusieurs endroits.

Le mont Vogesus, auiourd'huy Vauge ou des Faucilles est aussi de la Gaule, puis qu'il separe la Franche Comté & l'Alsace de la Lorraine. La Meuse & la Moselle y ont leurs sources. Les auteurs anciens [e] le mentionnent sous ce nom-là, & entr'autres, Tacite, [f] s'il est leu correctement.

e Cesar, Pline, Lucain.
f Vocetius.

Promontoires. La France a ses promontoires sur la coste de ses mers tant Oceane que Mediterranée. Sur l'Oceane est celuy de S. Mathieu, ou du Four, selon Mercator, γάβαιον à Ptolemée ; c'est la pointe plus Occidentale de la Bretagne. Sur la mesme mer, vers le Nord, est Blankeneft, ou *Stapulas*, ἴκιον, [g] vis à vis de Kent, autre promontoire, en Angleterre ; vers le Midy est Talmont, talon du monde, Voluoc, [h] πηκτώνιον. [i] Celuy de Blaye y est aussi, Maluason à Mercator, [k] Ἄκρον Σαντόνων à Ptolemée, & le cap de Buch, *caput Boiatum*, κουριανὸν ἄκρον, [l] lequel aussi, selon diuers Geographes, a diuers noms, de Sollac, Gordan, ou de S. Michel. Le cap de la Hague, selon les Mariniers, est aussi sur la mesme mer, & contre iceluy est l'Isle d'Aldernay en Normandie ; autres l'ont appellé *Ebodia*. [m]

g Ptolom.
h Mercator.
i Ptolom.
k Scal. sur Ausone.
l Ptolom.
m Paul. Diac. in Longob.

Sur la mer Mediterranée est le cap de sainct Sigo, aux Mariniers, *Circelli*, κιθαριστής à Ptolemée, suiuy par Pline, Mela, & Antonin. Il est en la coste de Prouence. Le cap de Sete y est aussi, σήτιον à Ptolemée, suiuy par Antonin, σήγιον à Strabon. Il est en la coste d'Agde, en Languedoc, *Mons Sigaus*, [n] d'où a pris son nom le lieu qui en est au pied, nommé Bousiges, & de l'estang qui est ioignant, appellé vulgairement l'estang de Taur, c'est à dire, bœuf.

n Mela.

Forests. Les forests de France ne sont pas si grandes, & si espaisses, comme és autres endroits de l'Europe, sçauoir en Alemagne, où est la forest Hercynie, en Pologne, & en Transsyluanie, qui en est toute close, & en a son nom, & ailleurs. Elles y sont en grand nombre, seruans à la chasse, & à la recreation des Roys, plustost qu'à donner de l'horreur aux passans. Telle est la forest d'Orleans, qui est de fort grande estenduë, s'il y en a en France : Celles de Fontainebleau, & de Montargis. Au pays du Mayne sont celles de Versay, Longaulnay, Persy, Selle, Chernay, Audain, Mayne, & Concise. En la basse Bretagne, Bourgblanc, Toriande, la Guierche, Lifflay, (dont les Charbonniers ioüyssent de quelques exemptions depuis le Roy François premier,) Fougeres, Montfort la Canne: En Poiton, Mouliere, Dine, Brosse, Ligne: En Berry, celle de Robert: En Anjou, Loursaye, & Marsone: Au Boulonois, Surene, Hardelot, Dalle, & Boursin: En Vermandois prés de Peronne, Recogne, & Bohan: En Picardie, Baine, les bois de la Fere, de Beaulieu, de Coucy: En Angoumois, la forest de Branconne est de fort grande estenduë. [o] La forest de Folambray est de 7040. arpents: celle de Compiegne 28000. Villiers Costerests 24556. Blois 6750. Amboise 4025. Chamborg 4803. S. Leger, & Montfort 5050. Charles-val 27800. Il y en a plusieurs autres en Bourgogne, en Dauphiné, en Languedoc, particulierement au bas: En Guyenne, sçauoir en Rouergue, & en Quercy. La forest d'Ardenne, que les anciens [p] donnent à la Gaule, est fort considerable, & appartient à la Belgique ancienne, où elle sert de separation à quelques pays.

o 2450. iourn. de terre.
p Cesar & Claudian.

Golfes. Ses Golfes sont, l'Aquitanique, ou Tarbellique, en la mer Oceane, l'vn des coins & confins de la France, au Couchant; Strabon, Orose, & autres en ont fait mention, comme le poëte Lucain. [q] En la mer Mediterranée, là où le Rosne s'y descharge, est le grand golfe, appellé simplement, *Sinus Gallicus*, par les Anciens, [r] auec vn autre, qui est moindre, fort cognu de l'antiquité, à l'endroit de Marseille, & au lieu qui a esté nommé *Emporia*. T. Liu. lib. 34.

q Corrigé par Ios. Scaliger Tarbellicus ancon. 1. angulus.
r T. Liue, Iustin.

Ports. Ses ports principaux en la mer Oceane, & coste de Bretagne, sont Brest, Blauet, & Morbian, qui sont havres à flot, & non de barre, qu'on appelle ; outre ceux-là y sont Roscon, opposé à l'Isle de Bas, bon havre, auec entrée de sept aulnes de hauteur, pour les nanires; sainct Paul de Lyon, ioignant l'Isle du Taureau, qui le rend moins asseuré, à cause de plusieurs rochers qu'elle a, tant cachez, que descouuerts, dont l'vn est appellé γαλιόκρανος, par les Anciens: [a] Celuy de Fenstier, ou Cõquest vers le Midy, οὐινδάνα à Ptolemée, lequel a pareillement cogneu celuy de Brest, où est aussi celuy de Lusson, σικώρ aux Anciens. Ceux de la Rochelle, σαντονῶν aux Anciens, en la mesme mer; de Marseille, & de Tollon, en la Mediterranée, & coste de Prouence, qui sont fort bons havres, & renommez pour les galeres, pourront auoir leur mention particuliere, en traittant ces villes & pays, auec ceux de la coste d'Agde, & du Languedoc.

a. Ptolom.

Idem.

Lacs, estangs, fontaines ou sources d'eau.

Le lac Leman est de la Gaule, & de ses anciens limites, puisque la Narbonnoise & la Belgique ou Germanie inferieure enferment les pays où il est assis. Les anciens [b] descriuãts la Narbonnoise, y mentionnent & comprennent ce lac. Le Rosne y passe, & en sort plus enflé, & comme engendré de nouueau, & refait; selon les deux villes principales qui sont à ses bords, il est appellé au Couchant, lac de Geneue, & au Leuant, lac de Losane.

b Ptolom. Ausone in Narb. l'appelle Rodani genitorem.

Entre Marseille, & l'embouchevre du Rosne plus Orientale, a esté vn grand lac, auec vne fosse & ouurage de C. Marius: Il y a vn bourg dans la Crau, en Prouence, appellé Fos, qui en conserue la memoire. Pres d'vn bourg, nommé Besse, en Auuergne, est vne montagne, auec vn lac, ou abysme fort profond, où les vents enfermez & grommelants se font entendre, comme des tonnerres, notamment si on y jette quelque chose. Il y a vne cauerne là pres, qu'on appelle, Creux de soulcis. Le lac nommé Auiticin, d'Auitus descrit curieusement par Sidonius, [c] est à Clermont en Auuergne, dont les auteurs modernes [d] font pareillement mention. Les lacs, que les Anciens ont veus pres de Narbonne, [e] & en Xaintonge, [f] n'y sont plus, ou ç'a esté chose fabuleuse. Pres d'Angoulesme est vn abysme sans fonds, appellé fontaine de Touure, & à Nismes en Languedoc, y en a vn pareil, où les escriuains modernes [g] sont en peine de declarer si c'est fontaine, ou lac. A deux lieuës d'Orleans est aussi vne tres-belle source d'eau, qui forme vne riuiere appellée Loire. Pres de Grenoble sur le chemin de Lion & de Geneue, est vn lieu appellé nostre-Dame de la Barme, où est vne cauerne qui meine à vn lac, ou estang sous-terrain, large d'vne lieuë, ou enuiron, & long de deux ou trois, que le Roy François I. venant de la Prouence fut curieux de voir, & fit faire vn bateau exprez, dont les pieces ont resté sur le lieu, on fut plus de deux lieuës sur l'eau de ce lac, ou abysme: mais le bruit effrovable de ses eaux qui se meslent & se lancẽt dans vn autre lac, ne permist pas qu'on allast plus auant, & ayant mis des flambeaux allumez pour descouurir, on ne les vist plus, dés que la planche, où l'on les auoit mis, fut au bord du precipice où les eaux se deschargent. Pres de la mesme ville est aussi vne fontaine, qui vomit des flammes continuelles. Il y a aussi des estangs en France formez diuersement, ou par des sources d'eau sousterraines, ou par les torrents, ou les eaux venans des collines proches, comme en Languedoc; ou par les eaux de la mer, comme en la Mediterranée, qui portent du poisson, & des batteaux aussi pour faire quelque trajet.

c Lib. 1. ep. 2. & epigr. de baln.
d Fauchet l. 2. Antiq Franc. c. 14. Pap. Mass. lib 1. Annal. in Chil.
e Steph. Mela. lib. 2. Plin. Strabo.
f Artemid.
g Poldo d'Albenas.

Riuieres.

Ses riuieres sont fort cogneuës des auteurs anciens [h], qui ont traitté la Geographie, & celebrées par les poëtes. [i] Elles y sont fort belles, & en grand nombre, à cause de l'air humide du pays. [k] Elles sortent toutes des Alpes, des Pyrenées, ou du mõt Cemmenus, Ceuenes d'aujourdhuy, comme Strabon [l] mesmes a remarqué, & se déchargent dans l'vne des deux mers, l'Oceane, ou la Mediterranée. Les principales sõt la Seyne, la Loire, la Garomne, & le Rosne. La Seyne, *Sequana*, sort à deux lieuës & demie du bourg de sainct Seyne en Bourgogne, dans le bois de ses Abbayes, au pied d'vne montagne. Elle passe à Chastillon, Troyes, Nogent, Montereau, Melun Corbeil, Paris, où elle forme vne Isle, à Mante, Roüen, Caudebec, Honfleur, Harfleur, & se decharge dans la mer, au Havre de grace, auec vne emboucheure assez large, où elle a son reflux, appellé la Bare par les Normands, dangereux pour ceux qui s'y embarquent. Elle reçoit quelques riuieres dans son cours, sçauoir la Marne, & Oyse entr'autres. La Marne, *Matrona*, separation des anciens Celtes d'auec les Belges, sort du mont des Faucilles, au dessus de Langres, passe à Iainuille, sainct Disier, Chaalons, Dormant, Chasteau-Thierry, & Meaux, reçoit les riuieres de Saut, Bloise, Ourg, & Tresme, & se mesle auec la Seine, à deux lieuës de Paris, au pont de Charenton. L'Oyse sort à huict lieuës au dessus de Guise, prés d'Orgny, trauerse la Picardie, arrouse Guyse, la Fere, Compiegne, sainct Maixant, & sous Pontoise, vers Poissy se mesle auec la Seyne, reçoit au dessus de Compiegne, l'Aisne, *Axo-*

h Ptol. Strab. Mela Plinc.
i Auson. Tib. Sid. Apoll.
k Senec. quæst. nat., lib. 3.
l Lib. 4.

na, dont la source est au Barrois sur Clermont, prés de Soüilly. La Seyne du Leuant & du Midy, & l'Oyse du Couchant, forment l'Isle de France. La riuiere de Loire est la plus large, & de plus long cours, qui soit en France. Elle sort au haut Viuarez prés de Rieutort, passe par le Vellay, prés du Puy à sainct Rambert, vient en Forests à Montbrison, à Roane, Desise, Neuers, la Charité, Sully, Gien, Gergeau, Orleans, Blois, Amboise, Tours, Saumur, le Pont de Sé, & se rend dans la mer prés de Nantes en Bretagne, auec vne embouchеure qui a quatre lieuës de large. Elle reçoit Allier, *Elauer*, qui sort du Geuaudan prés de la forest de Mercoire; Cher, Vienne, qui passe à Limoges; Maine, qui passe à Angers, & Clayn qui passe à Poictiers.

La Garomne n'a point changé de nom, & a tousiours separé les Aquitains, Guyenne d'auiourd'huy, d'auec l'autre partie des Gaules, tenuë par les Celtes anciens, qui estoient Gaulois aux Romains: Elle passe à Blauet, sous le nom de Gironne ou Gironde, comme a remarqué Scaliger, & sort des Pyrenées, en la val d'Aran, qui est au Roy d'Espagne, en vn endroit appellé Cadalup; reçoit la Dourdogne, le Tarn & Lot, & se perd dans l'Ocean. Le Rosne sort des Alpes, trauerse le pays de Valais, puis le Lac de Losanne ou de Geneue, où il passe sans mesler ses eaux, & changer de couleur: Il reçoit la Saone, *Araris*, à Lyon; l'Isere, qui passe à Grenoble; la Droume ou Drosne, & la Durance, riuiere qui n'a point de gué asseuré; ce que les Anciens[a] parlans d'Annibal, qui estoit venu iusques-là, ont remarqué; & se décharge dans la mer aux trois Maries, à trois lieuës d'Arles, à six embouchеures ou gras, c'est à dire, degrez, ainsi appellez par les habitans du pays, qui donnent à chacun son nom.

a T. Liu. l. 21.

Le cours plus exact & veritable de ces derniers fleuues, auec celuy du Tarn, qui est aussi fort long, appartient à la Prouince du Languedoc.

Belles maisons. Il y a de tres-belles maisons en France, soit celles qui appartiennent au Roy, soit autres. Les maisons Royales auiourd'huy sont Fontainebleau, sainct Germain en Laye, Chantilly, le Chasteau de Madrid prés de Paris; celuy de Blois (où Monsieur frere du Roy regnant fait bastir,) Chambourg prés de Blois, Monceaux. Les autres sont Anet, au Duc de Vendosme, à quatorze lieuës de Paris, Gaillon à l'Archeuesque de Roüen, Vernueil, Madic, au Marquis de Curton, Escoüan, Ciatocourt en Picardie, Acier, au Duc d'Vsez, Canisi, Aubijous, entre Castres & Alby, Chenonceaux, au Duc de Vendosme; Cadillac, au Duc d'Espernon, Brissac, le Bois-le-Vicomte, Ancy le Franc, le Verger en Anjou, Chilly prés de Longjumeau, & autres.

Isles. Outre l'Isle de France formée par la Seine & l'Oise, comme nous auons dit, est l'Isle que la Seine fait dans Paris, dont il sera parlé dans leurs descriptions; la riuiere de Loire en forme quelques autres, depuis Saumur iusques au Pont de Sé, qui appartiennent à diuers Maistres, qui sont Abbez, ou autres Seigneurs, & leur portent reuenu. Les autres sont ou sur la mer Oceane, ou sur la Mediterranée: Celles de la mer Oceane sont Nostre-Dame de Boüyn, Scianet, Marmotier, où est l'Abbaye Blanche, l'Isle-Dieu, composée de deux ou trois villages, l'Isle de Ré, auec la terre de S. Martin, où croissent de bons vins; Oleron, contre la Charente, d'où le Roy tire bon reuenu, par le moyen des Salins: Celles de la mer Mediterranée, sont les Isles d'Ieres, anciennes Stœchades, que les anciens[b] ont cognuës, en nombre de cinq; Colonie des Romains, & garnison contre les Pirates; les trois assez grandes, & les autres moindres. On y cognoist aussi l'Isle de Leron, opposée à Antibe; de sainct Honoré, auec vne Abbaye ancienne, & l'Isle dite des anciens *Planasia*. Aucuns ont creu, que les Stœchades estoient les Isles modernes, dites di Pomeghi. Le discours plus particulier de ces dernieres Isles appartient à la Prouence, & celuy des autres aussi, aux pays dont elles sont voisines, & plus proches. Les Isles de Gersay, Grenesay & Aldernay en Normandie, sont tenuës par les Anglois.

b Strab. l. 4.

Qualité.

LA France est comblée de loüanges, que les Autheurs anciens, & les modernes estrangers luy donnent dans leurs écrits. L'Empereur Maximilian disoit[c], que s'il se pouuoit faire qu'il fust Dieu, l'aisné de ses enfans luy succederoit en cete qualité, & le second auroit le Royaume de France pour son partage. Iosephe l'appelle Fontaine de beatitude, & Procopius prononce qu'elle est plus puissante que l'Espagne. Sa situation est heureuse, entre le Midy & le Nord. Comme elle est bien Orientée, son air est fort sain & temperé, moins subjet à corruption que tout autre de l'Europe. Botero[d] mesmes a recognu, que les choses qui sont produites en certains lieux de l'Italie, se trouuent par tout en France, à laquelle il donne & attribue

c Lanz. in orat. sub nomine ducis Holsatiæ.

d Part. 1. lib. 4. de Gallia.

quatre aimants qui attirent non le fer, mais l'or & l'argent des estrangers : sçauoir, les bleds, les vins, les sels, & les chanvres ou lins. Sa fecondité est admirable en ses plaines dont elle abonde, en ses valons agreables, & en ses montaignes mesmes, qui sont cultiuées, comme le reste de ses champs, d'où vient que les bleds y sont en tres-grande abondance. Les Romains en ont tiré plusieurs fois, & de tous ceux qui estoient portez à Rome, Pline[a] témoigne que celuy de France estoit le plus leger & qui auoit le grain plus net. Elle est comme la nourrice d'Espagne qui peut auoir de l'or du Peru & des Indes, qui neantmoins est attiré en France par les bleds de Bourgogne & du Languedoc. Les estrangers mesmes publient, qu'en Brie en Beausse, Xaintonge, la Limagne d'Auuergne, & l'Isle de France y a de meilleures terres, de la Sicile mesme, qui sont les plus fauorisez du ciel. Bleds.

a Lib. 18. c. 7.

Les vins de toutes sortes & couleurs croissent en France, & non point en certains endroits, (comme Plutarque[b] a fait mention de ceux de Vienne en Dauphiné, qui estoient portez à Rome, & Pline de ceux de Bourges & d'Auuergne,) mais par tout le Royaume. les vins estrangers, sçauoir, de Grece & de Candie, qu'on nomme Maluoisie, y sont mesme creus en des vignes entieres, complantées des plus exquises especes de raisins de ces pays-là, [c] & entr'autres la vigne du Roy à Coucy, façonée du plant de Grece. Chaque Prouince ou pays a ses vins excellẽs. La Beausse a Orleans, & Couci, l'Anjou, le Mayne, la Bourgogne, & la Champagne, a Beaune & à Sens: La Guyenne, a Bourdeaux les vins de Graue, a Gaillac, Rabastens, Nerac, la Rochelle & pays d'Aulnis; le Dauphiné a Montlimar, Mais sur tout la Prouence, les vins de Crau; & le Languedoc en diuers lieux, & quasi en tous les endroits, en Viuarez à Ioyeuse, Ville-neufue de Berg, l'Argentiere, Montreal, Lamoras, Cornas, Tournon; Laudun, & Bagnols au Diocese d'Vsez, & à Beaucaire au Diocese de Nismes, les vins de Canteperdrix, de Castelnaud, de Monssengiraud. Vins.

b 5. Conuiu.

c Du Pradel en sa maison rust.

Les vins muscats & les vins blancs d'Azilles, & sur tout de Frontignan & de Mireuaux, sont tres-delicats, & sont transportez en Angleterre & en Alemagne, auec les passerilles faites des raisins de ces lieux-là, & des enuirons de Montpellier; & generalement les vins de France vont en Angleterre, en Escosse, en Flandres ou Pays-bas, en Alemagne, voire iusques en Danemarck & en Suéde, & autres pays Septentrionaux, Bodin[d] a remarqué qu'vn marchand de Cambray en l'an mil cinq cens septante-huict, en fit venir en Flandre par terre iusques à trente mille muids, quoy que ce fut en temps de guerre, que les passages estoient fermez.

d Lib. 6. rep. cap. 2.

Les sels y sont si bons & si abondans, que les nations estrangeres plus éloignées s'en pouruoyent, & ne s'en sçauroient passer: sçauoir, les Suisses, les Flamands, les Anglois, les Danois & autres. L'Empereur Charles cinquiéme[e] ayant ordonné aux Flamands & autres, ses subjets du Pays-bas, de se seruir des sels d'Espagne, & defendu d'acheter de ceux de France, il arriua qu'ayant salé leur poisson, dont ils ont grande abondance, des sels d'Espagne, il se corrompit & gasta bien-tost, à cause que les sels estoient trop acres & corrosifs; & sur la grande instance qu'ils en firent, il leur fut permis de reuenir à l'vsage des sels de France, qui sont plus forts & plus doux, de sorte que les marchands en sont venus charger fort souuent en Broüage, iusques à des flotes de cinq à six cens hourques ou nauires ensemble, qu'ils estoient contraints de remplir de pierres & d'arene en venant d'autant que les François n'ont besoin de bleds, de vins, d'huiles ou autre denrée, pour en acheter, ou faire change auec eux, qui viennent par la necessité qu'ils ont du sel. Sels.

e Bod. lib. 6. de rep. c. 2.

Les monceaux de sel, sont des montagnes d'or aux Rois de France, produites par la Nature, sur les riuages des mers qui la costoyent, l'ardante chaleur du Soleil qui les cuit & fait geler, opere vn miracle contraire à son action commune, qui est de dissoudre & liquefier. Les salains de Poictou, de la Prouence, à Berre, &c. mais principalement ceux du Languedoc, à Pecais & autres, sont les mines riches & abondantes de ce condiment tant necessaire à la vie, si commode & vtile aux estrangers, & si reuenant au Roy, comme il sera dict, en traittant les richesses de la France.

Les chanvres & les lins, qui sont le dernier aymant de Botero, y croissent en abondance. Les anciens[f] n'ont pas obmis cet auantage de la France, & ont mesmes nommé les pays d'où l'on les recouuroit: sçauoir, la basse Bretagne, Calais, le Berry, le Quercy, le Roüergue, adjoustans que les Gaulois en faisoient & tissoient les voiles.

f Plin. lib. 19. cap.

Les auteurs modernes estrangers[g] loüans la France, ont dict, que sans ses ouuriers, les cheuaux de bois d'Espagne ne sçauroient aller, & estre esquipez. La gran- Chanvres & lins.

g Lanz. orat. pro Gall.

de vtilité qui en reuient par la tissure des voiles, cordages, & autre ameublement des nauires, & des toiles de France, qui sont portées en Espagne, en Barbarie, & és Indes Orientales & Occidentales, se peut égaler à l'or & aux perles qui viennent de ces pays-là.

Huiles. Les huiles y prouiennent en certaines Prouinces, où l'air est plus chaud, doux & serain, & portent vn grand reuenu à leurs maistres qui en font trafic. C'est en la Prouence & en Languedoc principalement, que les oliuiers embellissent la campagne. Pastel. La guesde ou pastel, croist aussi en Lauraguez & dans l'Albigeois. Cesar l'appelle *Glastum*. Il ressemble au plantain, [a] & sert à la teinture en bleu; il se transporte aux pays estrangers. Laines & draps. Des laines fines du Berry, de la Soloigne, l'Isle de France, Normandie, Dauphiné, la Corbiere en Languedoc, & autres endroits se font quantité de draps. Safran. Il croist aussi du safran en Angoumois, en Auuergne, en Roüergue, en Languedoc & en Prouence. Les meuriers sont nourris en Languedoc, & en Prouence, pour les vers à soye, de mesme qu'en Dauphiné, & à Tours, le negoce & trauail des vers à soye est grand à cause de la manufacture; voire mesme à Caën en la basse Normandie, on a commencé depuis quelque temps à en faire de mesme, ce qui estoit auparauant incognu au reste du Royaume.

a Plin. li. 22. c. 1.

Mines. Les mines d'or & d'argent n'y manquent point, tant par le tesmoignage des Anciens, que par le rapport des Autheurs modernes. Ausone donne à la riuiere du Tarn, la qualité de porter de l'or, comme vn autre Pactole, ou le Tage en Espagne. Diodore [b] asseure qu'il y en a plusieurs autres, niant toutefois qu'il y ait des mines d'argent. Procopius & Cassiodore parlent d'vne monnoye batuë par les Gaulois, de l'or né chez eux. Strabon [c] fait mention des mines d'argent, qui sont en Geuaudan. Il y a des mines ou veines d'argent à Carcassonne [d], d'or & d'argent en Foix, & à sainct Martin, terroir de Lyon, d'où il en a esté tiré grande abondance depuis quelque temps. On trouue aussi de l'argent à Neuers & en Bretagne: & si l'on y prenoit peine, auec l'industrie requise, les Alemands qui ont passé par les montagnes de France, & Botero, [e] ont creu qu'és monts Pyrenées, & dans l'Auuergne, le Roüergue, le Geuaudan, & les Ceuenes s'en trouueroient pour en tirer de l'or comme du Peru. Les mines de fer se trouuent en Auuergne, en Bretagne & à Neuers, où elles sont cognuës depuis quelque temps, auec celles de charbon de pierre, pour seruir au trauail des mines, celles de plomb & d'estain és Ceuenes, en Geuaudan, à Annonay en Viuarés, & en Bretagne, celles d'Azur & de Bitume en Auuergne, de Vitriol à Najac en Roüergue.

b lib. 5.
c lib. 3.
d Thuan. lib. 119.
e en ses relations vniuerselles.
Dom. Berr. in Apol. Bod.

Eaux minerales. Les eaux minerales, sulphureuses & alumineuses y abondent: sçauoir, en Perigueux, à Pougues, à Meyne en Languedoc, à Bourbon, à Vals en Viuarez, & en Foix, outre les bains & eaux chaudes de Balaruc prés de Montpellier; de Bagnieux dans les Ceuenes; en Auuergne, à Vichy, à Chaudes-aigues, en Bearn, Cauderets ou Aigue-caudes, & ceux d'Encausse.

Il y a aussi des sources de bitume coulant de certaines collines, qui opere des effects miraculeux en apparence, comme pres de Clermont en Auuergne, à trois cens pas d'vne riuiere du pays, qu'on nomme Tiretaine, est vne telle source d'eau bitumineuse, coulant vers la riuiere, sur laquelle par le moyen d'vne telle eau, pierrie & durcie, s'est formé, & comme basty vn pont fort long, large, & épais, & l'eau mesme, coulant vers ce pont en la riuiere, par les prez voisins, s'y perd & pierrit par cette qualité bitumineuse, dequoy vn docte Medecin du temps [f] a traitté par liure exprés; le pont & l'eau sont nommez Sausse par les habitans. Les veines metalliques, qui sont cachées és entrailles de la terre voisine, qui est bonne & grasse, poussent cete liqueur bitumineuse. La France ne mãque pas de pareilles curiositez & merueilles de nature, en belles fontaines & sources d'eau, qui se geleront en Esté, & en Hyuer seront chaudes, vaporeuses & fumantes, comme vne fournaise [g]; autres qui d'vne mesme source, vne des veines sera chaude & l'autre froide [h], autres qui croissent ou decroissent, suiuant l'estat où est la Lune, ou pleine ou faillante [i].

f Tardin.
g lieu appellé Cherrée, prés du mont de Cosne.
h Montagne de la Corbiere en Languedoc.

Pierres & marbres. Toute sorte de bonne pierre y croist, blanche, ferme & propre à bastir, à Tonnerre, à Neuers, en Touraine, au bas Languedoc & ailleurs en abondance; de sorte qu'il a esté remarqué [k] pour miracle & chose particuliere en la Gaule, que les pierres y renaissent, & que les breches faites aux carrieres se remplissent & reparent naturellement, dequoy les loix Romaines ont fait mention [l]. Elle a de belles ardoises, en Anjou, à Mesieres, en Foix & ailleurs, qui sont d'vn grand vsage à bastir & à couurir les

i la Grotesque prés d'Agen en Gascogne.
k Bodin.
l l. fructus 7. §. 13. D. Sol. matr.

maisons, & ne manque point de marbres beaux, & de iaspes, comme en Foix & en quelques lieux du Languedoc: sçauoir Caunes & S. Pons, dont aussi les Pyrenées & autres montagnes de France, sont fecondes.

Elle a de tous fruicts, & des plus delicieux, pour toutes saisons, soit d'Automne & d'Esté, esquels la Prouence & le Languedoc abondent, soit d'Hyuer, dont les endroits de la France qui ont vn air plus froid, comme la Normandie, la Bretagne, l'Isle de France, & autres, auec les pays montagneux, comme le Dauphiné & les Ceuenes sont Il y a du ris en Prouence & ailleurs, auec toute sorte de legumes, de fleurs, herbes & simples, le romarin, le geneure, meurtes, sauges, & finalement toutes plantes necessaires à la vie & à la santé. Le buys qui croist fort grand en Normandie & en Picardie, est bon à faire des peignes & autres choses de seruice, qui se transportent ailleurs; celuy du Languedoc, est beaucoup plus bas. Il y a aussi du nard pour la theriaque, ce que Galien mesmes a remarqué. Les pasturages y sont tres-bons, & en ses plaines, & en ses collines, que le Languedoc appelle Garrigues. Les abeilles y fournissent le miel fort beau en plusieurs endroits: Toute sorte de bestail y croist, à nourrir & entretenir ses habitans, & à le couurir & habiller de ses laines; toutes bestes de chasse grosse & sauuage, comme daims, chamois, cerfs, chevreulx, sangliers. Les jambons de Bayonne se transportent mesmes hors du Royaume; & au rapport de Strabon, Rome & l'Italie en ont veu porter de la Gaule. Les lieux les plus vastes & deserts de la France, comme il y en a en Guyenne & dans la Gascogne, ne manquent point d'habitans, & leurs pinedes y portent fruict, auec grand' troupe d'oiseaux que l'on y nourrit pour le delice, en sorte que ces contrées doiuent autant à l'air, comme les sables & les arenes luy ont soustrait du deuoir ordinaire de la Nature, à porter les autres fruicts. Fruicts, Plantes, simples.

Les cheuaux, animal né à la guerre, & pour les delices de la Noblesse, & la grande commodité de l'homme en ses voyages, s'y nourrissent aussi, & en plusieurs Prouinces y en a des haras, comme en Bourgogne, en Normandie, Bretagne, Auuergne, Poictou, Languedoc & ailleurs, à quoy les Seigneurs & Gentils-hommes qualifiez du Royaume se sont addonnez, & en ont rendu familiere la nourriture. Il y en a de fort bons en Auuergne, en Limosin, en Gascogne; voire ceux de Foix sont meilleurs que ceux d'Espagne. Les mulets d'Auuergne & du Geuaudan vont en Espagne, & l'en pouruoyent. Cheuaux.

Pour couronner & clorre le discours des qualitez de la France, nous dirons, pour son air, que Cesar qui l'auoit bien veuë, en a recognu la bonne qualité, que le chaud n'y est point trop ardent, ny l'Hyuer trop aspre & long, en sorte que d'vn costé elle n'a pas besoin des grottes de Mauritanie, ou de l'eau de neige d'Espagne ou d'Italie, & de l'autre aussi, les poiles d'Alemagne luy seroient assez inutiles. Il n'y a pas des pluyes démesurées, pour le general de ses Prouinces, ains vne douce humeur de rosées & pluyes qui y tombent souuent. Les vents n'y sont pas trop violens, & les parties de l'année, ou les saisons y sont moderées, les eaux y sont saines, & les terres grandement fertiles, veu que tout y est cultiué, si ce n'est là où les marais ou les forests y font empeschement; tellemẽt qu'elle ne iette pas, mais elle épand[a], & à cause de ce elle ne doit rien aux autres parties du monde, & toutes luy doiuent à elle. La nourriture des habitans plus addonnez à la guerre qu'à la culture des champs, n'y seruoit pas autresfois[b], mais aujourd'huy qu'ils sont autant curieux du labourage, comme des armes, tout y rapporte & fourmille en fruicts, iusques aux rochers, à trauers desquels on plante des vignes. Le pays y est plaisant, sain & propre à produire tous bleds & legumes, nourrir toutes plantes domestiques & sauuages, qui portent fruicts en leur saison. Les animaux mesmes y sont bien formez & façonnez, & iamais il n'y a eu ny famines, ny pestes si cruelles, qu'elles n'ayent eu quelque relasche & interuale de santé. Il n'y a ny solitudes, ny deserts sablonneux, ny landes inutiles, ny montagnes inaccessibles, ny bois des-habitez. Tous les chemins sont remplis d'édifices, maisons, chasteaux, bourgs ou villes grãdes, voire il semble que la France entiere ne soit qu'vne seule ville diuisée en plusieurs quartiers & ruës fournies & empressées de peuple. Il ne s'y trouue pas des serpens épouuentables, ou des bestes cruelles. Le Crocodil d'Egypte n'y est pas, ny le Basilic de la Cyrenaïque, ny les autres serpens de l'Arabie. Les lyons, les tigres, ou les feux celestes & deuorans, ou les mugissemens de la terre & ses ouuertures effroyables n'y sont non plus, ny tels autres prodiges; ce ne sont que belles campagnes labourables, claires fontaines, ruisseaux & riuieres de toutes parts nauigables & poisson-

[a] οὐ χέει ἀλλὰ θυλακίζει
[b] Strab. li. 4.

neuses, vertes prairies, gras herbages, forests ombrageuses, collines & cotaux couuerts de vignes, & tout le pays vestu de fleurs, herbes, arbres, bleds, oiseaux, laines, cuirs, beurres & formages d'vn costé, & huiles de l'autre. Les hommes finalement capables de tout, des armes & des lettres, du commerce & du labourage, & les femmes autant fecōdes que la terre mesme qui les porte, pour remplacer les hommes, & remplir les villes & les bourgs de belles & agreables filles. La France finalement est le petit œil & la perle du monde.

Mœurs anciennes.

Estat du corps.

Les mœurs & inclinations des Gaulois, tendantes à la vertu ou au vice, ont fort dépendu de l'estat de leurs corps, dont les mœurs de l'ame suiuēt le temperamēt[a]; que les Anciēs leur ont attribué plus froid & humide qu'aux autres peuples, auec vne chair plus molle & blāche, la taille & stature belle, voire plus qu'humaine, adit Iornandes; au moins plus haute que celle des Natiōs plus Meridionales, comme sont les Italiēs & les Espagnols, les corps fort beaux, puissans & plus vigoureux que ceux de ces nations-là[b]. Cesar ou Hirtius [c] adjoustent, que les corps des Romains, qui estoient courts & menus, leur estoient à mépris. Ils auoient la chair blanche naturellement, & non par artifice, comme aucuns ont creu, sur vn passage de Petrone, mal pris[d]. Ils portoiēt la barbe & les cheueux fort longs, pendās sur les épaules, & fendus sur le deuant de la teste. Ils les auoient blonds ou roux naturellement:[e] bien qu'aucuns des Anciens[f] ayent écrit qu'ils y apportoient de l'artifice, se seruans de la chaux, des cendres & du sauon. Diodore[g] a dit, qu'à cause de leurs cheueux épais & touffus, comme le crin d'vn cheual, ils estoient semblables à des faunes & à des satyres, paroissans farouches & plus barbares par cete mode, que la jeunesse de Frāce d'aujourd'huy pratique pour en paroistre plus delicate & mieux faite. Ils auoiēt vn soin particulier de ne deuenir pas gros & gras, & de n'auoir point vn ventre qui s'auançast trop, jusqu'à[h] establir par loy vne certaine largeur de ceinture, selon Strabon, ce qui les rendoit plus disposts & adroits; & à cause de la bonne constitution de leurs corps, ils estoient naturellement vaillans, propres à tous exercices, portez à la guerre, & capables de se bien batre, où ils apportoient plus de force, de courage & de valeur, que d'art & de prudence[i]. Leur vigueur naturelle ne les empeschoit pas d'estre extrememēt impatiens du trauail & de la fatigue, de la chaleur[k] & de la soif[l], n'ayās pas accoustumé d'auoir les corps nuds, si ce n'est à la guerre, comme il sera dict ailleurs[m]. Les témoignages d'vn Autheur Romain, qui ne leur estoit pas fauorable, ne sont pas tant à mécroire, puis que nos François d'aujourd'huy sont accusez de la mesme chose en guerre.

a Galen quod mor. &c.
b Polyb li. 2. T. Liu. lib. 8. dec. 4. Am. Marcell. li. 15. & 19. Strabo.
c lib. 2. de bel. gall.
d incerta faciem, vt ciues Gallia suos puret.
e Virg. Aurea cæsaries illis, &c.
f T. Liu. li. 38. Agath. Strabo Clem Alex. Diod.
g lib. 5. Plin.
h Strabo.
i Hi. 2. ou Op. de bel Afric.
k Liu. lib. 5. dec 3.
l Id. li. 4. dec. 4.
m Id.

Femmes.

Leurs femmes estoient belles & agreables de corps, ayans toujours les bras nuds, & la gorge découuerte, blanche comme neige[n], vigoureuses & fort fecondes, plus que les Espagnoles, disent les Anciens, heureuses à porter & à faire des enfans, qu'elles auoiēt accoustumé de nourrir[o], vertueuses, & tenans de l'homme, d'où vient qu'elles se portoient à la guerre, & montoiēt à cheual[p]; tellement estimées de leurs maris qu'ils ne tenoient point d'assemblée pour y deliberer de la paix ou de la guerre, qu'elles n'y fussent appellées,[q] pour y donner leurs aduis. Elles n'auoient pas la delicatesse des femmes d'aujourd'huy, puis qu'estans dans les bains à se lauer, elles y faisoient venir leurs enfans pour leur dōner de la boüillie[r]. Nonobstant les bōs témoignages de l'ātiquité sur le subjet des fēmes de la Gaule, il s'en trouue d'autres, & les mesmes[s], qui les accusēt d'auoir esté cupides & ardētes apres les masles. Ce qu'vn Autheur Flamand[t] veut destourner des fēmes de la Belgique ancienne, à celles de la Narbonnoise & de la Prouence, particulieremēt de Marseille, qu'il pretend auoir esté nourries à la Grecque, & plus delicatement, se seruāt à cela d'vn prouerbe ancien[u], qui semble les taxer de quelque chose de semblable: Mais ceux qui ont redigé curieusement & doctement tels dires communs[x], se fondent sur des authoritez, qui sont à l'auantage des anciens Marseillois.

n Am. Marcel.
o Diod lib. 5.
p Strab. li. 4.
q Plut. 8 Con. Polyan. lib. 7. Strateg.
r Plut. ibid.
s Diod lib. 5 Athen. lib. 15.
t Ortel.
u Massilian. nauiges, Ath. lib 12.
x Erasme.
y Diod. Clem. Alex lib. 3. c. 3.

Habits & ornemēs.

Ils auoient accoustumé de gauffrer, friser & anneler leurs cheuelures, & la Noblesse rasoit les joues, & laissoit croître la barbe, jusqu'à en couurir partie du corps[y], le menu peuple la portoit raze, ou courte. Les femmes & les hommes mesme releuez en dignité & en honneur, se couuroiēt d'or en chaisnes, carquās, bracelets & bagues[z], au doigt du milieu[aa]. Leurs habits estoiēt courts, accommodez à la guerre

p æd Pli. li. 32 c. 2.
z Virg. Aen. 8 Polyb. lib. 2. Strab. lib. 4.
aa Plin. li 34. c. 1.

c'estoient petits sayes faits ou de laine, selõ Strabon[a], ou tissus & diuersifiez de couleurs, en lozanges & écussons[b], en forme de rets ou fueilles de laurier. Ils estoient en outre couuerts de leurs brayes ou chausses larges & amples, habit different de leur tunique fenduë, & ayant des manches qui se vestoient, *palla* ou hoqueton, qui descẽdoit iusques à moitié du corps, comme porte vn passage de Martial[c]; le palletoc des anciens François y peut auoir succedé, tellement que tout l'habit des Gaulois estoit court & troussé, comme pour la guerre, ainsi qu'Aristote en a fait mention[d].

a lib. 15.
b Plin lib. 8. c. 48. πλινθίοις Diod. Virgatis lucent sagulis Virg. Tac 2. Annal.
c lib. 1.
d 7. Politic.

Vn Escriuain moderne parlant de habits des Gaulois, a confondu les brayes auec le Sayon ou Tunique, que nous venons de décrire[e]. L'vsage des sayes parmy les Gaulois, estãt venu iusques au temps de Charlemagne, ce Prince qui dominoit sur eux, comme sur les Francs, qui se sont depuis confondus auec la nation plus ancienne, trouua que cet habit estoit trop court, & qu'il ne couuroit pas le corps, de sorte qu'il fit faire les sayes plus larges & plus longs.

e Catel, du Languedoc.

Habits des anciens François

Les vieux François auoient des souliers dorez par dehors, liez auec des nœuds ou courroyes longues de trois coudées, & des bandes ou jarretieres tissuës, les calçons de lin, auec ouurage exquis, & sur ces chausses dedans & dehors, ces longues courroyes estoient tenduës en forme de croix, & là dessus vne chemise de coton, sur laquelle estoit le baudrier lié auec l'épée, ayant vne gaine de fau & de cuir; pour troisiéme couuerture vn linge fort blanc, collé auec de la cire tres-luisante, qui se ceignoit par le milieu du corps auec petites croix ou boucles. Le manteau estoit par dessus tout, double & à quatre quartiers, de couleur de saphir, lequel estant mis sur les épaules, alloit toucher les pieds deuant & derriere, & aux costez n'alloit pas mesme iusques aux genoux: vn baston à la main droite, noüé également, roide & terrible, auec vne poignée d'or ou d'argẽt graué. Charlemagne qui n'aimoit point les habits estrangers ou éloignez de l'vsage commun, estoit habillé comme ses subjets, hors des iours solemnels & de parade, esquels il auoit l'or & les perles sur ses souliers & sur sa Couronne[f].

f Eginart en sa vie. de charlemagne.

Les chaperons du temps passé ont changé de siecle en siecle; Durant la prison du Roy Iean, Charles Dauphin auoit son chaperon noir recamé d'or, d'orfevrerie; & les factieux de Paris, sous le Preuost Marcel, luy firent prendre celuy de la ville, qui estoit pers. Les chaperons du Palais pour les Conseillers des Cours de Parlement, & autres, sont les restes de cet habit ancien, auec les capuchons des Moines & Religieux des anciens Ordres, qui auoient pris cette forme d'habit, ou comme estant en vsage pour lors, ou comme estant encor pratiqué pour honorer les bonnes Festes ou iours solemnels, de mesme que de nostre temps les Iesuites & les Peres de l'Oratoire, & ceux de la Doctrine Chrestiẽne, ont pris le chapeau qui n'estoit point en vsage commun du temps de nos Peres, qui ne s'en seruoient que pour aller aux champs, & onne portoit que des bonnets dans la ville, iusques aux années mil cinq cens cinquante, ou mil cinq cens soixante. On remarque la diuersité des habits anciens en la Guyenne & en Languedoc, en deux liures de l'Hostel de ville à Thoulouse, auec le temps du changement, depuis quatre ou cinq cens ans, que les Capitoulx d'autant de siecles y sont peints & representez[g].

g Catel hist. du Languedo c.

Logemens, meubles, viure.

Cõme la nation Gouloise estoit fort simple, & viuoit sãs façon, les Ancĩes témoignẽt que leur domicile estoit dans les forests, ou és bords des riuieres, pour la fraischeur, dans des huttes de chaume & de foin[h]. Ils auoient pourtant quelque vsage des poiles[i]. Ils estoient toujours aux champs, où ils n'auoiẽt ny aise, ny delicatesse, ni autre prouision que celle de gens de guerre, & des armées. Polybe[k] les loge dans des bourgs ou plustost hameaux sans closture de murailles. Leur ménage & leur meubles consistoient en pots de terre, peints & colorez de fleurs. Ils prenoiẽt leurs repas assis à terre sur des peaux ou de chiẽs ou de loups[l]; ils vserẽt depuis de licts ou tapis, cõme les Romains[m], ou bien de tables rondes peu éleuées sur terre[n]; ils mangeoient les chairs de leur chasse, mais principalement, selon Diodore & Strabon[o], le pourceau frais & salé, & aymoiẽt le laictage. Athenée, autheur curieux du viure & de la cuisine de toutes nations, allegue que les Gaulois mãgeoiẽt peu de pain, & force chair, sur quoy on remarque aussi de la differẽce parmy les Frãçois d'aujourd'huy; il les taxe aussi d'inciuilité, disãt, qu'ils deuoroiẽt la viãde cõme des lyõs, dequoy sainct Hierosme les accuse aussi[p]: Ils estoient seruis par de ieunes garçons. Les plus voisins de la mer se nourrissoient de poisson, dõt ils bailloient aussi à manger à leurs cheuaux & à leurs bœufs[q]. Strabon[r] rapporte neantmoins qu'ils apprestoient

h Cesar 5 bel. gall. Plin. Strab Vitruu
i Iul in Misop.
k lib. 2.
l Diod. Strab.
m Strab.
n Athen li 4. c. 13. de Cœna Celt.
o lib. 4.
p adu. Vigil.
q Æl. de var. hist. li. 13. c. 25.
r lib. 4.

ſtoient aſſez nettement leur viande, & les Aquitains ſur tous, dit Ammian Marcellin[a], qui deuindrent ſomptueux & delicats en leurs feſtins[b], comme les autres Gaulois de la frugalité paſſerent au luxe, cognurent la vaiſſelle d'argent, & les plats de cuivre ou d'airain; le plus apparent & releué ou en faict d'armes, ou en extraction, ſe ſeoit au milieu. Leur breuuage fut fait d'orge[c], & appellé *Zytha*, de l'eau meſlée de miel, [d] auec l'vſage de la biere & de la ceruoiſe[e]. Les plus accommodez de la Gaule Belgique firent venir du vin d'Italie ou de Marſeille: nous diſons de la Belgique, pour bien entendre les Autheurs anciens[f], qui ont écrit que les Gaulois n'auoient pas du vin chez eux & de leur creu, auant l'Empire de Probus qui leur permit de planter des vignes; quoy que cete opinion ſe deſtruiſe aſſez, auec ce que Plutarque[g] écrit, que les Gaulois furent allechez par les vins de paſſer en Italie. Pline meſme qui viuoit deux cens ans auant Probus, fait mention des vins de la Gaule[h], & Ciceron encor plus ancien defend la cauſe de M. Fonteius, accuſé d'auoir mis des ſubſides ſur les vins du Languedoc. Selon Iuſtin, ceux de Marſeille monſtrerent à leurs voiſins à cultiuer les vignes[i].

a lib. 15. b Sid. Apol. lib. 8. ep. 11. Salu. lib. 7. c Plin. li. 22. c. vlt. d Diod. lib. 5. e Plin. li. 12. c. 15. & 14. c. 22. f Eutr. Vop. in Probo. Zozi. lib. 1. g in Camillo h lib. 14. c. 6. i Athen. lib. 4. c. 17.

Vices & defauts.

Les Gaulois ſont accuſez de pluſieurs vices par les Anciens, aſçauoir d'impatience au trauail, au chaud, que les Belges n'auoient pas accouſtumé, & de toute demeure & retardement, comme Tite Liue le raporte[k], auec Ammian Marcellin[l], & de quelque legereté, que Vopiſque[m] apres Ceſar, leur impute, d'où leur venoit la colere, le deſir de nouueauté[n] & de trouble, auec la facilité à croire toutes choſes, que Martial leur attribuë[o], auec Ceſar, qui au liure quatriéme les accuſe de trop de curioſité, forçans les paſſans à leur dire des nouuelles és portes des villes, pour prendre les armes ſur ces faux bruits; on leur donne auſſi d'autres manquemens & taches plus grandes comme nous dirons cy apres. Cette legereté ou la confiance en leur valeur, les portoit à ſe tenir mal ſur leurs gardes, à mépriſer leurs ennemis, & à ſe negliger eux-meſmes, & la conſeruation de leurs biens, dont ils eſtoient prodigues[p]. La vanité & l'arrogance, dont ils ſont pareillement chargez[q], auec quelque detraction & médiſance, eſtoient cauſées par leur grand courage, joinct à leur bien eſtre, quand ils furent plus riches, ou lors qu'ils auoient obtenu quelque victoire ſur leurs ennemis, dequoy il ſera parlé ailleurs, & de leurs couſtumes en guerre: s'ils eſtoient auantageux, & peu ſupportables en la victoire, on les accuſe d'auoir eſté fort abbatus & conſternez, lors qu'ils ont eſté vaincus, & qu'ils ont eu du pire.

k dec 3. lib. 2. moratū imp. lib. 19 m in Aurel. n Liu lib. 5. o lib. 5. ep. 12. p Scal. poet. lib. 3 c. 17. q Diod. lib. 6. c. 9.

Les Grecs & les Romains enuieux de la gloire des Gaulois, qu'ils ont redoutez par deſſus toutes les nations du monde, pour en auoir eſté ſouuent batus, leur ont imputé calomnieuſement pluſieurs conditions vicieuſes, comme d'eſtre auaricieux, d'aimer l'or & l'argent, d'eſtre fort intemperans, & ſubjets au vin[r], & de ſe batre & entretuer apres leurs repas,[s] eſtans fort prompts & ſenſibles aux injures, pour venir des paroles aux coups; leurs femmes meſme eſtoient ſouuent de la partie, à bras retrouſſez, auec autant de courage que leurs maris[t]. Ces querelles & debats leur ont eſté dommageables en guerre, & ont ſouuent cauſé la perte de leurs armées, comme Polybe les en taxe. Ils ſont finalement accuſez de l'amour des garçons, quoy qu'ils euſſent de belles femmes, & d'auoir eu loy ou ordonnance, defendant aux hommes de ſe marier, qu'ils n'euſſent ſeruy de femme.[u] Si vn peché ſi deteſtable a eſté authoriſé par reglement parmy eux[x], il faut croire neceſſairement que ç'a eſté vn grand effect de leur aueuglement, par lequel Dieu puniſſoit l'idolatrie & la grande ſuperſtition qui regnoient parmy eux, & que c'eſtoit vne ſuggeſtion du Diable, ennemy du genre humain. Hors de la cognoiſſance ſalutaire de noſtre Seigneur Ieſus-Chriſt, la ſageſſe meſme a erré en ſes voyes; & ſi Clement Alexandrin[y] a dit que les Gaulois n'auoient point de honte de donner les garçons publiquement en mariage, comme les filles, Euſebe[z] témoigne auſſi que les Sages meſmes de la Grece, eſtoient entachez de ce vice, lequel a eſté capable d'attirer le feu du ciel. Diodore & Pauſanias diſent, qu'ils ſe ſont portez à manger de la chair humaine, & Sext. Rufus, qu'ils humoient le ſang des teſtes de leurs priſonniers de guerre: Florus, qu'ils eſtoient desloyaux, quoy que ce fuſt vne nation éloignée de ſupercherie, & pleine de franchiſe.

r Am. Marc. lib. 15. s Athen. lib. 4. c. 17. Polyb. lib. 2. t Diod. u Athen. l. 13 x Cœl. Rhodig. Ant. lect. Diod. lib. 5. Strab. y Recognit. z lib. 6 cap. 8 præp. Euang.

Vertus & bonnes inclinations.

Leurs vertus & bonnes qualitez ne ſont pas ſupprimées par les mémes Autheurs; leur magnanimité, valeur & audace extraordinaire, ſont exaltées[aa]; ils eſtoient gens de haute Cheualerie par deſſus toutes natiōs[bb] continēs, ſeueres, & nourris entre le fer & les armes[cc], cōme y eſtans portés naturellemēt, francs & ſans malice[dd], ſimples

aa Plut. cont. Apollon. ad Cæſ. Com. bb Cat. orat. Sall. cc T. Liu. dd Strabo. lib. 4.

en leurs mœurs, incapables de flaterie[a], fort religieux, hospitaliers, courtois & officieux enuers les estrangers, aigus & de bon esprit, capables des disciplines & des bonnes lettres, dont ils estoient aussi amateurs[b], quoy que Polybe[c] malicieusement ayt dit le contraire. Les lettres qu'ils suiuirent sur la fin, furent capables de polir & d'adoucir leurs mœurs. Pour l'eloquence & le bien dire, leur propension & estude, à cete belle partie sont publiez de méme que leur amour pour les armes[d]. S. Hierosme[e] dit, que la Gaule n'a pas eu des monstres, & qu'elle a esté abondante en hommes vaillans & eloquens. En effect, ils furent beaux & grands parleurs, auec vn peu de fast, de iactance & d'ostétation (comme Cesar les en accuse en leurs Chefs, Diuico & Vercingetorix) gens de bonne chere & de bonne humeur, en quoy la pluspart des François les ont en suiuis; aimans à banqueter, sans grauité, froideur, ceremonies ou complimens, & que les autres nations pouuoient pratiquer, & pratiquent aujourd'huy en leur conuersation ordinaire [f]. C'est pourquoy Iulian l'Apostat[g], qui auoit vescu parmy eux disoit, qu'ils auoiét Venus, la Deesse des nopces, & le bon Bacchus en veneration, gens à boire & faire caroux, à se faire aimer & suiure, & à bien entretenir les amitiez. Les professions & Escholes publiques qui furent parmy les Gaulois, & notamment les Aquitains, plus loüez de cete bonne inclination à l'eloquence[h], marquent que leur premiere rudesse & barbarie firent place aux lettres & à la politesse, dequoy nous parlerós encores ailleurs. Leur industrie & leurs inuentions ingenieuses sont mentionnées par Cesar au liure septiéme, & par autres auteurs, comme celle des cribles ou bluteaux faits de poil de cheual, par Pline[i], des flutes faites de canne, par Pollux le Grãmairien[k], & autres. Ils furent bons à tout exercice, de belle disposition & grace à danser, tirer de l'arc, piquer les cheuaux, grands chasseurs, & nageurs excellens[l]. Brennus marchant contre les Grecs, passa & fit passer vne riuiere à la nage, à toute son armée[m]. Les fleches dont ils se seruoient à la chasse, estoiét imbuës & teintes d'vn venin si present[n], que si le chasseur n'accouroit soudainement pour couper la chair à l'entour de la playe, l'animal en estoit infecté, & n'estoit plus bon à manger; ils croyoient auec cela que la chair des bestes en estoit plus rendre. Les Francs ou François ont esté estimez aussi bons nageurs[o] que les Gaulois, tellement que si les vns & les autres n'ont point eu les lettres autrefois, ils ont esté capables du reste, & ont eu l'addresse du corps[p].

Leurs mœurs & coustumes és funerailles & autres choses de Religion, seront deduites ailleurs, de mesme que leur pratique pour les cliens & vassaux. Pour leurs mariages, Cesar[q] rapporte, que de toutes les sommes d'argent que les maris receuoient en dot de leurs femmes, ils en mettoient autant de leur bien parmy; estimation faite, on faisoit profiter le tout, & les fruicts en estans mis à part & gardez, ils appartenoient au suruiuant, auec le sort principal. Les maris auoiét puissance de vie & de mort sur leurs femmes, comme les peres sur les enfans. Ils estoient soigneux de l'honneur & bonne nourriture des filles, qui ne trouuoient point à se marier, si elles auoient failly en ce poinct. Les marques de la puissance des maris sur leurs femmes, sont demeurées, ce semble, en quelques restes de coustume ancienne des Francs, selon la loy Salique, par laquelle les hommes en se mariant faisoient semblant d'acheter leurs femmes, & bailloient quelque piece d'argent[r]; & en plusieurs endroits de France, en pays coustumier, on donne à la femme treize pieces d'or ou d'argent. L'argent, par la loy ancienne[f], estoit baillé au plus proche, pere, oncle, ou autres. L'adultere estoit puny rigoureusement parmy les premiers François, qui faisoient eux-mesmes la vengeance de leurs femmes, dont la plus douce estoit de razer leurs cheueux, & de les foüetter publiquement.

Mariages.

a Iul. misop.
b Diod Sicul. c lib. 2. Cassiod. ep 12.
d Port. Caro. Mela Sidon. Symmachus ep. 8 lib 9.
e adu. Vigil. ep. ad Rustic.
f Espagnols & Italiens.
g in Misop.
h Sulpitius Seu. dialog. 1 in fine.
i lib. 18. c. 11
k lib. 40. c. 10
Scal. poet. lib. 1. c. 4.
l Amm. Marc lib. 15. Plin. li. 17. c. 11.
m Pauf. in Phoc. Tac. de mot. Germ.
n Cels. Plin. Gel. Arist. in admir.
o Sid. Apol: Francus natatu.
p Vel nare, vel literas.
q li 6. bel. Gal.
r vn sol & vn denier.
f Tit. 46. de la loy Salique. Mem. Du Tillet.

Langue ancienne.

LEs Escriuains modernes se trouuent fort partis & differens en opinions, quelle a esté l'ancienne langue Gauloise, si c'est l'Alemande d'aujourd'huy, ou celle des Suisses, la Britannique ancienne, dont les restes sont en la basse Bretagne, & en la Cambrie ou pays de Walles en Angleterre, ou la Grecque, & finalement si elle a esté particuliere & propre aux Gaulois, dont il y ayt encor des mots qui soient restez en France, soit és Prouinces de la langue d'ouy, soit en la langue d'oc, là où pourtant les Romains ont sejourné plus long temps, outre qu'il y peut auoir des restes de la langue ancienne des Goths, lesquels y ont dominé, comme en Espagne & en Italie. Les vns[a] ont creu que c'est l'Alemande, ou celle des Suisses en particulier, & que ceux-là qui sont les anciens Heluetiens, ceux de Basle, *Rauraci*, l'Alsace, Brisgow, Treues, & autres deçà le Rhin, qui ont appartenu à la Gaule ancienne, & ont esté Celtes, à le prendre plus generalement, auec les Belges & tous leurs voisins, en ont gardé le depost, & parlent encor cette langue Celtique; joint que plusieurs vieux mots Gaulois, qui se conseruent dans les autheurs, tel que Pline, qui en a esté fort curieux, comme estant Gaulois Cisalpin, se trouuent aujourd'huy Alemands ou Suisses, ou fort conformes, auec plusieurs noms de plantes & simples dans Dioscoride & ailleurs, plusieurs appellations d'hommes & de villes, qui ont les terminaisons vieilles Gauloises & Alemandes en *arus, agus, audus, ricus, rex, dunum, durum, &c.* Les païs par nous alleguez ont conserué la langue ancienne, parce qu'ils ont esté moins pressez des Romains, que le dedans de la France, qui en a eu tousiours les armes & les legions sur le dos, à cause dequoy la langue Latine s'y est fondée, & les endroits proches du Rhin, ont eu part à la liberté de la haute Alemagne, & ont moins sé ty & plutost secoüé le joug des Romains. S. Hierosme a dit, que les Galates de l'Asie mineur, colonie de Gaulois, ont eu deux langues, la Grecque & celle de Treues, qui n'est autre que l'Alemande. Les autres[b] ont estimé que c'est la Britãnique ancienne, fondez sur vn passage de Cesar, disant, que la doctrine des Druydes qui enseignoiẽt de viue voix, & ne mettoiẽt rien par escrit, s'apprenoit par les Gaulois chez les Bretons Insulaires, ce qui ne se pouuoit faire, que la langue ne fust commune, pour se pouuoir faire entendre; à quoy ils adjoustent le lieu de Tacite, asseurant que le lãgage des Gaulois & des Bretons estoit semblable; de sorte que Cesar[c] ayant dit, que de son temps ces trois peuples de la Gaule, les Celtes, Belges & Aquitains, estoient differens en mœurs, loix, coustumes & langage, ils posent que les Aquitains, par le voisinage des Espagnols & anciens Cantabres, auoient alteré cette premiere lãgue Celtique; à quoy aide le lieu de Strabon, asseurant que les Aquitains, anciens Gaulois estoient deuenus Espagnols en mœurs & en langage; jusqu'à ce que la langue anciẽne Espagnole a esté habillée à la Romaine, pour en estre le surgeon, & que les restes de la Cantabrique ont demeuré parmy les Basques & Bisquains: quant aux Belges, que le voisinage des Alemands ou Germains, auoit de mesme meslé & confondu les deux langues Celtique & Germanique; pour preuue dequoy sont produits diuers mots, qui sont vieux Gaulois, & se trouuent aujourd'huy dans la langue Alemande, en sorte que les Celtes seuls conseruerẽt chez eux la langue anciẽne & primordiale, qui s'est depuis alterée & changée par le meslange de la langue Latine, dont elle est vn autre rejetton, & les traces de l'ancienne, sont, comme nous auons dit, en la basse Bretagne & au pays de Walles. M. du Thou, au liure trente-sixiéme rapporte cette opinion, dont il fait B. Rhenanus le principal Autheur, sous l'authorité de Tacite[d].

[a] Gilles Schudi. Henry Glarean Fr. Hotoman.
[b] B. Rhenanus lib. 3. P. Ramus de mor. vet. Gal. P. Daniel Camdenus sua Brit. Merula.
[c] Comment. de bello Gal.
[d] in vita Agric.

Langue Grecque. Ceux qui ont creu que les Gaulois n'ont point eu d'autre langue maternelle que la Grecque, ne sont pas fondez de raison valable, si ce n'est pour les Marseillois (colonie des Phoceens) desquels Varron a pû dire, qu'ils auoient trois langues, la Grecque, la Latine & la Gauloise, ainsi que les Galates en auoiẽt deux, la Grecque & celle de Treues, comme nous auons desja dit[e]. Les Contracts & Actes publics estoiẽt écrits en langue Grecque, chez les Marseillois[f] ausquels cette langue-là a esté familiere comme aux Melitenses ou Maltois, & à ceux de la Sicile ou de Naples, entẽdus sous le nom de *Magna Græcia*. Si les Druydes ont parlé Grec, ç'a esté comme gens doctes & lettrez, ayans les secrets de la Philosophie ou Magie, & des sciences. Et les caracteres ne sont point venus de la Grece en Gaule, ains de la Gaule en Grece, puis que les Gaulois ont peuplé partie de l'Asie mineur, où l'on a parlé Grec, ce que les Anciens ont témoigné. Les autheurs & peres des Druides ont esté auant Cadme, duquel il est dict, qu'il porta de Phœnice seize lettres semblables à celles des Galates & Semnothée, tellement que si les Grecs ont eu les Gaulois pour maistres & docteurs mesme selon Aristote, leur langue n'est pas passée d'eux aux Gaulois. Cesar escriuit en Grec à Q. Cicero frere de l'Orateur, & donna la lettre à vn Cheualier Gaulois, afin qu'il n'en peust rien découurir, ny les autres de sa nation. Phauorinus le Philosophe, natif d'Arles, tant celebré par A. Gelle, comptoit pour vn des miracles qu'il auoit veus, d'auoir entẽdu vn Gaulois qui sçauoit bien les lettres Grecques.

[e] S. Hierosme in ep. Paul. ad Gal.
[f] Strab. lib. 4.
[g] P. Ramus de mor. Gall.
[h] Clem. Alex. Xenoph. in equiu.

Langue des Suisses. L'opinion qui porte que la langue des Suisses d'aujourd'huy est celle des Gaulois anciens[a], est affoiblie par la difference qu'il y a des Suisses aux Heluetiens du temps de Cesar[b]; les Suisses sont descendus des Saxons Wites, d'où ils ont tiré leur nom de Switzes; les Heluetiens ayans appartenu à la Belgique, ont pû parler comme les Belges, & non comme les Celtes, & le reste des Gaulois, d'où vient que leur langage s'accorde aucunement aujourd'huy auec celuy des Flamands & des Hollandois.

a H. Glarean
b Merula in Gallia.

Les opinions susdites n'estans point iugées receuables par certains Autheurs[c], ils ont estimé que les Gaulois auoiét vne langue toute propre & particuliere à eux, ne tenant ny de la Germanique, ny de la Bretonne, ny de la Grecque, & que presque tous les nôs des pays, nations, villes, fleuues & forests, côme estâs perpetuels & immuables, sont demeurez en cete langue originaire de la Gaule, sans aucun châgement; ioinct que plusieurs vieux mots Gaulois se trouuent, qui ne sont point descendus de la langue Latine, & sont propres à l'ancienne langue; & finalemét que les anciens habitans ayans demeuré, leur langue n'a pû estre entierement changée, côme il se void aux Romains & Italiens, & aux Grecs d'aujourd'huy, dont le langage n'est pas tellement corrôpu, qu'il ne puisse estre entendu de ceux qui ne le sçauent que par les liures, & au contraire; & qu'en effet la langue Françoise a d'assez bons restes de mots en toutes les Prouinces, pour en faire vne langue particuliere, qui ait esté l'ancienne, & non formée de la langue Latine, qu'on presuppose sa Matrice. Mais cete opinion n'est point accompagnée de vray-semblance, & celles qui en ont le plus, & sur lesquelles on peut prendre vn milieu, sont les deux premiers qui tiennent pour la langue Alemande ou pour la Britannique ancienne, à quoy nous aide le témoignage de Tacite[d], qui a côserué plus que tout autre Autheur, la memoire de ces natiôs, disant, que ces deux lâgues approchét fort l'vne de l'autre, tellemét que sur cete cognation & rapport des deux, la langue Gauloise leur peut appartenir, & en estre descenduë, toutesfois plus certainement de l'Alemande, veu que dans la corruption presque entiere de la langue Gauloise par la Latine, qui l'a renduë toute sienne en toutes ses Prouinces, plusieurs mots s'y trouuét qui sont Alemands, côme les autheurs modernes qui s'y entendent, l'ont remarqué. Les Alemands ou Germains ont tousiours esté reputez freres des Gaulois, & l'entrée des Francs, nation Germanique, en Gaule, a renouuellé cete alliance ancienne: Ceux qui ont tâché de prouuer auec art & sçauoir exquis[e], que les anciens Celtes comprenans les Illyriens ou Sclauons, les Germains, les Gaulois, les Espagnols, & les Bretons anciens, ont vsé de méme langue, sont allez plus auât, pour en parler plus generalemét & dans vne antiquité plus profonde. Ce qu'on oppose à cete opinion suiuie par les plus doctes Alemands[f], d'Ariouistus Alemand, qui est dit dans Cesar, auoir appris la langue des Gaulois, par long vsage & habitude de quatorze années, peut marquer de la difference és deux langues, pour les dialectes & façons de parler diuerses, sur lesquelles estant bien instruit, il n'auoit pas besoin de trucheman, comme auoit eu Cesar, qui se seruit enuers luy de Valerius Procillus à cet effect.

c Genebrard lib. 2. Matharel. in Hotom. Francog.

d De mor. German. Hot. in Francog.

e Phil. Cluu. Germ. antiq. lib. 1. c. 6. 7. 8. &c.

f Ioan. Stabius, Centradus Celtes. sous l'Emp. Maximilian. Auentin. hist.

Mœurs de ce temps.

Estats des corps.

CE que nous auons rapporté des Gaulois, hommes & femmes, pour l'estat de leurs corps, se trouue aux Frâçois d'aujoud'huy. Leur taille pour la pluspart est riche & auâtageuse par dessus celle des Italiens & Espagnols. Les Flamâs & les Hollandois & les Alemands ont les corps plus robustes & plus hauts, tenans en cela des Gaulois leurs freres, comme en la couleur du poil blond ou roux, là où les François se trouuent meslez, ce qui n'est pas aux autres nations[g]. Plusieurs d'entr'eux sont beaux, blancs, & d'vn teint delicat. Quant au soin de la cheuelure pour la nourrir, fort longue, la friser & releuer, il est aujourd'huy fort general & pratiqué en toutes les Prouinces. La barbe s'y porte courte & razée, comme parmy les Espagnols. Les femmes y sont belles, blondes & agreables generalement, soit en France promptemét dite, ou aux Prouinces de Normandie, Picardie & autres soit en Languedoc & en Prouence. Il y en a plusieurs de belle & de riche taille, fors à Paris, où l'ô remarque qu'elles sont petites pour la pluspart: elles n'y sont point enfermées comme en Italie & en Espagne; & les filles y sont visitées auec liberté honneste, sous la garde familiere de leurs meres ou autres femmes qui en tiennent le lieu. Cete coustume rude & inciuile des autres natiôs, qui resserrent les femmes, & esloignée de l'humeur des François, qui sont plus libres & ouuerts, & ne souffrent point d'esclaues dans leurs terres, comme il sera dit ailleurs.

g Italiens & Espagnols.

Habits.

Le François n'a point de forme, ou mode, comme on parle aujourd'huy, qui soit certaine & durable, en ses habits. Les autres Natiõs, à sçauoir l'Italiẽne, l'Espagnole, l'Alemande, la Flamande, & autres s'habillẽt presque tousiours d'vne sorte: Le François peut estre peint le ciseau à la main, pour couper sur quelque façon nouuelle, & receuoir toute forme d'habit; sur quoy il faut aduoüer deux choses considerables, à l'auãtage de la Nation, l'vne est qu'il n'y en a point d'autre en l'Europe, qui s'habille mieux, plus proprement, & plus à la grace & auantage du corps, sans y épargner aucune despense, à quoy les loix & Edits du Prince ne peuuẽt seruir de regle, si ce n'est pour ensuiure par toute la France, les modes & la despense de la Cour. L'autre est, que le Frãçois prenant & empruntãt l'habit des estrãgers, cõme il luy arriue souuẽt, il y a toujours bõne grace, & luy sied mieux qu'à la nation mesme qui le luy baille, tãt il est plein de bõne mine & d'asseurãce, à se seruir de ce qui appartient à autruy. La soutane des Mahometans & de Trãssiluains, la cappe & la fraise des Espagnols, la hõgreline, & tout autre habit luy serõt bien; les fẽmes n'ont pas moins de grace & d'auantage à se seruir des habits estrãgers, en juppes, vestes, hõgrelines, coëffures & tout port de cheueux. Si les estrãgers veulẽt prẽdre l'habit du Frãçois, cõme il est imité par quelques natiõs, ils n'y peuuent pas si bien reüssir.

Viures. Il est delicat & somptueux en son viure, sans épargne ny ménage, comme l'Espagnol & l'Italien l'y apportent, viuans écharsemẽt; singulier & propre en l'apprest des viandes, à cause dequoy les cuisiniers de France, & le traitement à la Françoise, ont tousiours passé pour les plus friands & magnifiques. Les estrangers mesmes l'experimentent voyageans dans le Royaume, où ils sont receus par tous les chemins, & en des Hostelleries frequentes, & commodes, s'il y en a au reste du mõde; & quoy que ce logement-là soit mercenaire, il ne reste pas de témoigner quelque courtoisie, ciuilité & hospitalité de la nation. L'Espagne & l'Italie n'ont rien de semblable, où l'on fait plusieurs lieuës ou journées de chemin, sans trouuer où se rafraischir, en bien payant. Les guerres & la pauureté generale du Royaume ont renchery les viures par les villes & les chemins de France, là où auparauant on estoit bien traité à beaucoup moins les frais. L'Alemagne, & la Holande sur tout, reçoiuent leurs hostes auec vne cherté & vne auarice qui n'est pas croyable.

Exercice, & industrie. Sa dexterité en toutes choses est singuliere, & son esprit fort docile & capable de tout. S'il a vne fois veu ou ouy quelque chose, il est prest à le faire, quelque art, quel que inuentiõ, & quelque subtilité que ce soit.[a] Toutes disciplines & sciẽces luy sõt en main, pour abstruses & difficiles qu'elles soiẽt, agissant plus par viuacité d'esprit, que par assiduité de trauail. Les Mathematiques, la peinture, & la sculpture, les fortificatiõs, & tout art & office d'ingenieur luy sont propres. Tous exercices de paix & de guerre luy sont assez pour s'en acquitter de bonne grace, à dancer, courre la bague, rompre la lance, combatre à la barriere, & à imiter mesme les dances & les exercices des autres nations, comme s'il y estoit né & instruit dés sa ieunesse: Mais sur tous les hommes de l'Europe, la Noblesse de Frãce est bien à cheual, & tire des armes, & les Academies pour ce suiet y sont renõmées & bien cogneuës des estrãgers, dans Paris, à Orleans, à Saumur, à Angers, & ailleurs. Quant aux lettres, & à l'eloquence, si les Gaulois s'y sont addonnez, les François qui sont leur posterité, y ont vne particuliere inclination: Ils aiment à bien parler, & en atteint la perfection depuis long-temps, entant que les qualitez de l'Orateur se peuuẽt acquerir, & ioindre à ce que la Nature en a élargy à cete nation, par dessus toutes les autres, dequoy il sera parlé ailleurs, & du bien écrire, qui est aussi paruenu à son cõble en ce dernier siecle. Les lettres & les sciences n'y furent iamais cultiuées si heureusemẽt, & auec si grãde affluẽce de liures & des Traitez exquis & élabourez, qui se publiẽt iournellement sur toute sorte de manieres & de sujets. Les gens doctes & curieux abondẽt dans Paris, & par toutes les villes du Royaume. Quãt à la marchãdise, les Frãçois s'y addonnẽt heureusemẽt, aymãs fort à voyager & à voir les pays estrangers, n'y ayant coin du monde où l'on ne voye des François, qui se trouuẽt propres & nourris à tous airs & à toutes langues. Ils portent leurs mestiers & professiõs par tout, & s'habituent volontiers en diuerses Prouinces de France, hors des lieux de leur naissance, principalement és bonnes villes, & sur tout à Paris, où l'on peut remarquer vn abregé & vn ramas d'habitans de tous les endroits du Royaume,

Inclinations, vertus & vices. Les François suiuent volontiers les armes, soit au seruice de leur Roy, & pour la defense du Royaume, soit chez les estrangers, & cõbatent vaillãment tant à pied qu'à cheual, mais principalement au dernier, puis que la caualerie Françoise emporte le prix sur celle des autres nations, cõme il sera dit ailleurs, auec ce qu'on en

a Scal. de subtil, ad Card. 167. sect. 1.

remarque d'eux dans le train & le cours ordinaire de la guerre. Les estrangers recognoissent aux François vne grande ciuilité, courtoisie, & hospitalité, iusques-là qu'ils sont obligez d'auoüer que chez eux ils ne sont pas si bien,& que les François entr'eux n'vsent point bien souuent de tant de cõplaisance,& ne se rendent pas de si bons offices. Cette courtoisie peut estre estimée generale en France: Mais la Prouince du Lãguedoc la pratique particulieremẽt enuers ceux des Prouinces de Frãce, qui luy sont estrãgeres & éloignées,& enuers tous autres. L'Hospitalité est vne vertu Françoise: ce que les anciens ont recognu pour les Gaulois,& la France est le Tẽple d'humanité,& le refuge des hõmes bannis & affligez. Apres la prise de Cõstantinople par le Turc, les restes des hõmes doctes de la Grece se retirerẽt en Frãce [a]. Cet incõparable personnage, Iules Cesar Scaliger yssu des Princes de Verone, apres auoir esté dans la Cour de l'Empereur Maximilian, y trouua sa retraite, & se maria dans Agen en Gascogne, auec vne Damoiselle du païs, d'où nasquit le digne fils d'vn tel pere. Ios. Scaliger. Les autres nations obligent les estrangers à quitter leur habit,& à prendre celuy du païs, les François n'en font pas de mesme, mais ils le laissent à leur volonté, qui les porte volontiers à choisir la gentillesse de l'habit François. On a veu en France vn Prince de Salerne retiré à Montpellier en Languedoc, pẽdant les troubles, de l'an 1561. Le Prince de Portugal, Dom Christophle, fils d'Antoine, dernier Roy du païs, où il fut recognu pour tel, y a esté cy-deuãt, auec pension & estat du Roy: & depuis encores vn Prince d'Ethiopie nõmé Zaga Christos eschapé des mains de son oncle le Preste-Ian, qu'il pretendoit estre vsurpateur du Royaume des Abyssins, dont il estoit l'heritier, y fut receu, & y fut entretenu pendant trois ans. Antonio Peres, Secretaire d'Estat du Roy d'Espagne, Philippe II. y a esté de mesme receu autrefois par le Roy Henry IV.

a Th. Gaza. Lascaris. Trapezunce.

La courtoisie & la charité du François ont cete tache, iniurieuse à soy-mesme, ou à ses concitoyens, remarquée par les estrangers [b], qu'ils ne pratiquent point entre eux, lors qu'ils se trouuent ensemble retirez en païs estranger, la mesme ciuilité & douceur, de laquelle nous auõs desia dit, qu'ils sont particulieremẽt loüez ailleurs, & enuers des personnes qu'ils n'auoient point auparauãt cognuës; c'est-là qu'il leur arriue, au scandale, mépris & mocquerie des estrãgers, qui se riẽt de leur mauuaise intelligence, de se trauailler par enuie ou jalousie les vns des autres, se trouuans de mesme profession, ou auec mesme dessein dans le païs, par médisances, procez & querelles, iusqu'à se rẽdre ennemis à outrance entr'eux, au lieu de s'aider & assister cõme freres, lors que la pauureté les a vne fois obligez de rechercher le support & la faueur d'vne nation estrãgere. Les animaux mesmes sauuages, enfermez dãs vne grotte, ne se font pas la guerre l'vn à l'autre, ny ne se battẽt ou mordent; & estans à la queste de la proye, & s'y rencõtrans ensẽble, ne se déchirẽt point: mais l'instinct naturel, & l'amour propre de leur espece leur dicte, qu'il y en a prou pour tous.

b Barcl. Ic. anim.

Duel.

Leur valeur est ternie par cette miserable coustume, qui n'est point si ordinaire parmy les autres natiõs, que d'appeller en duel ou au cõbat singulier, ceux par qui ils pretendent d'auoir esté offensez, quoy que ce soit le plus souuent pour chose legere,& pour des paroles dites sans mauuais dessein, & sur quoy on doiue former vne querelle. De toute parole offensiue, le dementy est la plus grande, apres laquelle on ne replique plus, sans en venir aux mains; ce qui est de mesme cõme particulier aux François, (& se pratique principalemẽt depuis le regne de François I. qui fut de cét aduis, que le mẽtir estoit l'action la plus indigne d'vn Gentil-hõme) lesquels vsent de ces duels, auec vne telle ardeur & licence, que les Edits du Prince reïterez si souuẽt, ne sont point capables d'arrester vne telle manie, qui se déborde & s'espãd de la Cour dans les Prouinces, & à son cours dans les villes & aux chãps, iusques-là que les persõnes de moindre estoffe (en qui cét abus est beaucoup moins tolerable, qu'en la Noblesse, ou aux gens de guerre, ayans quelque degré ou commandemẽt dans les armes) s'y porte plus licencieusemẽt: ce qui arriue en deux façons, l'vne qu'il y a de l'impunité & du support des Iuges des lieux enuers telles gens; l'autre, que ces personnes sont moins capables ou de pratiquer la discretion en leurs actiõs & en leurs paroles, ou de bien entẽdre les points ausquels gist l'hõneur, la qualité des offenses, & le sens ou éclaircissemẽt des discours sur lesquels ils fondent leurs querelles & ressentimẽs. On a souuẽt presché & écrit sur la cognoissance ou ignorãce du vray hõneur, les Edits des Rois sont rigoureux sur ce sujet, & le Roy à presẽt regnãt y a exercé l'actiõ & l'effet du titre que la voix du peuple luy dõne: Mais pourtãt la generosité du Frãçois se porte tousiours là, qu'il ne luy suffit pas de dõner des preuues de courage dãs vne bataille, & en vn cõbat cõtre l'ennemy, s'il ne se void encores, & ne s'est porté sur les lieux d'hõneur vne fois en sa vie; & non seulemẽt il y va pour reparer ou vẽger son offense, mais il y engage encores sous le nom de 2. celuy qui n'a ny part ny interest en l'affaire de l'amy qui l'assiste. a Diod. li. Isac. Pont.

Les anciens [a] tesmoignẽt bien quelque chose de semblable de nos Gaulois, sçauoir que pour eux, ou leurs amis, ils prenoient par fois des querelles, se battoient à pied & à cheual, & faisoient essay de leur valeur, à demy nuds: mais ce qui est plus certain d'eux, & plus supportable, & qui auoit beaucoup plus d'eclat, & d'vtilité pour le public, c'est que les armées estãs proches, il y auoit des défis d'aucuns d'entr'eux qui s'auançoient hors de leurs rangs, & appelloiẽt les plus braues des ennemis au duel, & cõbat singulier. Les François auant quelques siecles, par coustume qu'ils auoient receuë des Goths, ou des Lombards, ont pratiqué les cõbats en chãp clos, permis par le Magistrat en matiere ciuile & criminelle, pour espreuue du droit des parties, qui se trouuoit douteux. Les vieux Docteurs du Droict ciuil [b] le tesmoignent. Ez matieres criminelles on vsoit de gages de bataille, [c] desquels on vint à la preuue par tesmoins. Ces cõbats en chãp clos, autorisez de coustume & de loy, auoient pris vn tel pied, que les Cours d'Eglise les ont aucunesfois approuuez pour cause criminelle, ou ciuile: Toutesfois Yues Euesque de Chartres escriuant à vn Archidiacre de Paris, les blasme pour affaires ciuiles, iusqu'à ce qu'en vn Concile tenu à Valence l'an 855. sous Lothaire, & par les Ordonnances de S. Loüis, & de Philippes le Bel, l'vsage en a esté condamné, & s'en est perdu entierement. Sous le Roy Henry II. il y eut vn Duel & combat permis entre deux caualiers, Iarnac & la Chastagneraye. La cognoissance, & l'accord des querelles parmy la Noblesse, est de la charge des Mareschaux de France. b Bartole, Balde. c M.S. des ordonnances de Paris & d'Orleans.

Le peuple de Frãce est bõ, les petits y honorẽt fort les grãds, & auec plus d'amour, que de crainte; comme il est martial, il ayme les gens de guerre, & la Noblesse, qui peut beaucoup dans le Royaume. Les gens de longue robe y sont aussi fort honorez: toutesfois c'est pour la necessité, & parce que les plaideurs, dont la Frãce abonde, ont affaire d'eux. Les estrangers y remarquẽt le grand nõbre d'Officiers, de Iuges, d'Aduocats, de Procureurs, & autres Ministres de Iustice, ce qui n'est pas aux autres Estats. Les grãds de leur part, & la Noblesse fauorisẽt les moindres du peuple, & les accueillẽt courtoisemẽt, & en cete sorte les ordres s'entretiennẽt auec vne deference mutuelle. Marchãdise. La marchãdise est plus prisée ailleurs qu'elle n'est en Frãce; & ceux qui s'y sont vne fois enrichis, esleuẽt leurs enfans à vne vacation plus haute, & pretendẽt pour eux aux charges publiques; pour lesquelles, & notãment pour la Magistrature, Offices. l'ambition est grande, & la passion effrenée, le prix des Offices, qui sont tous venaux, estant deuenu immense & excessif; ce qui d'vn costé ruine, ou incõmode bien souuent plusieurs bonnes & riches familles, & empesche de l'autre plusieurs personnes vertueuses d'y pouuoir paruenir, rendant beaucoup plus veritable en France le dire du Poëte, [d] (que ceux qui n'ont des cõmoditez de leur maison, se releuẽt difficilemẽt, quoy qu'ils ayent du merite,) qu'il n'a esté dans Rome, où la vertu trouuoit beaucoup plus d'ouuerture & de place à se faire cognoistre. En certains Parlemẽs de France, sçauoir ceux de Grenoble, d'Aix, & de Rẽnes, la Noblesse est dãs les charges, & beaucoup moins en ceux de Paris, Toulouse, & autres. La paix establie & asseurée dans le Royaume par le Roy Henry IV. dõna vn grãd cours aux lettres, qui furẽt suiuies generalemẽt, & tout fut rẽply d'Officiers, d'Aduocats, & de gẽs de Iustice; ce qui a esté entretenu iusqu'icy, nonobstãt les diuerses guerres du regne d'apresent, soit ciuiles, qui ont tous pris fin heureusemẽt, pour affermir l'autorité & l'obeïssance deuë au Roy, soit estrãgeres, qui cõtinuẽt encores. d Iuuenal. Haud. facile emergunt quorum virtutib. obstat, Res angusta domi.

Si les François se portent facilement au bien, ils sont aussi fort capables du mal. Ils ne peuuent supporter long-tẽps la fatigue, & n'ayment pas les choses difficiles, & longues à poursuiure, estans impatients, prompts, soudains & legers, qui ne penetrent, & ne percent pas si auant dans les entreprises, que les Italiens & les Espagnols. Ils sont licentieux, portez à la débauche, soit des femmes, soit du jeu, ce qui les rend insupportables aux estrangers, & moins capables de conseruer leurs conquestes, comme il a paru autrefois en Italie, ou aux Royaumes de Sicile & de Naples, & dans les País-Bas. La Noblesse y est fort respectueuse enuers les Dames, qu'ils peuuent voir auec liberté, & qui sont d'autant plus obligées d'auoir soin de leur honneur & reputation, qu'elles ne sont pas enfermées, cõme parmy les autres nations. Celles de Prouence, de Languedoc, & de la Guyenne, sont plus libres & plus familieres, que celles du reste de la France, où elles sont graues & retenuës; &

generalemẽt les femmes de toutes qualitez, & les plus apparentes vont sans fast & suitte, ce que les Espagnoles, & les Italiennes ne pratiquent pas, & marchent auec plus d'appareil. Ce que nous auons dit des François, & de leur naturel prompt, n'oblige point à croire qu'ils en perdent la conduite & le timon des affaires generales ou particulieres. Le dire qu'on attribue à Charles cinquiesme, Empereur, leur sert, que l'Italien paroist sage, & l'est, l'Espagnol le paroist, & ne l'est pas, mais que le François l'est, sans le paroistre.

Ce qui peut manquer icy des mœurs Fráçoises a esté dit és mœurs des Europeans en general, ou sera marqué ailleurs, & dans le discours particulier des Prouinces.

Langue moderne.

AV commencement de la Monarchie Françoise, qui fut enuiron l'an 400. de Iesus-Christ, sous l'Empire d'Honorius, toutes les Gaules, qui estoient depuis long-temps assujetties aux Romains, lesquels y auoient introduit leurs loix, & leurs legions, auoient perdu l'vsage des langues anciennes, qui auoiẽt eu cours dans les Prouinces, fust-ce la langue Celtique generalement, la Britannique, ou la Germanique; & ces langues-là auoient esté comme rencognées en certains endroits,[a] sçauoir la Celtique, Gauloise, ou Britannique en la basse Bretagne, dite *Armorica*; l'Aquitanique, ou celle des anciens Cantabres, & Espagnols, au pays des Basques d'aujourd'huy, qui commence à Bayonne, & où elle est encores en vsage; & la Germanique, qui auoit esté prise par les anciens Belges, ayant esté chassée de tous les quartiers, où elle auoit esté en vsage du temps de Cesar, sçauoir d'vne partie de la Normandie, de la Picardie, Haynaut, Artois, Lorraine, partie de Flandres, Brabant, Limbourg, Luxembourg, du pays du Liege, & autres, auoit esté resserrée ez parties plus Septentrionales, & estoit retournée à son anciẽne demeure delà le Rhin, pour dominer & auoir lieu dans toutes les parties de la haute Alemagne, parmy les Suisses, & autres pays où elle est encore en vsage. Tellement que tous ces quartiers, excepté le reste de la Gaule, & la France d'aujourd'huy dans ses nouueaux confins, ne pratiquoit point autre langue que la Latine corrõpuë, & alterée par vn meslange de dialectes, & de termes entiers, restez des langues anciennes, auec des inflexions, terminaisons, & prononciations, qui la rendoient toute particuliere & separée des autres, pour estre neantmoins, ainsi que l'Italienne & l'Espagnole, l'vn des rejettons de ceste langue matrice & dominante, portée parmy eux par le peuple qui les auoit vaincus, & auoit triomphé de leur liberté. Strabon viuoit du temps de l'Empereur Auguste, qui estoit quelques siecles auant l'entrée des Francs dans la Gaule; il publioit pour gratifier les pauures Gaulois, dont Iules Cesar auoit fait mourir vn nombre incroyable,[b] qu'il ne les falloit plus tenir pour barbares, d'autant qu'ils auoient receu les mœurs, la coustumes, & la langue des Romains. Il en estoit bien ainsi, puis que les Prouinces plus esloignées, comme la Bauiere, la Dalmatie, les Alemands deçà & delà le Rhin, la Rhetie, qui sont les Grisons, en auoient fait de mesmes. Sous les Rois de la premiere race toute entiere, (qui estoient Alemãds, & yssus des Francs, peuple Germanique,) & partie de la seconde, sous Charlemagne, & iusqu'au partage des enfans de Louis le Debonnaire, les François vserent de la langue Alemande dans la Cour des Rois, & parmy la Noblesse,[c] quoy que le commun & vulgaire du peuple parlast le Romã, ou vne langue Romãde, & Romanesque corrõpuë du Latin, dõt aucuns[d] ont creu que les Romãs, & les Histoires des preux du moyẽ âge, ont esté appellées; l'autre lãgue estoit nõmée Thiotisca, ou Tudesque, c'est à dire, Germanique. Les noms appellatifs des Rois, & plusieurs mots Alemands, esparts dans les Histoires, marquẽt ce que dessus, auec le tesmoignage qui en est rẽdu par les vieux monumẽs d'Histoire. Charlemagne a fait des vers en Alemãd, & imposé des noms en ceste langue-là, au mois, & aux vents.[e] Il estoit né à Ingelheim sur le Rhin en la basse Alemagne, & estoit versé aux langues. Il recueilloit les poëmes Frãçois de son tẽps, & fit vne Grammaire en lãgue vulgaire, qui estoit en vsage pour lors. Ceste differẽce de lãgue dãs l'Empire Frãçois, en sa plus grãde fleur sous Charlemagne, & depuis, fit que la Frãce estoit diuisée en Alemãde, ou Thiotisca,[f] & Romaine, & encor auiourd'huy les Alemãds, Flamãds, Liegeois & Vualõs, appellẽt la langue Frãçoise Roman langage. L'vne & l'autre estoit barbare, & mal police: mais principalemẽt la Romanesque, que Chilperic l'vn des Rois de la premiere race, s'efforça d'adoucir, & adiousta quelques lettres à l'Alphabet de l'Idiome Latin.[g] La lãgue Latine assez pure, cõme les Romains l'auoient portée en France, & en laquelle ils auoient ordonné que les actes publics fussent

a Merula part. 1 li. 3. c. 15.

b 900000.

c Can. 17 du 3 Concile de Tours sous Charlemagne.

d Pasq.

e Eginart en sa vie.

f Luitprandus Scaliger.

g Greg. de Tours.

dressez, a demeuré fort long-temps dans les Greffes, & Cours de Iustice, dans les registres des Notaires, aux Chambres des Comptes, & ailleurs, iusqu'au regne de François premier en l'an 1535, qu'elle en a esté bannie par son Edict, & qu'elle a esté renfermée dans les escholes, & conseruée dans les liures anciens. Les termes en restent dans les Cours de Iustice, & aux Chambres des Comptes.[a]

De nostre langue Françoise, telle que six à sept siecles auant nous l'ont peu former, bastie de la Romaine principalement, auec quelque meslange de l'Alemande, ou autre qui ait esté l'ancienne langue des Gaulois, (comme nous auons rapporté cy-dessus, que ç'a esté l'vne des opinions sur ce sujet) le docte Ios. Scaliger a remarqué qu'il y a deux Idiomes principaux, sçauoir le François, ou langue d'ouy, & le Tectosage, ou Langued'oc. Les François deçà Loire appellent les vns Gascons, generalement, & ceux delà Loire appellent au contraire tous les autres, François, ou Francimans. La langue d'ouy a deux principaux dialectes, sçauoir le Walon, & & le Poictevin. Le premier consiste au langage que pratiquent tous les pays de l'ancienne Belgique, qui ne sont point rangez à la langue Teutone, ou Alemande, & qui peuuẽt commẽcer au Liege, & finir aux confins & terroir de Paris; ce sont les pays qui de ceste partie des Gaules restent dans l'obeyssance du Roy de Frãce, sçauoir la Picardie, & ceux aussi qui dans la mesme partie sont separez & distraits de la Couronne, & qui ne parlent point Alemand. Les vns neantmoins, comme les Lorrains, ceux du pays Messin, les Liegeois, Artesiens, & Hannuyers parlent plus grossierement que les Picards, les Normands, les Champenois, &c. qui ont vn meilleur François. Le Poicteuin peut cõmencer à la riuiere de Vienne és confins de la Touraine, & finir au Bourg dãs le diocese de Bordeaux. Il enferme le Dialecte, ou Idiome François plus pur, & meilleur, tel qu'est le Castillan en Espagne, & l'Attique autrefois dans la Grece, duquel il sera parlé cy-apres. La Langue d'oc est diuisée en deux dialectes principaux, dont l'vn est enfermé dans les bornes anciennes de l'Aquitaine de Iules Cesar, close de la Garonne, des Pyrenées, & de la mer. C'est le lãgage de Gascogne (ancienne *Nouempopulania*) auquel il n'y a voisinage, ny cõmerce, ny ponts qui soient sur les riuieres, qui puissent apporter du changement, ou amender l'accent & les façons de parler des Gascons, (lors mesmes qu'ils escriuẽt en François,) pour corriger la coustume naturelle qu'ils ont de prononcer l'u en b, & le b en u; boire à eux est à dire voire, & au contraire, ils disent crabe, au lieu de cabre,[b] mot general parmy tous leurs voisins du Languedoc, & autres; c'est le Schibboleth, dont il est parlé dans l'Escriture saincte[c] pour ceux d'Ephraim, qui ne le sçachans pas prononcer, disoient Sibboleth; en quoy ces deux peuples bien esloignez de temps & de situatiõ ont esté semblables. L'autre dialecte est pour les pays qui sont au deçà de la Garomne, à ceux qui sont à Paris; où se rencontrent de grandes diuersitez, & differences de langage. Scaliger n'y marque que le Perigord & le Limosin; mais à dire ce qui en est, il y en a plusieurs autres, puisque le Toulousain parle d'vne façon auec ceux du haut Languedoc. Ceux du bas ont leurs differences: La Prouence a vn langage tout particulier: Le Dauphiné a le sien, comme aussi l'Auuergne, & le Forests, & par tout les gens de lettres, les nobles, & ceux de condition tant soit peu honeste parlent François: à quoy ceux du Languedoc & la Prouence s'accoustument plus difficilement, & ne peuuent perdre leur mauuais accent, de mesme que les Gascons, & tous ceux de la Guyenne.

Les marques de l'vsage des deux langues, Alemande & Romande ou Romanesque se voyent en Nithard ancien Historiographe, petit fils de Charlemagne, escriuant en l'an 850, & descriuant le partage de Loüys & Charles, enfans de Louys le Debonnaire, auec le serment presté entr'eux ez deux langues; ce qui confirme la diuision susmentionnée de la France en Thiotisque & Romaine. La langue Alemande est entierement hors de Frãce depuis ce temps-là, & depuis ce partage, cõme nous auons desia dit; & la Romande chassée aussi du Royaume, ou entierement changée & polie en diuers aages, que nous descrirõs cy-apres, n'a laissé d'estre prisée en Italie, en Angleterre, & en plusieurs autres contrées estrãgeres. Le premier aage de la langue Françoise peut estre mis sous le regne de Philippe Auguste, qui commença en l'an 1181. que Geoffroy de Ville-hardouyn, Mareschal de Champagne escriuit son Histoire de Constantinople, & depuis le sire de Ioinuille escriuit aussi celle du Roy sainct Loüys, qui commença de regner en l'an 1226. Alain Chartier Normand, qui fut Secretaire du Roy Charles septiesme, dont il a escrit l'Histoire, a flory en l'an 1436. Froissard & ceux-là mesmes qui peuuent auoir precedé le regne de Philippes Auguste, sont du mesme aage. Sous Phi-

[a] Le dictum; Antiqua, remper eretur, d ebeieiur, & *semblables*.

[b] Chévre.

[c] Iuges chap. 11.

lippes le Bel, l'an 1030 ou enuiron, florissoit à Paris Iean Clopinel, dit de Mehun, Docteur en Theologie, qui a parachevé le Roman de la Rose, commencé en vers François par Guillaume de Loris, qui viuoit l'an 1260. ouurage renommé en son temps, & remarquable aujourd'huy pour ce premier aage de la langue; L'an 1444. viuoit Enguerrand de Monstrelet, Historien fameux de ce temps là.

Le second aage commencera au regne de Louys vnziesme, & à l'an 1461. Ce Prince a eu son Historien & fauory, Philippes de Commines, dont le langage est plus poly que celuy des precedens; il a descrit aussi le regne de Charles huictiesme, sous lequel a pareillement escrit plusieurs traictez François, Robert Gaguin, qui mourut en l'an 1501. Nicole Gilles, & Claude Seyssel suiuirent; Sous le propre nom du Roy Louis vnzieime, s'est veu vn liure François, dit le Rosier des guerres du Roy Louis vnziesme.

Les regnes suiuans, de Louis douziesme, François premier, & Henry second y appartiendront aussi. Ces deux premiers Roys cherirent fort les lettres, particulierement le Roy François, lequel y inuita vn chacun par son exemple, estant luy mesme docte & eloquent, & qui a esté fort curieux d'escrire, & en prose & en vers, ayant la cognoissance des langues Latine & Françoise, en laquelle il a traduit volontiers, & a composé toute sorte de vers, & sur tous sujets; de sorte que sous luy la langue ne peut auoir receu que force & accroissement, voire sa premiere politesse. Iean le Maire, & Iean Bouchet ont fort escrit. & de tout genre, sous son regne, tant en vers qu'en prose, auec reputation de posseder les qualitez d'Orateurs, Poëtes & Historiens. Remy Belleau, les sieurs du Bellay, particulierement Guillaume du Bellay, (homme excellent, comparable à Pompée & à Ciceron, pour la plume & pour l'espée, comme portent deux vers de son Epitaphe.) Les Baifs, Lazare & Iean Antoine (qui a dignement escrit pour la langue & prononciation Françoise, & pour la façon de composer des vers, iusqu'à dresser Academie en l'an 1584. qui fut pour lors frequentée par les habiles gens, & curieux de la langue & des sciences) Ponthus de Thiard, Euesque de Chalon, en Bourgogne, Ioachim du Bellay, qui mourut en l'an 1559, Estienne de la Boëtie, Louys le Roy (homme eloquent, & grand traducteur, qui paruint iusqu'au regne de Henry troisiesme) Iacques Pelletier du Mans, Merlin de sainct Gelais, Pierre Ronsard & Philippes des Portes, poëtes excellens, & fort doctes, Michel de Montagne, Iacques Amyot, Precepteur du Roy Charles neufiesme, Euesque d'Auxerre, & grand Aumosnier de France, fort heureux en ses traductions: Dufaur, Pybrac, Fayeur, d'Espesses, Mangot, Seguier, Marion, & autres grands Orateurs, & Aduocats Generaux, sont de cet aage: & ont parlé plus elegamment que ceux du premier. Le troisiesme & dernier aage peut commencer au regne du Roy Henry quatriesme, & finir à nostre siecle. Cét aage doit prendre la couronne du bien dire, comme ayant atteint le comble & la perfection de l'eloquence, & de la politesse du langage, soit en prose, soit en vers, où nous croyons que les regles, & la maistrise de bien parler & de bien escrire consistent principalement, par le choix des mots, & la pureté qui s'y employe, & s'y remarque plustost qu'en la prose, laquelle estant sans contrainte a plus de licence en ses expressions, que n'a point la poësie, qui ne peut pas souffrir vn mauuais terme dans l'espace resserré des vers d'vne Ode, ou d'vn Sonnet. Les Rois Charles neufiesme & Henry troisiesme ont aymé l'eloquence. Le premier estoit doüé d'vn bel esprit, qui l'a porté à faire des vers. Le second estoit fort elegant, & prononçant de bonne grace, auec vne majesté graue & attrayante. Le Roy Henry quatriesme a esté plus nerueux, plein de pointes & de viuacité, subtil & iudicieux tout ensemble, Cét aage finalement pour auoir sa perfection, & ne dénier pas la loüange deuë à ceux qui ont apporté tant d'ornement à la langue Françoise, estans hommes doctes, curieux, & de grand esprit, doit prendre partie du regne de Henry troisiesme, & mentionner vn Sceuole de saincte Marthe (quoy que son excellente Poësie Latine luy ait donné plus de reputation) Pasquier, Rappin, Bertaut Euesque de Seez, le Cardinal du Perron, Ange Capel, Pierre d'Espinac Archeuesque de Lyon, Iean de Monluc Euesque de Valence, Iean de Serres, Louys d'Orleans, du Plessis Mornay & autres qui ont mesme vescu plus bas, auec Blaise de Vigenere, traducteur tres-curieux, Clary premier President à Toulouse (homme fort eloquent, auteur des Philippiques, composées par luy à l'imitation de Ciceron & de Demosthene, en comparant Philippes second Roy d'Espagne à Philippes Roy des Macedoine, & à

M. Antoine) & Dampmartin Gouuerneur & Seneschal de Montpellier, auteur de plusieurs ouurages, qui ont tesmoigné son sçauoir, auec vn'gére d'escrire, graue & elabouré. Le siecle present a fourny des personnes si exactes, & si soigneuses du lãgage, qu'on n'estime pas que l'aduenir y puisse rien adiouter. Guillaume du Vair, Garde des seaux de France, par ses escrits oratoires s'est acquis vn renom cõuenable à ses soins, & a vescu iusques en l'an 1621. Il a esté suiuy de plusieurs autres que nous nõmerons cy-apres. Quant à la Poësie, le nõbre de ceux qui ont dignement fait, & qui ontcogneu & enrichy la langue Françoise en ce dernier tẽps, est grand, & leurs noms fort recõmandables. Parmy les Auteurs des plus beaux vers du tẽps, & les ouurages qui en ont esté publiez on peut remarquer Delingendes, dont la facilité & la douceur des vers le peuuẽt faire cõparer à Ouide parmy les Latins: Regnier, pour la Satyre, Maynard, Theophile, S. Amant, & autres. Les excellẽtes pieces du Theatre, qui ont esté publiées par Rotrou, Tristan & autres, y sont en estime particuliere & par dessus toutes, on donne le prix à celles du sieur Corneille, dont le Cid est encores aujourd'huy entre les mains des plus curieux. Les sieurs de Racã, du Bueil, de Boisrobert Abbé de Castillon, d'Habert Abbé de Cerisi ont tres-bien fait en vers: & le sieur de Malherbe, en ses Odes royales de mesme qu'en ses traductiõs, & sa prose elabourée, a fait paroistre les pointes de son esprit, auec la force de son iugement, ne laissant rien partir d'incurieux & estant cõme vn autre Horace, ou Virgile François. Plusieurs escriuains ont esté presque en mesme tẽps, cõme le Marquis d'Vrfé, Renoüard, François Rosset: François de Sales Euesque de Geneue, & son disciple I. P. Camus Euesque du Bellay; qui escrit auec vne grande facilité, Coeffeteau Euesque de Marseille, dõt la diction est pure & coulãte, auec plusieurs autres qui accõpagnent ce siecle heureux & fertile en bõnes plumes, tels que Iean Sirmond, qui fait aussi fort heureusement en vers Latins, Gombaud, Gomberuille, Silhon, Balsac, dont les lettres sont fort estimées pour la subtilité des pensées & la netteté du style; Guillaume Colletet, le Pere Yues Capucin; Nicolas Caussin Iesuite, le sieur Godeau Euesque de Graces, & pour l'histoire Françoise, & Romaine, Scipion du Pleix, Historiographe du Roy, auec plusieurs grands Predicateurs, & autres bons esprits, dont la Frãce abõde, capables de bien escrire, & de bien parler, ce que le Roy a present regnant estime & ayme fort particulieremẽt.

La langue Frãçoise n'a pas esté cultiuée par les hõmes seuls; il y a eu des femmes aussi, principalement à Paris, qui se sont faites remarquer pour auoir bien escrit en vers & en prose, & dont la memoire est conseruée, ou par leurs propres liures, ou par le tesmoignage de quelques auteurs, [a] sçauoir Catherine des Roches de Poictiers, [b] Catherine de Clermont femme du Mareschal de Retz, Albert de Gondy; Françoise Hubert femme de Robert Garnier; Magdelene de l'Aubespine, femme de M[r] de Villeroy; Magdelene Clemeraut de Poictiers, Magdelene des Champs, mere de l'Aduocat General Seruin; Anne de Laurier, vefue du sieur de Grolot; Anne de Marquets Religieuse de Poissy: Anne Seguier, mariée a Frãçois du Prat, en premieres nopces, & en secondes au sieur de la Vergne, & ses deux filles Philippes & Anne du Prat: Marguerite de Gambis, femme du Baron d'Aigremont en Languedoc: la Damoiselle de Gournay & la Vicomtesse d'Ochy. Il a fallu donner ce recit de femmes illustres, & bien disantes (venuës toutes en vn mesme siecle fecond en faconde, & toutes florissantes en mesme année 1584. sous le regne d'vn Prince singulierement doüé de telle graces) à la recommandation & honneur des Dames, dont le sexe foible d'ailleurs sert de lustre & de relief aux dignes qualitez dont elles ont esté ornées, & y adiouter pour couronnement & faiste de grandeur, trois Princesses que l'on recommande pour les mesmes vertus, sçauoir Marguerite, Royne de Nauarre, sœur de François premier: Marguerite, Royne de Nauarre, fille de Henry II. & Marie Stuart femme de François II.

a la Croix du Maine en sa Bibliotheque.
b Pasquier en sa ieunesse.

Il y a certaines villes en France, dont les habitans ont la repution de mieux parler, sçauoir Tours, Blois, Paris, & Orleans · la commune opinion donne le laurier à la derniere, & les estrangers, qu'on y void seiourner exprés pour y apprendre la langue, en peuuent estre vn tesmoignage. Comme dans les villes ce sont les personnes mieux esleuées, & de meilleure condition qui parlent le mieux, ceux aussi qui hantent la Cour, emportent le prix sur ceux qui en sont esloignez. L'habitude & l'exercice à escrire ont tousiours esté le principal moyen pour y paruenir, c'est l'opinion & la pratique des anciens. [c] La nonchalance des escritures du Palais, & les actions forenses d'aujourd'huy, qui sont plus didactiques, que pathetiques, donnent aux Aduocats des termes, & des façons de parler, que les plumes

c Demosthene, Isocrate, Ciceron, Quintilian, Pline.

de Cour n'approuuent point en la tissure de leurs Romans. Toutesfois le vray art oratoire requiert vne eloquence nerueuse, auec les paroles propres & choisies. Les hōmes du siecle passé ne sont pas vaincus pour ce regard par ceux du nostre. Quant à l'exterieur, qui est la douceur du langage François, & la facilité de sa prononciation, il est tel que toutes les nations voisines de la France ont du respect, & de l'amour pour ses graces, puis qu'en Angleterre, en Flandres, en Holande, voire mesmes en Alemagne, en Pologne, & autres pays Septentrionnaux, il est entendu par les Princes, & par la Noblesse, qui voyage en France à ce dessein-là; le langage est graue & doux, ce que les autres n'ont point ensemblement, puisque les vns tirent les mots du fonds du gosier, comme l'Allemand, & le Sclauon, & leurs rejettons; les autres peuuent auoir de la douceur, & non de la grauité comme l'Italien.

Richesses anciennes.

LA richesse des Gaulois fut en la pointe de leur espée; & quoy qu'ils eussent bien sujet de se contenter du pays qui les auoit esleuez, neantmoins les Histoires sont pleines des conquestes qu'ils sont allez faire fort loin d'eux en Grece, en Italie, en Espagne, & ailleurs, puisque le nom, & les victoires des Celtes, qui ont couru tout l'Occident, leur appartiennent, & que les Romains appellerent Gaulois ceux qui chez eux s'appelloient Celtes.[a] Ils ont possedé le riche pays du Milanois, & de la Lombardie, sous le nom de *Galli Insubres*; vne portion de l'Asie mineur, dite Galatie, & toutes les belles Prouinces des Pays-bas. Ils estoient donc riches par les armes, & beaucoup plus addonnez à la guerre, qu'à l'agriculture,[b] dōt toutesfois ils auoient vn sujet fort capable de les occuper, qui estoient les terres fertiles de toutes les Gaules. Ils ont eu leurs rentes & reuenus particuliers. Pline escrit que les Gaules estoient censées & estimées pour le reuenu du lin, entre autres choses, comme elles sont bien encores, que les chanvres, comme les bleds & les vins de France, se transportent fort loin, comme il a esté dit ailleurs;[c] ce qui doit estre ramené icy, pour faire voir les richesses du Royaume. Lors qu'vne partie de la Gaule fut subiuguée par les Romains, qui en firent vne Prouince, le tribut n'en fut pas petit, à cause de la bonté du pays.[d] Mais Iules Cesar poursuiuant les victoires de Quintus Fabius Maximus, en retira de si grandes & notables quantitez d'or & d'argent, comme il est dit en l'Histoire de sa vie,[e] qu'il en acquita toutes ses debtes, qui estoient immenses, pour les grands deniers, que ses desseins ambitieux l'auoient obligé d'emprunter; enrichit tous ses amis & familiers, attirant à son party les principaux Senateurs de Rome; en fit des presens, & des largesses au peuple, & aux gens de guerre; & finalement en bastit vn Palais tres-magnifique, dont le sol,[f] ou court, cousta iusqu'à mille grands sesterces, qui valent deux millions cinq cens mille escus.[g] L'argent des Gaules, & la valeur des soldats tirez du pays luy seruirent à se rendre maistre absolu de l'Empire Romain. Outre les grandes sommes d'argēt qu'il garda pour soy, ou qu'il distribua, il en serra encores dans l'Espargne, ou Thresor[h] de la Republique iusqu'à douze mille cinq cens talents, qui peuuent valoir sept millions huict cens mille escus. C'est la mesme somme que l'Empereur Auguste fit porter à Rome pour le tribut d'Egypte,[i] lors qu'il eut vaincu Antoine & Cleopatre. Ces grands deniers exigez des Gaulois ne furent pas l'or pillé & butiné par eux au Temple de Delphes,[k] appellé par les Anciens *Aurum Tolosanum*, que ce peuple guerrier & barbare auoit caché dans des marez, qui ayans esté vendus publiquement de l'authorité des Romains rendus maistres du pays, les acheteurs y trouuerent des meules entieres d'argent massif; ce fut celuy du Temple des Tectosages à Toulouse, qui estoit en grande veneration à tous les voisins, lesquels y offrirent de grosses sommes d'argent; cét or a esté en prouerbe, pour signifier vne chose mal-heureuse & infortunée à ceux qui la cherchent, & l'ayans trouuée osent y toucher, & fut finalement enleué de Toulouse par le Consul Cæpio à la valeur de quinze mille talens,[l] valants neuf millions d'or. Iustin[m] l'a estimé dauantage, sçauoir cent dix mille liures d'or, qui font vnze millions d'or en or, & vallent quinze millions d'argent. Dix ans apres[n] Luceric Auuergnac pere du Roy Bituite, qui liura bataille à *Fabius Maximus & Domitius Ænorbarbus*, l'an de Rome 640. lequel auoit deux cens mille combatans dans son armée, estoit pourueu d'vne si grande quantité d'argent, que pour contenter sa vanité, & pour faire monstre de ses richesses, il se promenoit par son camp, monté sur vn chariot, & iettoit çà & là de l'or & de l'argent à poignées.

a Cæsar. 1. Comm. bell. Gall.
b Strab. li. 4.
c Qualitez de la France.
d Prouence Languedoc, &c.
e Plutarch. in Cæs. Suet. c. 21. 26. & 54.
f Area.
g Lips. de magnif. Rom. li. 3. c. 7.
h Ærarium.
i Vell. Pater. lib. 2.
k Strabo li. 4. Iustin. li. 32.
l Possidonius dans Strabon li. 4. Gell. li. 3. c. 9.
m Liu. 32.
n Strabon l. 4. Possidon.

Les

Les mines d'or, d'argent, & autres metaux, & mineraux, qui peuuent estre aujourd'huy en France, y estoient aussi anciennement, si bien elles n'estoient pas descouuertes, & recherchées; les mesmes fruits & denrées auec la commodité de les vendre, & transporter: mais la culture des terres, l'industrie, & le trafic des habitans du pays y defailloient, au moins tel qu'il a esté depuis, par la cognoissance que les François ont prise de tous les profits qui s'y peuuent faire, auec la facture de tant de marchandises, à laquelle ils se sont appliquez diuersement pour s'en faire riches, & en causer de grands reuenus au Roy par les diuers moyens, dont il sera parlé cy-apres.

Richesses de ce temps.

ON ne sçauroit mieux iuger des richesses de la Frãce, qu'en descriuant ce qu'elle porte à ses Rois, & quels sont les reuenus de sa dot. Elle est capable de porter tout ce qu'on trouue bon de luy imposer; tellement que les reuenus du Roy & du Royaume dependent de la volonté du Prince, & n'estans point limitez, la somme n'en peut pas estre arrestée iustement & au vray, l'estimation n'en peut estre faite, comme il se pourroit en vn autre Estat de moindre estenduë, & moins puissant. La terre de France est si fertile, & les fruits si differents & abondants, que les profits qui en reuiennent sont d'vne valeur inestimable. L'industrie de ses habitans est grande, & leur traffic fort vniuersel, par où elle peut attirer l'or & l'argent des Estats voisins. Il est vray que tant plus on est allé auant, tant plus ce grand Estat a esté capable de rendre & de rapporter à ses Rois, qui d'ailleurs se sont trouuez ou dans la volonté, ou dans la necessité des affaires, qui les y ont obligez, de mettre nouuelles charges, & impositions dessus, recherchans, & inuentans de temps en temps nouueaux moyens d'ayde & de subuention de la part de leurs sujets, d'où est née ceste grande diuersité des finances de France, & tant de sortes de deniers ordinaires, extraordinaires, & casuels, qui se leuent sur les habitans du Royaume, de toutes qualitez, Ecclesiastiques, Nobles, & roturiers, qui n'en restent pas moins riches & bien rentez. La necessité des affaires, ou l'humeur reglée & ménagere des Rois de France a fait que le Thresor s'est trouué plus grand, ou moindre, & la Bastille mieux fournie, soit de leur viuant, soit apres leur decez, & ce suiuant les diuers aages, & selon les differents regnes.

Les Rois se sont durant vn long temps contentez de leur domaine, & ont leué de fort petites sommes sur le peuple, iusques-là que le Roy Charles cinquiesme, dit le Sage, ne leuoit pas de son temps trois cens mille liures pour toutes charges, y cõpris le reuenu du domaine, auec les aydes & foüages à quatre liures pour feu, qui furent imposez sous son regne.[a] Il a esté escrit de ce Roy,[b] qu'il auoit laissé vn thresor, où estoient quantité de lingots d'or, & autres choses precieuses, qui fut prisé dix-huict millions d'escus: ce que Bodin ne croit pas, & le iuge impossible, à cause des guerres qu'il auoit euës sur les bras, ayãt entretenu iusqu'à cinq armées en mesme temps, & des debtes qu'il auoit acquittées, outre la rançon du Roy Iean son pere, & le domaine qu'il auoit racheté, ioint le peu de temps qu'il auoit regné, qui ne fut que dix-sept ans. Si apres tant de despenses & vn si petit reuenu, il laissa vn thresor, & qu'on deust encor mouler vn cerf d'or, à la forme de celuy qui fut fait au Palais de son temps, les finances qu'il auoit amassées, furent bien mesnagées, & passerent par les mains de gens de bien.

[a] Bod. lib. 6. de rep. c. 2.

[b] Gaguin lib. 9.

Charles sixiesme son successeur ne leua que quatre cens cinquante mille liures, quarante ans apres. Charles septiesme pour toutes charges & domaines, se porta iusqu'à dix-sept cens mil liures, comme il se void en la Chambre des Comptes de Paris: & toutesfois la taille commença d'estre de son temps en forme d'impost ordinaire, quoy que fort petite.[c] Loüis vnziesme à cause de ses affaires, & des guerres qu'il eut, fit monter le chapitre general de l'entiere recepte, sur la fin de son regne, à quatre millions sept cens mille liures; mais Charles huictiesme son fils estant paruenu à la Couronne, à la requeste des Estats tenus à Tours, il en fut retranché douze cens mille liures, tellemẽt que lors du decez de ce Roy, toutes les finances compris le domaine qui montoit vn million de liures tous les ans par estimation, ne reuindrent qu'à deux millions cinq cens mille liures. Loüis douziesme fut chargé de guerres, eut des ennemis puissans, & fit deux voyages en Italie, & laissa neantmoins

[c] 18c oc. liures.

le Royaume bien acquitté. François I. fut de mesmes obligé à faire de tres-grandes despenses, ne leua que trois millions de liures, & laissa vn million d'or sept cens mille escus, auec le quartier de Mars, qui estoit à receuoir. Henry second fut si bon Prince, & si liberal, qu'il ne refusa rien à personne; tellement qu'en l'espace de douze ans, qu'il regna, il espuisa les finances du pere. Les impositions furent plus grandes qu'auparauant, & il laissa des debtes à ses enfans pour quarante deux millions, dont l'estat des finances se trouua chargé, ce qui fut cause que Charles neufiesme estant venu à la Couronne, & les Estats tenus à Orleans, luy ayans fait vne semblable requeste que ceux de Tours à Charles huictiesme, elle n'eut point d'effet; car la necessité des affaires obligea d'augmenter les charges plustost que de les diminuer. Les guerres qui accablerent son regne, ne permirent pas la suite & continuation du bon reglement qu'on y auoit mis la premiere année. Le reuenu des finances de France augmenta de beaucoup sous ces derniers regnes à cõmencer par Henry II. & finir par Henry III. car il fut de quinze millions sept cens trente-trois mille, six cens & tant de liures, & outre ce il se trouue auoir esté leué, ou sur le Clergé, ou sur le peuple en deniers extraordinaires & casuels, iusqu'à cinquante deux millions sept cens septante sept mille sept cens & tant de liures; & Bodin [a] faisant consideration du prix des choses sous les regnes de Charles VI. & Charles IX. supputant là dessus, & induisant la proportion, dit que l'estat des finances n'estant que de 450000 liures sous le premier, il n'estoit gueres moindre que celuy de quatorze millions de liures, sous le second. Henry III. fut vn Prince fort liberal, & porté au soulagement du peuple: mais il n'en eut ny le moyen, ny le temps. Les regnes suiuans ont leurs considerations particulieres, & les finances de France sont montées à present si haut, que leur valeur est comme inestimable, & pout estre en estonnement aux Estats voisins, & donner de la terreur à tous les ennemis de l'Estat, pour donner à cognoistre en mesme temps la puissance & la grandeur de ce Royaume, auec la fidelité & la richesse de ses habitans. Le reuenu de France a tousiours consisté en deniers ordinaires, ou extraordinaires. Les deniers ordinaires n'estoient autresfois que ceux du domaine du Roy, & de la Couronne, & les extraordinaires tous ceux qui se leuoient outre le domaine, consistãt aux tailles, aydes, equiuallẽts, taillon, imposition foraine, Doane, & autres semblables. Mais à present l'ordinaire comprend tout ce que dessus, voire mesmes les parties Casuelles, & les Decimes dont le Roy fait estat asseuré, comme du reste, & l'extraordinaire se trouue quasi reduit aux creations de nouueaux Officiers de Iustice, & de finances, à diuers partis, & à plusieurs leuées qui se font à temps, & pour vne fois, à quoy l'on peut adiouter l'augmentation des decimes, & ce que le Clergé fournit agreablement au Roy, tant és occasions qui se sont offertes, & où son interest s'est rencontré, qu'autrement. Les deniers ordinaires sont certains, & comme immuables, les extraordinaires sont incertains & muables.

[a] Li. 6. de rep. c. 2.

Deniers ordinaires.

Le reuenu des deniers ordinaires au cours d'apresent, & par années communes, peut reuenir, & monte depuis quelques années à quarante millions de liures, & les deniers extraordinaires ont peu faire la moitié, ou prez des deux tiers de ceste somme-là; de sorte que le Roy peut tirer tous les ans de son Estat, soixante millions de liures, voire d'auantage, és trois articles, qui ont esté supputez pour l'vne des dernieres années, [b] sçauoir au reuenu des cinq grosses Fermes de France, de celle du grand party, qui est la Ferme generale des gabelles, auec celles du Languedoc, Prouence, Dauphiné, & autres Prouinces, qui s'est porté iusqu'à vingt six millions de liures, sans diminution des charges; en celuy des tailles, taillon, cruës des garnisons, & autres y iointes, à trente-six millions; & finalement és moyens extraordinaires, & nouueaux partis, qui se montent à vingt millions, ce qui rend vne somme totale beaucoup plus grande. Le grand party seul, qui sont les gabelles affermées pour les generalitez de Paris, Soissons, Amiens, Chaalons, Roüen, Caën, Orleans, Tours, Bourges, Moulins, & Dijon, va d'ordinaire à la somme de cinq millions huict cens huictante-huict mille trois cens & tant de liures. Celle du Languedoc vnie & iointe auec les gabelles de Prouẽce, Dauphiné, Lyonnois, & Doüane de Valence, auec la fourniture & introduction des sels de Pecais és pays des Suisses, Valais, Duché de Sauoye, & ville de Geneue est venuë à quatre millions trois cens mille liures, par bail fait en Octobre 1632. La ferme de la foraine du Languedoc a porté iusqu'à trois cens septãte deux mille liures. La Doüane de Lyon seule, cinq cens mille liures, & celle de Valence aussi affermée separement en l'année

[b] 1631.

1622. porta par chacun an deux cens trente-deux mille liures. La ferme generale des Aydes seule a porté deux millions sept cens mille liures. Les diuerses fermes & reuenus du Royaume en diuerses Prouinces, pour les droits imposez sur le vin, ou autrement, pourront estre mentionnez cy-dessous, pour faire mieux cognoistre la richesse du Royaume, qui augmente tous les iours, & se rend inespuisable.

Reuenus du Clergé. Les reuenus du Clergé de France ez Archeueschez, Eueschez, Abbayes, Cures, & autres benefices, par le compte & calcul fait sous les regnes de Henry II. & de ses enfans, ont monté à dix-huict millions deux cens mil liures, toutes charges desduites, les dismes à trois millions, & ce que le Pape en tire, à deux millions: mais ils ont esté depuis meliorez, & ont augmẽté de beaucoup: ce qui se peut iuger par le nombre des places & maisons des Ecclesiastiques, qui est de 9000. & 259000 metairies. Le Roy à present regnant, à diuerses occasions, pour les guerres contre ceux de la Religion pretenduë reformée, en a retiré de grands secours, sçauoir en 1621. iusqu'à vn million d'or; en 1622. trois millions six cens mille liures; en 1626. quinze cens mille liures, outre vne imposition ordinaire de cent cinquante mille liures, faite pour augmentation de decimes; en 1628. que la Rochelle fut assiegée, trois millions de liures; & en l'année 1635. il y eut encore octroy fait au Roy, pour les guerres par luy entreprises, de trois millions cinq cens mille liures: ce qui marque combien est puissant le Clergé de France, & combien grands sont ses reuenus: le Roy en experimente l'affection à son seruice, par l'assistance qu'il reçoit en la necessité de ses affaires: & ce sont les dons gratuits octroyez extraordinairement au Roy, outre les decimes.

Domaine du Roy. Le Domaine du Roy, & de sa Couronne ne consiste pas en impost ou tailles, ains il est deu, comme estant expressement vny & incorporé à la Couronne, estant reputé le sacré doüaire de la France, & le patrimoine de ses Rois, l'vn des principaux nerfs de son Estat. Il ne peut estre alienẽ qu'en deux cas, sçauoir pour l'appennage des enfans de France, auec la charge de retour à la Couronne, en defaut d'hoirs masles; & en deniers contans pour la necessité de la guerre, & des affaires de l'Estat, auec faculté de rachapt perpetuel. [a] Le Domaine est ou immuable, consistant en reuenu perpetuel, qui ne croist, ny ne diminuë, en censiues, droits & redeuances ordinaires en especes de fruits, ou tailles domaniales, pour droit de Seigneurie appartenant au Roy sur ses sujets, ou leurs heritages, leuées sans forme d'impost: ou muable, qui peut changer, croistre ou diminuer, & se baille à ferme, cõme les Greffes, Tabellionages, & autres droits, outre plusieurs sortes d'autres domaine casuel, d'Espaues, Aubeine, bastardise, lots & ventes, biens-vacans par desherance, amendes, confiscatiõs, forfaitures, coupes de bois, & profits de forests, qui ont esté autresfois d'vn tres-grand reuenu aux Rois de France, garennes, chasses, &c. Le droit des monnoyes est aussi du grand domaine de la Couronne: Les naufrages, & autres aduentures, gardes de sous-aage ou gardes Nobles. Tout ce domaine du Roy consistant en diuers droits, qui ne sont de ce lieu, & en grande quantité de terres & Seigneuries, se trouue auiourd'huy engagé, ou alienẽ. Bodin [b] escrit que de son temps il y en auoit d'engagé pour quinze ou seize millions, qu'il estime plus de cinquante millions, pour auoir esté les terres alienées au denier dix, ou moins, qui estans rachetées & affermées rendoient de grosses sommes au Roy, capables d'entretenir sa maison. Mais depuis la chose a bien augmenté, puisque durant la charge du Marquis de la Vieuuille sur-Intendant general des finances, il y a quinze ans ou enuiron, il y en auoit a racheter pour quatre-vingts millions.

a Ord. de C. 9. 1566. ar. 1.

b Lib. 6. de rep. c. 2.

Taille. La taille est vn nom d'impost, auquel se joignent plusieurs autres especes, sçauoir l'aide, l'octroy, cruë, solde de cinquante mille hommes, emprunts, &c. qui tous ont leur naissance, & leurs causes dans la necessité de l'Estat, & des affaires de la guerre. Le fonds ou immeuble qui n'est pas noble, & les personnes non exemptes en supportent la charge, suiuant les Prouinces & païs où la taille est reelle, ou personnelle, ou mixte. Au païs coustumier on distingue le principal de la taille, auec les creuës y jointes, d'auec la grande creuë, ou extraordinaire pour l'entretenement des garnisons. Le taillon a esté estably & imposé pour la guerre & le payement de la gendarmerie, qui se leuoit autrefois par les mesmes Receueurs des tailles. De tous ces imposts le Roy tire vn secours certain & asseuré, qui ne cõsiste pas en afferme & hazard. Ils ont leurs officiers commençans par vingt-deux, ou vingt-trois mille collecteurs, suiuant le nombre des Parroisses qu'il y a en France. La taille peut augmenter, ou diminuer, & le Roy pour le soulagement du peuple, peut vser de remise, ou de rabais, quoy qu'elle semble auoir pris vn tel pied & racine, que la diminution est moins à esperer que l'augmentation. L'année 1612. & les precedentes, la taille reuenoit à dix-huict millions de liures : mais comme la France augmête toûjours, & en reuenu, & pour le prix des choses, comme il a esté remarqué cy-dessus, apres vn Escriuain moderne,[a] elle a doublé depuis quelques années : mais la bonté du Roy, & le changement des affaires, par la paix auec ses voisins peuuent faire cesser les foules du peuple auec les despenses de l'Estat.

a. Bod. Ibid.

Aydes & Equiualent.

Les Aydes, ou l'Equiuallent en leur place, où elles n'ont point de cours, & où il sert d'ayde à l'ayde, sont vne imposition tres-ancienne, puis qu'aucuns ont creu que l'imposition du huictiesme sur le vin, estoit de l'année 460. sous le Roy Childeric, & l'equiuallent de l'an 1360. à ce que la commune opinion rapporte l'origine de la taille au regne de Charles septiesme, qui commença en l'an mil quatre cens vingt-trois. Les Aydes sont vne imposition de douze deniers pour liure, de toutes denrées & marchandises, & particulierement du vin vendu en gros, & encor le quatriesme, & le huictiesme de celuy qui est vendu en detail. Les Prouinces, où les Aydes n'ont point de cours, sont le Languedoc, la Prouëce, le Dauphiné, la Bourgogne, & la Bretagne. La principale imposition d'Equiuallent, ou Equipollent, est en Languedoc, où il se monte à vne notable somme, fort asseurée au Roy, enuers qui le general du pays en est caution, & se leue sur le vin, chairs, poissons, & autres denrées venduës en detail. Elle s'afferme par le pays au profit du Roy, & les Receueurs generaux de ses finances en reçoiuent les deniers. Les Aydes aux autres Prouinces de France ont leur fermier general.

Cinq grosses fermes.

Les cinq grosses fermes de France consistent, premierement és droits d'entrée des drogueries & espiceries; secondement, és droits d'entrée des grosses denrées, & marchandises; tiercement és droits de sortie desdites marchandises, traite foraine, resue, haut passage, ou domaine forain : En 4. lieu és droits de sortie de cinq sortes de marchandises, sçauoir grains, vins, laines, toiles, & pastel, appellez traite domaniale: 5. és nouueaux cinq sols imposez sur chacun muid de vin, & autres vaisseaux à l'equipollent & proportion, entrans dans les gros bourgs & villes closes. Ces fermes regardent les Prouinces de Normandie, Picardie, Champagne & Bourgogne.

L'imposition foraine en France, & païs coustumier, est entenduë sous le nom general des Aydes, auec ceste difference, que l'imposition foraine est vn tribut leué sur toutes les marchandises entrans & sortans hors du Royaume, par les villes frontieres, qui sont certains ports & havres à ce destinez & ordonnez[b] dans toutes les Prouinces de France, esquelles villes les Aydes n'ont point de cours : & les Aydes se leuent aux autres villes closes du Royaume, sur toutes les marchandises y entrans, pour les y vendre, mesmes par les regnicoles.

c. Ordonnances ch. 9. Henry troisiesme.

Les fermes de la Foraine en Languedoc, & autres Prouinces, sont des droits leuez sur les denrées & marchandises qui sortent hors du Royaume, pour estre transportées en Espagne, Italie, & autres Estats estrangers. Celle de la Doane de Lyon, Valence, & Calais, sont des droits leuez sur les marchandises qui entrent en France, & sont apportées d'Italie, ou d'ailleurs, *quæ exportantur* & *importantur*.

Il y a plusieurs autres droits affermez en France, dont reuiennent de grands deniers au Roy ; & outre les droits de traitte Foraine, Aydes, & autres, le Roy en leue aussi sur les cuirs, peaux, poissons de mer, pied-fourché, pied-rond, papier & bieres venduës, eschangées, ou données en toutes les villes, bourgs, ports, & havres du Royaume, & en toutes foires, marchez, & apports, excepté la ville & faux bourgs de Paris ; ce qui a esté ordonné en supprimant & remboursant certains offices de police, de vendeurs, controlleurs, marqueurs, & visiteurs desdites marchandises, & vnissant au domaine du Roy les droits à eux attribuez,[c] lesquels droits affermez portent au Roy la somme de douze cens mille liures. En diuerses Prouinces & païs de France, il y a aussi des droits affermez sur les sels, bois, vins, cidre, poiré, & autres boissons, bestial gros & menu, pastels, garences, & autres especes sortans, ou passans par les villes : comme en Anjou, Orleanois, Guyenne, Bourgongne, &c. particulieremêt sur les sels, sur le vin, qui croist en abondance en plusieurs pays du Royaume, & est porté à Paris, Lyon, Bretagne, Picardie, Normandie, & ailleurs, & du tout le Roy reçoit profit, droits, & reuenu. Tels sont les peages & impositions le long des riuieres de Charente, & de Loire, les traites d'Anjou, & de Poictou, impost de Moulins, police des draps, &c.

c. Declaration du Roy, du 16. Feurier 1635. verifiée en la Cour des Aydes de Paris le 16. May ensuiuant.

Par octroy des Papes, & outre l'alienation que les Rois de France ont faite du Do-

temporel des Ecclesiastiques, ils reçoiuēt de toutes gens d'Eglise possedans benefices de reuenu ordinaire & perpetuel, la taxe ordonnée & faite sur eux par le Clergé de Frāce, ou ses deputez, exceptées les personnes, maisons & Communautez exemptes. Pepin le Bref faisant voyage en Italie contre les Lombards obtint des Ecclesiastiques vne decime de leurs reuenus; Philippes Auguste, long-temps apres, sur le bruit du siege de Ierusalem par Saladin, en obtint vne autre, qui à cause de ce fut appellée Saladine;[a] sous le Roy sainct Loüis, & le Pape Innocent III. le Concile de Latran permit & autorisa les decimes pour les voyages de la Terre-saincte, & Clement cinquiesme seant en Auignon les octroya au Roy Philippes le Bel, pour cinq années. Sous François premier en l'an 1537. elles ont esté conuerties en subside ordinaire. Henry second crea les Receueurs des Decimes. Sous Charles neufiesme, à cause des guerres ciuiles fomentées par la Religion pretenduë reformée receuë en France, elles ont esté entierement establies & autorisées.

a Gag. li. 6.

Les Parties casuelles, auec les moyens extraordinaires, prouenans de diuers partis, & de la creation de nouueaux offices, auec les taxes & prix des offices vacquans faute de payer le droit annuel, sont vn reuenu incertain. Les droits de resignation, & prouision des offices, auec la Paulette, ou droit annuel payé par les officiers autant de temps qu'ils y seront receus par le Roy, sont plus asseurez, dequoy il sera parlé en la charge du Thresorier des Parties casuelles, en traittant du Gouuernement de France.

Ce sont les sources des deniers, & des finãces du Royaume, qui ne tarissent point. Quelques Escriuains estrangers[b] en ont voulu deduire par le menu, & sommer les reuenus, publiants l'abondance de ses viures, & la commodité de les porter par eau sur ses belles & grandes riuieres, pour nourrir iusqu'à cent cinquante mille hommes, sans compter les garnisons, comme il fut fait du temps de François I. lors que Charles V. Empereur entra dans la Champagne. Mais le compte qu'ils en font[c] de vingt-trois millions trois cens mille liures par an, & d'vn million cinq cens mille liures par mois, apres auoir deduits les frais, & les despẽces du Roy, & de son Estat, ou bien de vingt-cinq millions,[d] se trouue fort court à present, n'ayans pas mesmes bien entendu la puissance & la richesse de France, de leur temps. Les despenses de l'année 1626. furent de cinquante millions, & celle de 1623. reglée par le Marquis de la Vieuuille, en temps de paix, fut de trente-cinq millions.

b Allemands, & Italiens.

c Raw Append. col. c. 5.

d Bocalin pietra di parag.

Despense.

Si la France a de grands reuenus, elle supporte aussi de grandes despẽses en guerre & en paix. Elle subuient à l'ordinaire & à l'extraordinaire. La despẽse de la maison du Roy est fort grande, auec celle de ses gardes, qui sont les plus nobles, & les plus belles de Prince de la Chrestienté. Les gages & appointemẽs des Officiers de la Couronne, & autre despense de l'Estat en gros, les garnisons, gens de guerre, artillerie, fortifications & reparations des villes & places, appointemens & Estats des Gouuerneurs des Prouinces, Ambassadeurs & autres, sont despenses ordinaires, Les gages de tous les Officiers des Prouinces, Cours souueraines, & autres, des Vniuersitez & Colleges, se payent des deniers recueillis sur les lieux, & en sont les charges ordinaires, en diminution de ce qui en viendroit en l'Espargne. Il y a de plus les rentes, pensions, & interests que le Roy paye, auec les autres deniers, qui se payent par ordonnance, les desdommagemens & rabais des Fermiers, les nonualeurs, & parties inopinées, aduances, & deniers en acquit, secours des alliez, pensions ordinaires & extraordinaires aux Suisses, Grisons, & autres; bastimens, ponts, & chaussées, entretenements d'armées, galeres & vaisseaux de guerre. La grandeur & la richesse du Royaume paroissoit en sa despense, sans qu'il y ait des mines d'or & d'argent, ou que le Roy tire rien des Indes; & les Royaumes qui les composent, ou ceux qui les commandent, ne peuuent se glorifier d'vne pareille abondance de reuenu. La France n'apprehende pas que la flotte des Indes soit prise, ses reuenus estans certains & asseurez. Le sur-Intendant general des finances de France est en effet le grand Maistre des mines, & ces deux charges ayans esté jointes en la personne du feu Mareschal d'Effiat, la rencontre & remarque de ce grand genie Monsieur le Cardinal-Duc de Richelieu en furent bonnes, au retour du siege de la Rochelle, en l'année mil six cens vingt-neuf, l'à où dans l'extreme despense qui y fut faite, rien n'auoit manqué, & les gens de guerre auoient esté fort bien payez.

Traffic.

Si ce Royaume abonde en finances, & est grandement pecunieux, cela procede de la bonté & fertilité de son terroir, qui produit toute sorte de fruits, & du cõmerce & traffic qui s'en fait, auec l'industrie du François dedans & dehors le Royaume: comme nous l'auons touché, en traittant la qualité, & les mœurs de la France, & parlé de ses bleds, lins, sels, vins, chanvres, toiles, huiles, pastels, & autres fruits & denrées, & mesmes de ses mines d'or, d'argent, & autres metaux. Comme l'Espagne est sterile, hors de l'Arragon, & Grenade, ses habitans ne peuuent éuiter de venir en France pour y prendre du bled, des toiles, des draps, du papier, des liures, & iusqu'à la menuiserie, & les ouurages de main; & en eschange ils donnent l'or & l'argent, auec les espiceries, qu'ils vont querir au bout du monde; tellemẽt que leurs pistolles chez eux sont marque de richesse; & portées en France, elles y tesmoignẽt leur pauureté, comme disoit Henry IV.[a] Le Languedoc, la Prouence, & le Dauphiné pouruoient de bled la Toscane, & la Barbarie. L'Anglererre, l'Escosse, la Nordwege, & la Suede ont des minieres d'or & d'argẽt, qui se baille pour les vins, les safrans, les pruneaux, les pastels, & les sels de France. La chaleur qui defaut aux peuples du Nord, les priue de ce dernier, & la chaleur trop ardente, par delà le quarante-deuxiesme degré, rend le sel d'Espagne trop corrosif; d'où vient qu'il nuist aux personnes, & gaste les salures, aussi bien que celuy de Naples & de Pologne. Les sels de la Franche-Comté, & de Hongrie, n'approchent pas de la bonté de celuy de France; dont les Indes Orientales sont les bleds, les vins, & les huiles, du costé du bas Languedoc, & de la Prouence: & les Occidentales, du costé du haut Languedoc, & de la Guyenne. Les vins, & les draps vont iusqu'en Argel, auec autres marchandises, denrées, & mangeailles. Les mulets d'Auuergne vont en Italie, & en Espagne; ceux du Dauphiné en Piedmont, & en Italie; & pour les mules du Roüergue, il en passe si grande quantité en Espagne, ou elles se vendent si bien, qu'on a fait compte qu'il s'en tire par années communes iusqu'à deux cens mille escus. Il n'est pas iusqu'aux moindres marchandises, qui ne s'y portent de Lyon, de Paris, & d'ailleurs, espées, miroirs, esguilles, &c. Les escriuains Italiens ont sommé la valeur des toiles, cadis, vins, & autres fruits tirez du Lãguedoc, de la Gascogne, Bretagne, & autres endroits pour la Flandre, & trouué se mõter à vn million de ducats tous les ans. En l'année 1631.[b] le trafic des toiles fut trouué d'vn tres-grand profit en la coste de Barbarie, pour y auoir à gagner cẽt pour cẽt, à payer en lingots d'or que le Roy de Marroc laissa emporter en France, mais non l'or mõnoyé. Le Cõmandeur & Admiral de Rasilly, & Chalart Vis-admiral, de l'ordre du Roy, & du Cardinal-Duc de Richelieu, sur-Intendant general du Cõmerce, traitterent alliance auec ce Royaume-là, & establirent des Consuls François, comme il y en a en Argel, auec des boutiques de marchandise ouuertes à Tripoly, en Alexandrie, au Cayre en Egypte, au Barut, & autres lieux sujets au Turc; où les François ont credit, & dans les Royaumes de Fez & Marroc, de mesme que les Venitiens & Genouois. La banque de Lyon a correspondance non seulement par toute l'Europe, mais en Asie & en Afrique mesmes. La Gascogne void chez soy les Espagnols, Anglois, & Flamans. Marseille, Bordeaux, la Rochelle & Roüen cõmuniquent auec les nations estrangeres.

[a] Math. au Paneg. d'Henry quatriesme.

[b] Merc. Frãç.

La bonté & la diuersité des marchãdises y est grande, en draps, cadis, sarges, & autres, qui se transportent en diuers endroits du Royaume, & aux païs estrãgers, sçauoir les draps d'Aumale, du Puy, du Poictou, de Roüen, appellez de seau, d'Arnetal, de Meaux, de Prouins, Rosay, Crespy, Montauilliers, Elbœuf, Louuiers, Gruchet, Lorry, Chastillon sur Indre, Chartres, Constance, Cherbourg, Constantin, Vallagues, Senarpont, Gamaches: mais principalement de Satte à Carcassonne, de Romorantin & de Berry, qui sont bons & forts par excellence, d'Abbeuille; les sarges, estames, & cadis de Beauuais, Nismes, Vsez, & des Ceuenes qui se transportẽt bien loin: d'Orleans, Chartres, Bourges, Tours, Caën, Amiẽs, Roüen, Fescamp, Dieppe; estamines, & burats de Rheims, d'Auuergne, de Nismes, Vsez, & des Ceuenes; couuertes de Mõtpellier; tapisseries d'Auuergne, Felletin, & la Marche; laines de Dauphiné, Languedoc & Prouẽce: lins de Beauuais, au terroir de Bulde, où les Flamãs & les Hãnuyers les viennent prendre: fil & toiles de Chasteaugontier & Craon: fil blanc & teint de Paris & Lyon: fil d'Espinay, la Flesche, Beaufort en Valées, Nogean: toiles de France, Champagne, Roüen, Laual; Bresse, Bretagne, Anjou: papier de S. Rambert, S. Vallier, du Puy: parchemins de Lamballe en Bretagne, & de Normãdie: quinquaillerie de S. Estiẽne en Forez, qui est trãsportée bien loin: couteaux & ciseaux de Tiers, Moulins, Toulouse, Montpellier, Montauban, Paris, &c. Horloges, & mõtres de Paris, Montpellier, & par excellẽce, à Blois. Esmail ouuragé de Limoges, où l'on trauaille fort biẽ, & à Neuers, en fer & en verre: Camayeuls du Puy

Draps, sarges, cadis.

Draps de Soye. Par Edict du Roy Henry quattriesme en l'an 1599, l'entrée des draps de soye, d'or, & d'argent, & autres manufacturez & trauaillez hors du Royaume, auoit esté interdicte: ce qui fut ordonné à la requisition des marchands de Tours; mais à l'instante sollicitation de ceux de Lyon, qui allegerent le prejudice que le Roy en receuoit pour les deniers de la Doüane, & la ruine des Foires de leur ville, importante au Royaume, l'Edict fut reuoqué, lors que la Roine mere entra dans Lyon [a]. Le mesme Roy prit soin de faire porter à Paris quinze ou vingt mille plants de meuriers, qui vindrent bien aux Tuilleries & ailleurs, & d'establir des Commissaires pour en fournir le Royaume, dequoy il y eut des Côtracts passez en Octobre mil six cens deux, auec des marchands de Paris, pour le fournissement des generalitez de Paris, Orleans, Tours & Lyon, confirmez par Lettres Patentes: ce qui a contribué à la richesse de la France, & l'a déchargée de pres de quatre milliõs de liures, pour auoir d'Italie des draps de soye, & les soyes mesmes, dont les vers se font & se nourrissent des beaux meuriers du Languedoc & de la Prouence, dequoy il a esté parlé ailleurs. Il se fait à Tours des bons tafetas, panes & autres étoffes, qui se trauaillent mémes des soyes portées du Leuant, & se transportent en Italie.

a 1600.

Fruicts. Outre les fruicts & denrées principales, que nous auons mentionnées cy-dessus, la France en a encor de toutes sortes, qui se consument dans le pays, ou qui se transportent, comme les raisins secs & les figues du Languedoc & de la Prouence, les formages d'Auuergne & de Roquefort en Roüergue, la manne du Dauphiné & de la Prouence, les roses de Prouins, dont se fait vne conserue, les chastaignes du Dauphiné, de Lyon, haute Prouence, Ceuenes, Geuaudan, le Velay en Languedoc, Auuergne, Limosin, Perigord & autres endroits de la France.

Mines. Nous auons parlé des mines d'or & d'argent, qui se trouuent en France, & qui s'y pourroient découurir, tant aux Pyrenées qu'en Geuaudan, Roüergue, & ailleurs, où les Alemands croient qu'il s'en trouueroit des veines qu'il faudroit couper, particulierement d'alun à suffisance pour tout le Royaume, sans qu'il fust besoin d'en receuoir d'Italie, qui en couste pres d'vn million de liures. Le pays de Foix a des mines de fer, & force bestail. La Bretagne, du fer, du plomb & de l'argent. Le Perigord, du fer & de l'acier, auec grand trafic de pourceaux, qui se traduisent en Espagne. Il a esté parlé des marbres, qui n'y manquent point, blancs, noirs, madrez, jaspés, serpentins.

Industrie. L'industrie des François a esté remarquée ailleurs, auec leur trafic, & peut estre ramenteuë icy, pour estre d'vn grand reuenu, & causer la richesse du general & du particulier. La culture de la terre, qui est celle dont procede tout, leur est fort cognuë, & ils s'y addonnent plus que toute autre nation. Les Espagnols qui sont assez paresseux, se seruent de leurs œuures: On a veu autresfois à Valence iusques à dix mille François trauaillans à cultiuer la terre, ou qui estoient artisans de toutes sortes, voire des plus ingenieux & industrieux: sçauoir, Menuisiers, Tourneurs, Tailleurs de pierre, Peintres, Sculpteurs, & autres. Il y en a aussi grand nombre en Italie, & par tout les François ont boutiques & magazins ouuerts, particulierement en Espagne, & iusques au Leuant, comme il a esté dit. Les laines de Constantinople portées en Languedoc, sont lauées pres de Montpelier, filées dans les Ceuenes, & tissuës en sarges & cadis à Nismes, & à Vsés, d'où elles sont transportées iusques en Barbarie.

Richesse de Paris. La seule ville de Paris fait vne bonne partie des richesses de la France, & seroit capable d'entretenir vne armée. Les Alemands qui écriuent tout, ont rapporté du Duc de Wirtenberg, qu'ayant veu Paris, il luy sembla bien qu'elle auoit autant de peuple qu'il y en pouuoit auoir en toute sa terre. Vn Autheur moderne [b] parlant de son abondance, a écrit qu'estant aduerty vn iour à l'aduance, auec trois personnes, sçauoir, vn Cabaretier, vn Pastissier & vn Viuandier, pour douze cens escus, il se promettoit de traiter douze personnes, aussi splendidement que Luculle a iamais sceu faire à Ciceron, Pompée & autres Grands de son temps. Elle reçoit de l'argent de toute l'Europe, & a plus de vaisselle d'argent que le reste de la France, plus d'argent monnoyé, & de marchandises, que l'vne de ses meilleures Prouinces. Son escarlate se porte iusques en Asie & dans la Chine: Les marchandises du Palais vont par toute la France, & dehors. Tout son voisinage se fait riche par la debite de ses denrées, ou bien elle l'affame, tellement qu'il y fait plus cher viure que par tout ailleurs

b Vigen. sur T. Liu. Math. en son hist. liu. 5.

Forces des Gaulois.

Le grand nombre des peuples de la Gaule, & de leurs combatans, leur propre valeur & nourriture à la guerre, leur caualerie & leur fortes armes, rendirẽt les Gaulois considerables, plustost que leurs places ou villes closes, au lieu desquelles ils n'eurent au commencemẽt que des forests & de méchans bourgs. Ils multipliẽrẽt si fort, que s'ẽ estãs formés diuers peuples, iusqu'à 315 épãdus & logés en vn grãd nõbre de bourgs, où estoient quelques villes, ils furent obligez de s'attrouper, & dresser de grosses & puissantes armées, pour décharger d'autant leur pays, & s'en aller ailleurs conquerir de nouuelles terres; de sorte que leurs colonies s'épandirent par les plus riches & fertiles regions de l'Europe & de l'Asie. Les Anciens[b] ont descrit & publié leurs diuerses conquestes, & les[c] modernes en ont recueilly les voyages. Ils furent en Italie, où certains Autheurs disent[d], qu'ils ruinerẽt quelques villes, & Rome mesme, & y en fonderent & bastirent plusieurs autres: sçauoir, Milan, Gennes, Aquilée, Verone, Padouë, &c. La ville de Venise par les mesmes Anciens,[e] a son origine de ceux de Vannes en Bretagne, dits *Veneti*. Les Alpes furent appellées Celtiques a cause d'eux, qui les trauerserẽt les premiers, & non Italiques[f]. Ils passerẽt aussi en Espagne, dõt vne partie en fut dite *Celtiberie*, des Celtes ou Gaulois, & des Iberiens, ou Espagnols meslez & alliez ensemble[g], cõme Ptolemée fait mention aussi de quelques peuples Celtiques Bætiques. Le nom de Portugal donné à l'ancienne Lusitanie, marque la méme chose, comme Ptolemée[h] mentionne en ce pays-là quelques villes Gauloises. La Galice tesmoigne le méme, ce qu'vn Geographe[i] Espagnol de natiõ a accordé, & les Artabres qu'il y marque, descẽdus des anciẽs Atrebates, sont encores aujourd'huy appellez Gallesques, où est aussi la ville *Gallica Flaua*[k], à presẽt Fragade. L'Isle de Cadis proche de l'Espagne, appellée Celtique par Ptolemée, auec la ville de *Gallis*, qui y est encore, ne nuisẽt pas à cette opinion. L'Angleterre,[l] ancienne Britannie, est vne de leurs colonies: sçauoir, des Gaulois Belges, Pictes, Normãds & Picards. Albion, plus ancien nõ de l'Isle, peut auoir esté pris des Albiens ou Albigeois. Mais les contrées de Galles, ou Walle de Cornoüaille, c'est à dire, *Cornu Gallia*, & de Gallonidie en Escosse, retiẽnẽt le nom de leurs premiers autheurs & fõdateurs. Ils ont esté en Alemagne, par les Tectosages, logez pres de la forest Hercynie[m], où ils se maintindrẽt aussi lõg-tẽps, que les Gaulois, dit Cesar, surmonterent les Germains en la gloire des armes. Le Royaume de Boheme est des Boiens[n], & les Boiens sont Gaulois, puis que Strabon[o] les loge pres des Heluetiens. Les Gothins, autre peuple Germanique, ont parlé le langage Gaulois[p]. Les Valées d'Andeguste & Voluacene, ainsi qu'a remarqué vn Commentateur de Tacite[q], comme peuples extraits des Andes ou Angeuins, & des Bellouaces ou Beauuoisins, en sont des colonies. La forest Senone en Alemagne, c'est à dire, *Senonum Nemus*, a esté aussi habitée de ces peuples renommez, qui saccagerent Rome sous Bellouese. Ils coururent l'Asie mineur & la Macedoine, sous Brennus, auec cent cinquãte mille hommes de pied, & quinze mille cheuaux[r]. Brennus fut à Delphes, & y mourut[f]. Sous l'Empire de Probus, ils furent dans la Libye[t]. Le nom des Celto-scythes dans les Geographes marque qu'ils ont penetré iusques-là; les anciens[u] les portent insques au Lac Meotide ou Mer Noire, où ils cognurent & combatirent les Nations Septentrionales, Hongrois, Esclauons, Polonois ou Russiens[x], auparauant Ruthenois, yssus des Roüergats, comme les Carnes[y] Italiens, des Carnutes ou Chartrains.

Le nombre de leurs combatans fut tousiours fort grand; Luceric pere de Bituite Roy des Auuergnats, en auoit deux cens mille[z]; Bituite en eut six vingt mille & dauantage, lors qu'il fut defait par Fab. Maximus[aa] Les Tournaisiens, *Neruij*, resistans à Cesar, estoient en nombre de soixante mille, & combatirent iusqu'à ce qu'il n'en resta que trois cens[bb]. Sacrouir d'Autun, *Eduus*, auoit quarante mille hommes auec luy[cc].

Leur valeur n'a esté cõtredicte, de persõne, puisque Tite Liue leur ennemy, ne la dénie point[dd], non plus que Cicerõ[ee], disãs que c'est vne nation née entre le fer & les armes, farouche ou cruelle, & formidable au peuple Romain, dõt les Prestres n'auoient pas exemption d'aller à la guerre, s'il estoit question de se defẽdre aux Gaulois[ff] Ils aimoient tellement cet exercice, qu'il n'estoit pas permis aux enfans de

Marginal headings: Conquestes. — Combatans. — Valeur.

Marginal notes: a Pauf. in Att. Cæsar in comment. Ramus de mor. Gal. — b Strabo, lib. 4 Plut. in Cat. Liu. lib. 5. dec. 4 lib 8. Iust. lib. 10 & 24. — c Pasquier & autres. — d Liu. lib 16. & aiij. — e Strab. lib. 3 & 5 Polyb. li 2. — f Athen. lib. 5. c. 1. Strab. li. 5. — g Plin. lib 4. c. 1. M Varro. Cato. orig. Diod lib. 6 c. 9. Strab. lib. 3. — h lib. 2 6. 2. — i Mela lib. 2. c. 1. — k Id. 2. c. — l Cæs. lib. 5. de bel. gall Polyd. Virg. li. 1. hist Angl. — m Cæs. de bel. gall. — n Tac. de Mor. Germ. — o lib. 4 — p Tac ibid. — q Beat. Rhen. — r Diod. Pauf. in Phoc. & Att. — s Iust. lib. 54. — t Paneg. ad Maximin. — u Plut. in Mario. — x Strabo, li. 5. Iust. lib. 11. Liu. lib 73. — y Plin. lib. 2. c. 5. — z Strabon. — aa Flor. lib. 61 — bb Id. lib. 10 4. — cc Tac. Annal lib. 3. — dd dec 4, li. 8. & alibi. — ee orat. de Prou. Consul. — ff Plut. in Marc.

voir leurs peres en public, qu'ils ne fussent en âge & en estat de porter les armes, comme dit Cesar au liure sixiéme. Les Romains[a] enuieux de la gloire d'vn peuple si belliqueux, ont allegué qu'ils n'auoient qu'vne poincte, où ils paroissoient plus qu'hommes, & qu'apres ils estoient moins que femmes: aduoüans neantmoins ailleurs[b], qu'ayans à faire à eux, ils n'auoient pas esperé de vaincre, mais de se sauuer, puisque le seul peuple de Sens[c] auoit fait trembler toute l'Italie. Les Poëtes mesmes ont chanté leur courage[d], & Aristote a écrit qu'ils ne craignoiẽt pas les tremblemens de terre, ou les flots de la mer, où ils se iettoient auec leurs espées hors du fourreau, comme pour la menacer[e], & ne sortoient pas d'vne maison qui brûloit, ou qui s'en alloit abbatue[f]. Les Gaulois de l'Asie respondirent à Alexandre apres qu'il eut vaincu Darius, qu'ils ne craignoient rien, sinõ que le ciel tombât sur eux[g]. Cete valeur extraordinaire les fit rechercher par plusieurs Princes & Estats qui auoient besoin de secours: sçauoir, par Denys de Syracuse, faisãt la guerre à ceux de Crotone; par les Epirotes, pour garder leurs villes, apres la premiere guerre Punique, à quoy ils employerẽt huict cens soldats Gaulois[h]; & par le Roy Attalus cõtre Achée[i].

a T. Liu. lib. 5. Iustin. b Sall. bell. Iugurth. c Senones. d Horat. li. 4. od. 14. e Ælian. f Id. g Strab. lib. 4. h Polyb. l. 2. i Id. lib. 5.

Armes. Ils auoient des espées longues & pesantes, sans pointe, disent Polybe & T. Liue, pour frapper & assommer leurs ennemis, pendantes au costé droit, auec vne chaisne de fer pour baudrier. Et quoy que Tite Liue die, qu'ils n'auoient point d'autres armes, en sorte qu'ils ne se pouuoient batre qu'en se meslant; neantmoins Strabon leur dõne l'arc & la fonde, voire vn certain bois, qui ietté de la main, atteignoit plus loin qu'vne fleche ou dard, qu'ils auoiẽt accoutumé d'empoisonner, ce que Cesar[k] confirme, & qu'il y auoit grand nombre d'arbalestriers parmy eux. Ils auoient aussi des haches[l], des piques ou halebardes, que Cesar[m] appelle *Gæsa*, auec des lances, dont le nom a demeuré, ou des pertuisanes, dont le fer estoit long d'vne coudée, large de deux palmes[n]. Leurs boucliers couuroiẽt tout le corps, ornez de figures d'animaux[o]. Leurs casques d'airain estoient hauts & en pointe, auec des oiseaux graués dessus, d'où vint que la legion de Cesar, composée de Gaulois, fut nommé d'Aloüete[p]. Leurs armes estoient peintes le plus souuent[q], enrichies d'or & de corail[r], & eux couuerts de chaisnes d'or & de sayes bigarrez, dequoy nous auons parlé ailleurs. Bituite Auuergnat auoit en guerre vn chariot d'argent, comme ils auoient accoustumé de se batre dans des chars, appellez par eux *Esseda*, les corps à demy-nuds, comme Polybe & Tite Liue parlans de la iournée de Cannes, le témoignent. Leurs femmes suiuoient à la guerre, exhortans leurs maris à bien faire, & y faisans elles-mesmes par fois. Les trompetes & clairons ne leur manquoient point auec de grands & effroyables cris, éleuans leurs boucliers sur la teste, & les appliquans à la bouche, chantans & dançans; ce que Tite Liue repete souuent comme vne action barbare[s], & Cesar en fait aussi mention[t].

k lib. 7. l Amm. Marc. m 3 bel. Gal. Virg. n Diod. o Strab. Polyb. lib. 3. Diod. p Suet. in Cæs. c. 24. Alauda. q Luc. lib. 1. r Plin. lib. 32. c. 2. s lib. 34. c. t lib. 5. & 7.

Caualerie. Ils se seruoient de leurs chiens à la guerre, mais bien plus de leurs cheuaux; ayans esté les meilleurs gens-d'armes de l'Europe establissans leur principale force en la Caualerie[u]. Les Gaulois liguez contre Cesar, auoient les quinze mille cheuaux dans leurs troupes, & luy-mesme s'en seruit puissamment en la guerre d'Afrique (là où vingt-cinq ou trente Caualiers Gaulois donnerent la chasse à deux mille cheuaux Maures) & contre Pompée. L'Infanterie n'estoit pas moins bonne parmy eux, pour se mesler & se batre auec leurs gens de cheual. Leur addresse estoit grande en l'vn & en l'autre[x], & leurs troupes fortes, ayans des bandes de six mille hommes[y], qui estoient d'vne mesme sorte[z].

u Cæs. lib. 7. Strab. lib. 4. Polyb. lib. 2. x Xenoph. lib. 8. y Veget. lib. 3. c. 2. z Cæs. lib. 4.

Forme de cãper. Ils campoient assez nonchalamment sur les bords des riuieres[aa], ou sur les riuieres mesmes, dans des basteaux liez ensemble: Ils se couuroient du ciel, & se remparoiẽt de la terre: s'ils se logeoient au pied des montagnes, les Romains gagnoient tousiours le dessus: Leurs chars & bagages leur seruoient de retranchemẽt[bb]. Il est vray qu'ils commencerent à imiter les Romains, ce qui causa de l'estonnement à Cesar, qu'ils eussent appris à se fortifier de tours & de fossez, à remuer la terre, & à pratiquer les tortuës, les mantelets & autres inuentiõs de guerre[cc]; Toutefois ils estoient tousiours plus propres à attaquer qu'à defendre: Ils rangeoient par ordre ceux de chaque ville & bourg à part, & auoient leurs reglemens: & lors qu'ils deliberoient, si aucun osoit interrompre celuy qui parloit, il en estoit seuerement tansé par vn Sergent, qui luy imposoit silence, auec vn coutelas nud en la main[dd]. Ils agissoient sans dol, ny mesmes aduãtage de lieu, ne se confiãs qu'en leur courage, qui les portoit à ne lascher iamais le pied, & à se batre sur les corps entassez de leurs compagnons, dont ils faisoient rempart. Les Romains ne mentionnent que deux surprises prati-

aa Cæs. lib. 1. bb Cæs. lib. 1. cc Id. lib. 2. dd Strabo lib. 4.

a Liu. lib. 33. quées par les Gaulois enuers L. Postumius[a] & Sabinus, & contre Cotta, qui furent défaits. Ils se seruirent quelquefois de mines, particulierement les Aquitains, dont la terre y estoit plus propre. Leur franchise & fidelité a esté tousiours recognuë par les monumens anciens, & par les medailles batuës à Lyon, *Fides exercitus Gallicani*, pour l'Empereur Seuere, & *fides Aquitanorum*, de l'Empereur Postume[b]. La Reine Cleopatre, & Neron Empereur, les eurent aussi pour gardes du corps[c]. Apres la victoire ils estoient auantageux en trophées, & auoient accoustumé de pendre les restes de leurs ennemis au col de leurs cheuaux[e], ou de les mettre sur les portes & murailles des villes ce qui se pratique aujourd'huy en France & ailleurs, en suite des executions à mort, qui portent grand exemple soient des ennemis, ou autres.

b Xiphil. in Ner.
c Egesip. lib. 1. c. 24.
e Diod.

Soldats.

Le grand nombre des soldats & personnes suiuans la guerre, prouenoit de la coustume qu'auoient pris les nobles, riches & puissans du pays, d'attirer à eux, & tenir cõme esclaues, garde-corps, & faits à tous seruices, ceux qui parmy le peuple estoiẽt accablez de debtes, ou qui vexez par des plus grands qu'eux, cherchoient protection en la Noblesse; cete sorte d'esclaues fut appellée *Soldury*[e], traittez auec plus de ciuilité que ceux des Romains. Le mot semble en estre demeuré aux soldats d'aujourd'huy, & cete pratique causoit des guerres plus frequentes, & des factions parmy les peuples, & dans les villes de la Gaule. Tout alloit à la guerre parmy eux, & les vieillards n'en estoient pas exempts, voire les plus aduancez en âge, dequoy Cesar donne des exemples[f]. Ils ne quittoient iamais les armes, soit pour estre tousiours en guerre, soit pour estre armez d'ordinaire, méme en leurs Conseils & Assemblées publiques[g]. Ils signifioient la paix & amitié qu'ils vouloient auoir auec quelqu'vn, en prenant des couronnes de fleurs sur leurs testes, & marchans au deuant de luy, comme il fut fait à Annibal, passant par leur pays[h].

e Athen. li. 6. Cæs. lib. 6.
f lib. 8.
g Stob. li. 44.
h Polyb. lib. 2.

Forces anciennes des François.

Valeur.

LEs Francs, ou anciens Fançois, ne furent pas moins vaillans & genereux que les Gaulois. Leur naissance & nourriture en pays froid & Septentrional, fit qu'ils eurent cela de commun auec eux, qu'ils ne pouuoient pas supporter les grandes chaleurs, & qu'ils ne faisoient pas volontiers la guerre en Esté[i]. Leurs corps en Hyuer estoient plus vigoureux & capables de la fatigue: Ils alloient à la guerre fort ieunes; si le nombre des ennemis, ou l'incommodité du lieu les pressoit, ils demeuroient inuincibles, la mort & non la peur les accabloit, ayans mesme du courage apres auoir rendu l'ame[k]. S'ils auoient esté vaincus, ils laissoient croistre leurs cheueux iusques à ce qu'ils se fussent vangez[l].

i Agath.
k Sid. car. ad. Major. animoque superfunt post animam.
l Idem.

Ils furent vn grand peuple, bien aguerry, puissant en Infanterie plus qu'en Caualerie. Auec vne armée de cent mille hommes, quasi tout de gens de pied, ils vindrent en Italie, sous la conduite de Theodebert[m]; Le peu de gens de cheual qui y estoit, n'auoit que des lances ou halebardes[n]; & le reste auoit l'espée, le bouclier & la hache, a vn fer épais & aigu, qu'ils lançoient sur les ennemis au premier choc, afin de briser leur écus. Agathias[o] a décrit l'ordre de leur bataille contre Narses Capitaine & General des Romains, & sa figure representant vn Δ. Ils auoient, selon la coustume du pays, des petits dards crochus, dont ils s'aidoient fort dextrement[p]. Gregoire de Tours leur donne certaine épée courte, nommée Scramasaxe[q]. Au temps de Pepin & de Charlemagne, ils s'armerent de cuirasse, corceler, brassarts, greues, solarets[r]. Le Roy Gontran & Lendegisile General de son armée, assiegeans certaine place en Alemagne, auoient des beliers & des chariots entretissus d'aiz & de grosses pieces de bois, auec des bast d'asne, sous lesquels ils faisoient leurs approches: Et ceux de la ville les repoussoient de la muraille à coups de pierre, & iettoient sur eux des pots ou paniers tissus d'osier, qui s'allumoient auec de la poix ou de la graisse[s].

m Procop. lib. 2. bel. Goth.
n hastati.
o lib. 2.
p Agath. li. 2. Procop. lib. 2.
q lib. 4. c. 10.
r VVetymbert des gestes de Charlemagne.
s Greg. Tur. lib. 7. c. 37.

Combatans & armes.

Sous la troisiéme race, les armes des gens de pied furent les arcs & carquois garnis de fleches, viretons & carreaux, les massuës & carteles qu'ils lançoiẽt, & le bouclier. Ils vserent aussi de maillets à testes de fer ou de plomb, glands ou boules de plomb, qui se lançoient aussi[t]. Les gens de cheual, pour se soulager de leurs heaumes pesans, se seruoient de bassinets ou chapeaux de fer, qui ne couuroient pas entierement le visage. Le pauois couuroit entieremẽt les gens de pied, qui auoient

t Poeme d'Abbon.

auſſi des cabaſſets, ou rondelles, à cauſe de leur forme; c'eſtoient targes de bois couuertes de cuir boüilly, & cerclées de fer.

Les Cheualiers auoient les chauſſes faites à mailles, le gaubiſſon endoſſé, qui eſtoit contrepointé, & deſcendoit aſſez bas. Les villageois de Langres conſeruent encor le mot [a]; ſur le gaubiſſon, la chemiſe de maille fort longue, & appellée Hauber ou Brugne, à laquelle la chauſſure eſtoit couſuë, & au deſſus de cette chemiſe eſtoit vn capuchon ou coëffe de maille, à metre la teſte, & qui ſe iettoit en arriere, lors que le Cheualier leuoit le heaume, ſãs deueſtir le harnois. Le baudrier fait d'vne large courroye, ceignoit le hauber, & là pendoit l'eſpée, qu'ils appelloient Fauchon, outre laquelle ils en auoient vne plus large, nommée Badelaire, dont la mode eſtoit venuë des Turcs [b]. Ils portoient auſſi vn petit couſteau ou ferrement court, appellé Miſericorde, duquel les Cheualiers abbatus eſtoient tuez, s'ils ne demandoient la vie [c]. Apres auoir rompu la lance, ils embraſſoient par les enarmes, qu'ils appelloiẽt, certain écu qui leur pendoit au col, couuert de lames d'écailles d'yuoire, paſſans les bras par les guiges ou courroyes, & tenans la poignée auec leurs gantelets. Leur heaume eſtoit fort peſant, baſty de pluſieurs pieces de fer ou de fin acier, éleuées en pointe, paré le plus ſouuent d'orfevrerie & pierres precieuſes, auec fermaux & pieces d'or, attachées & iointes enſemble, comme des carquans garnis de pierrerie.

a Fanchet, lib. 2. de la mil. Franc.

b Nic. Gilles parlant de Charles le Chauue.

c Iean de Meun, Rom. de la roſe.

L'âge ſuiuant fit les heaumes plus à la forme de la teſte, qu'on appella Bourguignotes, poſſible des Bourguignons, qui en furent inuẽteurs. La lance s'appella bois, ou glaiue; & bourdon, ſi elle eſtoit groſſe, ou bourdonnaſſe, ſi elle eſtoit creuſe [d]. Leurs cheuaux eſtoient houſſez de cuir boüilly, ou de bardes de fer. L'an mil trois cens vingt, ils commencerent à s'armer de lames de fer, que Froiſſart appelle Plaques, dont les halecrets & cuiraſſes eſtoient faites; & de telles pieces de fer, appellées Houguines, compoſans les gantelets, les braſſals, iambieres & ſolerets, les hommes d'armes François s'aiderent ſur la fin du regne de Charles ſeptiéme, quand il les ordonna par compagnies.

d Phil. de Comm. parlãt de la bataille de Fornouë.

Machines de guerre.

Ils ont eu les baſtons & inſtrumens de guerre pratiqués par les Grecs & par les Romains, les plutées ou mantelets, & les taudis, pour les approches, auec les beliers ou moutons, pour heurter & abatre les murailles, que le ſiecle de Charles le Simple appella Carcamouſſes [e]: Les truyes en furent vne autre eſpece, par la meſme comparaiſon que du belier, pour chocquer, veu que la force du porc eſt au groin, cõme celle du belier eſt en la teſte ferrée de ſa grand' poultre ou fleche de bois, laquelle ébranlée auant & arriere déjoint les pierres des murailles.

e Abon, au ſiege des Normands, deuãt Paris.

Les Lides eſtoient vn bois long, retenu par vn contrepois, lequel eſtant deſſerré laſchoit vn faix de pierres dans les forteresses aſſiegées; on les appella auſſi Ianclides ou Clides [f]. Les fondelfes & les fondes à main eſtoient auſſi des inſtrumens de guerre, pour laſcher des pierres, comme les perrieres; appellées Mangoneaus par les Artillers [g], & la Baliſte auſſi, qui en lançoit de tres-groſſes, le plus gros bout de la poultre eſtant tiré à bas par vn contrepoids, & laſché ſoudain. C'eſtoit vne lour de machine, qui fut en vſage parmy les Romains, du temps meſme de Vegece, & dont Munſter [h] dit auoir veu vne ſemblable dans l'Arſenal de Baſle. La Catapulte des Anciens eſtoit la Dondaine des vieux François, iettans de groſſes pierres rondes.

f Chron. de Charlemagne, de l'an 760.

g Iean de Meun, Froiſſ. lib. 3. c. 18.

h Coſmogr. lib. 3.

Les chats ou chaſtels eſtoient comme les tortuës des Anciens, ſemblables à de grands mantelets, pour approcher les murailles [i]. Les ribaudequins ou arbaleſtes de paſſe, eſtoient comme les ſcorpions des Anciens, & auoient l'arc de douze à quinze pieds de long, arreſté ſur l'arbre, ou piece longue à proportion, & large d'vn pied, où eſtoit creuſé vn canal, à mettre vn iauelot de cinq à ſix pieds de long, empẽné par fois de corne mince & tranſparente (comme noſtre Autheur en a veu d'accouſtrez de la ſorte) ou bien de bois leger, pour le faire voler plus aiſemẽt. Ces engins ſe trouuoient peſans, & demeuroient ſur les murs des forteresses: L'arc eſtoit tendu par le moyen d'vn tour; manié par autant d'hommes qu'il eſtoit requis, & laſchoit le iauelot, capable de percer trois ou quatre hommes à la fois. Les eſpringaldes ou eſpringalles, eſtoient auſſi des inſtrumens volans comme des fondes [k].

i le Sire de Ioinuille. en la vie de S. Louys.

k Froiſſ. 3. Vol. c. 71. & 110.

Les arbaleſtes eſtoient armes propres aux gens de cheual & de pied; on les fit au commencement de bois, puis de corne, & finalement de fer aceré; & ceux qui les portoient, furent appellez Crennequiniers [l], à cauſe du bandage de fer qu'ils auoient à leur ceinture, qu'on appelle encor Crennequin. Ces inſtrumens eſtoient appellez du nom d'Artillerie, qui comprenoit toute ſorte d'engin frap-

l Philip. de Commines.

pant de loin: Ces gensd'armes Arbalestriers estoient les cheuau-legers de ce temps-là: Et leur Maistre ou Conducteur General, estoit nommé le Grand Maistre des Arbalestriers. Les canons & l'artillerie d'à present, ont aboly & fait perdre toutes les machines susmentionnées, & appartiennent aux forces de ce temps.

Comme la Noblesse en tous Estats, notamment en celuy de France, est sa defense principale, & le bras droit du Prince, aussi l'ordonnance des armées est prise dans leur ordre, & en ses diuers degrez. La plus ancienne ordonnance [a] sous la premiere & seconde race, fut bien de plusieurs compagnies de gens de cheual, qu'on appella Scarres: Mais sous la troisiesme, ces compagnies eurent leurs rangs & degrez, qui furent nommez Eschelles, distinguez selon le nombre des gẽs, que les hauts Barons pouuoient auoir. Dans ces eschelles estoiẽt les Rondeliers, les Archers, Arbalestriers, Piquenaires ou Piquiers, qui auoiẽt de lõgs bois de quinze à dix-huict pieds de long, comme la Sarisse Macedonienne; les valets, fergens ou seruans à pied. La Halebarde, dont nous auons employé le mot cy dessus, pour exprimer les armes anciennes, est vne arme recente, venuë des Suisses, puis qu'il se trouue qu'en l'an mil quatre cens septante-cinq, Louys vnziéme fit faire à Angers & autres bonnes villes de France, de nouueaux instrumens (ou ferremẽs) de guerre, nommez Halebardes [b]. L'Histoire marque qu'en la bataille de Bouines, proche de Tournay, sous le Roy Philippes Auguste, l'an mil deux cens quatorze il y eut differẽtes eschelles & diuerses bannieres, selon le blason des Seigneurs qui les menoiẽt, & qui auoiẽt aussi leurs cris de guerre: sçauoir, Montmorẽcy, Dieu aide au premier Chrestien: Coucy, Nostre Dame de Coucy, & semblables. Chaque Barõ auoit sa banniere ou fanon; & le principal estendard, nommé Gonfanon, l'an 1099 ou 1100, commença à se porter sur vn chariot fort grand, où estoit vne plate-forme, flanquée de defenses, de gros bois, qui pouuoit contenir plusieurs Cheualiers rangez à pied, & sur laquelle l'estendard estoit planté. Les principales ville d'Italie se guerroyans ensemble, ou auec les Princes voisins, & l'Empereur mesme, pratiquerẽt fort long-temps l'vsage d'vn chariot presque semblable, & tel qu'il est décrit dans l'Histoire [c]; qu'ils traisnoient par leurs armées, auec leur estendard au dessus. Ce chariot estoit bien accompagné & gardé auec vn grand soin pour l'honneur des armes, & la reputation de la ville, à qui il estoit. L'estendard des Barons de France, qu'on appella aussi Pennon, Enseigne ou Cornete d'vn Seigneur, conduisant gens de cheual, portant la figure de ses armes & blasons, estoit communément assailly par les ennemis, qui establissoient en ce gain-là vne bonne partie de la victoire, comme il en est aujourd'huy de mesme pour les drapeaux & enseignes des Compagnies.

C'estoient les Barons & Seigneurs riches & bien rentez, qui pouuoiẽt leuer banniere auec tel nombre de Vassaux Gentils-hommes entretenus & soudoyez à leurs despens, qui fut capable de faire vn gros de Vingtcinq, pour le moins: C'est celuy qu'on appelloit Cheualier Banneret, possedant le premier rang d'honneur [d]; apres luy le Cheualier, & en dernier lieu l'Escuyer. Le Bachelier, ou bas Cheualier, marchoit sous la banniere d'autruy, n'ayant vassaux à suffisance, & non capable de faire la guerre à ses despens. La solde de tous ces Cheualiers estoit differente, & fort petite, à cause du temps, où l'on viuoit plus simplement, & auec beaucoup moins de despense.

Le Banneret n'auoit point autre ferment que sa foy, & luy seul dans sa troupe portoit la lance; ses vassaux estoient bien armez & montez, auec chacun son Sergẽt qui auoit l'espée, la jaque de maille, la masse d'armes & l'écu. La banniere & pennon carré, aussi bien que l'écu, estoient marque de plus haute Noblesse, comme on trouue dans l'histoire, que les Bretons ayans eu octroy de leuer banniere, retrencherent l'écu, ou le couperẽt par la poincte, pour le rendre aussi large par là qu'au Chef. La banniere leur dõnoit aussi priuilege de haute Iustice, pour la pouuoir leuer à quatre pilliers; le penon carré armoyé auec les deuises du Cheualier, porté deuant luy, & sa troupe en bataille, rapportoit aux enseignes des Romains, & aux bannieres des Eglises d'aujourd'huy. Sous la premiere & seconde race, les Barons ou Cheualiers estoient semons & appellez à la guerre par des briefs feellez du seau du Prince, comme il se void dans les Romans. En la troisiéme, les Baillifs & Seneschaux ont fait leur charge à mener & conduire mesmes les communes. Les Baillifs & Barons assembloient leurs hommes de fief, & tous eux seruoient le Roy à leurs despens, durant quarante iours vtiles, & en ost; & par delà ce terme le Roy ou Seigneur Souuerain, fournissoit des viures, par establissement ancien, & l'vsage du Chastelet de Paris,

Ordonnãce des armées.

a Fauchet de l'orig. de la mil. franc.

b Iornal d'vn Curé de S. Michel d'Angers.

c Sigon. de regn. Ital.

d Fauyn theatre d'honneur.

de Paris, Orleans, &c. qui fut possible la cause, que pour employer les gens de guerre & éuiter la despense qui couroit sur le Prince, depuis le temps du seruice feodal, les batailles furent plus frequentes. Le ban & arriere-ban, dont l'ordre fut formé depuis en la charge des Seneschaux, sera traitté cy-dessous en parlant des forces de ce temps.

Outre les naturels François seruans, comme il est dict cy-dessus, les Rois de France appellerent les estrangers, & les eurent à leur solde, qui furent premierement des Brabançons, puis des Bretons à cheual, & des Arbalestriers Geneuois à pied [a]. Les diuisions & partialitez de la France, par les maisons d'Orleans & de Bourgogne, leur donnerent congé, auec les guerres des Anglois, qui mirent la necessité dans l'Estat. Le Roy Charles septiéme [b] recourut d'vne part à sa Noblesse, qui le seruit & assista tres-bien, & de l'autre aux Communautez; dont les plus forts & adroits d'entre la ieunesse, vn de chaque Paroisse entre soixante maisons ou ménages, ayans esté instruits à tirer de l'arc & de l'arbaleste, & mis à l'espreuue, auec exemption de la taille & des charges personnelles, ils marcherent aux occasions, soudoyez par le Roy, & armez aux despens des Paroisses: Ils furent nommez Francs-Archers ou Francs-Taupins [c]. La Taille commença d'estre mise, & par la contribution des paysans, pour l'entretenement des gens de guerre, & la defense du Royaume, on fit cesser l'abus des gensd'armes qui pilloient le peuple; choisissant d'entre les Nobles, ceux qu'on appella hômes-d'armes, qui furent mille cinq cens lances bien armées & reglées par l'Ordonnance qui s'en fit, à auoir quatre cheuaux, deux de seruice & deux autres, l'vn Sômier, & l'autre pour vn Valet appellé Coustillier, à cause de son grand poignard, nommé Coustille. Outre les lances, il y auoit le double d'Archers, auec hoqueton de liurée, à la deuise du Capitaine, auec deux cheuaux, l'vn de seruice, & l'autre de bagage. Les deux Archers, quoy que Gentils-hommes, n'auoient la paye que d'vn homme d'armes: La Noblesse se rangea sous telles compagnies [d]; & celles des Princes furent distribuées aux Capitaines plus vaillans & renômez. Les Anglois furẽt chassez du Royaume, & Charles septiéme y entretint deslors iusques à cinq mille hômes de pied és garnisons des places de frôtiere, ou pour marcher aux occasions, auec reiglements rigoureux, & impositions pour leur payement [e].

a Annales de France.

b 1440.

c Alain Chartier. Annales de Bouchet. Loyseau.

d Grandes Chroniques.

e Huictiéme du vin.

Louys vnziéme, en la guerre du bien public, experimenta contre soy-mesme le prompt seruice des Francs-Archers, & negligea leur entretenement, comme de gens subiets & dépendans de la Noblesse, qui s'estoit sousleuée contre luy. Il se seruit de soldats leuez au son du tambour par les villes & villages, lesquels on nomma Aduenturiers. Il eut en suite à ses gages vn gros de quatre mille Suisses, dont il auoit éprouué la valeur contre Charles dernier Duc de Bourgogne, & desquels il fit vne forme de camp au Pont de l'Arche en Normandie. Quant aux Aduenturiers, on les nomma Soldats, à cause de la solde qu'ils auoient [f] sous les Rois suiuans, Charles huictiéme, Louys douziéme, François premier, aux guerres d'Italie.

f Ou anciens sodats.

Forces de ce temps.

Legionnaires en France.

LE Roy François premier ordonna des Legions [g], selon l'vsage des Romains, par tout le Royaume, en nombre de sept, composées de six mille hommes chacũ; la premiere en Normãdie, la deuxiéme en Bretagne, la troisiéme en Bourgogne, Chãpagne & Niuernois; la quatriéme en Picardie, la cinquiéme en Dauphiné, Prouence, Lyonnois & Auuergne; la sixiéme en Languedoc, la septiéme en Guyenne, faisans en tout quarante-deux mille hômes de pied, parmy lesquels estoient deux mille harquebuziers, & le reste estoient piquiers & halebardiers. Chaque Legion auoit six Capitaines, ayans la charge de mille hommes chacun, auec gages & estat en temps de guerre & en temps de paix. Des six l'vn estoit Colonnel, & chaque Capitaine auoit deux Lieutenans, ayans sous soy cinq cens hommes chacun, deux Enseignes, dix Centeniers, & quarante Chefs d'Esquadre ou caps d'Escoüade, quatre Fourriers, & six Sergents de bande: quatre tambours & deux fifres. Toutes ces legions faisoient leurs monstres separément deux fois l'an en temps de paix, & tous les enrollez estoient frãcs de tailles. Ceux qui faisoient preuue de leurs personnes, deuoient monter de degré en degré. Les estropiez de leurs membres iouyssoient de l'exemption des tailles durant leur vie, & auoient les mémes gages que les autres mortes-payes, dans les places

g Boucher Ann. Mon. Comment. Theuet.

frontieres du Royaume. Outre les legions, le mesme Roy auoit 50000. hommes payez par les villes closes de murailles. Cet establissement fut iugé bon, en ce mesmement [a] que les Compagnies de gens de pied estoient bien remplies, & d'vn nombre considerable; dont il arriuoit deux biens, l'vn que les finances du Roy en estoient soulagées, en payant beaucoup moins d'Officiers; l'autre, que la Noblesse estoit conuiée à ces charges par vn commandement plus honorable, & de plus de gens, à ce que depuis elle a méprisé les petites Capitaineries. On a remarqué qu'en l'an 1523. les compagnies furent reduites à trois cens hommes par M. de Lautrec General de l'armée du Roy François, qui depuis fut supplié par les Estats generaux de supprimer tant les legions, que tous autres entretenemens de gens de pied, de Charles septiéme, Charles huictiéme, & autres Rois. Il garda les Arrierebans, ausquels estoient subiets tous les Gentils-hommes tenans fiefs, auec l'Ordonnance de Charles 7. sur les compagnies de gens de cheual, tant hommes d'armes qu'Archers, & à ce qu'elles fussent completes & fournies [b]. En ses gueres d'Italie, il eut vn corps de 6000. hommes François & vn autre de 6000 Gascons. Il pensa à se seruir des Turcs sur la mer, voyant que les François ne sont pas tant soigneux de la marine; & nonobstant ses grandes despenses, & les guerres qu'il auoit sur les bras, il ne laissa pas d'entretenir iusques à cinquante-cinq galeres sur la mer Mediterranée [c].

a Montluc 1. de ses Comment.
b Ann. de Bouchet.
c Har. des Dep. du Parlement de Prou. au Roy.

Ban & arriere-ban.

On peut ioindre en cet endroit l'obseruation du Ban & Arriereban, qui est encores à present, auec ce qui en a esté desia dit, des Barons & Cheualiers, sous les premieres races & les regnes passez. La forme & le deuoir en sont fort anciẽs, puis que les premiers Historiens en parlent [d]. C'estoit autrefois la principale force des Rois, & comme disent les Chroniques, l'Enseigne & l'armée de la Noblesse, qui demeure tousiours le soutien de l'Estat, & la gloire des armées de France. La forme de la conuocation du Ban peut auoir changé [e]: mais la substance & le fonds en demeurent. Tous vassaux de la Couronne, releuans directement & immediatement du Roy, & leurs vassaux ou arriere-vassaux, ont esté tenus auec équipage d'armes & cheuaux, de venir rendre le seruice deu en guerre, à cause de leurs fiefs, au mandement du Roy, sous les peines des non comparans. Le Ban estoit le cry public, pour appeller & assembler les vassaux du Roy en guerre: L'arriereban estoit l'éuocation faite par eux de leurs arriere-vassaux, par les bannieres qu'ils leuoient. L'ordre de la conuocation, auec l'équipage de ceux qui doiuent seruir, & la contribution des roturiers & inhabiles, selon la valeur des fiefs par eux possedez, sont contenus dans les Ordonnances des Rois [f]; comme aussi le temps de seruir durant trois mois entiers & vtiles dans le Royaume, & quarante iours hors d'iceluy, auec defense de seruir autre Prince hors du Royaume, si ce n'est en chassant & poursuiuant l'ennemy [g]. Pendant les trois mois, les Gentils-hommes auoient leur solde suiuant la taxe de leurs terres, faite par les Baillifs & Seneschaux auec les principaux de la Noblesse [h]; ce qui fit appeller les Gentilshommes Souldoyers, qui estoient menez au cãp par les Seneschaux, ou à leur defaut, par l'vn des nobles [i], qui en prenoit les appointemens, à proportion de son seruice. On a pratiqué la conuocation du ban & arriere-ban en Dauphiné, en la derniere guerre de Sauoye, sous Henry quatriéme; & sous le regne d'à present, comme aussi dans la Bourgogne, en Languedoc, & autres Prouinces, à diuerses fois, depuis cete derniere guerre contre l'Espagnol.

d Greg. de Tours, lib. 15. c. 26.
e Char. lib. 1. c. 20. des Pand.
f Fr. Henry 2. Henry 3.
g Fr. I. 1545. ord. 1551, 1552. 1554.
h Fr. I. 1540.
i ord. 23. May 1543.

Comme la France est grandement peuplée, & abonde en soldats, il n'y a aucune de ses Prouinces, qui ne puisse fournir vn bon nombre de gens de pied; toutesfois on en peut marquer quelques-vnes qui en sont mieux pourueuës, & possible de meilleurs hommes, & plus capables de supporter les incommoditez de la guerre: sçauoir, la Gascogne, & les pays plus voisins de l'Espagne; le Languedoc, & le Dauphiné; & dans ces prouinces-là, ceux du bas Languedoc, principalement du Viuarez, des Seuenes & autres de la montagne.

Il n'y a point aujourd'huy d'hommes de pied entretenus en France, si ce ne sont certains regimens, portans le nom de Prouinces: sçauoir, Picardie, Normandie, Champagne, Nauarre, Piedmont & Languedoc, qui sont tous composez de vingt Compagnies, & ont le drapeau blanc, comme estans sous le nom du Roy, à la difference de ceux qui portent le nom de Seigneurs particuliers, comme de Chapes, Rambures, Pralin, la Milleraye, Vaubecourt, Estissac,

Faltzbourg, & semblables. Les premiers Regimens de Piedmont, Picardie, & Châpagne ont commencé à cause de certains corps de gens de pied entretenus sur ces frontieres, ou qui ont seruy en Piedmont sous le Roy François premier. Le Regiment des Gardes, & celuy des Suisses, outre les cent Suisses qui sont de la garde du corps du Roy, & les quatre Compagnies des mesmes gardes du corps, en sont aussi, auec leur entretenement certain, dequoy il sera parlé ailleurs.

L'Infanterie de France a ses ordres, Officiers, & degrez du plus bas au plus haut, [a] & à commencer par le soldat, sur lesquels sont les Lanspeçades les Caporaux ou Corporaux, les Sergens des compagnies, auec les appointez, ou ceux qui ont double paye, vous y auez les Enseignes, les Lieutenans & Capitaines en Chef, les Sergens majours des Regimens & leurs aides, les Mareschaux des logis des Regimens, les Lieutenans Colonels és vieux Regimens, les Mestres de camp, que les autres nations appellent Colonnels, ce que les François, les Italiens & les Espagnols ne font pas, & leurs Lieutenans, qu'aucuns appellent Lieutenans Colonnels, les Sergens de batailles, & le Colonnel general de l'Infanterie de France, Chef & commandant sur tout, dont il sera parlé ailleurs.

a La Prugne, liu. 1. ch. 1. des princ. de l'art milit.

Caualerie & ordre des armées.

La Caualerie y est beaucoup plus considerable, quoy qu'elle n'y soit pas en si grand nombre, comme en Alemagne, & ailleurs: Mais l'addresse & les inclinations de la Noblesse Françoise, a cet exercice, & l'obligation qu'elle a de seruir le Roy, suppleent à ce defaut. Les Parthes estoient tres-bons caualiers, ils défirent Crassus, & resisterent aux Romains, parmy toutes les nations qui leur furent assubietties. Le seul party de ceux de la Religion pretenduë reformée, aux premieres guerres sous le Prince de Condé & l'Admiral de Chastillon, a fait iusques à quatre vingts cornettes de Caualerie[b], & en ce méme tẽps sous le Roy Charles neufiéme, cõme a remarqué vn Autheur Italien[c], la France entretenoit sans en estre foulée, quinze à vingt mille cheuaux, ou François, ou estrangers. A present, comme il n'y a point de Compagnies de gens de cheual entretenuës d'ordinaire, & que c'est chose qui châge, on n'en peut faire aucun estat ou dénombrement asseuré. Sous les trois ordres cõmuns de Caualerie, qui sont en France: sçauoir, de gensd'armes, *Equites cataphracti*; cheuaux legers, *Leuis armatura*, & Carabins: il y en a des deux premiers sous le nom du Roy, & sous la cornette blanche; de la Reine, de Mõsieur, & des Princes ou Seigneurs, qui peuuẽt estre neantmoins ou ordinaires en tout tẽps, ou extraordinaires, selon les occasiõs ou la necessité de la guerre. Ces Compagnies ont leurs Mareschaux de logis, premiers & seconds[d] gensd'armes, & autres de suite, qui sont Chefs de brigade le plus souuẽt; les Enseignes des gensd'armes, leurs Guidons, & les Cornettes des cheuaux legers, qui n'õt point d'Enseignes. Le Guidon est moindre que l'Enseigne, qui luy cõmande en l'absence du Capitaine & du Lieutenãt: l'Enseigne a vne forme particuliere, & la croix est au milieu; le Guidon est aussi grand & d'vne forme differente; l'vn & l'autre sont dans le cofre, hors des iours de bataille ou de monstre generale; & pour marcher communément, ou aux escarmouches & legers cõbats, on porte la Cornete, qui est petite & quarrée, laquelle aussi marche tousiours auec les cheuaux legers. Sur les Enseignes & Guidons, sont les Lieutenans & les Capitaines en Chef, & les Mestres de Camp de la Gendarmerie, commandans à cinq cens cheuaux ou plus, n'y ayant que la Cornete dépliée. La Caualerie legere n'est pas diuisée en Regimens comme la Gendarmerie, & a son Colonnel & son Mestre de Camp general, commandant en l'absence du Colõnel. Le Connestable est Chef de la Gendarmerie. Il y a vn Mareschal de Camp general, & autres, pour seruir l'vn en l'absence de l'autre, & auec les Aides de Camp; vn grãd Mareschal de logis, & autres moindres; vn grãd Preuost, ses Lieutenans & Archers, pour la Iustice & punitiõ des crimes & excez cõmis dans les armées, & suite d'icelles, auec vn Intendãt de Iustice, Maistre des requestes, ou autre de robe lõgue; vn Thresorier general, Cõmissaire general des viures, des Cõmissaires des guerres, Cõtrolleurs generaux ou Prouinciaux. Le grãd Maistre de l'Artillerie y peut estre en personne, ou par vn Lieutenãt general. Il se parle aussi d'vn Chãcelier de Cãp, pour la reception des Ambassadeurs ou autres estrãgers, & autres choses qui peuuẽt estre de sa charge. Le Lieutenãt de Roy, ou General de l'armée, est par dessus tout en l'absẽce du Cõnestable, ou du Roy mesme. Pour la Caualerie de Frãce, & leur forme de cõbatre, & de se rãger, y en a de deux sortes qui sont proposées & pratiquées, l'vne ancienne: sçauoir, de front & en claye, l'autre en bataillon quarré: vn Escriuain estranger, curieux & vniuersel, a esté d'aduis, parlant des François, que la derniere est plus forte & asseurée.

b Rich. Dyn. en son hist.

c Rosaccio, discorso pij colo.

d La Prugne liu. 1. ch. 1. de l'art. milit.

a Iud Cosm. p. 6. lib. 3. c. 1. Il y a diuers Arsenaux en France, bien pourueus d'artillerie de toutes sortes, outre ceux qui s'y peuuent encores former. Le principal est à Paris, auec logement, pour le Grand Maistre: Il y en a vn à Lyon, à Grenoble, & autres villes de France, qui sont frontieres, & où il y a des citadelles, cõme à Amiens, à Metz, à Montpelier, là où les canons qui restoiẽt à Nismes, Vsez & autres villes, dont les habitãs de la Religion pretenduë reformée en auoient fait fondre vne partie, ont esté enfermés; à Narbonne, à Aiguesmortes, outre ceux qui sont à Marseille & à Tolon, pour armer les galeres, & les principaux ports & Admirautez du Royaume, dõt il sera parlé cy-apres. Auant l'année mil quatre cens vingt-cinq, l'Artillerie estoit incognuë dãs le Royaume; Thomas de Montagu, Anglois, Cõte de Salisbery, assiegeãt la ville du Mans, en fit voir le premier: & en l'an mil trois cens trente-quatre, Bertold Moine Alemãd, de l'Ordre de S. Frãçois, en auoit inuẽté l'vsage merueilleux. Il n'y en a que de quatre calibres: sçauoir les canons ou grosses pieces de baterie, appellées ainsi à cause de leur forme creuse; les coleuvrines, par cõparaison du venin qui s'ẽpãd loin par les coleuvres, cõme il y a eu des serpentines & des basilics; ce qui marque que ces pieces-là estoiẽt assez longues; les bastardes, & les moyennes. Les plus petites pieces legeres & aisées à manier, furẽt appellées Sacres & Passevolans, ayans peu d'effect, quoy que montées sur des roües, cõme les canons. Il y a eu aussi des coleuvrines à main, longues de trois ou quatre pieds [b], appellées Haquebutes ou harquebuzes. Il y a des pieces de cãpagne, fauconneaux, miraillets. La fonte verte pour les canons est la meilleure, sans aucun meslange de bronze, cuivre ou autre metail. Les pistolets sont pour les Caualiers ou gensdarmes: les mousquets pour les gẽs de pied, & les carabines pour le dernier ordre de la Cauallerie, appellés Carabins. A l'ẽdroit où l'on met le feu au canon, les François mettent vne piece de fer, qui ne craint pas le feu comme le bronze. La piece de baterie a dix pieds de long, & porte 33. liures de balle, qui a six pouces & deux lignes de diametre: Tous les canons de France sõt reduits à ce calibre. L'artillerie a son grand Maistre, & sous luy vn Lieutenant general, auec des Lieutenans és Prouinces, ses Commissaires, Maistres Canonniers, Chargeurs, Capitaines du charroy, & de la munition, Forgeurs, Mareschaux, Charpentiers, qui iouyssent tous de plusieurs exemptions & priuileges; & pour la necessité de l'artillerie, seruant à la defense de l'Estat, sont reputez Commensaux du Roy. Il sera parlé ailleurs de la charge de Grand Maistre.

Arsenaux. Artillerie.

b Monstrelet.

L'assiete de ce Royaume est grandemẽt considerable pour ce qui est de ses forces sur mer: L'estenduë de ses costes depuis Calais iusques à S. Iean de Luz, est fort longue: Il y a beaucoup de ports de mer naturels, force plages commodes, & plusieurs retraites asseurées, dont la Bretagne seule fournira plus que toute l'Espagne, quoy qu'elle soit presque toute ceinte des deux mers. La Picardie est voisine & commode pour les Pays-bas: & la Normandie auec ce qui s'estend de la Bretagne iusques à sa pointe, est voisine de l'Angleterre & des Isles qui luy sont subjetes. Ce qui reste de la Bretagne en doublant ce cap, se trouue opposé à l'Espagne, & fait les approches contre elle par les costes de Poictou, d'Aulnis, de Xaintonge & de la Guyenne. C'est ce qui regarde la mer Oceane, sur laquelle ce Royaume est au meilleur & plus auantageux endroit, qu'vn Conquerant ayant à prendre place en mer, auroit sceu choisir, estant cete mer-là, où elle baigne les costes de France, fort commode à la nauigation, & au commerce, pour enuoyer & receuoir par tout, & de toutes parts, comme estant vaste & spatieuse, ayant les mers d'Alemagne & de Septentrion d'vn costé, & celle d'Espagne au Midy, laissant à dos l'Occident, & la communication du Leuant à la Mediterranée.

Forces de mer.

Pour la mer Mediterranée, depuis Leucate iusques à Antibe & plus loin, le Languedoc est presque tout couuert en cette coste, qui est comme vne peninsule longue & estroite, seruant à la France de rempart & de place de sentinelle par tout. La Prouence a de bons ports, golfes & autres commoditez naturelles de mer; de sorte que par là & par le courage de ses peuples propres à la nauigation, valeureux & aguerris, elle est redoutable à ses voisins de ce costé-là, qui sont le Duc de Sauoye, la Seigneurie de Gennes, & le Duc de Florence, dont la condition ne leur permet pas d'estre plus puissans & entreprenans sur mer, que n'est la France, quand elle voudra armer à bon escient contr'eux. Il faut ioindre à ce que dessus, ses riuieres frequentes & nauigables, qui portent facilement dans la mer tout ce qui part de son sein, ou de l'industrie de ses habitans, auec ses Prouinces plus proches de la mer, qui sont riches & abondantes, d'où vient qu'elle peut armer soudainement, & se munir auec des auitaillemens & des rafraischissemens prompts & aisés.

Ce sont les grands aduantages dont la Nature a esté aussi liberale à la coste de France, reseruez quelques lieux de la Bretagne & de la Guyenne, qu'elle en a esté chiche à celle d'Espagne, laquelle extremement sterile le long de la Biscaye, des Asturies, de la Galice & du Portugal, si ce n'est pres de Lisbonne, apres cette miserable & longue coste des Algarbes, ne rencontre aucune Prouince ou pays fertile prés de la mer, que l'Andalusie, où à cause de cela, les grands armemens ont accoustumé de se faire. Cette seule Prouince luy est vne Prouence & Languedoc pour la mer Mediterranée, vne Bretagne, Xainctonge, Guyenne & Normandie pour l'Oceane.

Il n'y a Prince en la Chrestienté, qui ait plus grand nombre de Mariniers & Matelots bons & experts, & qui puisse plus fournir d'hommes de mer, adroits & bons soldats, & entr'autres les Dieppois, & parmy les Bretons ceux de sainct Malo, qui sont fort renommez, comme aussi les Rochelois & ceux des sables d'Olonne, qui trafiquent par tout pays; à quoy se peuuent aussi employer les bons & courageux soldats, & quantité de pauure Noblesse qu'il y a en France, là où on remarque que le nombre des Mariniers est si grand, & que les François s'addonnent si peu à la Marine, qu'à faute d'employ dans leur pays, ils en vont chercher ailleurs, & seruent à la conduite des galeres & vaisseaux estrangers; comme il arriue de tous autres artisans qui fourmillent en France, & s'épandent dans les Estats estrangers, comme nous auons remarqué ailleurs.

Les forces que le Roy entretient sur mer, consistent en cinquante ou soixante nauires départis en trois ports, qui estoient anciennement les trois Admirautez de France [a]; Broüage est celuy de Guyenne; Brest, celuy de Bretagne; & le Havre de Grace, celuy de Normandie. Tous ces ports ont leurs magazins remplis des choses necessaires pour la construction des nauires, comme trilles & chanvres pour y faire trauailler. Chaque nauire a ce qui luy est necessaire, pour les mener en mer au premier commandement du Roy, auec ordre en chaque port d'en bastir & construire deux tous les ans, à quoy on trauaille tous les iours. Ces nauires ou vaisseaux de guerre sont de douze ou quinze cens tonneaux, & portent cinquante ou soixante canons de fonte verte, dont il y a quantité esdits ports, auec boulets, poudres, méches & toute sorte de munitions.

a Mem. de M. de Manty.

Ces trois ports ou places sont tres-bien fortifiées, Broüage a de beaux bastions reuestus de pierre de taille; sa leuée qui est de demy-lieuë, a cousté au Roy plus de quatre millions de liures. Le Havre est imprenable par son assiete & ses fortifications: Il fut dressé par François premier, pour resister à l'Anglois. Le Brest est aussi bien fortifié par dessus les autres places de la Bretagne, desquelles il sera parlé cy-apres, ainsi que du reste des villes frontieres, & autres qui sont de consideration dans le Royaume, pour leur assiete, ou pour leurs fortifications.

Il n'y a eu d'ordinaire que quinze ou seize galeres entretenuës en France, qui pourroit en vne bonne occasion en auoir iusqu'à cinquante [b], comme nous auons dict cy-deuant, que le Roy François premier en auoit entretenu cinquante-cinq.

b Disc. de M. de Breues.

Villes & places fortes.

Le Royaume est fort par tout, à cause de ses villes, lieux & chasteaux qui y sont bastis en plus grande quantité qu'en part du monde; par l'affluence de ses habitans, dont le dénombrement fait du temps de Charles IX. se monta à vingt millions; & l'abondance de ses viures. Il y a plusieurs grandes villes en France, qui ne peuuent estre forcées & prises qu'en les affamant, & empeschant l'entrée des viures; telles que sont Paris, Thoulouse, Lyon, Roüen, Poictiers. Les meilleures villes y sont closes de belles murailles, tres-bons fossez, mémes à fonds de cuue, & garnies de bonnes tours; Il y en a plusieurs qui sont fortes d'assiete, & par les riuieres qui y passēt, ou auec des chasteaux & citadelles, qui y ont esté basties; ou finalement qui sont fortifiées de bastions & autres defenses. Pour les premieres on compte Mōtargis, Chasteaudun, Chasteaulādon, Auxerre, auec vn chasteau, au sommet d'vn costau, ceint de grosses & anciennes murailles, iadis la forteresse & defense du pays; Chaumont en Bassigny, dont les murailles sont accompagnées de force tours, & le donjon se nomme Haute-fueille; Moncourt pres de Vitry-le-Parthois, & qui est en la place de l'ancien Vitry, qui est aussi fortifié, dont Hierosme Marin Polonnois fit le dessein; Montereau, auec vn fort chasteau; Meaux, dont le chasteau commande au Marché de la ville; Amiens, qui a vne citadelle; Langres, forte d'assiete; Sancerre, assis sur vn haut, les murailles en furent desmolies en l'an mil six cens trente-vn : Yssoudun en Berry, auec vn chasteau fort bien flanqué, & fortifié : Argenton, aux extremitez du mesme pays, auec vn chasteau muny de dix grosses tours, & trois moyennes; Amboise, auec fort chasteau; Saumur, auec chasteau, dont les fossez furent comblez l'an mil six cens vingt-deux; Loches, auec chasteau, & sa grosse tour, & vne seule entrée bien defenduë, place qu'on ne peut batre qu'en brisant vn rocher long & large de mille deux cens pas, qui ne peut estre sapé: Angers auec son chasteau, dõt les fossez sont creusez dans le rocher, bien fortifié sur la riuiere de Sarte, & pres de celle de Loire; Falaise en Normandie, auec bon chasteau, qui commande à la ville; Caën qui a vn chasteau basty sur le roc, auec son donjon & vne tour fort haute, flanquée de quatre tours aux quatre coins, la basse cour tres-belle, à seruir de place de bataille à quatre ou cinq mille hommes; Honfleur, & Dieppe, qui ont quantité de canõs; Sainctes, auec citadelle; Vzerche en Limosin, forte d'assiete, mais ruinée l'an mil six cens dix-neuf, à cause du Duc d'Espernon; Angoulesme, auec citadelle; Vsson & Nonnette en Auuergne, chasteaux imprenables; S. Flour, fort d'assiete; Beaune en Bourgogne, auec chasteau tres-fort; & celuy de Talan pres de Dijon; Semur, bon chasteau; Lyon, qui a le Bouleuard S. Iean, & dont la citadelle est abbatuë; Pierre-Ancise est sur vn rocher de l'autre costé de la riuiere de Saone; Metz, auec citadelle; Viẽne sur le Rhosne en Dauphiné, a eu les Forts de Pipet & de la Bastie, démolis; Valence, auec sa citadelle; Mõtlimar, auec chasteau, les fortifications en furent démolies l'an mil six cens vingt-deux; Grenoble, auec sa citadelle, & le Fort qui la domine, nommé la Bastille; les Forts de Barrau, de Serre, & d'Exilles, sur la frontiere de Sauoye; Castel-d'If, Nostre Dame de la Garde, la Tour de Bouc, & Antibe en Prouence. En Languedoc, Leucate, & quelques Forts sur la frontiere d'Espagne; Carcassonne, cité où est le chasteau; la Citadelle de Besiers, & les chasteaux de Beaucaire & de Pesenas, ont esté démolis en l'an mil six cens trente-deux; Montpelier a vne citadelle, depuis l'an mil six cens vingt-quatre; Sommieres a vn chasteau; Aiguesmortes, auec la tour de Constances la tour de Ville-neufue, sur le Rhosne qui la separe d'Auignon; le Pont-sainct-Esprit, auec citadelle; Polignac, fort chasteau en Viuarez; Seuerac, tres forte place en Roüergue, au Vicomte d'Arpajou; Cadenac en Quercy, & plusieurs chasteaux forts d'assiete & de difficile accez dans les Seuenes & en Geuaudan, &c. Castelnau de Barbarans en Gascogne, Auch, Leytoure, fort d'assiete & de fortification.

Les villes fortifiées sont Gergeau, quoy que petite, à six lieuës d'Orleans, auec pont & passage sur Loire; le Havre de Grace, dont il a esté desia parlé; Sainct Disier en Champagne, fortifié à la Reale, depuis sa ruine de l'an mil cinq cens quarante-quatre. Les villes de Picardie, qui sont frontieres au Pays-bas: sçauoir, Laon, la Fere, Sainct Quentin, Peronne, la Capelle, Ham, Dourlens, Corbie, Abbeuille, Boulogne, Monstrueil, Ardres, tres bien fortifiées aujourd'huy, ayans ou citadelles ou chasteaux; auec Amiens, qui a citadelle, dont les fossez ont douze toises de profondeur, & Calais, sur le bord de la mer, auec son chasteau pres delà, nommé Richbans Montesclair, place forte & frontiere du costé de la Lorraine, fortifiée par les Rois François premier, & Henry second; Tours, sur la riuiere de Loire; Poictiers, Auranches en Normandie, Blaye en Xainctonge, sont des villes & places fortes. Narbonne en Languedoc, qui est frontiere à l'Espagnol, & les Isles d'Ieres en Prouence, ont esté fortifiées auec soin & despense, depuis la derniere Declaration de guerre contre le Roy d'Espagne. Narbonne a ses remparts assez hauts, & ses fossez profonds, la chemise des remparts bien bastie & contreminée, les remparts garnis de cinq bastions & de cinq bonnes tours; il y a outre ce cinq demy Lunes, & deux cornes auec leurs demy-bastions: Les Forts de Sainct Pierre d'Oleron, & de Sainct Martin en l'Isle de Ré, où les Anglois auoient fait descente le vingt-deuxiéme iour du mois de Iuillet mil six cens vingt-sept. Il y a aussi le Fort de l'Isle de Zere en Normandie, & celuy de Saincte Catherine pres de Roüen; le mont sainct Michel enuironné de la mer de tous costez, Blauet en Bretagne, auec Dol, Vannes, Quimpercorantin, & Sainct Malo. Toutes les grandes & bonnes villes, telles que Roüen, Orleans, Dijon, Grenoble, Marseille, la Rochelle, Bordeaux, où est le chasteau Trompete & autres, sont fortes ou par les riuieres & par la mer, ou par les murailles & profonds fossez. Villes fortifiées.

Il y a eu plusieurs autres villes tres-bien fortifiées, soit pẽdant les guerres qui precederẽt le regne du Roy Henry 4, soit durant celles qui sont du regne d'à present, par ceux de la Religiõ pr. reformé. Les premieres ont esté, la Rochelle, qui auoit esté renduë vne des places fortes non seulement du Royaume, mais de l'Europe, ayant souffert vn siege de plusieurs mois sous le regne du Roy Charles IX. & resisté fort longuement au Roy à present regnant. Montauban, qui estoit aussi grandemẽt forte; S. Iean d'Angely, qui fut assiegée sous le mesme Roy; Pons, & plusieurs autres villes de la Xaintonge, du Poictou, ou de la Guyenne, comme saincte Foy, Bergerac, Clerac, Nerac, Mussidan, & autres, qui auoient mesmes seruy de retraite au Roy Hẽry IV. pour lors Roy de Nauarre, & faisant profession de la religion pretenduë, qui par consequent auoit luy mesme fait trauailler aux fortifications de ces villes là. Les autres estoient dans le Languedoc, sçauoir Castres, Reuel, Mõtpellier, Nismes, Vsez, Anduse, Priuas, le Pousin, & plusieurs autres moindres, assises dãs la mesme Prouince, ou en Foix, comme Maseres, & en Rouergue, sçauoir Millaud, saincte Afrique, & autres, lesquelles ont esté reduites à l'obeyssance du Roy regnant, dans le cours heureux de ses armes, contre ses sujets alienez de son seruice par mauuais conseil, & des practiques factieuses fomẽtées & soutenuës du pretexte de Religiõ, particulieremẽt la ville de la Rochelle, en l'année 1628. Le bon estat auquel auoiẽt esté mises toutes ces places, & le grand trauail de leurs fortifications, aux despens particuliers des sujets du Roy, dans fort peu de temps, ont tesmoigné leur bonne assiette, capable de grande defense, & qu'elles peuuẽt estre estimées villes de guerre, par l'industrie, & la diligence des François, quand ils se veulẽt employer à bien faire. Toutes ces fortifications ont esté entierement démolies en la derniere paix ou grace qu'il a pleu au Roy d'octroyer à ses sujets, en Iuillet 1629.

Pour conclurre ce chapitre, qui regarde les forces de ce Royaume, il faut employer les considerations generales qui y appartiennent, prises de sa bonne situation, de son grand peuple, & du courage de ses habitans. Pour le premier, il est au milieu de l'Europe, assis sur l'vne & l'autre mer, pour faire partir les nauires de guerre par toutes les mers & riuages, muny de deux puissantes montagnes, les Pyrenées & les Alpes, libre par tout, & ouuert auec le commerce pour toutes les nations par mer & par terre, arbitre & Roy de la Chrestienté; & assis sur vn trosne au milieu d'icelle, pour y faire le hola, aider ou affoiblir, vnir ou diuiser les armes de tous les Princes qui y cõmandent, reprimer leurs entreprises, proteger & garentir d'oppression leurs voisins, entant que les plus puissans se portẽt à courir sur eux; de front l'Italie peut estre arrestée, à dos les Anglois, à droite l'Espagne peut estre enferrée, & à gauche les Alemands sont cõtenus en deuoir. Il est asseuré par tout cõtre toute sorte d'ennemis, outre la munition naturelle des mers, & des monts, publiée par les Escriuains estrangers.[a] Pour le second, son grand peuple le rend fort & [a] Barcl. &
redoutable; surquoy Bodin rapporte, que du tẽps de Hẽry II. le denõbrement des Lans. or. 2.
lieux habitez en France, sans y comprendre la Bourgogne, fut de vingt-sept mille clochers, qui touchent quasi tous l'vn à l'autre, les villes & les Prouinces s'entre-communiquans fort aisement par le moyen des riuieres nauigables, qui sont en si grand nombre, que l'Anjou seul en a iusqu'à 40. grãdes ou petites, & la Royne Catherine de Medicis a dit autresfois, qu'il y en auoit plus qu'en tout le reste de l'Europe. Son peuple se renouuelle de dix en dix ans, apres les guerres & cõtagions qui l'ont affligé assez souuent. Quant au troisiéme, les hommes y possedent toutes les qualitez requises pour la guerre; ils ont l'obeyssance, & la patience, ils sont courageux, & en troupe, & d'homme à homme, adroits à tout, disposts à marcher, forts, & qui supportent de grandes blesseures, sans mourir, ou demeurer sur la place. Ils sont jaloux d'estre les premiers au combat, & leur est honteux de fuyr, ou d'endurer vn reproche; le plus chetif soldat a son honneur en recommandation, d'où viẽt qu'ils sont long-temps en guerre sans se mutiner; toute sorte d'armes leur sont biẽ en main, & à pied & à cheual; dequoy l'on ne doutera plus, lors qu'on apprendra que les Dames mesmes y ont esté veuës dãs le Perigord, le Limosin, la Gascogne, l'Auuergne, & ailleurs, manier les cheuaux plus adroits, dresser les plus fougueux, aller à la grosse chasse, tirer de l'arquebuse & des armes, & faire tous autres exercices de Caualiers, iusqu'à presenter des duels, & se battre;[b] comme la Mareschale [b] Lestang.
de Biron en Perigord, la Damoiselle de saincte Cristie pres d'Auch en Gascogne, la Dame heritiere de la maison de Murat en Auuergne, & la Dame heritiere de la maison de la Tour en Limosin, & autres qui ont exploicté des Duels pour les querelles de leurs maris. L'Histoire de France[c] conserue la memoire d'vne Dame qui [c] Aubigné.
leua & conduisit vne compagnie de gens d'armes, pendant les guerres de la Ligue, sous le Roy Henry IV. Elles prennent part à la gloire que les hommes peuuent ac-

querir par les armes, aussi bien que par les lettres, comme nous l'auons remarqué en traittant de la langue Françoise. Les François sont tels, que nous auons dit, en guerre; Aucuns [a] remarquent en eux ce defaut, qu'ils ne s'adonnent pas à la marine, auec quoy ils seroient inuincibles; D'autres,[b] celuy du bon ordre, & de la discipline, disans que cete seule negligence peut rendre cet Estat foible, & moins considerable.

a Barcl.
b Machiau. li.1. dell' arte de la guerra Flud. Cosmog p. 6. lib. 3. c. 1.

Conquestes.

Le nom François est cogneu de tout temps; Charles Martel a vaincu les Sarrasins; Charlemagne a chassé les Lombards de l'Italie, dompté les Saxõs, & possedé l'Empire, porté ses armes en Espagne, & dominé la moitié presque de l'Europe, & sa posterité apres luy. Apres le Concile de Clermont Godefroy de Buillon & ses descendans ont regné dans Hierusalem, & recouuré la Terre Saincte. Les François auec les Venitiens ont cõmandé dans Constantinople. La Grece & l'Asie les ont cognus & redoutez. Le Roy sainct Louys a esté recogneu en Barbarie, & en Egypre, auec tribut de quarante mille ducats payez par le Roy de Tunes. La Sicile & Naples ont esté à Charles Duc d'Anjou, auec le Royaume de Hongrie, voire le sang François a donné des Rois au Portugal. Charles VIII. Louys XII. & François I. ont esté recogneus, & ont commandé dans l'Italie. Si la Guyenne a esté autresfois au Roy d'Angleterre, auec l'hommage deu au Roy de France: si la Bretagne, la Normandie, la Bourgogne ont eu leurs Ducs, qui ont donné passage aux ennemis de la Couronne: Auiourd'huy, & depuis long-temps, elle est remplie, & ornée de tous ces fleurons qui en estoient cheus, separez & distraits; ce qui la rend inuincible, & asseurée contre tous ses voisins, estendant ses conquestes, le renom & le bruit de ses armes sous l'heureuse domination du Roy à present regnant, fortifié encore des alliances du Duc de Sauoye, des Suisses, & des Pays-Bas, & assisté du conseil de ce grand genie l'Eminentissime Cardinal Duc de Richelieu.

Gouuernement ancien.

c Strab. li. 4.
d Lib. 2.
e Cæs. li. 7.
f Lib. 5. & 6.
g στρατηγός.
h ἡγεμών.
i Cæs. lib. 6.
k Optimates.
l Ramus de mor. vet. Gall. Merula in Gall. part. 2. lib 3. c. 16.
m 8. Ethic.
n Cæs. li. 7.
o Ibid.
p Cæs. lib. 6.

LE gouuernement des Gaulois a esté Aristocratique,[c] ce que Cesar témoigne, parlant des Conseils, & Senats des villes principales, & des deputations faites vers luy de cette autorité, par ceux de Rheims,[d] & autres. Les assemblées qu'ils auoient accoustumé de tenir, mesmes annuellement, ou en corps des Gaules,[e] ou quelques villes & peuples amis, & confederez, & que Cesar mesme voulut pratiquer estant parmy eux,[f] le tesmoignent aussi; & leurs Rois, ou Princes, si souuent nommez par les auteurs, n'estoient point tels, que par ellection, & le plus souuent pour vne année; ce que le lieu de Strabon marque euidemment, donnant pouuoir & liberté de suffrage au peuple pour le choix du chef d'armée,[g] & du Prince,[h] ou conducteur. La distinction principale des ordres qui auoient tout pouuoir parmy eux, sçauoir des Druydes, & des Cheualiers,[i] (dont les premiers auoient bien principalement les choses sacrées, & la Religion à tasche, cõme il sera dit ailleurs, mais ils gouuernoient aussi l'Estat, & auoient part à l'administration des choses ciuiles,) donne à cognoistre & iuger que la naissance, les merites, ou faits d'armes, ou les richesses releuoient les vns, qui estoient les principaux,[k] par dessus les autres, sçauoir le menu peuple, qui auoit quelque pouuoir en l'ellection de la personne d'vn chef, ou Roy, & des Magistrats; mais non point telle, qu'il y eust de la Timocratie, plustost que de l'autre espece de gouuernement que nous auõs posé, que les Auteurs modernes[l] ont qualifié d'vn nom, & gouuernement particulier de Democratie, ou des plus riches, & aisez, qu'ils trouuent dans Platon, & dans Aristote.[m] Ceste ellection & gouuernement des Rois n'estoit point ordinaire, ny en toutes les villes & peuples; dont aucuns s'en sont passez, comme les Auuergnats du temps de Cesar, & ont vescu auec plus de liberté, & de forme de Republique, pour estre entierement semblables, ou plus comparables aux Romains, apres qu'ils eurent chassé les Rois. Toutes les communes des Gaules en ont par fois esleu vn seul, comme il est dit de Vercingentorix,[n] ou bien les villes & peuples particuliers, comme les Auuergnats vn Bituite; ceux de Soissons, vn *Diuitiac*, ou *Galba*:[o] Les Heluetiens, *Orgetorix*; ceux de Beauuais *Corbens*; aucuns en ont eu deux. Ces Rois estoient iugez & deposez par le peuple, ou le Senat, obligez de respõdre, comme Orgetorix, Vercingentorix, & autres. Outre les Rois, ils auoient vn Magistrat annuel, estably principalement pour la paix, & la Iustice; ceux d'Autun appellerent le leur Vergobret,[p] qui estoit cõme leur Roy, esleu annuellement. Comme le peuple creoit ce Magistrat dans les villes, il le pouuoit aussi deposer. C'est ce que l'on peut sçauoir generalement de la forme, en laquelle ce peuple belliqueux se gouuernoit, comme il se peut recueillir de Cesar, qui a esté sur les lieux. Il y a eu neantmoins de la diuersité, & de grandes factiõs, & diuisions parmy les villes & les peuples. Les Autunois, *Ædui*, & les Auuergnats, qui alloient iusqu'à Narbonne, & à Marseille, estoient les principaux chefs d'vn party.[a] Les Sequanois, qui est la Franche-Comté, furent puissants, & ceux de Tournay aussi, *Neruij*, qui comprindrent plusieurs autres peuples, qu'vn Auteur moderne[b] a estendu aux Hannuyers, Flamands, & Brabançons. Ceux de Rheims eurent aussi beaucoup de pouuoir, auec plusieurs peuples respondans à eux. Marseille a vescu à part, comme vne Republique ancienne & considerable, auec six cens Senateurs, & quinze principaux Magistrats;[c] Ciceron mesmes[d] haranguant le peuple Romain, a exalté leur police. Ces factions, & les Clienteles des plus riches opererent du changement dans les Gaules, où la coustume auoit esté dés long-temps prise de se faire suiure, sous pretexte de protection, & d'auoir à eux grand nombre de personnes, qui estoient comme leurs vassaux & dependans,[e] & introduisirent le gouuernement Aristocratique & Democratique, à l'exclusion du populaire, auec quelques Rois, Chefs & Magistrats souuerains, qui estoient pourtant esleus & destituables, en sorte que la Royauté n'y fut iamais establie auec ses vrayes marques & pouuoirs.

a Cæsar lib. 8. Strab. lib. 4.
b Ram. de mor. vet. Gall
c Strab. li. 4.
d Orat pro Fonteio.
e Ambacti, Soldurij. Plin li. 5. c. 2. Strab li. 4. Cæs. li 6 & 7. de bell. Gall. Athen. l. 6 c. 6.

Les Romains se firent cognoistre dans les Gaules dés l'an de Rome 628. pour la protection des Marseillois leurs alliez contre les Saliens, Rouerguats, & Allobroges, peuples fort considerables, & nombreux, qui donnerent nom à vne guerre de cinq ou six années, & qui ne se finit qu'en l'an 633. par Q. Fabius Maximus, qui en rapporta aussi le nom, & le sujet d'vn triomphe, en vne bataille memorable arriuée sur la riuiere d'Isere en Dauphiné, où les Gaulois furent defaits en tres-grand nõbre, auec Bituite pour lors Roy d'Auuergne, qui les conduisoit.[f] La Gaule Narbonnoise, ou *Braccata*, fut alors vnie à l'Empire Romain, & regie par les Preteurs annuels. Iules Cesar en l'an de Rome 695. ayant eu en partage l'administration des Gaules, y fut durant neuf ou dix années, auec pouuoir & commandement sur dix legions, & apres plusieurs grands & opiniastres cõbats, & la mort de plus de neuf cens mille Gaulois, tout ce qui restoit des Gaules, & qui est entre les Pyrenées, les Alpes, le mont Gebenna, le Rhin, & le Rosne, fut assujetty, & rendu tributaire, ou stipendiaire.[g] C'estoit la Gaule cognuë sous le nom de *Comata*, que Cesar[h] diuise en trois peuples, les Aquitains, les Celtes, & les Belges; laquelle diuision estant manque, ou l'Aquitanique trop restrainte, dit Strabon,[i] l'Empereur Auguste, en y comprenant la Narbonnoise, obmise par Cesar, fit quatre parties de tout l'entier pays, sçauoir la Celtique, ou Lugdunense, la Belgique, la Narbõnoise, & l'Aquitanique, ce qui a esté suiuy par les Autheurs du tẽps;[k] & ceux qui ont precedé l'Empire d'Auguste, parlãts des Prouinces de Gaule, se sont arrestez à la diuision mise en auant par Cesar. Afin que les Gaules fussent regies & gouuernées plus cõmodement, L'Emp. Adrien les diuisa en 14. Prouinces, & Theodose y en adiousta trois pour en faire dix-sept, dont les 7. sont principales, & les autres n'en sont que sous-diuisions. Toutes ces Prouinces ont leurs Metropolitaines, qui sont autant d'Archeueschez, & les autres Citez, qui sont autant de sieges d'Eueschés, & Chefs de Diocese auiourd'huy. Nous baillerons le denõbrement, & ordre de ces Prouinces, auec les villes qui en dependent, tel que la Notice ancienne, dressée du tẽps de l'Empereur Honorius le contient, comme elle est conseruée & corrigée par les Auteurs modernes,[l] principalement Ios. Scaliger.

f Flor. lib. 3. Strab. lib. 4. Oros. lib. 5. Amm. Marcell. lib. 15. Iustin. lib. 37. Plin. App. Cæs.
g Cæs. Plut. Flor. lib 3. App. Oros. Eutrop.
h 1. Comm.
i Lib. 4.
k Strabon. Pline, Ptolemée, Mela, &c.
l Andr. Schot. Petr. Pith. subsec. lib. 2. c. 1.

1. Premiere Lugdunense.

Lyon Metropolitaine, *Lugdunum*.
Autun, *Augustodun. Hed.*
Mascon, *Castrum Matisconense*.
Chaalon sur Saosne, *Castrum Cabillonense*.
Ammian Marcellin,[m] met sous ceste Prouince, Sens, & Bourges, & mentionne les grandes & anciennes murailles d'Autun.

2. Lugdunense seconde.

Roüen Metropolitaine, *Rhotomagum*.
Bayeux, *Baiocassium*.
Auranches, *Abrincantorum*.
Sées, *Saiorum*.
Lisieux, *Lexouiorum*.
Constances, *Constantiensium*.
Ammian Marcell. loge en ceste Prouince, Tours, le Mans, Troye, les Alpes, Graies, & Pennines, & *Auenticum*.
Quelques MS. ont icy
Evreux, *Eburonum*.

3. Lugdunense troisiesme.

Tours Metropolitaine, *Turonorum*.
Mans, *Cenomanorum*.
Rennes, *Redonum*.
Angers, *Andegauorum*.
Nantes, *Nannetum*.
Cornuaille, *Curosopitorum*.

m Lib. 15.

Vennes, ou Vannes, *Venetorum Osismiorum, & Diablintum.*

Amm. Marc. ne les mentionne point.

Les Eueschez de Triguier, Dol, sainct Brieu, sainct Malo, & Leon y sont depuis.

4. Lugdunense quatriesme.

Sens Metropolitaine, *Senonum.*

Chartres, *Carnutum.*

Auxerre, *Antissiodorum.*

Troyes, *Tricassium.*

Orleans, *Aurelianorum.*

Paris, *Parisiorum.*

Meaux, *Meldorum.*

Amm. Marc. l'obmet. & Neuers a esté fait Euesché.

5. Lugdunense cinquiesme.

Besançon Metropolitaine, *Vesontio Crispolinorum.*

Nion entre Geneue & Lausanne, *Nouiodunum Equestrium.*

Auanches, *Auentium Eluicorum.*

Basle, *Basiliensium.*

Castrum, Virdunense, Ebrodunense, Argentaciense, Rauricense, Portus Abucina, Amm. Marcell. le nomme, *Sequanorum,* c'est *Maxima Sequanorum.*

6. Belgique premiere.

Treues Metropolitaine, *Treuirorum.*

Mets, *Mediomatricum.*

Toul, *Tullo Leucorum.*

Verdun, *Verdonensium.*

Amm. appelle Treues le domicile illustre des Princes, ou Emp. Rom.

7. Belgique deuxiesme.

Rheims Metropolitaine, *Rhemorum.*

Soissons, *Suessionum.*

Chaalons, *Catalaunorum.*

Sainct Quentin en Vermandois, *Veromanduorum.*

Arras, *Atrebatum*

Cambray, *Cameracensium.*

Tournay, *Tornacensium.*

Senlis, *Syluanectum.*

Beauuais, *Bellouacorum.*

Amiens, *Ambianensium.*

Terouane, *Ponticum Morinorum.*

Boulogne sur mer, *Bononiensium.*

Amm. Marcell. dit d'Amiens qu'elle est eminente par dessus toutes.

8. Premiere Germanique.

Mayence Metropolitaine, *Mogotiacensium.*

Strasbourg, *Argentoratensium.*

Spire, *Nemetum.*

Wormes, *Vangionum.*

Amm. dit de Strasbourg, qu'elle est cogneuë par les assauts des Barbares.

9. Germanique deuxiesme.

Cologne Metropol. *Agrippinensium.*

Tongres, *Tongrorum.*

Amm. les nomme de belles & grandes villes, quelques M S. ont icy

Liege, *Leodicum.*

10. Viennense premiere.

Vienne Metropolitaine.

Geneue.

Grenoble, *Gratianopolis.*

Viuiers, *Albensium Heluiorum.*

Die, *Diensium.*

Valence, *Valentinorum.*

Sainct Antoine de Tricastin, ou trois Chasteaux.

Vaison, *Vasionensium.*

Orenge, *Arausicorum.*

Carpentras *Vindansica, Carpētoractensiū.*

Auignon, *Auennicorum.*

Arles, *Arelatensium.*

Amm. y ioinct Marseille, & *Sallincios,* Nice, Antibe, & les Stœchades.

Marseille est en quelques M S.

11. Viennense deuxiesme.

Narbonne Metropolitaine.

Toulouse.

Agde, *Agatensium.*

Alet.

Besiers, *Biterensium.*

Castrum Magalonensium,

Montpelier.

Nismes, *Nemausensium.*

Lodeue, *Luteua.*

Vsez, *Vcetiense Castrum.*

Amm. appelle ceste Prouince la Narbonnoise, & dit, que Toulouse, & Narbonne en sont les villes principales.

12. Viennense troisiesme.

Aix Metropolitaine.

Riez.

Apt.

Frejus, *Forojuliensium.*

Gap, *VVapincensium.*

Cisteron, *Segestroiolum.*

Antibe, *Antipolitana.*

Amm. ne mentionne point ceste Prouince, ny la suiuante.

13. Viennense quatriesme.

Ambrun Metropolitaine, *Ebrodunensium.*

Dine, *Rigomagensium Solliniensium.*

Senas, *Sanicum.*

Glandeue, *Glamnateua Cemolenensium.*

Sainct Paul de Vennes, qui est és Alpes maritimes.

14. Viennense cinquiesme.

Tarentaise Metropolitaine, *Centronum.*

Sainct Maur, *Octodurum VVallensium,* qui est és Alpes Grayes & Pennines.

Amm. confond cette Prouince auec la deuxiesme Lugdunense.

15. Aquitaine premiere, ou Viennense sixiesme.
Bourges, *Bituricum.*
Clermont, *Aruernorum.*
Rodez, *Rutenorum.*
Albi, *Albigensium.*
Cahors, *Cadurcorum.*
Limoges, *Lemouicum.*
Mende, *Gabalorum, Geuaudan.*
Le Puy, ou Velay, *Velaunorum.*
Amm. confond l'ordre des Aquitaines.
16. Aquitaine deuxiesme, ou Viennense septiesme.
Bordeaux Metropolitaine, *Burdegala.*
Agen, *Aginnum.*
Angoulesme, *Ingolismensium.*
Xaintes, *Santonum.*
Poictiers, *Pictanorum.*
Perigueux, *Petrocoriorum.*
17. Aquitaine troisiesme, ou Viennense huictiesme, & *Nouempopulania*, ou Gascogne.
Ausch Metropolitaine.
Aqs, *Aquensium.*
Lectoure.
Cominge, *Conuenarum.*
Coserans pays de Buchs, *Boatum.*
Le pays de Bearn, *Benearnensium.*
Aire, *Aturensium.*
Basas, *Vasatica.*
Tarbe, *Bigerronum*, ou *Bigorre.*
Oleron en Bearn, *Oleronensium.*
Ville & pays d'Euse, *Elusatum.*

Ces Prouinces des Gaules sont inserées dans la Notice de l'Empire Romain Occidental, sous la disposition, direction & commandement du Vicaire des sept Prouinces principales,[a] comme nous auons dit, qui sont departies en dix-sept, dont les six estoient Cōsulaires, & les vnze restantes estoient sous les Presidēts.[b] Les Consulaires estoient vne Viennoise, vne Lyonnoise, deux Germaniques, & deux Belgiques; celles des Presidents estoient les Alpes maritimes, les Alpes Graies, & Pennines, la grāde Sequanoise *Maxima Sequanorū*, deux Aquitaniques, deux Narbonnoises, trois Lyonnoises, & vne de Gascogne, ou *Nouempopulorum.* Les citez sont tirées d'vn roolle ancien. [c] Constantin le Grand establit diuers offices, & Magistratures dans ces Prouinces; mais la principale fut l'vn des Prefects du Pretoire de l'Occident, ayant son siege à Treues; l'autre l'auoit à Rome. Il y en auoit autant en Orient, auec des autoritez fort sublimes & souueraines, sans appellation d'eux, entant qu'ils estoient dits iuger *Vice Sacra*, comme portent les constitutions des Empereurs Romains, faites sur leurs charges.[d]

a Viri spectabiles.
b Præsides.
c Lib. Breuic.
d Cod. de Præf. Præt.

Le Prefect du Pretoire Occidental, ordōné à Treues pour toutes les Gaules, à cause de son grand ressort, eut trois Lieutenās, ou Vicaires. Le premier auoit son siege à Treues, & pour departemēt la premiere & secōde Germanique, les Belgiques, & l'ancienne Bretagne. Le second à Lyon, auec les 4. Lugdunenses, & la 5. aussi, appellée la grande Sequanoise, ou *Maxima Sequanorum.*[e] Le troisiéme à Viēne, auec la premiere Viennoise, premiere & deuxiesme Narbōnoise, premiere & deuxiesme Aquitaine, & la Nouempopulanie, auec les Alpes maritimes, Graies, & Pennines. Les Grecs appellerent ces departemens Dioceses, ou Exarchies.

e Maxima Sequanorum.

Sous ce gouuernement, & ordre ainsi estably, les Empereurs suiuants possederent les Gaules, & reprimerent les sousleuemens & reuoltes que les Gouuerneurs y causerent; comme auoient fait autrefois sous Neron, Iunius Vindex,[f] qui en estoit Propreteur; & Postumus, sous Gallien, apres la mort de son fils Saloninus, qu'il luy auoit baillé en garde.[g]

f Suet. in Ner.
g Trebell. Pollio in vita Postum. 2. trig. tyran.

Tous ces peuples assujetis aux Romains receurent leurs loix & leur langage, & aucuns furent honorez du droit de Citoyens Romains, voire de Senateurs, cōme ceux que Iules Cesar amena dans le Senat, où ils en prindrent l'ornement, en quittant leur premier habit;[h] ou du droit du *Latium*, comme ceux de Nismes en Languedoc, d'Auch, & de Comminge en Gascogne.[i]

h Latū clauum induerunt Galli, Braccas deposuerunt. Suet. in Cæs.
i Strab. li. 4.

Sous l'Empire d'Honorius, enuiron l'an 400. de Iesus-Christ, les Romains cōmencerent à déchoir, & à perdre tant de belles conquestes, qu'ils auoient estenduës sur toutes les parties de la terre. Stilicon son gendre, hōme Vandale, & vaillāt, pour acquerir l'ētier Empire à sō fils Eucherius, en procura la ruine du costé des Gaules. Les Vandales, Sueues, Alains, & Bourguignons y furent appellez.[k] Les Goths, & les Francs suiuirent enuiron l'an 406. de Iesus-Christ; les premiers passerēt le Rhin, & entrerēt en Gaule sous la cōduite de Croscus, ou Crocus, selō Gregoire de Tours,[l] qui dit que ce fut sous l'Empire de Probus en l'ā 208. Alaric Roy des Gots estoit capable de s'opposer à eux, & l'Empereur Honorius, qui se trouuoit empesché de ces nouueaux ennemis, luy auoit liuré les Gaules, mais il ne s'y arresta point, & passa en Italie cōtre Rome. Athaulphe, Sigeric, & Wallia

k Hieron. in ep. ad Ager. de monog.
l Lib. 2. c. 32.

succederent les vns apres les autres ; mais le dernier traittant vne paix auec Honorius, luy rendit les Gaules, sauf la Guyenne, où les siens habiterent, & eurent aussi Toulouse, pour sejour de leurs Rois.

Attila Roy des Huns, vint en suite, & fut le fleau de l'Occident, dont il pretendoit d acquerir l'Empire ; mais Ætius, homme sage & de bonne conduite, General des Romains sous Valentinian Empereur, s'estant ligué auec Theodoric Roy des Goths, & Meroüée Roy de France, le vainquit pres de Chaalons, [a] & en deliura les Gaules, qui depuis furent affranchies, & soustraites du gouuernement & de la domination Romaine ; par la venuë des Francs, qui s'y estoient desia fondez, en la premiere race des Rois de France, & par la puissance des Goths, qui auoient aussi l'ordre de l'Estat & administration de Gaules.

a In campis Catalaunicis.

Les Goths & les Francs demeurans les maistres, & les Romains conseruans encores quelque portion de ce noble pays, la condition des premiers estoit meilleure que des Romains, & des Gaulois naturels & originaires, comme il a esté touché en traitant des langues ; dequoy les Historiens du temps font foy, [b] comme du recit fait cy-dessus. Les Romains & les Goths tascherent de se maintenir quelque teps ; mais les Rois de France, & sur tout le grand Clouis premier du nom, & de la profession Chrestienne, chasserent les vns & les autres, & ouurirent le champ large & heureux de la Monarchie Françoise, de laquelle, & dés les commencements de son gouuernement particulier, nous pouuons traitter quelques differences d'auec celuy de ce temps, qui commencera à la troisiesme race de Rois.

b Prosper, Cassiodore, Iornandes, Sid. Apollin. Paul. Diac. Isid. in Chron. Goth.

Aymoin [c] fait mention de l'adoption de Clouis par Alaric, & de la forme d'icelle, en luy touchant la barbe.

c Lib. 1. c. 10.

Gouuernement sous la premiere, & seconde race.

Nous auons à marquer les differences de ce premier gouuernement d'auec celuy d'apresent, & celles encor de la premiere, & seconde race entr'elles, pour venir apres au gouuernement present, sous les loix fondamentales de l'Estat, qui ont tousiours esté, & sont encores, sans auoir changé dans les familles, & races diuerses, esquelles la Couronne & la Royauté sont escheuës.

La premiere difference de gouuernement en la famille des Merouingiens est, que les Rois de France n'y ont pas esté seuls absolus, & pleinement establis, y ayant eu des restes du pouuoir des Goths, & des Romains, comme nous venons de dire, & des Rois de Bourgogne, ou d'Arles, qui outre la Sauoye, & la Franche-Comté, sous les titres de Besançon, & de la Tarentaise, possedoient le Dauphiné, le Viennois, ou Ambrunois, & la Prouence, auec Aix sa capitale. Ce Royaume fut fondé par les Bourguignons, qui entrerent auec les Francs, ou vn peu auant eux, & subsisterent iusqu'à Clouis premier, qui posseda seul tout le Royaume, & par sa valeur mit ces premiers Rois au large, & fit qu'ils n'eurent plus de compagnon.

La seconde est, qu'il y a eu partage dans la maison de France, y ayant en mesme temps vn Roy de Paris, d'Orleans ; de Soissons ; de Mets ; &c. celuy de Paris n'ayant aucune preference sur les autres, qui estoient tous Rois de France, ou des François, auec esgalité entr'eux ; le sort, ou le partage qu'ils en auoient fait, decidoient leurs demeures. Ces partages eurent lieu dans la seconde lignée. En la troisiesme ils n'ont point esté pratiquez, les puisnez ayans pris portion, & appennage dependant de la Couronne, & sujet à reuersion, au defaut d'hoirs masles.

La troisiesme, que les bastards, & enfans naturels des Rois ont succedé comme les legitimes, ce que la troisiesme race a rejetté entierement.

La quatriesme, que la France n'a eu que fort peu d'officiers, soit de la Couronne, ou autres, & que la charge de Maire, & Comte [d] du Palais, qui sembla auoir esté traduitte de l'Empire Romain, occupoit & auoit à soy tout le pouuoir de l'Estat, pour la maison du Roy, les armes, la Iustice, & les finances. Ceste charge estoit de l'election des Seigneurs, & Barons du Royaume, qui la remettoient bien souuent au Roy ; [e] c'estoit comme vne Lieutenance en l'Estat, comparable à l'office

Maires du Palais.

d Greg. de Tours li. 9. c. 30.

e Greg. lib. 11. c. 54

l'office du Prefect du Pretoire, sous les Empereurs Romains ; moins authorisée sous les premiers Rois de France, qui furent sages & aduisez, que sous les derniers, qui furent ou mineurs, ou vicieux & faineants, dont Cedrenus parle fort expressement sous l'Empereur Leon troisiesme, dit Iconomache, en l'année six cens dix-huict. La posterité de Clouis premier ne s'estant point maintenuë dans la gloire que les premiers Rois auoient acquise, hors de Clotaire Roy de Paris, l'vn de ses enfans, les Maires du Palais commencerent à s'esleuer, & les Patrices François continuez depuis Constantin le Grand, cesserent d'estre considerez, & d'estre en estime pres des Rois, & dans leurs conseils. L'Histoire mentionne parmy les Maires Ebroin, grand Seigneur François, Landeric, Landregisile, Bertaire, Wadore, Chrodin sous le Roy Sigebert, qui remit la charge à Gogon mary de Brunichilde, mettant son bras sur son col, pour signe de l'action qu'il faisoit. [a] Pepin, dit des Landes, pere de Charles Martel, se preualut auec plus d'effect pour sa posterité des prerogatiues de cette grande charge, & par la lascheté & festardise des Rois depuis Dagobert iusqu'à Childeric ouurit aux siens le chemin de la Royauté. Le mesme [b] qui a escrit la vie de Charlemagne, tres-digne de porter le Sceptre, a descrit la vie de ces derniers Rois. Pepin ne fut Maire que sept ans durant, & laissa Charles Martel, son fils naturel, bien ieune ; lequel deuenu homme, en vn parlement des Barons & Seigneurs du Royaume, fut declaré Prince des François, & fut Roy en effect, renommé par hauts faits d'armes contre les Sarrasins, & Abderame leur chef, auec establissement de bonnes loix dans l'Estat. Il escriuit en Italie contre Luitprand Roy des Lombards, pour la protection du Pape Clement. Pepin, son fils, dit le Bref, au degré de Maire adiousta celuy de Roy, aydé du Pape Zacharie, qui donna son aduis aux François, qui l'en consulterent.

a Aymoin. li. 3. c. 4.

b Eginhart.

Inauguration.

Les premiers Rois n'vserent ny de sacre, ny d'onction, puisque la forme ancienne de leur inauguration, ou proclamation, qu'ils eurent commune auec les Germains, fut de les esleuer sur vn pauois, & en cete posture on leur faisoit faire le tour de l'armée par trois fois. [c] Iulian l'Apostat estant à Paris, fut salüé Empereur & Auguste par les soldats, qui le mirent & esleuerent sur vn bouclier. Gontran Roy de France bailla le iauelot [d] à son nepueu Childebert, pour le designer son successeur. [e]

c Greg. li. 4. Aymoin li. 3. c. 61. & li. 4. c. 44.

d Hastam.

e Aymoin. li. 3. c. 68.

Desautoration, & cheueleure.

Leur deposition, ou desautoration depend aussi d'vne coustume ancienne qu'ils pratiquerent bien long-temps. Aucun en attribuent la loy à Clodion, qui ordonna qu'il n'y eust autres que les Rois, leurs enfans, ou les Princes du sang, qui portassent longue cheueleure. [f] Tout le peuple estoit rasé, ou portoit les cheueux courts & tondus, mais les Rois les auoient longs, [g] parfumez, lassez en tresses galonnées, & liées de cordons, auec la barbe mesme boutonnée d'or : Vn Auteur du temps a escrit, que René Duc de Lorraine, qui vainquit Charles Duc de Bourgogne, vint recognoistre son corps auec vne barbe d'or en signe de victoire. Clodomir, fils de Clouis premier & Clouis fils de Chilperic, Rois de France, furent recogneus parmy les morts par la longue cheueleure ; de laquelle, comme estant marque de la Royauté, lors qu'on venoit à les en priuer, c'estoit vne deposition, comme il fut practiqué enuers Tierry ; & Chlotilde ayma mieux voir mourir ses enfans, que s'ils estoient rasez. [h] On void encores les images des premiers Rois, ainsi cheuelus, ez vieux portaux des Eglises de sainct Denys en France, & de sainct Germain des Prez. Les successeurs de Hugues Capet en vserent beaucoup moins ; & le Roy Louys le Ieune, deferant à la remonstrance de Pierre Lombard Euesque de Paris, rasa sa barbe, & retint les longs cheueux. François premier, pour guerir d'vne blesseure receuë en ioüant, rasa sa teste, & porta la barbe courte.

f Du Haillan, li. 1. de l'Estat des affaires de France.

g Agath. li. 4. Sidon. Apoll. in Paneg. Maior.

h Greg. de Tours liu. 6. Aymoin, li. 4. c. 44.

Habits.

Les habits communs des anciens Rois ont esté longs, en robes, & manteaux auec fourrures precieuses ; ce qui marquoit la froideur de leurs premieres demeures en Alemagne, ou sur le Rhin. Ces habits longs ont esté retenus par les Rois suiuans, mesmes dans la troisiesme race, iusqu'à Charles sixiesme, qui commença de s'habiller court ; surquoy Louys vnziesme encherit ; ce que les Historiens [i] de leur temps n'ont point trouué bon. Les statuës des Rois és portaux des vieilles Eglises ont des manteaux en escharpe, ou retenus auec vn bouton, sur l'espaule droite, là où les sotanes, & lõgues cottes paroissent aussi. Charlemagne és iours solẽnels prenoit l'habit Imperial, & Charles le Chauue prit celuy des Empereurs de Constan-

i Monstrelet. Philip. de Comines.

tinople. Les habits longs ne sont aujourd'huy que pour le sacre', ou pour les ceremonies de l'Ordre.

Leur sejour a esté different selon le temps, & les partages. Pharamond, & Clodion, qui n'entrerent point en France, s'arresterent pres du Rhin: Clodion particulierement y eut vn Chasteau, nommé Disperg, & ayant aduancé ses conquestes iusqu'à Tournay, Arras, Cambray, & à la riuiere de Somme, il se tint en ces villes là. Demeures.
a Greg. li. 2. Clouis eut sa demeure à Paris; [a] ses enfans à Rheims, Orleans, Soissons. Les autres Rois depuis Dagobert iusqu'à Childeric, sejournerent ez enuirons de Paris; ce que Charles Martel, & Pepin le Bref continuerent. Charlemagne ayma le sejour d'Aix la Chappelle, qu'il auoit fait bastir, soit pour estre plus pres des Saxons, soit pour les bains d'eau chaude, qui y estoient, ou pour autre raison aucunement fabuleuse,
b Hist. de Dupleix comme les Historiens plus modernes [b] ont creu. Loüis le Debonnaire estant Roy d'Aquitaine y eut quatre Palais, pour les quatre saisons de l'année, & depuis il ayma Thionuille; Charles le Chauue, Compiegne; Loüis d'Outremer, Laon. La troisiesme race depuis Hues Capet a choisi Paris, ancien titre du pere de ce premier Roy; mais le Roy Robert entr'autres en a plus chery la demeure.

Leurs Ambassadeurs porterent certaines verges, ou baguettes, qui pour le respect de leurs personnes estoient comme sacrees, comme il se lit des Ambassadeurs
c Greg. li. 7. de Gundobalde au Roy Gontran. [c]

Ils espouserent veritablement par fois des femmes issuës de race Royale, comme Clouis premier, espousa Clothe, ou Clotilde, fille du Roy de Bourgogne. Mais côme ils sentoient encores du Paganisme, & qu'ils estoient fort vicieux, & débordez, (ce qui attira sur eux le iugement de Dieu, pour les faire descheoir du degré où ils estoient,) ils eurent plusieurs femmes, & nombre de concubines, comme Dagobert Femmes, & Roynes.
d Greg. Tur. qui eut quatre femmes qu'on appella Roynes; [d] & aucunesfois des esclaues mesmes, acheptées à prix d'argent, qui deuenoient Roynes, faisans des enfans. Les femmes legitimes, ou deuenuës telles, auoiét leurs officiers pareils à ceux des Rois, iusqu'à des Maires de leur Palais, des Referendaires, Côtes d'Estable, &c. & iouyssoient apres le decez des Rois, des terres de propre & de doüaire, qu'elles trásmettoient mesmes à leurs hoirs; voire elles prenoiét part aux meubles acquis pendant
e Contin. de Greg. de Tours ch. 85. leur mariage. [e] Clouis espousant Clotilde, luy fit offrir par son Ambassadeur les treize deniers de la loy Salique, dequoy nous auons parlé cy-deuant, par coustume, dôt la France Coustumiere a encores des traces, & nô point suiuant la pratique des peuples Septentrionaux, qui portoient certaines sommes d'argent à leurs espouses,
f Fauchet li. 1. c. 5. auant que de les mener en leurs maisons, côme quelques modernes ont creu. [f] Les Rois de la seconde race n'en ont pas vsé auec tant de licence, & n'ont pas permis qu'autres que leurs femmes legitimes fussent appellées Roynes.

L'esclauage auoit lieu sous les premiers Rois, dont les officiers domestiques pour la pluspart estoient serfs, ou affranchis, employez à l'administration de leur patrimoine & domaine. L'vne des peines de leur téps estoit l'exil, & la priuatiô de liberté, auec autres, qui tenoient de la rudesse & barbarie du siecle, sçauoir la priuation Esclaues & Peines.
g Aym. li. 3. c. 65. 93. li. 4. c. 71. 77. 106. des membres, comme des yeux, des pieds, & des mains. [g] Marilef premier Medecin du Roy Chilperic estoit esclaue de l'Eglise de Tours, à laquelle il fut rendu. [h] Les
h Greg. de Tours. Aym. li. 4. c. 43. enfans de ces Esclaues, ou affranchis, nourris és terres & maisons du Roy, estoient appellez Fiscalins, [i] d'entre lesquels furent pris & tirez tous les menus officiers de la fille de Chilperic, mariée au Roy d'Espagne, & furent forcez de s'en aller auec
i Aym. li. 3. c. 56. elle. La seconde race a cogneu les serfs quelque temps, mais la troisiesme les a entierement reprouuez. La simplicité du premier aage de la Monarchie Françoise auoit des choses bien differentes de la grandeur qu'on y a veu depuis; elle auoit ses officiers plus domestiques, & familiers; viuoit de prouision, & de mesnage, auec greniers, caues, saloirs, haras de cheuaux en Touraine, & ailleurs, & gardes deputez
k Greg. li. 8. c. 40. à cet effet. [k] Les anciens comptes de la maison Royale font mention des gistes ausquels les Abbez leur estoient tenus, passans par leurs Abbayes; & certaines
l Pastum. Eglises, ou Chapitres de Chanoines ont esté tenus aussi de leur fournir des viures [l] en passant, dequoy l'on garde encor la formalité, lors que le Roy y arriue.

Charlemagne fut orné de qualitez tres-recommandables, continua d'obliger de plus fort, & de proteger les Papes contre les Lombards. Il porta ses armes dans l'Italie, où il acquit & merita le titre d'Empereur des Romains, & de l'Occidét, tellement que le Pape Leon III. le declara tel par le sacre, & onctiô; en suite dequoy le peuple Romain le receut, & proclama Emp. & Auguste. Il possede dôques & trásmit Seconde race.

à ses successeurs les terres de l'Empire, le Royaume d'Italie, & ce qui auoit esté de l'ancienne Gaule, consistant és pays de la Franche-Comté, de la Lorraine, des pays-Bas, & autres terres deça le Rhin, voire ce qui en est au delà, sçauoir la Saxe, la Bauiere, &c. establit des loix, & des reglemens qui furent plus vniuersels, que la seule France d'aujourd'huy ne requeroit pas dans les bornes qui luy sont baillées; ce qui induit la principale difference du gouuernement d'alors d'auec le passé, & celuy qui a suiuy, lequel nous aurons à traitter cy-apres.

Inaugura-tion & ornemens Royaux. Loüis le Debonnaire receut par l'ordre & commandement de Charlemagne, qui l'auoit declaré son successeur auant sa mort, certains ornemens pour se saisir & inuestir du Royaume de France, sçauoir l'espée de sainct Pierre, l'habit Royal, la Couronne d'or & de perles, & le baston. [a] Charles le Chauue fut couronné par Hincmar Archeuesque de Rheims; tous les Euesques & Abbez assistans luy presterent serment de fidelité, comme firent aussi les grands, & les vassaux du Royaume, auec l'hommage conuenable. Il pratiqua enuers Loüis son fils [b] la mesme chose que Charlemagne auoit faite à l'endroit de Loüis le Debônaire, & luy enuoya par l'Euesque de Beauuais, Odon, & par Alboin son Comte, la Couronne, l'Espée, & le reste de l'appareil, pour estre sacré & couronné Roy de France; ce qui fut fait à Orleans par Daimbert Archeuesque de Sens, [c] qui l'oignit Roy, le desceignit de l'espée seculiere, & luy donna l'Ecclesiastique, la Couronne, le Sceptre, & la Verge pour defendre l'Eglise, & les pauures; à quoy se voulurent opposer, & en firent leurs protestations, les enuoyez de l'Eglise de Rheims.

a Fustem. Aym. li. 5. c. 36.

b Id. lib. 5. c. 37.

c Aym li. 5. c. 49.

Maire & Comte du Palais. Le grand pouuoir de la charge de Maire du Palais ne fut plus en ceste lignée des Rois; Pepin qui s'en estoit seruy la supprima, recognoissant bien par son exemple l'abus qui venoit d'vne autorité si releuée, & si generale. Celle de Comte du Palais fut retenuë pour iuger des causes & differends de la Cour & suitte des Rois. Il y eut aussi vn grand Seneschal, charge fort honorable, Intendant de la maison, & de la despense Royale. [d] Les moindres Seneschaux estoient encor de ces charges de la premiere race; vn Maistre Queux, [e] & autres, mentionnez és vieux Romans, qui distinguent le grand Seneschal des inferieurs portans verges en Cour pleniere & Royale, distributeurs des logis de la maison du Roy, &c. Les Seneschaux plus releuez estoient comme grands Maistres, porteurs de la banniere de France, &c. Le grand Seneschal, censé comme Lieutenant du Roy, & premier apres luy, retenoit du pouuoir de la Mairie du Palais, ainsi que porte mesmes vn liure, qui est en l'Abbaye de sainct Aubin d'Angers, qui fait de ces deux charges vne mesme chose.

Grand Seneschal. & autres.

d Præpositus mensæ.

e Princeps coquorum.

Il faut adiouster à toutes ces differences de gouuernement, celle des langues, comme il en a esté traitté cy-dessus, veu que c'en est vne partie, aussi bien que des mœurs, où nous les auons logées, & que les premiers Rois, & leurs sujets ont parlé & escrit tout autrement que la troisiesme lignée n'a fait depuis, la langue Alemande, naturelle à eux, & à leur Cour, ayant eu comme la Romande, ou la Françoise, qui en a esté depuis polie & parfaite.

Gouuernement de ce temps.

LE Royaume de France est si bien regy & gouuerné, & auec des ordres si beaux, qu'il peut seruir de modelle de la iuste & parfaite administration d'vn Estat, comme Claude de Seyssel pour lors Euesque de Marseille, & depuis Archeuesque de Turin en a fait le traitté, [f] & compris souz iceluy les regles entieres de toute bonne police, & gouuernement de Monarchie. Nous pouuons donner plusieurs parties à ce titre, pour en faire cognoistre distinctement les choses qui luy appartiennent, & tout ce que l'on peut y considerer. La premiere est, la personne du Roy, Seigneur absolu & souuerain de l'Estat, son pouuoir, ses priuileges par dessus les autres Princes de la Chrestienté, presseances, armes & bannieres, gardes, maison, & officiers domestiques, sacre, funerailles, & consequemment, la personne des Roynes, fils, & enfans de France, appennages, regence du Royaume, & choses semblables. 2. Les offices de la Couronne, pour les armes sur terre, & sur mer, pour l'artillerie, direction, & sur-Intendance generale de la Iustice, & finances. 3. La Iustice Souueraine & Subalterne, tant pour le general du Royaume, que dans les Prouinces, Seneschaussées, Bailliages, & autres iustices inferieures. 4. Maniement des finances, receptes generales & particulieres. 5. La police generale & particuliere de tout le Royaume en ses trois

f Addresse au Roy François premier.

ordres, & en ses Estats generaux & particuliers; en la Noblesse, & aux fiefs. Le gouuernement Ecclesiastique, qui est ancien & illustre en France, appartient à la Religion, hors du temporel Ecclesiastiques, leur Iustice, & fiefs.

Succession. En la personne du Roy se considere principalement la succession, & le droit hereditaire, qui le rend tel, & non aucune eslection, comme il se pratique en quelques Estats, sçauoir en Pologne, Hongrie, Boheme, & cy-deuant en Suede. Aimoin dit que Clouis succeda à Chilperic par droit d'hoirie, laquelle exclud l'eslection, comme aussi ny luy, ny Gregoire de Tours ne le mentionnent point; de sorte qu'en toutes les lignées il en a esté vsé ainsi, & les opinions contraires de quelques modernes [a] ont esté suffisamment refutées, [b] surquoy il a esté encor remarqué, [c] qu'au changement de race fait par Hues Capet, pour autoriser l'eslection faite de sa personne, il se seruit de certaine donation à luy faite par Loüis d'Outremer, rapportée dans vne Histoire d'Odoran Moyne, lors viuant à sainct Pierre-le-Vif, Abbaye de Sens.

a Fr. Hotom. in Francogall. b Matharel. in Francog. c Fauchet. l. 6. c. 3.

Loy Salique. La succession des masles à l'exclusion des femelles, est vne autre loy fondamentale de l'Estat, appellée communement loy Salique, de laquelle sur le procez, ou question memorablement entre Edoüard troisiesme, Roy d'Angleterre, & le Roy Philippes de Valois, a esté traitté fort dignemēt par Claude de Seyssel. Par ceste obseruation, qui n'a pas lieu en Angleterre, en Escosse, en Suede, & ailleurs, on euite deux inconueniens remarquables, l'vn est le cōmandement en Espagne, des femmes, & l'autre, que le Royaume ne va point en main estrangere. A ceste loy, & semblables, les Rois de Frāce ne peuuēt deroger, ny les enfraindre au preiudice de leurs successeurs. [d] Elle est vulgairement attribuée à Pharamond, [e] ce qui est contredit par d'autres; [f] & quoy qu'il en soit, & d'où qu'elle ait pris son nom, (ou des Saliens, peuples d'entre les Francs, dōt parle Ammian Marcellin, [g] ou des Saliques selō *Otho Frisingensis*, [h] ainsi nōmez du fleuue *Sala* de Turinge, arrosée du Neccar & du Mein, ou des Prestres Saliens du Dieu Mars, selō aucuns,) sa pratique sacrée & inuiolable parmy les François durant tant de siecles, la rend venerable. Le Chapitre d'icelle [i] denie part & portion de la terre Salique aux femelles, & la donne toute entiere aux masles plus proches: & quoy que faite originairemēt pour les successiōs priuées, non des fiefs, mais des Aleuds, sçauoir heritages, & biens venās de souche, [k] elle a esté heureusement estenduë & entenduë pour la succession Royale, depuis Pharamond iusques aujourd'huy. Les auteurs anciens & estrangers la mētionnent [l] & l'Histoire [m] fait foy, que Gueric Roy des Vandales ordonna la mesme chose pour la succession de son Royaume, en faueur des masles plus proches.

d Bod. li. 1. c. 9. e Gaguin. Loysel. Postel. Chopin. f Du Haillan. g Lib. 17. h. Otton. li. 4. i Tit. de Allod. lib. 1. c. 62. k Fauchet li. 1. c. 2. Marculs par. 1. lib. 1. c. 17. l Agath. lib. 1. m Procop. lib. 3. de bello Vand.

Ceste succession des masles est appellée tousiours de l'aisné à l'exclusion des puisnez, & les issus de l'aisné à l'infiny, en sorte que le nepueu est preferé à l'oncle; ce qui est particulier en la succession Royale, & n'a pas lieu par le droit Romain en celle des particuliers. [n] Henry IV. comme issu de Robert, Comte de Clermōt, fils puisné de S. Loüis, succeda au vingt-deuxiesme degré. Quoy que le fils aisné du Roy soit né auant la Royauté du pere, il ne succede pas moins (contre l'exemple ancien des enfans de Darius Roy de Perse,) comme il arriua és fils de Philippes de Valois, & du Roy Henry second, auquel François second, né auparauant que le pere fut Roy, succeda.

n Fr. Hotom. de controu. inter. pat. & nep. o Iustin. lib. 12.

Premier né de France, ou Dauphin. Cét aisné, viuant le Roy son pere, est heritier presomptif de la Courōne, & est appellé Dauphin. Ce tiltre est cōme la qualité de Roy des Romains à celuy qui doit estre Empereur. Origine en est rapporté au regne de Philippes de Valois, auquel en l'an 1343. & sous la personne d'vn de ses enfans, Humbert dernier Dauphin, ou Seigneur du Viennois, donna sa terre; & Philippes, à la priere de Iean son fils, la donna à Charles son petit fils, qui cōmença d'en porter le titre, & fut depuis Roy, ayant succedé au Roy Iean son pere. L'occasion de ce present fait aux Rois de France, auec ceste condition que le donataire, qui fut l'aisné & successeur, prēdroit le nom & les armes escartelées des Dauphins de Viennois, a esté en ce qu'Humbert ayant perdu son fils, sur la guerre à luy faite par le Comte de Sauoye, qui le pressoit en sorte qu'il n'auoit pas dequoy luy resister, se resolut apres en auoir conferé auec le Pape Clement cinquiesme, à donner le Dauphiné à Philippes second, fils de Philippes de Valois, & à se rendre Iacobin à Lyon, ou à Paris. Il receut vne somme d'argent, & vne pension durant sa vie. [p] Son tombeau & Epitaphe se voient à Paris aux Iacobins, où il mourut l'an 1355. dans la profession de l'ordre, & apres auoir esté fait Patriarche d'Alexandrie.

p Du Chesne hist. des Dauphins de Viennois.

Nous auō remarqué pour vne difference du premier gouuernemēt d'auec celuy-cy, le partage des enfans de France, qui auoient tous dignité Royale separée, & non vnie ou assemblée, dequoy les exemples sont és enfans de Clouis premier, & de Clotaire son fils, qui par le decez de ses freres estoit demeuré seul Roy, & autres. [a] Charlemagne auoit eu son frere Carloman Roy d'Austrasie, & d'vne partie d'Alemagne ayant son siege à Soissons. Les enfans de Loüis le Debonnaire partagerent entr'eux, & firent trois portions de l'heritage de leur ayeul. Ceux de Loüis d'Outre-mer vserent aussi de partage, Lothaire fut Roy de France, & Charles son frere fut Roy d'Austrasie, ou de la Lorraine, qui fut neantmoins donnée à Charles en titre de Duché, & non de Royauté.

a Greg. de Tours.

Rois tres-Chrestiens. Les Rois de France sont nommez tres-Chrestiens, par vsage & coustume de presque tous les siecles, qui ont esté depuis Clouis premier Roy Chrestien (Sainct Remy en son testament l'ayant qualifié tel, auec plusieurs Papes en diuers temps,) [b] & par autres titres, qui s'en trouuent. [c] Ce titre leur est legitimement deu, & merité par les victoires de Charles Martel contre les Sarrasins, & de Charlemagne contre les Saxons, ausquels il faisoit guerre pour les conuertir à la foy Chrestiẽne: par leur Religion Orthodoxe, & non entachée des heresies de leur tẽps; & par le prompt & efficacieux secours par eux presté, sçauoir par Charles Martel au Pape Gregoire III. par le Roy Pepin à Estienne troisiesme, & par Charlemagne à Zacharie, contre les Lombards, qui furent finalement chassez & exterminez de l'Italie; ce qui leur a fait meriter de mesme le titre de fils aisnez de l'Eglise. La voix publique sans autre chartre, ou patente, donne de semblables titres, mesme au particulier des Rois, & c'est pour de bons sujets, qui les leur font meriter & les en rẽdent dignes; ainsi Loüis successeur de Charlemagne a esté dit Pieux ou Debonnaire, cõme son pere fut appellé Grand; Philippes III. Hardy; Charles V. Sage; Loüis XII. Pere du peuple; Henry IV. Grand; & le Roy à present regnant, Iuste.

b Estienne 3. à Pepin Innocent 2. & Honoré 3. à Phil. Aug. & Louys 8. & Iean 22. extra prodiit.
c Vieil stile du Chapitre de Beauuais, à Charles le Chauue.

Sont Empereurs en France. Quelques Rois de France, depuis la translation de l'Empire aux Alemands, & nonobstant icelle, ont pris la qualité d'Empereurs, & Augustes, [d] & entr'autres Loüis le Gros, & Loüis le Ieune; & auant eux Philippes premier, duquel en vn titre ancien il est dit, l'an seiziesme de son Empire, en l'an 1083. C'est en eux, & en la personne de Charlemagne, que l'image de l'Empire Romain, enseuely depuis long-temps, a commencé de paroistre; & si bien ils en ont perdu le titre, & la possession, leur couronne estant independante d'autre puissance que de Dieu seul, ils ont tout pouuoir en France, & y sont Empereurs, comme les doctes & curieux Escriuains François asseurent auec raison. [e] Ils peuuent porter seuls d'entre les Rois, la couronne close à l'Imperiale; [f] & pour le degré d'Empereur dans la Chrestienté, comme ils y peuuent pretendre, nonobstant la translation, [g] le titre pour les raisons susdites en est pris par eux auec indifference, aux occasions qui s'en offrent, [h] & leur est donné aussi par les puissances estrangeres. [i]

d Plusieurs chartres de l'Abb. S. Benigne de Dijon.
e Bodin en sa rep. du Haillan.
f Fauyn, au Theatre d'honneur.
g Bald in c. per venerab.
h Au traicté fait auec le Roy de Maroc par le sieur de Rasilly.
i Le Turc & autres.

Preseances. Ils ne cedent à autre Prince & Roy Chrestien, fors à l'Empereur, [k] comme premiers d'entre les Rois, qui ont embrassé la foy Chrestienne & Catholique, & fondez en noblesse & succession de Royauté, d'vn mesme sang, en la troisiesme lignée & famille des Rois de France, depuis six à sept cens ans; & en durée de la Monarchie Françoise, depuis sa premiere fondation iusqu'à present, depuis douze cens ans & plus; qui surpasse celle de l'Estat des Romains sous les Rois, Consuls, & Empereurs Ceste prerogatiue ne leur est debatuë, que par les Rois d'Espagne, qui le perdirent au Concile de Basle, & en celuy de Latran, & finalement en celuy de Trente, par le iugement du Pape Pie quatriesme, [l] & à Venise en l'an 1558. par Arrest du Senat. Ce que d'autres Papes ont pareillement ordonné en plein Consistoire, comme pour les anciens Protecteurs de l'Eglise. L'Angleterre a iugé le mesme dans ses Chapitres generaux de l'ordre de la Iarretiere, en l'année mil cinq cens cinquante-cinq, & les Iurisconsultes estrangers donnent à la Couronne de France, preeminence sur les autres. [m]

k Bod. li. 1. de rep. c. 10.
l Thuan. hist. lib. 36. & 56.

Pouuoirs & priuileges. Ils ont plusieurs grand priuileges, & entr'autres, ceux qui s'ensuiuent; De droit commun les Princes lays ne peuuent rien exiger des Ecclesiastiques, sans le consentement du peuple, & son octroy particulier; Neantmoins les Roys de France peuuent faire imposition sur eux, lors que la necessité de l'Estat le requiert, pour la defense generale, ou particuliere du Royaume; la cognoissance de ceste necessité appartient au Roy, s'il est âgé de vingt ans, & au dessous, elle est à son Conseil, composé de Conseillers Clercs & Lays. [n] Les personnes layes ne peuuent posseder charges d'Eglise: toutesfois à raison de leur

m Baldus Perusinus cons. petita venia. Oldrad. Hisp. Cons. 69.
n Io. Ferraut, de iure & priu. regni Franciæ. Bulle du Pape Boniface.

onction, les Roys sont censez du corps de plusieurs Eglises Cathedrales de leur Royaume, qui sont de fondation Royale, ou autrement, & y ont mesmes les prebendes, [a] comme en celle de S. Hilaire à Poictiers, de S. Martin à Tours, du Mans, d'Angers, & autres, là où s'ils se trouuent presents, ils ont la distribution. Le droit de conferer prebendes & benefices est spirituel: neantmoins ils l'ont pleinement, & conferent en certaines Eglises les Canonicats, & autres dignitez, qui n'õt point cure d'ames, ou administration d'ordre Ecclesiastique, & ne sont point sujetes à la reseruation du Pape. [b] Lors que l'eslection des Euesques & Prelats se faisoit par les Chapitres & Colleges, le consentement des Roys estoit requis, pour en obtenir la confirmation, & si l'Archeuesque, ou Euesque esleu n'estoit approuué, & inuesty par eux, il ne pouuoit estre consacré, & prendre possession de l'Euesché, sous peine d'anatheme; ce que le Pape Adrian octroya à Charlemagne [c] en qualité de Roy de France, & non comme Empereur, lequel aujourd'huy n'a point ce droit, non plus que celuy de collation des benefices, ains seulement de presentation, qui est moindre. Les Euesques du Royaume doiuent iurer fidelité aux Roys, [d] outre l'hommage qu'ils doiuent pour leurs fiefs temporels. Ce sont droits royaux & patrimoniaux, ausquels les Rois ne peuuent renoncer au preiudice de la Courõne, & de leurs successeurs. Ils ont de plus la faculté de iouyr des fruits de plusieurs Archeueschez, & Eueschez, qu'ils font regir par Oeconomes, pendant que le Siege vaque, qu'on appelle droit de Regale, confirmé par le Concile de Basle. [e] La nomination és Archeueschez, Eueschez, Abbayes, Prieurez, &c. leur appartient aussi, exceptez certains Monasteres, par le Concordat entre le Roy François premier, & le Pape Leon dixiesme. Ils ne recognoissent, quant au temporel, autre superieur que Dieu seul, [f] & leurs sujets ne peuuent estre dispensez du serment de fidelité. Ils ne pouuent estre excommuniez, publiez, ou declarez tels par aucun Prelat de leur Royaume; ce que le Pape Clement cinquiesme a declaré. [g] La Bulle du Pape Martin l'estend aux officiers du Roy, exerçants leurs charges, & la Cour de Parlement de Paris en a donné plusieurs Arrests, [h] sur les appellations comme d'abus y interietrées. Il y a eu octroy d'indulgences de dix, [i] & de cent iours, [k] à ceux qui auront prié pour le salut du Royaume de France, dequoy S. Thomas mesme fait mention. [l] Toute la Iustice en France depend du Roy, de sa concession, & dernier ressort, mesmes entre personnes Ecclesiastiques: ses officiers ont cognoissance de toutes causes ciuiles, & du possessoire pour les spirituelles, ou qui ont cause annexée auec le spirituel. [m] Ils ont droit domanial sur les biens des estrangers, appellez Aubains, dont il sera parlé ailleurs; sur les mines d'or & d'argent, pour le dixiesme [n] sur les Thresors d'or, & autres. Tous fiefs sont tenus d'eux, qui seuls les peuuent eriger en Comtez, Marquisats, & Baronnies.

a Panorm. c. extirpandi §. quon. vero tit. de Præb.
b C. dilectus 3. ex. de præb.
c Adrianus c. in Synodo distinct. 63.
d §. hinc etiam dist. 27.
e Ordonn. de Louys 12. Pasquier, & autres.
f Bald. cons. 428. Francia regitur naturali instinct.
g Extrau. Meminit dist. 89. c. iudicatum
h 1381. contre l'Archeu. de Rheims 1349. contre son Official.
i Innoc 4.
k Bulle du Pape Martin.
l 4. Sentent. dist. 19. art 3.
m C. nouit ext. de Iudic. Bulle du Pape Martin.
n Ch. 7. 1413.

Eux seuls font des loix de pleine & absoluë puissance, [o] & les interpretent, donnent graces, pardons, & abolitions; naturalisent les estrangers, legitiment les bastards; & quoy que le Pape, mesme au temporel, legitime, & restituë, [p] sa legitimation ne vaut en France, quant au temporel; [q] donnent sauue-gardes, gardes-nobles des mineurs; mettent imposts, tailles, ou daces sur le Royaume; [r] font battre monnoye, & fondre artillerie; declarent guerre, font paix & alliances, baillent represailles sur les estrangers, [s] erigent Colleges, Vniuersitez, Cours, & compagnies de Iustice; creent offices, & y pouruoient, comme à toutes charges de Gouuerneurs des Prouinces, Lieutenans de Roy, Gouuerneurs, & Capitaines de places & Chasteaux; conuoquent, assemblent, & tiennent les Estats generaux du Royaume au besoin, & à leur volonté; disposent des finances, mandent Ambassadeurs ordinaires & extraordinaires, &c. Ils employent leur Conseil en tout, & leurs Edicts passent par la verification & enregistrement des Cours de Parlement, & autres Cours, & Chambres souueraines du ressort, cognoissance & Iurisdiction de ce dont il s'agist; ce qui semble estre vn temperament à ce pouuoir absolu des Rois, mais c'est parce qu'il leur plaist ainsi, & que par vne loüable coustume de France, les Rois s'y sont sousmis en sorte, qu'ils demeurent tousiours les maistres par leurs iussions & commandemens reïterez, contre lesquels les Cours n'ont droit que d'vser de tres humble remonstrance & supplication; de mesmes que les Estats generaux du Royaume, assemblez par permission du Roy, dans les trois ordres qui les composent, n'ont autre voye que la plainte & doleance de chacun d'iceux, pour estre respondu à leurs cayers selon le bon plaisir de sa Majesté.

Autorité souueraine.

o Bald. de constitut.
p C. autoritatem 15. q. 6.
q Per venerabilem ext. qui filij sint legit.
r Salicet. in l.
s C. Noua vectig. imp.
t Ch. 8. par Edict 1485.

Armes. L'opinion qui donne à la France trois Crapaux ou trois Couronnes pour armoirie, est fabuleuse, & n'a point d'authorité. Celle de trois Croissans d'argent, en châp de gueules, portez par Clouis, a quelque tesmoignage [a]. Les vieilles peintures des fleurs de lys, rapportent & ressemblent à deux crapaux d'où pourroit estre nee cete opinion, ou erreur populaire. Clouis premier, embrassant le Christianisme, receut du ciel, à ce qu'on dit, les trois fleurs de lys d'or, en champ d'azur, & s'en seruit pour armes [b]. Il fut suiuy de ses successeurs, à n'en porter que trois. Mais la maison de Pepin, qui auoit trois aigles d'or en champ de gueules, paruenuë à la Royauté, prit de France à fleurs de lys sans nombre. Charles Martel en auoit pris six, auec le chef de France. Hues Capet prit semé de France, sans nombre, iusques à Charles VI. qui les reduisit à trois, & rappella l'vsage des premiers Rois.

a Chron. MS. de l'Abb. de Beine.

b Du Tillet. Fauchet dit que c'est la troisiesme race.

Oriflamme. Le principal estendard & banniere de France, appellée Oriflamme, est dans la mesme opinion de saincteté, que les fleurs de lys. Ce fut vn drap de soye rouge ou sandal, de forme quarrée, cõme vn Guidon fort resplẽdissant, qui deuoit estre porté dans les armées & batailles contre les ennemis de la foy Chrestiẽne. Il eut son nom de flammes d'or, dont il estoit semé, & fut enuoyé, selon aucuns, par le Patriarche de Hierusalem, à Charlemagne, qui le consigna aux Moines de Sainct Denys. On le leuoit de dessus l'Autel, auec ceremonie, pour le dõner à porter & defendre au plus vaillant de la Cour [c]; & il fut distingué de la banniere cõmune de France, qui estoit de velours bleu celeste, à deux endroits, semé de fleurs de lys d'or, selon Rigordus, ancien Moine de sainct Denys. En la iournée de Cassel en Flandres, l'Oriflamme fut portée deuant le Roy Philippe de Valois, au bout d'vne lance de vermeil, à guise de gonfanon, auec houpes de soye verte [d]. Elle a esté longuement gardée à sainct Denys, comme vne piece sacrée, mais elle ne s'y void plus.

c Rigordus en la vie de Phil. Auguste.

d Grandes Ann. de sainct Denis.

Les premiers Rois de France estoient couronnez & proclamez Rois, suiuant la simplicité du temps comme nous auons desia dit. Les Chroniques & Histoires de leur temps ne font pas mention du sacre, dont les belles & augustes ceremonies furent pratiquees depuis. L'Eglise & Archeuesque de Rheims ont pretendu mesme d'ancienneté, que le sacre & onction des Rois leur appartenoit. Le Baptesme de Clouis premier Roy de France Chrestien, administré par S. Remy, auec la saincte ampoule descenduë du ciel, au lieu du cresme qu'il auoit deu receuoir du Prestre, transferée à l'vsage du sacre & gardee religieusement dans l'Eglise de Rheims, ont donné lieu à la croyance des François, que le sacre de leurs Rois tire de là son origine & institution.

Sacre. Le lieu du sacre est auiourd'huy, & depuis plusieurs siecles, en la ville de Rheims, où le Roy à present regnant & ses predecesseurs ont esté sacrez. Henry IV. fut sacré à Chartres, à cause des guerres ciuiles, pendant lesquelles il paruint à la Couronne. Les Rois de la secõde lignée n'ont point gardé ce lieu-là pour leurs sacres & couronnements, si ce n'est Louys le Begue, Roy & Empereur: Mais bien ceux de la troisiéme en Louys le Ieune, par le Pape Innocẽt 2; & à luy se peut rapporter la pratique asseurée & inuiolable en faueur de l'Eglise de Rheims, en ayãt fait loy expresse pour le sacre & couronnement de Philippe Auguste son fils, en l'an mil cent septante neuf. La personne de Guillaume, Cardinal du tiltre de saincte Sabine, Archeuesque du lieu pour lors, & frere d'Alix femme du Roy Louys le Ieune, opera ce reglement; dont la Chartre est enregistrée en la Chambre des Comptes de Paris, auec l'office & les ordres départis aux Pairs de France, qu'on iuge auoir esté creez pour lors, & toute la ceremonie qui se pratique en l'action, qui fut redigée par escrit. Les ornements des sacres sont gardez à S. Denys où le Roy sainct Louys les fit porter, & en prit obligation de l'Abbé & des Moines.

Il y a quatre Cheualiers de la saincte Ampoule, (dont on rapporte la creation à Clouis quatriesme,) portans vne croix d'or, chargée d'vne colombe, tenant l'Ampoule & au reuers l'image de sainct Remy, penduë à vn ruban de soye noire, & au manteau la croix de satin blanc, auec vn rond contenant ce que dessus, cantonnée de quatre fleurs de lys d'or. Les Cheualiers ont accoustumé de porter le daiz de la saincte Ampoule.

Les douze Pairs de France, aux sacres des Rois, ont chacun leur office & charge distincte. Celuy de Rheims fait sa charge à oindre & sacrer le Roy. L'Euesque de Laon porte l'Ampoule; celuy de Beauuais, le manteau Royal; celuy de Noyon, la ceinture au baudrier; celuy de Chaalons, l'anneau. Quant aux Laics, le Duc de Bourgogne porte la Couronne; celuy de Guyenne, la premiere banniere; le Duc de

Normandie, la seconde; le Comte de Thoulouse, les éperons; celuy de Champagne, la banniere Royale ou l'estendard de guerre; & celuy de Flandres, l'espée Royale.

Pour sçauoir plus certainement la pratique du sacre des Rois de France, & ce qui en a esté obserué en dernier lieu, nous baillerons vn extrait abregé de l'histoire du sacre du Roy Louys treiziesme, à present regnant, fait dans Rheims le dixiesme Octobre de l'an mils six cens dix.

Les ornemens Royaux faits de neuf, selon l'âge & la grandeur du Roy, furēt preparez & portez à Rheims, là où le Roy accompagné de la Reine sa mere, fit son entrée le 14. Octobre; & le 17. iour du sacre, le Roy depescha quatre Seigneurs[a], pour faire apporter la saincte Ampoule; qui partirent auec leurs Escuyers & Gentils-hommes, portans chacun deuant son Maistre sa banniere peinte & designée de ses armes, & furent à l'Abbaye sainct Remy, auec vne haquenée blanche pour monter le Prieur portant la saincte Ampoule. Le Cardinal de Ioyeuse representant l'Archeuesque & Duc de Rheims, reuestu de ses ornemens Pontificaux, se rendit en la grande Eglise de Rheims, accompagné de huict Euesques qui le deuoient assister, dont les deux estoient reuestus en Diacres, deux en Sousdiacres, auec mitres, & les autres quatre auec chapes & mitres; peu apres arriuerent, & s'y trouuerent en personne, les autres Pairs Ecclesiastiques: sçauoir, l'Euesque & Duc de Laon, l'Euesque & Duc de Langres, l'Euesque & Comte de Beauuais, l'Euesque & Comte de Chaalons, l'Euesque & Comte de Noyon, reuestus de leurs habits pontificaux; & en mesme temps partirent du logis du Roy les Princes de Condé, de Conty, & Comte de Soissons, Princes du sang, representans les Ducs de Bourgogne, de Normandie, & de Guyenne; & les Ducs de Neuers, d'Elboeuf & d'Espernon, representans les Cōtes de Thoulouse, de Flandres, & de Champagne, qui sont les six Pairs laics anciens. Ils estoient vestus de tuniques de toile d'argent, & par dessus de manteaux & epitoges de sarge teinte en escarlate violete, auec colets ronds & renuersez, fourrez d'hermines mouchetez, la teste nuë, & excellemment enrichie: sçauoir, les Ducs de chapeaux, & les Comtes de cercles d'or. Leurs manteaux estoiēt ouuerts & fendus sur l'espaule droite, & esmouchez sur l'ouuerture de boutons & agrafes de pierrerie, auec quelque differēce d'enrichissement pour les Ducs & Cōtes. Le Mareschal de la Chastre representoit le Connestable, le Chancelier y estoit en personne, le Mareschal de Lauerdin representoit le grand Maistre; le Duc d'Aiguillon grand Chambellan, Roger de Bellegarde grand Escuyer, & le Marquis de Verloy premier Gentil-hōme de la Chābre, y estoient en personne; les Euesques de Laon & de Beauuais partirēt pour aller querir le Roy, reuestus de leurs habits Pōtificaux, & conduits par vn Maistre des Ceremonies de France, & tout le Chapitre de Nostre Dame de Rheims marchant en procession deuant eux: Ils trouuerent la chambre du Roy fermée, là où l'Euesque de Laon ayant frappé par trois fois, & demandé le Roy en la forme ancienne, apres les respōses du grand Chambellan, elle fut ouuerte, où entrerent les deux Euesques, le grād Chantre de Rheims, & le Maistre des Ceremonies, & trouuerēt le Roy sur vn lict richemēt paré, vestu d'vne chemise de toile de Hollāde fenduë deuāt & derrierre pour receuoir la saincte Onctiō, & pardessus la camisole de satin cramoisy fenduë de mesme, & vne longue robe de toile d'argent fenduë, à manches. Il fut sousleué de son lict, & mené en procession iusqu'à la porte de l'Eglise; le grand Preuost de France marchoit premier auec ses Archers, le Clergé de Rheims, les cēt Suisses de la Garde, cōduits par leur Capitaine, les Herauts, la Noblesse, le Grād Maistre des Ceremonies, les Cheualiers du S. Esprit, auec leur grand Ordre au col, au milieu de deux cens Gentils-hommes de la maison du Roy, tenans leur bec de corbin, la garde Escossoise, & au deuant du Roy marchoit le Connestable, l'espée nuë au poing, reuestu de tunique, manteau & cercle sur la teste, cōme les Pairs Comtes laics, & à ses costez les Huissiers de la chābre du Roy, vestus de satin blāc, auec leurs masses. Le Roy marchoit seul, le Chācelier suiuoit vestu d'vn mãteau & epitoge d'escarlate rouge, rebrassé & fourré d'hermines, deux limbes de mesme couuertes de passement d'or sur chaque espaule, & le mortier de drap d'or en teste; puis le grand Maistre auec le baston droit en la main, à sa droite le grand Chambellan, à gauche le premier Gentil-homme de la Chambre, & le grand Escuyer, ces trois derniers vestus de tuniques & manteaux, comme les Comtes Pairs laics. Le Roy approchāt de l'Autel, fut presenté par les Euesques de Laon & de Chaalons au Cardinal de Ioyeuse, & mené en sa chaise, autour de

Sacre de Louys 13.

a Le Marquis de Sablé, Beauuais Nãgis le fils, le Baron de Rabat, le Baron de Biron.

laquelle se mit la Garde Escossoise. Cependant la saincte Ampoule estoit apportée de l'Abbaye sainct Remy, depuis laquelle iusques à la porte nostre Dame, les ruës estoient tapissées. Les principaux de la Iustice & maison de Ville alloient deuant, auec torches de cire blanche armoriées, & six vingts hommes bien armez, & méche allumée; les Religieux de S. Remy marchoient en procession, & leur grand Prieur mõté sur la haquenee blanche, couuerte d'vne housse de toile d'argent, portoit dãs vne boëte penduë à son col la saincte Ampoule, estant sous vn daiz de toile d'argẽt, soustenu par Thomas de Cauchon de Neüflise, Baron de Ferrier & de Chamlats, le Baron de Belestre ou Neufuise, & celuy de Loureey, tous trois Cheualiers de la sainte Ampoule, le Bailly de l'Archeuesché de Rheims seruãt de quatriesme Barõ & Cheualier. Les quatre Barons ou Seigneurs deputez pour faire apporter la sainte Ampoule, s'obligerẽt par Notaires au Prieur & Religieux de l'Abbaye de l'y rẽdre & rapporter. Le Cardinal marcha au deuant de la saincte Ampoule auec les huict Euesques qui l'assistoient, & s'obligea par Notaires, suiuãt la coustume de la rẽdre le sacre paracheué: Il requit le Roy de leur octroyer, & aux Eglises dont ils auoient la charge, les priuileges canoniques, droicts, loix & iustice, & qu'il les defendist cõme il deuoit, ce qu'il promit de tout sõ pouuoir. Apres ce, il fut sousleué de sa chaire par les Euesques de Laon & de Chaalons, & estant debout ils demanderent aux assistans s'ils l'acceptoiẽt pour Roy; ce qui se fait nõ pour aucune forme d'électiõ, mais pour declaratiõ de la submission, obeyssance & fidelité qu'ils luy doiuẽt, cõme à leur souuerain Seigneur. Le sermẽt du Royaume luy fut presẽté par le Cardinal, lequel il presta publiquement, ses mains mises sur l'Euangile, qu'il baisa, qui est, de faire que le peuple viue paisiblement auec l'Eglise de Dieu, que toutes vexations, rapines, & maux cessent, de faire obseruer la Iustice & misericorde, de chasser tous heretiques de son Royaume, selon son pouuoir. Ce serment n'est point vn cõtract nouueau, ains vne promesse qu'il fait sans y estre forcé, ayãt à receuoir la Couronne qui luy appartient. Les vestemens & ornemens preparez pour le sacre, furẽt mis sur l'Autel, à coste gauche duquel estoit le Prieur de S. Denys qui les a en garde, & à costé droit le Prieur de S. Remy, prenant garde à l'Ampoule. Les Euesques de Laon & de Beauuais conduisirent le Roy à l'Autel, le premier Gentil-homme de la Chambre le deuestit de sa robe; & estant en sa camisole de satin, le grand Chambellan luy chaussa les botines, le Duc de Bourgogne Doyẽ des Pairs laics, les éperons & en méme instant les luy osta. Le Cardinal benit l'épée Royale dans le fourreau, la ceignit & desceignit au Roy, la tira du fourreau, la laissa sur l'Autel, & la baisa. Le Roy la receut, la baisa & offrit sur l'Autel, où elle estoit mise en témoignage du zele du Roy à la defense de l'Eglise. Le Cardinal la reprit & rẽdit au Roy, qui la receut à genoux, & la bailla au Connestable. Le Cardinal tira de l'Ampoule vn peu de liqueur, qu'il mesla auec le creme preparé pour l'onction du Roy, & deferma les attaches de ses vestemens deuant & derriere, estant assisté des Euesques de Laon & de Beauuais. Il en oignit le Roy en sept parties: sçauoir, au sommet de la teste, sur l'estomac, & la camisole & chemise luy ayans esté aualées, entre les deux épaules, en l'épaule droite & en la senestre, puis au ply & iointure du bras droit, & du gauche. Le Cardinal & les Euesques fermerẽt les fentes de la chemise, camisole & vestement du Roy: le grand chambellan luy bailla la tunique, representant le Sousdiacre, la dalmatique representant le Diacre, & le manteau Royal. Il fut encores oinct és paumes de ses deux mains, lesquelles ayant iointes sur sa poictrine, le Cardinal luy bailla des gands benis & déliez, & l'anneau Royal beny, qu'il mit au quatriéme doigt de la main droite: le sceptre luy fut aussi baillé en la main droite, & la main de iustice en la senestre. Ce fait, le Chancelier estãt contre l'Autel, le visage tourné vers le Roy, appella à haute voix tous les Pairs suiuãt leur ordre & dignité, les Laics premiers, & puis les Ecclesiastiques: le Cardinal prit en suite la grãde Courõne close, & la sousleua auec les deux mains sur la teste du Roy, sans le toucher, & soudains tous les Pairs y mirent les mains pour la soustenir, & lors le Cardinal la tenant en la main senestre, la benit, & luy seul la mit & assit sur le chef du Roy: les Pairs y mirent tous les mains, & le Cardinal dit alors plusieurs prieres, benissant le Roy, & l'ayant pris par la manche du bras droit en la compagnie de tous les Pairs soustenans sa Couronne, le conduisit depuis le grand Autel par le chœur de l'Eglise iusques au throsne Royal à ce preparé, ayant le Connestable deuant soy auec l'espée le Chancelier, le grand Maistre, à la droite duquel estoit le grand Chambellan, & à la gauche le premier Gentil-homme de la chambre; la queuë du manteau Royal estoit portée par le Cheualier de Vendosme. Estans arriuez au throsne, le Roy tourna le dos contre la nef, & le Cardinal le tenant tousiours, luy dit en Latin, qu'il retint l'estat qu'il auoit tenu iusques alors par succession paternelle, & droict hereditaire, par l'authorité de Dieu & sa tradition presente, & de tous les Euesques & seruiteurs de Dieu. Il fit seoir le Roy, priant Dieu de le confirmer en son throsne & le rendre inuincible: Et ayant dit vne oraison, il fit au Roy vne tres-humble reuerẽce, nuë teste, & le baisa, disant à haute voix par trois diuerses fois, Viue le Roy; & à la troisiesme, Viue eternellement le Roy. Les Pairs tant Laics qu'Ecclesiastiques en firent de mesme, l'vn apres l'autre, & s'assirent en leurs sieges. Le peuple estant dans la nef de l'Eglise, cria, Viue le Roy; ce qui fut suiuy d'vn son melodieux de toute sorte d'instruments de Musique, clairons, hauts-bois, trompettes & tambours. Les Herauts ietterent nombre de pieces d'or & d'argẽt, fabriquées expressement. A la Messe le Cardinal officiant fut assisté des Euesques d'Aire & de Valence; celuy de Rieux chanta l'Epistre; celuy de Boulogne, l'Euangile; le Cardinal de Gondy le porta baiser au Roy. Les offrandes furent portées par les Seigneurs: La Couronne fut remise sur la teste du Roy par le Cardinal, & en sa place vne plus legere & moyenne, auec quoy & tous les habits & ornemens Royaux, en la mesme cõpagnie & ordre que dessus, il retourna à l'Hostel Archiepiscopal. La grande Couronne fut portée deuant sa Majesté, sur vn oreiller, auec le sceptre & main de Iustice, par vn grand Seigneur.

Gardes. Il n'y a Prince en la Chrestienté qui ait de plus belles Gardes que le Roy de France. Elles sont composées de trois nations, l'Escossoise, la Suisse, & la Françoise. Les premiers Rois ont eu des Gardes: l'histoire [a] mentionne celle de Gontran Roy d'Orleans, pour euiter les inconueniens arriuez à Sigebert Roy de Metz, & à Chilperic Roy de Soissons, qui auoient esté assassinez. Ils ont eu des Sergens d'armes, qui estoient Gardes roturiers & Huissiers d'armes, portans masses d'argent deuant eux. Les Gardes du corps du Roy consistent en quatre compagnies, commandées par quatre Capitaines. La premiere est de la Garde Escossoise, les autres trois sont des Gardes Françoises. La Garde Escossoise est fort ancienne, estant du regne de S. Louys, en l'an 1236. comme il est tesmoigné par les Historiens François & Escossois, & c'est pour les seruices signalez à luy rendus par des soldats de cette nation là au voyage de la Terre saincte, contre le Roy des Arsacides, nõmé le Vieil de la montagne. Ce furent Sergens à masses garnis & bien armez, choisis d'entre les Escossois, qui iour & nuict estoiẽt à l'entour du Roy, pour la garde de son corps; [b] & à la nomination de leur Roy, qui estoit alors Alexandre 3. il en fut choisi vn nombre, & ordonné qu'à l'aduenir il en seroit fait de mesme, comme les successeurs de S. Louys le continuerent. Cette compagnie fut appellée de l'Alliance, laquelle estoit entre les deux Courõnes. Le Roy Charles 7. fut aydé de quelques Seigneurs Escossois, sçauoir les Comtes de Boucan, Douglas, & autres, à chasser les Anglois du Royaume; de sorte qu'il se seruit de cette nation amie, soit dans son armée, soit pour sa garde, à quoy il en retint & tria certain nombre, érigeant mesme vne cõpagnie de cent gensd'armes Escossois, & deux cẽs Archers, qui fut cõmandée depuis par Charles Duc d'York fils du Roy d'Angleterre, Capitaine, & Louys Stuart Duc de Lenox Lieutenant; Bernard Stuart, Seigneur d'Aubigny, qui en l'an 1494. sous le Roy Charles 8. fut Mareschal de France, Connestable de Naples, & Lieutenant du Roy en Calabre, & en fut aussi Capitaine. La compagnie des gardes Escossoises fut composée de cent Gentils-hommes ou soldats signalez, desquels les vingt-quatre appointez & priuilegiez, ayans en teste le premier homme d'armes en France, qui fait le nombre de vingt-cinq, sont les Archers de la garde du corps du Roy, auec hoquetons, ou casaques blanches, couuertes de paillettes ou écailles d'argent doré, qu'on appelloit anciennement Orfrais, à cause de l'œuure des Orféyres employée sur la broderie; & ces Archers orfauerisez [c] furent appellez Archers à cause de l'arc qui estoit lors en vsage; & quoy que la halebarde y ait succedé, ils n'ont pas pourtant changé de nom. La mesme compagnie des gardes Escossoises a esté autrefois [d] commandée par le Seigneur d'Aubigny Escossois, & c'estoit là vne bõne Eschole pour la ieune Noblesse de la nation. Les Rois Louys vnziéme, Charles huictiéme, & François premier, furent dignement seruis de ces gardes; le premier en la guerre du bien public, & en la bataille de Montlehery, comme aussi contre les Liegeois, qui l'auoient assiegé dans son logis; le second en la bataille de Fornoüe [e]; & le dernier deuant Pauie, où ils furent tous tuez pres de sa personne.

Garde Escossoise.

a Greg. lib. 7. cap. 8.

b Grande Chronique de France.

c Philip. de Commines.

d L'an 1537.

e L'an 1494.

Ses priuileges & fonctiõs

Le Capitaine des Gardes Escossoises est le premier en rang & dignité parmy les autres Capitaines,& sa charge venant à vaquer,celuy qui est mis en sa place tient le mesme rang. Il cõmence tousiours l'année,& sert le premier quartier. Arriuãt quelque ceremonie,il se trouue pres du Roy,quoy qu'il ne soit point en quartier, il peut prendre le baston,& se mettre en son rang. Au sacre des Rois il est le plus pres de la personne du Roy,& la ceremonie faite,la robe luy appartient, quoy que ce ne soit pas durãt son quartier. Le Roy faisant son entrée en quelque ville du Royaume,luy baille les clefs qui luy ont esté presentées,ou à son Lieutenãt, Enseigne ou Exempt, estant en charge. Aux funerailles de Henry IV. il querella le poile de drap d'or, estãt sur le lit de parade,où estoit l'effigie du Roy,contre les Religieux de S. Denys. D'entre les vingt-quatre, il y en a six qui seruẽt tous les quartiers de l'année, le plus pres de la personne du Roy,aux sacres,Eglises, ceremonies, reception d'Ambassadeurs, & entrées de villes,auec le premier homme d'armes de France, qui fait les vingt-cinq,qui ont accoustumé de porter le cercueil, où est le corps du Roy, depuis Paris iusqu'à S. Denys,au tombeau ou caue d'honneur; & lors qu'ils sont en quartier, ils reçoiuent les clefs du logis du Roy, des mains des Archers de la porte,à sept heures du soir,& font sentinelle toute la nuict iusques à six heures du matin, qu'ils retirent les clefs des mains du Capitaine en Chef,qui les a gardées, pour les rendre aux Archers de la porte. Le Roy estant dans l'Eglise,ils gardent le chœur,pres de sa personne;s'il va sur l'eau,deux de leur troupe sont pres de luy,sans autres gardes. Aux logemens des gardes du corps,ils ont le premier choix du logis. Les Escossois,comme anciens amis & alliez de la Couronne, iouyssent de plusieurs graces & priuileges en France,comme ils sont notez & recueillis par leurs Autheurs. [a]

a Houston. Escosse Françoise.

Gardes Françoises.

Les trois compagnies Françoises sont rapportées chacune à son Autheur, sçauoir, les Rois Charles 7. Louys 12. & François premier. Ils portent tous sur leurs armes & casaques diuerses couleurs de liurée,suiuant les deuises & la volonté particuliere des Rois. Les Exempts des Gardes ne portent point de hoqueton ou casaque,& ne couchent point sur la paillasse,comme les autres Archers, sur lesquels ils ont rang, & peuuent conduire les Gardes en l'absence de leurs Chefs ordinaires, estans comme Chefs d'escoüade. Ils portent le baston pour marque de leur charge & pouuoir,executans les commandemens qui leur sont baillez.

Cent Suisses.

Les Cent Suisses de la garde du Roy sont vestus à la mode de leur nation, auec la liurée du Roy,& la halebarde auec frange & crespine d'argent, & houppes de soye blanche,qui est la couleur de la Colonelle de France,& comme le blason Royal. Ils ont leur Capitaine. Outre ce que dessus,il y a vn Regiment de Suisses, qui a son Colonel,& le Regiment des Gardes,composé de vingt Compagnies,auec leurs Chefs & Officiers, & leur Mestre de camp; lequel Regiment n'est estably que depuis le Roy Charles neufiéme.

Le Roy à present regnant a institué de plus vne compagnie de gensd'armes ou gardes à cheual, nommez communément Mosquetons,ou Mosquetaires à cheual, dont il est le Chef,laquelle a son Lieutenant & ses Officiers.

Capitaine de la Porte.

Le Capitaine & Lieutenant de la porte du Louure,sont charges separées de celles des Gardes,& sont dans l'estat de la maison du Roy. Ils ont leurs Archers vestus de hoquetõs de liurée,semez de papillotes d'or,auec vne clef d'orfevrerie,qui signifie la clef de la porte, & outre ce les portiers y sont. Aux iours de bonne feste, le Roy sortant du Louure,pour aller à la Messe, il est à la porte en personne,ou ses Lieutenans,auec vn baston à la main.

Cent Gẽtils hommes.

Les cent Gentils-hommes estoient iadis les Massiers d'armes, à cause de la Masse, qu'ils portent encores,qui est leur bec de corbin ou faucon: Ils ne seruent point d'ordinaire chez le Roy,ains seulement quand ils sont mandez: sçauoir en paix,aux grandes ceremonies,où ils marchent deux à deux deuant le Roy;& en guerre, aux iours de bataille,& grands effects,où ils sont obligez d'estre pres de la personne du Roy,cõme estans sa plus seure & honorable garde. Quoy que le nõbre en ait esté doublé & mis à 200 par le Roy François I. le nom de cent, cõme plus ancien a demeuré: Chaque compagnie a son Capitaine & Lieutenant, & marche sous la Cornete blanche. Ils rapportent aux Officiers de l'ancien Empire, appellez *Protectores*, distinguez [b] de *domestici protectores*,estans plus gens de guerre que domestiques.

b l. 36. de prot. & domest.

Regence.

Lors que les Rois sont mineurs d'ans,les Estats du Royaume pouruoient à la regence d'iceluy,& les personnes qui y sont commises ou appellées,comme plus proches,ont pris le nom de Tuteurs. En la premiere lignée, Clotaire second eut pour tuteur Gontran Roy de Bourgogne, qui substitua Landry de la Tour ; Theodebert & Thierry, eurent pour tutrice Brunehaut leur ayeule [a] : En la troisiesme, Philippe premier eut pour tuteur Baudouin Comte de Flandres ; Philippe Auguste, la Reine Alix sa mere, & Guillaume Archevesque de Rheims, son oncle maternel. Pendant le bas âge du Roy S. Louys, la Reine Blanche sa mere, fut Regente du Royaume, & pendant la minorité de Charles neufiéme, la Reine Catherine de Medicis sa mere eut la mesme charge, par deliberation des Estats du Royaume tenus à Orleans. Le Roy à present regnant estant encor mineur, la Reine Marie de Medicis sa mere a esté Regente en France. Lors que les Rois sont malades ou imbeciles, comme il arriua au Roy Charles sixiéme, il y est pourueu de mesme. Les Ducs de Berry & de Bourgogne ses oncles paternels administrerent l'Estat. S'ils s'absentẽt pour vn long voyage hors du Royaume, ils y pouruoyent, & en ordõnent eux mesmes. Louys d'Outremer laissa pour Regent Suger Abbé de S. Denys ; S. Louys, la Reine Blanche, lors qu'il fit le voyage de la Terre saincte. François premier, en ses voyages d'Italie, laissa pour Regente Louyse de Sauoye sa mere, & Henry second, allant en Alemagne, la Reine Catherine sa femme ; qui la fut aussi apres le decez de Charles neufiéme, en attendant le retour de Pologne de Henry troisiéme, dequoy elle se fit expedier lettres. Pendant la prison des Rois, cõme il arriua au Roy Iean en Angleterre, & au Roy François premier en Espagne, il y est pourueu aussi. Au premier, ce fut Charles Dauphin : au second Louyse de Sauoye, mere du Roy. Toutes lettres s'expedient aux cas susdits au nom du Roy, mettant en bas, Par le Roy, & la Reine, ou autre, Regente. Anciennement elles estoient expediées sous le nom de Regens & sous leurs seels, si c'estoient Reines, Princes ou Princesses, ou sous vn seel particulier de la Regence, ordonné par les Estats. [b]

a Greg. de Tours.

b Registres de la Cour de Parlement de Paris.

Maiorité des Rois.

Les Rois sont declarez Majeurs dés qu'ils ont atteint l'an quatorziéme de leur âge, ce qui fut ainsi ordõné par le Roy Charles cinquiéme, dit le Sage, qui entra au Parlement de Paris à cet effect, pour en faire verifier & émologuer la loy. Pendant la prison du Roy Iean son pere, les Deputez des Estats tenus à Paris, auoient voulu dõner des Gouuerneurs & Tuteurs à sa ieunesse, & pour mettre à couuert les Rois ses successeurs d'vne pareille entreprise, il donna des bornes plus estoites à la minorité des Rois, que celle du commun, en l'Assemblée des plus grands & notables du Royaume. Charles neufiéme, qui auoit esté sacré à l'âge de neuf à dix ans, fut declaré maieur à quatorze, & à ces fins il entra en sa Cour de Parlement de Paris. Le Roy à present regnant, né en Septembre mil six cens vn, en fit de mesme en l'an mil six cens quatorze, qu'il atteignit l'aage porté par le reglement, & la pratique de ses predecesseurs.

Reines.

Les Reines de France ont esté plusieurs fois sacrées, oinctes & couronnées auec les Rois leurs maris, soit à S. Denys, soit à Rheims : sçauoir, la Reine Clemence, seconde femme du Roy Louys Hutin ; Ieanne, premiere femme de Philippe de Valois ; Ieanne, seconde femme du Roy Iean ; & Ieanne, femme du Roy Charles V ; toutesfois d'autre cresme que de celuy de la saincte Ampoule, qui n'est employé que pour les Rois [c], & en deux endroits tant seulement : sçauoir, sur la teste & sur la poictrine. La Reine Marie de Medicis, femme de Henry IV. & mere du Roy à present regnant, fut sacrée & couronnée solemnellement le treiziesme de May de l'an 1610. à S. Denys par le Cardinal de Ioyeuse.

Priuileges.

Elle iouyssent de diuers priuileges. Les dons que les Rois leur font pendant le mariage, sont valables, quoy que de droict cõmun, & par coustume de plusieurs endroits de France, ils ne valent pas entr'autres personnes priuées, conioíntes par mariage [d] ; Toutefois elles n'ont cõmunauté aux acquests faits par les Rois durant leur regne, mais bien à ceux qui sont faits auant leur aduenement à la Couronne, apres leur mariage. A leur entrée és villes du Royaume, elles peuuent deliurer les prisonniers [e]. Mais quoy qu'en plusieurs Chartres Royales, il se trouue qu'elles ont soubsigné auec les Rois [f], & que les dates de leurs regnes soiẽt aussi en quelques autres [g], ayãs esté mesmes assises aux costez dextres des Rois tenãs leurs licts de Iustice, ou en assẽblée d'Estats [h], elles n'ont iamais esté participantes de la souueraineté.

Elles ont ressort & Grand-Iours, si elles veulent, en leurs terres, tant de leur Domaine que doüaire, pour cognoistre des premieres appellations, & l'appel desdits Grands-Iours ressortit à la Cour des Pairs, quoy que les terres & parties soient d'autre ressort ; ayans aussi pareils priuileges que les Pairs de France, qui ont leurs iours par rolle au Pr lement de Paris.

c Seyssel, de la loy Salique.
d Fauyn theatre d'honneur, du Haillan li. 3. Char. Pand. liu. 1. c. 16.
e Pand. de Char. liu. 5. c. 16.
f Henry 2. der. Nou. 1549.
g Philip. I. & Louys le Gros, Anne & Alix à S. Denys, & à Paris Louys le Gros, & Alix.
h Charles 5. Ieanne de Bourbon. 1569.

Les

Officiers. Les mesmes officiers qui seruent les Rois, auec tiltre & qualité de grands, peuuent estre sur l'Estat de la maison des Reines, comme grand Maistre, grãd Escuyer, & semblables, auec vn Chancelier, Maistres des requestes, Secretaires d'Estat, &c. outre les officiers domestiques : sçauoir, Maistres d'hostel, Argentiers, Escuyers, Aumosniers, auec pareils priuileges que ceux des Rois [a]. La Reine regnante a son Escuyer d'honneur, qui est à present le Duc d'Vsez, sa Dame d'honneur, Dame d'atour, & autres personnes qui sont de sa maison. Les Reines vefues en France, ont esté appellées autresfois Reines Blanches, soit à cause du voile blanc, qu'elles portoient pendant leur vefuage, soit parce qu'il y a eu cy-deuant deux Reines, vefues des Rois, qui ont eu ce nom-là: sçauoir, Blanche de Castille, vefue du Roy Louys VIII, & mere de S. Louys, & Blanche d'Eureux vefue du Roy Philippe de Valois, laquelle véquit iusques au regne de Charles VI.

Reines Blanches.

[a] Edict 25. Sept. 1522. 2. Feu. 1548.

Puisnez des Rois de France. & Appennages. Nous auons fait mention des partages de la premiere & seconde lignée des Rois de France, que la troisiesme n'a point admis ou recognus, comme trop dangereux en la royauté. L'aisné seul y a possédé nom & dignité royale. Les puisnez y ont receu dignité inferieure, sujete & dépendante, en Comtez ou Duchez, sans que les terres à eux baillées ayent esté transmissibles aux femelles; de sorte que la proprieté en demeure deuers le Roy & la Couronne de France, l'vsage & droit d'en perceuoir les fruicts & reuenus, & d'en disposer, en sont à eux, auec l'hommage, foy & serment lige. Quoy que l'vsage en ait esté tel & inuiolable sous cete lignée-là, neantmoins on en attribuë la loy au regne de Philippe III dit le Hardy, qui commença en l'an 1271. ayant fait dire par Arrest de son Conseil, que les puisnez de France ne pourroient quereller, ny pretendre part legitime en la succession des Rois leurs peres, mais bien prouision pour leur entretenement à la volonté du Roy pere ou frere, sans qu'il y ait lieu de plainte pour trop bas partage, au contraire en cas d'excez ou partage trop auantageux, que le Roy successeur le pourra retrancher. Le nom d'Appennage fut donné à ces donations gratuites des Rois aux puisnez, & Philippe frere du Roy Philippe le Hardy, receut le Comté de Clermont en Beauuaisis, comme Alphonse & Charles freres du Roy S. Loüis, auoient auparauant receu les Comtez de Poitou & d'Anjou. Aujourd'huy les terres baillées en Appennages, sont ordinairement Duchez & Pairies, ou erigées en ce tiltre, reseruez les droits royaux adherans à la Couronne, & qui en sont inseparables. Et quoy que les terres ne fussent pas en Pairie, neantmoins les causes & procez meus pour icelles & leurs droicts, ne peuuent estre attirées ailleurs qu'en la Cour de Parlement de Paris; comme aussi dans leurs terres, les fils de France ont priuilege de ressort par Grands-Iours, Eschiquier ou Chambres des Comptes; & tous officiers employez sur l'Estat de leur maison, tels que nous auons dit, que les Reines peuuent auoir auec qualité de Grands, Chancelier, Secretaires, & autres, iouïssent des mesmes priuileges que ceux des Rois. Gaston-Iean-Baptiste, frere vnique du Roy à present regnant, iouyt des Duchez d'Orleans, de Chartres, de Valois, & des Comtez de Blois, Limours & Mont-le-hery, & Montargis a esté adiousté par Declaration particuliere. Les fils des Rois de France n'ont autre nom ou surnom que celuy de leur Baptesme, & c'est abusiuement qu'on y adiouste, de France, de Valois, de Bourbon, &c. ne signans que de leur nom, comme les Rois mesmes. Ils sont nommez Princes de la Couronne: mais les fils de leurs fils, ou autres descendans, faisans desormais branche, prennent le nom de la terre ou Seigneurie donnée en Appennage au premier qui l'a commencée. Si les puisnez de France deuiennent Rois d'autres Royaumes, ils mettent la qualité de fils de France, apres celle de leurs Royaumes. Ainsi Charles Comte d'Anjou, frere du Roy S. Loüis huictiesme, deuenu Roy de Sicile, inscriuit Charles par la grace de Dieu, Roy de Sicile, fils du Roy de France. Charles Duc de Guyenne, frere du Roy Loüis XI. mist en quelques siennes Patentes, Charles, par la grace de Dieu, Duc de Guyenne; comme aussi François Duc d'Alençon, frere du Roy Henry III. Mais les aisnez n'estans que Dauphins, deuenus Roys de Royaumes estrangers, mettent premier la qualité de fils aisnez du Roy de France, & font suiure celle de leur Royaume, comme Philippe le Bel deuenu Roy de Nauarre, du viuant de Philippe le Hardy son pere, en ayant espousé l'heritiere, inscriuit, Philippe fils aisné du Roy de France, & par la grace de Dieu Roy de Nauarre.

Filles de France. Quant aux filles de France, non seulement elles sont excluses de la succession du

Royaume, qui ne tomba iamais de lance en quenoüille, mais aussi les masles qui en sont yssus; comme il fut iugé pour Philippe de Valois, contre Edoüard III. Roy d'Angleterre, yssu d'Ysabeau fille du Roy Philippe le Bel. Sous la premiere lignée, elles estoient appellées Reines; & en la troisiéme mesme, Constance fille de Loüis le Gros, mariée à Raimond Comte de Thoulouse, fut appellée la Reine Constance, ce qui n'a pas eu suite. Elles ont eu autresfois dot en terres. Marguerite fille du Roy Loüis le Ieune, mariée à Henry III Roy d'Angleterre, eut le Comté de Vexin; Ysabeau fille de Philippe le Bel, mariée à Edoüard II Roy d'Angleterre, le Comté de Pōthieu, auquel Edoüard III succeda, & en fit hommage à Philippe de Valois, à qui il auoit voulu quereller le Royaume; Ysabeau fille du Roy Iean, espousant Galeas, Vicomte Duc de Milan, eut la terre de Sommieres au bas Languedoc, erigée en Comté, qu'on échangea depuis au Comté de Vertus en Champagne, dont Valentine fille de Galeas, mariée à Loüis Duc d'Orleans, frere du Roy Charles VI. fut dotée. Ce furent des petites terres, au lieu dequoy on les a depuis dotées auec des sommes d'argent. Ce sont les seules filles, nommées Dames, en France, auec le surnom de France, qu'elles prennent, quoy que nées auant le regne du pere, toutesfois apres son aduenement à la Couronne. Les filles du Dauphin de France, sont appellées Dames, pour l'asseurance que le pere a de regner s'il ne meurt.

Bien que les Princes du sang n'ayent point de terre en Pairrie, ils ont seance en la Cour de Parlement de Paris, & y sont Conseillers nez, comme leur naissance les rend aussi Conseillers és Conseils des Rois, & les ordonne pour le gouuernement du Royaume, pendant leur minorité [a]. S'ils sont d'Eglise, ils tiennent le rang de leur sang, & non l'Ecclesiastique; comme les Princesses du sang, mariées à moindres qu'elles, gardent tousiours leur rang. Les fils naturels des Rois ont autresfois succedé [b], aujourd'huy ils ont l'adueu & les armes de France, non point pleines, mais auec vne barre de la gauche à la droite, & les autres Princes du sang portent vne bande de la droite à la gauche. Quant au surnom de France, ils ne l'ont point, mais ils prennent le tiltre de la terre baillée autrefois en appennage, & celuy de la branche dont ils sont yssus, comme Valois, Bourbon, Orleans, &c. Les filles naturelles des Rois, estans aduoüées, & entretenuës ou aduoüées par escrit, peuuent auoir le surnom de France, ou de quelque principauté de la Couronne: elles peuuent estre legitimées, comme a esté autrefois Diane, fille du Roy Henry II, Duchesse d'Angoulesme, qui se titroit Diane legitimée de France.

Princes du sang.

Fils naturels des Rois.

a Ord. de Ch. 6.

b Thierry bastard de Clouis, & Sigebert bastard de Dagobert.

La maison du Roy a ses officiers, auec le nom & qualité de Grands, & ses moindres ou menus officiers. Le grand Maistre semble estre la charge plus generale & ancienne, répondant aucunement au Maire ou au Comte du Palais, ou au grand Seneschal [c]. En quelques Estats des Rois, il est appellé grand Maistre & Souuerain, de sorte que son authorité a esté plus grande qu'elle n'est à present, de mesme que celle des Maistres d'Hostel du Roy. Il pouruoyoit aux officiers, & cognoissoit des grandes causes en l'absence du Roy, donnoit le mot du guet, & gardoit les clefs du logis du Roy; regloit les differens interuenus sur les logis à la suite de la Cour, & auoit mesme Iustice souueraine sur les larcins & autres crimes cōmis en l'hostel du Roy. Aujourd'huy il dresse ou fait dresser tous les ans l'Estat de la Maison du Roy, pour sur iceluy en estre cōpté en la Chambre des Comptes à Paris; reçoit le sermēt de ceux qui y seruent, en appointe ou desappointe ceux que bō luy semble. Le grād Mareschal des logis estoit autrefois sous luy, à present il preste serment entre les mains du Roy. C'est le Chef de la maison du Roy, ayant intendāce sur tous ses officiers, qui luy doiuēt obeir, & qui rompt le baston sur la fosse, disant, *Le Roy est mort*. Anne de Montmorency Connestable de France, & François de Lorraine, Duc de Guise, Lieutenāt general du Roy Henry II, & Hēry de Lorraine Duc de Guise son petit-fils, ont possedé cete charge, qui a esté depuis entre les mains d'vn Prince du sang: sçauoir Loüis de Bourbon, Comte de Soissons, lequel y auoit succedé à Charles de Bourbon son pere. Les Maistres d'hostel du Roy auoient autrefois plus d'authorité, ayans mesmes fait porter des cierges deuant eux au Palais à Paris, & en toutes les maisons du Roy, auec tout tel pouuoir qu'aujourd'huy le Preuost de l'hostel, pour la iustice & police de la Cour, & le taux des viures à la suite d'icelle. Aujourd'huy ils ont égard à la dépense de la maison du Roy, & en oyent les comptes; & pour marque d'authorité portent vn baston en main, enchassé d'argent doré

Maison du Roy. Grand Maistre & Maistre d'Hostel.

c Rob. Abbé du Mont en la vie de Louys le Ieune.

par les deux bouts, & deuancent les Gentils-hommes seruans le Roy, lors qu'on veut seruir la viande. Il n'est loisible aux Sergens d'adiourner aucun dans la maison du Roy, sans leur congé. Ils seruent par quartier, comme tous les autres officiers de la maisõ: Mais il y a vn premier Maistre d'hostel, & vn Maistre d'hostel ordinaire.

Preuost de l'Hostel, ou grãd Preuost de Paris.

Le Preuost de l'hostel du Roy peut auoir esté autresfois le Chef de la Iustice du grand Maistre, puis qu'aujourd'huy il fait les procedures & instructions des causes criminelles, qui sont entre les officiers de la maison du Roy & autres personnes qui suiuent la Cour, & informe des excez & crimes commis à six lieuës és enuirons, pour rapporter le tout aux Maistres des Requestes, qui en donnent iugement inscripts de son nom. Et pour les causes ciuiles, l'appel en est releué au grand Conseil. Les graces données par le Roy à ceux de sa Cour & maison, sont enterinées sous son nom par les Maistres des Requestes. Il met prix au pain, vin, chair, foin, auoine, & autres viures, lors que le Roy marche. Il a sous luy deux Lieutenans, l'vn de robe longue, & l'autre de robe courte, auec quelques Sergens, & cinquante Archers vestus de hoqueton & casaque de liurée, qui le suiuent & seruent à la poursuite des criminels; on a commencé de l'appeller grand Preuost de France, depuis le Roy Charles IX.

Roy des Ribaux.

Aucuns ont creu [a] que la charge de Preuost de l'Hostel a succedé à celle de l'ancien Roy des Ribaux, ce qui est contredit par d'autres [b]. Nous mentionnons ce vieil office, pour le rapport qu'il y peut auoir, & sa dépendance, ou auec la charge de grand Maistre, ou auec celle de grand Chambellan. Il auoit soin de la visite de l'Hostel du Roy, tous les soirs & à l'heure du coucher, pour en chasser & mettre hors toutes personnes incognuës, larrons, & garces; on luy donne aussi la iustice des excez commis hors de l'hostel du Roy, à la porte duquel il auoit accoustumé de se tenir. Il auoit Lieutenant, Preuost, Valets & Archers. Les Estats anciens des Roys le mentionnent [c]; le nom de Roy a signifié principal Intendant, & ayãt Iurisdiction, comme Roy des Merciers, Roy des Barbiers, Roy d'armes, &c. L'office fut supprimé sous Charles VI. Ce qui a fait croire que c'est aujourd'huy le Preuost de l'Hostel, est vne coustume ancienne qui a obligé autresfois les garces de venir faire son lict à tous les mois de May.

a Du Haillan, liu. 4. de l'estat des affaires de France. Loïseau.
b Fauchet, li. 1. c. 14.
c Phil. le Bel. Phil. le Long, dont y a ord. 1317.

Grand Chambellan, premier Gentil-homme, & autres Gentils-hommes de la Chambre du Roy.

Comme la charge de Chãbellan est necessaire, & est d'vn seruice fort assidu & familier aux Rois, elle est aussi fort ancienne & priuilegiée. La premiere lignée des Rois de France en a vsé, Carresigille fut Chãbrier de Sigebert fils du Roy Clotaire [d]. La seconde dans la dignité des Rois & Empereurs, l'a releuée. Bernard, Duc de Septimanie, frere de la Reine Iudith, femme de Loüis le Debonnaire, fut Cõte de sa chambre, Chãbellan du Palais, ou grand Chãbrier [e]. Les charges de la chambre & du thresor ont esté iointes anciennement [f], & separées, veu que Gregoire de Tours donne vn Tresorier à Clouis fils de Chilperic [g]. Les vieux Romãs, en la troisiéme lignée sous Philippes Auguste, font les Chambellans gardes du thresor, des cofres, & de tout l'or & l'argent du Roy, & cõme les Argentiers d'aujourd'huy, portans l'argent de la dépense & des offrandes faites à la Messe. Le grand Chãbellan ayant la surintendance de la chambre du Roy, de ses habillemens & meubles, a eu Iurisdiction sur les Merciers, Peletiers, Fripiers, Marchans de draps de soye, & autres mestiers qui se meslent d'habits, & droict de visite des marchandises, poids & aulnages, par vn officier dépendant de luy, auec tiltre de Roy des Merciers, qui prenoient letres de luy. Mais les officiers ordinaires de la Iustice royale à Paris, ayãs contredit & roigné tous ces droits, les ont fait perdre & confondre dans la iustice & police ordinaire, ou dans les reglemens des Maistrises [h]. Il se trouue auoir souscrit les chartres des Rois, & autres letres de consequence, auec les principaux officiers de la Courõne, & auoir eu voix à leur iugement [i]. Il auoit droict d'assister aux hõmages, & sa charge estoit tenuë en fief & hõmage du Roy à vie [k], ayant des terres qui en releuoiẽt, & luy payoiẽt censiues, qui estoient des vignes vers S. Mãdé & Piquepuce, & les murs du bois de Vincennes. Le grãd pouuoir de cette charge a coulé en celle du premier Gentil-hõme de la chãbre du Roy, & du Maistre de la garderobe, qui en ont esté éclipsées, cõme les petits Chãbellãs ou Cõnestables des vieux Romãs, qui metoient la table des Rois, & la couuroiẽt de vaisselle d'argẽt, sont aujourd'huy diuerses charges de valets de chambre, Escuyers trenchans, Gentils-hõmes seruans, & Gentils-hommes de la chãbre. Cete charge ancienne & honorable rend celuy qui la possede, comme chef de tout ce qui regarde la chambre du Roy, pour donner ou refuser l'accez à ceux qui y veulent entrer pour parler

d Greg. lib. 4. c. 21.
e Aymoin.
f Greg. lib. 7. c. 21.
g Lib. 5. c. 39.
h Du Haillan, liu. 4 de l'estat des aff. de France. Fauchet, l. 1r.
i Registres du Parlement de Paris. art. 1224. sous Louys 8.
k 1270. le Cõte d'Eu à S. Louys.

au Roy, auec commandement non seulement sur les pages, valets de la chambre & de la garderobe, mais aussi sur les Gentils-hommes. Aux iours solennels elle a lieu, & le Roy tenant son lit de Iustice, il est couché à ses pieds. Ez Estats de Philippe le Long, il est dit gesir aux piés du lit du Roy, quand la Reine n'y est point; le iour du sacre, il chausse & tire les botines du Roy. Les Ducs de Bourbon ont esté longuement dans la charge [a], qui vaqua par le decez de Charles dernier Duc de Bourbon, & fut donnée par François I. à Charles Duc d'Orleans son fils. Charles de Lorraine, dernier Duc de Mayenne en a ioüy, & c'est aujourd'huy Claude de Lorraine, Duc de Cheureuse. Le premier Gentil-homme de la chambre, le Maistre de la garderobe, le Maistre des Ceremonies, le Capitaine de la porte, le Conducteur des Ambassadeurs, & le Chambellan ordinaire, qui prestent tous serment entre les mains du Roy, ont quelque dépendance d'honneur & de deference au grand Chambellan.

a Tilt. & char. de Bourbon, tombeaux és Iacobins à Paris, Galerie bastié à Moulins.

Les Gentils-hommes de la chambre sont de l'institution de François I [b]; & pour la Noblesse, ils sont comme les plus honorables, les premiers nommez en l'ordonnance de Blois, rapportans aux Officiers de l'ancien Empire, *decuriones cubicu-lariorum*, ayans quelque commandement sur les menus Officiers de la chambre, comme auoient eu auparauant les petits Chambellans, qui estoient fort peu en nombre, & les Gentils-hommes de la Chambre furent multipliez. Henry III. ordonna pour les honorer, qu'ils porteroient vne clef d'or, pour marque de dignité. Aujourd'huy il n'y a ny petits Chambellans, ny Chambellan ordinaire, supprimé par la mort du Vicomte de Mirepoix [c]; & les Gentils-hommes de la Chambre n'estans plus payez de leurs gages, ne sont desormais qu'Officiers honoraires.

b Du Tillet, Mam.

c Idem.

Les premiers Gentils-hommes de la Chambre du Roy, sont quatre en nombre [d], & seruent par quartier: Et les Maistres de la Garderobe seruent aussi deux par quartier.

d Souuré, Elainuille Liancourt Barada.

Grand Queux.

Bien que la charge de grand Queux soit supprimée auec tous ses droicts [e]: neantmoins pour faire tousiours voir la grandeur ancienne des Rois de France & de leur maison, ou pour les traces qui en demeurent és Maistres Queux [f], employez dans l'Estat de la maison du Roy, parmy les Officiers de cuisine, & seruans par quartier, quatre en chacun, nous les mentionnons. C'estoit vn Seigneur ayant intendance sur tous les Officiers des cuisines du Roy, auec Iurisdiction ou degré sur les grands Panetier, & Eschanson: Guillaume de Harcourt le fut de Philippe le Bel, & Iean de Chastillon, de Philippe de Valois.

e Du Haillan liu. 4. Estat des aff. de France.
f Du Latin, coquus.

Grand Panetier.

Il n'en est pas de mesme du grãd & premier Panetier de France, puis qu'il se trouue employé dans l'Estat de la maison du Roy, auec gages [g], sous le nom de grand & premier Panetier, auec superintendance sur tous les Officiers & Gentils-hommes seruans à la Paneterie. Il est bien vray que ses droicts anciens de pouuoir visiter le pain fait par les Boulengers de la ville & faux-bourgs de Paris, par luy ou ses Officiers, luy ayans esté contestez par le Preuost de Paris, ou son Lieutenant, ont esté supprimez par plusieurs Arrests de la Cour de Parlement, & son seruice n'est que pour les bonnes festes ou iours solennels, là où par forme & ceremonie ancienne, le Roy allant à la Messe, vn Huissier de la sale crie à haute voix en vne fenestre, que le grand Panetier ait à venir couurir pour le Roy.

g Roo. l. le Duc de Brissac.

Il y a vn premier Escuyer trenchant, employé au mesme Estat [h], & des Escuyers trenchans seruans par quartier, qui sont Gentils-hommes, & font essay des viandes qu'on sert deuant le Roy.

h 600. l.

Grand Bouteiller ou Eschanson.

Il y a aussi vn autre officier employé sous le nom de Grand & premier Eschanson [i]. Cete charge est fort ancienne dans la maison des Rois de France, & ornée de grandes prerogatiues: Elle est nommée parmy les principales de la maison du Roy ou de la Couronne, & mise apres le grand Maistre ou Seneschal [k], & apres l'Eschãson, est le Chambrier ou Tresorier, adioustant le Cõnestable ou Escuyer, & le Chãcelier. Il a contesté du rang autrefois auec le Cõnestable, & a eu assistance & voix en la Cour des Pairs, & au iugement d'iceux [l]. Il taxoit le prix du poisson à Paris, prenoit cent sols de chaque Prelat de fondation Royale, lors de sa promotion, faisant son serment de fidelité, & à cause de sa charge estoit l'vn des deux anciens Presidens de la Chambre des Comptes de Paris [m]. Il auoit Iurisdiction sur les Tauerniers, & aucunes Vicomtez de Normandie luy estoient affectées pour les frais de sa charge & la despense de sa maison [n]. S'il n'a pas esté pourueu à cette charge, depuis Ant. de Chasteau-neuf, Seigneur du Lau [o], elle n'est pas aussi suppri-

i 600. l.
k Chartre de Paris 1174. Louys le Ieune.
l Du Haillan, li. 4.
m Ord. Ch. 6. 6. Ianu. 1400.
n Vieil mem. de la Ch. des Comptes de Paris.
o Du Haillan, liu. 4.

mée, & peut reuiure & estre remise, pour recompenser les seruices de quelques Seigneurs; les grandes prerogatiues en pourroient cesser, ou la charge auroit quelque nouueau reglement. Les Eschansons seruans par quartier, sont des Gentils-hommes seruans, qui font essay du vin seruy deuant le Roy.

L'ancienne charge du Connestable en France, *Comes stabuli,* estoit pour le soin des cheuaux du Roy; les Mareschaux [a] estoient aussi les premiers & anciens Escuyers. Le Connestable & les Mareschaux ont esté employez ailleurs [b] & plus noblement, comme il sera dit cy-apres. Les Escuyers d'Escuyrie, à la distinction des autres qui sont chez le Roy, ont pris la charge des Maréchaux, anciens *Stratores*; & le premier ou principal Escuyer, πρωτοστράτωρ [c] celle du Connestable. Les Estats des Rois de France, auant Charles VII. font mention de quatre Escuyers, ayans charge des cheuaux du Roy sous le Connestable; desquelles charges d'Escuyer les plus vaillans & les plus fauoris furent pourueus par le mesme Roy.

Grand Escuyer.

a Terme Allath. off. de cheuaux, d'où les Mareschaux qui seruent aux cheuaux.

b Ord. de Clot. le Grād, par du Tillet, ch. du Connestable.

c Apud Curopalatam.

Il y a en France grande & petite Escuyrie, & les Escuyers y ont deux charges differentes, l'vne de monter le Roy & l'assister à cheual, & l'autre d'auoir soin des cheuaux. En la grande Escuyrie sont les grands cheuaux du Roy, & en icelle y a vn Escuyer ordinaire, couché dans l'Estat de la maison du Roy; les autres qui dressent les grands cheuaux, sont nommez Dresseurs ou Caualcadours. En la petite Escuyrie sont les cheuaux moindres, haquenées, courtaus, &c. Et des Escuyers y seruans, employez dans l'Estat [d], la charge est plus honorable, estans vrayment Escuyers, pour monter & assister continuellement le Roy à cheual. Les Escuyers Dresseurs ne sont employez que dans l'Estat du Thresorier de l'Escuyrie.

d Pothon de Xaintrailles, Tanneguy du Chastel.

La charge de premier Escuyer est employée dans l'Estat de la maison du Roy, sous le nom de premier Escuyer de la petite Escuyrie [e], & semble partager celle de grand Escuyer, dont Roger Duc de Bellegarde a esté cy-deuant pourueu, à laquelle on donne la Superintendance des Escuyries du Roy, & sur les Officiers de la grande Escuyrie, auec commandement sur les Gentils-hommes seruans à cela, qui sont Escuyers Cheuaucheurs, Piqueurs & Pages, & ayant sous sa puissance tous les cheuaux tant de seruice que des haras. Aux sacres & funerailles des Rois, & autres iours solennels, le grand Escuyer est obligé de porter deuant le Roy à cheual l'espée Royale au fourreau de velours azuré & fleurdelizé d'or, penduë au baudrier de mesme parure, & s'il y a Cour de Parlement és villes où le Roy entre, il doit auoir la casaque de velours parsemée de fleurs de lys d'or, & le cheual caparaçonné de mesme.

e 1700. l.

Le grand Escuyer en vertu de sa charge, auoit autresfois commandement sur les Postes, & donnoit commission au Controleur general: Mais aujourd'huy il en est autrement, ayant esté ordonné par Arrest, que le Controlleur general afferrra les Postes, pouruoira aux charges des Maistres & Cheuaucheurs, & disposera seul du faict de sa charge.

Grand veneur. Grand Fauconnier.

Sur les Estats des Rois de France se trouuent des Veneurs, Fauconiers, Furetiers, Perdriseurs, Oiseleurs, Louuetiers, Archers, Valets des chiens, & autres Officiers seruans à la chasse & volerie, à laquelle les Roys ont esté fort addonnez de tout temps. Mais les charges de grand Veneur, & grand Fauconnier, ne sont pas anciennes ny en France, ny ailleurs, puis que l'ancien Empire ne les a point cognuës. Sous Charles VI. Guillaume de Gamaches fut grād Veneur, qui fut destitué pour auoir fait souuent faillir le Roy à la chasse: En son lieu fut mis le Seigneur de Coetquen; c'est à present Hercules de Rohan, Duc de Monthason. Les Veneurs ayans soin de desser la chasse sont roturiers: Mais ceux qui y assistent le Roy, sont Gentils-hōmes de la Venerie, de mesme que ceux qui ont charge de chacun vol, le sont de la fauconnerie. Ces offices consistent à sçauoir & apprendre en quel temps le Roy veut aller à la chasse, pour voler ou courre le cerf, & selon sa volonté y disposer toutes choses pour le plaisir du Roy, auec commandement sur les Gentils-hommes, & tous autres ayans charge des chiens & des oyseaux. Le grand Veneur a sa iustice sur le faict de sa charge, exercée par les Capitaines des chasses, qu'il pouruoit & enuoye és principales forests [f]. Il y a aussi quatre Lieutenans de la Venerie, & sous luy se pourroient ranger le grand Fauconnier, & le grand Maistre des eaux & forests [g]. Le Roy à present regnant est fort addonné à la chasse, & nourrit iusques à trois mille cinq cens chiens, & grande quantité d'oyseaux. Charles d'Alberr, Duc de Luynes, a esté grand Fauconnier sous son regne.

f 700. l.

Le Roy Henry III. en l'an 1580. crea l'office de grand Louuetier de France, & autres charges moindres qui en dépendoient; Et aduenant prise ou mort d'vn loup, és Paroisses proches de quatre lieuës és enuirons du lieu de la prinse, chaque feu deuoit donner trois deniers, & quatre deniers pour vne louue, auec exemption de tailles au Louuetier. Mais à cause de la nonchalance ou maluersation de tels officiers, qui ne faisoient point faillir la race des loups en Limosin; la Marche, & autres endroits de la France, où il y en a le plus, il n'y a point esté pourueu depuis. Et sans autre loy ny obligation, s'il arriue prise ou mort d'vn loup, la teste portée par les Paroisses, on rapporte quelque somme d'argent par collecte aux Chasseurs. Grand Louuetier.

Les Herauts en France, sont comme les Feciaux des Romains; & le principal d'entr'eux, appellé anciennement Mont-ioye, qui fut le cry militaire de Clouis I. [a] est le Roy d'armes, par excellence [b], portant la cotte de velours violet à l'escu de France, aux quatre endroits d'icelle, couronné & entouré des deux ordres de France [c]. Les autres Herauts n'ont que trois fleurs de lys d'or, aux esmaux de France, qui est le velours violet, & sur les deux manches de la cotte, le nom & armes de la Prouince ou Duché dont ils sont: sçauoir, pour le Dauphiné, vn dauphin, &c. En temps de paix, ils n'auoient anciennement que l'émail sur le haut de l'estomach [d]: En temps de guerre, ils ont la cotte d'armes, semée de fleurs de lys d'or, qui leur sert de sauuegarde. Ils ont serment au Roy, entre les mains du grand Escuyer, & doiuent estre presens à toutes joustes, tournois & combats; porter nouuelles de paix, assistans lors qu'elle est publiée; & de guerre, pour la declarer & denoncer dans les terres de l'ennemy [e]; sommer les villes de se rendre [f], défier les Princes & en porter les cartels, donner des armoiries à ceux qui se sont ennoblis, auec puissance de faire ouurir Bibliotheques, Secretaireries, Archiues, Greffes, & Tiltres de lieux publics & priuez, pour la recherche des Antiquitez, & autres choses qu'ils veulent sçauoir. Aux entrées des Rois dans les villes, ils peuuent estre deuant eux, & s'y sont trouuez testes nuës, auec le hoqueton de velours violet, semé de fleurs de lys d'or. Ils ont les noms & tiltres de certaines Prouinces & Duchez, comme de Normandie, Guyenne, Bretagne, Bourgogne, Alençon, Orleans, Valois, Dauphiné, &c. En la tenuë des Estats de Blois, sous le Roy Henry troisiesme, on s'en seruit pour appeller en forme les Deputez de chaque Prouince, suiuant l'ordre qui auoit esté arresté; & chacun d'eux selon son tiltre, reuestu & habillé comme dessus, estant à la fenestre de la grande montée, où estoit vn tapis de velours violet semé de fleur de lys d'or, fit sa charge [g]. Ils ont eu autrefois des pensions & autres aduantages, & leurs charges nobles portent exemption des tailles. Herauts.

a Mont-ioye S. Denys.
b Pater patratus des Romains.
c Fauyn, Theatre d'honneur.
d Du Haillan, liu. 4. de l'Estat des Aff.
e En 1635. à Bruxelles contre le Roy d'Espagne.
f En 1621. à S. Iean d'Angely, Mr. de Soubise, & ailleurs.
g Liure de la tenuë des Estats de Blois.

Le grand Aumosnier de France est dans l'estat de la maison du Roy, & preste serment entre ses mains, de le bien seruir, & comme disent les Ordonnances des Rois Philippe le Bel & Philippes le Long [h], de ne luy faire iamais requeste qui ne soit pleine de iustice, pieté & charité. Les Estats des Rois portent qu'il a eu vne chambre dans leur Hostel [i], de méme que le Confesseur & les Predicateurs. Il a la surintendance sur toutes les Maladeries & Hospitaux du Royaume, dont il peut commander les letres pour estre seellées, comme aussi celles des aumosnes [k]. La iurisdiction & cognoissance qu'il a sur les Hospitaux, a produit quelques differends pour ce qui regarde leur gouuernement, visite & reformation, de ceux-là entr'autres, qui sont de fondation Royale [l]. Nous parlerons ailleurs de la Chambre generale establie pour ce sujet, auec son assistance, ou de ses Vicaires. Cette charge a esté tousiours remplie de grands Prelats, Archeuesques & Cardinaux: sçauoir Iacques Dauy du Perron, Archeuesque de Sens, & Cardinal. & François de la Rochefoucaut Euesque de Senlis, & Cardinal. Iean Cardinal, de Bonsy, fut grand Aumosnier de la Roine Marie de Medicis, Regente en France [m]. Le grand Aumosnier de France est aujourd'huy Alphonse du Plessis de Richelieu, Archeuesque de Lyon & Cardinal. Outre le grand Aumosnier, le Roy a son premier Aumosnier à gages [n], auec plusieurs autres Aumosniers seruans par quartier; son Confesseur, & plusieurs Predicateurs (sur quoy on remarque qu'il n'estoit point permis autrefois de parler au Roy, pendant qu'il oyoit la Messe, mais bien à son Confesseur, ou à celuy qui estoit commis pour dire les Heures auec le Roy) vn Maistre de son Oratoire ou Chapelle, qui estoit anciennement nommé Archichapelain, qui estoit fort releué, & tenoit grand lieu sous la seconde lignée. Sous Pepin le Bref, Langius Euesque d'Angouléme, & depuis, Dreux Euesque de Metz, fils naturel de Charlemagne, furét Archichapelains du Palais & maison du Roy. Il y a aussi le Chapelain Grand Aumosnier.

h 1280. au bois de Vincennes, & 1312.
i Phil. le Hardy, Phil. le Bel, Phil. le Long.
k Ord. de Phil. le Long reg. en France 1316.
l Loiseau, liu. 4.
m 1611. 1615.
n 1610. I.

ordinaire & plusieurs autres seruãs par quartier, auec nõbre de Clercs & Sommiers[a]. Les Clercs de la Chapelle Royale auoient anciennement vn particulier serment au Roy, qui les lioit à son seruice[b], & tenoient lieu de Notaires & Secretaires Ecclesiastiques; ce qui prouenoit du raualement & abastardissement des lettres, tout sçauoir estant és gens d'Eglise, d'où vient que dans les Escriuains de ce temps-là, Clerc & Clergie marquent doctrine & homme sçauant. Il y a eu aussi depuis des Clercs Ecclesiastiques & laics, auec gages & droicts, & bouche à Cour, lesquels ne sont plus. Auiourd'huy le Maistre de l'Oratoire a intendance sur la Chapelle Royale, & vient sçauoir du Roy en quel temps & lieu il veut ouyr le Seruice, communier & confesser.

a 400 l.

b Vieilles Ann. lat.

Outre les Clercs & Chapelains, la Chapelle du Roy a ses Maistres & Surintendans de Musique & plein chant, Noteurs & Compositeurs, Chantres, enfans de Chœur & de Musique, qui ont des Chanoinies & Chapelles affectées; Ioüeurs de viole, de luts, & autres instrumens.

Medecins

Le Roy a son premier Medecin[c], son Medecin ordinaire, & plusieurs autres seruans par quartier, & autres extraordinaires, ou pour seruir quand ils sont appellez, & pour consulter auec les ordinaires, outre ceux qui sont payez ailleurs que dans la maison du Roy[d]; plusieurs Apoticaires seruans par quartier; son premier Chirurgien, Chirurgien ordinaire, & autres par quartier; plusieurs Operateurs, Herboristes, Barbiers, & autres Officiers pour la santé & pour le corps du Roy. Aucuns ont rangé le premier Medecin sous le grand Chambellan.

c Archiatri.

d Montpelier; Anatomiste, Botaniste.

Parmy les Officies domestiques, employez dans l'estat de la maison du Roy, sont le grand Maistre des Ceremonies[e], & en son absence le Maistre des Ceremonies[f], dont les noms marquent assez l'office aux sacres; enterremens, & autres actions solennelles, les Conducteurs des Ambassadeurs, le grand Mareschal des logis[g], les Mareschaux des logis[h], Fourriers du corps & Fourriers ordinaires, Garde de la Bibliotheque ou Librairie, Garde des liures du cabinet[i]; Artillier ordinaire, Graueurs, Sculpteurs, Imprimeurs, Peintres, Escriuains, Tireurs d'armes, Ioüeurs de luth, &c.

e le S. de Rhodes, cy-deuãt.

f Le Comte de Brulon, & M. de Berlise.

g 1000. l.

h 800. l.

i 1100. l.

Les charges des Mareschaux des logis, *Mensores* ou *Metatores* de l'ancien Empire, ne sont pas affectées aux Nobles[k].

k Par l'Ord. Blois.

Menus officiers.

Le dernier ordre de la maison du Roy, ou des personnes couchées sur l'Estat d'icelle, consiste és menus officiers, qui sont les vrayes milices palatines des anciens Empereurs, qui peuuent estre possedées par les roturiers, à ce que les autres sont gentils-hommes seruans. Ce sont les sept offices, ou cuisines, soit de la bouche du Roy, soit du commun. Ces sept offices, ou bandes de menus officiers, ont tousiours eu trois rãgs, sçauoir les chefs, les aydes, & les sõmiers. Aux deux cuisines, les chefs sont nommez Escuyers de cuisine, & les aydes, maistres Queux. Les menus officiers de la chambre, escuyrie, venerie, fauconnerie, artillerie, & ceux de la musique mesmes, auec ceux des monnoyes, qui pretendent en estre, & vn artisan de chaque mestier principal, & de quelques vns, quatre ou cinq couchez sur l'Estat, sont purement roturiers. Il n'y a pas edict de creation de tels offices, ny prouisions du grand seau, mais les chefs d'office, sçauoir le grand Escuyer, grand Veneur, &c. les ayans choisis à leur volõté, obtiennẽt du Roy des breuets, ou lettres de retenuë, seellées en placard du cachet du Roy, & expediées par l'vn des quatre Secretaires des Cõmandements, sur leur simple relation. Le grand Maistre ne voulant estre responsable des officiers de bouche, les retenuës ne s'en expedient point, sans le commandement du Roy. Aucuns de ces officiers, sur les simples retenuës de leurs chefs, estãs couchez sur l'estat du Thresorier de la charge, iouyssent de leurs gages & priuileges. Il y a plusieurs autres personnes seruants dans la maison du Roy, comme huissiers de la Chambre, antichambre, & cabinet, vallets de chambre ordinaires, autres seruants par quartier, porte-manteaux, valets de garderobe, tailleurs, parfumeurs, &c. plusieurs officiers de cuisine, panneterie, eschãsonnerie, fruicterie, auec les chefs, & aydes, pour auoir des fruicts de Prouence, & d'Italie; ou fourriers, lors que le Roy marche; pouruoyeurs, capitaines du charroy, &c. pages de la grande & petite escuyrie, valets de pied, postes, cheuaucheurs, piqueurs, trompetes, clairons, fifres, tambours &c.

La maison du Roy, ou ce qui en depend, a diuers Thresoriers, qui comptent tous separément en la Chambre des Comptes de Paris, sçauoir le Thresorier de la maison, & celuy de la Chambre aux deniers; Celuy des menus plaisirs ne compte qu'au

Roy mesme. L'argenterie & la charge & le compte des habits pour la personne du Roy, sa chambre, & garderobe, les pages, valets, Suisses, &c. & des autres meubles & linge pour l'vsage de sa maison, auec les parties extraordinaires, aux mariages des Princes, passages extraordinaires en France, dons, & presents, dequoy l'Argentier, ou Thresorier de l'argenterie compte en la Chambre. L'escuyrie, la venerie, fauconnerie, les Suisses, & Garde Escossoise, ont leurs Thresoriers & payeurs, prenās leur fonds en l'Espargne, de mesme que les Gardes, les offrandes & aumosnes, les Chantres, les deux cens Gentils-hommes, &c.

Funerailles & enterremens des Rois.

Comme le sacre des Rois de France se fait auec des ceremonies augustes & religieuses, & les fait participans *in diuinis*, n'estans pas purs lays, [a] leurs funerailles se font aussi auec des formes particulieres pleines de respect, & de culte Royal & religieux. Celles de Charles huictiesme sont descrites au long dans l'Histoire; [b] quelques differences y sont interuenuës des Rois anciens aux plus nouueaux. La couleur violette a tousiours esté le dueil des Rois: mais iusqu'à François premier les cercueils des Rois ont esté mis sous vn poile de velours violet semé de fleurs de lys d'or en broderie. [c] Depuis on a fait le poile de velours noir, a vne croix de satin blāc, armoirié des escus de France. La forme de seruir les Rois durant quelques iours, vestus, comme en vie, dans leur lit d'honneur, a passé aux Princes du sang & grands Seigneurs de France; c'est comme le cenotaphe des anciens, & les tombeaux honoraires que les Romains pratiquerent pour les Empereurs. [d] Nous donnerons icy vn extraict sommaire de l'Histoire, pour ce qui se pratiqua en vne action si solennelle, pour le Roy Henry quatriesme decedé en l'an 1610.

a Seyssel, de la loy Salique.
b Gaguin.
c Chron. MS. du Chanc. du Prat. des funerailles de Louys douziéme.
d Suet. Dom.

Funerailles de Henry IV.

Le Roy Henry quatriesme fut premierement mis sur son lit, la face descouuerte, vestu d'vn pourpoinct de satin blanc, & fut veu d'vn chacun. Apres cela, son corps fut ouuert, embaumé & mis dans vn cercueil de plomb, qui estoit couuert d'vn autre, fait de bois mastiqué aux iointures, & couuert de veloux noir, croisé de satin blanc. Le cercueil posé sur vn lit mortuaire dans la chambre du Louure richement tapissée, y fut durant dix-huict iours, couuert d'vn drap d'or, à vne grande croix de toile d'argent, sous vn daiz de drap d'or. Aux deux costez estoiēt deux Autels, où se disoient tous les iours cent Messes basses, & six grandes; il s'en disoit autant aux Autels, qui estoient dans la galerie. Les Cardinaux auoiēt des chaires d'vn costé, & les Prelats vn banc couuert de drap d'or, qui seruoit aussi pour les Maistres des Requestes. Les Aumosniers auoient leur bāc derriere celuy-là; les quatre ordres des Mendians, les Capucins, & les Fueillants, qui psalmodioient tous les iours, y en auoient aussi deux. De l'autre costé les Princes du sang y auoiēt leurs chaires; les officiers de la Couronne, les Cheualiers de l'Ordre, & Gentils-hōmes de la Chambre vn banc; & derriere eux les valets de chambre en auoient vn autre. La croix d'or, & le benoistier pour les Princes, Prelats & Seigneurs estoient sur vn banc couuert de drap d'or, posé aux pieds de l'Autel, & aux deux bouts estoiēt deux escabeaux pour deux Rois d'armes, auec le benoistier commun au deuant. Apres les dix-huict iours, le corps & cercueil fut porté en la grande sale, richement tapissée, en l'assistance de plusieurs Prelats, officiers & Seigneurs, & fut mis dans vn chalit sous l'effigie du Roy. Au bout de la sale estoit vn tribunal à quatre marches, & sur iceluy vn grand chalit, sous vn daiz, & vn velours violet semé de fleurs de lys d'or, outre-passant de demy pied chaque costé du chalit, sur lequel auec paillasse & cheuet, estoit vn drap de toile de Hollande, & par dessus, vn drap d'or frisé auec vn bord de velours violet azuré, & semé de fleurs de lys d'or à paremens d'hermines; Sur cette couuerture estoit l'effigie du Roy au naturel, vestuë d'vne chemise de toile de Hollande, & par-dessus vne camisole de satin cramoisy rouge, couuerte de la tunique de satin azurin semé de fleurs de lys d'or, auec vn grand passement d'or & d'argent; surquoy estoit le manteau Royal de velours violet cramoisy semé de fleurs de lys d'or, lōg de cinq à six aulnes, ouuert pardeuant, fourré d'hermines, le coller rond d'hermine rēuersé. Au col de l'effigie estoit l'Ordre du sainct Esprit, sur la teste vn petit bonnet de velours cramoisy brun, & au dessus la Couronne Royale garnie de pierres precieuses; és iambes, des botines de velours rouge, fleurdelisé d'or. L'effigie auoit les mains iointes, à l'entour, & sur le cheuet estoient deux oreillers de velours rouge fleurdelisé d'or; sur celuy de main droite estoit le Sceptre, sur l'autre, la main de Iustice, és costez deux Chapelles ou Autels parez auec daiz, le long de la sale plusieurs autres Autels où l'on disoit les Messes, auec chaires & bancs disposez comme en la chambre. En ce lit d'honneur les officiers seruoient iournellement l'effigie du Roy, comme ils faisoient de son viuant, ce qui continua iusqu'au vingt-vniesme Iuin, que la sale fut tenduë de drap noir, sur lequel en haut estoient deux ceintures de velours noir, chargées d'escussons de France & de Nauarre. Les portes du Louure, & de la sale auoient deux lez de drap, & de velours, auec les mesmes escussons en broderie. Sur le tribunal où estoit le lit d'honneur, fut dressé vn parc de bois peint en noir, auec quantité de cierges, & au milieu sur des treteaux fut mis le corps & cercueil du Roy, sous vn poile de velours noir, croisé de satin blanc, trainãt de toutes parts, auec quatre escussons en broderie, aux armes de France & de Nauarre, & par dessus estoit vn autre poile de drap d'or frisé auec vn lez autour de velours violet azuré & fleurdelisé d'or, & vne bordure d'hermines. Sous ce poile & cercueil estoient quatre carreaux d'or, sur lesquels au chef estoit la Couronne, & puis le collier de l'Ordre du sainct Esprit, le Sceptre & la main de Iustice, & le tout sous vn grand ciel de velours noir, auec franges de fil d'or. Les Prelats, Cheualiers de l'Ordre, Officiers, & Aumosniers assistoient-là, auec les Religieux qui psalmodioient; les Rois d'armes y estoient aussi sur vn banc couuert de drap noir. Le 25. de Iuin, le Roy vestu de son manteau de deüil de couleur violette, le chaperõ en forme partit de l'Hostel de Lõgueuille, & s'achemina vers le Louure, accompagné des Princes du grand dueil auec leurs manteaux, & chaperons. Les Cardinaux de Ioyeuse & de Sourdis estoient pres du Roy, dont les Princes de Conty, Cõte de Soissons, Duc de Guyse, Prince de Ioinuille, & Duc d'Elbœuf portoient les queuës du manteau. Les officiers qui precedoient le Roy, & les Princes qui le suiuoiẽt estoiẽt en dueil, les chaperons en forme. Les Prelats, qui estoient pres du corps & cercueil du Roy, auoient les mitres en teste, auec chapes de velours noir, & les Cheualiers du sainct Esprit, l'ordre sur les robes de dueil. Les regiments des Gardes Françoises & Suisses estoient en haye depuis l'Hostel de Lõgueuille iusqu'à la porte du Louure: Le grand Preuost de l'Hostel, auec ses Archers, les cent Suisses de la garde ordinaire, les Capitaines des Gardes, leurs Lieutenans, & Archers. Les deux cens Gentils-hommes, auec leurs haches d'armes, se rengerent tous en longue haye depuis l'entrée de la cour du Louure, iusqu'aux dix Rois d'armes, qui s'estoient mis en deux rangs vn peu au dessous de leurs compagnons, qui estoient assis aupres du corps du feu Roy. Le Roy fut receu à l'entrée de la sale par le Comte de S. Paul [a] accompagné de quelques Mareschaux de France, & Cheualiers, qui le conduisirent vers le corps du roy, où il fit sa priere, & luy donna de l'eau beniste, ayant receu l'asperges de la main d'vn Prelat, les Princes, exceptez ceux qui portoient la queuë du manteau du Roy, en firent de mesmes. Le 26. le grand Maistre des ceremonies suiuy des vingt-quatre Crieurs iurez de Paris, fut au Palais, pour aduertir la Cour de Parlement, la Chambre des Comptes, & Cour des Aydes du iour pris pour l'enterrement du Roy. Les 24. Crieurs furent à la Table de marbre, où l'vn d'entr'eux cria que le mardy ensuiuãt le corps seroit leué pour estre porté en l'Eglise de Paris, & le lendemain matin à sainct Denis. Le vingt-neufiesme les Maistres des ceremonies firent mettre l'effigie du Roy sur vne litiere portatiue, couuerte du drap de velours noir, & drap d'or frisé, auec ses coussins, & carreau de drap d'or, où reposoit la teste de l'effigie, & vn autre pareil à ses pieds, l'effigie habillée comme en son lit d'honneur, le sceptre en la main droite, & la main de Iustice en la gauche. On marcha du Louure iusqu'à Nostre-Dame, les ruës tẽduës de drap noir, auec les armoiries du Roy, & de la ville. L'ordre en fut tel, le Colonnel des Archers de la ville de Paris, auec ses Lieutenans, ayans robes de dueil, & les Archers leurs hoquetons, & des torches auec les armes de la ville. Les Religieux Mendians, & autres, cinq cens pauures auec robes de dueil, chaperon en teste, & vne torche en main, les soldats estropiez vestus de mesme, les vingt-quatre Crieurs, le Cheualier du Guet, & tous ses Archers en dueil, l'enseigne trainante à terre, les Sergents à verge du Chastelet, douze Notaires, les Sergents de la douzaine, le Preuost de Paris, en robe de dueil, la queuë portée par vn homme tenant en sa main vn baston couuert de velours blanc, monté sur vn cheual couuert de dueil. Tous les officiers vestus de dueil marchoient à main droite, les officiers de la ville à la senestre. Les Conseillers du Chastelet, les Parroisses de Paris par ordre, & au nombre de trente-trois, les pauures filles de plusieurs endroits, les Musiciẽs de la Chapelle du Roy, auec le surplis & chaperõ sur l'espaule, les Courriers & Maistres de poste, auec robes de deüil & chaperon, les officiers de l'Escuyrie, les Pages, & Caualcadours, les hauts bois, trompettes, & tambours, portans contre bas leurs instrumens couuerts de crespe

[a] Pour le grãd Maistre.

noir. Le sieur de Crequy Mestre de camp, & les Capitaines & Lieutenants du regiment des Gardes, à costé droit, le sieur de la Curée, & les autres Capitaines des cheuaux legers à gauche, le Preuost de l'Hostel auec ses Archers portans la halebarde, vne robe de dueil, & la casaque au dessus. Le Capitaine de la porte, auec les portiers, les cent Suisses auec leur enseigne ployée à demy. Tous les officiers de la maison du Roy. A senestre la Cour des monnoyes, la Cour des Aydes, & la Chambre des Comptes, à droite les Gentils-hōmes seruants, & les Maistres d'Hostel du Roy. Le sieur de Rhodes grand Maistre des ceremonies à cheual portant vn guidō de velours violet, semé de fleurs de lys, couuert de crespe, le chariot d'armes du Roy, où estoit son cercueil, couuert d'vn drap de velours noir, croisé de satin blāc, & entouré de vingt-quatre armoiries de France & de Nauarre, en broderie d'or, trainé par six cheuaux couuerts de velours noir, croisé de satin blanc, conduits par deux cochers vestus de velours noir. Au deuant du chariot estoit le Capitaine des cent gentils-hommes, & autour les gardes Escossoises, derriere le Capitaine des gardes du corps; suiuoiēt douze pages vestus de velours noir, auec la toque, botez, & montez sur cheuaux harnachez comme ceux du chariot. Les Escuyers, dont l'vn portoit les esperons dorez, l'autre les gātelets, & l'autre l'escu du Roy; vn Seigneur portoit la cotte d'armes, le premier Escuyer, le heaume, tymbré à la Royale d'vn mantelet de velours violet cramoisy, semé de fleurs de lys d'or, & paré d'hermines; les Aumosniers, Predicateur, & Cōfesseur du Roy, plusieurs Archeuesques & Euesques à pied, auec la chape de velours noir, & mitres de toiles d'argēt. Les Ambassadeurs de Sauoye, de Venise & d'Espagne à cheual, habillez en dueil, & conduits chacun par vn Euesque, montez sur des mules en dueil, le Nonce ordinaire du Pape conduit par l'Archeuesque d'Ambrun, & le Nonce extraordinaire par l'Archeuesque d'Aix, tous deux mōtez sur des mules en dueil. Les Cardinaux de Ioyeuse & de Sourdis sur des mules, auec leurs habits de Cardinaux; le cheual d'honneur couuert de velours violet azuré & fleurdelisé d'or, estoit mené par les resnes par deux escuyers de l'escuyrie, & autour estoient les douze Rois d'armes, & les douze Pages de la chambre vestus de velours noir, auec la toque, marchants à pied. Le grand Escuyer sur vn cheual couuert de velours noir, croisé de satin blanc par le milieu, portoit l'escharpe & l'espée Royale à son costé. La Cour de Parlement auec robes rouges, & bonnets carrez, & au milieu d'eux estoit porté le lict, où estoit l'effigie du Roy, par les Porteurs du sel, qui auoient des bourrelets de velours noir en escharpe; és coins de l'effigie estoient six Presidēts en robes rouges, & les māteaux fourrez par dessus, auec leurs mortiers, les gardes Escossoises les enuironnoient. Le Preuost des Marchands, & Escheuins de la ville portoient le ciel; Le Comte de S. Paul pour le grand Maistre, portant le baston couuert de velours noir, mōté sur vn cheual couuert de mesme, & croisé de satin blanc, estoit à main droite, & à gauche le Cheualier de Guyse, pour le grand Chambellan. Sur vn pareil cheual, portant la banniere de France, Monsieur de Termes pour le premier Gentil-homme estoit monté de mesme. Le Prince de Conty, le Comte de Soissons, le Duc de Guyse, Prince de Ioinuille, & Duc d'Elbœuf suiuoient auec quelque distance, portans le grand dueil, sur des cheuaux couuerts de sarge noire, la queuë de leur robe portée par six ou huict de leurs Gentil-hommes. Il y eut aussi deux Ducs & Pairs à cheual, en dueil, 9. Cheualiers de l'Ordre du S. Esprit, auec l'ordre sur les robes de dueil, marchoient à pied, les chaperons en teste, cent Gentils-hommes en dueil, autres Pages habillez de velours noir, & la toque de mesme, quatre trompettes couuertes de crespe, les quatre enseignes des quatre cens Archers des Gardes, de couleur rouge, verte, bleuë, & grise, couuertes de crespe, suiuies des Archers en dueil, portans leurs armes contre-bas, & le chaperon en forme. Ainsi marcha ce grand Conuoy iusqu'à Nostre-Dame, où l'effigie & le corps furent mis sous la Chapelle ardente, l'Eglise estant toute tenduë de drap noir, & au dessus, vn lez de velours noir semé d'armes de France & de Nauarre, tout y reluisant de cierges, & luminaires. Les Princes s'assirent és chaires du costé droit, & les grands & principaux Officiers prirent leur place chacun selon son rang, au deuant & autour de l'effigie. La Messe fut dite, & l'Oraison funebre prononcée par vn Euesque. Les Princes furent recōduits en la sale de l'Euesché, où ils auoiēt esté pris par les maistres des Ceremonies, & Rois d'armes. Le lendemain tous ceux du Conuoy se rendirent à Nostre-Dame, & l'on commença de marcher pour aller à S. Denis, au mesme ordre que le iour precedent iusqu'à S. Lazare, d'où les Parroisses, & les Religieux rentrerent dans

Paris, & tous ceux qui deuoient accōpagner le corps à S. Denis mōterent à cheual, ou en carrosse iusqu'à la Croix qui panche, là où le grand Prieur, & les Religieux de S. Denis vindrent receuoir le corps de l'effigie. Les Presidēts reprirēt les coings du drap iusques dans l'Eglise, où se firent les ceremonies, comme à Nostre-Dame, & apres la Messe, on mit le corps dās la fosse, sur le bord de laquelle le Cardinal de Ioyeuse dit les oraisons accoustumées, & s'assit en l'vn des bouts de la fosse vers l'Autel. Le Comte de S. Paul representant le grand Maistre s'assit à l'autre bout deuers les chaires, les Maistres des Ceremonies pres de luy, & vn Roy d'armes au milieu de la fosse, au premier pas de laquelle estoit vn autre Roy d'armes, qui appella tous ceux qui portoient les pieces d'honneur, qui sont les cottes d'armes des Herauts, l'enseigne des Suisses, les quatre enseignes des gardes du corps, les deux enseignes des cent Gentils-hommes, les esperons, les gantelets, l'escu du Roy, sa cotte d'armes, le heaume timbré à la royale, le fanon du Roy, l'espée Royale, & banniere de France, le baston des Maistres d'Hostel, & celuy du grād Maistre, la main de Iustice, le Sceptre, & la Couronne, pour les venir deposer sur la fosse; lesquelles apportées, il les bailloit à d'autres Rois d'armes, qui estoient dans la fosse, pour les disposer. Toutes les pieces d'honneur deposées, chacun estant retourné en sa place, le Comte de S. Paul se leua, & dit en moyenne voix, *Le Roy est mort.* Puis le Roy d'armes faisant trois pas au milieu du chœur, reprit la parole, & dit à haute voix par trois fois, *Le Roy est mort, priez Dieu pour son ame.* Lors chacun se mit à genoux la larme à l'œil, peu apres le Comte de S. Paul retira de la fosse le baston de grād Maistre, & dit, *Viue le Roy Louys treiziesme de ce nom, par la grace de Dieu, Roy de France & de Nauarre, tres-Chrestien, nostre souuerain Seigneur & Maistre, à qui Dieu donne bonne vie & longue.* Ces paroles dites, les trompettes, tambours, hauts bois & fifres du Roy cōmencerent à sonner, chacun reprit les pieces d'honneur qu'ils auoient mis dans la fosse. Les Princes du grand dueil furent conduits en la sale du festin funebre, & le Comte de S. Paul en vne autre sale, auec ceux qui auoiēt porté les pieces d'hōneur; & apres disner, tenant vn baston en la main, il fit vne petite harangue aux officiers de la maison, touchant la mort du Roy, leur offrit son seruice, & promit les recommander au Roy regnant, pour les maintenir en leurs estats, & pour monstrer qu'ils n'auoient plus d'estat en la maison, rompit le baston en leur presence.

Apres la personne, & la maison du Roy, auec tous les officiers qui la composent proprement, & y appartiennent, ceux de l'Estat & Couronne de France peuuent suiure. Les Roys ne meurēt point en Frāce, & en la succession du Royaume, se peut trop mieux dire le mot commun pour les heritages & successions priuées, le mort saisit le vif; voila pourquoy la maison estant separée de la Courōne, les officiers en sont aussi differents. Le Chancelier de France ne porte iamais le dueil, ny pour le Roy defunt, ny en son particulier mesme, & luy ny le Connestable, ou aucun pour eux, ne se trouuent point aux funerailles du Roy. Le grand Maistre, qui rompt le baston en presence des officiers de la maison, ne le rompt pas pour eux, ny pour les autres officiers de la Couronne.

Les trois principales charges, offices, ou Commissions, qui regardent la Couronne, & le general de l'Estat, sont le Connestable, le Chancelier, & le sur-Intendant general des finances; les deux premiers sont pour les armes, & pour la Iustice, & tous les trois occupent la grande charge de Maire du Palais, ayans apres le Roy, la super-intendance de tout, exceptées les Cours & compagnies souueraines, qui dependent immediatement du Roy.

Connestable. Quoy que par Edict du Roy donné en Ianuier 1627. la charge de Connestable auec celle d'Admiral aye esté supprimée à perpetuité: neantmoins pour l'importāce & les belles fonctions de cét office ancien, nous en dirons briefuement la source & les appartenances. L'ancienne Rome a eu son *Magister Equitum*, respondant au Cōnestable, & les derniers Empereurs ont eu des Comtes d'Estable, qui passerent aux premiers Rois de Frāce, auec charge de cheuaux, & de l'escuyrie du Roy.[a] Cōtes des gardes des cheuaux, ou Prefects.[b] Des Escuyries leur pouuoir passa dans les armées, & d'officiers de la maison du Roy, ils deuindrent de la Courōne,[c] & n'estans qu'en leur premiere charge de l'Escuyrie, ils furent employez pour la guerre, & faits chefs d'armée,[d] comme il se lit de Leudegisille. Charlemagne[e] donna charge à son Connestable, à son Chambellan, & au Comte du Palais de marcher contre les Slaues, & les employa ailleurs, pour les armées de mer.[f] Le premier aage de cét office le tenoit esgal en prerogatiue, auec plusieurs autres charges releuées de la

a Aym. li. 3. c. 43.
b Id. li. 3. c. 94.
c Fauchet li. 2. c. 7.
d Aym. li. 3. c. 70.
e Id. li. 4. c. 74.
f Id. li. 4. c. 95.

maison du Roy, ou de la Couronne, comme le grand Maistre, le grand Bouteiller, ou Eschanson, le grand Chambellan, & le Chancelier, pour souscrire tous ensemble, & auec pareille dignité, les chartres & ordõnances Royales, qui en estoient autorisées par là: ce qui s'obserua depuis Philippes premier, [a] & bien auant dans la troisiesme lignée; mais depuis le Connestable commença à se releuer par dessus tous, & a esté fort considerable, à cause des armes, comme le Chancelier au fait de la Iustice. Sa personne a esté si priuilegiée, qu'on n'a peu l'offenser par voye de fait, sans offenser celle du Roy, & aduenant minorité des Rois, pour l'administration du Royaume, apres les Roynes, & les Princes du sang, le Connestable est nommé comme vn principal officier, pour estre pres de leurs personnes. [b] Sous Louys le Gros, [c] Froger de Chaalons fut Connestable, auec charge & commandement dans les armées, où il se trouue estre d'ancienneté, comme vn Lieutenant general des Rois, [d] auec la sur-intendance de la guerre, dont il auoit sous soy tous les officiers, soit és armées, soit dans les places & Prouinces, auec les payeurs & Thresoriers des compagnies qui payoient sur ses ordonnances. Il disposoit de la pluspart des offices estans sous sa charge; nulle qualité n'exemptoit ceux qui estoient au camp de luy rendre obeyssance, apres le Roy; ce qui fist modestement refuser la charge à Bertrand du Guesclin, alleguant à Charles cinquiesme, qu'il ne vouloit commander aux freres, nepueux, & cousins du Roy. [e] Les Mareschaux de France ont deu luy obeyr. [f] La garde de l'espée du Roy luy estoit commise, pour luy en faire hommage lige en la receuant toute nuë, estant comme vn fief à vie, comme il a esté de quelques offices de la Couronne, & autres, [g] auec serment à prester en la Cour de Parlement de Paris, sans estre hereditaire, [h] comme portent les lettres & prouisions anciennes d'Artus de Bretagne, Comte de Richemont, & depuis Duc de Bretagne. Il auoit cognoissance, & droit de punir tous delits & excez commis par les gens de guerre, de cheual, & de pied, au camp & és garnisons, allans, reuenans, & tenans les champs, comme aussi tous efforts faits aux gens de guerre, desobeyssance des soldats à leurs chefs, deserteurs de milice, & refus des sujets au ban & arriere-ban. La cognoissance des rançons, butins, & reditions des places faites mal à propos & sans defense, des cassations faites par les Commissaires des guerres, Capitaines, ou Lieutenans, & autres cõmis à voir les monstres des gens de guerre, & de tous differends meus & aduenans en guerre, ou en dependans, comme debtes, contracts & obligations cõceuës pour ce fait, luy appartenoit, & pour ce que dessus il a eu son Preuost, nommé de la Connestablie, obligé de le suiure, auec ses Archers, & sa iustice ordinaire, par vn Lieutenant à ce estably, resseant à la Table de marbre de Palais à Paris, coniointe auec celle des Mareschaux de Frãce, laquelle subsiste par l'edict sus-mentionné. C'est la Table de la grande sale du Roy, où tous les anciens officiers de la Couronne tiennent leur Iustice depuis le temps que le Palais estoit la demeure des Rois. Il a peu d'ancienneté timbrer son escu, & enrichir ses armes de l'espée fleurdelisée. Les Rois faisans leur entrée és villes de Parlement, [i] il deuoit estre à cheual deuant le Roy, portant en la main droite l'espée toute nuë; & iceux tenans leur lict de Iustice, ou Estats generaux, il a deu estre assis deuant eux à main droicte, portant l'espée, comme dessus. La charge a tousiours esté possedée, ou par des Princes, [k] ou des Seigneurs de maison illustre, [l] & valeur singuliere, auec suffisance experimentée au fait de la guerre. [m] Le Roy se reserue par l'edict de suppression, de pouruoir & commettre à l'exercice de la charge, pour les commandemens des armées aux occasions qui s'offriront.

Mareschaux de France.

Les Mareschaux de France anciens Escuyers d'escuyrie, & petits Connestables, ont accreu en dignité auec le Connestable, & ont esté faits, comme chez les Romains, *Praefecti militum*, Girard de Dammartin qualifié Mareschal de France sous les premiers Rois, [n] n'a point esté tel qu'ils se sont rendus quelques siecles apres. Leur premiere institution & principale charge ont porté de mener l'auant-garde, garnie ordinairement de caualerie, non seulement pour descouurir l'ennemy, mais aussi pour choisir les lieux propres à l'assiette du camp. [o] Ils reçoiuent les gens d'armes, de quelque qualité qu'ils soient, Ducs, Cõtes, Barons, Cheualiers, &c. & ont cognoissance des choses militaires, par eux, ou leurs Lieutenans, Preuosts des Mareschaux, ou Preuosts de camp, contre tous vagabonds, oysifs, & respandus en troupes, & tous gens de guerre desbandez, abandonnans l'armée, ou les garnisons. Lors que le Cõnestable estoit present, ils ne pouuoient aller, ou ordonner batailles sans son ordre & commandement, ny faire bans & proclamatiõs en l'ost & armée, sans l'en

a 1061.
b Ord. de Ch. 6.
c IIII.
d Roman de la Rose, Iean de Meung.
e Froissard 1. Vol c. 290.
f Registre ancien de la Chambre des Comptes de Paris.
g Grand Chambellan.
h Du Haillan li. 4. Fauchet.
i Du Haillan liu. 4.
k Comte de S. Paul, Duc de Bourbon, & autres.
l Anne, & Henry de Montmorency.
m François de Bonnes Duc de Lesdiguieres, dernier Connestable.
n Clouis fils de Dagobert.
o Froiss. 1. Vol. c. 17. Les Romans de la conqueste de Bretagne, & de Gerard d'Eufrage.

l'an aduertir. Outre le serment qu'ils ont au Roy, en receuant le baston, ils le prestent aussi en la Cour de Parlement de Paris. Ils mettent vne hache d'armes, ou baston, à costé de leurs armoiries. Auant le regne de François I. qui en augmenta le nombre, il y en auoit fort peu, & quoy qu'aujourd'huy ils soient multipliez, il semble que leur autoritez est plus grande, n'y ayant pas de Connestable en France. Les Mareschaux de camp, les Mareschaux des logis, & leurs Fourriers dependent de leurs commandemens dans les armées. Les charges ont tousiours esté & sont encores fort honorables & releuées. Les estrangers en ont esté souuent honorez par les Rois de France, comme les Triuulces, Stroffy, & autres Italiens; Stuart d'Aubigny, Escossois. Le siege de leur Iustice n'estoit qu'en la Table de marbre du Palais à Paris, auec celuy du Connestable,[a] là où il est encores estably.

a Vieilles ordonnances.

[C]olonel [g]eneral [d]e l'Infanterie.

La charge de Colonnel general de l'Infanterie en France n'a point esté office de la Couronne auant le Duc d'Espernon,[b] qui l'a possedé cy deuant. Elle auoit esté exercée auparauant par des persõnes choisies ou cõmises à ce cõmandemẽt cõme les S^rs d'Andelot, de Mõluc & de Brissac. Elle a de grãds pouuoirs sur l'Infanterie, où la Iustice se fait en son nom, par vn Preuost des bãdes, Iuge criminel & de police entre les soldats de pied, estans en corps d'armée. Il nõme & presente les Capitaines au Roy, auec charge de l'instruite de la capacité, ou insuffisance de ceux qu'il veut pouruoir des charges de Mestres de camp. Il crée en tous les Regimens les Sergẽs Majours, Preuosts, Mareschaux des logis, & tous autres officiers des cõpagnies.

b Iean Louys de la Valette.

Colonel [d]e la Caualerie legere.

Les gens d'armes, ou hommes d'armes sont commandez par vn Colonnel & chef general, qui n'estoit autre que le Connestable cy-deuant, & en son absence le Lieutenant general de l'armée, mais la caualerie legere a son Colonnel, qui la commande, & en son absence le Mestre de camp, qui la loge, & l'enuoye à la guerre, luy donnant l'ordre du combat, estant logé le plus souuent à la teste de l'armée,[c] & rendant compte des actions de chacun des caualiers au Lieutenãt general. Charles de Valois Duc d'Angoulesme a possedé la charge, & par sa demission le Comte d'Alez son fils.

c Preface.

Admiral.

Par le mesme Edict,[d] qui supprime l'office de Connestable de France, celuy d'Admiral est supprimé à perpetuité, & la fonction en est exercée aujourd'huy en partie par le Cardinal-Duc de Richelieu, grand Maistre, Chef, & sur-Intendant general de la Nauigation, & Commerce de France, duquel office il sera parlé cy-apres, le Roy s'estant reserué de pouruoir & commettre pour le commandemẽt des armées sur mer, aux occasions qui s'offrirõt. La premiere lignée des Rois n'a point cogneu d'Admiral, ou de general sur mer. Souz Charlemagne Lehery ou Ritlãd a eu le cõmãdemẽt sur mer, & l'Histoire l'appelle *Præfectũ maris*,[e] cõme elle mentionne aussi Bouchard Connestable, auec pouuoir sur l'armée de mer, en la bataille nauale cõtre les Sarrazins & Corsaires d'Afrique. Depuis ce tẽps-là, à cause des partages interuenus parmi les successeurs de Charlemagne, & les diuerses guerres de la 3 lignée, la France se trouua moins puissãte sur la mer, & ayant moins de besoin d'vn officier lequel y cõmandast. La Normandie, & la Guyenne, Calais & autres villes de la Picardie, cõmodes pour les mers, se trouuerẽt possedées par les Anglois, ou autremẽt desmembrées de la Couronne de France. Il y eut vn Duc en Bretagne, vn Comte en Prouence. Le Languedoc auoit les Comtes de Toulouse, de Foix, de S. Gilles, & les Rois de Mallorque, Seigneurs de Montpellier, ville prochaine de la mer, & pour lors plus renommée pour le cõmerce, que pour tout autre aduantage, qu'elle ait recouuré depuis; de sorte que les Rois de cét entre-deux de tẽps estoiẽt bien loin de la mer, & n'en auoient aucune à leur cõmandemẽt. Toutefois au besoin il y a eu quelque employ & exercice de la charge. En l'an 1213. le Roy Philippes Auguste arma des vaisseaux pour passer en Angleterre, & se seruit de quelques Capitaines de mer, qui cõmanderent de sa part; & en l'an 1327. sous le Roy Charles le Bel, Pierre le Mege Cheualier estoit Admiral de France, & contracta en ceste qualité auec certains Patrons & Comites.[f] Les autres Rois allãs outre mer en leurs voyages de la Terre S^te, se sont seruis de vaisseaux Geneuois, Pisans & Venitiens, & de mariniers mercenaires, & eurent des Admiraux plustost par cõmission qu'en office, dont aucuns toutefois sont nõmez sous les regnes de Philippes le Hardy,[g] & du Roy Iean.[h] Tous les pays distraits & desmẽbrez de la Courõne de Frãce, y ayãs esté reünis, & les Rois de Frãce estãt deuenus maistres absolus des deux mers, Mediterranée & Oceane, diuers Admiraux furẽt instituez dãs le Royaume, sçauoir celuy de Frãce, de la Guienne, de la Bretagne, & du Leuãt. L'Admiral de Frãce auoit cõmandemẽt depuis le pas de

d Ianu. 1627.

e Paul. Æmil. Eginart.

f 11. Iuillet à Nismes extr. de la Chamb. des Comptes de Paris.

g Enguerrand sire de Coucy.

h Amaulry Vicomte de Narbonne.

Calais iusqu'à S. Michel du Mõt, & n'estoit point plus Admiral que les autres, quoy qu'il prist le nom du Royaume en general; mais ceste appellation a procedé de son premier establissemẽt, anterieur aux autres, à cause des mers & pays des Gaulois qui furent les premiers conquis & assujetis par les François, cõme furent la Picardie, & autres païs tirans vers les riuieres de Seine & de Marne. La Normãdie ayant esté depuis cõquise, sa mer & ses costes furent jointes à l'Admirauté de France. Les autres Admirautez ne furent establies que fort long-tẽps apres, & ne peurent estre cõmodement jointes à l'ancienne Admirauté de France, à cause de la lõgue distance & esloignemẽt de mers. Celuy de Guyenne cõmandoit depuis les Raz iusqu'à Bayonne, & l'Admiral de Frãce y auoit cõmãdé auant que l'Anglois fust maistre de la Guyenne, & y eust estably Admiral de sa part, lequel subsista par le traitté fait entre le Roy Charles VII. & les Anglois, lors de la reddition de Bordeaux du Duché de Guyenne.[a] Cét Admiral a tousiours esté depuis, mesmes apres l'entiere sortie des Anglois hors de France. Le Gouuerneur de la Guyenne a esté le plus souuent Admiral de la mer & des costes de son Gouuernemẽt. Celuy de Bretagne cõmãdoit depuis sainct Michel iusqu'aux Raz, & celuy de Leuant, ou de Prouẽce depuis Perpignan iusqu'à la riuiere de Genes. Sa charge est differente de celle de General des Galeres, à laquelle il est tousiours pourueu, ou en office ou par commissiõ nonobstant la suppression des offices d'Admiral, pour auoir commandement sur toutes les galeres de France, Chefs & Capitaines d'icelles, Lieutenans, Comites &c. en quelque mer que ce soit. Neantmoins la charge n'en est pas anciẽne, & n'est que depuis le Roy Frãçois. Le Gouuerneur de la Prouence, en vertu de sa charge, de mesme que celuy de Guyenne a esté Admiral de Leuãt; de sorte que l'Admiral de France restoit à pouruoir aux regnes passez, soit auant le regne de François I. soit apres,[b] iusqu'à ce que par la demission du dernier pourueu,[c] la suppression ja mentionnée en a esté faite. Les droits, pouuoir & autorité de la charge auoient esté reglez & esclaircis, tant par l'ordonnance de François I. en l'an 1543. que par celle de Henry III. en 1584. par lesquelles l'Admiral de France estoit Chef, & Lieutenant general du Roy en toutes armées de mer, & en auoit la super-Intendance par luy, ou ses vis-Admiraux & Commissaires en son absence, pour estre obey en tous lieux maritimes à qui qu'ils appartiennent, porter la lanterne & donner l'ordre des guets sur les costes de la mer, & faire les cris en son nom, & celuy du Roy; iuger de toutes choses suruenantes en mer & greues d'icelles, mesmes de l'enterinement des remissions ez cas commis sur mer, ou ses costes, & des causes ciuiles & criminelles de ceux de l'alliance Teutonique, Austrelins, Anglois, Escossois, Portugais, Espagnols, & autres; tenir sa Iustice & Iurisdiction en la table de marbre, laquelle subsiste par l'Edict, nonobstant la suppression de l'office; pouruoir aux Estats des Capitaines & gardes des costes, Isles, ports, havres, & autres charges de marine, ou bailler son attache aux pourueus par le Roy, ou ses Lieutenans generaux; donner sauf-conduits, seuretez & congés par mer, pour y armer, ou mettre nauires, ou faire entrer aucun par les havres, auec droits sur les prisonniers de mer, & le tiers des naufrages. Il auoit ses Lieutenans & Iuges qu'il commettoit. Outre la Table de marbre de Paris, pour l'Admirauté de France, il y en auoit vne à Roüen, pour celle de Normandie, vne autre à Bordeaux pour celle de Guyenne; à Rennes pour celle de Bretagne, & à Marseille pour celle de Leuant, & les appellations en estoient portées aux Parlemens de chaque ressort. Comme estant luy, ou ses Lieutenans, iuges subalternes, il n'auoit point place ez hauts sieges du Parlement de Paris.

General des Galeres.

a 1451.

b Le sieur du Pont de Courlay. & auparauant Monsieur de Gondy.

c Chabot, Bonniuet, G. de Coligny de Chastillon, Anne de Ioyeuse.

d Henry Duc de Montmorency.

Il y a eu quelques Seigneurs,[d] & Communautez[e] en France, qui pretendoient de jouyr des droits d'Admirauté en leurs terres, comme ils en jouyssoient auant l'erection des offices d'Admiral: & le seigneur de la Trimoüille pretend d'en jouir à cause de la principauté de Talmont.

e La Trimoüille, Cajoux.

f Habitans de la Rochelle.

Le grand maistre de l'Artillerie n'est point office de la Couronne, que depuis Henry quatriesme, sous le regne duquel Maximilian de Bethune Duc de Sully, qui possedoit la charge, la fit eriger en ce titre. Le grand maistre des Arbalestriers & Crennequiniers de France n'est plus, depuis que l'inuention de l'Artillerie a fait perdre l'vsage des Crennequins, & des machines de guerre, qui seruoiẽt à enfoncer les murailles & portes des villes, & qui estoient menées & conduites par les Arbalestriers; à cause dequoy, ou pour le mot general de Crennequins, sous lequel ces machines estoient entenduës, le grand maistre des Arbalestriers & Crennequiniers estoit plustost ce qu'est aujourd'huy le grand maistre de l'Artillerie, que le Colonnel general de l'Infanterie, bien que les Arbalestriers fussẽt gens de pied. L'Artille-

Grand maistre de l'Artillerie.

rie & tous ses officiers dependent absolument du grand Maistre, qui ne recognoist autre que le Roy, ou son Lieutenant general en l'armée. Il fait fondre, esprouuer & monter l'Artillerie, fait composer les poudres & feux d'artifice en tous les magasins de France. Il a deuers soy vn estat des canons & autres pieces, poudres, boulets, & equipages des pieces, & de tous les officiers de l'Artillerie du Royaume, pour en informer le Roy aux occurrences, auquel il presente tous les ans, auec pouuoir de remplir les estats & places vaquantes, du nom des personnes qui luy plaist, que le Roy confirme, ou casse à son plaisir, en signant l'estat, & le faisant contre-signer par vn Secretaire de ses commandemens. Il a vn Lieutenant general, vn garde general, deux Controolleurs generaux, vn Tresorier general, qui paye sur ses mandemens & ordõnances, vn Mareschal des logis, vn Preuost. Outre ce, il y a des Commissaires & Controolleurs par les Prouinces, & en tous les Arsenaux & hastelliers de France. Il a sa Iustice, pour ce qui depẽd de sa charge, & son logement dãs l'Arsenal à Paris.

Les officiers de l'Artillerie sont grandement priuilegiez, & reputez commensaus du Roy, de mesme que les Chefs & Capitaines des galeres, comites, &c.

Grand Maistre, & sur-Intendant General du Commerce.

Auant l'Edict de suppression des charges des Connestable & Admiral de France donné l'an mil six cens vingt-sept, Le Roy à present regnant auoit erigé par autre Edict du mois d'Octobre mil six cẽs vingt-six, la charge de grãd Maistre, Chef, & sur Intendant general de la Nauigation & Cõmerce de Frãce, en titre d'office formé, & de la Couronne, & icelle donnée à Armand Iean du Plessis, Cardinal Duc de Richelieu, principal Ministre de l'Estat, auec pouuoir & autorité de traiter tout ce qui concernoit l'establissement d'vn commerce general par mer & par terre, & faire tous traitez & entreprises de mer, & de pouruoir à tout ce qui est necessaire pour la nauigation, & conseruation des droits d'icelle, & des entreprises de mer, seurté des sujets du Roy en icelle, ports & havres, riuieres & greues, & à l'obseruation des ordonnances de la marine, & de bailler les pouuoirs & congez necessaires pour les voyages de long cours, & aux vaisseaux & garde-costes les ordres pour nettoyer la mer de pirates & corsaires, n'exceptant rien que le commandement des armées nauales, baillé par commission du Roy, pour le temps de la guerre.

Chancelier.

Le Chancelier est le souuerain Magistrat de France, Chef, & sur-Intendant de toute la Iustice. Les premiers Rois auoient eu vn premier Secretaire,[a] ou des grands Referendaires, tels qu'vn Audoen du Roy Dagobert, & Othon de Childebert, signãs de leur main & seellants les lettres commandées par le Roy; mais la dignité de ces charges ayant accru, ou les fonctions de Secretaire, Referendaire & Chãcelier ayans esté separées, le Chancelier est depuis long-temps le sacré depositaire du grãd seau de Frãce, iuge & arbitre souuerain de tous les autres qui en sont emanez, & des questions qui y suruiennent, ou des reglemens qui sont à obseruer, ou à faire de nouueau sur iceux. Estant chef de toute la Iustice en France, comme nous venons de dire, il est President né au grand Conseil du Roy, & preside en toutes les Cours de Parlement, & autres Cours souueraines de France, comme il a accoustumé d'estre, & de presider ordinairement en tous les Conseils du Roy, soit d'Estat, & Priué, soit des finances, & des parties. C'est à luy à garder qu'aucunes lettres ne passent au prejudice du Roy, & de l'Estat, pouuant seeller ou refuser toutes lettres de Iustice & des finances, ayant esté le plus souuent auteur & principal Conseiller des ordonnances des Rois, & comme vn seuere Controolleur de leurs Edicts, volontez, dons, & commandemens, leur plus intime & prochain Conseiller, assis deuant eux, tenans leur lits de Iustice, ou les Estats generaux. La charge a tousiours esté entre les mains de grands & illustres personnages, aucunefois Princes d'extraction,[b] ou Cardinaux,[c] ou autres personnes consommées, par l'exercice des charges publiques & releuées, negotiations & Ambassades pour les Rois. Estant vne fois conferée, rien que la forfaicture, & condemnation, ou la mort ne la peuuent oster, par loy & pratique du Royaume.[d] Le garde des Seaux, qui n'est tel que par commission, luy est baillé comme pour coadiuteur, lors que le Roy ne se veut plus seruir de luy; & c'est l'expedient des Rois pour tirer les Chanceliers de charge, & les desautorer tacitement, sans les conuaincre d'aucun crime.

a Primicerius Notariorum.

a Valeran de Luxembourg.
c. Biragne.
Bertrand, garde des Seaux.
d De Thou liu. 6.

Seaux.

Il y a deux sortes de seaux en France, sçauoir de Chancellerie, ou de Iustice; Ceux de Chancellerie sont encore de trois sortes, sçauoir le grand seau, celuy de petite Chancellerie en Cour souueraine & celuy des sieges Presidiaux. Le Grãd seau, ou grande Chancellerie est celle, où seruent les grands Audianciers, & Controolleurs de l'Audience, quatre chauffe-cires, qui sont sous le Chancelier, lequel, ou le

Garde des seaux est le gardiẽ de ce seau, qui porte l'Image du Roy emprinte, en son lit de Iustice; & en iceluy sont expediées toutes lettres de commandement, ou de finance, & encore celles de Iustice, concernants les affaires qui sont pendantes aux Conseils du Roy, ou au grand Conseil: tous Edicts, Lettres patentes, Arrests du Conseil, & toutes prouisions qui partent de ceste autorité. Ce seau est executoire par tout le Royaume. Les petites Chancelleries sont establies ou ez Cours de Parlement, & autres Cours souueraines, ou ez sieges Presidiaux. Le seau des Cours de Parlement, & autres, n'a que les armes du Roy emprein tes. Il est gardé par l'vn des Maistres des Requestes, tour à tour dans Paris, & dans les Prouinces, s'il s'y en trouue quelqu'vn, ou autrement, c'est le premier President, ou l'vn des Conseillers, qui est garde des Seaux. Il sert pour toutes les expeditions de Iustice, escheans en tout le ressort du Parlement, & n'est point executoire ailleurs. Le seau des Chancelleries Presidiales a les armes du Roy en moindre forme, que celuy des Parlements. Il est gardé par l'vn des Conseillers, qui en a l'office & le titre, ou s'il est supprimé, le plus ancien le garde, ou bien tour à tour, ou celuy qui en recoit les emoluments. Il sert à expedier les reliefs d'appel & anticipations ez sieges Presidiaux, & les iugements ez premier & second chefs de l'Edict, auec les executoires qui en emanent.[a] Les petits seaux de Iustice ont les armes du Roy en forme encore moindre, voire n'auoient anciennement qu'vne fleur de lys, comme est encor celuy du Chastelet à Paris. Ils seruent à expedier les Sentences, & autres mandements & decrets sous le nom des Iuges. La cire verte, & le grand seau sont employés pour les Edicts irreuocables & perpetuels sur laqs de soye rouge & verte. La cire blanche pour les lettres patentes, & autres expeditions communes. Les prouisions qui concernent le Dauphiné, sont seellées d'vn seel particulier où le Roy est à cheual, & en cire rouge; de mesme que celles de Prouence; & est dit par le Roy Dauphin de Viennois, ou Comte de Prouence & Forcalquier.

a Declaration du Roy Henry second 1557. à sainct Germain.

Maistres des Requestes.

La charge des Maistres des Requestes de l'Hostel du Roy est ancienne en France, & a de tres-belles fonctions. C'estoient les Iuges de la porte, du temps & regne de sainct Loüis, qui faisant luy mesme iustice à ses sujets au pied d'vn arbre dans le bois de Vincennes,[b] ordonna de receuoir leurs requestes & placets à la porte de son Hostel, où elles estoient iugées sur le champ, si la difficulté n'en estoit pas grande; mais si l'affaire estoit de consequence, il estoit rapporté au Roy; ce qui continua iusqu'au regne de Philippes le Bel ou l'an mil deux cens quatre-vingt six, auquel temps ils furent en fort petit nombre; & iusqu'à l'an mil trois cens quarãte deux ils ne furent que six, & prirent le nom de Maistres des Requestes; en l'an mil quatre cens sept, ils furent mis à huit, & abandonnerent quelque temps apres la porte du logis du Roy, pour estre pres de sa personne, & receuoir les requestes qui luy estoient presentées, estãs logez dans l'Hostel du Roy. Ils ont eu ce droit d'ancienneté,[c] que d'assister au Chancelier lors qu'il seelloit, à cause dequoy ils auoient table chez luy, qui en a encor estat & pension pour leur tenir plat, afin qu'ils y puissent estre plus ordinaires. Ceste assistance & reglement pour les maistres des Requestes estans en quartier, est ordonné par les derniers Rois,[d] & de l'aduis & autorité des Chanceliers mesmes.[e] Les causes commises aux Requestes du Palais à Paris estoient anciennement de leur cognoissance,[f] & le sont encores, à l'option des parties, & celles aussi dont le Preuost de l'Hostel a fait les procedures & instructions, dont ils sont les Iuges entre les officiers & commẽsaux de la maison du Roy; comme ils le sont aussi des offices royaux, & sont en outre Iuges souuerains de l'execution & suittes des Arrests du Cõseil, de l'appel des taxes, & des faussetez commises au seau, où ils sont vrays Assesseurs, & Conseillers du Chãcelier, qui seul expedie les prouisions.[g] Ils ont leur seance & Auditoire ordinaire dans le Palais à Paris, auec Iustice reglée par ministere d'Aduocats, & de gens du Roy, de laquelle est appel en la Cour de Parlement de Paris, lors qu'ils ont cogneu des causes des priuilegiez. Ils ont les renuois à eux faits par le Conseil du Roy, non par leurs charges & de droit ordinaire, mais par delegation. Et pour le titre des offices, ils sont priuez de ceste cognoissance, ou par les oppositions formées au seau, & à l'expedition des prouisions, auquel cas le Conseil du Roy en cognoist; ou par celles qui sont formées à la reception des officiers aux Cours souueraines, qui en cognoissent, ou renuoyent au Roy, dont le Conseil en cognoist mesmes apres la reception. Leur charge est fort generale, & vniuerselle en toutes Cours, & par tout le Royaume. Aux Conseils d'Estat & Priué, c'est à eux à rapporter les requestes de Iustice & de finances.[h]

b Le sire de Ioinuille, en la vie de sainct Louys.

c Sous Philippes le Bel.

d Henry troisiesme.

e Chan. de Bellievre 1599.

f Edict de Philippes le Bel.

g Ordonnance de l'an 1539. 1583.

h Fontanon fol. 213. ord. 1539.

ils signent en queuë les lettres de Iustice & les rapportent, quand besoin est. Au grand Cõseil, ils sont Presidents nez: En la Cour de Parlemẽt de Paris, qui les examine & reçoit, & aux autres aussi, ils ont droit de seance apres les Presidents, & auant le Doyen, où ils ont peu porter robes de soye, ce qui n'est permis aux Conseillers. En tous sieges Presidiaux, ils sont Presidents nez, tiennent les seaux des petites Chancelleries, des Cours de Parlement & autres Cours souueraines, & ont plusieurs commissions extraordinaires, Intendances de Iustice dans les Prouinces, dans les armées, & pres des Gouuerneurs des Prouinces, estans obligez par les ordonnances de faire leurs cheuauchées, par le departement du Chancelier, ou garde des Seaux. Leur nombre a esté fort accreu, depuis qu'ils furent reduits à cinquante-six.

Conseils du Roy. Les premiers Rois de France ont appellé à leurs Conseils ceux que la naissance, ou les grandes qualitez leur rendoient recommandables, sçauoir les Princes & Seigneurs du Royaume, ou les Euesques, & notables personnages, pour traitter, iuger, & resoudre les affaires d'Estat, de finances & de Iustice, & iusqu'aux procez & differends des parties considerables dans le Royaume, comme des Princes, Seigneurs, Euesques, & autres, & ces Conseils estoient appellez Parlements. Les affaires d'Estat, & qui regardoient le public, sont demeurez deuers les Conseils du Roy, ou dans les Estats generaux du Royaume, pour lesquels aussi ce nom de Parlement a esté pratiqué, comme il sera dit ailleurs; mais la Iustice, qui estoit à rendre aux particuliers, & la decision des procez & litiges, a esté separée, & donnée à la Cour de Parlement de Paris, & autres Parlements du Royaume. Nous traiterons cy-apres de l'autorité donnée par les Rois aux Cours de Parlement, & particulieremens à celle de Paris, pour les reglements publics, verifications des Edicts du Roy, & autres facultez, comme aussi de ce dont les Conseils du Roy cognoissent, qui touche & regarde les particuliers du Royaume.

Grand Conseil. Le plus ancien Conseil des Rois, qui en a conserué le nom de grand Conseil, & n'a point d'autre Chef & premier President que le Chancelier, & dont les autres Presidents sont Maistres des Requestes, estoit vne assemblée de persõnes notables pres du Chãcelier; dont la premiere & plus ancienne institution peut estre entre les regnes de Loüis le Gros & S. Loüis, & la forme plus entiere & parfaite, sur laquelle on est demeuré, sauf les augmentations & cruës des officiers, en est attribuée au Roy Charles huictiesme. [a] Le Conseil Priué du premier temps a porté ce nom de grand Conseil, [b] & lors on mettoit aux lettres patentes: Sur ce euë meure deliberation auec plusieurs Princes de nostre sang, Seigneurs, Euesques, & les gens de nostre grand Conseil, auons statué, &c. [c] Il fut donc premierement cõposé du Chancelier, 8 Maistres des Requestes, 17 Conseillers, 2 Secretaires, vn Aduocat & Procureur general du Roy. En ce Cõseil estoiẽt anciẽnemẽt introduites les plus grãdes matieres & affaires du Royaume, tant hereditaires, Beneficiales, qu'autres, [d] auec autorité souueraine par tout le Royaume, & toute telle qu'ont les Cours de Parlemẽt en leurs limites & ressorts. [e] D'où se peut induire que toutes les affaires, pour lesquelles on a recours au Roy, & qui gisent en Iurisdiction contentieuse, sont de leur cognoissãce; & puisque les Rois ont voulu que ce conseil fust pres de leur personnes, pour expedier tels affaires, (ce qui est entretenu par les Edicts de Charles neufiesme, [f] & de Henry troisiesme, [g] qui renuoyent au grand Conseil tous procez de partie à partie, meus & à mouuoir au Priué Conseil du Roy, qui ne doit estre occupé en causes de Iurisdiction contentieuse.) [h] Il est aussi fondé à cognoistre de reglemẽs de Iuges entre Cours souueraines & autres Iuges en dernier ressort, & des recusations, & suspicions proposées à fin d'euocation; n'estant en cela, ny au reste de sa Iurisdiction, limité d'aucun ressort, [i] & estãt competãt de cognoistre des differẽds meus pour la diuersité des ressorts des Cours, & limites d'iceux. [k] Les procez intentez pour raison de contrarietez d'Arrests & iugements donnez par des Iuges souuerains, sont aussi de ses attributions; [l] ce qui s'entend des Arrests contraires donnez par diuerses Cours. Il cognoist aussi des Archeueschez, Eueschez, Abbayes, Prieurez electifs & Conuentuels, & autres benefices, desquels la collation, presentation, ou nomination appartiennent au Roy. [m] Les appellations ciuiles du Preuost de l'Hostel, qui a cogneu des procez entre les officiers de la maison du Roy, ou gens de sa suitte, appartiennent au grand Conseil, lequel quoy que tiré & procedant du Priué Conseil du Roy, est aujourd'huy comme vne Cour souueraine & Compagnie de Iustice, qui estend son autorité par toute la France. Il a accoustumé de suiure le Roy parfois en ses voyages, & sert par semestres d'Esté & d'Hyuer: Ses huict Presidents sont Mai-

a Loyseau. Chapuseau des Conseils. b Discours du Chancelier de l'Hospital au parlement de Rouen 17. Aoust 1563. Fontanon to. 1 des ord. to. 4. c Ordonnance de Philippes VI. 1349. Fontanon, t. 1. des ordõnances. Ordonn. de Charles VII. 1448. Id. ibid. d Ordõnance de Louys douziesme 1498. Fontanon. fo. 98. e Ibid. f Ian. 1569. g Oct. 1574. h Ordonnance de Blois 1579. ar. 91. Edict de Henry quatriesme Ianu. 1595. i Edict de Henry second 1555. Fontanon f. 110. Henry III. Dec. 1577. k Edict de Henry second 1555. ibid. l Cod. Henry fol 516. m Ordõnance d'Orleans 1560. n Edict de Henry second, Fontanon, fol. 108. François I.

ſtres des Requeſtes par offices nez & annexez. Le Maiſtre des Requeſtes ayant exercé dix ans la charge, prend commiſſion du Roy pour eſtre receu Preſident. Il y a quarante-huict Conſeillers, chaque ſemeſtre a ſon Aduocat general, & les deux ſemeſtres n'ont qu'vn Procureur general, vn Greffier en chef, & en ſon defaut, vn Secretaire, appellé du grand Conſeil, qui ſigne les Arreſts; nombre de Procureurs & d'Huiſſiers ſeruants par quartier, vn premier Huiſſier, qui l'eſt auſſi de la grande Chancellerie de France.

Conſeil d'Eſtat, & Priué.

Le Conſeil du Roy n'a pas vn ordre & forme ſi certaine que les autres Cours reglées par les ordonnances des Rois, & qui s'attachent journellement par les entrées du matin & du ſoir à vuider & juger les affaires & procez. La volonté du Roy & de ſes principaux Miniſtres, principalement du Chancelier, qui en eſt le chef & directeur, y ſert de regle, ſuiuant les affaires qui ſe preſentent, le ſejour, ou les voyages du Roy. On en a fait communement & depuis quelques temps, trois ou quatre chambres, ou ſeances differentes, qui ſont autant de ſortes de Conſeils, tenus en certains iours; l'vne pour les affaires d'Eſtat, qui regardent la paix, ou la guerre, ou autres appartenantes au general du Royaume, ou au particulier des Prouinces, auec le conſeil des deſpeches dedans, ou dehors le Royaume. L'autre pour les finances, auec le Conſeil de direction des finances; & la troiſieſme eſt le Conſeil Priué, ou des parties, pour les procez & queſtions des particuliers, par euocation des cauſes de conſequence, pendantes au grand Conſeil, ez Cours de Parlement, & autres Cours ſouueraines, ou ſur les cauſes de recuſation, à cauſe des parentez & alliances ſur leſquelles on eſt receu à informer, ſi les parties n'en ſont d'accord ſur la cedulle euocatoire preſentée par l'vne des parties ſuiuant la derniere ordonnance du Roy: pour regler les parties de Iuges, & vſer de renuoy meſmes ſur les conflicts de Iuriſdiction entre les Cours ſouueraines, ou prendre cognoiſſance du fait au fonds pour le iuger. Outre les Conſeils d'Eſtat & Priué, ſont auſſi les Conſeils eſtroits & ſecrets du Prince, lors qu'il s'y trouue en perſonne, c'eſtoit autresfois le Conſeil iuré.[a]

Greffiers ou ſecretaires du Conſeil.

Il y a diuers Greffiers, ou Secretaires pour les ſeances de ces Conſeils, pour en receuoir les Arreſts, ou les reſultats d'iceux, & en ſigner les expeditions, ſçauoir, les Secretaires, ou Greffiers des finances, pour les Arreſts de ce Conſeil, & les Secretaires, ou Greffiers du Conſeil des parties, pour en receuoir & ſigner les Arreſts, ſoit ſur requeſte, ſoit parties ouyes, & ceux auſſi du Conſeil d'Eſtat, qui concernent les particuliers. Les Edicts, lettres patentes & autres expeditions d'Eſtat, ſans forme d'Arreſt, ſont ſignées par le Roy, & contre-ſignées par vn Secretaire d'Eſtat & des commandemens. Les lettres patentes, qui regardent les particuliers, ſont ſignées par les autres Secretaires du Roy, & les ſeaux du Roy ſont apposez par tout.

Conſeillers d'Eſtat.

Tous ces Conſeils ſont compoſez de diuerſes perſonnes, ayans titre, ou de Conſeillers d'Eſtat ordinaires,[b] par breuet & commiſſion, qui eſt reuocable, auec eſtat & appointemēt; ou autres qui le ſont par leur naiſſance, qualitez, & offices ou qui ſont honoraires; tels ſont les Princes du ſang, les Ducs & Pairs, les Cardinaux, & Eueſques, les Cheualiers de l'Ordre du ſainct Eſprit, les Gouuerneurs des Prouinces, Mareſchaux de France, & tous officiers de la Couronne, les Secretaires d'Eſtat, Maiſtres des Requeſtes, premiers Preſidents des Cours ſouueraines, & aucuns des gens du Roy, Aduocats & Procureurs generaux, Threſoriers de l'Eſpargne, & autres. Le Chancelier y doit preſider, le Roy n'y eſtant pas. Il eſt auſſi pratiqué par les Rois de commettre, & faire des chefs de leurs Conſeils.[c]

Secretaires. Du cabinet. De la Chambre. Maiſon, & Couronne de France.

Les Secretaires du Roy ſont de diuerſes ſortes & degrez; nous parlerons premierement de ceux qui ſont dans l'eſtat de la maiſon du Roy, auec gages & appointement, ſçauoir quatre Secretaires du cabinet,[d] faiſans les deſpeches de ſes volontez particulieres, qu'ils ne veut pas eſtre diuulguées; ſept Secretaires ordinaires de la Chambre.[e] Autres Secretaires de la Chambre, en nombre de ſept-vingts douze;[f] vnze Secretaires Interpretes.[g] Tous ces Secretaires rapportēt aux Notaires, & Chartulaires de l'ancien Empire.[h] Les Secretaires de la maiſon & Couronne de France, ſont vn corps & compagnie dont les quatre Secretaires d'Eſtat, deſquels nous parlerons en dernier lieu, ſont tirez, & qui jouyſſent de pluſieurs exemptions, comme du payement des tailles, & droits Seigneuriaux deubs au Roy, lods, &c. & des eſmoluments des Greffes & ſeaux de France. Ils ſont nobles de parfaite nobleſſe, comme s'ils l'eſtoient de quatre generations, iuſqu'à eſtre capables de l'Ordre de Cheualerie;[i] & la nobleſſe paſſe à leurs enfans, ſi le pere meurt Secretaire, ou a reſigné à fils, ou à gendre. Du nombre de ſix vingts, qu'ils ont eſté au commencement, les

a Le ſire de Ioinuille hiſt. de S. Louys.

b Commites Cōſiſtoriani,

c Monſieur le Prince, le Cardinal de Rets, le Cardinal Duc de Richelieu.

d 2200. l.

e 1200 l.

f 400. l.

g 400. l.

h L. vlt. C. de Primic. Not. li. 12. No. 8. 86. 16. & 29.

i Edict de l'an 1549.

soixante estoient boursiers, & les autres gagez. Il y a eu diuerses erections de ses offices par diuers Rois, sçauoir Henry second l'an mil cinq cens cinquante-quatre, qu'ils furent augmentez iusqu'à deux cens; ce qui fut verifié au Parlement de Paris, auec grande contestation; [a] Charles neufiesme en l'année mil cinq cens soixante & dix. Hēry troisiesme, l'an mil cinq cens quatre-vingts-trois, qui en fit vn corps à part de cinquante-quatre, & leur attribua nouuelles bourses à prendre sur l'augmentation du seau; Henry quatriesme l'an mil six cens cinq, qui les augmenta iusqu'à trois cens, auec mille liures de gages, pour ceux qui auoient commission de signer en finance, qui seuls peuuent signer les prouisions & lettres d'office; & sous le mesme Roy en 1608; & le nombre mesme s'en augmente tous les iours par creations nouuelles, ainsi que de tous autres offices de France.

[a] Thuan. lib. 13.

Secretaires d'Estat.

Il y a quatre Secretaires d'Estat, & des commandemens du Roy, qui ont chacun leur département, ou des Prouinces du Royaume, ou du dehors, & des estrangers; de la guerre, de la maison du Roy, & autres emplois & sujets, pour lesquels ils font & contresignent toutes despeches: ce sont charges & commissions tres-belles, reuocables à la volonté du Roy, quoy que baillées en forme d'offices, & ornées de grandes prerogatiues, qui respondent aux anciens *Magistri Scriniorum*, qui estoient aussi quatre en nombre. Elles ont commencé de s'esleuer & se rendre considerables sous les regnes de Loüis douziesme & François premier. Ils sont appellez Secretaires des commandemens, parce qu'ils ne doiuēt rien expedier que par expres commandemēt du Roy; dequoy neantmoins ils se dispensent ez choses qui se peuuent faire, ou par faueur, ou par Iustice, parce que le Roy ne signe plus de sa main, comme il se faisoit autresfois. Ils expedient generalement toutes lettres de cachet, qui sont closes & cachetées auec le petit cachet du Roy. Quant aux lettres patentes, ils expedient & signent toutes les prouisions & pouuoirs des officiers de la Couronne, des Gouuerneurs des Prouinces, & Lieutenans de Roy, Capitaines & Gouuerneurs des places, & toutes celles des officiers pourueus en don, & qui ne payent point de finance, comme premiers Presidents des Cours de Parlement, Chambres des Comptes, & Cours des Aydes, Aduocats & Procureurs generaux d'aucunes de ces Cours, Thresoriers de l'Espargne; & de quelques autres principaux officiers, lesquels bien qu'ils payent finance, doiuent estre agrées par le Roy; les pouuoirs des Generaux d'armée, Commissions des Intendans des finances, & des viures, les pouuoirs donnez aux Ambassadeurs, pour traiter, leurs instructions & depesches en partant d'aupres du Roy, & pendant leurs Ambassades, lettres du Roy aux estrangers, ratifications sur les traites, actes de iurement de paix, & autres semblables qui peuuent arriuer entre le Roy & les autres Princes. Celuy qui a le departement des estrangers expedie tout ce qui regarde les Ambassadeurs, & leurs charges & negotiations auec les Princes; comme celuy qui a le département de la guerre expedie ce qui en dépend, soit reglemens ou ordonnances, soit l'estat general des garnisons, auec l'ordinaire de la guerre ou gendarmerie, & l'artillerie. Les garnisons & fortifications dans chaque Prouince regardent celuy qui en a le département, & chacun dans la sienne en expedie toutes prouisions, commissions & estats.

La maison du Roy est aussi vn département particulier, pour en expédier toutes prouisions & retenuës des Officiers, auec les estats pour leur payement, reglemens pour leurs seruices & fonctions, & toutes ordonnances pour la descharge des Thresoriers de la maison, Argenterie, Escuyrie, Aumosnes, &c. Ils signent aussi tous Edits, lettres Patentes & Arrests pour affaires d'Estat, represailles, & autres importantes, en quelque Conseil qu'elles soient resoluës, tous reglemens, pour le general du Royaume, & les particuliers des Prouinces, chacun en son département; tous Breuets & Lettres de don, qui sont toutes signées en commandement; tous amortissemens, naturalitez, legitimations, annoblissemens; toutes graces, abolitions, remissions, rappels de ban & de galeres; tous dons d'amēde & confiscations; toutes infeudations du Domaine; & chacun en leur mois, tous dons d'Eueschez, Abbayes, Prieurez, Chanoinies, Chapelles & benefices qui sont de la collation du Roy: toutes sauuegardes, congez & passeports, soit sous seel secret, & en placard, soit en Patente, tous restablissemens de parties rayées és chambres des Comptes, dont les lettres doiuent estre rapportées au Conseil par vn Intendant des finances, qui les signe en queuë: le Breuet de la Taille, qui est signé chaque année de la propre main du Roy: l'estat de la creuë des garnisons, auec les Commissions des Tailles, pour chaque generalité : comme aussi les estats de la valeur des finances enuoyez aux Thresoriers de France, & Receueurs generaux.

Ils ne doiuent du Monseigneur qu'aux Princes, Cardinaux, Chancellier & Garde des seaux: & pour le rang & seance, ils ne cedent qu'aux Surintendans aux Euesques en consideration de l'Eglise, & au premier President de la Cour de Parlemét de Paris, allans du Pair auec les Cheualiers de l'Ordre, Mareschaux de France, & autres premiers Presidens des Cours de Parlement. Ils peuuent assister en tous Conseils, & y prendre rang, selon leur ancienneté : S'ils sont auec le Roy en quelque ceremonie, ils ont vn banc à part pour eux quatre, comme vn corps separé; & s'ils se trouuent au Parlement auec le Roy, leur banc n'est pas plus haut que celuy des Conseillers de la Cour. Dans le Conseil secret du Roy, ils sont debout, si ce n'est quand ils sont ministres de l'Estat, auquel cas ils sont assis & couuerts.[a] Ils ont appointement payé à l'Espargne,[b] outre l'extraordinaire, & sont obligez d'auoir auec eux quatre ou cinq Secretaires de la Chambre du Roy, sous lesquels en escriuent encor d'autres. Si le Roy marche, ils ont deux cens escus par mois, payé à l'extraordinaire de la guerre : & des prouinces ou pays d'Estats, qui sont dans leur département, ils ont des presens ou gratifications. Ils sont logez à la suitte du Roy, immediatement apres les Surintendans, qui sont logez apres les officiers de la Couronne. Les Intendans sont logez apres eux, & ferment les rangs : Ils ont serment entre les mains du Roy, mais comme Secretaires de la maison & Couronne de France, ils le prestent és mains du Chancellier ou Garde des seaux.

a M. de Villeroy.

b 40000 l.

Surintendant general des finances.

Les charges des Intendans des finances, & du Superintendant general, sont commissions reuocables, & non offices. Il y a eu autrefois vn grand Thresorier de France, qui auoit la mesme authorité du Superintendant, qui est telle, que les Chambres des Comptes, Cours des Aydes, Thresoriers de France, Thresoriers de l'Espargne, & des parties Casuelles, ceux de l'ordinaire & extraordinaire des guerres, de l'Artillerie, Marine, Thresoriers de la maison du Roy, Argenterie, Escuyrie, & autres qui sont sous la charge des Thresoriers de France, Receueurs generaux & particuliers, officiers des Eslections, & tous autres officiers des finances y ont rapport, auec dependance de ses ordres & direction.

Les Intendans des finances sont de l'institution de François premier: les Thresoriers de France, & Generaux des finances, ou l'vn d'eux faisoit auparauant cette charge.[c] Ils ont chacun leur département des Prouinces du Royaume, où ils sont enuoyez par fois, ou dans les armées. Les Intendans ou Commissaires, auec le Controlleur general des finances, establissent vn Bureau souuerain des finances, qui a authorité par tout le Royaume, à laquelle le Conseil des finances participe. Les mandemens portans quittances, & les rescriptions des Thresoriers de l'Espargne y sont controllées, auec les lettres de validation de dons, pensions, remboursemés, & autres. Le Superintendant general des finances est choisi le plus souuent par le Roy d'entre la Noblesse, & qui soit homme d'experience, & capable d'vne administration si necessaire & importante à l'Estat.[d]

c Loiseau.

d Henry IV. le Duc de Suilly, Louis 13. Marquis de la Vieuille, le Comte de Schomberg, le Marquis d'Effiat.

Le Controlleur general & les Intendans sont personnes nourries & experimentées aux finances, officiers en la Chambre des Comptes de Paris, ou pourueus d'autres charges.

Grand Maistre des eaux & forests.

Parmy les grands Officiers de France, qui sont generaux & vniuersels, le grand Maistre, Enquesteur & Reformateur des eaux & forests, peut estre logé, auant que de clorre le discours & la mention des charges qui ont leur authorité & fonctió par tout le Royaume : veu mesmes que d'ancienneté il a sa Iustice à la table de Marbre de la sale du Palais à Paris, comme le Connestable, l'Admiral, & autres, & qu'il semble auoir pris la charge du grand Veneur. Il cognoist des appellations des Maistres particuliers, & sa Cour ou Iustice est nommée Chambre des eaux & forests,[e] ayant vn Lieutenant general & particulier, & huict Conseillers, auec Iurisdiction estenduë par toute la France : plusieurs supposts & officiers, comme Gruyers, Gardes, Verdiers, Sergens, &c. Cet establissement est accompagné de quelques Edicts contraires, l'vn de l'an mil cinq cens vingt-cinq, par lequel l'office de grand Maistre fut departy en six, & à chacun d'iceux donné département de certaine Prouinces : L'vn d'eux eut le Languedoc, Prouence & Dauphiné, & en l'an mil cinq cens septante-neuf, le premier pourueu establit vn siege de la table de Marbre à Toulouse, en vn quartier du Palais[f] : L'autre est de l'an mil cinq cens cinquante-quatre, sous Henry second, qui establit en chaque Parlement de France, vn siege

e Loiseau, liu. 4. c. 2.

f Catel en son hist. du Languedoc.

de la table de Marbre, à l'instar de celuy de Paris, pour cognoistre des appellations des Maistres particuliers des eaux & forests, estans des limites de chaque Parlement.

[Grand Voyer.] La charge de grand Voyer est aussi en France, & a esté possedée sous le Roy Henry quatriesme, par Maximilian de Bethune, Duc de Sully, pour lors Surintendant general des finances, & grand Maistre de l'Artillerie: Elle est à present vnie & annexée aux charges des Thresoriers de France, qui l'ont acquise & remboursée, pour faire la fonction de Voyers particuliers ou prouinciaux, dans le ressort de leurs generalitez.

[Chambre du Thresor.] On void à Paris en la Cour du Palais prés de la Chambre du Thresor, vne vieille Tour Treillizée, au plancher, de laquelle sont attachées les balances, où les finances du Royaume, qui y estoient apportées & mises és mains du Changeur du thresor, estoient pesées. Le thresor des premiers Rois estoit gardé dans cette Tour, sous la charge d'vn ou plusieurs Thresoriers. Depuis a esté establie la Chambre du Thresor, auec Iustice & Iurisdiction cõtentieuse: Et les Conseillers d'icelle, dont le Doyen y preside sans autre Chef, ont cognu par preuention & concurrence, auec tous les Iuges ordinaires du Royaume, du Domaine du Roy, & des droicts appartenans à la Couronne, non seulement dans le ressort du Parlement de Paris, mais par tout le Royaume [a]. Et quoy que par autre Edict [b], leur Iurisdiction cõsiste principalement en la cognoissance de tous les droicts concernans le Domaine de la Couronne, situé dans la ville, Preuosté & Vicomté de Paris, & les huict Bailliages circonuoisins: sçauoir, Senlis, Melun, Braye Comte-robert, Estampes, Dourdan, Mante, Meulan, Beaumont sur Oye, & Crespy en Valois, priuatiuement au Preuost de Paris, & aux Baillifs des lieux susdits: Neantmoins ils peuuent rechercher ce qui a esté vsurpé par les Seigneurs du Royaume, sur le Domaine & droicts appartenans au Roy. Et pendant les dernieres guerres [c], & le soulleuement des sujets du Roy, sur les represailles & confiscations de biens ordonnées contre les rebelles, il fut procedé par lesdits officiers pour l'vnion d'iceux au Domaine du Roy.

[a Edict de Chalons 12. Aoust 1445. Edict de Cremieu 16 Auril. 1537.]
[b Feu. 1543.]
[c 1627, 1628.]

[Cour des Mõnoyes.] La Cour des Monnoyes est vne compagnie de Iustice, qui est vnique en France, & estend sa Iurisdiction par tout le Royaume, pour en iuger souuerainement, & sur les appellations releuées des Iurisdictions inferieures, cognoissans des monnoyes, là où elles sont establies, comme à Paris, Roüen, Toulouse, Montpellier, & autres. Elle est composée de quatre Presidens, vingt Conseillers, Maistres ou Generaux, auec Aduocat & Procureur du Roy. Elle estoit nommée Chambre auant Henry second, qui l'erigea en Cour, en y ordonnant vne cruë de Presidents & de Conseillers. Les Monnoyes ont diuers officiers, comme Preuosts, Maistres, Escuyers, Essayeurs, & autres, qui iouïssent de plusieurs exemptions & priuileges.

[Cheualiers.] Auant l'institution des Ordres de Cheualerie, qui ont esté receus & institues en France, auec collier, ordre & obligation, qui les range sous les Religions, les Rois de France ont donné le nom & qualité de Cheualiers, par creation solennelle, à ceux qu'vn grand merite precedent & les hauts faits d'armes esleuoient à ce degré, qui leur estoit baillé comme par annoblissement. Ils se preparoient [d] & disposoient à receuoir cet honneur & qualité; & pour marquer l'importance de l'action, ils passoient par les bains & lauemens, la nuict deuant leur reception, ils veilloient dans vne Chapelle, & à l'heure de leur creation, on leur faisoit des remonstrances pour les exciter à la vertu, à la foy, & à la verité, à laquelle ils s'obligeoiẽt par serment; & ayans à promettre quelque chose solennellemẽt, ou à sortir de prison sur leur foy, ils iuroient de n'y manquer pas sur la foy de leur corps, qui estoit cõme vne loy aux Cheualiers. Ils estoient faits anciennement auant les batailles & assauts [e], pour leur donner courage de bien faire, & laisser cet auantage à leur posterité, d'estre morts Cheualiers. Le Roy S. Louis ayant à faire Cheualier Alphonse, Comte de Poictou & de Dreux, son frere, tint Cour pleniere à Saumur [f], auec magnificence tres-grande. Et pour marque de la despense qui se faisoit en telles occasions, c'estoit vn des quatre cas pour lesquels estoient taillables les sujets du Domaine de la Couronne & leurs Vassaux. Les Rois mesmes n'ont pas dedaigné d'estre faits Cheualiers, pourueu que ce fust de bonne main, comme Louis vnziesme par Philippe le Bon, Duc de Bourgogne, & François premier par le Cheualier Bayard. Les Cheualiers de l'Estoile, de sainct Michel, & du sainct Esprit, ont eu leur mention particuliere au discours general des Religions & des Ordres [g].

[d Du Haillan, li. 3. de l'estat des aff. de Frã.]
[e Loiseau liu. de la Nobl. ch. 6.]
[f An. de Frãce, le Sire de Ioinuille en son hist.]

Nous serons encor dans les ordres generaux du Royaume, pour parler du gou-

[g Discours vniuersel.]

uernement des Prouinces, villes & chasteaux sous le nom du Roy, & faire suiure les Estats generaux, en ses trois ordres assemblez, où nous adjouterons quelques obseruations sur les fiefs & la Noblesse de France; & de là nous entrerons dans la Iustice des Parlemens, qui est souueraine en France, à commencer par celuy de Paris, qui est le plus ancien & auguste, ayant beaucoup de part au Gouuernement general du Royaume, comme il sera dit en son lieu.

Gouuerneurs des prouinces.

Les prouinces de France ont leurs Gouuerneurs, qui ont diuers noms chez les Romains[a], & sous la premiere & seconde lignée des Rois de France les Gouuerneurs y estoient enuoyez à temps, pour commander en leur place, & en estoient retirez. Ils auoient l'administration des armes, de la Iustice & des finances (comme auoiét eu aussi les enuoyez des Romains) sous le nom de Ducs ou de Comtes pour les Prouinces[b], & de Comtes pour les villes & citez[c], comme Charlemagne en vsa par toute l'Aquitaine, à Bordeaux, Poitiers, Toulouse, &c.[d] & pour les marches du Royaume, qui furét appellez Marquis[e]. Nous dirons ailleurs où ont abouty ces Gouuernemens anciens, auec vn si grand pouuoir; & pour ce lieu il sera remarqué que les anciens Gouuerneurs des prouinces ont eu beaucoup plus d'authorité qu'ils n'ont à present. Louis Duc d'Anjou frere du Roy Charles cinquiesme, dit le Sage, fut commis en cette qualité sur le Languedoc. Leur charge s'estendoit iusqu'à pouuoir donner & octroyer graces & pardős, droicts de Foires & Marchez, Lettres d'annoblissemét à roturiers, & de legitimation à bastards, & à euoquer pardeuant eux les causes pendantes deuant les Iuges ordinaires. Mais auiourd'huy & par l'Ordonnance du Roy Louis douziesme, ils sont beaucoup plus restraints, quoy que leur charge soit tousiours fort releuée & considerable, auec puissance sur les armes de la prouince, pour l'en defendre, tant contre les seditieux & perturbateurs du repos public, que contre les ennemis estrangers, & la conseruer en paix & repos, s'aidans des armes du Roy pour la force necessaire aux Iuges souuerains & subalternes, & tenans les places bien reparées & munies de choses necessaires pour leur defense & bon estat. Ils ne peuuent pas iuger ny condamner à mort par Sentence, estant chose reseruée à la Cour de Parlemét du ressort. Et quoy qu'ils ne puissent faire le procez à aucun, ils peuuent tuer vn ennemy estranger, ou vn seditieux, qui se porte à troubler la prouince. Lors qu'ils presentent leurs lettres à la Cour de Parlement, où leur Gouuernement ressortit, ils sont receus à la charge de n'entreprendre rien contre son authorité ny de la Iustice ordinaire. Le nom de Lieutenant general joint à celuy de Gouuerneur, est attribué au regne de François premier. Les Lieutenans de Roy dans les prouinces, y ont pareil pouuoir qu'eux, en leur absence ou defaut. Les Gouuerneurs des prouinces ont seance dans les Parlemens de leur Gouuernement. Les Intendans de la Iustice dans les prouinces, soient Maistres des Requestes, ou autres officiers qualifiez & experimentez, sont quelquefois commis par le Roy pour resider pres de leurs persőnes, ou choisis par eux pour les assister de conseil, signer leurs Ordonnances, ou ordonner eux mesmes, soit seuls, soit auec Assesseurs. Ils ne sont point triennaux comme en Espagne, & n'ont pas le pouuoir que les Vice-Rois y ont, pour donner des graces, & pouruoir aux offices; si ce n'est le Gouuerneur du Dauphiné qui a des facultez semblables, & inscrit les Arrests de la Cour de Parlement. Les Lieutenans generaux aux armées du Roy, y representent sa personne, comme a fait autrefois le Connestable, lequel mesme par le grand pouuoir de sa charge pouuoit estre dit Gouuerneur & Lieutenant general né en toutes les prouinces de France. Le Duc de Guise en l'an 1558. eut lettres de Lieutenát general du Roy en tous les païs de son obeïssance. Ceux qui commandoient anciennement dans les villes, places & chasteaux, estoient appellez Capitaines, & non Gouuerneurs, comme auiourd'huy. Les Gouuernemens susmentionnez sont pour les armes; & les autres qui portent ce tiltre, & qui ne le sont que pour la Iustice, sont comme les Baillifs & Seneschaux des autres endroits de la France, ou bien comme ses Preuosts ou Vicomtes: sçauoir, celuy de Montpelier, & de la Rochelle, celuy de Peronne, & autres en Picardie.

[a] Proc. praf. rect. prat.
[b] Aymoin. l. 4. c. 116. pour la Corsegue. li. 5. c. 1. & 16. pour la Guyéne.
[c] Ibid.
[g] grãde Chronique de S. Denys.
[d] Aym. lib. 4. c. 96. & 109.

Estats generaux.

Les Estats generaux du Royaume, composez de trois ordres: sçauoir, l'Eglise, la Noblesse, & le tiers Estat, peuuét auoir du rapport auec les assemblées des Gaulois, qui auoient quelque forme & corps d'Estat, en plusieurs Communautez vnies & confederées ensemble, ou de tous les peuples des Gaules, comme il y en a exemple dans Iules Cesar, qui pratiqua luy-mesme ces assemblées[f], de quoy nous auons parlé ailleurs. Et les Rois de France, notamment en la seconde lignée, peuuent auoir

[f] Conuentus.

retenu cette coustume des Gaulois, comme parlent les Annales [a], ou celle-là mesme des Francs, qui s'assembloient à la campagne [b]. Les Maires du Palais introduisirent de leur temps vne forme d'Assemblée annuelle, qu'ils appellerent Parlemét, y faisant presider les Rois, & opiner les Seigneurs & Barons du Royaume, & autres notables personnages, pour donner responsé aux plaintes des sujets, & aux Ambassadeurs estrangers [c]. En pareille Assemblée Charles Martel fut declaré Prince des François. Pepin, pour appuyer son authorité du cõsentemẽt des ordres du Royaume, vsa de cette conuocation. Charlemagne & Louis le Debonnaire la continuerent, retenans tousiours le nom de Parlement [d], pour signifier la conferẽce qui s'y faisoit, & la cõmunication des Grands du Royaume auec le peuple, qui en ces Assemblées auoit accoustumé d'offrir des presens au Roy & Empereur. Les plaintes, doleances & remõstrances publiques s'y faisoient, les foys & hommages des Princes estrangers y estoiẽt receus [e]. Les causes d'Estat, & celles des Princes, Seigneurs, Euesques, Abbez & autres, y estoiẽt traitées; ce qui peut auoir aussi du rapport auec les Assemblées Iuridiques des Druides anciens. C'estoient Assemblées extraordinaires & generales, differentes par consequent du Conseil ordinaire des premiers Rois, (dequoy nous auons parlé cy-dessus) qui deuoit estre en leur Cour & suite, où les Euesques estoient appellés par les Rois; Et aux Assemblées extraordinaires des Parlemens, on ne les appelloit que lors qu'il s'agissoit du fait de l'Eglise, pour conuoquer vn Synode ou vn Concile. Les Estats qui ont esté tenus depuis, composez des trois ordres du Royaume, n'auoient pas esté encores formez. Hugues Capet, Chef de la troisiesme lignée, assembla ce Parlement pour la mesme raison que Pepin; ses successeurs en firent de mesme, & fort frequemment, pour la resolution des grandes entreprises d'Estat, où ils auoient besoin d'estre secourus d'argent pour donner ordre à la Iustice & aux finances, pouruoir au Gouuernement du Royaume durant la minorité des Rois, & à toutes plaintes publiques. Les Parlemens, entant que les affaires d'Estat s'y traitoient, prindrent forme d'assemblée des trois ordres du Royaume, & entant que les causes & procez, soit des Grands, soit autres, y estoient iugez, furent faits Cours de Iustice souueraine, & rendus sedentaires, au lieu qu'auparauant cette Assemblée n'estoit que deux ou trois fois l'an aux Festes solennelles de Pasques, Noël, & la Toussainćts. Le Roy Philippe le Bel, en l'an 1302. commença d'en establir les reglemens. Le Palais fut basty à Paris par la conduite d'Enguerand de Marigny, Intendant des finances. La mention & institution des Parlemens, notamment de celuy de Paris, sont d'vn autre lieu. Et pour les Estats generaux conuoquez de l'authorité des Rois, lesquels y estoient seans & presidens, (sauf lors qu'il s'est traité de la succession du Royaume [f], où il semble qu'ils ayent esté parties,) ils ont tousiours esté vn benefice au peuple, pour approcher de la personne du Roy, & obtenir la faueur & grace d'vne conference, entant que les Rois daignent par le moyen de telles Assemblées consulter iusques au tiers ordre de leur Estat, & prendre ses aduis sur le bien du Royaume; là où en mesme temps aussi ce qui pourroit estre caché & suprimé au Roy des necessitez de son peuple, est entendu de luy sans fard ny déguisement.

a de Pepin, Charlemag. Louis le Debonnaire.
b Ann 767.
c Pasquier, li. 1. c. 1.
d Hist. de S. Denys en leurs vies.
e Adon de Vienne de Thassila Duc de Bauiere. Aymoin des Saxons en uers Charlemagne.
f Philippe de Valois contre Edouard 3. Roy d'Angleterre.

Le Roy fait sçauoir par Edict la tenuë des Estats, l'an & iour y designez, auec le lieu. L'Edict est enuoyé aux Parlemens, & par eux aux Baillifs & Seneschaux, qui le signifient aux Preuosts, Viguiers & Iuges de leur ressort. Chaque ville & Communauté dresse son cayer. Le Clergé dresse le sien, & la Noblesse aussi, & de ces trois qui sont enuoyez au Seneschal ou Baillif, il en est fait vn commun, qui est enuoyé au Parlement, où le cayer general de chaque prouince est dressé. Les Deputez des trois ordres de chaque prouince se rendent au iour & lieu assigné, là où de tous les cayers des prouinces s'en font trois tant seulemẽt, qui sont generaux, pour le Clergé, la Noblesse, & le tiers Estat. Les articles repetez en chaque cayer sont notez, ceux qui sont singuliers sont retenus auec les noms des prouinces & lieux, pour en faire ordonner ou deliberer particulierement.

Seances des Estats de l'an 1614.

Les Estats assemblez, le Roy ou le Chancellier exposent les causes de la conuocation; & les trois Deputez choisis de chaque ordre, haranguent & declarent generalement leurs plaintes.

Les derniers Estats Generaux tenus en France sont de l'an mil six cens quatorze, à Paris. L'ordre & les seances en furent telles.

Il y auoit en la Chambre Ecclesiastique cent quarante Deputez, entre lesquels estoiẽt cinq Cardinaux, sept Archeuesques, quarante-sept Euesques, & deux Chefs d'Ordre. En celle de la Noblesse, cent trente-deux Gentils-hommes, & en celle du tiers Estat, 192. Deputez, presque tous officiers de Iustice ou des finãces. En la procession generale, le tiers Estat marcha deuant, la Noblesse apres, & l'Eglise la derniere, qui se ioignit pres du Roy, qui lors de la tenuë, fut en vn siege esleué de trois marches, couuert de velours violet, semé de fleurs de lys d'or. La Reine mere du Roy, sur vne chaire, & pres d'elle Madame Elizabeth, premiere fille de France, promise au Prince d'Espagne, & la Reine Marguerite Duchesse de Valois, toutes trois vn peu reculées les vnes des autres; & cõme en tournãt en vn demy rond, estoient à la main droite du Roy, Monsieur frere du Roy en vne chaire à dossier, & Madame Chrestienne seconde fille de France, vn peu reculez à main gauche. Le grand Chambellan estoit aux pieds du Roy, assis sur vn oreiller de velours. Le grãd Maistre assis en vne chaire à bras, non adossée, couuerte de velours violet, ayant le dos tourné deuers le Roy, & la face vers le peuple. Le Chancelier sur vne chaire à dossier, à main gauche du Roy, à l'extremité du marchepied. Les deux Huissiers tenoient leurs masses hautes, estans à genoux deuant le Roy, entre le grand Maistre & le grand Chambellan. Les Capitaines des Gardes, & quelques autres estoient derriere, joignant leurs Majestez, Monsieur & Mesdames. Et c'est ce qui estoit sur le plus haut marchepied. Sur le grãd theatre, à la main droite estoient assis les Princes du sang, separez d'vne petite barre d'auec les autres Princes de la maisõ de Lorraine, & deux Pairs de France. A la main gauche, & vis à vis des Princes, estoient quelques Cardinaux, & sur leur mesme siege deux Ducs & Pairs, & quelques Mareschaux de Frãce. Derriere eux, sur vn banc, le premier Gentil-hõme de la Chambre, & le Maistre de la garderobe. Au pied du theatre, vis à vis de la chaire du Roy, estoit la table des Secretaires d'Estat, ayans le dos tourné vers le theatre. A leur main droite, proches les barrieres, sur des bancs rangez de long & dans l'aire de la sale, estoient les Conseillers d'Estat de robe-longue & les Maistres des Requestes. A main gauche, & vis à vis d'eux estoient les Conseillers d'Estat de robe-courte, presque tous Cheualiers des deux Ordres. Au deuãt des bancs des Deputez estoiẽt les Herauts reuestus de leurs cottes d'armes. A cinq ou dix pas du theatre, sur le paué de la sale estoient plusieurs bancs rangez en face des deux costez de la salle; en ceux du costé droict fut placé l'Ordre Ecclesiastique, au costé gauche, la Noblesse, & derriere eux le tiers Estat. Le Maistre des Ceremonies & quelques Gardes du Roy pres de luy, estoient par le milieu de l'allée de la salle, & faisoient la separation des bancs rangez de large. Le tout estoit enuironné & clos de barrieres, auec vne seule ouuerture vis à vis du Roy.

a 1617. à Roüen, & 1624. à Paris, Sous le Roy à present regnant, les Notables du Royaume ont esté assemblez[a], depuis la tenuë des Estats susmentionnez, là où tous les premiers Presidens & Procureurs Generaux du Roy és Cours de Parlement ont esté appellez: ce qui auoit esté pratiqué par les Rois precedens: sçauoir, Henry quatriéme à Roüen, mil cinq cens nonante-six: Henry troisiéme à S. Germain, mil cinq cens octante-quatre, François I. 1560. à Fontainebleau, Charles neufiéme, à Moulins, mil cinq cens soixante-six. Il y a des Autheurs[b], qui parlans des Estats du Royaume, en ont fait & mentionnez quatre Ordres, prenans la Iustice & les Officiers, pour vn quatriéme, quoy qu'ils soient reputez du tiers Estat.

a Bouchet, Anu. d'Aquit. 4. part. c. 10. des Estats de Tours, l'an 1484. & l'an 1558. Henry 2 à Paris.

La mention des Estats & anciens Parlemens, dont les Barons du Royaume faisoient la meilleure partie, donne sujet de parler de la Noblesse de France, laquelle y est fort honorée & grandement fauorisée du Roy, dont l'approche luy est permise auec l'espée au costé, iusques dans sa chambre & cabinet (ce qui n'est permis ailleurs, où l'on fait quiter l'espée) estans tous les Gentils-hommes comme domestiques du Roy.

L'origine des fiefs est rapportée en France au premier siecle de la secõde lignée, auquel le Royaume fut purgé des Goths, Wisigoths, Vandales, & autres nations barbares, & les Nobles receurent des terres auec redeuance de foy & hommage, & obligation de seruir les Rois à leurs despens, certain temps de l'année. La Iustice haute, moyenne & basse, leur fut aussi baillée sur leurs hommes & sujets, à la reserue des appellations aux Rois, ou à leurs Iustice; le haut Iusticier ayant sous soy des moyens & bas Iusticiers, qui estoient encores ses vassaux & hommes de guerre, tenus de suiure le Seigneur de fief; d'où sont les termes d'arriere-fief & arriere-vassaux, hommes liges & non liges. La troisiéme lignée n'a veu que les fiefs qu'auec la mesme seurté, que les patrimoines & heritages sont possedez, n'ayans esté Fiefs.

auparauant

auparauant que viagers, & subiets mesme à priuation pendant la vie, de la part des Rois & Seigneurs souuerains.

Comtes & Ducs. L'ancien nom de Duc ne portoit que le pouuoir d'administrer les armes & la Iustice dans la prouince. Celuy de Côte auoit le mesme dãs les villes, comme nous auons dit ailleurs. Ils tenoient l'audience de la Iustice, menoient à la guerre les gẽs leuez dans leur ressort, & faisoient venir le tribut [a]: Ils estoiẽt domestiques du Prince, gẽs de Cõseil, Secretaires, Maires, Bajules & Nourriciers des Rois. Les Baillifs & Seneschaux leur ont succedé auec les Vicomtes de Normandie, qui ont Iurisdiction, & leuẽt les Tailles du ressort [b]. De Gouuerneurs & Iuges, les Ducs & Côtes vindrent maistres des terres, communans leurs dignitez en heritages. Hues Capet, qui de Maire ou Comte du Palais, Comte ou Gouuerneur de Paris, estoit deuenu Roy de France, laissa tous ces Seigneurs en l'estat, & fut recogneu pour Seigneur souuerain auec l'hommage & le baise-main: Ce qui ne fit qu'augmenter en ses successeurs, qui virẽt dans le Royaume plusieurs Ducs & Comtes demy-égaux à eux: Mais cette vsurpation & entreprise n'ont pas duré si longuement, que peu à peu en diuers temps & diuerses façons, leur grandeur n'ayt esté abbatuë & sousmise à la Couronne de France. Les Ducs de Normãdie, de Bretagne, d'Aquitaine; les Comtés de Toulouse, de Foix, de Prouence, de Champagne, d'Aniou, de Touraine, de Poictou, du Maine & autres, ne sont plus depuis plusieurs siecles. Ces grands fiefs estans esteints, les moindres Duchez & Comtez sont nés en France par les erectiõs faites en diuers temps, de plusieurs terres & Seigneuries en Duchez & Comtez, pour conseruer aucunement par vn tel moyen, & effect d'vne authorité souueraine, les tiltres de ces dignitez anciennes, qui releuans des Rois, seruoient comme d'enbellissement à la France.

Marquis. Les Marquis, quoy qu'ils soient plus nouueaux que les Comtes, ont neantmoins dignité par dessus eux; c'estoient les anciẽs Gouuerneurs des Marches, sans entrer en plus profonde antiquité & consideration du nom & mot de Marche & de Marquis, tirez des Alemans, suiuant l'opinion de quelques modernes [c], ny de ce qu'ils en trouuent dans de vieux fragmens [d], qui mettent le Comte ancien par dessus le Marquis, puis que l'vsage d'auiourd'huy en est autre en France.

Barons. La qualité de Baron est ancienne & honorable en France [e], prise pour Seigneurs releuez & de marque apres les Princes, Ducs & Comtes [f], principaux & immediats vassaux de la Couronne [g]. On en remarque trois: sçauoir, Bourbon, Coucy & Beauieu.

Chastelains. Les Chastelains estoient les anciens Capitaines des places fortes, moindres que les bonnes villes, où estoit la demeure des Comtes. Il se trouue des Seigneurs anciens & honorables, ayans le tiltre de Chastelains, & droict de tenir Chastel: sçauoir, Puyset en Beausse, Coucy, Courtenay & Mont-le-hery, qui auoient l'honneur d'estre alliez de la maison de Capet. Auiourd'huy c'est ou vn nom de Seigneurie, auec basse Iustice seulement, comme en Aniou, le Maine, Blois, Dauphiné, Forests; ou vn nom d'office, comme il estoit anciennement, comme en Auuergne, en Poictou, & en Languedoc.

Dans l'erection que les Rois de France ont faite si souuent, & font encores des terres en Duchez, Marquisats, Comtez ou Baronnies, s'obserue ce qui suit pour les Duchez & Pairries, que la terre & ses annexes doiuent valoir huict mille escus de reuenu, & sous la charge expresse, qu'en defaut d'hoirs masles, le Duché est reüny à la Couronne [h]. Le Marquisat doit estre composé de trois Baronnies & six Chastellenies vnies, & tenuës du Roy; le Comté de deux Baronnies & trois Chastellenies, ou vne Barõnie & six Chastellenies vnies & tenuës à vn seul hõmage du Roy; la Baronnie de trois Chastellenies vnies & incorporées ensemble. La Chastellenie doit auoir d'ancienneté haute Iustice, moyenne & basse, auec droicts & preéminences, sur tout és Eglises estans dans la terre [i].

Francs-fiefs. Les Nobles en France on eu permission de vendre leurs fiefs aux roturiers, qui ont esté rendus capables de les posseder, & pour cette permission, appellée Grace, ont payé autrefois certain droict au Roy, qui fut aboly par Charles sixiesme, à la requeste de gens de Iustice & de finances, principaux acheteurs des fiefs; & en la place de ce droict, les Roturiers sont taxez de temps en temps par les Rois ou par les Cõmmissaires à ce deputez. Les sommes & le temps dans lequel ces taxes, appellez Droicts de Francs fiefs, se leuent, ne sont pas determinez ny par la mutation des Rois, ny par autre regle [k].

a Greg. Tur. lib. 7. c. 23. & 42. lib 9 c. 46.
b Fauchet, li. 2. c. 3.
c Fauchet, l. 2 c. 3.
d Alth am. Sin Tac. de mor. Germ.
e Fauchet, ib.
f vieux M s.
g Continuat. de Greg. de Tours.
f és liures anciens.
g Grãd Coust. de France. lib. 1. c. 17. le guidon des prat liu. des fiefs.
h Edict de Charles 9. & Henry 3. 5. vol. de ord. de Henry 3. fol. 37.
i Arrest du Conseil du Roy, 10. Mars 1578.
k Char. 8 leua pour 28. ans. François 1. pour 25. Henry 2. pour 33. Charles 9. pour 25.

Outre les Roturiers, les gens d'Eglise, les Conuents, Hospitaux, Commanderies & Maladeries, ont esté aussi receus aux fiefs sans fournir les hommes deubs à raison d'iceux, & ont esté appellez gens de main-morte.

Il y a des maisons & des endroits en France, où les filles sont incapables de succeder aux fiefs; de sorte que plusieurs Seigneurs & Gentils-hommes estans morts aux voyages de la Terre-saincte, ou en autres guerres, sans laisser ou fils ou freres, les Rois ont reüny à leur Domaine plusieurs Baronnies, villes, & autres fiefs.

L'vsage des armoiries & escussons est fort ancien en France parmy la Noblesse: c'est toutesfois depuis Charlemagne. Les Herauts ou Rois d'armes ont esté commis à les dresser & corriger, discourans curieusement de leurs blasons, figures & couleurs. Les figures des lyons, leopards, serpens, aigles, milans, faucons, chiens & autres animaux, marquent plus de Noblesse, que celles des arbres, fleurs, estoiles, barres, ou les blasons pris sur les noms des familles, qui sont armoiries parlantes, & ne semblent auoir esté acquises par proüesse militaire. Armoiries.

Les Princes mesmes sont parmy la Noblesse, & le Roy de France est le premier Gentil-homme de son Royaume [a]. Les Princes estrangers y ont tousiours esté biẽ receus, & honorez de charges par le Roy, qui les rẽd iouyssãs des prerogatiues des autres Princes, pour preceder les autres grands Seigneurs, non officians, auquel cas les grands Officiers de la maison & Couronne, ne cedent aux Princes mesmes du sang, que par honneur. Ils ont entrée, seance & voix au Conseil d'Estat, mais non au Parlement de Paris, s'ils ne sont Pairs de France; de laquelle dignité ils y gardent le rang, & non de leur Principauté, comme les Princes du sang. Princes estrãgers.

a dire de François 1.

Le tiers Estat participe aux benefices, offices & dignitez; acquiert les fiefs & en est inuesty, par où & par Lettres d'annoblissement, rendant quelque seruice signalé au Roy, il paruient au degré de Noblesse. L'Ordre des gens de Iustice ou des finances compris dans le tiers Estat, est fort grand en France, par le nombre immense des Officiers. La Noblesse & le peuple estans bien entretenus, l'vn ne peut opprimer l'autre, ny les deux conspirer contre leur Chef; si la Noblesse qui a les armes, veut méfaire au peuple, la Iustice, à qui le Roy a donné grand pouuoir, formidable aux plus Grands du Royaume, l'empesche. Et si le populaire plus fort en nombre, se veut rebeller, la Noblesse est si puissante & si authorisée auec la Iustice, & le peuple si foible au fait des armes, qu'il peut estre fort aysément remis en son deuoir. Tiers Estat.

Il n'y a plus d'esclaues en France depuis fort long-temps, comme il a esté iugé par plusieurs Arrests [b], ce que les Escriuains modernes ont noté [c]. La Religion Chrestienne preschée dans le Royaume, & les exhortations des Predicateurs opererent l'affranchissemẽt de tous esclaues Chrestiens, ausquels on donna des terres à cultiuer, auec certains droicts conseruez aux Maistres & Patrons, qui les rendirẽt taillables aux quatre cas: sçauoir, s'ils estoient faits prisonniers de guerre, s'ils venoient à marier leurs filles, s'ils voyageoient outre mer contre les Infideles, & s'ils estoient faits Cheualiers; outre plusieurs autres obligations basses & comme seruiles acceptées par les affranchis, qui ont esté appellez Mainmortes, & les lieux ou terres tenuës sous ces dures cõditions, mainmortables. Ces droicts rigoureux pour les subjects & paysans enuers leurs Seigneurs demeurent encores, dont parlent Pasquier & autres modernes. Aucuns pays en ont esté deschargez, comme ceux du Bourbonnois [d], sauf les droicts des Seigneurs, ce qui fut ensuiuy par Emmanuel Philibert Duc de Sauoye [e]. Ces mainmortes sont appellez personnes serues, mais improprement, afin qu'on entende bien ce qui est escrit dans l'Histoire des Rois posterieurs à l'affranchissement des vrais esclaues [f]. Esclaues.

b Paris, Bordeaux, Thoulouse.
c Thuan. Bod. de rep. li. 1. c. 5. Lanz. orat. 2.
d Henry 2. 1549.
e 1569.
f Louys Hutin, 1314. Et Charles 5. 1364.

Les Pairs de France sont du corps de la Cour de Parlement de Paris, & y ont seance apres les Presidents, & nous peuuent seruir d'entrée au discours de la Iustice de France, qui est vne excellente partie de son Gouuernement. Leur institution est rapportée par aucuns à Charlemagne [g], par d'autres à Hues Capet, ou dans cette mesme lignée des Rois, à Louys le Ieune, qui commença à regner en l'an mil cent trente-huict. La veritable histoire du temps de Charlemagne n'en fait point de mention, non plus que celle de Hues Capet: pour le premier, c'est vn pur Roman; le second n'est assisté que de quelques coniectures. Nous ne nous arresterons point aux contradictions manifestes qui se rencontrent en la premiere opinion, qui ont esté curieusement desduites par les Hi- Pairs de France.

g Gaguin li. 4.

storiens modernes [a], tant pour les Pairs Laics, que pour les Ecclesiastiques. Hues Capet peut auoir erigé la dignité des premiers, & Philippes le Bel celle des autres. La coniecture d'vn Autheur [b] qui a tres-bien merité du public par ses doctes & exactes recherches de l'histoire, deduisant & tirant la source des Pairs du regne de Charles le Simple, (sous lequel l'authorité & la puissance des Rois de France décheurent entierement,) quoy que bien suiuie & vray-semblable, n'est pas pourtant si certaine. Ceux [c] qui alleguent des raisons pour tirer l'origine des Pairs, des Patrices de Constanstinople, ne sont pas suiuis ou approuuez. Les anciens Pairs de fiefs, esgaux à la grandeur de leurs Seigneurs de fief, (comme ceux du Comte de Campagne, qui en a eu iusques à sept, & ceux du Comte d'Armagnac, en nombre de quatre, qui estoient les premiers & hauts Barons du pays,) assistoient à leurs Seigneurs prenans possession de la terre, & és iours & iugemens des causes de fiefs, & par la proportion de ces droicts & autres qui leur sont communs auec les Pairs de France, à l'endroit des Rois, qui les ont assistans à leur sacre & couronnement, & lors qu'ils tiennent leur lict de Iustice, estans Conseillers de la premiere Cour de son Royaume, appellée Cour des Pairs, donnent encores plus de vray-semblance à l'opinion du docte Pithou. Et pour le temps de l'establissement des Pairs, nous le pouuons laisser au regne de Loüys le Ieune, qui donna ou confirma à l'Eglise de Rheims la prerogatiue de sacrer & couronner les Rois de France. Philippe le Bel estant sacré cent & tant d'ans apres, assembla pleinement les douze Pairs: sçauoir, les laics par des personnes qui les representoient, comme il a esté fait depuis, (particulierement sous les derniers Rois de la branche de Valois [d],) qui furent Seigneurs de marque, & ses fauoris; & les Ecclesiastiques par les Euesques qu'il choisit & institua, estans desia ses Conseillers, pour donner cet honneur-là tant à eux qu'à leurs successeurs. Ils sont nommez Pairs, plustost pour l'égalité qui est entr'eux, quoy que les Laics ayent des prerogatiues par dessus les Clercs, que pour aucune esgalité de puissance auec les Rois, soit qu'on la presume de la conuenance proportionnée qu'il y a entr'eux & les Pairs de fief, ou bien des coniectures qu'il y a de leur institution par Hues Capet, qui pour se maintenir fut obligé de recognoistre les Seigneurs qualifiez du Royaume pour ses Pairs & esgaux. Les six Clercs sont l'Archeuesque & Duc de Rheims, l'Euesque & Duc de Laon, l'Euesque & Duc de Langres, l'Euesque & Comte de Noyon, l'Euesque & Comte de Beauuais. Les six Laics sont le Duc de Bourgogne, le Duc de Normandie, le Duc de Guyenne, le Comte de Thoulouse, le Comte de Flandres, & le Comte de Champagne. Ils assistent au sacre des Rois, & y ont chacun leur office: s'ils ne s'y trouuoient anciennement, ils deuoient proposer excuse legitime. Ceux qui les representent auiourd'huy en cette action solennelle, ont préeminence par dessus les autres Prelats & Seigneurs, voire mesme ils l'ont pretenduë sur les Princes du sang; à cause de quoy Catherine de Medicis au sacre de François second, fit representer les trois Pairs plus anciens par ses trois enfans, freres du Roy. Par Ordonnance du Roy Henry troisiéme de l'an mil cinq cens septante-sept, les Princes du sang sont declarez premiers Pairs, de sorte que la preseance leur est adiugée sur tous les autres. Aux obseques & funerailles des Rois, leur rang auec les autres Prelats non Pairs, est debatu. Aux Estats generaux tenus à Paris l'an 1614. sur le different & debat meu entre les Cardinaux du Perron, de la Rochefoucaud, & autres, & les Pairs Ecclesiastiques, pour la séance, le Roy ordonna que les Cardinaux precederoiẽt. L'égalité du nombre des Clercs auec les Laics, est conforme à la pratique ancienne des Rois de France, qui ont appellé les Euesques & autres gens d'Eglise en leurs Conseils, & les y ont employez en pareil nombre auec les Laics. Les Parlemens ont esté composez des vns & des autres. L'honneur de la Couronne de France est de leur charge & deuoir, pour assister les Rois és hauts Conseils, les accompagner aux faicts d'armes pour la defense du Royaume [e]. Ayans à conuerser d'ancienneté auec les Rois, ils participent à leur priuilege, pour ce qui regarde l'excommunication, dequoy nous auons parlé ailleurs, & doiuent estre entretenus par eux, s'ils n'ont dequoy viure. Leurs Pairries Ecclesiastiques, comme chose temporelle, les ont obligez anciẽnement à suiure & seruir les Rois en guerre, mesme en personne, auec nõbre de Cheualiers. Il y a eu des Pairries à vie, comme il y en a de personnelles des enfans de France, qui tiennẽt leurs Appennages en toutes leurs terres en cette dignité, & telles Pairries, comme celles aussi des Princes du sang, ont cette faculté annexée, que d'auoir

a Du Haillan, li. 1. c. 3.
b Vignier.
c Pasquier, Loysel, apres Budée.
d Duplcix en la vie de Charlemagne.
e Let. d'erect. du Comté de Mascon en Pairrie 1359.

ſeance dans le Parlement de Paris du coſté droit des Preſidens. Les Pairs laics ont Grands Iours, pour les appellations de leurs Baillifs & Seneſchaux, & des Grands Iours au Parlement, auquel, cõme les Princes, ils peuuent preſenter roſes en May. Les Pairries reelles, de terre ou Seigneurie, ſont celles où les femelles peuuent ſucceder, y en ayant eu [a] qui ſe ſont trouuées parmy les Pairs, & ces Pairries tõbans en quenoüille, l'ont eſté ou par accord [b], ou d'entrée, ayãs eſté baillées auec ce priuilege [c]. Les Pairs Eccleſiaſtiques n'ont ny changé ny accreu, & les Laics anciens ne ſont plus par la reünion des terres à la Courõne: Mais les Rois en ont fait pluſieurs & diuerſes erections de Duchez & Comtez, iouyſſans de pareils priuileges que les anciens, & prenans rang ſelon l'ordre & le temps de leur creation.

a Comteſſe de Flandres, Mahaut Comteſſe d'Artois.
b Celle de Flandres.
c Marguerite ſœur de Henry ſecõd, pour le Duché de Berry.

Cour de Parlemẽt de Paris.

Cette prerogatiue des Pairs d'auoir ſeance & voix en la Cour de Parlement de Paris, eſt communiquée par le Roy à ceux-là meſmes qui ne le ſont pas; toutefois c'eſt pour de grandes conſiderations de la perſonne & des ſeruices, comme il eſt arriué autresfois en celle du Cardinal-Duc de Richelieu, principal Miniſtre de l'Eſtat, & doüé de qualitez ſureminentes, lequel le 15. Mars de l'an 1617. pour grands ſeruices par luy rendus à la France, qui vindrent depuis à leur comble & perfection, ayant à ſe preſenter pour eſtre receu en la charge de grand Maiſtre, Chef & Surintendant general de la Nauigation & commerce de France, & n'eſtant point encores Duc & Pair, obtint Lettres Patentes ou Declaration du Roy, portãt qu'il auroit entrée, ſeance, voix & opinion deliberatiue en la Cour de Parlement, du coſté des Pairs, en la forme & ſeance qu'il auoit deſia dans les Conſeils du Roy; à quoy il fut receu, & preſta ſerment de la charge le dix-huictieſme iour du mois de Mars. Comme auſſi le Marquis d'Effiat Surintendant general des finances, le 24. iour du meſme mois & an, obtint autres Lettres Patentes pour eſtre receu Conſeiller honoraire en ladite Cour, & s'y preſenta par Aduocat. Gilles de Souuré Mareſchal de France, a eu autresfois pareilles Lettres de Conſeiller honoraire, ou d'eſpée: Et Nicolas de l'Hoſpital Mareſchal de France, eſt auſſi Conſeiller de robe courte en la meſme Cour, par erection faite en ſa faueur en l'an 1617. Nous auons traité des Parlemens anciens, de la Iuſtice ſouueraine des Rois de France, qui eſtoit ambulatoire, & fut en fin renduë ferme & arreſtée, à quoy Philippe le Bel donna commencement dés l'an 1302. faiſant tenir les Parlemens à certains iours & Feſtes dans Paris, & ordonnant des Chambres, particulieremẽt celle du Plaidoyer & des Prelats, nommée Grand' Chambre, & celle des Enqueſtes, auec diſtinction de Conſeillers, Iuges ou Rapporteurs. Ce deſſein fut pourſuiuy par Louys Hutin ſon fils & ſucceſſeur. Le Palais auoit eſté baſty, ancienne demeure des Rois, & aujourd'huy le ſiege de toutes les Cours & Iuſtices de cette puiſſante ville. La forme & ſeance reglée par nombre de Conſeillers ordinaires & créez à cet effet, ſont du regne de Philippes de Valois [d] & de Charles ſixiéme. Les Preſidens ayants eſté eſtablis, auec les Maiſtres des Requeſtes, les Cõſeillers clers & laics de la grand' Chambre & des Enqueſtes, appellez Auditeurs du pays couſtumier, & ceux des Requeſtes du Palais, pour les cauſes des Domeſtiques du Roy, ioincts les douze Pairs de France, firent alors le nombre de cent Iuges. Les Chambres des Enqueſtes ont eſté augmentées ou par François premier, ou par Henry ſecond, iuſques au nombre de cinq; & deux des Requeſtes, auec quatre Preſidẽs; & deux en chacune des Enqueſtes. La Tournelle, ou Chambre criminelle, appellée ainſi, ſoit parce que les Conſeillers pris des autres Chambres, y ſeruent à leur tour [e]: ſçauoir (par ſemeſtre, ceux de la Grand' Chambre, & durant trois mois, ceux des Enqueſtes) ſoit d'vne Tour, dans laquelle ſe iugeoient autresfois les procez criminels [f], a deux Preſidens de la Cour, 8. Conſeillers de la grand' Chambre, & deux de chacune des Enqueſtes. Depuis les Edicts de Pacification, tant de Henry III. que de Henry IV. il y a vne chambre de l'Edict pour les procez, où ceux de la Religion pretenduë reformée ont intereſt, y ayant eu erection d'vn office de Preſident, auquel n'a eſté pourueu, & de 8. Conſeillers, dont les ſix ont eſté pourueus & receus. Pour les intereſts du Roy & les requiſitions à faire en ſon nom, il y a vn Procureur general, & deux Aduocats generaux; 4. Notaires & Secretaires, vn Greffier ciuil, & Greffier criminel, vn Greffier des Preſentations, vn premier Huiſſier, & autres Huiſſiers. Ce nombre de cent Iuges eſt accreu aujourd'huy iuſqu'à plus de deux cens, ſous vn premier Preſident, lequel eſt grandement authoriſé, & huict Preſidens de la grand' Chambre, ou au Mortier, (qui eſt l'habit de teſte qu'ils ont accouſtumé de porter, fait de velours brodé ou cerclé d'or,) & vingt-ſept Conſeillers.

d Thuan. li. 10 Paſquier, li. 2 c. 6.
e Bodin.
f au r. Beuuet, de la grand' Chambre.

Tous les Euesques de France y estoient anciennement Conseillers nez, mais cette prerogatiue a esté restrainte & reseruée à celuy de Paris, & à l'Abbé de sainct Denis, auec les six Pairs Ecclesiastiques; les autres Archeuesques & Euesques y ont seance, & non voix deliberatiue. Au Parlement de Thoulouse, les Euesques du ressort sont Conseillers nez; en celuy de Rennes, ceux de Rennes & de Nantes. Tous les Edicts du Roy concernans l'Estat y doiuent estre enregistrez & verifiez, auec ceux de son ressort. Toutefois les Arrests du Conseil du Roy ordonnans des affaires d'Estat, sont executez, sans verification.

Les Appennages des enfans de France y doiuent estre verifiez & reglez, auec les erections des Duchez, Marquisats & Comtés. Tous les Officiers de la Couronne, comme le Connestable, les Mareschaux de France, l'Admiral, & les grãds Officiers de la maison du Roy, comme le grand Maistre, le grand Escuyer & autres, y doiuẽt prester serment en personne; ceux de la Couronne en Audience, & les autres à huis clos. Les causes des Princes du sang, des Pairs de France, & des Officiers de la Couronne, y sont traitées priuatiuement aux autres Parlements.

Indults pour les officiers du Parlement de Paris.

Les Presidens & Conseillers laics, auec le Chancelier & les Maistres des Requestes, peuuent nommer personnes capables pour tenir benefices en telles Euefchez & Abbayes qu'il leur plaist, mesmes en celle de Clugny, pour auoir en leur rang, le premier benefice qui vaquera, en dépendant: Et c'est ce qu'on a appellé Indult [a], qui est particulier pour le Parlement de Paris. Celuy de Thoulouse pretend que par Arrest ce benefice a esté estendu en sa faueur, mais il n'en a pas iouy.

a Bulle du Pape Eugene, 18. Mars 1434. & de Paul 4. 19. Iuin 1538.

Le Roy venant y tenir son lict de Iustice, les Chambres s'assemblent en robbes rouges, & chaperons d'escarlate, les Presidens auec leurs manteaux & chapes d'escarlate, & leurs mortiers. Le premier President harangue le Roy (à genoux auec les Conseillers) qui le fait releuer, aussi bien que son Aduocat general, qui parle aussi en cet estat. Les Arrests donnez lors de cete entrée du Roy en son Parlemẽt, portẽt, Le Roy seant en son lict de Iustice, &c. qu'aucuns ont voulu dire lys de Iustice, à cause de la robe & manteau semé de fleurs de lys, que les Roys y souloient porter; mais c'est le lict ou throsne de Iustice, à cause dequoy on tend sur le siege du Roy y seant, vn ciel de velours bleu, auec fleurs de lys d'or.

Les gens du Roy, de mesme que les Conseillers, les quatre Notaires & le Greffier ciuil, & celuy des Presentations, auec le premier Huissier, y ont robes d'escarlate; le Greffier ciuil porte le manteau ou chape d'escarlate, & le premier Huissier le mortier de drap d'or en teste.

Le Palais de Paris enferme plusieurs Cours & Iurisdictions, outre le Parlemẽt & les Requestes du Palais: sçauoir, l'Auditoire ou Chambre des Maistres des Requestes de l'Hostel, la Chãcellerie, la Chambre des Comptes, la Cour des Aides, Cour des Monnoyes, Chambre du Thresor; le Baillif du Palais, iadis Concierge, ou son Lieutenant, pour les boutiques, & les delinquans du Palais, & son ressort hors la police; la Table de marbre, où est la Connestablie & Mareschaussée, l'Admirauté, les Eaux & forests, &c. les Esleuz, & le bureau des Threforiers de France.

Auant que de venir aux autres Parlemens, tant pour leur institution que pour ce qu'ils ont de commun auec celuy de Paris, ou ce qui regarde generalement l'authorité & la pratique des vns & des autres, est à remarquer que les Princes & Estats estrangers, & les Empereurs mesmes, se sont sousmis aux Arrests & iugemens de la Cour de Parlement de Paris, pour la grande estime de son integrité & suffisance. Ainsi Philippe Prince de Tarente [b] en rapporta Arrest à son profit, contre le Duc de Bourgogne, le Roy present & seant au Parlement; & Iean Comte de Namur [c] subit iugement cõtre Charles de Valois frere de Philippes le Bel. Le Duc de Lorraine [d] & Guy de Chastillon son beau-frere, y furent reglez en leurs differents, de mesme que le Dauphin de Viennois, & le Comte de Sauoye, sur l'hommage du Marquisat de Sallusses. Ceux de Cambray [e] y ont autresfois comparu & plaidé. Les accords & traittez entre les Rois de Castille & de Portugal, y ont esté emologuez [f]. Et l'Empereur Charles V. voulut que les traitez de paix, auec François premier & Henry second [g], y fussent veus & approuuez. Mais la plus signalée occasion en fut l'an 1244. que l'Empereur Frideric II. dit Barberousse, y remit ses differens entre le Pape Innocent IV. sur les Royaumes de Sicile & de Naples, & sur les propres droicts de l'Empire.

b 1310. c 1312. d 1341. e Sous Ch. 6. f 1411. g 1516. 1537.

Institutio

Outre le Parlement de Paris, dont l'erection a esté rapportée, il y a dix Parlemens en France : sçauoir, celuy de Thoulouse, pour la prouince de Languedoc & partie de la Guyenne, érigé par Philippe le Bel l'an mil trois cens deux, pour certaines saisons de l'année, tenu sans discontinuation, ou restably sous Charles septiéme l'an mil quatre cens quarãte-trois. Grenoble, pour le Dauphiné, par Louys vnziéme, l'an mil quatre cens cinquante-trois[a], au lieu du Conseil, que dés l'an mil trois cens quarãte, Humbert Dauphin de Viennois y auoit estably [b]. Dijon, pour la Bourgogne, par Louys vnziéme, l'an mil quatre cens septante-six, au lieu des Grands-Iours ou Conseil des Ducs de Bourgogne. Bourdeaux, pour la Guyenne [c], par Charles septiéme, l'an mil quatre cens soixante-vn, & Louys vnziéme, l'an mil quatre cens soixante-deux. Auant cette erection, la Guyenne ressortissoit à Thoulouse auec le Languedoc. Roüen pour la Normandie [d], par Louys douziéme, l'an mil quatre cens nonante-neuf, ou mil cinq cens vn, au lieu des Eschiquiers y establis par Philippes le Bel, ou des Assises generales des Ducs de Normandie. Aix, pour la Prouence, par Louys douziéme, l'an mil cinq cens vn, & mil cinq cens deux, au lieu du Conseil des Comtes. Rennes, pour la Bretagne, par Henry second, l'an mil cinq cens cinquante-trois, ou mil cinq cens cinquante quatre en May, Parlement qui seruoit au commencement trois mois à Rennes, & trois mois à Nantes, mais rendu sedentaire, quoy que semestre, à Rennes, par Charles neufiéme, l'an mil cinq cens soixante. A Pau, sous le nom de Conseil, pour le pays de Bearn, par Henry premier Roy de Nauarre, ayeul maternel de Henry IV. l'an mil cinq cens dix-neuf. La Iustice souueraine de la basse Nauarre, nommée Chancellerie establie à S. Palais, composée d'vn President ou Vichancelier, & cinq Conseillers, Aduocat & Procureur general, fut vnie à ce Conseil, qui est nommé Parlement, & le pays de Bearn vny à la Couronne l'an 1620. par le Roy à present regnant. Le Parlement de Mets n'a esté estably que l'an 1633. par Edict du Roy, donné au commencement de l'année. L'Eschiquier d'Alençon fut supprimé par le decez de Marguerite, sœur de François premier, & la reünion du Duché à la Couronne[e]. Les rangs des Parlemens anciens sont tels, que nous les auons mis cy-dessus, en l'Assemblée des Notables, tenuë à Roüen l'an 1617. où pareil ordre fut gardé. Pasquier, liu. 2. de ses Recherches, & la Roche[f], President aux Requestes du Parlement de Thoulouse, traittent des Parlemens.

des Parlemens de France.

a Char. Pand. lib. 1, c. 23.
b Guid. Pap. q. 43 & 154.
c Loyseau, du Haillan.
d Chop. de Dom. li. 2 tit. 15. Char. la Roche des Parl. li. 1.
e Iuin 1548.
f 13. liures des Parlemens de France.

Les Parlemens de France ont accoustumé de vaquer, & d'intermettre leur seance entiere, vne fois l'année; neantmoins pour l'expedition des procez criminels, & des petits procez qui ont resté à iuger iusques à cent liures de rente, & mille liures à vne fois payer, & des benefices iusques à deux cens liures de reuenu, il y a la chambre des Vacations, qui est composée au Parlement de Paris, du premier President, ou s'il s'en excuse, de l'vn des autres plus anciens, chacun à son tour, & durant sa semaine, & de treize Conseillers de la grand' Chambre & des Enquestes, y compris deux Conseillers clercs. Le Parlement reuenant à seoir pleinement, il s'en fait ouuerture solennelle à la sainct Martin, où les gens du Roy font des remonstrances aux Aduocats & Procureurs, & requierent la lecture des Ordonnances & reglemens, & le serment est presté par les Aduocats & Procureurs.

Chambre des Vacations, & ouuerture des Parlemẽs.

Les Grands-Iours qui ont accoustumé de se tenir en France, sont des traces des Parlemens ambulatoires. Il a esté ordonné[g] de les tenir durant trois mois és pays plus esloignez des Parlemens, auec l'assistance des Gouuerneurs & Lieutenans generaux des Prouinces, & des Seneschaux du ressort, pour la force requise en l'execution des Arrests. Ils se composent d'vn President, vn Maistre des Requestes, & des Conseillers plus anciens, tant Clercs que Laics. Ils ont esté establis pour la punition des crimes des grands ou plus puissans, & l'animaduersion des Iuges faillans en leurs charges dans les pays plus esloignez des Parlemens de Paris, Thoulouse & Bordeaux, qui en ont eu plus de besoin, & dans les bonnes villes, comme Troyes, Poictiers, & autres.

Grands-Iours.

g Henry 3. 1579.

Les pouuoirs des Gouuerneurs & Lieutenans generaux du Roy des Prouinces doiuent estre leuz, publiez & registrez és Cours de Parlemens de leur ressort, pour leur donner authorité, quoy qu'ils ne prestent serment qu'au Roy.

Les procez criminels des Ecclesiastiques, Nobles, Magistrats & Officiers du Roy, sont iugez dans les grandes Chambres & les Tournelles des Parlemens assemblées: Et leurs graces, pardons & abolitions, y sont presentées. Ils cognoissent aussi des causes de plusieurs Prelats, Chapitres, Comtes, Barons, Villes & Communautez en premiere instance[h]. Les premiers Presidens des Parlemens font la char-

h Ord. de Ch. 7. art. 7.

ge des Gouuerneurs des Prouinces, en leur absence. Aux processions generales & autres occasions, où le Parlement se trouue en corps, le premier President, ou autre qui conduit la Cour, precede le Gouuerneur de la Prouince, qui est logé entre le premier & le second President. Les Presidents portent tiltre de Cheualiers, & sont Conseillers du Roy en ses Conseils.

Gens du Roy.

Toutes les affaires publiques, matieres criminelles, du Domaine du Roy, reglemens, & tout ce où le Roy & le public ont interest, est communiqué au Procureur general du Roy, assisté & conseillé par les deux Aduocats generaux, dont les charges marquent, que les Parlemens & toutes autres Cours & Magistrats en France, rendent iustice au peuple, contre le Roy mesme, qui se defend par Aduocat & Procureur: Et les Parlemens par ce moyen semblent estre comme au milieu entre le Roy & le peuple.

Conseillers aux requestes.

Les Requestes du Palais estans vne Chambre des Parlemens, pour iuger en premiere instance les causes des personnes priuilegiées, les Conseillers y establis auec les Presidens, ont leur Commission qui procede immediatement du Roy; Et quoy que de leurs iugemens il y ait appel ou en la grand' Chambre, ou aux Enquestes, neantmoins aux Chambres assemblées ils ont voix deliberatiue.

Arrests.

Les Arrests se donnent dans les Parlemens & autres Cours de Iustice souueraine & subalterne, ou en Audience publique, parties ouyes par Aduocats & Procureurs[a], ou au Conseil, auec assistance de certain nombre de Conseillers & Assesseurs, ce sont les Arrests & Sentences par escrit, pour lesquelles tous Iuges en France se taxent, pour le rapport du procez, en certaine somme d'argent, qu'on nomme Espices, parce qu'anciennement on ne donnoit aux Iuges qu'vn present de confitures ou dragées que les vieux Escriuains François appellent Espices[b]. Les Arrests s'expedient aux Parlemens sous le nom du Roy regnant, auec mention de la Cour où ils sont donnez, à la difference de ceux de ses Conseils, où il est dit, Le Roy en son Conseil.

a In arrestis, és Palemens.

b Froissart autres.

Mercuriales.

Les Presidens & Conseillers aux Parlemens, sont obligez par diuerses Ordonnances des Rois, de s'assembler de temps en temps[c], pour la reprimende & censure qui est à faire entr'eux, & de proceder par suspension, pour les choses reprehensibles par eux faites. Et dautant que le iour en estoit au Mercredy, l'assemblée & la censure ont esté appellées Mercuriales. Ils ne peuuent estre iugez que par ceux de leur corps, Chambres assemblées. Il n'est loisible par les Ordonnances des Rois[d], de receuoir en mesme Cour, ou souffrir pour Iuges en mesme Chambre deux Conseillers qui soient de mesme famille, aux degrez de pere & fils, de freres, d'oncle & nepueu; ce qui est conforme à l'Ordonnance des Gaulois[e], par laquelle deux proches parens ne pouuoient estre ensemble Magistrats. Ils ne peuuent tenir autres offices, ny se mesler d'autres affaires que de ceux du Roy & de leurs charges, non pas mesme des Princes, Prelats & Seigneurs, & ne peuuent aussi accepter Vicariats generaux d'Archeuesques ou Euesques. Tout trafic & negoce, par eux ou personnes interposées, auec l'administration des fermes, soit du Roy, soit des Princes & Seigneurs, leur est aussi expressément defendu. On ne peut entrer auec armes dans les chambres du Palais, ou dans les sales d'Audience.

c Louys 12. Franc. 1. 1535. 1539 de 15 en 15 iours. Henry 2. 1551. vne fois le mois. Henry 3. à Blois de six en six mois.

d Charles 9.

e Cæs. li. 7.

Priuileges.

Les Officiers des Cours de Parlement iouyssent de plusieurs priuileges, & exemptions de charges personnelles. Ils peuuent tenir toute sorte de fiefs, voire ils sont annoblis par leurs offices; & en pays coustumier leurs enfans partagent noblement; là où les Tailles sont personnelles, ils en sont exempts: Ceux du Parlement de Thoulouse, à cause du priuilege du pays de Languedoc, qui porte que les Tailles y sont reelles & patrimonielles, y contribuent pour le fonds roturier; & par priuilege du Roy Henry troisiesme, s'ils meurent de peste, ils conseruent leurs offices à leurs enfans ou heritiers.

Pays coustumier & de droit escrit.

Les Prouinces ou pays qui se gouuernent par les loix Romaines, qu'on appelle le Droict-Escrit, sont, le Languedoc, le Dauphiné, la Prouence, partie de la Guyenne, qui ressortit au Parlement de Thoulouse, auec les Seneschaussées de Lyon & de Mascon,[f] le Forests, & partie de l'Auuergne.[g] Le reste de la France, qui ressortit au Parlement de Paris, & autres, est regi par les coustumes, qui seruent de loy, & reglent les successions, & autres points de droit. Les Prouinces, pays & villes ont leurs coustumes. Le Droict Canon est plus estoittement gardé en Bretagne, en Prouence, Dauphiné, & dans la Lorraine, qu'ailleurs,[h] notamment pour les Indults, Annates, & Collations. Tels pays sont dits terres d'obedience, à la difference

f Thuan. l. 36.

g Id. ibid.

h De Thou.

des autres qu'on nomme pays de reduction. Nonobstant la distinction du pays coustumier & de droit escrit, les villes qui obseruent les loix Romaines ont leurs statuts, [a] que les Parlements peuuent restreindre, ou interpreter, sans y deroger entierement. En Italie, qui obserue generalement les loix des Empereurs Romains, les villes de Rome, de Ferrare, Venise, Padouë, Boulogne, Florence, & autres, ont leurs loix particulieres, qui sont gardées.

a Toulouse, Montpellier & autres.

Dans les ressorts de quelques Parlements de France, à cause de ceux de la Religion pretenduë reformée, & par les Edicts de pacification, nommément celuy de l'an 1598. donné à Nantes, sous le Roy Henry quatriesme, il y a des Chambres establies pour leur rendre Iustice, qui sont my-parties, & composées d'vn President, huict ou dix Conseillers, & vn Aduocat general creé, faisans profession de ladite Religion, auec vn President, & pareil nombre de Conseillers Catholiques, tirez du corps des Parlements, & vn Procureur general creé. Le Languedoc & la Guyenne ont de ces Chambres my-parties, dont la premiere est seante à Castres, & l'autre à Bordeaux, où elle est vnie à la Cour de Parlement; ayant esté auparauant à Nerac, & à Agen. Celle du Dauphiné est vnie & incorporée à la Cour de Parlement seante à Grenoble, en la forme & au nombre de Conseillers de la Religion pretenduë reformée, que nous venons de dire. Les Cours de Parlement de Dijon, de Rennes, & Aix, n'ont point de Chambres, soit de l'Edict, comme celle de Paris, soit my-parties, comme celles de Castres, Bordeaux, & Grenoble; mais les habitans de leurs ressorts respondent ou en la Chambre de l'Edict de Paris, ou aux my-parties. Il y a six Conseillers de la Religion pretenduë reformée receus au Parlement de Roüen, distribuez par les chambres, & vne chambre de l'Edict ainsi qu'à Paris; & dans les autres Cours souueraines, ou subalternes des Prouinces dont les habitans sont de ladite Religion, il y a des Conseillers & officiers receus, qui en font profession, à quoy sert l'art. de l'Edict de Nantes, par lequel ceux de ladite Religion sont declarez capables de toutes charges & offices. En l'erection du Parlement de Mets, il n'y a point eu de chambre establie, mais seulement six Conseillers de ladite Religion qui seruent par semestres, comme il sera dit en parlant de Mets. Le Parlement de Pau est aussi meslé d'officiers d'vne & d'autre Religion.

Tous procez ciuils & criminels, où l'vne des parties est de la Religion pretenduë reformée, sont iugez en ces Chambres, & n'y a que certaines causes de reglement, & autres, & certaines parties, comme les Euesques, &c. qui en soient exceptées. S'il arriue partage aux Arrests, le Roy renuoye la cause en vne autre Chambre.

Baillifs, & Seneschaux.

Apres la Iustice souueraine de France, qui reside aux Parlements, les Baillifs & Seneschaux, dont les appellations y ressortissent, sont à considerer. Ce sont les anciens Iuges inferieurs & mediats de toutes les Prouinces. Le nom & le pouuoir des Seneschaux en France sont fort anciens. Ils ont esté dans la maison des Rois, & ont esté enuoyez dans les Prouinces par Charlemagne, pour y faire & administrer Iustice, mener & conduire le ban & arriere-ban. De l'vn & de l'autre pouuoir n'y auoit point d'appel, à cause de la souueraineté ancienne de leurs iugemens & Sentences. La premiere institution des Parlemens les rendit iuges subalternes. Ils demeurerent quelque temps sans Lieutenans. [b] Le nom de Baillif signifie vn gardien ou tuteur, à cause du vieil mot François; il vaut comme Seneschal aujourd'huy. Les Seneschaux ont esté vieux Cheualiers, recompensez de ces charges, ausquelles les plus anciens hommes & gens de letres, Aduocats ou licentiez ne furent point receus; toutesfois Henry II. leur donna la faculté d'y aspirer, & en ont esté pourueus quelques-vns, sous les derniers Rois. Charles IX. y remit la Noblesse, pour la main forte, l'inscription des Sentences, la conduite du ban & arriere-ban, & autres honneurs & prerogatiues qui en dependent. La multiplication des procez a fait creer & ioindre aux Seneschaux, des Lieutenans de robe longue, tant ciuils, que criminels. Les Lieutenans ciuils en Languedoc & ailleurs portent le nom & titre de Iuges-majes, ou majeurs, & les Lieutenans criminels, de Iuges criminels; & outre ce y a des Lieutenans principaux & particuliers, auec Aduocat & Procureur du Roy, Greffiers, & autres charges, offices & supposts en dependans, le tout auec ressort de Bailliage, ou Seneschaussée, pour cognoistre ou en premiere instance des causes des priuilegiez, ou par appel des officiers ordinaires & inferieurs à eux, dont il sera parlé cy-apres.

b Ordonnance de Philippe le Bel.

Il y a des Prouinces, ou pays, qui n'ont qu'vn Seneschal, auec plusieurs sieges, qui pourroit estre appellé grand Seneschal, comme sont le Rouergue, le Quercy, l'Auuergne, l'Anjou, la Prouence, le Poictou &c.

Sieges Presidiaux. Dans le ressort des Bailliages & Seneschaussées, & en la ville capitale d'iceux, il y a des sieges de Iustice, nommez Presidiaux, establis sous le regne de Henry second l'an 1551, [a] composez d'vn President, & de certain nombre de Conseillers, Iuges & Magistrats; esquels sieges requierent pour le Roy les Aduocats & Procureur du Roy des Seneschaux, & les Conseillers desdits sieges sont aussi Assesseurs des Lieutenant ciuil & criminel ez cas & procez de la Iurisdiction ordinaire; & par l'Edict de leur institution, ils sont souuerains aux causes ciuiles qui n'excedent point la somme de deux cens vingt-cinq liures en principal, & dix liures de rente & en celles qui n'excedent point la somme de cinq cens liures en principal, & vingt liures de rente leurs iugements peuuent estre executez nonobstant l'appel, en baillant caution. Quant aux causes criminelles, leur establissement les rend aussi Iuges souuerains de certains cas appellez Presidiaux & Preuostables, commis par gens vagabonds, & sans-adueu, vols faits en chemin public, fausse monnoye & autres crimes; & sur les verbaux & captures faites par les Lieutenans du Preuost general de la Prouince establis dans les Dioceses, & l'information contre les preuenus rapportée au Lieutenant criminel, s'ensuit iugement de condemnation, qui est executé, sans autre permission des Cours de Parlement; [b] ce qui n'est point permis aux autres officiers ordinaires & inferieurs. Par autre Edict de l'an 1557. la Iurisdiction des Presidiaux a esté amplifiée iusques à 500. liures pour le premier chef & 1000. liures pour le second. L'Edict n'a esté verifié qu'au Parlement de Paris.

[a] A Rheims en Ianuier.

[b] Declaration du Roy Henry donnée en Auignon.

Les Presidens des sieges Presidiaux, pour marque de la souueraineté à eux attribuée, portent robes d'escarlate; & en aucuns sieges, [c] dont le ressort a plus d'estenduë, & les villes où ils sont establis, sont grandes, tous les Conseillers portent robes rouges, & le siege fait ses ouuertures à la sainct Martin, comme les Parlemens.

[c] Poictiers.

Les Cours de Parlement reçoiuent les appellations des Baillifs & Seneschaux, qui sont iuges mediats, comme nous auons dit, & iugent les appellations des officiers Royaux, dont nous parlerons à present; sauf en deux cas, le premier a esté desia mentionné, par l'establissement des sieges Presidiaux en France, qui cognoissent au premier & second chef de l'Edict, comme nous l'auons desia distingué. Le second est pour les causes criminelles, là où pour la punition plus prompte des preuenus, il n'y a que deux instances, & les prisonniers sont conduits auec leurs procez deuers les Cours de Parlement, lesquelles y procedent à l'instant, & tels affaires sont appellez procez de suite, où est à noter que la confirmation des Parlemens est necessaire en toutes condemnations, soit de mort, galeres, ou punition corporelle ou mesmes de la torture ou gehenne.

Officiers ordinaires, Royaux. Les officiers ordinaires, qui sont le premier degré de Iurisdiction en France, sont ou Royaux, ou des Seigneurs ayans Iustice. Les Royaux sont appellez diuersement dans les Prouinces du Royaume; en Normandie Vicomtes; au cœur de la France Preuosts, & anciennement Vicomtes & Preuosts, ou gardes de la Preuosté indifferemment, comme on dit, Preuosté & Vicomté de Paris, quoy que certains Autheurs [d] taschent de les distinguer: En Languedoc, Prouence, Dauphiné, Guyenne Viguiers; Chastellains en Poictou. Les noms de Vicomte & de Viguier marquent, qu'ils estoient Lieutenans & Vicaires des anciens Comtes, qui rendoient Iustice dans les Prouinces, ou villes principales. Ils sont communement de robe courte, & les Sentences s'inscriuent de leurs noms, & des Iuges, qui leur sont adioints, gens lettrez & de robe longue. Toutesfois si les Viguiers se trouuent estre Docteurs en Droit, il leur est permis d'exercer leur charge en ceste qualité, conioinctement auec les Iuges, comme il a esté iugé par plusieurs Arrests du Parlement de Toulouse. [e] Mais hors ces preiugez, les Viguiers en France ne semblent establis que pour la main forte de la Iustice, & comme aydes des Seneschaux, pour assembler le ban & arriere-ban. Ils ont accoustumé de porter vn baston en main, pour marque d'authorité, & de la force, ou de la robe courte. Les Preuosts, ou Viguiers, auec les Iuges, ont leurs Lieutenans & vn Procureur du Roy, auec autres ministres de la Iustice; & dans les villes, où aucuns Seneschaux sont seants, il n'y a que ce degré de Iurisdiction; ce qui a esté ordonné [f] & executé en quel-

[d] L'autheur du grand Coustumier.

[e] Viguiers de Limoux, Beziers, Vicz, &c.

[f] Ordonnance d'Orleans 1560.

ques endroits, par l'vnion des deux Iurisdictions. Dans la ville de Paris, il n'y a point d'autre Iurisdiction ordinaire, que celle du Preuost de Paris, auec ses Lieutenans ciuil & criminel; & à Poictiers, il n'y a que le Seneschal & siege Presidial.

Les officiers des Seigneurs, appellez communement iuges bannerets, pour les cas ciuils, ont les Seneschaux pour superieurs, & pour les criminels, les Cours de Parlement. Il y a certains cas Royaux, reseruez aux seuls Iuges & officiers du Roy, dont ils ne peuuent cognoistre. Il y a aussi certains fiefs de Duchez, ou Comtez, qui ont des Iuges mediats, appellez Seneschaux, ou Baillifs Ducaus, & Comtaus, cognoissans des appellations des officiers inferieurs, qui sont iuges des terres & Baronnies, dont le fief principal est composé; & de ces Seneschaux l'appellation est releuée immediatement aux Cours de Parlement. Les Seigneurs en leurs Iustices ont pour leur interest & celuy du public, des Procureurs & Aduocats Fiscaux & Iurisdictionels. Les Iustices du temporel des Ecclesiastiques y sont aussi; mais les officiers du Roy ont seuls la puissance executiue pour contraindre les sujets de sa Majesté à l'obseruation des constitutions de l'Eglise. Officiers des Seigneurs.

Le grand Preuost de France, ou Preuost de l'Hostel du Roy, auec les Preuosts de la Connestablie, des Mareschaux, ou de Camp, ont la perquisition, capture & information des crimes commis, ou dans la Cour & suite, ou dans les armées. Il y a des Preuosts generaux, ou Prouinciaux en France, & dans les Dioceses sont leurs Lieutenans assistez d'Archers, auec casaques & liurées, faisans leurs charges, captures, procez verbaux & information, dont les sieges Presidiaux sont les Iuges souuerains par l'Edict de leur establissement. Tous ces offices de Preuost ont ceste charge ancienne, qui prend son nom de leur principale fonction, en la perquisition & capture des larrons & voleurs publics. [a] Preuosts.

[a] ληστοδιῶκται. Latrunculatores.

Les peines en France consistent en amendes, au profit du Roy, & autres arbitraires, ou en bannissemens & en peines corporelles de fustigation, impression de la fleur de lys, retranchement d'vn membre du corps : la derniere punition consiste en la mort ciuile, ou naturelle; la ciuile est la condemnation aux galeres, qui est fort ordinaire en France: toutesfois elle peut estre à temps & pour certaines années, & le Roy en peut rappeller par letre, de mesme que du ban. La mort naturelle y est diuerse, suiuant les qualitez ou des crimes, ou des personnes. La condemnation au gibet, y est pour les personnes viles, ou pour les crimes plus infames. Les voleurs y sont communement condamnez à mourir sur vne rouë, par l'ordonnance de François premier. La peine de mort ordinaire pour la Noblesse & les gens de commandement en guerre, est de trancher la teste. Le feu est pratiqué contre les sorciers, & pour punir les crimes execrables. Les criminels de leze Majesté au premier chef y sont communement & d'ancienneté, tirez à quatre cheuaux, auec autres tourments dignes d'vn tel parricide & attentat. Peines.

Outre les Iuges ordinaires susmentionnez, il y a aussi en France certains Iuges, qu'on appelle de rigueur, & chartulaires, pour la contrainte des debiteurs obligez, suiuant la sousmission, & ce en diuers endroits du Royaume; comme en Languedoc, vn Iuge appellé des conuentions royaux seant à Nismes; vn seel mage à Carcassone; en Prouence, vn Iuge seant à sainct Marcellin; en Dauphiné, en Champagne & Brie, il y a aussi de pareils iuges & amendes rigoureuses, qui s'encourẽt faute de payer. Toutefois ces Iuges ont ressort & sousmission, pour n'auoir pas d'execution hors de ces termes; mais il y en a qui par la sousmission peuuent executer par tout le Royaume, comme est le petit seel de Montpellier, dont le statut porte que le Pape mesme s'y estant sousmis, peut estre contraint; & le Chastelet à Paris, là où toutes parties obligées par les Notaires de ladite ville, sont tenuës de respondre. Iuges de rigueur.

Il est à remarquer qu'en France, dans vn nombre tres-grand des offices, soit de Iustice & Magistrature, soit de finances, & autres, les François estans extremement portez à la recherche & possession des charges, comme ils ne manquent point d'argent, la venalité en a esté introduite, permise & tolerée par les Rois, qui se sont vendus les premiers, quoy qu'au commencement ils en fissent don aux personnes que le merite, ou la faueur leur recommandoient; ce que tesmoignent les marques qui en demeurent encores dans les prouisions des Rois, qu'ils donnent & octroyent tels, ou tels offices. On ne peut pas determiner sous quel des Rois vn tel changement est aduenu. Loüis douziesme vendit les offices des finances, & Venalité des offices.

sous François premier, la coustume a passé en toute sorte d'offices: de sorte que la chose est venuë si auant en France, que les plus grands deniers du Royaume s'employent quasi & consistent en l'acquisition & possession des charges publiques: ce qui donne moins de place à la vertu, & à l'estude des lettres. Ce qui fomente & entretient le traffic des offices dans le Royaume, est la seurté qui s'y trouue par le moyen du droit annuel, [a] que le Roy reçoit à chaque commencement d'année de tous ses officiers pour les dispenser des quarante iours qu'ils doiuent viure apres la resignation qu'ils ont faite de leurs offices entre les mains du Roy & de son Chancelier, admise; ce qui rend les offices comme hereditaires, & les reduit quasi en forme de patrimoine, comme il est arriué des fiefs & des Iurisdictions. Peu d'offices en France sont exempts de cét ordre general, sçauoir les chefs des Parlemens, & les officiers de la Couronne. A cause de ceste venalité permise, ou plustost pour la finance, que le Roy en reçoit, & parce qu'il vend luy-mesme les offices, comme nous venons de dire, il semble que c'est vne loy aujourd'huy en France, comme il a esté dit du Chancelier, qu'il n'y a que la mort, ou la forfaicture & condemnation qui puisse priuer vn officier de sa charge, quoy que le Roy die dans ses prouisions & lettres, qu'il donne & octroye l'office, tant qu'il luy plaira. Ce n'est pas la prouision en France qui fait l'officier, & luy donne rang, mais la réception, [b] où il appartient, sçauoir par les Cours de Parlement, & autres Cours souueraines du Royaume.

a Paulete, ou Palote.

b Loyseau l. 1. des off. ch. x.

Chambre des Comptes de Paris, & autres du Royaume.

Apres la Iustice ordinaire de France, souueraine & subalterne, suiuent les finances, qui ont aussi leur Iustice souueraine & inferieure. La premiere reside ez Chambres des Comptes, pour l'examen & closture d'iceux, & la Iustice qui en depend, suiuant les ordonnances du Roy; & ez Cours des Aydes, pour la Iustice distributiue, le litige & procez concernans les finances & deniers du Roy. La Chambre des Comptes de Paris est la plus ancienne, vniuerselle & autorisée, à l'instar de laquelle les autres qui sont en France, ont esté creées. Elle a esté composée anciennement de Clercs & de Lays, comme la Cour de Parlement; de mesme que leur institution & residence sont d'vn mesme Roy, sçauoir de Philippes le Bel. Le premier President estoit Archeuesque, Euesque, ou Prelat, & le second lay, qui estoit autrefois le grand Eschanson, ou Bouteiller de France. [c] On les nommoit Presidens & souuerains, comme elle a esté establie pour iuger souuerainement du fait des comptes, priuatiuement à toutes autres Cours & Iuges. [d] Elle a fait anciennement partie du Conseil du Roy, dans la necessité de son institution, pour les finances qui sont les nerfs de l'Estat. Ses bureaux, ou seances se distinguent, & sont d'vne authorité differente. Le grand bureau est composé de dix Presidens & soixante deux Maistres des Comptes, & y a premier & second bureau, esquels reside l'authorité & la Iustice de ceste compagnie. Le troisiesme bureau est des Correcteurs, qui sont au nombre de vingt-vn, prenans titre de Conseillers du Roy, comme les Maistres, [e] qui ont droit de reuoir les comptes desia clos, & y remarquer non seulement l'erreur de calcul, mais aussi les obmissions de recepte, en conferant celle des Receueurs generaux auec la dépence des Receueurs particuliers, & celles des Thresoriers de l'Espargne, auec la despence des Receueurs generaux, & ainsi des autres comptables prenans assignation à l'Espargne, s'ils font entiere recepte de tout ce que le Thresorier de l'Espargne employe sous leur nom, dequoy ils font rapport à la Chambre, [f] où ils sont assis auec les Maistres, pour opiner auec eux, & iuger les obmissions verifiées, ou les retentions des deniers du Roy par les comptables.

c Ordonn. de Charles VI. 14006. Ianu.

Henry de Sully grand Eschanson & second President 1317.

Estat de Philippes le Long

d Edict d'Aoust 1553. à Compiegne.

e Lettres du 13 Decembre. 1552.

f Charles VII. en Dec. 1454. à Melun.

Le troisiesme bureau est des Auditeurs, qui sont au nombre de soixante-six, & font le rapport des comptes qui sont à clorre & iuger en la Chambre, qui les leur a commis & distribuez. Ils y opinent les premiers, & ont voix deliberatiue sur chaque article, & sur les difficultez qu'ils y forment & releuent, escriuans eux mesmes les arrests sur les comptes. Il y a Procureur [g] & Aduocat general [h] du Roy; deux Greffiers & deux Notaires Greffiers, cy-deuant appellez Clercs; [i] Changeur du Thresor; Garde des comptes & Archifs; Garde des liures & registres; vn premier Huissier, qui est aussi Receueur des menuës necessitez de la Chambre, ayant droit de Chambelage sur tous les Seigneurs, qui entrent en la Chambre, pour y faire les foy & hommage des terres releuans nuëment du Roy; vn Receueur & payeur des gages des officiers; Receueurs generaux des restes des comptes; vingt-quatre Huissiers, ou Messagers des comptes, pour executer les mandemens de la Cham-

g Ordonn. de Charles VII. 1454.

h 1405.

i Ordonn. de Vernon 1318.

bre, & les ordonnances des Thresoriers de France. La cognoissance du domaine, celle des monnoyes & des aydes appartenoient anciennement aux officiers de ceste Compagnie; mais elles ont eu depuis leurs Iuges affectez, en la chambre du Thresor, Cour des Monnoyes & la Cour des Aydes.[a]

a Pasquier l. Recherches de la France.

La Chambre des Comptes verifie & enregistre tous Appennages des enfans de France, tous contracts des mariages des Rois, fils & filles de France, tous dons excedans la somme de trois mille liures, les pensions, lettres de naturalisation, remises, octrois, & generalement toutes chartres, Edicts, lettres patentes & prouisions à elle addressées, & concernans les finances du Roy, comme baux des fermiers, & choses semblables; & procede à la reception des Thresoriers de l'Espargne, des Thresoriers des parties casuelles, de l'ordinaire des guerres &c. des Thresoriers de France, Receueurs generaux des finances, & autres de son ressort, qui est beaucoup plus grand que celuy de la Cour de Parlement de Paris. Les Comptes de la maison du Roy, de la Venerie & Fauconnerie, Escuyrie, Argenterie, de la chambre aux deniers, de l'Espargne, de l'ordinaire & extraordinaire des guerres, de l'Artillerie, de la marine du Leuant & Ponant, des ligues des Suisses & Grisons, & autres y sont veus & iugez. Elle ne trauaille que par semestres, & auoit cy-deuant accoustumé d'enuoyer des Maistres & Auditeurs dans les Prouinces du Royaume plus esloignées, comme en Languedoc[b] & autres, pour y voir & examiner les comptes des receptes generales & particulieres qui leur estoient remis. Auant la reünion des pays & Duchez de Bourgogne, Normandie, & Bretagne, & des Comtez de Toulouse & de Prouence, ces Ducs & Comtes auoient leurs officiers, & chambres pour les comptes de leurs reuenus & finances; & depuis à l'exemple & forme de celle de Paris, en diuers temps & sous diuers Rois, les Chambres des Comptes de Dijon pour la Bourgogne, de Roüen pour la Normandie, de Nantes pour la Bretagne, de Grenoble, pour le Dauphiné & de Montpellier pour le Languedoc furent establis. Celle de Montpellier est erigée depuis peu de temps, & n'a esté reglée en ses fonctions, exercice & iurisdiction, soit auec la Cour des Aydes, qui estoit seante en la mesme ville, soit en elle mesme, & en ses diuers bureaux des Auditeurs & Maistres, que depuis certaines années. Celle de Grenoble pour le Dauphiné ne peut estre que posterieure à la donation faite par Humbert dernier Dauphiné de Viennois à Philippes de Valois, sous le nom de Philippes son fils puisné. Celle d'Aix pour la Prouence a tousiours esté vnie à la Cour des Aydes, où le fait des Comptes a la Iurisdiction des Aydes, d'autant que les Seigneurs de Prouence ayans eu vne Chambre des Comptes pour leurs terres, la Prouince estant reuenuë à la Couronne, il y eut Edict, par lequel la cognoissance & Iurisdiction contentieuse des tailles, aydes & finances, qui appartenoit auparauant à la Cour de Parlement desia establie,[c] fut attribuée à la Chambre des Comptes, qui à cause de ce fut nommée Cour des Comptes, Aydes & finances. Celle de Montpellier a esté assez longtemps seante separément de la Cour des Aydes, qui estoit dans la mesme ville, & auoit esté erigée quelque temps auparauant; mais depuis le mois de Iuillet 1629. il y a eu Edict du Roy regnant, par lequel ces deux compagnies ont esté iointes & vnies, sous vn pareil nom de Cour des Comptes, Aydes & finances; qui par autre Edict du Roy, a esté donné aussi à la Chambre des Comptes de Dijon, pour la Bourgogne, en luy attribuant la Iurisdiction contentieuse des Aydes, qui appartenoit à la Cour de Parlement, dont elle a esté distraite, comme nous auons dit auoir esté fait en la reünion de la Prouence à la Couronne. Celles de Roüen, Nantes & Grenoble, ont demeuré au mesme Estat. La Chambre des Comptes de Blois, pour le Duché d'Alençon & Comté de Blois, a esté des anciens Ducs d'Alençon & Comtes de Blois, & nonobstant la reünion de ces terres à la Couronne, qui fit supprimer l'Eschiquier d'Alençon, comme nous l'auons dit en traittant des Parlemens, elle a subsisté, & en l'appennage de Monsieur, frere vnique du Roy, qui comprend le Compté de Blois, il est en faculté de la supprimer, si bon luy semble. Pour les Comtes de la Nauarre, Bearn, Foix, Armagnac, &c. est establie à Pau vne chambre des Comptes, à laquelle par Edict de l'an 1624. celle de Nerac, pour l'Albret fut vnie.

b A Montpelier se void le tombeau d'vn Auditeur de Paris, lequel y deceda.

c Louys XI. 1501.

Les Chambres des Comptes susmentionnées ont le mesme pouuoir dans leur ressort que celle de Paris, pour examiner & clorre tous les comptes de leurs receptes generales & particulieres, Thresoriers ou Receueurs du domaine, fermiers generaux & particuliers des gabelles, foraine, equiuallens, & tous autres; receuoir les Thresoriers de France, Receueurs generaux & particuliers, Thresoriers du domaine, & tous autres officiers des finances; verifier tous dons & pensions, baux des fermes, lettres de naturalité &c. Elles seruent par semestres de Ianuier & Iuillet.

Cours des Aydes de Paris, & autres. La Cour des Aydes de Paris, selon aucuns & tient son institution du Roy Loüis Hutin. Henry second par Edict general [a] regla sa Iurisdiction,[b] pour iuger en dernier ressort des procez meus pour le fait des tailles, aydes, gabelles, equiualens, ou imposition de douze deniers pour liure, imposition foraine, tous octroys pour leuer deniers, munitions, garnisons, fortifications, auitaillemens, emprunts, decimes, dons gratuits, & generalement de tous deniers leuez par forme de subuention pour le fait des guerres, ou autrement. Loüis douziesme, dés l'an 1500. auoit ordonné de l'autorité & Iurisdiction de ceste Cour, & auant luy, le Roy Charles sixiesme,[c] dont le predecesseur Charles cinquiesme l'an 1379. en auoit formé le corps composé d'Euesques, & officiers lays, qui furent dits Conseillers & generaux, à cause des generaux des finances, qui estoient parmy eux. Elle ne fut au cõmencement que de huict personnes, sçauoir vn President Clerc, quatre Generaux, & trois Conseillers. Il y a aujourd'huy deux Chambres,[d] deux Presidens en chacune, vingt-six Conseillers & generaux, vn Procureur general, deux Aduocats generaux, vn Greffier, premier Huissier, & autres supposts.

a Mars 1551. Rheims.
b Boyer instit. de fin.
c Ord. 1381.
d François I. 1522.

Outre la Cour des Aydes de Paris, est encore celle qui a esté erigée à Montpelier dés l'an 1437.[e] sous Charles septiesme, elle a le mesme ressort que le Parlement de Toulouze, auec les mesmes attributions de Iurisdiction que celle de Paris, pour son ressort, & les finances de la Prouince du Languedoc. Elle est aujourd'huy vnie à la Chambre des Comptes, qui estoit seante en la mesme ville, comme nous auons dit cy-deuant. Celle de Roüen pour la Normandie a esté establie sous le mesme regne.[f] Le Roy Henry second,[g] à la suggestion & de l'aduis d'Antoine du Prat, son Chancelier, natif du pays d'Auuergne, institua celle de Montferrant audit pays. La cognoissance des Aydes, dans les ressorts des Parlemens d'Aix & de Dijon, a esté attribuée aux Chambres des Comptes, lesquelles y estoient desia; qui a esté comme vne nouuelle erection de Cours des Aydes, & vnion en mesme temps auec les Chambres des Comptes, dequoy nous auons parlé. Les Cours de Parlement de Grenoble, Rennes, Pau & Mets cognoissent du fait des Aydes, comme des autres cas ordinaires & pour le ressort du Parlement de Bordeaux, il y a vne Cour des Aydes establie depuis quelques années dans Agen par le Roy regnant & pour le Daufiné il y en a aussi vne establie à Vienne par Edict de l'an 1638. Les gens du Roy ez Cours des Comptes seruent ez deux bureaux de Iustice ou des procez, & des Comptes ou des finances; & n'ont point de semestre, comme au grand Conseil, là où les Aduocats generaux l'obseruent, & non le Procureur general.

e En Auril Philippi rec. d'Arr. Corbin, des Cours des Aydes.
f Charles VII.
g 1557.

Premiers Iuges des tailles & autres impositions. Les Cours des Aydes reçoiuent & iugent les appellations des Iuges inferieurs & subalternes de leur ressort & Iurisdiction, suiuant les Prouinces & les matieres, d'autant que dans les pays d'Estats, & là où les esleus ne sont point establis, comme en Languedoc, Prouence, Bourgogne, Bretagne & autres, les Seneschaux, Iuges Royaux & ordinaires, & les officiers mesmes des Seigneurs cognoissent du fait des tailles, aydes & autres impositions; & dans les autres Prouinces & pays où les Esleus sont establis, comme la Guyenne, le Roüergue, l'Auuergne, la Normandie & tout autre pays coustumier, ce sont eux qui en cognoissent en premiere instance, estans erigez dans les dioceses, & ressorts nommez Elections, en corps de Iustice, composé d'vn President, Lieutenans principal & particulier, certain nombre de Conseillers esleus, auec Aduocat & Procureur du Roy, Greffier & Huissiers outre les procez des tailles, ils sont aussi establis pour les asseoir & despartir par l'ordre, dont il sera parlé cy-dessus.

Les autres matieres, qui sont de la Iurisdiction des Cours des Aydes, ont leurs Iuges affectez en premiere instance, sçauoir les gabelles en plusieurs generalitez de France, qui sont du grand party, les Greneticrs & Controolleurs des greniers, qui font corps de Iustice; & dans les autres Prouinces, comme le Languedoc, la Prouence, Roüergue & autres, il y a des Visiteurs & Controolleurs generaux establis, pour estre les premiers Iuges des gabelles, ou leurs Lieutenans en diuers sieges, ou bureaux, & pour faire leurs visites & cheuauchées dans leurs despartemens. L'imposition foraine a de mesme ses premiers iuges, sçauoir les Maistres des ports, ponts, chemins & passages, ou leurs Lieutenans en diuers bureaux. L'equiualent a les siens aussi, nommez conseruateurs de ce droit-là, sauf en ce que par

Edict general ceste Iurisdiction a esté vnie à la Iustice ordinaire des Seneschaux & sieges Presidiaux, auec creation d'vn nouuel office de Conseiller esdits sieges, ce qui a esté executé en plusieurs ressorts.[a]

a Toulouse, Beziers &c.

Les Visiteurs & Controolleurs generaux des gabelles, & les Presidens aux esleus sont comme les Seneschaux des Cours des Aydes, estans chefs de ces Iustices-là, prestans serment de leurs charges en audience publique, comme les Iuges majes, ou Lieutenans ciuils ez Parlemens. Il est vray que tels Seneschaux ne sont point Iuges mediats & d'appellation, d'autant qu'en fait d'aydes, pour l'acceleration des deniers du Roy, comme ez cas criminels pour la prompte punition des crimes, il n'y a que deux instances, & n'est point loisible d'appeller deux fois, comme ez cas ordinaires par le droit commun on ne peut appeller trois fois.[b]

b Cod. ne lic. ter app.

Thresoriers de l'Espargne.

De la Iustice des finances, nous venons à sa recepte, maniement, Controollement, & autres ordres. La charge des Thresoriers de l'Espargne est celle où aboutissent toutes les autres receptes generales, pour receuoir & recueillir chacun d'eux, l'année de son exercice, tout ce qui s'espargne par toutes les Prouinces de France, les charges acquitées, & les necessitez du Royaume fournies. Elle est d'vne fonction fort belle & honorable, respondant aucunement à celle de l'ancien Empire, *Comes sacrarum largitionum*. Les deniers apportez deuers eux sont distribuez par leurs mains, ou de leurs Commis, selon les mandemens du Roy, tant pour la despense ordinaire de sa maison, qu'autre vniuerselle du Royaume. Ils ont vn estat fait par les Intendans des finances, contenant le sommaire de tous les deniers ordinaires & extraordinaires, dont le Roy fait estat durant l'année.[c] Tous leurs mandemens, rescriptions, assignations, ou promesses doiuent estre veuës & controollées par le Controolleur general des finances, & sans cela les Receueurs generaux, ausquels elles sont adressées, ne les peuuent acquiter, & la Chambre des Comptes n'y a point d'esgard. Ils ont eu de tout temps diuers Commis; mais les principaux par eux employez, ont esté erigez en titre d'office. Ils ont les Commis du comptant, & autres.

c Instr. des fin. de Iean le Grand.

Thresoriers des parties casuelles.

Le Thresorier des parties casuelles porte les deniers de sa charge en l'Espargne. Il est estably depuis l'introduction de la venalité des offices, qui sont en tres-grand nombre en France, soit ceux qui sont desia creés, soit ceux qu'on y crée de nouueau tous les iours; d'où vient que les deniers de ceste charge sont de deux sortes, l'vne pour les offices ja establis, pour les droits de resignation & prouisions, suiuant la taxe, qui en est faite au quatriesme ou huictiesme denier; & faute du payement du droict annuel, que le Roy reçoit des officiers, pour estre dispensez des quarante iours qu'ils doiuent viure apres leur resignation admise, l'office est vendu par le Roy, suiuant la taxe faite en ses parties casuelles, & les deniers receus par le Thresorier; tous lesquels deniers sont remis en l'Espargne, comme aussi les deniers du droit annuel appellé Paulette, sont receus par luy. Le marc d'or payé par les resignataires des offices est payé ailleurs, & destiné à l'ordre des Cheualiers du sainct Esprit. L'autre est en la creation des nouueaux offices vendus par le Roy, ou les partisans, qui en ont traité auec sa Majesté.

Thresoriers de l'ordinaire & extraordinaire des guerres.

Les deniers necessaires pour la guerre sont receus par deux sortes de Thresoriers, deux pour l'ordinaire des guerres, & deux pour l'extraordinaire. Le Thresorier general de l'ordinaire des guerres reçoit des Receueurs generaux du taillō, lesquels reçoiuent des particuliers establis en chaque diocese & eslection. Sa charge consiste au payement de la gendarmerie & compagnies entretenuës, gages des Commissaires ordinaires des guerres, Controolleurs generaux & prouinciaux, Preuosts des Mareschaux, & autres. Ils deliurent les deniers aux payeurs de chaque compagnie, ou leur baillent des mandemens sur les Receueurs generaux du taillon. Ces payeurs ont esté erigez en titre doffice par Henry second, auec gages & pareilles exemptions que le corps de la gendarmerie Françoise. L'extraordinaire des guerres consiste en la solde des Capitaines, Lieutenans, Enseignes, Sergens & soldats marchans en guerre, ou estans en garnison dans les places; au payement des reparations, fortifications & auitaillements des places de frontieres, & des parties inopinées dependantes du fait de la guerre, comme seruiteurs secrets, espions, Gentils-hommes & Capitaines appointez, le tout selon l'ordonnance du Lieutenant general du Roy, ou Gouuerneur de la Prouince. Les assignatiōs de ceste charge sont sur l'Espargne, ou sur les Receueurs generaux des fināces, par mandemēs & acquits. Les Commis du Thresorier general de l'extraordinaire de guerres sont obligez d'eſtre pres de la perſonne du Lieutenant General du Roy, du General d'armée, ou Gouuerneur de la Prouince. Ils ſont aujourd'huy en titre d'office, appellez Threſoriers prouinciaux, qui ne comptent qu'au Threſorier general, & doiuent auoir leurs Commis, appellez Clercs, qui eſt le terme ancien.

Receueur general des decimes.

Les decimes que le Roy leue ſur le Clergé de France, ont leurs Receueurs particuliers eſtablis dans les dioceſes, leurs Receueurs generaux ou prouinciaux creés en chaque Generalité, & vn Receueur general auquel tous les deniers ſont remis, commis par le Clergé, pour vn temps, & reuocable; qui paye vn tiers de ſa recepte en l'Eſpargne, vn tiers à l'Hoſtel de ville à Paris, & l'autre tiers au Clergé, auquel il compte de tout, lors de l'aſſemblée generale d'iceluy.

Chaque partie de deſpence en France a ſes Threſoriers ou Receueurs generaux, & ſes payeurs auec leur controolle; comme la Marine de Leuant & Ponant, pour les charges d'Admiral & de General des galeres; l'Artillerie, pour celle de grand Maiſtre; les ligues des Suiſſes & Griſons; l'Ordre du Roy; ſes œuures & baſtimens; les Mortes-payes, qui ont leurs Commis en titre d'office dans les Prouinces; la Chancellerie; les reſtes des comptes; les viures & munitions; les fortifications; les bois & foreſts; la gendarmerie; les Parlemens & autres Compagnies ſouueraines; les Vniuerſitez & Colleges; les ſieges Preſidiaux; le grand Conſeil &c. Les offices de finances & de recepte ſont les ſuſdits, outre ceux qui pourroient eſtre encores mentionnez pour clorre l'ordre & le gouuernement des finances de France dans toutes ſes Generalitez. Il y a eu Edict de l'an mil cinq cens ſoixante-ſix, [a] par lequel grande quantité d'officiers de finances, auec toutes les Chambres des Comptes, ſauf celle de Paris, eſtoient ſupprimez, & toutes les receptes generales du Royaume reduites à ſept; mais il ne fuſt pas executé.

a Charles IX.

Auant que de venir à la deduction & au denombrement des Generalitez, & des Bailliages & Seneſchauſſées de France, nous remarquerons quelques ſingularitez ſur les droits du domaine du Roy, concernans les Eſtrangers; ſur le payement, ou exemption des tailles, auec quelques eſtabliſſemens de la police vniuerſelle du Royaume.

Droicts d'Aubaine.

Les Aubains en France ſont hommes & femmes nez hors du Royaume, & par conſequent reputez eſtrangers, auec leurs enfans, en telle ſorte neantmoins que les lieux de leur naiſſance ſont cognus, comme eſtans ou voiſins, ou moins eſloignez; car autrement ils ſont nommez Eſpaues. A telles perſonnes le Roy a droit de ſucceder en tous les biens qu'ils auoient dans le Royaume, au temps de leur decez, bien qu'elles ſoient Nobles; ſi elles meurent ſans enfans legitimes; & ſi les enfans ne teſtent point, le Roy en eſt heritier. [b] Les lettres de naturalité octroyées par le Roy ſont vn remede contre ce droit, pour rendre les Aubains naturels François, & capables d'eſtre faits & rendus Citoyens de la ville où ils habitent. Ces lettres doiuent eſtre verifiées aux Chambres des Comptes, ayans eſté expediées en forme de chartre, & ſeellées en cire verte, [c] ſouz le payement de quelque finance, à conuertir en aumoſnes.

b Bacquet du dom.

c Loyſeau.

Ceſte loy d'Aubaine à certaines exceptions, 1. pour ceux qui ſont venus habiter dans le Languedoc, 2. pour les habitans du Duché de Bar qui eſt tenu en foy & hommage de la Couronne de France. 3. pour ceux de la Franche-Comté, venans habiter dans le Duché de Bourgogne; & pour le reſte du Royaume, ils n'õt beſoin que d'vne declaratiõ du Roy enregiſtrée en la Chambre des Cõptes, & nõ de lettres de Naturaliſation, de meſme que ceux des Pays-Bas. 4. pour les Cambreſiẽs, qui peuuent diſpoſer des biens acquis dans le Royaume, s'ils y decedent, [d] & s'ils meurent ſans teſter, leurs biens ſont à leurs parens, eſtans dans le Cambreſis, & les François demeurans en France ſuccedent à leurs parens eſtãs dans le Cambreſis, ez biens qui y ſont aſſis. 5. pour les Suiſſes, [e] Geneue & Montbelliard. 6. pour ceux d'Auignon. [f] 7. pour la Garde Eſcoſſoiſe, chefs, officiers & archers, [g] voire pour tous les Eſcoſſois, par lettres de François premier; [h] ce que la Cour de Parlement de Paris a verifié ſous deux modifications: la premiere eſt, tant que le Royaume d'Eſcoſſe demeurera dans la confederation & amitié du Roy: la ſeconde, que les François pourront iouyr de ſẽblable priuilege dans le Royaume d'Eſcoſſe. 8. pour les marchãds & autres Portugais; [i] ce que la Cour de Parlemẽt [k] verifia ſous ceſte charge qu'ils demeureroient en France, & la Chambre des Comptes verifia pour quelques particuliers, pourueu qu'ils fuſſent regnicoles. 9. pour les marchands eſtrangers frequentans les foires de Lyon & autres y faiſans leur reſidence. [l]

d Lettres du Roy.
e Louys XI. en Sept. 1481. Henry ſecond en Feu. 1551.
f Louys XII. en May 1479. Henry III. en Auignon en Dec. 1574.
g Henry II. en Nou. 1547.
h Iuillet 1558.
i Henry ſecõd Aouſt 1550.
k En Dec.
l Charles IX. verif. au Parl. de Paris 1574. Henry ſecond verif. au Parl. & Chamb. des Comptes 157.

a Philippi Rec. d'Arr. art
b L.C. de trib. & Vect.

Tailles reelles ou personnelles.

Dans les Prouinces de France, où les tailles sont reelles, comme en Languedoc, Prouence & Dauphiné &c. il n'y a lieu d'exemption pour aucun, & toute terre est presumée roturiere, s'il n'appert de noblesse, hommages & denombremens,[a] iusques là que les officiers de la Cour de Parlement de Toulouse, ayans pretendu immunité, les Estats du pays obtindrent lettres patentes du Roy, pour les y faire contribuer, ayans allegué leur conuention auec le Roy, apres le decez du dernier Comte de Toulouse, en la reünion du Languedoc à la Couronne, que le pays seroit gouuerné par le droit escrit, par lequel les tailles sont patrimoniales.[b] Aux autres Prouinces, où elles sont personnelles, il y a exemption en faueur des Ecclesiastiques, viuans clericalement;[c] des Nobles d'extraction & viuans noblement;[d] des domestiques & commensaux de la maison du Roy, seruans & non honoraires; des domestiques & commensaux des enfans de France, des gens du corps de la gendarmerie Françoise;[e] des Preuosts des Mareschaux, Lieutenans & Archers, compris sous la gendarmerie;[f] & pour la mesme raison, des Commissaires & Controolleurs des guerres, & payeurs des compagnies,[g] des Controolleurs generaux, Thresoriers, Commissaires, Preuosts & autres officiers & ministres de l'artillerie, reputez commensaux du Roy; des Monnoyeurs;[h] Recteurs des Vniuersitez, Docteurs, Regents, Professeurs & autres supposts; des Secretaires de la maison & Couronne de France;[i] des Presidens, Conseillers & gens du Roy des Cours souueraines.[k].

c Ordon. Moulins Oct. 1550.
d Charles VI. 1408.
e Ord. anc. & de l'an 1553 Char. IX. & Art. des Aydes.
f Edict de Henry second 1548.
g Edict d'Oct. 1552.
h Lettres pat. 1553. pour les monnoyeurs de Lyon.
i Decl. Louys XI. 1483.
k Charles neufiesme.

Police vniuerselle du Royaume.

Nous auons parlé des Estats generaux du Royaume, à la forme desquels & par les trois ordres, sçauoir le Clergé, la Noblesse & le tiers Estat, certaines Prouinces de France ont accoustumé de s'assembler, qui sont la Bretagne, la Bourgogne, le Languedoc, la Prouence & le Dauphiné. La Normande tient aussi quelque forme d'Estats. Le pays de Bearn, vny à la Couronne, s'assemble aussi par Estats. Le Roüergue qui est dans la Guyenne, & le pays de Viuarez dans le Languedoc, & quelques autres en France ont aussi leurs Estats & assemblée annuelle en la mesme forme. L'autorité du Roy y interuient, pour permettre la conuocation, & en faire l'ouuerture par les Gouuerneurs des Prouinces, Lieutenans de Roy & autres Commissaires pour sa Majesté, Conseillers d'Estat, & Intendans de Iustice, auec les Thresoriers Generaux de France, & y proposer les demandes du Roy, pour le secours d'argent, selon la necessité des affaires, & y faire lire les commissions enuoyées aux Deputez des trois ordres, pour imposer les sommes necessaires, dont le departement se fait sur tous les Dioceses, où les Mandas & ordres sont enuoyez en suite. Les Euesques de la Prouince s'y trouuent ou en personne, ou par leurs Vicaires: & le plus ancien d'iceux, ou vn Archeuesque y preside. Les Barons qui ont droit d'y entrer, par eux, ou leurs Procureurs, y assistent pour la Noblesse; & pour le tiers Estat, les Consuls ou autres Administrateurs des villes capitales, tant vieux que nouueaux, le premier de chaque année: & sur les requisitions des Deputez des trois ordres est dressé vn cayer des demandes de la Prouince, pour estre presenté au Roy, à l'issuë & separation de l'Assemblée, par personnes enuoyées deuers sa Majesté. La Prouince a ses Syndics generaux departis par Seneschaussées, auec vn Thresorier de la bourse. Les Dioceses ont leurs Syndics particuliers, & s'assemblent apres les Estats, tant pour le departement des sommes qui sont à imposer, qui a donné le nom d'Assiette à telles assemblées, que pour les autres affaires du Diocese, dequoy sont prises deliberations. Les Magistrats de la ville capitale en sont Commissaires ordinaires, & les Commissaires principaux ont leur charge & pouuoir des Estats de la Prouince, ou du Gouuerneur; ou les Thresoriers de France, des Generalitez du ressort, y sont commis par le Roy.[l]

l Edict d'Oct. 1631. pour le Languedoc.

Les Administrateurs des villes & Cõmunautez ont diuers noms en Frãce. Aux villes plus importantes ils sont appellez Escheuins, comme à Paris, Lyon, Roüen, Orleans, Rheims, Troyes, la Rochelle, Dreux, Niort, Poictiers, & dans les villes de Picardie, là où est estably vn Conseil politique de certain nombre d'Officiers perpetuels & à vie, qu'on appelle Pairs, Conseillers ou Gouuerneurs, & de ce corps sont pris les Escheuins & autres officiers de la Communauté. Le chef de ce Conseil & des Escheuins est le Maire,[m] lequel a grande autorité, & preste serment au Roy, entre les mains de ses officiers;[n] Bordeaux a ses Iurats & vn Maire, comme les autres villes de Frãce; Toulouse ses Capitouls, qui sont tous esgaux en pouuoir (comme sont les Escheuins en leurs quartiers de ville) & sont annoblis apres leur année. Les autres villes de la Guyenne, Prouence, Dauphiné & Languedoc, & iusqu'aux

m Major.
n Ord. 1559.

moindres lieux, ont leurs Consuls, dont le nom est pris des Romains, quoy que l'authorité en soit bien differente. Ils ont ceste faculté & priuilege octroyé par les Rois, que de porter robes rouges, auec le chaperon d'escarlate. Le nom & qualité de Maire ez principales villes de France, est pratiqué dans la capitale d'Angleterre. [a]

a Londres.

Iuges des marchāds. Pour iuger les differends qui arriuent entre les marchands, & pour raison de leur negoce, il y a des Iustices particulieres en France, establies pour en cognoistre sommairement, sans ministere d'Aduocats & Procureurs. Le Iuge des marchands à Paris est assisté de quatre Consuls, entr'eux ordonnez par Arrest du Parlement de Paris, [b] pour estre creés annuellement, auec attribution de Iurisdiction [c] souueraine, pour les questions & procez n'excedans la somme de cinq cens liures. Au dessus de ceste somme, la Sentence peut estre executée, & l'appellation en est plaidée au Parlement, ce qui fut aussi ordonné pour les villes du ressort, où pareils Iuges sont establis, sçauoir à Orleans, Angers, Troyes, Rheims, Bourges, Chaalons &c. Il y a aussi vn Prieur & des Consuls de la bourse commune à Toulouse, qui est souueraine iusqu'à pareille somme de cinq cens liures; vn Conseruateur & garde des foires de Lyon, auec des Iuges de la Bourse.

b 1563.
c Thuan. li. 59.

Il y a certains offices en France, seruans en Iustice, ou à la police, comme grand Arpenteur, Mesureur, Balancier, Visiteur, ou Roy des Merciers, qui ne font que leurs rapports aux officiers ordinaires, ou Consuls des villes, sans rien iuger ny ordonner.

Monnoyes. La monnoye a esté beaucoup plus forte sous les regnes passez, qu'elle n'est à present, puisque du temps de sainct Loüis la liure valoit vn escu d'or, [d] & en l'année mil quatre cens, elle valut vn franc d'or; qui seroit à present plus qu'vn escu sol. [e] Il y auoit anciennement des francs, liures, sols & deniers tournois, Parisis, Viennois, Manceaux, Nerets, des blancs Angeuins & Bourdelois, [f] des sols Morlais. [g] L'escu couronné du temps de Budée, sous François premier, ne fut estimé par Edict du Roy que trente-cinq sols, & estoit changé communement trente-huict sols; par Edict de Loüis douziesme, il fut estimé soixante, & changé soixante-cinq. Les testons sont vne monnoye commune à la France, à la Nauarre, Portugal, Milan, Genes, Dombes, & Lorraine, qui ne sont pas de si bon argent. Le Roy Henry troisiesme en a fait battre qui ont esté appellez testons de Pologne. Le bezant d'or est vne ancienne espece de monnoye, qui pouuoit valoir cinquante sols de nostre monnoye. [h] La liure a eu diuerses estimations en France, & sous Henry troisiesme, les liures tournois & les francs ont esté mesme chose, l'vn & l'autre reduit à vingt sols, & depuis l'an mil six cens deux par Edict du Roy Henry quatriesme, [i] le compte à escus a esté aboly en France, & celuy des liures restably. Il y eut lors vn Edict general pour les monnoyes. Les Edicts du Roy reglent la valeur des especes d'or & d'argent, & sont verifiez en la Cour des Monnoyes & ez Cours de Parlement; l'vsage & le cours parmy les marchands s'en rendent bien souuent les maistres, nonobstant les Edicts du Roy, qui y apportent reglement suiuant la necessité des affaires, & les guerres qui sont dedans ou dehors le Royaume, pour surhausser le prix & valeur des monnoyes d'or & d'argent; comme il a esté fait par Edict du Roy regnant. [k]

d Mathieu, vie de S. Louys
e Loyseau.
f Coust. de Solle tit. 4.
g Coustume de Bearn.
h Loyseau li. 1. c. 11.
i A Moulins en Sept.
k Mars 1636.

Poids. Le poids de marc, auquel on pese l'or, l'argent, & les grosses perles, n'a que huict onces en France, l'once comprenant vingt-quatre deniers, & le denier pesant vingt-quatre grains. [l] Le marc pese trois carats, le carat pris pour le tiers d'vne once, duquel poids de marc se seruent les changeurs, orfevres & monnoyeurs. La liure de Paris vaut seize onces, comme en Languedoc, à Roüen & à Orleans. Mais à Marseille, au Mans, Lyon & ailleurs, elle ne vaut que quatorze onces; aux autres villes de France, le poids en est different. Le marc d'argent du temps de Budée, fut taxé par Edict du Roy vnze liures tournois, & l'once vingt-sept liures & demy. Les marchands, changeurs & orfevres se trouuans differens sur ceste estimation Royale, Budée est interuenu & a augmenté celle du marc de quelque chose. Ceste diuersité d'estimation est prise de la differente temperature de l'argent, & de la difference de l'argent de la monnoye, d'auec celuy du creuset, [m] que les orfevres de Paris appellent Royal. L'once de Paris, dont se seruent quasi tous les marchands & orfevres de France, pese cinq cens soixante & seize grains Romains, autant que l'once de Rome & l'Attique pesoit de grains Attiques.

l Pinet sur Pline.
m Valcuiarium.

Mesures.

Lieües.

a Vigenere.

Les mesures sont aussi differentes en France, pour les arpents, les muids, boisseaux, aulnes, pas & pieds, voire pour les lieuës & distances des chemins. L'arpent de Paris est de cent perches, & la perche de vingt-deux pieds, [a] & le pied est plus grand d'vn demy poulce, que le pied Romain. Pour les lieuës, *Leuca*, les Gaulois ne mesuroient pas les chemins par compte de pas, & de milles, comme les Italiens aujourd'huy, & les Romains auparauant, mais par lieuës qui estoient de 1500. pas ou vn mil & demy. La moindre lieuë de France contient douze mille pieds de Paris & deux mille quatre cens pas. La plus grande est de vingt mille pieds de Paris, & quatre mille pas. Il y en a encor de plus longues, & celles des Prouinces esloignées de Paris, sont plus grandes de la moitié, ou d'vn tiers.

Postes.

Les postes sont establies en France depuis le Roy Loüis vnziesme, faisant la guerre contre le Duc de Bourgogne, & sont logées sur les grands chemins, ou en trauerse, de deux en deux lieuës, auec des cheuaucheurs, ou Maistres des postes establis, qui ont gages du Roy, payez sur ses finances en chaque Generalité, & qui fournissent deux cheuaux aux Courriers. Il a esté parlé ailleurs du Controolleur general des postes, qui en a l'intendance, direction & disposition, pour les loger, & pouruoir aux charges des Maistres de poste. Il y a outre ce des Messagers ordinaires, coches & courriers establis par bureaux ez principales villes du Royaume, pour le port des hardes, paquets & lettres, auec diligence & seureté.

Année.

b Amm. Marc. li. 15. & 16. Iornandes S. Hier. sur Ioel c. 3.

c 1563. à Paris.

d Thuanus li. 36.

e Scalig. de emend. temp. Cæsar de bell. Gall. Vinet. in Auson.

f Li. 16. c. vlt.

L'année commençoit autresfois en France à Pasques; mais sous le regne de Charles neufiesme il y eut Edict [b] portant qu'elle commenceroit doresnauant le premier de Ianuier. Les iours de Pasques estans incertains, à cause que c'est vne Feste mobile, ce compte engendroit de l'ambiguité ou de l'obscurité ez actes publics, soit volontaires, soit de Iustice, & la memoire des choses en estoit broüillée. [c] L'année des Gaulois commençoit en Septembre, comme celle des Hebrieux. Ils auoient aussi accoustumé de compter par les nuits, & non par les iours; [d] ce qui arriuoit de ce que leur année estoit lunaire, selon Scaliger, & n'auoit point d'embolismes, comme celles des Mahumetans: ce qui se recueille d'vn passage de Pline, [e] qui ne declare pas quel estoit le premier mois de l'année des Gaulois.

Generalitez de France.

Il y a esté parlé ailleurs des droits du domaine du Roy, qui estoient anciennement ses deniers ordinaires; & quoy qu'il ait esté presque entierement aliené, neantmoins il a ses Iuges, qui sont les Baillifs & Seneschaux; ses Directeurs, qui sont les Thresoriers de France en chaque Generalité; ses Clauaires, Thresoriers ou Receueurs, & ses Controolleurs dans les Vigueries, Seneschaussées, & autres ressorts. Les Thresoriers de France, qui auec les Baillifs & Seneschaux estoient comme iuges du domaine, par Edict du Roy regnant, le sont encore plus expressement, auec forme & corps de Iustice; mais cet Edict n'a pas esté encores executé pleinement. Les deniers ordinaires d'aujourd'huy sont de deux sortes, les vns se tirent du peuple & se leuent par officiers; les autres prouiennent des fermes. La France se diuise par Prouinces, ou gouuernemens pour les armes; en Parlemens pour la Iustice, & en Generalitez pour les finances. Les Generalitez sont au nombre de vingt & vne; & bien que Blois se nomme aussi Generalité, toutesfois à cause que c'est seulement pour le domaine & Comté de Blois, Chauny & Coucy, comme il se manioit sous Loüis douziesme, elle ne se met pas parmy les vingt & vne, qui sont Paris, Soissons, Orleans, Amiens, Chaalons, Tours, Poictiers, Limoges, Bourges, Moulins, Riom, Lyon, Roüen, Caen, Bordeaux, Nantes, Toulouse, Montpellier, Dijon, Aix, Grenoble.

Sous les quinze premieres Generalitez, il y a sept vingt-treize Eslections, & souz ces Eslections vingt-trois mille sept cens quatre-vingts dix-huict Parroisses, sçauoir

Sous Paris,	20 Eslect. & 1970 Parr.
Sous Soissons,	6 Eslect. & 1197 Parr.
Amiens,	6 Eslect. & 1270 Parr.
Chaalons,	9 Eslect. & 2707 Parr.
Orleans,	12 Eslect. & 1237 Parr.
Tours,	14 Eslect. & 1563 Parr.
Poictiers,	9 Eslect. & 1600 Parr.
Limoges,	9 Eslect. & 1600 Parr.
Bourges,	9 Eslect. & 532 Parr.
Riom,	4 Eslect. & 819 Parr.
Moulins,	7 Eslect. & 1281 Parr.

Lyon, 3 Eslect. & 722 Parr.
Roüen, 21 Eslect. & 2876 Parr.
Alençon, 9 Eslect. & 1426 Parr.
Caen, 15 Eslect. & 3508 Parr.
Bordeaux,

Ceste Generalité a esté diuisée par la creation nouuelle de la Generalité de Montauban, 11 Eslect. &

Ces Generalitez, Eslections & Parroisses ne sont point semblables ; de sorte qu'il y a des inesgalitez ; la plus grande estenduë, où le plus grand nombre portent quelquesfois le moins, à cause des infertilitez du pays, pauureté du peuple, ou autres occasions.

La Generalité de Bretagne [a] est composée de neuf receptes particulieres, qui sont autant d'Eueschez, & s'appellent receptes des Foüages, d'autant que les impositions se font par feux. Il y a en outre vne ferme ordinaire, qui s'appelle imposts & billets, qui se monte à vne notable somme. [a] Nantes.

Celle de Bourgogne [b] n'a aucune recepte particuliere, que celle de Bresse, Baugey & Veromey, pays annexez par l'eschange du Marquisat de Salusses fait par Henry quatriesme auec le Duc de Sauoye. [b] Dijon.

Celles de Toulouse & Montpellier pour le Languedoc sont composées chacune d'vnze receptes particulieres, qui sont autant de dioceses, ou Eueschez.

Celle de Prouence [c] n'a point de receptes particulieres. [c] Aix.

Celle du Dauphiné [d] a huict Bailliages, qui portent le reuenu du domaine à la recepte generale. [d] Grenoble.

Ces six dernieres s'appellent petites generalitez, non pour auoir moins d'estenduë que les autres : mais d'autant qu'elles portent moins que les premieres, elles se gouuernent par Estats.

Les quinze premieres, dans les Eslections qui en dependent, peuuent auoir treize à quatorze cens Esleus, pour asseoir & imposer les tailles, chaque Eslection estant composée de certain nombre de tels officiers, auec leurs chefs, & gens du Roy, comme nous auons dit, parlans de la Iustice des tailles & finances ; & toutes les generalitez ont leurs Receueurs generaux, anciens, alternatifs & triennaux, auec nombre de Thresoriers de France qui composent vn bureau, pour ordonner des finances dans leur ressort, où ils sont aussi intendans des gabelles, comme en Languedoc. En l'an 1612. les generalitez d'Amiens, Roüen & Montpellier n'en auoient qu'vnze, celle de Nantes deux, celle d'Aix sept, & celle de Grenoble cinq. Les autres en auoient dix ; mais aujourd'huy par les cruës & augmentations frequentes d'officiers, qui se font en France, le nombre en est accreu quasi par tout, & celles de Toulouze & Montpellier en ont iusqu'à dix-huict chacune, comme aussi celle de Montauban, qui est de nouuelle creation.

Receueurs generaux & particuliers des finances & tailles.

Il n'y eut au commencement, souz les regnes de Henry second & Charles neufiesme, & par leurs Edicts, que dix-sept Generalitez, pour lesquelles furent creés autant de Receueurs generaux, pour receuoir des particuliers establis en chaque diocese, premierement par commission des dioceses, & depuis en offices, ausquels Receueurs particuliers les deniers des tailles sont remis par les Collecteurs des Parroisses. Ils reçoiuent aussi les deniers du domaine, des mains des Thresoriers & Receueurs du domaine, & ceux aussi de l'equiualent, des mains des fermiers de ce droit, & remettent le tout en l'Espargne, apres auoir acquité les charges de la Prouince, consistans en gages d'officiers, & autre despense. Ils ont des Commis, Collecteurs, Clercs, & Huissiers des finances, pour la collecte, recepte, port & voicture des deniers, auec des Controolleurs generaux, ou prouinciaux, tenans registre & bordereau des especes, & vne clef du coffre. Les Controolleurs des receptes particulieres n'ont point d'exercice. Il y a aussi des Receueurs generaux & particuliers du taillon, dont les deniers sont remis au Thresorier general de l'ordinaire des guerres. Les receptes generales se font ez villes capitales des Generalitez, là où les Thresoriers de France sont aussi seans. Les Receueurs generaux des gabelles, quoy qu'il y ait vn fermier general de ceste imposition mise sur le sel, auec ceux de la foraine, dont les droits s'afferment aussi, reçoiuent les deniers de leurs charges, pour acquitter celles de la Prouince, consistans en gages d'officiers, & le surplus est payé en l'Espargne par les Fermiers, qui en comptent aux Chambres de Comptes de leur ressort. Les greniers à sel sont distribuez par toutes les villes de France.

a Henry second 1559.

Les Thresoriers de France, establis en chaque Generalité, se disent aussi generaux des finances, ausquels ils ont succedé, & ne sont point d'ancienne institution, a vn seul anciennement manioit toutes les finances de France; on institua depuis quatre Generaux des finances; & les dix-sept Generalitez anciennes establies, comme nous auons dit cy-dessus, ont formé & distingué le pouuoir de ces charges, qui les rendent directeurs des deniers du Roy, obligez de faire leurs cheuauchées, affermer & mesnager le domaine du Roy; auec droict d'entrer aux Cours des Aydes, pour y faire remonstrances, & joüir des priuileges des officiers des Chambres des Comptes. Thresoriers de France.

Sur le projet, ou estat abregé de la despense de l'Estat, & de la maison du Roy, signé de sa main, & d'vn Secretaire d'Estat, & le breuet de la taille, pour distribuer sur les generalitez du Royaume, ce qui se doit imposer annuellement (où se void ce que chacune d'icelles porte pour toute nature de deniers: sçauoir les quinze premieres Generalitez composées d'eslections, & les autres qui sont Nantes, Toulouse, Montpelier, Dijon, Aix & Grenoble, par commissions separées, qui sont leuës dans l'Assemblée des Estats) vne somme totale est arrestée, dont vn Extraict est enuoyé en chacune des Generalitez, auec vne lettre de cachet du Roy, & autre du Superintendant des finances, addressante aux Thresoriers generaux de France, pour departir la somme par les Eslections, ausquelles ils se sont dé-ja transportez: & les Esleus visitent peu apres les Parroisses, pour garder l'égalité recommandée par le Roy, augmentans les vns & soulageans les autres. Les Esleus reçoiuent pour l'imposition de la taille ordinaire, vne commission particuliere du Roy, signée d'vn Secretaire d'Estat; & pour la grande creuë les Thresoriers generaux de France en reçoiuent vne autre, sur laquelle ils font departement par les Eslections, & en enuoyent leurs commissions aux Esleus auec celles des tailles, sur la fin de l'année, afin que pour le commencement de l'autre le departement soit fait sur les Parroisses. Ce que les Esleus font en certaines Prouinces de France, les Assemblées des Dioceses, nommées Assietes, le font aux pays d'Estat, où le departement general a esté dressé sur les Commissions du Roy enuoyées au Gouuerneur de la Prouince, ou aux Thresoriers de France, lesquels dressent vn estat de la valeur des finances de leurs Generalitez; & sur iceluy est fait l'Estat du Roy, qui est enuoyé tant aux Thresoriers qu'au Receueur general, pour estre suiuy exactement, duquel resulte ce qui reuient de net au Roy, toutes charges déduites. Et c'est la premiere recepte de l'Espargne, la seconde prouient des fermes, comme nous auons posé cy-dessus, pour lesquelles la voye est plus courte au profit du Roy, qui demeure bien asseuré & cautionné de tous les Fermiers generaux de son Royaume, desquels nous auons parlé ailleurs.

Les Bailliages & Seneschaussées de France, selon le ressort de chaque Parlement, auec les sieges Presidiaux.

PARIS.

Le Chastelet de Paris, 12 sieges Royaux, siege Presidial.
Melun, six sieges Royaux. siege Presidial.
Meaux, trois sieges Royaux, siege Presidial.
Rheims, cinq sieges Royaux. siege Presidial & Bailliage de Gaudin.
Prouins, cinq sieges Royaux. siege Presidial.
Senlis, neuf sieges, siege Presidial, & Bailliage de Crespy.
Beauuais, trois sieges. Presidial.
Sens, trois sieges. siege Presidial.
Troyes, quatorze sieges. Presidial.
Vitry en Parthois, quatre sieges Presidial.
Amiens, dix sieges Presidial.
Abbeuille, cinq sieges, Presidial, & Bailliage de Branches.
Mont. Didier, Bailliage.
Boulogne, dix sieges, Presidial, & Bailliage d'Estappes, Calais & païs reconquis.
Chasteau-Thierry, quatre sieges, Presidial.
Chaumont en Bassigny, douze sieges.
Langres, Presidial.
Soissons, vn siege, Presidial.
Mante, deux sieges, Presidial.
Auxerre, vn siege, Presidial.
Laon douze sieges, Presidial.
Chaalons, trois sieges, Presidial.
Orleans, vingt-six sieges, Presidial.
Chartres, treize sieges, Presidial.
Blois, sept sieges,

Presidial.
Tours, huict sieges,
Presidial, & les Bailliages de Loudun & Amboise.
Angers, sept sieges,
Presidial.
La Fleche, six sieges,
Presidial, & Bailliage de Samées.
Le Mans, neuf sieges,
Presidial.
Poictiers, dix-sept sieges,
Presidial.
La Rochelle, trois sieges,
Presidial.
Bourges, sept sieges,
Presidial.
Moulins, douze sieges,
Presidial.
Saint Pierre-le-Moustier, quinze sieges.
Presidial.
La Marche, Seneschal, & siege Presidial à Gueret.
Riom, sept siege,
Presidial.
Clermont, six sieges,
Presidial.
Orillac, vnze sieges, Presidial.
Lyon, trente sieges, Presidial.
Forests, Bourg, Argental.
S. Ferrail, Chasteau fort.

Parlement de Roüen.

Roüen, Presidial, & dix sieges.
Caudebec, Presidial, six sieges.
Caux, Bailliage.
Eureux, Presidial, huict sieges.
Alençon, Presidial, vnze sieges.
Caën, Presidial, six sieges.
Constance, Presidial, vnze sieges.
Bailliage de Gisors, & siege
Presidial, quatre sieges.

Parlement de Rennes.

Rennes, Presidial, sept sieges.
Nantes, Presidial, six sieges.
Vannes, Presidial, neuf sieges.
Quinpercorentin, Presidial, 12. sieges.

Parlement de Dijon.

Dijon, Bailliage, &
Nuys.
Beaune.
Aussonne.
S' Iean de Laone.
Chalon sur Saone.
Mascon.
Autun.
Semur.
Montceuis.
Charrolles.
Auxois.
Aualan.
Rene-le-Duc.
Deinc en Brionnois.
La Montagne.
Bar sur Seine.
Gez.
Bellay.
Bourbon Lancis.
Bourg en Bresse, Presidial.

Parlement de Bourdeaux.

Bourdeaux, Presidial.
Aqs, Presidial.
Perigueux, Presidial.
Agen, Presidial.
Bazas, Presidial.
Condom, Presidial.
Briue, Presidial.
Angoulesme, Presidial.
Seneschaussée de Tulles.
Sainct Iean d'Angely.
Vserche.
Xainctes, Presidial.
Limoges, Presidial,
septante quatre sieges Royaux.

Parlement de Grenoble.

Grenoble, Bailliage de Grasiuaudan, & Vienne.
Romans.
Valence.
Montlimar.
Ambrun.
Gap.
Nyons.
Die.
Crest.
Chabeul.
S. Marcelin.
Briançon.
trente-trois sieges Royaux.

Parlement de Toulouze.

Seneschal & siege Presidial.
de Toulouse.
Carcassone Seneschal, &
Presidial, auec
Besiers, Presidial.
Castelnaudarry, Seneschaussée de Lauragais.
Ville-franche en Roüergue.
Cahors en Quercy, cinq sieges
Royaux.
Montauban.
Tarbe en Bigorre.
Senesch. d'Armagnac.
Gouuerneur & Senesch. de Mõtpelier.
Nismes, Seneschal & siege Presidial.
Seneschal du Puy.
nonante sieges Royaux.

Parlement d'Aix.

Vn seul Seneschal de
Prouence, point de
Presidiaux, trente sieges
Royaux, ou Iudicatures.

Le denombrement des receptes particulieres, ou des Eslections, qui sont quasi toutes autant de Dioeceses ou sieges d'Eueſché, n'a point eſté fait cy-deſſus auec celuy des Generalitez ou receptes generales des finances. Le rolle des Eueſchez de France, qui ſera baillé cy-deſſous, ſuffira pour ce regard : Et quant à celuy des Paroiſſes ou clochers de France, qui ſont autant de Collecteurs de Tailles, qu'on eſtime ſe monter à plus de vingt-deux mille, il ſeroit ennuyeux, & d'vne cognoiſſance aſſez inutile, ſoit aux François, ſoit aux eſtrangers. Le nombre des Eueſchez, Baillifs & Seneſchaux, auec celuy des ſieges Preſidiaux par les reſſorts des anciens Parlemens de France, ſuffira de meſme pour marquer l'eſtenduë de ce Royaume & de ſa Iuſtice, en vn nombre infiny de ſieges de Iuſtice Royale, ou autres qui ſont en France, auec vn fort bel ordre pour l'adminiſtration & diſtribution d'icelle aux ſubjets du Roy.

Princes, Seigneurs & maiſons illuſtres de France.

COmme le Royaume de France eſt de grande eſtenduë, & de fondation tres-ancienne, il ne peut eſtre qu'il ne ſoit garny de grand nombre de Nobleſſe, auec tiltres anciens de leurs terres, & extractions ; le dénombrement en ſeroit trop long, & requerroit vn iuſte volume. Il y a des hommes ſçauans & curieux, qui ont compoſé pluſieurs bons liures ſeruans à cette cognoiſſance[a]. Les tiltres anciens des Pairries en Duchez & Comtez, ſoit des ſix Pairs de France Laics, ſoit autres qui ont eſté reünis à la Couronne, n'ont point aujourd'huy de maiſon qui ſubſiſte, pour la pouuoir mettre icy. Tels ſont les Duchez & Pairries de Bourgogne, reüny à la Couronne ſous le Roy Louis vnziéme, l'an mil quatre cens ſeptante ſix, par la mort de Charles dernier Duc de Bourgogne, tué deuant Nancy ; de Normandie, reuenu à la Couronne ſous le Roy Charles ſeptiéme ; de Guyenne, par le decez de Charles, frere de Louis vnziéme, ſans enfans ; les Comtez de Toulouſe & de ſainct Gilles ; de Flandres, & de Champagne ; le Duché d'Anjou, reüny à la Couronne par le decez ſans enfans de François frere du Roy Henry troiſiéme ; d'Alençon, par le decez du meſme ; le Duché de Bretagne, reüny par le mariage d'Anne heritiere auec Charles huictiéme & Louis douziéme, & par lettres de François premier, de l'an 1537. Ceux de Berry & de Bourbon[b] ; les Comtez de Poictou, de la Marche, d'Eureux, reuenus à la Couronne par l'aduenement à icelle de Philippe le Long, & Charles le Bel ; Maſcon par la mort de Charles, Duc de Bourgogne, ayant eſté baillé auparauant par le traité d'Arras à Philippe le Bon ſon pere ; Foix, Albret, & Armaignac ; par l'aduenement à la Couronne du Roy Henry 4. Artois, qui n'eſt plus de la Couronne, & autres terres & Duchez ſimples reünis à la Couronne, comme la Touraine, &c. Les autres Duchez & Pairries ſont à preſent, ou tiltre de maiſon en France, ou joüis par des Princes & Seigneurs du Royaume. aux Ducs & Pairs que nous baillerons, apres les Princes, nous garderons à peu pres le temps de leur erection, ou en Duché ſimple, ou en Pairrie, ſelon la cognoiſſance que nous en auons euë.

[a] Sceuole, & Louis de S. Marthe, hiſt. generale de France. Du Cheſne.

[b] L'an 1552. à Nantes.

Les Princes en France ſont ou du ſang & de la Couronne, ou eſtrangers. En teſte des premiers qui ont fait branche dans la maiſon Royale, ſous le 1. tiltre des terres baillées en appénage à leurs deuáciers, peut eſtre mis le frere vnique du Roy Louis XIII. à preſent regnant heureuſement, & les Princes & Seigneurs ſuiuront, en y gardát vn ordre, ſans preiudicier à leurs rãgs & ſeãces, ny à l antiquité des familles.

Gaſton-Iean-Baptiſte, frere vnique du Roy, Duc d'Orleans, de Chartres & de Valois, Comte de Blois, Limours & Mont-le-hery, Gouuerneur & Lieutenant general du Roy au pays d'Auuergne. Il fut marié l'an 1626. auec Marie de Bourbon ſouueraine de Dombes & Ducheſſe de Montpenſier, fille & heritiere de Henry de Bourbon Duc de Montpenſier, & de Henriette de Ioyeuſe, dont il a vne fille vnique nommée Anne Marie.

Henry de Bourbon ſecond du nom, Prince de Condé & de Conty, Duc d'Anguyen & de Chaſteau-roux[c], Comte de Valery & de Clermont en Beauuoiſis, Baron de Craon, Rochefort, la Chaſtre-Boumiers, ſainct Maur, &c. Gouuerneur & Lieutenant general pour le Roy en Bourgogne. De Charlote-Marguerite de Montmorency, fille de Henry Duc de Montmorency Conneſtable de France, il a eu deux fils ſous les tiltres de Duc d'Anguyen, & du Prince de Conty, & Anne de Bourbon mariée en 1642. auec Henry d'Orleans Duc de Longueuille.

[c] erigé par Louys 13. 1616.

Charles de Valois, Duc d'Angoulesme, Comte d'Auuergne, de Ponthieu & de Clermont, Pair & Colonnel general de la Caualerie legere de France, fils naturel du Roy Charles neufiesme. De Charlote de Montmorency, fille de Henry Duc de Montmorency Connestable de France, il a Louys de Valois Comte d'Alez Gouuerneur de Prouence.

Cesar Duc de Vendosme, de Beaufort [a], d'Estampes, de Mercœur [b], &c. fils naturel du Roy Henry quatriesme. De Françoise de Lorraine, fille vnique d'Emmanuel de Lorraine Duc de Mercœur & de Ponthieure [c], & de Marie de Luxembourg, Dame de Martigues; Il a deux fils sous les tiltres des Ducs de Mercœur & de Beaufort. [a] Erigée par Henry 4. 1597. [b] Erigée par Char. 9. 1569. [c] Par le mesme.

Henry de Bourbon Euesque de Metz, & Abbé de Sainct Germain des prez, fils naturel du Roy Henry quatriesme.

Henry d'Orleans Duc de Longueuille & d'Estouteuille, Pair de France, Comte souuerain de Neuf-chastel & Vallangin, de Dunois, Chaumont & Tancaruille, Prince de Chastel-aillon, Connestable hereditaire de Normandie; yssu de Iean d'Orleans Comte de Dunois & de Longueuille, grand Chambellan de France, fils naturel de Louys Duc d'Orleans frere du Roy Charles sixiesme. Il a esté marié auec Louyse de Bourbon sœur de Louys de Bourbon Comte de Soissons, decedée en 1637. n'ayant laissé qu'vne fille, en secondes nopces, auec Anne de Bourbon.

Marie Duchesse de Neuers & de Retelois, fille de Charles de Gonzagues de Cleues, Duc de Neuers & de Retelois [d], Duc de Mantoüe, & de Montferrat, Prince du S. Empire, & d'Arches, de Thimerais & Portian, Marquis d'Isles, Comte d'Auxerre, Vicomte de sainct Florentin, &c. qui a porté les pleines armes de Mantoüe, à la croix patée de gueules, cantonnée de quatre aigletes de sable, becquées & membrées de gueules. [d] Par Henry 3. 1581.

Henry de Lorraine Duc de Guise [e], Pair de France, Prince de Ioinuille, &c. porte les armes de Lorraine qui sont d'or à la bande de gueules, chargée de trois allerions d'argent, escartelée de plusieurs autres alliances. [e] Erigé par François 1. 1527.

Claude de Lorraine, Duc de Cheureuse, [f] Pair & grand Chambellan de France. [f] Par Henry 2. 1555.

Charles de Lorraine Duc d'Elbœuf [g], Pair de France, Comte de Harcourt, marié auec Henriete legitimée de France, fille naturelle du Roy Henry quatriesme. Henry de Lorraine, Comte de Harcourt, marié auec Marguerite du Cambout de Pontchasteau. [g] Par Henry 3. 1581.

Charles Amedée de Sauoye, Duc de Nemours, de Geneuois & d'Aumale [h], Pair de France, Marquis de S. Sorlin & de sainct Rambert, Comte de Geneue, & de Gisors, Baron de Faussigny, de Beaufort & de Bray-sur-Seine. Il porte les armes de Sauoye, qui sont de gueules à la croix d'argent, l'escu brisé d'vne bordure siselée d'azur, escartelé de plusieurs autres. [h] Henry 2. 1557.

Henry de Sauoye de Nemours, Marquis de sainct Sorlin, Abbé de sainct Remy de Rheims.

Ducs & Pairs.

Henry de la Trimoüille, Duc de Thouars [i], Prince de Talmont, Comte de Laual, de Guines & de Benon, Pair de France, porte d'or au cheuron de gueules, accompagné de trois aigletes ou alerions d'azur, becqué & membré de gueules, deux en chef & vn en pointe. [i] Charles 9. 1563.

Les Marquis de Noirmonstier & de Royan sont de cette maison.

Louys Gouffier, Duc de Roüanés [k], Marquis de Boisy, porte d'or à trois jumelles de sable. [k] Charles 9. 1566.

Emmanuel de Crussol, Duc d'Vsez [l], Pair de France, Prince de Soyon, Comte de Crussol, Baron de Leuy, Florensac &c. porte fascé d'or & de sinople, qui est de Crussol, au premier & dernier party de Leuis, qui est d'or au cheuron de trois pieces de sable, au deuxiesme & troisiesme de Galiot-Genoüillac, qui est d'azur à trois estoiles d'or, posées en pal, escartelé d'or, à la bande de trois pieces de gueules, sur la tour de grands quartiers de gueules, à la bande de trois pieces d'or, qui est d'Vsez, [l] Charles 9. 1572.

Charles de Clermont de Tonnerre, Duc de Luxembourg & de Piney, [m] Pair [m] Henry 3. 1576. & 1581.

de France, porte de gueules à deux clefs d'argent en sautoir. Il a espousé Charlote-Marguerite, heritiere de Luxembourg.

a Henry 3. 1581. b Louys 13. Bernard de Nogaret de la Valette, Duc d'Espernon [a] & de la Valette [b], Pair de France, porte d'argent à vn arbre de sinople, escartelé d'autres alliances.

c Henry 3. 1588. Hercules de Rohan, Duc de Montbason, [c] Prince de Guyenne, Comte de saincte Maure, de Noastre & de Rochefort Baron de la Haye &c. porte de Rohan, qui est de gueules à neuf macles d'or 333. escartelé de Nauarre, & d'Eureux, sur le tout de Milan.

d Henry 4. 1603. Marguerite, Duchesse de Rohan, [d] Princesse de Leon, Comtesse de Porhouet, fille vnique de Henry de Rohan Duc & Pair de France, & de Marguerite de Bethune, porte comme dessus.

e Henry 3. 1589. Charles de Leuy, Duc de Ventadour, [e] Pair de France, Comte de la Voulte, de Vauuert &c. porte d'or à trois chevrons de sable.

Le Marquis de Mirepoix, Seneschal de Carcassonne en Languedoc, & Mareschal de la Foy, & le Vicomte de Leran sont de cette maison.

f 1581. g Charles 9. Henry de Gondy, Duc de Rais [f] & de Beaupreau, [g] Pair de France, Marquis de Besle-Isle & des Isles d'or, &c. porte d'or à deux masses d'armes de sable, liées de gueules, & passées en sautoir.

h Henry 4. 1606. Maximilian François de Bethune, Duc de Sully [h], Pair de France, Marquis de Rhosny, Prince d'Henrichemont & Boisbelle &c. porte d'argent à la fasce de gueules, escartelé d'autres maisons.

i Louys 13. 1620. Roger, Duc de Bellegarde [i] Pair de France, porte d'azur au lyon couronné d'or, qui est de S. Lary, escartelé de Bellegarde, qui est d'azur, à la cloche d'argent, & d'autres maisons. Le Baron de Termes est de cette maison.

Federic Maurice de la Tour, Duc de Buillon, Prince de Sedan, Vicomte de Turene, porte d'azur, semé de fleurs de lys d'or, à la tour d'argent.

Henry de la Mark, Duc de Buillon, Comte de Maulevrier porte d'or, à la fasce eschiquetée d'argent & de gueules de trois traicts, escartelé d'autres maisons.

k Louys 13. François de Blãchefort de Crequy, Duc de Lesdiguieres [k], Comte de Sault, Pair de France, Gouuerneur du Dauphiné fils de Charles de Crequy & de Françoise de Bonne, fille de François de Bonne, Duc de Lesdiguieres & Connestable de France, porte d'or au Crequier de gueules escartelé de Blanchefort qui est d'or à deux lyons Leopardes de gueules, de Bonne, & d'autres maisons.

l Louys 13. Louys d'Albert, Duc de Luynes [l], Pair de France, Marquis d'Albert ou d'Ancre, Baron de Lesigny, porte d'or, au lyon de gueules couronné d'or.

m Louys 13. Honoré d'Albert, Duc de Chaulnes [m], Pair & Mareschal de France, Gouuerneur de Picardie & de la Citadelle d'Amiens. Il a espousé Charlotte d'Ailly, heritiere de Pequigny, & porte comme dessus, escartelé d'Ailly, qui est de gueules, au chef eschiqué de trois traicts d'argent & d'azur.

n Louys 13. Claude, Duc de S. Simon [n], Pair de France, porte de sable, à la croix d'argent, chargée de cinq coquilles de gueules.

o Louys 13. 1617. p Louys 13. François, Duc de la Rochefoucaud [o], Prince de Marsillac, Pair de France [p], porte burelé d'argent & de gueules de dix pieces, à trois chevrons de gueules, brochans sur le tout.

q Louys 13. François de Cossé, Duc de Brissac [q], Pair de France, porte d'or à trois scies de sable en sautoir.

r Louys 13. George de Branquas, Duc Villars, [r] porte d'azur à vn pal d'argent, chargé de trois tours de gueules, l'vne sur l'autre, accompagnées de quatre pates de lyon d'or, mouuans des quatre coins de l'escu.

Marie de Vignerot, Duchesse d'Aiguillon, porte d'or à trois hures de sanglier, escartelé d'argent à trois chevrons de gueules, qui est du Plessis de Richelieu.

s Louys 13. Iaques Nompar de Caumont Duc de la Force [s], Pair & Mareschal de France, porte d'azur, à trois leopards d'or mis en fasce, couronnez, lampassez & armez, de gueules.

Les Mareschaux de France ont droit de porter ou prendre la couronne de Marquis, non de fief, s'ils ne sont tels, mais d'office, & de preceder les Marquis; c'est pourquoy on leur peut donner place en cet endroit, comme nous en baillons

baillons le denombrement de tous ceux qui sont aujourd'huy, auec le nom de leurs familles, & le blazon de leurs armes.

Nicolas de l'Hospital, Marquis de Vitry, Mareschal de France [a], porte de gueules au coq d'argent, cresté, membré & becqué d'or. a 1617.

Honoré d'Albert, Mareschal de France [b], cy-dessus en la liste des Ducs & Pairs. b 1619.

Jaques Nompar de Caumont, Mareschal de France [c], de mesmes c 1622.

Gaspar de Colligny, Comte de Colligny-Chastillon, Mareschal de France, porte de gueules, à l'aigle esployé d'argent, couronné & membré d'or.

François de Bassompierre, Marquis d'Haroüet, Mareschal de France [d], porte d'argent à trois cheurons de gueules. d 1622.

Timoleon d'Espinay, Seigneur de sainct Luc, Comte d'Estelan, Mareschal de France, porte d'argent au cheuron d'azur, chargé d'onze besons d'or, escartelé d'autres maisons.

François Annibal d'Estrée, Marquis de Cœuures, Mareschal de France, porte d'argent freté de sable au chef d'or, chargé de trois merlettes de sable.

Vrbain de Maillé, Marquis de Bresé Mareschal de France [e], porte à trois fasces ondées de gueules. e 1615.

Charles de Schomberg, Comte de Nantueil, Mareschal de France [f], Gouuerneur de Languedoc, porte d'or, au lyon coupé de gueules & de sinople. f 1632.

Charles de la Porte, Seigneur de la Mesleraye grand Maistre de l'Artillerie, Gouuerneur de Bretagne, Mareschal de France [g], porte de gueules, à vn croissant d'hermines. g 1637.

Antoine de Gramont, Comte de Guiche, Mareschal de Franche [h], porte d'or au lyon coupé de gueules. h 1635.

Iean Baptiste Budes, Comte de Guebriant, Mareschal de France [i], porte d'or à 7. macles d'azur, 3. en chef 3. en pointe, & vn au milieu, my-parti fuzelé d'argent & de gueules, & escartelé de plusieurs alliances. i 1642.

De la Mothe Seigneur de Houdancour, Viceroy de Catelogne, Mareschal de France [k]. k 1642.

Armand, Duc de Richelieu, Pair de France, porte d'argent à trois cheurons de gueules. Il est petit nepueu d'Armand-Iean du Plessis Cardinal Duc de Richelieu.

Armand de Maillé, Duc de Fronsac & de Caumont, Pair de France, porte d'or à trois fasces ondées, de gueulles. Il est nepueu du Cardinal Duc de Richelieu.

Honorato Grimaldy, Prince de Monaco Cheualier des deux ordres du Roy, Duc de Valentinois [l], Pair de France, porte losangé d'argent & de gueules. l 1642.

En suite des Princes, & Ducs tant erigez en Pairrie que simples, nous pourrions faire quelque dénombrement des Marquis, Comtes, Vicomtes & Barons du Royaume, par toutes les prouinces, qui ne pourroit estre que fort long, & ne seroit point entier pour la grande quantité de maisons nobles & anciennes de France, & les erections frequentes qui ont esté faites en ces tiltres d'honneur, ioint que plusieurs en prennent la qualité, sans en auoir l'erection. Nous nous contenterons de bailler le dénombrement de quelques-vns, auec le nom de leurs familles & le blazon de leurs armes, comme nous en auons cognoissance, sans aucun prejugé de leurs rangs ou de l'ancienneté de leur extraction, comme nous auons cy-deuant dit pour les Princes, & Ducs & Pairs.

Marquis.

LE Marquis de Thury [m], Chef du nom & armes pleines de Montmorency, qui sont d'or à la croix de gueules, cantonnés de seize alerions d'azur. La terre est située en Normandie. De cete maison sont yssus des Ducs & Pairs, Connestables, Mareschaux & Admiraux de France. m Erect. de Henry 4.

Le Marquis de Nesle en Picardie, du nom de Laual-aux-Espaules, porte d'or à la croix de gueules, chargée de quatre coquilles d'argent & d'vne fleur de lys d'or en cœur, cantonnée de seize alerions d'azur, qui sont les armes de la maison de Laual, & la fleur de lys, celles de la mison des Espaules.

Le Marquis d'Asserac, en Bretagne, Chef du nom & d'armes de Rieux, qui sont d'azur, à cinq bezans d'or, mis en sautoir. Les Marquis de Chasteau-neuf & Sourdiac, sont de cette maison.

Le Marquis de Curton, en Guyenne, Chef du nom & armes de Chabanes, qui sont de gueules au lyon d'hermine, armé, lampassé & couronné d'or. Il y a eu vn Mareschal de France.

Le Marquis d'Alegre, en Auuergne, Chef du nom & armes d'Alegre, porte de gueules à la tour d'argent, maçonnée de sable.

Le Marquis de Galerande, en Anjou, Chef du nom & armes de Clermont d'Anjou, porte d'azur à trois chevrons d'or.

Le Marquis de Lesé, en Anjou, du nom de Laual, porte d'or à la croix de gueules, chargée des cinq coquilles d'argent, cantonnée de seize alerions d'azur. Le Marquis de Sablé est de cette maison. Il y a eu vn Mareschal de France, Seigneur de Boisdaufin.

Le Marquis de Mirebeau, en Bourgogne, du nom de Chabot, porte d'or à trois chabots de gueules en pal, second & premier. Il y a eu vn Admiral de France en cete maison.

Le Marquis de Malause en Guyenne, du nom de Bourbon, porte de Bourbon, à la barre d'argent.

Le Marquis de Gordes en Dauphiné, du nom de Simiane, porte d'or, semé de tours & de fleurs de lys d'azur.

Le Marquis de Brezé, en Anjou, Mareschal de France, Chef du nom & armes de Maillé, porte d'or, à trois fasces ondées de gueules. Le Marquis de la Flosseliere en Poictou & de Carman en Bretagne, sont de cette maison.

Le Marquis de Mortemar, en Limosin, du nom de Roche-choüart, porte ondé en fasce de six pieces de gueules & d'argent.

Le Marquis du Bellay-Thouarse, en Anjou, Chef du nom & armes du Bellay, Prince d'Yuetot, porte d'argent à la bande fuzelée de gueules, accompagnée de six fleurs de lys d'azur, mises en orle, trois en chef & trois en pointe.

Le Marquis du Molac, en Bretagne, du nom de Rosmadec, porte palé d'argent & d'azur, de six pieces.

Le Marquis de Moncaurel, en Picardie, du nom de Monchy, porte de gueules à trois maillets d'or, deux en chef & vn en pointe.

Le Marquis de Guercheuille, de Liancourt, du nom de Plessis, porte d'argent à la croix engrelée de gueules.

Le Marquis de Themines, en Languedoc, du nom de Lozieres, porte d'argent à vn ozier de sinople, escartelé d'autres. Il y a eu vn Mareschal de France.

Le Marquis de Canillac, en Auuergne, du nom de Beaufort, porte d'argent à la bande d'azur, accompagnée de trois roses de gueules, trois en chef & trois en pointe.

Le Marquis de Lansac & Balon au pays du Maine, du nom de Lusignan S. Celais, porte burelé d'argent & d'azur, qui est Lusignan, escartelé de cinq poincts d'azur, equipollez à quatre d'argent.

Le Marquis de Courtenuau, du nom de Souuray, au pays du Maine, porte d'azur, à cinq bandes ou cotices d'or. Il y a eu vn Mareschal de France.

Le Marquis de Ragny, en Bourgogne, du nom de la Magdelaine, porte escartelé au premier de la Magdelaine, qui est d'hermine à la bande de trois pieces, de gueules, chargée d'onze coquilles d'or : au second d'or, à la croix ancrée de gueules, qui est de Damas : au troisiesme de gueules, à trois bandes d'argent, qui est de Clugny : au quatriesme & dernier, de Bourgogne l'ancien, qui est bandé d'or & d'azur, de six pieces à la bordure de gueules.

Le Marquis de Vitry, du nom de l'Hospital, Mareschal de France, porte de gueules au coq d'argent, cresté, membré & becqué d'or soustenant vn escusson d'azur chargé d'vne fleur de lys d'or. Le Marquis de Choisi est de cete maison, auec le Seigneur du Hallier.

Le Marquis d'Archiac en Perigord, du nom de Bourdeille, porte d'or, à deux pates de griffon de gueules, onglées d'azur, posées en contrebande.

Le Marquis de Montespan, en Guyenne, du nom de Pardaillan-Gondrin, porte d'or, au chasteau de gueules, sommé de trois testes de More de sable, tortillées d'argent, qui est Gondrin, & outre d'argent au lyon de gueules à la bordure de sinople, chargée de sept escussons d'argent, qui est de Montespan.

Le Marquis des Arts en Prouence, du nom de Villeneuue, porte de gueules, freté de lances d'or, & semé d'escussons de mesme.

Le Marquis de Myossens, en Bearn, du nom d'Albret, porte escartelé de France & de gueules.

Le Marquis de Lauerdin, au Maine, du nom de Beaumanoir, porte d'azur, à vnze billettes d'argent, quatre en chef, trois en fasce, & quatre en pointe. Il y a eu vn Mareschal de France.

Le Marquis de Coetquen, en Bretagne, du nom de Coetquen, porte d'argent à trois bandes de gueules.

Le Marquis de la Mouffaye, en Bretagne, du nom de Goujon, porte d'argent au lyon de gueules, armé, lampassé & couronné d'or. Le Chef du nom & armes de cette maison est le Seigneur de Matignon, Comte de Torigny, en Normandie.

Le Marquis de Beuvron, du nom de Harcourt, en Normandie, porte de gueules à deux fasces d'or.

Le Marquis de Rambouillet & de Pisany, Chef du nom & armes d'Angennes, au Maine, porte de sable, au sautoir d'argent.

Le Marquis de Lugny de Tauanes, du nom de Saulx, porte d'azur au lyon d'or, couronné de mesme. Il y a eu vn Mareschal de France.

Le Marquis de Pralin, du nom de Choiseul, porte d'azur à la croix d'or, cantonnée de dix-huict billettes de mesme, cinq à cinq en chef, & quatre à quatre en pointe. Il y a eu vn Mareschal de France.

Le Marquis de Senecey, en Bourgogne, du nom de Bauffremont, porte vairé d'or & de gueules.

Le Marquis de Nangis, du nom de Brichanteau, porte d'azur à six besans d'argent, 321.

Le Marquis de Humieres en Picardie, du nom de Creuant, porte escartelé d'argent & d'azur.

Le Marquis de sainct Chaumont, du nom de Mite de Chevrieres porte d'argent à la fasce de gueules, party d'azur, escartelé de Mite, Miolans & Roussillon.

Le Marquis d'Oraison, en Prouence, du nom d'Oraison, porte escartelé de Foix, de Clermont, de Lodesue, de Santal, d'Oraison, & sur le tout de Cadenet.

Le Marquis de Palaiseau, pres de Paris, du nom de Haruille, porte de gueules, à la croix d'argent, chargé de cinq coquilles de sable.

Le Marquis de Traynel, en Champagne, de la maison des Vrsins, porte bandé d'argent & de gueules de six pieces, au chef d'argent, chargé d'vne rose de gueules, soustenuë d'or.

Le Marquis de Vardes, du nom du Bec, porte fuzelé d'argent & de gueules.

Le Marquis de Duras, en Guyenne, du nom de Durfort, porte d'azur, à la bande d'or.

Le Marquis de Nolet, en Bourgogne, du nom d'Aumont, porte d'argent au chevron de gueules, à sept merlettes de mesmes, quatre en chef aux deux costez du chevron, & trois en pointe sous le chevron, vn & deux. Il y a eu vn Mareschal de France en cette maison.

Le Marquis de Sainct Blancart, en Guyenne, du nom de Gontaut de Biron, porte escartelé d'or & de gueules en banniere. Cete maison a porté deux Mareschaux de France, & vn Duc & Pair.

Le Marquis de Mauny, du nom de la Mark, porte au premier & troisiesme de la Mark, qui est d'or à la fasce becquetée de trois traicts d'argent, de gueules : au 2. d'Auuergne, qui est d'or au gonfanon à pointes, de gueules : au dernier, de la Tour, qui est de France, à la tour d'argent.

Le Marquis de la Case en Guyenne, du nom de Pons, porte d'argent à la bande de sept pieces d'or & de gueules.

Le Marquis de Canisy [a], en Normandie, du nom de Carbonel, porte coupé en chef de gueules & en pointe d'azur, chargé de trois bezans de Bretagne, deux en chef & vn en pointe.

[a] Erigé par Louys 13. 1619.

Le Marquis de Hautefort, du nom de Hautefort, porte d'or à trois forces de sable, escartelé d'autres maisons.

Le Marquis de Peraut, du nom de Fay, porte d'or à la bande d'or, chargée d'vne foyne de sable.

Le Marquis de Fiefmarcon, du nom de Narbonne, porte de gueules tout plain, escartelé de gueules à vn lyon d'argent.

Comtes.

LE Comte de Sancerre, du nom de Bueil, porte d'azur au croissant montant d'argent à six croix recroisetées au pied fiché de mesme, escartelé d'autres maisons.

Le Comte de Monrevel, du nom de la Baume, porte d'or, à la bande d'azur viurée.

Le Comte de Roucy, du nom de la Roche-foucaut, porte d'or, au lyon d'azur.

Le Comte de Tonnerre, du nom de Clermont-Tallard, porte de gueules à deux clefs d'argent, passées en sautoir.

Le Comte de Grand-pré, en Champagne, du nom de Ioyeuse, porte pallé de six pieces d'or & d'azur, au chef de gueules, chargé de trois hydres d'or. De cette maison sont yssus deux Mareschaux & vn Admiral de France.

Le Comte de la Suze, du nom de Champagne, porte de sable freté d'argent, au chef d'argent, chargé d'vn lyon naissant de gueules, armé & lampassé d'azur.

Le Comte de Curson du nom de Foix, porte d'or à trois pals de gueules, escartelé d'autres maisons.

Le Comte de Vertus, Baron d'Auangar, premier Baron de Bretagne du nom de Bretagne, porte de Bretagne, escartelé d'autres maisons.

Le Comte de Lude, du nom de Daillon, porte d'azur à la croix d'argent fizelée.

Le Comte d'Aubijous, du nom d'Amboise, porte pallé d'or & de gueules de six pieces.

Le Comte de sainct Aignan, du nom de Beau-villiers, porte d'argent à trois fasces de simple, à six merlettes de gueules sur l'argent trois deux & vn.

Le Comte de Grignan, en Prouence, du nom d'Ademar de Monteil, porte d'or, à trois bandes d'azur, escartelé d'autres maisons.

Le Comte de Colligny-Chastillon Mareschal de France, & de Saligny, du nom de Colligny, portent de gueules à l'aigle esployé d'argent couronné & membré d'or. De cette maison sont sortis des Mareschaux, & vn Admiral de France.

Le Comte de Carces en Prouence, du nom de Pontenez, porte de gueules, au pont de deux arches d'or, maçonnées de sable.

Le Comte de Roussillon, du nom de Tournon, porte semé de France, party de gueules au lyon d'or.

Le Comte d'Ayen, du nom de Noüailles, porte de gueules à la bande d'or.

Le Comte de Nancy, du nom de la Chastre, porte de gueules à vne croix ancrée de vair. De cette maison sont sortis deux Mareschaux de France.

Le Comte de Crissé, du nom de Turpin, porte eschiqueté d'argent & de gueules.

Le Comte de Thianges, du nom de Damas, porte d'or à la croix ancrée de gueules.

Le Comte de Busset, du nom de Bourbon, porte de Bourbon, party d'autres maisons.

Le Comte de Suze, en Prouence, du nom de la Baulme, porte d'or à trois chevrons de sable, le chef d'azur au lyon naissant d'or.

Le Comte de Comarrin, du nom de Vienne, porte de gueules à l'aigle esployée d'or. Il y a eu vn Admiral de France.

Le Comte de Lauzun, du nom de Caumont, porte tiercé en bande d'or de gueules & d'azur.

Le Comte de Confolant de Chasteau-vieux, du nom de Vienne, porte de Vienne, comme dessus; party d'autres maisons.

Le Comte de Bieule, du nom de Cardaillac, porte de gueules au lyon d'argent, à l'orle de bezans de mesme.

Le Comte de Bernieules, du nom de Crequy, porte d'or, au crequier de gueules.

Le Comte de Monsoreau en Anjou du nom de Chambes, porte d'azur au lyon de gueules, l'écu semé de fleurs de lys d'argent.

Le Comte de Tillieres, du nom de Le Veneur, porte d'argent, à la bande d'azur chargée de trois sautoirs d'or.

Le Comte de Caramain, du nom de Monluc, porte d'azur, au loup d'or, escartelé d'or au tourteau de gueules. Il y a eu vn Mareschal de France.

Le Comte de Brassac, du nom de Gallard de Bearn, porte d'or, à trois corneilles de sable, membrées & becquetées de gueules, deux en chef & vne en pointe, escartelée entr'autres de Bearn, qui sont deux vaches passantes de gueules, accollées, accornées & clarinées d'azur.

Le Comte de Mont-gommery, du nom de Mont-gommery, porte de gueules à trois fleurs de lys d'or, escartelé de gueules, à trois coquilles d'or.

Le Comte de la Palisse de Sainct Geran, du nom de la Guiche, porte de Sinople au sautoir d'or. Il y a eu vn Mareschal de France.

Le Comte d'Estain, & Roüergue du nom d'Estain, porte de France, au chef d'or.

Le Comte de la Fueillade, du nom d'Aubusson, porte d'or, à la croix ancrée de gueules.

Le Comte de Riberat, en Perigord du nom d'Aydie, porte de gueules à quatre lapins d'argent, posez l'vn sur l'autre.

Le Comte de Rieux en Languedoc, du nom de la Iugie, porte d'or à vn lys au naturel de gueules, escartelé d'autres armes.

Le Comte de Charlus, du nom de Leuis, porte de Leuis party d'autres maisons.

Le Comte de Charny, du nom de Chabot, porte d'or à trois chabots de gueules, escartelé d'autres maisons.

Le Comte de Vignory en Bassigny, du nom de Quinquenpoix, porte de gueules à trois gemelles d'argent.

Le Comte de Blaignac, du nom de Iaubert-Barrault, porte d'or à la croix de sable, chargée de cinq gueules dargent.

Le Comte de Fontaine-Chalandray, du nom de Montberon, porte fascé d'argent & d'azur.

Le Comte du Roure, du nom de Roure-Grimoir, porte d'azur à la tour d'argent. Le Comte de sainct Remesy est de cette maison.

Le Comte de Clermont de Lodesue, du nom de Chastelnau, ou de Guilhesme porte escartelé au premier & quatriéme de gueules au chasteau d'or au second & troisiéme d'argent, au lyon de gueules.

Le Comte de Vauuieux, baron de Vaucelas, du nom de Cochefillet porte d'argent à deux leopards de gueules sur le tout, & escartelé de Bailleul & d'Hangest.

Vicomtes.

LA Vicomté de Turenne en Limosin Quercy & Perigord du nom de la Tour porte d'argent, semé de Fleurs de Lys d'or, a la Tour d'argent.

Le Vicomte d'Arpajon, en Roüergue, du nom d'Arpajon, porte de gueules à vne harpe d'or.

Le Vicomte de Polignac, en Auuergne, du nom de Polignac, porte fascé d'argent & de gueules de huict pieces.

Le Vicomte d'Auchy, du nom de Conflans, porte d'azur, semé de billotes d'or au lyon de mesme.

Le Vicomte de Brigueil, du nom de Creuant, porte escartelé d'argent & d'azur.

Le Vicomte de Sainct Girons, du nom de Narbonne, porte de gueules, escartelé d'autres maisons.

Le Vicomte de Pompadour, du nom de Pompadour, porte d'azur à trois tours ondé d'argent, 2 & 1.

Le Vicomte de Roche-choüart, en Poictou, du nom de Roche-choüart, porte d'argent & de gueules en fasce.

Le Vicomte de Rabat, du nom de Foix, porte d'or à trois paux de gueules.

Le Vicomte de Rouet, du nom de Roquefueil, porte d'azur, à trois roues d'or, 2. 1.

Le Vicomte de Comborn en Limosin du nom de Peyre Buffiere de la branche de Chasteauneuf.

Il y a grande quantité de maisons en France, qui sont d'vne noblesse ancienne, sans erection de leurs terres en dignité & tiltre de Marquis ou Comte, voire mesme de Baronnie; comme il y en a plusieurs aussi, qui en prennent le tiltre & la qualité, sans erection. Nous ne pretendons pas d'en faire vn dénombrement entier, qui seroit ennuyeux & difficile, à qui voudroit en auoir vne cognoissance exacte. Le nom de Baron, comme nous auons remarqué ailleurs, estoit anciennement plus releué & moins commun qu'il n'est à present; les Barons du Royaume en estoient les Seigneurs qualifiez, comme aujourd'huy pourroient estre les Ducs & Pairs, qui de six sont montez à beaucoup plus grand nombre. La mention que nous ferons de certaines familles nobles, qui sont en diuers endroits du Royaume, ne portera pas preiudice aux autres qui n'y seront pas nommées, & qui peuuent estre autant ou plus anciennes; ce que nous faisons pour abreger, ou pour n'en auoir pas cognoissance. Les Barons ou Seigneurs suiuans pourront estre adioustez à ceux dont nous auons rapporté cy-deuant les noms & les armes : D'Argenton, du nom de Chastillon sur Marne; de la Ferté, & de Valencay, du nom d'Estampes, de la Hunaudaye en Bretagne du nom de Rosmadec: De Liancourt, du nom de Plessis : De Guitry, du nom de Chaumont; de la Rocheposay, du nom de Chastenier; d'Aumont; de Coursillon, du nom d'Anjau; de Rambures; de Mailly; de Seneterre Louffard; du Vigean; de la Noüe; de sainct Forgeu, du nom d'Albon; de Rodes, du nom de Pot; de Renty; de Vignoles, la Hire; de Chambaut, la Tour de Gouuernet; de Roche-baritaut; Chasteaubriant; de Vesins; de Sainct Gelais; de Iarnac; Chabot; de Cauuisson, Nogaret; de la Fare; Murles-montlaur; Chantal-rabutin; du Pont S. Pierre, du nom de Roncheroles, de Digoine; Damas; de Breauté; de Reuillon-Ansienuille; de Vassé; de Bonneual; de Gaucourt; de Senas; Puy du Fou; la Chastaigneraye, du nom de Vaicouue; des Marests du nom de Dauuet, & plusieurs autres.

Parmy les familles de France plus cogneuës pour auoir depuis quelques siecles tenu des charges releuées dans le Conseil des Rois & dans les Parlemens, pour auoir esté les Ministres principaux de l'Estat, auec emplois & negociations deuers les estrangers, sont les suiuantes : De Huraut, Bellieure, Brulart, Seguier, de Thou, du Harlay, de l'Aubespine, Neufuille, Mont-holon, du Faur le Fevre Caumartin, Marillac, de Refuge, Hennequin, de Mesme, Potier, Delomenie, Philipeaux, Longueil, du Tillet, le Maistre, Molé, Faye, d'Espesses, Hacqueuille Nicolai, & autres.

Religion ancienne.

[a] Lib. 7. bel. Gal.
[b] Pro M. Fonteio.

LEs Gaulois, selon Cesar, [a] estoient grandement addonnez aux Religions, quoy que Ciceron [b] die, qu'ils n'estoient touchez d'aucune. T. Liue, qui ne leur estoit point amy, tesmoigne qu'ils en estoient assez soigneux; ce qui doit estre pris de la part d'vn homme, qui ne les veut loüer que sobrement, comme s'il auoit dit que les Gaulois estoient fort religieux, cõme il est tres-veritable. Toutesfois il y auoit en eux de la superstition, voire de l'idolatrie, auec des coustumes barbares, introduites & fomentées par le Diable, dont le regne estoit pleinement estably parmy eux, & les autres nations Payennes.

Dieux des Gaulois.

[b] Plin. lib. 34. c. 7.

Ils auoient nombre de Dieux, & les mesmes que les Romains ont seruy: cõme vn Mercure inuenteur des arts, guide des chemins, & presidant sur les marchãds, auquel ils dresserent plusieurs statuës, & entr'autres celle où Xenodore trauailla durant dix ans en Auuergne, & qui cousta plus de quatre cẽs sesterces [b]. C'estoit leur Teutate[a], comme leur Hesus fut le Mars des Romains[b]; leur Taranes, Iupiter, leur Belenus, Apollon, lequel respondant à Delphes en son oracle, auec la Diane d'Ephese, auoient leur Temple à Marseille[c]. La Diane Arduinne, conseruée en vn marbre trouué dans Rome, par la conformité du nom ne pouuoit estre qu'vn Idole de cette fausse diuinité logée dans la forest d'Ardenne. Leur Hercule Gaulois, sous le nom d'Ogmius[d], & leur Belis[e] ou Apollon, ont esté cogneus des Anciens. Vn marbre trouué au pays de Cominges, conserue la memoire d'vn Abellion[f]. Ils ont cogneu Serapis, dont ils n'ont guere alteré le nom[g], & en ont appris les mysteres des Grecs ou des Egyptiens, ou les ont eux-mesmes enseignez aux Grecs, qui en ont tiré leur Philosophie; d'où vient que Cesar rapporte des Gaulois, qu'ils se croyoient tous yssus du Pere Dis ou Pluton, qui fut Serapis.

a P. Pith. Adu. subcis. l. 1. c. 3. Alex. ab Alex. li. 6. c. 4.
b Vlp. in frag. ad hæc iust.
c Strab. li. 3.
d Lucian. in Dea Syria.
e Auson. Hero. in Maxim.
f Scal. Auson. lect. lib. 1. c. 9.
g Am. Marc. li. 16.

Sacrifices.

C'estoient à peu pres leurs Dieux, ausquels ils sacrifioiẽt des animaux & bestes brutes, cõme bœufs, cheuaux & tout autre bestail[h], (excepté les pourceaux, s'il en faut croire à Lucian[i], & que cette abstinẽce de sacrifice fust des Gallo-Grecs Iudaïsans, à cause du voisinage,) cõme aussi des choses prises en guerre, qu'il n'estoit loisible de celer ny toucher, & iusques à l'or, qu'ils épandoient deuant leurs Dieux. Les hõmes viuans n'y furent pas mesme espargnez[k], iusques à s'immoler eux-mesmes, par le vœu qu'ils en auoient fait pour se deliurer de maladie ou de danger de mort dans les combats ou en autre rencontre, ayans cette persuasion que pour racheter la vie d'vn hõme, on ne pouuoit voüer & employer que la vie d'vn autre homme. Cete barbarie leur fut cõmune auec les Germains leurs freres[l], & ne doit point estre addoucie ou dissimulée[m], pour la raison que nous auõs posée cy-dessus. Il est bien vray qu'à tels sacrifices furent employez des hõmes condamnez à la mort, mais au defaut d'eux c'estoient des ames innocentes[n]; & sous de grands & prodigieux fantosmes, tissus auec de l'osier, ils remplissoient le vuide d'hommes viuans, & y mettoient le feu pour les faire perir miserablement, pour vn sacrifice agreable à leurs Dieux; ce qu'ils faisoient au grãd opprobre de la Religion, auec laquelle ils les vouloient seruir[o]; & selon le témoignage mesme des Payens[p], il eust beaucoup mieux valu qu'ils n'eussent point cogneu de Diuinité, que de luy rendre vn tel culte, qui n'estoit point de religion, laquelle honore les Dieux, mais de superstition abominable, laquelle les viole[q].

D'hommes viuans.

h Agath. de bel. Goth. li. 1.
i In Syria Dea.
k Cæs. Min. Fel. Tert. in Apolog.
l Cluu. Ger. Ant. lib. 1. c. 15.
m Ann. de Tacit. tom. 1.
n Cæs.
o Solin.
p Plut. de su-perstit.
q Seneca.

Ces victimes ne furent pas seulement employées pour les sacrifices, mais aussi pour les deuinations, dont les Gaulois furent fort curieux, & fort entendus[r]. Ils perçoient vn homme estendu de trauers, & du sang qui couloit de sa playe, de la palpitation des membres ou de la façon que le corps estoit cheu, ils tiroient des consequences & faisoient des iugemens à predire les choses[s]. Ils passoient aussi les nuits entieres sur les tombeaux des hommes vaillans, pour en auoir des presages & capter des oracles[t], ce qu'ils faisoient par Necromantie[u].

r Iust. lib. 24.
s Strab. lib. 3.
t Tertul. de anima.
u Nicander.

Les Gaulois n'auoient en leur Estat que deux Ordres principaux: sçauoir, les Cheualiers, & les Druides, dont le nom peut estre tiré de la langue Alemande ou Germanique. Leur discipline & leurs secrets plus exquis estoient chez les anciens Bretons[x], ausquels la ieunesse des Gaules alloit pour en estre instruite. Ces Prestres & Conducteurs de la Natiõn, ou leurs supposts & secondaires, receurẽt diuers noms, à sçauoir Bardes, Chantres, Prophetes, Eubages, Semnothées, Saronides[y]. Ils estoient aux Celtes ou Gaulois ce que les Philosophes estoient aux Grecs, les Mages aux Perses, les Gymnosophistes aux Indiẽs, les Chaldeens aux Assyriens[z]. Et d'eux plustost que de la Grece ou de l'Italie, la Philosophie a pris & tiré ses commencemens, puisque Pythagore, Anaxagore, Numerius & Platon sont venus à cet effect dans les Gaules pour apprendre leur Theologie, auec les principes des arts & des sciences, dont ils furent estimez les inuenteurs[aa].

x Britanni. Cæs. & Tac. 14. Annal.
y Diod. lib. 6. Strab. lib. 4. Amm. Marc. lib. 15. Suid.
z Diog. Laër. de vit. Phil. in Pro. Plin. Lucian.

Druides.

Ils pouruoyoiẽt à tous sacrifices[bb], & y presidoiẽt, cõme estans les maistres & interpretes de tous actes de Religiõ, prenãs mesme cognoissãce des affaires publiques, & qui regardoiẽt l'Estat, auec les procez & questiõs des particuliers, tãt pour le ciuil que pour le criminel ordõnans les peines & les recõpenses, interdisans les refractaires de se trouuer à leurs sacrifices; ce qu'ils pratiquoient nõ seulemẽt cõtre les particuliers, mais par fois sur vne ville & Cõmunauté entiere, vn païs, ou les Estats generaux[cc]. Cette punitiõ estoit estimée fort rigoureuse, & n'estoit pas méprisée, d'autãt qu'elle les priuoit du moyen de participer aux hõneurs, d'auoir iu-

aa Clem. Alex. li. 1. Strom.
bb Diod. Cæs. li. 6. de bel. Gall.
cc Cæs.

ſtice en leurs affaires, & de toute communication. Ils eurent vn lieu conſacré pour y tenir leurs Aſſiſes, marqué par Ceſar dans le pays Chartrain, au cœur des Gaules, où il ſemble que la ville de Dreux, qui n'eſt pas éloignée de Chartres, eſt deſignée par luy, & en conſerue le nom, iuſques-là qu'aucuns[a] ont remarqué en ces quartiers-là quelques veſtiges & monumens d'vn ancien Palais ou Chaſteau des Druydes: ſçauoir, en la foreſt d'Yury, appellée communement la foreſt de Dreux[b]; & ſur la riuiere d'Aron pres d'Autun, ſur le Mont-jou ou Mont-dru, c'eſt à dire Mont des Druides, eſtoit leur College[c], de méme qu'en Auſſois en Bourgogne, eſtoit vn beau lieu à la campagne pour les Bardes, Poëtes ou Muſiciens Gaulois Druides, aujourd'huy Mont-barry, Mont des Bardes[d]. Auec tous ces pouuoirs, & pluſieurs exemptions & priuileges, ils gouuernoient l'Eſtat, & tenoient la ieuneſſe captiue & attachée au deſir de leur ſcience, ſans en mettre rien par eſcrit, pour ne diuulguer pas les ſécrets de leur Cabale, exerçans la memoire des enfans à leur faire apprendre par cœur iuſques à vingt mille vers, & les detenans pres d'eux les quinze & vingt années. Ils eurent en quelque vſage les lettres Grecques, ſelon le témoignage de Ceſar[e]; & pour la langue, nous en auons parlé ailleurs[f]. La cognoiſſance des Aſtres & de leurs mouuemens, auec ce qui dépendoit de la Phyſiologie, leur eſt attribuée, & quelque art de predire l'aduenir par le vol des oiſeaux, & de deuiner par la verueine qu'ils cueilloient ſans ferrement, & de la main droite poſée ſur la gauche[g], & par autres conjectures[h]; dequoy nous auons parlé cy deuant, & de leur curioſité par la Magie, dont ils vſoient, recherchans les œufs des ſerpens[i], & ſe retirans en des profonds bocages & dans des grotes obſcures[k], pour y pratiquer leurs enſeignemens, & leur donner meſmes vne fauſſe reputation de ſainćteté. Ce qu'ils eurent de meilleur en leur doctrine, & qui paſſa dans la cognoiſſance du vulgaire moins barbare, pour le rendre plus hardy, & le porter tant mieux à la guerre, fut l'immortalité de l'ame[l]. Il eſt vray que cete bonne croyance fut noircie de l'opinion de Pythagore, ce grand Philoſophe, ſur la Metempſychoſe ou tranſmigration des ames[m]. Ils auoient vn Chef & Preſident ſur tous eux, auec grande authorité, & qui l'eſtoit à vie[n]; apres la mort duquel, outre les voix des Druides hautement prononcées, les armes & la force eſtient ſouuent employées à obtenir vne telle preéminence. Il y auoit entr'eux diuerſes races[o], & des femmes meſmes Druides & Propheteſſes.

a Gabriel Simeonius in Cæſ. renou.
b Fauyn, thea. d'hon.
c Id.
d Id.
e lib. de bel. gall.
f en la Langue ancienne.
g Cicero.
h Plin. li. 24. c. 11.
i Plin. li. 29. c. 3.
k Luc. lib. 1. bel. Pharſ.
l Mela. lib. 3. de ſit. orb. c. 2. Amm. Marc. li. 15.
m Diod. li. 5.
n Tac.
o Auſon.

La forme de cueillir le guy ou viſc, eſtoit ſolennelle & pleine de religion ou de ſuperſtition, comme elle eſt deſcrite par Pline[p] & autres Autheurs. Les Eubages & Deuins alloient deuant auec des taureaux du ſacrifice, ſuiuoient les Bardes auec Cantiques de loüange à leurs diuinitez, & les Diſciples inuitez aux myſteres, & apres marchoit vn Heraut ſeul veſtu de blanc, auec le chapeau de meſme, à deux aiſles attachées, & le caducee en main, lequel eſtoit vne branche de verueine, entortillée de la figure de deux ſerpents joinćts enſemble, non pour le ſujećt de la fable des Grecs larrons des ceremonies & de la doctrine d'autruy, comme il leur eſt reproché par Clement[q], & de l'inuention de Mercure, mais de celle des Druides meſmes[r]. Apres le Heraut venoient trois Druides de front, dont le premier portoit le vin dans vn vaſe ou phiole, le ſecond le pain pour le ſacrifice, & le troiſiéme la main ou la coudée de Iuſtice. Ces trois eſtoient ſuiuis du Chef & Prince des Druides, qui marchoit ſeul auec vne ſotane blanche, & par deſſus vne robbe de fin lin, & vne ceinture d'or, le chapeau blanc en teſte, la houpe de ſoye blanche, & les bandes pendantes derriere: Si le Roy eſtoit dans le pays, il alloit auec le Prince des Druides, ſuiuy de la Nobleſſe & du peuple. Le Chef des Druides montoit ſur l'arbre, & auec vne faucille d'or coupoit le guy, que les autres Druides veſtus d'aubes de lin receuoient dans vne nape blanche. Il n'eſtoit cueilly qu'au mois de Decembre, [ſ] qu'on appelloit ſacré pour ceſte raiſon; on l'enuoyoit & deſpartoit au peuple pour eſtrene, au premier iour de l'an, comme vne choſe tres-ſainćte, & remede à tous maux; à cauſe dequoy on le portoit pendu au col, allant à la guerre & ailleurs. Ils en auoient ſur les portes des maiſons, & y en auoit touſiours de reſerue dans les Temples. C'eſtoit le guy de cheſne dur appellé Rouure, *Robur*, qui ne vient iamais pour eſtre ſemé, ny planté; mais de la fiente & eſmeutiſſement des ramiers ou griues qui s'en ſont repeus. En quelques villes de la Bourgogne, & de la Picardie, qui a le plus conſerué de ces anciennes couſtumes, la choſe & le mot de l'Aguy l'an neuf, ou de planté, c'eſt à dire, abondance, y ſont demeurez;[t] ce que les enfans chantent la veille du

Le Guy des Druides.

p lib. 16. in fin. Diod. lib. 2. Ælian lib. 14. Apul. lib. vlt. Clem. Alex.
q lib. 1.
r Plin. lib. 29.
ſ Plin. lib. 16. Sexta Luna.
t Geor. Bec. Vigen. ſur les comm. de Ceſ. Ioſ. Scal. & Vinet. ſur Auſone.

iour de l'an. Les Bourguignons y apportent plus de paroles, en ce que les Picars abregent par le mot de planté, pour souhaiter vne bonne année, qu'on ne doit attendre que de la benediction du Ciel.

Outre les Temples & Autels, que nous auons mentionnez, les Gaulois en dresserent plusieurs autres, sçauoir à l'Empereur Auguste à Lyon sur le confluent de la Saone & du Rosne, [a] qui fut fort celebre, par les iours que toute la Gaule y solennisoit, [b] y ayans esté establis des jeux & des combats, [c] auec vn Prestre particulier, qui fut vn homme d'Autun, nommé dans Florus. [d] Il y en eut vn autre en Auuergne, qui fut appellé *Vasso*, [e] d'vne architecture admirable, dont le toict & les voûtes estoient de plomb, & le paué marqueté de marbre, ou de pierre ponce. On a creu que c'estoit celuy dont les restes se voyent à Polignac, prés du Puy, auec la teste de l'Idole; de mesmes que l'on estime que le village qu'on appelle communement Issy lez Paris, estoit vne ferme destinée à l'entretenement des Prestres d'Isis; & que les bourgs aux enuirons de Paris, qu'on nomme Censous ou Huitsous, au lieu de S. Ceour ou vict. Ceour: *victus Cereris*, estoient aussi des rentes establies pour l'entretien des Prestres de Ceres & de toute leur famille.

a Strab. l. 4. b Diod. l. 51. c Suet. in Calig. c. 20. d Lib. 137. e Greg. Tur. lib. c. 32.

Funerailles. Leurs funerailles estoient pleines de pompe & de ceremonie. Ils iettoient sur le bucher les choses que les defuncts auoient eües plus cheres & precieuses, iusqu'à des bestes, & aucunesfois des esclaues; & sous la croyance de la transmigration & immortalité des ames, & de leur retour en ce monde, ils auoient accoustumé de ietter des lettres sur les corps de ceux qu'on brusloit, pour les rendre à leurs parens & amis decedez, [f] & de se lancer dans les buchers des morts, pour y viure ou reuiure auec eux; [g] comme ils prestoient aussi de l'argent pour estre rendu en l'autre monde, [h] terme assez long, & sous lequel on emprunteroit volontiers en ce siecle.

Quoy que le nom de Druides se soit porté iusqu'aux Empereurs Chrestiens, neantmoins Tibere les cassa par ordonnance, auec tous leurs supposts. [i] Claudius en fit de mesme, [k] ce qui ne fut point executé, puis qu'ils furent encor sous Vitellius, [l] sous Alexandre Seuere, [m] & sous Aurelian. [n] Mais Constantin le Grand les chassa des Gaules, & les contraignit de se retirer en Alemagne & de passer le Rhin, où ils ne subsisterent pas, & n'en est demeuré iusqu'auiourd'huy qu'vne sombre memoire, en vn espouuentail de nuit, pour en faire peur aux petits enfans, par vn mot Alemand, Druttenfuss. [o]

Les Francs ne furent pas moins Idolatres & adonnez au seruice des faux Dieux, que les Gaulois, puisque Gregoire de Tours [p] tesmoigne, qu'ils esleuerent des statuës & formes des bestes, des fleuues & autres choses inanimées, pour les adorer & leur offrir sacrifices.

f Diod. l. 6. Alex. ab Alex. l. 3. c. 7. g Mela l. 3. c. 2. h Val. Max. l. 2. i Plin. l. 30. c. 1. Ioseph. l. 19. c. 5. k Suet. in Claud. l Tac. Annal. l. 10. m Lampr. in Alex. n Vopisc. o Merula part. 2. l. 3. p Lib. 2.

Religion de ce temps.

LA Religion Chrestienne a esté receuë dans les Gaules en vn temps fort proche de celuy des Apostres, [q] iusques-là qu'aucuns ont creu, & c'est comme vne ancienne tradition, que S. Denis l'Areopagite conuerty par l'Apostre S. Paul, fut enuoyé par S. Pierre pour prescher en France, & que son corps gist à S. Denis lez Paris. Mais quoy que ceste opinion rencontre plusieurs contredisants, & personnes tres-doctes, [r] neantmoins il est certain, par les tesmoignages des plus anciens Peres, [s] que les Gaules ont eu la cognoissance de Iesus-Christ dans le premier siecle ou peu apres. L'autorité de Gregoire de Tours, [t] qui ne l'attribuë qu'à l'an 252. soubs Decius Empereur & Consul de Rome, & se fonde sur l'histoire ou Legende de S. Saturnin, dit communement S. Sernin de Toulouse, est suiuie de plusieurs, quoy que combatuë par des raisons assez puissantes. Il donne pour premiers Euesques de France, Gratian à Tours, Trophime à Arles, S. Saturnin à Toulouse, Paul à Narbone, Denis à Paris, Stremon en Auuergne, & Martial à Limoges. Il y a quelques tesmoignages aussi que S. Trophime d'Arles y fut enuoyé par S. Pierre mesme. [u] La premiere conuersion à la foy fut operée sur les Docteurs & Prestres Gaulois, qui les auoient si long temps entretenus, dans l'erreur & la fausse persuasion de leur saincteté, en tous leurs sacrifices abominables; parmy lesquels & le reste de leurs cabales, Dieu ayāt laissé quelque lumiere de sa verité, ainsi qu'vn grand Docteur a creu, [x] en la croyance de l'immortalité de l'ame, & en quelques bonnes moralitez qu'il y remarque, & tesmoigne auoir esté en eux, il leur fut aisé

q Epipho. An. de France. D. Clem. ep. 1. contra Iulian. r Nicol. Fab. Iacob. Sirmond. Aub. Myr. Io. Sauaro, &c. s Tertul. l. 5. ad Iudæos. Iren. l. 1. ad hæres. c. 3. Cyp. l. 1. epist. 13. t l. 1. c. 30. u Petr. Vener. l. 5. ep. 3. voy l'hist. parenetique du Pere Dominique, des Saincts d'Auuergne. x Origen.

d'abiurer toute la Demonomanie des Romains, & de renoncer à leur idolatrie. Vn si grand bien & cette cognoissance salutaire du Fils de Dieu, Redempteur du monde, paruint plustost aux Gaulois qu'à aucuns de leurs voisins, soit Anglois ou Bretons, soit Espagnols : mais la pleine lumiere de l'Euãgile & de la foy Chrestienne parut apres la conuersion du grand Clouis, cinquiéme Roy de France, baptisé par S. Remy Euesque de Rheims, & instruict auparauant par S. Wast, apres la sollicitation de Crothilde fille du Roy de Bourgogne sa femme. Il vainquit les Alemands, en la journée de Zulpich, *Tolbiaci*, sur les confins de Cologne.[a] Les Francs qui auoient premieremẽt habité le long du Rhin, auec les premiers Rois, lesquels occuperent depuis vne bonne partie des Gaules, s'estoient auparauant ciuilisez par quelque police, mœurs & reglemens pris des Romains, & furent outre ce bons Chrestiens & Orthodoxes, comme tesmoigne d'eux Agathias auteur Grec escriuant sous l'Empereur Iustinian.

a Greg. lib. 2. c. 30. Aymoin. li. 1. c. 15. Otto Frising. l. 4. c. 32.

Les voyages des Rois de France en la Terre Saincte, & l'entreprise de Godefroy de Buillon, apres la resolution du Concile tenu à Clermont en Auuergne, (dont la reputation & les suites ont fait que les Maures & les Arabes appellẽt tous les Chrestiens du nom de François, qu'ils ne haïssent pas à l'esgal de ceux de Grece, Thrace, Sclauonie, & autres de l'Europe,)[b] sont des tesmoignages illustres de leur zele à la foy Catholique, dont leurs predecesseurs auoient donné des preuues en la protection des Papes contre les Lombards, & en auoient desia rapporté les titres honorables de tres-Chrestiens, & fils aisnez de l'Eglise. Les priuileges & pouuoirs que nous auons remarquez cy-deuant en leur sacrée personne, par leur onction, & les concessions des Papes, regardent la Religion de France : à quoy fait encor ce benefice du Ciel, que de guerir les Escroüelles, en touchant ceux qui en sont malades & atteints ; ce qu'ils font auec deuë preparation, & aux bonnes festes de l'année, suiuans l'exemple du Roy sainct Louis, lequel le pratiqua de la sorte.[c]

b Io. de Bartas Dec. 4. l. 4. c. 16

c Du Laurens du Pleix v. de S. Louis.

Primats, Archeuesques & Euesques.

Il y deux choses à remarquer sur les Archeuesques & Euesques de France ; l'vne est que parmy eux il y en a qui sont de nouuelle creation, & l'autre, que parmy les Archeuesques, il y en a plusieurs qui pretendent & sont fondez en Primatie sur les autres. Quant au premier, il y a deux Archeueschez qui sont nouueaux, sçauoir celuy de Toulouse, qui est de l'an 1317. par le Pape Iean vingt-deuxiéme, & celuy de Paris, qui est de l'an 1622. sous le Pape Gregoire quinziéme, par accord fait auec l'Archeuesque de Sens. Celuy d'Auignon est du Pape Iules second, ayant esté auparauant Euesque suffragant de l'Archeuesque d'Arles. Les Eueschez nouueaux sont du Pape Iean vingt-deuxiéme, sçauoir Mirepoix, Alet, S. Papoul, S. Pons de Tommieres, la Vaur, Rieux, Montauban & Castres en Languedoc ; Lombez, Vabres, Condom, cy-deuant Abbaye, Tule de mesmes Abbaye, Sarlat en Guyenne ; sainct Flour en Auuergne,[d] Aucuns ont adiouté Lodeue en Languedoc, sçauoir Myræus qui a suiuy Pap. Masson : mais ils se sont mespris, comme a remarqué l'Auteur de la Gaule Chrestienne, escrite en Latin. Pamiez en Foix, distraite du Diocese de Toulouse par Boniface huictiéme en l'an 1296.[e] luy fut baillée pour suffragante par Iean vingt-deuxiéme, Maillesais & Luçon Abbayes en Poictou, pour la grande estenduë de l'Eueschẽ de Poictiers, furent faits Eueschez par le mesme Pape Iean vingt-deuxiesme,[f] & celuy de Leon en Bretagne, est du Pape Iean troisiéme, selon Quercetanus. Le siege de celuy de Montpellier estoit auparauant à Maguelonne, auant l'an 1536. sous le Pape Paul troisiéme. Les Archeuesques ou Metropolitains ont diuers Euesques pour suffragans, qui leur sont inferieurs en Iurisdiction, quoy qu'esgaux en puissance dans leurs Dioceses. Les Eglises Orientales ont eu de plus que l'Occidentale, ou Latine, sçauoir que les Euesques des villes où estoit le Siege du Vicaire, ou Lieutenant du Prefect du Pretoire, qui estoit appellé ἔξαρχος, & la ville ἐξαρχία, (cõme Rauenne en Italie fut nommée long-temps, comme vn siege de la domination Romaine sous les Empereurs de Constantinople,) estoient aussi nommez Exarches, ou Patriarches, ayans sous eux, & leur Iurisdiction, les Archeuesques ou Metropolitains.[g] Les Primats en France se peuuent rapporter à ces anciennes dignitez Ecclesiastiques de l'Orient ; particulierement l'Archeuesque de Vienne, qui se dit Primat des Primats, lequel par le siege du Vicaire du Prefect du Pretoire estably à Vienne, qui auoit sous soy la premiere Narbonnoise, & la premiere Aquitaine, pretend d'auoir sous sa Iurisdiction deux Archeuesques & Primats, sçauoir celuy de Narbonne & celuy de Bourges, & par Bulles des Papes,[h] la preeminence luy est donnée de mesme sur les

d Myr. in Po. Eccles.

e Idem.

f Idẽ in Gallia Christiana.

g Merula in Gall. ex Ios. Scal. Epist.

h Syluestre à Paschal Eues. de Vienne l'an 580. Zosimus à Simplicius Eues. de Vienne l'an 418. & Leon I.

Archeuesques de Vienne.

Archeuesques d'Aix, Bordeaux, Auch & Ambrun, faisãs en tout six sieges Archiepiscopaux, qui embrassent les Gaules Narbonnoise & Aquitaine, le surplus des Archeueschez se trouuans dans la Gaule Celtique. L'Archeuesque de Lyon n'a peu se qualifier Primat des Primats, parce que le Siege de Lyon n'auoit point de Prouince premiere sous soy, cõme celuy de Vienne; mais il se pretend Primat des Gaules, auec droit de preceder tous les Metropolitains de France & d'Espagne, voire de tous les Royaumes de la Chrestienté, en quelque lieu que se tiennent les Cõciles generaux. Les appellations interjettées de l'Archeuesque de Sens, qui conteste au siege de Lyon la Primatie des Gaules, se releuent & deuoluent à la Primace de Lyon, auant que pouuoir estre deuoluës en Cour de Rome; & cy-deuant de l'Official de Roüen, on appelloit à l'Official Primatial de Lyon, dont l'Archeuesque ne porte point le titre de Primat des Gaules, sans tesmoignage des Auteurs anciens, puisque *Guillelmus Britto* [b] asseure que toute la Gaule estoit regie par luy en cette qualité. L'Archeuesque de Roüen s'est distraict de la Primace de Lyon, par Bulles de Rome obtenuës par ses predecesseurs du nom de Bourbon, dont la naissance & le credit les firent nommer premiers Primats de Neustrie. Celuy de Narbonne est Primat de la Gaule Narbonnoise: Celuy de Bourges, de l'Aquitaine; voire par quelques Bulles de Rome, portans erection de preeminence sur Narbonne, Toulouse & Auch, Bordeaux se fonde aussi en titre de Primat d'Aquitaine, [c] & Sens conserue celuy de Primat des Gaules & de Germanie. Par l'establissement du Royaume d'Aquitaine, dont Bourges estoit le chef, les Eglises de Bordeaux & de Narbonne furent sousmises à celle de Bourges.

De Lyon.

Roüen.

Narbõne, Bourges, Bordeaux Sens.

a Fauin. Th. d'honn. Laut. Bouchel, somme Benefic.

b In sua Phi- lippid.

c Iacq. Seuert somm. gen. des cas res. Pol.

Il y a plusieurs Archeuesques & Euesques, ou autres naturels François, qui ont jouy de la qualité eminẽte de Cardinal, sous les regnes passez; ausquels les Rois de France ont tousiours beaucoup deferé, & auec vne singuliere confiance en eux, les ont appellez en leurs Conseils, & les en ont rendus chefs, & principaux ministres de leur Estat; sçauoir le Cardinal Brissonnet dit de S. Malo, sous le Roy Charles huictiéme; le Cardinal d'Amboise sous Louis douziéme; ceux de Tournon & du Bellay, sous François premier: mais cela cessa auec ledit Royaume; & Henry 2. celuy de Lorraine sous François second, qui en auoit espousé la niepce, Marie Royne d'Escosse, & Charles neufiéme; & sous le mesme Roy, le Cardinal Bertrand, qui fut garde des Seaux de France, & Birague Chancelier; Charles, Cardinal de Bourbon le jeune, les Cardinaux d'Ossat, & du Perron, Archeuesque de Sens & grand Aumosnier de France, sous Henry quatriéme, qu'ils seruirent fidelement en Cour de Rome; & sous le Roy regnant le Cardinal de Rais, du nom de Gondy, Euesque de Paris, chef du Conseil du Roy, & plusieurs autres qui ont eu Eueschez, charges & emplois pres des Rois, ou pour l'Estat, sçauoir le Cardinal de Ioyeuse, Archeuesque de Toulouse; Frãçois, Cardinal de Sourdis, Archeuesque de Bordeaux; François, Cardinal de la Rochefoucaut, Euesque de Senlis, grand Aumosnier de France; les Cardinaux de la Valette, & Alfonse du Plessis Cardinal & Archeuesque de Lyon, grand Aumosnier de France. Mais pour couronner tous les seruices rendus dans les siecles passez, par tous les Cardinaux, soit naturels François, soit autres habituez dans le Royaume, pour la souueraine confiance du Roy regnant fondée sur la fidelité de ses Conseils, & l'administration excellente de l'Estat, le Cardinal-Duc de Richelieu tient le premier rang dans la mention que nous faisons d'hommes si releuez & considerables dans l'Eglise & dans les Estats des Princes.

Cardinaux Frãçois.

L'eslection ancienne des Archeuesques, Euesques, Abbez, Prieurs Conuentuels & chefs d'Ordre, qui appartenoit aux Chapitres, Conuents, & Religieux, pratiquée en l'Eglise, & confirmée par les Conciles de Basle, suiuant lequel le Roy Charles septiéme auoit fait la Pragmatique sanction, a esté abolie en France par le Concordat fait entre le Roy François premier & le Pape Leon dixiéme l'an 1515. approuué par le Concile de Latran, & accepté par le mesme Roy l'an 1517. Les Rois nomment au Pape personne capable & d'aage competant, dans six mois apres la vacation de la dignité, surquoy la prouision est octroyée. [d] L'on y adioute les benefices vacans pendant que l'Eueschẽ est joüie par droit de regale, & qui sont de la collation du Roy. En faueur des Papes, les benefices vacans par mort en Cour de Rome, sont exceptez de la nomination & presentation du Roy, sauf certaines personnes dont la qualité luy conserue le pouuoir & la faculté qu'il a de nommer.

Prouision des Archeuesques, Euesques, & autres benefices par le Cõcordat.

d Chat. Pand. lib. 1. c. 9. Thuan. li. 1.

Les Ecclesiastiques en France ont leur iurisdiction separée du temporel, qui sont s Cours d'Eglise, composées d'officiers Ecclesiastiques, cognoissans de certaines matieres, comme sont les Sacremens, les crimes commis par les gens d'Eglise, les diuorces & separatiõs de mariage, comme estant vn Sacrement, &c. Ceste Iurisdiction est ordinaire, ou deleguée. L'ordinaire est de l'Official de l'Archeuesque ou Euesque, de l'Archidiacre, ou du Chapitre. La deleguée est des Conseruateurs des priuileges Apostoliques, & des Monasteres exempts, & autres; desquels Iuges Ecclesiastiques, ou de leurs Sentences l'appellation ressortit & deuolue pardeuant les Euesques, & delà aux Metropolitains & Archeuesques, si l'appellation est commune, qui se termine en dernier ressort par le Pape, selon son degré de superiorité; Si l'appellation est releuée comme d'abus, lors qu'on pretend contrauention aux Decrets, Conciles, Edicts & Ordonnances du Roy, elle est jugée par les Cours de Parlement & dans les grands Chambres. Iurisdiction Ecclesiastique.

a Du Tillet, Pithou, Ant. Hotto man.

L'Eglise Gallicane jouit de plusieurs droits, libertez, franchises & priuileges,[a] & s'est plusieurs fois assemblée en diuerses villes de France, sous la premiere & seconde race des Rois, & de leur autorité, comme il se recueille de l'Histoire ancienne, & selon que les Conciles auec leurs decrets en ont esté recherchez & redigez en ordre par Iacques Sirmond, Iesuite, Confesseur du Roy, homme de rare erudition, & tres-bien versé en toute cognoissance des bonnes lettres, & particulierement de l'Histoire Ecclesiastique. Le dernier Concile tenu en France est de l'an 1510. au mois de Septembre, de l'autorité du Roy Loüis douziesme, contre les entreprises du Pape Iules second, son ennemy & du Royaume de France;[b] ce qui toutesfois fut appaisé sous Leon dixiesme, qui fut plus moderé, & amy des François.

b Arnold. Ferron.

Le Concile de Trente, qui est le dernier Oecumenique, tenu sous diuers Papes depuis l'an 1545. iusqu'à l'an 1563. n'est point receu en France, quant au temporel; mais tant seulement pour les Articles de la foy.

Le Clergé de France depuis quelque temps s'assemble auec permission du Roy de cinq en cinq ans, pour traitter des decimes, & autres affaires qui le concernent.

Les Vidames en France peuuent auoir pris leur origine des anciens œconomats establis dans les Eueschez en la primitiue Eglise, lors que les Ecclesiastiques furent rendus capables de posseder des biens temporels; car pour ne diuertir pas de l'administration du spirituel, soit les Euesques qui en estoient superieurs, soit les Prestres estans sous eux, certains œconomes & Aduocats furent instituez, pour regir & mesnager les biens & defendre les personnes.[c] Le drois Romain mentionne les Aduocats des Eglises, & particulierement la constitution des Empereurs Arcadius & Honorius.[e] Les biens & rentes des Euesques ayans accreu, les personnes seculieres les enuierent & vserent d'entreprise; de sorte que la protection d'hommes puissans & entendus aux affaires leur fut necessaire, pour se maintenir & auoir moyen de poursuiure leurs droits. Ces deffẽseurs ou mainteneurs aduoüez, ou aduoyers & Aduocats des Eglises,[f] estoient Vicaires ou Lieutenans des Euesques,[g] quant au temporel, *Vicedomini*;[h] d'où a esté formé le nom de Vidames, qui en ont fait de mesme que les Comtes & Vicomtes, (lesquels de simples officiers des Rois se sont rendus Seigneurs des places,) entant qu'ils ont changé leurs charges & offices pres des Euesques en fiefs releuans d'eux, n'y ayant point de Vidame en France, qui ne releue d'vn Euesque, ou qui ne soit annexé & reüny au temporel de l'Eueschẽ. Les Vidamies ont esté renduës par ce moyen feudales & hereditaires;[i] & ceux qui les possedent ont esté faits vassaux des Ecclesiastiques,[k] ne tenans rang qu'entre les Seigneurs mediocres sous les Euesques, qui estans vassaux immediats de la Couronne, à cause de leur temporel, en prestent serment de fidelité au Roy, comme il est dit ailleurs. Les Vidames ont pris le titre de leur Euesché, cõme ceux de Rheims, d'Amiens,[l] du Mans, de Chartres & de Laon. Le Vidame de Gerberoy est annexé à l'Euesché de Beauuais, dont il est quatre lieuës pres, par où les titres de l'Euesque sont accreus, qui se dit Euesque & Comte de Beauuais, Vidame de Gerberoy, Pair de France. Le Baron d'Esneual, du nom de Prunelay, Seigneur de Gazeran & d'Herbaut se dit Vidame de Normandie. Les Vidames ont la haute Iustice, à meilleur titre que les Vicomtes qui l'ont vsurpée, l'ayans du propre droit de leur office, d'autant que les Euesques ne la pouuans exercer en personne, à cause de la clericature, ont esté contraints de la leur commettre & resigner. Vidames.

c Mem. du Beauuaisis d'Ant Loisel.
e L. 38. C. Theod. de Ep. & Cler.

f Flodoard. l. 2. c. 18. & 19.
g Chron. de Erford. 1015. Pasquier li. 6. c. 3. de ses Recherches.
h Ep. de Ch. le Chauue à Nicolas I. Pape.
i Loyseau.
k Du Tillet, Pasquier.
l Piquigny.

La Religion pretenduë reformée, dont l'exercice est permis en Fance par les Edicts du Roy, n'est point conforme à celle que plusieurs villes & Estats d'Alemagne & autres ont receuë par l'innouation & les Predications de Martin Luther, Religion pretenduë reformée.

qui

qui commencerent en Saxe l'an 1519. & dont l'Histoire est rapportée par les Escriuains de ce temps-là.[a] Le regne de François premier, qui commença en l'an 1515. veid paroistre en France les premieres estincelles de ce feu, apres la publication du liure composé par Iean Caluin natif d'vn bourg proche de Noyon en Picardie, sous le titre d'Institution de la Religion Chrestienne, qui fut par luy dedié au Roy François en l'an 1536. & quelque temps auparauant en certains endroits du Royaume, ceste nouuelle reformation de la doctrine receuë dans l'Eglise Catholique Apostolique Romaine auoit trouué des sectateurs, & auoit esté preschée publiquement. A ces commencemens qui pouuoient estre suiuis d'vne plus longue durée, & pour les troubles qu'ont accoustumé d'amener auec soy les nouueautez & changemens de Religion ancienne, les Magistrats des lieux autorisez des Edicts du Prince,[b] employerent le fer & le feu. Caluin se retira dans Geneue, là où il fut Ministre ordinaire, depuis lequel temps l'Estat de ceste ville-là a esté tel qu'on le void encore aujourd'huy. Sur la fin de regne de François premier, les habitans de Merindol & Cabrieres en Prouence furent traittez violemment pour le fait de la Religion, & sous le regne de Henry second, la ville de Paris s'estant remplie de ceste nouuelle croyance, quelques Conseillers de la Cour de Parlement y ayans adheré & dit leurs sentimens en presence du Roy, lequel y estoit entré expres vn iour de Mercuriale, Anne du Bourg entr'autres, qui estoit Conseiller Clerc, ayant persisté en sa premiere declaration, fut bruslé publiquement en l'an 1559. Apres la mort des Rois Henry second & François second, & au commencement du regne de Charles neufiesme fut fait vn Edict donné en Ianuier,[c] qui permit le libre exercice de la Religion pretenduë reformée, hors des villes closes du Royaume, & cét Edict ne pût pas estre entretenu, à cause des factions & haines de la maison de Guyse contre celles de Bourbon; de sorte que plusieurs guerres en furent esmeuës & renouuellées en diuers temps, ausquelles la prudence de la Royne Catherine de Medicis mere du Roy ne pût pas remedier. Louys Prince de Condé & Gaspard Comte de Coligny-Chastillon, Admiral de France, ayans embrassé le party & la Religion, s'en rendirent chefs, & diuerses batailles & Edicts de paix s'en ensuiuirent ez années 1562. 1567. 1568. 1570. & finalement l'an 1577. Le dernier Edict de pacification est de l'an 1598. sous le Roy Henry quatriesme, qui s'estoit conuerty à la Religion Catholique Apostolique & Romaine dés l'an 1593. Il sert de fondement aux Edicts & Declarations faites par le Roy regnant, qui l'auoit confirmé dés son aduenement à la Couronne en l'an 1610. ayant depuis maintenu ses sujets de ladite Religion dans la liberté à eux octroyée. La confession, des Eglises pretenduës reformées de France fut presentée au Roy François second en l'an 1559. à Amboise, & au Roy Charles neufiesme à Poissy, sur laquelle l'exercice libre de leur Religion est toleré dens le Royaume, sans y receuoir les autres doctrines & croyances receuës & preschées en Alemagne & ailleurs. La ville de Geneue vit sous la mesme confession, auec les Suisses, les Pays-Bas & autres, comme nous l'auons deduit ailleurs.[d] Les Edicts de paix des années 1622. 1626. & le dernier donné en Iuillet 1629. qui fut vne grace accordée par le Roy regnant à ses sujets sousleués & distraits de son obeyssance, sont confirmatifs de celuy de Nantes,[e] qui est la loy & la regle de tous differends, sur l'exercice mesmes de la Religion Catholique ez villes où ceux de la preteduë reformée peuuent auoir entrepris sur les Ecclesiastiques; quoy qu'ez dernieres guerres ja mentionnées, toutes les villes tenuës cy-deuant par eux ayans esté reduites à l'obeyssance du Roy, mesmement apres la prise de la Rochelle en l'an 1628. ils ne soient plus en estat de ce faire, la Religion Catholique & les Euesques ayans esté restablis ez endroits, où ils ne jouyssoient pas auparauant de leurs reuenus.[f]

Il n'est point permis à ceux de ladite Religion de s'assembler dans le Royaume par deputez de toutes les Eglises pretenduës reformées qui sont dans les Prouinces, ainsi qu'ils ont fait autresfois auec permission du Roy, & ce à cause des suittes de telles assemblées generales, qui prenoient des deliberations contre la volonté & le seruice du Roy, & au prejudice de l'obeyssance qui luy est deuë; mais bien obtiennent-ils des permissions de tenir leurs assemblées soit Prouinciales, soit du General du Royaume, qu'ils appellent Synodes, pour y traitter de leur discipline & prendre reglement pour les Ministres preschans en diuers lieux, auec l'assistance des Commissaires qu'il plaist au Roy d'y cõmettre, faisans profession de la mesme Religion. C'est ce qui regarde l'Estat present de ceux de la Religion pretenduë reformée en Frãce; & l'heureuse tranquillité dont ce puissant Royaume jouyt de ce costé.

[a] Sleidan & autres.

[b] François I. & Henry II.

[c] 1561.

[d] Discours general de l'Europe.

[e] 1598.

[f] Au pays de Bearn, l'an 1620.

là, exempt de tous mouuemens, troubles & guerres ciuiles, dont il a esté trauaillé en diuers temps, à l'occasion, ou souz le pretexte de l'vne & de l'autre Religion, par diuerses entreprises, ligues & vnions, dont les Histoires rendent tesmoignage.

Il y a certaines Prouinces en France, esquelles y a plus grand nombre de ceux de la Religion pretenduë reformée qu'ez autres, comme en Languedoc, Dauphiné, la Guyenne, le pays de Bearn, le Poictou & pays d'Aulnis, & la Normandie, & par consequent plusieurs villes où le nombre des Catholiques est moindre, comme à Montauban, ez villes & lieux des Ceuenes & Viuarez en Languedoc, ez villes & lieux du Bearn, en plusieurs de la Guyenne, du haut & bas Languedoc, comme Castres, Nismes, Vsez, Sommieres, Millaud en Roüergue, la Rochelle, sainct Iean d'Angely, Lodun, Touars & autres. Le reste des villes de France surpasse en nombre de Catholiques, ou il y peut estre à peu pres esgal, comme à Montpellier en Languedoc, & à Mets, dans l'enclos desquelles l'exercice est permis, ainsi qu'à Grenoble, Montelimar & autres lieux du Dauphiné, & dans les autres villes que nous auons ja nommées, ausquelles on peut adiouster celles de Sancerre, Saumur & Chastelleraut en Poictou, Romans en Dauphiné, & Ayguesmortes en Languedoc; & pour le surplus du Royaume ez Prouinces de Picardie, Champagne, Bretagne, Bourgogne, Auuergne, Roüergue, Limosin, Berry, Bourbonnois, Angoumois, & dans la Prouence, il y a fort petit nombre de ceux de la Religion pretenduë reformée; & les habitans qui en font profession dans Calais, les villes de Paris, Gergeau, Orleans, Blois, Tours, Bourges, Roüen, Caen, Dieppe, Poictiers, Agen, Angers, Lyon, Besiers & autres villes de France, qui sont de quelque consideration, en ont l'exercice, ou dans les faux-bourgs, ou en certains lieux voisins.

Les Vniuersitez, Colleges & Escholes de France sont d'institution ancienne, principalement si on la rapporte au temps des Gaulois, soit dans leur liberté, soit sous la domination des Romains; Marseille a esté renommée pour les lettres, comme Ciceron, Strabon & autres Auteurs anciens le tesmoignent. L'Eschole d'Autun a esté cogneuë des Romains;[a] Constantius Empereur, pere de Constantin le Grand, la restablit, & le Recteur en estant mort, il y enuoya pour Prefect Eumenius le Rhetoricien. La memoire des Escoles de Toulouse, nommée *Palladia*, d'Arles, de Narbonne & de Bordeaux, a esté conseruée par Ausone, lequel estoit Bordelois, & viuoit sous l'Empereur Gratian. La ville de Lyon auoit son Eschole, & ses exercices en eloquence Grecque & Latine, [b] comme il y en a eu en d'autres endroits de la France, dequoy se trouuent assez de tesmoignages. [c]

Vniuersitez & Eschole

a Tac. 3. Annal.

b Suet. in Calig. c. 19. Myr. in Geog. Eccl.

c Symm. li. 9. Ep. 54. & 86. Iuuen.

Entant que les Escholes sont les seminaires de la pieté, que la Theologie est enseignée en plusieurs Vniuersitez de France, & le Droit Canon en toutes, & finalement que leur fondation est presque tousiours des Papes, & confirmée par les Rois de France, ceste partie est annexée à la Religion.

L'Vniuersité de Paris est la plus ancienne & la plus considerable de France, fille aisnée de ses Rois, seule & generale par tout le Royaume, iusqu'au Pontificat de Gregoire neufiesme successeur immediat d'Honoré troisiesme, fondée, selon la commune opinion, par Charlemagne l'an 791. de l'aduis d'Alcuin son Precepteur & disciple de Beda, à l'exemple de celle qui estoit ja establie dans Rome. [d] Elle a son Recteur, doüé de beaux priuileges, ses Docteurs & Professeurs en Theologie, dits de la Faculté & College de Sorbone, ainsi nommé de Robert Sorbon son fondateur, qui viuoit souz le Roy sainct Loüis: le College a esté basty de nouueau, & augmenté par les soins & aux despens de l'Eminentissime Cardinal Duc de Richelieu. L'Eschole de Theologie a d'autres maisons & Colleges comme celuy de Nauarre & des Peres Iesuites. Le Droict ciuil n'y est point enseigné, ains seulement le Canon. François premier l'an 1530 à la suasion de Guil. Budé & du Cardinal du Bellay y erigea douze Professeurs & Lecteurs ez langues Hebraique, Chaldaique, Arabique, Grecque & Latine, Mathematiques, Art Oratoire & Medecine. [e] Le Roy Henry quatriesme a adiousté deux Professeurs en Theologie.

d Card. Zab. Pet. Ancho 2. Clement. de Mag.

e Tilij Chron.

L'Vniuersité de Toulouse pour les Droits Ciuil & Canon & pour la Medecine, est la seconde de France, pour l'ancienneté de son institution, rapportée à Gregoire neufiesme Pape, qui l'autorisa au mesme temps qu'il fit publier les cinq liures de ses Decretales. [f] L'institution de quatre Docteurs en Theologie, deux Iurisconsultes & six Professeurs ez Arts liberaux est rapportée à l'an 1228. sous le Roy sainct Louys apres les dernieres guerres des Albigeois, & la paix de Raymond le Ieune Comte de Tolose. [g]

f Pasquier lib. 9. c. 38. de ses Recherches.

g Pap. Mass. Catel. Cron. de Montfort

Celle de Montpellier pour la Medecine est de l'an 1000. ou 1220. par le Pape Alexandre IV. dont le Legat nommé Conrad, y proceda, & le Roy Charles VIII. en l'an 1490. y establit des Professeurs. Le Pape Vrbain V. natif de Mende, fonda vn College dependant de ladite Vniuersité l'an 1369.[a] Elle obtint ampliation pour la Faculté des Loix souz Charles le Bel en l'an 1326. confirmée par le Roy Iean l'an 1350, Charles VII. & François I. l'an 1537. Azon & Placentin en ont esté les anciens Professeurs Et depuis y ont enseigné Estienne Ranchin & Guillaume son fils, lesquels ont escrit sur le Droict Ciuil. Et en dernier lieu, Iulius Pacius de Vicence y a esté Professeur, & a publié plusieurs escrits tres-vtiles pour l'Eschole.

Celle d'Orleans eut pour fondateur le Roy S. Loüis.[b] Et Philippes le Bel en l'an 1312. luy octroya de nouueaux priuileges, & fut nommée Vniuersité des Loix.

Celle d'Angers fut erigée en Vniuersité de Loix, comme celle d'Orleans en Iuillet 1364. par Charles cinquiesme, dit le Sage, à la requeste de Loüis Duc d'Anjou, son frere.

Poictiers a son Vniuersité auec les mesmes priuileges que celle de Toulouse, par la Bulle du Pape Eugene IV. & les lettres patentes de Charles VII. du 16. Mars 1431.

Caën en Normandie rapporte l'institution de son Vniuersité à Henry sixiesme, Roy d'Angleterre, par ses lettres données à Roüen l'an 1401. & escrites en Latin, pour les Droicts Canon & Ciuil; & en l'an 1436. la Theologie, la Medecine & les arts y furent adioustez.

Bordeaux en l'an 1441. obtint Bulles du Pape Eugene quatriesme, portant creation de son Vniuersité, qui fut confirmée & approuuée par le Roy Loüis vnziesme l'an 1473.

Bourges tient son Vniuersité de l'intercession de Charles Duc de Berry enuers Loüis vnziesme, qui en octroya lettres l'an 1463. verifiées au Parlement de Paris en l'année 1469. Le Pape Paul 2 la confirma, en luy octroyant toutes les facultés. Seruatius Ferdinandus de Portugal, André Alciat de Milan, Equinarius Baro, François Duaren, Ant. Contius, Iacques Cujas, François Balduin, Hugues Donel, Claude Ronsard, Pierre Rebuffe, y ont enseigné le Droict.

Cahors en Quercy tient la sienne du Pape Iean XXII. natif du pays, l'an 1332.[c]

Nantes du Pape Pie second, à la requeste de François second du nom, dernier Duc de Bretagne.[d] Le Roy Charles huictiesme ayant espousé Anne heritiere l'an 1401. en confirma les priuileges.

Rheims, à la priere de Charles, Cardinal de Lorraine, Archeuesque de Rheims, obtint Bulles du Pape Paul troisiesme, & la permission du Roy Henry second, pour l'establissement de son Vniuersité en toutes Facultez.

L'Vniuersité de Valence pour le Droict & la Medecine fut instituée l'an 1452. par Loüis Dauphin, fils de Charles septiesme, confirmée par le mesme, deuenu Roy l'an 1475. Philipp. Decius y a enseigné auec Æmilius Ferretus, & depuis Antoine Goucan, Portugais, lequel y mourut, & Iacques Cujas y ont esté Professeurs. Le Parlement fut estably en mesme temps par le mesme Loüis Dauphin en la ville de Grenoble, où l'on croid que l'Vniuersité auoit esté auparauant.

L'Vniuersité d'Aix en Prouence est pour le Droict, & la Medecine, & a esté fondée par le Roy Henry le Grand.

Les Papes Seants en Auignon l'an 1391. y fonderent l'Vniuersité, laquelle y est à present.

La ville d'Orenge a de mesmes Vniuersité pour le Droict, la Medecine & les Arts.

Celle de Dole[e] en la Franche-Comté a esté fondée l'an 1426. par Philippes le Bon Duc de Bourgogne. Celle de Doüay en Flandres l'an mil cinq cens soixante-deux par Philippes premier, Roy d'Espagne.

Il y a plusieurs Escholes & Colleges en France pour les lettres humaines, les Arts & la Philosophie, qui sont de fondation Royale[f] ou de Princes, Cardinaux[g] Euesques, ou autres particuliers, comme à Paris, Toulouse,[h] Saumur, Montauban, Die, Montpellier, Nismes,[i] & autres lieux. Les Euesques des lieux inscriuent les lettres de Docteur qu'ō dépeche ez Vniuersitez: Celles de Bachelier sōt sous le nō du Recteur.

Les Peres Iesuites ont vn grand nombre de Colleges, qui sont espandus par toute la France, qu'ils ont departie en cinq Prouinces; sçauoir France ou Paris, Guyenne, Lyon, Toulouse, & Champagne.[k] Sous celle de Paris, ou de la France, sont les Colleges de Clermont à Paris, la Flesche, Bourges, Neuers, Eu, Roüen, Moulins, Amiens & Caën. Souz la Guyenne, ceux de Bordeaux, Agen, Perigueux,

a Frāc. Ranch. in Opusc. Med. & Apollin. Sacro.
b Math. Paris.
c Ciacon. in Ioanne 22.
d Argentré li. 12. de son Hist.
e Ios. Hent. Halstad. Encyclop. li. 19.
f Nauarre. Ieanne femme de Philippes le Bel.
g Cardinal Bertrād, Card. le Moyne à Paris & les Cholets.
h L'Esquille.
i François premier.
k Aub. Myr. Polit. Eccles. lib. 1. c. 15.

Limoges, Poictiers, Sainctes & Tours: Sous Lyon ceux de Lyon, Auignon, Tournon, Vienne, Ambrun, Carpentras, Roane, Vesoul, Cisteron, Aix: Ceux de Chambery en Sauoye, Dole & Besançon en la Franche-Comté y sont aussi: Souz Toulouze, ceux de Toulouse, Rodez, Ville-franche, Auch, le Puy, Besiers, Cahors, Aubenas, Carcassonne, outre ceux de Mauriac & de Billom: Sous Champagne, Rheims, Verdun, Dijon, Autun, Chaalon: Outre ceux de Pontamousson, Nancy, Charleuille & Barleduc, qui sont de la Lorraine. Le College de Montpellier en Languedoc leur fut baillé en l'an mil six cens vingt neuf: Ceux de Montauban, & de Nismes, ont esté my-partis d'eux & des Professeurs & Regents de la Religion pretenduë reformée, dont ils estoient composez auparauant.

Les Peres de l'Oratoire ont aussi fondé de nouueaux Colleges en plusieurs endroits de la France, comme à Troyes, Marseille, Saumur, Vendosme, le Mans, Angers, Dieppe, Montbrison en Forests, Pesenas en Languedoc.

Les Hospitaux, ou Hostels-Dieu, Maladeries, Leproseries, Aumosneries & autres lieux pieux, dont le grand Aumosnier de France a la surintendance, & les Escheuins, Consuls & autres Administrateurs de la police le soin & direction dans les villes de France, sont des appartenances de la Religion, puis qu'ils seruent à loger & receuoir les pauures, qui sont membres de Iesus-Christ. Les anciens Empereurs ont destiné & entretenu diuers lieux semblables, ayans leur nom par les occasions & endroits de charité, laquelle s'y exerçoit, pour les malades,[a] pour les vieillards,[b] pour les orphelins,[c] pour les pauures & mendiants[d] pour les estrangers.[e] Toutes les villes de France ont leurs Hospitaux, de diuerse fondation, celuy de Beaulne en Bourgogne est fort renommé. Hospitaux.

a Noso comia. b Gerontocomia. c Orphanotrophia d Prochottrophia. Cod. li. I. e Xenodochia f Fauxbourg S. Marcel, ruë de l'Vrsaine.

Le Roy Henry III. fit bastir dans Paris[f] l'Hospital & maison de la Charité Chrestienne, pour y loger les soldats estropiez, sans aucune destination de reuenu. Le Roy Henry IV. l'assigna sur les deniers prouenans du reliqua des comptes des hospitaux, aumosneries, maladeries & confrairies, & de la recherche des vsurpations & alienations de leur reuenu, reuision des mesmes comptes, & maluersations commises au maniement & administration des lieux susdits, comme aussi des places & pensions des Religieux lays en chacune Abbaye & Prieuré du Royaume, estans de la nomination du Roy; & par l Edict fait sur ce sujet fut establie vne chambre de la Charité Chrestienne, composée de Seigneurs & notables personnages du Royaume, pour iuger souuerainement des faits susmentionnez; pour lesquels sous le Roy regnant, & pour faire rendre compte aux Administrateurs des hospitaux & autres lieux, en l'an 1613. fut establie vne Chambre de la generale reformation des abus & maluersations y interuenuës, pour decider tous procez & differends qui en dependent. Elle est composée de quatre Maistres des Requestes, quatre Conseillers au grand Conseil, auec l'assistance du grand Aumosnier de Frãce, ou de ses Vicaires. Et d'autorité de la mesme Chambre,[g] & du grand Aumosnier de France, auec Arrest du Conseil du Roy,[h] la visite des Hospitaux & maladeries de France, pour discerner la lepre & recognoistre les maladies contagieuses & occultes en tous lieux pieux du Royaume, a esté commise à vn Medecin capable & experimenté en ce fait.[i]

g 1616. h 19. Oct. i Dauid Lagneau Medecin du Roy.

La Commanderie generale de tous les hospitaux & lieux pieux de la Chrestienté, sous la reigle de S. Augustin, & nom du S. Esprit, est establie à Montpellier en Languedoc, qui est le Sacré & Apostolique Archihospital, duquel dependent tous ceux de la Chrestienté, & dont est à present pourueu, & resident en France, Oliuier de la Trau de la Terrade, qui s'en qualifie Commandeur general, par la grace de Dieu & du S. Siege Apostolique, Archihospitalier de l'Eglise vniuerselle, & grand Maistre de tout l'ordre, milice & Religion du S. Esprit, sous la reigle de S. Augustin, humble seruiteur des pauures de Iesus-Christ. Il a diuerses rentes fondées à Montpellier, ou ez enuirons, & dispose des Commanderies particulieres, & Prieurez de l'Ordre. Il en a esté faite mention au discours des Ordres & Religions.[k]

k Discours Vniuersel.

Archeueschez de France, auec leurs suffragants, Abbez & Prieurs Conuentuels, qui sont en chaque Diocese.

Archeueschė de Lyon a pour suffragants les Eueſques de

Autun, Paroisses 600.
Chalon sur Saone, Parroisses 240.
Mascon, Parroisses 270.
Langres, Parroisses 660.

Abbayes du diocese d'Autun
La Bussiere, Ordre de Cisteaux.
Charsy, de sainct Benoist.
Sainct Bernard de Corbigny, sainct Benoist, 3000 l.
Fontenay, Cisteaux.
Sainct Pierre de Flauigny, sainct Benoist, 5000 l.
Sainct Iean, Nonnains, dans Autun, sainct Benoist.
Vezelay, Seculiere, sainct Benoist, 10000 l.
Ogny, sainct Augustin, 4000 l.
Sept fons, Cisteaux.
Sainct Andoche, Nonnains, dans la ville.
Saincte Maguerite, sainct Augustin.
Lieu-Dieu, Cisteaux, Nonnains.
Sainct Estienne.
Sainct Martin, sainct Benoist, 4000 l.
Trois Prieurez Conuentuels, S. Symphorian, Pressy, Bourbon.
Abbayes du diocese de Mascon.
Clugny, chef d'Ordro, 35000 liures.
Sainct Rigaut, sainct Benoist.
Cher-lieu, maintenant Prieuré.
Abbayes du diocese de Chalon.
Sainct Pierre de Chalon, sainct Benoist.
Tornus, sainct Benoist, 9000 l.
Cisteaux, chef d'Ordre, 8000.
La Ferté sur Grone, 2000 l.
Maisieres, Cisteaux.
Molaise, Nonnains.
Lone, aujourd'huy Prieuré.
Sainct Marcel, lez Chaalons, Prieuré.
Abbayes du diocese de Langres
Auberiue, Cisteaux, 6000 l.
Beau-fay, Cisteaux, Nonnains.
Beaulieu, Cisteaux.
Beaumont, Cisteaux, Nonnains.
Sainct Benigne de Dijon, saint Benoist, 6000 l.
S. Pierre de Bese, sainct Benoist, 4000 l.
Nostre-Dame de Chastillon, sainct Augustin, 2500 l.
Claire-vaulx, Cisteaux, 15000 l.
La Creste, Cisteaux, 2000 l.
Colonges, Nonnains, Cisteaux.
Charité, pres Lesignes, Cisteaux.
Longuay, Cisteaux, 4000 l.
Morment, Cisteaux, 3000 l.
Molesme, sainct Benoist, 14000 l.
Molome, sainct Benoist.
Sainct Michel de Tonnerre, sainct Benoist, 3000 l.
Mores, Cisteaux.
Morimond, Cisteaux.
Pralon, saint Benoist, Nonnains.
Puis-d'orbe, saint Benoist.
Potieres, saint Benoist, 2000 l.
Quincy, Cisteaux.
Monstier saint Iean, saint Benoist.
Rougemont, saint Benoist, Nonnains.
Saint Seyne, sainct Benoist.
Sept fons, Premonstré.
Saint Estienne de Dijon, saint Augustin, 4000 l.
Tard, Nonnains Cisteaux.
Thuley, Cisteaux.
Nostre-Dame du Val des Escholiers, saint Augustin.
Vau-la-douce, Cisteaux.
Rigny, Cisteaux, 2000 l.
Sept Prieurez, dont celuy de Montreil, du Val des Escoliers vaut 6000 l.
Les Abbayes du diocese de Lyon, qui a de Parroisses 750.
Ainay, saint Benoist, 6000 l.
Nostre-Dame du Miroir, Cisteaux.
Benizon Dieu, Cisteaux.
L'Isle-barbe, saint Benoist, 3000 l.
Belle-ville, saint Augustin. 3000 l.
Saint Martin de Sauigny, saint Benoist, 3000 l.
Ambornay, saint Benoist.
Remberg, saint Benoist.
Vaubenoist, Cisteaux.
Chassaigne, saint Benoist.
Ioug-Dieu, saint Benoist.
Saint Pierre de Lyon, Nonnains, saint Benoist,
Bonlieu, Nonnains.
L'Assaut, Nonnains.
Plusieurs Prieurez, entr'autres, celuy de Giniac, de Clugny, en la Franche-Comté.

L'Archeuesché de Roüen a pour suffragants.

Bayeux, Parroisses 211.
Evreux, Parroisses 353.
Lisieux, Parroisses 511.
Avranches, Parroisses 362.
Sées, Parroisses 213.
Constance, ou Coutances, Parr. 319.
Abbayes du diocese de Bayeux.
Cerisy, saint Benoist.
Ardenne, Premonstré.
Nostre-Dame d'Aulnay, Cisteaux.
Nostre-Dame du Val, saint Augustin.
Saint Estienne de Fontenay, saint Benoist, 2000 l.
Saint Martin de Trouart, ou Trenard, saint Benoist, 6000 l.
Saint Estienne de Caën, saint Benoist, 7000 l.
Nostre-Dame de Longes, S. Benoist.
Barbery, Cisteaux.

Sainƈte Trinité de Caën, Nonnains.
Belle-Estoile, Premonstré.
Val-richer, Cisteaux.
Torigny.
Tourdillon, ou Courdillon, Nonnains, sainƈt Benoist.
Trigny.
Le Prieuré du Plessis, sainƈt Augustin.

Abbayes du Diocese d'Evreux.
Sainƈt Taurin, d'Evreux, sainƈt Benoist, 6000 liures.
La Croix sainƈt Leufroy, les Evreux, sainƈt Benoist, 4000 l.
Nostre-Dame de Lire, sainƈt Benoist, 6000 l.
Bonport, sainƈt Benoist, 8000 l.
Sainƈt Pierre de Conche, ou de Castillon, sainƈt Benoist.
Nostre-Dame de la valée, sainƈt Benoist.
Nostre-Dame de la Noue, Cisteaux.
Sainƈt Sauueur, Nonnains, sainƈt Benoist.
Breual, Cisteaux.
L'Estrée, Cisteaux.
Yury.
Huiƈt Prieurez, Gramont, 8000 l.
Sainƈt Martin du Barc, sainƈt Augustin, 2500 l.

Abbayes du diocese de Lisieux.
Nostre-Dame de Bernay, sainƈt Benoist, 5000 l.
Sainƈt Pierre de Preaux, sainƈt Benoist, Nonnains, 2500 l.
Sainƈt Euroul, sainƈt Benoist.
Nostre-Dame de Grestain, sainƈt Benoist.
Cormel, sainƈt Benoist, 4000 l.
Lisieux, Nonnains, Cisteaux.
Mondre, sainƈt Augustin.
Quatre Prieurez, dont celuy de sainƈt Martin d'Escarlet, à l'Eglise sainƈte Barbe en Auge, vaut 4500 l.

Abbayes du diocese d'Auranches.
Sainƈt Michel, sainƈt Benoist, 8000 l.
Sauigny, Cisteaux, 4000 l.
Mont morel, sainƈt Augustin, 3000 l.
La Trinité de la Lucerne, Premonstré, 2000 l.

Abbayes du diocese de Sees.
Sainƈt Pierre sur Diue, sainƈt Benoist, 2000 l.
Nostre-Dame de sainƈt André de Goufre, Cisteaux, 4000 l.
Sainƈt Martin, dans Auranches.
Sainƈt Iean de Falaise, Premonstré, 3000 l.
Nostre-Dame de Siley, Premonstré.
La Troupe.
Trois Prieurez.

Abbayes du diocese de Constances.
Sainƈt Seuer, sainƈt Benoist.
Nostre-Dame du Vœu, sainƈt Aug.
Sainƈt Sauueur le Viconte, sainƈt Benoist, 2000 l.
La Trinité de l'Essay, sainƈt Benoist.
Sainƈt Lo, sainƈt Augustin, 12000 l.
Montebourg, sainƈt Benoist, 2000 l.
Nostre-Dame d'Ambie, saint Benoist.
Sainƈt Nicolas, de Blanche-lande, Premonstré, 2000 l.
Cher-bourg, sainƈt Augustin.
Hamery, sainƈt Benoist.
Sainƈt Lessordre, sainƈt Aug. 6000 l.
Sainƈt Michel de la Parte.
Sainƈt Iean de Bourges.
Sainƈt Christofle d'Aubigny.
Le Prieuré de sainƈt Fremont, sainƈt Benoist.

Les Abbayes du diocese de Roüen, qui a de Parroisses, 1338.
Sainƈt Ouën, sainƈt Benoist, dans la ville, 15000 l.
Fescamp, saint Benoist, 20000 l.
Saint Martin, lez Pontoise, saint Benoist, 2500 l.
Saint Pierre de Iumieges, saint Ben.
Saint Lo, dans la ville, saint Benoist.
S. Michel de Treport, S. Ben. 4000 l.
S. Iean de Foulcarmont, Cist. 3000 l.
Du Bec Elouin, saint Benoist 75000 l.
Saint Vandrille, saint Benoist.
S. Victor en Caux, saint Benoist, 3000 l.
Morte-mer, Cisteaux.
L'Isle-Dieu, Premonstré, 2000 l.
Mont-villiers, pres du Havre, saint Benoist, Nonnains.
Font-gommere, Nonnains, Cisteaux.
Fontaine-giraud, du Thresor, Nonnains, Cisteaux, 2000 l.
S. Amand, saint Benoist, Nonnains dans la ville.
Caue Fontaine.
Aumale, saint Benoist, 2000 l.
Vallemont, saint Benoist, 3500 l.
Valasse, saint Fenoist, 10000 l.
Beau-bec, Cisteaux, 3000 l.
Brimal, Cisteaux, Nonnains.
Bellosane, Premonstré.
Marcheroux, Premonstré.
Corneille, saint Augustin, 2500 l.
Hingreges saint Benoist 12000 l.
Sainte Catherine du Mont, de Roüen, saint Benoist, 4500 l.
Amen, Nonnains, saint Ben. 6000 l.
Eu, saint Benoist, 2000 l.
Clerfontaine, Monstres, Nonnains, saint Benoist, 5000 l.
Treize Prieurez, dont celuy de Grandmont, lez Roüen, vaut 2000 l.

L'Archeuesché de Tours a pour suffragants

Angers, Parroisses 100.
Le Mans, Parroisses 670.
Cornoüaille, Quimpercorentin, Parroisses 200.
Leon, Parroisses 80.
Sainct Malo, Parroisses 166.
Dol, Parroisses 80.
Nantes, Parroisses 255.
Vannes, Parroisses 120.
Triguier, Parroisses 70.
Sainct Brieu, Parroisses 102.
Rennes, Parroisses 203.

Abbayes du diocese d'Angers.
S. Aubin dans la ville, S. Ben. 6200 l.
S. Nicolas lez Angers, sainct Ben. 3500 l.
S. Serge lez Angers, sainct Ben. 3300 l.
S. Pierre de Borgueil, sainct Benoist, 6600 l.
S. Florent sur Loire, pres de Saumur, sainct Benoist, 8000 l.
S. Maur sur Loire, sainct Benoist.
S. Georges sur Loire, sainct Augustin.
Toussaincts d'Angers, sainct Augustin.
Asniers Bellay, sainct Benoist.
Pontron, Cisteaux.
L'Orroux, Cisteaux, 2500 l.
La Roue, sainct Augustin, 4000 l.
Melinois, sainct Augustin.
Du Porray neuf, Cisteaux.
Oratoire, ou de la Charité, sainct Ben.
Du Porray, aux Nonnains, Cisteaux.
Chaloché, Cisteaux. 2000 l.
Nid d'Oyseau, sainct Augustin,
La Boyssiete, Cisteaux.
Cinq Prieurés.

Les Abbayes du diocese du Mans, sont,
Beaulieu, sainct Augustin. 4000 l.
Nostre-Dame d'Euron, sainct Benoist.
Sainct Vincent, sainct Benoist, dans la ville, vnie à Casal-Benoist, 50000 liures.
Nostre-Dame de Lonlay, sainct Ben.
Sainct Calez, sainct Benoist, 6000.
Sainct George des Bois, sainct August.
Nostre-Dame de Persine, Cisteaux.
De l'Espau, Cisteaux, pres de la ville, 5000 l,
Nostre-Dame de Clermont, Cisteaux.
Sainct Pierre de la Cousture, sainct Benoist, 10000 l.
Nostre-Dame de Vaas, sainct August.
Sainct Iulian du Pré, Nonnains, sainct Benoist, 2000 l.
De la Virginité, Cisteaux, Nonnains.
Estiual en Charnie, Nonnains.
Bonlieu, Nonnains, Cisteaux, 2000 l.
Fontaine Daniel, Cisteaux, 3000. l.
Nostre-Dame de Campagne, Cisteaux, 5000 l.
Tironneau, Cisteaux.
La Perrigne, Nonnains.
La Pelice.
Du Gué de Launay.
L'Estoille, saint Augustin, 3000 l.
Vietron, 6000 l.
Trois Prieurez.

Abbayes du diocese de Cornoüaille.
Nostre-Dame de Douglas, saint Aug.
Sainte Croix Kemperle, saint Benoist.
Landeveneeh, ou Gingiban, saint Benoist.
Nostre Dame de Coetmaloen, Cisteaux.

Abbayes du Diocese de Leon.
Rely, ou Derbent, Cisteaux.
Saint Mahé de Fine-terre, saint Benoist.
Nostre-Dame de Queley, Cisteaux.

Abbayes du diocese de saint Malo.
Saint Meen, saint Benoist.
Beaulieu, saint Augustin.
Saint Iean de la Prée, saint Benoist.
Saint Iacques de Monfort, saint Augustin, 3000 l.
Pinpont, saint Augustin.
Saint Neart, saint Benoist, 3000 l.
Foncoubault, saint Benoist, 2000 l.
Beaubec, saint Benoist, 2000 l.
Gennoust, saint Benoist.
Saint Serain en Bienne, saint Benoist.
Saint Satur, saint Augustin, 4000 l.
Calemoy, Cisteaux.
Vergen.
D'Oliuer, Cisteaux.

Abbayes du diocese de Dol.
Saint Iacut, sainct Benoist.
Tronchet, saint Benoist.
Vieuuille, Cisteaux.

Abbayes du diocese de Nantes.
Villeneuue, Cisteaux, 2500 l.
Nostre-Dame de Mileray, Cist. 3000 l.
Geneston, saint Augustin.
Saint Gildas aux Bois, saint Benoist.
Blanche Couronne, saint Benoist.
Busay, Cisteaux.
Pornic, saint Augustin.
Boubas, Cisteaux, 4000 l.
Nostre-Dame, du bourg de Monstre.

Abbayes du diocese de Vannes.
Saint Saüueur de Redon, saint Ben.
Saint Gildas de Ruys, saint Benoist.
Nostre-Dame des Prieres, Cisteaux.
Nostre-Dame de Ioye, Nonnains, les Hennebaut.

Abbayes du diocese de Triguier.
Begard, Cisteaux.
Sainte Croix de Quincamp, saint Au-

Abbayes du diocese de S. Brieu.
S. Aubin, de Beauuais, Cisteaux.
Beauport, Premonstré.
Nostre-Dame de Lantenac, S. Benoist.
Abbayes du Diocese de Rennes.
S. Melaine, lez Rennes, sainct Benoist. 8000 liures.
S. Pierre de Reille, sainct Augustin.
Sainct Georges, de Rennes, Nonnains, sainct Benoist.
Sainct Sulpice, Nonnains, S. Benoist.
Evreux.
Les Abbayes du diocese de Tours, qui a Parroisses 1035.
Marmotier, sainct Benoist, 15000 l.
Sainct Paul de Cormery, sainct Benoist, 5000 l.
Nostre-Dame de Noyers, sainct Ben.
S. Iulien de Tours, S. Benoist, 4000 l.
Aygue-viue, sainct Benoist.
Beaulieu, ou sainct Sauueur, sainct Benoist.
Ville-loup, sainct Benoist, 8000 l.
Gastines, sainct Augustin, 3000 l.
Sully, sainct Benoist.
Tourpenay, ou Turpigny, sainct Ben.
Prully, sainct Benoist, 3000 l.
Fontaines les Blanches, Cist. 2000 l.
La Clerté, Cisteaux, 3000 l.
Boisambey, sainct Benoist.
Beaugeraye.
Cinq Prieurez, dont celuy de Grandmont vaut 3000 l.

L'Archeuesché de Sens a pour suffragants.

Auxerre, Parroisses 101.
Neuers, Parroisses 270.
Troyes, Parroisses 500.
Abbayes du diocese d'Auxerre.
Sainct Germain d'Auxerre, sainct Benoist, 8000 l.
Sainct Martin, lez Auxerre, Premonstré 2000 l.
Rigny, Cisteaux, 5000 l.
Pontigny, Cisteaux, 9000 l.
Sainct Pere, ou sainct Pierre, S. Aug.
Sainct Laurens, sainct Augustin.
Bonras, Cisteaux, 2000 l.
Des Roches, Cisteaux, 3000 l.
Sainct Iulien, Nonnains.
Crissey, ou Cresnon, Nonnains.
Cinq Prieurez.
Abbayes du Diocese de Neuers.
Sainct Martin de Neuers, sainct Augustin, 2000 l.
Nostre-Dame de Neuers, sainct Benoist, 2500 l.
Belleuaux, Premonstré.
42 Prieurez.

Abbayes du Diocese de Troyes.
Monstier la Celle, sainct Ben. 5000 l.
S. Loup de Troyes, sainct Aug. 6500 l.
Monstier Ramey, sainct Ben. 8000 l.
Nesle, sainct Benoist, 2000 l.
Nostre-Dame de Pitié, ou Ramerud, Cisteaux.
S. Martin des Arres, ou Atres, S. Aug.
Nelle la reposte, sainct Benoist.
Boullencour, Cisteaux, 6000 l.
Basse-fontaine, Premonstré.
Beau lieu, Premonstré.
La Chapelle aux Planches, Premonst.
L'Ariuoir, Cisteaux.
Nostre-Dame des Prez, Nonnains, Cisteaux.
Le Paraclit, Nonnains, sainct Benoist.
Reclus, Cisteaux.
Cellerieres, ou Sillieres, Cisteaux.
Du Iardin.
De Grace.
Belleau, Nonnains.
Chantemerle, sainct Augustin.
Quatre Prieurez.
Abbayes du diocese de Sens, qui a de Parroisses, 674.
Sainct Remy, sainct Benoist, 4000 l.
S. Pierre le Vif, lez Sens, S. Ben. 3000 l.
S. Iean de Sens, sainct Augustin, 3000 l.
Sainct Eugene, sainct Augustin.
S. Seuerin, de Chasteaulandon, S. Aug.
Barbeaux, Cisteaux, 14000 l.
Sercanceaux, Cisteaux.
S. Pierre des Chaulmes, en Brie, S. Ben.
Ferrieres, sainct Benoist.
Iouy, Cisteaux, 2500 l.
S. Iean du Iard, S. Augustin, 3000 l.
Morigny, prés Estampes, sainct Benoist, 4000 l.
Poüilly, Cisteaux, 6500 l.
Vau-luysant, Cisteaux.
S. Iacques de Prouins, sainct Augustin.
S. Pierre de Melun, S. Benoist, 4000 l.
Dilo, Cisteaux.
Fontaine-Iean, Cisteaux, 4000 l.
Des Eschalis, Cisteaux, 4000 l.
Pommeraye, Nonnains, sainct Ben.
Villiers, Nonnains.
Sainct Paul, Premonstré.
Rosettes, Nonnains.
Du Lys, Nonnains.
De Ioye, Nonnains.
Ville-chasson, Nonnains, sainct Ben.
Sainct Flioueres, Clugny, 10000 l.
Sainct Simon Chaulandon, sainct Augustin, 2500 l.
S. Colombe, lez Sens, sainct Ben. 3500 l.
Sainct Paul, Premonstré.
Ville sachon, Nonnains, sainct Ben.
Quatre Prieurez.

L'Archeuesché de Rheims a pour Suffragans

Soissons. Parroisses 380.
Chaalons sur Marne. Par. 420.
Laon. Par. 300.
Senlis. Par. 60.
Beauuais. Par. 370.
Amiens. Par. 498.
Noyon. Par. 112.
Boulogne, Et
Cambray.
Arras.
Tournay, hors du Royaume, & depuis l'an mil cinq cẽs cinquãte-neuf, sous le Pape Pie quatriéme, Cambray a esté fait Archeuéché, auec Tournay, Arras, S. Omer & Namur Suffragãs.

Abbayes du Diocese de Soissons.
Sainct Marc ou sainct Medar, de Soissons, sainct Benoist, 12000 liures.
Sainct Crepin le Grand, lez Soissons, S. Benoist, 4000 l.
S. Leger de Soissons, S. Augustin.
S. Crepin, en Cage, sainct Augustin.
S. Iean des Vignes, sainct Aug. 8000 l.
S. Corneille de Compiegne, sainct Benoist. 12000 l.
S. Yues de Brene, Prem. 3000 l.
Vausery, Prem.
Chesy, sainct Benoist.
Orbais, sainct Benoist. 3500 l.
Long-Pont, Cisteaux. 6000 l.
Nostre Dame de Soissons, Nonnains, sainct Benoist, 3000 l.
S. Perrine, Cisteaux, Nonnains.
Du Charme, Nonnains.
Vaux-secret, Prem. 2000 l.
Vaux-Chrestien, Prem.
La Barre, Nonnains, sainct Benoist.
Lieu restauré, Prem.
Argenseles, Cisteaux, Nonnains.
Nogent l'Artaud.
Morguienval, pres Crequy en Valois, sainct Benoist, Nonnains.
S. Remy, Nonnains, sainct Benoist.
Charlué, Prem.
S. Iean aux bois, pres Compiegne, Nonnains.
Essone, Prem. 2000 l
Trois Prieurez.

Abbayes du Diocese de Chaalons sur Marne.
S. Menge lez Chaalons, sainct Augustin, 5000 l
S. Pierre aux Monts, S. Ben. 6000 l.
S. Martin de Viron, sainct Ben. 2000 l.
Miraumont, sainct Ben.
S. Vrbain, sainct Ben. 12000 l.
Monstier, en Der, sainct Ben. 18000 l.
S. Sauueur de Vertus, sainct Ben.
Nostre Dame de Vertus, sainct Augustin. 3000 l.
Trois Fontaines, Cisteaux. 3000 l.
Haute Fontaine, Cist.
Monstier en Argonne, Cist. 1200 l.
Nostre Dame de Chastices, sainct Augustin.
Mermines, sainct Ben. 11000 l.
Estes, Cist. 4000 l.
Toussaincts, sainct August. 3500 l.
Morelix, Prem.
Milinart, pres Vienne, sainct Ben.

Abb. du Diocese de Laon.
Prémonstré, Chef d'Ordre. 6000 l.
S. Iean de Laon, sainct Ben. 5500 l.
Nicolas, sous Ribemont, sainct Benoist.
Fougny, Cist. 3000 l.
Cuisy, Prem. 3000 l.
S. Estienne des Cornes, Cist.
S. Michel en Tirache, sainct Benoist. 2500 l.
Claire-fontaine, Prem.
Nostre Dame de Boars, Cist.
S. Martin de Laon, Prem. 9000 l.
S. Vincent de Laon, sainct Benoist. 6000 l.
Tenoille, Prem.
Bueil, Prem.
Nostre Dame de Nogent, sainct Augustin. 3000 l.
La Ferté sur Oyse, Nonnains, sainct Benoist.
Sauour, riuiere, Cist.
Origny Nonnains, sainct Ben. 4000 l.
Chery, Cist.
S. Nicolas, aux bois, sainct Ben. 3000 l.
S. Nicolas aux Cordelles, du Val aux Escholliers. 2000 l.
Nostre Dame de Gohorry, Cist.
Nonnains de Sauoye, Cist.
Nonnains de Fercheur, sainct Ben.

Abb. du Diocese de Senlis.
S. Vincent de Senlis, sainct Aug.
La Victoire sainct Aug. 3000 l.
Charlis, Cist. 16090 l.

Abb. du Diocese de Beauuais.
S. Lucian, sainct Ben. 18000 l.
S. Symphorian, sainct Ben. 3500 l.
S. Quentin, lez Beauuais.
Nostre Dame de Bretueil, sainct Ben. 4500 l.
S. Martin aux bois, sainct Ben. 2500 l.
S. Germier de Flays, saint Ben. 10000 l.
Royaumont, Cist. 3500 l.
Froy-mont, Cist. 6000 l.
Beaupré, Cist.
Aulnet de Briostel, Cist.

S.Paul, Nonnains, Clugny.
Moncel, Nonnains.
Bartement, Cist.
S.Iust, Prem. 2000 l.
Abb. du Diocese d'Amiens.
S.Iean, Prem. 4000 l.
S.Pierre de Corbie, sainct Ben. 18000 l.
Nostre Dame de Vignol, sainct Aug.
S.Achoul, lez Amiens, sainct Ben.
S.Iosse, Prem.
S.Iosse sur mer, sainct Ben.
S.Salue de Montreuil, sainct Ben.
Valloises ou Valloirs, Cist. 2000 l.
S. Martin aux Gemeaux, sainct Aug. vnie à l'Euesché.
S.Pierre de Selincourt, Prem. 2000 l.
S. Riguier, en Ponthieu, sainct Ben. 6000 l.
Du Gard, Cist.
S.Valery, sainct Ben. 8000 l.
S.Vast de Marueil, sainct Ben.
Cher-camp, Cist. 2000 l.
Clair-fay, sainct Aug.
S.Fuscien, sainct Ben. 2500 l.
S. Michel de Dourlens; sainct Ben. Nonnains.
Paraclit, Nonnains, Prem.
Bertaucourt, Nonnains, sainct Ben.
Lieu-Dieu, Cist. 3000 l.
Seruy, Prem. 2000 l.
Nostre Dame, Forest-Monstier, sainct Benoist. 2000 l.
S. Autrebat, Monstrueil, sainct Ben. 2000 l.
Abb. du Diocese de Noyon.
E.Eloy, lez Noyon, sainct Ben. 6000 l.
S.Quentin, en l'Isle, sainct Ben. 4000 l.
Nostre Dame de Ham, sainct Aug.
Mont sainct Quentin, sainct Benoist. 3000 l.
Genlis, Prem.
S.Eloy Fontaine, sainct Aug. 2000 l.
Nostre Dame d'Orcam, Cist. 10000 l.
Nostre Dame de Vermand, Premonstré. 2000 l.
S.Nicolas du Bois.
S.Prejet, sainct Ben.
S.Bertin.
S.Barthelemy, lez Noyon, sainct Augustin. 2000 l.
S.Prix, sainct Ben.
Humblieres, sainct Ben. 18000 l.
Mont-martin.
Braché, Nonnains.
Fervaque, Nonnains, Cist.
Abb. du Diocese de Bologne ou Terouane.
Bliuer, dans Boulogne.
La Chapelle, sainct Ben.
Long-villiers, Cist.

Beaulieu, sainct Aug.
S.Sauguier, aux bois, sainct Aug.
Abb. du Diocese de Rheims, qui a Parr. 1200.
S.Remy, lez Rheims, vnie à l'Arch. S. Ben. 5000 l.
S.Nicaise de Rheims, sainct Benoist. 3000 l.
S.Bale de Rheims, sainct Ben. 3000 l.
Mousson, sainct Ben. 3000 l.
S.Denys, saint Aug.
Au-villier, sainct Ben. 4500 l.
Chaumont en Portian, Prem. 2200 l.
Igny, Cist. 5000 l.
Esparnay, sainct Aug. 2000 l.
Elem, Cist.
Vau-le Roy, Cist. 2500 l.
Signy, Cist. 12000 l.
Chery, Cist. 3000 l.
Sept fontaines, Prem.
Belleual, Prem. 2000 l.
S.Thierry, sainct Benoist, lez Rheims. 6000 l.
Vau-Dieu, Prem.
Orbaiz.
S.Pierre de Rheims.
Laon, Cist. 3000 l.
Dans le Diocese de Cãbray, est l'Abb. du mont sainct Martin, les Chastelles, sainct Benoist, qui est du Royaume de France. 5000 l.

L'Archeuesché de Bourges a pour Suffragans

Clermont en Auuergne, Parr. 306.
Limoges. Par. 687.
Rodez, Par. 219.
Mende. Par. 209.
Alby. Par. 309.
Castres. Par. 412.
Le Puy. Par. 428.
Cahors. Par. 422.
Vabres.
Tulles.
S.Flour. Par. 201.
Abb. du Diocese de Clermont.
S.André de Clermont, Prem. 4000 l.
S.Allire, lez Clermont, sainct Benoist. 6000 l.
S.Gilbert de neuf fontaines, Prem.
Val-honeste, Cist. 12000 l.
Belle-aigue, Cist.
Mont-Peyrous, Cist. 2000 l.
Du Bouchet, Cist. 2000 l.
Issoire, sainct Ben.
Chantoin, sainct Aug. 3000 l.
S.Aimable de Rion, sainct Aug.
Mausac, Cist.
S.Symphorian, Clugny.

Du Tier, Cist.
Aurillac, sainct Ben.
Chaise-Dieu, sainct Ben.
Maulieu, sainct Ben.
Menat, sainct Ben.
Ebrueil, sainct Ben.
Beaumont, Nonnains.
Custet, Nonnains,
Bragard, Nonnains.
Bloissy, Nonnains.
L'Eschelle, Nonnains.
Maulere.
Majac, Doulles.
Artone seculiere, & cinq Prieurez.
Abbayes du Diocese de Limoges.
S. Martial, de Limoges, sainct Benoist, 2000 l.
S. Martin de Limoges, saint Ben.
S. Augustin de Limoges, sainct Benoist.
Vigeois, saint Ben.
Grammont, Chef d'Ordre, saint Benoist. 4000 l.
Benauent, saint Aug.
Solegnac, saint Ben. 2000 l.
Mignac, saint Ben.
L'esterpe, saint Aug.
Dadon, Cist.
Beaulieu, saint Ben.
Bonlieu, Cist.
Du Palais, Cist.
Aubepierre, Cist.
Bonnaigue, Cist.
Aubasene, Cist. 4000 l.
S. Pierre d'Vsarche, saint Ben. 3000 l.
Pré Benoist, Cist.
La Regle, Nonnains, saint Ben.
De bœuf, Cist.
Les Allois, Nonnains.
Du Dorat, seculier.
D'Athun, saint Ben.
S. Pierre de l'astre, saint Aug.
Colombe ou Colomne.
S. Martin de Bonneuault. 3000 l.
Dix Prieurez.
Abbayes du Diocese de Rodez.
Conches, saint Ben.
Bonneual, Cist. 2000 l.
Belloc ou Beaulieu, Cist. 3000 l.
Lieu-Dieu, Cist. 3000 l.
Bonne-combe, Cist. 4000 l.
S. Germain, lez Rodez, Nonnains, dit le Monastere. 2000 l.
Cogneres, saint Ben.
De l'Artenne, Nonnains.
Deux Prieurez.
Abbayes du Diocese de Mende.
Abbayes du Diocese d'Alby.
S. Gaudens de saint Estog, saint Benoist.
Gaillac, saint Ben. 2000 l.
Cardail, Cist. 4000 l.
Abbayes du Diocese de Castres.
Nostre-Dame d'Ardorel, Cist.
Vilaines[a], Cist. Nonnains, 3000 l.
Abbayes du Diocese du Puy.
S. Pierre de la Tour, saint Ben.
S. Chaffre, saint Ben.
Saulue benite, Nonnains Cist.
Belle-Combe, Nonnains, Cist.
Doue, Prem.
Paume Nonnains.
S. Voly.
Monstier, saint Ben. 6000 l.
Deux Prieurez.
Abbayes du Diocese de Cahors.
Nostre-Dame de la Nônete, lez Gourdon, Cist. 3000 l.
Bordillac, saint Ben.
Figeat, saint Ben.
Gonsac, saint Ben. 2000 l.
Du Desert, Nonnains.
Moissac, saint Ben. 12000 l.
Marsillac, saint Ben. 3000 l.
Garde-Dieu, Cist.
S. Marcel, Cist.
Trois Prieurez, dont celuy de Francueil vaut 3000 l.
Abbayes seculieres, l'vne vaut 3000 l.
Abbayes du Diocese de Vabres
Saluances. Cist. 2000 l.
S. Pierre de Nant, saint Ben. 5000 l.
Mouques. 2500 l.
Abbayes du Diocese de Tulles,
La Valete, Cist.
Abbayes du Diocese de saint Flour.
Perrat, saint Aug. 8000 l.
Orliac, saint Ben. 4000 l.
Bresle, Nonnains.
S. Maurice, saint Ben. 2000 l.
Abbayes du Diocese de Bourges, qui a de Parroisses. 800.
S. Sulpice, saint Ben. pres de Bourges.
S. Laurent, dans la ville. S. Aug.
Bourg-Dieu, saint Ben.
S. Gildas, saint Ben.
Puy-ferrand, saint Ben.
Vierzon, saint Ben.
Yssoudun, saint Ben.
Font-Gonbaud, saint Ben.
Massay, saint Ben.
Miseray, saint Ben.
Miaubec, saint Ben.
S. Genons, saint Ben.
S. Siron, saint Ben.
Chezail-benoist, saint Ben.
Charanton, saint Ben.
S. Menoul, Cist.
Aube-pierre, Cist.
L'oroy, Cist.

[a] Gall. Christ. aqua famosa.

De Varennes, Cist.
Des Pierres, Cist.
De la Prée, Cist.
Noirlac ou Nerlac, Cist.
Chaliuoy, Cist.
Laudais, Cist.
Font-Morigny, Cist.
Aubignac, Cist.
Oliuet, Cist.
Barzelle, Cist.
Beauuoir, Cist.
La Bussiere, sainct Aug.
S. Ambroise de Bourges, sainct Aug.
Plainpied, sainct Aug.
S. Satur, sainct Aug.
De selles & de la Vernuce.

L'Archeuesché de Bourdeaux a pour Suffragans.

Poictiers.	Parroisses, 700.
Angoulesme.	Par. 411.
Agen.	Par. 629.
Xainctes.	Par. 300.
Perigueux.	Par. 300.
Condom.	
Maillezais.	
Luçon.	Par. 233.
Sarlat.	

Abb. du Diocese de Poictiers.
S. Cyprian, lez Poictiers, S. Ben. 3000 l.
Monstier-neuf, dans la ville, sainct Benoist. 2500 l.
La Trinité, Nonnains, sainct Ben. dans la ville. 13000 l.
S. Croix, Nonnains, sainct Ben. dans la ville. 16000 l.
S. Hilaire de la Celle, dans la ville, S. Aug. 3000 l.
S. Leonard de Ferrieres, Cist.
S. Sauyn, sainct Ben. 3000 l.
S. Iouyn de Marnes, saint Ben. 3000 l.
S. Maixant, sainct Ben. 3000 l.
S. Benoist de Quinty, lez Poictiers, S. Ben. 5000 l.
S. Sauueur de Charoux, sainct Ben. 4500 l.
Nostre Dame de la Reaux, sainct Augustin.
Nostre Dame, les Chastelliers, Cist. 7000 l.
Nostre Dame d'Angle, sainct Aug.
Miseré ou Mercy-Dieu, Cist.
Nantueil en Valée, sainct Ben. 2500 l.
S. Lon de Touars, sainct Aug.
Nostre Dame de Chambon, sainct Benoist.
La Sic en Brignon, sainct Ben.
S. Seuerin, sainct Aug. 2000 l.
Noüaillé, Cist. 4000 l.
Nostre Dame de l'Estoile, Cist. 3000 l.
De Celle, sainct Aug.
S. Bernard de Valence, Cist 2500 l.
Nostre Dame des Alleuds, sainct Ben.
Du Pin, Cist.
S. Bernard Bonne-vaux, Cist. 3000 l.
Nostre Dame de Moreaux, sainct Benoist.
La Fontaine le Comte.
Fonteuraut, Nonnains, Chef d'Ordre. 10000 l.
Neuf Prieurez.

Abb. du Diocese d'Angoulesme.
S. Amant, sainct Ben. 3000 l.
Celle-Frouyn, sainct Aug.
Nostre Dame de la Couronne. 2500 l.
S. Cibar, sainct Ben. dans la ville, S. Ben. 3000 l.
Bournet, sainct Ben. 3000 l.
Font-doulce, Nonnains.
Baujac, seculiere.
Gerybres, sainct Ben.
S. Angemy, lez Angoulesme, Nonnains. 12000 l.
Lan ville, sainct Aug. 3000 l.
Vn Prieuré.

Abb. du Diocese d'Agen.
Clairac, sainct Ben. 26000 l.
Gondom, Cist.
Parinac, Cist.
Esses ou Essire, sainct Ben. 3500 l.
S. Maurice, sainct Ben. 4000 l.
Six Prieurez.

Abb. du Diocese de Xainctes.
S. Iean d'Angely, sainct Ben. 5000 l.
S. Estienne des Valées, sainct Ben.
Bassac, sainct Ben. 3000 l.
Nostre Dame des Chastres, lez Loignac.
Font-doulce, sainct Ben.
Baigne, sainct Ben. 3000 l.
S. Leger ou sainct Ligaire, sainct Ben.
Sablonceaux, saint Aug. 2500 l.
La Grace-Dieu, Cist. 2000 l.
La Frenade, Cist.
Mortaigner, Nonnains, dans la ville, S. Augustin.
Nostre Dame de l'Isle de Ré. 3000 l.
Nostre Dame de Xainctes, Nonnains. 8000 l.
Madion.
Tonne-Charente.
Tenaille, sainct Ben.
Niort ou Nieul.
Charron.
Vn Prieuré.

Abb. du Diocese de Perigueux.
La Perouse, Cist. 3000 l.
Brantolme, sainct Ben. 2000 l.
Tourcy, sainct Ben.

Nostre Dame la Chancelade, sainct Augustin.
S. Pandulphe, Nonnains,
Bouchaut, Cist.
Tourtouirat, sainct Benoist. 3000 l.
Gaiste.
Monastere saincte Claire.
Monastere d'Albugne.
De Liuorne, Nonnains.
Perigueuz, Nonnains.
Tarrasson, Ordre S. Ben. 2500 l.
S. Astier, } seculieres.
Aubeterre, }

Abb. du Diocese de Condom.
Claran.
Broulhes, Nonnains.
Ville-perche.
Prieuré de Merin. 2000 l.
Moiran. 3000 l.

Abb. du Diocese de Maillezais.
S. Pierre d'Aruault, sainct Augnstin. 4000 l.
Nieuil, sainct Aug. 2000 l.
Mauleon, sainct Aug.
Nostre Dame de l'Absie en Gastine, sainct Ben.
Morcilles, Cist. 3000 l.

Abb. du Diocese de Luçon.
S. Ieau d'Orbestier, sainct Ben.
S. Croix de Talmont, sainct Ben. 3000 l.
Nostre Dame d'Angles, sainct Augustin.
Nostre Dame le Iard [a], sainct Ben. 8000 l.
La Grenatiere, sainct Ben.
S. Michel de l'Erm, S. Ben. 4000 l.
Fontenelles, sainct Aug.
L'Isle-chauuet, Cist.
Du Brueil-Groland, Cist.
Nostre Dame de Trisay, Cist. 2000 l.
Vieil Herbaut, sainct Ben. 3000 l.
Marmonstier.

Abb. du Diocese de Sarlat.
Tarasson, sainct Ben. 2000 l.
S. Amand, sainct Augustin.
Cadouin, Cist. 3000 l.
Prieuré de sainct Cyprian.

Abb. du Diocese de Bourdeaux. Parroisses 918.
S. Croix de Bourdeaux, sainct Ben. 4000 l.
La Selue-majeur, sainct Ben.
La Faye ou Faise, Cist.
S. Pierre de l'Isle, sainct Augustin.
S. Romain de Blaye, sainct Benoist. 2500 l.
S. Sauueur de Blaye, sainct Ben.
S. Pierre de Verteil, sainct Aug.
Bonlieu, Cist.
S. Vincent du bourg, sainct Aug.
De Guitres, sainct Ben.
S. Genis de la plaine, sainct August.
Seiennes, sainct Ben.
S. Seuerin, sainct Aug. seculiere.
La Serme, sainct Ben. 6000 l.
Plaine-saine, sainct Aug.
Vn Prieuré seculier. 2000 l.

L'Archeuesché d'Auchs a pour suffragans

Aqs. Parroisses 259.
Aire. Par. 960.
Comenges.
Coserans. Par. 125.
Tarbe. Par. 291.
Basas. Par. 504.
Bayonne. Par. 349.
Leytoure.
Oleron.
Lescar.

Abb. du Diocese d'Aqs.
Sordes, sainct Ben.
Nostre Dame de Cagnote, saint Ben.
Artone, Prem.
Dieu-ville, Prem.
S. Claire d'Aqs, Nonnains.
S. Bernard, Nōnains, Ordre S. Claire.
Gourdu, sainct Ben. 4000 l.

Abb. du Diocese d'Aire.
S. Seuere, sainct Ben. 4000 l.
Pont-haut, Cist. 2000 l.
Dieu-grace, Prem.
Mont de Marsan, Nonnains.
S. Giroux, sainct Ben. 25000 l.
S. Iean de la Castelle, Prem. 2000 l.
Nostre Dame de Pardel ou Pimbo.
S. Lombe.
De Mause.

Abb. du Diocese de Comenges.
Benisson-Dieu, Cist.
Bonne-fon, Cist. 10000 l.
Fauas, Nonnains, sainct Ben. 3000 l.
S. Laurens, Nonnains.
Conques.
Nises, Cist. 2000 l.

Abb. du Diocese de Coserans.
Combe-longue, Prem.

Abb. du Diocese de Tarbe.
S. Seuer de Rostang, sainct Ben.
L'Escal [b], Cist.
S. Pery [c] de Generes, sainct Benoist. 2000 l.
S. Pierre de Caste, sainct Ben.
La Reaule [d], sainct Ben.
S. Seuin, sainct Ben. 3000 l.
Deux Prieurez.

Abb. du Diocese de Basas.
Blamont, sainct Ben.

a ou du lie en Iard.
b Escale-Dieu.
c ou S. Pierre.
d ou Rulle.

S. Ferme, sainct Ben. 2000 l.
Riuet, sainct Ben.
Font-Guil-hem, Cist.
Rolles[a], sainct Ben. 4000 l.
Vn Prieuré.
Lunet, sainct Ben.

[a] ou la Reaule.

Abb. du Diocese de Bayonne.
Fore de Campo basso, sainct Ben.
Sainct George de Mirabello, sainct Benoist.
S. Sauueur de Vrdacio, sainct Ben.

Abb. du Diocese de Leytoure.

Abb. du Diocese d'Oleron.
Du Luc, sainct Ben.
S. Vincent de Lucre.

Abb. du Diocese de l'Escar[b].
S. Luc, sainct Ben. 6000 l.
S. Pierre de Regle, sainct Ben.

[b] Lascar, Lascara.

Abb. du Diocese d'Auch. Par. 768.
Bardoux, Cist. 6000 l.
Simore, sainct Ben.
Pessant, sainct Ben. 12000 l.
Gimont, Cist.
Cere, sainct Ben.
Case-Dieu, Prem. 4000 l.
La Fayette.
Didrac.

L'Archeuesché de Paris a pour suffragans

Orleans. Parroisses 282.
Meaux. Par. 216.
Chartres. Par. 609.

Abb. du Diocese d'Orleans.
Sainct Benoist de Fleury, sur Loire, sainct Benoist. 20000 l.
Baugency, sainct Aug.
S. Mesmin de Mixy[c] sainct Benoist. 5000 l.
La Cour-Dieu, Cist.
S. Euuerte d'Orleans, sainct August. 8000 l.
De Voisin, Nonnains, Cist.
Du lieu-Dieu, Nonnains, pres de Romorantin.
S. Loup, lez Orleans, Nonnains.
Trente Prieurez.

[c] ou de Nex.

Abb. du Diocese de Meaux.
S. Pierre de Rebez, sainct Benoist. 9000 l.
S. Faron, lez Meaux, sainct Ben.
Chambre-fontaine, Prem.
Ioarre, Nonnains, sainct Ben. 2000 l.
S. Honoré aux Dames, sainct Ben. Nonnains.
Le Pont aux Dames. 4000 l.
Phare-Monstier, Nonnains, Ordre S. Claire. 8000 l.
Iully, sainct Aug. 2000 l.

Nostre Dame de Chaire, sainct Aug.

Abb. du Diocese de Chartres.
Vendosme, sainct Ben. 2000 l.
S. Lomere[d] à Blois, S. Ben. 7000 l.
Tyron, sainct Ben. 5000 l.
Nostre Dame de Iosaphat, sainct Benoist. 3500 l.
Nostre Dame de Colombs, sainct Benoist. 6000 l.
S. Vincent au bois, sainct Augustin. 7000 l.
S. Iean en Valée, sainct Aug.
Bonne-val, sainct Ben.
Nostre Dame des Arcusses, sainct Benoist.
Pont-le-voy, sainct Ben.
De l'Aumosne, ou petit Cisteaux. 4000 l.
S. Cheron, sainct Augustin lez Chartres.
Neausle le vieil, sainct Ben. 2000 l.
Nostre Dame de Claire-fontaine, Nonnains, Cist.
Bourg-moyen à Blois, sainct August. 2500 l.
Chasteau-dun, sainct Aug.
Grand-val, Prem.
S. Florent de Bonneual, sainct Aug. 4500 l.
Ioye-en-val, Prem. 2000 l.
Abecour, Prem.
Deslandes, Nonnains.
Nostre Dame de Grand-champ, Premonstré.
Cleret, Nonnains, Cist.
S. Anne, Nonnains.
S. Corentin, Nonnains.
La Guiche, Nonnains.
L'Estoile, Prem.
S. Cir de Bercheres.
La Court, Nonnains.
Cleruan, Nonnains, Cist.
Halbernot, sainct Aug.
Poulenois, sainct Ben. 6000 l.
Quatre Prieurez.

[d] ou S. Louuier.

Abb. du Diocese de Paris. Par. 439.
S. Germain des Prez, sainct Benoist, lez Paris. 18000 l.
S. Victor, sainct Augustin, lez Paris. 9000 l.
S. Geneuiefue, sainct Aug. 8000 l.
S. Magloire, sainct Ben. vnie à l'Archeu. 2000 l.
S. Maur des Fossez, sainct Ben. vnie de mesme.
Val Nostre Dame[e], Cist. 6000 l.
Lagny, sainct Ben. 6000 l.
S. Denys en France, sainct Benoist. 120000 l.
Nostre Dame d'Erivauls, sainct Ben.

[e] ou Nostre Dame du Val.

Les Vaulx-sarnay, Cist. 4000 l.
De-roche.
Chelles, Nonnains, sainct Ben.
D'Hierre, Nonnains, Cist.
Livry, sainct Aug.
Hermieres[a], Prem. 2000 l.
Nostre Dame d'Yuerneaux, S. Augustin.
S. Antoine des champs, Nonnains.
Cisteaux.
Mont-martre. sainct Ben.
Long-champ, Nonnains, Ordre saincte Claire.
Maubuisson, Cist. 3000. l.
Gif ou Port-royal, Nonnains, sainct Benoist.
Male-noüe ou bois-aux-Dames.
Gersy[b], Nonnains, sainct Ben.
Discors, Nonains, sainct Ben.
Six Prieurez.

a ou Hermiois.

b ou Iarsy.

L'Archeuesché de Vienne a pour Suffragans.

Grenoble. Parroisses 312.
Valence & Die. Par. 325.
Viuiers. Par. 155
Geneue.
Sainct Iean de Maurienne, hors du Royaume.

Abb. du Diocese de Grenoble.
Taury.
Taudrer. 2000 l.
S. Paul.
S. Iust.
S. Martin, sainct Aug.
Les Hayes, Nonnains, sainct Ben.
S. Dragies.

Abb. du Diocese de Valence & Die.
S. Bernard, sainct Ben.
Tircy de Saone, sainct Aug.
S. Ruf, sainct Aug. lez Valence.
Soyon, Nonnains.
Vau-celle.
Mont-fleur.
Velonne.
Vau-cresueil, Cist.
S. Iust.
Goul, sainct Aug. 3000 l.
Nostre Dame de Dreue. 2000 l.
S. Grest de Proprey.
Montheloux de Proprey.
Neuf Prieurez, S. Felix, 2000 l. sainct Martin, 3000 l. Rocheraut, 2000 l. S. Bault, 2000 l.

Abb. du Diocese de Viuiers.
Monnade, Cist. 25000 l.
Crudac. 2000 l.
Champs-bons, Cist. 3500 l.
Bonlieu.

Abb. du Diocese de Vienne. Par. 800.
S. Pierre de Vienne, S Ben. 2500 l.
S. André de Vienne, Nonnains, sainct Benoist.
Bonne-vaux, Cist.
S. Antoine, Chef d'Ordre, saint Augustin. 4000 l.
S. Claire, Nonnains, lez Vienne.
S. Paul, Nonnains.
Val de Bressieu.
La grande Chartreuse, qui n'est de la nomination du Roy. 8000 l.
Trois Prieurez. S. Edoüard. 6000 l.

L'Archeuesché d'Ambrun a pour Suffragans.

Digne. Parroisses 185.
Grasse.
Vence.
Glandeue.
Senes.
Nice, hors du Royaume.

Abb. du Diocese de Digne.

Abb. du Diocese de Grasse.
Sainct Honoré de Lirins, saint Ben.

Abb. du Diocese de Vence.

Abb. du Diocese de Glandeue.

Abb. du Diocese de Senes.
Bonne, sainct Ben.
S. André de Busc. sainct Ben. Par. 211.

Abb. du Diocese d'Ambrun.
Boscondom, Cist. 3000 l.

L'Archeuesché de Toulouse a pour suffragans.

Pamiez.
Mirepoix. Par. 90.
Montauban. Par. 414.
La Vaur. Par. 69.
Rieux. Par. 500.
Lombez. Par. 100.
S. Papoul. Par. 35.

Abb. du Diocese de Pamiez.
Foix, sainct Aug. 8000 l.
Combe-longue.
Mas-d'azil.

Abb. du Diocese de Mirepoix.
Bolbone, Cist.
Desminores.
Demies.
Foüille-mer[c].
S. Eimont.
S. Pierre du champ, sainct Ben.
Nostre Dame de Recamadour, Cist
Fauars, Nonnains.
Gimont.
Conches.

c ou Foillemei.

Abb. du Diocese de Montauban.
Belle-perche, Cist. 5000 l.
Grand selue, Cist. 8000 l.
Moyssac, sainct Ben. 9000 l.
Du Mas. 2000 l.
Abb. du Diocese de la Vaur.
Sorese, sainct Ben. 4000 l.
Abb. du Diocese de Rieux.
Sainct Pierre de Lezad, sainct Ben. 5000 l.
Callers, Cist.
Foüillens, Cist.
Narbonne.
Bonne-foy.
Abb. du Diocese de Lombés.
Abb. du Diocese de sainct Papoul.
Abb. du Diocese de Toulouse. Parroisses. 1152.
S. Sarnin, sainct Augustin, seculiere. 8000 l.
Grand-selue, Cist. 1000 l.
Le Meix, Cist.
Nostre Dame de la Chapelle, Prem. 2000 l.
Heaures, Cist.
S. Pierre de la Court, sainct Ben.
Mas-garnier, sainct Ben. 3000 l.
Vn Prieuré.

L'Archeuesché de Narbonne a pour suffragans.

Carcassonne. Parroisses 320.
S. Pons de Tommieres. Par. 206.
Alet. Par. 170.
Besiers. Par. 360.
Lodesue. Par. 48.
Agde. Par. 77.
Montpelier. Par. 491.
Nismes. Par. 509.
Vsez. Par. 400.
Elne, hors du Royaume.
Abb. du Diocese de Carcassonne.
La Grasse, sainct Ben. 6000 l.
Mont-olieu, sainct Ben. 3000 l.
S. Hilaire, sainct Ben. 2000 l.
Ville-longue, Cist.
Abb. du Diocese de S. Pons de Tommieres.
S. Aignan, sainct Ben.
Fon-caude, Prem.
Geofride.
Chuillan. 16000 l.
Abb. du Diocese de Besiers.
Ville-manne, sainct Ben.
S. Pierre de Vincelles, sainct Ben.
S. Iacques, sainct Augustin, dans la ville.
S. Esprit, Nonnains.
Iaussy, sainct Ben.
S. Hubery, sainct Ben.
S. Aphrodise de Besiers, seculiere.
Prieuré de Cassan, sainct Augustin. 4500.
Abb. du Diocese de Lodesue.
S. Sauueur de Lodesue, sainct Ben.
S. Guilhem des Deserts, sainct Ben.
Nonangue, Nonnains.
Grizane, Nonnains.
Prieuré sainct Michel. 3000 l.
Abb. du Diocese d'Agde.
Val-manne, Cist. 2500 l.
S. Thibery, sainct Ben. 2000 l.
S. Aphrodise.
Abb. du Diocese de Montpelier.
Agnagne, sainct Ben. 4000 l.
Gigean[a], Nonnains. [a] ou Genebe.
Bisanne, Nonnains.
Saint Guilhem de Montpelier, Nonnains.
Sainte Claire de Paradis, dans Montpelier.
Vignogelier ou Vignogne, Nõnains.
Deux Prieurez, saincte Catherine & Montauberon.
Abb. du Diocese de Nismes.
S. Gilles, seculiere, sainct Ben. 2000 l.
Franque-vaulx, Cist. 3000 l.
Psalmody, seculiere, S. Ben. 3500 l.
Sendras, sainct Ben.
Saulue, sainct Ben. 3000 l.
La Ferté, Nonnains.
Candore, sainct Ben.
Abb. du Diocese d'Vsez.
S. André de Ville-neufue.
Champs-bons.
Sainct Nicolas.
Bagnols, Nonnains.
Sainct Esprit, Nonnains.
Seynes, Nonnains.
Abb. du Diocese de Narbonne. Par. 972
S. Pierre des Cannes, S. Ben. 2000 l.
S. Polycarpe, sainct Ben.
Nostre Dame de Quarante, sainct Augustin. 2000 l.
Fonte-froide, Cist.
S. Paul de Narbonne, seculiere.
Villongne. 3000 l.
Toute-fauche, Cist. 4000 l.

L'Archeuesché d'Aix a pour suffragans

Apt.
Riez.
Fre-jus.
Gap. Par. 204.
Sisteron. Par. 200.
Abb. du Diocese d'Apt.
S. Eusebe, sainct Benoist.

Nostre Dame d'Entre-vaux.
Val saincte, sainct Ben.
Monastere de Nonnains, Cist. dans la ville.
Abb. du Diocese de Riez.
Abb. du Diocese de Frejus.
S. Florenge de Toronet, Cisteaux. 6000 l.
D'Vrbon, Nonnains.
Cloisonne.
Lourneel ou Surpes.
Abb. du Diocese de Gap.
Surris, Nonnains.
Abb. du Diocese de Cisteron.
Crosse, sainct Aug.
Monastere de Nonnains, dans la ville. 3500. l.
Deliere. 3000. l.
Vn Prieuré.
Abbayes du Diocese d'Aix. Parroisses 800.

L'Archeuesché d'Arles a pour Suffragans.

Marseille. Parroisses 280.
Tolon.
S. Paul des trois Chasteaux.
Orenge.
Abb. du Diocese de Marseille.
Sainct Victor, lez Marseille, sainct Benoist.
Abb. du Diocese de Tolon.
Digere, Nonnains.
Abb. du Diocese de sainct Paul de trois Chasteaux.
Aigue-belle, Cist.
Abb. du Diocese d'Orenge, qui est à vn Prince souuerain.
Abbayes du Diocese d'Arles. Parroisses. 311.
Mont-majeur, sainct Ben. 2000. l.
S. Cesaire, Nonnains, en Camargue.
Tarascon, Nonnains.

L'Archeuesché d'Auignon qui est aux Papes, a pour suffragans.

Carpentras.
Vaison.
Cavaillon, Ab. de Saucean, Cist.
Dans le Diocese d'Auignon est l'Abb. sainct André.
L'Archeuesché de Tarentaise, iadis Eueſché suffragant de l'Archeu. de Vienne a deux suffragans, Syon & Aouste, & est hors du Royaume.

L'Archeuesché de Besançon en la Franche-comté, a pour suffragans Basle & Lausane hors du Royaume, auec l'Euesché de Bellay, en Bresse, qui appartient au Roy de France, où est l'Abb. de sainct Sulpice.

L'Archeuesché de Treues a pour Suffragans.

Metz. Parroisses 625.
Toul.
Verdun.
Abb. du Diocese de Mets.
Sainct Vincent de Mets, sainct Benoist.
Sainct Clement de Mets, sainct Benoist.
Sainct Arnoul de Mets, sainct Benoist.
Sainct Martin de Mets, sainct Benoist.
Sainct Pierre du Mont, sainct Augustin.
Sainct Martin de Glaudery, sainct Benoist.
S. Symphorian, sainct Ben.
Gorsie, sainct Ben.
S. Nabor, sainct Ben.
S. Villars, Cist.
S. George du Pont-froid, de Mets, Cist.
S. Glosinde, Nonnains, sainct Ben.
Nostre Dame, Nonnains
S. Firmin de Houelar.
Abb. du Diocese de Toul.
S. Evre, lez Toul, sainct Ben.
S. Mansu, lez Toul, sainct Ben.
Mire-vaux, Prem.
Ornes, Cist.
Medien, sainct Ben.
Sainct Remy de Lune-ville, sainct Augustin.
Chaumosey, sainct Aug.
Stiuage, Prem.
Flabe-mont, Prem.
La Senone, sainct Ben.
Remiremont, Nonnains.
Abb. du Diocese de Verdun.
Sainct Paul, Prem.
Saincte Venne de Toul, sainct Benoist.
S. Miel[a], sainct Ben.
S. Henry, sainct Ben.
Beaulieu, sainct Ben.
Le Diocese de Treues est hors du Royaume.

[a] ou S. Michel.

Si le rolle ou estat susmentionné se trouue defectueux, on y peut adiouter le nombre des Abbayes, Prieurez, Commanderies, Chapelles, Conuents de Religieuses, Conuents de Cordeliers, & autres Religieux de France, contenu en vn memoire ou calculation faite pour ce sujet, qui porte ce qui s'ensuit. Abbayes 13056. Prieurez, 12400. Commanderies de Malte 256. Chapelles 152000. Abb. de Religieuses, 556. Conuents de Cordeliers, 700. autres Religieux, 14077. Parroisses, 14000. Le reuenu entier de l'Eglise Gallicane, 92. millions d'escus, sans comprendre les reseruations faites dans les baux à ferme, se montants 12. millions d'escus.

Genealogie.

AVant que les François se fussent establis en Gaule, ils auoient eu leurs Rois, qui se trouuent mentionnez dans l'Histoire Romaine, sous le nom de Rois, Ducs, Conducteurs ou Generaux d'armée; dont les noms & la succession ont esté curieusement recueillis[a], depuis le temps qu'ils commẽcerent à se faire cognoistre, qui fut sous l'Empereur Gallien, contre lequel ils joignirent leurs armes auec Postumus [b], iusques en l'an quatre cens vingt, qui est la commune & veritable datte de la fondation de leur Monarchie; laquelle s'arresta quelque temps de là le Rhin, pendant que les Gaules estoient tenuës par les Bourguignons, les Goths & les Romains, auec lesquels ils auoient eu desia diuerses prises, & que toutes les regions Occidentales estoient comme inondées & couuertes d'vn deluge general de Nations barbares, parties du Septentrion, Huns, Vandales, Alains, Herules, Saxons, Suaubes, & autres, sous l'Empire d'Honorius; lequel fut contraint de ceder aux Goths la possession du plus beau pays, [c] que les Romains y dominassent. Ce premier establissement du regne & Empire François, par cette nation sortie d'entre les Germains, (soit qu'elle ait porté le nom d'vn peuple certain & non ramassé, & lequel dans ses conquestes auanturieres, & sa liberté naturelle, se soit nommé franc ou libre par vanité, comme vn Historien moderne l'asseure & met en auant[d], ou que son origine & païs naturel soit dans la basse Saxe, ou en d'autres endroits de la basse Allemagne, plus proches des Gaules, comme vn Auteur curieux l'a traité[e]) fut sous cet estat general de l'Empire Romain, tendant à sa ruine & dissipation, & en l'eslection premiere & solennelle d'vn Roy, que les veritables Histoires[f] nomment PHARAMOND fils de Marcomir, lequel fut proclamé & esleué sur vn pauois, selon la coustume de sa nation. Tous les Romans fabuleux & les Histoires 420.
sombres des gestes & exploicts des Rois, ou Chefs precedens, qui ont guerroyé ou les Romains, ou les Vandales, ne sont point de la Genealogie, que nous ferons suiure, par les trois races ou lignées differentes des Rois de France, à commencer par cette premiere nommée des Merouingiens, dont Pharamond est le Chef, & qui fut continuée en sa posterité; laquelle passa le Rhin, & s'empara d'vne bonne partie des Gaules. Il establit des loix, & commença de policer & regler cet Estat, auquel le Ciel promettoit vne si ferme, longue & heureuse subsistance. Aucuns luy donnent dix ou vnze ans de regne: Mais les plus exacts & sçauans[g] ne luy en donnent que neuf, à compter de l'an quatre cens vingt, qu'ils establissent le premier de son regne & de la Monarchie Françoise, iusques en l'an quatre cens vingt-neuf, que Clodion son fils luy succeda.

a Isac. Pont. de Orig. Franc. lib. 3. c. 6.
b l'an 269.
c Languedoc & Guyenne.
d Dupleix. Auant propos de l'histoire de France.
e Isac. Pont. de Orig. Frãc. lib. 1. c. 3.
f Aym. lib. 1. c. 4. Ado. Vien. Sigeb. Prosp. Chron. ed. de Pithou.
g Ioseph Scal. l. 6. de emend. temp. Prosp. Chron. Vigner. Onufre. Iac. Sirmond in Conc. Gall.

CLODION, surnommé le Cheuelu, à cause de sa perruque, qu'il nourrissoit 429.
curieusemẽt en sa jeunesse, passa le Rhin auec vne armée, & prirent quelques villes de la Gaule Belgique, faisant sa demeure au Chasteau de Dispargo ou Dispurge[h]. Toutesfois les François & leur Roy furent défaits & chassez de ce païs nouuellement conquis, par les armes Romaines commandées par Aëtius, assisté de Majorian. Aëtius & Theodoric Roy des Goths, ayans fait vne paix ensemble, la Gaule demeura paisible quelques années. Clodion demeura pres de 20 années sur le bord du Rhin, estant tousiours en armes, pour tascher de rentrer en Gaule; & apres auoir regné l'espace de 21. an, il mourut en l'an 448.

h Greg. lib. 2. c. 9.

MEROVEE luy succeda, ou comme plus proche,[i] ou n'estant qu'allié.[k] Aucuns 448.
ont escrit, qu'il estoit son fils naturel [l]. L'occasion que ce Roy eut de faire repasser le Rhin aux François, fut en la venuë d'Attila Roy des Huns, contre lequel, comme vn tres-puissant & commun ennemy, Aëtius General des Romains, sous l'Empereur Valentinian, appella & vnit ensemble les Goths, les Bourguignons, & les François, qui s'estans liguez & ayans joinct leurs armes, composerent vne armée, qui combatit celle d'Attila dans la Champagne, és plaines voisines de Chaalons ou de Troyes, où il fut vaincu & défait; ce qui le fit re-

i Greg. lib. 9. c. 1.
k Aym. lib. 1. c. 6.
l Abb. Vrsper.

tirer des Gaules, & reprendre le chemin de la Pannonie, où il arma de nouueau & vint en Italie. Les François s'establirent par ce moyen dans la Gaule, sous leur Roy, qui a donné nom à la premiere lignée des Rois de France, laquelle commença pour lors d'en prendre le nom; les François s'estans eslargis le long du Rhin, & en la Gaule Belgique, où Rheims estoit ville capitale, plusieurs autres villes recogneurent leur nom & leurs armes: sçauoir Cambray, Tournay, Beauuais, Boulogne, Amiens, Senlis, Chalons & autres, iusques à Paris, qui se rendit à eux, apres vn long siege. Il ne regna que neuf ans & quelques mois, & mourut l'an quatre cens cinquante-six.

Merouingiens.

456. CHILDERIC fut fils & successeur de Meroüée. Au commencement de son regne il fut contraint de se retirer en Turinge, à cause que ses subjets ne pouuans pas supporter sa vie desreglée, se souleuerent contre luy; ce qu'il fit par le conseil de Winomand son fidele Ministre, qui luy promit son assistance & son employ, pour ramener & reconcilier à son Prince vn peuple irrité, & de luy faire sçauoir le temps auquel il pourroit reuenir, en luy faisant tenir la moitié d'vne piece d'or, qu'ils auoient coupée & partagée entr'eux. Ægidius qui commandoit à Soissons pour les Romains, fut esleu en sa place, mais il n'y subsista pas long-temps, Childeric ayant esté rappellé; à quoy seruit l'artifice de Winomand, qui portoit Ægidius à charger de tailles & nouueaux imposts les François, d'où il aduint qu'ils se mutinerent contre luy, & le contraignirent de se retirer [a] de son premier gouuernement de Soissons, où il mourut. Childeric espousa Basine Reine de Turinge, laquelle quitta son mary pour le venir trouuer en France, apres son restablissement [b], & vainquit Ægidius, qui auoit appellé les Alemands à son secours [c]; voire mesme pour affoiblir dauantage les Romains, qui tenoient encores quelques places en France, apres auoir desfait Audoagre Chef des Saxons, il passa plus outre & entra dans Angers, où Paulus commandoit pour les Romains, & s'eslargit le long du Loire, depuis Orleans iusques au bout de l'Anjou [d]. Et apres auoir bien fait, il mourut assez ieune encor, l'an quatre cens octante-deux, & ne regna que seize ans en tour. Sous son regne l'Empire Romain desfaillit entierement en Italie, & l'Eglise fut trauaillée par diuers heretiques [e].

481. CLOVIS ou Louys premier du nom, qu'on surnomme le Grand, fils vnique de Childeric, luy succeda: Il chassa entierement les Romains de la Picardie, voire de la France, ayant vaincu & desfait Syagrius fils d'Ægidius, lequel tenoit encores Soissons [f]. Ayant espousé Clothilde fille de Chilperic [g], l'vn des Rois de Bourgogne, & niepce de Gondebaut, qui en tenoit la meilleure partie (ayant vaincu & fait mourir deux de ses freres:) Il secourut les Ripuariens ou Ribarols, habitans sur le bord du Rhin, contre les Alemands [h]; & apres la bataille de Zulpich, és confins de Cologne, où il les vainquit, il accomplit le vœu & la promesse qu'il auoit faite de se rendre Chrestien, fut baptisé par sainct Remy, Euesque de Rheims, en l'an quatre cens nonante-neuf, auec grand nombre de François, qui suiuirent son exemple; ce qui vnit d'autant plus les Gaulois, qui s'estoient auparauant conuertis à la Foy Chrestienne, auec les François [i]. La saincte Ampoule fut lors enuoyée du Ciel, selon Hincmar, Archeuesque de Rheims [k]; & Aymoin [l]; Et les lys furent deslors les armes de France [m]. Il secourut Godegisil Roy d'vne partie de Bourgogne, contre son frere Gondebauld; Et Godegisil ayant esté desfait & tué, il reuint encor en Bourgogne, ayant fait alliance auec Theodoric Roy des Ostro-Goths [n], & apres vne bataille gagnée sur les Bourguignons par Clouis, ils partagerent la Bourgogne [o], qui fut neantmoins apres renduë à Gondebaud [p]. Il arma depuis contre Alaric Roy

504. 505. des Wisigoths, qu'il desfit en bataille, & le tua de sa main, en l'an cinq cens huict [q], à Ciuaux ou Voüillé, à cinq lieuës de Poictiers. Cete victoire acquit à Clouis & à la Couronne de France [r], la meilleure partie du Languedoc, le Roüergue, le Quercy, l'Auuergne, le Poictou, la Prouence, partie de la Guyenne: sçauoir, la Gascogne [s], & Bordeaux. Ce Royaume destruict par Clouis, auoit subsisté nonante-quatre ans. Clouis receut bien-tost apres vne Couronne, & les robbes de Patrice & Consul Romain, auec l'alliance d'Anastase Empereur de Constantinople [t]. Il rengea aussi les Bretons à son obeyssance, & leur Duc ou Comte le recognent pour Souuerain [u]. L'an cinq cents neuf Theodoric Roy des Goths en Italie passa les Alpes, & auec vne puissante armée auoit repris le Languedoc, & la Prouence:

a Greg. lib. i, c 18. Aym. li. 8. c. 7
b Greg. lib. 2. c. 12.
c Id lib. 2. c. 18 Aym. lib. 1. c. 1
d Greg. lib. 2. c. 18. & 19.
e Nestorius. Pelagius. Eutiches.
f Greg. li. 1 c. 17. Aym lib. 1. c 12.
g Aym. li. 1. c. 13. Greg. lib. 2. 29. l'an 492.
h Auentin. l. 3. Annal. Bojar.
i Greg. lib 2. 31. Aym. li. 1. c 16.
k In vita, S. Remig.
l Lib. 1. c. 16.
m Duplcix.
n Procop. li. 1. de bel. Goth.
o Id. ibid.
p Paul. Æmil.
q An. d'Aquit. Greg. Aym.
r Greg. lib. 2. c. 27. Ann. d'Aquit.
s Nouem-Populanie.
t Greg. li. 2. c. 38. Aymoin, li. 1. c. 22.
u Greg. li. 4. c. 4.

Mais les François, apres la retraite de Theodoric, reprindrent le Languedoc, qu'ils conseruerent à eux, auec l'Aquitaine; & la Prouence demeura à Theodoric, lequel y renuoya vne seconde armée [a]. Clouis acquit aussi ou reünit à la Couronne de France la Seigneurie de Cologne, ayant fait perdre Sigebert, & Cloderic son fils, qui en estoient Princes. Il regna vingt-neuf ans, & mourut en l'âge de quarante-cinq [b], l'an de Iesus-Christ cinq cens vnze. Il establit le siege & sejour des Rois de France, qui luy doiuent leur premiere & principale grandeur & reputation, dans la ville de Paris. Il laissa trois fils legitimes & deux filles de la Reine Clotilde, Clodomir, Childebert & Clotaire; Thierry fut son fils naturel. Des deux filles, l'vne nommée Clotilde fut mariée à Amaulry Roy des Wisigoths, fils d'Alaric, & l'autre nommée Tichilde fut Religieuse.

Les enfans masles de Clouis partagerent le Royaume de France, ce qui fut fait 511.
également [c]. Thierry l'aisné, quoy que bastard, eut sa portion, & fut nommé Roy de Mets & de Rheims [d], ayant le pays Messin, la Lorraine & partie de la Champagne. CLODOMIR Roy d'Orleans, auoit la Sologne, le Gastinois, Sens, le Berry & l'Auuergne. CHILDEBERT Roy de Paris, auoit l'Isle de France, le pays Chartrain, le Perche, l'Anjou, le Maine, la Touraine, l'Aquitaine & partie du Languedoc. CLOTAIRE Roy de Soissons, la Picardie, le Vermandois, la Westrie ou Neustrie, depuis dicte Normandie, l'Artois & la Flandres. Les Goths tenoient partie du Languedoc. Les prouinces de Sauoye, auec la Prouence & le Dauphiné, estoient encores du Royaume de Bourgogne. Les Danois ou Nort-mans troublerent peu apres les pays écheus à Thierry, qui les défit en bataille nauale, par son fils Theodebert. Clodomir Roy d'Orleans en l'an cinq cens vingt entra dans la Bourgogne auec armée, & s'estant ligué auec Thierry Roy de Metz, apres auoir vaincu & fait mourir auparauant Sigismond Roy de Bourgogne, il desfit aussi Gondemar frere de Sigismond, & fut tué dans la meslée, l'an cinq cens vingt-deux. Gondemar fut depuis restably dans le Royaume; mais Childebert & Clotaire ayans assemblé leurs forces, sous pretexte d'assister les enfans de Clodomir, & de la vengeance de sa mort, assiegerent & prirent Autun, obligerent Gondemar à se retirer en Afrique pour sa seureté, contre la terreur que leurs armes auoient donnée à tout le pays, là où il mourut, & cet Estat fut deslors acquis & vny à la Couronne, & n'eut point de Rois particuliers; Childebert & Clotaire le partagerent, & firent mourir leurs nepueus. Thierry Roy de Metz, apres auoir regné vingt-quatre ans, mourut en l'an cinq cens trente-sept, & laissa Theodebert son
fils, successeur en cette portion du Royaume de France, lequel fut adopté par 526.
Childebert son oncle, Roy de Paris. Auant la mort de Thierry, & en l'an cinq cens trente-deux, Childebert auoit vaincu les Goths en Espagne, & Amaulry leur Roy estoit mort en la bataille [e]: Il auoit pris Tolede auec les thresors des Goths. Clotilde femme d'Amaulry, & sœur des Rois de France, laquelle on y ramenoit, mourut en chemin; Et en mesme temps les Goths furent desfaits en Languedoc par les François [f]. Childebert & Clotaire ioignirent aussi leurs armes contre les mesmes Goths en Arragon, & assiegerent Saragosse; mais peu apres ils leuerent le siege [g]. Theodoric Roy des Goths en Italie estoit mort dés l'an cinq cens vingt-sept, auquel apres Athalaric qui ne regna que quatre ans, Theodat ayant succedé, & l'Empereur Iustinian ayant armé puissamment contre luy, il rechercha l'amitié & le secours des Rois de France; mais ayant esté tué en suite de l'eslection de Vitiges, faite par les Goths, la mesme recherche continua de sa part, & la Prouence fut liurée aux François [h]. Belisaire estoit en Italie pour l'Empereur, & Vitiges auoit vne armée de cent cinquante mille hommes, sur quoy Theodebert Roy de Metz passa les Alpes auec cent mille combatans, courut & pilla les Goths & les Imperiaux [i]. Belisaire fut rappellé en Italie par l'Empereur, apres auoir contraint les habitans de Rauenne de luy liurer Vitiges, qu'il amena à Constantinople. Totila fut baillé pour successeur à Vitiges par les Goths, & Narses Eunuque à Belisaire par Iustinian, contre lequel Theodebert auoit desia passé les Alpes pour vne seconde fois, auec vne grosse armée, mais son entreprise fut destournée, & la mort le surprit bien-tost apres en l'an cinq cens cinquante & le dix-septiesme de son regne [k]. Thibaut son fils luy succeda & ne regna que quatre ans. Narses extermina les Goths en Italie [l]. Les Saxons nouueaux subjets de Clotaire, lequel auoit succedé à Thibaut, se rebellerent contre luy, & recogneurent depuis leur faute. [m] Mais n'ayans pas esté receus à

a Procope, du Pleix.
b Greg lib. 2. c. 43, Aymoin. li. 11. c. 25.
c Greg. lib. 3. c. 1. Aym. li. 2. c. 1.
d Greg. li 4. c. 22. Agath. l. 1.
e Aymoin. lib. 2. c. 8.
f Procop. li. 1. de bell. Goth.
g Greg. lib. 3. c. 29.
h Procop. li. 1. de bell. Goth.
i Procop. li. 2. de bell. Goth. Greg. l. 3. c. 32.
k Agath. lib. 1. hist. Greg. li. 3. c. 36.
l Greg. lib. 3. c. 32. Aym lib. 2. c. 34.
m Greg. li. 4. c. 14.

539. mercy & estans obligez à se defendre, ils vinquirent les François en l'an 558. Childebert Roy de Paris deceda en l'an 559. apres auoir regné quarante ans, & ne laissa que deux filles, qui ne succederent point, à cause de la loy de l'Estat, appellée communement Salique, dont nous auons parlé ailleurs. [a]

Aymoin. li. 2. c. 27.

a Gouuernement de France.

559. CLOTAIRE, dernier fils de Clouis le Grand, suruesquit à tous ses freres & neueux, & demeura seul Roy & possesseur de ce grand Estat. Son fils Chramne s'estant sousleué contre luy auec l'assistance des Bretons, fut vaincu, & perit dans ce miserable dessein, & l'année suiuante Clotaire deceda apres auoir regné cinquante & vn an. De sa seconde femme, nommée Ingonde vefue de Clodomir Roy d'Orleans, son frere, il eut cinq fils, Gonthaire, Childeric, Charibert, Gontran & Sigebert, & vne fille nommée Closinde, mariée à Alboin Roy des Lombards. De Charagonde, sa troisiesme femme, il eut Chilperic.

562. CHARIBERT, GONTRAN, SIGEBERT & CHILPERIC furent les quatre fils de Clotaire, qui luy suruesquirent & partagerent esgalement, comme les enfans de Clouis, & ietterent le sort sur les portions du Royaume de France. A Charibert escheut le Royaume de Paris, à Gontran celuy d'Orleans & de Bourgogne, à Chilperic celuy de Soissons, & à Sigebert celuy d'Austrasie, dont le siege, selon Gregoire de Tours, [b] estoit à Rheims, & selon Aymoin, [c] à Mets. Il espousa Brunechilde, ou Brunehault fille d'Athanagilde Roy des Wisigoths en Espagne, [d] Chilperic espousa Fredegonde, femme de bas lieu, ayant repudié, ou fait mourir ses femmes legitimes, dont l'vne estoit fille du Roy des Wisigoths & sœur de Brunehault. Charibert ne regna que huict ans, & mourut l'an 572. [e] Il ne laissa que des filles, dont l'vne nommée Adelberge fut mariée à Edilbert Roy de Kentz en Angleterre. [f]

b Li. 4. c. 22.
c li. 3. c. 1.
d Greg. li. 4. c. 27. Aym. lib. 3. c. 4.
e Greg. lib. 4. c. 26.
f Bed. lib. 1. hist. c. 25.

Chilperic, Gontran & Sigebert partagerent le Royaume de leur frere, Roy de Paris. Les Lombards qui estoient desia appellez en Italie par Narses, coururent la Prouence, qui estoit du partage de Gontran; Amat Gouuerneur du pays leur estant allé au deuant auec vne armée composée de Bourguignons, fut desfait & tué l'an 575. [g] Mais Mummol son successeur les desfit en suite & leur fit repasser les Alpes. [h] Les Saxons ayans entrepris la mesme chose sur son gouuernement, furent pareillement vaincus, ou portez à acheter la paix des François [i] l'an 577. Deux années apres, Sigebert Roy d'Austrasie fut assassiné par deux hommes apostez par Fredegonde femme de Chilperic, qui estoient tous deux bloquez & enfermez dans Tournay. Son ieune fils Childebert luy succeda, & fut couronné dans Mets, & depuis adopté par Gontran. Meroüée fils de Chilperic, ayant espousé Brune haut vefue de Sigebert & encouru la haine de son pere, fut tué l'an 582. Chilperic ne luy suruesquit pas long-temps, & fut de mesmes assassiné par des personnes que Fredegonde sa femme & Landry, vulgairement dit de la Tour, auoit apostées l'an 587. apres auoir regné vingt-quatre ans. Ce fut vn grand Roy, mais extremement vicieux, cruel & entaché de l'heresie de Sabellius. [k] De plusieurs enfans qu'il eut de trois femmes, Clotaire seul, aagé de quatre mois, luy suruesquit & succeda.

g P. Diac lib. 3. de gest. Long. c. 1. & seq.
h Id. li. 3. c. 3. & 4.
i Id. li. 3. c. 5.
k Greg. lib. 6. c. 44. Aymoin. li. 3. c. 41.

584. CLOTAIRE, second du nom, eut pour tuteur Gontran, son oncle, auquel Gombaud, qui se publioit fils de Clotaire premier, donna de la besongne, [l] s'estãt fait proclamer Roy, & prester serment de fidelité en plusieurs villes, ce qui fit vnir ensemble Gontran & Childebert Roy d'Austrasie, & Gombaud fust liuré à Gon-

588. tran par les Capitaines qui l'auoient suiuy & assisté iusqu'à lors. Il dressa deux armées contre les Wisigoths d'Espagne, qui tenoient encores le bas Languedoc, [m] mais la conduite en fut mal-heureuse, Childebert donna sa sœur Closinde en ma-

592. riage à Reccarede Roy des Wisigoths. [n] Quelques années apres, les Gascons, peuple originaire d'Espagne, voulurent descendre dans l'Aquitaine, [o] mais ils furẽt repoussez pour ce coup. Gontran, Prince sage & aduisé, moyenna vn accord inseré

594. dans l'Histoire, [p] entre luy, le Roy Childebert, & la Royne Brunehaut, & quelques années apres, sçauoir l'an 597. le 23. de son regne, il deceda au grand regret de toute la France, pour les grandes vertus qui estoient en luy. Il ne laissa point d'hoirs masles, ains vne seule fille nommée Clotilde; [q] Childebert Roy d'Austrasie auoit esté desia adopté par luy. Ceste année le mesme Childebert assẽbla vne grosse armée d'Austrasiens & Bourguignons, pour enuahir l'heritage & Royaume du ieune Clotaire, apres le decez de son fidelle & sage tuteur, mais elle fut vaincuë & défaite pres de Soissons, & l'an 600. Childebert auec la Royne sa femme moururent. [s]

l Aym. li. 3. c. 61.
m Greg. li. 8. c. 30.
n Id. li. 9. c. 1.
o Id. li. 9. c. 7.
p Dupleix.
q Aym. li. 3. c. 81. Ap. Greg.
r Aym. li. 3. c. 84.
s Apud. Greg.

Brunehaut ayeule des deux Rois, fils & successeurs de Childebert, disposa du Royaume & en regla les portions, donnant à Thierry le Royaume d'Orleans, qu'on appella de Bourgogne, & à Theodebert, celuy d'Austrasie, dont Mets estoit la capitale & le siege Fredegonde apres auoir desfait l'armée de Brunehaut deceda, laissant Clotaire priué de conseil & de conduite. Brunehaut fut chassée par les Austrasiés, & recueillie par Thierry l'vn de ses petits fils. Clotaire, qui n'estoit plus appellé Roy de Soissons, ains de Westrie, dont Paris demeuroit la capitale, fut attaqué par ses cousins Theodebert & Thierry, & ayant esté vaincu, il fut obligé de traicter desaduantageusement auec eux, qui en eurent apres auec les Gascons reuenus dans l'Aquitaine & rauageans le pays,[a] auec lesquels les deux Rois furent contraints de s'accommoder, en leur donnant vn Duc ou Gouuerneur. Ce peuple eut en mesme temps des prises auec les Rois d'Espagne.[b] Thierry & Theodebert freres, par la malice diabolique de Brunehaut leur ayeule, entrerent en diuisiō estrange, & armerent l'vn contre l'autre, Theodebert fut defait par deux fois, & apres le second combat, il perdit la vie.[c] Ses enfans furent aussi massacrez par Brunehaut, Thierry ne suruesquit gueres à son frere, & fut empoisonné l'an 617. La race de ces deux Rois fut entierement esteinte, comme il se recueille de l'Histoire; tellement que la descente de la maison d'Austriche de ceste premiere lignée des Rois de France, par vn fils de Theodebert, qu'on nomme Sigibert, est fausse & supposée par l'Abbé Trithemе, dont P. Mathieu a suiuy, ou laissé couler l'imposture sans la refuter. CLOTAIRE demeura seul paisible possesseur de ce grand Estat. Les Austrasiens & Bourguignons ayans recogneu en luy les restes du sang Royal du grand Clouis, Brunehaut estant enfin perie & payée de ses crimes execrables par vne mort exemplaire, tous les Royaumes partagez cy-deuant furent vnis en luy, qui ordonna l'Amnestie & abolition generale de tout le passé, assista son fils Dagobert qu'il auoit marié & fait Roy d'Austrasie, contre les Saxons rebelles & tua de sa main Bertoul leur chef. Il gouuerna seul le Royaume de France durant seize années, regna quarante-quatre ans en tout, & mourut l'an 628.[d]

604. 618.

a Aym. li. 3. c. 89.

b Mariana li. 6. c. 1. & seq.

c Apud. Greg.

d Aym. li. 4. c. 15.

DAGOBERT son fils aisné, receut Aribert son frere à partager aucunement auec luy le Royaume, & luy octroya l'Aquitaine & le Languedoc, suiuant la volonté de leur pere commun. Toutesfois il ne vescut pas long-temps & deceda l'an 630. Son fils, qu'on auoit nommé Chilperic, mourut aussi peu de iours apres. Dagobert partagea son Royaume à ses deux fils, Sigebert & Clouis, donnant au premier l'Austrasie, & à l'autre la Bourgogne & la Neustrie. Il receut les sousmissions des Gascons, entrez de nouueau dans l'Aquitaine, & l'hommage du Comte de Bretagne & mourut l'an 644.e Il fut le dernier Roy de France dans ceste lignée, qui donna des preuues de valeur, & qui conserua & estendit la reputation du nom & des armes Françoises parmy les estrangers, Lombards, Espagnols, Esclauons & autres nations plus esloignées, & dans la Cour des Empereurs de Constantinople, qui ont recherché leur alliance & amitié. Ceux qui suiuent sont les Rois faineans, laissans l'Estat à la conduite des Maires du Palais. 628.

e Aym. li. 4. c. 33.

CLOVIS second, & SIGEBERT enfans de Dagobert ensuiuirent l'ordonnance de leur pere, garderent le partage fait entr'eux du Royaume d'Austrasie, à l'vn de la Neustrie, & de la Bourgogne à l'autre, comme nous auons desia dit. Sigibert Roy d'Austrasie voulut reprimer l'orgueil de Raoul Duc de Turinge, dont il estoit le souuerain, & arma contre luy; mais il fut battu & obligé de repasser le Rhin, apres auoir fait quelque accord auec son vassal. Il adopta Grimoald fils de Childebert, Maire de son Palais, & eut vn fils apres cela, qui fut nommé Dagobert. Il deceda l'an 658. son fils fut traduit en Escosse, & mis dans vn Cloistre par Grimoald, qui se voulut emparer de l'Austrasie sous le nom de son fils, lequel fut tué bien-tost apres en vne bataille que les Neustriens sujets de Clouis luy liurerent. Le Royaume d'Austrasie fut donné à Childeric fils puisné de Clouis, lequel apres auoir regné seize ans, mourut l'an 660. le vingt-troisiesme de son aage. Il estoit foible de sens, ce qui donna accroissement au pouuoir des Maires du Palais. Il laissa trois fils, Clotaire, Childeric & Thierry. 644.

CLOTAIRE III. du nom, succeda à Clouis aux Royaumes de Neustrie & de Bourgogne. Sous son regne Ebroin fut fait Maire du Palais. Childeric fut Roy d'Austrasie, & Thierry ne fut point partagé d'aucun Royaume; mais Clotaire estant decedé en l'année six cens soixante-quatre, CHILDERIC second du nom demeura seul Roy de France, & ne regna que trois ans, ayant esté assassiné l'an 667. 660.

Il y eut vn fousleuement en Languedoc fouz fon regne contre les Goths Efpagnols.

667. THIERRY troifiefme du nom, fut tiré de l'Abbaye fainct Denis, où il auoit efté enfermé; Ebroin auffi cy-deuant Maire du Palais, fortit d'vn Cloiftre où l'on l'auoit confiné, & prit le gouuernement des affaires pres de Thierry, qui eftoit infirme & incapable de regner; Il fe desfit de tous fes ennemis, & des plus gens de
682. bien. Quelques Seigneurs d'Auftrafie prirent les armes & affemblerent des troupes contre luy, mais il les vainquit & fe desfit d'eux. Il eft vray que peu de temps apres Ermenfroy le tua dans fon lit, [a] A Ebroin fucceda Waraton en la charge, & Gilimer fon fils apres auoir gouuerné de fon chef, contre l'authorité & les intentions de fon pere, & mesprifé l'amitié & bonne intelligence qu'il deuoit entretenir auec Pepin l'ancien ou Heriftel Maire du Palais en Auftrafie, mourut, & Waraton auffi: de forte que Pepin ayant desfait Bertier, qu'on auoit fait fucceder aux precedens Maires du Palais, fe trouua feul dans cefte grande authorité, dont il vfa
687. fi bien que fa pofterité en fut efleuée fur le throfne Royal. Thierry mourut l'an 690. laiffant deux fils Clouis & Childebert.

a Ado Vienn. App. Greg. Aym. lib. 4. c. 46.

690. CLOVIS troifiefme fucceda à THIERRY, & ne partagea point auec fon frere Childebert, dequoy fut caufe l'authorité de PEPIN Maire du Palais, qui ne voulut point de compagnon, ce qui euft efté neceffaire fous diuers Rois. Il ne regna que quatre ans, & deceda l'an 693.

694. CHILDEBERT fecond du nom, frere de Clouis decedé fans enfans, fut appellé à la Couronne; mais Pepin auoit tous les affaires en main, auec la creance que fes vertus luy auoiēt acquife enuers tous les ordres du Royaume. Il eut des enfans legitimes: mais Charles Martel fon fils naturel l'ëporta fur eux par vne valeur infigne qui le fit renommer par tout. Son pere le commit dans l'Auftrafie, où il regenta comme s'il en euft efté fouuerain, & y fit la guerre heureufement. Childebert mourut enuiron l'an 710. & regna dix-fept ans, fous la regence de Pepin. [b]

b Append. Greg.

711. DAGOBERT fecond du nom, comme fils de Childebert, fut declaré Roy. Grimoald, fils de Pepin, auoit efté deftiné pour Maire du Palais, mais il fut affaffiné. [c] Pepin mourut auffi l'an 715. apres auoir gouuerné l'Eftat, auec vne authorité abfoluë, durant l'efpace de vingt-fept ans. Sous ce Roy, Plectrude vefue de Pepin, voulant exclurre Charles declaré Duc d'Auftrafie, du gouuernement des affaires, & l'ayant fait emprifonner à Cologne, fit creer fon petit fils Maire du Palais; cõtre lequel la Nobleffe de France ayant armé, Plectrude s'aidant du nom & des forces du Roy s'y voulut oppofer; mais fon armée fut défaite par Rainfroy, efleu Maire du Palais. Charles euada de fa prifon, & Dagobert mourut l'an 715. apres auoir regné en mafque durant cinq ans. Il laiffa vn fils qui fut nourry dans l'Abbaye de Chelles.

c Aym. lib. 4. c. 49. 50. &c.

715. DANIEL, ou CHILPERIC fecond fils, ou frere de Dagobert, luy fucceda, à l'exclufion de Clotaire quatriefme, fon fils. Rainfroy & Charles vindrent aux mains auec armée puiffante de part & d'autre, Charles fut vaincu; mais ayant mis fus vne nouuelle armée, il desfit Rainfroy l'an 717. & pour oppofer vn Roy à fon ennemy, il fit proclamer Clotaire quatriefme, duquel l'Hiftoire n'eft pas d'accord, en quelle façon il attouchoit aux Rois precedens, non plus que de Daniel, dit Chilperic; & les Maires du Palais, poffedans les forces & l'authorité Royale, font plus cogneus par noms & genealogie, que ces derniers Rois, qui n'en auoient que le nom, fans effet ou merite quelconque. Chilperic & Rainfroy eurent recours à Eude Duc d'Aquitaine, qui leur donna fecours; de forte que les Gafcons furent oppofez aux Auftrafiens, qui demeurerent vainqueurs plus par la valeur & bonne fortune de Charles, que par autre moyen. Clotaire & Chilperic, les deux Rois qui feruoient de pretexte à l'ambition des Maires du Palais combattans entr'eux, decederent l'an 719.

720. THIERRY quatriefme, fils de Dagobert fecond, retiré de l'Abbaye de Chelles par Charles, fut Roy apres Clotaire & Chilperic; & fous luy Charles continuant à regir heureufement l'Eftat, fut en Alemagne contre les Saxons, Suaubes & autres peuples, qu'il remit dans l'obeyffance deuë par eux à la Monarchie Fran-
723. çoife. [d] Mais la plus grande gloire de fes armes cõfifte en deux victoires par luy ob-
724. tenuës cõtre les Sarrazins, qui eftoiēt paffez d'Efpagne en Languedoc, & s'eftoiēt aduãcez iufqu'à Tours, là où leur chef & conducteur Abderame fut vaincu & tué,
726. auec grand carnage des Sarrazins, iufqu'à trois cens foixante & quinze mille hommes, qui demeurerent fur la place. Il y fut aidé d'Eude Duc d'Aquitaine, [e] lequel

d Otto Frifing. li. 5. c 16.

e Id. ibid.

estant mort l'année ensuiuante 727. Charles se saisit de ses terres, & les acquit à la Couronne de France. [a] La seconde victoire est de l'an 733. auquel apres auoir recouuré la ville d'Auignon, dont les Sarrasins s'estoient saisis, & ayant assiegé Narbonne où Anthime l'vn des chefs de ceste nation infidelle estoit enfermé, il défit le secours enuoyé d'Espagne à ses ennemis, & en fit vn nouueau carnage, sans qu'il en restast vn seul. Par ce moyen il demeura maistre de tout le bas Languedoc que les Goths auoient tenu, & sur qui les Sarrazins l'auoient occupé dés l'an 722. apres auoir chassé les Goths d'Espagne, & desfait le Roy Roderic, [b] en qui fut esteinte leur Monarchie, laquelle auoit desia duré trois cens ans. Charles, qui fut surnommé MARTEL mourut l'an 741. le cinquante-cinquiesme de son aage, apres auoir gouuerné l'Estat durant vingt-sept ans, sous les regnes de Childeric II. Clotaire troisiesme & Thierry quatriesme, Rois faineants & indignes de porter Couronne.

a Aym. li. 4. c. 52.

b L'an 714.

Il a esté appellé Roy par aucuns Historiens, [c] comme en ayant eu l'entier pouuoir. Il eut diuers enfans, soit legitimes, soit naturels, entr'autres Carloman & Pepin, dit le Bref, lequel fut Roy apres Childeric troisiesme. Carloman fut partagé des Prouinces delà le Rhin. Il iugea Pepin plus propre à commander & à fonder la Royauté, qui deuoit commencer en sa posterité, laquelle y fut appellée & promeuë par les grands merites & exploits de Charles, Prince fort habile & tres-vaillant. Le Roy Thierry mourut quasi en mesme temps, dequoy les Historiens ne sont pas d'accord, apres auoir porté le titre de Roy pendant vingt & vn an, & laissa vn fils & successeur, de la mesme trempe que luy.

c Beda.

CHILDERIC III. sous lequel les enfans de Charles Martel ont esté la matiere & sujet de l'Histoire de Frãce. Griffon, l'vn des bastards de Charles, laissé sans partage & poussé par sa mere, voulut remuer & se saisit de Laon, où il s'enferma auec ses amis; [d] mais Carloman & Pepin auec les forces du Royaume, assiegerent la ville & contraignirent Griffon & ses suiuans de se rendre à eux, qui le mirent prisonnier à Neuf-Chastel en Suisse. Ils prirent la qualité de Maires du Palais, Carloman pour l'Austrasie, & Pepin pour la Neustrie & la Bourgogne, qui comprenoiẽt toute la France. Charlemagne, fils de Pepin, nasquit en ceste année 742. Odilon Duc de Bauiere, pere de Thassillon, fut rangé au deuoir par les deux Maires, & Carloman s'en alla à Rome, pour y accomplir le vœu qu'il auoit fait de se rendre Religieux, & fut depuis au Monastere du mont-Cassin, pres de Rome. [e] Griffon sorty de prison & ayãt partagé de belles terres par Pepin, [f] auquel il ne rẽdoit pas ce qu'il deuoit, & taschoit de troubler le Royaume, fut tué en Aquitaine, ou par le commandement de Gaiffe, qui en estoit Duc, ou par celuy de Pepin mesme. Dés l'an 750. il se tint Assemblée ou Parlement à Soissons, où les Prelats & la Noblesse du Royaume de France resolurent de recourir au Pape Zacharie, pour auoir son aduis sur la deposition de Childeric; surquoy les Deputez ou Ambassadeurs eurent responce fauorable, & l'an 752. CHILDERIC fut degradé en luy coupant sa cheueleure, marque de Royauté en ceste premiere lignée, & enfermé dans vn Monastere. Ce fut le dernier Roy de la race des MEROVINGIENS, laquelle ayant eu des Princes valeureux, & sur tout le grand Clouis, premier Roy Chrestien, a fondé ceste puissante Monarchie, chassé les Romains, les Bourguignons, les Goths, & estendu l'Empire, & le commandement des François dans l'Allemagne, ayant fait cognoistre leur nom & leurs armes en Italie, en Espagne, & finalement contre les Sarrazins, par les victoires renommées de Charles Martel, lequel agissoit sous le nom des derniers Roys.

741.

746.

d Aym. li. 4. c. 58.

e Ado Vienn. Leo Ostiens. Eginhart.

f Paul. Æmil.

PEPIN fut en mesme temps esleu Roy de France, & oinct & sacré par Boniface, Archeuesque de Mayence, Legat du Pape.

Rois de France de la seconde lignée, dite des Carlouingiens.

PEPIN, surnommé le Bref, fut le premier Roy de ceste lignée. Il fut en Alemagne contre les Saxons qui luy rendirent les mesmes deuoirs & hommages qu'aux predecesseurs Rois. Il fut requis par le Pape Estienne troisiesme, qui se porta luy mesme en France, de luy donner secours contre Astolf Roy des Lombards. Carloman son frere, sorty du Monastere, l'en voulut dissuader; mais il n'y defera point, & ayant tenu Parlement à Paris sur ce sujet, passa les Alpes & vint assieger Pauie, là où fut fait vn accord, lequel n'ayant pas esté tenu par le Roy des Lombards, Pepin reuint en Italie, fit leuer le siege qu'Astolph auoit mis deuant Rome & fit executer pleinement le traicté, voire mesme fit vne donation de l'Exarchat de Rauenne au Pape,

752.

753.

754.

755.

Pape, qui recogneut deslors que luy & ses successeurs tiendroient de Pepin la pos-
session & la Seigneurie absoluë de leur temporel. Pendant que Pepin tenoit Parle-
757. ment à Compiegne, Thassilon Duc de Bauiere luy fit hommage de sa terre. [a] Gai- a Otto Frising. li. 3. c. 25.
756. fre Duc d'Aquitaine, par le decez de Hunaud son frere, estoit deuenu seul Seigneur
760. de toute ceste belle Prouince, en laquelle il se comportoit fort mal. Pepin embras-
sant la cause des sujets de Gaifre, qui les opprimoit, & mesprisant les remonstrances
& admonitions de son Seigneur souuerain, fit plusieurs voyages auec armée dans
les terres de Gaifre, qui taschoit de resister; mais apres huict ou neuf ans, que ceste
guerre fut continuée & reprise à diuerses fois, Pepin ayant pris les meilleures villes
& attiré à soy les Seigneurs du pays, le reduisit en tel estat & le poursuiuit si auant,
[b] qu'en l'an 768. il fut tué par les siens propres & enterré en vn marais pres de Bor- b Aym. lib. 4. c. 67.
deaux. La ville de Toulouse fut alors prise par Pepin, qui passa par le Languedoc,
dont les peuples auoient assisté Gaifre, & les rengea à leur deuoir. Il mourut en la
mesme année, [c] le cinquante-quatriesme de son âge, seiziesme de son regne, à com- c 758.
pter du sacre de Boniface Archeuesque de Mayence; qui fut confirmé, ou renouuel-
lé par le Pape Estienne, estant en France, pour luy & ses enfans, qui furent Charles
& Carloman, lesquels luy suruesquirent. Il fut fils d'vn grand Prince, & pere d'vn
Roy, que les siecles suiuans admirerent, & par ce moyen il fut fortuné de tout
point, en paix & en guerre. Apres auoir affermy la Royauté en sa personne, il la
transmit heureusement à sa posterité.

768. CHARLEMAGNE eut son frere CARLOMAN pour compagnon à regner
durant deux ans. Charles fut couronné à Noyon, & Carloman à Soissons, [d] auquel d Aym. li. 4. c. 67.
fut baillée l'Austrasie, auec les pays delà le Rhin; mais il mourut l'an 770. L'année
d'auparauant Charles auoit calmé l'orage esleué dans la Guyenne par Hunaud,
lequel luy fut liuré par Loup, Seigneur de la Gascogne, vers lequel il s'estoit retiré.
Il commença la guerre contre les Saxons dés l'an 772. & les vainquit. [e] Le Pape e Eginhart, Reginon.
Adrian implora son secours contre Didier Roy des Lombards. Les causes & suites
du trouble aduenu en Italie entre ces deux puissances, sont descrites dans Sigo-
nius, [f] qui les a exactement recueillies. Il fit conclurre la guerre cõtre Didier en vn f Lib. 3. de Regno Ital.
Parlement tenu expres, fondée sur trois raisons, dõt l'vne fut la retraite de Hunaud
rebelle à Charles, l'autre la contrainte dont Didier vsoit enuers le Pape, pour sa-
crer les deux fils de Carloman, qu'il auoit pareillement recueillis auec leur mere,
773. & la troisiesme l'oppression du Pape, & l'vsurpation de ses terres. Il vint dõc en Ita-
lie nonobstãt l'empeschement que Didier luy voulut donner au passage des Alpes,
où il se seruit de Hunaud, lequel y fut vaincu, & assommé depuis par les femmes
774. Lombardes, prit Veronne, là où Berthe & ses deux fils, enfans de Carloman, tom-
berent entre ses mains & ne parurent plus. Il passa les Festes de Pasques dãs Rome,
où il confirma & augmenta la donation faite par Pepin, & venant en son cãp, qu'il
auoit laissé deuant Pauie, Didier se rendit à sa discretion auec ses enfans, dont il ne
fut plus parlé, soit par l'exil perpetuel, où ils furent enuoyez, [g] soit autrement; & g Eginhart in vita Car.
parce moyen le Royaume des Lõbards prit fin en Italie, apres y auoir subsisté durãt Magni.
l'espace de deux cens six ans. [h] Charlemagne voulut estre couronné Roy d'Italie à h Sig. de Regno Ital. li. 3.
la façon de ceste nation-là, sçauoir d'vne couronne de fer, en la ville de Modoe- i Id. li. 1. & 4. de Regno Ital.
tia, ou Monza, dans le Milanois; [i] & l'an 776. il y fit vn second voyage, pour repri-
mer vn souleuemẽt, dont l'auteur fut pris, & y perit. Les Chrestiẽs d'Espagne le re-
quirent de secours contre les Sarrazins, auquel il se resolut, & en l'an 778. passa les k Mariana li. 3. c. 15.
Pyrenées, & apres vn siege de trois mois prit Pampelune [k] (en suite dequoy toute
la Nauarre, & partie de l'Arragõ se sousmirẽt à luy) & assista Alfonse le Chaste Roy
de Leon. Il ne voulut point garder Pãpelune, qu'il fit demanteler, & en repassãt les
Pyrenées son armée fut assaillie à Ronceuaux par les Gascons, qui prirent l'auan-
tage des lieux & en firent perir vne partie, [l] auec plusieurs Seigneurs & Capitaines l Eginhart in vita Car.
François, & le fameux Roland entr'autres. Il establit en ce voyage diuers Comtes Magni.
ou Gouuerneurs des villes & pays de la Guyenne, Languedoc & autres cõtrées, [m] m Aym. lib. 5. c. 1.
& donna à Arnaud de Bellande le Vicomté ou Gouuernement de Narbonne. L'an
779. il eut vne quatriesme guerre cõtre les Saxons, & y fut en persõne, les défit & en
fit baptiser vn grand nombre, comme il auoit fait auparauãt. Son troisiesme voya-
780. ge d'Italie pour visiter le Pape Adrian, s'eploya à faire couronner ses deux fils, sça-
uoir Pepin Roy d'Italie, & Loüis Roy d'Aquitaine. Les Saxons tousiours rebelles
782. furent seueremẽt punis par luy, qui en fit decapiter iusqu'à quatre mille cinq cens:
mais nonobstant ce, l'année suiuante fut employée à les cõbatre par plusieurs fois;

& en l'an 785. leurs chefs plus considerables, Albion & Widichind, furent receus
en grace, & baptisez auec plusieurs autres. Ce peuple belliqueux & rebelle demeu-
ra coy quelques années. Il passa pour vne quatriesme fois en Italie contre Aragise 786.
Duc de Beneuent, gendre de Didier Roy des Lombards, & amena en France des
Maistres & Professeurs ez Arts liberaux, & fonda depuis diuers Colleges & Vni-
a Ann. d'Engoul. uersitez dans le Royaume. [a] Thassilon Duc de Bauiere fut assailly auec trois ar-
mées, ayant esté desia excommunié par le Pape Adrian; & pour auoir contreuenu 787.
à son serment, ou pour les fautes passées, en vn Parlement conuoqué à Ingelheim
pres de Mayence, il fust condamné à mourir: mais grace luy ayant esté faite, il fut
confiné dans vn Monastre, & le Duché reüny à la Courõne, qui en jouist pour lors
comme des autres terres, qui estoient au delà du Rhin. Les Huns ou Auares qui
s'estoient auparauãt liguez auec Thassilon, entrerẽt en Italie & en Bauiere, & fu-
b Eginhart. rent vaincus par les Lieutenans de Charles.[b] Ils reuindrent en Bauiere pour vne se- 788.
conde fois, & furent repoussez auec perte de dix mille hõmes. Les Grecs conduits
par Adalgise, fils de Didier Roy des Lombards, firent vne descente en Calabre, &
c Chron. Regin. furent vaincus par les François fidelement assistez des Italiens & des Lombards;[c] 789.
d Sigon. li. 4. de regno Ital. Adalgise fut pris, & mourut dans les tourmens de la torture.[d] Les Esclauons auec
leurs principaux chefs se sousmirẽt à l'obeyssance de Charles, qui s'estoit achemi- 792.
né dãs leur pays, & estoit prest à leur faire la guerre. Les Huns s'estãs portez violẽ-
ment contre ceux de Bauiere, furent de nouueau défaits & vaincus par luy, & tous
leurs thresors enleuez. Les années 795. 96. 97. & 804. virent de nouuelles reuoltes
des Saxons, ausquels ce grand Roy fit grace plusieursfois, & les battit si souuent,
qu'il s'en lassa & desploya enuers eux les effets de sa clemence, quoy qu'ils en fus-
sent indignes. Les Huns aussi rebellez de nouueau, furent défaits par Pepin, Roy 799.
d'Italie, & la nation exterminée. L'an 801. Charles fit vn cinquiesme voyage en
Italie deuers le Pape Leon III. qui le couronna Empereur & l'oignit; en suite de-
quoy il receut les acclamatiõs du peuple Romain, d'Auguste & Empereur de l'Oc-
cident; l'espée de S. Pierre luy fut aussi baillée & beniste par le Pape, pour vn autre
ornement Imperial. Apres quoy il receut l'Eglise Romaine en sa protectiõ. Aaron
e Eginhart. Roy de Perse l'affectionna, & estima fort particulieremẽt,[e] & luy dõna la Seigneu-
f Aymon. l. 4. c. 95. rie du sainct Sepulchre auec de riches presens. [f] Louys Roy d'Aquitaine, fils de 804.
Charles, assiega & prit Barcelonne l'an 802. Nicephore nouuel Empereur de Con-
stantinople, apres qu'Irene eust esté chassée, ayant recherché Charles d'amitié &
d'alliance par ses Ambassadeurs, il y eut traicté entr'eux, par lequel l'Empire estoit
partagé, & celuy d'Occident appartenant à Charles diuisé de celuy d'Oriẽt, auec
l'attribution des Royaumes & Estats assignez à chacun. La conuention en fut sous-
cripte par le Pape. Charles, Pepin & Louys, ausquels l'Empereur auoit partagé
tous ses grands Estats, firent diuers exploicts d'armes contre les Esclauons, les Bo- 806.
hemes & les Sarrazins en Espagne. Les Venitiens & les Dalmates enuoyerent de- 807.
uers luy pour se plaindre des Grecs; Pepin Roy d'Italie ayant cõmencé de s'en ren- 808.
dre comme arbitre, apres le reglement que l'Empereur son pere y auoit mis, dece- 809.
da en l'an 810. laissant Bernard, son fils naturel. Ceste perte fit resoudre l'Empe-
reur à faire la paix auec ses voisins, les Sarrasins en Espagne, & les Danois, & auec
l'Empereur Nicephore, lequel deceda bien-tost apres. L'Empereur perdit aussi
son fils aisné Charles; ce qui le fit d'autant plus resoudre à faire & entretenir vne 810.
bonne paix auec tous ses voisins; Il fit couronner son fils Louys, Roy d'Aquitai- 811.
ne, & l'associa à l'Empire, de l'aduis d'vne Assemblée tenuë à Aix la Chapelle, en
l'an 813. Ayant attaint l'aage de soixante-douze ans, regné quarante-sept ans, il de-
ceda le 28. Ianuier 814. & fut inhumé dans l'Eglise d'Aix la Chapelle qu'il auoit
fondée. Louys né de la Royne Ildegarde fut son successeur en tous les puissans
Estats, qu'il auoit ou recueillis, ou conquis, soit du Royaume de France, soit de
l'Empire. Bernard, bastard de Pepin, auoit esté fait Roy d'Italie.

LOVYS, dit LE DEBONNAIRE estant arriué à Aix la Chapelle y fut procla-
mé Roy & Empereur, & le Pape Estienne V. estant venu en France, il le couronna, 816.
auec la Royne Hirmengarde, sa femme, les appellant Augustes. Il tint vn Parle- 817.
ment, auquel il associa Lothaire, son fils aisné, à l'Empire, & luy mit la couronne sur
la teste; fit Pepin, son puisné, Roy d'Aquitaine, & Loüis, Roy de Bauiere. Bernard
Roy d'Italie ayãt sousleué toute la Noblesse & les Prelats, tant de son Royaume,
qu'autres, & ne voulant pas recognoistre son oncle Loüis pour souuerain, se saisit
du passage des Alpes, là où l'Empereur s'acheminant, Bernard se vint humilier à

luy, & declara ses complices, qui furent condamnez en vn Palement; Bernard eut
821. les yeux creuez & en mourut, ou bien selõ quelques Annales, fut executé à mort. [a] a Pasquier en ses Recherch.
822. Apres la mort d'Hermingarde, Louys se remaria auec Iudith, Princesse Alemãde, l'appelle mort
qui fut mere de Charles le Chauue, & en l'ãnee 820. il reprima la reuolte de la Hõ- d'Estat.
grie, qui auoit esté causée par Lindeuuit, gouuerneur du pays, lequel fut assassiné
en Dalmatie. L'Empereur maria ses deux fils, Lothaire & Pepin, en l'an 823. Lothai-
re fut à Rome, là où le Pape Paschal le couronna Empereur, & apres son depart fit
executer à mort quelques siens seruiteurs & partisans dãs le Palais de Latran; apres
quoy Lothaire s'achemina encore à Rome, où il fut receu par le Pape Eugene II.
restablit l'estat du peuple Romain, & remit en leurs biens ceux qui en auoient esté
824. priuez. [b] Les Gascons se rebellerent sous la conduite d'Aizon Seigneur du pays, b Aym. li. 4.
825. qui fut aidé par les Sarrazins, & poussa ses conquestes dans l'Arragon & la Catalo- c. 112.
826. gne. Gregoire IV. ayant esté esleu Pape, l'Empereur s'en formalisa & enuoya des
828. Commissaires à Rome. [c] Il fit tenir plusieurs Conciles ou Synodes en France & en c Vita Lud.
Alemagne, de mesme qu'en auoit fait l'Empereur Charlemagne, peu auant son de- Pij.
cez. Il partagea Charles, fils du second lit, d'vne bonne partie de l'Empire, auquel
il auoit desia associé Lothaire, lequel en fut irrité; & la Noblesse du Royaume es-
meuë & mescontente du gouuernement, porta Pepin Roy d'Aquitaine à prendre
les armes & à marcher contre son pere. Iudith l'Imperatrice tõbee entre les mains
de Pepin, fut contrainte d'entrer dans vn Monastere pour quelque temps. L'Em-
829. pereur fut comme prisonnier durant ce temps-là; Lothaire reuenu d'Italie, & gou-
uernant l'Estat luy seul, Pepin & Loüis armerent & mirent leur pere en liberté, le-
quel leur fit grace, pour retõber en suite entre leurs mains, d'autant qu'en l'an 833.
les trois freres ayans armé & attiré à eux aucuns Prelats & la Noblesse de France,
830. l'Empereur ayãt aussi son armée entre Strasbourg & Basle, n'ayant pas peu la cõ-
tenir dans ses commandemens, abandonné de tous les ordres, fut contraint d'aller
vers ses enfans, qui le retindrent prisonnier. Pepin & Loüis se retirerent en leurs
Estats, & Lothaire demeura en France, & assembla vn Parlemẽt à Cõpiegne, lequel
donna vn arrest de deposition contre l'Empereur, qui fut executé; mais le ressenti-
ment de tous les bons François contre vne procedure si extraordinaire, fut tel, que
Lothaire se vid en peu de temps menacé de ruine & d'vn sousleuemẽt general de la
France, pour remettre & restablir son pere; de sorte qu'estant à S. Denis il reprit les
ornemens Imperiaux auec ceremonie, & recouura sa femme Iudith. Lothaire mes-
mes se reconcilia à luy, & fut obligé de recourir à sa grace, l'an 835. Trois ans apres
Louys le Debonnaire partagea l'Empire ou le Royaume entre Lothaire & Char-
les, demeurãs la Bauiere & l'Aquitaine à Louys & Pepin. La France, partie Occi-
dentale de l'Empire, escheut à Charles. [d] Pepin mourut l'an 839. & laissa deux fils, d Aym. li. 5. c.
Pepin & Charles. L'Aquitaine, heritage de Pepin, fut dõnée à Charles, fils de Iudith, 18. & 19.
pour lequel l'Empereur y fit voyage, afin de reprimer le sousleuemẽt fait en faueur Nith. li. 1. hist.
des enfans de Pepin. Il fut encore obligé d'aller en Alemagne, quoy que fort indis-
posé, pour remedier au trouble que Loüis son fils, Roy de Bauiere, y auoit esmeu,
& mourut pres de Mayence le 20. Iuin 840. le soixante-quatriesme de son aage, Lo-
thaire estãt en Italie, Charles & Iudith sa mere en Guyenne, & Loüis en Alemagne.

CHARLES, dit LE CHAVVE, auec Lothaire & Loüis ses freres, succederent
à Louis le Debõnaire. Lothaire ayant voulu surprendre l'vn & l'autre de ses freres,
particulieremẽt Charles, sur qui il pretendoit de r'auoir tout ce que leur pere com-
mun auoit departy & partagé entr'eux, fit vnir les deux freres, qui auec des forces
communes, apres auoir fait toute sorte d'offres à Lothaire, luy liurerẽt bataille en
Iuin huict cens quarante & vn, pres de Fontenay en Auxerrois, où il fut asprement
combattu de part & d'autre, & Lothaire y fut vaincu. La fleur de la Noblesse Frã-
çoise s'y perdit & y demeura pres de cent mille hommes sur la place des deux par-
tis. [e] Louis & Charles estans de bon accord ensemble, & ayans vny les forces Ale- e Nithard l. 3.
mandes & Frãçoises, qui les seruoient communement, se rendirent redoutables à hist.
Lothaire, qui les rechercha desormais de paix, laquelle fut concluë entr'eux l'an
843. La France Occidentale depuis la coste de Bretagne iusqu'à la Meuse, qu'on a
appellé possible depuis France proprement, escheut à Charles; à Louis la France
Occidentale delà le Rhin, qui est l'Alemagne, d'où il fut appellé Germanique. Lo-
thaire garda le titre d'Empereur auec l'Italie, Rome y cõprise, la Prouẽce & les païs
proches du Rhin & de l'Escaut, l'Alsace, Brisgow & ce qu'õ a depuis appellé Lor- f Chron. de
raine de son nõ. [f] Ce partage fut vne entiere distraction des forces de ce grãd Estat, Reginon & Sigibert Nith.

qui auoient esté vnies & ramassées ez personnes de Charlemagne & Louys le Debonnaire. Ces trois Princes, freres, ayans esté reglez entr'eux, comme nous venõs de dire, furent diuersement attaquez & affoiblis, chacun dans son Estat. Charles vid sousleuer les Aquitains ou Gascons en faueur de Pepin son neueu, & appeller contre soy Louys le Germanique. Il se fit couronner Roy d'Aquitaine dans Limoges l'an 855. Louys entra en France auec vne puissante armée, & l'an 858. s'en fit couronner Roy par Ganelon Archeuesque de Sens. Toutesfois Charles ayant facilement recouuré son Estat, la recõciliation des deux freres fut faite. Les Normands firent aussi plusieurs courses & rauages en France depuis l'an 846. iusqu'en l'an 874. à diuerses reprises; furent deuãt Paris, en Guyenne, en Bretagne, Anjou & Touraine, auec diuers massacres & grande desolation. Les Bretons souz Neomene leur Duc affligerent pareillement le Royaume durant plusieurs années, & depuis la mesme année 846. iusqu'en l'an 876. [a] la Bretagne vid combattre deux valeureux Seigneurs Vrfand & Pasquitan ou Pasqueten, fils de Neomene. Lothaire ayant perdu Hermengarde sa femme l'an 851. se rendit Moine quelques années apres; & partagea son Estat, sçauoir à Louys son aisné l'Italie, auec le titre d'Empereur, qui luy fut confirmé par le Pape Sergius, à Lothaire la Lorraine, & à Charles la Prouence; lequel n'ayant gueres vescu, le pays fut diuisé esgalement entre ses freres. Lothaire mourut aussi auant Louys, & son Royaume fut occupé par Charles le Chauue son oncle, en l'an 869. [b] ayant esté sacré & couronné dans Mets. Louys fils aisné de Lothaire estãt Empereur & Roy d'Italie, garentit l'Italie des Sarrasins, qu'il vainquit par mer & par terre; & des Grecs aussi, lesquels y estoiẽt descendus, & s'estoient emparez de plusieurs places; & mourut en la fleur de son aage dãs Milan, [c] l'an 872. Louys le Germanique fut diuersemẽt trauaillé de guerres dans l'Alemagne, dont il vainquit les nations qui s'esleuerent contre luy, & y fut aidé de ses enfans, principalemẽt de Carloman. Charles le Chauue fut courõné Empereur l'an huict cens soixante & seize par le Pape Iean huictiesme, & Louys le Germanique, son frere, mourut à Francfort en la mesme année, laissant trois fils, Carloman, Louys & Charles; lesquels furent à l'instãt attaquez par leur propre oncle, Charles le Chauue Empereur, conuoitant leurs terres & partage: mais il fut vaincu par Louys l'vn d'iceux, qui s'opposa à luy, & les trois freres diuiserent entr'eux le Royaume de leur pere. Quant à Charles Empereur, ayant esté requis par le Pape de le secourir contre les Sarrazins, il passa les Alpes, & rencontra le Pape à Verceil. Il s'en retourna subitement, & le Pape aussi, sur l'apprehension de Carloman son nepueu, qui venoit en Italie, auec vne armée, & ayant repassé les Alpes, mourut en vn lieu appellé Brios, & fut enterré à Nantua vers Chambery, le sixiesme Octobre huict cens soixante & dix-sept, ayant esté empoisonné par vn Medecin Iuif & Magicien. Il aima les gens de lettres, & restablit les Colleges décheus depuis la mort de Charlemagne son ayeul. Sous son regne vesquirent Hincmar Archeuesque de Rheims, Adon de Vienne, Loup Abbé de Ferrierés, & autres. Il eut quatre fils d'Hermengarde sa premiere femme, desquels vn seul, qui estoit le dernier, nommé Louys, luy suruesquit, & succeda au Royaume & à l'Empire. Iudith sa fille vnique de la premiere fẽme, mariée en premieres nopces auec le Roy d'Angleterre, fut enleuée par Baudouin, dit Bras de fer, grand Forestier de Flandres; qui par l'intercession du Pape fut reconcilié auec l'Empereur Charles, lequel consentit au mariage, en faueur duquel la Flandres luy fut baillée en titre de Comté, auec l'hommage à la Couronne de France.

a Hist. de Bretagne. Chron. d'Anjou & de Reginon.

b Aym. li. 5. c. 31.

c Annal. Fuld.

LOVYS, dit LE BEGVE, ne fut sacré que le 8. Decembre 877. par Hincmar Archeuesque de Rheims. L'année d'apres le Pape Iean huictiesme pressé de ses ennemis vint en France; Boson, que l'Empereur Charles le Chauue auoit fait Roy d'Arles ou de Prouence, le recueillit & le fit conduire à Lyon. Le Roy vint à Troyes, où il receut du Pape la Couronne Imperiale. L'accord entre le Roy & Louys le Ieune Roy d'Alemagne, fut conclu & arresté l'an 879. [d] Il mourut à Compiegne le dixiesme d'Auril de la mesme année. Il eut deux femmes, Ausgarde & Alix; de la premiere il eut Louys & Carloman, qui sont estimez bastards par quelques Historiens: De la seconde, il eut vn postume, nommé Charles le Simple. Il enuoya à son fils Louys les ornemens Royaux, comme auoient fait ses predecesseurs à ceux qui leur deuoient succeder. [e]

d Aym. li. 5. c. 38.

LOVYS III. & CARLOMAN succederent; Louys auoit esté recogneu pour Roy durant la vie de son pere. Louys le Germanique fut appellé en France par

e Id. li. 5. c. 39.

An. 880. quelques mescontens, & entr'autres Gauzelin Abbé de sainct Germain des Prez, auteur de l'entreprise pour enuahir le Royaume; mais le Conseil du ieune Roy, & les Estats du Royaume le renuoyerent en luy cedant la Lorraine, qui fut deslors desmembrée de la Couronne de France, & c'estoit la portion de la Lorraine ancienne escheuë à Charles le Chauue. Carloman Roy de Bauiere deceda en mesme temps, & donna la Bauiere à Loüis le Germanique son frere. Louys & Carloman, qui auoient esté couronnez ensemble, partagerent aussi le Royaume, de l'aduis des Seigneurs François; Louys eut la Neustrie, Carloman la Bourgogne & l'Aquitaine. Ils tindrent en suite vne assemblée à Gondoulville, là où Charles le Gros, l'vn des Rois de Germanie se trouua, & l'accord de Louys le Begue & le Germanique y fut confirmé, & la guerre resoluë contre Hugues bastard du ieune Lothaire, & Boson Roy d'Arles. Charles le Gros fut en Italie, dont il fut couronné Roy dans Milan & Empereur à Rome l'an 880. depuis lequel temps la France Occidentale ne possede plus l'Empire. Louys Roy de France quitta le siege de Vienne, où la femme de Boson estoit enfermée, & vint combattre les Normands
An. 881. qu'il défit. Il deceda peu de temps apres à sainct Denis. Louys le ieune Germani-
882. que estoit mort auparauant. Les Normands continuans à rauager la France, fu-
884. rent renuoyez auec des sommes d'argent, tant par l'Empereur, qui auoit esté rappellé d'Italie, que par Carloman, lequel quitta le siege de Vienne pour venir à eux, & deceda peu de temps apres.

CHARLES, dit LE GROS, fut appellé par les Estats du Royaume, & fut comme esleu Roy, [a] quoy qu'à vray dire, il ne le pouuoit estre au preiudice de Char- a Chron. de Regin.
An. 884. les, fils Posthume de Louys le Begue, qui fut surnommé le Simple. Il se défit d'abord de deux ennemis & perturbateurs de l'Estat, Godefroy le Danois, & Hugues bastard. Les Normands reuindrent en France, assiegerent Paris, qui fut defendu par la Noblesse, par les gens d'Eglise, & par l'Empereur Charles, lequel y vint, & fit quelque paix ou tresue auec eux, & leur abandonna la Neustrie. Il
An. 887. tomba depuis en infirmité de corps & d'esprit, fut abandonné des Alemands & des Lorrains, qui esleurent Raoul, fils naturel de Carloman & petit fils de Louys le Germanique; & des François, qui se pourueurent aussi, comme il sera dit cyapres, & mourut en miserable estat l'an 888. Auentin [b] remarque qu'il commença de compter les années, par l'ere & naissance de Iesus-Christ. b Li. 4. Annal. Bojarior.

EVDE Comte de Paris, fut creé Regent du Royaume par les Estats assemblez à Compiegne, [c] & quoy qu'il ne deust estre que tuteur du ieune Roy, Charles le c Aym. li. 5. c. 41. Otto
An 888. Simple, neantmoins pour l'autoriser dauantage, il fut couronné auec ceremonie Frif. li. 6. c. 10.
889. par Gautier, Archeuesque de Sens. Les Normands forcerent Meaux, & furent
890. desfaits en suite par Eude, [d] qui en tua iusqu'à dix-neuf mille. Estans venus en d Abbon en Lorraine, Arnoul Roy du pays les vainquit & tailla en pieces. son poëme.

891. CHARLES, dit LE SIMPLE, fils de Louys le Begue, par la reuolte de quelques Seigneurs François, & veu l'aage de quatorze ans, où il estoit entré, fut couronné Roy à Rheims par l'Archeuesque Foulques, lequel luy procura aussi vne lettre & approbation du Pape Formosus; mais la force demeurant du costé d'Eude, Charles, quoy qu'assisté d'Arnoul Roy de Germanie son cousin, fut contraint de se retirer en Bourgogne. La France fut en pauure estat pendant ces diuisions; Eude se voyant atteint de maladie & sans enfans, se desmit du
An. 899. gouuernement de l'Estat, en faueur de Charles, legitime Roy l'an 898. & mourut bien-tost apres. Arnould Roy de Germanie venant à deceder, Louys son fils fort ieune luy succeda, & recouura mesmes la Lorraine sur Zundibolch, son frere bastard, lequel fut tué en vne bataille. Charles espousa la fille du Roy d'Angleterre. [e] Les Normands reuindrent en France, & furent desfaits en Bourgo- e Aym. li. 5.
An. 910. gne par le Duc Richard, & en Beausse par Robert, Comte de Paris; mais en- c. 34.
911. fin Charles se deliura d'eux, en delaissant la Neustrie ou Normandie, en titre f Gemitic. li. 2. de Duché, & à foy & hommage de la Couronne, à Roul leur chef & general. [f] c. 17. de duc. Il deceda l'an 917. & l'exemple de sa conuersion à la foy Chrestienne, y at- Norm. tira tous ses sujets. Louys Roy d'Alemagne & de Lorraine estant decedé en l'aage de dix-huict ans, Conrad Duc de Franconie fut esleu par les Alemands, [g] & fut couronné à Aix la Chapelle. Les Lorrains appellerent Charles, g Otto Frif. li. 6. c. 15. & 16. comme plus proche du dernier Roy, lequel entra par deux fois en Lorraine auec armée, & la reduisit en son obeyssance; mais ayant esté rappellé en France, pour s'opposer à Robert Comte de Paris, qui s'estoit sousleué contre luy, il

fut contraint d'abandonner & sa conqueste & sa pretension legitime sur tous ces beaux Estats. ROBERT ayant formé vne ligue & coniuration puissante contre Charles, se fit couronner Roy à Rheims par l'Archeuesque Herué, mais Charles ayant armé & estant secouru des Lorrains, le combatit & le tua de sa main.[a] Le nombre des morts fut beaucoup plus grand du costé des rebelles, outre la mort de leur Chef.[b] An. 919. 922. 923.

a Contin. de la Chron. de Regin. b Abb. Vrsperg.

RAOVL Duc de Bourgogne, fils de Richard, fut appellé par les coniurez, qui le firent couronner Roy à Soissons;[c] sa femme Emme fille du Comte Robert, fut aussi couronnée par l'Archeuesque de Rheims.[d] Charles fut arresté & detenu prisonnier par Hebert Comte de Vermandois, l'vn des principaux de la ligue, qui s'asseura de la personne du Roy, lequel s'estoit trop facilement confié en luy. La Royne Ogine, femme de Charles, s'enfuit en Angleterre auec Loüis son fils, qui fut depuis appellé d'Outre-mer. Raoul fut recognu par Guillaume Duc d'Aquitaine, qui luy fit hommage de son Estat. Le Languedoc & la Gascogne se sousmirent aussi à ce nouueau Roy, auec les Seigneurs qui les commandoient en ce têps là. Raoul desfit les Normands en Aquitaine, &[e] Hebert s'estant desuny de Raoul mit le Roy Charles en liberté, l'an 928. Hugues le Grand les voulut reconcilier, & Raoul visita le Roy Charles à Rheims:[f] mais le Comte Hebert le restraignit, & retint tousiours prisonnier à Peronne, où il mourut de langueur, apres auoir regné trente-sept ans, en y comprenant la Regence, ou Royauté d'Eude. Les querelles de Raoul & d'Hebert troublerent la France, & desolerent la Picardie & la Champagne: Toutesfois ils s'vnirent ensemble & auec les autres Princes & Seigneurs voisins, pour resister aux Hongres, qui rauageoient les contrées de l'Occident. Raoul deceda de maladie l'an 936.[g] An. 924.

c Yuo Carnut. d Glaber. li. 1. c. 2. e Flodoard. Chron. de Norm. f Flodoard. g Aym. li. 5. c. 43.

LOVYS, dit d'OVTRE-MER, de l'aduis & autorité de Hugues le Grâd, & suiuant le desir du peuple & des bons François, fut rappellé d'Angleterre, & demâdé par des Ambassadeurs & deputez au Roy Aldestâ son oncle, receu à Boulogne, où il fit sa descête, & sacré à Laon, par l'Archeuesque de Rheims. Hugues descouurit ses desseins contre Loüis, & se ligua auec Hugues le Noir, frere de Raoul dernier vsurpateur de la Couronne. Les Lorrains se sousmirent à Loüis,[h] qui receut le serment de fidelité des Euesques du pays, & l'hommage de Guillaume, Duc de Normandie, lequel fut assassiné quelques années apres par le Comte de Flandres, ou ceux de sa suite. Hebert Comte de Vermandois estant mort, Loüis n'eut pour ennemy que Hugues le Grand, qu'il tascha de maintenir dâs son seruice, l'ayant rêdu comme Maire de son Palais.[i] Ceste bonne intelligence ne dura point, veu que l'ayant depuis associé à la côqueste de Normandie côtre Richard, fils de Guillaume, il en rôpit le dessein, & luy osta les places qu'il luy auoit baillées. Depuis cela, Loüis ayant esté fait prisonnier par les Normands, & remis en liberté, recourut à l'Empereur Othon, lequel vint en France auec vne armée tres-puissante, prit Rheims,[k] & se retira sans autre fruit pour Loüis. Les armes spirituelles par vn Synode assemblé à Ingelheim, & assigné encore à Treues, furent employées contre Hugues: mais la mort du Roy Loüis qui deceda dans Rheims le 15. Octobre 954. termina tous les traittez & les desfiâces d'être Hugues & luy, qui ne pouuoit estre paisible dâs les ambitieux desseins de ce Seigneur là, lequel estoit magnanime & fort puissant en Frâce, & preparoit le chemin de la Royauté à ses descêdans. Loüis eut cinq fils, dont les trois decederent auant luy; Lothaire luy succeda au Royaume, & Charles fut Duc de Lorraine par le benefice d'Othon second Empereur. An. 936. An. 938. 939. An. 944. An. 946. 947.

h Otto Frising. li. 6. c. 19. i Du Tillet. k Flodoard.

LOTHAIRE fut sacré Roy par Artaud Archeuesque de Rheims, par les soins de Gerberge sa mere, sœur de l'Empereur Othon, laquelle se ietta entre les bras de Hugues le Grand, qui fut fait gouuerneur de la Bourgogne & de l'Aquitaine. Lothaire fit son entrée dâs Paris, & fit vn voyage en Guyenne, qui ne luy succeda point, non plus qu'à Hugues qui l'accompagnoit, & deceda l'an 955. Lothaire associa Louys son fils au Royaume en l'an 976.[l] & ne mourut que dix ans apres. Il fut à Mets contre l'Empereur Othon second,[m] qui luy voulut rendre la pareille, & vint camper deuant Paris auec vne puissante armée; mais il fut contraint de leuer le siege, & fut battu par Lothaire, qui mourut l'an 986.[n] apres auoir regné trente-deux ans. Louys son fils ne regna qu'vn an & demy apres luy, & fut le dernier Roy de la lignée de Charlemagne, Prince infirme & de nul merite, qui deceda sans enfans. La troisiesme lignée suiura cy-apres, où Charles frere de Lothaire & plus proche heritier de la Couronne, fut priué de la succession. An. 978.

l Du Tillet Vignet. m Aym. li. 4. c. 45. n Id. li. 5. c. 46.

Rois de France de la troisiesme lignée, dite des Capeuingiens.

987. HVGVES CAPET, fils de HVGVES LE GRAND, Comte de Paris, duquel a esté faite mention sous les derniers Rois, & qui ne voulut point s'emparer de la Couronne de France, bien qu'il en eust tous les moyens en main, estoit petit fils de ROBERT, qui se fit declarer Roy apres la mort d'EVDE son frere, lequel ayãt esté fait tuteur de la personne de Charles le Simple, gouuerna le Royaume & l'vsurpa sur son pupille. Robert & Eude estoient fils de ROBERT, dit le FORT, Duc & Marquis de France, qui se trouue par ce moyen bisayeul de Hugues Capet, chef de la 3e race des Rois de France. Robert le Fort apres auoir seruy Charles le Chauue Empereur en l'honorable & important employ qui luy fut baillé cõtre les inuasions des Bretõs & des Normands, mourut en guerre l'an 865.[a] C'est la genealogie plus asseurée de Hugues; les autres opinions sont amplemẽt deduites par les Historiens ou Escriuains doctes & curieux de ce temps.[b] Charles fils de Louis d'Outre-mer, frere de Lothaire, & oncle de Louis, qui sont les trois derniers Rois de la seconde lignée, auoit esté fait Duc de Lorraine par Othon II. Empereur. Tous les ordres du Royaume le reputerent plus Alemand que François,[c] & le declarerent indigne de la succession à laquelle il estoit appellé, comme plus proche. Hugues le Grãd estoit decedé dans vne croyance fort considerable enuers les François, & s'estoit acquis par merite & bien-veillance des grands & des petits, vne autorité presque Royale, Il fut nommé Duc ou Prince des François, comme Charles Martel; Hugues Capet possedа la mesme qualité, qui valloit bien celle de Maire du Palais, de sorte que par vn consentement vniuersel, il fut esleu Roy à Noyon, oinct & sacré à Rheims, auec
987. les ceremonies requises. Il n'eut besoin ny de force, ny de grande brigue. Il estoit
988. autant aymé, comme il pouuoit estre craint pour la grande autorité qu'il auoit. Six mois apres son eslection, sacre & couronnement, il en fit faire autant pour Robert son fils vnique, qu'il associa par mesme moyen à la Royauté,[d] & luy asseura la succession. Aucuns des Rois suiuans pratiquerent la mesme chose, d'où la coustume & la loy de l'estat prindrent pied, en faueur des aisnez, & les Appennages eurent lieu pour les puisnez, dequoy il a esté parlé ailleurs. Le Comté de Paris possedé par luy & ses predecesseurs, fut reüny à la Couronne, & la dignité de Duc ou Prince de France entierement abolie. Les Gouuernemens des villes & Prouinces furẽt pour lors conuertis en fiefs & en heritage, par la concession de Hugues, qui ne pouuoit destruire ce que les desordres passez auoient introduit. Les Seigneurs de France se sousmirent à luy, & luy firent hommage auec serment de fidelité. La vacance des fiefs faute d'hoirs masles, & la felonnie des vassaux par rebellion, ou contrauention à la foy deuë au souuerain, resterent pour moyens de reünion des plus grands & importans fiefs, qui sont depuis reuenus à la Couronne de France.

CharlesDuc de Lorraine entra en Frãce auec vne armée, & se saisit de Laon & de Rheims, qui luy furẽt liurées. Hugues s'opposa aux premiers succez de Charles, qui luy fut liuré en suite par les habitãs de Laon, & par l'Euesque de la ville.[e] Il fut cõfiné à Orleans. Ses enfans furent chassez de France par Hugues, & se retirerent en Alemagne. Othon, l'vn de ses fils, fut Duc de Lorraine & mourut sans enfans. Hugues deceda l'an 996. & ne regna que 8. ans. Il restablit le siege & seiour des Rois dans la ville de Paris, qui auoit esté la demeure & le gouuernemẽt de ses deuãciers.

997. ROBERT son fils auoit esté desia recognu Roy de son viuant. Il remit la Bour-
1003. gogne en son obeïssance, contre Guillaume fils adoptif de Henry, oncle paternel de Robert decedé sans enfans, qui l'auoit euë en partage auant le gouuernement
1006. de Hugues Capet. il eut vne entreueuë auec l'Empereur, en suite de la guerre de Lorraine, où ils auoient porté leurs armes l'vn contre l'autre, & pour diuers party.[f] Ayant fait couronner Hugues, son fils aisné, contre l'aduis de son conseil, en l'an 1017. il s'en trouua mal, par la rebellion de celuy qui l'auoit voulu attacher à soy. Toutefois Hugues estant mort quelques années apres, Henry son second fils, fut couronné en sa place, & se souleua contre son pere auec Robert son puisné, qui furent depuis receus en sa grace, & le bon Roy deceda l'an 1032. le 60. de son aage, & le 35. de son regne, à compter depuis la mort de Hugues Capet. Il laissa trois fils de Constance sa femme, sçauoir Henry son successeur, Robert & Eude; fut grandement religieux, & fonda plusieurs Abbayes. De Robert, qui fut Duc de Bourgogne, sont yssus en ligne masculine, les Rois qui ont regné long temps en Portugal.

HENRY premier du nom, donna le Duché de Bourgogne à Robert son frere. Il espousa en secondes nopces Anne, fille de George Roy de Russie, de laquelle il

a Ann. Fuld. Æmil.
b Sceu. & Louis de sainte Marthe, Dupleix.
c Glaber. li. 1. c. 1.
d Glaber. du Tillet.
e Cont. Aymo. li. 5. c. 45.
f Glaber. li. 3. c. 4.

eut trois fils, Philippes, Hugues, & Robert, qui mourut encor enfant. Hugues mourut en pelerinage, & Philippes fut couronné Roy à Rheims, n'ayant que sept ans, l'an 1060. Eude Comte de Champagne, pere de Thibaut, ayant entrepris sur le Royaume de Bourgogne, que Raoul auoit laissé par testament à l'Empereur Conrad son beau-frere, fut reprimé par luy, qui mit la Bourgogne en son obeyssance, & l'annexa à l'Empire. Les parties plus considerables de ce Royaume, appellé de la Bourgogne Iurane ont esté la Sauoye, le Dauphiné & la Prouence; c'estoit l'ancien Royaume d'Arles, possedé par Boson, beau-frere de Charles le Chauue. Eude fut depuis vaincu par les Lorrains, & mourut dans la bataille qui luy fut liurée par le Duc Guillaume, fils naturel de Robert Duc de Normandie; fut assisté par Henry, qui vainquit les Normands, le restablit dans son heritage l'an 1036. & mourut l'an cinquante-cinquiéme de son aage l'an 1060.

PHILIPPES premier, fut laissé sous le gouuernement de Baudouin Comte de Flandres, beau-frere du Roy Henry, & ayant atteint l'aage de 15. ans, receut de Baudouin qui mourut bien tost apres, la libre administration du Royaume, Philippes porta depuis ses armes en Flãdres pour Baudouin, fils & heritier de son tuteur, contre Robert, oncle paternel de Baudouin. Guillaume, fils bastard de Robert Duc de Normandie, fut institué heritier par Edoüard Roy d'Angleterre, & troublé par Herald beau-frere de la veufue d'Edoüard; Il le vainquit aidé des armes de France, en l'an 1067. & en cette bataille, où moururent 47. mille Anglois, il acquit le nom & titre de Conquerant, auec le Royaume d'Angleterre, ayant esté couronné solennellement dans Londres. Il donna des loix & ordõnances à l'Estat, qu'il auoit acquis par ses armes, & laissa le gouuernement de la Normãdie à Robert son fils. Il assujettit le Royaume d'Angleterre aux Papes, & cõmença de leur payer le denier S. Pierre. Robert son fils aisné fut Duc de Normandie, & Guillaume, dit le Roux, puisné, Roy d'Angleterre. Alfonse, Roy de Castille, trauaillé par les Mores, ou Sarrazins eut recours à Philippes: Raymond Comte de Toulouze & de S. Gilles & 1085. 1091.
quantité de Noblesse marcherent pour le secourir, & deliurerẽt Alfonse d'oppression.[a] Quelques années apres, fut tenu le Concile de Clermont en Auuergne, par le Pape Vrbain second, où fut resoluë la guerre Saincte, pour laquelle se croiserent 1095.
les Seigneurs François, dont l'Histoire conserue les noms, & la proüesse animée de zele à la Religion Chrestienne, les rend recommãdables à la posterité; les principaux furent les Comtes de Vermandois, de Flandres, de Toulouse, de Chartres & de Blois, les Ducs de Normandie & de Lorraine, plusieurs Euesques, & vn nombre infiny de soldats & pelerins, distinguez en François & Prouençaux: Philippes sous le regne duquel arriuerent des choses memorables, tant en France, que dehors, sans que de son chef il y ait apporté beaucoup, deceda l'an soixante de son aage, l'an 1106.[b] Les François furent renommez en terres estrangeres sous luy, qui ne se fit gueres cognoistre en regnant sur eux.

LOVYS dit LE GROS fut sacré à Orleans, par l'Archeueque de Sens, à quoy 1109
Rodulfe Archeuesque de Rheims se voulut opposer pour le priuilege de son Eglise. Il espousa Alix, fille de Humbert, Comte de la Morienne, de Suze & de Turin, pere d'Amedée, qui se titra Comte de Sauoye, par cõcession de l'Empereur Henry 1111
V. Guy de Rochefort, Seigneur puissant, dont le Roy auoit delaissé, ou repudié la fille, se ligua auec Henry Roy d'Angleterre contre la France: mais cette coniuration n'alla point plus auant, & fut reprimée par Louïs, qui chastia tous les rebelles. 1118
Thibaut Comte de Chartres s'estant depuis mis en armes, fut vaincu & defait par le Roy, qui le receut en grace. L'année suiuante les Rois de France & d'Angleterre entrerẽt en vne guerre ouuerte, sur le refus que le dernier fit de raser le fort de Gisors, basty par Guillaume le Conquerant, & y eut des batailles entr'eux, surquoy les Histoires Angloise & Françoise[c] ne demeurent pas d'accord. Il y eut vne paix entre les deux Rois, moyennée par le Pape Calixte II. & Foulques Comte d'Anjou, par laquelle Guillaume, Duc de Normandie, fils de Henry Roy d'Angleterre, en fit hommage au Roy, & voulant retourner vers son pere, au trajet qui est à faire entre la Frãce & l'Angleterre, fit naufrage, & se noya auec Richard son frere & autres Seigneurs Anglois.[d] Baudouin, Comte de Flandres ayant esté assassiné dans 1127
Bruges par quelques-vns des principaux habitans, Louis y accourut, & en fit faire vne punition fort exemplaire,[e] & adiugea le Comté à Guillaume fils de Robert Duc de Normandie, lequel il maintint contre tous ses ennemis, & apres sa mort, y establit Thierry d'Alsace petit fils de Robert le Frison. Il rangea au deuoir Re- 112?

a Hist. Floriac. Mariana li. 9.

b en 1109.

c Polyd. Virg. lib. 5. Ann. de France.

d Polyd. li. 11.

e Seger.

naut, Comte d'Auuergne ; & peu de temps apres fit couronner Philippes son fils aisné, lequel estant decedé, Louis puisné fut sacré dans Rheims par le Pape Innocent second,[a] lequel y auoit assemblé vn Concile des Prelats de France, d'Alemagne, d'Angleterre & d'Escosse. Louis se maria auec Eleonor fille aisnée & heritiere de Guillaume Duc d'Aquitaine, lequel se rendit Hermite, & l'an mil cent trente-sept, le Roy Louis le Gros mourut dans Paris, aagé de soixante ans, en ayant regné trente, & quasi en mesme temps le Roy d'Angleterre deceda aussi, chargé d'années ; son Estat fut en trouble & combustion, à cause des pretendans à la Couronne. Louis le Gros eut plusieurs fils, dont l'aisné luy succeda, Robert fut Comte de Dreux, Pierre fut Seigneur ou Sire de Courtenay, les autres furent gens d'Eglise.

a Id.

1134.

1137. LOVIS dit le Ieune vint de la Guyenne à Paris, & y amena sa nouuelle espouse.
1146. Les Chrestiens du Leuant se trouuans trauaillez extremement par les Sarrazins & par les Turcs, recoururét à Louis, lequel tint vn Parlemét ou Assemblée d'Estats à Veselay, où la Croisade fut resoluë, à quoy les exhortations de S. Bernard seruirét aussi de beaucoup. Tous les Seigneurs François se voüerent à ce voyage ; les Comtes de Dreux, de S. Gilles, de Flandres, de Neuers, de Soissons, de Ponthieu, auec quelques Euesques & Abbez furét de la partie ; Conrad Empereur, & Federic Duc de Suaube, auec les Ducs de Bauiere & d'Austriche, Amedée Marquis de Thurin, & iusques à des compagnies de femmes[b], qui monterent à cheual, témoignerent
1147. leur zele en cet endroit. Ce voyage ne reüssit point ; l'Empereur fut contrainct de reuenir sans effect (ayant esté trahy par les Grecs, qui se monstrerent ennemis aux Alemands, en haine de l'Empire d'Occident) & ses gens batus par le Turc. Le Roy s'auança pour le secourir & consoler[c], mais il ne resta pas d'abandonner son entreprise. Les François y furent plus constans, & défirent les Turcs[d], qui leur rendirent le change bien tost apres, où le Roy fut en peril, dont estant échappé il partit pour aller en Antioche, où il fut recueilly par le Prince Raimond : & pour les raisons decrites dans l'Histoire se resolut à son retour, & vint en Syrie, où estoit encor l'Empereur, se rendit à Hierusalem, où il fut receu comme vn Ange enuoyé du Ciel.
1148. L'Empereur & le Roy ioints ensemble, mirent le siege deuát Damas, furent trahis par les Syriens, & prindrent la route de leurs Estats. L'Empereur arriua heureusement en Alemagne ; apres quoy Louis sejourna vn an en Syrie, cótinuant de guerroyer les Sarrazins. Son depart laissa les Chrestiens fort affligez, & ce voyage, dont
1149. l'issuë fut si malheureuse, empira l'estat de leurs affaires, & rendit les Turcs plus
1150. cruels enuers eux. Il fut pris sur mer, soit des Grecs, soit des Sarrazins, & deliuré
1151. heureusement : Il se separa de la Roine Eleonor, le mariage estant mesme dissous d'authorité du Pape en vn Concile tenu pour ce sujet ; de sorte que le Roy se remaria auec la fille d'Alfonse Roy de Castille, & rendit la dot à Eleonor, qui consistoit au Duché de Guyenne. Elle se remaria auec Henry Comte d'Anjou & Duc de Normandie, lequel succeda deux ans apres au Royaume d'Angleterre, & fut puissant en terres dans le cœur de la France, qui luy seruirent pour s'establir en Irlande
1152. & en Escosse, laquelle il rendit tributaire. La femme de Louis estant decedée, il en espousa vne troisiéme : sçauoir, Adele, fille de Thibaut le vieil, Comte de Champagne, de laquelle en l'an mil cent soixante-cinq, il eut Philippes, dit Auguste ou Dieu-donné, pour la grace qu'il auoit receuë d'auoir vn fils, n'ayant eu que des fil-
1160. les de ses autres femmes[e]. Henry Duc de Normandie & de Guyenne, deuenu Roy
1159. d'Angleterre, entra dans les terres de Raimond Comte de Toulouse, prit Cahors & se fortifia des alliances du Roy d'Arragon, du Comte de Besiers & de Guillaume Seigneur de Montpelier, qui auoient de l'enuie contre le Comte de Toulouse, qui en cette extremité eut recours au Roy son beau-pere, & y eut depuis accord entre luy & l'Anglois. Louis estant paruenu à l'aage de 59. ans, & se trouuant cassé & enuieilly par les chagrins & les fascheries qu'il auoit receuës, desira de faire couronner Philippes son fils ; ce qu'il fit resoudre en vn Parlement conuoqué à Paris, & executer dans Rheims, auec grand concours de Princes, Prelats & Seigneurs du Royaume. La ceremonie en fut faite par Guillaume Archeuesque de Rheims, Cardinal & Legat du Pape, oncle maternel de Philippes, auquel on doit le titre & priuilege que l'Eglise de Rheims pretend sur ce sujet, comme il est dit ailleurs. Henry, Roy d'Angleterre, comme Duc de Normandie, soustint la Couronne du Roy, en quoy il peut auoir fait office d'ancien Pair de France, suiuant l'opinion commune des derniers Historiens, quoy que les plus modernes estiment le con-

b Nicetas.

c Suger. Guil. Tir.

d Id. lib. 16.

e An. de France. Rigordus.

a Scip. du Pleix. traire.[a] Louis deceda l'an mil cent octante, le quarante-troisiéme de son regne; il fut appellé Ieune à la difference de son pere, qui estoit du mesme nom, & l'auoit associé au Royaume. Outre Philippes, qui nasquit d'Adele, il en eut aussi Agnes, qui fut mariée auec Manuel fils d'Alexius, Empereur de Constantinople. Pierre Lombard Maistre des Sentences viuoit sous ce regne.

PHILIPPES II. dit Auguste, fut vn Roy accomply & digne de toute loüange. 1180.
b Rigordus. Guil. Britto. lib. 1. Philip. Il chassa les Iuifs du Royaume[b], & se maria auec Ysabeau fille du Comte de Hainaut, & niepce du Comte de Flandres, duquel il retira le Vermandois, qu'il vouloit retenir en proprieté, & receut l'Artois pour dot. Le mariage fut solennisé à S. Denys, où il fut couronné de nouueau auec sa femme par l'Archeuesque de Sens, & le Comte de Flandres y porta l'espée deuant le Roy. 1185. Il receut vne Deputation des Chrestiens de Syrie, pour en estre secourus contre les Sarrazins, & ne peut pas y aller en personne, à cause des Anglois, auec lesquels il commença d'auoir guerre, qui cessa pour vn temps par l'entremise du Pape Vrbain III. & se ralluma l'an 1188. La dissension arriuée entre Henry Roy d'Angleterre & Richard 1189. son fils, fit que Richard faisant hommage à Philippe du Comté de Poictou, se rengea auec luy contre son pere, qui mourut bien-tost apres; ce qui moyenna vne paix entre les deux Rois, & auança leur depart pour le voyage de la Terre-saincte, pour lequel Richard ayant disposé toutes choses, vint trouuer le Roy à Paris. Ils se separerent à Veselay, pour aller chacun à sa flotte, Philippe à Genes, & Richard à 1190. Marseille. Ils ne se pûrent pas maintenir ensemble, & Philippe seul arriua en Sy- 1191. rie. Frideric Barberousse Empereur fut au mesme voyage, & apres auoir vaincu
c Hist. de Malte. & chassé les Grecs & les Turcs, qui vouloient empescher son passage[c], se noya dans vne riuiere, entre Nicée & Antioche[d]. Frideric son fils conduisit l'armée, & mou-
Nicetas. d Ab. Vrsperg rut bien-tost apres, ce qui dissippa l'armée Alemande, dont le départ laissoit les Chrestiens sans reconfort, si l'arriuée de Philippe & de son armée deuant Acre ne les eut consolez. Il pressa viuement le siege de cette ville-là, & estoit encor en attente de l'Anglois, qui fut ietté par la tourmente en l'Isle de Cypre, de laquelle il
e Hist. de Cypre. s'empara sur celuy qui l'auoit occupée depuis peu[e]; & quelque tẽps apres il la donna à Guy de Lusignan, qui estoit son nepueu, & du Roy Philippe, lequel y regna, ou sa posterité l'espace de 283. ans. Les Venitiens s'en saisirent l'an 1476. & la garderent iusques en l'an 1570. que les Turcs les en chasserent. L'Anglois arriua de-
f Hist. de Malte. Polydore. Rigord. uant Acre, l'an 1191. la ville fut renduë aux Princes Chrestiens par composition[f], & neantmoins saccagée par quelque mal-entendu des troupes Alemandes, qui entrerent dans la ville pendant la capitulation, qu'ils auoient ignorée. Philippe perdit par maladie vne partie de son armée, & des Seigneurs qui l'auoient accompagné, & s'en retourna en France l'an mil cent nonante deux. Il y laissa Eude Duc
g Rigord. de Bourgogne, auec dix mille hommes de pied[g]. Richard ne tarda point à le suiure, & laissa son armée à Henry Comte de Champagne son nepueu, qui fut receu Roy de Hierusalem, Guy de Lusignan ayant renoncé à son droict, pour regner doresnauant en Cypre. Il tomba entre les mains du Duc d'Austriche, qui le retint 1193.
h Guil. Nebr. prisonnier durant quelque temps[h]. La guerre se ralluma plus forte entre la France & l'Angleterre, pendant la prison de Richard. Les armes du Roy se porterent dans la Normandie; Richard deliuré de prison, vint en France, & reprit Tours. Mais l'an mil cent nonante-quatre, il y eut vne paix entre les deux Rois, que celuy
i Guil. Britto Polydor. d'Angleterre rechercha le premier[i]. Le Roy receut les hõmages tant de Richard, comme Duc de Normandie, Comte de Poictou & d'Anjou, que de Baudouin 1197. Comte de Flandres. Richard rompit de nouueau la paix, & enfraignit ses sermens: Il entra en France, où il fut défait & blessé deuant Gaillon, & finalement fut tué
k Polydor. Ann. de Frãce. d'vn autre coup de fleche, dont il fut atteint deuant le chasteau de Caylus[k]. Iean 1198. dit sans terre, frere de Richard, succeda au Royaume d'Angleterre, auec lequel 1199. Philippe fit vne paix, qui fut arrestée & signée en Normandie, où le Roy Iean s'estoit rendu, & fut mesmes depuis à Paris, où il fut receu fort honorablement[l].
l Chron. de S. Denys. Rigord. m Paul. Aem. Polydor. Peu de temps apres sur des sujets legitimes[m], pris de la qualité de Philippe Souuerain du Roy d'Angleterre, comme Duc de Guyenne & de Normandie, la guer- 1201. re se renouuella, & y eut condamnation de la Cour de Parlement de Paris, portant confiscation des terres de l'Anglois, qui releuoient du Roy; Et en execution de l'Arrest la Normandie fut reduite à l'obeïssance du Roy, & reünie à la Couronne, deux cens nonante-quatre ans apres que sous Charles le Simple elle eut esté baillée à Raoul Prince Normand. Les deux Rois continuerent la tresue qu'ils

1207. auoient auparauant accordée, qui fut de deux années. Philippes se saisit des terres
1210. de Renaud Comte de Dammartin, qui se retira vers le Roy d'Angleterre, & y attira Ferrand Comte de Flandres, & par mesme moyen Alphonse Roy de Portugal, frere de Ferrand; de sorte qu'il se forma vne ligue puissante contre Philippes, en laquelle Othon Empereur entra. Le Pape qui auoit mis le Royaume d'Angleterre en interdict, l'offrit à Philippes, qui se seruit de l'occasion, assembla vn Parlement à Soissons, & receut la Flandres en son obeïssance. Le Roy d'Angleterre pour se tirer des censures du Pape, luy sousmit son Royaume & le rendit tributaire, à quoy il fut receu, & la censure leuée, il entra en Poictou & défit le Comte de Dreux. Mais Louis fils de Philippe s'estant opposé à luy, l'obligea à repasser Loire, auec grande perte des Anglois. Cette ligue que nous auons mentionnée, ayant armé contre le Roy qui se trouuoit beaucoup plus foible, & n'estoit assisté que de quelques Comtes & du reste de la Noblesse Françoise, auec certains Euesques, il y eut vne bataille memorable dans la Flandres, où le Roy estoit entré, pres d'vn bourg appellé Bouuines, où le moindre nombre triompha du plus grand, & la victoire fut aux François le vingt-septiesme Iuillet de l'an mil deux cens quatorze[a]. a Rigord. An. de France.
Ferrand Comte de Flandres y fut pris & mené à Paris en triomphe. L'Abbaye de Ricordan.
la Victoire fut fondée par le Roy en memoire de cette heureuse journée, & vne
1215. tresue de cinq ans fut accordée au Roy d'Angleterre par l'intercession du Pape.
1216. Louis fils du Roy défit en mesme iour les Anglois en Guyenne, & l'année suiuan-
1217. te, fut appellé par eux pour prendre possession du Royaume; ce qu'il fit estant venu à Londres, où il fut recognu & proclamé Roy par tous les Ordres d'Angleterre, qui luy iurerent fidelité; mais Douures arresta son armée. Et le Roy Iean vint à deceder, laissant Henry son fils fort ieune, pour lequel l'affection des Anglois fut destournée de Louis, qui fut obligé de renoncer au Royaume en sa faueur moyennant vne somme d'argent. Il y eut vne nouuelle Croisade pour la Terre-saincte, où s'enrollerent plusieurs Euesques & Seigneurs François. La ville de Da-
1219. miete fut prise par les Chrestiens. Sous ce regne fut aussi la premiere guerre ou Croisade contre les Albigeois, qui dura depuis l'an mil deux cens six, jusques à l'an 1228. sous le Pape Innocent troisiesme. La conduite de l'armée fut donnée à Simon Comte de Montfort[b], contre plusieurs villes du bas Languedoc, qui furent prises. b Hist. des Albig. Chron. de Sim. de Montfort. P. Aem.
Le principal Seigneur qui assista les Albigeois, & adhera mesme à leur croyance, fut Raimōd Comte de Toulouse. Le Roy Philippe ayant atteint l'aage de cinquante-neuf ans & le quarante deuxiesme de son regne, mourut le quatorziesme Juillet mil deux cens vingt-trois. Il reünit à la Couronne plusieurs Seigneuries & fiefs en releuans, outre le Duché de Normandie. L'Vniuersité de Paris fut florissante de son temps. De la Reine Ysabeau, il eut Louis son successeur. D'Agnes fille du Duc de Meranie en Boheme, Philippe Comte de Boulogne.

1223. LOVIS huictiesme, dit LION[c], fut sacré à Rheims par Guillaume Archeuesque. Il fut soudain assailly par les Anglois, ausquels il resista & prit Niort, sainct c Guil. de Nangis
1224. Iean d'Angely & la Rochelle[d]. La guerre des Albigeois se renouuella sous Amaul- d Vita Lud. 8. Math. Paris.
1225. ry fils de Simō Comte de Montfort, & Raimond fils, Comte de Toulouse. Le Roy
1226. y fut en personne & prit Auignon, qui fut démantelé Il deceda l'an mil deux cens vingt-six, dans Montpensier en Auuergne, à l'aage de 39. ans.[e] e Math. Paris. An. de France.

Sainct LOVIS neufiéme du nom, nasquit à Poissy le 24. Auril l'an mil deux cens
1227. quinze, & sous la Tutelle ou Regence de BLANCHE de Castille sa mere, suiuant la volonté du Roy Louis huictiesme, fut sacré à Rheims par l'Euesque de Soissons. Louis huictiesme auoit eu six fils, Philippe qui mourut auant luy, Louis son successeur, Robert Comte d'Artois, qui mourut en Egypte, Alphonse Comte de Poictiers, Charles Comte d'Anjou & de Prouence, depuis Roy de Naples & de Sicile, Iean qui mourut encor enfant. Raimond le Ieune Comte de Toulouse, prit les armes & sousleua toute la Prouence: Blanche fit partir Imbert de Beaujeu, Gouuerneur du Languedoc, auquel se joignirent l'Archeuesque de Narbonne &
1228. l'Euesque de Toulouse: le Comte se retira dans la ville, là où il fut incontinent assiegé & contrainct de receuoir les conditions de paix qui luy furent proposées, en donnāt IEANNE sa fille vnique en mariage à ALPHONSE Comte de Poictiers, frere du Roy[f], en suitte dequoy certaines villes qui luy appartenoient furent démantelées. Le Comte se presenta en l'Eglise de nostre Dame de Paris, où il fut absous par le Legat du Pape. Par le mariage susdit, le Languedoc & tout le païs possedé par le Comte Raimond, furent depuis reünis à la Couronne de France, f Ioinu. ch. 6. Chron. de S. Denys & 16 Montfort.

Alphonse estant decedé sans enfans. Les mouuemens du Languedoc furent pro-
chainement suiuis d'vne ligue faite contre le Roy, à cause du gouuernement de la
Reine Blanche: Philippe Comte de Clermont & de Boulogne, oncle paternel du
Roy, en estoit le Chef: Les Comtes de Chãpagne, de la Marche, & de Dreux, auec
le Duc de Bretagne luy estoient adherans, auec la plus grand' part des Barons du
Royaume. La prudence de Blanche, & l'action mesmes du ieune Roy estoufferẽt
a Ioinu. ch. 4. & 5. Nangis, P. Æmil. ou dissiperent vne si forte coniuration [a], & le Duc de Bretagne fut le dernier rangé
au deuoir. Le Roy fut marié auec Marguerite fille aisnée de Raimond Berenger 1229.
Comte de Prouẽce, lequel fut si heureux qu'il maria les autres trois auec des Rois, 1234.
ou qui deuindrent tels auant leur mort. Le Roy d'Angleterre en espousa l'vne, &
Richard son frere, qui fut Roy des Romains, l'autre; Charles Duc d'Anjou, qui fut
Roy de Sicile, espousa Beatrix la derniere des quatre. Les Chrestiens du Leuant 1240.
ayans besoin de secours, & se trouuans fort affoiblis, le Pape Gregoire neufiéme
publia vne Croisade [b], à laquelle Thibaut Comte de Chãpagne, les Ducs de Bour-
b Ioinu. Math. Paris. gogne & de Bretagne, & autres Seigneurs François, suiuis de grand nõbre de No-
blesse, se disposerẽt, & arriuerẽt en Syrie, où vint aussi en suite Richard frere du Roy
d'Angleterre, auec vne armée. Le Cõte de la Marche, poussé par sa féme, qui estoit
mere de Henry Roy d'Angleterre, suscita de nouueaux troubles en Frãce, où il at- 1241.
tira l'Anglois, qui fut batu & défait, en sorte que le Comte de la Marche & sa fem- 1242.
me furẽt contraints de s'humilier au Roy & de le recognoistre pour leur souuerain.
Louis ne voulut point refuser vne tresue à Henry Roy d'Angleterre, à quoy seruit
l'entremise de la Reine Blanche, & la tresue aboutit finalemẽt à vne paix entre les
deux Rois. Il fut depuis occupé à restablir le Comte de Prouence son beau-pere,
tant contre les Marseillois ses sujets rebelles, que contre Raimond Cõte de Tou-
c Hist. de Prouence. louse, qui auoit esté appellé par eux [c]: Raimond Berẽger Comte de Prouence mou-
rut bien-tost apres auoir marié l'vne de ses filles auec le frere du Roy. La resolution
des Chrestiens du Leuant, chassez de Hierusalem & de la Palestine, obligea Louis
d Ioinu. ch. 66. releué fraichement de maladie, à se croiser & faire le voyage [d], apres auoir conuo-
qué vn Parlement à Paris; Il y fut accompagné de la plus part des Seigneurs Fran-
çois, de plusieurs Prelats, d'Alphonse, Robert, & Charles ses freres, du Comte de
Foix, lequel y amena la Noblesse de Gascogne, & de l'Euesque de Tusculũ, Legat
du Pape Innocent 4. Tout l'appareil des viures, armes & engins de baterie, fut cõ-
duit à Marseille, pour de là se rendre en Chipre, où le Roy arriua le 17. Septembre
e Ioinu. c. 19. 1248. [e] La Reine Blanche fut laissée en France, auec pouuoir & authorité de Re-
gente. Le Roy receut vne Ambassade du grand Chan de Tartarie, qui s'estoit fait
Chrestien. Il arriua deuant Damiete, que les Sarrazins tenoient, ausquels elle auoit 1249.
esté renduë par les Chrestiens: Elle fut reprise par luy. Les combats heureux pour 1250.
les François deuant Damiete & à Massore, arriuerent en suite auec la mort du Sul-
tan. Les maladies & la disete des viures auoient fait resoudre le Roy à se retirer
dans Damiete, lors qu'en son chemin, nonobstant la resistance des siens & la sien-
ne propre, il fut contraint de se retirer dans Casel, petite ville, qui ne pouuant pas
f Id. ch. 39. estre defenduë, il y fut pris par les Sarrazins [f], dont il fut deliuré bien tost apres, en
rendant Damiete, où la Reine auoit accouché d'vn fils nommé Iean-Tristan, qui
g Id. ch. 39. mourut auant le Roy [g]. Il fit quelque seiour en la ville d'Acre où il receut les Am-
bassades de l'Empereur Frideric, du Sultan de Damas, & du Vieil de la Montagne,
h Id. lib 55 & 57 [h] Prince des Arsacides ou Assassins. La mort de la Reine Blanche le fit resoudre à
son retour en France, apres vne absence de cinq années; il vint aborder aux Isles
i Id. ch. 76. d'Yeres en Prouence, l'an [i] mil deux cens cinquante-quatre. Il traita auec l'An- 1259.
glois, & asseura la Normandie, y faisant renoncer le Roy d'Angleterre, comme
k Id. ch. 88. Nangis, Polydor. aussi aux Comtez d'Anjou & de Poictou [k]. Charles Comte d'Anjou & de Prouen-
ce, frere du Roy, fut appellé par le Pape Vrbain, à la conqueste de Naples & de Si-
cile, que Mainfroy auoit occupez sur son nepueu, & partit de France bien accom-
pagné, se rendit à Rome, où il fut couronné Roy de Sicile par le Pape Clement
l Nangis. quatriéme [l]; & ayant joint son armée combatit Mainfroy, lequel fut tué à la batail- 1265.
le, & la ville de Beneuent mise au pouuoir de Charles, qui reuint à vn second com-
bat contre la ligue faite entre les Alemands & quelques Seigneurs Italiens, pour 1266.
restablir Conradin Duc de Suaube, & défit entierement ses ennemis, le vingt-troi-
siéme Aoust mil deux cens soixante-sept. Le lieu de la bataille fut appellé le Champ
du Lys. Conradin ayant esté liuré à Charles par l'Abbé du Mont-Cassin, fut exe-
cuté publiquement dans Naples, comme quelques autres Seigneurs l'auoient esté

auparauant

auparauant[a]. Le Roy s'estant croisé pour la seconde fois auec ses trois fils, Philip- a Naugis
1269. pe, Pierre Comte d'Alençon, & Iean Comte de Neuers, Alphonse Comte de Co.Icunio.
Poictou & de Toulouse, Thibaut Roy de Nauarre & Comte de Champagne, sui- Chr de S. Denys.
uis de plusieurs autres Seigneurs François, s'embarqua à Aiguesmortes, & se rendit à Tunes en Afrique. Suiuant le conseil de Charles Roy de Sicile son frere, les François s'estans rendus maistres du port, il prit le chasteau de Carthage, & deceda le vingt-cinquiéme Aoust de l'an mil deux cens septante, le quarante-quatriéme de son regne: Il eut plusieurs fils, dont les vns, sçauoir Louis & Iean-Tristan, moururent auant luy sans enfans. Des autres, Philippe dit le Hardy, fut son successeur: Pierre fut Comte d'Alençon, & mourut sans enfans: Robert, qui eut en appennage le Comté de Clermont en Beauuoisis, & espousa Beatrix heritiere de Bourbon, est la souche & le chef de la branche qui a commencé de regner en Henry le Grand, & continuë heureusement en Louis le Iuste treiziéme du nom. Louis fut grandement Religieux & tres-sage, vaillant & magnanime. Le Pape Boniface huictiéme le mit au Catalogue des Saincts, l'an troisiéme de son Pontificat, l'an mil deux cens nonante-sept, auec plusieurs eloges de ce Prince, sur les actions loüables de sa vie. Sa Feste est solennisée en France, depuis l'année mil six cens dix-huict.

1270. PHILIPPE troisiéme, dit le Hardy, fit vne paix auec le Roy de Thunes, Charles Roy de Sicile estant arriué au camp au mesme temps du decez de sainct Louis, & ayant mis la main à l'œuure contre les Sarrazins, qui furent défaits. Partie de la Noblesse Françoise accompagna Edoüard Roy d'Angleterre au voyage de la Palestine, où il fut vn an dans la ville d'Acres. Philippe reuint en France, accompagné de la Reine, d'Alphonse Comte de Poictiers son oncle, de Pierre Comte d'Alençon, son frere: Thibaut Roy de Nauarre mourut en Sicile, où le Roy s'estoit arresté, & vne partie de l'armée fit naufrage en dix-huict gros vaisseaux & quatre mille personnes. Le Comte Alphonse & Ieanne sa femme decederent aussi dans la Toscane: Philippe fut couronné à Rheims par l'Euesque de
1272. Soissons, premier Suffragant de l'Archeuesque[b]. Le Comte de Foix, du nom de b An. de France. P. Emil.
Raimond-Bernard, pour assister le Comte d'Armaignac son beau frere, s'estant porté à massacrer les Officiers du Roy dans le pays, Philippe se rendit à Toulouse, assiegea le chasteau de Foix, où le Comte s'estoit enfermé, qui fut contrainct de se rendre à luy & souffrir la prison d'vn an dans le Chasteau de Beaucaire. Il espousa en secondes nopces Marie sœur de Iean Duc de Brabant, & la fit couronner solennellement à Paris par l'Archeuesque de Rheims. Henry Roy de Nauarre
1274. estant decedé sans enfans masles, les Nauarrois voulans priuer de la succession sa
1275. fille estant encor au berceau, la veufue recourut à Philippe, lequel y pourueut si bien, que sous la conduite de Robert Comte d'Artois, son armée prit & saccagea Pampelune, & mit toute la Nauarre en l'obeïssance du Roy, reseruez quelques
1282. chasteaux de plus difficile accez. Mainfroy, qui fut vaincu par Charles Comte d'Anjou, ayant laissé vne fille nommée Constance, elle fut mariée auec Pierre Roy d'Arragon: la pretention de l'Espagnol sur les Royaumes de Naples & de Sicile fut aduancée par le mauuais déportement des François dans le païs, d'où s'ensuiuirent les Vespres Siciliennes, où tous les François generalement furent massacrez, & le Roy d'Arragon ayant armé sous pretexte de faire voyage en la Terre-saincte, entra dans la Sicile, où il fut recogneu & proclamé Roy: Charles estant en Calabre receut l'armée Françoise, que le Roy son nepueu luy enuoyoit sous la conduite de Pierre Comte d'Alençon, son frere, assisté du Comte Artois, du Duc
1283. de Bourgogne, & autres Seigneurs de France. Mais le Roy d'Arragon ayant gagné temps, & amusé Charles par vne offre faite de combatre cent contre cent en lieu assigné pour la decision de leurs differens, Charles estant allé en Prouence pour y esquiper sa flote, le Prince son fils qui estoit dans Naples harcellé par ses ennemis, entra dans ses galeres, & leur liura combat, où il fut pris, & luy-mesme estant reuenu à Naples & se preparant au siege de Messine, deceda le septiéme Iuin mil deux cens octante-quatre. Philippe, quoy que tres-affligé de la mort de Charles son oncle & de la prise de Charles son cousin, neantmoins assembla vne puissante armée, qui eut son rendez-vous à Narbonne[c]; là où Iacques Roy de c Villani.
Mallorque, frere du Roy d'Arragon, se ioignit à luy, à cause de la querelle & mauuaise intelligence qui estoit entre les deux freres, entra dans le Comté de Roussillon & en Arragon, où il mit le siege deuant Gironne, qui luy fut renduë apres vn

a Nangis Mariana, lib. 14. Villam. li. 7. c. 101. vn grand combat, où les François eurent le dessus, [a] & le Roy d'Aragon fut bles- 1285.
sé, dont il mourut. La flote de Philippe, qui estoit au port des Roses, se retirant
auec congé du Roy, & s'estant diuisée, fut assaillie par l'Admiral d'Arragon, défaite & dissipée auec la prise d'Ingerran de Bailleul Admiral de France. Et peu de temps apres, le Roy fut atteint de fiévre, dont il mourut à Parpignan le sixiéme iour d'Octobre mil deux cens octante-cinq, à l'aage de quarante ans, & le quinziéme de son regne. De sa premiere femme, qui fut Ysabeau fille de Iacques Roy d'Arragon, il eut Louis decedé auant son pere: Philippe, dit le Bel, son successeur: Charles Comte de Valois, pere de Philippe de Valois: Robert qui mourut ieune. De Marie sa seconde femme, il eut Louis Comte d'Eureux: Marguerite mariée à Edoüard premier Roy d'Angleterre, & Marie qui eut pour second mary Rodolphe fils aisné d'Albert Duc d'Austriche & Empereur.

PHILIPPES quatriéme, dit le Bel, fut sacré à Rheims le quatriéme Ian- 1285.
uier mil deux cens octante-six. Il estoit desia Roy de Nauarre, à cause de Ieanne sa femme, fille du Comte de Champagne & Roy de Nauarre, lequel fit bastir vn College dans Paris, qui porte encor le nom de Nauarre, comme le Palais fut basty sous le Roy Philippes. Charles le Boiteux Roy de Naples, ayant fait son accord auec le Roy d'Arragon, fut à Rome, où il fut couronné Roy de Naples & de Sicile par le Pape Nicolas quatriéme, & quoy qu'il fust bien assisté de la France, & qu'il peust prendre auantage sur ses ennemis, il fit neanmoins vne tresue pour
cinq ans auec les Arragonois. Charles deceda l'an mil trois cens six, & laissa vne 1288.
belle posterité: Charles son aisné, dit Martel, deceda auant le pere & laissa vn fils 1289.
nommé Humbert, qui fut Roy de Hongrie, & à Robert autre fils de Charles, fut adiugée la Couronne de Naples par le Pape Nicolas. Philippes assista Iean Duc de Brabant contre Henry Duc de Luxembourg, qui vouloit retirer de luy par armes le Comté de Limbourg, en sorte que les armes Françoises conduites par le Connestable de Neesle & le Mareschal de Harcourt maintindrent le
Duc de Brabant en sa possession. La guerre se renouuella contre l'Anglois, qui 1294.
b Chron. de Flandres. se munit de diuerses alliances, & particulierement d'Adolfe Empereur, qui denonça la guerre au Roy [b], lequel luy fit vne response en deux mots dans vne lettre close, Trop Alemand: le Roy au contraire fit son party le mieux qu'il luy fut possible, & fit adjourner l'Anglois en sa Cour de Parlement à Paris, où il estoit tenu de respondre comme vassal & l'vn des Pairs de France; là où suiuant du Tillet, il n'y eut qu'arrest de main-mise, pour l'execution duquel, ou de l'arrest
c Polyd. l. 17. de confiscation, suiuant l'histoire Angloise [c], le Connestable marcha le premier 1225.
& fut receu dedans Bourdeaux, le Comte de Valois suiuit, & les deux mirent toute la Guyenne en l'obeïssance du Roy, sauf Bayonne. Le Pape Boniface huictiéme interuint pour l'accommodement des deux Rois, surquoy y eut traicté de
paix, qui fut concluë à Paris le vingtiéme May mil trois cens trois. Edoüard pre- 1303.
mier deceda l'an mil trois cens sept: Edoüard second luy succeda, auquel fut accordée Ysabeau fille de Philippes, & en faueur du mariage, la Guyenne fut renduë sous l'hommage deub à la Couronne. Guy Comte de Flandres, lequel auoit confié sa fille vnique au Roy, & estoit entré auparauant en ligue contre luy, s'estant porté à défier le Roy, le Comte d'Artois entra dans la Flandres, & le combatit à Furnes, où le Flamand perdit iusques à seize mille hommes, ce qui fit rendre l'Isle au Roy, auec Bruges, & tout le Païs-bas fut mis en son obeïssance. Le Comte de Valois y vint en suite, & conquit le reste du païs, de sorte que le Comte de Flandres se trouuant abandonné de tous ses amis, & de ses propres subjets, fut contrainct de sortir de Gand sous la foy du Comte de Valois, & s'en alla trouuer le Roy, qui le confina & luy & ses enfans en diuerses prisons; ce qui fut fait en l'an mil trois cens, & quasi en mesme temps arriuerent les aspres & rudes contentions du Roy auec le Pape Boniface huictiéme, homme arrogant & imperieux, décrites par les Historiens de ce temps-là [d], & dont la source peut estre imputée aux affaires de Flandres desia touchez; lesquels se renouuellerent par vne
d Villam. Platina, Nangis Paul. Æmil. Matt. Polon. Theod. à Nyem. revolte des Flamands contre le Roy, qui voulut y pouruoir, & y enuoya vne puissante armée commandée par le Comte d'Artois, assisté de Louis de Clermont Prince du sang, du Roy de Maiorque, du Connestable, & autres [e]. Les Flamands recoururent au Comté de Namur & à Guy son frere, enfans du Comte de
e Villam. lib. 8. c. 78. Flandres, ausquels tout le païs se joignit. Les bons aduis du Connestable, qui en deuoit estre creu tant pour sa charge, que pour sa valeur & experience, ne fu-

rent point suiuis par le Comte d'Artois, qui estoit General de l'armée; de sorte qu'il s'en ensuiuit vne défaite entiere des François, arriuée au mois de Mars de l'an mil trois cens deux, à Courtray, là où furent entre les morts le Comte d'Artois, le Connestable, le Roy de Majorque, & plusieurs autres grands Officiers ou Seigneurs de marque. La ville de Gand qui s'estoit iusques alors retenuë dans le deuoir, se declara contre le Roy, qui vint en Flandres auec vne nouuelle armée, la tresue d'vn an qu'il auoit accordée aux Flamands estant expirée [a]; & apres vne bataille sanglante, & vn combat où il exposa sa personne, dont la presence & la valeur empescherent vne seconde défaite de son armée, il fut vainqueur sur les Flamands, Guillaume de Iuilliers leur Chef y estant demeuré auec perte de vingt-cinq ou trente mille hommes. La paix fut procurée aux Flamands par le Duc de Brabant & le Comte de Sauoye. Les enfans du Comte de Flandres qui estoit desja mort, furent eslargis, & Robert l'aisné restably au Comté. Sous ce regne Cle-
1305. ment cinquiéme, à qui Philippes auoit procuré le Papat, transfera son siege en Auignon, qu'il auoit desia tenu à Poictiers & à Bourdeaux, apres auoir pris la Couronne dans Lyon, où assisterent les Rois de France, d'Angleterre & d'Arragon [b]. L'Ordre des Templiers fut aussi destruict & aboly par decret du Concile tenu à Vienne en Dauphiné l'an mil trois cens treize, Philippes ayant esté la cause de ces deux changemens: Il mourut à Fontaine-bleau l'an mil trois cens quatorze, le vingt-neufiéme de son regne, n'estant aagé que de quarante huict ans. De la Reine Ieanne il eut Louis couronné Roy de Nauarre dans Pampelune dés l'an mil trois cens huict, & son successeur au Royaume de France; Philippes dit le Long Regent, & Roy apres Louis; Charles le Bel, qui regna aussi & mourut sans enfans masles, & Robert qui mourut ieune; Marguerite qui espousa Ferdinand IV. Roy de Castille; Ysabeau mariée à Edoüard second Roy d'Angleterre, & Blanche qui mourut ieune.

1315. LOVIS dixiéme, dit HVTIN, fut sacré à Rheims auec la Reine Clemence sa femme. Charles Comte de Valois son oncle paternel, auec le Conseil du Roy, fit executer à mort Enguerrand de Marigny Comte de Longueuille, Surintendant des finances, Directeur des affaires d'Estat, & fauory de Philippes le Bel [c]. Louis deceda l'an mil trois cens seize, le dix-neufiéme mois de son regne. De Clemence sa seconde femme il eut vn fils postume nommé Iean, qui vesquit quelques iours.

1316. PHILIPPES cinquiéme, dit LE LONG, succeda à Iean son nepueu, sous lequel pendant quelques iours ou pendant la grossesse de la Reine, il auoit esté recogneu Regent du Royaume, & fut sacré par l'Archeuesque de Rheims. Les Comtes de Valois & d'Eureux ses oncles, auec Eude Duc de Bourgogne pour Ieanne sa niepce, fille du premier lict de Louis Hutin, luy voulurent quereller la succession; mais les Estats generaux du Royaume prononcerent en faueur de Philippes, qui apres auoir traicté auec les Flamands, & enuoyé vne armée dans la Lombardie, conduite par Philippes fils de Charles Comte de Valois, ieune Prince, (qui fut cause d'vne paix accordée aux Milanois,) deceda le troisiéme iour du mois de Ianuier de l'an mil trois cens vingt-vn, & le cinquiéme de son regne. Il porta le tiltre de Roy de Nauarre, & le conserua à Ieanne fille de Louis Hutin. Trois de ses filles furent mariées, sçauoir Ieanne à Eude Duc de Bourgogne; Marguerite à Louis de Flandres Comte de Neuers, laquelle succeda à la Franche-comté & au Comté d'Artois; Ysabeau à Guigon fils de Iean Dauphin de Viennois.

1321. CHARLES quatriéme, dit LE BEL, ayant fait dissoudre son mariage auec Blanche, espousa Marie fille de Henry septiéme Empereur: Il se nomma Roy de Nauarre pour conseruer le Royaume à sa niepce, comme Philippes son frere auoit fait. Il enuoya en Guyenne le Comte de Valois son oncle, pour tirer raison des excez commis par les Officiers du Roy d'Angleterre, & mit la Gascogne en son obeïssance auec Edmond frere du Roy, lequel y auoit esté enuoyé, & fut
1327. pris. Le Comte de Valois [d] deceda bien-tost apres, & la Reine Marie estant morte, le Roy se maria auec Ieanne fille du Comte d'Eureux. Il y eut aussi quelque mouuement en Gascogne, qui fut appaisé, & le Roy deceda le premier Feurier 1328. apres auoir regné sept ans. La Reine estant enceinte, les Estats du Royaume assemblez deferent la Regence à Philippes Comte de Valois, fils de Char-

a Id. li. 8. c. 77. & 78.

b P. Æmil. An. de France, & d'Aquit.

c Supplem. de Nangis.

d fils de Roy, frere de Roy, oncle de Roy, pere de Roy, & ne fut oncques Roy.

les, contre la pretension d'Edoüard troisiéme Roy d'Angleterre.

PHILIPPES sixiéme, dit DE VALLOIS, fut maintenu en la succession du Royaume, contre le Roy d Angleterre, par les Estats generaux assemblez à cet effect, & ceux de la Nauarre firent mesme declaration pour leur Estat & Royaume. Philippes fut sacré à Rheims, & à cause de la rebellion des Flamands 1329.
contre leur Comte, il arma contr' eux & les défit à Cassel. La mesme année arriua le grand differend des Iuges Laics & Royaux contre les Ecclesiastiques, contre lesquels plaida vigoureusement & doctement Pierre de Cugneres Aduocat general du Roy en la Cour de Parlement de Paris. Le Roy d'Angleterre vint en France, & fit hommage au Roy dans Amiens de toutes les terres qu'il tenoit dans le
a Froiss. lib. 1. c. 25. Polyd. li. 19. Royaume[a], & pour plus ample Declaration & les termes expres de l'hommage, enuoya ses lettres scellées du trentiéme Mars mil trois cens trente-vn. Philippes qui auoit visité le Pape Iean à Auignon, & auoit fait vœu de se croiser auec les 1331.
Rois de Nauarre, d'Arragon, de Boheme, de Maiorque, de Hongrie, de Sicile & de Cypre, fut destourné du dessein, & rompit tout l'appareil qu'il en auoit fait à cause de Robert d'Artois, lequel mécontent des Arrests donnez par la Cour des Pairs en faueur de Mahaut sa tante pour le Comté d'Artois, se retira en Angleterre, & porta le Roy à la guerre contre la France, y ayant attiré les Alemands & Flamands. Philippes se fortifia de ligues & alliances contraires, dont les principales furent du Roy d'Escosse, du Roy de Boheme, du Roy de Nauarre, des Ducs de Lorraine & d'Austriche, des Comtes Palatin du Rhin, de Geneue, des deux Ponts, de l'Euesque de Liege & autres, ayant declaré Robert d'Artois criminel de leze Maiesté par lettres du septiéme iour du mois de Mars mil trois cens
b Id. li. 1. c. 36. trente-six. La guerre fut declarée au Roy par l'Euesque de Lincolne[b], & le Connestable de France fut dépesché en Guyenne, où se ioignirent à luy les Comtes 1338.
de Foix & d'Armagnac: Toutefois ils reuindrent pres du Roy comme pour se trou- 1339.
c Id. ch. 40. & 41. uer à vne bataille, le Roy ayant esté défié par l'Anglois[c], & ayant en son armée
d Villani. li. 1. vingt-cinq mille cheuaux & cinquante mille hommes de pied[d], mais la partie fut remise. Edoüard fut pressé par Arteuelle Chef des Flamands de prendre le tiltre de Roy de France, ce qu'il fit en la ville de Gand, & escartela son Escusson de fleurs
e Id. Froiss. Æmil. de lys[e]. L'armée nauale de France fut défaite par les Anglois, & peu de temps 1340.
apres il y eut tresue entre les deux Rois, moyennée par Ieanne de Valois sœur du Roy, & belle-mere d'Edoüard. Le differend d'entre Charles de Blois nepueu du
f Froiss. lib. 1. c. 89. & 91. Roy, & Iean Comte de Montfort pour le Duché de Bretagne rendit les Anglois plus forts dans cette Prouince, ayans secouru le Comte de Montfort[f], & par l'en- 1341.
tremise du Pape Clement sixiéme, il y eut vne nouuelle tresue de trois ans entre 1342.
les deux Rois, Robert d'Artois estant desia mort en la guerre de Bretagne. 1343.
Edoüard institua en ce temps l'Ordre de la Iarretiere pour l'amour de la Comtesse
g Id. ch. 90. Polyd. li. 19. de Salisbery[g], & le Dauphiné fut acquis & vny à la Couronne de France par la donation d'Imbert Dauphin de Viennois en faueur de Philippes second fils du Roy; en suite dequoy la Gabelle & les greniers à sel furent establis en France. La guerre se renouuella en Guyenne, où le Roy d'Angleterre auoit pris Bergerac, & 1344.
Angoulesme s'estoit depuis renduë à luy: mais le Roy y ayant enuoyé vne puissante armée, tout fut repris sous la conduite de Iean Duc de Normandie, fils aisné du Roy. Iacques d'Arteuelle Capitaine des seditieux de la Flandres, partisan de l'Anglois, fut massacré dans la ville de Gand. Edoüard fut conseillé par Geoffroy de 1345.
Harcourt, qui estoit pres de lui comme auoit esté Robert d'Artois, de descendre 1346.
en Normandie, là où Philippes enuoya le Connestable, qui se jetta dans Caën; dont les habitans ayans presumé de pouuoir combatre les Anglois, sortirent &
h Froiss. l. 1. c. 125. furent miserablement défaits, la ville prise, & le Connestable fait prisonnier[h]. Edoüard courut & rauagea toute la Normandie iusques aux portes de Paris, & destourna dans la Picardie, défit le secours d'Amiens, passa la riuiere de Somme, & s'alla loger à Creci dans le Comté de Ponthieu: Il estoit suiui de Philippes auec toute son armée, laquelle y fut mise en route & les plus illustres Seigneurs tuez sur la place, sçauoir le Roy de Boheme, Charles Comte d'Alençon, frere du Roy, le Comte de Blois, le Duc de Lorraine, les Comtes de Flandres & de S. Pol. Le Roy y fut blessé & se retira accompagné de quelques Caualiers de marque demeu-
i Id. li. 1. c. 130. rez pres de sa personne dans le chasteau de Broye[i]. Edoüard prit Calais apres vn 1347.
k Id. ch. 147. long siege[k]; quoi que Philippes fut venu deuant la ville auec vne grosse armée à

dessein de combatre de nouueau. La constance des habitans y est remarquée, auec l'intercession de la Reine d'Angleterre pour la vie de six d'entr' eux qui estoient liurez à la discretion d'Edoüard ; lequel pratiqua bien-tost apres vne contre-trahison pour cette place contre les François & Godefroy de Charry Gouuerneur de S. Omer pour le Roy. La ville de Montpelier auec ses dépendances fut venduë à Philippes par le Roy de Majorque, qui pour auoir moyen de dresser vne armée contre ses subjets rebelles, luy engagea aussi le Côté de Roussillon [a]. Ayant espousé Blanche sœur de Charles Roy de Nauarre, ieune & doüée d'vne beauté excellente, il mourut le vingt-huictiéme iour du mois d'Aoust mil trois cens cinquante, à l'aage de cinquante sept ans, & le vingt-troisiéme de son regne. S'il eut le tiltre de Fortuné, ce ne fut que pour l'heur d'estre paruenu à la Couronne apres trois Rois freres & mariez ; Charles Comte de Valois son pere à pû estre dit mal-heureux par vn éuenement contraire remarqué en sa personne. Les Comtez de Champagne & de Brie furent reünis à la Couronne sous son regne, auec les autres villes & Prouinces cy-dessus mentionnées, & la France ne fut affoiblie que d'hommes & d'argent, par les grandes batailles qu'il perdit & les impositions extraordinaires qu'il mit sur le peuple, excepté toutefois Calais qui fut pris par les Anglois, & S. Iean d'Angely, qui fut apres recouuré par le Roy Iean. De sa premiere femme il eut Iean son successeur, & Louis Duc d'Orleans, qui fut marié auec la fille postume de Charles le Bel, & mourut sans enfans. Les autres decederent en bas aage.

a Math. Villa[ni] Petrarcha lib. 10. rerum se[]nil.

1350. IEAN fut sacré à Rheims auec la Reine sa femme: Il fit executer à mort Raoul Comte d'Eu & de Guynes Connestable de France, suspect & non conuaincu de trahison. Il auoit promis à l'Anglois de le mettre en possession du Comté de Guy-
1352. nes. Il y eut vne prorogation de trefue entre les deux Rois, qui fut mal gardée par
1355. l'Anglois. Charles Roy de Nauarre, Prince du sang & beau-frere du Roy, fit assas-
1356. siner en Normandie Charles d'Espagne Connestable de France. La trefue estant expirée entre la Frāce & l'Angleterre, tout se disposa à reprēdre les armes. Le Roy conuoqua les Estats generaux à Paris [b], & assembla son armée pour aller contre le Prince de Walles qui estoit campé à deux lieuës de Poictiers, & le dix huictiéme iour du mois de Septembre mil trois cens cinquante-six la bataille y fut donnée, en laquelle par la bonne assiete du camp des Anglois, & le mauuais cōseil qui fut donné au Roy, son armée fut défaite & mise en route auec grande perte & quantité de prisonniers de marque, & entr' autres le Roy Ieā & Philippe son fils qui auoit tousiours combatu pres de luy. Les Ducs de Bourbon & d'Athenes, Iean de Clermont Mareschal de France & autres Seigneurs qualifiez demeurerent sur la place. Le Roy fut conduit à Bourdeaux & de là en Angleterre, & y eut vne trefue accordée
1357. pour deux ans. Charles Dauphin eschappé de la iournée de Poictiers assembla dans Paris les Estats generaux du Royaume, dont les Parisiens estoient les maistres, & y trouua de grandes contradictions à ses desseins auec insolence & mutinerie : Il deputa des Commissaires par les Prouinces, où il trouua de bonnes dispositions pour contribuer à la deliurance du Roy, particulierement en Languedoc, où les Estats furent assemblez par le Comte d'Armagnac Gouuerneur du pays pour sa Majesté [c].
1358. Le Roy de Nauarre sortit de la prison où il estoit detenu dans le Cambresis, vint à Paris, harangua le peuple, lequel conduit par Marcel Preuost des Marchands tua
1359. pres du Dauphin deux Mareschaux de France ; le Dauphin prit la qualité de Regent du Royaume. Toute la France fut en grand desordre par vn sousleuement du menu peuple, dont les bandes estoient appellées de la Iaquerie, contre lesquels le Dauphin fut contraint d'armer, & se presenta deuant Paris auec trente mille hommes d'armes. Les Parisiens auoient fait le Nauarrois leur Gouuerneur, & auoient receu vne garnison Angloise : Mais le peuple s'estant tourné contre le Preuost des Marchands, qui fut tué auec plusieurs de ses complices, le Regent fut receu dans Paris, & voyant que l'Anglois vouloit forcer le Roy à receuoir des conditions de paix tres-dures, il en fut animé, & les Estats du Royaume les refuserent entierement. Edoüard entra en France, mit le siege deuant Rheims, se presenta deuant Paris, & en fin fut flechy, & accorda la deliurance du Roy & la paix auec la France, par le traicté qui en fut fait & resolu à Bretigny, où l'Anglois renonça au droict pretendu sur la Couronne de France, le Duché de Normandie, & de Bretagne, Comté de Flandre ;, & autres terres, auec rançon de trois millions d'escus d'or. L'accord fut fait le huictiéme iour de May mil trois cens soixante, le Roy mené à Calais le huictiéme Iuillet, & le vingt-quatriéme la paix y fut iu-

b Froiss. lib. 1. c. 155.

c An. de France Contin. de Nangis.

a Contin. de Nangis, Froiss. du Tillet, P. Æmil. rée [a]. La Rochelle refusa longuement de se sousmettre à la domination Angloise, mais le Roy y exhorta & contraignit les habitans pour garder sa foy & entretenir la paix. Le Prince de Galles fut en Guyenne, & prit le tiltre de Duc ou Prince du païs. La France fut fort trauaillée des courses & armées des brigands, particulierement le Lyonnois & le Languedoc, où la ville du S. Eprit fut surprise. Le Duché de Bourgogne, par le decez sans enfans de Philippe qui en estoit Duc & Comte, reuint à la Couronne, & fut depuis baillé à Philippe quatriesme fils du Roy, lequel repassa en Angleterre sur les difficultez de l'execution du traicté, & pour les resoudre entierement auec Edoüard, ou pour y reuoir la Comtesse de Salisbery. Il y deceda de maladie dans Londres le huictiesme iour du mois d'Auril mil trois cens soixante-quatre, le quatorziesme de son regne, & cinquante-sixiesme de son aage. Son corps fut porté & traduit à Paris, d'où les Officiers de la Cour de Parlement le porterent sur leurs espaules iusques en l'Eglise de S. Denis [b]. Il fut marié deux fois. De sa premiere femme [c] qu'il auoit espousée du viuant de Philippe son pere, il eut quatre fils, Charles son successeur; Loüis Duc d'Anjou & depuis Roy de Sicile & de Naples; Iean Duc de Berry, Comte de Poictou; Philippes dit le Hardy Duc de Bourgogne. Il eut quatre filles, dont les trois furent mariées, & la quatriesme fut Religieuse à Poissy. De la seconde femme Ieanne de Boulogne il n'eut point d'enfans: Elle fut mere de Philippe le ieune Duc de Bourgogne & Comte de Champagne, par le decez duquel, outre le Duché de Bourgogne, le Roy reünit de nouueau à la Couronne le Comté de Champagne & de Brie.

1361. 1362. 1363. 1364.

b Pap. Masso. Annal.

c Bonne, fille de l'Emp.

CHARLES cinquiesme, dit le Sage, ayant esté sacré à Rheims, assista Charles de Blois contre le Comte de Montfort & les Anglois pour la querelle de Bretagne, là où il fut combatu en sorte pres d'Aulroy, que Charles de Blois ayant esté desfait y laissa la vie, en suite dequoy il y eut accord par lequel la Bretagne demeura au Comte de Montfort, & Ieanne de Bretagne Comtesse de Ponthieure, vefue de Charles de Blois, y renonça entierement [d]. Charles deschargé de l'affaire de Bretagne fit vne paix auec le Roy de Nauarre, lequel auoit esté desfait à Cocherel au commencement de ce regne, & le Captal de Buch prisonnier depuis cete iournée-là fut le moyenneur ou l'autheur de l'accommodement. Pour mettre la France en repos d'vn autre costé, Charles assisté de Bertrand du Guesclin attira les compagnies de brigands qui continuoient à rauager & desoler le Royaume, à la guerre entreprise contre Pierre Roy de Castille, en faueur de Henry son frere; Pierre fut pour lors chassé & contraint de se retirer en Portugal: Mais le Prince de Galles qui estoit en Guyenne, requis par Pierre fut en Espagne auec telles forces, qu'il vainquit Henry en vne bataille memorable arriuée le troisiesme iour du mois d'Auril mil trois cens soixante-sept, en laquelle du Guesclin fut fait prisonnier. Henry se sauua en Arragon & delà en Foix. [e] Il fut aussi en Languedoc, où le Duc d'Anjou Gouuerneur du païs le receut honorablement dans Montpelier [f]. Du Guesclin sorty de la prison du Prince de Galles assista le Duc d'Anjou au siege de Tarascon contre la Reine de Naples [g], & reuint au secours de Henry de Castille, lequel combatit si heureusement contre Pierre assisté des Sarrazins, qu'il le vainquit & tua de sa main apres la bataille [h], demeurant paisible possesseur de ses Royaumes à l'aide des François, & par la valeur incomparable de Bertrand du Guesclin. Peu de temps apres la paix se rompit auec l'Anglois par le mescontentement des principaux Seigneurs de Gascogne, qui furent trouuer le Roy à Paris, où ils furent bien receus; les Estats generaux furent assemblez, les Compagnies licentiées & brigandes attirées au seruice du Roy, & Bertrand du Guesclin fait Connestable de France. Charles renouuella ses alliances auec les Rois de Castille & d'Escosse, & maria l'heritiere de Flandres auec Philippe Duc de Bourgogne son frere. Il octroya ses lettres aux Seigneurs & Communautez de Gascogne, portans adiournement contre le Prince de Galles & d'Aquitaine, le vingt-cinquiesme iour du mois de Ianuier mil trois cens soixante-neuf, apres quoy la guerre fut declarée au Roy d'Angleterre, & en mesme temps le Comté de Ponthieu saisi sur luy. Le Duché de Guyenne auec toutes les terres tenuës en France par les Anglois fut confisqué par Arrest du Parlement de Paris du quatorziesme May mil trois cens septante. L'Anglois rauagea la Gascogne, le Perigort, le Languedoc & le Quercy, là où neantmoins la ville de Cahors fut mise en l'obeys-

1364. 1366. 1367. 1368. 1369.

d Argentré, Hist. de Bretagne.

e Hist. du Guesclin. c. 19

f Froissart.

g Histoire du Guesclin c. 34.

h Frois. li. 1. c. 2. 5. Mariana, li. 17.

1372. sance des François: Ils furent aussi iusques deuant Paris. Le Prince de Galles affoibly de maladie retourna en Angleterre. La Rochelle refusa de secourir les Anglois qui furent desfaits sur mer par les Espagnols estroitement alliez auec les François, ce qui exposa la Guyenne aux armes de France, qui estans conduites par le valeureux du Guesclin, le Poictou fut entierement conquis sur l'Anglois, qui perdit aussi le chasteau de la Rochelle par la surprise des habitans fideles au Roy, auquel ils se sousmirent entierement, & leur chasteau fut razé. Vne partie de la Guyenne fut reconquise tout d'vne suite; ce qui fut suiuy du decez

1376. du Prince de Galles [a], auquel son pere Edoüard troisiesme ne suruesquit gueres. Charles recommença la guerre par mer & par terre, où le Duc d'Anjou a Froiss. Paul. Æmil.

1377. prit Bergerac sur l'Anglois, auec quelques autres places. L'Empereur Charles

1378. quatriesme, oncle paternel du Roy vint en France, où il fut dignement receu par toutes les villes de son passage, & par le Roy mesme, qui le conduisit dans Paris [b]. Le Nauarrois se ligua auec Richard nouueau Roy d'Angleterre; à cause dequoy Charles se saisit du Comté d'Eureux, & de la ville de Montpelier qui auoit esté baillée au Nauarrois depuis peu en recompense d'autres terres; & dont les habitans s'esmeurent bien-tost apres contre les Officiers du Roy & du Duc d'Anjou Gouuerneur de la Prouince; dequoy ils furent chastiez par le Duc, lequel addoucit la sentence de condemnation à la priere & intercession du Cardinal de la Lune, qui depuis fut Pape sous le nom de Benoist treiziesme, & d'au- b Nangis, Auentin, Chr. MS.

1378. tres Prelats que le Pape Clement septiesme estant à Auignon enuoya [c]. Le Connestable du Guesclin mourut deuant Randan, à trois lieuës de Mende, & la pla- c Froiss. Conti. de Nangis, P. Æmil.

1380. ce fut renduë en suite, son corps fut porté à S. Denis, & se void encor releué dans vne Chapelle, où est le tombeau du Roy Charles qui l'auoit fondée, & qui deceda la mesme année mil trois cens octante, le 16. de Septembre, apres auoir regné seize ans & vescu quarante-deux. Il n'eut que deux fils de la Reine Ieanne fille de Pierre Duc de Bourbon; Charles, lequel luy succeda, & Louys Duc d'Orleans. Il institua le Duc d'Anjou son frere, Regent du Royaume, & les Ducs de Bourgogne & de Bourbon tuteurs de ses enfans. Il ordonna de la Majorité des Rois, à l'aage de quatorze ans; dequoy nous auons parlé ailleurs [d], & fut appellé Sage, comme ayant esté le plus prudent & modeste Prince de son temps. d Gouuernement de ce temps.

1380. CHARLES sixiesme n'auoit que treize ans & quelques mois, lors qu'il paruint à la Couronne. Les Estats du Royaume assemblez dans Paris resolurent le Couronnement du Roy, qui fut fait à Rheims. Oliuier de Clisson fut fait Connestable de France, & le Gouuernement du Languedoc baillé au Duc de Berry,

1381. duquel le defunct Roy n'auoit point fait de mention. Le Duc d'Anjou se saisit

1382. du thresor du Roy, qui fut par luy employé à la conqueste du Royaume de Sicile. Les Flamands s'estans sousleuez contre leur Comte, Charles fut disposé par le Duc de Bourgogne gendre du Comte, aidé des Ducs de Berry & de Bourbon, à le secourir & restablir dans ses terres, & y fut encor induit par vn songe, où il auoit veu vn cerf volant, qu'il prit apres pour deuise [e]. Apres auoir pris plusieurs places dans le pays [f], il desfit les Flamans en bataille pres de Rosebecque, là où demeurerent iusques à quarante mille hommes auec leur Chef Philippe d'Arteuelle, fils de Iacques qui s'estoit fait renommer aux precedentes seditions de Flandres. La ville de Bruges se rendit au Roy, qui permit aussi que la ville de Courtray, où l'on gardoit cinq cens paires d'éperons dorez de la Noblesse Françoise, laquelle y demeura l'an mil trois cens deux, passast par le fer & le feu. Les mutineries de la ville de Paris furent seuerement chastiées [g], & l'Anglois estant descendu en Flandres, le Roy assembla vne armée tres-puissante [h], qui fut rompuë & congediée à cause de la saison & de la retraite des Anglois qui auoient desia fait des progrez dans le pays: Il y eut mesme vne trefue entre les e Iean Iuuenel des Vrsins. f Froiss. ch. 119. & 120. vol. 2. g Id. ch. 129. 130. vol. 2. h Id. ch. 141.

1384. deux Rois. Louys Comte de Flandres estant mort, Philippe dit le Hardy Duc de Bourgogne son gendre & oncle du Roy luy succeda, & demeura tres-puissant, possedant les Duché & Comté de Bourgogne auec les Comtez de Flandres & d'Artois. Louys Duc d'Anjou ayant esté adopté par Ieanne Reine de Naples & de Sicile, & inuesty de ces Royaumes par le Pape Clement VII. dressa vne puissante armée, & fut accompagné par Amé VI Comte de Sauoye. Estát allé à Auignon, il y fut couronné Roy de Naples, de Sicile & de Hierusalem par le Pape Clement. Il fut receu en Prouence pour Comte & Seigneur du pays, passa les

Alpes & se rendit maistre de la Poüille & de la Calabre : Mais ayant souffert vne
grande perte d'hommes par les maladies & autres incommoditez, il fut con- 1385.
traint de s'enfermer dans la ville de Barry, & apres auoir donné vne bataille l'an
1384. y mourut. Ce fut vne entreprise funeste à la France tant en la perte de ce
Prince & des hommes valeureux qui l'accompagnerent, qu'en la dissipation des
finances du Royaume. Le Roy se maria auec Ysabeau fille d'Estienne Duc de
Bauiere, & Louys Duc de Touraine depuis Duc d'Orleans, son frere, quelques
années apres espousa Valentine fille de Iean Galeas, Duc de Milan & Comte de
Vertus. La guerre se renouuella contre l'Angleterre par l'assistance que le Roy
donnoit aux Escossois, ausquels il enuoya l'Admiral de Vienne ; par quelques
exploicts du Duc de Bourbon dans la Guyenne; & par le Roy mesme, qui fut
auec son armée dans le terroir de Gand, dont les habitans obeyrent à leur Côte
& chasserent les Anglois. Les Rois de Castille & de Portugal estans en guerre,
les François comme alliez du Castillan, le secoururent; les Anglois au contrai-
re armerent pour le Portugais: Mais l'alliance du Duc de Lanclastre, qui donna 1386.
sa fille à Iean Roy de Castille, procura la paix de ces deux Couronnes. Les Ducs
de Iulliers & de Gueldres furent rangez au deuoir par l'armée du Roy, apres vne 1388.
denonciation de guerre faite à Charles par le Duc de Gueldres appuyé des An-
glois. La tresue faite auec le Roy d'Angleterre donna moyen au Roy de faire vn 1389.
voyage en Languedoc, & de descendre en Auignon, où il visita le Pape Cle-
a An. & Chro de France Froissart, ment, fut à Montpelier, à Besiers, Carcassonne & Thoulouse [a], où il fut visité
du Comte de Foix, accompagné de six cens Cheualiers à ses despens, lequel luy
fit hommage de ses terres, sauf de celle de Bearn. Charles ayant armé contre le
b Id. ch. 43. Argentré, li. 9. c. 17. Duc de Bretagne, tomba en frenesie & deuint malade d'esprit [b]. Les Ducs de 1391.
Berry & de Bourgogne furent Regents du Royaume: Richard Roy d'Angleter- 1392.
re espousa Ysabeau fille de Charles, & par ce moyen la paix fut asseurée entre 1396.
les deux Rois; toutefois Richard ne subsista pas longuement par la reuolte de
ses subjets, qui esleurent Henry Duc de Lanclastre & Comte d'Herby en sa
place, & Richard ayant esté fait prisonnier en la tour de Londres, mourut soit
c Froissart, 4. 119. de maladie, soit de mort violente [c]. La diuision se forma entre les Ducs d'Or- 1397.
leans & de Bourgogne, qui cuida esclater en guerre. Philippe Duc de Bourgo-
gne deceda en l'an mil quatre cens quatre : Et quoy que la qualité d'oncle eust
donné droict à Philippe pour la Regence du Royaume, & que Iean son succes-
seur n'y deust rien prendre, neantmoins l'animosité des deux partis demeura
tousiours, & eut des suites fort tragiques. Iean fit assassiner dans Paris le Duc
d'Orleans, qui laissa Charles son successeur, sous lequel la querelle continua de 1407.
plus fort, & y eut vne ligue, dont le Comte d'Armagnac estoit l'vn des princi-
paux partisans, & les troupes des Orleanois en furent appellées Armagnacs:
Charles Duc d'Orleans espousa la fille du Comte. Il y eut armement recipro- 1410.
que, & vne paix qui fut appellée de Vicestre, qui ne dura point ; & la querelle
continuant, les armées parurent encores de part & d'autre, le Duc de Bourgo-
gne se seruant du nom & de l'authorité du Roy & du Dauphiné, lesquels il pos-
sedoit & estoit maistre de Paris. Le party d'Orleans, dont le Duc de Berry
estoit le Chef, appella le Roy d'Angleterre à son secours, lequel descendit en 1411.
France en mesme temps que le Roy estoit deuant Bourges auec vne puissante
d Monstrelet, li. 94. & 95. armée; mais la paix fut faite pour lors aux mesmes conditions qu'à Vicestre [d].
e Id. 4. 101. L'Anglois se retira, & le Roy Henry deceda bien-tost apres [e]. Le desordre con-
tinua dans Paris à l'induction du Duc de Bourgogne qui se seruoit de l'Vniuersi- 1413.
té, laquelle estoit alors puissante; le Dauphin fut arresté dans son Hostel, & le
Roy pendant les interualles de sa maladie, contraint de prendre le chaperon
blanc, qui estoit la liurée des seditieux. Cette mutinerie fut suiuie d'vne paix,
qu'on appella de Pontoise, qui mit le Roy & le Dauphin en liberté, & les tira
du danger où l'insolence & la rage des Parisiens les detenoient. Le Roy assisté
du Dauphin arma contre le Duc de Bourgogne, prit l'escharpe blanche, liurée
des Armagnacs, fit quelques exploits suiuis de la paix d'Arras, concluë l'an mil
quatre cens quatorze, apres laquelle, nonobstant l'opposition du Duc de Ber-
ry, le Dauphin se declara Regent du Royaume. Le Roy d'Angleterre apres
auoir recherché l'alliance de France qui luy fut refusée, fit vne descente en Nor-
mandie, en suite de laquelle les François furent desfaits en la iournée d'Azin- 1415.
court, où furent tuez les Ducs de Bar & d'Alençon, le Duc de Brabant & le

Comte de Neuers freres du Duc de Bourgogne, Charles d'Albret Conneſtable de
France[a], & pluſieurs autres Seigneurs & Officiers de la Couronne. Les Ducs d'Or- a Iean Iuuenal des Vrſins.
leans & de Bourbon furent priſonniers. Le Comte d'Armagnac fut fait Conne- Monſtrelet,
1417. ſtable de France, & Louys Dauphin aagé de dix-neuf ans, mourut[b]. Il eſtoit gen- c.150.
dre du Duc de Bourgogne. Dans la meſme année l'Empereur Sigiſmond paſſa en b l.1.ch.152.
France & fit ſejour à Paris. Le Duc de Berry mourut ſans enfans maſles, & ſon de-
cez fut ſuiuy de celuy de Iean Duc de Touraine & Dauphin. Le Cõneſtable d'Ar-
magnac, qui gouuernoit le Royaume, fit releguer la Royne Yſabeau à Tours; ce
qui cauſa des euenemens eſtranges & extraordinaires par le mariage de Catherine
fille du Roy auec le Roy d'Angleterre. Elle fut enleuée de Tours par le Duc de
Bourgogne, & emmenée à Chartres. Le Duc ſe ſeruit de ſon nom & de ſon autho-
rité pour couurir ſes armemens, & priſes de villes. Son armée s'approcha de Paris,
& ſes gens ayans eſté introduits, il fut fait vn maſſacre de tous les partiſans du
Comte d'Armagnac, qui fut ſuiuy d'autre ez perſonnes du Conneſtable & du
1418. Chancelier, & de pluſieurs Eueſques & Seigneurs du Royaume. La Royne & le
Duc de Bourgogne furent receus dans Paris & aupres du Roy, là où Charles Dau-
phin ne voulut pas venir. Henry cinquieſme Roy d'Angleterre vint de nouueau
deſcendre en Normandie auec cinquante mille hommes de guerre, & la Prouince
eſtant degarnie fut expoſée à ſes armes; Caën ſe rendiſt, & Cherebourg luy fut
vendu par le Gouuerneur; le Pont de l'Arche, & finalement la ville de Roüen
apres le bon deuoir des habitans tomberent entre ſes mains.[c] La paix ſe traicta c Monſtrelet.
auec l'Anglois ſans effet; mais le Daufin & le Bourguignon firent vn accord en-
ſemble, qui fut confirmé par le Roy & ſuiuy de la mort du Duc de Bourgogne, tué
1419. par le mandement du Daufin & en ſa preſence à Montereau faut-Yonne.[d] Henry d Id.ch.214.
Roy d'Angleterre vint de Roüen à Troyes pour y voir le Roy, & eſpouſer Cathe-
rine ſa fille; ce qui fut moyenné par Philippes Duc de Bourgogne. Henry fut de-
1420. claré Regent du Royaume, & heritier de la Couronne apres la mort du Roy.
L'Anglois tenoit la Normandie, & partie de la Guyenne; Paris eſtoit à ſa deuotion
auec pluſieurs autres villes de France; mais le Roy eſtoit imbecille, & tous les trai-
ctez faits auec luy eſtoient nuls, n'ayant pas meſmes le pouuoir de trãſporter la ſuc-
ceſſion à autre qu'à ſon fils, qui en eſtoit l'heritier neceſſaire. La Prouince du Lan-
guedoc demeura dans l'obeïſſance du Roy ſous le Daufin & les Gouuerneurs du
païs.[e] Charles & Henry firent leur entrée à Paris, là où par Arreſt du Parlement le e Alain Chartier.
Daufin fut declaré indigne de ſucceder à nulles Seigneuries eſcheuës ou à eſcheoir,
& banny à perpetuité du Royaume de France; dequoy le Daufin appella tant à
Dieu, qu'à la pointe de ſon eſpée.[f] Henry conduiſit la Roine ſon eſpouſe en An- f Monſtrelet, Iean Iuu. des Vrſins,
gleterre, & laiſſa le Duc de Clarence pour ſon Lieutenant en France, qui fut défait
1421. & tué en la iournée de Baugé. Henry repaſſa la mer & fut ſuiuy de la Roine. Elle
1422. fut receuë à Paris auec les acclamations du peuple, qui neantmoins ne demeura
pas ſatisfait de l'humeur faſtueuſe des Anglois, qui perdirent leur Roy dans ceſte
année 1422. decedé dans Paris: & quaſi en meſme temps le Roy Charles ſixieſme
y mourut auſſi, ſçauoir le 22. d'Octobre, le quarante-deuxieſme de ſon regne & cin-
quante-quatrieſme de ſon aage.[g]

1422. Le Duc de Beth-fort eſtoit Regent en France dans la confuſion eſtrange, où la g Monſtrelet Annal. de France.
Roine Yſabeau & le Duc de Bourgogne auoient logé les affaires du Royaume. De
tous les enfans maſles que Charles eut de ſon mariage, aucun ne luy ſuruesquit
que Charles ſon ſucceſſeur au Royaume.

CHARLES ſeptieſme ne fut ſacré à Rheims par l'Archeueſque de la ville,[h] h Renaud de Chartres, Chancelier de France.
qu'en l'an 1429. apres auoir obtenu victoire ſur ſes ennemis. Il auoit eſté aupara-
uant ſacré à Poictiers auec peu de ceremonie. Il ne tenoit au commencement de
ſon regne que le pays d'Aulnis, le Poictou, la Xaintonge, le Berry, le Bourbon-
nois, Foreſts, Lyonnois, Auuergne & Languedoc, & deçà Loire (à ceux de Pa-
ris) le Mayne, l'Anjou, & quelques Forts en Picardie & en Champagne. Son ſe-
jour ordinaire eſtoit à Bourges, dont il fut appellé Roy par deriſion. Il n'eſtoit
point aſſiſté d'aucuns Princes de ſon ſang. La meſme année de ſon aduene-
ment à la Couronne, les Anglois perdirent dans le Mayne[i] treize à qua-
torze cens hommes, par la valeur du Baron de Collanches Normand. i Alain Chartier, Monſtrelet.
Les Ducs de Beth-ford, de Bourgogne & de Bretagne ſe liguerent contre
1423. luy, qui fut aſſiſté des Eſcoſſois & des Milanois ou Lombards, & receut vn
eſchec à Creuant, où les Anglois & les Bourguignons ioints enſem-
ble desfirent les François & les Eſcoſſois. Le Comte de Ventadour & Iean

Stuart Connestable d'Escosse y furent faits prisonniers. Il fut encore battu auec 1424.
beaucoup plus grande perte deuant Verneuil, où quatre mille cinq cens hommes
furent tuez sur la place auec les deux chefs Escossois, & les Comtes d'Aumale, de
Ventadour, de Tonnerre, & le Vicomte de Narbonne, lequel auoit esté cause de la
desfaite par sa temerité. Le Duc de Bretagne auec ses freres se rengea du party de
Charles, & luy fit hommage du Duché, le Roy ayant esloigné de sa Cour ceux que 1425.
le Duc n'y aimoit point: Artus Comte de Richemont son frere auoit esté fait Con- 1426.
nestable. Le Comte de Dunois, bastard d'Orleans, desfit les Anglois commandez
par le Comte de Waruich deuant Montargis. Quoy qu'il eust esté promis au Duc 1428.
d'Orleans prisonnier en Angleterre, qu'on n'attaqueroit point ses terres, neant-
moins le Comte de Salisbery voulut assieger Orleans. Charles au contraire y mit
vne bonne garnison, & y fit entrer les plus vaillans & les plus considerables de son
armée. Le Comte de Salisbery fut tué deuant la ville, & les François furent desfaits
en la journée qu'on nomma des Harangs. Charles receut vne assistance extraordi-
a P. Æmil. Gaguin, Aen Syl. Alain & Iean Chart. naire & comme vn secours du Ciel, en Ieanne la Pucelle, qui a esté dite d'Orleans, [a] 1429.
laquelle combatit de sa personne, donna courage aux plus vaillans & hardis, tels
que le Comte de Dunois, la Hire & autres, entra dans Orleans, & en trois diuerses
sorties sur les Anglois en desfit iusqu'à huict mille hõmes, de sorte que le siege fut
leué, & peu de temps apres arriua la défaite des Anglois à Patay en Beausse, où ils 1430.
b Alain Chartier Monstrelet. perdirent deux mille deux cens hommes. [b] La Pucelle Ieanne fut prise en vn com- 1431.
bat deuant Compiegne, & amenée à Roüen, où elle fut condamnée au feu par sen-
tence de Iuges partisans de l'Anglois, & en suite du iugement des Ecclesiastiques,
qui la liurerent au bras seculier. Henry VI. Roy d'Angleterre, ieune Prince, descen-
dit à Calais, & fit son entrée à Paris, où il fut couronné le 17. de Nouembre, par le
Cardinal de Vincestre. Le Duc de Bourgogne prit possession du Brabant, & le sie-
c Monstrelet Alain & Iean Chart. ge de Cõpiegne fut leué, ce qui fut suiuy de la prise de Chartres; [c] mais la paix d'en-
tre Charles & le Duc de Bourgogne estoit tres-necessaire pour chasser entieremẽt
les Anglois: Elle fut commencée à Neuers, poursuiuie & concluë dans Arras, où se 1432.
trouuerent les Legats du Pape & les Deputez du Concile de Basle, auec les Am-
bassadeurs de l'Empereur & de tous les Princes Chrestiens: Ceux de France & du
Duc de Bourgogne demeurerent d'accord: Plusieurs terres & Seigneuries sises dãs
la Bourgogne, dans la Picardie & ailleurs furent cedées au Duc, qu'õ ne voulut es-
conduire de rien, pour le desvnir d'auec l'Anglois; ce qui fut fait le 21. de Septem-
bre 1435. & scellé du mariage de Charles Comte de Carolois, fils du Duc de Bour- 1435.
gogne, auec Catherine, fille du Roy. La Roine Ysabeau, laquelle auoit causé & au-
torisé indignement ce qui se passa auec l'Anglois, deceda la mesme année, & la vil- 1436.
le de Paris fut remise en l'obeïssance du Roy l'année suiuante. Le Duc de Bourgo-
gne entra en guerre ouuerte auec les Anglois, contribua à la deliurance de Charles
Duc d'Orleans & le maria auec sa niepce, fille du Duc de Cleues. Charles reuenant 1437.
du Lyõnois, Auuergne & Languedoc, fit son entrée à Paris, apres auoir pris par for-
ce Montereau Faut-Yonne: Il y auoit dix-neuf ans qu'il en estoit sorty lors du mas
sacre des Armagnacs. La tresue cy deuant fai auec le Roy d'Angleterre estant 1446.
rompuë à diuerses fois, il y eut enfin vn renouuellement de guerre, en laquelle
Charles reconquit toute la Normandie & entra dans Roüen, dont les habitans 1449.
tesmoignerent qu'ils estoient fort affectionnez à la Couronne. Il fut tres bien assi-
sté de tous les Princes, officiers de la Couronne, & Seigneurs François, & le Con- 1451.
nestable de Richemont en fut fait Gouuerneur. La Guyenne suiuit la Normãdie,
là où le Comte de Dunois conduisant l'armée reduisit toutes les places en l'obeïs-
sance du Roy dans fort peu de tẽps. Les Estats de Guyenne & la ville de Bordeaux
firent leur traicté auec le Comte, qui se rendit en suite maistre de Bayonne. Le
Comte de Clermont, fils aisné du Duc de Bourbon, fut fait Gouuerneur de la Pro-
uince, laquelle fut de nouueau asseurée au Roy par la desfaite des Anglois & de
Talbot leur chef deuant Castillon, sur la reuolte de Bordeaux, causée par les Ba-
rons de Guyenne: les Anglois l'auoient tenuë pendant trois cens ans, ce fut l'an
1452. Charles deceda dans le Berry le 22. de Iuillet de l'an 1461. apres auoir regné
trente-neuf ans & vescu cinquante-neuf. De Marie, fille de Loüis second Roy de
Sicile & Duc d'Anjou, il eut deux fils à luy suruiuans, Loüis, son successeur, &
Charles Duc de Guyenne, qui ne fut point marié. En la ceremonie de sa sepulture,
d Meyer. il fut proclamé tres-victorieux. [d]

LOVYS XI. fut sacré à Rheims le 15. d'Aoust, & paruint à la Couronne à l'aage 1461.
de trente-huict ans. Il cassa les principaux officiers qui auoient seruy sous le

Roy Charles, rompit auec le Duc de Bourgogne & le Comte de Carolois son fils; ce qui luy attira vne guerre & ligue dangereuse, qui fut appellée du Bien public, dont la principale puissance cõsistoit au Duc de Bourgogne, sous le nõ & l'authorité de Charles, pour lors Duc de Berry, frere de Loüis; en suite dequoy arri-
1465. ua la bataille ou rencontre de Mont-le-hery, où le champ de bataille demeura au Comte par la retraite du Roy; mais les autres aduantages furẽt du costé des François, y ayant eu plus grand nombre de Bourguignons demeurez sur la place. [a] La paix fut faite à Conflans en Octobre 1465. & depuis à Peronne, où le Roy fut au a Gaguin; Phil. de Commines
1470. pouuoir de Charles Duc de Bourgogne. Toutesfois leur mauuaise intelligence continua. Aux guerres ciuiles d'Angleterre par les dissensions des maisons
1472. d'Yorch & de Lanclastre, ils tenoient vn party contraire. Le Duc de Bourgogne fut adiourné au Parlement de Paris, apres quoy la guerre fut commencée, & cõtinuée apres la mort de Charles Duc de Guyenne, arriuée dans Bordeaux. Iean Comte d'Armagnac ayãt esté tué dans Lectoure, où le Roy l'auoit assiegé, Charles son frere & successeur fut confiné dans la Bastille, où il fut pendãt dix années.
1473. Charles VIII. l'eslargit, & luy rendit ses terres; mais estant decedé sans enfans, & Charles Duc d'Alençon l'ayãt desherité, sa veufue sœur de François I. se mariant en secondes nopces auec Henry II. Roy de Nauarre, bisayeul maternel du Roy regnant, transporta le Comté d'Armagnac & ses dependances dans la maison de
1475. Nauarre. Loüis auoit fait paix auec l'Anglois, & vne tresue auec le Duc de Bourgogne; ce qui mit à descouuert Loüis de Luxembourg, Comte de S. Pol, Connestable de France, dont la femme, qui estoit sœur de la Royne, estoit desia decedée, & la paix faite aussi auec le Duc de Bretagne, de sorte qu'il fust liuré au Roy & condamné à auoir la teste tranchée. Le Duc de Bourgogne s'estant attaché
1476. aux Suisses, fut desfait à Granson, auec petite perte d'hommes: mais grande pour son artillerie, vaisselle & meubles precieux, & pour son honneur mesme, ayant esté mis en déroute & cõtraint de fuyr deuant vn moindre nombre, & des gens qui n'auoient pas encore grande reputation pour les armes. Il fut vaincu pour vne seconde fois à Morat en Suisse, & perdit iusqu'à dix-huict mille hommes. La troisiesme fut encores plus funeste; le Duc de Lorraine auoit repris Nancy, où le Duc de Bourgogne vint mettre le siege, & le cinquiesme de Ianuier 1477. il fut desfait par les Lorrains & les Suisses ioints ensemble, & tué sur la place. [b] Il ne b Gaguin. r. Belcar. Ph. de Commi-
laissa qu'vne fille nommée Marie, que Maximilian Archiduc d'Austriche, fils de nes.
1477. l'Empereur Frideric III. espousa. Le Roy mit en sa main plusieurs villes de Picardie, auec celles d'Arras, de Cambray & de Tournay, [c] & le Duché de Bour- c Phil. de Comm. Paul.
1478. gogne reuint à la Couronne. George de la Trimoüille, Seigneur de Craon, Lieu- Æmil.
1479. tenant general pour le Roy en Bourgogne, pratiqua l'alliance des Suisses auec la France, qui fut deslors contractée auec sept Cantons, & Maximilian ayant armé pour arrester l'entreprise du Roy sur la Franche-Comté, il y eut bataille à Guinegaste, où sa perte fut beaucoup plus grande que celle du Roy, quoy que le champ de bataille luy demeurast. Loüis deceda le 30. d'Aoust de l'an 1483. le soixante-vniesme de son âge, & le vingt-deuxiesme de son regne. [d] De sa seconde d Phil. de Comm. li. 6. c. 13.
femme Charlote de Sauoye il eut trois fils, dont Charles seul, qui succeda au Royaume, luy suruesquit. La troisiesme de ses filles, nommée Ieanne, fut mariée à Louis Duc d'Orleans, lequel regna apres Charles huictiesme, & se separa d'elle pour espouser Anne de Bretagne vefue de son predecesseur.

1483. CHARLES VIII. paruint à la Couronne à l'aage de 14. ans, & ne fust sacré qu'en l'an 1484. Le Duc de Bourbon & Louis Duc d'Orleans eurent cõtention pour la Regence du Royaume; mais les Estats generaux assemblez à Tours les
1488. mirent d'accord, declarans qu'il n'en estoit pas besoin, veu l'aage du Roy. Le Duc d'Orleans ligué auec le Duc de Bretagne & le Prince d'Orenge, ayant assemblé vne armée fut défait par les armes du Roy commandées par Louis de la Trimoüille en la iournée de S. Aubin, où le Duc d'Orleans fut fait prisonnier & conduit à Bourges, & desliuré peu de temps apres. L'année suiuante François II. Duc de Bretagne, qui auoit fait sa paix auec Charles, estãt decedé, laissa deux filles Anne & Ysabeau, laquelle mourut, & le Roy Charles ayant eu les dispenses necessaires, à cause de son mariage auec Marguerite, fille de Maximilian, se maria auec Anne, le 16. Decẽbre 1491. [c] & par ce mariage & celuy de Louis douziesme c Arnold. ferm. Argentré.
1493. auec la mesme Anne vefue de Charles, ou autres suites d'iceux, le Duché de Bretagne a esté reüny à la Couronne de France. Charles ayant fait paix auec

Henry VII. Roy d'Angleterre, auec Maximilian Empereur, & Ferdinand Roy d'Arragon, (auquel par mauuais conseil il rendit le Comté de Roussillon, engagé à Louis XI) se dispoſa à la cōqueste du Royaume de Sicile & de Naples, pour le droict qui luy en estoit acquis par le testament de Charles d'Anjou Comte du Mayne, lequel ayant esté institué heritier par René le Vieil, & decedant sans enfans auoit fait son heritier le Roy Loüis XI. & fut encores poussé à ceste entre-
a Guicciard Feron. prise par Ludouic Sforce. [a] Il arma par mer & par terre, passa les Alpes, & laissa Pierre, Duc de Bourbon, Regent en France. Le Duc d'Orleans, qui cōmandoit 1494.
l'armée nauale auoit desfait Frideric frere d'Alfonse Roy d'Arragon, & le Seigneur d'Aubigny eut aduantage par terre sur Ferdinand fils d'Alfonse. Charles
b Bembe li. 2. entra dans Pise, [b] Florence, Siene & Rome, là où il fit vn traicté auec le Pape. Il 1495.
entra dans le Royaume de Naples, où tout luy fit ioug, Alfonse s'estant retiré en Sicile, apres auoir fait couronner Ferdinand son fils; lequel aussi ne subsista point deuant Charles, de sorte qu'il fut receu dās Capouë & à Naples. Ferdinand se retira en Sicile, comme son pere, & les deux forts Chasteaux de Naples se rendirent
c Feron. Phil. de Comm. aux François. Le Roy receut les hommages des Seigneurs du Royaume, [c] & dōna de l'ombrage & de la terreur aux Venitiens & au Turc. En mesme temps que Charles sans trouuer resistance se rendoit maistre du Royaume de Naples, tou-
d Bembe li. 2. tes les puissances d'Italie formoient vne ligue contre luy. [d] Le Pape Alexandre VI. le Duc de Milan, les Venitiens, Maximilian Roy des Romains, Ferdinand Roy de Castille & d'Arragon en faueur de Ferdinand Roy de Naples son nepueu, en estoient les principales parties, & la mauuaise conduite des François enuers les Napolitains causa la ruine de tout ce grand dessein si heureusement executé ius-
e Phil. de Comm. lib. 8. c. 1. ques-là, [e] & dans si peu de temps. [f] Charles partit de Naples, vint à Rome, où le Pape ne l'attendit point, & à Pise, où il fut receu des habitans comme leur Roy,
f Cinq mois. passa le mont Apennin sur lequel les Suisses trainerent son Artillerie. Il vint loger à Fornouë, là où fut combattu vaillamment & heureusement par les François & par le Roy, lequel y donna des preuues de son courage & de sa resolution en vn danger si extreme, s'estant fait voye par ses armes, & estant arriué dans Ast neuf iours apres la bataille. La paix fut faite auec Ludouic Sforce Duc de Milan; & le Roy ayant passé les Alpes, se rendit à Grenoble le 27. Octobre 1495. Ferdinand Roy de Naples reuint de Sicile auec le secours d'Espagne, & nonobstant la resistance d'Aubigny entra dans Naples & dans les Chasteaux, qui furent rendus par composition faite auec le Duc de Montpensier Lieutenant general pour le Roy
g Phil. de Comm. dans le pays, lequel mourut, [g] & Ferdinand ne le suruesquit gueres. Charles deceda le 7. d'Auril 1498. dans le Chasteau d'Amboise à l'aage de vingt-sept ans. Son corps fut porté d'Amboise à Paris. Il auoit eu trois fils de la Royne Anne; mais ils moururent tous en fort bas aage. De Loüis Duc d'Orleans, frere de Charles VI. nasquit Charles, Duc d'Orleans, & de Charles nasquit Loüis, duquel nous auons parlé sous le regne de Charles VIII. auquel comme plus proche, il succeda au Royaume.

LOVYS XII. dit PERE DV PEVPLE, tres-sage Prince, fut sacré à Rheims, & 1498.
s'estant separé de Ieanne, sœur de Charles VI. par sentence des Cōmissaires or- 1499.
h Feron de France. donnez par le Pape, il espousa Anne, vefue de Charles VIII. [h] Ayant fait dessein 1500.
d'aller en Italie, il s'asseura de ses amis, confirma l'alliance des Suisses, fit la paix auec l'Anglois, & receut l'hommage de Philippes Archiduc d'Austriche, fils de Maximilian & de Marie de Bourgogne, pour les Comtez de Flandres, Artois, Charolois & autres terres releuans de la Couronne, ayāt enuoyé à cét effet Guy de Rochefort son Chancelier à Arras. Sa pretention sur le Duché de Milan estoit fort iuste, à cause de Valentine son ayeule, fille de Iean Galeas Duc de Milan; de sorte qu'ayant asseuré le Royaume dedans & dehors, il assembla des forces suffisantes pour le conquerir sur Ludouic Sforce, qui en estoit iniuste possesseur, & dans peu de temps se rendit maistre de tout le pays: Il fit son entrée dans Milan,
i P. Iouius: Guicciard Bembe Feron. dont le Chasteau luy fut rendu, [i] & reuint en France. Ludouic qui s'en estoit allé vers Maximilian, ayāt assemblé vne nouuelle armée auoit desia tout repris sur Triuulce & Aubigny, que le Roy y auoit laissez; mais Loüis de la Trimoüille y estant venu pour commander, combattit si heureusement deuant Nouare, dont Ludouic vouloit battre la citadelle, que la place demeura aux François, & Ludouic qui s'estoit trauesty, fut fait prisonnier & mis dans la tour de Loches, où il
k Pau. lib. 4. mourut dix ans apres. [k] Charles d'Amboise fut fait gouuerneur du Milanois.

La

1501. La conqueste du Royaume de Naples fut aisée à Louys, dont l'armée prit & pilla
Capouë, [a] & Naples suiuit, là où Frideric Roy de Naples se disposa à se mettre à la a Guicciard.
discretion du Roy, qui le receut, & luy donna le Duché d'Anjou, auec trente mille
1502. escus de pension. Louys fit vn second voyage en Italie, fut receu dans Genes le 26.
Aoust 1502. & reuint en France, laissant le commandement des armes Françoises
dans le Royaume de Naples au Duc de Nemours, Gonsalue estant general des Es-
pagnols associez en ceste guerre auec les François. Ceste entreprise fut malheu-
1503. reuse, entant que tout ce que les François auoient gaigné fut repris par Gonsalue,
qui rompit dés qu'il eut receu les troupes qu'il attendoit d'Espagne, & s'estoit desia
1505. saisi de la Pouille & de la Calabre. François, fils de Charles Comte d'Angoulesme,
fut marié auec Claude, fille du Roy, laquelle auoit esté promise à Charles, fils de
Philippes Archiduc d'Austriche. Ces deux ieunes Princes se trouuoient riuaux &
concurrens en cét endroit, & le regne suiuant les doit voir esleuez & armez l'vn con-
tre l'autre, pour diuerses occasions. L'Archiduc Philippes deuint Roy de Castille
par le decez d'Ysabelle, femme de Ferdinand Roy d'Arragon, duquel il estoit gen-
dre, & s'asseura du Royaume de Naples par vn traitté fait auec Loüis, & venant à
deceder le pria de vouloir estre tuteur de son fils, qu'il accepta & le fit esleuer soy-
1506. gneusement. Il se maintint en Italie, & y fit vn troisiesme voyage, Boulogne la Gras-
1507. se fut mise au pouuoir du Pape, & les Bentiuoles en furent chassez à l'ayde des ar-
mes de France commandées par Charles d'Amboise Seigneur de Chaumont, Gou-
uerneur pour le Roy au Duché de Milan : mais la reuolte des Genois & la dissension
1508. des Nobles auec le peuple y attirerent le Roy, qui en vint heureusement à bout, &
entra triomphant dans Genes.[b] Il reuint en Italie, à cause de la ligue où il estoit en- b Guicciard.
tré auec Maximilian, Roy des Romains, le Pape Iules second, & le Roy d'Arragon li. 7.
contre les Venitiens,[c] & arma par mer & par terre : Les Venitiens resolus de se bien Ferron. Auton.
defendre auoient en tout cinquante mille combattans, [d] sous la conduite d'Vrsin c Guicciard.
1509. Comte de Pertillane & de Barthelemy d'Aluiane. L'armée du Roy combattit con- li. 8.
tr'eux en la iournée d'Aignadel, ou de la Giaradadda ; [e] d'Aluiane y fut fait prison- d Ferron, Bemb. li. 7.
1510. nier. Comme les François auoient combattu seuls contre les Venitiens, & auoient e M du Bellay
1511. vaincu, ainsi furent ils attaquez des Venitiens & de Ferdinand Roy d'Arragon & Ferron. Guicciard.
1512. de Naples, soustenus & suscitez par le Pape Iules, lequel se declara ennemy passion- P. Iou.
né de la France par armes spirituelles & temporelles, & vainquirent heureusement
en la iournée de Rauenne, qui se rendit à eux. Gaston de Foix, Duc de Nemours, fil-
d'vne sœur du Roy, aagé de vingt-trois ans y fut tué, esteignant l'esperance qu'il
auoit donnée d'estre l'vn des excellents Capitaines de la Chrestienté. Louis se de
fendit par armes & par autres voyes contre les entreprises du Pape Iules, ayant as-
semblé vn Concile de l'Eglise Gallicane à Tours, où furent prises certaines conclu-
sions contre l'abus des Papes, quant au temporel des Princes Chrestiens, pour ne
deferer mesmes à leurs Censures en tel cas, se pouuoir defendre & leur resister par
1513. armes. Tant d'ennemis coniurez contre la France luy firent abandonner ses con-
questes en Italie ; Maximilian Sforce, fils de Ludouic, fut restably dans Milan auec
l'aide des Suisses, & Genes se reuolta en creant vn nouueau Duc. Ferdinād se saisit
de la Nauarre sur le Roy Iean d'Albret second du nom ; l'interdit du Pape Iules, en-
nemy mortel des François, exposant le Royaume au premier occupant, seruit de
pretexte à l'ambition Espagnole. Le Roy ayant fait paix auec les Venitiens [f] pensa f Guicciard.
de nouueau au Milanois, y enuoya Louis de la Trimoüille, qui fut defait par les Ferron
Suisses ; lesquels entrerent depuis dans la Bourgogne, assiegerent Dijon, & furent
renuoyez auec de l'argent, qui renouuella l'alliance entr'eux & les François. L'An-
glois descendit à Calais, assiegea Therouenne, là où la caualerie Françoise ayant
voulu faire entrer des viures, fut surprise par les ennemis, & defaite en la iournée
qu'on nomma des esperons, à cause de sa fuite. Therouenne & Tournay se rendi-
rent aux Anglois, auec lesquels il y eut paix en suite, procurée par le second maria-
ge de Louis. Le Pape Iules passa de ce monde en l'autre. Le Roy espousa Marie fil-
le de Henry huictiéme Roy d'Angleterre, la fit couronner à S. Denis, & deceda le
premier de Ianuier 1515. apres auoir regné 17. ans & vescu 55. Il ne laissa point d'en-
fans masles. De Iean, fils de Louis Duc d'Orleans, qui fut assassiné dans Paris,
frere de Charles sixiéme, nasquit Charles, Comte d'Angoulesme, duquel fut fils
François, Comte d'Angoulesme, gendre de Louis douziéme, auquel il succeda
comme plus proche.

1515. FRANCOIS premier du nom, n'auoit que vingt ans lors qu'il paruint à la Couronne. Il fit Antoine du Prat Chancelier, & Charles, Duc de Bourbon, Connestable de France. Il confirma la paix auec le Roy d'Angleterre, prolongea la tresue auec le Roy d'Arragon, & ayant à passer les Alpes, laissa la Regence du Royaume à Louyse de Sauoye sa mere. Il paruint heureusement à Ville-franche, où Prosper Colõne fut surpris & fait prisonnier; & nonobstant vne paix arrestée auec les Suisses 1516. par l'entremise du Duc de Sauoye, ceste nation belliqueuse, & laquelle en acquit 1518. vne grande reputation en ceste rencontre, assaillit l'armée du Roy à Marignan; le- 1519. quel auec trois cens cheuaux tailla en pieces quatre mille Suisses, & demeura vainqueur sur eux. Ils y perdirent iusqu'à dix mille hommes, François de Bourbon, Duc de Chastelleraut y fut tué auec quelques Seigneurs François. La ville & Chasteau de Milan, auec Cremone, luy furent rendus par Maximilian Sforce.[a] Il s'aboucha auec le Pape Leon dixiesme à Boulogne, où fut fait le Concordat pour la nomination des Prelatures & benefices Electifs; & laissant le Milanois sous la charge du Duc de Bourbon, repassa les Alpes. Il renouuella l'alliance auec les Suisses, ayant fait paix auec eux, laquelle a duré depuis. Charles Archiduc d'Austriche recueillit en mesme temps les successions de Ferdinand son ayeul maternel, & de Maximilian son ayeul paternel, auquel il succeda mesmes en l'Empire, ayant esté couronné à Aix la Chappelle. François estant desia mal auec Henry Roy d'Angleterre, 1520. nonobstant leur entreueuë, & n'ayant pas conserué l'amitié du Pape, il se ligua 1521. auec l'Empereur contre luy, de sorte que tout esclata en guerre ouuerte, Mezieres fut assiegé par les Imperiaux, & defendu par Anne de Montmorency, assisté du Cheualier Bayard.[b] Le Roy prit & perdit peu de temps apres Fontarabie, qui fut renduë par Franget, lequel en fut degradé de Noblesse dans Lyon. Charles Duc 1522. de Bourbon, Connestable de France, mescontent du Roy, se retira deuers l'Empe- 1523. reur & s'attacha à son seruice. Le Roy d'Angleterre ayant declaré la guerre au Roy descendit à Calais;[c] & se joignit auec les Imperiaux, pour faire la guerre en Picardie, d'où il se retira auec perte. Les affaires du Milanois auoient esté en fort mauuais estat sous Lautrec, lequel y commandoit pour le Roy. Milan auoit esté recouuré par les armes de l'Empereur & du Pape liguez ensemble, les François & les Suisses mis en route à la Bicoque entre Laude & Milan, dont le Chasteau fut rendu, & Cremone prise par les Imperiaux apres vn an de resistance; en suitte dequoy ils surprindrent & saccagerent la ville de Genes. Le voyage de l'Admiral de Bonniuet fut aussi mal-heureux, & ne gagna rien à la France, ayant esté poursuiuy en sa retraite, où il fut blessé auec le Cheualier Bayard, lequel en mourut: le Duc de Bourbon se trouua icy en teste des ennemis, & peu de temps apres auec quinze mille 1524. hõmes de pied & deux mille cheuaux de l'armée Imperiale, mit le siege deuant Mar- 1525. seille, d'où il fut contraint de se retirer à cause de l'approche du Roy, qui s'aduançoit dans le Piedmont auec son armée. Le Marquis de Salusses & la Trimoüille furent receus dans Milan, & le Roy s'arresta deuant Pauie, diuisa & affoiblit diuersement son armée, là où le Viceroy de Naples & le Duc de Bourbon resolus de donner bataille, & le Roy y estant aussi porté contre l'aduis de son Conseil, le vingt-quatriesme de Feurier feste de sainct Mathias l'an mil cinq cens vingt-cinq, la iournée fut sanglante & tres-malheureuse pour les François, dont il se perdit iusqu'à huict mille hommes, où estoient le Mareschal de la Palisse, le Duc de Suffolk Anglois, l'Admiral de Bonniuet, Loüis de la Trimoüille, & plusieurs autres Seigneurs. Le Roy fut fait prisonnier auec le Roy de Nauarre, le Comte de sainct Pol, le Mareschal de Montmorency, & plusieurs autres Gentils-hommes qualifiez fut traduit en Espagne, & les conditions de sa deliurance arrestées à Madrid le quatorziesme de Feurier l'an mil cinq cens vingt-six; ses deux fils François Dauphin, & Henry Duc d'Orleans passerent en Espagne pour ostages des choses promises enuers l'Empereur, le Roy ayant esté conduit à Fontarabie sur la riuiere de Bidose qui separe la France de l'Espagne.[d] Il promit d'espouser Eleonor sœur de l'Empereur, vefue d'Emanuël Roy de Portugal, & de bailler le Duché de Bourgogne; renõça 1526. à la souueraineté des Duché & Cõté de Bourgogne, & des Comtez de Flandres & 1527. d'Artois, auec tous les droicts pretendus sur le Duché de Milan Royaume de Naples, Genes, Ast, Tournay &c. Comme aussi l'Empereur renonçoit aux droits pretendus sur les Comtez de Ponthieu, Boulogne & Guynes, sur Peronne, Montdidier & autres villes de Picardie. Il y eut opposition des Estats du Royaume à l'execution de ce traitté, parce que les droits de la Couronne y estoient alienez, auec la Bourgogne qui n'en pouuoit estre démembrée. Le dix-septiesme de May de l'année mil

[a] Ferron. Paul. Ion.

[b] Pierre du Terrail.

[c] Polydor. Ferron. du Bellay.

[d] Guicciard. M. du Bellay. G. Paradin.

cinq cens vingt-six, la ligue sacrée entre le Pape Clement septiesme, le Roy, les Ve-
nitiens, les Suisses & les Florentins fut publiée en France. Le Chasteau de Milan
fut rendu par Francisque Sforce au Duc de Bourbon, lequel se presenta deuant
Rome, qui fut prise par assaut, & le Duc tué d'vne arquebusade le cinquiesme de a M. du Bellay
May mil cinq cens vingt-sept.[a] Les armées du Roy & de la ligue auoient repris Ge- Guicciard.
nes; & hors la ville de Naples, presque tout le Royaume s'estoit rendu à Lautrec Sleidan.
general de l'armée du Roy, & Naples mesmes estoit assiegé; mais la reuolte d'An-
dré Doria, qui se declara pour l'Empereur, fit perdre Genes au Roy, dont l'armée
1528. se dissipa, & quantité de Noblesse Françoise mourut en ce voyage; qui fut suiuy de
1529. la paix de Cambray, par laquelle les fils du Roy furent retirez d'Espagne, auec la
rançon de deux millions d'escus, la renonciation à la souueraineté de Flandres &
1533. d'Artois & aux droits sur le Duché de Milan, & le mariage du Roy auec Eleonor
sœur de l'Empereur, qui fut accomply & la Royne couronnée à S. Denis; comme
l'Empereur le fut aussi à Boulogne par le Pape Clement, quelques années apres
1535. se rendit à Marseille, pour y voir le Roy, dont le fils puisné Henry Duc d'Orleans
1536. fut marié auec Catherine de Medicis sa niepce. Les armes du Roy furent portées
en suitte dans la Sauoye, qui fut conquestée, auec vne partie du Piedmont, dont la
ville capitale, sçauoir Turin, fut prise: mais l'Empereur qui s'estoit promis d'enuahir
le Royaume, à commencer par la Prouence, fit venir son armée dans le Piedmont, là
où le Marquis de Salusses quitta le party du Roy, lequel perdit en mesme temps Fos-
san, apres la resistance que les assiegez y firent. Le Roy pourueut à la seureté de la Pro-
uence & du Dauphiné où il s'arresta,[b] & son armée estoit pres d'Auignon. Il perdit b A Valence.
alors François Dauphin, & l'Empereur assit son camp deuant Aix, qui auoit esté
abandonné, & s'approcha de Marseille, apres auoir couru fortune de sa vie par vne
embusche des paysans au passage des Alpes. Il se retira de là pour tenter Arles. La
garnison de Marseille fit vne sortie sur les Imperiaux, qui furent battus & abba-
tus du canon qui estoit dans les galeres du Roy: Le Comte de Horne Alemand
y fut tué entr'autres. La Picardie fut attaquée en mesme temps, & la ville de Peron-
ne valeureusement defenduë. L'Empereur se retira auec son armée affoiblie de la
1537. moitié, Antoine de Leue son principal Ministre mourut en ce voyage-là. Apres la
confiscation des Comtez de Flandres & d'Artois par Arrest de la Cour de Parle-
ment de Paris, par la felonnie de l'Empereur, la Picardie ressentit de nouueau ses
armes, celles du Roy reüssissoient dans le Piedmont, auec esperance de recouurer
le Duché de Milan: mais vne tresue fut accordée entre ces deux Princes, par l'en-
tremise de Marie d'Austriche Royne de Hongrie, Regente de Flandres, sœur de
1538. l'Empereur, & le Pape Paul troisiesme y estant encor interuenu, ceste tresue fut pro-
1539. longée pour neuf ou dix ans, & il y eut vne entreueuë d'eux à Ayguesmortes. L'Em-
pereur ayant à faire voyage en Flandres, pour chastier les Gandois, qui s'estoient of-
ferts au Roy,[c] passa par la France & fut receu par tout auec honneur, franchise & c Ferron.
1540. grande courtoisie du Roy & des François.[d] La tresue fut rompuë, & le Roy assembla Paul. Iou. l. 39. d Guill. Parad.
1541. de nouueau deux puissantes armées, l'vne pour le Duché de Luxembourg, & l'autre li. 4. Annal. de
1542. pour le Comté de Roussillon, sans effet pour le dernier; & pour Luxembourg, il en France.
remit le Duché entier en son beyssance, excepté Thionuille; l'Empereur s'empara
1543. de Cambray. Les forces du Roy se r'assemblerent dans le Piedmont, où François de
Bourbon Comte d'Anguyen fut enuoyé auec commandement sur l'armée, assisté
de Blaise de Montluc, qui fut trouuer le Roy, & rapporta permission de donner ba-
taille au Marquis du Guast, qui commandoit pour l'Empereur. La Noblesse de
France y accourut,[e] & par la bonne conduite du Comte, la valeur de Montluc, de e Martin du Bellay.
Termes, des Gascons & des Suisses la victoire demeura aux François en la journée de Ferron.
1544. Serisoles l'an mil cinq cens quarante-quatre. Les Imperiaux y perdirent quinze mille
hommes, & des François ne s'en trouua à dire que deux cens. La ligue faite entre
l'Empereur & Henry huictiesme Roy d'Angleterre produisit deux guerres, l'vne en
Champagne par l'armée de l'Empereur, laquelle y auoit fait quelques progrez;
mais la paix fut concluë le dix-huictiesme d'Octobre l'an mil cinq cens quarante-
quatre, par laquelle le Roy rendit à Charles Duc de Sauoye tout ce qu'il auoit pris
sur luy deça & delà les Alpes;[f] L'autre fut en Picardie par la descente de l'Anglois
1545. à Calais auec trente mille combattans. Boulogne auoit esté prise, & le Roy d'Angle- f F. Belcair.
1546. terre auoit repassé la mer: neantmoins par deputez de part & d'autre la paix fut li. 24. c. 4. & 5.
faite entre les deux Rois le septiesme Iuin mil cinq cens quarante-six, & renouuel- g 24. Mars
lée plus aduantageusement pour la France sous le regne suiuant.[g] La ville de Bou- 1550.

logne & ce qui auoit esté conquis dans ce Comté-là, deuoit estre rendu par la premiere paix. L'vn & l'autre de ces deux Rois decederent peu apres, Henry huictiesme, au mois de Ianuier 1547. à commencer l'année par ce mois-là, & le Roy François le dernier du mois de Mars ensuiuant. Il vesquit cinquante-huict ans, & en regna trente-trois.[a] Le titre de pere des lettres, ou des muses luy a esté donné fort iustement, à cause de ses inclinations aux sciences, & de sa grace naturelle à bien parler. Sa pompe funebre fut belle & honorée de la presence d'onze Cardinaux. De sa premiere femme Claude, fille de Loüis douziesme, il eut trois fils, François, qui mourut à l'aage de dix-huict ans, Henry, qui luy succeda, né à S. Germain en Laye le dernier Mars 1518. Charles Duc d'Orleans, qui mourut l'an 1545. à l'aage de vingt-trois ans. De trois filles qu'il eut, les deux decederent en enfance. La troisiesme Magdelaine fut mariée à Iacques cinquiesme Roy d'Escosse, & la quatriesme, Marguerite, à Philibert Emanuël Duc de Sauoye. De la seconde femme, sœur de Charles cinquiesme Empereur, il n'eut point d'enfans.

a Du Bellay. Ferron. Thuan.

HENRY second commença à regner en l'aage de vingt-neuf ans, & fut sacré 1547. par Iean Cardinal de Lorraine, Archeuesque de Rheims. Les Escossois ayans eu desia guerre auec les Anglois, & Marie leur Royne ayant esté traduite en France, 1549. Henry, lequel auoit assisté les Escossois,[b] en eut auec les Anglois, ayant armé par mer & par terre; & ayant bloqué Boulogne, qui n'auoit point esté renduë, il fut recherché de paix par le Roy Edoüard sixiesme, qui fut concluë, comme nous auons dit au regne precedent.[c] Il secourut Octauian Farnese contre le Pape Iules troisiesme & l'Empereur, fit leuer les sieges de Parme & de Mirande, defendit de porter 1550. 1551. argent à Rome, & accorda la paix au Pape, par laquelle Octauian demeura paisible és Estats de Parme & de Plaisance. Vne protection plus importante attira sa personne 1552. & ses armes en Alemagne, où il fut auec trente-cinq mille hommes de pied, & plus de mille Seigneurs ou Gentils-hommes volontaires. Il estoit accompagné d'Antoine de Bourbon, Duc de Vendosme, depuis Roy de Nauarre, & ayeul du Roy regnant, de Iean Duc d'Anguyen, de Loüis Prince de Condé, freres, & d'autres Princes du sang, ou estrangers. Anne de Montmorency, Connestable de France, s'aduança dans la Lorraine, & se saisit en passant de Toul, & de Verdun, où fut bastie vne citadelle, & de Mets, où le Roy entra depuis, & receut le serment de fidelité des habitans, lesquels abbatirent l'Aigle, & la deuise de l'Empereur, pour y loger celle du Roy;[d] S. M. y fit bastir vne citadelle, & reuenant en France, se saisit du Duché de Luxembourg, où il laissa vn Gouuerneur, ainsi qu'il auoit fait en Lorraine, dont le ieune Duc auoit esté enuoyé en France. Il ne passa point le Rhein, parce que les Protestans d'Alemagne firent leur paix auec l'Empereur, qui la leur octroya apprehendant les armes de France, & se resolut au siege de Mets, pour lequel il assembla vne armée de douze mille cheuaux, & de cent mille hommes de pied; François de Lorraine Duc de Guyse en entreprit la defense, & la plus grand part des Princes & Seigneurs de France auec grand nombre de Noblesse s'y enfermerent, le tout faisant enuiron huict mille hommes.[e] Albert Marquis de Brandebourg, qui auoit vne armée de vingt mille hommes aux enuirons de Mets, se joignit à l'Empereur, & recogneut en cela tres-mal la protection & le bon secours des armes du Roy, dont tous les Princes Protestans auoient ressenty les effets. La ville fut battuë & attaquée diuersement: mais elle fut encore mieux defenduë & l'Empereur cõtraint de leuer le siege, qui ne tint que depuis le 18. d'Octobre iusqu'au premier de Ianuier. L'Empereur qui 1553. auoit affoibly son armée d'vn tiers, fut obligé de la refaire, & déchargea sa colere sur Teroüenne, contre laquelle, dans six sepmaines, furent tirez cent cinquante mille coups de canon; elle fut emportée d'assaut, pillée & rasée.[f] Emanuël-Philibert fils de Charles Duc de Sauoye fut fait General de l'armée Imperiale, & prit Hesdin. Henry luy presenta la bataille auec vne armée de soixante-cinq mille hommes de pied, & grand nombre de caualerie.[g] Philippes fils de l'Empereur Charles espousa Marie, fille d'Edoüard sixiesme, Royne d'Angleterre, aagée de quarante ans; ce qui 1554. fit resoudre le Roy à se bien defendre, voire à attaquer, ayant presque couru le Cambresis, le Brabant, Haynaut, Namur & l'Artois, & pris quelques places; de sorte qu'il mit le siege deuant Renty, où les deux armées se choquerent, & tous les aduantages demeurerent du costé des François. L'année 1555. Ieanne d'Albret, Royne de 1555. Nauarre par le decez d'Hẽry d'Albret, fut mariée à Antoine de Bourbõ Duc de Vẽdosme, mẽtiõné cy-dessus, ayeul du Roy regnãt. Le Mareschal de Brissac, le Duc d'Aumale & Termes enuoyez en diuers tẽps en Piedmõt, y firent diuers exploits, & prirẽt-

b Thuan.

c Mars 1550.

d Donec totum impleat orbem.

e Guil. Paradin.

f Sleidan. Paradin. La Popeliniere. Thuan.

g Guil. Paradin.

Vercell, Casal, Valence & autres places. Ils eurent à faire au Duc d'Albe, qui leur
fut opposé, & par la paix faite entre le Roy & Philippes, tout ce qui auoit esté pris
en Piedmont, fut rendu. La conqueste des places dans la Corsegue, faite sur les
Genois auec l'ayde des Turcs par Termes pour le Roy, demeura pareillement inuti-
le par la mesme paix. La ville de Siene auoit recouuré sa liberté auec l'ayde des Fran-
çois, de sorte que pour s'en monstrer recognoissans, ils auoient enuoyé les meilleurs
hõmes de leur garnison en Corsegue pour vn renfort aux armes de France. Le Duc
de Florence prit son tẽps, & donna la charge du siege de Siene au Marquis de Mari-
gnan; Montluc fut mis dans la ville pour la defendre; Strossy tenoit la campagne
auec l'armée du Roy, & fut défait par le Marquis auec perte de quatre cens
hommes, & cinq cens prisonniers. Siene fut dignement defenduë par Montluc,
mais la faute de viures fit resoudre les habitans à se rendre, ce qui fut fait le 21.
d'Auril de l'an 1555. apres huict mois de siege. Philippes Roy d'Espagne remit vn
an apres la ville, & tout ce qu'il tenoit en Toscane, à Cosme de Medicis, Duc de Flo-
rence, qu'il vouloit retenir dans son party. L'Empereur las des affaires du mõde se
1556. retira en Espagne, & Philippes en fut declaré Roy, comme il l'estoit desia de Naples
& de Sicile. Au commencement de l'année 1556. il y eut vne tresue accordée pour
quelques années entre les deux Rois: mais Paul quatriesme, amy des Frãçois, ayant
esté esleu Pape, fut pressé dans Rome par les partisans d'Espagne, d'enuoyer son
Legat en Frãce, & fit resoudre le Roy à la guerre, de sorte que l'armée du Roy passa
les Alpes & fit quelques exploicts sous la conduitte du Duc de Guyse: mais le Duc
1557. de Ferrare, qui estoit de la ligue auec le Pape, ayant mãqué de promesse, l'armée du
Roy repassa en France, & le Pape prit accommodement auec l'Espagnol. Philippes
fit declarer la guerre au Roy par l'Anglois au nom de la Royne Marie sa femme, ce
qui fut fait dans Rheims par vn Heraut,[b] & son armée qui auoit trente-cinq mille b Monluc.
hommes de pied & quinze mille cheuaux voulut donner l'escalade à Roc-Roy, La Popeliniere.
qu'Henry faisoit bastir sur la frontiere de Champagne: mais cét effort n'ayant pas Thuan.
reüssy, elle se presenta deuant sainct Quentin, où l'Admiral de Chastillon entra auec
des forces; & le Connestable s'estant aduancé pour secourir la ville, sa caualerie fut
mise en route, luy blessé & fait prisonnier, auec les Ducs de Montpensier & de Lon-
gueuille, & nombre de Seigneurs & Gentils-hommes. L'Infanterie fut taillée en
pieces, & l'Artillerie perduë, sainct Quentin fut pris en suitte par assaut, & l'Ad-
miral tomba au pouuoir des ennemis auec plusieurs autres de marque. Le Duc de
1558. Guyse ayant esté rappellé d'Italie, dés le premier de Ianuier de l'an 1558. assaillit &
emporta les forts des aduenuës de Calais, battit la citadelle qui fut gagnée par as-
saut: La ville se rendit en suitte, reuenant au pouuoir des François apres deux cens
quatre-vingt & neuf ans, pendant lesquels elle auoit esté tenuë par les Anglois. La
prise de Guynes ville & citadelle, & des forts du Comté d'Oye, fut adioustée à ceste
heureuse & prompte execution; qui donna beaucoup de reputation au Duc de Guy-
se, lequel auoit defendu la ville de Mets auparauãt. Pendãt ces executiõs, les Estats
generaux du Royaume furent assemblez à Paris, où le Roy fut secouru d'argent, &
ayant receu nouuelles de la prise de Calais, s'y en alla pour en prendre possession. Il
reuint à Paris pour accomplir le mariage de François Dauphin, auec Marie Stuart,
Royne d'Escosse,[c] à cause duquel il fut appellé Roy-Dauphin. Les armes du Roy
se tournerent en Luxembourg, où Thionuille fut pris par composition.[d] Strossy c La Popeliniere.
Mareschal de France fut tué pendant le siege, Termes pourueu de sa charge de Ma-
reschal prit Berghes & Dunkerque, & ayant mis le siege deuant Grauelines, fut Thuan. d Monluc
contraint de se retirer, défait & pris par le Comte d'Ayguemont. Le Roy auoit as- Comment.
1559. semblé vne armée tres-puissante,[e] qui fut campée durant trois mois bien pres de e Monluc.
celle de Philippes, qui perdit quasi en mesme temps Charles cinquiesme son pere, La Popeliniere.
& Marie Royne d'Angleterre, sa femme; ce qui facilita la paix, qui fut concluë entre
les deux Rois, au mois de Feurier 1559. à Cateau Cambresis; & par cest paix Henry
luy rendit Hesdin, Mariembourg, Thionuille, Damuillers, Yuoy & Mommedy, auec
le Cõté de Carolois, & delà le monts Valence, auec les villes & Chasteaux pris de- f Montluc.
puis huict ans:[f] Comme aussi au Duc de Sauoye, ce que les Rois François & Henry
auoient pris sur luy, ou sur Charles son pere tant deçà que delà les monts; & à la Sei-
gneurie de Genes ce qui auoit esté pris en l'Isle de Corse. Philippes rendit S. Quen-
tin, le Catelet, Han & tout le diocese de Terouane. Le traitté comprenoit le Pape,
l'Empereur, les sept Electeurs, auec presque tous les Rois & Estats de la Chrestienté.
Henry deceda dãs Paris le 10. de Iuillet 1559. le douziesme de sõ regne, & quarante-

deuxiesme de son aage. En joustant contre Gabriel de Lorges Comte de Montgommery, vn esclat de la lance rompuë contre sa cuirasse luy entra dans l'œil droict, & luy offença le cerueau. De Catherine de Medicis il eut François, son successeur, né le 20. de Ianuier 1543. dix ans apres son mariage. Loüis, Duc d'Orleans, qui deceda en enfance, Charles-Maximilian, né le 27. de Iuin 1550. lequel regna apres François; Edoüard-Alexandre, Duc d'Anjou & depuis Roy, sous le nom de Henry III. lequel nasquit le vingt-vniesme de Septembre 1551; Hercules, Duc d'Alençon, né le 18. Mars 1554. son nom fut changé pour estre desormais appellé François; il mourut sans auoir esté marié. Quant aux filles, Ysabeau fut mariee auec Philippes II. Roy d'Espagne, Claude à Charles Duc de Lorraine; Marguerite, à Henry Roy de Nauarre, depuis Roy de France. Sa fille naturelle, Diane, fut mariée en premieres nopces à Horace Farnese frere du Prince de Parme, & remariée à François de Montmorency, fils aisné d'Anne, Connestable de France, Elle estoit Duchesse d'Angoulesme, & a laissé sa succession à Charles fils naturel du Roy Charles neufiesme. 1559.

FRANCOIS second du nom, paruenant à la Couronne auoit passé l'aage requis[a] pour estre declaré maieur, de sorte que sous son nom, sans qu'il fust besoin de Regent, ceux qui par plusieurs aduantages qu'ils en auoient en main, pouuoient aspirer au gouuernement de l'Estat, en esloignerent les Princes du sang. La qualité d'oncles maternels du Roy, que le Duc de Guyse & ses freres possedoient, la foiblesse & ieunesse du Roy, & la Religion pretenduë reformée que Loüis, Prince de Condé, embrassa auec l'Admiral de Chastillon & ses freres, baillerent le dessus à la maison de Guyse; Antoine de Bourbon, Roy de Nauarre, luy adhera apres quelque temps & sous le regne suiuant. Anne de Montmorency ayant esté comme neutre, se rengea depuis à ce party, qui estoit appuyé du nom & de l'autorité du Roy. François fut sacré par le Cardinal de Lorraine, Archeuesque de Rheims. L'entreprise 1559. d'Amboise, pour laquelle ceux de la Religion pretenduë reformée de France, soustenus par l'Admiral & le Prince de Condé s'estoient desia assemblez, fut descouuerte, & tous les gens de guerre, qui se rendoient au lieu assigné, dissipez & punis diuersement d'autorité du Roy, & par les soins & poursuites du Duc de Guyse, à l'occasion duquel & du gouuernement qui estoit entre ses mains, la partie estoit faite. Ce qui fut suiuy d'vne paix arrestée entre la France, l'Angleterre & l'Escosse.[b] Il y eut depuis vne assemblée des notables du Royaume à Fontainebleau, où l'Admiral se trouua, mais non le Roy de Nauarre & le Prince de Condé. Les Estats generaux furent conuoquez à Orleans, où le Roy arriua le 17. d'Octobre, & le Prince de Condé fut arresté le 27. Mais le Roy estant decedé le 5. Decembre 1560. l'Arrest de mort donné & signé contre le Prince demeura sans execution. Le Roy François deceda sans enfans.

[a] a Quatorze ans.

[b] b Buchan. Thuan. Camd'en.

CHARLES IX. frere de François II. luy succeda comme plus proche. Il ne fut 1560. sacré qu'au mois de May 1561. par le Cardinal de Lorraine, Archeuesque de Rheims & n'auoit encore atteint que la dixiesme année de son aage. Les Estats generaux furent ouuerts dés le 13. Decembre 1560. & le Prince de Condé fut eslargy le 17. La Royne mere demeura Regente du Royaume, & en tira declaration escrite de la main du Roy de Nauarre, lequel y renonça en sa faueur. Il y eut vne Assemblée à Poissy, qu'on nomma Colloque, qui fut vne conference pour la Religion, où se trouuerent les Cardinaux de Bourbon, de Tournon, de Lorraine, d'Armagnac, de Cha- 1561. stillon & de Guyse, plusieurs Archeuesques & Euesques & quelques Docteurs en Theologie, & de la part de ceux de la Religion pretenduë reformée y furent plusieurs Ministres, dont les principaux estoiẽt Beze, Marlorat, Viret, Pierre Martyr & autres. Le Roy, la Royne Regente, le Duc d'Orleans frere du Roy, auec quelques Princes, Officiers, & Conseillers d'Estat y assisterent en suite, dequoy il y eut Edict 1562. du Roy donné en Ianuier 1561. par lequel ceux de la Religion pretenduë reformée en auoiẽt le libre exercice par tout le Royaume, hors des villes closes, & sous les autres conditions y contenuës. Cét Edict n'empescha point les desseins des Grands du Royaume, & les passions generales & particulieres des partis formez dans l'Estat. Le Prince de Condé s'estant saisi d'Orleans & de plusieurs autres bonnes villes du Royaume, le Roy de Nauarre, le Duc de Guyse, le Connestable & le Mareschal de S. André estans vnis ensemble pour le Roy & la Royne Regente, assemblerent vne armée, fortifiée du secours des Espagnols, des Suisses & des Landsknets. Vn secours d'Angleterre de six mille hommes de pied & trois cens cheuaux descendit en Nor-

mandie, & fut receu dans le Havre de Grace, pris sur le Roy, dõt l'armée se presenta deuant Roüen le 18. Septembre, & apres vne bonne defẽse des assiegez, la ville fust renduë le 26. d'Octobre. Le Roy de Nauarre fut tué d'vne arquebusade pendant le siege. Le Prince receut vn secours d'Alemagne de quatre mille hommes de pied & trois mille trois cens cheuaux [a] Les deux armees se choquerent pres de Dreux, dans les plaines de la Beausse, où il fut combatu valeureusement de part & d'autre. Le [a] Reistres.
Connestable qui conduisoit la bataille, où estoient trois mille Suisses, fut blessé & fait prisonnier. Le Prince y fut aussi pris en la seconde charge auec Mouy, qui ne l'abandonna point. Le Mareschal de sainct André, auquel on auoit donné l'auantgarde de l'armée du Roy, fut tué entre les mains de ses preneurs, & le Duc de Neuers auãt la bataille receut vn coup de pistolet lasché par mesgarde, dont il mourut. Il s'y
1563. perdit de part & d'autre huict à neuf mille hõmes. Le siege fut mis deuant Orleans le sixiesme de Feurier mil cinq cens soixante-trois: & l'Admiral y laissa Andelot son frere, pour le defendre auec quelques Seigneurs qui s'y enfermerent aussi, & mena son armée en Normandie, où il se saisit de Caën & de plusieurs autres places. Le Duc de Guyse ayant commencé à batre Orleans, fut tué par Iean de Meré, dit Poltrot, & la paix fut concluë à Amboise le dix-neufiesme Mars 1563. auec nouuel Edict pour l'exercice de la Religion pretenduë reformée dans le Royaume. Le Havre de Grace fut rendu par le Comte de Waruich, apres quelque resistance. Le Roy
1564. ayant atteint l'aage de quatorze ans, fut declaré Majeur, & visita le Royaume, ac-
1565. compagné de la Royne mere Il vid Elizabeth Royne d'Espagne sa sœur à Bayonne, où il receut aussi l'Ambassade de Solyman, Empereur des Turcs. Il y eut Assemblée de notables à Moulins, [a] & peu de tẽps apres le Prince & l'Admiral assemblerẽt [b] La Popeliniere.
des forces, s'approcherent de Paris, & se saisirent de sainct Denis & autres lieux. La Du Thou.
Rochelle se declara pour le Prince. Le Connestable mit l'armée du Roy hors de Pa- Aubigné.
ris le dixiesme de Nouembre mil cinq cens soixante-sept, conduisit la bataille où estoient les Suisses & l'Artillerie, & ayant combattu par dessus son aage fort aduan-
8568. cé, fut blessé & en mourut. Le Prince y perdit beaucoup plus de gens qu'il n'en fut tué du costé du Roy, & receut depuis vn secours du Comte Palatin, conduit par le Duc Casimir son fils. L'armée du Roy auoit esté fortifiée des Espagnols, ausquels commandoit le Duc d'Albe. Le Prince campa deuant Chartres le vingt troisiesme Feurier mil cinq cens soixante huict, & y mit le siege, pendant lequel fut faite vne paix le vingt troisiesme Mars ensuiuant, laquelle ne dura point. Le Prince se retira dans la Rochelle le dix-huictiesme Septembre, où vint aussi la Royne de Nauarre auec Henry son fils. Tout esclata de nouueau en guerre, & le Duc d'Anjou, frere du
1569. Roy, fut fait Lieutenant general en ses armées. Il passa Loire & se logea à Poictiers. Les Princes sortis de la Rochelle vindrent à Nyort Le Duc d'Anjou auoit vingt-deux mille hommes de pied & six mille cheuaux: L'armée des Princes estoit forte en Infanterie, & auoit trois mille cheuaux. L'Admiral se logea à Bassac auec l'auantgarde, où le combat fut attaché: & le secours du Prince de Condé y estant necessaire, il y vint, combattit valeureusement, & fut tué entre les mains de deux Caualiers, ausquels il s'estoit rendu; sa mort fut accompagnée de celle d'vn grand nombre de Gentils-hommes tuez en ce combat. Il y eut aussi plusieurs prisonniers de son costé, dont le principal fut le Comte de la Roche-foucaut: Ce fut le douziesme de Mars 1569. François de Coligny Seigneur d'Andelot frere de l'Admiral mourut quelque temps apres. Le Duc de Deux-ponts entra en France, & fut receu dans la Charité. [b] Il mourut tost apres, & le Comte de Mansfeld commanda l'armée. Le [c] La Popeliniere.
Pape Pie cinquiesme & Cosme Duc de Florence enuoyerent aussi de belles troup- Aubigné.
pes au Roy. L'Admiral assiegea Poictiers dés le vingt-quatriesme Iuillet 1569. & y Thuan.
fut six sepmaines & quelques iours. Les armées s'approcherent le dernier de Septembre, à deux lieuës de Montcontour, où elles commencerent de venir aux prises. Le troisiesme d'Octobre le combat fut renouuellé pres du mesme lieu, & l'armée de l'Admiral fut defaite & mise en de route, auec perte de huict à dix mille hommes. Apres ceste victoire le Duc d'Anjou mit le siege deuant sainct Iean d'Angely dés le seiziesme d'Octobre de la mesme année, Piles estoit dedans pour les Princes; le Roy se rendit en son armée le vingt-sixiesme, & la ville fut rẽduë le deuxiesme de Decembre. L'Armée du Roy s'y affoiblit de quatre mille hommes. Cependant les Princes & leur armée eurent le large, furent en Languedoc, où ils receurent de nouuelles troupes. La paix se traittoit depuis la reddition de sainct Iean d'Angely, & les Princes s'estans rendus à la Charité, elle fut concluë le vnziesme d'Aoust 1570. pu-

bliée dans les armées, & l'Edict verifié en la Cour de Parlement de Paris, & autres Le Roy de Nauarre, les Princes de Condé & de Conty estans venus à Paris, l'Admiral suiuit peu de iours apres, & le 18. Aoust le mariage du Roy de Nauarre auec Marguerite, sœur du Roy, fut consommé; l'Admiral fut blessé le vingt-deuxiesme ensuiuant, & le vingt-quatriesme il y eut vn massacre general à Paris & en plusieurs autres villes du Royaume, de ceux de la Religion pretenduë reformée, là où le Duc de Guyse pretendit de se venger de l'Admiral & de ses autres ennemis, & plusieurs personnes qui ne faisoient pas profession de ladite Religion y furent enuelopées. Ceste procedure extraordinaire & violente rompit la paix, de sorte que le siege fut mis deuant la Rochelle dés le quatriesme iour de Decembre 1572. La Noüe eut le gouuernement de la ville, & la defendit auec grande conduite & vigilance; elle estoit assaillie par mer & par terre. Le Duc d'Anjou se rendit deuant la Rochelle auec l'armée du Roy le vnziesme Feurier, & ses forces jointes auec celles de Biron faisoient cinquante mille combattans. Apres neuf assauts, la resistance des Rochelois, & l'arriuée des Ambassadeurs de Pologne pour saluër leur nouueau Roy Henry frere de Charles, Duc d'Anjou, la paix fut en estat d'estre concluë; ce fust le vingt-quatriesme Iuin de l'an 1573. Le siege de Sancerre prit fin par la mesme occasion & intercession des Ambassadeurs de Pologne. La capitulation en fut faite le dixiesme d'Aoust, apres sept mois de siege & vne extreme necessité de viures. L'eslection de Henry auoit esté faite le premier de May de l'an 1573. par l'industrie & sage conduite de Iean de Monluc Euesque de Valence, enuoyé par la Royne mere, & l'Ambassade de Pologne fut receuë à Paris le dix-huictiesme d'Aoust. Charles mourut le trentiesme May 1574. ayant atteint l'âge de vingt-cinq ans, apres auoir regné treize ans cinq mois & quelques iours. D'Elizabeth, sa femme, il n'eut qu'vne fille, qui mourut en enfance; de sorte qu'Henry, Roy de Pologne, fut appellé à la Couronne.

1570. 1572. 1573. 1574.

HENRY troisiesme du nom, fut sacré & couronné Roy de Pologne le quinziesme de Feurier 1574. par l'Archeuesque de Gnesna dans Cracouie, ville capitale du Royaume. Il y receut diuerses Ambassades, & entr'autres celle du Grand Cham de Tartarie, & sur la nouuelle qui luy fut donnée fort promptement du decez du Roy Charles, il se resolut à reuenir en France, & sortit de Cracouie accompagné de douze Gentils-hommes au commencement du mois de Iuin,[a] se rendit à Vienne en Austriche, où il fut receu de l'Empereur, passa par les terres des Venitiens & sejourna huict iours à Venise, où le Pape luy enuoya le Cardinal Boncompagne. Il y fut visité par le Duc de Sauoye, qui refusa les honneurs que la Seigneurie luy vouloit rendre, pour les deferer entierement au Roy. Il sejourna long-temps à Turin, où le Duc de Guyse, le Mareschal de Damuille & autres Seigneurs luy vindrent au deuant. Au pont de Beauuoisin frontiere de France, il trouua la Royne mere, le Duc d'Alençon & le Roy de Nauarre, ausquels il osta les gardes qui leur auoient esté baillées par la Royne mere. Estant venu plus auant, il receut les deputez des Catholiques malcontens ou Politiques, & de ceux de la Religion pretenduë reformée, qui s'estoient joints ensemble, trauersa le Dauphiné, & arriua dans Lyon sur la fin de Septembre. Il trouua le feu des guerres dans le Royaume, & ne l'esteignit point; le trouble & la dissension y estoient plus que iamais, & il ne les appaisa point. Le siege fut mis deuant Liuron en Viuarez par le Mareschal de Bellegarde, de l'ordre du Roy pendant qu'il estoit en Auignon. Il fut sacré à Rheims le quinziesme Feurier 1575. & espousa le lendemain Louyse de Lorraine fille du Comte de Vaudemont, dont il n'eut point d'enfans. Damuille se ligua auec ceux de la Religion pretenduë reformée en Languedoc, tint les Estats de la Prouince à Nismes, le Prince de Condé estant à Basle: Le Roy permit que ceux de la Rochelle, de la Guyenne, Prouence, Dauphiné & Languedoc conferassent auec luy. Le Duc d'Alençon s'estant retiré de la Cour, le Prince de Condé obtint vn secours du Comte Palatin, dont Thoré frere du Mareschal de Damuille conduisit vne partie en France, & fut défait par le Duc de Guyse & Biron; surquoy la Royne mere fit accorder vne trefue & surseance d'armes qui commençoit le vingt-deuxiesme Nouembre, & fut publiée le mesme iour à la Rochelle. L'armée estrangere auec le Duc Casimir fut amenée en France par le Prince de Condé, & en mesme temps le Roy de Nauarre sortit de la Cour & se rendit à Saumur. Le vnziesme Mars, les estrangers se joignirent au Duc d'Alençon, qui fut salüé General de l'armée, & pour lors fut basty vn cinquiesme Edict de paix, verifié en la Cour de Parlement de Paris le quinziesme May 1576. par lequel

1574. 1574. 1575. 1576.

[a] Thuan.

ceux de la Religion pretenduë reformée receuoient plusieurs aduantages, sçauoir le libre exercice de leur Religion par tout le Royaume, des Chambres my-parties en tous les Parlemens, & des villes d'asseurance. Ceste paix fut fort mal gardée de part & d'autre, à cause des dissensions des grands entr'eux, & de la débauche des peuples: Ce qui donnoit assez d'occupation au Roy, sans permettre qu'il pûst pouruoir à la demande des Polonois, qui le requeroient & sommoient de reuenir chez eux, & à son refus, nonobstant les soins que la Royne mere apporta pour conseruer ceste couronne dans la maison de France, elle fut transferée par vne nouuelle eslection à Bathory Prince de Transsyluanie, lequel espousa Anne sœur de Sigismond-Auguste dernier Roy de la race des Iagellons, le premier iour du mois de May 1576. Les Catholiques commencerent icy de s'vnir par confederations fomentées par le Duc de Guise, premieremẽt en certaines Prouinces, sçauoir en Picardie, en Poictou, & autres, & depuis par tout le Royaume, auec forme de serment, & tiltre de la saincte vnion. Les Estats generaux conuoquez à Blois au quinziéme Nouembre furent ouuerts, là où l'Edict de paix fut reuoqué par des Lettres Patentes du Roy conformes à la deliberation des Estats, pour l'exercice de la seule Religion Catholique Apostolique & Romaine en France, ce qui fit vnir tous ceux de la Religion pretenduë reformée, qui recoururent de nouueau à l'Estranger, & le Mareschal de Dam-
1577. uille se des-vnit d'auec eux. La guerre se renouuella de plus fort auec diuers succez & exploits de la part du Roy de Nauarre en Guyenne, du Prince de Condé auec les Rochelois, & de Damuille seruant le Roy en Languedoc. Le Roy ayant mis sur pied deux armées, le Duc d'Alençon qui en commandoit l'vne prit la Charité & Yssoire en Auuergne. Le Duc de Mayenne fit la guerre contre les Rochelois & le Prince de Condé, & prit Broüage le vingt-cinquiéme d'Aoust mil cinq cens septante-sept. La paix qui suruint fut bien receuë des deux partis, elle fut arrestée à Bergerac, & l'Edict en fut dressé à Poictiers au mois de Septembre: Ce ne fut qu'vne modification du
1578. precedent, qui se trouuoit trop aduantageux pour ceux de la Religion pretenduë reformée. Le Duc d'Alençon fit vne conuention auec les Estats des Pays-bas, qui fut publiée à Anuers le dix-neufiéme Aoust mil cinq cens septante-huict: Il y fit vn voyage auec armée, & reuint en Frãce dans peu de temps. Le dernier de Feurier mil cinq cens septante-neuf fut la conference de Nerac, confirmée par vne Decla-
1579. ration du Roy, entre la Reine mere & le Roy de Nauarre, qui n'affermit point la paix precedente, au contraire la guerre s'en ralluma de plus fort. Le Roy de Nauarre enuoya son signal à Chastillõ en Languedoc, & à Lesdiguieres en Dauphiné [a]; quel- [a] Thuan li. 72. in princ.
1580. ques places furẽt surprises en diuers endroits du Royaume, auec quelques sieges en
1581. Picardie & en Guyenne, qui furẽt suiuis d'vne nouuelle cõferẽce auec le Roy de Na-
1582. uarre à Flex le vingt-sixiéme Nouembre mil cinq cens octante, ratifiée par le Roy
1583. & verifiée au Parlement de Paris. Nonobstant les troubles & diuisions de la France, Anthoine Roy de Portugal receut vn secours du Roy pour le recouurement des Isles Açores; Strossy fut fait Admiral de l'armée dressée à cet effect à Bordeaux, & le Comte de Brissac en estoit Lieutenant, laquelle entreprise ne reüssit point aux François, de sorte qu'Anthoine reuint en France. Le Duc d'Alençon fut rappellé
1584. par les Estats des Pays-bas, y ramena vne armée, se saisit de Cambray, vint à Anuers, où il fut proclamé Duc de Brabant; mais les Estats n'estans pas satisfaits de lui, & s'estant voulu saisir d'Anuers, les siens y furent tuez en nombre de douze ou quinze cens hommes: Il reuint en France, & mourut à Chasteau-Tierry le dixiéme de Iuin mil cinq cens octante-quatre. Cete mort fit prendre resolution au Duc de Guise de se declarer ouuertement Chef de la Ligue, & d'aspirer mesme à la Royauté; il traita auec le Roy d'Espagne à Ioinuille le dernier de l'an mil cinq cens octãte-qua-
1585. tre, & de là en auant le Roy n'eut à faire qu'à cette faction formée dans son Estat auec tant de puissance contre luy & les legitimes successeurs de la Couronne, sous le pretexte de la Religion, qu'il n'y en a iamais eu de semblable en France: Le Duc de Guise en estoit le Chef & l'autheur principal, voire luy seul estoit toute la ligue [b]. [b] Mathieu Hist. de la Lig.
Charles Cardinal de Bourbon publia son manifeste souscrit de luy seul; se qualifia premier Prince du sang, & presta son nom à vne rebellion si descouuerte, par laquelle la pluspart des bonnes villes du Royaume se declarerent contre le Roy, tous les ordres estans gagnez & corrompus: Paris seruoit d'exemple, & induisoit les autres villes à se souleuer, par deputation des plus factieux deuers les Prouinces. Le Duc de Guise s'estãt approché de Paris auec son armée, le Roy se trouua forcé de faire & iurer vn Edict au mois de Iuillet mil cinq cens octante-cinq, qui reuoquoit toutes les

clauses des precedens faits pour l'exercice de la Religiõ pretenduë reformée, & fut verifié en la Cour de Parlement de Paris en sa presence. Alors le Roy de Nauarre, le Prince de Condé & le Duc de Montmorency s'estans assemblez à Sainct Pol en Lauraguez, se liguerent ensemble contre le Duc de Guise, & Montmorency ioignit derechef ses armes auec les Protestans de son Gouuernement. Le Prince de Condé 1586.
s'estant engagé trop auãt en pays ennemy, s'en déuelopa, & se sauua en Angleterre. Peu de temps apres le Roy de Nauarre se retira de la Guyenne, où il se trouua pressé par le Duc de Mayenne, & se sauua dans la Rochelle. L'vn & l'autre ne tarderent 1587.
pas à reuenir & à reprendre les armes. L'execution faite en Angleterre, de Marie Reine d'Escosse, vefue de Frãçois second, donna sujet aux Ligueurs de crier de plus fort, le Duc de Guise estoit son parent, & la Religion Catholique Romaine dont elle faisoit professiõ, fut l'vne des causes principales de sa mort: Elle eut la teste trẽchée le dix-huictiesme de Feurier mil cinq cens octante-sept. Le secours d'Alemagne estoit entré en France dez le mois d'Aoust, & le Roy diuisa ses forces, enuoyant le Duc de Ioyeuse contre le Roy de Nauarre pour l'empescher de ioindre l'armée estrangere, le Duc de Guise contre les Alemands, & retenant vne armée pres de sa personne. Le Duc de Ioyeuse ayant quité la Cour où le Duc d'Espernõ auoit gagné le dessus de la faueur pres du Roy, se rangea entierement du costé de la Ligue. Le Roy de Nauarre estoit assisté du Prince de Condé & du Comte de Soissons, & dans deux heures de combat le Duc de Ioyeuse fut défait & tué apres auoir esté pris; son frere seigneur de sainct Sauueur, auec quantité de Noblesse mourut en cette bataille, qui fut dõnée à Coutras le 19 Octobre mil cinq cens octante sept. Les Alemãs & les Suisses conduits par Fabie d'Onaw Baron Alemand en l'absence du Duc Casimir, furent ioints par le Duc de Boüillon Lieutenant du Roy de Nauarre. Le Roy sortit de Paris le douziesme Septembre & s'auança sur le bord du Loire, ayant pourueu & donné les ordres pour ruiner l'armée estrangere, sans hazarder vne bataille; le Duc de Guise attaqua les Alemands à Vimorry; les Suisses traiterent auec le Roy par l'entremise des Ducs de Neuers & d'Espernon, & le reste de l'armée estrangere entra en Beausse & se logea à Auneau, là où le Duc de Guise les défit, affoiblissant leurs troupes de deux à trois mille hommes; en suite dequoy les vns & les autres ayans traité auec le Roy, furent renuoyez hors de France. Cette rencontre donna vn surcroist de reputation au Duc de Guise, dont les loüanges furent 1588.
publiées par toute la France, particulierement à Paris. Il y eut vne Assemblée à Nancy de tous les Chefs de la Ligue, qui firent quelques demandes au Roy, & pendant cela le Prince de Condé mourut à Sainct Iean d'Angely. Le Duc de Guise venu à Soissons receut vn commandement du Roy de ne venir point à Paris, là où l'esmeute fut tres-grande, & la faction fomentée depuis fort long-temps produisit des effects extraordinaires. Le Roy apres auoir appris que les barricades estoient dressées iusques pres du Louure, & que soixante Suisses auoient esté tuez ez corps de garde qu'il auoit fait poser en diuers endroicts de la ville, pourueut à la seureté de sa personne, & sortit de Paris où le Duc demeura le Maistre. Le dix-huictiéme Iuillet mil cinq cens octante-huict il y eut vn nouueau traité du Roy auec la Ligue, suiuy d'vn Edict verifié ez Cours de Paris & de Roüen, & de l'entreueuë du Roy & du Duc, qui le vint voir à Chartres. Le seiziéme d'Octobre de la mesme année les Estats generaux conuoquez à Blois furent ouuerts, & pendant iceux le Duc de Sauoye se saisit de Carmagnole & de tout le Marquisat de Sallusses. Le Roy de Nauarre fit tenir vne Assemblée generale à la Rochelle le cinquiesme Nouembre ensuiuant, qui presenta vne requeste au Roy, laquelle tendoit à auoir liberté de conscience. Les estats auoient desia pris des deliberations sur la succession du Royaume, dont le Roy de Nauarre estoit declaré incapable, & fussent allez plus auant, lors que le Roy fit tuer le Duc de Guise & le Cardinal son frere; ce qui fut fait le vingt-troisiéme Decembre ensuiuant, & la Reine mere deceda le cinquiéme Ianuier de l'an mil cinq cens octante-neuf. Les affaires du Roy furent en pire estat quasi par toutes les Prouinces & bonnes villes depuis cete execution, le desordre & la fureur ayans augmenté dans Paris & ailleurs. Le Duc de Mayenne succeda aux pouuoirs & au credit du Duc de Guise son frere: Ayant assemblé vne puis- 1589.
sante armée, il s'approcha de Tours où il faillit de surprendre le Roy, lequel s'y estoit retiré. Le Roy de Nauarre auoit desia traité auec sa Majesté, & l'auoit visitée dans Tours: Ils accorderent vne trefue & enuoyerẽt des Commissaires pour l'execution du Traité. L'armée estrangere leuée par Sancy qui auoit esté enuoyé en

Alemagne, arriua au camp du Roy; on y cõptoit dix mille Suisses, deux mille Landsquenets, quinze cens Reistres, outre les troupes du Duc de Longueuille, & en tout l'armée du Roy estoit de trente-cinq mille hommes de pied & cinq mille cheuaux. Sa Majesté s'estant approchee de Paris, & ayant pris quelques places voisines, resoluë de combatre la Ligue ou d'affamer cete puissante ville, se logea à Sainct Cloud, là où il fut blessé à mort par Iacques Clement Iacobin le premier Aoust mil cinq cens octante-neuf, & mourut le lendemain, apres auoir regné quinze ans & deux mois, & vescu trente-huict ans dix mois & quelques iours.

1589. HENRY quatriesme du nom, dit le GRAND, Roy de Nauarre, fils d'Anthoine Roy de Nauarre & de Ieanne d'Albret heritiere du méme Royaume, succeda à Henry troisiesme decedé sans enfans, auquel finit la branche de Philippe fils de Louys neufiesme, dit sainct Louys, lequel regna sous le nom de Philippe troisiesme, dit le Hardy, de sorte que remontãt à la brãche de Robert quatriéme fils de S. Louys & Comte de Clermont, Henry se trouuoit yssu de luy en ligne masculine & d'vne souche commune dudit Roy sainct Louys, & partãt plus proche heritier de la Couronne, quoy qu'en degré esloigné. Ses premiers exploicts contre la Ligue furent en
1590. la basse Normandie, où il s'asseura de Dieppe & de Caën. Le Duc de Mayenne sortit de Paris & s'aduança dans cette prouince auec vne armée de trente mille hommes. Le Roy logea son armée ez enuirons de Dieppe & au bourg d'Arques, là où ses ennemis furent batus & repoussez auec perte notable, ayans esté mesmes assaillis & percez iusques à la cornette blanche du Duc. Le secours d'Angleterre arriua peu de iours apres, & le Roy assaillit & prit 5 faux-bourgs de Paris, où les Ligueurs perdirent huict cens hommes, & la ville en estoit déja bien esbranlée. Il receut dans Tours l'Ambassadeur de Venise, prit le Mans par cõposition. Le Duc de Mayenne ayant receu le secours de Flandres, s'approcha de l'armée du Roy, lequel prit champ de bataille à Yury, n'ayant que deux mille cinq cens cheuaux & douze mille hommes de pied. Au premier choc des armées le Comte d'Egmont Chef des estrangers fut tué du costé de la Ligue. Le Roy remporta vne victoire entiere ce iour là, qui fut le quatorziéme Mars mil cinq cens nonante, & entra dans Mante, qui fut abandonné du Duc de Mayenne. Le mesme iour la Ligue receut eschec deuant Yssoire en Auuergne, où le Comte de Rendan fut défait & tué en bataille, auec la perte d'Yssoire & de plusieurs autres places dans le pays pour le party rebelle. L'armée Royale estoit de vingt-deux mille hommes de pied & cinq mille cheuaux; elle reuint deuant Paris, se saisit de tous les faux-bourgs, & reduisit les habitans à vne si grande necessité de viures, qu'il mourut de faim iusques à douze mille personnes. Le Duc de Parme entré en France auec de grandes forces refusa de combatre, & se contenta de
1591. faire leuer le siege de Paris pour se retirer en Flandres: Le Roy rompit & diuisa son armée, & cependant se firent diuers exploicts dans les prouinces, Lesdiguieres prit Grenoble apres le siege d'vn an. Chartres ville capitale de la Beausse fut assiegée par le Roy, & nonobstant sa vigoureuse resistance, elle luy fut renduë le 21 Auril mil cinq cens nonante-vn, de mesme que Noyon quelques mois apres: La Prouence fut agitée des grands troubles, où le Roy fut dignement assisté par Bernard de la Valete Gouuerneur du pays & frere du Duc d'Espernon: Les Ligueurs auoient recouru au Duc de Sauoye & l'auoient receu pour Comte & Seigneur de la Prouince: Le Duc d'Espernon succeda au Gouuernement, & y seruit le Roy auec Lesdiguieres Gouuerneur du Dauphiné. Le quinziéme Aoust de la mesme année, le Duc de Guise échappa des prisons de Blois, ce qui seruit à destruire la Ligue, & aduança les affaires du Roy, qui receut secours d'Angleterre, d'Alemagne & des Pays-bas, & se trouua auec vingt-cinq mille hommes de pied & quatorze mille cheuaux. Le Mareschal de Biron mit le siege deuant Roüen l'vnziéme Nouembre: Le Duc de Parme reuenu en France, s'aduança auec son armée, & le Roy luy estant allé au rencontre fit sa retraite valeureusement, & par sa presence garentit son armée de la défaite, dont les forces Espagnoles la menaçoient. Le Duc de Parme se retira en Flandres apres que le Roy eut leué le siege de Roüen le vingtiesme Auril mil cinq cens
1592. nonante-deux. Ioyeuse ayant assiegé Villemur en Quercy au mois de Iuin ensuiuant, fut défait par les troupes du Roy, commandées par Themines, & se noya dans
1593. le Tarn: La Ligue perdit deux mille hommes en ce combat. Les Estats generaux de la Ligue s'assemblerent à Paris en l'an mil cinq cens nonante-trois, pour proceder à l'eslection d'vn nouueau Roy, à quoy se portoient le Conseil de l'vnion & les brigues de l'Espagnol assisté du Legat du Pape. Neantmoins, selon l'aduis du Duc de

Mayenne, & la proposition que Gaspard Comte de Schomberg en auoit faite pour le Roy, il y eut vne conference de ses Deputez auec ceux des Princes & Estats de la Ligue pour la paix & l'accommodement des affaires generales, tenuë à Surenne au mois de May, laquelle ou les suiuātes produisirēt vne tresue generale pour trois mois, qui fut publiée à Paris le premier d'Aoust mil cinq cens nonante-trois. Le Roy auoit desia embrassé la Religion Catholique Apostolique & Romaine, à quoy seruit puissamment Iacques Dauy du Perron, desia nommé à l'Euesché d'Eureux, & depuis Cardinal; ce qui fut fait à Sainct Denys lez Paris, entre les mains de l'Archeuesque de Bourges, assisté du Cardinal de Bourbon, & le Duc de Neuers fut enuoyé deuers le Pape, ausquel sa Majesté écriuit, ce fut toutefois sans pouuoir obtenir sa reconciliation. La tresue generale fut prorogée, & plusieurs prouinces, villes & Seigneurs de la Ligue se remirent en l'obeyssance du Roy, sçauoir les sieur de Vitry auec la ville de Meaux, d'Alincourt fils de Villeroy auec Pontoise: le Comte de Carces, auec la ville d'Aix: Lyon, Orleans, auec Bourges, par la Chastre leur Gouuerneur. Le Roy fut sacré dans Chartres le vingt-septiéme Feurier mil 1594.
cinq cens nonante-quatre, par l'Euesque du lieu, & receut l'Ordre du Sainct Esprit en mesme temps. La ville de Paris, dont le Duc de Mayenne estoit party auparauant pour aller deuers l'Archiduc Ernest, par le Comte de Brissac qui en estoit Gouuerneur, de l'aduis & consentement des plus apparens de tous les Ordres de la ville, à sçauoir la Cour de Parlement, la Chambre des Comptes, la Cour des Aides, le Preuost des Marchands & autres, fit son traité auec le Roy, auquel les portes furent ouuertes le vingt-deuxiesme Mars ensuiuant. La garnison Espagnole & le Duc de Feria auec le Cardinal de Plaisance Legat du Pape, en sortirent: En suite dequoy il y eut Declaration du Roy en forme d'Edict en faueur des Parisiens, qui furent suiuis & imitez des habitans de Roüen; ce qui emporta le Havre de Grace & autres lieux du Gouuernement de Villars, qui fut fait Admiral de France, Abbeuille, Monstrueil, Troyes, Sens, Riom en Auuergne, se remirent en l'obeyssance du Roy. Poictiers suiuit bien-tost apres auec le consentement du Duc d'Elbœuf, qui fut laissé en la charge de Gouuerneur de Poictiers. Toute la Gascogne se reduisit quasi en méme temps, & le Duc de Guise tua de sa main sainct Paul Mareschal de France creé par la Ligue & Lieutenant de Roy en Champagne, & se rendit maistre de Rheims. Les armes du Roy se porterent en suite dans la Picardie, où Laon fut pris en mesme temps que Chasteau-Thierry & Amiens se reduisirent, auec Beauuais & Sainct Malo en Bretagne. Le Dauphiné estoit defendu par Lesdiguieres auec l'assistance secrette des Venitiens, des Ducs de Thoscane & de Mantouë, que la Valette auoit portez à cela contre le Duc de Sauoye. Le Duc de Guise fit sa paix auec le Roy & fut fait Gouuerneur de Prouence, apres auoir rendu Rheims & quelques autres places. Au commencement de l'an mil cinq cens nonante-cinq le Roy declara la guerre à l'Espagnol, qui en accepta le défi par sa responce ou Declaration du sep- 1595.
tiesme Mars. La Bourgogne fut alors reduite en l'obeyssance du Roy, & la guerre fut portée dans la Franche-Comté, où le Connestable de Castille arriua auec huict mille hommes de pied & deux mille cheuaux: Le Roy s'y estant porté auec son armée attaqua les ennemis & combatit valeureusement à Fontaine-françoise, là où auec vn fort petit nombre il demeura vainqueur des troupes du Castillan, & publia qu'il auoit combatu non pour la victoire, mais pour sa vie. Apres cette action, le Roy fit son entrée à Lyon le quatriéme Septembre. Au Connestable de Castille succeda le Comte de Fuentes, qui entra dans la Picardie, assiegea Dourlens & le prit d'assaut auec grād carnage de la Noblesse qui se trouua dedās: Cābray fut ataqué en suite, & nonobstāt la resistāce des assiegez & du Sr de Vic qui entra dedās, les habitans ayans abandonné Iean de Monluc sieur de Balagny leur Prince, se donnerent à l'Espagnol, ce qui fut fait le 2 Octobre. Les restes de la Ligue dans la Guyenne, dans le Languedoc, où Narbonne & Carcassone se reduisirent, & Thoulouse en suite auec le Duc de Ioyeuse au cōmencement de l'année suiuante, & dans le Dauphiné, là où Vienne fut renduë au Roy, furent reduites à la Bretagne, à ce que l'Espagnol tenoit dans la Picardie, & à la ville de Marseille. Au mois de Septembre le Pape Clement huictiéme auoit prononcé l'absolution du Roy, qui fut seruy à Rome par le Cardinal Dossat, & du Perron Euesque d'Eureux, dont le dernier y auoit esté enuoyé par sa Majesté. Le Duc de Mayenne se reconcilia finalement auec le 1596.
Roy, qui en bailla sa Declaration verifiée au Parlement de Paris. La ville de Marseille gouuernée par les factieux, dont Casaut & Louys d'Aix estoient les Chefs,

fut conseruée dans l'obeïssance du Roi & garentie de l'Espagnol (à qui elle deuoit estre liurée dans peu de temps) par les soins du Duc de Guise, & l'action hardie de Pierre Liberta, qui en fut fait Viguier pour le Roy, le dix-septiesme Feurier de l'an mil cinq cens nonante-six. Quant à la Picardie, pendant que l'armée Roiale estoit deuant la Fere, qui se rendit le quinziesme de May, le Cardinal d'Austriche prit Calais sur les François, & Ardres en suite. Ces progrez de l'Espagnol obligerent le Roi à traiter vne nouuelle alliance auec la Reine d'Angleterre & les Païs-bas, ce qui fut fait és mois de Septembre & Octobre ensuiuans; & le dixiesme de Mars de
1597. l'an mil cinq cens nonante-sept, les Espagnols ayans surpris Amiens, le Mareschal de Biron se campa deuant, & le Roi s'y rendit peu de iours apres: La batterie commença au mois d'Aoust auec trente-deux pieces de canon, le Roi y fut assisté de quatre mille Anglois, & empescha que le Cardinal d'Austriche ne fist entrer le secours dans la ville, qui fut remise en son obeïssance le vingt-cinquiesme Septembre, apres vne grande despense: La Bretagne fut la derniere Prouince qui obeït
1598. au Roi. Le Duc de Mercœur se voiant abandonné de la Noblesse du païs, dont les Gouuerneurs particuliers traitoient separément auec le Roi, obtint sa paix auec Edict en sa faueur & descharge. Sa fille vnique fut deslors promise auec Cesar fils naturel du Roy & de Gabrielle d'Estrée Duchesse de Beaufort, auquel sa Majesté donna le Duché de Vandosme par acte du troisiesme Auril mil cinq cens nonante-huict, verifié en la Cour de Parlement de Paris. Ce grand Prince, instrument choisi de Dieu pour mettre fin aux horribles diuisions de l'Estat, dans vne valeur extraordinaire, vn naturel actif & vigilant, & vne clemence incomparable, acheua l'œuure entier de reconciliation entre tous ses subjets par l'Edict que sa bonté octroya à ceux de la Religion pretenduë reformée, qui estoient pour lors assemblez à Chastelleraut, & fut dressé à Nantes le treiziesme Auril mil cinq cens nonante-huict, verifié par son expres mandement le vingt-cinquiesme Feurier de l'an 1599, en la Cour de Parlement de Paris, & autres du Roiaume. Le dedans estoit iouïssant d'vne paix tres-asseurée, & le dehors en fut de mesme par la paix qui interuint heureusement entre le Roi & Philippes second Roi d'Espagne, qui fut concluë à Veruins en Vermandois le second de May mil cinq cens nonante-huict, publiée & iurée par les deux Princes auec vn esgal contentement de tous leurs subjets. Le Roy recouura par ce moien toutes les places prises sur luy dans la Picardie, & dans le traité furent cõpris & nommez tous les Princes & Estats de la Chrestienté, sauf la Reine d'Angleterre & les Païs-bas. Le Roi Philippe deceda le treiziesme Septembre ensuiuant, apres auoir regné quarante-vn an. Il resta vn sujet de guerre au Roi
1599. contre le Duc de Sauoye, pour le Marquisat de Salusses qui auoit esté occupé pendant les Estats de Blois en l'an mil cinq cens octante-huict. Le Duc vint en France, & sejourna quelque temps à Fontaine-bleau & à Paris, là où le vingt-sixiesme de
1600. Feurier de l'an mil six cens, il s'obligea de rendre au Roy dans le premier de Iuin ensuiuant le Marquisat de Sallusses, ou de luy mettre en main le païs & Seigneurie de Bresse, Pignerol & les valées au choix du Duc, lequel aiant dilayé d'effectuer l'accord, le Roi se rendit à Lyon le neufiéme de Iuillet. Le Mareschal de Biron entra dans la Bresse, & Lesdiguieres en Sauoye. La ville de Bourg-en-Bresse se rendit par composition, & la citadelle fut bloquée par le Mareschal. Chambery se rendit au Roi, lequel y fut receu le 21. Aoust: Le chasteau fit sa capitulation, & la garnison en sortit six iours apres. Les autres Forts & places du païs ne resisterent point, iusques à Montmelian, qui fut batu, & se rendit le seiziesme Nouembre ensuiuant. Le Duc auoit desia assemblé vne armée, & voulut passer les Alpes: mais le Cardinal Aldobrandin nepueu & Legat du Pape estant interuenu, auec la necessité qui obligeoit le Duc à rechercher la paix de sa Majesté, en effectuant le Traité de Paris, l'accord fut conclud & signé à Lyon le dix-septiesme Ianuier mil six cens vn par
1601. les Deputez du Duc, qui le ratifia sur la fin du mois de Mars ensuiuant: Les païs & Seigneuries de Bresse, Beaugey & Veromey auec leurs appartenances furent cedez au Roi & à ses successeurs Rois, comme aussi la Baronnie & Bailliage de Gey, auec la ville & Chastellenie de Chasteau-Dauphin & la Tour-du-pont, moiennant quoy le Roi ceda de sa part le Marquisat de Sallusses à son A. auec ses dependances, & toutes les places prises sur elle depuis l'an mil cinq cens octante-huict. Tout ce païs de Bresse fut sousmis au Gouuernement & Parlement de Bourgogne. Le Fort de saincte Catherine fut razé à la requisition de la ville de Geneue, pen-

dant la guerre de Sauoye, & apres la dissolution du mariage du Roy auec Marguerite sœur des Rois Charles neufiéme & Henry troisiéme, faite par les Commissaires à ce deleguez par le Pape dés l'an mil cinq cens nonante-neuf: Il espousa Marie de Medicis niepce de Ferdinand grand Duc de Toscane, mere du Roy regnant, à Fontainebleau le vingt-septiesme septembre mil six cens vn. Le reste de ce regne est paisible, & n'est point accompagné d'aucun trouble qui ayt esclaté en guerre
ouuerte: La coniuration du Mareschal de Biron & sa confederation auec le Duc 1602.
de Sauoye fut découuerte & punie, ayant esté condamné à la mort par Arrest de la Cour de Parlement de Paris du dernier Iuillet de l'an mil six cens deux. Au mois
d'Octobre ensuiuant le Roy renouuella l'alliance des Suisses, & en l'an mil six cens 1607.
sept fut arbitre & entremetteur de l'accord des Venitiens auec le Pape Paul V. à quoy fut employé le Cardinal de Ioyeuse. La mort de Iean-Guillaume Duc de
Iulliers & de Cleues sans enfans, aduenuë le vingt-cinquiesme Mars 1609. à cause 1609.
des diuerses pretensions de ses sœurs ou de leurs enfans, auoit attiré les armes des Princes concurrens à la succession des Duchez susdits, & Leopold d'Austriche Euesque de Strasbourg en auoit receu l'inuestiture de l'Empereur. Tous ces Princes recoururent au Roy par Ambassadeurs pour implorer son secours, & demeuroient d'accord d'en exclurre Leopold. A cette occasion qui luy seruoit de pretexte d'armer pour vne plus haute entreprise, il dressa vne armée de quarante mille hommes, & auoit desia tiré de l'Arsenal cinquante pieces de canon: Il vouloit mar-
cher en personne & y mener quatre mille Gentils-hommes. Ayant à s'absenter, 1610.
son dessein fut de laisser la regence du Royaume à la Reine, & pour l'authoriser dauantage il la fit couronner à S. Denys le 13. May 1610. ce qui fut fait auec grande solennité & Royale ceremonie. Le lendemain quatorziéme sa Majesté fut malheureusement assassinée dans Paris, par François Rauaillac natif d'Angoulesme, au grand regret de tous les bons François, & au contentement des Espagnols qui redoutoient merueilleusement ses armes. De Marie de Medicis fille de François grand Duc de Toscane, il a eu trois fils. LOVYS son successeur: Le second fils qui porta le titre de Duc d'Orleans nasquit le seiziéme Auril mil six cens sept, & mourut en enfance. Le troisiéme est GASTON-IEAN-BAPTISTE, Duc d'Orleans, de Valois & de Chartres, né le vingt-cinquiesme Auril mil six cens huict. Les filles sont ELIZABETH née le vingt-deuxiesme Nouembre mil six cens deux, & mariée à Philippe quatriesme Roy d'Espagne, CHRISTINE née le dixiéme Feurier mil six cens six, & mariée à Victor Amé Duc de Sauoye, HENRIETE-MARIE née le vingt-cinquiesme Nouembre mil six cens neuf, mariée à Charles Roy de la grande Bretagne.

Les enfans naturels de Henry quatriéme sont de quatre diuerses Dames, sçauoir 1610.
de Gabriele d'Estrée, Duchesse de Beaufort, Cesar Duc de Vandosme, & Alexandre Grand Prieur de France, decedé sans enfans, & Henriette mariée à Charles de Lorraine, Duc d'Elbœuf. De Henriette de Balsac, Marquise de Vernueil, Henry Euesque de Metz & Prince du sainct Empire, Abbé de S. Germain des Prez, & Gabriele qui fut mariée à Bernard de Nogaret Duc de la Valete & Pair de France. De Iaqueline du Bueil, Comtesse de Moret, Antoine Comte de Moret, decedé sans enfans. De Charlote des Essars, Ieanne Abbesse de Fontevraut, & Marie-Henriete, Abbesse de Chelles.

LOVYS 13 du nom, dit LE IVSTE, n'estant aagé que de 8 ans 7 mois & quelques iours, succeda és deux Royaumes de Henry le Grand son pere, France & Nauarre. La Reine sa mere fut declarée Regente par Arrest de la Cour de Parlement de Paris, du mesme iour que ce parricide execrable eut esté commis. Tous les Princes, Seigneurs & Officiers du Royaume, contribuerent au repos & tranquillité de l'Estat: Et deux armées qui se trouuerent sur pied en Dauphiné & en Champagne, pouuoient seruir à cet effect, s'il y eust eu de la disposition au cōtraire. Ces armées furent rompuës, sauf douze mille hommes de celle de Champagne, enuoyez à Iulliers sous la conduite du Mareschal de la Chastre, qui assista les Princes liguez, & opera la reddition de Iulliers & autres places occupées par Leopold, faite le septiesme Septembre mil six cens dix. Le Roy fut sacré le dix-septiéme Octobre en-
suiuant par le Cardinal de Ioyeuse, Archeuesque de Rheims, & l'an mil six cēs dou- 1612.
ze fut cōtracté le mariage de sa Majesté auec Anne, Infante d'Espagne, & celuy de Dom Philippe Prince d'Espagne auec Elizabeth, sœur du Roy. Le Duc de Mayen-

ne fut à Madrid pour ce sujet, & le Duc de Pastrane à Paris aux mois de Iuillet & Aoust. Les premiers mécontentemens du Prince de Condé assisté des Ducs de Neuers, de Mayenne & autres, qui pouuoient esclater en guerre ouuerte, capable de troubler la tranquillité de l'Estat, furent suiuis du traité fait à Saincte Menehoud en sa faueur le 15. May de l'an mil six cens quatorze, & furent cause des Estats generaux du Royaume tenus à Paris en la mesme année. Le Roy fut auparauant declaré Majeur, & entra à cet effect en sa Cour de Parlement le vingt-neufiesme Sep-
1615. tembre ensuiuant. Il fut question d'accomplir le mariage de sa Majesté, qui partit de Paris le dix-septiesme Aoust de l'an mil six cẽs quinze: Mais le Prince assisté des Malcontẽs ayant assemblé des forces, & saisi quelques villes passa la riuiere d'Oyse, fit quelques heureux combats, receut vn renfort de Reistres, & passa Loire. Ceux de la Religion pretenduë reformée, assemblez à Nismes en Languedoc, se ioignirent à luy: Et en suite de ce le Duc de Vendosme se rengea de son costé auec son armée. Le Roy estoit party de Poictiers dés le vingt-huictiesme de Septembre, & arriua dans Bourdeaux le septiesme Octobre. Leurs Majestez espouserent par Procureurs, & Madame fut conduite en Espagne, estant venuë de Bordeaux à Bayonne, & delà à S. Iean de Luz, là où sur la riuiere de Bidasso l'eschange fut fait d'elle auec l'Infante, qui entra dans Bordeaux le vingt vniesme iour de Nouembre: Et le vingt-cinquiesme le mariage du Roy auec elle fut beny. Ces remuëmens & armemens des Princes pouuoient estre suiuis de plus grands maux, si par vn Traité fait à Lodun la paix n'eust esté restablie, où tous les adherans du Prince de Condé fu-
1616. rent compris. Le Roy reuint à Paris le dix-septiesme iour du mois de Iuin de l'an mil six cens seize, & le Prince fut arresté prisonnier le premier iour du mois de Septembre ensuiuant, ce qui fit retirer de la Cour quasi tous les Grands, cõtre lesquels le Mareschal d'Ancre sous le nom du Roy dressa trois armées, qui furent en campagne, l'vne contre le Duc de Neuers, sous la conduite du Duc de Guise & du Mareschal de Themines: La seconde contre le mesme sous le Mareschal de Mõtigny, & la troisiesme contre le Duc de Mayenne qui estoit dans Soissons, sous le Comte
1617. d'Auuergne, qui auoit esté élargy d'vne prison d'vnze années. Mais la mort du Mareschal d'Ancre, du nom de Conchino Florentin, arriuée par commandement du Roy le vingt-troisiesme iour d'Auril mil six cens dix-sept, mit fin à cette guerre & remit tous les Princes au seruice de sa Majesté, qui les rappella pres de sa personne. Leonore Galigay femme du Mareschal d'Ancre, fut condamnée à mort par Arrest du Parlement de Paris du dix-septiesme iour de Iuillet ensuiuant. La Reine mere
1619. qui estoit à Blois par ordre du Roy, en fut retirée & conduite à Angoulesme par le Duc d'Espernon, & nonobstant l'entreueuë du Roy & d'elle faite à Cousieres, pres de Tours, il y eut vn armement fait en sa faueur par les Ducs de Mayenne, de Longueuille, de Vendosme, d'Espernon & autres mescontens; ce qui obligea le Roy à
1620. partir de Paris le 7. iour de Iuillet mil six cens vingt, & apres la route & défaite des troupes de la Reine & des Princes, arriuée au Pont de Sé, il y eut paix & entreueuë de leurs Majestez au mois d'Aoust ensuiuant. De Bordeaux sa Majesté se porta dans le Bearn pour l'execution de son Edict de l'an mil six cens dix-huict, ordonnant le restablissement des Ecclesiastiques du pays, & remit deslors en son obeyssance les places que ceux de la Religion pretẽduë reformée y tenoiẽt depuis longtemps: Lesquels en suite de ce s'assemblerent à la Rochelle sans expresse permis-
1621. sion du Roy, sur la fin de la mesme année. Sur le refus que l'Assemblée fit de se separer suiuant la volonté du Roy, sa Majesté fit publier sa Declaration du vingt-quatriesme iour du mois d'Auril de l'an mil six cens vingt-vn, par laquelle il prit en sa protection ceux qui demeureroient en son obeyssance, sans adherer aux resolutions prises par ladite Assemblée, se saisit de Saumur ville & chasteau, & auec vne armée de quinze mille hommes de pied & deux mille cheuaux, mit le siege deuant S. Iean d'Angely, où estoit Soubise, frere du Duc de Rohan, lequel fut sommé de rendre la place au Roy le deuxiesme de Iuin ensuiuant; Il en sortit apres auoir fait sa composition & obtenu grace de sa Majesté, le vingt-cinquiesme iour du mesme mois: Ce fut vn siege de six sepmaines, où se perdirent quelques Seigneurs & Gẽtils-hommes. Les villes de Gergeau & de Sancerre furent aussi reduites à l'obeyssance du Roy par le Comte de S. Pol & le Prince de Condé. Le Duc de Mayenne prit Caumont, & Nerac, qui fit sa capitulation le neufiesme iour du mois de Iuillet. L'armée du Roy estant entrée en Guyenne, les villes de Pons, Castillon, Sain-

cte-foy, Bergerac, Montflanquin, se rendirent à sa Majesté. Clerac fut attaqué le vingt deuxiesme iour de Iuillet, & rendu le quatorziesme iour du mois d'Aoust. Le Roy mit le siege deuant Montauban le dix-septiesme iour du mesme mois, qui fut leué le premier iour de Nouembre, auec grande perte des assiegeans, & entr'autres du Duc de Mayenne. Le Roy vint à Thoulouse, prit Monhurt le douziesme
de Decembre, & se rendit à Paris au commencement de l'année suiuante. Pour 1622.
continuer cette guerre, sa Majesté reuint au mois de Mars mil six cens vingt-deux, & marcha contre Soubise, qui estoit en l'Isle de Ré auec sept mille hommes de pied & six cens cheuaux. L'armée du Roy passa iusques à eux : mais la Caualerie de Soubise gagna le deuant, & prit le chemin de la Rochelle; son Infanterie se trouuant exposée demeura prisonniere, ou fut assommée dans les marais en grand nombre. Royan fut assiegé & pris par le Roy auec quelque perte des siens dans le mois de May. Toute la Guyenne, sauf Montauban, fut reduite à l'obeyssance de sa Majesté qui vint à Toulouse, & delà son armée se rendit aux enuirons de Montpellier, qui fut batu, & se defendit sous le commandement de Calonges, auec deux mille cinq cens hommes estrangers, outre ceux de la ville. Le Duc de Fronsac fils du Comte de Sainct Pol y fut tué auec quelques Gentils-hommes : La paix y fut faite le dix-neufiesme iour du mois d'Octobre de la mesme année: Et le lendemain le Roy y estant entré, la ville demeura depuis au pouuoir de sa Majesté. Les fortifications qui estoient tres-belles en furent démolies. Le Roy reuint à Paris le di-
xiesme iour du mois de Ianuier mil six cens vingt-trois. Au mesme temps de la paix 1623.
& apres la publication qui en fut faite à Montpellier, le Duc de Guise Lieutenant general du Roy en ses armées nauales combatit les Rochelois sur mer, & le Comte de Soissons auoit fait bastir le Fort-Louys, qui fut en defense dans le mois de
Septembre mil six cens vingt-deux. Dés le dix huictiesme iour du mois de Ianuier 1625.
mil six cens vingt cinq, le sieur de Soubise aydé des Rochelois, se saisit du port de Blauet ou Fort-Louys, en la coste de Bretagne, & y surprit les vaisseaux du Roy: Le Fort fut secouru & garenty tant par la garnison qui estoit dedans, que par la Noblesse voisine, laquelle y accourut. Le 6. Feurier ensuiuant le port fut abandonné par Soubise, lequel en emmena cinq gros vaisseaux, & fit vne descente en la coste de Medoc, d'où il fut chassé par les armes du Roy, commandées par Toyras. Ce bon succez fut suiuy d'vne plus grande défaite de Soubise dans l'Isle de Ré, & de la flote des Rochelois par le Duc de Montmorency, assisté de l'Admiral Hauthain Hollandois, arriué au mois de Septembre ensuiuant. Le Duc de Rohan auoit en mesme temps émeu le haut & bas Languedoc, & sa Majesté auoit fait faire le degast à Montauban & à Castres: Mais vne seconde paix accordée par le Roy au
commencement du mois de Feurier, acceptée & publiée au mois de Mars ensui- 1626.
uant, termina ces mouuemens, & porta les armes du Roy de la Valteline, dont l'Espagnol s'estoit emparé (& où le Marquis de Cœuures General de l'armée du Roy, de celle des Venitiens & du Duc de Sauoye liguez auec sa Majesté, remit la Valteline en liberté sous la protection de France) à Genes, où le Duc de Sauoye assisté des armes de France, cõmandées par le Connestable de Lesdiguieres, fit quelques progrés sur les terres de la Seigneurie: Mais le secours d'Espagne y estant suruenu, il y eut vn Traité contenant certains articles qui regardoient tant les Valtelins que la Seigneurie de Genes, arrestez à Monçon le cinquiesme iour du mois de Mars mil six cens vingt-six, entre les Ambassadeurs de France & d'Espagne, auquel traité le Duc de Sauoye ne voulut point consentir, & l'Ambassadeur de France ne fut pas
a 5. Aoust 1626. aduoüé. Dans la mesme année [a] le Duc d'Orleans frere vnique du Roy, espousa Marie de Bourbon, fille & heritiere de Henry de Bourbon, Duc de Montpensier. Et le ving-deuxiesme iour du mois de Iuillet de l'année suiuante, les Anglois con-
duits par le Duc de Bukingham, firent descente en l'Isle de Ré en nõbre de deux 1627
mille hommes choisis de leur armée: La Caualerie du Roy qui s'estoit aduancée dans l'Isle sous le commandement de Toyras, combatit les ennemis auec perte de quelques Gentils-hommes François. Le vingt-septiesme iour du mesme mois, le Fort sainct-Martin ou citadelle de Ré, fut bloquée par les Anglois : Elle fut heureusement secouruë le 8. iour du mois d'Octobre, & sa Maiesté arriua deuant la Rochelle le dix-septiesme iour du mesme mois, de sorte que son armee peu de temps apres mit en route & défit les Anglois dans l'Isle de Ré, en nombre de deux mille qui furent tuez ou noyez, leur canon pris auec quarante-quatre drapeaux, ce

qui fit retirer les autres & garentit la Citadelle & Isle de Ré de cette inuasion estrãgere suscitée par le sieur de Soubise. Le siege de la Rochelle fut deslors resolu par le Roy, par la construction de diuers Forts, qui tenoient trois lieuës en circuit. La Digue y fut designée & construite sur le canal auec toutes les defenses par mer & par terre pour fauoiriser la perfection, toute sorte de vaisseaux à voile & à rame, armez & esquipez, avans esté mis deuant les machines à l'entrée du canal; de sorte
1628. que le trentiesme Octobre de l'an mil six cens vingt-huict, les portes de la Rochelle furent ouuertes au Roy, lequel y entra & abrogea tous ses priuileges, en memoire de sa desobeyssance, & n'y laissa autres Officiers que ceux de sa Majesté, auec la démolition de toutes les fortifications anciennes & modernes. Le Prince de Condé fut en Languedoc auec commission de General des armées du Roy, prit Pamies en Foix, Realmont & autres places au haut Languedoc: Le Duc de Mont-
1629. morency prit le Pousin en Viuarez. Au mois de Feurier mil six cens vingt-neuf, sa Majesté voyant que le Duc de Mantouë estoit opprimé par les armes du Duc de Sauoye, assisté du Roy d'Espagne, & que Casal estoit fort pressé, se mit en chemin auec vne armée de vingt-deux mille hommes de pied & trois mille cheuaux, passa le mont Geneure au cõmencement de Mars, força le pas de Suze, auec gain de neuf drapeaux sur vn Regiment Milanois mis en route par le Comte de Sault. Suze se rendit au Roy, ville & chasteau, apres quoy il y eut traité entre son Altesse & le Cardinal de Richelieu, l'vnziesme du mesme mois, ratifié par le Roy d'Espagne le troisiesme May, & le siege de Casal fut leué. Le Roy reuenant d'Italie & ayant passé par le Dauphiné mit le siege deuãt Priuas en Viuarez auez douze mille hommes de pied & neuf cens cheuaux, le douziesme May mil six cens vingt-neuf. Le Roy y perdit cinq cens hommes auec quelque Noblesse: Le Marquis de Portes fut tué au quartier où il commandoit: Sur le poinct de l'assaut general, la ville fut abandonnée, où le feu se prit, & les habitans furent mis au fil de l'espée. Alez fut attaqué en suite & rendu au Roy, d'où s'ensuiuit vne paix generale, ou grace accordée par sa Majesté à toutes les villes qui auoient pris les armes cõtre son seruice, par Edict du mois de Iuillet de la mesme année. Le Roy fut à Vsez & à Nismes, & de là s'en reuint à Paris, & le 16. iour de Septembre ensuiuant iura la paix & renouuellemẽt de l'alliance auec le Roy de la grand'Bretagne. Le Duc de Sauoye ayant rompu le traité de Suze, suscita de nouueau le Roy d'Espagne & l'Empereur, de sorte que le Marquis de Spinola entra dans le Montferrat au mois de Iuillet, & Colalte pour l'Empereur dans le Mantoüan: Le Cardinal de Richelieu passa en Piedmõt auec deux mille hommes de pied & deux mille cheuaux, inuestit Pinerol le vingtiesme iour du mois de Mars de l'an mil six cens trente, qui luy fut rendu, & la cita-
1630. delle sept iours apres. Le Roy estant venu à Lyon au commencement de May prit resolution de repasser les monts auec vingt-trois mille hommes de pied & deux mille cheuaux: Il y fut accompagné de grande quantité de Noblesse, & vint deuãt Chambery, qui se rendit à sa Majesté, conquit la Tarentaise, pendant que le Mareschal de Crequy saisissoit la Morienne. Sa Majesté reuint à Lyon, où elle fut griefuement malade. Le Duc de Montmorency auec l'armée du Roy deuoit passer les monts & ioindre le Mareschal de la Force en Piedmont: Le Duc de Sauoye auec deux mille hommes de pied & quatre mille cheuaux, s'auança pour l'empescher, & fut défait pres d'Auigliane, où le Prince Doria fut pris prisonnier. La mort du Duc de Sauoye suruint apres la prise de Sallusses. La ville de Mantouë fut surprise alors par les Imperiaux, & les François firent vn second combat à Carignan, où ils forcerent les ennemis dans leurs retranchemens, & tout y fut tué ou fait prisonnier. La ville d'Auigliane fut prise en suite par le Mareschal de Schomberg. Le vingt-troisiesme iour du mois de May mil six cens trente, le Marquis de Spinola assiegea Casal où estoit Toyras pour le Roy, ayant à resister aux armes de l'Empire & d'Espagne iointes ensemble, comme il fit par plusieurs sorties heureuses, & vne vigoureuse defense de la place, qui fut suiuie d'vn traité de paix concluë apres vne suspension d'armes accordée le quatriesme de Septembre, par l'entremise du Pape & la negociation de Mazarin Agent de sa Saincteté, de sorte que Casal fut deliuré de siege par les armes de France, sous tant de valeureux Capitaines, & les auspices du Roy Louys le Iuste, victorieux par tout. La paix generale pour le Mont-
1631. ferrat & le Mantoüan fut accordée en suite par les diligences & la sollicitation du Mazarin, & Pancirole Nonce du Pape, apres vne conference entre les Deputez

de l'Empereur & de sa Majesté du sixiesme iour du mois d'Auril mil six cens tren-
te-vn; ce qui regla pour lors les differens entre les Ducs de Sauoye & de Mantouë,
& le vingtiesme iour du mois d'Aoust les places prises ou par l'Empereur ou par le
Roy, deuoient estre renduës respectiuement; ce qui fut executé, & l'inuestiture de
Mantouë & Montferrat fut octroyée par l'Empereur au Duc de Mantouë, dont
les ceremonies furent faites dans Vienne. La place de Pignerol fut venduë pure- 1632.
ment au Roy par le Duc de Sauoye au mois d'Auril mil six cens trente-deux, auec
ses dépendances & finages, pour estre lesdits lieux vnis perpetuellement à la Cou-
ronne de France; ce qui fut suiuy du renouuellement de la Ligue faite cy deuant
entre le Roy & le Duc pour la defense de leurs Estats, & les passages promis respe-
ctiuement. Les traitez faits auec les Rois de Suede & de Marroc, sont de l'année
mil six cens trente-vn, l'vn pour la defense de tous les amis opprimez en Alema-
gne, & pour y restablir les Princes & Estats de l'Empire, comme ils estoient au-
parant les guerres d'Allemagne, auec condition de n'alterer la Religion Catholi-
que Apostolique & Romaine dans les places conquestées par les Suedois, & l'au-
tre pour la liberté du commerce & la deliurance des esclaues Chrestiens. Le traité
en fut fait en langue Arabique, au nom & auec pouuoir du Roy sous la charge du
Cardinal de Richelieu, grand Maistre & Surintendant general de la Nauigation
& commerce de France. Le Duc de Lorraine auoit traité auec le Roy en l'an mil 1631.
six cens trente-vn, & luy auoit remis quelques places: mais s'estant porté depuis à
faire de nouueaux armemens contre sa foy & la protection que sa Majesté luy
auoit promise, il fut adiourné en la Cour de Parlement de Paris, pour voir reünir
le Duché de Bar à la Couronne, faute d'en auoir rendu l'hommage au Roy, d'où
s'ensuiuit l'Arrest portant ladite reünion, lequel fut executé. Les Suedois auoient 1633.
desia pris quelques places sur luy, & auoient défait son armée. Sa Majesté mit le
siege deuant Nancy, ville capitale de la Lorraine, au commencement de Septem-
bre mil six cens trente-trois, apres auoir pris plusieurs places dans le pays: Mais le
vingt-quatriesme dudit mois les portes luy en furent ouuertes, & la garnison com-
posée seulement de deux mille trois cens Fantassins & de deux cens trẽte cheuaux, 1634.
en sortit: Sa Majesté n'y entra que le lendemain. La Duchesse de Lorraine fut con-
duite à Paris, & y arriua le septiesme May mil six cens trente-quatre. La Mothe,
place tres-forte en Lorraine, fut assiegée & renduë au Roy le vingt-neufiesme Iuil-
let ensuiuant. Ces heureux exploicts des armes du Roy contre vn Prince qui les
auoit iustement attirées par plusieurs actions & procedures indignes d'vn vassal
cõtre vn Monarque puissant, furent suiuis du retour de Monsieur en France, auec
vne parfaite ioye de sa reconciliation, pour trouuer desormais toute sa satisfaction
dans les bonnes graces de sa Majesté, qui le receut à Sainct Germain en Laye le
vingt vniesme du mois d'Octobre. Le sixiesme Iuin l'an mil six cens trente-cinq, 1635.
le Roy fit sa Declaration sur l'ouuerture de la guerre contre le Roy d'Espagne, en
suite dequoy les Mareschaux de Chastillon & de Bresé conduisans les forces Fran-
çoises, combattirent heureusement en la iournée d'Aucin contre l'Espagnol; Et le 1636.
Mareschal de la Force, qui auoit commandé les armées du Roy en Lorraine auec
bon succez (de mesme que le Duc de Rohan dans la Valteline) y aiant laissé le
Marquis de la Force son fils, il y eut vne défaite de huict à neuf cens cheuaux, auec
la prise de Coloredo Chef des troupes Espagnoles, lequel fut amené depuis au
bois de Vincennes. Les années suiuantes, dans la continuation de cette guerre, ont
produit diuerses prises de villes dans l'Artois, & entr'autres d'Hedin, & d'Arras,
qui en est la capitale, & autres, & les reuoltes de quelques Estats du Roi d'Espagne,
comme du Portugal, & de la Catalogne, où le Roi a pris Perpignan, ville capi-
tale du Comté de Roussillon.

DROICTS ET PRETENSIONS DES ROIS DE FRANCE SVR LES ESTATS estrangers.

ROYAVMES DE SICILE ET DE NAPLES.

ROGER, Robert Guichard & Guillaume de Monstrueil, Princes Normands aidez de la Noblesse Danoise, ont autrefois [a] conquis sur les Grecs & les Sarrasins la Sicile & la Calabre, sans y prendre autre tiltre que de Ducs du pays, iusques à Roger second, auquel le Pape Honoré donna le tiltre de Roy: En recognoissance dequoy, du consentement des Estats du pays, Roger sousmit au sainct Siege les Royaumes de Sicile & de Naples, sous la redeuance de quelque cens annuel. Constance fille vnique & legitime de Roger, petit fils de Roger second, fut mariée par le Pape Celestin 3, auec Henry sixiesme Empereur fils de Federic Barberousse, qui s'empara des deux Royaumes contre Tancrede frere naturel de Constance sa femme, à qui le Pape auoit refusé l'inuestiture. Federic second Empereur, fils de Henry sixiesme & de Constance, pour les grandes querelles qu'il eut auec les Papes, fut priué des susdits Royaumes, & laissa pour heritiers Conrad, Federic & Conradin fils de Henry son aisné, qu'il fit mourir en prison, pour auoir conspiré contre luy. Il eut aussi Mainfroy son fils bastard, dont la fille nommée Constance fut mariée auec Pierre troisiesme, Roy d'Arragon. C'est le seul fondement des pretensions de la maison d'Austriche ou d'Espagne sur ces deux Royaumes. Conrad & Federic enfans de Federic second Empereur, moururent de mort violente, & par ce moyen le droict sur Naples & Sicile escheut à Conradin, sur qui Mainfroy les occupa: Mais ayant esté interdit par le Pape Vrbain quatriesme, agissant sur son vassal vsurpateur & tyran, Charles Duc d'Ajou frere du Roy sainct Louys fut appellé à Rome, & couronné Roy des deux Royaumes [b]: En suitte de ce il vainquit Mainfroy, & Conradin aussi venu d'Alemagne auec de grandes forces, lequel ayant esté pris eut la teste trenchée [c]. Pierre d'Arragon se rendit depuis maistre de la Sicile par les moyens desduits dans l'histoire, & par le massacre des Vespres Siciliennes [d]. Charles & ses descendans conseruerent le Royaume de Naples. Iaques fils de Pierre Roy d'Arragon, aiãt espousé la fille de Charles le Boiteux fils de Charles premier renonça aux droicts qu'il pouuoit pretendre sur Naples & Sicile, & ayant troublé son beau-pere par le moyen de Federic son frere qu'il assista sous main, sur la guerre esmeuë entr'eux, il y eut accord par lequel la Sicile demeureroit à Charles, dont le fils appellé Robert II du nom, fut successeur au Royaume, & à luy succeda Ieanne yssuë de Charles dit sans-Terre. Contre Ieanne fut suscité par le Pape Vrbain successeur de Clement cinquiesme, Charles de Duras yssu de la premiere branche d'Anjou, & inuesty du Royaume de Naple. Louys Duc d'Anjou frere du Roi Iean, aiãt esté adopté par Ieanne fut vaincu par Charles de Duras, & mourut peu de iours apres. Louis second son fils fut inuesty par le Pape Clemẽt seant en Auignon, & laissa Louis troisiesme Duc d'Anjou successeur de ses droicts sur le Royaume de Naples, qui fut adopté par Ieanne 2 Reine, sœur de Ladislas competiteur au mesme Royaume: Mais estant decedé, René son frere Duc d'Anjou & de Lorraine, fut adopté en sa place, & fut priué du Royaume par Alphonse d'Arragon qui n'auoit point d'enfans legitimes, de sorte que Ferdinand son fils naturel & legitimé auparauant par le Pape Nicolas, luy succeda du consentement du Pape Pie second, ennemy des François. A Ferdinand succeda Alphonse qui resigna ses Estats à Ferdinand son fils, contre lequel Charles huictiesme fondé sur le droict acquis à Louis vnziesme son pere, qui fut institué heritier par Charles

a Sous Henry 1. Roy de Frãce.

b Sous le Pape Vrbain 4. 1264.

c P. Æmil. in Lud. 9.

d 1282.

Comte du Maine, nepueu & heritier de René le vieil decedé en Prouence l'an 1480. fit le fameux voyage d'Italie, auquel en peu de temps il despoüilla Ferdinād, & reuint en France apres auoir gagné la memorable iournée de Fornoüe. Louys douziesme traita auec Ferdinād Roy d'Arragon, parent de Ferdinand Roy de Naples, pour le partage de ce Royaume, qui se deuoit cōquerir à communs frais: Mais les Espagnols ayans en suite surpris les François, ausquels ils osterent les meilleures places du Royaume, Ferdinand en obtint l'inuestiture de Iules second grand ennemy de Louys. La conuention ratifiée à Sauonne[a] entre les deux Roys apres le mariage de Ferdinand auec Germaine de Foix niepce de Louys, pour la succession de Naples, en faueur des enfans qui naistroient, & qu'au defaut d'enfans elle succederoit, & apres elle celuy qui seroit Roy de France, fut mise au neant par le Traité de François I. fait à Noyon. Mais les conditions de ce Traité n'ayans pas esté effectuées par les Espagnols, qui deuoient payer annuellement trente mille ducats pour le Royaume de Naples, & restituer à Henry d'Albret le Royaume de Nauarre, François premier fit effort pour le recouurement de Naples, & y despescha le Seigneur Lautrec, lequel y mourut, & l'armée se dissipa. De ce que dessus on recueille que les Papes comme souuerains des Royaumes de Sicile & de Naples, & ausquels en cette qualité les Espagnols payent vn cens annuel, ont bien inuesty Charles d'Anjou à l'exclusion de Mainfroy & de Conradin: veu mesme que Pierre d'Arragon n'a eu droict qu'en espousant la fille d'vn bastard non legitimé. Les renonciations de Iacques & Federic d'Arragon, les adoptions si souuent faites par les deux Reines Ieannes pour Louys premier, second & troisiesme, & René Duc d'Anjou, auec les inuestitures des Papes, & la conuention de Louys douziesme, appuyent les tiltres du Roy, & fondent sa iuste pretension. Les faits du Roy François premier, tant à Noyon qu'à Cambray[b] n'y peuuent preiudicier, l'vn par le defaut de satisfaire aux conuentions du Traité, où il faudroit monstrer les acquits de trente mille ducats par an depuis l'an mil cinq cens seize, & l'autre pour ne pouuoir vn Roy de France renoncer aux droicts acquis à la Couronne, veu mesme que le Royaume de Naples & le Duché de Milan appartenoient aux enfans de François I, cōme successeurs de la Royne Claude leur mere, fille du Roy Louys douziesme, de l'estoc de laquelle, ou des conuentions faites par le Roy Louys douziesme, sont procedez les droicts de cette Couronne en Italie.

a L'an 1505.

b 1529.

Outre ce que dessus, le Roy est fondé en droict pour les susdits Royaumes, à cause du mariage de Ieanne II Reine de Naples auec Iacques de Bourbon Comte de la Marche & de Castres, frere de Louys troisiesme Duc d'Anjou, en suite duquel non seulement il fut associé au Royaume, mais aussi par donation perpetuelle & irreuocable, au cas qu'elle decedast sans enfans, les Royaumes de Sicile & de Naples luy deuoient appartenir. l'Acte d'association & donation datté du dix-huictiesme Septembre l'an mil quatre cēs quinze, a esté tiré des Archiues du Cōté de Castres, & porté dans le tresor des Chartres à Paris. Iacques de Bourbon fit tous actes de Roy pendant son mariage, & apres le decez de la Reine Ieanne se retira en France, où il fut marié en secondes nopces auec Beatrix, fille de Charles II. Roy de Nauarre, & de ce mariage nasquit Eleonor, qui fut mariée auec Bernard d'Armagnac, pere de Iacques d'Armagnac, marié auec Louyse d'Anjou Comtesse de Nemours, & decapité à Paris sous le Roy Louys 11. Eleonor apres la mort de Iacques son pere, querela le Royaume, comme l'escrit du Tillet au chap. de la branche de Clermont. Des successeurs de Iacques, du sexe masculin & de son sang, au profit desquels la donation est faite, est yssu Anthoine de Bourbon Roy de Nauarre ayeul du Roy regnant.

DVCHE' DE MILAN.

LA Lombardie, dont Milan est la ville capitale, estoit gouuernée par ses Vicomtes, Lieutenans des Empereurs, depuis l'an mil deux cens octante-six, iusques à Iean-Galeas, à qui l'Empereur Wenceslas confirma l'heritage que ses predecesseurs auoient desia possedé de pere en fils, & le crea Duc de Milan[c] sous la Souueraineté de l'Empire. Ce nouueau Duc laissa deux fils Iean & Philippes, qui moururent sans enfans

c Munster l. 2.

legitimes,& Valentine que Louys Duc d'Orleans fils du Roy Charles cinquiesme espousa. La succession fut deferée aux enfans de Valentine, veu mesmement que par le contract de son mariage il auoit esté dit que les hoirs masles de Galeas venans à défaillir, le Duché seroit acquis à Valentine ou à ses hoirs. Mais François Sforce qui auoit espousé Blanche fille naturelle de Philippes s'empara du Duché, pendant que la France estoit agitée de guerres estrangeres & intestines. Louys douziesme petit-fils de Valentine, estant paruenu à la Couronne s'estoit rendu maistre du Milanois & auoit recouuré le patrimoine de son ayeule, auec l'inuestiture de Maximilian Empereur. Apres la bataille de Rauenne où le valeureux Gaston de Foix, nepueu du Roy fut tué, la coniuration des ennemis de la France, suscitée par le Pape Iules fut si forte, que le Milanois demeura comme abandonné, sur quoy interuint la mort du Roy Louys douziesme. François premier son successeur, comme estant de la branche d'Orleans, prit le tiltre de Duc de Milan, où il entra depuis, & amena en France Maximilian Sforce; lequel y pretendoit droict. L'Empereur Maximilian prenant les armes en faueur de François Sforce, assiegea Milan, où commandoit Charles de Bourbon Connestable de France : mais il fut contraint de s'en retirer auec perte de son armée & de sa reputation. Charles d'Austriche Empereur & petit-fils de Maximilian reprit vne bonne partie du pays, & le Roy y fit vn second voyage, auquel les François entrerent victorieux à Milan, & assiegerent Pauie. La bataille y fut liurée en suite par les Espagnols, & le Roy y fut pris & défait : Pour se deliurer de prison, on l'obligea à renoncer au Duché, au Royaume de Naples, à la souueraineté de Flandres, & à la Bourgogne: Il fit depuis quelques efforts pour reparer ses pertes, mais la suspension d'armes pour dix ans moyennée par le Pape rallentit sa nouuelle vigueur, & l'Empereur Charles amusa & deceut ce bon & genereux Prince sur la restitution de cet Estat si important, qu'vn docte Escriuain [a] par vne histoire particuliere d'iceluy, en a induit le pouuoir absolu de ceux qui l'ont possedé, sur le reste de l'Italie.

[a] Eryc. Putean. hist. Insubr.

La clause du mariage de Louys & Valentine doit auoir lieu, nonobstant le defaut de validation & autorisation de l'Empereur, comme Seigneur souuerain de Milan, puisque le Pape pendant la vacance de l'Empire auoit ratifié la clause, & sans s'arrester aussi à la renonciation faite par le Roy François, pour la raison que nous auons touchée en parlant du Royaume de Naples, & pour le testament de Philippe fils de Iean Galeas, il n'a peu au preiudice d'vne conuention stipulée, & dont le cas estoit aduenu, disposer en faueur d'vn estranger, sçauoir Alphonse d'Arragon. Et par dessus tout Louys douziesme auoit esté inuesty du Milanois par l'Empereur Maximilian, moyennant cent mille escus pour le droict de relief.

COMTE' DE ROVSSILLON ET CATALOGNE.

Les droicts & pretensions des Rois de France sur le Comté de Roussillon, ne dependent pas de l'engagement fait au Roy Louys vnziesme par Dom Iean Roy d'Arragon pour la somme de 300000 escus, selon les historiens François [b], ou 300000 liures, selon les Espagnols [c], qui luy furent prestées en l'an 1462. & de ce que Charles VIII, fils & successeur de Louys, persuadé par Oliuier Maillard son Confesseur, pensionnaire de Ferdinand Roy d'Arragon, & sous la promesse qui luy fut faite, qu'il ne seroit point empesché en la conqueste du Royaume de Naples, rendit Perpignan & tout le Comté, sans receuoir son argent [d] : puis qu'en tout cas, en rendant la somme prestée, le droit cesseroit & la terre seroit desgagée. Mais pour vn meilleur fondement, il faut poser que Clouis premier, Charles Martel & Charlemagne par le droict des armes ont acquis ce Comté, enfermé des Pyrenées dans la France & faisant partie du Languedoc, de mesmes que les Vicomtez de Besiers, Narbonne, Carcassonne & Marquisat de Gothie, ayant chassé & exterminé les Goths de tout ce pays, qu'ils vnirent deslors à la Couronne de France; à cause dequoy ils disposerent de toutes ces terres, & les baillerent à diuers Seigneurs en foy & hommage. Le Marquisat de Gothie comprenoit Perpignan & le pays d'autour, ou bien l'entier Comté de Roussillon acquis

[b] Philip. de Comines.
[c] Sicul. li. 14. 15. 16. & 17. de l'hist. d'Esp.
[d] Phil. de Comin. Guill. du Bellay en ses Com.

leué du fief & terre de Narbonne. Les Roys d'Arragon, à commencer par Dom Pedro, par bien-seance, à cause de leurs Estats ioignans, & se preualants des guerres & occupations des Roys de France, ont vsurpé ce Comté, non sans resistance & discontinuation de leur possession. Outre ce l'an mil trois cens septante trois, Ieanne Marquise de Montferrat sœur de D. Iayme Roy de Mallorque en fit vne donation à Louys Duc d'Anjou; ce qui ne peut que fortifier le titre des Roys de France, qui ont succedé à la maison d'Anjou.

On peut asseurer le mesme de la Catalogne, & auec autant de fondement & de certitude, que du Comté de Roussillon, puisque Charlemagne ayãt conquis sur les Mores tout ce pays-là iusqu'à l'Ebro,[a] & l'ayant erigé en Comté tenu à foy & hommage de luy & de ses successeurs, la terre a esté iouye par des vassaux de la Couronne de France, iusques aux premiers Rois d'Arragon, qui l'ont vsurpée, & Alphonse l'vn d'iceux commença de refuser l'hommage, ne voulant pas recognoistre & adoüer la souueraineté de France. La propre Histoire d'Espagne tesmoigne cette souueraineté, aduoüant que les actes publics y estoient datez par les Notaires, du temps, noms & regnes des Roys de France,[b] ce que le susdit Alphonse fit abroger au Concile tenu à Tarracone; & depuis cela, on ne date que de l'Incarnation de nostre Seigneur.[c] Catalogne.

a Egin. in vit. Cat. Magni.

b Hist d'Esp. li. 10 18. & 28.

c Ibid.

ROYAVMES DE CASTILLE ET DE TOLEDE.

Alphonse quatriesme, Roy de Castille & de Tolede, fils de Sanche n'eut qu'vn seul fils, Henry premier, qui luy succeda l'an 1214. ne regna que trois ans, & mourut l'an 1217. Il eut quatre filles de Leonor sa femme, sçauoir Blanche qui fut mariée au Roy Louys huictiesme, Berenguela, femme d'Alphonse neufiesme, Roy de Leon, Vrraque Royne de Portugal, & Leonor Royne d'Arragon. Henry premier mourut sans enfans, de sorte que la Couronne de Castille appartint à Blanche, fille aisnée d'Alphonse, veu que par la loy & obseruation inuiolable du pays, les filles n'estans point excluses de la succession, le droict d'ainesse y est gardé, cõme pour les masles. Berenguela sœur puisnée de Blanche se saisit du Royaume, & fit declarer Roy Ferdinãd son fils: quelques Grands de Castille refuserent de le recognoistre, & adhererent au droict & à la iustice de Blanche & du Roy sainct Louys son fils, ce qui fut cause de grands troubles dans la Castille, où quelques villes s'estoient maintenuës pour la France.

Les Roys de France ont droit aussi sur le Royaume d'Arragon, non seulement par la donation du Pape Martin, successeur de Nicolas, en faueur du Roy Philippes troisiesme, dit le Hardy, ou de Charles son second fils, & par les droicts de Mathieu de Castelbon, Comte de Foix & de Bearn, à cause de son mariage auec Ieanne, fille de Iean, fils de Pierre Roy d'Arragon: mais aussi pas les donations de René d'Anjou Roy de Sicile & d'Arragon au profit du Roy Louys vnziesme, à l'ayde duquel il fut couronné Roy d'Arragon dans Barcelonne. Arragon.

Outre la souueraineté des Roys de France sur Mallorque, acquise de l'Euesque & Chapitre de Maguelone, depuis transferé à Mõtpellier,[d] à qui Dom Iayme Roy d'Arragon l'auoit donnée auparauant, (ce qui rendit les Roys de Mallorque vassaux de la Couronne de France,) ils y ont encores droict de proprieté, procedant de ce que Iacques Roy de Mallorque estant mort, Ieanne Marquise de Montferrat sa sœur & heritiere, pour recognoistre l'obligation qu'elle & son frere auoiẽt à Louys Duc d'Anjou frere du Roy Charles le Sage, luy fit donation du Royaume de Mallorque & des droicts à elle escheus sur iceluy, l'an 1373. Dom-Pedro Roy d'Arragon se saisit du Royaume, & Louys qui s'en alloit pour en prendre possession, mourut, & transmit son droict à ses successeurs de la maison d'Aniou, que les Roys de France ont heritée. Mallorque.

d 1285. Pet. Iac pract. tit. de success. regn. Franc. vers. item non aduertunt.

ROYAVME DE PORTVGAL.

Alphonse, fils puisné d'Alphonse second Roy de Portugal espousa Mathilde ou Mahaut, fille aisnée de Renaut, Comte de Dampmartin & d'Ide Comtesse de Boulogne, & par ce moyen fut Comte de Boulogne, & suiuit la Cour du Roy S. Louys:[a] mais Sancho son frere aisné estant mort sans enfans, il fut appellé à la Couronne de Portugal, de sorte qu'il se retira de France, où il laissa Mahaut sa femme, de laquelle il auoit deux fils, Pierre & Robert. Il emmena quand & luy Pierre son aisné, qui mourut ieune.[b] Robert estoit demeuré en France auec sa mere.[c] Alphonse deuenu Roy, nonobstant que Mahaut fust en vie, espousa Beatrix, fille naturelle d'Alphonse le Sage, Roy de Castille, de Leon, & de Tolede. Mahaut fut en Portugal, où le Roy ne la voulut point voir; & les intercessions de S. Louys & du Pape Alexandre quatriesme auec son excommunication ne luy seruirent point: Elle vesquit douze ans apres, & Robert son fils luy fut suruiuăt. Alphonse eut de Beatrix Denis & Alphonse, dont le premier se saisit du Royaume. La Royne Catherine de Medicis a esté heritiere de Robert Comte de Boulogne, & legitime Roy de Portugal; & le Roy regnant, comme heritier de la Royne Marguerite, qui auoit succedé à la Royne Catherine, a les droicts de la Couronne de Portugal; d'ailleurs le Comté de Boulogne, auec tous les droicts de la maison, sont auiourd'huy vnis & annexez à la Couronne de France.

a Roder. de Toled. li. 7. Vas. Chron. d'Esp.
b Garibay li. 34. c. 20. & 21.
c Texera de Portug. ort.

ROYAVME DE NAVARRE.

Nous auons parlé cy-deuant des droicts & pretensions des Roys de France sur les Royaumes & Estats que la maison d'Austriche possede auiourd'huy par vsurpation sur leur Courõne: mais celle qui regarde le Royaume de Nauarre, patrimoine de Henry le Grand, est la plus manifeste de toutes. Charles troisiéme Roy de Nauarre eut vne fille vnique nommée Blanche, qui fut mariée auec Iean Roy d'Arragon, dont nasquirẽt Charles, qui mourut ieune, Blanche & Leonor. Blance espousa Henry IV. Roy de Castille, & mourut sans enfans: Leonor sa sœur luy succeda, & fut mariée auec Gaston Cõte de Foix. De ce mariage nasquit Gaston de Foix Prince de Viane, & de celuy-cy François Phœbus, qui mourut sans enfans, & Catherine, qui espousa Iean d'Albret, duquel fut fils Henry pere de Ieanne, ayeule paternelle de Louys 13. Ferdinad Roy d'Arragon, mary de la Royne Ysabelle, ayant rompu l'alliance par luy contractée auec Louys 12. se ligua auec le Pape Iules 2, lequel excommunia le Roy Louys & Iean d'Albret, dont le Royaume appartenant à Catherine sa femme, fut exposé, & dõné en proye au premier occupant: tellement que sous pretexte, digne de la ruse Espagnole, Ferdinand enuahit vne partie du Royaume de Nauarre, s'estant saisi de Pampelune & des meilleures places par le Duc d'Albe qui conduisoit son armée. Il n'est pas besoin de refuter les raisons qui sont alleguées par les Espagnols, pour soustenir leur procedure en cet endroit, ny de faire voir comme ils eludent frauduleusement la iustice des successeurs de Iean d'Albret, enchargeăs leurs successeurs de l'vn à l'autre de restituer ce Royaume. Le Roy Louys 12. fist quelque effort pour le recouurement de ce Royaume, y ayant enuoyé François Duc d'Angoulesme, & depuis Roy de France: Mais Iean d'Albret ne s'y estant pas porté auec vigueur, le Duc d'Albe eut moyen de se fortifier dans Pampelune, & Louys fit sa paix auec Ferdinand, afin qu'il ne trauersast point son entreprise pour le recouurement du Duché de Milan. François I. estant paruenu à la Couronne, & voyant que Philippe Roy de Castille ne satisfaisoit point au traité de Noyon, par lequel il s'estoit obligé de rẽdre la Nauarre dãs six mois, tascha par deux fois d'y restablir Hẽry d'Albret son beau-frere, y ayant enuoyé André de Foix, seigneur d'Asparraut, lequel força Pampelune, & quelques autres places, & perdit en suite toutes ses conquestes, ayant hazardé vne bataille. Et depuis l'Admiral Bonniuet y fut renuoyé, & prit Fontarabie, laquelle fut reprise par Charles V. Empereur, par la lascheté de Frauget gouuerneur de la place, qui à cause de ce fut degradé de Noblesse.

DVCHE' DE LVXEMBOVRG.

QVant au Duché de Luxembourg, les Rois de France y ont plus de droict que la maison d'Austriche. Leur premier titre consiste en l'acquisition qu'en fit Loüis Duc d'Orleans sous le Roy Charles sixiesme. Le second, en la cession faite par les Seigneurs de la Mark au Roy François premier, de leurs droicts & pretensions sur le Duché. Le troisiesme depēd du mariage de Marie, heritiere du Luxembourg, auec Charles de Vendosme, l'vn des predecesseurs du Roi. François premier & Henry second ont fait diuers efforts pour se saisir de ce Duché, & apres plusieurs prises & reprises des places principales, il y a eu deux traitez de paix, l'vn entre François I, & Charles V. Empereur, l'an 1544. à Soissons, & l'autre entre Henry II, & le mesme Empereur en Cambresis, l'an mil cinq cens cinquante-huict, auquel le Roi Henry n'a peu quitter les droicts & pretensions d'autruy, veu qu'il auoit pris les armes & conquis les places qui ont esté depuis renduës, tant pour soy que pour le Duc de Vendosme, lequel y auoit droict par son mariage. Le Roi d'Espagne, comme successeur des derniers Ducs de Bourgogne, n'est fondé que sur vn titre, qui est vne pretenduë cession faite à Philippe Duc de Bourgogne, par Ieanne de Gronick Duchesse de Luxembourg, en vertu de laquelle il s'empara du pays l'an mil quatre cens quarante trois, comme le recite Oliuier de la Marck en ses memoires liure 1. chap. 8. & 10. lequel dit seulement que le Duc Philippes pour secourir la Duchesse sa tante, entra dans le pays auec cette conuention, qu'il ne se porteroit que comme gardien & gouuerneur du Duché, sous le nom & autorité de la Duchesse, à qui il ordonna & assigna pour son Estat, dix mil liures par an, à prendre sur les plus clairs deniers de son pays.

Il y a plusieurs autres pays, terres & Seigneuries, dont la plus grand part sont possedées par les Rois d'Espagne, qui sont des anciennes dependances de la Couronne de France, dont elles ont esté demembrées diuersement & en diuers temps. La plus considerable est le Comté de Flandres & d'Artois, duquel si bien les Rois d'Espagne iouyssent auec titre, la souueraineté en est au Roy de Frāce, auquel l'hommage en est deub, nonobstant les renonciations forcées de François I, qui d'ailleurs n'a peu aliener les droicts de la Couronne. Pour le faire voir plus expressement, il faut sçauoir, que le Comté de Flandres, en y comprenant le pays de Brabant, & le Comté d'Artois, estant escheu à Charles le Chauue, au partage qu'il fit auec Loüis le Germanique son frere, Godefroy, dit Bras de fer, en fut inuesty, & espousa Iudith, fille de Charles, & de Grand Forestier du pays deuint le premier Comte, sous la souueraineté des Rois de France, lesquels en ont iouy durant l'espace de sept à huict cens ans, & ont chastié les rebellions commises par les Comtes à diuerses fois, comme il arriua en suite de la iournée de Bouines, où l'Empereur Othon & Iean Roy d'Angleterre furent défaits, que Fernand ou Ferdinand Comte de Flandres fut despoüillé de ses Estats, & amené à Paris. Et sous le Roi Philippes le Bel, Guy voulut marier Philippe sa fille, à Edoüard fils du Roi d'Angleterre: Ce que le Roi n'agrea point, & vsant de sa souueraineté, retint la Princesse pour la marier ailleurs. L'Empereur Rodolphe & le Roi d'Angleterre se mirent aux champs pour soustenir le Comte, mais ils furent vaincus en la iournée de Furnes. Le Comté fut confisqué par l'aduis des Pairs, & Charles Comte de Valois commis pour mettre l'Arrest à execution. Mais le pays s'estant soubmis au Roy, Guy & ses enfans aians esté pris & amenez en France, furent depuis restablis en leurs biens. Marguerite, fille vnique de Louis, dernier Comte de Flandres, aiant esté donnée à Philippes Duc de Bourgogne, fils du Roy Iean, & frere de Charles V, cete maison fut renduë tres puissante, mais la souueraineté n'en demeura pas moins aux Rois de France. Marie fille vnique de Charles, dernier Duc de Bourgogne, espousant Maximilian Archiduc d'Austriche, ayeul de Charles V. Empereur, n'a rien alteré au droict de souueraineté, & ceux de cette maison en ont rendu les hommages. Il est vray que le Roi François I. vaincu & pris en la iournée de Pauie, & traittant dans Madrid pour sa deliurance, fut contraint d'y renoncer, ce qui fut encores confirmé par le traité de Cambray: Mais, comme nous venons de dire, telles renonciations Flandre & Artois

tions

tions ne sont valables, au preiudice de droits de la Couronne, & de son domaine, dont les Roys n'ont que la direction & l'vsufruict, comme il fut dit dans les Estats assemblez apres le retour du Roy, lequel depuis seant en son lit de iustice, en l'an 1536. ordonna que Charles seroit adiourné à comparoir en personne pour respondre sur la felonnie commise contre son souuerain, & l'arrest en fut signifié aux frontieres du Pays-bas. La Franche-Comté de Bourgogne faisoit partie du Duché, lors que Charles le Chauue en inuestit Richard frere de Boson Roy d'Arles, & ceste partie de la Bourgogne, laquelle toute entiere est vn des membres de la Couronne de France, fut distraite du corps par Arnoul Empereur, Regent du Royaume, pendant le bas aage de Charles le Simple, pour estre iointe au Dauphiné, aux Suisses & à la Sauoye, qui composerent le Royaume de Bourgogne, lequel dura quelque temps, [a] iusqu'à ce que les Empereurs ont pretendu d'en auoir fait vn fief de l'Empire, sauf Besançon, qui est la capitale du pays, ville libre & Imperiale. Le pays de Haynaut fut donné par Charlemagne en titre de Comté, à vn nommé Albo, [b] dont les successeurs, par la tolerance des Rois de France de la troisiesme lignée, prindrent inuestiture de l'Empereur Othon, ce qui a continué depuis; mais il n'y a point de traicté, auquel les Rois de France ayent renoncé aux droicts & pretensions sur ceste Prouince. La ville de Cambray a esté possedée & conquise par les Rois de France de la premiere lignée, qui passerent le Rhin. [c] Sous le regne de Hues Capet les Empereurs commencerent d'entreprendre sur la souueraineté de ceste place & d'en receuoir les hommages. Ceste ville auec ses dependances ayant eu des Seigneurs particuliers, ils ont esté sous la souueraineté & protection des Rois de France, iusqu'à ce que le Comte de Fuentes, commandant les armes d'Espagne, l'emporta par composition sur Balagny qui en estoit Seigneur, & de Vic, lequel y estoit entré pour le Roy. [d] Toutes les terres qui ont esté vsurpées sur la maison d'Anjou, regnant à Naples & en Sicile, veu que les Rois de France en sont heritiers, portent sur le front leur iniuste possession. La Seigneurie de Genes a esté non seulement sous la protection de la Couronne Françoise: comme le Roy Charles VI. l'y receut en l'an 1390. mais aussi la souueraineté de la ville & de ses appartenances a esté cedée expressement à Charles septiesme, qui en a iouy, Iean fils de René Roy de Naples & Duc de Lorraine y ayant esté enuoyé pour receuoir le serment des habitans, & les gouuerner en qualité de Lieutenant general du Roy. Louys XI. se contenta de l'hommage du Duc de Genes, & ne voulut pas receuoir la Seigneurie, qui se donnoit à luy, pour secoüer la domination de François Sforce, Duc de Milan. L'honneur luy en fut rendu par Iean-Marie Duc de Genes, fils de Galeas & de Bonne de Sauoye, qui estoit sœur de la Royne, & receu par le sieur d'Argenton, en l'an 1478. & en l'an 1495. Ludouic Sforce Duc de Milan, obtint du Roy Charles VIII. le Duché de Genes sous le mesme hommage; dequoy le traicté fut fait à Verceil, & fut dit que le Duc de Milan seruiroit le Roy, de la Seigneurie de Genes, comme de son fief. Le Roy Louys XII. estant entré en Italie receut encor la mesme Seigneurie, qui se donnoit à luy, & luy donna pour gouuerneur, Philippes de Rauasteins parent de sa Majesté. Finalement sous François premier, André Doria par sa reuolte contre le Roy, causa & procura celle des Genois, qui sont depuis sous la protection des Rois d'Espagne, & se rengent tousiours du costé des plus forts.

Franche-Comté.

Haynaut.

Câbray.

Genes.

[a] 142. ans.

[b] Guicciard. hist. des Pays bas.

[c] Merouée.

[d] 1593.

Quant à la Lorraine, ayans à traicter son Estat separement, & à parler de son gouuernement ancien & moderne, nous reseruerons-là de toucher & remarquer les droicts que la Couronne de France a sur ce Duché.

PARIS, ET L'ISLE DE FRANCE.

PARIS a ſon nom des anciens peuples qui l'ont habité, nommez *Pariſij*. Lee nom de ces peuples ne doit point eſtre recherché plus auant, pour le tirer de Paris le Troien, ou de la Deeſſe Iſis, dont l'Idole a eſté autrefois à ſainct Germain des Prez, [a] & finalement de quelques peuples d'Aſie appellez *Parrhaſij*, ou du Grec παῤῥησία, ou παρ'ισιαν qui eſtoit Melun, baſty cõme Paris. Cette ſuperbe ville rejettant ſon nom ancien a pris celuy de ſes peuples, ainſi qu'ont fait les autres villes de France, ce que les Autheurs du cinquieſme ſiecle, & du moyen âge ont introduit: comme il eſt arriué pour Rheims, Langres, Beauuais, Poictiers, Xainctes, Troyes, Tours, Bourges, Limoges, Arras, Meaux, Sens, Soiſſons, Amiens, & autres. Le nom ancien eſt *Lutetia*, [b] *Leucetia*, [c] & [d] *Lucotecia & Lutecia à luto*, à cauſe de ſes mareſts. [e] Paris eſt vn pays, comme a dit vn des Rois de France, [f] & non vne ville. Noms.

a Antiq. de Paris, par Iacques du Brueil.

b Cæſ. de bell. Strabo.
c Iulian. Myſopog.
d Ptolem.
e Cæſ. li. 7.
f François premier.

Nous ne baillons point les confins de Paris, puiſque cy-deſſous ſera deſcrit le reſſort de ſa Iuſtice ordinaire, qu'on appelle Preuoſté & Vicomté de Paris, & que nous ferons ſuiure la deſcription des Prouinces plus voiſines de cette excellente ville, capitale du Royaume de France, & ſejour ordinaire des Rois depuis fort long-temps, comme nous l'auons dit ailleurs. Il a 48. degrez 40. minutes de hauteur de pole ou de latitude dans le 8. climat moderne. Il eſt eſloigné du premier Meridien de 23. deg. 30. min. qui eſt ſa longitude. Pour ſon eſtenduë, il ſuffit de dire que c'eſt aujourd'huy l'vne des plus grandes villes du monde, & qu'il n'y en a point en la Chreſtienté, ny dans l'Europe, qu'on luy puiſſe comparer. La ſeule ville de Conſtantinople pourroit aller du pair auec elle, ſi les continuels baſtimens qu'on fait dans les faux-bourgs de Paris, leſquels on enferme meſmes dans la ville, ne luy rauiſſoient cét aduantage. Amſterdam en Holande, Anuers en Flandres, Seuille & Liſbonne en Eſpagne, Londres en Angleterre, auec les plus grãdes villes de l'Alemagne & de l'Italie luy cedent facilemẽt pour ceſte raiſon-là. Sa longueur peut eſtre priſe depuis la porte S. Iacques iuſques à la porte S. Martin, & ſa largeur depuis la porte S. Honoré iuſques à celle de S. Antoine. Confins. Eſtenduë, diuiſion & deſcription.

Ses cõmencemens ont eſté petits, puiſque ſelõ Ceſar, [g] ce n'eſtoit qu'vn bourg baſty ſur la Seine & dans l'Iſle que ceſte riuiere-là y forme, & vn fort, *Caſtellum*, [h] qui en eſtoit clos & enfermé. [i] C'eſtoit l'ãcienne aſſiete du *Pariſis*, auquel appartiennent encores quelques petits lieux, & dont les anciens ſols & deniers Pariſis peuuent conſeruer la memoire, auec la porte qu'on nõme encores de Paris. Elle eſt aujourd'huy diuiſée en trois portiõs principales, dont la plus grãde, qu'on appelle la ville, eſt la plus baſſe, aſſiſe ſur vn bras de la Seine, vers le Leuant & le Septentrion. La ſeconde portiõ eſt la moindre, qui eſt auſſi ſur la Seine, vers le Midy & le Couchant, en lieu plus eſleué & vn peu mõtueux, & ſe nõme Vniuerſité, où ſont tous les Colleges de Paris, en nõbre de 63. & les plus anciennes Abbayes & Monaſteres. Le reſte qui eſt enfermé de la Seine en forme d'Iſle, eſt appellé la Cité, qui eſt la partie plus anciẽne de Paris, jointe aux autres par diuers ponts. La ville eſt formée & eſtenduë en Croiſſant: On y entre par ſept portes, ſçauoir S. Antoine, du Tẽple, S. Martin, S. Denis, Montmartre, S. Honoré & la porte-Neufue, deſquelles les quatre cõduiſent en autant de ruës principales de cette puiſſante ville, qui ſont S. Antoine, S. Martin, S. Denis & S. Honoré. Il y a cinq faux-fourgs qui appartiennẽt à ceſte partie de Paris, ſçauoir celuy du Temple, S. Martin, S. Denis, Mont-martre & S. Honoré. Ses anciennes murailles cõmençoient au Louure, enfermoiẽt l'Egliſe de S. Euſtache, auec les Hoſpitaux de S. Iacques & S. Iulian, mõtoient iuſqu'à ſaincte Catherine du Val des Eſcholiers, & delà prenans la porte S. Antoine finiſſoiẽt au Conuent dit vulgairement *Aue Maria*, contre la Seine. Depuis on a enfermé certains faux-bourgs & fait vne nouuelle cloſture de muraille, dont le foſſé eſt arrouſé de la riuiere. Les portes de Mõtmartre & de ſainct Honoré ont eſté abbatuës, & les faux-bourgs enfermez dans la ville, auec vne nouuelle porte du coſté des Tuilleries, nõmée de la Conference. Ville.

g Li. 6.
h Amm. Marcell.
i Strab. li. 6. Iulian. in Myſop.

Cité. La Cité est diuisée en quatre petites Isles, formées par la Seine, on y va par diuers ponts de bois, ou de pierre. C'est le cœur de la ville de Paris, où est l'Archeuesché, l'Eglise nostre-Dame, & le Palais dont il a esté parlé au Gouuernement de France, traitant la Cour de Parlement de Paris. C'est vn ouurage d'Enguerrand de Marigny surintendant des finances, sous Philippe le Bel. Elle a eu anciennement quatre portes, à la teste d'autant de ponts, sçauoir celle du grand Chastelet, ou de Paris, au pont nostre-Dame, & au pont au Change, appellée porte d'Enfer, la troisiesme estoit au petit Chastelet, sur le petit pont, & la quatriesme, au pont S. Michel. Les ponts sont celuy de nostre-Dame, le pont au Change, autresfois nommé le grand Pont, [a] qui est abbatu; le pont aux Meusniers, aux Marchands ou aux Oyseaux, qui fut bruslé par accident en l'année 1621. auec les maisons & marchandises des orfevres & autres qui habitoient aux costez. On le remet presentement, à six arches, basty de pierre, auec vn plus beau dessein; le petit-Pont & celuy de S. Michel. Ce sont les ponts plus anciens de Paris, qui du temps de Iules Cesar & de Iulian l'Apostat n'auoit que des ponts de bois, & n'en eut au commencement que deux, le grand & le petit, où aboutissoient le grand & le petit Chastelet. [b] Le Petit pont fut basty de pierre dés l'an 1314. [c] Celuy de nostre-Dame fut acheué de bastir de pierre l'an 1507. sous le Roy Louys XII. estant entrepreneur & conducteur de l'ouurage *Ioannes Iucundus* Cordelier Veronois, [d] grandement versé en l'Architecture. Ez deux costez d'iceluy sont edifiées soixante-huict maisons, de mesme hauteur & largeur, au niueau de celles des ruës prochaines & contiguës: ez quatre coins se voyent des tourelles, & au milieu les Images de nostre-Dame & de S. Denis auec les armes de Paris au dessous. Le pont-Neuf, qui est entre le Louure & les Augustins, fut commencé à bastir l'an 1578. sous Henry III. lequel y assit la premiere pierre. Mais estant demeuré imparfait, Henry IV. son successeur, apres auoir heureusement restably la paix dans le Royaume, y fit mettre la main; de sorte que dés l'an 1604. il fut en estat de seruir; il contient douze Arches, sçauoir sept du costé du Louure, & cinq du costé des Augustins, au milieu desquelles finit la pointe de l'Isle, qui occupe la place presque de deux Arches. Le sol du pont est party en trois; au milieu passent les carrosses & les cheuaux; les deux costez sont deux allées qui s'esleuent de deux pieds plus que le milieu, les barrieres qui sont au bout ne permettent pas qu'autres que les gens de pied y passent. Le long des allées est vn accoudoir d'où l'on a veuë sur la riuiere, auec des culs de lampe sur chaque pile, qui s'aduancent sur l'eau. A la deuxiesme arche du pont du costé du Louure est erigée vne pompe, qui esleue & monte l'eau de la riuiere. C'est vne Samaritaine versant de l'eau à nostre Seigneur, & au dessus vne industrieuse horloge, qui monstre & marque les heures deuant midy en montant, & apres midy en descendant, auec le cours du Soleil & de la Lune sur nostre horison par vne pomme d'ebene, & outre ce represente les mois, & les douze signes du Zodiaque dans six espaces en montant, & six en descendant. Elle sonne les quarts d'heure; & certaines clochetes, qui sont derriere, lors que l'heure est preste à sonner, donnent vne musique agreable, qui s'entend d'assez loin. Au milieu des arches, où finit la pointe de l'Isle du costé des Augustins, est vne excellente statuë de bronze, representant le Roy Henry le Grand à cheual, lequel a parfait le b[illegible] ouurage de ce pont; & aux quatre faces du piedestal sont grauées & representées sur le bronze les victoires heureuses & incomparables de ce valeureux Monarque, à quoy on a trauaillé cy-deuant & dés l'an 1637. le piedestal a esté descouuert & clos de treillis de fer. Ceste piece exquise fut enuoyée de Florence par Ferdinand premier & Cosme second son fils grands Ducs de Toscane, oncle & cousin de la Royne Marie de Medicis, mere du Roy regnant. Outre les ponts susmentionnez, il en a esté fait quelques autres sous le Roy regnant, sçauoir celuy de la Tournelle, partie de bois, partie de pierre; celuy des Tuilleries, par lequel on va au pré aux Clercs lequel s'est abbatu en partie; celuy de l'Hostel-Dieu basty de pierre; & outre ce, le pont sainct Michel a esté aussi basty de pierre depuis peu de temps.

Ponts.

Pont-Neuf.

[a] Antiq. de Paris, Iacques du Brueil.

[b] Idem.

[c] Idem.

[d] Idem.

Vniuersité. L'Vniuersité, comme la partie plus esleuée de Paris, semble la couurir en forme d'vn chapeau. Elle a huict portes, sçauoir sainct Bernard, sainct Victor, sainct Marcel, sainct Iacques, sainct Michel, sainct Germain, de Bussy & de Nesle, auec cinq faux-bourgs, qui sont celuy de sainct Germain, lequel est tres-beau

& de la iuste grandeur d'vne ville entiere, sainct Michel, sainct Iacques, sainct Marcel & sainct Victor. Au faux-bourg sainct Germain est l'Hostel nommé de Luxembourg, que la Royne mere du Roy a fait bastir auec vne symmetrie & architecture excellente. La porte sainct Iacques conduit en vne des ruës maistresses & principales de Paris. Le plus ancien College qui soit en l'Vniuersité est celuy de Sorbonne, dont nous auons parlé ailleurs, [a] basty pres de l'ancien Palais, ou Chasteau des Thermes, ou Estuues, ancienne habitation de Iulian l'Apostat, qui est aujourd'huy l'Hostel de Cluny, où logent depuis long-temps les Nonces du Pape, en la ruë des Mathurins, pres de la ruë de Sorbonne. Au village d'Arcueil, ainsi nommé des arcs bastis de brique & de pierre de taille, lesquels y sont, est vne fontaine dont l'eau est conduite par des tuyaux ou aqueducts iusqu'en ces Thermes, & ce bastiment auec ceux des grand & petit Chastelet, semblent les plus anciens de Paris, & les traces des Romains dans la ville. Les Colleges sont ceux de Harcour, qui porte le nom de son fondateur Robert de Harcour; des Cholets, fondé par le Cardinal Cholet; du Cardinal le Moine, ou des Picards; de Nauarre, par Ieanne Royne de France & de Nauarre, Comtesse de Champagne, lequel est le plus beau & remarquable de tous; de Bayeux, de Seez, de Laon, de Beauuais & de Presles, de Montagu, de Narbonne, du Plessis & de Marmoustier, de Bourgogne, de sainct Wast ou d'Arras, des Lombards, de Tours, de Torcy ou de Lisieux, du Cardinal Bertrand ou d'Autun, de Grammont, de Cambray ou des trois Euesques autrement College Royal, de Chanac ou de Pompadour, de Boncourt, de Tournay, des Alemands, de Iustice, de Boissy, de Dormans, de nostre-Dame de Bayeux, de Daimuille, de Cornoüaille, de Fortet, de Treguier, de Rheims & Cocquerel, de la Marche, de la Mercy, du Mans, de saincte Barbe, de Clermont, ou des Iesuites, des Grassins, & autres au nombre de 63. Les PP. Iesuites ont leur College, dit de Clermont en la ruë S. Iacques, leur Eglise dite de S. Louys en la ruë S. Anthoine: & leur Nouicial au faux-bourg S. Germain.

Sorbonne.

a Discours general de la France. Religion.

Colleges.

Outre le Louure, qui est la maison Royale, le Palais, la Bastille & l'Arsenal, dont il sera parlé cy-apres, & l'Hostel de Luxembourg, que nous auons mentionné en passant, les Princes & Seigneurs du Royaume ont leurs Hostels dans Paris, comme sont l'Hostel de Condé, de Soissons, d'Angoulesme, de Longueuille, de Neuers, de Nemours, d'Elbœuf, de Sault ou Crequy, de Guyse, de Mayenne, de sainct Pol, de Sens de Cleues, de Schomberg, de Lorraine, de Mercœur ou de Vendosme, de Cheureuse, de Richelieu, dit Palais Cardinal, de Carnaualet, d'Espernon, de Sourdis, de Rostaing, de Villeroy de Ventadour, de Brissac, de la Mark ou de Puisieux, de Liancour, de Lesdiguiers, de la Curée, de S. Chamond, d'Effiat, de l'Abbé de Royaumont, de Vitry, de la Roche-guyon, de la Melusine, de Seguier, & plusieurs autres belles & grãdes maisons des principaux officiers de la Couronne, de Iustice, & de finances.

Hostels.

L'air de Paris & des enuirõs est fort bon & sain, quoy qu'il soit vn peu grossier, & que les pluyes y soient frequentes, toutesfois moderées. L'eau de la Seine est meilleure & plus salubre que celle du Tibre, du Nil, & de tout autre fleuue qui soit au monde. Elle a de fort bon poisson, & son terroir produit de bons vins, froments & laitages. La terre y est grasse d'vn costé, plus legere & sablõneuse en vn autre, en aucuns lieux seche & chaude, & en d'autres marescageuse, humide & arrousée de fontaines: Ce tẽperament donne d'aussi bõs bleds qu'en autre endroit du Royaume. Les orges, auoines, millet & tous legumes y viennent bien. Les fraises, asperges, artichaux, melons, courges, concõbres, põmes, poires, prunes, abricots, cerises, amendes, noix & autres fruits & herbes potageres s'y recueillẽt. Les orengers & citronniers n'y peuuẽt porter fruit qu'auec le soin de les garder de la gelée. Il y a mesmes des grenadiers, & des figues. Les iardiniers des enuirons de Paris ont l'industrie de conseruer au plus fort de l'Hyuer des pois asperges, artichaux, cardes, chicorées blanches, laictuës põmées & choses semblables, qui ne se trouuent ailleurs qu'en Esté. Il s'y trouue des simples & herbes medicinales, auec des fleurs odorantes; & pour cét effet l'année 1633. Guy de la Brosse medecin, & Guillaume Robin chirurgien, & tres-expert aux plantes; y commencerent vn jardin dans le faux-bourg sainct Victor par ordre du Roy & du sieur Bouuart premier Medecin de sa Majesté, pour y recueillir tous les simples & herbes seruans à la medecine: & quant aux eaux de la ville, les fontaines de Rugis, qui en sont esloignées de trois lieuës, ayans esté descouuertes, par diuers canaux & aqueducts conduits auec grande despense & industrie l'eau en a esté attirée dans Paris, qui en est arrousé & decoré par plusieurs fontaines en diuers endroits & places publiques, ce qui a contribué beaucoup à la santé des habitans. On adiouste à cela que l'eau du village de Gonesse, bourg tres-agreable en l'Isle de France, [a] à quatre lieuës de Paris, estant tres-bonne, le pain qui en est pestry & porté dans Paris, est meilleur que les autres, [b] lesquels estans faits par des boulengers estrangers, se nomment chalands; & ceux qui sont pestris dans la ville ont diuers noms, de pain bourgeois, pain de chapitre, & autres qui ne sont pas si bons que le pain porté. Le pasturage est bon ez enuirons de Paris, où les vaches, moutons, la volaille, & tous animaux domestiques & sauuages ne manquent point. La mer n'en estant esloignée que de deux iournées, le poisson frais & salé y est apporté en abondance. Les carrieres de plastre & de pierre dure de diuerses sortes y abondent en plusieurs lieux, [c] pour la commodité des bastimens. La froideur du plastre, qui est d'ailleurs venimeux & peut nuire aux parties vitales estant frais, ou bien la rigueur de l'Hyuer, portent les habitans de Paris & des enuirons à tapisser leurs chambres de nate; finalement la campagne de Paris & de l'Isle de France est recommandée pour toute sorte de chasse, à cause des belles campagnes pour la course du lieure & le vol des perdrix qui s'y trouuent en quantité; des bois & forests pour la venerie des cerfs & sangliers; & des riuieres pour la pesche du poisson & le giboyement des oyseaux de riuiere.

a Thuan.

b Du Pradel vie rust. ch. 8.

c Mont martre & ailleurs.

Mœurs. Le peuple de Paris est bon, deuot & religieux, plein d'industrie & fort addonné au trauail, pour tirer profit de tout, auec vn grand soin de gagner, possible auec auarice & trop d'amour pour l'argent, qu'il attire non seulement de toutes les Prouinces de la France, mais aussi des nations estrangeres, lesquelles y abordent de toutes parts. Les femmes y sont graues & retenuës, les filles bien esleuées & agreables generalement. Les hommes y aiment les lettres & les cultiuent, auec vne grande cognoissance des affaires de Iustice & des finances. Le sejour de ceste bonne ville, où toutes les occasions d'employ pour les lettres & les finances se rencontrent, ne peut que les rendre capables d'y reüssir par dessus les habitans de tout le reste du Royaume.

Richesses & forces. Nous auons parlé ailleurs [d] de la richesse de Paris, dont les causes sont assez cogneuës. Le sejour des Rois & de leurs Conseils, le grand nombre des Cours de Iustice & de finances, & particulierement la Cour de Parlement & la Chambre des Comptes, compagnies tres-augustes, y attirent de tous les endroits du Royaume, tant de personnes de tous ordres & qualitez, que les plus clairs deniers y sont apportez ou pour frais de Iustice, ou chez les marchands & toute sorte d'ouuriers, dont ceste grande ville est remplie par excellence sur toutes celles du Royaume, & les estrangeres. Les seuls loüages des maisons ou des chambres garnies entretiennent vn nombre infiny de familles. La vaisselle d'argent y est en tres-grande quantité, soit chez les orfevres, soit dans les maisons des financiers, & autres. L'vsage si frequent & ordinaire des carrosses dans la ville, peut bien marquer le luxe des habitans: mais il tesmoigne aussi l'abondance de leurs moyens, qui sont bien differents de ceux qui pouuoient estre vn siecle auant nous, auquel temps peu de gens dans Paris, apres les Princes & grands Seigneurs, vsoient de carrosses. [e] Si le reste du Royaume, à cause des guerres ou ciuiles ou estrangeres, est en quelque disette d'argent, Paris seul en peut fournir autant qu'vne ou deux Prouinces entieres. Quant à ses forces, elles sont principalement considerées au nombre immense des habitans, qui ne fut iamais plus grand qu'il est aujourd'huy. Du temps de Louys XI. les habitans de Paris firent leurs monstres hors la porte S. Anthoine en presence du Roy, de l'Ambassadeur du Roy d'Arragon, & autres, où furent trouuez 104. mille hommes armez & vestus tous d'vne mesme liurée, de hoquetons rouges à croix blanches. Nous auons à bon droit mis ensemble les richesses & les forces de Paris, d'autant qu'en sa richesse consiste sa force, & non en ses murailles, fossez, tours ou remparts. L'Arsenal & la Bastille, dont l'vn enferme les canons & l'artillerie du Roy, & l'autre ses thresors ou les finances qui sont de reserue dans ses coffres, sont considerables par là, & non par leur bastiment, non plus que le Palais, ou le Chastelet, qui peut auoir esté autresfois vne forteresse sous Iulien

d Disc. gen de la France, Richesses.

e Thuan. in Comment. vitæ suæ.

l'Apostat & Gratian Empereurs Romains: on considere en ces lieux-là la force & la vigueur de la Iustice qui s'y exerce pour le Roy, & la terreur des prisons, qui n'en exceptent point les personnes plus qualifiées du Royaume, soit pour le criminel, soit pour le ciuil. Puisque la force de Paris consiste en sa richesse, nous y reuiendrons encores pour dire que les marchandises plus exquises se font dans la ville mesme, comme sont ses belles escarlates & autres estoffes, ou y sont portées de tous les endroits du Royaume, de toute l'Europe, voire de l'Afrique, de l'Asie, de la Chine & des Indes Orientales & Occidentales; & qu'en tout cas Paris peut fournir de son chef les choses plus precieuses, en telle sorte qu'on croid que les raretez plus grandes en peintures ou autres pieces, auec toute la richesse en vaisselle d'argent qu'on remarque en la foire de sainct Germain des Prez, ne viennent point d'ailleurs, & n'y sont apportées que de Paris mesme.

La Cour de Parlement de Paris, ou la Chambre des Comptes, auec la Cour des Aydes, de mesme que le grand Conseil, les Maistres des Requestes, ou les autres Iustices qui sont enfermées dans le Palais à Paris, dequoy nous auons traicté cy-deuant, [a] ne regardent pas proprement, ou tant seulement l'enceinte de ceste grande ville: mais bien le general de l'Estat, la maison du Roy, ou les ressorts des Cours & compagnies sumentionnées. Nous auons desia parlé du bastiment du Palais, qui est vne piece fort ancienne & considerable, d'vne fort grand enceinte, & où l'on void outre les sales & chambres seruans à la Iustice, la basse cour, les sales, galeries & degrez garnis de boutiques auec les marchandises plus curieuses, enjoliuées, & delicates dont les Dames & tous les habitans des autres Prouinces & les estrangers se pouruoient, là où il n'est besoin que de se garder du prix; car pour l'industrie & la gentillesse, elle ne se trouue point ailleurs. La sale des peintures embrasée l'an 1615. fut remise, sans les statuës des Roys qu'on y auoit veus releuées auec leur proportion naturelle. La table de marbre y fut consumée, laquelle on remarquoit pour vne des belles pieces de l'Europe. Le Louure, où les Rois sont logez ordinairement, est d'vne fort belle & riche structure. Le Roy Philippes Auguste, qui auoit fait clorre Paris de murs accompagnez de tournelles, fait pauer les ruës & bastir les Halles, le fit bastir en l'an 1214. Charles V. en l'an 1364. le repara & accreut. Mais le Roy François I. vn peu auant son decez fit commencer la grande sale, qu'Henry II. son fils & successeur paracheua. [b] François premier dés l'an 1528. auoit fait abattre vne tour qui estoit au milieu de la Cour du Chasteau, dont elle empeschoit les veuës. La sale des Antiques ou des Ambassadeurs, se void en bas auec des pieces rares: & entr'autres vne Diane d'Ephese. L'Hostel des Tuilleries, que la Roine Catherine de Medicis fit cōmencer l'an 1564. & que le Roy Henry IV. fit paracheuer, est ioint au Louure par vne tres belle galerie peinte & enrichie de tableaux representās les Rois de Frāce, à laquelle en est attachée vne autre plus longue qui va le long de la riuiere & cōduit iusqu'aux Tuilleries: Au deuant desquelles est vn iardin aboutissant d'vne part pres la porte S. Honoré, & de l'autre à la porte Neufue, qui a veuë sur les fossez de la ville. L'escallier des Tuilleries est vn chef d'œuure d'Architecture, & vne piece fort hardie, tournāt en limaçon, & suspendu en l'air, sans aucun noyau qui en soustiēne les marches. Le bastiment du Louure se cōtinuë depuis deux ou trois années, sur le dessein qu'on en auoit fait dés le regne de François I. ou Henry II. où se forme vne cour fort vaste, apres auoir abbatu le vieil bastimēt, qui estoit ioignant le principal escallier & cōtinué l'autre, d'vne mesme face, & tres-belle architecture.

Gouuernement. | Palais. | Le Louure & les Tuilleries.

[a] Disc. gen. de la France, Gouuernement.

[b] 1548.

L'Hostel des Tournelles, ou de S. Pol, auec le parc, estoient du Roy Charles V. Henry II. ayant esté blessé par le Comte de Mont-gommery au Tournoy dressé dās la ruë S. Antoine, fut porté & mourut en cét Hostel l'an 1559. & la Roine Catherine de Medicis l'an 1565. le fit démolir pour le regret d'vn accident si funeste; c'est aujourd'huy la place Royale, dont le Roy Henry IV. en l'an 1604. fit commencer les nouueaux bastimens & maisons, qui sont de sēblable hauteur & structure, auec les arcades & allées couuertes qui sont ez enuirōs. La Bastille & l'Arsenal, qui sont du mesme quartier de la ruë S. Antoine, sont du mesme Roy Charles V. qui se pleût en cét endroit de la ville. A tous ces bastiments publics doiuent estre adioustées les Academies Royales dressées en plusieurs endroits de la ville, où se rend presque toute la noblesse du Royaume, pour y monter à cheual & y estre instruite aux autres exercices.

Les tournelles.

Nous parlerons cy-dessous du gouuernement de la Iustice de Paris, & des villes & lieux qui sont du ressort de sa Preuosté & Vicomté. Le gouuernement Politique, qui ne regarde que la ville seule, est en la main du Preuost des Marchāds & Escheuins, qui selon la commune opinion des Historiens[a], sont de l'institution du Roy Philippes Auguste l'an 1190. auec les armes de la ville de Paris, qui porte de gueules, à vne nef d'argent au chef d'azur semé de fleurs de lys d'or. Le nom & la charge auec ses reglemens peuuent estre du Roy susdit, mais les regnes precedens n'auoient pas veu Paris sans corps de ville & officiers : Les Capitulaires de Charlemagne font mention *de Scabinis*, qui sont Escheuins. Les Iuges du Parloir aux Bourgeois estoient auparauant, qui sous le regne de Childebert tenoiēt leur siege en vne maison pres de la valée de Misere, qu'on nomme encores la Maison de la marchandise, & vindrent depuis en vn Hostel assis pres la porte S. Iacques.[b] De là peut proceder que des dix Sergens du Preuost des Marchands & des Escheuins, les six sont Sergens du Parloir aux Bourgeois, & les quatre autres seruent au fait de la marchādise. L'ancien bastiment de la sale & Hostel de ville de Paris, auoit esté l'Hostel de Charles, Dauphin de France & regent pendant la prison du Roy Iean son pere detenu en Angleterre, & auoit esté autrefois appellé la maison des pilliers, à cause que les edifices prominens en la place de Greue pres de la Seine, où ce logis estoit situé, estoient soustenus sur des pilliers. Sous le Roy François I. l'an 1535. fut fait le nouueau bastiment de l'Hostel de ville, & la premiere pierre posée auec solennité, & le Roy Henry IV. en l'an 1606. le fit remettre depuis le sol iusqu'au faiste, auec nouuelles reparations de la sale, pauillon, colonnes & tour pour l'horloge en l'an 1608. Le Preuost des Marchāds & les Escheuins, qui ne sont que quatre en nombre, sont en charge l'espace de deux ans, & peuuent estre continuez. De deux en deux ans on eslit deux nouueaux Escheuins le lēdemain de l'Assomption nostre Dame à la pluralité des voix;[c] & ces charges auec celle du Preuost des Marchands ne sont dōnées qu'à ceux qui sont nez en la ville ou és faux bourgs de Paris.[d] Es processions & assemblées, le Preuost des Marchands porte vne robbe de satin ; les quatre Escheuins l'ont mi-partie de rouge & de violet, & les 26. Conseillers de la ville, de rouge & de tanné, les Sergens, de bleu & de rouge. On joint à tous ces officiers les seize Quarteniers, départis par autant de quartiers de la ville, qui ont sous eux les Cinquanteniers ordonnez sur les Dizeniers, & dans cét ordre de superiorité depuis le Preuost des Marchands, iusqu'aux derniers officiers politiques, les fortifications & guets de la ville, la vente des denrées à prix raisonnable, les mesures de tous breuuages & denrées, le repos & tranquillité des habitans cōtre tous seditieux, rebelles & estrangers sont procurez & reglez auec bon ordre dans vne si vaste & populeuse ville qui a esté susceptible de grandes esmeutes & seditions pendant les regnes passez par l'ambition & les menées des Princes & Grands du Royaume. Il y a aussi 120. Archers, 60. Arbalestriers, & cent Arquebusiers qui sont du corps de l'Hostel de ville, auec les Guets de pied & de cheual, cōmandez par vn chef nommé Cheualier du Guet qui a des Capitaines sous luy : on rapporte l'institution de l'vn & de l'autre Guet au Roy Charles VIII. à la requeste des bourgeois de Paris, pour estre comme la Iustice Nocturne de Venise, & le *Præfectus Vigilum*, & sa cohorte ou officiers dans Rome. Pour l'ordre de cette garde furent establis deux Notaires, ou Clercs du Guet, auec despartement d'iceluy en douze diuerses places & endroits de la ville. Parmy les diuers officiers de Police, qui dependent du Preuost des Marchands & des Escheuins, sans comprendre les susmentionnez, auec le Greffier & Receueur de la ville, dont le Procureur prend la qualité de Procureur du Roy, comme sont Mesureurs, Courretiers, Pontonniers, Deschargeurs, Iaugeurs, Mouleurs & autres, sont remarquables les 24. Crieurs de vins & corps, qui seruēt à faire les conuois funebres, & sont employez en leurs nombres complets pour celuy des Rois decedez, & pour les autres personnes & habitans de Paris certain nombre d'entr'eux y vaquent. Les 24. porteurs de sel seruent aussi à porter les corps des Rois decedez. Les Chableurs des ponts de Corbeil, Melun, Montereau-faut-yonne, Pont-sur-Yonne, Sens, Ville-neufue-le-Roy & du Pertuis Auferne, sont iusticiables des Preuost des Marchands & Escheuins de Paris, lesquels aussi ont Iustice dans la ville, & leurs Sentences peuuent estre executées nonobstant l'appellation. Tous ces premiers officiers de la ville de Paris, sçauoir le Preuost des Marchāds, Escheuins, Conseillers de ville & Quarteniers ont diuers droits & presents annuels de la Communauté, consistans entr'autres choses en vn cent de jettons d'argent, des torches, cierges & bougies, auec leur franc-salé au grenier à sel de Paris ; & par vn priuilege special de cette ville Royale, les causes qui la concernent en corps de Communauté ne peuuent

Preuost des Marchands & Escheuins.

Hostel de ville.

[a] Du Haillan.

[b] Belleforest Cosm. vniu. Antiq. de Paris par du Brueil.

[c] Chenu. Antiq. des villes.

[d] Deliber. de la ville de Paris 17. Aoust 1450.

estre traictées ailleurs qu'en la Cour de Parlement de Paris en premiere instance, par lettres de Charles VI. de l'an 1437. confirmatiues de celles de Charles V. de l'an 1324.[a] La ville & les faux-bourgs jouïssent de pareils priuileges par ordonnance de Charles V. de l'an 1374. Le mesme Roy voulut en l'an 1371. que tous les habitans de Paris fussent nobles, mais cela n'est obserué que pour ceux qui ont esté Escheuins, & a esté fort expressement ordonné par Edit du mois de Ianuier 1577.[b] tant pour eux, que pour le Preuost des Marchands, auec le titre & qualité de Cheualier; & les Procureurs de la ville, qui ont seruy dix ans, sont pareillement Nobles, duquel priuilege jouïssent les Capitouls de la ville de Toulouse. Ceux qui ont pretendu d'alleguer le nombre des maisons de Paris, pour le restraindre à douze mille,[c] sans y comprendre les faux-bourgs, se trouueroient mescontez aujourd'huy & depuis les trois derniers regnes, comme a remarqué vn escriuain docte & curieux.[d] La ville deuient si grande qu'elle ne se peut soustenir soy-mesme, comme on a dit de Rome autrefois.[e]

a Antiq. de Paris, Iean du Brueil.
b Henry III.
c Scalig. exercit. 160.
d Pap. Masson
e Nec se Romana ferens. Luc.

La Iustice ordinaire de Paris, laquelle n'a qu'vn degré de jurisdiction, d'où l'on appelle en Parlement, comme nous auons remarqué ailleurs,[f] a pour chef le Preuost de Paris, lequel en inscrit les Sentences, & est homme d'espée & de robbe courte. Il a trois Lieutenans, sçauoir le Lieutenant Ciuil, le Criminel, & le Particulier, plusieurs Conseillers, vn Aduocat & vn Procureur du Roy, lesquels seruent aussi au siege Presidial estably dans ladite ville, & seant au Chastelet, d'où ils sont appellez ordinairement Conseillers au Chastelet. La charge de Conseruateur des priuileges Royaux est vnie à celle de Lieutenant Ciuil. Les Commissaires Enquesteurs & Examinateurs, & les Notaires Royaux sont aussi du corps du Chastelet. Les Commissaires ont leurs charges meslées de police & de Iustice, & 18. d'entr'eux sont pris de tous les quartiers & par tour pour vaquer à la police de la ville & faux-bourgs; Les autres 22. seruent en leur quartier, & ont leurs commissions distribuées pour les Enquestes & Examen des tesmoins en Iustice, interrogatoires & auditions des parties en ciuil & criminel, & autres faits de leurs charges. Les autres supposts sont les Auditeurs des Comptes des tutelles, les Greffiers ciuil & criminel, & du Castelet, les Sergens de la douzaine, les fiefez, & autres Sergens à cheual, le Concierge & Guette du Chastelet. Les quartiers de la ville en nombre de seize, où sont autant de Quarteniers, & nombre de Commissaires, excedent le nombre des anciennes regions de Rome, qui n'estoient que quatorze[g], & sont les suiuans, la Cité, la porte de Paris, la Greue, sainct Merry & sainct Auoye, sainct Geruais & la Mortellerie, la porte Baudaye & S. Antoine, la Verrerie, la Tisseranderie, le Temple & la ruë S. Martin, la ruë S. Denys & S. Iosse, les Halles, S. Eustache, S. Honoré; S. Germain de l'Auxerrois, la ruë de la Harpe, & la place Maubert.

Preuost de Paris.
Quartiers de Paris
f Disc. gen. de la France, Gouuernement.
g Victor de Reg. Vrb. Rom. Sext. Ruff.

La ville de Paris a plusieurs autres Iustices ordinaires & non Royales, qu'on appelle Temporelles, comme le For l'Euesque, celle de l'Abbé de sainct Germain des Prez, du Doyen de S. Marcel, de saincte Geneuiefue, S. Victor, S. Magloire, & autres Ecclesiastiques, auec le Bailly du Palais. Le Iuge & Consuls des Marchands y est aussi (dequoy nous auons parlé cy-deuant) par Edict du Roy Charles IX. l'an 1562. Ils sont pris d'entre les Bourgeois de Paris à la pluralité des voix en nombre de cinq tant seulement, dont le plus ancien & capable est Iuge des Marchands; & les autres quatre sont Consuls, & prestent serment à la Cour de Parlement. Ils sont seants au Cloistre sainct Merry, au cheuet de l'Eglise. Le bureau de la marchandise est en vne autre maison pres sainct Iosse, bastie expressement dans la ruë Quinquenpoix.

Iuge des Marchãs.

Nous auons recommandé la Religion & deuotion du peuple de Paris, & auons dit ailleurs,[h] que l'Euesque de la ville a esté fait Archeuesque & Metropolitain depuis quelques années, auec attribution d'Eglises suffragantes distraites de l'Archeuesché de Sens. L'Eglise Cathedrale est celle de nostre Dame, dans la Cité, dont la premiere fondation est rapportée à Childebert I. fils du grand Clouis, l'an 522.[i] mais le Roy Robert, (fils de Hugues Capet,) lequel establit son sejour à Paris, la fit rebastir auec le dessein qui s'y void aujourd'huy. Les Rois suiuans continuerent le bastiment, jusqu'à Philippe Auguste, sous lequel & par les soins de Maurice Euesque de Paris, ceste magnifique Eglise fut paracheuée. L'effigie de ce grand Roy,[k] (auquel la ville de Paris doit la plus grande part de ses ornemens) qui se trouue la derniere des vingt-huict Rois ses predecesseurs, à commencer par le susdit Childe-

Religiõ.
Eglise de nostre Dame.
h Disc. gen. de la France Religion.
i Fortun. li. 2. c. 11. Aym. li. 3. c. 57.
k Auec vne pomme Imperiale à la main.

bert, releuez en bosse au dessus des trois portaux de l'Eglise, conserue la memoire de cét ouurage accomply par luy. Les fondemens en sont assis sur des pilotis, où cette spacieuse masse est construite & esleuée par cent vingt gros pilliers, faisant deux allées dans œuure tout autour, sans comprendre les Chapelles. Elle est longue de cent deux pas, & large de soixante. Le chœur & la nef ont ensemble soixante-six toises de longueur, dix-sept de hauteur, & vingt-quatre de largeur, le tout dans œuure. En toutes ses dimensions, & excellence de la structure, on a creu [a] quelle surpassoit le Temple de Diane d'Ephese. Dessus les six principales portes du frontispice de l'Eglise se presentent deux hauts clochers, qui sont deux fortes tours quarrées, & en icelles sont huict grosses cloches. Dans le petit clocher, sur la croisée de l'Eglise, il y a six cloches moindres. On monte au haut des grosses tours par 389. degrez de pierres larges & longues. On va d'vne tour à l'autre par deux galleries hors d'œuure, toutes grauées, l'vne haute, & l'autre plus basse, où sont les statuës susmentionnées des Rois iusqu'à Philippes Auguste. Les autres parties, ornemens, architecture & charpenterie de cette belle Eglise seroient trop longues à déduire, & ont esté curieusement décrites par des Auteurs modernes.[b] Le Crucifix qui est au dessus de la grande porte du chœur, auec la Croix & le pied du Crucifix fait en arcade, auec l'image de la Vierge Marie qui est aussi au bas, sont tous chefs d'œuure de taille & sculpture, faits chacun d'vne seule piece. A costé du grand Autel est vne statuë esleuée sur vne colonne de pierre, representant au naturel le Roy Philippes Auguste. Elle contient 21. Autels, & 68. Chapellenies fondées. Les dignitez sont le Doyen, le Chantre, trois Archidiacres, le sous Chantre, 50. Chanoines, six grands Vicaires, dix Chanoines de S. Denis du Pas, & autres, auec 127. Chapelains. Cette Eglise est la premiere en dignité dans le Royaume, & l'Archeuesque de Paris est le premier & seul Curé du Roy en quelque lieu qu'il soit; & auant qu'il ait esté fait Metropolitain, il precedoit les Euesques consacrez deuant luy. Il y a grande quantité de Chasses & Reliques en l'Eglise de nostre Dame, auec rentes establies pour y entretenir des luminaires, & de nouueau la nef a esté ornée de plusieurs tableaux & enrichissemens, où l'or n'est pas espargné. L'Hostel Archiepiscopal est pres de l'Eglise, & a trois corps de logis: Pres dudit Hostel est vne maison destinée à nourrir les enfans trouuez ou exposez, tenuë par vne Dame qui les reçoit au premier apport. Le Chapitre a la direction de cette maison. Plusieurs Conciles de l'Eglise Gallicane ont esté tenus à Paris sous diuers Rois.

a Rob. Coen. hist. Gall. li. 1. Perioch. 3.

b Antiq. de Paris par I. du Brueil.

Hostel-Dieu.

L'Hostel-Dieu de Paris fut construict l'an 660. par Clouis second fils de Dagobert. Il fut accreu & augmenté de reuenu l'an 1535. par Antoine du Prat Chancelier de France, & depuis Cardinal & Legat en France, à cause dequoy on appelle ce nouueau bastiment, la sale du Legat ou l'Hostel neuf. Le Roy Henry IV. és années 1602. & 1606. y fit aussi rebastir quelques salles, auec trois gros pilliers qui sont en la riuiere. Il y a six sales grandes & petites, auec diuers offices & charges. Le Chapitre nostre Dame y a toute Iurisdiction temporelle & spirituelle. Il y a aussi vne maison de Religieuses de l'Ordre de S. Augustin, qui font leur profession pardeuant le Doyen & Chanoines de nostre Dame, & seruent les pauures de l'Hostel-Dieu, deuant lequel & au bout de la ceinture du Paruis se void vne grande statuë de pierre, qu'on estime estre l'ancien Esculape [c].

c Boterais in carm. de Lutetia.

Saincte Chapelle.

Le premier bastiment de la saincte Chapelle, qui est au Palais à Paris, a esté vn oratoire erigé par Robert Roy de France, & fut appellé nostre Dame de l'Estoile, auec institution des Cheualiers de l'Ordre de l'Estoile en l'an 1022.[d] Le Roy sainct Louis en l'an mil deux cens quarante-deux fit commencer le beau bastiment de la saincte Chapelle d'aujourd'huy, qui fut acheué cinq ans apres. Il est esleué & soustenu sur des colonnes qui semblent foibles pour porter la basse & la haute Chapelle l'vne sur l'autre; cét ouurage est iugé fort hardy, s'il y en a en France & ailleurs mesmes.[e] Il y a de pareilles dignitez qu'entre les Chanoines de nostre Dame, auec exemption de tous Archeuesques & Euesques, sans autres dependance que du S. Siege, tous les benefices de la saincte Chapelle estans de collation royale. Il se trouue aussi des reglemens faits par sainct Louis estant à Ayguesmortes en Languedoc l'an mil deux cens quarante-huict, pour le Maistre Chapellain, qui est aujourd'huy Thresorier de la saincte Chapelle, & autres Prestres y seruans. Les sainctes Chapelles du bois de Vincennes, de Diion, de Bourbon & de Champigny seront mentionées en leur lieu auec celles d'Arque, Persé & Vic le Comte en Auuergne, & celles de Bourges & Chasteaudun. Il y a trois Abbayes à Paris, ou és faux-bourgs,

d Fauyn, hist. Naugis Antiq. de Paris par du Brueil.

e Merula in Gallia.

sçauoir saincte Geneuiefue, S. Victor, où est vne tres-belle Bibliotheque, & les actes de la Pucelle d'Orleans, & sainct Germain des Prez. Il y a outre ce plusieurs Prieurez, comme celuy de sainct Martin des Champs, de saincte Catherine du Val des Escholiers, des Blancs-manteaux, de saincte Croix de la Bretonnerie, de sainct Antoine des Champs & autres; quantité de Conuents, soit anciens, comme des Cordeliers, Iacobins, Augustins, Carmes, Celestins, Chartreux, & autres, auec de belles & anciennes Eglises; plusieurs bastis de nouueau pour les Carmes, Capucins, Bernardins, Iacobins, Augustins & autres: quelques maisons de Religieuses, tant anciennes, cōme des filles-Dieu depuis S. Louis, des Cordelieres de saincte Claire depuis Louis XI. & plusieurs autres qui sont de fondation nouuelle, cōme des Capucines sous Henry IV. des Carmelines, de l'Annonciade, de la Visitation nostre Dame, des Fueillentines, Vrsulines, du mont-Caluaire. Outre l'Hospital susmentionné joignant Nostre Dame, il y en a plusieurs autres qui sont anciens, sçauoir sainct Geruais, saincte Catherine, en la ruë S. Denys, & là mesmes celuy de la saincte Trinité, celuy des Quinze-vingts aueugles, fondez par S. Louis,[a] & qui commença par les trois cens Cheualiers aueuglez par les Sarrazins; celuy des Filles-Dieu, la maison ou Hospital des Religieuses, dites Haudrietes, par le mesme S. Louis; le Prieuré ou Hospital Cōuentuel de nostre Dame des Billettes en la ruë des Iardins, tenu à present par les Carmes Reformez; celuy de S. Iacques aux Pelerins, ruë S. Denys; du S. Sepulchre en la mesme ruë, fondé par Louis de Bourbon, Comte de Clermont; de S. Iulien aux Menestriers, ruë S. Martin; du S. Esprit, en la place de Greue; du petit S. Antoine; des enfans-Dieu, ou enfans Rouges; & le grand Hospital de S. Louis, fondé lez Paris par le Roy Henry IV. dés l'an 1607. pour les pestiferez, & basty auec pauillons, cours, fontaines & corps d'hostels ou logemēs separez. L'Hospital des Incurables a esté fondé en 1637. & basti en l'vne des extremités du faux-bourg S. Germain, aydé des rentes de l'Hostel-Dieu, & de la liberalité de François Cardinal de la Rochefoucaut, & d'vn Commandeur, lequel y reside & y a donné ses biens. Le grād Hospital des petites Maisons est au mesme faux-bourg S. Germain, pour les enfermez & infirmes de sens.

a Le sieur de Ioinuille, en sa vie.

L'Ordre des Cheualiers Templiers, appellez ainsi du porche du Temple de Hierusalem, où ils s'assembloient, est de l'an 1122.[b] Ils se logerent à Paris, & se trouue acte de l'an 1212. passé au Temple par leur grand Maistre. C'estoit vn grand bastiment pour eux & les Cheualiers estrangers, capable de loger les Rois, comme fut Henry troisiéme Roy d'Angleterre en l'an 1254.[c] La grosse tour quarrée de l'Hostel du Temple fut acheuée l'an 1306. Sous Philippes le Bel & le Pape Clement V. cét ordre fut destruit & aboly dans Paris, auec condemnation à mort de plusieurs d'entr'eux. Le Roy Philippes se saisit de leur Hostel, y logea & fit apporter ses Thresors & Chartres. L'Eglise du Temple à Paris est bastie sur le dessein & plan du Temple de Hierusalem; Vne des Chapelles de l'Eglise fut bastie l'an 1532. Ces bastimens & logemens anciens auec la memoire de l'Ordre se conseruent à Paris en diuers noms d'vne ruë, porte, eschelle & marais du Temple, outre l'Eglise & l'enceinte de ses bastimens. Tēpliers.

b Matt. Polon.

c Math. Paris.

Les Parroisses de Paris sont trente-trois en nombre, outre les nouuelles adioutées depuis peu, auec Eglises de fondation ancienne par les premiers Rois, nombre de Chanoines & Chapellains, & autres Eglises qui en dependent, qui sont en nombre de 70. ou 80. dans la ville ou és faux-bourgs, auec plusieurs Conuents de Religieux espars en diuers endroits: plusieurs beaux Cimetieres, & entr'autres celuy de S. Iean en Greue, & celuy des Innocents, clos de murailles par Philippes Auguste, dont la terre consomme les corps dans huit iours. La Bibliotheque du Roy est gardée dans le Conuent des Cordeliers. La cognoissance de tous ces lieux de Religion auec leurs titres principaux se peut prendre du traicté de Iacques du Brueil, sous le titre du Theatre des Antiquitez de Paris, & la description pleine & exacte d'vne si puissante ville esgalleroit le labeur & le temps qu'on pourroit employer à l'histoire d'vne Prouince entiere. Elle s'accroist iournellement par le sejour des Rois, & si le feu ou la riuiere y emporte quelque chose, il est dans peu de temps restably & rendu plus beau au public, pour l'vsage & commodité des habitans. Le Palais s'estant embrasé, comme nous auons desia dit, la grande sale où estoient les effigies des Rois, fut depuis remise & rebastie: Me trouuant à Paris pour lors, les Distiches suiuans m'eschaperent de la plume.

Prospera LODOICI quod poscunt fata, resurgis.
Pulcrior & veteri sanctior æde lapis.
Sic iuuat extingui Regum monumenta priorum,
Omnia nec fato deteriore ruunt.

Paris est la capitale de l'Isle de France, qui ne font tous deux qu'vn Gouuernement. La Preuosté & Vicomté de Paris contient la Goele, l'Isle de France, & Vexin le François. Les lieux prochains de Paris sont le Chasteau, Bois & Chapelle Royale de Vincennes, appellé autresfois le Chasteau de Beauté, où est vne Eglise & saincte Chapelle, auec les fonts qui seruent au baptesme des enfans de France[a], sainct Maur des Fossez, Gentilly, arrousé d'vn ruisseau, appellé des Gobelins, à cause de l'escarlate qu'ils y font teindre, Arcueil, le pont de Charenton, & Conflans, où la Marne entre dans la Seine, & où est vn Echo admirable qui réd la voix & les paroles par plusieurs fois, Ruel belle maison; Chaliot & le Monastere des bons Hommes, ou Minimes, basty par la Reine Anne de Bretagne, veufue des Rois Charles 8. & Louis 12. auec vne belle Bibliotheque, auec vn Chasteau; Chevreuse Duché & Pairrie, Palaiseau, Chilly & Longjumeau, Marquisat & maison magnifique; Meudon garnie de statuës antiques de marbre & de bronze; Vanves & Yssi, lieux delicieux; sainct Cloud, nostre Dame de Boulogne, & le Chasteau de Madrid, Montmartre, nostre Dame des Vertus, le bourg & Abbaye Royale de Chelles, Nanterre, Versaille, où le Roy à present regnant a fait bastir; Argenteuil, le bourg la Reine, & Luzarche, d'où se tire la pierre de taille, dit de sainct Leu, ou Loup, approchant du marbre blanc.

[a] Theuet l. 15. c. 16.

La Goele. La Goele est le nom ancien d'vn petit pays, où est vn bon bourg, clos de murailles, assis sur vne colline, nommé Dam-Martin, qui porte encore titre de Comté, & a vn Chasteau ancien.

Isle de France. L'Isle de France, formée par la Seine & l'Oise, comme nous auons dit ailleurs, a la Picardie au Midy, & la Champagne au Leuant. Elle comprend ce qui est depuis sainct Denys iusques à Poissy & Montmorency, & generalement le pays qui est entre le decours & serpentement de la Seine, tirant tantost vers la Picardie, tantost vers la Normandie.

S. Denys. Sainct Denys est vne petite ville, celebre & renommée par son ancienne & superbe Eglise, commencée par le Roy Dagobert l'an 641. & fort augmētée par Sugger Abbé du lieu[b] Elle contient trois cens quatre vingts dix pieds en longueur, cent de largeur, quatre-vingts de hauteur iusqu'à la voûte. Au deuant sont deux grosses tours quarrées, où sont les cloches de l'Eglise soustenuë par soixante gros pilliers, sans comprendre les murailles & arcs-boutans de son circuit, ny quatre pilliers, qui soustiennent les tours. Il y a plusieurs Chapelles, mais entr'autres vne en forme ronde, qui a trente-quatre toises de circonference, où est la sepulture de Henry II. auec celle de François second & Charles neufiéme. Tout le reste y est exquis & riche en cuivre, bronze, marbre, albastre, jaspe, porphyre, or, argent & pierres precieuses, aux portes, autels, croix, couronnes, tables, & autres reliques & meubles gardez dans le Thresor. Il y a plusieurs corps Saincts, & entr'autres de SS. Denys, Rustique & Eleuthere Martyrs, & reliquaires, auec les monumens & tombeaux des Rois de France, & les ornemens seruans à leur sacre, lequel y a esté fait autresfois; & les Reines y sont couronnées aujourd'huy.[c] La description plus particuliere de sainct Denys se peut voir dans quelques Auteurs Modernes. Allant de Paris à S. Denys on trouue 6. colonnes de pierres, dressées lors que le corps du Roy S. Louis y fut porté: elles sont logées d'vne égale distance, & y a trois statuës des Rois auec vne croix ou montioye, ce sont autant de stations ou reposoirs, aux funerailles des Rois.[d]

[b] Sugger en son hist.

[c] Marie de Medicis 1610.

S. Germain. S. Germain en Laye entre Paris & Poissy est vn bourg assez ancien; Charles cinquiéme en a autrefois reparé le Chasteau, & François premier y fit aussi trauailler; c'est vne tres-belle maison royale, d'vn fort bon air, & bien assise pour la chasse; le Roy regnant y fait son principal sejour. Le bastiment nouueau est orné de plusieurs galeries, grottes sousterraines auec plusieurs aqueducts. Vn Orphée auec sa lyre y fait sortir artificiellement toute sorte de bestes sauuages, & fleschir & encliner les arbres. Vne fille joüant d'instrumens de musique y attire quantité d'oyseaux, qui par art y chantent melodieusement. Vn Neptune appellé par deux Anges sonnans de la trompette sort auec son Trident, monté sur vn char trainé par deux cheuaux. Persée y deliure Andromede, & tuë de son espée le monstre marin. Outre ses grottes arrousées d'eaux attirée par artifice, il y en a vne qu'on appelle la grotte seiche, seruant à prendre le frais dans

[d] Doublet.

les chaleurs de l'Esté. Dans la forest de S. Germain est l'Abbaye de Ioyenual.

Poissy est vn bourg sur la Seine, demeure agreable des Rois precedents, & où les Roynes ont fait quelquesfois leurs couches, auant que sainct Germain eust esté basty. Les enfans des Rois y ont esté aussi nourris, comme ils l'ont esté depuis à Blois & à Amboise. Il y a vn Prieuré & Conuent de Religieuses, des meilleures maisons de France, au nombre de cent & dauantage. Poissy.

La terre de Montmorency est en Duché & Pairrie, où est Escoüan maison tres-belle. C'estoit auparauant vne des anciennes Baronnies de France, tenuë immediatement de la Couronne, à vn faucon d'or de relief, [a] ayant plus de six cens fiefs releuans de sa Seigneurie. La ville de Montmorency est sur vn mont à deux lieuës de sainct Denis, & quatre de Paris, bornée d'vne forest contenant pres de six lieuës, où est vn vieux Chasteau, auec double fossé, appellé encore aujourd'huy le Chasteau de la chasse; de l'autre costé est vne longue vallée abondante en bons fruits. Mõtmorency.

a Du Chesne hist. general de Montmor.

Corbeil est vn ancien Comté reüny à la Couronne; la ville est assise sur la Seine, où est vne tour d'vne tres-grande hauteur, & c'est le vieil Corbeil. Le pays de Brie luy est au Leuant, le Hurepois au Couchant, auec partie du pays Chartrain; au Nord le Parisis, & au Midy le Gastinois. Essone, est vn bourg, sur la riuiere d'Essone. Corbeil.

Le chasteau de Villeroy est dans cette terre, sur la riuiere d'Estampes, maison fort agreable & enrichie de peintures, ornée de parterres, fontaines artificielles, & de pieces antiques en marbre, vn tres-beau parc, auec vne grande heroniere: Il est aujourd'huy erigé en Marquisat. Villeroy.

Nous auons marqué les principaux sous-Bailliages des sept qui sont dépendans de la Preuosté & Vicomté de Paris, appellez communément les sept Fillettes, sçauoir Poissy, Sainct Germain en Laye, Tornan & Torcy en Brie, Corbeil, Mont-le-hery (vieil chasteau) & Gonnesse en France, qui n'est point clos, mais est fort beau & riche bourg.

Le pays du Vexin est vne partie de la Preuosté & Vicomté de Paris, appellé François, à la difference de Vexin le Normand, & selon aucuns, du mot de Vexer, à cause des guerres des Normands contre les François, lors que Gisors estoit frontiere de Normandie. Il a du Leuant la France vers Beaumont & Senlis, du Couchant sainct Clair sur Epte vers la Normandie, du Midy le pays Chartrain entre Mante & Meulan, du Nord partie du pays de Caux & de la Picardie vers Gournay, là où ce pays là est enceint de la riuiere d'Epte, qui a sa source au dessus de Gournay, & passant par Gisors se vient mesler dans la Seine entre Andely & la Roche-guyon. Le pays a dix lieuës de longueur du Leuant, où est Chambly, au Couchant, où est sainct Clair; du Midy le prenant à Meulan, vers le Septentrion, qui regarde Gournay, il a encores dix lieuës, tellement qu'il est aussi long que large. Le pays est arrousé de plusieurs ruisseaux, & la riuiere du Troisne, qui trauerse Chaumont, sort à deux lieuës au dessus dans le bourg d'Yvry-le-Temple, & se perd à Gisors dans la riuiere d'Epte. Ses villes ou bourgs fermez principaux sont Pontoise & Chaumont. Pontoise est clos de murailles & fossez: La riuiere d'Oyse vers Paris, & le pont luy seruent aussi de closture, & luy ont donné le nom. Sa Iustice ordinaire ressortit au siege Presidial de Senlis, ayant outre le Lieutenant dudit Bailly, vn Preuost, Maire & Iuge Royal des causes des habitans. Il y a outre ce vn Preuost en garde pour le Roy, lequel cognoist des causes de tous les forains de la Chastellenie, laquelle ressortit à la Cour des Aydes de Paris, & neantmoins est de la Generalité de Roüen, dautant qu'elle prend les Commissions & departemens des Tailles des Esleus de Gisors, qui dépendent de ladite Generalité: Mais ayant vn Esleu particulier, quoy que du corps de l'Eslection de Gisors, ses appellations deuoluent à Paris. Il y a Chambre à sel, vn Preuost des marchands, auec le siege du grand Vicariat de tout le Vexin François, lequel est sous la charge & dépost de l'Archeuesque de Roüen, à cause de la contention des Euesques de Paris & de Beauuais. Vexin le François. Pontoise.

Chaumont est vn ancien Comté du Domaine de France, dont le Bailliage & Eslection ne font qu'vn corps par Deputez du Clergé, Noblesse & tiers Estat, dans les Estats generaux, sous Paris & Isle de France, auec Maigny, dont le Siege Royal en a esté distrait, & chaque lieu a ses Officiers particuliers. A Chaumont il y a trois Iuges Royaux, le Preuost des forains, le Preuost de ville, & le Chaumõt & Maigni.

Lieutenant

Lieutenant general qui cognoist de leurs appellations, & ressortit au Presidial de Beauuais. A Maigny n'y a que le Lieutenant general, ressortissant aussi à Beauuais. C'est vne mesme Eslection que Chaumont & Maigny, de la generalité de Roüen, mais en chaque lieu il y a President & Esleus ressortissans en la Cour des Aides de la mesme ville, auec vn Maistre particulier des eaux & forests, dont les appellations vont à la Table de marbre à Paris.

Meulan est vn ancien Comté du Domaine de France, auec Bailliage Royal ressortissant au Presidial de Mante: Il y a vn Fort auec quatre tours, dont la principale est nommée la Bastille [a]. Il y a Gouuerneur & garnison entretenuë.

a Thuan.

Chambly est petite ville & siege Royal, ressortissant au siege Presidial de Senlis.

Mante. Mante est assis sur la Seine, entre Paris & Roüen: Il y a Presidial auec Lieutenant general, Ciuil & Criminel, Estection & grenier à sel, chasteau & Gouuerneur ancien, *Medunta*, sous le nom aussi de Comté de Mante & Meulan, dont il est proche. La Seine y forme plusieurs Isles, où l'on va par vn pont fort bien basty, & a plusieurs arches, les eaux d'vne belle fontaine sont conduites dans la ville par des aqueducts. L'Eglise Nostre-Dame y est bastie comme celle de Paris. Les armes nouuelles de la ville sont vne fleur de lys & vn chesne. Il y a vne coustume bien particuliere dans la ville, sçauoir que le peuple & ceux qui ont esté mariez deux fois, appellez bigames, ne sont point admis dans l'Eglise Nostre Dame, ains ceux qui n'ont eu qu'vne femme, & les Magistrats & Officiers. Il y a vn fort beau Conuent de Celestins, assis en vn lieu esleué; & au bout du pont est vn bourg ancien, appellé Limoy, où se voient des tables de pierre, auec des caracteres Hebreux. Deuant la ville se void vne croix de pierre auec les statuës du Roy de France, (ayant la teste tournée vers Paris) & du Roy d'Angleterre, tourné vers Londres.

La Roche-guyon, Comté auec haute Iustice, dont les appellations vont au Iuge Royal de Maigny, & de là au Presidial de Beauuais; c'est vne belle terre qui vaut quarante mille liures de rente, auec vn chasteau dans le rocher regardant la Seine.

Marrinnes depend de la Chastellenie de Pontoise, auec chasteau, & seel Royal pour les contracts.

Dans ce pays de Vexin, quoy que petit, outre les villes & lieux susmentionnez, y a plusieurs autres belles & fortes maisons appartenantes à la Noblesse, laquelle y est en grand nombre, pour son estenduë, sçauoir Meru bourg fermé, auec vn grand chasteau; Trye, auec chasteau, entre Paris & Roüen; Vigny, Rebais, maison de plaisance, au faux-bourg de Chaumont; Liencourt, fort belle maison & abondante en source d'eaux, Berticheres, au sieur de Guitry, qui porte le nom de Chaumont, comme l'vne des plus anciennes familles nobles du Vexin; Serifontaines; La Bosse-Bourris, demeure du Marquis de Bourris, du nom du Bec Iouy, Mariuaux; Henonville; Hedonville, Andresy, sur les riuieres de Seine & d'Oyse; Le Perché; Gadancourt; Boconvillier; Hallaincourt; Villerseaux, & plusieurs autres.

Le pays de Vexin n'a point de Gouuerneur particulier, ayant tousiours esté sous celuy de l'Isle de France.

Nous auons baillé les noms, confins, villes & lieux de ce noble pays; reste à dire que les habitans en sont de bonne & franche conuersation, & le pays abondant en bleds & en vins, l'air fort temperé, & tel que celuy de Paris; & pour la Religion, ils sont quasi tous Catholiques.

Apres le Parisis, l'Isle de France & le Vexin, doiuent suiure le pays & Duché de Valois, de Beauuaisis, le Hurepoix & le Gastinois, qui sont tous pays ioignans, appartenans au Gouuernement de l'Isle de France, & selon la plus commune distinction suiuie par les Geographes, sont de la France proprement dite & speciale, pays voisins & aboutissans à la Picardie, Normandie, Champagne & Brie.

Duché de Valois. Le pays de Valois peut auoir pris son nom des agreables valons qui y sont. Il n'estoit autrefois que Comté, possedé en appennage par les Princes du sang Royal, [b] dont la branche auec celle d'Orleans a regné iusques au Roy Henry quatriéme, auquel celle de Bourbon est paruenuë à la Couronne. Il est auiourd'huy Duché, & possedé par Gaston Duc d'Orleans, frere vnique du Roy regnant. Cette terre s'estend iusques en Picardie. La ville capitale est Crespy, & non loin de là est Senlis, *Augustomagus Syluanectum*, Chef de Diocese, ville ancienne, auec Bailliage & siege Presidial. La ville est entourée de la forest de Rets, d'où luy vient

b Charles Comte de Valois pere du Roy Philippes de Valois.

a Sylua.

le nom ancien [a]. A deux lieuës de la ville sort la petite riuiere de Nonnete, qui baigne ses murailles, & se descharge dans l'Oyse. Proche de Senlis est la belle maison de Vernueil, dont la terre est erigée en Marquisat; Chantilly est proche de Senlis, maison accompagnée de tous les aduantages & ornemens que l'on sçauroit desirer. Compiegne, sejour des Rois, & celebre par plusieurs assemblées qu'ils y ont tenuës [b], est sous le Bailliage de Senlis, auec Beaumont sur Oyse, ancien Comté possedé par les Princes, Ducs d'Orleans: Aucuns la mettent en Picardie, BEAVVAIS, Comté & siege d'Euesché, Bailliage, siege Presidial & Eslection. Son nom ancien est *Bratuspantium*, ou *Bellouacorum* [c] & depuis *Cæsaromagus*. La ville d'apresent est presque ronde, enuironnée de bons fossez, quasi tous remplis d'eau claire & viue, close de murailles de pierre de taille blanche, comme elle se trouue au pays. Son Diocese va iusques aux portes d'Amiens, & enferme la Preuosté de Grandvillier, qu'on appelle la Preuosté de Beauuais: L'Euesque en est Comte & Seigneur, l'vn des Pairs de France, duquel releue la Chastellenie de la ville, qui est gouuernée par vn Maire & douze Pairs, ayant sous eux vn Lieutenant de leur Iustice, vn Procureur, Aduocat & Greffier, & seel authentique, & l'Euesque garde les clefs de la ville, laquelle a aussi des Iuges & Consuls des Marchands. De cette ville ou de son terroir sont sortis des personnages fort illustres, sçauoir Iean de Betancourt, Roy des Canaries: quatre grands Maistres de Malte, deux de la maison de l'Isle-Adam, vn de la maison de Monchauoire pres Beaumont sur Oyse, & Aloph de Vignacourt de la maison du Lis pres Clermont en Beauuaisis. Le Beauuaisis est arrousé des riuieres de Therain, Auelon, Aironde, Araynes & la Breche proche de Beauuais. Il y a aussi des estangs à Gouuieux & au pays du Bray, plusieurs belles fontaines & eaux salubres, comme à Forges, & à Becquet & Sainct Pol les fontaines Rouge-vestuë, & la fontaine boüillante. Somme ce pays est tres-beau, riche en fruicts & manufactures, de laines, sarges & draps, teintures, tanneries, & tapisseries: en reuenus d'Eglises, y ayant quatorze Abbayes, cinquante-vn Prieurez, & grand nombre de dignitez Ecclesiastiques dans le Diocese, où sont trois cens septante villages & Parroisses diuisées en neuf Archidiaconez ou Doyennez ruraux. Les chasteaux & maisons des Gentils-hommes y sont si proches, qu'en moins de deux ou trois lieuës, il s'en trouue pour trente & quarante mille liures de rente. Reuenant à la ville, elle est belle en general, mais sur tout est remarquable son Marché, qui est vn des plus grands qui soit en France, respondant à toutes les principales ruës, & capable d'y faire en vn besoin monstre d'vne armée entiere. La maison Episcopale est des plus belles & des plus fortes que maison d'Euesque du Royaume, & qui ressent mieux son Comte & Seigneur d'vne ville. Bresle a esté l'ancienne ville & chasteau de l'Euesque.

Vernueil. Chantilly. Compiegne. Beauuais.

b Charles le Chauue.

c Ios. Scal. ex Cæs.

Le peuple y est courageux & guerrier [d], comme anciennement, & dans Beauuais y a des compagnies d'Infanterie, qui s'exercent à tirer de l'arc, de l'arbaleste, & de l'arquebuse. Le commun peuple y est assez beau, & les femmes agreables & ménageres: Elles y ont vn priuilege le iour de sainct Agadresme en vne Procession generale, de marcher auant les hommes, & de s'habiller comme des Princesses le iour de leurs nopces, en consideration de leur vertu & valeur témoignée contre les Anglois. A deux lieuës de Beauuais se trouue de la terre fort saine à faire les premiers appareils, & a estancher le sang des personnes fraischement blessées à playe ouuerte. Au terroir de Bulles ville assez ancienne, croist grande quantité de lins excellens, dont les Flamands & Hannuyers tissent leurs belles toiles de Hollande, Baptiste & Cambray. Il y a aussi de fort bonne terre en Beauuaisis pour la poterie.

d Mem. du Beauuaisis, Loysel.

Les villes & lieux du Duché de Valois, soit dans le Bailliage de Senlis, siege de Compiegne, ou autrement, sont outre Crespy, la Ferté-Milon, Montataire, Pierrefons, Betisy, Verberie, Augy, le Pont-sainct-Maixence entouré de marécages, frontiere de Picardie, Brennoüille, Creil sur Oyse, Villeneufue-le-Roy, l'Isle Adam, & non loin de Beauuais, Clermont, Comté & Appennage de Robert fils de sainct Louis, d'où sont descendus les Princes de la branche de Bourbon, dont a esté le Roy Henry le Grãd. Villiers-coste-Rez chasteau Royal, à costé de la forest de Rez, sejour des Rois, a cause de la chasse, y appartient aussi, auec Chantilly ja mentionné, maison Royale & tres-magnifique en bastimens, peintures, parcs, jardins & tout ce qui peut rendre vn sejour delicieux & agreable.

Hurepoix Le Hurepois commence à la Seine sous le petit pont de Paris, & se continuë le long de la riuiere iusqu'à Corbeil, Melun, qui en est la capitale, & Moret, où il est separé du Gastinois par la Verine, qui se descharge dans le Loing. Melun est Comté & Bailliage, *Metiosedum*[a] & *Melodunum* : Il est fait comme Paris, & a deux ponts de pierre sur la riuiere, laquelle y fait vne Isle, le reste est en lieu haut : Le chasteau en a esté demoly auec les autres places fortes de France. L'Abbaye du Lys est pres de Melun, laquelle est de Nonnains, & est fort magnifique.

Melun.

b Cæs. lib. de bel. Gal, Greg. lib. 10. S. Louis chil. Franc 1.

Gastinois Le Gastinois comprend les Duchez d'Estampes & de Nemours, les Comtez de Rochefort & de Moret auec Milly & Montargis, dit le franc, capital du païs, sur Loing. Estampes est entre Paris & Orleans, & n'a esté autrefois que Comté. Nemours est sur la riuiere de Loing, qui se joint à la Seine sous Moret. Montargis est vne ville assez grande & populeuse, comprise dans le Duché d'Orleans, & dont Gaston Duc d'Orleans frere du Roy regnant iouyt par Declaration de sa Majesté: Elle a Bailliage, Preuosté, Iustice d'Eaux & forests, Eslection, Mareschaussée, grenier à sel, Maire & Escheuins, auec vn chasteau, dont la veuë est belle, & descouure de loin, à cause dequoy l'on a voulu dire que c'estoit *Mons Argi*. Ce chasteau est fort spacieux, & basty richement auec trois courts & vne fort belle horloge : Il y a plusieurs belles peintures, volieres & autres curiositez. Chasteau Landon, Chasteau sur Loing, Sainct Arnoul, Pluuiers, Puiseaux, Pont-Agasson, Blesneau sur Loing, Sainct-Mathurin de Larchant, lieu de deuotion, Cercanaire, Abbaye, *Sacracella* ; Beaumont les-bois, Comté, Ferrieres auec Abbaye, Egreuille, belle maison, Boisse & Chelieres, Chasteau-renard & autres, sont du Gastinois, lequel est ainsi nommé, à cause des rochers & lieux sablonneux, que ceux du pays appellent Gastines : Il tient à la Beausse vers Pluuiers, à la Champagne vers Sens, & à la Brie vers Fontainebleau. Le pays est curieusement & largement décrit par Guillaume Morin, & Roüillard a fait l'Histoire de Melun & celle de l'Hurepoix.

Fontainebleau. Fontainebleau est vn gros bourg contenant huict cens feux, releuant autresfois du Comté de Moret, dont il est à deux lieuës, appellé ainsi à cause des viues sources & fontaines, qui s'y escoulent de toutes parts. Il est situé en lieu solitaire, enuironné de hauts rochers, qui tiennent trois ou quatre lieuës de circuit, en pays sablonneux, garny de grandes forests, bien peuplées de bestes fauues. Le bourg s'est accreu par vne longue suite d'années, sous les regnes de sainct Louis, Philippes le Bel, Charles quatriéme, Iean, Charles septiéme : mais particulierement sous les Rois François premier, Henry second & Charles neufiéme, lesquels en ont aymé le seiour, & ont porté diuers Princes & Seigneurs à y faire bastir des hostels, comme on y void encor aujourd'huy ceux de la Roche-sur-yon, ou de Montpensier, de Soissons, de Vendosme, autrefois le grand Nauarre, le petit Nauarre, de Bourbon ou de Lomenie, d'Angoulesme, de Guise, de Conty ou de Cheureuse, de Rohan, de Nemours, ou petit Ferrare, de Neuers, de Martigue, de Sauoye Schomberg, de Montmorency, de Damuille, de Rets, de Villeroy, de Fleury, de Randan, ou de la Rochefoucaut ; & sous le Roy Henry quatriéme, ceux de Montigny, de Rosny & de Bethunes : sous le Roy regnant ceux de Richelieu, de Bassompierre, & de Tresmes. Ausquels il faut adjouter celuy de la Chancellerie, basty sous le Cardinal & Chancellier du Prat, où Monsieur le Chancellier d'aujourd'huy Messire Pierre Seguier a fait bastir vne belle Chapelle : le Grand Ferrare, basty par le Cardinal de Ferrare, où sont trois grands corps & faces de bastiments : ceux du grand Escuyer de France, du grand Preuost & autres. La grande Eglise du Bourg a esté bastie sous le Roy regnant, auec huict Chapelles, quatre de chaque costé, auec la croisée, où il y a encore vne Chapelle de part & d'autre : le tout enrichy d'or & de belles peintures. C'est vne Preuosté Royale, qui s'estend en quelques villages & hameaux, lesquels en dependent : Il y a aussi deux Foires franches par lettres patentes du Roy. Le bourg depend de la Parroisse de S. Pierre d'Auou, à vn quart de lieuë de là, dans le Diocese de Sens, annexé neantmoins au Conuent de la Trinité enclos dans le chasteau & maison Royale. Proche de l'Eglise de la Parroisse est establie vne Verrerie Royale par lettres patentes du Roy du mois de Mars mil six cens quarante-vn, en faueur d'Antoine Clericy, ouurier de sa Majesté en terre sigillée, où se font des verres de crystal tres beaux & fins, & des ouurages de terre sigillée. La forest de Biere, ou de Fontainebleau est de fort grande estenduë, car elle contient 25975. arpens, disposez en huict gardes, & ces gardes en plusieurs routes. Elle n'est pas entierement remplie de bois, mais il y a quelque vuide ou landes & bruyeres, qui font quelques plaines. On y void aussi quelques petites montagnes, qui marquent diuers quartiers de la forest : & la mesme addresse des lieux & quartiers, est encores donnée par diuerses croix dressées sur les chemins. On y remarque aussi certains puits, dont la plus part sont maintenant comblez, lesquels ont autresfois seruy pour abbreuer les chiens de chasse, ou les bestes fauues & noires. Il y a vne grand Forestier creé par le Roy François premier, & vne Iustice ou Maistrise particuliere des Eaux & Forests, auec ses officiers, & deux sieges qui en dependent. Il y a aussi vn Capitaine des Chasses, & les deux charges ont esté le plus souuent jointes, exercées par vne seule personne. Finalement se void en la mesme forest vne ancienne Chapelle fondée par le Roy sainct Louis, sous le nom de S. Vincent. François premier auoit desja fort embelly le chasteau, & outre les bastimens qu'il y auoit fait faire, il y auoit logé vne belle Bibliotheque, composée de liures & manuscrits recherchez de toutes les parts du monde, qui a esté depuis transportée à Paris : Mais le Roy Henry quatriéme, qui s'y est grandement pleu, a fait bastir le reste, & en 18. ans, y a fait despense de deux millions quatre cens cinquante mil liures. Le circuit du chasteau contient mille quatre cens cinquante toises, sans y comprendre les maisons, jardins & parcs. La cour du cheual blanc a octante toises de long & cinquante huict de large : Au bout de cette cour sont cinq pauillons, & au milieu est vn fort bel escalier hors d'œuure : La grande gallerie a septante-six toises de long, & trois cens de large, où sont posez quantitez de tableaux, emblemes & deuises. La cour de la fontaine a trente toises de long, & vingt-huict de large : Il y a plusieurs figures de reliefs dans cette cour, & entr'autres, vn Apollon, qui est vne piece exquise. La terrasse de cette cour a trente toises de long & 14. de large, auec sept arcades. La sale de la belle cheminée ou des festins, où est la figure de Henry le Grand estimée dix-huict mille escus, a vingt toises de long, & cinq de large. La petite galerie du Roy François fait voir quatorze tableaux ou emblemes fort propres à ce Roy. Contre icelle est la chambre des peintures, & vn cabinet où sont enfermez quantité d'excellents tableaux. Au jardin de la Reine est vne figure de Diane d'Ephese, posée au piedestal de la fontaine, quatre chiens & quatre testes de cerf, de bronze, iettans l'eau : Il y a plusieurs autres belles figures de bronze dans le mesme jardin. La voliere a trente toises de long & trois de large, garnie d'oiseaux & arbres, & au dessous deux belles fontaines : Les galleries des cerfs de la Reine y sont aussi peintes. La cour du Donjon, dite de l'Oualle, a quarante toises de long & vingt de large. Là sont les departemens du Roy & de la Reine, & y a deux entrées pour y venir, l'vne par la porte dorée, & l'autre par celle des Dauphins, auec de tres-beaux & hauts pauillons en touts les deux. La cour des offices a 45. toises de long & quarante de large, auec dix-sept pauillons. La conciergerie & ses bastiments enferment vn departement du Roy. On y void aussi l'Hostel d'Albret & ceux du Chenil, où est le departement des officiers de la Venerie. La salle du bal a quinze toises de long & cinq de large, en 10. arcades garnie de tres-belles peintures. Il y a Chapelle haute & basse, lesquelles sont ornées & enrichies de peintures excellentes, & la Chapelle haute est appellée la Chapelle du Roy. Le pauillon dit des Poëtes, sert à loger les Reines-meres, auquel les Rois François premier, Henry second & Henry quatriéme ont fait trauailler : Et en suite se voient le pauillon & cabinet des peintures exquises de Michel Ange, Raphaël d'Vrbin, Tissiau, Leonard da Vinci, Rousse & Primatiche. En la galerie des Cerfs sont les portraicts des forests & maisons Royales de France. Le grand jardin du Roy a cent nonante-sept toises de long & cent soixante-quatre de large : Au milieu est la fontaine du Tybre en grande figure de bronze, auec vne louue allaictant Remus & Romulus : Aux quatre coings du jardin y a vne fontaine, & vne figure de Cleopatre en bronze. Le jardin de la Reine est accompagné d'vne fontaine, où Diane est representée. Il y a trente toises de long, & vingt-huict de large. Le jardin de l'estang a trente-quatre toises de long & autant de large, auec la figure d'Hercules en marbre blanc. Le jardin des pins a cent soixante toises de long, & octante de large. Il y a plusieurs autres jardins, allées, estangs, fontaines, bois & parcs. Le parc du Roy contient cent soixante-six arpens, septante-neuf perches en fonds de terre & en prez. Il y a d'arbres fruictiers de toutes sortes iusques à six mille soixante pieds. Henry quatriéme le fit construire en l'année mil six cens sept : Le lieu a six cens cinquante toises de longueur, & quatre cens de large. On y void huict grandes ou petites allées, où aboutissent vne place ronde, appellée l'estoile, & vne fontaine, auec plusieurs autres belles allées. Il y a vn canal reuestu de pierre, qui a six cens soixante toises de long, & vingt de large. Les tuyaux des cheminées sont au nombre de sept cens quatre. Il y a deux belles Eglises, sçauoir celle de la Trinité, enrichie de peintures & ouurages de Freminet, auec seize Chapelles voutées, huict de chaque costé : & son Conuent fondé par sainct Louis l'an mil deux cens soixante neuf, & l'Eglise du bourg de Fontainebleau. Plusieurs particuliers suiuans la Cour y ont des maisons magnifiques. On y void aussi des bains & estuues sous la petite gallerie.

Quoy que Fontainebleau par son esclat Royal esblouïsse les yeux, pour ne rien admirer apres l'auoir veu, neanmoins à vne lieuë & demie l'on remarque encor vne belle maison appellée Fleury.

PICARDIE.

Noms. LE nom de PICARDIE est nouueau, & neantmoins on ne rend point de raison pertinente de son origine. Cesar ne mentionne point les Picards sous ce nom-là, mais bien les autres peuples qui ont habité les contrées ou les villes de la Picardie, sçauoir ceux du Vermandois, d'Amiens, de Soissons, & autres. Aucuns pourtant ont creu que les Picards estoient anciens Gaulois [a], & qu'il n'en estoit pas d'eux comme des Normands, Gascons, & autres en France, qui sont venus d'ailleurs, & ont occupé des païs & Prouinces entieres; ou des Anglois, qui ont chassé les Bretons, anciens habitans de l'Isle; Ce qui se trouue dans les communs Geographes sur le nom des Picards, tiré des Begards anciens heretiques, ou des piques inuentées par les Picards, me semble impertinent, & à d'autres aussi [b]. Ceux qui en ont tiré le nom du Grec (Picrocardie) à cause de l'humeur soudaine des habitans, ont esté plus ingenieux que veritables. Elle n'est qu'vne partie de l'ancienne Belgique, & ce qui en reste aujourd'huy dans la domination Françoise, dont les confins sont au Leuant le Retelois & autres lieux de Champagne, au Midy l'Isle de France, au Couchant la Normandie, au Septentrion la mer Britannique, & les païs d'Artois, de Cambresis & de Hainaut : sa longueur depuis Monstrueil iusques à Laon, est de quarante-cinq lieuës, & sa largeur de quinze.

a Rob. Cen.

b Belle forest.

Confins. Estenduë.

Diuision. La plus commune diuision de la Picardie est en trois parties, la haute Picardie, la vraye, & la basse. La haute n'est point de nostre subjet, puis qu'on ne la compose que de Prouinces & terres qui ne sont point aujourd'huy de la France, & qui sont outre la riuiere de Somme, parties de cette Belgique, où les Rois de France ne tiennent que cette vraye Picardie, dont la basse, selon la distinction que l'on y apporte, & suiuant laquelle nous nous reglerons, est vne portion separée.

Picardie vraye. La vraye Picardie, à venir de Paris apres auoir passé le Beauuoisis, commence à Creue-cœur, & comprend les pays suiuans : la Vidamie d'Amiens, où est Dourlens, Corbie, & Piquigny, & le Comté de Vermandois.

Amiens. AMIENS porte le nom de ses peuples, *Ambiani*, & le nom ancien est *Samarobriua* [c] : La riuiere de Somme y passe, & ses fossez sont beaux & profonds, auec de bonnes fortifications, on y entre par quatre portes, à sçauoir de Montiescu, de Beauuais, de Noyon & Hautoy. La ville est fort populeuse, iusques-là qu'en l'an mil six cens quinze on y comptoit plus de douze mille hommes portans armes : c'est la ville capitale de Picardie, Siege d'Euesché, Bureau de finances, Presidial, seiour du Gouuerneur de la Prouince : La Citadelle auec son Arsenal tres-bien munitionné, s'il y en a en France, est pres de la riuiere des Celestins, iointe à la ville par vn pont dressé sur vn canal de la Somme, qu'on appelle communément Pont-dolent ou Pont du débat, qui se leue auec des chaisnes de fer : c'est vne des

c Iof. Scal. et Cæf. lib. 3 de bell. Gal. & Cic. lib. 7. Ep. ad Trebat.

clefs de la France, ville fort importante, laquelle Henry quatriéme reprit valeureusement sur les Espagnols en l'an mil cinq cens nonante-sept, & y fit bastir la Citadelle: L'Eglise de nostre Dame y est fort belle & tres-haute. Corbie a titre de Comté: Elle est sur la Somme, ou sur vne petite riuiere, laquelle s'y décharge en cét endroit: C'est vne des Abbayes du pays. Corbie.

Le Vermandois a gardé le nom ancien de *Viromandui*; il a tiltre de Comté, qui est auiourd'huy reüny à la Couronne, où est sainct-Qentin, remarquable par les guerres auec les Espagnols, *Augusta Viromanduorum*, si ce n'est que cette ville ancienne ne soit plus qu'en ses restes de Vermand-l'Abbaye pres de la riuiere de Vignon [a]: c'estoit le seiour des Comtes de Vermandois, & il y a encores vn chasteau. *Soissons* iadis Royaume, c'est vne ville ancienne, portant aussi le nom de ses peuples: Elle est l'vne des Pairries Ecclesiastiques. Les Romains la tenoient autresfois vn reste de leur domination dans les Gaules, & le Roy Clouis la prit sur Gillon fils de Syagrius Romain, qui en estoit Gouuerneur: Elle a aussi tiltre de Comté possedé par les Princes du sang de France: est Chef de Diocese, & generalité de finances, & siege Presidial. La ville est fortifiée de bastions & demy-lunes; le bourg Sainct-Val n'est separé de la ville que par la riuiere d'Aisne. Laon, *Laudunum Clauatum*, Eueſché, & siege Presidial, & la Fere sur Oyse, & autres villes & bourgs du Tartenois, sont aussi du Vermandois, auec Noyon sur Oyse, ville ancienne, & Eueſché, *Nouiomagum* [c], *Nouiodunum*, Ham, le Catelet, & Coucy. La Thierasche est voisine du Luxembourg, où est la ville de Guise, Duché, & tiltre des puisnez de la maison de Lorraine, auec chasteau: Veruins, celebre pour le traité de paix entre la France & l'Espagne, en l'an mil cinq cens nonante-huict; Montcornet; la Capelle, auec quatre Forts; Rosay, & Albenton.

S. Quentin. Soissons. Laon.

a Rob. Cœn. Merula.
b Ios. Scalig.
c Id. & Merula Anton. Itin Cæs. de bell. Gall.

La basse Picardie, qui auoisine la mer, comprend les pays de Santerre, Ponthieu, le Boulonnois, Guysnes, & Oye. Santerre s'enferme entre Mont-Didier, Peronne & Roye, le Comté de Beauuaisis luy est joignant depuis Clermont & Beaumont iusques à Creuecœur. Peronne, Roye & Mont-Didier, sont villes frontieres & fortes: mais sur tout Peronne, le long de la Somme, clef de France, & fort cogneuë par les guerres passées. Nesle y est aussi auec vn Fort, & tiltre de Marquisat, & maison fort ancienne: Il est situé pres de la source de la riuiere d'Ingon, Ponthieu porte tiltre de Comté, ayant son nom ou des ponts qui sont dans le pays, ou de la riuiere qui y passe, païs marécageux & de difficile accez, à cause de ses eaux & estangs qui se deschargent dans la mer pres de Sainct-Valery, qui est vn Monastere ancien de Galeric Auuergnat. Abbeuille en est la capitale, ville moderne sur la riuiere de Somme, *Abbatis villa.* Il y a quelques belles Eglises, & entr'autres celle de sainct Oltrand: Aucuns la iugent plus ancienne, sur quelques coniectures par eux publiées. [d] Les autres lieux sont le Crotoy, Ruë Trespor, Sainct Riquier, à l'Abbé sainct Valery, Pont-dormy, ville & chasteau, Crecy, &c. On range aussi sous cet ancien Comté, ceux de Monstrueil ville & citadelle, & de Sainct-Pol; Monstrueil (ainsi appellé) comme qui diroit Montroyal.

Picardie basse.

d SansonGeogr. du Roy croit que c'est Britannia dãs Strab. liu. 4.

Le Comté de Boulogne est vn pays assez grand; sa longueur se prend depuis les monts sainct Ingelbert & de Neuf-chastel, iusques à la riuiere de Cauche: sa largeur est iusques au bois d'Euret ou Tournehan, qui le couure, auec les forests de Sainer & Hardelot, qui luy appartiennent toutes. On peut prendre aussi la longueur depuis le Buisson iusques à Monstrueil, qui sont douze lieuës, & sa largeur depuis Boulogne iusques pres de Hesdin, huict lieuës. Ses confins sont au Leuant le pays d'Artois, à l'endroit de Hesdin, au Couchant la mer Oceane, au Midy Monstrueil, & au Septentrion la mesme mer. Quoy que le pays soit sablonneux & bruslant, neantmoins il est couuert d'arbres fruictiers ou autres, & bon pour la nourriture du bestail, principalement des cheuaux, dont le Roy en pourroit tirer tous les ans pres de deux mille, qui seroient de seruice, bons & forts comme ceux d'Alemagne. Et pour les hommes, le pays fourniroit tousiours trois mille cheuaux legers, mais fort peu d'Infanterie. Boulogne en est la ville capitale, diuisée en haute, où est l'Eglise Nostre Dame; & basse qui est en la plaine, & ioignant la mer, où est l'Eglise Sainct Nicolas, & celle des Cordeliers. Il y peut auoir cent pas de l'vne à l'autre. C'est vn havre tres-beau, que les Escriuains Grecs [e] ont cogneu sous le nom de βονώνια, & s'il

Boulogne.

e Olympiod. Zomene.

en faut croire aux doctes, c'est le port Gessoriac. Les Flamands & Hollandois la nomment Beunen, & ont moins alteré son ancienne appellation. Ce port est moins asseuré que celuy de Calais, dont nous parlerons cy-dessous, à cause de la difficulté que les vaisseaux rencontrent à l'aborder. Le chasteau est en vn coin de la ville haute, du costé de la terre, auec garnison & Gouuerneur particulier. A cinq lieuës de Boulogne le long de la mer est la Tour-d'Ordre, ancien phare; les riuieres de Cauche & d'Anty sont entre-deux: Entre la Tour-d'Ordre & Diepe est la riuiere d'Heu. Et au costé Septentrional d'icelle est Tresport, où il faut entrer à haute eau, comme en vn havre de marée. Le pays est exempt de tailles & de gabelle, comme estant de frontiere. Sous Boulogne coule la riuiere de Liane, qui ne porte point basteau, & se descharge dans la mer pres de Dunefort, que les Anglois ont foit bastir. La fosse de Boulogne, qu'on appelle, a seize lieuës ou enuiron de circuit. De l'ancien Euesché de Theroane, dont nous parlerons cy-apres, en ont esté faits trois, dont celuy de Boulogne, qu'on nomme sur mer, en est l'vn, erigé l'an mil cinq cens soixante-six, les autres deux sont hors du Royaume, sçauoir Ypre & S. Omer, lesquels auec Arras, Cambray & Tournay estoiẽt anciennement suffragans de Rheims. Dans le pays du Boulonnois sont trois chasteaux, auec garnison, sçauoir Mont-Hulin sur vn rocher, Estaples ou Estape petite ville, sur la mer, & Hardelot pres de la Forest de mesme nom. Joseph Scal. Pap. Mass. Abrah. Ortel.

Guysnes. Le Comté de Guysnes ioignant celuy de Boulogne, est separé de la terre & Comté d'Oye par vn grand canal de mer, qui passe par la ville de Guysnes, & rend ce quartier-là grandement fort, & inaccessible. Le pays est plain, abondant en bleds, foins, & tous autres fruicts, tres-bon pour la nourriture du bestail, & fourny de toute sorte de gibier, auec grosse chasse de chevreulx & sangliers. Il y a vn beau bois taillis, appellé forest de Guysnes. Le peuple n'y paye point de Tailles, & n'y a point de gabelle: Le Roy en prend tous les dismes, toutesfois les Ecclesiastiques ont ceux du lin, nauette & colsa (qui est propre à faire de l'huile) & de la laine des moutons, de dix vn. Le pays n'est pas grand, ny fort peuplé, tellement que le Roy n'en sçauroit tirer plus de mille hommes de pied, sans le desgarnir: Il est quarré, ayant quatre lieuës de long, & autant de large. Guysnes, ville capitale, est separée en deux parties, dont l'vne est dans les palus maritimes, & l'autre en terre ferme: Le chasteau est nommé la Cuue au Roy. Il y a quelques autres lieux, sçauoir, Hartincourt, Peuplingue. Conquelle, le pont ou port de Nieulet, ou Nieullay, le Fort de Blannes, Hames, la place de sainct Inglevert, & quelques Baronnies ou Seigneuries: sçauoir, Ardres, belle ville entre Calais & sainct Omer en Artois, auec garnison, Courtembrone, Lianne, Colambert, & autres.

Calais. Entre Guysnes & Ardres on void des marais flottans, ou Isles nageantes nommez les Marais de Bellingen & d'Ardres. A deux lieuës d'Ardres on trouue CALAIS, clef & porte de France, sise sur la mer, auec vne citadelle tres-forte, & bien munie d'artillerie. Cette place a du Leuant la terre d'Oye, auec ses dunes, qui s'estendent iusques à Grauelines; du Couchant la chaussée du port de Nieullet; au Midy les marais flotans de Hames, du costé de sainct Pierre; & au Septentrion le Fort de Risban sur la pointe de la terre, entrant en la mer. On y entre par trois portes, auec fossez larges & profonds, qui se remplissent d'eau de la mer. Elle a quelques autres Forts voisins & proches, sçauoir, Brusle dans vn marais de sept lieuës de long, le Fort-rouge, le Fort-bastard, & le Fort de l'Escluse, qui separe le pays d'auec l'Artois. On doute si Calais est le *Portus Iccius* des Anciens; mais si bien Calais est vne ville bastie depuis quelques siecles, ce port ou promontoire [b] Iccie n'en estoit pas esloigné, estant entre Boulogne & Calais, c Ptolem. dont les traces s'y en voyent encores, fort proche d'Angleterre pour le traject de la France; les Anglois l'appellent aujourd'huy Witsand, les Flamands Isten, les Boulonnois Wissem, & le commun Essen: Ce port a esté fort frequenté pour passer de France en Angleterre, & estoit en estat du temps de sainct Louys [c]. Calais & les Comtez de Guysnes & d'Oye, furent recouurez d Bert. Thres. heureusement sur les Anglois, par François Duc de Guise sous le Roy Henry des Cartes. second, l'an mil cinq cens cinquante-sept, & à cause de ce l'on le nomme encor Canden. pays reconquis.

Le Comté d'Oye est ioignant les Forts de Calais, & s'estend iusques à Grauelines & Dunquerke. Oye est vne petite ville & chasteau, auoisinée d'vne autre place nommée Hosterck, qui est en la haute terre à labeur du pays d'Oye.

Quant à Theroüenne, la ville a esté destruite par Charles cinquiesme Empereur, & le siege Episcopal en a esté transferé, comme nous auons dit: Elle est distante esgalement de Calais & de Boulogne, les Flamands l'appellent Terronnenberch, colonie des anciens peuples, qu'on a nommez *Morini*, sur le fleuue de Leyt ou Lise.

Qualité. La Picardie est plaine par tout, arrousée de plusieurs riuieres, dont les principales sont la Somme, l'Oyse, Aysne, l'Escau & Scarpe, qui portent basteau, d'où vient qu'elle est grandement fertile, & comme le grenier de Paris, auec la Beausse, voire d'vne grande partie du pays de France. Il n'y manque rien que du vin, dequoy neantmoins le terroir qui est bon, n'est pas la cause, mais la nonchalance des habitans à planter des vignes. Au lieu du vin ils ont du sidre, & là où les fruicts des arbres defaillent pour le faire, ils ont des grains pour faire de la biere [a]. Quoy que les Picards n'ayent pas du vin, ils ne restent pas de bien boire de celuy qu'on leur porte, pour faire carroux & estre des meilleurs amis de ceux qui leur respondent & tiennent ferme en ce combat. Ils ne sont point doubles, mais francs Gaulois, desquels on se peut asseurer pour en tirer seruice & courtoisie. Ils sont prompts, & comme l'on dit, testes caudes: Ils sont genereux & vaillans, comme les anciens Belges leurs predecesseurs, qui selon le tesmoignage de Cæsar [b], auoient continuellement guerre auec les Alemands ou Germains delà le Rhin, & estoient puissans & renommez en guerre, n'estans pas autrement polis & delicats, comme les autres peuples des Gaules. (Mœurs.)

a Du Pradel, lib. 5.

b Lib. 2. de bel. Gal. Plut. in Cæs. Amm. li. 15.

Riches- ses & Forces. Elle est riche, à cause de ses fruicts & de la fertilité du pays, & du trafic qu'elle peut faire auec les estrangers, Anglois & Flamands. Il y a quantité de Noblesse, bien nourrie & fidele au Roy, & force Caualerie [c]. Le peuple y est droit aux armes, & s'en peut tirer iusques à dix mille hommes de pied, auec nombre de cheuaux legers. Toute cette frontiere est garnie de Forts, & toutes les places du pays sont fortifiées, comme nous auons dit ailleurs.

c Thuan. li. 95.

Gouuer- nement. La Picardie est l'vn des douze Gouuernemens de France, qui entrent aux Estats generaux du Royaume. Toutes sa Iustice en ses Bailliages & sieges Presidiaux, comme Amiens, Calais, Boulogne, Monstrueil & autres, ressortissent à la Cour de Parlement de Paris, & pour les Aides & Comptes, à la Cour des Aides & Chambre des Comptes de la mesme ville. Cette Prouince a cela de particulier, que le Roy n'y a point de confiscations, mais bien des amendes. Le Gouuerneur de Calais l'est aussi de tout le pays reconquis, quoy qu'il despende du Gouuernement general de la Picardie. Les villes y sont gouuernées par Maires & Escheuins.

Outre les Comtez & autres fiefs anciens, il y en a de nouueaux, comme le Duché de Chaulne, le Marquisat d'Ancre, auec la Principauté de Condé, plusieurs Baronnies & terres nobles, à sçauoir, de Renty, Senerpent, Chepy & autres, auec bon nombre d'Abbayes, Conuents & lieux de deuotion, entr'autres, Lyance ou nostre Dame de Liesse, sur la frontiere de Champagne. Il y a quelques habitans faisants profession de la Religion pretenduë reformée à Calais, & autres lieux. (Religion)

LA BEAVSSE.

Noms. LA BEAVSSE est le nom du pays, & n'est point ancien, comparé à celuy des peuples, qui en ont habité les belles parties & contrées, sous les noms de *Carnutes*, *Cenomani*, *Turones*, cogneus des Anciens [d]. Le mot de *Belsia* se trouue dans les Autheurs Latins du moyen aage [e].

d Cæs. Tac. Plin. Ptolem.

e Venant. Fortunat.

Les Geographes distinguent communément la Beausse en trois parties, ausquelles nous nous reglerons, sçauoir la haute, la moyenne & la basse: Et apres auoir donné les confins de la haute, ceux des autres parties se pourront facilement recognoistre par la suite du discours contenant leur description par les pays, villes & lieux qui les composent: Et par ce moyen nous y enfermerons la ville d'Orleans, laquelle seule auec ses despendances est l'vn des douze Gouuernemens de France, qui entrent aux Estats generaux, de mesme que les deux que nous auons, desia descrits, sçauoir Paris & l'Isle de France, & la Picardie.

HAVTE BEAVSSE, PAYS CHARTRAIN.

LA haute Beausse, selon aucuns, ne comprend que le pays Chartrain, lequel nous descrirons en premier lieu, & y adiousterons en suite les autres pays, que les Geographes y ioignent, & lesquels n'estans pas de grande estenduë, & non contenus dans les autres Prouinces & Gouuernemens de France, veu mesme qu'ils ont ou peuuent auoir des Gouuerneurs particuliers, seront mieux en cet endroict & sous cet ordre, qu'ils ne seroient autrement.

Confins. Estenduë. Le pays Chartrain est borné du costé d'Orient, d'Estampes, Dourdan & Montfort; d'Occident, d'Illiers, Courville & Campront, villes du grand Perche & Perche-Goüet; du Midy de Pluuiers & la Forest-d'Orleans sur les confins du Gastinois: du Septentrion, du Comté de Dreux. Le pays a dix-neuf lieuës de longueur depuis Estampes iusques à Champront, & de Pluuiers iusqu'à Dreux vingt vne lieuë de trauerse.

Riuieres. Ses riuieres sont Eure qui sort de l'estang de la Laude pres de Marcheuille au grand Perche, passe par la Loupe, Bellomer, Pontgoin, Courville, Chartres, Maintenon, Nogent-le-Roy, Dreux, Anet, & se perd dans la Seine au delà du pont de l'Arche: Loir, qui commence à Loulappes au dessus de Villebon, passe par Illiers, Bonneval, Chasteaudun, Freteual, Vendosme, & s'en va fondre dans la Sarte en Anjou: Blaise, qui a sa source au dessus de Sainct Ange du Thimerais, passe par le Prieuré de Garné, Marmouse & les Gornées de Beausse, & se ioint à l'Eure à la tour d Fermaincourt, vne lieuë au dessus de Dreux. Le Gas est vne petite riuiere qui commence à Voise, & se perd à Nogent le-Roy: Quelques vns le nomment Lorin, d'où prend son nom le gué de Loré, petit Bourg, à quatre lieuës de Chartres sur le grand chemin de Paris.

Villes & lieux. Chartres. Chartres est la capitale du pays, *Autricum* [a] sur Eure, ville ancienne & renommée à cause des Druides, qui la peuuent auoir fondée, Euesché, Bailliage & siege Presidial, Election & grenier à sel, auec Preuosté & Iustice ordinaire, Preuost des Mareschaux, qui a sa Iustice complete, & ses Archers, & Iustice Consulaire. L'Eglise nostre Dame y est superbement bastie & fort anciene, veu qu'on estime qu'auant la naissance mesme de Iesus-Christ nostre Redempteur, Priscus Gouuerneur des Gaules pour les Romains, fit bastir ce temple-là, apprenant des liures des Druides que le Sauueur du monde deuoit naistre d'vne Vierge, à laquelle il le dédia, ignorant & reuerant neantmoins le mystere, dequoy les premiers Saincts enuoyez és Gaules & aux Chartrains pour les conuertir; qu'on croit auoir esté Sauinian & Potentian, se seruirent pour les induire à embrasser le Christianisme. Cette Eglise est seruie par vne grande quantité de Ministres, sçauoir septante-cinq Chanoines & dix-sept Dignitez, parmy lesquels sont six Archidiacres, qui sont le grand Archidiacre & ceux de Dunois, de Pinserais, de Blois, de Dreux & de Vendosme, quatre Preuosts, sçauoir de Normandie, de Mezangé, d'Ingré & d'Auuers, vingt-quatre Chantres, dix Enfans de Chœur & vn maistre de Musique, lesquels Chantres sont gagez, & outre ce ont dix-huict petites prebendes affectées, quatorze Margoilliers affectez & ordinaires, tant Prestres que Laics. Nul autre que les Chanoines, n'a

[a] Ptolem.

permission de dire la Messe à l'Autel du chœur. Les deux clochers de l'Eglise sont de hauteur, grosseur & beauté fort singuliere, s'il y en a dans le Royaume & parmy les estrangers. Le Chapitre ne releue que du Pape pour le spirituel, & pour le temporel il a pareil droict en sa iustice, que l'Euesque en la sienne. Chartres est vne Vidamie, dont les marques anciennes pour le logis que le Vidame auoit pres l'Hostel de l'Euesque, sont en vn lieu qui s'appelle encor la Vidamie: Les terres baillées en propre par les Euesques à ceux qui ont possedé cette charge ancienne, en conseruent aussi le nom, sçauoir la Ferté-le-Vidame & Meslay-le-Vidame. Outre l'Eglise nostre Dame, qui est la Cathedrale, il y en a sept Parrochiales dans la ville, & trois és faux-bourgs: sept Abbayes ou Conuents dans la ville, sçauoir l'Abbaye de sainct Pere ou Pierre, & celle de sainct Iean: trois Conuents d'hommes & deux de femmes, auec vn College appellé de Poquet, dont le Principal est Chanoine de l'Eglise de nostre Dame, fondé par Poquet, l'an mil cinq cens septante-deux. Hors de la ville sont les Abbayes de S. Cheron & de Iosaphat, le Prieuré de sainct Martin au Val, membre despendant de Marmoustier, qui vaut cinq mille liures de rente, & les Maladeries du grand & petit Beau-lieu, qui en valent autant, auec le Prieuré des Filles-Dieu, comme celles de Paris,

La ville de Chartres est partie dans la plaine, partie sur vn costau, au pied duquel coule vne petite riuiere, [a] qui sort du Perche & se descharge dans la Seine à Louuiers au dessus de Roüen: Elle a huict portes, dont les six sont ouuertes.

[a] Eure.

Les bourgs, Chastellenies & Baronnies principales du pays Chartrain, sont Gallardon, où coule le Gas, Baronnie; Ablis, où commence la haute Beausse; Auneau, Baronnie; Courville, Baronnie, auec vn beau chasteau; Illiers, Baronnie; Champront; Tyron, Abbaye; Pontgoin, Baronnie, dont releuent cinq autres, à l'Euesque de Chartres; Bonneval, petite ville sur le Loir, du Domaine du Roy, auec vne belle Abbaye au fauxbourg; Alluye, Brou, Longny, la Loupe, Vilbon, Meslay-le-Vidame, Baronnie; Maintenon, Baronnie, auec vn chasteau bien basty sur la riuiere d'Eure, & vne Chapelle fondée pour huict Chanoines; Nogent-le-Roy, Baronnie, Colombe, où est l'Abbaye de nostre Dame.

Anet est dans mesme pays sur la riuiere d'Eure, & appartient au Duc de Vendosme; c'est vn chasteau basty sous Henry II, en faueur de la Duchesse de Valentinois, par de Lorme excellent Architecte: Le portail est d'vne excellente & admirable structure, campé au milieu d'vne terrasse pauée de marbre blanc & noir, & sur iceluy est vne Horloge tres-belle, auec vn cerf de bronze au dessus, plus grand que le naturel, qui sonne les heures du pied, & vn peu auparauant vne meute de chiens de bronze en nombre de quinze ou vingt se remuent, marchent & abboyent. La grande salle & les chambres y sont vitrées de crystal, auec quantité de figures, & vne grande gallerie ornée de peintures: Il y a plusieurs iardins & parterres embellis de fontaines & roches artificielles, auec vne Diane en marbre enrichie de branches de coral & autres pierres & coquilles rares. Le long du grand iardin est vne galerie couuerte, bastie à la rustique. Au iardin des arbrisseaux, qui sont orengers, citronniers & grenadiers, est vne fontaine auec vne statuë de marbre representant vne femme, dont la chemise est moüillée, auec tant d'art que la veuë y est trompée. Il y a vne Chapelle pauée de marbre blanc & noir, auec des pilliers d'ordre Corinthien, fondée pour douze Chanoines. Le chasteau est accompagné d'vn beau bourg fermé. Anet.

Outre les lieux susmentionnez & la tour grise de Vernueil, il y en a plusieurs autres qui ne sont point fermez, auec grand nombre de hautes Iustices qui releuent de Chartres. Dourdan est vne petite ville, dont on met partie dans le Gastinois & partie dans la haute Beausse; c'est vn Comté du Domaine du Roy, dont releuent quelques Seigneurs. Le pays est petit, & les habitans s'addonnent à manufacture de bas de soye & d'estame, qu'ils portent à Paris.

Le pays Chartrain est fort agreable & delicieux, abondant en bleds, bestail & toute sorte de fruicts: Il y a mesme du vin. Les habitans trafiquent en bled, auoine, laines, sarges & toiles: Le peuple de la campagne y est pauure: La Noblesse mesme n'y est pas fort accommodée, quoy que genereuse & ressen- Qualité. Richesses. Mœurs.

tant de l'ancienne valeur des Chartrains, jaloux de leur liberté, qu'ils ne perdirent iamais sans combatre [a]. Cesar disoit d'eux qu'ils ne luy obeyssoient pas, mais à ses armes, de sorte qu'il les honora pour leur courage du tiltre d'amis & d'alliez du peuple Romain. [a] Cæs. lib. 7.

Gouuernement. Ce peuple ancien a eu ses Roys du temps de Iules Cesar: Les Danois & Normands (apres les Romains) y establirent des Comtes. Chartres fut erigé en Duché par François premier, l'an mil cinq cens vingt-huict: Et en l'an mil six cens vingt-sept, le Duc de Nemours qui le possedoit, l'ayant remis au Roy, il a esté baillé au Duc d'Orleans, frere vnique de sa Majesté: La ville & pays auoient tousiours eu des Gouuerneurs particuliers, autres que ceux d'Orleans & de Blois, auec des Lieutenans de Roy. Il y a grand nombre de Noblesse ancienne, & entr'autres Prunay, Couruille, Vieuille, Palaiseau, Sourdis, d'Angennes, Meslay & plusieurs autres.

Dreux. Le Comté de Dreux appartient au pays Chartrain, & est du domaine du Roy: La bonne situation du chasteau de Dreux, quoy qu'il soit ruiné, fait que le peu qui y reste commande encor la ville, qui conserue par son nom & situation dans le Chartrain, la memoire des anciens Druides. L'ancienneté de la ville & de son fief & Comté, luy a donné preseance aux Estats generaux sur Chartres, Mante & autres villes. La riuiere de Blaise qui y passe, comme nous auons dit, porte des truites, dont on fait grand cas dans le pays: Et la forest de Dreux vaut trente mille liures de reuenu. Sa Iustice consiste en vn siege Royal, celle des Eaux & forests, dont le grand Maistre est Gouuerneur de la ville, & celle des gabelles establie au grenier à sel, qui est dans la ville, auec vn siege d'Eslection. Le Maire de la ville a sa Iustice, s'eslit de deux en deux ans, & est accompagné de quatre Escheuins. La ville & faux-bourgs ont deux Eglises Parrochiales, gouuernées par trois Curez: Il y a vn College qui n'est pas si renommé pour le present, comme il a esté autresfois, & vne Eglise fondée dans le chasteau, sous le tiltre de sainct Estienne, seruie par douze Chanoines qui sont de la collation du Roy, & à present de celle du Comte de Soissons, à cause de l'engagement du Domaine de Dreux. Les habitans trafiquent en draps, sarges, laines & toiles: Il y a force bestail, & abondance de vin, toutesfois mediocre, & auquel le terroir donne vn goust desagreable.

Môtfort. Le Comté de Montfort est plustost vne partie de la haute Beausse, que du Gastinois: On en fait dépendre le Comté de Rochefort, Auneau & autres lieux, auec Espernon petite ville, Duché & Pairrie, Ramboüillet Marquisat, Gaseran, Rostaing, Choisy, Richebourg, Beyne & autres Chastellenies & fiefs qui en releuent: Il y a chasteau & Gouuerneur pour le Roy dans le Comté, & à Montfort, dit l'Amaurry, à cause d'Amaulry vulgairement estimé [b], fils naturel du Roy Robert, qui luy donna la ville & Comté. Le Bailly de Houdan & quelques Preuostez ressortissent à Montfort, dont les appellations deuoluent nuëment au Parlement de Paris, contre la pretension du siege Presidial de Mante, iugée par Arrest du Conseil du Roy [c]. Il y a Mairrie, siege des eaux & forests, & Preuost des Mareschaux. Quant au spirituel, il est du Diocese de Chartres & de son Archidiaconat de Pinserays, où est aussi le chasteau de Rosny, basty magnifiquement auec vn aspect agreable sur la Seine. Il y a des Abbayes, sçauoir celles de Grand-champ, de Claire-fontaine, & Neau-fle-le-vieil, & deux Conuents de Nonnains, Sainct Corantin & Haute-bruyere.

[b] Du Tillet en ses memoires, Gaguin.

[c] 1633.

ANIOV.

Noms. L'ANIOV a pris son nom des peuples qui l'ont habité anciennement. Le nom *Ondicaoniæ*, ὀνδικάονα, qui se trouue dans les Anciens parmy les peuples de la Gaule Lyonnoise [d] est rendu *Andicani* en la version Latine, *Andecaui* à Tacite, *Andegaui* à Pline, & le commun ou vulgaire Latin *Andegauenses* ou bien *Andes* [e]. Aucuns ont creu que l'Anjou a esté appellé Ayguade, à cause de l'abondance des eaux qui sont dans le pays.

[d] Ptolem. in Celto Gall. Lugd.

[e] Cæs. Luc. l. 3.

Confins. Le pays commence au bourg de Chousay, & finit entre Moncontour & Herraut. Au Leuant il a la Touraine & le Vendosmois, le long de Loire; au Couchant la Bretagne & le bas pays du Maine; au Midy le Poictou, & au Nord le Maine, & Laual vers la Normandie. Selon le cours des riuieres, qui vont la pluspart du Leuant au Couchant, le haut Anjou est celuy qui auoisine la Touraine & le Maine, & le bas sont les terres proches des embouchures de Loire. C'est vn pays de petite estenduë, montagneux & inesgal. Il y a grand nombre de riuieres grandes ou petites, qui seront mentionnées en descriuant les villes & lieux auec leurs situations.

Angers.

La ville capitale est Angers, *Iuliomagus* [a] *Andicauarum* [b], sur la riuiere de Maine, *Meduana*, & sur ses deux bords: Elle y est separée en deux par vn pont de pierre, & le Maine se descharge dans Loire à vne lieuë delà. Il y a vn fort bon chasteau garny de dix-huict grosses tours quarrées, & quelques boulevarts, auec siege d'Euesché, Bailliage, siege Presidial & Vniuersité, laquelle apres son fondateur Louys second Duc d'Anjou [b], Henry troisiesme, n'estant que Duc d'Anjou, restablir, & y appella François Balduin, qui le tesmoigne ainsi [c]. Les Colleges d'Anjou pour la Philosophie, celuy du Bueil pour les Boursiers Normands, & celuy de la Fourmagiere pour l'humanité, y sont aussi. Les Officiers des cens & droicts d'Anjou, des Quintes d'Angers, des Eaux & forests, de l'Eslection & de la Preuosté, y exercent iustice pour le Roy. Le Maire y est annuel, auec vingt-quatre Escheuins à viage, à quoy se ioint la iurisdiction du Iuge & Consuls des Marchands, & la Monnoye, laquelle y est ouuerte. La ville est ancienne, & en a des marques hors de son enceinte en quelques ruines, qu'on nomme Groban, où estoit vn theatre ou Amphitheatre des Romains, comme l'on croit. On y void & remarque de vieilles murailles, & plusieurs Antiques ou Medailles s'y trouuent, de mesme qu'en l'Eglise Cathedrale (de sainct Maurice) se voyent quelques reliques. On remarque aussi dans Angers la Procession du iour de la Feste-Dieu, laquelle s'y fait auec grande ceremonie & affluence de peuple, où sont quatre mille habitans portans torches fort grosses & façonnées; on y accourt de vingt lieuës pour la voir ou pour y assister. Cete grande solennité plus esclatante qu'ailleurs, est particuliere à Angers, à cause de l'histoire de Berenger Diacre de l'Eglise, qui nia la presence reelle du corps de Christ au sainct Sacrement de l'Eucharistie. On a dit autrefois Feste-Dieu d'Angers, Rogaisons de Poictiers, & Mairrie de la Rochelle.

a Ptolem. b Merula in Gall.

c 1389. Disc. gen. de la Religion. d Ad l. si pact. C. de pact.

Saumur.

Les autres villes sont Saumur auec chasteau, & des faux-bourgs fort beaux & grands deçà & delà Loire. A l'entrée du pont est vn agreable proumenoir, & quelques Isles qui sont habitées. Le faux-bourg delà Loire est entouré d'vn fossé & le pont a vne tour fort grande & espaisse: Au bout de celuy où passe Loire, est nostre Dame des Ardillers. Du mesme costé à vn quart de lieuë delà, on trouue des carrieres où l'on peut aller sous terre pres de demie lieuë. L'Abbaye de sainct Florent n'est pas loin delà, qui est forte & bien bastie. Il y a aussi des Colleges dans Saumur, tant des PP. de l'Oratoire, que pour ceux de la Religion pretenduë reformée. Le Pont de Sé, à vne lieuë d'Angers, est vne longue ruë dans vne Isle sur la riuiere de Loire, auec deux grands ponts d'vn demy quart de lieuë de long. Celuy du costé de Brissac est plus long d'vn tiers que celuy qui est vers Angers; & sur ces ponts il y a des ponts-leuis, lesquels estans leuez on ne peut entrer dans la ville que par basteau. Il y a vn bon chasteau qui est dans le dessus de l'Isle, & commande sur toutes les aduenuës des ponts. Hors du chasteau le reste est sans closture de murailles. La riuiere de Laution qui passe au port de Sorges, se iette dans le Loire à trois cens pas au dessus du pont de Sé. Elle est creuse & noire, & se grossit de diuerses riuieres qui viennent de Baugé, Beaufort & Longué. La Fleche est sur le Loir ville & chasteau, auec vn College des Peres Iesuites fondé par le Roy Henry IV. où le cœur de S. M. est gardé dãs le chœur de l'Eglise sur les degrez de l'Autel d'vne Chapelle, suiuant les conditions de la fondation. Audit College y a erection de huict Docteurs, quatre en Medecine & quatre en Iurisprudence, dont les Escholiers sont tenus de recognoistre le Recteur des Iesuites, & le Prefect de leurs Estudes, qui a la direction de l'Vniuersité, sans autres Recteurs. Ce College a trois basses courts & trois corps de logis, capables de loger le Roy.

Pont de Sé.

La Fleche.

Outre les villes ja dites sont plusieurs autres lieux considerables, sçauoir Chasteau-gontier sur la Maine, Baugé siege Royal, Beaufort autre siege: Le

Lude

Lude Comté sur le Loir, Malicorne, Durtal, Chantoceaux Barõnie, Brissac Duché & Pairrie auec chasteau & parc, à 4 lieuës d'Angers, Doüé, où se void vn Amphitheatre basty en ouale, & de forme exagone auec degrez taillez dans le roc, Clisson, Monstrueil-Bellay, Craon, Monsoreau ville & Comté, Chasteau-neuf, Montreneau & plusieurs autres. Le pays de Maugé est dans le bas Anjou sur la riue gauche du fleuue de Loire, contient plusieurs bons lieux, & entr'autres Beaupreau, Tiffanges, Montejan & autres.

Richelieu Richelieu Duché & Pairrie, quoy que pour le spirituel il responde à Poictiers, pour le temporel est de l'Anjou. La terre est presque rõde, & peut auoir 8 lieuës ou enuiron de diametre, horsmis quelques bourgs vn peu plus esloignez. Les terres de S. Vincent de Monts & la Motte, d'où dépendent cinq ou six bourgs, en accompliroient le rond. Les principaux lieux fermez sont Mirebeau & l'Isle-Bouchard. De Mirebeau ont autresfois dépendu le Puis-nostre Dame & Doüé celebre pour son Amphitheatre qu'on ne croit pas de mesme que les Critiques & Antiquaires modernes, * auoir esté vn ouurage des Romains. Ce Duché aboutit à Montcontour, & est à deux lieuës de Lodun & de Chinon : Il n'y a point d'autre chasteau que celuy de Richelieu, qui est fort beau: La ville s'aduance & accroist, pour estre à l'aduenir bien agreable: Elle est commencée à bastir depuis quelques années par le soin & aux despens de l'Eminentissime Cardinal-Duc de Richelieu. La petite riuiere qui y passe & remplit les canaux de Richelieu ville & chasteau, s'appelle l'Amable, & tombe dans la Vede au dessous du chasteau de Champigny au bout des fossez. Quelques Chartes ont remarqué que c'estoit au dessus de Champigny, en quoy l'on s'est mespris. L'Amable pourroit porter basteau, en y faisant quelque despense, & la riuiere de Vede par consequent, qui se descharge dans la Vienne vers vn lieu nommé la Riuiere à vne lieuë de Chinon.

* Lips. de Amphith.

Qualité. Bien que l'Anjou soit vn peu montueux, le grand nombre des riuieres qui l'arrousent, le rendent fertile & agreable, qui sont celles principalement qui entrent dans Loire, sçauoir Vienne, la Diue, le Touets, le Layion, l'Eure, Guynatte, Mayne, laquelle auec la Sarte, & Loir qui vient de Vendosme pres de Bonneual, s'assemblent toutes trois vn peu au dessus d'Angers au port d'Espinay, dont elles baignent les murailles, & ne sont pas si petites qu'elles ne portent de gros basteaux. Celles de Laution, Vresée, Oudon, Irosne, d'Aubence, Huye, Touré, sont moindres, ausquelles on en peut ioindre quantité d'autres, dõt le pays est couuert, auec plusieurs lacs, estangs, & sources d'eau, qui forment de beaux viuiers. Il y a aussi nombre de belles forests & de grande estenduë, sçauoir celles de Chambieres, Baugé, Bellepoule, la Fleche, le Marcha-Malpers proche du Mayne, Beaufort, Longuenes, des Foüillons, Ligueres, & autres peuplées & garnies de Sauuagine & bestes rousses & noires. Par le moyen de tant de riuieres & bois le pays en ses valons & prez est abondant en fruicts, bestail & pasturage de bœufs, moutons, pourceaux, volailles, auec cerfs, biches, lievres & toute espece de poisson d'eau douce. Mais de tout tẽps & encor auiourd'huy le vignoble d'Aniou excelle sur celuy de son voisinage en ses costaux plantez de vignes: Et là où le terroir vn peu esleué ne peut bien receuoir le bled & le conduire à vne parfaite maturité, il porte des vins blancs, dont la reputation est allée fort loin, & les traites & fermes d'Aniou, pour le traffic qu'en ont fait les marchands du pays, en ont esté formées au profit du Roy. On estime neantmoins que les habitans d'Aniou n'en font pas à present vn si grand commerce, cõme cy-deuant, d'autant que les Bretons & particulierement ceux de Nãtes ou des enuirons ont planté des vignes, & ne leuent plus des vins d'Anjou, qui ne peuuent pas estre portez commodement par leurs riuieres au pays du Mayne & ailleurs, où la traite n'est pas establie. Les chanvres & lins croissent abondammẽt dans le païs, d'où vient le traffic que les habitans font des toiles faites chez eux. Il y a plusieurs carrieres d'Ardoise pres d'Angers & ailleurs, les Eglises & les maisons des particuliers en sont couuertes, & les champs mesmes en sont clos : Dans Angers on la fait entrer en ouurage de massonnerie. Pres de Chasteaugõtier y a des eaux sulphurées, comme aussi pres d'Angers, où l'on va au Printẽps & en Automne. Il s'y void aussi de belles maisons, cõmme à Verger à trois lieuës d'Angers au Prince de Guymené, & vn iardin pres de la mesme ville auec vne galerie, basty par René Roy de Sicile & Duc d'Aniou; Vauiours au Comte de Sancerre.

Richesses & forces. Il n'y a point d'autres garnisons en Aniou, qu'és Chasteaux d'Angers, Saumur & Pont de Sé. Celuy d'Angers est fort, comme nous l'auons desia descrit. La Noblesse y est vaillante. Et pour la richesse du pays, elle ne peut prouenir que du traffic qu'ils font des vins, chanvres & ardoises pour quelques particuliers, à qui les carrieres appartiennent en proprieté.

a Lib. 8. de bell. Gall.

Les Anciens Angeuins, sous le nom d'*Andes* dans Cesar[a], ont eu leurs petits Rois ou Generaux. Le pays a eu depuis sous les Rois de France ses anciens Comtes, dõt l'Histoire en a esté diuersement recueillie,[b] & la terre a passé en plusieurs mains, apres auoir esté reünie à la Couronne de France, & erigée en Duché & Pairrie, iusqu'à Henry, frere du Roy Charles neufiesme, qui en iouyssoit pour son appennage, & auiourd'huy le fils puisné du Roy regnant en porte le titre. Le pays a son Gouuerneur particulier. Gouuernement.

b Du Haillan, des Comtes d'Aniou, & autres.

Il y a deux sieges Presidiaux, sçauoir Angers & la Flesche. Saumur, Baugé, Beaufort, Craon & Chasteaugontier sont sieges Royaux, & le tout ressortit au Parlement de Paris. Il y a sept Eslections, sçauoir Angers, Saumur, Beaufort, la Flesche, Candé, Ingrande & Chasteaugontier dependantes de la generalité de Tours. Il y a plusieurs maisons anciennes, sçauoir Beaufort en valée, Monstrueil-Bellay, Maulevrier, Montejan, Monsoreau, Galerande, de Lezé, Bresé & autres.

Les Abbayes principales sont celles de Bourgueil, & de Fontevraud, qui est de fondation fort ancienne. Bourgueil porte aussi titre de Baronie. Il y a plusieurs habitans faisans profession de la Religion pretenduë reformée à Angers, Saumur & autres lieux. Religion.

LE MAYNE.

c Ptolem. Cæs. Plin.

LE pays DV MAYNE tire son nom des anciens peuples qui l'ont habité, nommez *Cenomani*.[c] Et bien que l'antiquité semble les diuiser en deux, sçauoir *Aulerci* & *Orobij*: toutesfois la ville capitale du pays, nommée le Mans, & le pays mesme se rapportent si bien à l'appellation plus generale de *Cenomani*, que nous n'auons pas à rechercher quels ont esté les autres, pour sçauoir s'ils ont esté des peuples differents, ou bien vne espece de Cenomans, qui sont dans la Gaule Lyonnoise.[d] Nom.

d Ptolem.

Il a le Vendosmois au Leuant, la Touraine & l'Anjou au Midy, la Bretagne au Couchant, le Perche & le Duché d'Alençon au Nord. Confins.

Depuis Gerron iusqu'au Chasteau du Loir, il a 32 lieuës de longueur, & depuis Memers dans le Sonnois iusqu'à Laual 22 lieuës de largeur. Estendue.

Le pays a plusieurs riuieres, mais les principales sont la Mayne *Meduana*, Loir *Lidus*, & Sarte qui reçoit la riuiere de Huigne au dessous du Mãs, & les deux ensemble se ioignent auec Loir pour se descharger toutes dans Loire au dessous d'Angers. Les riuieres d'Orne, Braye & Graine sõt moindres, & la premiere se ioint à d'autres assez pres des murailles du Mans. La Huigne sort d'Aluye, passe à Nogent le Rotrou, Ferté Bernard, au pont de Genes, & delà au Mans pour fondre dans la Sarte. Riuieres.

On en fait quelque separation en haut & bas pays, & le bas peut estre pris à 3 ou 4 lieuës du Mans vers Balon, au Couchant, auec deux differences qu'on y remarque, l'vne pour le terroir qui n'est pas si bon & ne porte point de vin, & l'autre pour le langage des habitans, qui est plus lent & grossier. Diuision.

La ville capitale du pays est LE MANS, siege d'Eueschè & de Iustice Presidiale, sur la riuiere de Sarte, qui l'arrouse auec celle de Huigne & Orne, qui se ioignent dessous la ville, & s'escoulent du costé d'Aluye, Nogent, sainct Iean des Bois & Malicorne. L'assiette du Mans est agreable s'il y en a en Frãce, & la ville est grande & populeuse. Elle est accompagnée des autres Iustices, sçauoir Preuosté, Eaux & forests, Mareschaussée, Eslection, & Gabelles en vn grenier à sel. L'enclos de la ville ou les enuirons ont trois Abbayes, qui sont la Cousture, S. Vincent & Beaulieu, auec vne de Nonnains, nommée le Pré, & plusieurs Conuens de Religieux. Il y deux Colleges, l'vn appellé de sainct Benoist, & l'autre des Peres de l'Oratoire. Chasteau de Loir est vn siege Royal & ordinaire auec les mesmes Iustices qui sont au Mans. Le Chasteau est ruiné, & la ville est assez riche & bien peuplée. L'Abbaye des Nonnains de Bonlieu en est proche, & le Conuent des Benedictins est dans la ville. Le pays ioignant, appellé Vau du Loir, a huict ou dix lieuës de long, & trois ou quatre de large, pays fort fertil en bleds, mais principalement en vins blãcs & clai- Le Mans.

rets, qui le transportent iusqu'en Angleterre & en Flandres.

Les autres villes & lieux sont Laual, siege Royal & bonne ville sur la Mayne; au Seigneur de la Trimoüille, en titre de Comté & Pairrie. Sablé, Marquisat; sainct Calés, siege Royal; Mont-doubleau, Bonnestable, ville & Chasteau, & autres. La Ferté-Bernard, où passe la riuiere d'Huyne, & qui n'a qu'vne seule Parroisse, est vne Barronie & siege en Pairrie, dont les appellations peuuent aller directement en la Cour de Parlement de Paris, auec dependance de dix-sept ou dix-huict Parroisses. Il y a plusieurs autres villes, Bailliages & Seigneuries, dont aucunes dependent du Duché de Mayenne, qu'on loge au bas pays du Mayne, où sont aussi Beaumont-le-Vicomte, Sillé-le-Guillaume, Lascey ou Lussé, Bresteau, Vicomté, auec la Chastellenie de Montfort, à quatre lieuës du Mans; Conarrey, petite ville à quatre lieuës de la Ferté, & quantité d'autres terres & Chastellenies.

Mayenne. Mayenne, sur la riuiere de Mayne, est Duché & Pairrie, laquelle a cy-deuant appartenu à la maison de Guyse, du nom de Lorraine, & est entrée depuis dãs celle de Neuers, ou de Mantouë, par le decez du dernier Duc de Mayenne sans enfans: On l'appelle communément Mayenne-la-Iuhais ou Iuhel, ancien Seigneur du pays.[a] La ville est bonne, & y a Iustice pour le Roy & pour le Seigneur. La riuiere de Mayne passe à Laual & à Chasteau-gontier, reçoit la Sarte, passe à Angers, & se fond dans Loire.

a Sous Philip. Auguste.

Pays de Sonnois. Le pays de Sonnois est en titre de Baronnie; du Couchant il confine à Alençon, dont le faux-bourg, nommé de Montsaur, en est; du Leuant à Belesme du Perche; du Midy à Balon dans le Mayne; du Nord à Seez en Normandie. Le pays a douze lieuës de long depuis Balon iusques à Seez, & autant de large depuis Alençon iusqu'au Perche, de sorte qu'il est quarré. Memers en est la capitale; Fresnay sur Orne est du pays auec René, sainct Remy du Plain, sainct Cosme & Nostre-Dame, vn mesme bourg en deux Parroisses, & autres moindres lieux.

Pays de Charnie. Le pays de Charnie peut auoir 8 lieuës de lõg, & est trauersé de la riuiere de Vegre: Saincte Susanne, Baronnie & siege Royal, en est le lieu plus cõsiderable, auec l'Abbaye d'Esteual. Le fonds n'en est pas bon, à cause des montagnes, forests & landes.

Qualité. Le Mayne abonde en bleds, vins, beurres, & bestail, particulierement le haut, comme nous auons desia remarqué. Il y a des Chanvres & lins comme en Anjou, auec traffic de toiles, sçauoir à Laual, Mayẽne & autres lieux. Les forests y sont belles & toutes Royales, sçauoir Bercay, Douure, Minclou, Loncaulnay. Il se trouue dans les montagnes du païs quantité de mines de fer. La plus belle maison du Mayne est Pescheseul, auec vn gros bourg.

Mœurs. Les hommes y sont accorts & subtils, capables de bien conduire vne entreprise, ayans grace à parler.

Gouuernement. Les Comtés d'Anjou & du Mayne, ont esté ioints anciennement, & ont appartenu à mesmes Seigneurs par le decez d'Helie Comte du Mayne, qui mourut l'an 1150. Le Mayne a esté longuement aux Roys d'Angleterre, à cause de l'aduenemẽt à la Couronne de Henry fils de Geofroy Comte d'Anjou; & sous le Roy sainct Louys traitant auec Henry III Roy d'Angleterre, il reuint à la Couronne. Auiourd'huy le Mans auec ses dependances est au Roy; le Duché de Mayenne auparauant Marquisat, auec ce qui en releue, est aux Seigneurs que nous auons desia marquez. A Laual y a Chambre des Comptes pour les terres dependantes du Comté.

Religion. Les principaux Seigneurs du pays sont le Comte de Soissons, le Duc de Brissac, le Comte de Laual, dans la maison de la Trimoüille, le Comte de la Suze, les Marquis de Sablé, de Vassey, de Bouille, le Comte de Tresmes, & plusieurs Barons. Il y a plusieurs Abbayes, sçauoir de sainct Calais, de l'Espau, d'Euron, de la Palice, de Fontaine-Daniel, de Belle-branche, de Persaigne, de Perineuf, & autres ja mentionnées.

LE PERCHE.

Noms. LE nom de ce pays est nouueau & n'a point de rapport aux peuples anciens qui l'ont habité, nommez *Vnelli*,[b] ou *Aulerici*, qui en peuuent auoir tenu vne partie,[c] & tous les deux sont sous la Celtique Lyonnoise.[d]

b Cæs. li. 2. & 3. Comment.
c Thuan.
d Ptolem.

Confins. Le pays Chartrain & le Vendosmois luy sont au midy, le Mayne au Couchant, &

la Normandie au Leuant & au Nord, d'où vient qu'aucuns rengent les Percherons parmy les Normands, & vne partie du pays estant du Duché d'Alençon ressortit à Roüen, le reste qui est du Bailliage de Chartres, respond à Paris. [a] Le Perche est de l'ancienne contribution de la Neustrie, & se trouue tellement enclaué en diuers Dioceses, que les habitans de ses villes & parroisses recognoissent iusques à quatre Euesques, sçauoir de Seez, de Chartres, du Mans, & d'Evreux.

a Bellesorest li. 3.

Sa plus commune diuision est en bas & haut. Le bas est appellé Perche-Goüet, du nom de ses anciens Seigneurs. Le haut est proprement le Comté, qui confine d'vn costé à Vernueil, où il est separé de la Normandie, & de l'autre à Memers, qui le separe du Mayne. Les plus curieux de l'histoire & des Iurisdictions [b] font quatre parties de l'entier pays, sçauoir la Terre Françoise, le grand Perche, le Perche-Goüet, & les terres desmembrées. La terre Françoise est vn petit ressort où est située la Grise de Vernueil, separé de la ville, & de la Normandie par la riuiere d'Aure: La Iustice Royale & ordinaire de ce ressort qu'on nomme François, sous le Bailly & Lieutenant de ladite tour, ne recognoist que le Parlement de Paris. Le grand Perche, qu'on appelle communément & simplement le Perche, comprend les villes & Chastellenies Royales de Belesme, Mortaigne, la Perriere & Nogent le Rotrou. Le Perche-Goüet est composé des Baronies d'Auton, la Bazoche, Montmiral, Alluye & Brou, qui pour la Iustice ordinaire sont du ressort de Iainuille. Les terres desmembrées sont Chasteau-neuf en Timerais, dont il est la ville capitale, petit pays, (ainsi nommé de Thimer petit village) contenant neantmoins plusieurs bons bourgs, Senonches, Bazoches & Champront, qui composent vn grand pays, & ont esté distraits par vne transaction faite entre le Roy & les heritiers du dernier Duc d'Alençon, auec coustumes à part & erection de Principauté portant titre de Mantoüe, en faueur du Duc de Neuers.

Diuision.

b Gilles Bry hist. du Perche & d'Alençon.

Il y a plusieurs riuieres au Perche: mais les principales qui ont nom & lit dans le pays, & qui l'abreuuent en ces deux extremitez, sont la Sarte & l'Huygne, outre lesquelles le Loir, Orne, Braye, Eure & Aure y ont leur naissance. La SARTE y a sa premiere source d'vne fontaine, nommée Somme-Sarte, entre Soligny & sainct Estienne, & par Longpont & la Mesle separe la Normandie d'auec le Perche, en receuant les riuieres de Pontpercé & d'Euine: de Mesle elle passe à Baruille, & vn peu au dessous reçoit encore celle d'Autreche, vient à Alençon, Fresnay, Iaillé, Viuain, Beaumont-le-Vicomte, sainct Marceau & la Guerche, & sur ces derniers passages la riuiere d'ORNE s'y descharge, & naist sur la terre de Soisay, passe à Suré, Origny, le Roux & Peray, ou DIVE la ioint, qui passe par Memers, descend au Balon & entre dans la Sarte qui baigne les murs du Mans, comme nous auons dit, se ioint auec Huygne, & par Noyens, la Suze, Malicorne & Sablé va ioindre le Loir en Aniou. Le LOIR naist en la Parroisse des Coruées, & prend nom de la fontaine & estang des Abbayes du Loir, va par les Estangs de Cernay pres de Villebon à Illiers, où il prend le ruisseau de Montigny qui sort des estangs de Tiron, descend à Chasteaudun, Cloye, Vendosme, Lauardin & Montoire, & là dessus est iointe par la riuiere de BRYE qui naist dans le Chasteau de la Greue, descend sous Theligny, prend en passant vn autre ruisseau, qui semble luy contester son titre, & auec iceluy il coule à Vibraye, au Gué de Lauray, Sauigny sur Braye, sainct Calais, & se descharge dans Loir qui passe par le Mayne, trauerse l'Aniou par le Lude, la Flesche, Duretal, & l'Isle sainct Aubin pres d'Angers, où il reçoit la Sarte & la Mayne, & à Bouche-Mayne trouue Loir, en compagnie duquel il va dans l'Ocean Meridional de la Bretagne. EVRE naist au grand Perche entre Nully & la Lande, reçoit les eaux de Vaupillon & de la Loupe, offre le bain aux Nonnains de Bellommer, & sortant du pays vient iusqu'à Chartres; delà tournant le dos au Loir il coule à Iouy, Maintenon, Nogent-le Roy, & autres lieux, reuient dans le Perche & se rencontre auec AVRE qui naist en la forest du mesme pays, vient à Chesnebrun, Vernueil, Tillieres, Nonancourt, & separe en beaucoup d'endroits la France d'auec la Normandie. Les deux riuieres iointes & coulans par Anet, Bassy & le Vau-de-Rueil se rendent dans la Seine au pont de l'Arche, où le reflux de l'Ocean Septentrional les vient receuoir. Les riuieres de Comeoche & la Iambée entrent dans l'Huygne en vn lieu nommé le moulin-Chevreul.

Riuieres. Sarte. Orne. Diue. Loir. Braye. Eure. Aure.

Il y a trois grandes forests Royales, l'vne qui porte le nom du pays, & s'appelle forest du Perche, l'autre Reno, au dedans de laquelle est basty le Monastere du Val.

Forests.

Dieu des Chartreux,& celle de Belesme,qui en quantité & qualité de bois excelle par dessus les autres, & où sont bastis les Monasteres de sainct Martin de Vieil-Belesme & de Chresne-gallon,auec les Prieurez de sainct Lienard, de la Chese & autres. Au milieu de cete forest,allant de Belesme à Mortaigne, est vne fontaine nommée la Hese d'eaux medicales & salubres, que les Medecins d'auiourd'huy estiment à l'esgal de celles de Pougues & de Forges.

Villes & lieux. Les principales villes du pays sont Bellesme,Mortaigne, sous titres de Comtez anciens,Nogent-le-Rotrou & la Perriere. Mortaigne a de plus grands ornemens de ville,soit en belles Eglises & lieux de Religion,soit en nombre d'habitans, circuit de ville & estenduë de maisons. Bellesme a plus de domaine, de mouuances & de ressort,iusqu'au nombre de vingt-deux Iustices hautes, & de 80 fiefs, auec vn Chasteau fort ancien,& vn beau grenier à sel. Ces deux ne font qu'vn mesme Bailliage,& le Bailly qui est de robbe courte, residant à Mortaigne, est recogneu par tout le pays. Il a ses Lieutenans en chaque siege. Bellesme, Mortaigne & la Perriere sont trois sieges & Chastellenies Royales. Nogent-le-Rotrou est estimé communément la capitale du Perche-Goüet,quoy que dans la distinction qui fait quatre parties de l'entier pays,il n'y soit pas contenu; C'est vn tres-grand bourg, auec 3 Eglises Parrochiales, à present Duché d'Anguyen-le-François. Outre les lieux qui sont enõcez en la diuision que nous auons ja faite,il y en a quelques autres, sçauoir Fenillet, Mauues, Roux-maillard, Condé sur Huygne, Ceton, Villeray, Preaux,le Tail,&c.

Qualité. La pluspart du pays est fertile en toute sorte de bleds, gras en pasturages, agreable à cause des terres & collines qui sont en grand nombre, au pied desquelles sont plusieurs prairies arrousées d'infinies fontaines & ruisseaux. Nous auons parlé cy-dessus des riuieres prenans leur source dans le pays, & le baignants de leurs eaux, comme aussi des forests qui l'ombragent, auec les eaux sulfurées qu'on y a descouuertes.

Mœurs. Le Perche n'est pas de grande estenduë, & d'ailleurs si joignant à la Normandie ou aux autres pays que nous venons de descrire, que ses mœurs ne peuuent estre autres que celles de leurs voisins,dont nous auons desia marqué quelque chose,ou le ferons cy-apres en traittant de la Normandie: Les anciens Vnelles estans du costé d'Evreux, és lisieres de cette Prouince, tiennent de leurs vertus ou vices.[a] a Theuet l. 13 c.8.

Richesses. Le bourg de Nogent-le-Rotrou est fort marchand & riche par la manufacture des sarges, toiles & cuirs.

Gouuernement. Cesar fait mention de Viridouix Roy ou chef des habitans de ce pays, qui a eu des Comtes fort anciens,auant ceux de la maison de Bellesme & de Rotrou, dont le dernier mourut enuiron l'an 1226.[b] Ceux de Rotrou furent Comtes du Perche par femmes,ayāt l'vn d'eux espousé vne fille du Roy d'Angleterre, qui possedoit le Comté. Ils furent conioinctement auec ceux de Bellesme, & eurent des guerres ensemble. La terre a esté reünie à la Couronne sous le Roy Louys huictiesme en l'année 1226. b Gilles Bry hist. du Perche.

Le Perche pour la Iustice recognoist la Cour de Parlement de Paris; pour les cas de l'Edict,le Presidial de Chartres,& pour les Comptes & Aydes, la Chambre des Comptes & Cour des Aydes de Roüen, où les Seigneurs & Nobles du pays portent leurs adueux & actes de foy & hommage. Le pays s'assemble par Estats à Bellesme,laquelle y est appellée la premiere. Aux Estats generaux du Royaume, le Perche y entre sous le gouuernement d'Orleans. Il y a plusieurs Baronnies & Chastellenies anciennes au Perche-Goüet, qui releuent de l'Euesque de Chartres, à cause de la terre de Pont-goin.

BEAVSSE MOYENNE.

LA Beausse mitoyenne comprend d'vn costé tout ce qui est sur les deux bords de Loire depuis Romorātin, qui est sur la riuiere de Saudre, iusqu'à Vendosme, & de l'autre sur la mesme riuiere ce qui est depuis Chasteaudun iusqu'à Blois & le terroir de la Touraine. Cette partie de la Beausse est appellée la Vendosmoise, d'autant qu'elle finit là, tirant vers le Septentrion. C'est la plus agreable & la plus fertile de toutes.

COMTE' DE BLOIS.

LE nom de BLOIS n'est pas ancien, pour en trouuer la mention dans Ptolemée, Cesar ou Pline. Nithard & Gregoire de Tours auant luy en ont parlé sous le nom de *Blesenses*, auec le lieu qui s'en void dans la vie d'Agiulphus.[a] Noms.

a Merula Thes Geogr. Ortelij.

Le pays Blaisois confine du Leuant à l'Orleanois & au Berry, du Couchant à la Touraine, du Midy à la Sologne & partie du Berry, du Septentrion au Vendosmois. Confins.

Il contient en longitude d'Occident en Orient depuis saint Otin iusques à Brinon vingt-cinq lieuës, en latitude de l'Equateur vers le Nord depuis Chasteau-Roux iusques à Rabestan quarante lieuës, & la ville de Blois a vingt & vn degrez de longitude & quarante-sept degrez trente-deux minutes de latitude ou hauteur du pole. Estendue.

La ville capitale est BLOIS assise sur la riuiere de Loire, ayant vn pont qui trauerse la riuiere, au bout duquel est le pays de Sologne en la basse Beausse. Le Chasteau en est fort grand, bien basty, separé de la ville du costé du Couchant. C'est le seiour agreable des Rois, recommandable en toutes ses parties pour la bonté de son air & de son terroir, la beauté de la campagne & le doux murmure de ses eaux. L'Eglise Collegiale de saint Sauueur est en la premiere cour du Chasteau, bien dotée par les Comtes & par les Rois de France, où sont les tombeaux magnifiques des Seigneurs de la ville & autres. Il y a vne autre Eglise dediée à S. Iacques, bien bastie. On void pres de Blois les traces de quelques Aqueducts si grands & si hauts, que trois hommes de cheual y peuuent aller de front; & outre ce les masures d'vn ancien bastiment, qu'on nomme dans le pays Orchese.[b] Ce sont, peut-estre, des ouurages des Romains, & ceux du pays croyent que ç'a esté le grenier de Iules Cesar estant dans le pays. Il y a vn siege Presidial, vne Chambre des Comptes, Eslection, Preuost ou officiers ordinaires, douze Escheuins, vn College des Peres Iesuites, auec plusieurs Monasteres dans la ville & aux faux-bourgs, sçauoir deux Abbayes, saint Lomer & Bourg-moyen: quatre Conuents de Religieuses, qui sont sainte Veronique, les Carmelites, les Vrsulines, & celles de la Visitation. Blois est l'vn des six Archidiaconez de l'Eglise Cathedrale de Chartres. Le petit bourg appellé Vienne, est ioint à Blois par vn pont de pierre, que le Roy Henry troisiesme fit remettre l'an mil cinq cens quatre-vingt-quatre. Pres de ce pont est vne fontaine, dont les eaux sortent par huict tuyaux. Blois.

b Orchæ fines

Les autres lieux sont saint Aignan, Comté, Mer, Selles, Remorantin, Vatan, Chasteau-Roux, Duché & Pairrie au Prince de Condé, lesquels lieux aucuns logent en Berry: Valençay, Bussy, Chasteau magnifique, en la Cour duquel sur vne colomne est la statuë du Roy Dauid en bronze, laquelle est de grand prix; & plusieurs autres bourgs clos de murailles pendant les guerres de la ligue, qu'on peut voir ailleurs auec le nom des Seigneurs,[c] & les sieges de Iustice.

c Procez verbal de la Coustume de Blois.

L'air du Blaisois est sain & fort temperé, à quoy contribuent les eaux iaillissantes de grand nombre de fontaines, qu'on a experimenté n'estre point differentes des eaux de la pluye quant au poids, & par consequent leur bonté en a esté preiugée par la legereté qui s'y trouue & tesmoigne qu'elles sont deschargées de limon, cõme est l'eau pluuiale à qui la terre n'a point communiqué son ordure. A deux lieuës de Blois au bout de la forest, sur le penchant d'vne colline qui est au deçà d'Orchese, le vallon au milieu, se trouue entre des arbrisseaux vne petite grotte, d'où parmy les fentes des pierres se tire de la terre grace & visqueuse, de couleur passe tirant sur le rouge, extremement fine, qu'on compare auec raison au bol de Leuant où à la terre seellée, qu'on aporte de l'Isle de Lemnos, auiourd'huy Stalimene, veu que les Medecins s'en seruent à mesme fin & auec vn pareil effect. On en attribuë la premiere obseruation & recherche à François Guerin, homme tres-curieux. Cet endroit de la Beausse est l'vn des greniers de la France pour sa fertilité & abondance des bleds. A l'entour de Blois, & iusques à deux & trois lieuës aux enuirons croissent les bons vins, aux Grois, à Vinueil, à Chambon, à Orchese, à Champigny, qui sont tous vins clairets; Les blancs se recueillent à Court, & se debitent Qualité.

en Flandres, Hollande, Angleterre, Orleans, Roüen, Paris, Nantes & ailleurs. Les fruits y croissent en abondance & y sont tres-bons; entr'autres les poires de bon chrestien & les prunes de perdrigon, qui excellent par dessus tous les fruits. Il y a aussi quantité de bois taillis & de haute fustaye, plusieurs vergers, estangs & sources d'eau viue.

Le laictage y est abondant, & la cresme qu'on y fait est singulierement bonne, à quoy sert bien ce qu'on allegue des herbages naissans au Val de Loire entre Blois & saincte Geruaise (village assez proche de Blois) qui est vne grande prairie donnée autresfois aux habitans de saincte Geruaise & Vineuil par les Comtes de Blois pour y paistre leur bestail, dont ils iouyssent encores à present. Cette prairie est arrousée d'vne petite riuiere dite le Cousson, qui naist à Oliuet pres d'Orleans & se descharge dans Loire à trois quarts de lieuë au dessous de Blois: mais la principale cause de la bonté des cresmes de ces quartiers est l'air des caues de saincte Geruaise, où elles se font en dix ou douze heures tous les iours de l'an; car le mesme laict porté en autres caues ne fait point vne cresme si excellente, & le laict des autres pasturages porté à saincte Geruaise la fait tousiours tres-bonne.

Mœurs. Les habitans du pays, & particulierement ceux de Blois sont bons, courtois enuers les estrangers, & de douce conuersation, for propres en leur viure, & riches en leurs habits, accorts & subtils. Leur langage est fort delicat, iusqu'à auoir parmy eux en la ville & aux champs la pureté de la langue Françoise, comme nous auons remarqué ailleurs,[a] à cause dequoy les estrangers sejournent dans la ville pour y apprendre à bien parler. [a] Disc. gen. de la France. Langage de ce temps.

Richesses. Le pays est riche entant qu'il est bon & fertil, & par le trafic des habitans & transport de leurs fruicts & denrées és autres villes, particulierement de leurs vins portez aux pays estrangers, comme nous auons desia dit. Les orfevres & horlogeurs de Blois sont en estime, pour leurs ouurages, & particulierement des monstres d'horloge.

Gouuernement. Il a eu ses anciens Comtes, Seigneurs fort puissans, qui ont possedé les Comtez de Champagne, Touraine, Chartres, Boulogne, S. Paul, Dunois, Auenes, Haynaut & autres terres.[b] Ils ont failly depuis lōg-temps, & le Comté a esté reüny à la Couronne par la maison d'Orleans. Le deuant du Chasteau a esté basty par Louys XII, auec l'aile gauche où se trouue la Chapelle: L'aile droite par François I, qui est à present le plus beau quartier: Le derriere par la Royne Catherine de Medicis, que Monseigneur le Duc d'Orleans (frere vnique du Roy) lequel iouït du Comté pour partie de son appennage, a fait démolir, & y a commencé vn magnifique bastimēt. Son Altesse a desia enrichy le iardin de plusieurs simples rares & recherchez de toutes parts, iusqu'au nombre de deux mille. Ses antiques de bronze, marbre & autres ont esté rangées & disposées dans la galerie de l'aile droite, qui a trois cens pas de long, auec plusieurs medalles, tableaux & pieces curieuses recouurées des terres neuues, Orientales & Occidentales. Les enfans de France ont esté quasi tousiours nourris à Blois, & à cause de ce les habitans iouyssent de beaux priuileges. [b] Bellesorest. Du Haillan.

Chambourg. La maison Royale de Chambourg est à trois lieuës de la ville: Ce qu'on y remarque de plus rare est l'escallier, dont vn costé est desrobé à l'autre, en sorte que grand nombre de personnes peuuent en mesme temps monter & descendre sans s'entreuoir. Il y a deux cens soixante & quatorze degrez; & du haut on peut voir iusqu'au fonds par le trou & ouuerture du noyau. Elle a esté bastie par François I, lequel y receut Charles V. Empereur.

Blois a vn Gouuerneur & vn Bailly, dont la iurisdiction va iusqu'aux confins du Berry à Chasteau Roux qui est dans le Blaisois. Pour les finācés, il est sous la generalité d'Orleans, & l'vn & l'autre respondent à Paris en la Cour de Parlement, Chambre des Comptes, & Cour des Aydes.

COMTE' DE DVNOIS.

Noms. LE Comté de DVNOIS est du Baillage de Blois. Il a son nom de la ville capitale, qui est Chasteaudun, *Castrodunum*, *Dunum* en vieil langage Gaulois signifie ville ou rocher & colline.[c] [c] Merula.

Confins. Au Leuant il a l'Orleanois, au Couchant le Vendosmois & pays du Mayne, au

Midy la Sologne & le Blaisois, & au Septentrion Galerne-le-Chartrain & le Perche-Goüet.

Il n'est pas si long que large, ayant dix lieuës d'estenduë en trauerse, & quarante-huict degrez de latitude. Estenduë

Chasteaudun est assis sur le Loir en vn costau fort esleué & peu accessible : Le Chasteau est fortifié d'vne grosse tour, & les faux-bourgs sont beaucoup plus grāds & mieux bastis que la ville, auec douze Eglises, & les places des marchez & des foires. C'est le siege de la Iustice du Comté, duquel dependent cinq Chastellenies, sçauoir Montigny-le-Ganelon, Courtalam, Monlitard, les Clers & Rebetan : Et à celles-là ressortissent d'autres Iustices inferieures, comme sont Marchenoir, Paché, Freteual &c. Dans le Chasteau est vne saincte Chapelle, où les Comtes ont leurs tombeaux. Il y a aussi grenier à sel & Eslection. Villes & lieux.

Le terroir est fertil selon les quartiers qu'il auoisine: Du costé du Perche il y a des forests, pasturages & estangs, & par consequent le bestail y abonde : Vers Orleans & Blois sont les bleds & les vignes, sauf la forest de Marchenoir, dōt les arbres marquent vne grande antiquité.[a] Le vignoble finit à Chasteaudun vers le Septētrion, allant en Normandie. Quatre riuieres arrousent le pays, qui sont le Loir, la Connie, l'Aigre & l'Hierre. La Connie prēd sa source en la forest d'Orleans pres d'Artenay, & ne deborde iamais, ny ne se trouble par les pluyes: Elle croist au plus fort de l'Esté,[b] & si elle s'enfle plus que l'ordinaire, les habitans en tirent consequence de peste en l'Automne prochain, & de famine l'année suiuante. L'Aigre naist dessous l'estang de Verde. L'Hierre est comme le Tigris de la Mesopotamie, ores il se monstre, ores il se cache. L'estang de Verde proche de Chasteaudun a deux grandes lieuës de long, & 280 pas de large : On en raconte vn miracle du temps & lors du decez du Roy Childebert & de la Royne sa femme, lesquels ayans esté empoisonnez, l'eau de l'estang fut tellement eschauffée & boüillante, qu'il ietta sur son bord quantité de poissons cuits. Qualité.

[a] Belleforest li. 1.

[b] Des Rues, Descrip. de la France.

Les habitans du pays sont aigus, subtils & de bon esprit, entendans à demy-mot, & de peu de langage. Mœurs.

Le Duc de Longueuille est Comte de Dunois, & tient cét heritage de ses ancestres, qui ont tres-bien merité de la France, auec le rang & la naissance que nous auons desia mentionnée.[c] Le Dunois est vn des six Archidiaconez de Chartres, composé de 248 parroisses. L'Archidiacre y a sa Iustice spirituelle exercée par vn Official, Promoteur & autres supposts : Cét Official releue de celuy de l'Euesque de Chartres. A Chasteaudun est l'Eglise & Abbaye de la Magdelene, où se fait le seruice parrochial pour la moitié de habitans, & les Religieux en sont Curez primitifs ; l'Eglise sainct André auec douze Chanoines, qui sont aussi Curez ; & dans les faux-bourgs est vn Conuent de Religieuses. Gouuernemēt & Religion.

[c] Maisons illustres.

DVCHE' DE VENDOSME.

VENDOSME a son nom de *Vindocinum*, qui se trouue dans les autheurs du moyen aage,[d] si ce n'est qu'on prenne le οὐινδῖνον de Ptolemée, ville habitée des peuples qu'il nomme *Aulerci Cenomani*, pour la capitale de ce Duché, contre l'aduis des doctes.[e] Noms.

[d] Venant. Fortunat.

[e] Ios. Scal.

Le Vendosmois a la Touraine au Midy, le Perche au Nord, l'Anjou au Couchant, & le reste de la Beausse au Leuant. Confins.

Le pays commence à Baugency, despart de la Soulogne, & s'estend iusqu'à la Touraine, estant ioint d'vn autre costé à l'Anjou & pays circonuoisin. Estenduë

La capitale est Vendosme sur le Loir au pied d'vne montagne. Il y a vn Chasteau fort ancien, de grande enceinte, qui domine la ville, autrefois remparé & fortifié de quatre bastions, & de casemates, auec vne grosse tour ou donjeon, dite de Poictiers : vne Eglise dite de sainct Georges, & vne Chapelle nommée le Comte. L'Abbaye & Eglise de la Trinité sont dans la ville, & l'Abbé se peut titrer Cardinal de sainct Pixe, & depend immediatement du Pape ; & le bourg sainct Reynaut est dans le pays où passe la riuiere de Branle, qui naist en ses confins. Il y a aussi vn certain lac, qu'on dit estre plein durant sept ans, & sec autant de temps, pendant lequel les eaux y reuiennent à certains interualles, d'où les habitans par quelques Villes & lieux.

obseruations qu'ils font iugent de la fertilité & rapport des sept années suiuantes.[a] Ce petit pays ayant porté Pierre Ronsard, qui a excellé en la Poësie Françoise, & a esté docte & curieux, fait iuger que les esprits y sont gentils & polis. [a Syncer. Itiner.]

Gouuernement. La terre a porté titre de Comté, & puis de Duché sous le Roy François I. Catherine Dame de Vendosme, fille de Iean, Comte de Vendosme, espousa le Comte de de la Marche, du nom de Bourbon, où a pris commencement l'illustre maison & branche de Vendosme, sous celle de Bourbon, & qui a formé celle aussi de Montpensier, tous Princes du sang de France, iusqu'à Antoine de Bourbon, Roy de Nauarre, ayeul de Louys XIII, & les auteurs des Princes qui ont vescu, ou qui viuent auiourd'huy sous les titres de Condé & de Soissons. Cesar Duc de Vendosme possede la terre par donation de Henry IV. dont il est fils naturel.

Religion. Le Vendosmois est le sixiesme & dernier Archidiaconé de Chartres, composé de 78. parroisses, dont les quatorze appartiennent à l'Archidiacre. Il y a vn College des Peres de l'Oratoire à Vendosme, outre les Eglises de sainct Martin, de la Magdelene, & le Conuent des Cordeliers, dans la ville, & dans les fauxbourgs, les Eglises de sainct Lubin, de sainct Bienheuré, le Conuent des Capucins, le grand & le petit Caluaire, Conuents de femmes : Il y a exercice aux fauxbourgs pour ceux de la Religion pretenduë reformée.

TOVRAINE.

Noms. LA TOVRAINE prend le nom de ses peuples anciens, *Turones*,[b] qui doit estre mis au lieu de *Turupy*, dans Ptolemée, lors qu'il mentionne *Cæsarodunum*, ville capitale du pays.[c] [b Cæs.] [c Merula, in Gall.]

Confins. Elle a du Leuant le Blaisois & partie du Berry, le premier au bourg des Veufues, qui est sur la leuée, & le dernier à sainct Aignan qui n'est point de la Touraine ; du Couchant l'Anjou entre Candes & Monsoreau, dont le premier est de Touraine & le dernier est de l'Anjou, vne partie du Poictou, dont il est separé par la riuiere de Creuse ; du Nord le Vendosmois & le Mayne ; du Midy le Poictou le long de la Creuse, & le Berry vers Buzançois. Elle commence entre le haut sentier & la Pillandiere à trois lieuës d'Amboise, & finit entre la Chapelle blanche & Chousay, qui fait le depart de la Touraine & de l'Anjou, comme le port de Pile sur la Creuse la separe du Poictou.

Estendue. Sa longueur prise du Couchant au Leuant depuis Candes iusqu'à trois lieuës au dessus de Buzançois, entre les bourgs de Ville-Dieu & de Chambon sur Indre, est de vingt-huict ou vingt-neuf lieuës. Sa largeur du Midy au Septentrion depuis Tournon iusqu'au Loir est de presqu'autant.

Riuieres. Ses principales riuieres outre Loire, lequel y passe, sont le Cher, l'Indrois, l'Indre, la Clayse, la Creuse, la Vienne, la Bransle, la Cisse, & le Loir. Le Cher vient du Bourbonnois au dessus de la ville de Herisson, passe le long du Berry à S. Aignan, descend en Touraine par Montrichard, Chenonceau, Blere, sainct Auertin, s'assemble auec Loire vis à vis de Langests, & en sa compagnie fait l'Isle de Brehemon la plus grande de toutes celles que forme la riuiere de Loire. L'Indrois n'est au dessus du bourg de Preaux, passe à Loche, à Ville-loing, Montresor, Cheuillé, Geuillé, S. Quentin, Chedigny, & se perd dans l'Indre vis à vis d'Azay qu'on nomme le Chadieu. L'Indre commence quatre lieuës au dessus de la Chastre en Berry, passe au Bourg-Dieu, Chasteau-Roux, entre en Touraine, passe à Buzançois, Sainct Genoust, Palluau, l'Isle-Sauary, Chastillon, Loches, Cormery, Montbason, & se perd dans Loire au port d'Ableuois. La Clayse naist au delà de Mesieres prés l'Abbaye de Maubec, passe à sainct Cyran, à Prueilly, au grand Pressigny, & au dessous se ioint auec la Creuse. La Creuse prend sa source sur les marches du Limosin vne lieuë au dessus de la ville de Fueilletain, passe à Aubusson, Argenton, le Blanc en Berry, descend en Touraine, à la Roche-posay, passe à la Guierche, à la Haye au port de Pille, & au dessous se perd dans la Vienne. La Vienne vient du Limosin, passe à Limoges, à Confolant, à Chauuigny, à Chastelleraut, entre en Touraine, passe à l'Isle Bouchard & à Chinon, & se mesle auec Loire à Candes. La Bransle naist dans le Vendosmois, entre en Touraine, passe à

Chasteau-regnaut, à Vernon, & au dessous s'assemble auec la Clisse, qui prend sa source en Touraine au dessus de Cangé, passe à Mousay, Nazelles, Noisay, & au dessous de Vouuray tombe dans Loire. Nous auons parlé ailleurs de la source & cours de Loir.[a]

a Au Perche.

Forests.

La Touraine est garnie des forests d'Amboise, Loches, Beaumont & Montrichard.

Belles maisons.

Elle a de fort belles maisons, sçauoir Plessis lez Tours, Amboise & Loches, qui appartiennent au Roy, Chenonceaux sur le Cher, enrichie de marbres anciens par Catherine de Medicis Royne de France, & bastie sur vn pont, au Duc de Vendosme, Cousiers au Duc de Montbason, Mongauger, Chasteau-regnaut, le grand Pressigny & la Guerche.

Villes & lieux. Tours.

TOVRS en est la ville capitale, *Cæsarodunum*.[b] Les auteurs moins anciens l'ont appellée d'vn nom plus approchant de ses peuples & du nom d'auiourd'huy.[c] C'est vne fable que d'en rapporter la fondation à Turnus, à quoy aucuns du pays s'arrestent & en monstrent le tombeau.[d] Les autres ont creu d'estre plus elegants, & l'ont nommée *Martinopolis*, à cause de sainct Martin, son Euesque.[e] Loire luy est au Leuant, l'Indre au Midy & au Couchant: Le Cher se ioint au Loire vn peu au dessous de la ville, où sont deux ponts de pierre, chacun de plusieurs arches l'vn nommé Pont-Cher, & l'autre sainct Auertin. Celuy qui est dans la ville, est aussi de pierre, sur la riuiere de Loire. Elle est fort bien bastie & agreable. Ses Eglises principales sont celle de sainct Maurice, cathedrale; de sainct Gatian où est vne horloge excellente & pleine d'artifice, & celle de sainct Martin, bastie de pierre quarrée & enfermée en quatre tours, outre celle de sainct Sernin, auec vne belle tour. Sous le Roy Henry quatriesme cette ville fut fort accreuë, auec nouuelle enceinte de murailles, où quelques fauxbourgs furent compris. C'est vne Eglise Metropolitaine auec les Suffragans que nous luy auons donnez;[f] Siege Presidial, dont dependent six sieges Royaux, sçauoir Chinon, Loches, Loudun, Amboise, Chastillon sur Indre, Langes, & Montrichard; Chastellenie Royale: Generalité, dont la Touraine, l'Anjou & le Mayne dependent, auec les Eslections de Tours, Chinon, Loudun, Amboise, Angers, le Mans, &c. AMBOISE est assis sur Loire, seiour delicieux & Royal, auec vn Chasteau & pont de quatorze arches, Bailliage separé qui n'est point du gouuernement de Touraine. La ville a eu des Seigneurs particuliers, qui ne sont plus, & le nom en demeure à vne famille illustre & ancienne. Les autres lieux sont Langez, petite ville, auec Chasteau vn peu au dessus du confluent de Loire & d'Indre, vers le Leuant; Loches, auec Eglise Collegiale de nostre Dame; Chinon, ville agreable & seiour du Roy Charles septiesme, auec Chasteau, garnison, Gouuerneur, & siege Royal: là commencent les grandes lieuës pour aller en Poictou. Le pont de la Nonnain n'est pas loing delà, auec quelques arches qui s'aduancent bien pres de demie lieuë. L'Isle-Bouchard est sur la Vienne qui l'entourne, d'où le nom luy en est venu: L'Asay y est double, l'vn sur Indre, nommé Asay-le-Rideau, & l'autre sur le Cher, Asay-le-Ferron. Montrichard est en la plaine, ceinct de rochers & d'vne forest qu'on appelle de son nom: Es faux bourgs y a des maisons sous terre, & sur icelles des iardins & des vignobles.[g] Candes est sise où la Vienne se ioinct auec Loire, la Haye sur Creuse, Chastillon sur l'Indre, siege Royal du Bailly de Touraine, Monsoreau, Comté sur Loire au dessus de Saumur; Sainct Mars, bourg fermé, auec Chasteau, & vn ieu de mail taillé dans le roc: La Pille est vne antiquité de brique, haute & quarrée, espaisse de quatre toises; S. Michau premiere Chastellenie de Touraine: Maillé ou Luynes, Duché & Pairrie nouuelle, pres de Tours: Paulmy, Vicomté auec vn parc clos de murailles, qui s'estend pres de deux lieuës, Chaumont lieu de plaisance, Cormery, Abbaye, Marmoustier, belle Abbaye, proche de Tours, où se void vne cheminée d'admirable structure, Montresor, sainct More, Beaulieu, & plusieurs autres sieges, places & Seigneuries de ce noble pays.

Amboise.

b Ptolem.
c Sidon. Apoll. Turon. Greg. Tur. Turonica.
d Merula, in Gall.
e Math. Vind.
f Discours general de la France. Religion.
g Theu. li. 4. c. 15.

Isles.

La riuiere de Loire, comme nous auons remarqué ailleurs,[h] forme quelques Isles: Celles qui appartiennent à la Touraine sont les suiuantes. L'Isle des Cines pres le bourg de Veufues, celle de sainct Iean & des Hastelliers proches d'Amboise: L'Isle Tribon & du Lauoir, pres Bondesir, l'Isle Mahoudeau pres Vernon, de Roche-Courbon pres de Tours, de Torcay vis à vis de Tours & de Vorger est vn peu au dessous, de Maillé pres de Maillé ou Luynes, du Buisson Berthenecy vis à vis de Maillé, Druyneau pres la pille sainct Mars, Bec de Cher proche Langez,

h Discours general de la France.

des Trois volets proche d'Ingrande, de sainct Martin vn peu au dessous d'Ingrãde, de la Chapelle blanche, vis à vis du bourg de mesme nom sur la leuée, du petit sainct Martin, proche le port d'Ableuois, ou l'Indre se perd dans Loire, de Sauget, vis à vis du port d'Ableuois, les Isles de Chosé, qui sont quatre, proches les vnes des autres deux lieuës au dessus de Candes, celle de sainct Cosme, formée par vne branche du Cher entrant dans Loire.

Qualité. Il n'y a point de pays en France, où le Printemps, l'Esté & l'Automne soient plus agreables, & l'air meilleur, auec certains fruits, lesquels y excellent, cõme les poires,[a] & autres qu'on transporte à Paris, en sorte qu'à bon droict il est appellé le jardin ou verger de la France. Les bleds & les vins y abondent, les bois n'y manquent point soit pour la chasse, soit pour brusler. A deux lieuës au dessous de Tours, sur le bord de Loire, est vn rocher creusé, d'où sortent des gouttes d'eau qui formẽt plusieurs figures, les vnes rondes, les autres longues, & semblables à des amendes, qui sont neantmoins toutes fort blanches & polies, ressemblans à de la dragée, ce qui a souuent trompé dans les festins ceux qui n'y prenoiẽt pas bien garde. Pres de Colombiers, & deux lieuës de Tours, sõt quelques cauernes, où l'eau se glace au cœur de l'Esté. On trouue en Touraine de la pierre tres-blanche, aisée à tailler, & propre à bastir, principalement autour de Loches. Il y a aussi des eaux minerales à la Rocheposay petite ville, size sur Creuse.

Caues goutieres

[a] Masson. in Liger.

Mœurs. Le peuple y est bon, doux & fort fidele aux Rois. Pour le langage, celuy des Tourangeaux peut estre mis parmy les plus ornez & delicats de France, auec Blois & Orleans, comme nous auons dit ailleurs. Quoy qu'ils soient gens de traffic, ils le sont aussi de passe-temps, c'est pourquoy l'on a dit Rieurs de Tours.

Richesses. La ville de Tours est renommée pour la soye, & les manufactures, ce qui cause le traffic des draps de soye, & enrichit les habitans. Le voisinage du Loire, pour le transport commode des marchandises & des denrées contribuë à ce negoce & le rend aisé; le lanifice y a lieu aussi, pour y faire des draps de tous prix & de toutes sortes, & les teintures y sont fort bonnes; d'où & des reuenus prouenans des chãps, vignes, iardins & prairies, les habitans de tout le pays ne peuuent estre qu'accommodez.

Forces. Il y a quantité de Chasteaux & fortes places en Touraine: mais les principales sont Chinon, Loches & Amboise. Loches & Beaulieu sont deux villes qui sont quasi iointes & qui de loing ne paroissent qu'vne mesme ville, n'y ayãt entre-deux qu'vne petite riuiere & vne prairie: Vne grande leuée qui est au milieu & vn pont sur la riuiere, ioint à la leuée, ioignent les deux villes. Loches est sur la pente d'vne montagne, & le Chasteau au dessus. Il n'y a qu'vne seule entrée defenduë d'vn superbe portail, armé d'vn bouleuart, de fortes murailles & doubles fossez. Le rocher a en circonference pres de douze mille pas, & est hors d'escalade, le mõt voisin nommé de Viguemont, autrefois cõtigu à la forteresse, luy est asseure vn fossé large & profond. Le logis Royal & celuy de la belle Agnes, le tout basty ou par Loüis vnziéme, ou par Charles huictiéme, n'en sõt auiourd'huy qu'vn seul. La grosse tour est à present descouuerte, les murailles qui en restent ont plus d'vne toise d'espaisseur; cela est accompagné d'vn donjon & des Cages, qui ont seruy & seruẽt encores de prison bien seure. Amboise a des tours fort espesses esleuées depuis le bord de Loire iusqu'à l'esgal du sommet de la mõtagne: les nouuelles fortifications d'Amboise ont esté abbatuës. Toutes ces places sont fortes de leur assiette, mais elles sont plus recommandées par la beauté de leurs aspects, de la campagne, & des fruits delicats qui sont dans leurs terroirs & iardins. La terre y est molle & delicieuse, ce qui a fait dire à vn excellent Poëte Italien,[b] qu'il ne falloit pas mener à la guerre les habitans d'Amboise, de Blois & de Tours.

Loches.

Amboise.

[b] Tasso, Canto. 1.

Gouuernement. Ce pays a eu le titre de Duché, maintenant reüny à la Couronne. Il a son Bailly, qui en est Gouuerneur pour le Roy. Il y a deux Duchez & Pairries, Montbason & Luynes ou Maillé, deux Marquisats, de Mesieres en Brenne & de Mongauger erigé de nouueau. Les Comtez de Busançois, sainct Maure & Chinon: plusieurs Baronnies, sçauoir Prueilly, Ligueil, Beaulieu, grand Pressigny, la Haye, Chasteau-regnaut & autres.

Religion. L'Eglise & Diocese de Tours en son chef & en ses membres sont considerables: Nous auons parlé de l'Archeuesque de Tours & de ses Suffragants:[c] Elle a eu des Euesques renõmez S. Gatian, S. Martin, S. Gregoire, qui nous a laissé vn ouurage historique fort loüable pour le temps; & non seulement elle a plusieurs Chapitres

[c] Disc. gen. de la France. Religion.

& Colleges de Chanoines dans la ville & és lieux & villes voisines, comme sont S. Gatian, S. Martin, S. Pierre le Puellier & S. Venant dans la ville, & le Plessis-les-Tours, fondé par Louys XI, & Ceux de Loches, Chinon, Amboise, Brie, Mõtresor, Langests, & S. Martin de Candes; mais aussi la plus part d'iceux sont priuilegiez & exempts de la Iurisdiction de l'Archeuesque, sçauoir celuy de S. Martin, par Bulle du Pape Adeodat & de plusieurs autres Papes, lequel a plusieurs Chanoines honoraires, qui sont Archeuesques & Euesques estrangers; celuy de Loches dés l'origine de sa fondation, par Bulle de Iean treziesme, celuy de Chinon, par Bulle de Luce troisiesme. Il y a plusieurs Abbayes en Touraine, sçauoir Marmoustier aupres de Tours, S. Iulien dans la ville, Cormery sur Indre, fondée par Charlemagne, Ville-loing, par Charles le Chauue & Louys le Germanique, sur l'Indrois, Beaulieu-les-Toches sur Indre, sainct Genoust, sainct Cyran, Pully-Turseray, Prueilly, la Mercy-Dieu, Beaumont Monastere de filles, & autres, que nous mentionnons ailleurs.[a] Il y a eu vn Concile Oecumenique à Tours, sous le Pape Alexandre 3.

[a] Archeuesc. de France.

PAYS DE BRENNE.

LE pays de Brenne n'est pas proprement ou entierement de la Touraine; car ce qui est entre les riuieres d'Indre & de Claise est de la Touraine, & ce qui se trouue entre Claise & la Creuse est partie en Poictou, partie en Berry: Et pour le spirituel, le pays est entierement du diocese de Bourges.

Confins. Du Leuant il a le Berry, du Couchant le Poictou, du Midy les mesmes pays, & du Septentrion la Touraine. Sa figure est presque triangulaire, si on a esgard aux trois pays qui la composent & la bornent: Toutesfois il est plus long que large; car sa longueur du Couchant au Leuant depuis le bourg d'Isure iusques à Luan, & de la Perroüille à la riuiere de la Bozanne, où il aboutit, est de plus de quinze lieuës, & sa largeur n'est que de huict à neuf lieuës, à le prendre depuis Indre, qui l'enferme du costé de Septentrion, iusques à la Creuse qui l'enuironne au Midy. Estendue.

Riuieres. Les riuieres de Creuse & d'Indre auoisinent fort le pays, particulierement la Creuse en diuers endroits, sçauoir à S. Gautier, Cors, Ciron, Roncefort, à l'Abbaye de Longfou, au Prieuré de Ruffet, à la ville de Blanc en Berry, où est la Parroisse de sainct Genitour, qui s'estend vne lieuë & demie dans la Brenne, & en cete estenduë sont les Chasteaux de Neruau, l'Abbaye de Fons-combaut, & autres lieux. L'Indre n'approche pas du pays plus d'vne lieuë, & de ce costé sont Chasteau-Roux, Ville-Dieu Buzançois, l'Abbaye de S. Genoust, Palluau, Cleon & Chastillon. Il y a deux petites riuieres qui tirent leur source du pays, & y ont leur cours, en le trauersant par le milieu, sçauoir Claise & Dioson, qui s'appellent ainsi de deux fontaines du mesme nom, qui sont au plus haut du pays. La Claise prend son cours à trauers les marais, & passe par l'estang de grand Esse, entoure les fossez de la Ligne & de l'Encome, passe à la Barre, Bauché & Suberay, d'où elle vient à Mesieres, capitale du pays, enuironne ses murailles & vne partie de ses faux-bourgs; delà elle vient à sainct Cyran, qui en est clos de tous costez, à Martisay, dont vne partie est en Brenne, au pied du Chasteau de Ry; à Bossay, où est le Chasteau & maison de Singé dans la Brenne, & au port de Pille entre dans la riuiere de Vienne, où elle perd son nom: Le long de son cours elle est enuironnée de bonnes & agreables prairies. La riuiere de Dioson a sa source vn peu au dessus de l'Abbaye de Maubec, où elle passe, & entoure ses fossez, vient à Moulin-Robert, au gué du Rossignol, où est le grand chemin du Limosin à Paris, aux moulins de la Motte & de la Callaudriere, elle fait aller vne forge de fer, vient à la Salle, & se ioint à la Claise au dessus du bourg de Subtray.

Estangs. Dans ces riuieres fondent quantité d'estangs, dont les plus considerables sont celuy des sept bondes, qui reçoit les eaux de plus de 250 autres qui sont au dessus, dans l'espace de six grãdes lieuës, & quoy que les 7 bondes soient quelquefois ouuertes, elles ne peuuent fournir à vuider les eaux qui s'y deschargẽt, à cause dequoy on est obligé par fois de couper la chaussée: Celuy de Picadon, qui reçoit les eaux de l'estang des Vignaux, qui est des meilleurs & plus grands du pays, & de plusieurs

autres.

autres. Ces estangs auec quantité d'autres tombent dans la riuiere de Claise, qui en est renduë fort poissonneuse & peuplée de brochets, carpes, perches, anguilles & autre poisson. Proche le Chasteau de Bouchet il y a vn fort grand estang, nommé de la mer rouge, qui reçoit les eaux de plusieurs autres, & dont le courant apres auoir fait vne lieuë, tombe dans vn abysme proche de Salbert en la parroisse de Donadic, où apres auoir coulé deux ou trois lieuës sous terre, il vient ressortir pres d'vn ruisseau, nommé le Sauin, & auec iceluy entre dans la Creuse. Au milieu de l'estang, pres du parc du Bouchet y a vne Chapelle bastie auec art, & dediée à la Vierge Marie, qu'on appelle communement Nostre-Dame de la mer rouge, ou de la Deliurance: Les eaux l'auoient renduë inaccessible, de sorte qu'on n'y alloit que par bateau; mais la chaussée ayant esté remise depuis quelque temps, le passage y est aisé pour ceux lesquels y ont de la deuotion.

Villes & lieux. Mesieres. Mesieres est la ville capitale du pays, où est le Chapitre de saincte Marie Magdelaine, en l'vn de ses faux-bourgs, fondé par Alix de Brabant, autresfois Marquise du lieu: Il a six Chanoines. Le Chasteau du Marquisat de Mesieres est ancien & fort beau, & la place est à Madamoiselle fille vnique du Duc d'Orleans, frere de sa Majesté. La ville de Blanc separée par la Creuse est moitié en Berry, moitié en Poictou. Tournon, bourg, partie en Berry, partie en Poictou. La ville de la Haye, sur la Creuse, est en Touraine, & le faux-bourg en Poictou. La Selle est vn petit bourg en Touraine. Il y a dans la Brenne plusieurs parroisses & maisons nobles. Du costé d'Indre, du Couchant au Leuant, est Martisay, où sont plusieurs fiefs, sçauoir Durtal, la Patriere, Beaupré, Bois-feuillan, Laleu & autres, & en icelle sont quatre enclaues, partie en franchise, partie en gabelle. Outre Martisay est la Parroisse d'Asay-le-Ferron, partie en Brenne; Bonnay, Villiers, & autres. Du costé de la Creuse sont aussi quelques maisons nobles, comme Neuille-les-bois, où est la tour de Rancé, la parroisse & Abbaye de Maubec, & entr'autres la parroisse de Ronay, (où est le Chasteau du Bouchet, basty sur vn lieu si esleué, qu'il peut estre veu de douze grandes lieuës,) celle de Donadic, où est Sabbert, & les maisons d'Auignon & de la Cheualerie.

Qualité. Ce pays est situé fort bas, peu habité, & comme inculte & sauuage en plusieurs endroits. Il y a fort peu de vignes, hors des enuirons de Mesieres, & point d'autres grains que du seigle & de l'auoine. Les eaux qui couurent le pays, qui les conserue comme en vn bassin, le rendent fascheux aux voyageurs & à ceux de Brenne, qui abonde en marescages, bois, brandes ou bremails, qui sont les termes du pays. On y trouue des cerfs, biches, cheureuls, sangliers, & force gibier, notamment oyseaux de riuiere, cygnes, oyes sauuages, canards, poules d'eau, & de tout poisson: On y prend aussi des loutres.

Mœurs. Le peuple y est grossier, ignorant, faineant, malicieux, & peu deuot pour le commun.

BASSE BEAVSSE,

DVCHE' D'ORLEANS ET SOLOGNE.

C'Est icy la vraye Beausse, selon aucuns, qui ne donnent point ce nom-là aux pays que nous venons de descrire sous la distinction que nous auons posée au commencement, où nous auons fait trois portions de la Beausse, apres plusieurs Geographes.

Confins & estendue. Ceste partie de la Beausse, en n'y comprenant pas la Sologne, s'estend entre les Eueschez de Sens, Orleans & Chartres, commençant à Ablis iusqu'à Chartres delà Loire vn peu au dessous de Baugency monte à Orleans, puis comprenant Pitiniers & costoyant le Gastinois vient demy lieuë au dessus d'Estampes à Ville-sauuage, & se termine au Comté de Dreux & de Montfort.

Riuieres. Connie. La Connie dont nous auons parlé en traictant du Comté de Dunois, arrouse aussi ce pays; Aucuns l'estiment plustost vn marais qu'vne riuiere, d'autāt qu'elle seiche en plusieurs endroits dans la saison mesmes que les autres riuieres grossissent, comme nous auons desia remarqué. Elle a de cours enuiron vingt-cinq lieuës; coule au dessous de Patay, où elle se fourche en deux bras, dont l'vn va iusqu'à Chasteaudun, où il perd son nom dans le Loir. Lors qu'elle vient à seicher, le poisson dont elle est assez peuplée, se musse & se cache en terre, où il se conserue. Les remarques particulieres qu'on fait sur la matiere & qualité des eaux de ceste riuiere ont donné suiet aux esprits du pays de la descrire. [a] Sur la Conie, à vne lieuë de Bagnols, a esté bastie depuis vne belle maison, qu'on nomme Fontenay: Il y a deux autres riuieres qui sortent de la forest d'Orleans, dont nous parlerons cy dessous en la descriuant.

[a] Cæs. Aug. Cottæ Castel. Poem à Paris 1604. Metayer.

Forest.

La Forest d'Orleans ayant esté mesurée sous le Roy François premier, se trouua contenir sept vingt mille arpens de bois; & quoy que depuis elle ait esté desfrichée & mise en terre labourable à bleds, vignes, ou prairie & pastis, elle est encores de septante mille arpens. Elle commence au Couchant d'Orleans pres de Moupipeau, va du costé du chemin, qu'on appelle Romain, & au Leuant d'Orleans elle s'estend iusques à Gyen. On l'a diuisée en six gardes, qui ont chacune leur nom & estenduë, auec vn Maistre & garde particulier, & Procureur du Roy, & les appellations ressortissent aux Maistres des Eaux & forests establis à Orleans, en nombre de deux, exerçans alternatiuement en corps de Iustice Royale & ordinaire. A cause du ressort de l'appellation le Maistre des Eaux & forests estably à Orleans estoit autresfois appellé grand Maistre: Mais le grand Maistre & reformateur des Eaux & forests de France, luy a fait interdire d'en prendre la qualité. Le Roy ou Monseigneur le Duc d'Orleans retirent annuellement du reuenu de cette forest seize mille liures ou enuiron. Les riuieres qui en sortent sont celle du Pont-aux Moines, & la Bionne. La premiere, qui commence entre Ingrande & Nancray, coule à Fay, Donnery, au Pont-aux Moines, à Chesy, où elle est nommée le Cense, & se descharge dans la Loire à deux lieuës au dessus d'Orleans: Sur cete riuiere sont deux belles maisons, & le Pont-aux-Moines a pris son nom d'vn Prieuré qui en est proche, & est le meilleur du Diocese; le nom du pont & les masures qu'on y void marquent qu'il y a eu vn Conuent autrefois. La Bionne commence à Segry, descend à Bionne, & vis à vis l'Eglise sainct Iean de Brays tombe dans Loire. Cette forest abonde en gibier de toutes sortes, le fauue & le noir s'y trouuent en grande quantité. Les Roys de France y ont eu autrefois leur principale chasse; ce que tesmoignent les gros bourgs & villes qui sont en son estenduë, & qu'on surnomme aux loges, sçauoir Vitry-aux-loges, Neufville-aux-loges, &c. à cause des relais qu'on y logeoit, & qui les ont fait habiter. Toute la forest est en tres-bon fonds, à cause dequoy on l'a desfrichée en plusieurs endroits.

Riuieres, Pont aux Moynes.

Bionne.

Noms.

La ville d'ORLEANS est le *Genabum* de Cesar [b] & de Strabon [c], qui l'appelle τῶν Καρνούτων ἐμπόριον, & le *Genabũ* aussi de Ptolemée; & aux Escriuains moins anciens [d] *Aurelia*, d'où le nom d'Orleans a esté fait, de ses peuples Aurelians, ou possible des Aulerques anciens [e]. Aucuns croyent que *Genabum* est Gyen sur Loire, qui n'est pas esloigné d'Orleans.

[b] De Bel Gal. lib. 7 Hirc. l. 8
[c] Lib. 6.
[d] Sid. Apol. l. 8. c. 15.
[e] Ptolem.

Confins & situation.

Elle a au Midy la Sologne, & au Septentrion sa forest; son territoire s'estend partie dans la Sologne, & partie dans le Gastinois, le reste est de la vraye Beausse. La ville est situee sur le costau de la riuiere de Loire, enuiron le milieu de son cours, *in vmbilico Ligeris:* Sa forme est d'vn arc bandé, dont la ligne droite de la corde se trouue à son Midy du costé de la riuiere, l'autre costé estant doucement courbé.

Elle a dix portes principales, & de grands faux-bourgs. Sur le pont de la ville se voyent les statuës de bronze erigées par les habitans pour le Roy Charles septiesme, & Ieane d'Arc pucelle d'Orleans, en l'an mil quatre cens cinquante-huict, remises en l'an 1571. où tous les ordres de la ville võt annuellement en Procession le 8. May, en memoire de la deliurãce de la ville assiegée par les Anglois. La pucelle y est representée armée & esperonnée à genoux: Le Roy Charles VII. estant de l'autre costé à genoux aussi, & vn crucifix au milieu, auec l'effigie de nostre Dame, tenant N. S. mort & destiné à la sepulture sur son giron. Il y a vestiges de vieilles murailles, & cette ville fut grandemẽt accreuë quelque temps apres que le siege des Anglois eut esté leué sous Charles VII. que son enceinte fut entreprise en l'estat qu'elle est à present. Dans la vieille ville les bastimens y sont pressez, & les ruës serrées: Mais en la nouuelle on les y void fort larges & droites.

Les principales places pour le trafic des bleds & des vins, sont le Martroy & l'Estape. Le Chasteau ou Chastelet, où l'on exerce la iustice, y est plus antique que beau ny commode. La grosse Horloge est dans vne petite tour de l'Hostel de Ville, dont le dessus est d'vne belle structure, couuert de plomb : Elle pese octante mille liures, & fut fait par les habitans l'an mil quatre cens cinquante-huict. Il y a vingt-deux Eglises Parrochiales, outre quatre Parroisses annexées dans autant d'Eglises Collegiales, & l'Abbaye de S. Euuerte, les Eglises des quatre Mendians anciens, & de plusieurs autres Religieux; celle des Peres de l'Oratoire; nouueaux Conuents de filles, sçauoir les Carmelines, les Vrselines & de la Visitation nostre Dame, Ordre institué par François de Sales Euesque de Geneue, & plusieurs Chapelles. Les Augustins y ont deux Eglises & deux maisons.

Eglise de S. Croix. L'Eglise Cathedrale de Saincte-Croix, qu'on croit auoir esté bastie par vn des premiers Euesques d'Orleans dés l'an trois cens soixante, enrichie d'ornemens par l'Empereur Constantius, quoy qu'Arrien (dont les causes & les titres sont gardez dans les Archifs & thresors tant de l'Eglise que de l'Abbaye, qui est sous le nom de l'Euesque) est de celles qu'on a escrit auoir esté benites de la main de Dieu [a]. Cete Eglise a esté plusieurs fois ruinée & pillée, & depuis remise, particulierement sous le Roy Robert lors que la ville fut bruslée; apres quoy Arnoul Euesque la rebastit somptueusement, dont restoit le grand portail & les deux tours: Mais en l'an mil deux cens octante-sept fut commencé le dessein du dernier bastiment, qui est fort magnifique: Elle fut ruinée pendant les troubles de l'an mil cinq cens soixante-huict, & n'auoit pour lors que soixante toises en longueur: Les pilliers sont hauts de dix-sept toises; le clocher qui est au milieu de l'Eglise, couuert de plomb doré & argenté, s'esleuoit de trente-sept toises au dessus des pilliers, & de cinquante-quatre du rés de chaussée, qu'on remarque estre la plus belle hauteur de bastiment qui soit en France. Le Roy Henry le Grand entreprit de la faire rebastir sur les mesmes fondemens & sur le vieux dessein, & y mit la premiere pierre, dequoy il y a vn bel Eloge graué sur le pillier. Le Roy regnant a continué, de sorte qu'elle est quasi remise, hors le clocher: Il y a cinquante-neuf Canonicats, & douze Dignitez. L'Abbé de sainct Euuerte officie en habits Pontificaux, tant en son Eglise que par tout le Diocese, dont il a eu premierement la permission de l'vn des Euesques, & depuis il en a le pouuoir par Bulle du Pape Pie second, de l'an mil quatre cens soixante-six, auec la crosse & la mitre: L'Abbaye est aujourd'huy en commande, & l'Eglise fut ruinée l'an mil cinq cens soixante-huict. L'Eglise Collegiale de sainct Aignan a esté vn Monastere ancien, superbement basty, iusqu'à auoir quarante-deux toises de long, douze de large & dix de hauteur, cent vingt-trois fenestres, & dix-neuf Autels. Louys vnziesme l'auoit fait rebastir somptueusement: mais les troubles de l'an mil cinq cens soixante-deux la ruinerent: Il y a huit Dignitez & trente-vn Canonicats, à la nomination du Chapitre, qui despend immediatement du Pape. Les autres Eglises Collegiales sont de sainct Pierre-le-Puellier *Puellarum*, & de sainct Pierre en pont ou en poinct, *puncto* ou *medio* de la ville: Et de sainct Aué ou Auit, qui fut Abbé de sainct Mesmin-le-Mixy. La Chapelle de sainct Sauueur est bastie en la place de la Synagogue des Iuifs, chassez d'Orleans en l'an mil cent octante-quatre.

[a] Hugo Floriac. li. 5. Chr. Helgaud. in vita Regis Rob. Chron. Altissiod. ad ann 357.

Le vignoble qui est autour de la ville d'Orleans, aux quatre-Vents, contient enuiron vingt-deux ou vingt-trois Parroisses, pays grandement peuplé: Aucunes de ces Parroisses, comme Ingre & Olins, ont plus de deux mille ou quinze cens feux: Si les maisons du vignoble entier estoient assemblées, elles feroient vne tres-puissante ville, les maisons champestres estans mesmes basties magnifiquement. Il y a vn Maire & dix Escheuins, moitié marchands, moitié officiers dans Orleans; Mareschaussée, Iustice des ponts & chaussées chambre de Monnoye qui ne trauaille point, grenier à sel, Iuge & Consuls des marchands; & pour la Preuosté ou Iustice ordinaire, elle est vne des plus grandes de la France pour son estenduë & reuenu : outre le Preuost & vn Lieutenant, il y a cinq Conseillers; vn Procureur du Roy, & deux

Aduocats: Les lieux releuans du Chastelet d'Orleans, où est le siege de sa Iustice, y respondent & c'est le premier Iuge de la Police, en laquelle il preside, assisté du Maire, des Escheuins & des Deputez Ecclesiastiques. Il y a aussi vn Cheualier du Guet auec trente Archers. Nous parlerons des autres villes & lieux de cete partie de la Beausse sous le titre du Gouuernement, en desduisant ce qui est du Duché, Bailliage, siege Presidial, & Generalité.

L'air du pays est tres-bon, pur & temperé; c'est vne grande plaine fort fertile en bleds, dont le trafic se fait és Marchez d'Orleans & de Baugency, comme aussi à Pitiuiers & Yenuille. Les vins y abondent & excellent, estans toutesfois trop piquans, & à cause de ce on n'en sert point au Roy. Qualité.

Les habitans sont bons, courtois & communicatifs, de naturel robuste, s'addonnans au labourage & au trafic. Ceux d'Orleans qui n'ont pas voyagé & veu le monde, sont fort aigres & piquans, ce qui les a fait appeller Guespins, fort peu polis & ciuilisez, n'aimans gueres le trauail: Toutesfois le grand nombre d'officiers, dont la conuersation ne peut & ne doit estre que bonne, a changé l'humeur des habitans, ou d'vne bonne partie: Et le luxe s'y est introduit comme en plusieurs villes de France, mesme parmy les femmes, qui y sont pour le commun mesnageres & soigneuses de leur maison & famille. Moeurs.

Quant à la langue, les plus curieux du pays remarquent quelques dialectes & formes de prononciation dans la ville, disans qu'au milieu de la ville on parle bien & vieil François: ez deux extremitez, le langage y est fort rude: Et ceux qui sont le long des ports, par la communication des basteliers, prononcent brusquement & mangent les voyelles. Au quartier d'vne porte, nommée Banniere, on y change l'E long en A, qui est le dialecte Dorique parmy les Grecs. Tant y a que l'Orleanois est recommandé, sur tous les endroits de France, pour le bon accent & le langage François, & vn estranger qui escrit y auoir estudié en l'an mil cinq cens octante-deux [a], tesmoigne que les Dames d'Orleans en sont fort soigneuses, iusques à vouloir Pindariser: C'est l'Atticisme des François, hors de quelques termes qui ne seroient pas approuuez.

[a] Merula in Galliz.

La ville & le pays ne peuuent estre que riches par leurs fruicts & le trafic qu'ils font des bleds & des vins. Les belles maisons qu'ils ont dans la ville & aux champs, dont nous parlerons cy-apres, tesmoignent leurs moyens. Pour marquer le trafic de cette bonne ville, où il a esté plus grand autrefois, auant que la multitude des offices & le prix où ils sont montez, l'affoiblist & diminuast, les habitans ont l'intendance de la riuiere de Loire, & les marchands qui la frequentent, y ont vne chambre de leur Communauté, en laquelle deux marchands d'Orleans president: Et cette Communauté par vn priuilege special plaide en premiere instance en la Cour de Parlement de Paris. Les plus grands procez des marchands estoient contre les Seigneurs prenans peage sur Loire, aux fins de les obliger au balloyement de la riuiere: Dés l'an mil six cens trente-vn, le Roy a remboursé les Seigneurs & reduit tous les peages à deux. Dans le Duché & Bailliage d'Orleans, il n'y a aucune place forte ny garnison entretenuë. Les meilleures villes & lieux apres Orleans, seront mentionnez cy-dessous: Et pour la capitale, elle est tousiours fort considerable, & tres forte d'ancienneté, par ses murailles & par ses hommes, ayant resisté à Attila, deuant lequel tout le reste auoit fléchy. Richesses. Forces.

Orleans a esté anciennement le tiltre d'vn Royaume puissant depuis le partage des enfans de Clouis le Grand, & comprenoit plusieurs belles Prouinces: Il a esté depuis erigé en Duché, & souuent baillé en appennage aux fils de France. Les fiefs & vassaux en releuans, sont en la ville ou en la campagne. Le Chastelet d'Orleans en est la premiere Chastellenie, dont le Iuge est le Preuost de la ville. La seconde Chastellenie est Lorris, petit pays, dont les coustumes sont anciennes & seruent à tout l'Orleanois: La ville est assise dans la forest d'Orleans au Leuant sur le chemin de Montargis. Yenuille est la troisiesme Chastellenie entre Orleans & Chartres, petite ville close de murailles. Baugency est la quatriesme, sous tiltre de Comté, assise sur le costau de la riuiere de Loire auec vn pont de 22. arches: Il y a vn chasteau & forteresse ancienne, qui est ruinée, & de sa Tour releuent plus de cent vassaux: La Forest de Iojas contenant six mille arpens de bois en Grurie, despend de Baugency, auec le buisson du Brion, Gouuernement. Duché d'Orleans.

sur le bord de Loire: Le fonds de tout le climat est si bon, que si on l'eust bien conserué, il pouuoit fournir du bois en qualité & en quantité, pour suffire à l'entretenement de l'Artillerie de France. Sous les regnes de Charles neufiesme & Henry III il y auoit des beufles & chameaux, qui s'y nourrissoient fort bien. Il y auoit aussi vn bon haras de cheuaux du temps du Roy Henry quatriesme, qui fut depuis transferé à Meun, & vn des Escuyers du Roy en auoit l'intendance: Le domaine de cette Chastellenie porte iusques à sept mille liures: Il y a dans la ville vne Eslection qui est grande, vne Abbaye & deux Parroisses. Chasteau-renard est la cinquiesme Chastellenie, située au dessus de Montargis du costé de Hurepois. Boiscommun est la sixiesme, entre la Forest d'Orleans & le Gastinois. Yeurre-le-chastel est la septiesme, à vne lieuë de Pitiuiers. La huictiesme, Chasteau-neuf, appellé ainsi, à cause du chasteau qui est en belle assiete sur vn costau qui regarde Loire, auec plusieurs fontaines au pied, à cinq lieuës d'Orleans: Il a esté basty par Valentine vefue de Louys Duc d'Orleans, auec sa deuise qu'on y void par tout, d'vne Chante-pleure & pour mot, Rien ne m'est plus: C'est vne des plus belles maisons du Bailliage depuis l'an mil six cens dix-huict, que le Comte de Sainct-Pol Gouuerneur d'Orleans la fit remettre. Vitry est la neufiesme Chastellenie de petite estenduë, dans la forest d'Orleans. Neufville-aux-loges est la dixiesme & derniere, assez petite & assise sur le rein de la forest. Montargis & Gyen sur Loire ont esté distraits du Duché depuis l'appennage de Philippes, fils du Roy Philippes de Valois. Mais aujourd'huy le Duc d'Orleans, frere de sa Majesté, iouyt de Montargis par Declaration du Roy, comme nous auons dit ailleurs. Lyxe porte tiltre de Comté, acquis par Maistre Pierre Seguier, Chancellier de France. On y passe Loire, sous vn pont de pierre.

Le Bailliage d'Orleans est composé des Chastellenies cy-dessus, & des suiuantes. Pitiuiers ou Pluuiers est vne ville marchande en bleds, où est vne Eslection auec Eglise Collegiale. Meun, petite ville sur Loire, auec vne autre riuiere appellée la Maulne: Il y a Eglise Collegiale, composée de vingt Chanoines, & vn Doyen: Gergeau est de la Sologne, & y sera mentionné: Artenay, sur le grand chemin de Paris, de mesme que Toury & Angerville: Il y a quelques autres Seigneurs qui en despendent, comme Chastillon sur Loire, &c.

Le siege Presidial d'Orleans est composé d'vn President & Lieutenant general, ioints au Lieutenant general criminel, Lieutenant particulier, vingt-deux Conseillers, vn Procureur du Roy & deux Aduocats du Roy, qui doiuent estre Conseillers. Les Bailliages de Montargis & Gyen y ressortissent és cas de l'Edict auec Sully, quoy que Pairrie.

La Generalité d'Orleans n'a esté establie qu'en l'an mil cinq cens septante-sept, ayant esté distraite & démembrée de celle de Bourges: Il y a dix-huict Thresoriers de France, dont les deux anciens portent qualité de President: Elle est composée de douze Elections, sçauoir Orleans, Baugency, Blois, Vendosme, Chasteaudun, Chartres, Pitiuiers, Montargis, Dourdan, Clamery, Gyen & Remorantin: Celle d'Orleans est composée de cent vingt-sept Parroisses, de vingt-vn Iuges, où sont deux Presidens & trois Lieutenans generaux ou particuliers.

Belles maisons. Les chasteaux ou belles maisons du pays sont Laz, de l'ancien patrimoine de la maison de Bourbon, iouye par le Prince de Condé; Doisy Marquisat pres de Lorris, dans la forest d'Orleans; Malsherbe, Chasteau-neuf, Chenaille, maison fort agreable; Chamerolles, à l'ancienne maison de Lancelot du Lac; Chemant pres Bois-commun, Acheres & Rouchemont, Baronnies; Montpipeau, Baronnie, à trois lieuës d'Orleans; Huisseau sur la Maulne, Fontenaille au Duc de Candale, Aualé, l'Orgé, le Duyset pres Iainville, Lornay à deux lieuës d'Orleans, de belle architecture, sur la forme du chasteau de Bury pres de Blois: Il y a vne galerie sur vne voûte plate de pierre de taille, & vn petit escallier hors d'œuure en forme de cul de lampe au haut de la tour, qui sont estimez deux hardis ouurages. Il y en a encor quelques autres, comme les Gaschetieres, Duilly, Fontpertuis, &c.

Chemins pauez. Il n'y a ville en France, ny possible en l'Europe, où il y ait tant de chemins pauez, comme à Orleans. Par toutes les portes de la ville le paué est continué à deux & trois lieuës, & fourché souuent en deux ou trois ou plusieurs chemins: Sur le grand chemin de Paris, on a conduit le paué iusques à Estampes. Il y a pour ce regard Bureau de police à Orleans, où l'on eslit de deux en deux ans quatre habitans pour auoir la direction des pauez, pour lesquels aussi il y a iustice establie d'vn Bailly, Lieutenant & Greffier.

La riuiere de Loire forme plusieurs Isles depuis Orleans iusques à Nantes, sçauoir l'Isle de Roslin, qui est d'vn quart de lieuë deuant Meun, l'Isle-aux-Oyes qui a vne lieuë de tour vn peu plus bas, l'Isle de Baugency, au dessus des ponts, qui a huict cens pas de long; celle qui est deuant Chaumont, deux cens pas; l'Isle deuant le Pigeon vis à vis de nostre Dame de bon Desir, longue d'vn quart de lieuë, & large de mille pas; l'Isle deuant le bec de Ciste, de demie lieuë; l'Isle en Bretenay deuant la Pille de sainct Marc, de mille cinq cens pas; l'Isle au bec du Cher, de Fremont, vis à vis de Fromieres, de la Chapelle blanche, du port d'Ableuois, de Chosé, l'Isle qui est dessous Monsoreau, de Villebermier, de Lauquiquan, de Rosiers, du Parc au blanc vis à vis de Tournay, de sainct Maur d'vne lieuë de long; autre Isle vis à vis de la Chapelle-Beauhaille d'vne lieuë & demie de long; l'Isle de Beüert, auec l'Eglise de nostre Dame, fort renômée pour la deuotion que ceux du pays y ont, de Tancray, de Mont-iean d'vne grande lieuë, d'Ingrande, la Bataillouse deuant sainct Florens, du Poulas; l'Isle-aux-Moines & l'Isle-Sacliers au dessus d'Encenis, chacune de deux mille pas; l'Isle Bruslée, pres Chapoin; l'Isle-aux-Oyes, vis à vis de Maulne; de Redrecé: Il y en a encores plusieurs autres, la riuiere ayant trois ou quatre lieuës de large à son emboucheure. L'ouurage des turcies & leuées de la riuiere de Loire & du Cher a esté renouuellé depuis cent ans en çà, apres vn fort long-temps, voire plusieurs siecles, y ayant esté trauaillé sous Charlemagne, dont les Capitulaires en font mention [a]. Isles d'Orleãs à Nantes

Lib. 4. c. 10 [a]

Le Duché d'Orleans fut premierement baillé en appennage à Philippes (fils du Roy Philippes de Valois) qui fut marié auec Blanche, fille du Roy Charles le Bel, mais il n'eut point d'enfans. Louys, frere du Roy Charles sixiesme, receut depuis la mesme terre, & la transmit aux siens, ayant espousé Valentine de Milan, dont il eut Charles, qui de Marie de Cleues eut Louys Duc d'Orleans, & depuis Roy de France, douziesme du nom. Charles troisiesme fils de François premier, dez l'an mil cinq cens quarante auoit eu le mesme appennage: Mais estant mort sans auoir esté marié, le Duché fut reüny à la Couronne pour vne troisiesme fois, & dez l'an mil six cens vingt-six, GASTON-IEAN-BAPTISTE, frere vnique du Roy regnant, par lettres du mois de Iuillet, données à Nantes, a receu de sa Majesté pour luy & ses enfans masles procréez de loyal mariage, les Duchez d'Orleans & de Chartres auec le Comté de Blois, & la reseruation de foy & hommage, droicts de ressort & souueraineté, pour tenir les Duchez en Pairrie, à la charge des droicts du Presidial. La Cour de Parlement de Paris auoit vsé de modification pour le droict d'Aubayne, comme estant de la Couronne, & pour l'vsage des bois de haute fustaye: Mais il y eut Iussion de la mesme année, pour verifier les susdites lettres purement. Les villes & Bailliages de Montargis, Gyen & le Duché de Valois, furent adioustez par autre acte.

Aymoin. li. 1. c. 17.

Il y a eu cinq Conciles de l'Eglise Gallicane tenus à Orleans dans l'espace de quatorze ans. Plusieurs Roys de France y ont esté sacrez, sçauoir Charles le Chauue, Robert, & Louys le Gros. Le Diocese n'est pas grand, ny de la mesme estenduë que le Duché ou le Bailliage: Il n'y a que deux cens octante-deux Parroisses & trente Prieurez, vnze Eglises Collegiales, comprises celles de la ville, & cinq Abbayes, sçauoir sainct Euuertre, dont a esté parlé; sainct Mesmin-de-Mixi, fondée par Clouis premier [b]; S. Benoist-le-Fleury, où estoit vne Bibliotheque, auec plusieurs œuures des Abbez, qui ont esté en reputation de doctrine & ont eu des Escholiers autrefois en tres grand nombre [c]: La Bibliotheque fut dissipée pendant les troubles de l'an mil cinq cens soixante-deux. L'Abbaye de la Cour-Dieu est dans la forest d'Orleans, fondée du temps de sainct Bernard. La cinquiesme est l'Abbaye de nostre-Dame de Baugency, outre quelques autres qui sont dans la Sologne, & quelques Prieurez ou Conuents de Religieuses. Il y a dans la forest d'Orleans vne maison & Conuent de Celestins, qui est fort ancien, & des premiers receus en France. L'Euesque d'Orleans le iour de son entrée dans la ville a ce priuilege que de pouuoir deliurer tous les Religion.

b 5000.

criminels detenus ez prisons [a]. Nicolas de Nets Euesque faisant son entrée en l'an mil six cens trente-deux, & vsant de ce pouuoir en deliura iusques à quatre cens vnze. Le iour de cette entrée quatre Barons du Diocese sont tenus de porter l'Euesque en vne chaire sur leurs espaules.

[a] Arrest du Parlement de Paris. 1521. de Bordeaux 1522.

Vniuersité. L'Vniuersité d'Orleans est fort ancienne, & les Colleges pour les estudes dans les Eglises & Monasteres y ont esté de tout temps en grande reputation. Le Roy Gontran faisant son entrée dans la ville, y fut salüé par les habitans en langue Hebraïque, Grecque & Latine [b]. L'Academie y florissoit du temps de sainct Louys [c]: Et en l'an mil deux cens trente sainct Richard Euesque d'Angleterre y estudia en Theologie dans les Iacobins [d]. Boniface huictiesme enuoya son sixiesme des Decretales en l'an mil deux cens nonante-huict, pour estre leu dans l'Vniuersité d'Orleans. Clement cinquiesme, lequel y auoit estudié, luy conceda de grands priuileges par ses Bulles de l'an mil trois cens quatre, & mil trois cens sept, & Philippe le Bel les authorisa par Lettres patentes de l'an mil trois cens douze; de sorte que la premiere institution & fondation royale en peut bien estre rapportée à ce Roy, mais l'exercice en tous arts & en Iurisprudence mesme estoit long-temps auparauant. Les Escriuains modernes [e], que nous auons suiuis cy-deuant [f], se sont arrestez simplement aux Lettres Patentes & Declaration du Roy Philippe le Bel. L'Vniuersité est fameuse & fort frequentée par les Alemans, lesquels y iouyssent de quelques priuileges, & y vont en partie pour la langue Françoise. Ils y ont vn Procureur de la nation, Bibliotheque, Thresor, ou Bourse. L'vsage des liures de la Bibliotheque est permis à ceux de la nation, laquelle se promenant tous les ans à certain iour auec ordre & pompe faisant porter l'estendart à l'aigle de l'Empire est peinte. Ce Procureur est changé de trois en trois mois. Il y a vn College de Iesuites fondé dés l'an 1619.

[b] Greg. Tur.
[c] Math. Paris.
[d] Surius.
[e] Myraeus. Middendorp.
[f] Disc. gen. relig.

Confins, & estendue. La SOLOGNE a diuers noms modernes, *Secalonia*, *Secalaunia*, *Sigalaunia*, *Siligonia*, Porte-seigle, ou *Sabulonia*, sablonneuse. Elle commence quasi au bout des ponts de Gyen vers sainct Allebrix, s'estend iusques à la riuiere de Cher, pres de Viarson & Ville-franche, qui sont du Berry, comprend tout le pays qui est au Midy d'Orleans delà Loire iusques en Berry. Sa longueur depuis Gyen iusques à vne lieuë ou deux d'Amboise, est de trente-cinq ou quarante lieuës, & sa largeur depuis Orleans iusques à la forest d'Aloigny, ou iusques au Cher à Ville-franche, de dix-huict ou vingt lieuës.

Riuieres. Elle est arrousée de plusieurs riuieres qui ne portent point batteau, & dont les principales sont Loiret, Cousson, Beuvron, la Sauldre. Loiret est à vne lieuë d'Orleans, & sa source iette vne si grande abondance d'eaux, qu'elle forme vn Lac capable de porter de grands batteaux chargez: mais son cours n'estant que de deux lieuës en vn pays de vignoble, elle ne sert qu'à faire mouldre diuers moulins: Elle est fort poissonneuse & couuerte de cygnes, & ne gele iamais. Les petites riuieres de sainct Cyre & de Cobray ne naissent pas loin delà, & se perdent dans Loiret. Le costau de cette riuiere est bordé de belles maisons, où celle du Pontil est la plus remarquable pour ses bastimens, terraces, allées & iardins.

Le Cousson vient d'aupres de Gyen, trauerse le chemin de Bourges, descend à la Ferté-Nabert ou sainct Aubin, à Ligny, à la Ferté-Hubert, à Chambourg maison Royale, & vne lieuë au dessous est le pont qu'on appelle la Chaussée, qui se perd dans Loire à Chailly, demie lieuë de Blois. Le chasteau & maison de la Ferté Nabert [g] est sur cette riuiere, dont on a tiré de grands canaux, pour en arrouser les iardins. La Canle entre dans le Cousson à la Frangerie, dessous la Ferté-Nabert.

[g] à M. de Seneterre.

Le Beuvron commence a Sourdon en la haute Sologne, passe à la Motte, à la Ferté-Aurain, à Chasteau-viel, à Ville-neufue, à Neuue, où y a vn pont de pierre, à Herbaut, Ville-sauyn & Beau-regard, belles maisons, qui sont sur la riuiere en cet endroit, & sont du Blaisois: Il passe delà à Brassieus, à Sellette, à Clenor, aux Montils: & à Candé, deux lieuës au dessous de Blois, entre dans Loire. La Motte-Beuvron est vn chasteau d'agreable situation, dont les fossez ont esté comblez pour en rendre l'air meilleur: Il est à la maison de Ventadour. Taronne & le Negent ou Naim petites riuieres entrent dans le Beuvron.

L'vne & l'autre Sauldre naissent dans la Sologne: La grande passe par Clemont, Brinon, Pierre-fite, Sallebrix, Remorantin & au port de Sauldre entre dans le Cher: Elle arrouse plusieurs maisons qui sont dans les Bailliages de Bourges ou de Blois: La petite naist au dessus de Sœsme, & y passe pour entrer dans la grande Sauldre, son cours n'est que de deux lieuës, & s'y pesche des truites, qu'on ne trouue point dans les autres riuieres du pays. Neere petit fleuue naist au dessus d'Aubigny, & y passe pour entrer dans la grande Sauldre, au dessous de Clemont. Le Berenjon vient de Mery, descend à Neuuel, à Vouzeron, & entre dans Yeurre au Berry.

Ses principales villes sont Remorantin, Gergeau, Sully & Aubigny. Remorantin, *Ratomagum*, est assis sur la Sauldre, auec vn chasteau: Il est du Comté de Blois & du Diocese d'Orleans: son Eslection s'estend dans le Berry. En l'Eglise nostre Dame il y a Chapitre & Chanoines. La manufacture de ses draps est fort estimée, dont le trafic & de ses laines la rend riche. Ses habitans qui la font ancienne & en monstrent quelques masures, osent dire qu'il y a quelque chose de Rome, mesmes dans son nom. Gergeau est considerable pour son pont & passage sur la riuiere de Loire: Il y a Eglise Collegiale auec Chanoines & Dignitez · l'Euesque d'Orleans en est Seigneur. Sully, Duché & Pairrie, & cy-deuant Baronnie du Chastelet d'Orleans: Il est sur Loire, & y a Eglise Collegiale, dont les Dignitez & Chanoinies sont de la collation du Seigneur. Aubigny sur Neere, à la difference de celuy qui est pres de la Charité, chasteau & ville close, qui est du Bailliage & Diocese de Bourges, & appartient aux Stuarts d'Escosse par engagement pour leurs seruices. Clery est vn bourg de la Sologne, à quatre lieuës d'Orleans sur le chemin de Blois, auec l'Eglise de nostre Dame dont les Chanoines sont Seigneurs du lieu. Il y a dix Chanoines & leur Doyen. L'Eglise est renommée depuis l'an mil trois cens: Louis vnziéme la rebastit en l'estat qu'elle est auiourd'huy, & y voulut estre enterré. Le Roy y en a fait remettre & reedifier le tombeau depuis quelques années. Villes & lieux.

Le pays est assez agreable par la diuersité des bois taillis & de haute fustaye, eaux de fontaines, estangs & riuieres, prairies & terres labourables, qui portent de fort bon seigle, duquel on trafique en Espagne parce qu'il se porte mieux sur la mer que toute autre grain, comme estant plus sec. Il abonde en gibier & en toute sorte de chasse, excepté de l'oiseau & fauconnerie, à cause qu'il est couuert de bois: Et la grande quantité de landes & bruyeres propres pour les brebis, fait que leur principal ménage est en la nourriture du bestail. Les bœufs, vaches & cheuaux y sont foibles & petits: Ils ne labourent qu'auec des bœufs, & peniblement, parce qu'ils vont fort auant dans la terre, & la haussent de peur des eaux: Il leur faut huict bœufs à vne charruë. L'air n'y est pas bon, non plus que les eaux qui sont pesantes, d'où peut proceder que les habitans y portent la face plombée, ou saffranée, y sont ventrus & fort petits: Toutefois le pays est peuplé, & ne produit point de vins, si ce n'est le long de la riuiere de Loire, qui est bordée de vignes. Qualité.

Les habitans sont actifs à leur ménage, songe-creux, peu communicatifs, mesmes les Gentils-hommes, qui ne se visitent pas, comme au reste de la Beausse. On dit communément, Niais de Sologne, qui ne se trompent qu'à leur profit. Mœurs.

Les laines du pays sont fort estimées, & on y trauaille aussi en draps, sarges & estamets, qui se debitent par tout sous le nom de draps de Berry ou de Remorantin. Il y a grand trafic de poissons d'estang, dont ils fournissent Orleans, Blois & Baugency. Richesses.

Le pays de Puisaye est de l'Eslection de Gyen, Generalité d'Orleans, dont il doit recognoistre le Gouuerneur, comme estant de ses dependances. S. Fergeau est la ville capitale, auec quelques autres lieux & parroisses, à sçauoir Toucy, Perreuse, Treigny, &c. c'est vn Duché appartenant à Madamoiselle, fille de Monseigneur le Duc d'Orleans frere vnique du Roy. Ce pays aboutit du Leuant à la Bourgogne, du Couchant & du Midy au Niuernois, & du Nord à l'Hurepoix. Il y a plusieurs riuieres qui y prennent leur source, ou l'arrousent, sçauoir la Chenille qui naist dans la parroisse de la Vau, aux petites landes, passe à Fauerelle, & tombe dans Loire au dessus de Bonny; Mezille, qui vient de sainct Sauueur, passe à Tonnerre, & se rend dans le Loing, pres de Montargis; Bourdon, qui trauerse sainct Fergeau, & au dessous de la ville se joint au Loing, qui naist en vne fontaine du mesme nom à Treigny, passe par sainct Priué, Bleneau, Chastillon & Montargis, pour se décharger dans la Seine à Mores. La riuiere d'Ouayne naist en vn lieu de mesme Pays de Puisaye. Riuieres.

nom, & descend à Montargis. Voy la Bourgogne, où est encor faite mention de la Puisaye.

CHAMPAGNE ET BRIE.

Noms. LA CHAMPAGNE prend son nom de ses champs & plaines longues & larges [a]. Les anciens peuples qui l'ont habitée ont laissé leur nom aux villes principales, qui luy peuuent appartenir, *Tricasses* à Troyes, *Lingones* à Langres, *Remi* à Rheims, *Catalauni* à Chaalons, *Meldæ* à Meaux, *Senones* à Sens.

[a] Greg. Tur. lib. 9. c. 14. & lib. de glor. Confess. 67.

Confins. La Champagne en y comprenant la Brie, comme vn mesme pays moitié Belgique, moitié Celtique, a du Leuant la Lorraine & le Barrois, du Couchant la France & le Hurepoix, dont la Seine les separe, du Midy la Bourgogne, & du Septentrion la Normandie. Elle est contiguë à la Brie le long de la riuiere d'Auge, aux villages de Lintes & Lintelles, au Duché de Bourgogne vers la riuiere d'Yonne, au Comté de Carolois vers Langres, & à la Lorraine vers Rheims & Chaalons. A compter depuis Passauant en Bassigny iusques à Dormans en la haute Champagne, elle a cinquante lieuës Françoises de longueur, & de Chaour iusques à sainte Menehou, quarante lieuës de largeur.

Diuision. La vraye Champagne, qui estoit l'ancien Comté, se peut diuiser en basse & haute. Les Duchez & villes de Rheims & de Langres, non sujetes au Comté, sont villes & pays adiacens, de mesme que les pays & Comtez de Chaalons, Ligny & la Motte. La Brie, le Retelois, le Comté de Tonnerre, & le Senonois, seront traitez en suitte comme pays enclauez & appartenans au Gouuernement de Champagne.

Basse Champagne. Troyes. TROYES est en la basse Champagne, capitale de la Prouince, sur la Seine, siege des anciens peuples *Tricasses* [b] : Toutefois le nom en est mis fort diuersement dans les Autheurs qui ont suiuy : *Augustobona Tricassium* à Ios. Scaliger [c] : siege d'Euesché & chasteau. C'est vne ville close de tres-belles murailles, garnies de grandes places au dedans, bien bastie, auec plusieurs Eglises, dont sainct Pierre est la Cathedrale, où sont les tombeaux des Comtes de Champagne, deux Collegiales, six Parrochiales, & celle de l'Abbaye de sainct Loup. Il y a siege Presidial, où ressortissent entr' autres, plusieurs sieges & Iurisdictions, qui sont dans la ville. La conseruation des Foires ne répondent qu'au Parlement; l'Eslection, la Foraine & le grenier à sel, a la Cour des Aides; les Eaux & Forests à la Table de marbre; La Monnoye à la Cour des Monnoyes à Paris. Sous le siege de Troyes sont vnze Mairies Royales, vingt-trois Chastellenies, six sieges qui estoient autrefois sieges particuliers de celuy de Troyes, & ont esté alienez à faculté de rachapt, outre plusieurs Seigneuries, qui font ou comprennent six cens & tant de villages ou hameaux. La ville est riche & marchande à cause de la riuiere, dont on a deriué quelques ruisseaux pour les faire passer dans son enclos.

[b] Plin. Ptolem.
[c] Merula in Gall.

Ioigny porte tiltre de Comté, separe la Champagne d'auec la Bourgogne, & est ioignant d'vn costé au Senonois. Sa ville principale porte le mesme nom.

Bassigny. Le Bassigny est ainsi nommé, parce qu'il est de la basse Champagne, pays plus arrousé d'eaux que le reste de la Prouince, entouré des riuieres de Marne, de la Meuse & de partie de la Moselle. Chaumont, sur la Marne, *à caluo monte* [d], Bailliage & siege Presidial, auec vn chasteau, est sa capitale, ioignant à la Lorraine & à la Franche-Comté. Les habitans y trafiquent pour la draperie, toiles & autres manufactures, & à cause de ce il y a Iuge & Consuls des Marchands. Outre Langres, dont il sera parlé cy-dessous, on luy donne Montigny, Nogent-le-Roy, Montescler, assis sur vne haute montagne, premiere place à l'entrée de la Lorraine, Risnay, Choiseul, Clesmont, & plusieurs autres places fortes, villes ou bourgs, & en aucunes y a Gouuerneurs & garnisons entretenuës. Tingry est vne petite ville, frontiere de Lorraine, ressortissant à Langres, possedée auiourd'huy par ceux de la maison de Luxembourg, qui s'en disent Princes & souuerains. La place est bonne & considerable.

[d] Yu. ep. 105.

Bar-sur-Aulbe, Comté, renommée pour ses vins, siege Royal & Election en chef, depuis l'an mil six cens vingt-neuf : Il y a Eglise Collegiale. Chasteau-vilain, bonne place & ancien chasteau, rebasty à la moderne, auec tiltre de Comté & l'Eglise Collegiale. Passauant, bon bourg aux extremitez de Bassigny, ioignant la Lorraine & la Franche-Comté, auec vne grande forest qui porte son nom : C'estoit autresfois le cry des Comtes de Champagne : Les habitans sont exempts d'impositions : Les Ducs de Lorraine en ont autresfois querellé le Chasteau. Bourbonne, auec Preuosté royale & titre de Marquisat : Ses bains chauds sont fort renommez, & luy portent bon reuenu : On y void quelques inscriptions & marques d'antiquité, Coeffy, chasteau bien fortifié de nouueau, le vieil bastiment ayant esté demoly : C'est vne des clefs de France, sur la frontiere de Lorraine, & y a Gouuerneur & garnison entretenuë : Le bourg est bien basty & riche. Ortes à quatre lieuës de Langres, dont l'Euesque en est Seigneur ; l'Abbaye de Beaulieu est proche. Roland-pont ou pont de Roland, sur le bord de la Marne : Grand, où sont quelques marques d'antiquité, & d'vn vieil chasteau, où l'on dit que Iulian l'Apostat faisoit son sejour, auec vne tour qu'on appelle Royale, & qui sert de prison. Andelot, Preuosté & Eslection particuliere : Vignory, joignant la Marne, auec tiltre de Comté, & chasteau muny d'artillerie : L'Hospital de Grandvaux est proche. Le pays abonde en toutes choses, est tres-agreable en prairies, bois & belles sources d'eaux, outre les bains chauds, & quantité de simples.

Le Vallage, païs ainsi nommé, à cause des beaux valons qu'il y a, comprend plusieurs villes & bourgs. Sainct Disier sur la Marne, forte place, auec Gouuerneur particulier, à quatre lieuës du Barrois, siege Royal, Eslection & grenier à sel. Iainuille sur Marne, autresfois Baronnie, & depuis Henry second erigé en Principauté, à la maison de Guise, dont les deuanciers y ont leurs tombeaux : les Baronnies de Hailly, Douleuant, Roches & Esclairon en dependent, son Bailliage ressortit au Presidial de Chaumont. Bar-sur-Seine, laquelle commence à y grossir, & y reçoit sous vn pôt qui est au bout de la ville les riuieres d'Arse, Ourse, Creuse & Leignes : Elle a tiltre de Comté, & le Seigneur estoit vn des sept Pairs du Comte de Champagne, dont elle est pour la Iustice, & de la Bourgogne pour les finances & le Gouuernement. Vassy est vn bon bourg sur la Bloise, auec chasteau : Le lieu est propre pour la chasse, à cause des bois dont il est entouré. Monterandé ou Monstier en Der, qui est vne grande forest, est ioignant la riuiere de Voire : C'est vne Eslection particuliere, sous celle de Vitry, & Abbaye. Vend-œuure, gros bourg auec chasteau sur la riuiere de Barse, à six lieuës de Troyes, Baronnie à la maison de Luxembourg : Monstier-Ramey sur la Barse. Abbaye, de mesme que Pisney entre la Seine & l'Aulbe, auec tiltre de Duché, & les Monts, sur l'Aulbe. Chaourcé l'vn des meilleurs bourgs du pays, auec chasteau, Bailliage & Esl eu particulier. Brienne, dont le Comté estoit l'vn des sept Pairs de Champagne : possedée aujourd'huy par la maison de Lomenie & autres. Cette contrée abonde en mines de fer : les costaux y sont couuerts de boscages, le bras arrousé de riuieres & ruisseaux, bordé & remply de forges & de moulins. Les minieres sont au pendant des costaux auec beau vignoble, & la plaine porte force bled.

La haute Champagne comprend le Pertois ou Parthois & la vraye Champagne. Le Pertois a son nom d'vn bourg appellé Pertes, fort ancien & plus considerable autresfois qu'il n'est aujourd'huy, clos des riuieres de Sault & de Marne, entre Vitry & sainct Disier, & lequel abonde en tous grains, & en trafique par la riuiere. Ses villes principales sont Vitry tant vieil que nouueau. Le premier s'appelle maintenant le Bruslé, à cause du feu que l'Empereur Charles cinquiéme y fit mettre lors qu'il entra dans la Champagne : La ville estoit fort belle, sur le confluent de la riuiere de Sault & de Marne. A cause de sa ruine, ses priuileges mesmes ont esté transferés au nouueau Vitry, appellé le François, à cause de François premier qui le fit bastir, à sept lieuës de Chaalons, & encores à present elle s'embellit & augmente tous les iours. Elle est en lieu plain & fertil, auec le trafic de la Marne, laquelle est nauigable à saint Disier. C'est vn siege Presidial, où ressortissent plusieurs bons sieges royaux. Saincte Menehou, ville frontiere, dont le chasteau est assis sur vn rocher au milieu d'vn marais, où Aisne passe d'vn costé & trauerse la ville, & de l'autre la riuiere d'Yeure qui se ioint à l'Aisne : Le marais est à l'autre bout du chasteau, qui couure tout le rocher d'assez grand circuit, de sorte que c'est comme vne ville haute, où sont plusieurs logemens, outre ceux de la garnison entretenuë

Champagne haute. Pertois.

pour la garde de la place : Et dans l'enceinte est aussi l'Eglise Parrochiale : La ville est plus basse, où sont les sieges de Iustice. Il y a encores quelques bons bourgs, sçauoir, Dampierre, auec chasteau ; Pont-yon ioignant les riuieres de Sault & d'Orne, vn peu au dessus de leur embouchure dans la Marne : la Neufville-au-pont, sur le bord de l'Aisne.

Les autres villes & bourgs de la haute Champagne, sont Fismes sur le Vesle, ioignant la Picardie, auec chasteau & Gouuerneur ; Espernay sur Marne, qui l'enrichit pour les denrées qu'elle reçoit & enuoye ; Nogent & Pont-sur-Seine, petites villes, mais riches, à cause de la commodité de leurs ports, où sont tousiours plusieurs vaisseaux chargez. Il y a aussi voicture ordinaire & reglée par eau de Nogent à Paris, & vn beau grenier à sel, qui pouruoit les greniers qu'on appelle d'amont ; Dormans, sur la riue de Marne, ioignant la Brie ; Chastillon sur Marne, Iustice royale, autrefois bonne place, mais ruinée par les guerres ; Mery, Preuosté de grande estenduë ; Pont-fauerges sur la Suippe, qui se décharge dans l'Aisne entre Neufchastel & Pont-à-vere ; Chaigny-lez-Omont : La Fere dite la Champenoise, à la difference de celle qui est en la Picardie, close de murailles, ioignant la riuiere d'Auge, sur les confins de Champagne & Brie, où elle ressortit pour la Iustice. Suippe, gros bourg fermé, sur la Suippe, peuplé d'artisans, qui trauaillent aux sarges, qu'on appelle ras de Chaalons ; & Pont-à-vere, bourg ancien, sur l'Aisne.

Langres. LANGRES, Duché, Pairrie & Eueſché, *Andomatunum* [a] *Lingonum* [b] ville ornée de vieux monumens d'antiquité, & entr'autres d'vn arc triõphal esleué pres de ses murailles, & autres appartenances du trophée & de la victoire gagnée par les Romains en cet endroit sur l'armée Germanique : Elle est puissante, forte d'assiete, & tres-bien remparée : Les habitans qui en ont la garde, iouïssent de plusieurs priuileges, comme estant frontiere, à six lieuës de la Franche-Comté, & à demy iournée de la Lorraine. L'Euesque en est Seigneur auec le Chapitre pour quelque endroit, plusieurs terres & Seigneuries releuent de l'Euesque, qui se porte pour Duc & Pair, Marquis, Comte & Baron d'autres places, qui en dependent. Le Duché a quatre Baronnies anciennes, Aigremont, dont nous auons parlé, Fouuent, Thilechastel & Granuy. Le Diocese est de fort grande estenduë sur toute la basse Champagne & partie du Duché de Bourgogne, en y comprenant mesmes Dijon. Il y a vn siege Royal, qui respond au Bailliage de Sens, de grande estenduë, Eslection & grenier à sel, & depuis par Edit de l'an il y a siege Presidial estably. Les edifices de la ville, particulierement de l'Eglise Cathedrale, sont fort beaux. On la nomme communement la Pucelle, parce sans doute qu'elle n'a iamais esté prise ou forcée.

[a] Ptolem.
[b] Tac.

Rheims. RHEIMS, qu'on peut poser pour capitale de la haute Champagne, est Duché, Pairrie & Archeuesché. *Durocortorum Remorum* [c] ou *Durocortum* [d], sur la Vesle, tient encor plusieurs restes d'antiquité en ses portes de Mars, Bacchus, Ceres & Venus, dont elles conseruent les noms, auec le Fort de Cesar, qui n'est pas loin de la ville : La ville est grande, les ruës larges, & les bastimens beaux, notamment de son Eglise Cathedrale, seruie par 67. Chanoines : elle est dediée à Nostre Dame, & a vn frontispice somptueux & magnifique. Il y a des Conuents de tous Ordres de Religieux, auec vn College de Iesuites & Vniuersité. Il y a siege Presidial & ressort de plusieurs sieges Royaux, auec Eslection en chef, dont Fismes & Corneicy sont sieges particuliers. Le Diocese est fort grand, comprenant presque toute la haute Champagne & le Retelois. Bergier Aduocat à Rheims en a descrit les Antiquitez.

[c] Ptolem. Strab. Steph.
[d] Cæs.

L'Eglise du Monastere de S. Remy dans Rheims, où se garde la saincte Ampoule, fait voir vn excellent paué de marqueterie & de Mosaïque, qui remplit le chœur d'vn bout à l'autre, qui est fort vaste, & represente plusieurs autres figures & curiositez morales & historiques.

Chaalons sur Marne, Comté, Eueſché & Pairrie, *Catalaunum*. Il y a de belles tours esleuées comme des pyramides. L'Euesque est Seigneur d'vne partie de la ville, où est vn siege particulier du Bailly de Vermandois, erigé l'an 1543. Il y a vn siege Presidial estably par Edit de l'an Et c'est vne Generalité & Bureau de Thresoriers de France pour la Champagne, où respondent toutes les Eslections & greniers à sel de la Prouince ou des pays en dependans & enclauez. La ville trafique en bleds & en draps.

Ligny, Comté & ville ancienne sur la riuiere de Sault. Il y a Abbaye au sommet de la montagne, du costé Oriental de la ville, auec vne fontaine tres-agreable. Suit la Motte, Comté.

Pour parfaire la deſcription de la Champagne, & auant que conſiderer la qualité Riuieres
du pays, nous parlerons des riuieres qui y naiſſent en grand nombre. La riuiere de de Cham-
a Diſc. gene. Seine par ſa ſource & ſon cours a eſté décrite ailleurs [a]. La Marne ſort à demy lieuë pagne
de la France de Langres, d'vne fontaine qu'on nomme la Marnote, coule ſous Langres, paſſe à Roland-pont, Chaumont, Iainville, ſainct Diſier, Vitry, Chaalons, Eſpernay, Dormans, Chaſteau-Thierry, la Ferté ſous Ioüarre, Meaux & Lagny, & ſe meſle à la Seine au pont de Charenton pres Paris, apres auoir receu les riuieres de ſainct Geoſme, Mouſche, Suize, Bloiſe, Sault, Roignon, &c. La riuiere de Seine reçoit les riuieres ſuiuantes : Bré, qui naiſt au delà de Rochefort, & ſe decharge dans la Seine, entre Ayſé-le-Duc & Caſtillon; l'Ourſe, qui commence à Beneuvre, paſſe à Lugnyau, reçoit la Creuſe, & en ſa compagnie tombe dans la Seine, pres de Bar-ſur-Seine; Leignes, qui ſort à Leignes au deſſus de Moleſme, & entre en la Seine pres de Pollizy, non loin de Bar, de meſme qu'Arſe, qui naiſt à Font-Arſe; Lozain, qui ſort à ſix lieuës de Troyes; Barſe, qui paſſe à Monſtier Ramey; Arduſſon, qui commence à ſainct Flauy, & ſe décharge en la Seine ſous ſainct Aubin; Sorme & Loruin ſe joignent enſemble à Trancault, qu'ils diuiſent en deux, arrouſent Treignel & Solligny, & à cinq lieuës de-là vont dans la Seine. Aulbe naiſt dans vn vallon ioignant le grand chemin de Dijon, paſſe à Auberiue, Aubepierre, Longuay, Montigny, la Ferté-Clairuauz, Bar, Plancy-Anglure, & tombe dans la Seine au deſſous de Mery : Elle reçoit les riuieres qui ſuiuent, Aujon ou du Iong, qui naiſt au terroir d'Auberiue, paſſe ſous ſainct Loup, Arq & Chaſteau-vilain, & ſe rend dans l'Aulbe au deſſous de Clairvaux; Amance, qui vint de Sire-fontaine, coule à Randon villiers & Mathevie; Voire, qui ſourd à Somme-Voire, reçoit la Torre, & en ſa compagnie paſſe à Beaufort, Ronnay & Cholette; Auſon, qui ſort de Brantigny; L'Huiſte, qui vient de Mailly, & paſſe à Vinueil; l'Auge, qui paſſe à la Fere, trauerſe Sezanne, & tombe dans l'Aube au deſſus d'Anglure. Les riuieres que la Marne reçoit ſont ſainct Geoſme, qui ſort à vne lieuë de Langres, trauerſe Brenonne, arrouſe ſainct Sauueur, & va dans la Marne pres d'Aumis : La Mouſche, qui vient de Noydent-le-Rocheux, coule pres de ſainct Cyrgue & ſainct Martin, arrouſe Pranſey & Iocquenay, paſſe à Humes, où elle a vn pont de pierre : La Suize, qui naiſt pres de Marrey & Villiers ſur le chemin de Langres & Dijon, paſſe ſous Chaumont, & à Buſſerville tombe dans la Marne; Bloiſe, qui vient d'vne fontaine à cent pas du Conuent de Brazancour qu'elle arrouſe, remplit les foſſez du Chaſteau de Bloiſe, paſſe à Doulcuant, Paſſy, Eſclarron, & ſe décharge dans la Marne au deſſous de ſainct Diſier; & le Sault, qui ſort des montages au delà de Ligny en Barrois, paſſe à Bar-le-Duc, à Vitry-le-bruſlé, & à quinze ou ſeize lieuës de-là va dans la Marne au lieu dit l'Embouchure du Sault. La Velle ſort au deſſus de Somme-velle, à trois lieuës de Chaalons, arrouſe le chaſteau de Silry, paſſe à Rheims, Ionchery, Fiſmes, reçoit quelques petits fleuues, & ſe rend dans l'Aiſne.

Les riuieres ſuſmentionnées coulent du mont Voge; *Vogeſus*, pres de S. Seine, Dioceſe de Langres, du coſté du Couchant. Il y en a encores qui ont leurs ſources en ce pays, & ne ſont guéres éloignées les vnes des autres, pour ſe décharger dans la mer La Moſel-
du coſté du Nord & du Leuant. La Moſelle naiſt auſſi en la Voge, aſſez pres de le.
la ſource de la Saone, entre l'Eſtraye & le bourg de Buſſars, frontiere de Lorraine, paſſe à Remiremont, Eſpinal, Charmes, Bayon, Thoul, Fruart, Pont-à-Mouſſon, Mets & Treues, & ſe va rendre dans le Rhin à Coblents. La Saone, *Araris*, vient La Saone.
du mont & foreſt de la Voge, paſſe à Darney, Artigny, Montrueil, fait pluſieurs détours, reçois ſept ou huit petites riuieres, coule au bourg de Pont ſur Saone, à Groy. Pontailler, Auſſone, ſainct Iean de Laone, Bellegarde, Verdun, Chalon, Tournus, Maſcon, Ville-franche, Treuoul, & ſe meſle auec le Rhoſne à Lyon. Cette riuiere groſſe, quoy que fort lente, reçoit pluſieurs petites riuieres, aſçauoir Lantaine, Amance, Nauigenne, Loignõ, Venelle, Beze, Thylle, Ouſche, Vocuge, Therin, Muſõ, Burſure, Dune, le Doux, Groſne, Seugle, Soluan, Pianette, Reſouſe, Veyle, Vieugon, Yrance, Renon, Challarine, Norgon, Fromant, Azergues, & autres; Amanſe, outre celle dont a eſté déja parlé, qui coule dans celle-cy, ſort à Vic en Baſſigny, & ſe rend dans la Saone par la leuée de Iuſſey, petite ville. Nauigenne ou Vigenne au vulgaire, vient du mont Sauljonnois, paſſe à Montigny, dit ſur Vigenne, arrouſe la plaine de Fontaine-françoiſe, vient à Beaumont, & apres vn long cours, auant

auant que se descharger dans la Saone, se fourche en deux & fait comme vne Isle, en laquelle est Thalmay & Marsilly, ports celebres sur cette riuiere, où le bled de Bassigny & des greniers voisins se transporte, & les marchands aussi qui en trafiquent, y ont leurs greniers. Thyle arrouse les Marquisats d'Is sur Thyle, & Thyle-chastel, & le Comté de Sauy-le-Duc, & apres auoir fait plusieurs branches se rend dans la Saone entre Aussone & S. Iean de Laone. Beze vient d'vne fontaine en vn lieu de mesme nom : L'eau en est tres-claire & bonne, produit quantité de poisson & de truites excellentes. Il y a Abbaye de mesme nom au Diocese de Langres. Il sera parlé de la Meuse dans le Retelois.

Qualité. Cette Prouince en general ne manque point de bled ny de bestail ; Elle emprunte en quelques endroits le vin des contrées voisines. Toutesfois les vins de Bar-sur-Aube sont fort estimez & enleuez par les Flamands & par les Lorrains ; & la montagne de Rheims, & sur la Marne Chaalons, Ay & autres lieux, produisent des vins excellens. La haute Champagne n'a point de bois, on fait les huict à dix lieuës sans voir ny arbre ny buisson. Les eaux de Bourbon ne sont considerables pour leur qualité & chaleur extraordinaire, & pres de Vassy se trouuent des mines de terre pour faire le bol Armenien.

Mœurs. Le peuple y est bon, moderé & ménager : Ils sont grands chasseurs, adroicts aux armes, & la Noblesse y est bien nourrie.

Richesses. Le trafic n'y peut pas estre grand, quoy que le pays abonde en belles riuieres, lesquelles y naissent & l'arrousent en plusieurs endroits, dautant qu'elles ne sont pas nauigables à ses yssuës, & d'ailleurs il est esloigné de la mer. Les moulins à papier qui sont à Troyes & ailleurs, auec les draps & sarges de Chaalons peuuent aider à la richesse du pays, auec les forges de fer qui sont à Bar, & le fer en est porté en Bourgogne & en Lyonnois.

Forces, Gouuernement. Le Roy pourroit tirer du pays dix mille hommes de pied & mille cheuaux.

La Champagne a eu ses anciens Comtes, & le premier qui en fut Comte hereditaire, fut Robert, qui sous Louis d'Outremer en l'an neuf cens cinquante s'empara de la ville de Troyes, qui auoit esté auparauant bruslée & destruite par les Normands [a], & en fit vn Comté patrimonial pour soy & les siens. Auant ce Gouuernement de Seigneurs particuliers, dans le partage & distinction des Royaumes en France, la Champagne appartenoit à celuy de Mets, & le siege Royal en fut mesmes par fois tenu à Rheims [b]. Ces Comtes hereditaires peuuent auoir esté precedez par d'autres qu'on croit estre sortis des Comtes de Chartres [c]. Les successeurs de Robert apres quelque temps, vnirent le Royaume de Nauarre à leurs terres qui furent depuis reünies à la Couronne, par le mariage de Ieanne Comtesse de Champagne & Reine de Nauarre auec le Roy Philippes le Bel. Les Seigneurs de Iainville sont Seneschaux hereditaires de Champagne, par don & concession des Rois.

a Pithou des Comtes de Champ. & de Brie.
b Greg. Tur. Adon.
c Belle-for.

La Prouince auec la Brie & le Retelois, a vn Gouuerneur & trois Lieutenans de Roy, dont chacun a son quartier & destroit. On donne au premier le pays entre la Seine & la Marne, au second au delà de Marne deuers l'Orient, au troisiéme depuis le Duché de Bourgogne, l'Auxerrois & Gastinois iusques à la Seine. Elle ressortit à la Cour de Parlement de Paris, & pour les finances à la Chambre des Comptes de la mesme ville, sous la seule Generalité de Chaalons.

Il y a plusieurs fiefs importans, & quelques terres erigées en Principauté, sçauoir Tingry & Iainville. Autres en Duché & Pairrie, comme Piney, outre les Ecclesiastiques, Rheims & Langres : Les Marquisats de Bourbonne, Coublans, Thile-chastel, Arq, Isles, Treinel, &c. Les Comtez de Ioigny, Brienne, Grand-pré, Roussy, de Vertus, distrait du Bailliage de Vitry-le-François, & erigé en faueur de Valentine femme de Louis Duc d'Orleans, Chasteau-vilain, & autres, outre Chaalons Ecclesiastique, & parmy ceux-là on marque les plus anciens pour auoir esté les sept Pairs de Champagne : Plusieurs Baronnies possedées auec les autres fiefs par les maisons de Luxembourg, de Neuers ou Mantouë, de Guise, d'Auaugour, de Coligny, de Choiseul, des Vrsins, de Lenoncour, Baudricour, d'Anglure, de Lieuron & autres. Il y a coustume particuliere, par laquelle il suffit que l'vn ou l'autre des mariez soit noble, pour les enfans qui en prouiennent, ayant esté permis autres-fois aux femmes nobles de se marier à des roturiers.

d Pithou, Cost. de Troyes.

Il y a vn Archeuesché, qui est Rheims, dont les suffragants sont mentionnez ailleurs [e]. Les Eueschez sont Troyes, suffragant de l'Arch. de Sens, Langres suffra-

e Disc. gene de la France.

gant de l'Arch. de Lyon, Chaalons suffragant de l'Arch. de Rheims : Plusieurs bonnes Abbayes mentionnées en la description de la Prouince, & exercice de la Rel. pret. reformée en quelques lieux, comme à Vitry & autres.

BRIE.

LA BRIE, *Brigeium*[a], *Brigiensis saltus*[b] ou *Brionia* & *Brionenses*, aux Auteurs du moyen aage,[c] & neantmoins selon l'aduis des curieux, elle prend son nom du mot François Abry, qui signifie à couuert ou à l'ombre, non pource, disent-ils, qu'elle est garnie d'arbres fruictiers, & autresfois pleine de bois & forests, qui mettoient à l'abry du vent & defendoient du Soleil, mais parce qu'elle est opposée à la Champagne. Elle est posée entre la Champagne & la Marne, & commence à Creteil pres du pont de Charenton, où la Marne se mesle auec la Seine, qui separe la Brie du Gastinois, comme la Marne separe la Champagne d'auec la Brie, de sorte que tout ce qui est entre les deux riuieres iusqu'au Duché de Bourgogne est de la Brie. Sa longueur depuis Potieres iusques à Villiers du Leuant au Couchãt, est de douze lieuës, & sa largeur depuis Quincy-le-Vicomte iusques à Brageloigne, de neuf lieuës, du Midy au Nord. Noms. Cõfins & situation.

a Testam. de Dagobert.
b Mem. de l'Abb. de Rebais, sur la fin d'Aymoin.
c Nithard. li. 1. de dissens. fil. Lud. Pij.

La meilleure & plus forte place de Brie est MEAVX, ville ancienne, *Iatinum*[d] *Medorum* ou *Meldarum*, sur la Marne : Elle est separée en deux par vn ruisseau, l'vn estant la ville & l'autre le Marché ou Fort. C'est vn Euesché & Bailliage auec Lieutenant general & particulier, & sept Conseillers, outre la Iustice de la Preuosté, de l'Hostel de Ville & de l'Euesque. A deux lieuës de Meaux est le Chasteau & maison Royal de Monceaux, qui est arrousé du fleuue Oure : Elle a esté fort embellie par la Reine Catherine de Medicis, & par le Roy Henry le Grand : Il y a vn beau parc auec vne forest ioignant. Les riches Monasteres de Iouarre, *Iouis ara*, & Pharemonstier pour femmes, auec l'Eglise de S. Fiacre; n'en sont pas esloignez, de mesme que Lagny ville ancienne sur la Marne, où est vne Abbaye. Chasteau-Thierry Duché, est la ville capitale de la haute Brie, Bailliage & siege Presidial, sur la Marne. Prouins *Agendicum*[e] est en la basse Brie, assis sur la riuiere de Morin, qui se rend dans la Marne pres de Lagny, la petite riuiere de Vousie y passe aussi. Les autres lieux sont Colomiers au Duc de Longueuille, Sesane ou Sesans (où arriua vn embrasement general en l'an 1632.) Loy-le-Chastel, Montereau faut-Yonne, *Monasteriolum* assis à l'embouchure & rencontre d'Yonne & de la Seine ; le chasteau est enclos entre les deux riuieres, & muny de bonnes tours : le terroir en est fertil & porte de tout, auec le plaisir de la chasse. La Celle ou Celles, Nangis, Blandy, chasteau & lieu de plaisance des Ducs de Longueuille, Cresy, la Ferté-Gaucher, Montmiral, Rebay, & Orbay, auec Abbayes, bon chasteau & belle maison, Estauges, Vicomté, y appartiennent aussi, auec Brie ou Braye-Comte-Robert, Tornan & Torcy, qui sont du Chastelet de Paris. Villes & lieux.

d Ptolem.
e Cæs. de bell. Gall. lib. 6. & 7.

Le pays de Galeüesse, autrement dit Brie-poüilleuse, est sur les confins de Brie & Champagne, allant à Espernay ; sa longueur peut estre de quatre ou cinq lieuës, & sa largeur d'autant : on y loge Orbay, Montmor, auec chasteau, &c.

L'air est bon, & les eaux fort saines : Il y en a des minerales à Chasteau-Thierry, qui sont ordonnées par les Medecins. Le terroir y est meslé, n'estant pas gras par tout, neantmoins le pays a force bled, des foins & du bestail, auec les fruits d'hyuer les roses de Prouins, dont se fait la conserue, le vin de Villenosse, & les pruneaux de Montmiral sont les choses plus singulieres qu'on y remarque. La Marne, & les deux Morins grand & petit arrousent le pays. Qualité.

La noblesse y est fort courtoise, & le peuple facile, hors de la campagne, où il est plus rude, & par tout il est soigneux & mesnager. Mœurs.

Il y a quantité de noblesse, qui peut faire au Roy deux ou trois cens cheuaux en peu de temps, & pour des gens de pied, on y leueroit cinq ou six mille hommes. Forces.

La Brie est sous le Gouuerneur & Lieutenans de Roy de la Champagne : Et pour le spirituel, elle est esparse par les Dioceses de Meaux, Sens, Soissons & Troyes. Il y a plusieurs habitans faisant profession de la Relig. pret. ref. à Meaux & autres lieux. Gouuernement. Religion.

RETELOIS.

Noms. LE RETELOIS, *Reteliorum ager*, ou *Retelensis regio*, ou sa capitale *Registete, Retel, Registetensis.*

Confins. La Picardie luy est au Nord auec Namur & Haynaut, le Luxembourg & la Lorraine au Leuant, la Champagne & le Barrois au Couchant & au Midy.

Estëduë. De Brienne iusqu'à Sedan il peut auoir seize lieuës de long, & depuis Bagnoille iusqu'à Taurne, douze de large, & n'est distant de Rheims que huict lieuës.

Riuieres. Les riuieres principales qui l'arrousent sont la Meuse du costé de Luxembourg & de la Lorraine, & l'Aisne du costé de la Champagne. La Meuse qui semble plustost separer le Retelois du Luxembourg & de la Lorraine, que l'arrouser, naist au bourg & Baronnie de Meuse en Bassigny, passe en quelques endroits de la Champagne, où elle produit de bon poisson, à sçauoir saulmons, alauses, congres, truites & lamproyes fort delicates : Guicciardin la descrit exactement. [a]

Aisne. L'Aisne *Axona*, vient d'Argonne pres de Beaulieu, court vne partie de la Champagne, trauerse le Retelois, passe à saincte Menehou, Retel, Chasteau-Portian, & Soissons, pour se rendre dans l'Oyse pres de Compiegne : Elle est fort poissonneuse, & porte des brochets & des carpes d'vne grosseur prodigieuse, qu'on vend és marchez de Rheims : Les riuieres de Bar, Velle, Bione, Tourbe, Vallie & autres moindres se rendent dans l'Aisne. Bar prend sa source pres de Buzancy qu'il arrouse, passe à Brieul, auoisine le Chaisne & le chasteau de la Cassine, & se rend dans la Meuse au dessous de Donchery. La riuiere est estroite, mais creuse, & porte basteau. La Tourbe sort d'vne fontaine non esloignée de Grauille, & se mesle dans l'Aisne vn peu au dessus du bourg d'Autry. La Vallie naist à Libersy au dessus de l'Abbaye de Signy où elle passe, & se descharge dans l'Aisne pres de Chasteau-Portian.

[a] In Belgograph.

Villes & lieux. Le Retelois contient quatre principautez, ou souuerainetez, en y comprenant celle de Chasteau-Regnault. La premiere est Mehon, qui prend vne moitié du faux-bourg de Mesieres deçà la riuiere de Meuse, & a sous soy trois villages : Elle appartenoit au Prince de Conty. La seconde est Arches, qui n'estoit qu'vn village sur la Meuse, pres de Mesieres ; mais le feu Duc de Mantouë & de Neuers dés l'an 1607. y a fait bastir vne ville auec de beaux priuileges pour ceux lesquels y voudront bastir ; Elle est appellée Charles-ville de son nom, bien fortifiée, auec vne place faite sur le modelle de la place Royale à Paris, & vne belle fontaine au milieu. Il y a quatre ruës, qui partent de quatre pauillons construits de brique en la place Ducale : le pont est au dessous des Moulins, basty sur cinq arcades de pierre, & conduit à vne montagne fort esleuée, qu'on y nomme Olympe, où estoit autresfois vne forteresse, appellée le Chastelet, & l'on y remarque quelques antiquitez. Sur le bord de la Meuse est le College des Iesuites. Il y a de plus quelques Conuents, & vn Hospital bien renté. Il y a huict ou neuf villages qui en dependent, & tout ce petit pays fut borné du Liege, de Namur, & de la souueraineté de Chasteau-Regnaut. La troisiéme est Lumez au de là & sur le bord de la Meuse, le Chasteau fut ruiné sous le Roy Charles neufiéme. Chasteau-Regnaut est borné d'Arches, de Lumez, de Sedan, du Liege & de Namur : La Souueraineté contient vingt-sept villages. Les habitans ne traffiquent & ne font profit que de l'ardoise, dont les carrieres y en sont belles. On croid que le Chasteau ancien a esté basty par le fameux Regnaut. Le Roy tient garnison au fort de Linchamp, qui est dans la principauté. Entre Chasteau-Regnaut & le village de Brau est la riuiere de Scioy, qui naist dans la forest d'Ardenne.

(Arches, Charle-ville. — Chasteau-Regnaut.)

Retel. Les autres villes du Duché de Retelois sont celles qui suiuent. Retel est la capitale, sur Aisne, munie d'vn chasteau ; & en vn coin d'iceluy est vne tour ancienne, auec vne inscription qui tesmoigne que les Romains y ont arresté, lors que Iules Cesar vint contre les Belges. [b] Mesieres. Mesieres, belle ville, *Amagetrobia*, selon aucuns, sur les confins de Luxembourg, entre deux bras de la Meuse, qui la trauerse, & remplit les fossez d'entre la ville & la citadelle, bastie en l'an 1591. & bien fortifiée, où le Roy

[b] Li.2. de Bell. Gal.

tient garnison. La Meuse fait vne Isle entre Maisieres & Ouarque, & ceste grande estenduë est fertile en bleds. Il y a l'Eglise Nostre-Dame, seruie par douze Chanoines ; & proche de Maisieres est vn Conuent de Cordeliers, nômé Bethlechem, qu'on dit estre basty comme celuy qui est en la Terre-sainte. Ouarque, Arq ou Warq aux Allemands & Flamands est vne petite ville sur la Meuse, son Eglise parrochiale est au bout de l'Isle susmentionnée. Donchery est entre les souuerainetez de Lumes & de Sedan, au dessous de l'emboucheure de Bar dans la Meuse, bien bastie, auec deux Eglises. Raucroy est vne place fortifiée par François premier pendant les guerres qu'il eut auec Charles cinquiesme Empereur. On y fit vne citadelle durant la ligue auec vn Chasteau; Buzancy est sur le Bar, Maubert-Fontaine, ville & citadelle, sur la frontiere de Haynaut, auec garnison pour le Roy : ses faux-bourgs sont grands, où est l'Eglise parrochiale: Ville-Franche a esté de mesmes fortifiée par François premier. Elie est entre des marais & ruisseaux sur la Meuse, au dessous d'Astenay ; Montfaucon auoit vn Chasteau que le Roy Henry quatriéme fit demolir ; les murailles d'vne tour, où l on entretenoit garnison, ont esté ruinées; L'Eglise Collegiale est seruie par des Chanoines ; qui sont Seigneurs de la ville. Chasteau-Portian est sur l'Aisne, à deux lieuës de Retel, son Chasteau qui est fort ancien, luy a donné nom, qu'il communique à vn petit canton assez fertil, qui contient quelques lieux, auec l'Abbaye & Chasteau de Chaumont. Elle a titre de Principauté qu'aucuns separent du Retelois. Les bourgs plus considerables du Duché sont Grand-pré sur l'Aisne, Comté, auec Chasteau & Prieuré Conuentuel. Attigny, auec vne belle Eglise parrochiale. Rosoy sur le Ser, qui separe la Champagne & le Retelois de la Picardie, & contrée de Thierasche, où est vn ancien Chasteau & vne Eglise Collegiale, seruie par vingt Chanoines ; Moncornet en Ardenne, autre que celuy qui est en Thierasche, auec vn chasteau proche de la frontiere qui separe le Retelois d'auec le Liege ; Le Chesne-Poüilleux, dont les habitans ont priuilege d'aller au sacre des Rois de France, pour conduire en armes la sainte Ampoule, portée de S. Remy à Nostre-Dame de Rheims, & la haquenée du Prieur de saint Remy leur appartient à son retour. La Cassine est vn Chasteau proche la riuiere de Bar, accompagné d'vn Parc & de deux Conuens. Signy est vne tres-belle Abbaye, dont dependent quelques petits lieux. Bourg a esté autresfois vne bonne ville, assise en la haute Champagne, & dependante du Duché de Retelois : Pres de là est vne grande vallée, qu'on nomme du Bourg, comprenant le païs entre l'Aisne & la Meuse, iusqu'à Maisieres. Chasteau Portian.

Mouzon est vne petit Gouuernement separé, qui a appartenu en souueraineté à l'Archeuesque de Rheims, duquel Charles cinquiéme, ou Philippes de Valois l acquit par eschange d'autres places: La ville est fort proche d'Yuoy premiere ville de Luxembourg de ce costé là, & d Estain, dans la Lorraine. Le Chasteau sert de logement au Gouuerneur, qui a iugé en dernier ressort le ciuil & le criminel dans l'estenduë de son gouuernement, & a peu donner des graces. Le Pape Innocent III. permit de l'eriger en Eueschê ; Beaumont en est vne ville dependante ; Mouzon ressortit auiourd'huy au Parlement de Mets. Mouzon.

Saint Menge est vne Principauté diuisée entre le Duc de Mantouë & de Neuers & le Prince de Sedan, vne ruë separe les bourgeois des deux Seigneuries : Il y a vn Iuge & Procureur Fiscal en commun, & aduenant vacation, les deux Seigneurs y pouruoient alternatiuement.

Le pays est vn peu montueux, & l'air y est serain & temperé. Le terroir est bon & produisant des bleds és enuirons de Retel, Bourg, Brieuls & partie d'Omont, pour en nourrir Sedan & les Ardennes : Le reste ne porte que seigle & auoine. Il y a des vignes en certains endroits sur l'Aisne : toutesfois les habitans se seruent des bons vins de Champagne. Il y a des Minieres de fer, dont les habitans font traffic à Omont, & quantité de bois, d'où le Duc de Mantouë & de Neuers tire vn grand reuenu : Il y a force chevreuls & garenne pour les lapins. Qualité.

Les habitans tiennent de l'humeur des Champenois ou des Picards, selon que plus ou moins ils en sont proches : toutesfois ils sont generalement assez prompts & esueillez. Mœurs.

Le Gouuerneur particulier que le Roy establit dans le Retelois depend de celuy de Champagne. Nous auons desia remarqué que le Duc de Mantouë & de Neuers possede les souuerainetez cy-dessus descrites : Les Ducs de Neuers sont Ducs de Retelois, qui n'estoit auparauant que Comté depuis plusieurs siecles, & ç'a esté Gouuernement.

le tiltre de leur aisné. Cette contrée a eu autresfois vn College particulier pour sa Prouince dans l'Vniuersité de Paris, qui fut vny à celuy de Rheims l'an 1443. sous le Roy Charles septiéme.[a] Les appellations du Bailly Ducal de Retelois vont au Parlement de Paris.

[a] Du Brueil Antiq. de Paris.

COMTE' DE TONNERRE.

Confins. CE pays confine au Leuant & au Midy à la Bourgogne, au Couchant & au Septentrion à la Champagne.

Riuieres. La riuiere d'Armenson l'arrouse depuis Vizerny en Auxois à deux lieuës de Semur, iusqu'à Iaulge, au Bailliage de S. Florentin, distant en ligne droite l'vn de l'autre enuiron 14. lieuës communes. La riuiere de Seine en baigne vne partie, sçauoir la vallée de Potieres depuis Chastillon iusqu'à Mussy. La riuiere de Leignes prend sa source à Leignes, arrose Grisolles, Channay, Vertaut, Ville-Dieu, Melesmes, les Riceys, & tombe dans la Seine au dessus du pont de Bar-sur-Seine. La riuiere de Serain passe à Sainctes Vertus, Poilly, Ligny. On pesche quelquesfois des saulmons, & des beccars, qui sont poissons de mer fort grands, dans ses riuieres grossies de plusieurs torrens & fontaines qui s'y deschargent, & pleines de tout autre bon poisson, comme truites, brochets, perches &c. L'Armenson a esté autresfois nauigable iusqu'à Tonnerre: mais depuis 30. ou 40. ans elle a cessé de porter batteau.

Villes & lieux. Tonnerre. TONNERRE est la capitale du pays, ancien Comté, Bailliage, Eslection en chef, Mareschaussée & grenier à sel. L'Eslection a sous soy trois Eslections particulieres à Ricey, Iussy & Espoigny, & 132. parroisses en tout. Il y a Doyenné, auquel la direction de l'Hostel-Dieu est vnie, & vne Eglise Collegiale de 18. Chanoines, auec quelques dignitez, le tout fondé par les Comtes de Tonnerre, L'Abbaye de S. Michel & l'Hospital, auquel il y a Religieux & Religieuses de l'ordre de sainct Augustin, y sont aussi. Le Comté est composé de cinq Chastellenies ou sieges de Ressort, auec droict de seel aux contracts, sçauoir Tonnerre, Crusy Marquisat, Leignes, Argentueil & Choannes. Les Chastellenies de Ligny Vicomté, & de la Chapelle de la vieille forest en ont esté desmembrées, & le tout ressortit au siege Presidial de Sens. Crusy & Leignes se meuuent du Roy, à cause du Duché de Bourgogne. Depuis Ligny iusqu'à Rougemont, qui sont distans douze lieuës l'vn de l'autre, le chemin est droit & paué à l'antique, trauersant l'entier Comté: Il passe sur l'ancien pont de Lezines, se retrouue dans les bois de l'Abbaye de Fontenay, & se va rendre, selon la ligne droite, à saincte Rene ou Alize, qu'on croid estre *Alexia* de Cesar. Les autres lieux sont Ligny sur le Serain, Leignes sur la Leigne, Rauieres sur Armanson, Nicey sur Leigne, Argẽtueil, Chassinelles, Lezines & Pacy sur l'Armanson, où est vne maison forte auec bons fossez, Nitrey, Espineuls, Artonnay, Channes, Melesey, Consegrey, Cry sur Armanson, Asnieres, Rougemont sur Armanson, Rugny, Villon, Seneuoy, Stigny, S. Vinemey, Fuluy & Comessey sur Armanson, Molesme sur Leigne, Dye, Vesines, sainctes Vertus & Poilly sur le Serain, Viuiers & autres gros bourgs non fermez, dont vne partie a des Seigneurs particuliers, vassaux du Comte de Tonnerre. Les Riceis sont trois gros bourgs fermez sur Leigne proche l'vn de l'autre, qui font 12. ou 15. cens feux. Crusy est vne double ville, sçauoir l'ancienne, & les faux-bourgs, qui sont fermez. Cormainuille est sur la Seine à l'Abbé de Potieres, & fort proche de Mussi. Ancy-le-Franc est vne double ville, l'ancienne est nommée le Berle auec des fossez profonds, l'autre qu'on a clos de murailles, l'enferme en forme de Croissans. Le Chasteau est dehors, & c'est vne maison fort belle, où demeure le Comte de Tonnerre.

Qualité. Les plaines y sont agreables & larges le long des riuieres: Le reste est assez montueux, & le païs tellement peuplé, que les bourgs & villages se voyent & touchent l'vn l'autre, particulierement sur les riuieres, de sorte que tout le bled qu'il produit s'y consume. Les pasturages n'y sont pas si gras qu'en Bourgogne, quoy qu'il s'y nourrisse du bestail suffisamment pour le pays. Les costaux y sont couuerts de vignes. Tonnerre, Espineul & les Riceis produisent des vins en quantité, & tres-bõs, qui se debitent à Troyes, Nogent & Prouins : Ceux des autres lieux sont portez à Chaalons, Maisieres, Retel & Sedan, & ceux de Tonnerre à Paris.

Le peuple du plat pays y est doux & traittable, & n'est point raffiné comme celuy des autres Prouinces voisines, à cause qu'il n'y a pas grand commerce hors des vins; & pour acquitter les charges & impositions, il est continuellement apres le trauail des champs. Mœurs.

La noblesse ny le peuple n'y sont pas riches, parce que les meilleures terres appartiennent aux Abbez & autres Ecclesiastiques. Richesses.

Le Comté de Tonnerre est fort ancien : L'an 980. Milon l'vn des Comtes fonda l'Abbaye de sainct Michel. Il a esté en diuerses maisons, sçauoir de Neuers, de Courtenay, de Gyen, de Chastillon, de Bourbon, de Bourgogne, de Chalon, d'Vsson, & finalement de Tallard en Dauphiné, par le mariage de Bernardin de Clermont, Vicomte de Tallard, auec Anne de Tonnerre ou d'Vsson en l'an 1496. Gouuernement.

Le pays est du gouuernement de Champagne, en ce qui est du Comté; & quelques parroisses de l'Eslection, qui respondent au Presidial d'Auxerre, sont du gouuernemẽt de Bourgogne. L'Eslection & le grenier à sel sont de la generalité de Paris, sauf quelques parroisses, qui pour la gabelle sont de la generalité de Chalons.

Outre ce que nous auons dit de Tonnerre, il y a dans le pays plusieurs riches Abbayes & Prieurez. Les Abbayes qui sont toutes fondées par les Comtes, sont Molesmes, qui vaut quinze mille liures, Potieres, sainct Martin, Pontigny, qui porte dix mille liures, Quincy, la Charité de Lezines, & Rougemont, Abbaye de femmes. Les principaux Prieurez sont sainct Aignan, Iully, Dyé, Grisolles & autres. L'Hospital y a six mille liures de reuenu. Les Comtes de Tonnerre mettent des œconomes en la pluspart des Abbayes qui viennent à vaquer. Religion.

SENONOIS.

Ce pays a son nom de la ville capitale, qui est Sens, ou plustost de ses peuples anciens & renommez, *Senones*, dont la ville a pris le nom, ainsi que nous auons remarqué de plusieurs autres villes de France.[a] Noms.

La Champagne luy est au Leuant; le Gastinois & la riuiere d'Yonne, hors quelques villages qui sont au delà, au Couchant, l'Auxerrois & la riuiere d'Armanson, au Midy; la Brie, & la riuiere de Seine depuis Montereau iusqu'à Nogent, au Septentrion. Confins.

[a] Paris & l'Isle de France.

Sa longueur prise de Montereau iusqu'à l'embouchcure de l'Armanson est de dix-sept lieuës ou enuiron, & sa largeur n'est que de huict lieuës. Estenduë.

Outre la Seine & l'Yonne, la riuiere de Vannes l'arrouse, & prend sa source à font-Vanne à trois lieuës de Troyes, passe à sainct Liebaut, Rigny-le-Ferron, villeneufue, Foissy, Chigy, Pont sur-Vannes, Masley-le-Vicomte à vne lieuë de Sens, & de là entre dans l'Yonne pres l'Abbaye de sainct Paul, aux faux-bourgs de Sens, & vne partie entre dans la ville, & se distribuë par toutes les ruës. Armance petite riuiere passe par sainct Florentin à huict lieuës de Troyes, & se va rendre dans l'Yonne. Riuieres.

SENS est la capitale, *Agendicum*,[b] sur l'Yonne & Vannes, ville ancienne, dequoy restent quelques marques & masures hors de la ville, & en l'vne des portes qu'on appelle d'Yonne, le bastiment qu'on nomme la prison de Cesar. La riuiere de Vannes y entre par les aqueducts qu'on a fait, attirant les eaux d'vn lac nommé Lamboye qui descend dans Vannes, & les ruës de la ville en sont nettoyées: non loin de ce lac est vne source ou fontaine de Veron, dont l'eau se conuertit naturellement en pierres poreuses & legeres, qui ressemblent à l'escume. S. Estienne est l'Eglise Cathedrale de Sens, ornée d'vn parement d'autel, qui est d'or massif, & enrichy de pierreries de quelques reliques de Saincts, & de belles sepultures d'aucuns Archeuesques de cette ancienne Eglise: Il y a College de Iesuites, & plusieurs Conuents dans la ville & és faux-bourgs, comme aussi les Abbayes de S. Pierre-le-Vif, de sainct Iean, S. Remy, S. Paul, & les Religieuses de la Pommeraye : C'est vn siege Presidial & l'vn des quatre anciens Bailliages de France, où Troyes respondoit autresfois, & le Bailly de Sens y a encores son siege & y exerce Iustice : Melun & Au- Villes & lieux. Sens.

[b] Cæs. Ptol.

xerre en estoient aussi, de sorte qu'il auoit son estenduë depuis Loire iusqu'en Lorraine. La Mareschaussée, les Eaux & forests, l'Eslection & le grenier à sel y ont leurs officiers & Iustice, auec les Iuge & Consuls des Marchands. A deux lieuës de Sens vers Montereau est Pont-sur-Yonne, petite ville, & fournie d'habitans aguerris. Ville-neufue-le-Roy est vn siege Royal, qui depend de Sens: Aucuns ont creu que c'estoit *Vellannodunum* de Cesar. [a] Quelques-vns rengent dans le Senonois, le Comté de Ioigny, que nous auons desia mis dans la Champagne. Il y a quelques autres bourgs & lieux fermez, comme Giry, Thorigny, la Chapelle, Launay, Granches, Courgenay, Dimon, Cerisiers, Venisy, Aix-en-Gothe sur les confins du pays, Coulours, sainct Iulian du Sault, Courlon, dans la vallée d'Yonne, Bray-sur-Seine, & autres.

[a] Li. 7. de Bel. Gall.

Qualité. Le terroir y est fort bon, & entr'autres celuy de la vallée d'Yonne: Il y a des grains de toutes sortes, des vins delicats, dont les meilleurs sont ceux de Paron, terroir de Sens, de Ville-neufue & de Ioigny: Les chairs y abondent, à fort bon prix, auec l'huyle de noix, & autres fruits.

Richesses. Le traffic du pays consiste en bleds, vins, bois, & autres sortes de denrées, qu'on ameine à Paris.

Gouuernement. Le bruit du nom des Senonois a esté fort grand, & l'estenduë des terres où ils ont commandé, mesmes dans la Gaule, fort vaste; puisque non seulement sous Brennus leur chef qui courut la Grece, l'Asie & autres endroits du monde, dequoy nous auons parlé ailleurs, [b] mais aussi lors que Cesar vint ez Gaules, ils dominoient dans la Champagne, la Bourgogne, & quelques quartiers de la Picardie iusqu'à Beauuais, & de la Beausse. C'a esté autresfois vn Comté, vny à la Couronne par le Roy Robert: Aujourd'huy vn pays de petite estenduë, qu'aucuns attribuent à la Bourgogne, ayant obey quelque temps aux Ducs & Seigneurs du pays; les autres à la Champagne, ou plustost à la Brie, qu'on croid auoir esté l'ancien siege des Senonois sur l'Yonne. Ceux du Bailliage de Sens sont appellez aux Estats generaux, auec ceux de Champagne & de Brie, & non sous la Bourgogne. Et quoy que le pays ait son Gouuerneur particulier, il depend de celuy de Champagne, qui se dit Gouuerneur de Champagne, Brie, Sens & autres villes enclauées. Sens & le Senonois sont de la generalité de Paris, sauf quelques lieux, qui sont de Chaalons. Le siege Presidial a vn grand ressort, qui embrasse vne partie de la Champagne, le Comté de Tonnerre, & partie du Gastinois.

[b] Discours general de la France.

Religion. Le diocese s'estend en diuers pays, sçauoir Gastinois, Brie, Champagne, Hurepoix & Beausse. L'Eglise Metropolitaine a cinq Archidiacres, sçauoir le grand Archidiacre, celuy du Gastinois, de Melun, de Prouins & d'Estampes, outre les autres dignitez. L'Archeuesque, duquel pour sa primatie & suffragances, nous auons parlé ailleurs, [c] a son Official, Promoteur general, Promoteurs particulier, & son grand Vicaire. Les Chanoines ont aussi les officiers de leur Iurisdiction, sçauoir vn Auditeur des causes du Chapitre, vn Bailly & vn Promoteur. L'Archidiacre a son Officialité separée.

[c] Discours general. Religion.

NORMANDIE.

Noms. LA NORMANDIE est ainsi appellée des Normands, peuples Septentrionaux, ausquels & à Roul leur chef & Prince, elle fut concedée par Charles le Simple. Norman signifie homme du Nord, ou Septentrion. [d] C'estoit la NEVSTRIE maritime, OSTERRICH partie Occidentale des Gaules Celtique & Belgique, habitée par diuers peuples anciens, qui seront marquez cy-dessous, en traictant les villes principales de la Prouince, qui en conseruent encor les noms.

[d] Merula Gallia.

Confins & estenduës. Au Leuant elle a la riuiere d'Epte, vers le lieu appellé sainct Clair sur Epte (qui tombe dans la Seine pres de saincte Geneuiefue, à Giuerny proche de Vernon) & celle d'Eu, qui la separent du Beauuaisis & de la Picardie; au Couchant la riuiere de Coesnon, qui separe la Normandie de la Bretagne; au Midy la riuiere de Sarte qui separe les Normands d'auec les Manceaux du costé d'Alençon & du Perche; au Nord la mer Oceane. Sa longueur depuis Gisors iusqu'à Cherbourg est de soixante & douze lieuës, sa largeur de trente, & son circuit de deux cent quarante; son esleuation est de quarante-six à quarante-sept degrez.

La plus commune diuision de la Normandie est en haute & basse. La haute contient quatre Bailliages, sçauoir Roüen, Evreux, Caux, & Gisors. La basse en comprend trois, sçauoir Alençon, Caën & Constantin. Ceste diuision se conforme aux departemens des Lieutenans de Roy establis dans la Prouince. Diuision

ROVEN est la ville capitale de la Prouince, *Rhotomagum* [a] *Venellocassium*, ou *Velocassium*, [b] sur la Seine du costé du Midy, & au Leuant elle a deux petites riuieres, Aubette & Robec. Il y a vn pont sur la Seine, qui est des plus beaux de France, fort haut & large, auec treize arches; & au delà du pont est le faux-bourg de sainct Seuer; au Nord sont de tres-hautes montagnes & de belles prairies. L'Aubette coule à Darnetal, petit bourg voisin, renommé pour ses draps. Au chemin de Paris sur vne colline fort esleuée est le Monastere & fort de saincte Catherine, qui a esté demoly. Le Robec entre dans la ville pres de la porte sainct Hilaire, fait mouldre vnze moulins, & entre le port & la porte de Guillaume-Leon se descharge dans la Seine. Le pont separe les deux quais, sçauoir celuy des Nauires & celuy de Paris. Il y a Cour de Bailliage, siege Presidial & Iurisdiction ordinaire, que ceux du pays appellent Cohuë: Et sous le Bailliage de Roüen sont le Pont de l'Arche, Ponteau de mer, ou Pont-Audemar, & Pont Leuesque. L'Eglise nostre-Dame est grande & accompagnée de trois tours, couuerte de plomb, & ornée de plusieurs riches sepultures, & entr'autres de celle de George d'Amboise, Cardinal & Archeuesque de Roüen bastie de marbre tres-blanc, auec vn chœur fort somptueux. En l'vne des tours est la cloche qu'on nomme Amboise, d'vn poids prodigieux, large de trente-vn pieds, & haute de dix, & vnze de diametre auec quelques vers Latins, qui marquent celuy lequel en fit present à l'Eglise. [c] Les bastimens publics & les maisons des principaux de la ville sont magnifiques. Le Palais où se tient la Cour de Parlement est fort beau, on y void vn chasteau, nommé le vieil Palais auec murailles & tours, au fonds de la ville, sur la Seine. L'Eglise de l'Abbaye de sainct Oüen y est remarquable entr'autres, auec le logis de l'Abbé, dont les Rois se seruent. L'vne des tours de Nostre-Dame est appellée de sainct Romain, Archeuesque de Roüen, & dont la fierte ou chasse est leuée le iour de l'Ascension, auec ce priuilege [d] que les criminels qui la portenr demeurent absous, [e] ce qui qui se fait auec beaucoup de ceremonie quinze iours auant la feste de Pasques en memoire de ce que le sainct Homme deliura la ville d'vn serpent horrible & monstrueux. Nous auons parlé de la Primatie & des Suffragans de l'Archeuesque de Roüen, & de l'establissement de la Cour de Parlement & autres Cours souueraines y seantes, comme aussi de son Vniuersité & bureau des Thresoriers de France. [f] Elbœuf Duché sur la Seine est à trois lieuës de Roüen, aux cadets de la maison de Guyse.

Villes & lieux. Roüen.

a Ptolem. Merula ex Ios. Scalig. b Cæs. li. 2. Comm. de bell. Gall.

c George d'Amboise Cardinal & Archeuesque de Roüen.

d Edict de Henry IV. 1607. e Pasquier l. 9. de ses Recherches ch. 41.

f Discours general de la France.

EVREVX, *Mediolanum Aulercorum, Eburonicum*, [g] ville arrousée de la riuiere d'Iton, close de bonnes murailles, auec vn Chasteau, dont le Bailly d'Evreux est Gouuerneur. C'est vn des six Eueschez & des sept Bailliages de Normandie. Elle a porté titre de Comté, iouy par aucuns fils de France & par les Roys de Nauarre, depuis reüny à la Couronne. De ce Bailliage sont Tilleres, Comté & bourg sur la riuiere d'Aure, Vernon, sur la Seine; L'Aigle, Baronnie, où passe la riuiere de Rille; Conches à trois lieuës d'Evreux, Vicomté & Election, ville close, auec Chasteau & Gouuerneur; Bretueil entouré de deux estangs, au trauers desquels passe la riuiere d'Iton; Rugles, où passe la riuiere de Rilles, le Chasteau a esté démoly; Passy sur Eure, à trois lieuës d'Evreux, où est vn beau vignoble; Nonancourt, où passe l'Aure; Lyre, bourg double, vieille & nouuelle Lyre, [h] auec Abbaye. On y donne aussi Bruin, Hermenuille, Gaillon où est la belle maison des Archeuesques de Roüen & la Chartreuse, dont l'enclos va iusques sur le bord de la riuiere de Seine; Louuiers, Aquigny, *ab aquis*, sur le confluent d'Iton, & d'Eure, Neubourg, Harcourt, Beaumont, le Roger où passe la Rille, & Yury. Icy est le pays d'Ouche, ou sont encor Vernueil & la Barre. Le pays de Rommois enfermé des riuieres de Seine & Rille, a les bourgs de Bourgethe-

Evreux.

g Ptolem. Merula ex Ios. Scalig. Cæs. li. 7. Plin. l. 4. c. 18.

h Patrie de Nic. de Lyra.

roude, Boscachard, Routot, Bec, Montfort & Briosne.

Caux. CAVX, siege des anciens *Caleti* ou *Caletes*. [a] Le pays a face de Peninsule for- a Cæs Strab.
mée par la Seine & quelques petits fleuues auec la mer. Il s'estend iusqu'à Tre- Ptolem.
port & S. Valery. Le cap ou promontoire de Caux auec vn bourg qui porte le Plin.l.1.13.c.27 Scal.Turneb.
mesme nom, a sur son bord vne tour ou phare auec vn fanal, appellé commune-
Dieppe. ment le foyer de guerre, & la pointe du cap est nommée le Heurt d'Aine: On pas-
se ce cap allant en Angleterre, quand on s'est embarqué dans la Seine. Dieppe
en est la ville principale, sur vne riuiere de mesme nom, port celebre, auec le
fort de Pollet qui le commande. De l'autre costé de la ville & vers la terre est le
Chasteau, & au deuant est la citadelle qui le couure: A costé du Fort-
Pollet est celuy qu'on nomme de Chastillon, qui commande sur la riuiere d'Ar-
ques: Derriere ces Forts a esté autrefois Limes, ville ancienne, dont il ne reste
rien aujourd'huy. Outre la Iustice ordinaire de Diepes, on y a estably vn siege
Presidial, dez l'an 1642. & vn College des Peres de l'Oratoire. Harfleur est sur
la Seine, & a esté démantelé; Honfleur y est aussi dans vn petit pays, qu'on nom-
me pays d'Auge, à cause du terroir limoneux & marescageux, ville close auec vn
Havre de Grace. bon port & Chasteau. Vis à vis est le Havre de Grace, la Seine ayant de Hon-
fleur iusques-là, trois lieuës de largeur ou de trajet: C'est vne porte & clef de
France en cét endroit, & nous en auons parlé ailleurs. [b] On y a basty depuis cinq b Discours general de la France.
ans vne citadelle auec quatre bastions. Caudebec est sur la Seine auec siege Pre-
sidial. Fescamp grand bourg & bon port, auec Abbaye, où sont les tombeaux
des anciens Ducs de Normandie; Montiuillier autre port. Arques est vn bourg
proche de Dieppe, le Chasteau commande sur la riuiere de Betune, qui passe
pres du costau où il est assis. Il y a siege d'eaux & forests, & Vicomté ou Preuo-
sté de grand ressort; le lieu est remarquable par la premiere victoire de Henry
le Grand sur la Ligue. S. Valery en Caux est vn lieu & parroisse à demy-lieuë de
la mer, auec vn bourg ouuert, entre deux costaux, sur le bord de la mer, entre
Dieppe & Fescamp. Le port n'a point de riuiere, pour le nettir. Oto & Cour-
Bray. bon sont dans le pays d'Auge, qui est dans le Caux. On y void aussi Eu, Neuf-
chastel & Aumale. Au pays de Bray sont Gournay, la Ferté charleual &
Fleury.

Gisors. GISORS est la capitale de Vexin-le-Normand, sur la riuiere d'Epte. C'est
l'vn des sept Bailliages de Normandie, & le pays du Vexin est entre les riuieres
de Seine, d'Epte & d'Andelle. Les lieux en dependans sont les deux Andelis
grand & petit, sur la riue droite de Seine, bourgs fermez & arrousez d'vn ruis-
seau nommé Gambon, & non de la riuiere d'Andele. [c] Au dessus du petit An- c Masson. in descr.Gall. per flum.
dely est le fort de Chasteau-gaillard: Escouy, bon bourg, auec Eglise Collegiale
de douze Chanoines, fondée par Enguerrand de Marigny, dont la sepulture y
est, & sa posterité dans la maison des Barons du Pont-sainct Pierre iouyt du
lieu, auec vn Chasteau proche, nommé le Plessis: Lyons, qui est dans vne forest
de mesme nom, à quatre lieuës de Roüen, vers Gisors. Il y a encor Estrepaigny,
sainct Cler sur Epte, ou Aure; Neaufle, Gamaches, Aruille, Chasteau-neuf, Van-
demont, Braye, Cornicy, Gisors à tiltre de Comté, appartenant au Duc de Ne-
mours, & composé de quatre Vicomtez, compris Gisors, qui sont Andely &
Lyons desia nommez & Vernon. Le Lieutenant general d'Andely est le plus
ancien des quatre & a droit de tenir ses assises trois fois l'an à Gisors.

Alençon. ALENCON est dans la basse Normandie, ville assise au milieu d'vne campa-
gne fertile & abondante en tous grains & fruits, qui d'vn costé s'estend iusqu'à
la forest d'Escouys, & de l'autre costé iusqu'à celle de Perseigne dans le Mayne,
estans ces forests distantes esgalement de la ville vne lieuë & demie: Entre les
deux passe la Sarte qui baigne les murailles d'Alençon, bornée de l'autre costé
des prez de Hambon. On y iouyt aussi des eaux de Briante qui entre dans la
Sarte sous le pont, & forme dans la ville à l'entour du Conuent de saincte Claire
vne petite Isle. Il n'y a qu'vne parroisse, & Eglise de nostre Dame, où sont les
tombeaux des Ducs d'Alençon; quatre portes principales, & vn Chasteau assis
entre deux d'icelles auec vn beau parc. C'est vn siege Presidial, Preuosté ou
Vicomté composé de quatre Chastellenies, sçauoir Alençon, Esse, petite ville,
auec vn ancien Chasteau, Sainct Ecclasse, Moulins & Bons-Moulins. Argentan
ville mediocre, auec Chasteau, Hiesme & Trun font vn autre Vicomté. Ver-
nueil, grande & ancienne ville, dont la Tour grise qui est sur Aure est dans le

ressort François, & le reste de la ville est en Normandie, est vne place forte, le Chasteau en a esté razé sous ce regne. Il y a Eslection de cent cinquante parroisses auec Bailliage & Vicomté. On le nomme mal à propos Vernueil en Perche, quoy qu'il en soit fort proche. Damfront, ville & Chasteau, sainct Syluin, Quatre-Mares & autres lieux en sont aussi dependants. Le Bailly d'Alençon est recogneu par tout le Duché, & a ses Lieutenans generaux de robbe longue: Celuy d'Alençon a droit & possession de tenir ses Assises en chaque ressort, qui sont appellées Mercuriales. Il y a eu sous les Ducs vne Chambre de Conseil, appellé Eschiquier, supprimé par la reünion du Duché à la Couronne, & erection du Parlement de Rouën. C'a esté vn appennage des fils de France, & en dernier lieu de François, frere des Roys Charles neufiesme & Henry troisiesme, decedé l'an mil cinq cens quatre-vingts-quatre. C'est vne belle & grande terre, qu'on estime vingt mille liures de reuenu, en y comprenant les forests qui en dependent, qui sont celles d'Escouues, de Mallet, d'Effens, de Bourses, de Bons-Moulins, de Mahere, d'Audaine & de Damfront. L'Histoire du Perche & d'Alençon est bien descrite par Gilles Bry, Aduocat en la Cour de Parlement de Paris.

SEES est a quatre lieuës d'Alençon sur l'Orne, siege de l'Euesque du pays, & des enuirons, *Saiorum ciuitas*: [a] ou *Sagium*, [b] & plus auant possible, *Sesuni*, dans Cesar, dont le bourg de la Sezay conserue le nom. Il y a Chasteau, & partie de la ville obeyssoit aux Ducs d'Alençon, l'autre au Roy, & ressortissoit au siege de Falaise. LISIEVX, *Lexubij*, [c] ou *Lexobij*, Eueſché, est entre Sees & Vernueil, & à Estrehan son terroir est separé de celuy de Bayeux; il est arrousé de la Diue, qui le separe de Sees. Le pays de Lieuuin enfermé des riuieres de Rille, de Carentonne & de Touque, & arrousé de celle d'Orbec & Cormeilles, belle contrée & les delices de la Normandie, enferme Lisieux Ponteau de mer, Honfleur, Bernay, Orbec, Chambrois & Montrueil. Le pays BESSIN a pour siege du Bailliage CAEN, *Cadomum*, *Caÿ domus*, sur l'Orne qui trauerse la ville, & se décharge dans la mer pres d'Estrehan à trois lieuës de Caën, lequel est diuisé en deux par la riuiere, & la partie qui en est enfermée est appellée l'Isle de S. Iean. Vne seule arche du pont, qu'on nomme S. Pierre, conioint les deux villes, & sur ceste arche est basty l'Hostel de ville, fondée sur des pilotis en l'eau; en l'vne des tours est la grosse horloge, qui sonne les quarts-d'heure, comme celle de la Samaritaine à Paris, quoy que ce soit vn ouurage fait il y a cent ans. Il y a vn Chasteau & Donjon duquel nous auons desia parlé. [d] La ville est ancienne, & y a Generalité des finances, auec deux Abbayes, dont l'vne est de femmes, fort riche & considerable. Au dessus de Caën est le Fort d'Estrehan sur l'embouchcure d'Orne en mer, où le Gouuerneur de Caën tient quelque Artillerie.

Sees.

Lisieux.

Bessin.

Caen.

a Not. Prou. Gall.

b Yuo in ep.

c Cæs. li. 3. Plin. li 4. c. 18. Strab. li. 4. Ptolem.

d Discours general de la France. Forces.

BAYEVX est prise pour la capitale du Bessin, siege de l'Eueſché, voisine de Sees, *Batocasses*, [e] sur l'Aure & Drome qui se ioignent dessous la ville, & se perdent sous terre auant que se décharger dans la mer. L'Eglise y est bastie superbement, auec des colomnes de toutes sortes, embellies de diuers ouurages, & deux tours de merueilleuse hauteur, faites en forme de pyramide, soustenans le corps de l'edifice, au milieu duquel est vne tour de fort belle structure, où est posée l'horloge de la ville, qui marque & sonne les quarts-d'heures, & par le moyen de certaines clochettes rend vne melodie agreable. Le terroir en est gras & fertil, abondant en bleds & en fruits, & les riuieres en poisson. Falaise est le long de la riuiere d'Orne, close de montagnes, & faite en forme d'vne nef longue & estroite, n'ayant que trois ruës. Le Chasteau est en vn bout, comme la pouppe du nauire, situé sur vn rocher qui commande sur la ville, auec fossez profonds & deux estangs qui l'enuironnent, l'vn desquels ne peut iamais estre mis à sec pour l'abondance de ses sources: sur l'estang sont des moulins seruants aux esmouleurs des cousteaux de Falaise, qui sont des meilleurs de France. Le Donjon auec fossez, est autant fort ou plus que le Chasteau. Le paysage de Falaise est tres-beau à cause des prairies & collines qui y verdoyent en tout temps, & le grand nombre de fontaines qui arrousent son terroir de toutes parts. C'est le lieu de la naissance de Guillaume le Conquerant, Duc de Normandie. On y a trouué autresfois quantité de medailles de bronze auec le nom & Image de Iules Cesar. Le bourg de la Guibray, renommé pour sa grande foire, en est proche, & à vne lieuë de la ville est le mont nommé d'Airiennes (quasi Aërien)

Bayeux.

Falaise.

e Auson. ex emend. Pith. li. 1. Adu. c. 3. Cæs. li. 7. Plin. li. 4. c. 18.

où l'on prend les oyseaux de proye, comme faucons, sacres, tiercelets, espreuiers & esmerillons, & souuentesfois des aigles. Vire, petite ville, auec Chasteau & siege d'Assises du Bailliage de Caën, est vne Vicomté ou Preuosté, dont le terroir voisin prend le nom de Vaude-Vire, ou bien de la riuiere qui l'arrouse; delà, selon aucuns, [a] sont nommées les chansons anciennes, que le commun nomme Vaude-villes, & leur autheur a esté autresfois Oliuier Basselin. Ce petit pays abonde en bestail, d'où viennent les laines & les draps dont se fournissent plusieurs villes du Royaume. Il y a quelques autres lieux du Bessin, comme Hiesmes, *Oximum*, Mortain, sur l'Aure, auec titre de Comté, appartenant à Madamoiselle fille de Monsieur le Duc d'Orleans frere vnique du Roy: Il y a coustume aux festes solennelles & processions de porter vne espée nuë pour banniere: S. Lo, & Condé sur Noireau.

a Belleforest, li. 2.

Constantin. Constances. Le CONSTANTIN a pour sa capitale CONSTANCES, *Constantina Castra*, [b] ou *Flauia Constantia*, [c] ville ancienne qui n'a pourtant ny murailles, ny fossez, ains seulement vn Chasteau & vn beau pont, qu'on nomme les Puisneaux, sur la riuiere de Bulsart, auec quelques restes de vieil aqueduct. C'est l'vn des six Eueschez de Normandie. Le pays contient plusieurs bonnes places: S. Lo, Baronnie, auec Chasteau de defense, qui commande sur la riuiere de Vire, où il est assis. Les Euesques de Constances en estoient Seigneurs autresfois: mais elle a esté eschangée auec la Motte l'Euesque. A deux lieuës de sainct Lo est Canisy, bourg & Marquisat, belle maison accompagnée de forests, prez, iardins galeries ornées &c. Cherbourg bonne place sur la mer, *Cæsaris Burgum*, Carentan, & là pres le Closet de Constantin, abondant en pasturages, à cause des eaux ruissellantes vers Penesme & au pont de Doüé. Vallongnes est dans ceste plaine, & non loing de Constances est Ville-Dieu, Commanderie de Malte, la Haye, Paisnel, Granduille, qui est bon port de mer, & la Lande-Herould. Il y a plusieurs Chasteaux le long de la coste de la mer, auec la presqu'Isle qu'on nomme Hogue, *Ogygia*; Montebourg; la Hogue sainct Wast, & Barfleur; & apres Cherbourg desia mentionné suiuent Breual, Briquebec & Hambie, où est vne Abbaye fondée par la maison d'Estouteuille. On renge aussi sous le Constantin, Avranches & Yuetot.

b Ammian. c Libr. Notit.

Auranches. AVRANCHES, Euesché, *Ingena Abrincantorum*, [d] est battuë des flots de la mer en son plein flux, qui enuironne le mont sainct Michel, & assise sur le sommet d'vne montagne. Il y a aussi vne petite riuiere qu'on nomme See. On attribuë à l'Auranchin Granuille, ville-Dieu, Pontorson, & Donfront.

d Ptolem. Plin, l. 4, c. 14.

Yuetot. YVETOT est vne Principauté, depuis Gautier d'Yuetot, dont les vieilles Annales de France font mention sous le Roy Clotaire premier: Elle est à la maison du Bellay, qui n'exerce pas les droits dependants de la qualité de Prince, moins encores de Roy, comme le commun le nomme. Les Escriuains modernes en ont recherché l'histoire particuliere. [e] C'est vn bourg & vieil Chasteau, à trois lieuës de Caudebec, & six de Roüen.

e Pasquier Recherches de la France.

Sous la diuision que nous auons posée cy-dessus, nous auons marqué les sept Bailliages y denommez, auec les six Eueschez de Normandie, sans comprendre Roüen la capitale & Metropolitaine, qui sont Evreux, Sees, Lisieux, Bayeux, Constances & Avranches. Ceste Prouince contient plusieurs autres terres, fiefs & Seigneuries qui seront parcouruës cy-apres. La coste de Normandie a quelques Isles au pays Constantin, que nous auons mentionnées ailleurs. [f] Quelques rochers paroissent entre Fescamp & le Havre, au dessous de sainct Clair. Au port d'Estretot y a vne haute roche enuironnée d'eau, mesmes à basse marée, qu'on appelle communement l'aiguille d'Estretot.

f Discours general de la France. Bertay Grenussay, Sere, Choley. g Gaberl. 3. Munster. Masson.

Mont S. Michel. Le mont sainct Michel est pris par quelques autheurs [g] pour vn Promontoire, & pour celuy là mesme que Ptolemée appelle, *Ocrinum*, qu'aucuns croyent estre dans l'Albon. Ce mont ou rocher est destaché de la terre ferme, dont il est esloigné de trois lieuës, comme il est esloigné d'autant de la vraye & pleine mer: Tout ce qui est entre-deux n'est que greue de sables mouuans & entre-coupez de canaux pleins de faux-fonds & changeans tous les iours, & cét espace de six lieuës, au milieu duquel est situé le mont, ressemble plustost à vn fonds de mer assechée qu'à vne terre ferme. On fait du sel du sable qui y est, en le cuisant. La mer a cessé depuis dix ou douze ans de visiter de ses flots les habitans de cèt endroit, comme elle faisoit cy-deuant de douze en douze heures. Ce n'est donc ny cap ny Isle, ains vn rocher simplement, comme l'appelle *Guillielmus Britto*, qui le descrit parfaictement bien. [a] Il ne paroist de loin que comme vne grosse tour en pointe; le pied est enuironné de cent ou tant de maisons. Le sommet est chargé d'vn Monastere de sainct Benoist, qui porte vingt mille liures de rente. Il a esté basty par vn Euesque d'Avranches, l'an 710. pour douze Chanoines, auec dedicace à sainct Michel l'Archange. Les Ducs de Normandie le rebastirent & reduisirent en Monastere. Il est bien clos & flanqué, pour seruir de Fort ou citadelle, qui a des cisternes au dedans & vne fontaine au dehors. Il a esté appellé anciennement le mont de la Tumbe, comme vn rocher voisin & semblable vers la Bise au Nord-Est, est nommé Tumbe-Laine. Il y a mille pas entre ces deux monts, la riuiere de Coesnon coule entre le mont sainct Michel & la terre de Bretagne, & sert de borne perpetuel entre les deux Prouinces.

a Le Philipp.

Riuieres.

Auant que traicter la qualité de cesté Prouince, nous parlerons des riuieres qui l'arrousent & contribuent beaucoup à la fertilité de son terroir. La Seine, l'Eure, Risle, Touques, Diue, Orne, Vire, Selune, See, Soulle, Ouue & Eu sont les principales, qui se deschargent en la mer, & grand nombre d'autres se rendent dans celles-cy, pour y perdre leur nom. La source de la Seine & les diuerses riuieres qu'elle reçoit auant qu'arrouser Paris sont deduites ailleurs. [b] Au sortir de Paris, elle fait part de son lit à l'Oyse & vient couler en Normandie, reçoit l'Epte à la Rocheguyon, qui separe le Vexin-Normand du François, & dont la source est à Erigny non loin de Forges. L'Epte commence d'arrouser Gournay, descend à Gisors, & à sainct Clair se descharge dans la Seine, qui vient à Vernon, & à Andely, où elle ouure son sein à l'Eure, *Andura* ou *Actura*, qui naist au boüillon d'Eure dans la forest de Longny au Perche, coule à Chartres, à Nogent-le Roy & reçoit l'Aure, qui laue Vernueil, Tilleres, Nonancourt & l'Abbaye de l'Estrée; L'Eure reçoit encor pres d'Anet la Vegre, qui vient de Houdenc, & apres quelque tour reçoit aussi la riuiere d'Iton, qui sort d'vne fontaine du Perche, visite Condé, plaisant sejour des Euesques d'Evreux, où il passe, & joinct l'Eure pres d'Aquigny. Andelle sort d'entre Forges & Chastillon, sous la Ferté; passe par Orgueil, à Charleual, par la forest de Lions, à Fleury, au Pont-S. Pierre, & entre dans la Seine, qui passant sous le pont de l'Arche s'aduance vers Roüen, où elle reçoit Robec & l'Aubette, & RISLE sous la Crique-sainct-Sanson, où la Seine entre dans l'Ocean. La Risle naist au Chasteau d'Haspres, pres la forest de l'Aigle, & apres s'estre comme perduë, se releue plus enflée sous Grolay, passe à Beaumont-le-Roger, à Nassandres, où il reçoit Carentonne, qui naist en la forest d'Ouche pres l'Abbaye sainct Euroult, reçoit le Ternaut, passe à Monterueil, à Chambrois, à Bernay, où il reçoit Conqué, & se perd dans la Risle, qui passe en dernier lieu à Montfort & au Ponteau-de-mer & se descharge dans la Seine à sainct Sanson. TOVQVES naist vers Canabuille, reçoit Orbec, passe par Lisieux, reçoit Cormeilles au Pont-Leuesque, & delà se noye dans l'Ocean. Cormeilles a sa source à Dures-en-fontaines, passe à Bailleul, Asnieres & Cormeilles, reçoit l'Hebertot, & se perd dans Touques à saincte Melaigne. DIVE a deux sources au dessous de Guacé, reçoit Ante qui se leue entre Tury & Caumont, passe par Falaise, & se perd dans Diue au dessous de sainct Pierre, auquel elle donne ce surnom. Diue reçoit encor Vic, Lezou & Meauce, ORNE, *Olena*, [c] naist à Aunon, passe par Sees, Argentan, Pont-Crespin, & Clissy, reçoit le Noireau, qui naist au dessus de Condé, qui en prend surnom, & delà l'Orne vient au Pont du Coudray & Cinchamp, où il reçoit Guigne, & l'impetueuse riuiere de Laize, qui coule des monts de l'Ancre, & delà encor l'Orne vient à Caën, où il reçoit l'Oudon au pont sainct Pierre, là où il commence à porter de grands vaisseaux & court à la mer au port d'Estreban. Non loin de la source d'Orne se leue la Sartre, qui passe au Merle, à Alençon, & roule dans Loire. Soulle naist au mont de l'Ancre, passe à Tilly, Creully, Courseuille & Bernieres, separe les Iurisdictions de Caën & de Bayeux, & fait apres vn havre dans la mer. Aure, *Aurea*, sourd à Liury pres Caumont, & passe à Vaux. Drome vient de la forest d'Ailles, & s'assemble auec l'Aure au dessous de Bayeux, & les deux se perdants sur vn sable ferme

b Discours general de la France & en la Champagne.

c Ptolem.

terme du Mont-Caluin, & se releuans à deux lieuës delà, font le port Bessin. VIRE donne son nom à la ville & aux Vaux-de-Vire, passe au Pont-Bellenger, Tessy, sainct Lo, & se decharge en la mer au grand Wé diuisant Cõstances d'auec Bayeux. Engraine sourd de la Butte-Brimbal passe par Lousay & se perd dans Mayenne. SEE a deux sources, dont l'vne est nommée Blanche, l'autre Rousse, & naist à la Butte-Bimbal, comme la Vire & l'Engraine, passe par les Vaux de See, & tombe en la mer au dessus d'Avranches. SELVNE, *Semina*, sourd en la mesme Bute & parroisse de Chaulieu, passe sous le Pont-Aubant, & trouue la mer qui la reçoit. Coesnon, *Lerra* a deux fontaines, l'vne à la Luzerne, l'autre au bourg du Ler, s'enfle vers Champcernon, & se rend en la mer pres du mont sainct Michel, qu'il laisse en Normandie, comme nous auons dit cy-dessus. SOVLLE paroist à Bordes pres de Ville-Dieu, reçoit le Burd, qui coule pres de Constances, & tombe dans la mer. OVVE naist en la forest de Briquebec, descend à Carentan, & se precipite dans l'Ocean au petit Wé, ou Abbaye des Wees. Eu, *Alchanus* separe les Normands des Picards, arrouse Aumale, Blangy & Eu, & se iette dans la mer.

Forests. La Normandie est garnie de forests, qui luy portent la commodité & le plaisir de la chasse & des ombrages frequents auec son chauffage, & le bois de toutes sortes, chesnes, ormes, cedres, pins, &c. pour les bastimens & autres vsages. Ce sont les forests d'Eu, d'Arques, de Bray, de Lions, de Molineaux, de Roumare, d'Evreux, de Bretueil, de l'Aigle, de Conches, de Beaumont-le-Roger, de Chambrois, anciennement dite le Buisson, Cornilaffle, Harcourt, Neubourg, Brotonne, Touques, Argentan, Hyesmes, la Lande-pourrie, Cerisy, Ailles, Briquebec, Singlais & autres. Les belles maisons sont Gaillon, à l'Archeuesque de Roüen, Canisy, Condé à l'Euesque d'Evreux, Canteleu.

Qualité. C'est vne des plus froides regions de France, & neantmoins l'air est temperé & sain, les vapeurs de la mer y moderent la rigueur du froid & les chaleurs de l'Esté. Le pays y est bon & assez fertile en toute sorte de bleds, principalement à Roüen, tres-abondant en poires & en pommes, dont le vulgaire fait de la boisson, qu'on nomme Sidre, ou pommé, *Sicera*, à cause qu'il y a fort peu de vin, les habitans s'estans plus adonnez au traffic & au commerce, qu'à cultiuer la terre; à quoy la commodité de la mer, qui laue cette Prouince de deux costez, les a attirez. Le sidre y est d'vn goust agreable, & tient lieu de bon vin, iusques à enyurer à qui en boit trop, & on en tire vne eau tres-ardente pour la distilation. On y boit aussi de la biere & du poiré. Les lieux plus prochains de la mer, à cause des sables, y sont moins fertils. Il y a force herbe pour les pasturages en plusieurs lieux, & quantité de gibier. Les monts d'Airiennes ont des laniers, faucons, sacres, tiercelets, esperuiers, esmerillons, & des aigles. Pour les bœufs, ils y sont grands, & d'vne chair delicate; on y esleue de bonnes haquenées & autres cheuaux de labeur & de selle. Le poisson y est en tres-grande abondance, à cause de la mer & du grand nombre des riuieres, de sorte qu'il n'y peut estre qu'à bas prix, aussi bien que la chair en plusieurs endroits, comme à Montebourg & au pays arrousé de la Douue. En la basse Normandie il croist des herbes qui seruent à la teinture des draps, sçauoir la garance, la guesde, la gaude & le pastel, comme aussi les chardons à drapiers & bonnetiers y sont communs. On seme aussi des pepins au Rommois & Lieuuin en si grande quantité, qu'on les transporte apres vn an au pays de France & à Orleans, où le sidre & le poiré seront aussi communs dans vingt-cinq ou trente ans qu'en Normandie.

Carrieres Cette Prouince est riche en carrieres exquises: vers Alençon on tire des Hertres & autres pierres taillées naturellement en pointe de diamants, & qui ont quelque ressemblance aux vrays. Pres de la tour de l'Isle-bonne, au val d'Infray est vne carriere, comme d'alum de roche, ou autre matiere qu'on n'a pas encore sceu cognoistre. Au village de Vieux se trouue du marbre de couleur de Iaspe, & pres de sainct Lo s'en tire du gris, du rouge & du noir, comme aussi à Fontaine-l'Abbaye, entre Caën & Falaise. A Tbury se trouue aussi de l'ardoise aussi polie & luisante que celle d'Anjou. On se sert par toute la Frãce de la pierre noire de la Ferriere pres de Sees: Celle d'aupres de Vernon est nette, blanche & dure, & neantmoins aisée à trauailler & à cizeler. Les carrieres communes y sont en grand nombre pour les bastiments, & en quelques lieux la nature a pris plaisir de les polir & tailler elle mesme. On y parle aussi des pierres de Grez, descouuertes depuis quelque temps, de grandeur & grosseur merueilleuse, & qui se fendent facilement. Les verres qui se font dans la forest de Lyons, & pres de sainct Lo, & la vaisselle de terre de Manerbe pres de Lisieux, qui rapporte à celle de Venise par son artifice & sa beauté, sont encores à considerer.

Les mines de fer y sont fort communes, de sorte qu'il y a peu de riuieres sans fourneaux à le fondre, & forges à le battre; & les Ferrons & Maistres Ferrons entre les riuieres d'Aure & Orne y iouyssent de priuileges & exemptions par lettres du Roy. On y a trouué aussi des mines de cuivre & autres metaux en la forest de Briquebec & en la parroisse de Caroles, à 3 lieuës d'Avranches, & pres d'Hambre. L'an 1537. au carrefour de S. Pierre de Caën, comme on iettoit les fondemẽs d'vne maison, coula vne veine de vif argent, dont il en fut recueilly beaucoup. Il y a quelques années que pres Montfort sur la riuiere de Risle furent bastis des moulins par des Flamands pour moudre de l'azur, ce qui s'est fait auec grande depẽse; mais la mine où se trouue l'azur est plus esloignée que le lieu qu'on s'estoit proposé: finalement les mines d'argent & d'or mesmes s'y sont trouuées à Tracy, 4 lieuës pres de Caën. A Touque & autres endroits pres de la mer se voyent quantité de salines, où l'on fait du sel blanc: Les habitãs font boüillir l'eau de la mer dãs des vaisseaux de plõb, où elle se conuertit en sel fort blanc, dont le quart appartient au Roy: Il y a 25 ou 30 villages du Pont-l'Euesque qui ont droit de s'en seruir pour leur table. Mines.

Outre les eaux de Forges en Bray, qui sont fort celebres & frequentées, on y void celles de sainct Pol pres de Roüen, de Hebertot pres du Pont-l'Euesque, de sainct Sautin pres l'Aigle, de S. Laurens, de S. Lo, & entre Torigny & Iurques. Il y en a qui ne coulent qu'à certaines années & saisons, que l'on croid predire la cherté de l'an suiuant. La description plus particuliere de la qualité de ce pays se peut voir au commencement de l'histoire de Normandie de Du Moulin. Eaux medicinales.

a Rob. Gag. li.7. b Bouchet Ann. d'Aquit. 4. part Belleforest. c Pap. Masson. d Rob. Gag. Belleforest.

Les Normands sont chauds & choleres, fins & rusez,[a] sçauants en procez & chicanerie,[b] ce qui peut proceder de leur esprit subtil, delié & malaisé à seduire. Ils sont opiniastres, soit à plaider, soit à defendre leurs loix & coustumes, pour n'en receuoir point d'autres.[c] Ce qu'on leur reproche de prendre quelque liberté de se dédire, ne doit point estre pris pour les personnes de condition, mais pour la lie du peuple. Comme ils ont l'esprit bon ils sont fort capables des sciẽces, laborieux, diligens, & propres à tout faire & imiter assez promptement. Ils sont vaillans & courageux[d] par terre & par mer, dequoy ils ont donné des preuues bien loin d'eux par leurs conquestes. La Noblesse se fait remarquer dans les combats, & pour sa conuersation, la gentillesse & la courtoisie luy est naturelle, sans auoir mesmes pratiqué la Cour. Les femmes des villes, principalement de bourgeoises, quoy qu'elles soient actiues & soigneuses non seulement de leur maison, mais aussi du traffic & des affaires qu'elles conduisent auec dexterité, paroissent mieux vestuës que leur condition ne porte; & si elles sont habiles & capables d'agir, elles en sont d'autant plus imperieuses. Les femmes des champs sont fort mesnageres & contribuent par leur trauail à l'entretien de leurs familles. Le peuple en aucuns endroits y est assez courtois, & parle nettement; en d'autres, où il est plus proche de la mer, il est rude & d'vn langage assez difficile. Le viure des Normands pour l'ordinaire est assez eschars & modeste, quoy qu'ils se traittent assez bien; mais en inuitant leurs parens & amis, ou dans les visites de la noblesse, qui sont frequentes, leurs repas sont comme des festins. Le boire plus commun du petit peuple est le sidre ou le poiré, le petit sidre y est le breuuage des femmes: Le vin n'y est que pour les bonnes festes ou pour les bonnes maisons. On porte à Roüen du vin, qu'on appelle d'Espagne, ou Perrochimel, qui est fort ardent; c'est du vin de Canarie, dont le plus excellent prend le nom de Petro Ximenes, qui auoit du meilleur fonds. Cette Prouince a produit de grands hommes: Le Cardinal du Perron, François de Malherbe, &c. Mœurs.

Le peuple est fort enclin au traffic & au gain par la commodité de la mer, & en diuerses marchandises & denrées: Le Bessin & Lisieux pour la draperie; ceux de Caux pour les lins, fils, toiles, bleds & sidres; ceux du Vexin pour leurs laines courtes & deliées; ceux d'Evreux en bleds portez à Roüen par la Seine & l'Eure, & au reste de la haute Normandie. Le Rommois a ses lins, qu'on y trauaille, & les toiles en sont transportées à Roüen, & delà en Espagne & en Barbarie; de mesme que les habitans de Lieuuin tirent de l'argent de leurs chanvres, & font traffic des toiles de Bernay, Briosne & sainct Ioré, de laines, draps, sarges, frocs, frises façon de Bernay, Lisieux & Cormeilles, qu'on transporte au Mayne, en Anjou & à Orleans. L'Auge Richesses.

& le Costantin fournissent des bœufs à Roüen & à Paris. Ceux de Bray, d'Evreux & du Rommois profitent du bestail & du bois. Le Costantin a de bons pilotes qui font de grands voyages. En fin cette Prouince est riche & puissante en traffic de bleds, sidres, bois de sapin, qu'on transporte pour les masts des nauires; bœufs, vaches & moutons qui nourrissent Paris; sel blãc porté à Paris & autres lieux de France, fer & cordages que les estrangers acheptent & transportent par les flottes de Seuille & de Lisbonne. Roüen est vne riche & populeuse ville, dont les habitans voyagent en toutes les mers deçà & delà l'Equateur.

Forces. Les richesses de la Normandie font preiuger ses forces, au grand nombre de ses habitans, principalement de Roüen, & dans la grande estenduë du pays; ses places fortes, & ports considérables, & la nation fort adroite & sçauante au fait de la marine, auec la noblesse qui couure & honore la campagne; & du tout le Roy tire vn grand secours & tel qu'il n'y a point d'autre Prouince en France qui la surmonte, ou qui luy puisse estre comparée en son grand traffic de diuerses denrées, qui la fait cognoistre aux nations estrangeres. Le Languedoc porte vn plus grand reuenu au Roy par les gabelles, qui sont d'vne richesse incomparable pour vne seule Prouince, & est d'vne plus grande estenduë en ses vingt-deux dioceses & Eueschez tous bien rentez, dont les deux sont Metropolitains.

Gouuernement. La Normandie, sous le nom de Neustrie & partie Occidentale de France, a esté baillée en partage auec d'autres Prouinces en la seconde lignée, & sur son declin sous le regne de Charles le Simple, delaissée en titre de Duché sous la foy & hommage de la Couronne de France à Rhou Prince Norman, ou Danois, lequel l'a possedée ou sa posterité depuis l'an neuf cens douze, iusqu'à Guillaume le Conquerãt (fils naturel de Robert, Duc de Normandie) qui fut aussi Roy d'Angleterre, & mourut en l'an 1093. & dont les descendants ou par masles ou par femmes ont esté Roys d'Angleterre & Ducs de Normandie, iusques à Iean Roy d'Angleterre dit sans terre, sur qui le Roy Philippe Auguste reprit la Normandie par arrest & confiscation de la Cour des Pairs. Elle demeura donc reünie à la Couronne iusques à Charles sixiesme, sur lequel Henry cinquiesme Roy d'Angleterre l'auoit occupée auec vne bonne partie du Royaume par les moyens deduits en l'histoire, qui nous apprend aussi ceux desquels Dieu se seruit pour restablir le Roy Charles septiéme son successeur, qui chassa les Anglois de la Normandie & du reste de la France. Sous Louys vnziesme elle auoit esté baillée à Charles son frere, qui la rendit bien tost apres, de sorte que depuis ce temps-là, elle n'a point esté separée, ou desvnie de la Couronne. L'Histoire generale de Normandie a esté dressée par Claude du Moulin, & publiée en 1632. Il y a vn Gouuerneur & Lieutenant general pour le Roy en la haute Normandie, & vn Lieutenãt de Roy pour la basse, auec les Estats qui s'assemblent annuellement à Roüen. Elle a ses coustumes & clameur de haro pour les cas criminels, & en certains cas du ciuil, & vne Cour de Parlement, à laquelle dés sa premiere institution, au lieu de l'Eschiquier, dequoy nous auons parlé ailleurs,[a] on donna quatre Presidents, & vingt-huict Conseillers, treize Clercs & quinze Lays, auec Chancellerie & Secretaires, & autres suittes des Parlemens. Le nombre des officiers en a esté diuersemẽt accreu sous François premier, Henry second, & Henry quatriesme, (lequel y crea deux offices de President) & sous le Roy regnant. La Chambre des Comtes y fut establie en l'an 1580. & la Cour des Aydes auoit esté erigée auant mesmes le Parlement;[b] là où par dessus les Eslectiõs du Duché de Nomandie, celles du Perche, & de la Preuosté de Chaumont & accroissement de Magny, auec Pontoise, ressortissent. Il y a deux Generalitez, Roüen & Caën, auec nombre de Presidents & Thresoriers de France en chacune d'icelles, dont dependent les Eslections de Roüen, Ponteau-de-mer, Pont-de-l'Arche, Gisors, Andely, Evreux, Conches, Caudebec, Arques, Neufchastel, Montiuillier, Bernay, Lisieux, Caën, Pont-Leuesque, Bayeux, Falaise, Vire, Alençon, Argentan, Domfront, Vernueil, Condé, Mortaing, Constances, Carantan, Auranches, sainct Lo, Valongnes, le Perche, Pontoise, Magny, Chaumont. Il y a sept Baillages, sçauoir Roüen, Caux, Gisors, Evreux, Caën, Costantin, & Alençon. Les Lieutenants generaux des Bailliages tiennent leurs assises de six en six semaines, dans les Vicomtez, & en iugent les appellations.

[a] Discours general de la France Gouuernement.

[b] Charles septiesme.

La Normandie a esté le siege principal de l'Admirauté de France, & les Lieutenans de l'Admiral sont és Villes & Havres de Honfleur, Harfleur, Havre-de-Grace, Fescamp, Dieppe, sainct Valery, Eu, Treport, Touques, Diue, Caën, Oistrehan, Bernieres, Port-en-Bessin, Cherbourg, Granville, & le mont sainct Michel. Les premieres appellations de leurs causes vont à la Table de marbre au Palais de Roüen, & delà au Parlement. Le Maistre des Eaux & forests y a ses Lieutenans par les Bailliages & par les Vicomtez.

Les Duchez de la Normandie sont Alençon, dont nous auons parlé ; Aumale, Elbœuf, Damville, Evreux, Longueville & Estouteville. Plusieurs terres sont erigées en Marquisat, sçauoir Neubourg, Nonant, O, Courtaumer, Canisy, Beuvron, la Londe, Thury, Graville, Mauny & autres. Les Comtez ou anciens ou nouueaux, sont entr'autres Eu, erigé en Pairrie, Harcour, Briosne, Tancarville, sainct Sauueur, Landelin, Thorigny, Creance, Carrouge, Chaumont, Maulevrier, Montgommery, Flers, Estelan, Cusy, & autres qui sont ou reünis à la Courōne, ou Ecclesiastiques. Les Baronnies & autres fiefs y sont en grād nombre, sçauoir Medauy, la Ferté, Orbec, Monteurel, Pont sainct-Pierre, l'Aigle, Quilbœuf sur la Seine, bon port & lieu fortifié autrefois, (à qui on auoit donné le nom de Henriville,) Roumois, & plusieurs autres. La Vidamie d'Esneual & quelques Chastellenies & Vicomtez hereditaires y sont aussi.

a Discours general de la France. Religion.

Nous auons mentionné ailleurs[a] les Abbayes de la Normandie, auons parcouru ses Eueschez, & parlé de la Metropolitaine, & comme il y a plusieurs habitans faisans profession de la religion pretenduë reformée à Roüen, Caën, Dieppe, S.Lo, Quilbœuf & autres lieux ; il n'a pas esté possible de mentionner mesmes en leur lieu toutes les places d'vne Prouince si vaste: Sous la mention que nous y ferons des Conuents qui y sont assis, nous en toucherons quelques vns ; Charleval est vn Prieuré basty par Charles neufiesme dans la forest de Lyons, auec dessein d'en faire vne maison de chasse, & est de l'Abbaye de S. Euroult. Le Bec, pour estre situé en vn bec ou langue de terre que fait le confluent de deux riuieres, est nommé le Bec-Herluyn, à cause d'vne belle & riche Abbaye fondée par Herluyn Seigneur Normand. Cormeilles est sur la petite riuiere de Calonne, auec vne Abbaye de mesme nom. Bernay est sur la Charentone, lieu riche & fertil, auec Abbaye. Diue est le nom d'vne riuiere que nous auons mentionnée, qui passe par deux bourgs, dont l'vn est appellé sainct Pierre sur-Diue, & l'autre sainct Sauueur, ou Diue simplement, lieu ouuert & celebre par la deuotion & pelerinage de plusieurs, pour vn Crucifix, qui a donné le nom à l'Eglise & au bourg assis sur l'embouchure de la Diue en la mer. Religion.

b Disc. gen. relig. c Henry 6. Roy d'Angleterre 1431. d 1416. e Eugene. f 1450. & 1452.

Nous auons parlé de l'Vniuersité de Caën[b], & de son institutiō pour les Droicts Canon & Ciuil[c], Theologie, Medecine, & Arts liberaux[d], confirmée par les Papes[e], & le Roy Charles septiéme[f]. Il y a les Colleges des Arts, les grandes Eschollés du mont-le-Cloutier, & autres. Les Escholiers qui y sont graduez, ont pareil droict aux Nominations pour auoir des benefices en leur rang, que ceux qui ont fait leurs Estudes & pris leurs degrez à Paris.

BRETAGNE.

g Plin. lib. 4. c. 17. Cæs. lib. 7. & lib. 3. bell. Gall. h Auson. Plin. li. 4. Sidon. i Camden. Ioan. Leland. k Humfred in sua Britan. Merula. l Tac. Cæs. Plin. li. 4. c. 17. m Iuuen. Aus. epigr. 107. n Plin. lib. 4. c. 28.

LA BRETAGNE, ancienne *ARMORICA*[g] ou *AREMORICA*[h]. ARMOR aux anciens Bretons, sur la mer ou vers la mer[i]. LHYDAW en la langue des Bretons encores auiourd'huy[k]. Le nom d'à present luy vient des peuples que les anciens[l] cognoissent sous celuy de *Britanni*, qui estoient les anciens habitans de l'Angleterre, & furent chassez par les Saxons : *Britones* à d'autres[m], & aux Escriuains du moyen aage, d'où le nom de BRETONS a esté formé. Les Bretons Bretonnans l'appellent BREHOMECH. Noms.

La Normandie, le Mayne & l'Anjou luy sont au Leuant, le Poictou au Midy, la mer Oceane au Couchant & au Septentrion. Sa largeur est depuis le quarante-cinquiesme degré & demy, iusques au quarante-septiesme & demy ; & sa longueur va du quinziéme iusques au vingtiéme degré, de sorte qu'elle se peut estendre iusques à six-vingt lieuës Françoises, & tout son circuit est de deux cens lieuës ou enuiron. Son diametre, de S. Malo au bout de la terre de Rez, est de quarante-cinq lieuës, & de Conquest iusques à Vitré, soixante-cinq. Elle a forme de Peninsule[n], & d'vn fer de cheual, dont le rond & dehors regarde la mer, & le dedans qui est creux, la terre-ferme. Confins. Estenduë. Forme.

Diuision. Elle est diuisée en haute & basse. La haute est la partie plus Orientale, separée de la basse par vne ligne tirée du bourg de Chasteau-Andron & continuée entre Quintin & Corlay, vers l'extremité du Golfe de Vannes iusqu'à la riuieré de Vilaine, en sorte que S. Iean demeure en la basse Bretagne. Sous cette diuision on en pose vne autre prise du langage, qu'on distingue generalement en deux dans la Bretagne, donnant le François à la haute, & le bas Breton ou Breton bretonnant à la basse. Mais pour vne distinction plus particuliere, on donne le langage Breton à trois Dioceses, sçauoir Cornoüaille, sainct Pol & Treguier, le François à ceux de Dol, Rennes & S. Malo, & on les y appelle Bretons Galots [a]; & à ceux de Nantes, Vannes & S. Brieu, vn langage meslé, tantost François, tantost Breton, sçachans & entendans l'vn & l'autre.

a Bellcforest.

Haute Bretagne. Rennes. RENNES, *Condate Redonum* [b], Euesché & siege du Parlement. Cette ville est plus grande que nulle autre de Bretagne, & est arrousée de deux riuieres, sçauoir Vilaine qui l'enuironne d'vn costé, & l'Isle qui se ioint à l'autre au dessous de Rennes, pour s'aller rendre dans la mer. C'est vn ancien Comté, ou Vicomté, duquel releuent les Baronnies de Vitré petite ville, close de murailles, à 7 lieuës de Rennes, de la maison de Laual: Fougeres, annexée au Duché dés l'an 1427. par les Estats du pays, qui l'auoient rachetée des Ducs d'Alençon [c]; Chasteau-briant, & la Seigneurie de la Guerche. Redon, port de mer, chasteau, & Abbaye de S. Sauueur est au terroir ou aux confins de Rennes, & à 2 lieuës delà est Chasteau-Giron, gros bourg & bon chasteau. L'Abbaye de saincte Melaine est aux fauxbourgs de Rennes, & celle de S. Pierre de Rille en ceux de Fougeres: S. George de Rennes & S. Sulpice, sont Conuents de Religieuses. Rennes est clos de fortes murailles, remparts & grosses tours, auec les fossez grands & profonds. En ce Diocese est la vieille Seigneurie de Lobeac: & pour la ville, le Seigneur de la Trimoüille y pretend droict & partage auec le Roy.

b Ptolem.

c Argentré.

Nantes. NANTES *Condinicum Condiuicium Nannetum* [d], sur Loire, qui coule en toute sa grandeur le long de ses murailles d'vn costé, auant que se dégorger dans la mer: De l'autre costé de la ville est la riuiere d'Ardre, qui est limeuse & iette de mauuaises & grosses vapeurs: La mer reflüe iusques aux ponts de la ville, qui sont tres-beaux, & iusqu'aux murailles. C'est vn Euesché & ancien Comté, dont les fils aisnez de Bretagne portoient le tiltre. Les derniers Ducs en ayans affectionné le sejour, y firent réedifier vn chasteau. La ville n'est point grande, mais elle est forte & de grand trafic, à cause de la commodité de son port. A deux lieuës & demie de Nãtes est le Duché de Raiz, *Raciastum* de Ptolemée, selon aucuns, l'vn des plus agreables passages de Bretagne: C'estoit vne ancienne Baronnie du pays, où l'on croit qu'estoit autrefois vne grande ville, nommée Herbouges, qui fondit au lieu où est à present le Lac de Grand-lieu; la ville & chasteau de Machecou au bord de la mer en est la capitale. La mer d'vn costé & Loire de l'autre, forment Raiz en Isle. La ville & chasteau d'Ancenis sur Loire, est à sept lieuës de Nantes, au Duc de Vendosme: Son terroir fait la separation de Bretagne à la Pierre d'Ingrande. Clisson est à trois lieuës de Nantes, ville close & chasteau assis sur vne haute roche, au pied de laquelle passe la Seure. Le Diocese est grand, & contient neuf Abbayes ou Monstiers, & entr'autres celuy de Ville-neuue. On loge en ce Diocese la ville de Guerrande, Croisic & autres lieux anciens.

d Ptolem. Ios. Scalig.

S. Malo. S. MALO, *Fanum S. Maclouij*, & plus anciennement *Aletha vrbs* [e], Euesché & ville forte, auec vn chasteau basty par la Reine Anne: La mer y monte & l'enuironne deux fois le iour, de sorte qu'il paroist comme vne Isle. La ville est marchande, ayãt vn beau port, où l'on ne peut entrer ou en sortir du costé de la terre, que par vne leuée de terre estroite & artificiellement faite, que les habitans appellent le Seillon, & encores est il defendu par le reflus des eaux de la mer, & la Forteresse est bien munie d'artillerie. L'entrée du port est dangereuse, à qui ne le cognoist: Le guet & ronde s'y font chaque nuict auec des dogues d'Angleterre [f], lesquels on met au soir hors la ville auec vn maistre qui les mene & rameine le matin en vn certain lieu de la ville, où leur fureur qui est grande durant la nuict, s'appaise & se rallentit. Les Grecs ont practiqué cete sorte de guet [g]. S. Maclou a esté le premier Euesque d'Alethe, dont le siege fut transferé en l'an 1172. au lieu où est à present la ville & Eglise Cathedrale de S. Malo, qui estoit pour lors vn Monastere dedié à S. Vincent: Le lieu d'Alethe se nomme auiourd'huy Quidalet. A vn quart de lieuë de la ville dans la mer, est Solidor chasteau, qui la defend auec vne aduenuë de terre ferme: Les

e Surius et Gembla cens. in vita S. Maclou.

f Argentré.

g Pausan. in Arc.

nauires s'y arrestent auant qu'à S. Malo. Cancalle gros bourg, assis sur la mer, qui l'enuironne presque entierement, faisant comme vn destroit, où il y a bon port propre à l'abry des nauires; Combourg & Vaubrian en sont proches. Montfort, qui n'est distant que quatre lieuës de Rennes, est de ce Diocese en tiltre de Comté depuis Louys XII, de la maison de Laual: Dinan en est aussi, où passe le fleuue Ranc; belle & grande ville, que le Duc Iean acheta & échangea auec les Seigneurs d'Auaugour, & les puisnez de Bretagne en ont porté le tiltre iusqu'au temps des derniers Ducs. Ploarmel petite ville; la ville & chasteau de Iosselin sur l'Oüeste, qui passe à Malestroit, à la maison de Rohan; Malestroit a des Seigneurs particuliers; le bourg & chasteau de Rohan sur la riuiere d'Oude, & la maison des Sales, auec les Abbayes de Beaulieu, S. Nicolas pres Monfort, Paimpont, Stan-des-prez & S. Meen, y sont pareillement compris.

S. BRIEV dit des Vaux, a pris le nom de son Apostre & premier Euesque. Les petites riuieres de Trieu & Arguenon peuuent estre le Titius & Argenne de Ptolemée, où est le Biduce des anciens, [a] és enuirons de S. Brieu. Pres de la ville est le haure du Legner, où est la tour de Sesson, bastie pour la seureté de la coste, qui est tres-dangereuse. Le pays de Lamballe, peut estre aussi des anciens Ambiliates, plustost que le bourg d'Amblie pres de Bayeux. Les bons pionniers sortent d'icy & vont trauailler aux pays estrangers: On y fait aussi de bons parchemins. Maucontour, Quintin, Iurgon, iadis chambre Ducale, Chasteaulandran, Guingamp ou Mergamp aux anciens, Corlay, Auaugour & les Abbayes de Goetmaloen, S. Aubin-des-bois, Bonport & Lantenac sont de ce Diocese. S. Brieu.

a Biduchesij.

DOL, autrefois de l'Eueschê de sainct Malo, n'estoit qu'vn chasteau, auiourd'huy ville & Eueschê, siege des anciens *Diablintes* [b], *Neodunum* [c]. Il y a des terres pres de Dol, qu'on nomme les Diableres, & des familles qui s'appellent les Diables [d]. La ville est située dans les marais, & l'air en est mal sain. On estime que sainct Samson qui viuoit en l'an cinq cens soixante-cinq, a tenu & administré le lieu où est l'Abbaye de S. Iacut, auec plusieurs benefices qui sont de sa collation, & qui sont mesmes semez & enclos dans les autres Dioceses, pour compenser ou reparer la petitesse de son estenduë. Aucuns ont mis Laual dans la haute Bretagne, les autres au Maine; Guerrande en est aussi auec Rieux, la Roche-Belnard, sainct Lazans, & autres. Dol.

b Ptolem.
c Cæs. Scal. Cœnalis.
d Argentré.

VANNES, *Veneti* [e], à deux lieuës de la grande mer, qui a son flux & reflux par vn canal iusques dans la ville, & au pied du chasteau de l'Hermine, lequel a esté basty du temps de Charles VI, place forte, & Palais des Ducs de Bretagne. Le pays s'appelloit anciennement Brocherec, du nom d'Erec, puisné de la maison, & Comte de cette terre, qui comprenoit le Vicomté de Porhoüet. La ville est fort décheuë pour auoir esté prise & pillée plusieurs fois. A cinq lieuës de Vannes sont les ports de Croisic, & Morbihan, qui est ville nouuelle, bastie pour le trafic de France aux Isles Orientales auec grands priuileges concedez de nouueau: Le trafic y est grand, & le port tres-bon. Sur vn bras de mer, qui forme plusieurs Isles, est la ville d'Auray, *Aurubij*, & Guimenay, Principauté au Duc de Montbason. L'Eueschê a six-vingts Parroisses, & trois Abbayes, sçauoir sainct Gildas, saincte-Marie-des-Prieres, & S. Guedas en l'Isle de Rhuys. Basse Bretagne. Vannes.

e Cæs. lib. 1. de bell. Gall. Strab. li. 4.

Sainct POL-DE-LEON, Eueschê & ville distante du riuage de la mer six mille pas, où l'on establit le port mentionné par Ptolemée [f], qu'on nomme à present Roscou. Aucuns [g] establissent icy la demeure des anciens *Osismi* [h], aux Bretons Osismor, & aux anciens Legio, habitation des premiers Roys ou plustost Comtes de Bretagne, & l'induisent ainsi de la situation du pays. Dans ce Diocese est le Port Royal de Brest, chasteau & ville forte & de bastiment & d'assiette, Bouleuard de la Bretagne, situé dans vn grand Golfe, où la mer fait quatre entrées, sçauoir celle du Havre de Brest au Nord, celle de Landernau au Nord-Est, celle du Four à l'Est, & la derniere de sainct Segal faite en triangle, au Sud vers Chasteaulin. Le Diocese de Leon n'a que quatre-vingts Parroisses, & trois Abbayes, à sçauoir Gerbes ou Gerbeo de Relec ou des Reliques, S. Mathieu-de Finis-terræ, & saincte Marie-de-Karler. Leon autrefois Vicomté, est venu par mariage aux Vicomtes de Rohan, qui en vendirent partie à Iean Duc de Bretagne l'an 1254, [i] le Duc de Rohan porte auiourd'huy titre de Prince de Leon. Entre le Raz de sainct Mahé & le Bec-de-la-Chevre, est le port & la ville de Pouldauy, & en vn autre port les villages d'Audierne & de Pont-de-Croix. S. Pol de Leon. Brest.

f στaλιόκαvov
g Argentré.
h Cæs. Ptole.
i Argentré.

Treguier. TRIGVIER, que ceux du pays croyent auoir esté la demeure des peuples nommez *Lexobij*, dans Cesar, & se fondent sur quelques vieux tiltres, où l'Euesque de cette ville se dit *Lexobiensis*, dispute la memoire de ce nom ancien auec ceux de Lisieux en Normandie. Ils disent de plus que leur ville estoit auparauãt au lieu qu'on appelle auiourd'huy Cozqueoudet, qui signifie vieille Cité, sur la riuiere de Loquez, dont ils font voir les ruines: Et là furent les premiers Euesques du lieu iusques en l'an 836, que Hastan Roy des Danois, dont ils chantent encor quelques vers en Breton, la prit & ruina: Apres quoy le siege Episcopal vaqua quelque tẽps, & fut restably en vn val appellé Trecor, dont la ville a pris le nom de Lantreguer, & le Diocese, Treguier. La ville n'est point close, mais le Havre en est beau. Morlaix est aussi sur vn bras de mer, ayant vne petite riuiere qui separe la ville, & en met partie dans le Diocese de Treguier, & partie dans celuy de Leon. Le Fort basty de nostre temps, qu'on appelle le Taureau, est vn peu plus auant dans la mer, & commande au passage pour aller à Morlaix par mer. Ce Diocese n'a que septante Parroisses, & les Abbayes de Saincte-Croix & Begar.

Quimpercorentin. QVIMPERCORENTIN porte diuers noms, on donne celuy de Kemper à la ville, auec le surnom de Corentin, qui fut son premier autheur: Le terroir & Eueſché sont appellez de Cornoüaille, & le nom des anciens habitans dans Cesar & Pline, *Curiosolitæ*, & dans les autres qui ont suiuy, *Curosopitenses* [a]. En quelques vieux liures & panchartes, *Cornubia* & *Cornugallia* [b]. La ville est sur vn bras de mer. En ce Diocese & extremité du pays est le promõtoire ou cap de Finis-terræ, ou Dufour, qu'on croit estre le *Gobæum* de Ptolemée, où est le bourg & Abbaye de S. Mahé, partie en Cornoüaille, partie en Leon. Le Raz de S. Mahé est vn courant de mer, borné de rochers espouuentables situez és deux costez. Concarneau ville & forteresse est proche de Quimpercorentin, sur le bord de la marine, auec la ville de Queperlay, sur l'Elle & Pousort, bastie en vne entrée & bras de mer. Henhebond est bonne ville, assise en vn triangle de terre enuironnée de mer, comme vne presqu'Isle, à la pointe de laquelle & à deux lieuës delà est Blauoet ou Blauet, sur vn Golfe de mer, où se meslent deux riuieres, dont l'vne porte le nom du lieu, & l'autre se nomme l'Elle: Il est auiourd'huy appellé Port & Fort Louys, & a esté plus cogneu sous ce regne. En terre est le Pondogon & Landerneau, ville assise au meilleur & plus fertil pays de Bretagne. Le Diocese a deux cens Parroisses, & 5 Abbayes, entr'autres celles de Douglas, de Quemperlay & de Coetmaloen.

a Notit. prouinc.
b Argentré.

Isles. Les costes de la Bretagne ont plusieurs Isles grandes ou petites, auec des presqu'Isles, que nous auõs desia mentionnées, de mesmes que les Isles en vn autre endroit de cet ouurage [c]: L'Isle d'Antrain sur Loire est à trois lieuës de Nantes: L'Isle de nostre-Dame de Boüin, proche du bas Poictou, n'a qu'vn bourg, dont elle porte le nom, & son terroir n'est que marais, où se fait quantité de sel. Le bourg est grand & occupe toute l'Isle. La pointe du Conquest est vne presqu'Isle, à l'extremité de la Bretagne, & qui met le plus auant en mer, droit au Couchant: Elle n'a qu'vn gros bourg, dont elle porte le nom. Nous auõs parlé de Morbian, qui contient plusieurs Isles, & iusqu'à trente, dont les principales sont l'Isle-aux-Moines, aux Dards, aux Oiseaux, Tascon, Bonedic & autres, où ne se trouuent iamais bestes venimeuses. Belle-Isle, *Calonesus*, est à six lieuës du riuage de la mer, éloignée de Hennebond & Kimperlay enuiron dix lieuës: C'estoit l'ancien patrimoine des Comtes de Cornoüaille, qui la donnerent aux Religieux de Kimperlay, qui l'ont alienée. Cete Isle contient sept lieuës de pays riche en grains & en pasturages, & d'vne situation si opportune, que tous vaisseaux du Ponant & du Leuant sont obligez de demãder passage, ou courir fortune d'estre forcez: Elle a vn officier particulier pour le spirituel, & pour tiltre de Marquisat. Au Diocese de Nantes est l'Isle nommée Boing, qui fait la fin de Bretagne de ce costé-là, & est en marche commune: En celuy de Vannes est l'Isle de Rhuys, où est le chasteau de Suscinio, bon & agreable sejour, s'il y en a en Bretagne. L'Isle-Dieu est petite, & n'est pas tant peuplée comme Belle-Isle. Les autres qui se trouuent en cette coste sont de moindre consideration. Au Diocese de Leon est l'Isle du Bas & celle d'Ouessant, laquelle est assez grande & belle pour y habiter: Mais les courses des Anglois ou Espagnols escumeurs de mer, principalement durant les guerres, sont capables de la deserter: Delà se rencontrent les Isles de Molin & de Sain. Au Diocese de Treguier est l'Isle de Brehac, confisquée sur les Comtes de Ponthieure: Il y a aussi sept Isles voisines de Lanion, ville maritime.

c Discours general de la France.

La Bretagne est arrousée de plusieurs riuieres outre Loire, qui passe à Ingrande, extremité du pays, & Coesnon qui la separe de la Normandie; sçauoir de la Vilaine, qui passe à Rennes & y reçoit l'Isle, l'Andre, qui à Nantes se iette dans Loire; la Seure Nantoise, *Separa*, qui passe à Clisson; l'Elle, qui coule à Quimperlay; la Rance, *Rinctius*, qui passe à Dinan, & va dans la mer à la tour de Solidor; Oude, Loques, Blauet, & autres moindres. Riuieres.

Cette Prouince abonde en tout, & a des singularitez & choses rares, qui ne se trouuent point ailleurs. Les terres y sont labourables à souhait, de sorte qu'elle est fort cultiuée, principalement le long de la mer: Elle a force prez, les landes pour le pasturage, & les forests pour le seruice: Le laict & le beurre y abondent, auec les fruicts & les grains pour faire du sidre, du poiré & de la bierre [a]. Le vin n'y est pas en abondance, ny delicat: Mais les vins d'Anjou auec ceux de Graue à Bordeaux, & de la haute Gascogne, qui leur viennent par mer, y suppleent. Le riuage de Bretagne porte infinis poissons, que les mers de Leuant ne cognoissent point. Le dauphin, l'esturgeon, le thom, le Marsouyn, dont la prise appartient au Roy, & autres poissons qu'on appelle Royaux, s'y trouuent. Les saulmons, les harans & sardines, qui à certaines saisons se donnent aux riuages, & en autres s'absentent, s'y prennent en tourbes. Et comme toute terre ne porte pas tous fruicts, aussi certain riuage porte ce qui ne se void ou ne se prend ailleurs, comme on a remarqué les rougets de Vannes: On y prend vn poisson singulier, qu'on appelle à Marseille Imperador, & en Bretagne on luy a donné nom de Gracieux seigneur [b]. On asseure aussi que pendant les longs voyages des Mariniers, qui demeurent les deux à trois ans en pleine mer, de la resine, bray, poix & gommes, dőt les vaisseaux sont calfeutrez, s'engendre certaine masse ou crouste adherante au ventre du nauire, laquelle auec trait de temps se forme comme vn oiseau iusqu'à sa perfection, apres laquelle cete masse prend vie & pend par le bec sur l'eau, tombe en mer, & soudain s'enfuit. Aucuns les appellent Crabans, & en Bretagne Breuaches, rapportans à la forme d'vn canard: Il est vray qu'ils sont tous noirs, & on a eu quelque doute si c'est chair ou poisson [c]. Il y a des salins à Prignoy où és enuirons, où se fait le gros sel, qui se debite en Bretagne & aux Prouinces voisines: Il y en a aussi à Belle-Isle, à Finniac, & entre Dol & sainct Michel. Qualité. Poissons.

a Pardel. lib. 3.

b Argentré li. 1.

c Idem.

Les Mines de fer & de plomb, entre Chasteau-briant & Martigne, & d'argent en quelques endroits, n'y manquent point. En la Seigneurie de Salles en vn lieu montueux, y a vne source qui porte apres soy vn sable de couleur d'or, & vne eau ayant vne odeur vn peu approchante de l'antimoine: En la mesme colline se trouue du soulfre en morceau & de l'antimoine, & des pierres rousses, auec quantité de cuivre; & à plusieurs de ces pierres adhere de l'estain, & au dessous vne autre terre marquetee de couleur d'azur, toutes ces pierres estans tenaces & gluantes auec odeur sulfurée. Il y a vne autre colline chargée de talch [d], & Amyanthe ou alum de plume luisant comme vn miroir lors que le Soleil donne dessus, on croit que c'est la pierre Asbestos des anciens. Le jaspe qui s'y trouue est pesant & plus verd-noir que goutté de rouge. On y void des marchasites & du crystal pur & fin en abondance auec plusieurs autres raretez és riches minieres de Vulgoët, que les Ducs de Bretagne firent ouurir, és secrets du mont Menedalhech, és beautez de la forest de Bresselian, où se void encor le Perron-Merlin, ancien plaisir des Cheualiers errans, & la fontaine de Balanton, & autres curiositez; és antiquitez de la forest de la Hunaudaye, ou forest noire: les pierreries de Succinne en la Belle-Isle, les aqueducts de Dol, les antiques voûtes d'entre Rieux & Redon, le torrent sousterrain en la forest de S. Aubin du Cormier, les singularitez de la riuiere d'Ardre & Lac de Grandlieu pres de Nantes, & autre appellé Guippeel au terroir de Rennes, où se trouuent plusieurs pierres nommées Crapaudines [e] & langue de serpent [f], qui ont plusieurs proprietez & seruent de remede à quelques maux. Mines.

d Aster Samius.

e Myexis.

f Glatis.

Le voisinage de la mer rend les Bretons moins ciuils & courtois, de sorte que ceux qui en sont éloignez sont plus polis & mieux faits, quoy qu'en general ils soient assez sociables & de bonne conuersation, fins & subtils en effect, mais grossiers en apparence. Ils aiment à gagner, & sont volontiers dans le cabaret, où toutes leurs affaires & marchez se traitent, pour acheter, vendre, transiger & terminer procez. Ils sont pieux, deuots & attachez à la Religion, & ne veulent point de bien aux Normands. Mœurs.

Nous auons remarqué ailleurs [g] l'opinion qui porte que le vieil langage Gau- Langue.

g Discl. gen. de la France.

lois estoit le Britannique ancien conserué dãs la basse Bretagne & au pays de Walles en Angleterre, pour vne des langues matrices ou primitiues Europeanes, que nous auons aussi deduites. Cette opinion est suiuie par les curieux du pays[a], qui la fortifient de l'vsage de quelques mots communs aux Bretons bretonnans & aux Gaulois, entr'autres du terme Mor pour la mer, conserué és noms des lieux de Morbihan, Larmor & Morlaix, lieux maritimes, & au premier nom du pays dit *Armorica*, les Bretons & Anglois de Walles l'ayans de mesme gardé. Nous auons posé cy-dessus en la diuision de la Prouince, quels Dioceses parloient François, quels Breton, & quels parloient l'vn & l'autre. Ceux de Leon ont le Breton plus delicat & eloquent parmy leurs maistres de langue: Ceux de Galles en Angleterre, & ceux de Leon & Kimpercorentin s'entendent fort bien, formans les verbes de mesmes, ce que les Escriuains Anglois recognoissent, asseurans que les Cambriens ou Wallons ne sont point entendus des Anglois.

a Argentré hist. de Bretagne.

Richesses. La richesse de Bretagne consiste au grand trafic que ses habitans font auec les nations estrangeres, comme ceux de sainct Malo auec les Portugais en bleds, toiles de lin, canevats & bodauid, qu'on appelle, pour faire des voiles de nauires, & autre marchandise grosse transportée en Flandres. Du quartier de Nantes, Blauet & Pigueley, on transporte toutes les toiles blanches, des graines de Paradis, des prunes de damas & des chastaignes, & de Pigueley se tire le sel, dont se fait aussi vn grand commerce, de mesme que les parchemins de Lamballe, ce qui prouient de la grande abondance de bestail. Au pays d'autour d'Ancenis peuplé de grandes forests, se fait vn grand nombre de nauires pour la mer; le vaisseau demesurément grand, nommé la Nompareille, y fut construit sous le Roy François premier, & celuy du Roy Henry secõd, qu'on appelle le Grand Caraquon. Les riches magazins de Nantes, & les marchands Espagnols & autres qui y trafiquent, principalement en toiles, auec les autres villes de la Bretagne, qui contribuent à la richesse generale de la Prouince, font iuger qu'elle ne cede gueres à autre du Royaume pour ce regard, & que sans compter les parties extrordinaires & casuelles prouenans de la vente des offices, elle porte de grãdes sommes au Roy. La compagnie du commerce general en France pour le Ponant & Leuant & voyages de long cours, a estably sa demeure à Morbihan, sous la surintendance generale de l'Eminentissime Cardinal Duc de Richelieu.

Forces. Quant à ses forces, nous les presumons & recueillons de sa richesse, comme nous faisons ailleurs. Mais les places fortes que nous auons desia mentionnées & sur mer & en terre, bien munies d'artillerie & de vaisseaux de grande charge, auec les hommes vaillans & experimentez & en guerre & en la mer, comme sont ceux de sainct Malo, marquent bien quel secours le Roy en peut tirer au besoin. La seule ville de Vannes, ou sa petite Republique ancienne estoit autrefois fort puissante, & auoit telle quantité de vaisseaux qui passoient en Angleterre, que tous ceux qui hantoient cette mer estoient leurs tributaires[b]. Polybe[c] & Strabon[d] asseurent que les Venitiens en sont sortis.

b Cæs. lib. 3. bell. Gall.
c lib. 2.
d lib. 5.

Gouuernement. La Bretagne compte ses Roys & Princes souuerains auant & apres la fondation de la Monarchie Françoise[e]: Mais il appert de l'Histoire, que sous Clouis premier quelques Comtes de Bretagne tenans leur siege à Vannes le recognurent pour souuerain[f], ce qu'ils continuerent apres sa mort enuers ses successeurs[g]. Les Bretons estoient tributaires des François au temps de Charles-magne[h], qui les subjugua entierement, & conquit le pays par armes en l'an sept cens octante-six, de sorte que sous Louys le Debonnaire ces Princes pretendus n'oserent point paroistre auec authorité. Apres sa mort Neomenius, qui n'en estoit que Gouuerneur, s'eleua, & sous Charles le Chauue tascha de se faire recognoistre pour Roy. Ses successeurs parmy les diuerses guerres qui furent dans le pays pour raison de la Principauté & du commandement, & celles aussi qui estoient en France entre les enfans & successeurs de Louys le Debonnaire, peuuent auoir continué & eu quelque suite, iusques à Charles le Simple, qui donna le Comté de Bretagne à Raoul, auec le Duché de Normandie, comme vn fief qui en mouuoit, cõme il appert des Annales de Normandie; & sous Guillaume le Conquerant la Bretagne écheut à Conan, dit le petit, Cõte de Richemont, & fils d'Eude Comte de Bretagne, qui n'eut qu'vne fille nommée Constance, mariée en dernieres nopces à Guy de Thouars, dont nasquit Alix, heritiere de Bretagne, laquelle espousa Pierre de Dreux, arriere petit-fils de Louys le Gros; Et depuis ce temps-là les Cõtes deuenus Ducs de Bretagne

e Argentré & Ann. de Bretagne.
f Greg. lib. 4.
g Id. li. 5. c. 31. & lib. 9. c. 18.
h Aymon. lib. 4. c. 78.

continuerent iusques à François second, dont Anne fut la fille vnique & heritiere, mariée à Charles huictiesme en l'an mil quatre cens nonante-vn; lequel n'ayant point eu d'enfans, Louys douziesme l'espousa & en eut deux filles, dont l'aisnée Claude fut mariée au Roy François premier; François Dauphin auoit esté couronné solemnellement Duc de Bretagne à Rennes, à la charge que paruenant à la Couronne le Duché demeureroit reüny, ce qui fut fait l'an mil cinq cens trente-deux, & la Royne Anne estoit decedée l'an mil cinq cens treize. François Dauphin porta le tiltre de Duc de Bretagne, à cause de son couronnement, & de la conuention des Bretons que le Dauphin se qualifieroit tel; mais cela n'a point esté obserué en ses successeurs, non plus que d'escarteler & mesler les armes de France, du Dauphiné & de la Bretagne.

Cete Prouince est pays d'Estats, & a vn Gouuerneur & Lieutenant general pour le Roy, auec vn Lieutenant de Roy en la Basse Bretagne & en certains Eueschez ou endroits du pays, outre les Gouuerneurs des places, deux Seneschaux, sçauoir de Rennes & de Nantes, qui en l'institution du Parlement faite par François dernier Duc de Bretagne l'an 1485, estoient du corps & College de la Cour. Charles huictiesme ietta quelques fondemens d'vn Parlement meslé de Conseillers François
a Argentré. & Bretons, & diuisé en Clercs & Laics[a]: Mais la vraye erection, en la forme de ce-
b Henry 2. luy de Paris, n'est que de l'an mil cinq cens cinquante-trois[b], comme nous auons dit ailleurs. La Chambre des Comptes est seante à Nantes auec l'Vniuersité, comme la Cour de Parlement à Rennes.

Les Comtés anciens de Rennes, Nantes, Vannes, Cornoüaille, Dol & Porhoet, ont esté reunis au Duché de Bretagne & à la Couronne de France. Il y a plusieurs anciennes maisons nobles subsistantes, que nous auons mentionnées ailleurs[c]: Cel-
c Disc. gen. de la France. Mais. illustres. le de Rohan y tient le premier lieu, & celle de Laual est entrée auec ses belles terres dans la maison de la Trimoüille, auec pretension de preseance sur la maison de Rohan: & le Comte de Laual a pretendu aussi de iouyr des droicts de Pairrie. Le Comte de Vertus y porte le nom de Bretagne. Les Ducs de Vendosme & de Raiz y possedent des terres: Il y a plusieurs Marquis, sçauoir de la Moussaye, de Coitiuy, d'Asserac, de Sourdiac, de Coetquen, de la Marzeliere, de Goulené, Keruenau, & autres. Plusieurs Connestables de France en sont sortis, qui ont esté d'vne valeur singuliere, sçauoir Guillaume de Kostreuan, sous Louys le Debonnaire, de Bertrand du Guesclin, Oliuier de Clisson, & Artus de Bretagne Comte de Richemont, & depuis Duc de Bretagne, tous quasi consecutifs sous Charles cinquiesme, sixiesme & septiesme.

Tous les Eueschez de la Bretagne, qui sont en nombre de neuf, à sçauoir Rennes, Religion. Nantes, sainct Malo, sainct Brieu, Dol, Vannes, sainct Pol de Leon, Triguier, & Quinpercorantin, ou Cornoüaille, Suffragans de l'Archeuesque de Tours, auec les Abbayes principales ont esté cy-dessus décrits, ausquelles Abbayes on en adiouste plusieurs autres, à sçauoir de sainct Iacques-le-Tronchet, la Chaume, Baucquion, &c. Il y a fort peu de gens de la Religion pretenduë reformée: Ceux de Rennes en ont l'exercice assez pres de la ville.

POICTOV.

d Ptolem. e Cæs. Strab. Plin. f Amm. Marcell. g Bouch. Ann. d'Aquit.

LE POICTOV a pris le nom de ses peuples anciens Πήκτονες[d], *Pictones*[e], *Pictaui*[f]. Ce que certains Autheurs modernes[g] alleguent des Pictes Agathyrses venus de Scythie dans la grande Bretagne, & delà en Poictou, où ils bastirent la ville de Poictiers, ressent sa fable, & n'est point fondé sur aucun tesmoignage ancien. Isidore auec plus d'apparence de raison en attribuë la premiere fondation aux Gaulois. Noms.

Il est borné au Leuant, de la Touraine, du Berry & du Comté de la Marche Limosine: Au Couchant de la mer Oceane; au Septentrion, de la Bretagne & de l'Anjou; & au Midy des pays de Xainctonge & d'Angoulmois. Il a septante-cinq lieuës de longueur, & vingt-cinq de largeur. Cõfins & estendue.

Plusieurs riuieres l'arrousent. Celle de Vienne le costoye, & prend sa source au Riuieres. dessus de Limoges, où elle passe, & delà à sainct Iulien, Confoulant, l'Isle-Iourdain,

Chauuigny, Chastelleraut: Et laissant le Poictou viẽt à l'Isle-Bouchard, & à Chinõ en Touraine, & trois lieuës au dessous perd son nom dãs la riuiere de Loire, où elle se descharge pres des villes de Cande & de Monsoreau. Le Thoüé sort de Vernon pres Partenay qu'il arrouse, passe à S. Loup, à Oiruau, & delà à Thouars qui en prẽd son nom, & à Monstrueil-Bellay, & trois lieuës au dessous, pres de l'Abbaye de S. Fleurant lés Saumur, entre aussi dans Loire. Les deux riuieres de Seure passent dãs le Poictou: l'vne dite Niortoise, *Seuaris*, sort de Seuret entre sainct Maixant & Melle, passe à S. Maixant, à Niort, où elle commence à porter batteau, & apres auoir fait vn grand marais & quelques Isles, se iette dans l'Ocean à Marans, faisant separation du Poictou & de la Xainctonge. L'autre dite Nantoise, *Sebris*, naist pres du chasteau de la forest, non loin de l'Abbaye de Lapsie, passe à la Pommeraye, puis à Mortaigne & Tiffauges, & delà à Clisson en Bretagne, & se rend dans Loire pres de Nantes. La Vandée sort du Buceau pres Vouuent, arrouse Fontenay, où elle commence à porter batteau iusqu'à la Seure Niortoise, où elle entre pres de Marans. La petite riuiere de Lay sourd pres de sainct Pierre-du-chemin, passe à Mareuil, & porte batteau iusqu'à S. Benoist, & apres vn cours de quinze lieuës tombe dans la mer. Vie commence en la parroisse de Peré-sur-la Roche, se rend à Aspremont, à sainct Gilles, & ayant costoyé l'Isle de Rié entre en la mer. Le Clain, que l'Annaliste d'Aquitaine nõme le Plain, naist pres de l'Abbaye de Charroux sur les limites d'Angoulmois, & apres auoir receu les petites riuieres de la Diue & de la Vounne, passe à Viuonne, enfle son cours de la Clouere, qui sort du Limosin, descend à Poictiers, d'où depuis quelques années il a commencé de porter batteau à Chastelleraut, apres estre tombé dans la Viane au port de Senon. Cette riuiere est assez estroite, mais elle est profonde. La Gartampe sort de la Marche-Limosine, coule à sainct Martin, à Montmorillon, passe à sainct Sauin, & quatre lieuës au dessous se iette dans la Creuse.

Diuision. Le Poictou est diuisé communement en haute & basse partie.

Haut Poictou. Le haut Poictou comprend Poictiers, Niort, Chastelleraut, Lusignan, sainct Maixant, Thouars, Montmorillon, nouuelle Seneschaussée, Ciuray, Comté & Seneschaussée, Melle, Chizay, Aunay, Vsson, Charroux, Viuonne, Chauuigny, Baronnie, laquelle appartient à l'Euesque de Poictiers, auec celle d'Angle. Les Vicomtez de Roche-choüart, de Brosse & de Bridiers, auec les Barõnies d'Oiruau, & de Bressuire qui est au Comte de Fiesque, y sont aussi compris. Argenton est vne Baronnie ancienne, dont le Seigneur est yssu de la maison illustre de Chastillon sur Marne, dont l'histoire a esté donnée au public[a]. Viuonne, Barõnie, est au Marquis de Mortemar & de Lussac-le-Chasteau, yssu de la maison de Roche choüart. La Motte-saincte-Heraye, Marquisat, est au Comte de Parabere, à present Gouuerneur de la Prouince.

a A. Duchesne.

Poictiers. POICTIERS, *Augustoritum Pictonum*[b], ou *Limonum*, selon aucuns, *Pictauium*, ou *Pictauia*[c], sur le Clain, est de si grand enclos de murailles, qu'apres Paris il n'a point son pareil en France. Toutefois la ville n'est pas peuplée en toute son estenduë, ayant en diuers endroits de grands iardins, des prez & quelques terres labourables. Sa situation est partie en plaine vers le Couchant, & en vn endroit qu'on appelle la Tranchée, & partie sur vne colline & longue croupe, qui regarde le Leuant. Bien que ses ruës plus basses soient commandées de hauts rochers, que les habitans appellent Dubes par vn mot corrompu, voulans dire Dunes, elle n'est pas moins forte. La riuiere du Clain, creuse & non gueable qui l'arrouse au Leuant & au Septentrion, & vn estang marescageux au Couchant, luy seruent de fortification. Cet estang dit de sainct Lazare, se descharge dans la riuiere, outre quelques places propres à se retrancher le long des murailles. La ville est assise au cœur de la France, & en tres bon pays. On y remarque de belles traces d'antiquité en vn vieil chasteau démoly, qu'on croit auoir esté le Palais de l'Emp. Gallie, és masures d'vn Amphitheatre, derriere l'Eglise des Peres Iesuites, qu'on appelle les Arenes (comme à Nismes en Languedoc, où il est entier,) & quelques voûtes & restes d'aqueducts, que le vulgaire appelle Arceaux de Parigne. Les Historiens de la seconde race des Roys de France font mention d'vn lieu qu'ils nõment le Vieil-Poictiers: mais on ne sçait point où pourroit auoir esté cette ancienne ville, si ce n'est vers Chastelleraud. L'Eglise de sainct Pierre est la Cathedrale, de tres-belle structure, auec la maison Episcopale y iointe. La grande Eglise de sainct Hilaire est Collegiale, en vn des bouts de la ville, (nommée Grande à la difference

b Ptolem.
c Greg. Turon.

d'vne autre de mesme nom.) On en attribuë la fondation au Roy Robert. Elle est immediatement subiette à l'Eglise de Rome, & a le Roy pour Abbé, comme Comte de Poictou. Les autres Eglises Collegiales sont celle de nostre Dame, dite la Grande, (où se voit vne statuë de pierre de l'Empereur Constantin,) pour la distinguer d'vne autre Parrochiale de semblable nom; de saincte Radegonde, & de sainct Pierre le Puellier. Outre les 25 parroisses y sont les Eglises des 4 Ordres des Religieux mendians, Cordeliers, Iacobins, Carmes & Augustins, outre les Minimes, Capucins & Fueillans, & les Iesuites, lesquels y ont vn beau College. Il y a deux Conuents anciens de Religieuses, sçauoir Saincte-Croix, fondé par saincte Radegōde, Royne de Frāce; & la saincte Trinité. Les nouueaux sont ceux des Fueillantines, fondé par la Marquise de Belle-Isle, de la maison de Longueuille; des Vrsulines & des filles de nostre Dame. Les Abbayes du Monstier-neuf & de la Celle sont dans la ville, & celle de S. Cyprian dans les faux-bourgs. A costé du Palais de Poictiers est l'ancienne tour de Maubergeon, qu'vn des Comtes de Poictou fit bastir, & representer à l'entour les sept anciens Vicomtez du pays, qui sont Chastelleraud & Thouars, aujourd'huy erigez en Duchez, Aunay, Roche-Choüard, Brosse, Bridiers & Monbas. Brigueil est aussi Vicomté, & de cette tour releuent les principaux fiefs du Poictou, qui tiennent du Roy. Le corps de ville est composé d'vn Maire, 25 Escheuins, & 75 bourgeois. Le Maire & les Escheuins auec leur posterité iouyssent du tiltre & qualité de Nobles par vn priuilege particulier que le Roy Charles V. leur conceda en l'an 1372, pour recognoistre leur fidelité, apres qu'ils eurent secoüé le ioug des Anglois. Le Maire pendant l'année de son exercice est estimé premier Baron du Poictou. La Cour de Parlement de Paris fut seante à Poictiers sous le Roy Charles septiesme pendant l'espace de dix-huict ans, & durant les guerres des Anglois. Les Grands-Iours y ont esté tenus plusieurs fois pour rendre iustice souuerainement en certain temps. Bonniuet Marquisat est à quatre lieuës de Poictiers.

Niort est vne ville assez grande & peuplée, sur la Seure, auec chasteau, & deux Foires royales fort frequentées, distante de quinze lieuës de Poictiers. Il y a Seneschal & siege Royal.

Sainct Maixant est aussi sur la Seure, auec vne Abbaye celebre, hors de la ville. Le magnifique chasteau de la Motte-saincte-Heraye en est proche. C'vn vn siege Royal.

Thouars est sur le Toué, auec chasteau. De cette Illustre Vicomté, fait Duché par Charles neufiesme, l'an 1563. & Pairrie par Henry le Grand, releuent plus de mille sept cens vassaux, & son destroit & Iurisdiction vont iusques à la Bretagne. Cette belle terre vint par femmes en la maison d'Amboise, & puis en celle de la Trimoüille, dont la Seigneurie est aussi dans le Poictou & sur les confins de la Marche Limosine, à deux lieuës de Montmorillon. Le chasteau d'Oiron possedé par le Duc de Roüanés, auec plusieurs autres places dans le Poictou, est entre Thouars & Loudun. Thouars.

Lusignan est petite ville, à 5 lieuës de Poictiers, où estoit cy-deuant vn fort & somptueux chasteau demoly pendant les troubles. L'illustre famille de Lusignan a pris icy son origine, & a donné des Rois à Chypre, Hierusalem & Armenie. La fameuse Melusine a fondé le chasteau de Lusignan, selon l'opinion ou erreur du vulgaire. Chastelleraud est sur la Vienne, où le Roy Henry III. fit construire vn beau pont de pierre de 9 arches. On y trauaille fort bien en cousteaux & ciseaux. Le terroir des enuirons est agreable, decoré d'vne forest, abondant en bleds, vins & autres fruicts. Il y a vn Seneschal & siege Royal. Lusignan. Chastelleraud.

L'Abbaye de Fontevraut, Chef d'Ordre, est située sur les confins d'Anjou & de Touraine, mais dans le Diocese de Poictiers, dont elle est distāte enuiron 14 lieuës. & quoy qu'elle soit de fondation particuliere, elle a esté accruë & richement dotée par les Roys de France & d'Angleterre, & l'vn d'iceux y a sa sepulture. Cette fameuse Abbaye a esté regie & possedée par plusieurs Princesses du sang de France, & à present c'est vne des filles naturelles du Roy Henry IV, qui en est Abbesse. L'Eglise est magnifiquement bastie, & auec vn grand circuit; plusieurs autres Conuents en dependent, auec cent cinquante Prieurez. Fontevraut.

Le petit pays appellé la Gastine, dont la meilleure part est au Duc de Longueville, qui est aussi Baron de Vouant & Meruant, est vne portion du haut Poictou & contient soixante parroisses. D'vn costé il confine au Niortois par la Chastellenie Gastine.

de

de Coudray-sallebart, de l'autre au Thouarsois & aux terroirs de Fontenay & S. Loup: Du costé d'Anjou il s'estend iusques pres de Cherues, & vers Poictiers il a le bourg de Cramaud. Sa longueur est de quatorze lieuës, & sa largeur de 9. Partenay est la capitale du pays, sur la riuiere de Thoüé au penchant d'vn costau, ville iadis forte & de defense, Baronnie ancienne & de grande estenduë: Entre ses Eglises est remarquable celle de Saincte-Croix, qui est Collegiale. Le Comté de Secondigny, les Chastellenies & Seigneuries de Chandenier, de Beceleu, d'Amaillon, la Fresseliere & autres, auec l'Abbaye de Lapsie, sont dans les enclaues de la Gastine. Le pays est montueux, plein de ruisseaux, d'estangs, bocages, d'où le nom de Gastine luy est donné, signifiant forests, & bois de haute fustaye, où se trouuent plusieurs bestes fauues & noires. On y nourrit quantité de bestail, & s'y chasse force gibier, mais il n'y a point de vignes. Les extremitez vers Niort & l'Anjou, sont plaines fertiles.

Bas Poictou. Le bas Poictou auoisine la mer, commence à Niort, & va iusques au bourg appellé les Sables d'Olone. Fontenay-le-Comte en est la ville principale, sur la Vendée, petite ville, auec siege Royal, & Seneschal, mais bien peuplée, assise en bon pays & frequentée par ses Foires. Maillezais gros bourg, Euesché & Baronnie, renfermée dans vne Isle tres-fertile, que font la riuiere de Sepure Niortoise & quelques marais. Luçon est pareillement Euesché, gros bourg proche de la mer, auec quelques marais à costé, qui seruẽt pour le pasturage du bestail. L'Abbaye de sainct Michel en l'Herm n'est pas loin de-là. Cette partie de Poictou comprend plusieurs terres qui portent tiltre de Principauté. Celles de la Rochesuryon & de Luc, sont de l'heritage de Madamoiselle, fille de Monseigneur le Duc d'Orleãs, frere du Roy; Marsillac est au Duc de la Rochefoucaud, Talmond sur Iard (talon du monde, selon aucuns) au Duc de la Trimoüille, ville proche de la mer. La Flosseliere est vn Marquisat, ainsi que Noirmonstier, qui fait vne Isle. Olonne est Comté, proche de la mer, & du mesme lieu des Sables: Il appartient au Marquis de Royan, du nom de la Trimoüille, auec Aspremont. Il y a plusieurs belles & anciennes Baronnies, sçauoir saincte Hermine, Marueil, Belle-ville, les Essars & Rié, au Duc de Vendosme, Tiffauges & Mortagne, auec d'autres fiefs & Seigneuries, sçauoir Montagu, Mauleon, Coulonges-les-royaux, Hommes, la Chastaigneraye; celles de Monchamp, de Pousange, de Chasteaumur, Rocheceruiere & Puy-du-Fou, y appartiennent aussi, quoy que fort voisines de la Bretagne, auec les villes de la Garnache & de Beauuoir sur mer, qui sont au Duc de Rohan. Le lieu de Rié est vne Isle iointe auec celles de Perier & de Mons, qui n'en sont separées que par certains canaux appellez Achenaus par ceux du pays, & les trois ensemble ont quatre lieuës de longueur & deux de largeur, & sont de difficile accez du costé de la terre ferme. Bouin proche de la Bretagne, n'en est pas éloignée. Aucuns logent dans le Poictou le bourg de Doüay, que nous auons mentionné ailleurs[a], cogneu & remarqué par les estrangers, pour quelques restes d'Amphitheatre, caué dans le rocher, & fait comme naturellement, & par art qui ne paroist point. La description s'en void chez les Antiquaires,[b] & parmy les recherches des ouurages Romains.

a Anjou.

b Iust. Lips. de Amphith c.7. Merula in Pictou. tract.

Qualité. Le Poictou porte de bons bleds, des vins, du bestail, & de bonnes laines, du lin, force poisson, volaille, gibier & autre chasse. Il a des forests, prairies & jardins; on y trouue des viperes en quantité, seruans à la confection de la Theriaque, qu'on transporte souuent aux autres endroits de la France, & à Venise. Il y a des noix par tout, dont on fait de l'huile. Au lieu de la Dive pres sainct Michel en l'Herm, on void des montagnes faites d'huitres, que les flots de la mer y ont poussées, & y sont conuerties en pierre.

Mœurs. Les Poictevins sont generalement assez forts & robustes, hautains, capables de vengeance, aimans les procez & la nouueauté: Ils sont subtils & aigus d'esprit, d'où vient qu'ils ont souuent de bons mots[c], & ont beaucoup d'inclination aux lettres & aux sciences, comme plusieurs doctes personnages sortis de Lodun[d], & de Fontenay[e] le font iuger. Le paysan est rude & assez malicieux: mais la Noblesse y est bien faite & courageuse, & les habitans des bonnes villes sont affables & courtois.

c Ioan. Saris6.

d S. Marthe.

e Brisson.

Richesses & forces. Comme le pays ne manque pas de fruicts, bestail & laines, & de riuieres, & que la mer n'en est pas éloignée, il s'y peut faire du trafic non seulement des denrées, mais aussi des draps, sarges & laines, particulierement de Niort & de sainct Maixant. Les cousteaux de Chastelleraud sont fort renommez.

La ville de Poictiers est forte & a soustenu de grands sieges[f]. Il y a d'autres bonnes places & forts chasteaux, & le pays abonde en Noblesse & en soldats, dont les corps & le naturel valent pour les armes.

Ce pays a esté tenu par les Romains sous les noms d'Aquitaine, delaissé aux Wisigoths pour l'Empereur Honorius l'an quatre cens dix-huict, sous leur Roy Wallia, qui eut quelques successeurs : Mais en l'an 510 Clouis premier les en chassa. Depuis ce temps là & en la seconde lignée, Charles-magne s'estant rendu maistre de l'Aquitaine, donna le Comté de Poictou à Albon, dont les successeurs deuindrent aussi Ducs de Guyenne, iusques à Eleonor heritiere & Duchesse de Guyenne, qui auoit porté ce grand pays à Louys septiéme, dit le Ieune, qui la repudia, de sorte qu'elle se remaria auec Henry second Duc de Normandie & depuis Roy d'Angleterre, auquel succeda Iean dit sans-terre, sur qui le Roy Philippes Auguste, comme Seigneur souuerain, confisqua la Guyenne & le Poictou, pour cause de rebellion, Henry troisiéme fils de Iean rentra dans le Comté de Poictou, qui reuint encor depuis à la Couronne, & fut baillé en appennage à quelques fils de France: Il y eut vn autre Arrest de confiscation, qui fut executé à main armée tant sous le Roy Philippes le Bel, que sous les Rois Charles cinquiéme & septiéme, qui chasserent entierement les Anglois du Poictou & de toute la Guyenne. Gouuernement.

La Seneschaussée du Poictou a pour Chef de sa Iurisdiction vn grand & ancien Seneschal, les autres Seneschaussées sont moindres & nouuelles, sçauoir Fontenay, Civray, Chastelleraud & Montmorillon. Le siege Presidial de Poictiers, dont les appellations ressortissent au Parlement de Paris, est vn des plus grands du Royaume, & y respondent par appel outre l'ordinaire de la ville, & le Conseruateur des priuileges Royaux de l'Vniuersité, les sieges Royaux de Niort, Fontenay, saint Maixant, Lusignan, Montmorillon, Chastelleraud, & du Dorat, quoy que cete derniere ville soit du Comté de la Marche.

Poictiers a vne Generalité sous laquelle sont les Eslections de Poictiers, de Niort, Fontenay, Chastelleraud, sainct Maixant, Thouars, Bourganeuf, du Blanc en Berry, de Mauleon & des sables d'Ollone. L'Eslection de la Rochelle en dépend aussi, à cause dequoy possible aucuns comprennent la ville sous le Poictou. Toutefois estant esloignée de Poictiers de vingt-cinq lieuës, & sous le Diocese de Xainctes, nous la comprendrons dans la Xainctonge, sous le nom d'vn petit pays, dont elle est capitale.

Le Poictou estoit anciennement compris sous le Gouuernement de la Guyenne, mais il en fut distrait par Charles neufiéme, qui en donna le Gouuernement particulier à Guy de Daillon Comte du Lude, & le Roy Henry le Grand y mit vn Lieutenant general, & vn particulier dans Poictiers. Le Roy regnant y a estably depuis peu deux Lieutenans generaux, l'vn dans le haut, & l'autre dans le bas Poictou.

Poictiers est le plus grand & ancien Eueſché du pays, dont Maillesais & Luçon ont esté distraits comme nous auons dit ailleurs S. Hilaire en a esté Euesque, & les M. S. de ses œuures y sont gardez [a]. Nous auons mentionné plusieurs Abbayes, outre lesquelles Charroux est considerable, auec celles de sainct Maixant, sainct Sauyn, sainct Laon de Thouars, nostre Dame du Pin pres de Poictiers, sainct Liguaire lez Niort, du Iard, saincte-Croix de Talmont & autres. Il y a quelques villes & lieux où se fait l'exercice de la Religion pretéduë reformée, soit dans leur enclos, soit és faux-bourgs & lieux proches. L'Vniuersité de Poictiers a esté cy-deuant plus fameuse, mesme en la Iurisprudence, qu'elle n'est à present. Religion

a Disc. gen. relig.

Le LODVNOIS prend son nom de la ville capitale, qui est Lodun, appellée par les Autheurs anciens de six à sept siecles *Louiodunum, Losdunum*, par d'autres *Laudunum*. Le Poëte Salmon Macrin, qui en estoit natif, en ses poësies Latines, la nomme ingenieusement *Iuliodunum*, & veut faire croire que Iules Cesar estant dans les Gaules, en fut le fondateur. Aucuns ont estimé [c] que *Vicus Iuliensis* de Gregoire de Tours [d], estoit Lodun, mais c'est plustost la ville d'Ayre en Gascogne. Lodunois Noms.

b Fauchet. c lib. 9. c. 7.

La Touraine luy est au Leuant, le Poictou au Couchant, l'Anjou au Midy & au Septentrion. Il a dix à vnze lieuës de longueur; La petite riuiere de la Diue la separe de ces deux derniers pays. Confins & estendue.

Iuliodunum. LODVN est situé en plat pays, loin de riuiere; son chasteau iadis fort spacieux fut basty sur vne motte de terre esleuée, qui semble artificielle, que les anciens appelloient dun ou dunes, d'où le nom de la ville peut auoir esté tiré. Il contenoit Villes & lieux.

plusieurs maisons, Eglises & Conuents, auec vn grand circuit de murailles flanquées de tours, & a esté démoly depuis peu de temps. Il y a dans la ville deux Eglises Parrochiales, vne Collegiale, dite de Saincte-Croix, fondée par vn Comte d'Anjou; trois Conuens de Religieux, & deux de Religieuses. C'est vn Bailliage & siege Royal, qui a sa coustume particuliere. Il s'estend sur cinquãte-deux Parroisses, & les appellations en ressortissent au siege Presidial de Tours. Son Eslection est sous la Generalité de la mesme ville, & ses Escheuins s'eslisent de trois en trois ans.

Le pays contient dix Chastellenies, dont les plus anciennes sont Baussay, Berrie, sainct Gratian, dit vulgairement sainct Gassian, Cursay, Pouant, & Ferrieres. Les nouuelles sont Mons, petite ville, Chauigny (à present Comté) Coussay, & la Chapelle-Bellouyn. Cete derniere erigée aussi en Comté, & ornée d'vn beau chasteau a esté annexée depuis peu au Duché & Pairrie de Richelieu [a], auec autres Seigneuries du Lodunois, qui en est proche, auquel sont aussi les terres & Marquisat de Brezé, la Motte de Baussay, le Bois-rogues, Verriere, la Motte-Messemé, Coudray, Montpensier & autres.

Qualité. C'est vn air fort temperé, vn terroir fertil & abondant en toutes choses, principalement en bled froment, volaille, & chapons, qui en grandeur & beauté excellent sur tous ceux des autres prouinces du Royaume. Ce pays est exalté par tous les autheurs modernes & autres, on void des cercuils de pierre vne lieuë durant, Braye [b] est à trois lieuës de Lodun.

Mœurs. La bonne terre produit les bons esprits: Celle-cy a donné à la France plusieurs hommes doctes en Iurisprudence & autres professions.

Gouuernement. Sous le regne de Hugues Capet, Guillaume troisiéme Duc d'Aquitaine & Comte de Poictou bailla le Lodunois à Geoffroy Grise-gonnelle, Comte d'Anjou, pour le tenir en foy & hommage de luy, ce qui termina quelques differends qu'ils auoient ensemble. Les successeurs de Geoffroy deuenus Rois d'Angleterre le possederent iusques à la confiscation que Philippes Auguste en fit, auec le Poictou & la Guyenne, sur le Roy Iean sans-terre, de sorte qu'il fut reüny à la Couronne, Charles cinquiéme le donna à Louys Duc d'Anjou & Roy de Sicile, son frere, dont les successeurs en iouyrent iusques à Louys vnziéme, qui le reünit encor à la Couronne. Henry troisiéme en auoit fait erection en Duché en faueur d'vne Dame de la maison de Rohan: Mais la qualité & le tiltre s'en supprimerent en la mort de cette Dame. La ville de Lodun a eu cy-deuant vn Gouuerneur particulier: Mais à present la ville & le pays sont sous celuy de Poictou.

Religion Le Lodunois respond à Poictiers pour le spirituel, ce qui fait ranger le pays sous le Poictou, ioint le gouuernement des armes. Il a sa coustume particuliere, comme nous auons dit cy-dessus, qui ne fut redigée qu'en l'an mil cinq cens dixhuict, & ne se trouue point que ses habitans ayent esté appellez à voir rediger celles d'Aniou ou de Touraine, où aucuns rangent & attribuent ce pays.

Les habitans de Lodun font la plus part profession de la Religion pretenduë reformée.

[a] Voy. Richelieu au pays d'Anjou dans la Beausse.

[b] Gul. Britto in Philipp. Froissart.

ANGOVLMOIS.

Noms: L'ANGOVLMOIS prend son nom d'Angoulesme ville capitale du pays, *Iculisma* ou *Inculisma* [b], *Ecolesma* & *Ecolisma* [c], *Engolisma* [d].

Cõfins & estenduë. Le Poictou luy est au Septentrion, la Xainctonge au Couchant, le Perigord au Midy, & le Limosin au Leuant. Les riuieres de la Droume & la Lysonne le separent du Perigord, & la Tourse du Limosin du costé de Chabanois, Confolant & Montbron. Sa longueur du Leuant au Couchant est de vingt-trois lieuës, & sa largeur du Midy au Septentrion, de dixsept.

Villes & lieux. Angoulesme. ANGOVLESME est vne ville ancienne, dequoy furent trouuées il y a quelque temps, des traces & des marques dans les fondemens des vieilles murailles. Elle se rencontre presqu'au milieu du pays, bastie sur le sommet d'vne montagne, au dessous de laquelle passe la riuiere de Charente, auec celle d'Anguenne, qui se vient

[c] Auson. ep. 11 ad. Terrad.

[d] Vieux tiltres d'Angoulesme.

[e] Greg. Turon.

droits se rencontrent des minieres de fer tres-bon, & d'acier, & du costé du Limosin les estangs qui seruent aux forges du fer abondent en poisson de toutes sortes. Les simples & herbes medecinales y sont en plus grãd nõbre qu'aux Prouinces voisines.[a] L'Angoulmois en general se trouue presque pourueu de tout ce qui peut estre necessaire à la vie, sçauoir bleds, vins, bois, eaux, fruits de plusieurs sortes, comme chastaignes, noix dõt ils font de l'huile, & autres fruits à noyau, chanvres, safrans, foins en leurs prairies excellentes, où eschet la dispute que ceux du pays ont auec les Xaintongeois, si le reuenu de leurs prez & pasturages, n'esgale pas celuy des salins de Xaintonge. Outre les herbes remarquées curieusement par Corlieu, on y troune aussi l'Imperatoire, la Vipaine, laquelle y vient sans culture, le *morsus diaboli*, & autres propres à guerir la contagion. Les treufles, potirons & asperges y prouiennent naturellement dans les bois.

[a] Corlieu en son histoire d'Angoulesme.

Mœurs. On remarque des habitans d'Angoulmois, que leur pays estant petit & entourné du Poictou, du Perigord, du Limosin & de la Xaintonge, ils ont l'humeur, la façon de viure & le langage de ceux qu'ils auoisinent le plus : neantmoins qu'ils sont plus fins & subtils que les Xaintongeois, mais qu'ils ne le sont pas tant que les Limosins & Perigordins, qui leur cedent aussi en ciuilité & en inclination aux sciences : Ils esgalent les Poictevins en belle humeur & gentillesse. On donne par dessus tout à ceux d'Angoulesme vne double reputation, d'aymer les armes & les lettres aussi, auec toutes choses nouuelles, dequoy la nation Françoise est accusée generalement.

Richesses & forces. Le traffic des bleds, des vins, des chanvres, fer, safran & autres denrées, comme nous l'auons mentionné cy-deuant, rend le pays riche & abondant en deniers. A Aubeterre se font de grosses toiles, & quantité de papier qu'on fait conduire à Bordeaux, la Rochelle & Toulouze. L'eau de la Lisonne a esté iugée propre pour les moulins à papier. Il s'y fait aussi grãd traffic de bestail sçauoir bœufs, moutõs, & pourceaux qu'on meine vers les Isles de Marẽnes, la Rochelle & Bordeaux, & delà en Espagne: La force du pays consiste en ses villes & lieux riches & bien peuplez, ses places fortes & bien assises, particulierement Angoulesme, que nous auons descrite, auec quelques autres ; & en sa noblesse & l'inclination que les habitans ont aux armes.

Gouuernement. Les plus anciens Comtes d'Angoulesme ont esté du nom de Taille-fer, qui furent iusqu'en l'an 1217. qu'Ysabeau fille d'Aymar dernier de la race espousa Hugues de Lusignan Comte de la Marche ; dont la posterité posseda ceste belle terre iusqu'à Guy de Lusignan, Comte d'Angoulesme, de la Marche & de Lusignan, qui ne fut point marié, & mourut ieune l'an 1307. apres auoir fait son heritier le Roy Philippes le Bel, en qui ces trois Comtez furent reünis à la Couronne. Charles le Bel mariant Ieanne sa niepce, fille de Loüis Hutin, Royne de Nauarre, l'an 1321 à Philippes, fils du Comte d'Evreux, luy remit le Comté d'Angoulesme. Ieanne Royne de Nauarre & Comtesse d'Angoulesme estant decedée, le Roy Iean reprit ceste terre, & s'en empara sur les Anglois, & sur Charles Roy de Nauarre, fils aisné de Ieanne, & la donna à Charles d'Espagne Connestable de France l'an 1350. Mais le Connestable ayant esté tué, le mesme par Charles Roy de Nauarre le Comté reuint au Roy Iean, & à Charles cinquiesme son successeur, par le moyen des habitans qui chasserent les Anglois, ausquels le Comté auoit esté transporté. Il fut depuis baillé en appennage à Iean Duc de Berry, frere de Charles cinquiesme, & à Loüis Duc d'Orleans, frere de Charles sixiesme. Iean fils puisné de Loüis eut pour son partage les Comtez d'Angoulesme & de Perigord; & à luy succeda Charles pere de François Comte d'Angoulesme & Roy de France, premier de ce nom, qui l'erigea en Duché l'an 1515. & comme estant de la succession de Diane legitimée de France, fille naturelle de Henry second, à laquelle il auoit esté baillé, Charles de Valois, fils naturel de Charles neufiesme, en jouyt aujourd'huy auec declaration du Roy.

Il y a vn Gouuerneur & Lieutenant general pour le Roy, outre celuy d'Angoulesme & des autres places. Le pays ressortit pour la Iustice à la Cour de Parlement de Paris. Nous auons parlé des sieges Royaux & autres Iustices. De trois cens quatre-vingt quinze parroisses & bourgs, qui sont du pays & ressort du siege Presidial d'Angoulesme, il n'y en a que trois cens vingt qui soient de son Eslection, les autres ayans esté données & jointes aux Eslections de sainct Iean d'Angely & de Niort. Les habitans d'Angoulesme ne payent ny taille, ny gabelle. Leur Hostel de ville est composé de cent personnes, outre le Maire, qui sont vingt-cinq Escheuins, & 75 Pairs. Les Escheuins demeurent nobles & leur posterité. Leurs priuileges sont rapportez à Charles cinquiesme, & confirmez de temps en temps, pour leur fidelité & valeur tesmoignée contre les Anglois. L'Histoire d'Angoulesme a esté soigneusement dressée par Corlieu.

La maison de la Roche-foucaud a esté de tout temps la plus ancienne & la plus estenduë en terres & alliances tres-honorables, du pays d'Angoulmois, & l'vne aussi des plus illustres de France. Les belles terres & fiefs du pays marquent assez les puissantes familles, qui y subsistent encores; & plusieurs personnes qualifiées en charges publiques, soit à Paris, soit à Bordeaux, sont issuës d'Angoulesme, dont l'air espuré est capable de produire & nourrir des esprits sublimes.

Religion. Il y a plusieurs habitans au pays, qui font profession de la Religion pretenduë reformée, aucuns dans Angoulesme, qui en ont l'exercice pres de la ville, la moitié des habitans de Montignac-Charente, où l'exercice y est aussi, de mesme qu'à la Roche-foucaud, Vertueil, sainct Claude, Iarnac, Chasteau-neuf, Roche-beaucourt, sainct Mesmat, Segousac & autres lieux: A Coignac, il est hors de la ville. Il n'y a point de parroisse en Angoulmois où l'exercice de la Religion Catholique ne se face; & y a plusieurs belles & bonnes Abbayes dans le pays, outre celle de sainct Cybart, sçauoir sainct Ausany, qui est dans la ville, sainct Anian, sur la Charente, celle de la Couronne, de Bassac pres de Iarnac, de Gros-bois, & plusieurs Prieurez.

XAINTONGE.

Noms. LA XAINTONGE a pris nom des peuples qui ont habité le pays, *Santones*,[a] *Xantones*,[b] *Santonia regio*,[c]

Confins & estenduës. Elle a du Leuant l'Angoulmois & le Perigord; du Nord le Poictou & le pays d'Aulnis; du Couchant l'Ocean, où sont les Isles d'Oleron & de Marennes; du Midy la Garomne & le Bourdelois. Sa longueur est de vingt-cinq lieuës au plus, & sa largeur de douze.

Villes & lieux. Xaintes. XAINTES, *Mediolanum*, ou *Mediolanium Santonum*,[d] *Santonus*,[e] où passe la Charente, ville ancienne; ce que tesmoignent quelques restes de murailles & d'vn Amphitheatre hors de la ville, auec le pont qui semble estre basty à l'antique, & porte quelques inscriptions auec le nom de Iules Cesar, & finalement les masures d'vn aqueduct au chemin qui va de Xaintes à sainct Iean d'Angely. Sur le pont est assise la tour qu'on appelle de Mantrible, consistant en deux arches fort hautes basties du temps des Romains, & de pierres semblables aux Arenes de Nismes. On a descouuert depuis quelques années plusieurs autres marques & restes d'antiquité hors de la ville. C'est vn siege Presidial, & Euesché. Il y a plusieurs Eglises parrochiales, outre la Cathedrale qui est dediée à sainct Pierre, bastie par Charlemagne, & les Conuents de Religieux & Religieuses, le Monstier-sainct Eutrope, l'Abbaye des Dames, & les faux-bourgs qui sont aussi grands & peuplez que la ville, & plus marchands. La Charante passe entre la ville & le faux-bourg des Dames. La ville est assez petite & foible. Il y a vn chasteau bien fortifié.

[a] Ptol. Strab. Tib. li. 1. el. 7. Mart. Tac. li. 5. Annal.
[b] Cæs. li. 1. 2. 3. de bell. ciu.
[c] Galen. σαντωνεία.
[d] Ptolem li. 2. c. 7. Strab. Steph.
[e] Auson. ep. 23.

S. Iean d'Angely. Sainct Iean d'Angely, *de Angeria*, à quatre lieuës de Xaintes, sise sur la croupe d'vne colline, où il faut monter par toutes les aduenuës, sinon par la porte d'Aulnis. La riuiere de Boutonne coule au pied de la colline, faisant trois branches, dont l'vne passe dans les fossez, l'autre entre la ville & le faux-bourg de Taillebourg, & fait tourner quatre moulins; la troisiesme qui est le grand bras passe au bout du faux-bourg de Taillebourg, qui est vne Isle au milieu de la riuiere. De l'autre costé le païs est plus montueux & difficile. La ville fut prise par le Roy en Iuin 1621. & demantelée. Matha est petite ville auec Chasteau, à trois lieuës de sainct Iean d'Angely.

Pons. Pons est à quatre lieuës de Xaintes, au delà de Charente, ville tres-bien bastie, au bas de laquelle passe la riuiere de Seigne par trois diuers cours. Sa forme est comme en arcade qui couure vne montagne peu accessible. Le Chasteau est fort & tres-beau, assis au plus haut de la montagne, clos de hautes & fortes murailles, espaisses de dix pieds, de fossez profonds & larges, & muny de quatre grosses & fortes tours; & d'vn donjon au milieu. La ville a trois Eglises parrochiales, trois Conuents, trois Hospitaux & vne Commanderie de sainct Iean, auec soixante-deux parroisses qui son de l'estenduë de sa Iurisdiction. La maison des sires ou Seigneurs de Pons est fort ancienne, iusqu'à se dire issuë des Ponties Romains: vn puisné de la maison d'Albret de Miossens en a espousé l'heritiere. Il y a deux cens cinquante-deux fiefs nobles qui en releuent. L'an 1621. les murailles & fortifications de la ville furent démolies. On la diuise en haute qu'on appelle sainct Viuian, & basse, dite les Aires ou sainct Martin, que la Seigne diuise en deux, auec quantité de ponts, qui luy ont donné nom, sans aller plus loin.

Royan est petite ville, mais forte, & ceinte de doubles fossez taillez dans le roc, le vieil fossé estant de quarante pieds de large, & profond de vingt, le nouueau de trente pieds de large, & profond de douze. Elle est sise à l'embouchеure de la Garomne, battuë du flot de la mer de deux costez. Le port est defendu d'vn Chasteau appartenant au Marquis de Royan, du nom de la Trimoüille. L'Isle ou presqu'Isle d'Aluert est pres de Royan, la riuiere de Sudre l'enferme d'vn costé. Le Chasteau de Monac est dans l'Isle; aucuns croyent que le nom d'Arduert luy est donné, à cause de son bois, qu'on ard tout vert. Taillebourg sur la Charente, ville & Chasteau au Duc de la Trimoüille, à trois lieuës de Xaintes.

Blaye, *Blauia*,[a] lieu cogneu des Anciens, [b] sur la Garomne, & bien loin de son embouchеure: Il y a ville & Chasteau auec garnison, comme les Romains y entenoient, ce qui l'a faite nommer *militaris*. L'Isle d'Argenton est à vne lieuë de Blaye. Marennes est proche de la mer, comme son nom le marque, à sept lieuës de Xaintes & vne lieuë de Broüage; bourg riche, entouré de marais, où se fait du sel. Il a titre de Comté.

a Auson, ep. 11. Greg. Tur. de glor. confess.
b Auson.

Broüage ville fortifiée, entourée de marais, à huict lieuës de Xaintes, auec des salins sur le lieu & à quelques lieuës aux enuirons. Il y a vn Gouuerneur, qui prend droict sur le sel pour son entretien & de la garnison, par permission du Roy. La gabelle n'y est point establie: mais le sel est vendu par les proprietaires aux fermiers du Roy & aux marchands estrangers. Ceux du pays en sont rendus riches, & les droits du Roy ou du Gouuerneur s'afferment vne notable somme. Le Chasteau de la Broüe ruiné par les Anglois, qui estoit proche de Broüage, en est encore vne parroisse, & sainct Eutrope-de-la-Broüe luy a donné nom; Iaques de Pons luy auoit donné celuy de Iaqueuille. Broüage.

Il y a quelques autres villes & lieux dans la Xaintonge, sçauoir Barbesieux, beau bourg à neuf lieuës de Xaintes, auec vn Chasteau, à la maison de la Roche-foucaud: Il y a deux parroisses, & a esté close de murailles. Bourg sur mer, Archaut, Lorgaire, Soubise, Duché sur la Charente; Yers, non loin de Broüage, y a esté joint & fortifié. Cosnac, Chasteau fort, la ville ayant esté ruinée par les Anglois. Chalais, bourg & Chasteau, terre de grande estenduë du costé de Perigord, auec titre de Principauté, comme aussi Mortaigne La tour de Cordoüan, Phare ou Fanal sert à ceux qui arriuent de la grand mer en Xaintonge, & en sera parlé ailleurs. [c] Allion, & Saugeon, Baronnie, que Charlemagne donna à garder à Taille-fer Comte d'Angoulesme, Plassac, Chasteau au Duc d'Espernon, Coutras ville & Chasteau.

c Bordeaux.

Sur ce pays, qui a vn air fort doux, & est tres-abondant en bleds, vins, bon sel, safran, poisson, & en tous fruits, on attribuë au Roy Henry le Grand ce qui s'en dit ordinairement, que si la France estoit vn œuf, la Xaintonge en seroit le moyeu. Elle a plus de bled & de vin qu'il ne luy en faut pour sa prouision; elle a quantité de bois, & force foins, à cause de la Charente qui va serpentant & coule doucement par le milieu du pays, où il fait vne prairie qui a vne lieuë de large en certains endroits, & trente de long. On parle de certain oyseau nommé Gouland, qui se void sur la mer de Xaintonge, & voltige sans cesse sur les eaux pour y surprendre les poissons dont il se nourrit, & estant saoul iusqu'à l'extremité se tourne droit au vent qui luy cause & parfait sa digestion.[d] Les anciens[e] ont parlé de l'absynthe de Xaintonge, dont il se trouue encor beaucoup dans le pays; c'est l'absynthe Romain, ou Pontique-marin, ou aluyne, qui a de belles proprietez. La matiere du verre tirée de quelques pierres ou herbes abonde en Xaintonge.[f] Qualité.

d Gayon. Tom 3.
e Martial.
f Du Pradel li. 6.

La Noblesse & le peuple du pays se trouuent si bien chez eux, qu'ils n'ont pas besoin de leurs voisins ou de courir ailleurs. Les gentils-hommes y sont genereux, toutesfois vn peu vains & altiers. Ils se visitent fort peu, au contraire de ceux d'Angoulmois leurs voisins, qui se voyent souuent. On accuse le peuple de Marennes d'estre soudain, amy de nouueauté & prompt à mutinerie, à cause qu'ils se fient aucunement en l'assiette de leur pays.[g] Ceux qui sont proches de la mer portent encore de ces cappes anciennes, *bardocuculli*;[h] qui viennent aujourd'huy du Bearn. Mœurs.

g Theuet. li. 14 c. 4.
h Martial.

Richesses. Sa richesse consiste en son traffic de bleds, vins & autres dentées qui se transportent aux autres Prouinces & pays estrangers. Quant au sel de Broüage, le reuenu que le Roy en perçoit en ses fermes, & le commerce qui s'en fait pour l'Espagne, l'Angleterre, Flandres, Alemagne, Pologne & Isles Septentrionales, sont tres-grands, comme nous l'auons deduit ailleurs.[a] Des bleds & des vins qui passent sous le pont de Charente à Xaintes, sous l'arche de la ferme, qui est la plus grande, où est vne chaine de fer, le Roy retire des droicts qui s'afferment à vne notable somme. a Disc. gen. de la France.

Forces. Les lieux proches de la mer y sont bien fortifiez, & ont leurs Gouuerneurs & garnisons, comme Broüage, & autres. Il y a de bonnes & fortes places & Chasteaux, sçauoir Pons, Conac, & autres que nous auons mentionnez. Le païs est grandement peuplé, & le Roy en peut tirer secours assez notable : mais plus de gens de pied que de cheual. Marennes seul peut mettre sur pied douze cens hommes pour sa defense.

Gouuernement. Sous le nom des anciens Santons, Cesar ou l'autheur des guerres de Gaule, baille des peuples puissans, qui alloient iusqu'à Toulouse, & dit qu'en l'assemblée generale qui se tint pour se defendre à luy, on leur ordonna de leuer iusqu'à douze mille hommes, quoy que les Poicteuins ne fussent commandez que pour huict mille, & les Limosins pour dix mille. Le pays est aujourd'huy sous vn Gouuerneur & Lieutenant general pour le Roy, auec des gouuerneurs particuliers des villes & places. Marennes depend de celuy de Broüage, lequel ne recognoist point le Gouuerneur de la Xaintonge. Nous auons parlé du Gouuernement particulier de Xaintes ville capitale, pour la iustice & la police. Le pays ressortit à la Cour de Parlement de Bordeaux.

Religion. Le nombre des habitans de la Religion pretenduë reformée y est plus grand en general. A Broüage ils sont tous Catholiques, & à Xaintes la plus grand part.

PAYS D'AVLNIS.

Noms. LE PAYS D'AVLNIS a son nom du terroir ou bourg, *Alnisiensis*. Le lieu ancien, *Annedonnacum*, qui peut estre Aulnay d'aujourd'huy, n'est point logé loing de Xaintes.[b] *Alniensis pagus* se trouue ailleurs dans l'Angoulmois.[c] b Antonin.

Confins & estendues. Le Poictou luy est au Septentrion, la Xaintonge au Midy; au Leuant & au Couchant la mer Oceane. Sa longueur & largeur est presqu'esgale, de six à sept grandes lieuës, sans y comprendre l'Isle de Ré. c Hist. de Re uelat. cap. S. Ioann.

Riuieres. Il n'est arrousé que de deux riuieres, sçauoir de la Seure Niortoise vers le Nord, qui naist au dessus de sainct Maixant, en vn lieu appellé Seuret, & se rend à Marans & deux lieuës au dessous va dans la mer par le canal du lieu. L'autre est la Charente vers le Midy, qui tombe dans la mer à la tour de Fourras.

Villes & lieux. La Rochelle. LA ROCHELLE, *Santonum portus*,[d] assise sur vn golfe de mer, laquelle y fait comme vn cap. La plaine où elle est logée s'esleue doucement vers l'Orient & le Septentrion, & la mer y fait vn canal d'enuiron mille pas de large, & forme son port asseuré pour receuoir toute sorte de vaisseaux. A l'entrée sont deux grosses tours basties par le Roy Charles V. des ruines du Chasteau, auec deux fenestres qui regardent sur la mer, & l'artillerie pour repousser ceux qui veulent entrer au port. Ce lieu est appellé la Chaine, à cause d'vne chaine qui va d'vne tour à l'autre, sçauoir de la tour de la Chaine à celle de sainct Nicolas A ces tours est jointe vne forte & espaisse muraille, qui fait vne enceinte, & se va joindre à vne autre tour dite du Garrot, pour commander sur tout le canal, & estre comme l'Arsenal de la ville. Sa fortification ancienne consistoit aux vieilles murailles, où l'on voyoit quelques angles saillants & rentrans, accompagnez de force tours, & des bastions de l'Euangile, de la porte neuue, & des Vases. La nouuelle estoit de sept bastions reuestus, ayans leurs courtines & defenses, & deux rauelins, & de quatre bastions accompagnez de fossez, remparts & Corridors reuestus au dehors de la contr'escarpe. Il y a plusieurs moulins à vent, & fort peu à eau, bien que les Rochelois eussent inuenté vn moyen pour se seruir commodement de l'eau de la mer pour mouldre, ayans fait bastir certains receptales d'eau assez grands pres des moulins, pour receuoir & leur dispenser l'eau. Le tour de toute la ville est de trois mille pas, presqu'en forme quadrangu- d Ptolem.

laire; les murailles pour la plufpart eftoient fondées fur le roc, & eftoient fi hautes & les foffez fi profonds, qu'on ne la pouuoit prendre par efcalade. Toutes ces murailles & forticaтions vieilles & nouuelles ne font plus depuis l'an 1628. que le Roy regnant par l'inuention extraordinaire d'vne digue merueilleufe, defcrite & exaltée dans l'hiftoire, & digne de la cognoiffance des fiecles futurs, la reduifit en fon obeiffance. A deux lieuës de la Rochelle eft le promontoire *Bofium*, ou chef de Boys, ou Bayes, capable de receuoir feurement vne armée nauale. A pareille diftance de la Rochelle, fur la cofte de la mer, eftoit autresfois vne ville fort ancienne, qu'on nommoit Chaftel-aillon, *Caftrum Iulij*, ceinte de groffes tours, dont vne feule en refte du cofté de la terre, les autres eftans ruinées, quoy qu'affifes fur le roc. Des ruines de Chaftel-aillon, la Rochelle prit fes commencemens par vn fimple Chafteau, lequel y fut bafty. Par fa prife & reduction les tours, rampart, baftions & autres fortifications de la ville (fors les tours de S. Nicolas, de la Chaine & de la Lanterne ou Phare, & les murs vers la mer depuis S. Nicolas iufqu'à la tour de la Lanterne) ont efté rafées, les fondements arrachez, & les foffez comblez, en forte que de tous coftez les charretes y entrent.

Maufe a efté autresfois vn lieu clos dans l'Aulnis : mais depuis quelques fiecles il ne l'eft plus, & n'eft point nommé ville par aucuns actes publics.

Marans eftoit nommé ville pendant la tranflation du fiege Prefidial à caufe des guerres & rebellion de la Rochelle, & depuis a repris le nom de bourg, auec titre de Comté, confiftant en vne feule parroiffe, fans autre droit ny eftat de communauté: Il eft bien peuplé, maifonné & marchand, voire vn des plus grands greniers de France par l'abord & defcente de la plufpart des grains de Poictou, pour tranfporter en pays eftranger. Le bourg eft defendu d'vn fort Chafteau, qui a efté depuis rafé par commandement du Roy. En toute faifon on a moyen de faire paffer toute forte de marchandifes de Poictou & des pays voifins par la riuiere de Seure Niortoife, qui trauerfe le bourg, en quelque partie que ce foit de l'Europe. Cefte place eft comme vne Ifle, ceinte de grands marais; fes aduenuës ont efté autresfois fortifiées, parce qu'en efté les eaux fe retirent & la place eft acceffible. Cigoigne eft vne Ifle autour de Marans, & celle de Charon en eft proche, où eft le Fort de Braw, où la Seure fe defchage en la mer. Surgeres eft vne Baronnie & bourg ouuert arroufé d'vne petite riuiere. Le Chafteau de Benon eft vn ancien Comté du pays, & eft prefque tout démoly.

Outre les lieux fufmentionnez y font encor ceux de la Iarrie, de Dompierre, de S. Xandre, Laleu, Nicuil, Efnandes, Adilly-le-Marois, Bourg-neuf, Thaire, Rochefort, auec Chafteau fur la Charente, Ciré, Aitié & autres moins principaux, & parmy ceux-là Surgeres, paffage ordinaire pour aller de tous endroits à la Rochelle, Andilly-le-Marois auec Charon, la Sauffaye, Cheuffe, la Garde-aux-vallets, & S. Chriftophe font les plus belles maifons du pays. L'Ifle d'Aix ou Ez n'eft diftante de la Rochelle que de quatre lieuës, & trois de Broüage.

Les lieux qui font à couuert de la mer ont l'air affez bon & temperé : mais les autres l'ont vn peu mauuais & catarrheux. Le terroir quoy qu'affez fec, produit de bons bleds, & les endroits marefcageux y ont quelques prairies, & font fournis de beftail. Il y a quantité de vignes & d'affez bons vins. La chaffe des perdrix & des lievres y eft mediocre. Les forefts de Benon & de Rochefort nourriffent quelques chevreuls; mais les oyfeaux de riuiere & de mer fe prennent abondãment en certains endroits. Il y a des marais falants, & par l'induftrie de ceux de la Rochelle & autres du pays on y fait du fel fort blanc auec l'eau de la mer qu'ils enferment en Hyuer, & la font deffeicher pendant les ardentes chaleurs de l'Efté. Qualité.

Les habitans font rudes & groffiers, pluftoft que gens de mauuaife foy, & ne font gueres adonnez à plaider, dequoy les Poicteuins qui leur font proches font accufez. Les habitans de la Rochelle pour le commun s'addonnent au traffic de la marine, & le peuple y a efté infolent & hardy, mais les chofes paffées auec le changement des affaires & de l'eftat de leur ville, peuuent auoir amendé leurs mœurs. Mœurs.

Le traffic du plat pays n'a iamais efté grand, & depuis que par les guerres leurs vignes furent arrachées, tout le vin qui s'y recueilloit s'y confumoit auffi. La Rochelle eftoit autresfois lieu de grand commerce pour debiter ez Prouinces voifines toutes les marchandifes qui viennent d'Angleterre & de Holande, auec celles que les Rochelois eftoient allés chercher eux mefmes en Efpagne : mais cela a fort decliné, Marans conferue le traffic des bleds & du fel en terre le long de fa riuiere. La richeffe principale du païs, qui eft fort defcheuë, confifte en fel & en deniers, les terres Richeffes n'estans pas de grand apport; & outre les bleds, les vins, & les marchandises estrangeres, il y aussi grand traffic de poisson sec & salé.

orces. La force du pays & particulierement de la Rochelle se peut recueillir de ce qui en a esté desia dit: La Prouince est fort depeuplée d'hommes par les guerres & le long siege de ceste ville là.

ouuerement La Rochelle cõmençant par vn Chasteau accõpagné de quelques maisons deuint vne ville possedée par des Seigneurs particuliers,[a] & depuis par les Ducs d'Aquitaine & Comtes de Poictou, en la personne de Guillaume dernier Comte, dont la fille & heritiere Eleonor se mariant auec Loüis le Ieune l'en auoit rẽdu maistre & Seigneur: mais par sa repudiation la Rochelle auec toute l'Aquitaine paruint en autres mains, Eleonor s'estant remariée auec Henry Duc de Normandie & Roy d'Angleterre. Sous ce gouuernement la Rochelle acquit le droit de Commune, la Mairrie & plusieurs autres priuileges, auec les vingt-quatre Escheuins, & cent Pairs. En l'année 1224. elle fut prise par le Roy Loüis huictiesme, qui luy confirma ses priuileges, & promit de ne mettre la ville hors de sa main, & de n'en point abbatre ou ruiner la closture. Sainct Loüis en l'an 1227. en fit de mesme, ce que continuerent les successeurs Rois, sçauoir Phillippes le Bel l'an 1286. Charles le Bel, & Philippes de Valois en 1339. lesquels luy octroyerent de nouuelles graces. La prison du Roy Iean & le traité de Bretigny fait en l'année 1360. remirẽt la Rochelle au pouuoir des Anglois auec la Xaintonge & le Comté de Poictou, mais en l'an 1362. elle fut reconquise sur les Anglois par le Roy Charles cinquiesme, finalement asseurée à la Couronne souz Charles septiesme, qui chassa les Anglois de la Guyenne; de sorte que souz Loüis vnziesme son successeur en l'an 1461. ses priuileges furent confirmez, & ce Roy fut dans la ville en l'an 1472. Les Rois Charles huictiesme & Loüis douziesme la maintindrent dans les mesmes graces, & le Roy François premier y entra en armes l'an 1542. apres les émeutes & differends arriuez entre les gens de guerre & les bourgeois, Henry second son successeur restablit la Mairrie, qui auoit esté faite perpetuelle. Les guerres suruenuës souz les Rois suiuans parmy les diuisions de l'Estat, soit pour la Religion, soit pour autres causes (qui en leur source regardoient le gouuernement du Royaume par ceux de la maison de Guyse, qui souz pretexte de Religion furẽt en fin les Auteurs de la Ligue, qui n'a esté destruite que par le Roy Henry le Grand) rendirent la Rochelle comme vn Asyle des Princes qui auoient embrassé la Religion pretenduë reformée; & souz le Roy regnant dés l'an 1621. pour auoir desobey à sa Majesté & receu l'Assemblée generale, elle fut priuée de ses priuileges & declarée rebelle. Dans la recidiue & le renouuellemẽt des guerres, & apres la descente des Anglois en l'Isle de Ré, elle fut tellement pressée en l'an 1628. que la reddition s'en ensuiuit; & par ce moyẽ la Mairrie, Escheuinage, Corps & Cõmunauté de la ville, ordre des Pairs & celuy des bourgeois ont esté esteints, & tous droits, priuileges, exemptions & franchises cy-deuant attribuées, reuoquées, auec reünion au domaine du Roy des rentes & reuenus de la Communauté, & de la Iustice & Police attribuées à l'Hostel de ville, au siege du Seneschal de la ville, & des droits & offices de la marine à la charge de sur-Intendant general de la Nauigation. Le siege de la Preuosté & celuy du Seel furent pareillement supprimez & vnis au Seneschal & Gouuerneur, auquel & au siege Presidial le Roy erigea nouueaux officiers & supposts; conserua la Iurisdiction des Iuge & Consuls des marchands, & establit vn Intendant de la Iustice en la ville, pays & gouuernement, & dans les pays de Poictou & de Xaintonge depuis la riuiere de Loire iusqu'à la Garomne & Gironde, & dans les Isles, Il y a vn Gouuerneur particulier, qui l'est aussi de Broüage & des Isles de Xaintonge. Outre le Seneschal & siege Presidial de la Rochelle, il n'y a point d'autre siege Royal dans le pays; le bureau de l'Election de la Rochelle depend de la generalité de Poictiers; le spirituel est de l'Euesché de Xaintes; la Iustice & les finances sont de la Cour de Parlement, Chambre des Comptes & Cour des Aydes de Paris.

a Mauleon & Rochefort.

Religion. Les plus apparens & la Bourgeoisie de la Rochelle auec autres de moyenne qualité sont pour la pluspart de la Religion pretenduë reformée. Ils sont quasi tous Catholiques à la campagne, & les PP. Iesuites ont esté logés dans la Rochelle.

laire ; les murailles pour la plufpart eftoient fondées fur le roc, & eftoient fi hautes & les foffez fi profonds, qu'on ne la pouuoit prendre par efcalade. Toutes ces murailles & fortications vieilles & nouuelles ne font plus depuis l'an 1628. que le Roy regnant par l'inuention extraordinaire d'vne digue merueilleufe, defcrite & exaltée dans l'hiftoire, & digne de la cognoiffance des fiecles futurs, la reduifit en fon obeiffance. A deux lieuës de la Rochelle eft le promontoire *Bofium*, ou chef de Boys, ou Bayes, capable de receuoir feurement vne armée nauale. A pareille diftance de la Rochelle, fur la cofte de la mer, eftoit autresfois vne ville fort ancienne, qu'on nommoit Chaftel-aillon, *Caftrum Iulij*; ceinte de groffes tours, dont vne feule en refte du cofté de la terre, les autres eftans ruinées, quoy qu'affifes fur le roc. Des ruines de Chaftel-aillon, la Rochelle prit fes commencemens par vn fimple Chafteau, lequel y fut bafty. Par fa prife & reduction les tours, rampart, baftions & autres fortifications de la ville (fors les tours de S. Nicolas, de la Chaine & de la Lanterne ou Phare, & les murs vers la mer depuis S. Nicolas iufqu'à la tour de la Lanterne) ont efté rafées, les fondements arrachez, & les foffez comblez, en forte que de tous coftez les charretes y entrent.

Maufe a efté autresfois vn lieu clos dans l'Aulnis : mais depuis quelques fiecles il ne l'eft plus, & n'eft point nommé ville par aucuns actes publics.

Marans eftoit nommé ville pendant la tranflation du fiege Prefidial à caufe des guerres & rebellion de la Rochelle, & depuis a repris le nom de bourg, auec titre de Comté, confiftant en vne feule parroiffe, fans autre droit ny eftat de communauté : Il eft bien peuplé, maifonné & marchand, voire vn des plus grands greniers de France par l'abord & defcente de la plufpart des grains de Poictou, pour tranfporter en pays eftranger. Le bourg eft defendu d'vn fort Chafteau, qui a efté depuis rafé par commandement du Roy. En toute faifon on a moyen de faire paffer toute forte de marchandifes de Poictou & des pays voifins par la riuiere de Seure Niortoife, qui trauerfe le bourg, en quelque partie que ce foit de l'Europe. Cefte place eft comme vne Ifle, ceinte de grands marais ; fes aduenuës ont efté autresfois fortifiées, parce qu'en efté les eaux fe retirent & la place eft acceffible. Cigoigne eft vne Ifle autour de Marans, & celle de Charon en eft proche, où eft le Fort de Braw, où la Seure fe defchage en la mer. Surgeres eft vne Baronnie & bourg ouuert arroufé d'vne petite riuiere. Le Chafteau de Benon eft vn ancien Comté du pays, & eft prefque tout démoly.

Outre les lieux fufmentionnez y font encor ceux de la Iarrie, de Dompierre, de S. Xandre, Laleu, Nieuil, Efnandes, Adilly-le-Marois, Bourg-neuf, Thaire, Rochefort, auec Chafteau fur la Charente, Ciré, Aitié & autres moins principaux, & parmy ceux-là Surgeres, paffage ordinaire pour aller de tous endroits à la Rochelle, Andilly-le-Marois auec Charon, la Sauffaye, Cheuffe, la Garde-aux-vallets, & S. Chriftophe font les plus belles maifons du pays. L'Ifle d'Aix ou Ez n'eft diftante de la Rochelle que de quatre lieuës, & trois de Broüage.

Les lieux qui font à couuert de la mer ont l'air affez bon & temperé : mais les autres l'ont vn peu mauuais & catarrheux. Le terroir quoy qu'affez fec, produit de bons bleds, & les endroits marefcageux y ont quelques prairies, & font fournis de beftail. Il y a quantité de vignes & d'affez bons vins. La chaffe des perdrix & des lievres y eft mediocre. Les forefts de Benon & de Rochefort nourriffent quelques chevreuls ; mais les oyfeaux de riuiere & de mer fe prennent abondãment en certains endroits. Il y a des marais falants, & par l'induftrie de ceux de la Rochelle & autres du pays on y fait du fel fort blanc auec l'eau de la mer qu'ils enferment en Hyuer, & la font deffeicher pendant les ardentes chaleurs de l'Efté. Qualité.

Les habitans font rudes & groffiers, pluftoft que gens de mauuaife foy, & ne font gueres adonnez à plaider, dequoy les Poicteuins qui leur font proches font accufez. Les habitans de la Rochelle pour le commun s'addonnent au traffic de la marine, & le peuple y a efté infolent & hardy, mais les chofes paffées auec le changement des affaires & de l'eftat de leur ville, peuuent auoir amendé leurs mœurs. Mœurs.

Le traffic du plat pays n'a iamais efté grand, & depuis que par les guerres leurs vignes furent arrachées, tout le vin qui s'y recueilloit s'y confumoit auffi. La Rochelle eftoit autresfois lieu de grand commerce pour debiter ez Prouinces voifines toutes les marchandifes qui viennent d'Angleterre & de Holande, auec celles que les Rochelois eftoient allés chercher eux mefmes en Efpagne : mais cela a fort decliné, Marans conferue le traffic des bleds & du fel en terre le long de fa riuiere. La richeffe principale du païs, qui eft fort defcheuë, confifte en fel & en deniers, les terres Richeffes n'estans pas de grand apport; & outre les bleds, les vins, & les marchandises estrangeres, il y aussi grand traffic de poisson sec & salé.

oices. La force du pays & particulierement de la Rochelle se peut recueillir de ce qui en a esté desia dit: La Prouince est fort depeuplée d'hommes par les guerres & le long siege de ceste ville là.

ouuer-ement La Rochelle cõmençant par vn Chasteau accõpagné de quelques maisons deuint vne ville possedée par des Seigneurs particuliers,[a] & depuis par les Ducs d'Aquitaine & Comtes de Poictou, en la personne de Guillaume dernier Comte, dont la fille & heritiere Eleonor se mariant auec Loüis le Ieune l'en auoit rẽdu maistre & Seigneur: mais par sa repudiation la Rochelle auec toute l'Aquitaine paruint en autres mains, Eleonor s'estant remariée auec Henry Duc de Normandie & Roy d'Angleterre. Sous ce gouuernement la Rochelle acquit le droit de Commune, la Mairrie & plusieurs autres priuileges, auec les vingt-quatre Escheuins, & cent Pairs. En l'année 1224. elle fut prise par le Roy Loüis huictiesme, qui luy confirma ses priuileges, & promit de ne mettre la ville hors de sa main, & de n'en point abbatre ou ruiner la closture. Sainct Loüis en l'an 1227. en fit de mesme, ce que continuerent les successeurs Rois, sçauoir Phillippes le Bel l'an 1286. Charles le Bel, & Philippes de Valois en 1339. lesquels luy octroyerent de nouuelles graces. La prison du Roy Iean & le traité de Bretigny fait en l'année 1360. remirẽt la Rochelle au pouuoir des Anglois auec la Xaintonge & le Comté de Poictou, mais en l'an 1362. elle fut reconquise sur les Anglois par le Roy Charles cinquiesme, finalement asseurée à la Couronne souz Charles septiesme, qui chassa les Anglois de la Guyenne; de sorte que souz Loüis vnziesme son successeur en l'an 1461. ses priuileges furent confirmez, & ce Roy fut dans la ville en l'an 1472. Les Rois Charles huictiesme & Loüis douziesme la maintindrent dans les mesmes graces, & le Roy François premier y entra en armes l'an 1542; apres les émeutes & differends arriuez entre les gens de guerre & les bourgeois, Henry second son successeur restablit la Mairrie, qui auoit esté faite perpetuelle. Les guerres suruenuës souz les Rois suiuans parmy les diuisions de l'Estat, soit pour la Religion, soit pour autres causes (qui en leur source regardoient le gouuernement du Royaume par ceux de la maison de Guyse, qui souz pretexte de Religion furẽt en fin les Auteurs de la Ligue, qui n'a esté destruite que par le Roy Henry le Grand) rendirent la Rochelle comme vn Asyle des Princes qui auoient embrassé la Religion pretenduë reformée; & souz le Roy regnant dés l'an 1621. pour auoir desobey à sa Majesté & receu l'Assemblée generale, elle fut priuée de ses priuileges & declarée rebelle. Dans la recidiue & le renouuellemẽt des guerres, & apres la descente des Anglois en l'Isle de Ré, elle fut tellement pressée en l'an 1628. que la reddition s'en ensuiuit; & par ce moyẽ la Mairrie, Escheuinage, Corps & Cõmunauté de la ville, ordre des Pairs & celuy des bourgeois ont esté esteints, & tous droits, priuileges, exemptions & franchises cy-deuant attribuées, reuoquées, auec reünion au domaine du Roy des rentes & reuenus de la Communauté, & de la Iustice & Police attribuées à l'Hostel de ville, au siege du Seneschal de la ville, & des droits & offices de la marine à la charge de sur-Intendant general de la Nauigation. Le siege de la Preuosté & celuy du Seel furent pareillement supprimez & vnis au Seneschal & Gouuerneur, auquel & au siege Presidial le Roy erigea nouueaux officiers & supposts; conserua la Iurisdiction des Iuge & Consuls des marchands, & establit vn Intendant de la Iustice en la ville, pays & gouuernement, & dans les pays de Poictou & de Xaintonge depuis la riuiere de Loire iusqu'à la Garomne & Gironde, & dans les Isles, Il y a vn Gouuerneur particulier, qui l'est aussi de Broüage & des Isles de Xaintonge. Outre le Seneschal & siege Presidial de la Rochelle, il n'y a point d'autre siege Royal dans le pays; le bureau de l'Election de la Rochelle depend de la generalité de Poictiers; le spirituel est de l'Euesché de Xaintes; la Iustice & les finances sont de la Cour de Parlement, Chambre des Comptes & Cour des Aydes de Paris.

[a] Mauleon & Rochefort.

Religion. Les plus apparens & la Bourgeoisie de la Rochelle auec autres de moyenne qualité sont pour la plus part de la Religion pretenduë reformée. Ils sont quasi tous Catholiques à la campagne, & les PP. Iesuites ont esté logés dans la Rochelle.

ISLE DE RE'.

a Masson. L'ISLE DE RE', *Herus*, ou *Herensis insula*, *Reacus*, ou *Rea Reorum insula*[a]. L'Abbaye reduite en Prieuré a esté nommée par les Poicteuins Ner-Monstier, & *Nigrum Monasterium*. Noms.

L'Isle d'Oleron luy est droit au Sud ou au Midy, la terre de Marennes au Sud-Est. Ses deux ouuertures plus proches pour nauiger sont du costé du Sud pour aller en Espagne & autres mers, le pertuis d'Antioche; & l'autre du costé du Nord, pour aller vers la Bretagne, l'Angleterre & la Hollande, le pertuis Breton, dans lequel se deschargent deux petites riuieres, celle de Marans & celle de S. Benoist. Pres du pertuis d'Antioche est le goufre & creux de Maumusson. Elle peut auoir 4 ou 5 lieuës de long, & demy de large, & n'est esloignée de la Rochelle que de 3 lieuës. Confins & estendue.

Il n'y a point de ville fermée, mais quelques bons bourgs, & en tout 5 parroisses. Les Isles d'Oye & d'Ars font la principale. Les autres sont S. Martin, auec les villages du Bois & de la Couarde comptés pour deux: la Flotte & S. Marie. La citadelle de S. Martin a esté rasée, & au Fort de la Prée, joignant la mer y a garnison entretenuë. Il y a port à Ars, à saincte Marie, sainct Martin, & la Flotte: Outre lesquels il y a la fosse de l'Oye & le fief d'An ou l'on peut tirer en tout temps de grands nauires tout d'vn flot, & hors de danger de tempestes. Il y a aussi plus grandes rades dont les principale sont les Pelisses & celle de S. Martin. Lieux & Forces.

Ses principaux fruits & richesses sont le vin & le sel qu'elle produit en grand' abondance; le premier en bonne année y vient pour suffire dix fois plus qu'à la prouision, l'autre pour en fournir vn Royaume. Le vin y a quelque acrimonie de sel, & le bled n'y croist gueres, si ce n'est quelque peu dans les vignes entre les seps, & n'y a ny foins ny fruits, à cause que la tourmēte abbat les arbres. Le vin & le sel vont en Angleterre & en Hollande. L'eau douce se tire des puits, n'y ayant point de Fontaines. On transporte du vin de l'Isle iusqu'à dix mille tonneaux de deux pipes chacun. Qualité & Richesses.

Le Comte de Sancerre a esté Baron de l'Isle de Ré. L'Abbé de S. Michel en l'Herm est Seigneur d'Ars & de l'Oye, petite Isle separée de Ré par vn petit canal d'eau. Ré a deux Iurisdictions subalternes, qui vont par appel à la Rochelle, sçauoir celle du Baron de l'Isle, seante à S. Martin, & celle d'Ars & l'Oye, establie à Ars. Elle est sous le gouuernement du pays d'Aulnis.[b] Le peuple y est en grand nombre, bien aguerry, principalement sur mer. Gouuernement & mœurs.

b Monsieur le Cardinal Duc de Richelieu.

Il y a deux membres de deux Abbayes, sçauoir de sainct Michel en l'Herm & de nostre-Dame des Chastelliers, & quelques Prieurez. Les Catholiques y sont en beaucoup plus grand nombre. Religion.

L'Isle de l'Oye a vne lieuë de tour, & est jointe à l'Isle de Ré en telle sorte que la marée se retirant, on y va à pied sec, mais durant le mord'eau, & la marée venant, la terre est en Isle, qu'on appelle Oye, à cause de sa forme. l'Isle de l'Oye est peuplée de 4 ou 5 villages. Isle d'Oye.

Entre Oleron & Ré il y a quelques Roches, que les Mariniers appellent Antioches, & à la sortie de Ré, celles qu'on a nommées les Baleines, qui vont treize lieuës en mer, & la Roche Orcanie, laquelle a trois brasses.

ISLE D'OLERON.

c Plin. Ortel. Thes. Geogr. lib. 4 c. 19. L'ISLE D'OLERON, *Vliarus*,[c] a cinq lieuës de longueur, & pour sa largeur, elle est vn peu diuerse selon les endroits; mais la plus grande n'est que d'vne lieuë, & son circuit de dix à douze lieuës. D'Oleron à l'Isle d'Aluert il y a vne lieuë de trajet par le pertuis de Maumusson, & iusqu'à l'Isle de Ré trois lieuës, par celuy d'Antioche. Elle est esloignée de la Rochelle sept lieuës de mer, qui se va rendre à la Palisse, & au pertuis Breton, Noms. Confins & estendue.

entre

entre l'Isle de Ré & Aiguillon, & de Broüage, trois lieuës de mer à l'Est. Du Sud à l'Oüest, elle a la mer Oceane qui la separe de l'Espagne par quatre-vingt lieuës & plus de trajet; du costé de l'Oüest on va plus de mille lieuës sans trouuer de terre ferme, à cause dequoy on appelle ceste extremité le bout du monde.

La mer Oceane qui auoisine & fait l'Isle d'Oleron se distingue en mer de grande & de petite coste, & en mer du Coureau d'Oleron du Nord-Est au Sud. Le long de la grand' coste du Sud à l'Oüest, iusqu'au pertuis d'Antioche, il n'y a point de canaux pour aborder en l'Isle, & le long de la petite coste l'abord des vaisseaux commence au port de sainct Denis, dont l'entrée & le sejour ont quelque danger, comme fort proches du pertuis & des roches d'Antioche. Les canaux sont celuy de la Perrotine, d'Arseau, de l'Abrande, & au bout le port du Chasteau, où commencent les Rochers. Tout le long de la petite coste, la mer, iusqu'à vne lieuë auant, y est bonne pour les grands vaisseaux, fussent-ils de huict cens tonneaux. Depuis le port du Chasteau iusqu'à Manson proche de Maumusson du Nord-Est au Sud, où commence la riuiere de Cendre, au profond de ce destroit, que vulgairement on nomme le Coureau d'Oleron, il y a bon ancrage pour les nauires de deux à trois cens tonneaux, comme aussi dans la Cendre, où le vaisseau qu'on appelle le grand Armand demeure ancré auec seureté. Le long de ce destroit, ou Coureau d'Oleron, est vn canal le meilleur de toute l'Isle, & qui reçoit les vaisseaux de trente-cinq ou quarante tonneaux.

Lieux. Le principal lieu de l'Isle est le bourg appellé du Chasteau, lequel y a esté autrefois, & en iceluy ioignant la mer, a esté basty depuis la reddition de la Rochelle vn Fort royal & incomparable auec cinq bastions, dont l'vn regarde le port du Chasteau, & y en a deux qui aduancent en mer, fondez sur le roc & regardans les terres de Broüage & de Marennes. A vne lieuë du bourg du Chasteau est le lieu qu'on appelle Dolus, dont le Seigneur, qui se qualifie Baron d'Oleron, est Suzerain de tous les Seigneurs de l'Isle: A vne lieuë de Dolus, & au milieu de l'Isle sont les deux bourgs de sainct Pierre & de Bonnemie, qui ne font qu'vne seule parroisse nommée de sainct Pierre, auec celuy de Cheré, & la maison de Rabayne. Les lieux de sainct Georges, de sainct Denis auec le port vis à vis de Ré & de la Rochelle, Chassiron, la Gombaudiere, Matha, Chastelliers, sont aussi fiefs assis dans l'Isle, auec plusieurs bois de haute fustaye, & les marais salants, qui portent grand profit aux proprietaires.

Qualité. Richesses & forces. Il y a du bled beaucoup plus qu'en l'Isle de Ré, & plus qu'il n'en faut pour la prouision du pays. L'abondance & la richesse de l'Isle est en vin & en sel, qui se vendent & transportent aux estrangers. Elle est assez couuerte d'arbres, auec quelques forests, & nourrit du bestail à corne & à laine, pour la prouision de ses habitans, force volaille, perdrix, phaisans, & quantité de lapins. Il se trouue aussi des lievres parmy les sables, & des oyseaux de mer de toutes sortes, qui nichent dans les bois, où l'on void aussi des heronnieres. L'Isle nourrit des cheuaux en assez bon nombre pour son vsage & traffic, de sorte qu'elle a tout le necessaire pour la vie, auec ce qui est du plaisir & de la delectation.

L'Isle peut mettre sur pied deux mille hommes pour sa defense, & les habitans s'occupent au traffic, à la pesche, & au sel.

Gouuernement. L'Isle est du gouuernement du pays d'Aulnis & de Broüage, & le Fort basty dans le bourg du Chasteau a vn Gouuerneur particulier. Il n'y a point de siege royal dans l'Isle, mais les Seigneurs y ont haute Iustice, dont on appelle à Xaintes & ailleurs.

Religion. Toute l'Isle est diuisée en quatre parroisses, sçauoir celle du Chasteau, celle de Dolus, qui comprend S. Denis & Chassiron, celle de S. Pierre, & celle de sainct Georges, qui comprend Cheré. Il y a plusieurs Prieurez de bon reuenu Ils sont quasi tous de la Religion pretenduë reformée.

ISLE D'ARMOT.

L'ISLE D'ARMOT n'est esloignée d'Oleron que d'vne lieuë, & de l'Isle de Ré huict grandes lieuës. Confins & estenduës.

Elle est faite en ouale, & a deux lieuës & demie de long depuis le pas de la Maire iusqu'à Maumusson, & autant de large. Elle touche du Leuant à la terre ferme, mais le petit canal la separe de Mornac qui l'auoisine, de mesmes que Royan, dont elle est separée par vne grande forest. Du Couchant elle confine à la mer Oceane, & du Septentrion elle est bornée de la riuiere de Cendre, qui sort à Maumusson, où sont les salins, qui causent vn bon traffic sur ceste riuiere. Au Midy la mer l'attouche, & de ce costé-là sont trois entrées, dont chacune a son nom particulier. [a]

a La Courbie, la passe de Marchelior, les Asnes de Bordeaux.

Le bourg principal est celuy de sainct Estienne, où est la Iustice de l'Isle. La Tremblade & deux autres petits lieux luy appartiennent aussi. Lieux.

Il s'y recueille du bled & du vin. Il y a du bois & de la poix-resine, & s'y fait aussi du sel. Qualité.

L'Isle est sous le gouuernement de Broüage, & appartient en proprieté au Cardinal Duc de Richelieu. Il y a quelques maisons nobles, & entr'autres Foüilloux & Beau regard, auec Iustice moyenne & basse, dont les appellations vont à sainct Estienne, & delà à Xaintes. Gouuernement.

Il n'y a qu'vne bonne Cure à sainct Estienne, & quelques Prieurez. Religion

LA MARCHE.

LA MARCHE a son nom de ce que le pays est limitrofe & sur les marches de quelques pays & Prouinces voisines, sçauoir du Limosin, du Poictou, d'Auuergne, du Bourbonnois & du Berry, qui establissent ses confins. Sa longueur va d'vne Aygurande à l'autre, & est d'enuiron vingt-deux lieuës, sa largeur n'est que de sept. Noms, Confins & estenduë.

Les riuieres qui arrousent le pays, & y prennent mesmes leur source, sont belles & cogneuës. Le Cher sort des estangs du Chasteau de Cher, d'vne fontaine pres de Saluert à neuf lieuës par dessus Montluçon en Bourbonnois vers la haute Marche. La petite Creuse naist des estangs de Parsac, & la grande, du bourg de Creuse, quatre lieuës au dessus de Felletin. Sur la Creuse sont assises les villes de Felletin, Aubusson & Ahun. Ces deux riuieres se ioignent ensemble au dessous du bourg & Chasteau de Crosan, ancienne demeure des Comtes de la Marche, à present ruiné & ne monstrant que les restes de quelques belles tours, auec vne forte assiette, à cause des precipices que la Creuse y a cauez & formez: La Creuse entre dans la Vienne entre Chastelleraud & l'Isle-Bouchard. Nous auons parlé de la Vienne dans la Touraine & le Poictou. La Gartampe sourd des estangs de la Commanderie des Maisommes, passe au pied de Gartampe & luy donne son nom, à Salagnac, à Montmorillon, & à S. Sauin, & delà tombe dans la Vienne. La riuiere de Taurion entre aussi dans la Vienne. La Vezere vient de la haute Marche, du lieu de S. Seitier, ou des estangs de Forsac. Riuieres.

On diuise la Marche en haute & basse. La haute Marche est composée de quelques villes & lieux, dont le principal se nomme GVERET, qui a toutes les Iurisdictions Royales, sçauoir Seneschaussée, siege Presidial estably en 1635. Chastellenies, Mareschaussée & Electiõ, auec Officialité. Les autres villes sont Felletin, Aubusson, Ahun, *Agedunum*, Chenerailles & Iarnages, qui sont Chastellenies dependantes du Comté de la Marche. Grandmont est vne Abbaye située dans les montagnes, sur la frontiere du Limosin, & proche de S. Leonard: C'est vne Abbaye, qui est chef d'ordre, outre laquelle y en a encores plusieurs autres, & iusqu'à neuf Commanderies. Du Comté de la haute Marche dependent quatre Baronnies anciennes, sçauoir S. Iulien, la Borne, Malleual, & Chasteau-vert. On y met aussi la Baronnie de la Courtine, Glenic & Froiselines. Diuision. Haute Marche.

Basse Marche. La basse Marche consiste en deux villes, à sçauoir le Dorat, qui en est la capitale, & Belat, & en deux Chastellenies & gros bourgs, qui sont Rancon & Champagnat. Ces deux villes sont sieges de Seneschaussé, & partie de Dorat appartient à l'Abbé & aux Chanoines de la ville, lesquels y ont leur Iustice. Magnat est ville & premiere Baronnie du pays, & est de la maison d'Vrfé, ou de la Motte-fenelon. Brigueil, Vicomté, y est aussi mis, & par d'autres en Poictou.

Qualité. L'air du pays est pur & sain, de sorte que les habitans y sont de longue vie. La Marche ne porte que des seigles, des auoines, & du bled noir. On y nourrit aussi des haras de bons cheuaux.

Mœurs. Comme c'est vn pays d'assez petite estenduë, & attouchant à diuerses Prouinces, les habitans y prennent aussi les mœurs & le langage mesme de leurs voisins. Ils sont assez rudes: mais non pas tant comme les Auuergnats de la montagne ou du commun peuple, & sont superbes & glorieux. Leur langage tient bien de l'Auuergnat, mais il approche plus du François.

Richesses. Chaque ville de la Marche a son traffic particulier, & comme la haute Marche abonde en bestail gros & menu qui se debite à Paris & autres villes de France en assez grand nombre, & en ses foires dans le pays mesmes, comme au bourg de Chastellus & en celuy de Faux, (là où de la Picardie, Touraine, France, Berry & du Blaisois on vient achepter des moutons en tres grande quantité,) la ville de Felletin en fait vne grosse vente à certains iours de chaque mois, particulierement de bœufs pour le labourage, à quoy elle adiouste le traffic des draps de Bure, & de ses tapisseries, qui sont assez grossieres. Aubusson entretient la manufacture de bonnes tapisseries, façon de Flandres, & plusieurs communes, qui sont portées en diuers endroits de la France. Belat a le negoce des draps de Bure, & du sel qu'on y mene par voicture de cheuaux de Broüage. Il se fait aussi grand traffic de pourceaux, & les Espagnols y viennent achepter des poulains.

Gouuernement. La Marche est vn ancien Comte & Pairrie, baillé en appennage aux enfans de France, & iouy par les Princes du sang, du nom & branche de Bourbon. La Seneschaussée de Gueret reçoit les appellations de sept Chastellenies Royales, & le dernier ressort est en la Cour de Parlement de Paris. La haute Marche est de la Generalité de Moulins, & la basse de la Generalité de Limoges. Il n'y a eu qu'vn Gouuerneur de la haute & basse Marche, & la Royne mere du Roy regnant a possedé le pays. Il y a quelques lieux en la basse Marche, qui suiuent le droit escrit. Les maisons anciennes y sont sainct Germain, Beaupré, la Roche-Aymon, Marquis de sainct Messan, le Comte de la Fueillade, la Coste-Mesieres, les Barons ou Seigneurs de sainct Georges, du Noyer, de Boisgenet, de Fromental, & autres.

Religion. Le pays est du diocese de Limoges.

COMBRAILLE est vne terre en titre de Baronnie, qui confine à la Marche, l'Auuergne & le Bourbonnois, & est du diocese de Limoges. Sa longueur est d'enuiron huict lieuës, & sa largeur de quatre.

Ses villes & lieux sont Heuaux, où il y a vn Preuost de l'Ordre de S. Augustin, à quatre lieuës de Montaigu; Chambon, saincte Valerie, ville où passe la riuiere de Tarde, où est le Prieuré de saincte Valerie; Auzance, ville auec petite riuiere; Lespau gros bourg ouuert, Chastellenie, & demeure ordinaire des Seigneurs du pays; Salmur, Chastellenie de grande estenduë.

Le pays est vn peu meilleur que la Marche, ne porte que des seigles, & s'y nourrit de fort bons cheuaux.

Il y a vne Eslection à Heuaux, & sa Iustice va par appel à Aygueperse dans le Duché de Montpensier, & à Riom pour les cas Presidiaux. Le pays est de la generalité de Moulins, & appartient à la maison de Montpensier, dont Madamoiselle, fille de Monseigneur le Duc d'Orleans, frere du Roy, est heritiere. Les principales maisons sont Saleuert, Chasteau-Boileau, & la Roche-Aymon-Minsac.

Montaigu lez-Combraille est vn Bailliage Royal separé, qui ressortit nuëment au Parlement de Paris, par reserue que le Roy en fit lors de la vente du domaine. C'est vne ville forte, de l'eslection de Gueret, & Generalité de Moulins. Elle dependoit anciennement du Comté de la Marche, & est aujourd'huy à la maison de Montpensier. Chasteau-fort, qui n'est ny de la Marche, ny du Bourbonnois, ny de l'Auuergne, est vne morte-paye, & gouuernement separé, composé de vingt-quatre parroisses, sous l'eslection de Gueret.

LIMOSIN.

a Plin. Strab. LE LIMOSIN prend son nom de ses anciens peuples, *Lemouices*, [a] *Lemouici* à Ptolemée.

Le Berry luy est au Nord, la haute Marche & l'Auuergne au Leuant, le Quercy & le Perigord au Midy, l'Angoulmois & le Poictou au Couchant. Entre la Maison-neufue & Argenton en Berry en vn lieu qui s'appelle Bell'arbre, se void vn Orme fort ancien qui borne les pays de Berry, Limosin, Auuergne & Bourbonnois, de sorte que les Seigneurs des quatre pays y peuuent auoir conferé autresfois, chacun estant sur sa terre. Le pays est aussi long que large, & sa longueur est du Leuant au Ponant. Noms. Confins & estendue.

Outre la Dordogne y est la Vezere qui descendant à Treignac vient à Vzerche, & se va rendre dans la Dordogne à Limeil en Perigord. La Corese sort du mont nommé la Monediere, vient à Tulle & à Briue, & se rend dans la Vezere à Larche, Riuieres.

Il y a haut & bas Limosin. Le haut est en plaine, & a pour sa capitale LIMOGES, *Ratiastum Lemouicum*, [b] ou *Augustoritum* selon aucuns sur la Vienne, partie en vn vallon, partie sur vne colline, auec belles & hautes tours aux murailles, & bons fossez. La fontaine qu'on appelle d'Eigolene est au sommet de la ville, dont les ruës en sont nettoyées par des ruisseaux departis en diuers endroits. Les bastimens y sont hauts & agreables, quoy qu'ils soient de bois. C'est vn Euesché & siege Presidial; la ville est assez grande & populeuse. Il y a Iuge & Consuls des marchands. Les autres villes sont sainct Yrier la Perche, siege Royal, sur les limites du Limosin & du Perigord, qui commença par vn Hermitage, dit de sainct Yrier; [c] Sainct Iunien sur la Vienne; Sainct Leonard, dit le Noblat, ville & Prieuré; Sollognac Abbaye; Peyre-buffiere, ville & Chasteau, auec titre de premiere Baronnie du pays; Segur; Beneuent, Abbaye; Chaslus; Consoulant, qui est du diocese de Limoges & du ressort d'Angoulmois. La Baronnie de Cleruaux est aussi dans le mesme pays, auec la Souterraine, Chabanois, Principauté, sur la Vienne, Treignac, Eysnotiers, Aisse & autres. La Chastellenie de Massere, & le ruisseau de Bredasque separent le haut Limosin du bas. Le haut peut auoir dix-neuf lieuës de longueur, qui valent quarante lieuës de France. Diuision. Haut Limosin. Limoges.

b Ptolem. Ios. Scal. Villan. Merula.

c Greg. Tur. li. 10. c. 29. S. Aredius.

Le bas Limosin est esgal au haut en estenduë de pays, en longueur & en largeur. Il n'a que trois villes principales, sçauoir Tulle, Vserche & Briue. Tulle, *Tutela*, Euesché & Vicomté appartenant à l'Euesque, Seneschaussée & Eslection, ville fort peuplée & sise sur la Corese. Vserche sur la Vezere, auec chasteau & Abbaye: L'Abbé en est Seigneur, & la place est en situation aduantageuse: Briue dite la Gaillarde, est siege Presidial, ville ancienne, où est l'Eglise de sainct Martin, dont Gregoire de Tours fait mention [d]. Il y a plusieurs autres lieux moins considerables, sçauoir, sainct Angel, Beaumont, Allassac. Bas Limosin.

d Li. 7. c. 10.

Ventadour, qu'on met dans le haut Limosin, est Duché, & contient les villes d'Vssel, Meymat & les Glottons: La Dordogne n'en est pas loin, & y a vn ancien & fort chasteau: Vssel est le siege de la Iustice: Donzenac, Neuuy & Denacourt sont du Duché. Pompadour est aussi mis dans le haut Limosin, en tiltre de Vicomté, auec vn chasteau signalé: Libersac gros bourg, est le siege principal de la terre. Chasteau-neuf est vne autre Baronnie. Entre Peyre-Buffiere & Massere est vn petit pays, nommé Ligoure, contenant trois ou quatre lieuës, dont le principal lieu est S. Iean de Ligoure, auec quelques parroisses ou hameaux. Ventadour. Pompadour.

Le Vicomté de Tureine est situé partie dans le bas Limosin, partie dãs le Quercy, & prend encores dans l'Auuergne & dans le Perigord: La ville de Turene est au bas Limosin, à deux lieuës de Briue, & le pays a sept lieuës de long, & huict Tureine.

de large: Tureine est le siege du Seneschal, & le chasteau est en forte assiete sur vn rocher eminent, en forme de nauire, auec deux grandes forests de neuf lieuës de long: Beaulieu est vne Abbaye sur la Dordoigne, auec vn beau vignoble & les meilleurs vins du Limosin. Les autres lieux du Vicomté ne sont point fermez, sçauoir Argentat, sur la Dodoigne, Seruieres, Meyssac, Curmonté, où est le chasteau de Pras, premiere Baronnie du Vicomté, Malemort pres de Briue, Baronnie, & autres.

Qualité. Les Vicomtes de Tureine ont esté Souuerains au commencement [a], sans recognoistre mesme le Roy, comme il en a esté vsé par Raimond Vicomte du temps de Louys VII. & par ses successeurs, d'où procede l'exemption, dont iouyssent encores aujourd'huy les habitans du pays. Cette terre est paruenuë en diuerses mains & maisons par femmes, iusques à celle de la Tour, qui la possede maintenant auec le tiltre de Duc de Boüillon & Prince de Sedan. [a] Thuan. li. 85.

Le haut Limosin est fort different du bas pour la bonté & fertilité du pays. Le haut ne porte gueres de froment, parce que la terre y est maigre & seiche: Il abonde en seigles, orges, chastaignes & raues: Le vin n'y est pas agreable, & ne s'en cueille gueres hors de Limoges & Peyre-Buffiere: Les fruits & les chairs y sont à vil prix. Le bas Limosin est vn meilleur pays, bien cultiué: Les terroirs de Briue, Tulle, Donzenac & Lassac portent de bons vins & des bleds, & generalement cette partie de Limosin est plus abondante en fruicts. Le bestail y est en grand nombre par toute la prouince, & s'y nourrissent de fort bons cheuaux, dont on se pouruoit en la Foire de Chaslus, qui se tient en Auril auec telle affluence de bestail, qu'il semble que tout le Royaume y en ait amené, & tout le pays voisin y recouure des cheuaux de seruice ordinaire & pour la guerre. Le pain y est fort bon en quelques endroits, particulierement à Aysse entre Chaslus & Limoges, qu'on appelle à cette occasion la Gonnesse du Limosin. Les noyers y abondent, dont se fait grande quantité d'huile.

Mœurs. On ne donne aux Limosins que des habitudes qui tendent au bien, comme d'estre sobres, mesnagers & ennemis d'excez, laborieux & industrieux, diligens & soigneux de leurs affaires, auec prudence & accortise, deuots, les femmes chastes & charitables. La temperance qu'on leur attribuë en tout, fait que les familles s'y multiplient, entant qu'ils y viuent longuement. Leur langage est grossier & tient fort de l'Auuergnac. Le viure reglé & eschars des Limosins n'est point attribué à la Noblesse, qui est loüée par les Autheurs estrangers [b], pour son humeur liberale & magnifique; comme aussi la preud'hommie ne se rencontre pas en tous ceux du pays, qu'on accuse de porter témoignage trop facilement & au prejudice de la verité. [b] Merula.

Richesses & Forces. Le plus grand trafic du pays consiste aux haras de bons cheuaux, lesquels y sont par tout, & s'en trouue en leur Foire de Chaslus iusques à huict ou dix mille. Ils ont aussi grande quantité de pourceaux, qu'ils emmenent à Paris & à Orleans, & embarquent leurs chastaignes sur la Dordogne à Bergerac, pour les enuoyer sur mer. L'industrie des artisans de Limoges est recommandée pour plusieurs ouurages, mesme d'esmail, d'espingles, de cloux & de trebuchets, & leur soin est de negocier bien loin d'eux. Quoy que la ville soit esloignée de la mer, ils s'y exercent neantmoins en plusieurs sortes, & autant qu'en ville de France. Il n'y a point de garnisons entretenuës: On estime Vserche comme imprenable par son assiette, estant entourée d'eau de toutes parts, n'y ayant que deux aduenuës, ce qui a donné lieu à vn dire commun dans le pays, qui a maison à Vserche, a chasteau en Limosin. On fait estat que le Roy pourroit tirer du Limosin quatre mille hommes de pied & mille cheuaux.

Gouuernement. Le Vicomté de Limoges est ancien, de sorte qu'il y a eu suite de Vicomtes; & la terre a esté possedée par les Ducs de Bretagne, & finalement par la maison d'Albret iusques au Roy Henry le Grand, en la personne duquel le Vicomté de Limoges a esté reüny à la Couronne. Le haut & le bas Limosin ne font qu'vn seul Gouuernement; & pour la Iustice, ils respondent au Parlement de Bordeaux. Pendant la Seigneurie des Vicomtes, l'administration de la Iustice Royale dependoit du siege de Segur. Il y a vne Generalité de finances establie à Limoges. Les maisons plus anciennes sont celles de Leui-Ventadour, Tureine, Descars, Pompadour, les Tours, & Combort qui est ioint auec Chasteau-neuf. Il n'y a que deux Euefchez en tout le pays, à fçauoir Limoges & Tulle, lesquels sont Suffragans de l'Archeuesque de Bourges; & fort peu de gens de la Religion pretenduë reformée.

BERRY.

Noms.

a Ptolem. Strab.

LE BERRY est la demeure des anciens, *Bituriges Cubi* [a], dans la premiere Aquitaine, comme l'autre partie de ces peuples, appellez *Bituriges Viuisci*, estoit dans la seconde. La Notice des prouinces altere aucunement le nom ancien.

Confins & estenduës.

Au Septentrion il a la Sologne, dont il est separé par la riuiere de Cher; au Leuant, le Hurepoix, le Niuernois & le Bourbonnois; au Midy, le Limosin, dont il est separé par la petite riuiere de Croure; au Couchant le Poictou & la Touraine, à la riuiere de Clery qui passe à deux lieuës de Chastillon sur Indre. Sa longueur du Couchant au Leuant est de soixante lieuës ou enuiron, & sa largeur de trente-deux.

Riuieres.

Plusieurs riuieres l'arrousent, sçauoir le Cher, où est assis Selles & Vierzon; Indre, où sont S. Seuere, la Chastre, Chasteau-roux, Buzançais, Paluau & Chastillon; la petite Creuse, où est Argenton; & Aygurande auec le Blanc n'en est pas esloigné; la Rese où est Nançay. Il y en a quelques autres, & aucunes moindres, dont la pluspart passent à Bourges, & se deschargent dans Loire.

Diuision.

Aucuns diuisent le pays ou Duché de Berry en haut & bas, & mettent dans le haut tout ce qui est depuis le Blanc en Berry iusques à la Marche de Limosin, & en Poictou, & dans le bas, ce qui est depuis Bourges iusques au Blanc en Berry, & celuy qui tient à la Sologne.

Bourges.

b Cæs. Antonin. c Greg. Tur. lib. 1. c. 18. d Sidon. Apol. lib. 7. ep. 5.

BOVRGES, *Auaricum Biturigum Cuborum* [b], *Biturica* [c], *Biturica* [d]: On y remarque les murailles anciennes basties par les Romains qui commencent à la grosse Tour & suiuent par l'Eglise de sainct Estienne la place de sainct Iean des champs & la porte de Gordes iusques à la porte-Neufue, autresfois de sainct André, & delà par la place des Arenes, iusqu'à la porte des Tourelles se continuent vers la porte de sainct Paul & reprenent la grosse Tour. Charlemagne luy donna de nouuelles murailles, depuis la porte Bourbon, & le coin de la Cour Archiepiscopale, iusques à la porte dite Carolette, du susdit Empereur: & delà en continuant la muraille, iusques à l'entrée de l'Eurette dans la ville, tout le fauxbourg de sainct Fulgence fut enfermé dans les murailles auec la grande place, qu'on nomme d'Aurore & celle aussi, qui est appellée de Montcheury, par laquelle on va vers l'Abbaye de sainct Sulpice, iusques à la Tour Clemence. Les faux-bourgs de sainct Ambroise & de sainct Laurens, auec tout ce qui est entre la Tour Clemence & la porte Carolette, furent depuis enfermez dans la ville auec plusieurs masures & restes d'antiquité dedans & dehors la ville, en la place mesme & endroit qu'on appelle la fosse des Arenes, ou Amphitheatre. La vieille cité est vn peu pendante sur le costé qui regarde les marais, & la forme de la ville entiere est presque en ouale, ayant de circuit quatre cens quarante toises ou enuiron. Elle a sept grandes portes, outre les posternes, & sept faux-bourgs ioignans les portes, dix-sept parroisses, sept Eglises Collegiales, les quatre Mendians, deux riches Abbayes de Religieux, sçauoir sainct Ambroise dans la ville, & sainct Sulpice és faux-bourgs; trois de femmes, qui sont nostre Dame de l'Annonciade, fondée par Ieanne Duchesse de Berry, sainct Laurent, & les Mendiantes de saincte Claire. L'Abbaye de sainct Sulpice autresfois nostre Dame de la Nef, de l'ordre de sainct Benoist, est toute enuironnée d'eau, & close de murailles, auec de tres-beaux iardins & viuiers, où l'eau de la riuiere d'Eure vient abondamment, & où se nourrit quantité de poisson. Celle de sainct Ambroise, de l'ordre de sainct Augustin, est aussi tres-agreable, bien située auec parts & vergers bien entretenus.

Eure riuiere.

La riuiere d'Eure, *Aura*, d'où *Auaricum*, peut auoir esté formé, prend sa source és estangs de Poligny & Baugy, descend à Sauigny & Omoy, où elle se iette dans des marais qui ont vne lieuë de large, & trois de long, & se renforce de plusieurs source d'eaux, & autres petites riuieres qui s'y deschargent: Elle se diuise en trois branches, dont l'vne entre dans Bourges, & la trauerse pour se rendre dans les fossez, nettoye la ville, sert aux teinturiers & tanneurs, & s'appelle Aurete ou Eurete. L'autre branche suit les fossez de la ville, & la troisiéme appellée la grande Eure, passe au dessus du faux-bourg de S. Priué, & fait moudre vn des plus beaux & riches moulins de France, qu'on nomme le Moulin-le-Roy: Toutes ces branches s'assemblent encores au dessous de l'Abbaye de sainct Sulpice. Les petites riuieres qui se rẽdent dans Eure, sont Azin, qui passe à Auuery, qui rapporte à *Auaricum*, Vorné & Croces; la Choestre qui vient de l'estang de Cran, & ces deux entrent dans l'Eure au dessous de Sauigny; le Colin qui vient de Morogues; la Tripande qui vient deuers Brecy; Louatier qui vient des fontaines de Rian, & plusieurs ruisseaux qui naissent des fontaines de Biou, & entre dans Eure entre Aumoy & Bourges; Moulon qui vient de Quantilly; & Auron qui sort de plusieurs estangs du Bourbonnois, passe par le pont d'Ys, Dun-le-Roy, & le long des murs de Bourges du costé d'Occident, & entre dans l'Eure au dessous de S. Sulpice, depuis lequel lieu elle a esté renduë nauigable, parce que toutes les riuieres y sont assemblées. Eure entre au dessous de Vierzou dans le Cher, qui se rend dans Loire au dessous de Tours.

Ces riuieres & marais qui sont larges & profonds, rendent la ville forte, & ne peuuent estre destournez ou mis à sec, pour l'abondance des sources d'eaux froides qui sont au fonds. On y peut approcher du costé de Dun-le-Roy, comme Cesar a remarqué[a]: Mais en cet endroit, comme ailleurs aussi, les fossez sont profonds, les murailles fortes & remparées de terre, auec la grosse tour & les autres moindres, qui sont neantmoins hautes & espaisses, & en grand nombre[b], pour defendre la courtine. La grosse tour est espaisse de trois toises ou enuiron, le dehors est taillé à pointe de diamant: Elle est si haute, qu'on en peut voir quatre lieuës de pays; munie d'armes, d'artillerie & autres prouisions, & contient vn beau logement pour le Gouuerneur, auec toutes les parties d'vne forteresse comme inexpugnable. On y monstre la Cage de fer & de bois où Louis Duc d'Orleans, depuis Roy de France 12. du nom fut enfermé. L'Eglise Cathedrale dediée à sainct Estienne est grande, & le clocher fort haut, couuert de plomb, auec les galeries enrichies d'or & d'azur. La saincte Chapelle y est tres-magnifique, & plus que celle de Paris, à laquelle neantmoins elle a du rapport. On en attribuë le bastiment à Iean Duc de Berry, Prince somptueux, & qui est autheur de plusieurs autres beaux edifices. C'est là qu'on void les os du Geant Briat, appellé communément & par erreur le Geant de Bourges, qui auoit quinze coudées de hauteur. Sa sepulture fut trouuée en la Baronnie ou Comté de Crussol[c] en l'an mil quatre cens cinquante-six, sous Charles septiéme. On y void aussi la sculpture d'vn cerf de grandeur extraordinaire. La belle maison de Iacques Cœur, & celle des Alemands auec plusieurs colomnes & statuës de marbre se monstrent aussi dans Bourges: Et hors la ville se remarquent plusieurs voyes & conduits sousterrains bien voûtez & bastis, qui menent en diuers lieux du Berry, auec d'autres curiositez de bastimens militaires sous les Romains, & les anciens Gaulois. Les autres parties & aduantages de la ville de Bourges regardent les richesses, le Gouuernement ou la Religion. Sa police, guet & garde sont entre les mains du Maire & de quatre Escheuins assistez de trente-deux Conseillers de la ville. La Iustice criminelle laissée aux Maire & Escheuins sera deduite dans le Gouuernement, & sera dit icy que Louis vnziéme les a annoblis auec leurs enfans legitimes.

[a] Comment. de bell. Gall.
[b] 80.
[c] à S. Perny vis à vis de Valence.

YSSOVDVN, *Exoldunum*, est à six lieuës de Bourges. Elle est arrousée d'vn fleuue nommé Theols, dont la source est appellée Fontheols, à quatre lieuës d'Yssoudun. Ce n'est qu'vn bras d'vne plus grande riuiere de mesme nom, qu'on a fait entrer dans la ville auec des leuées, pour y faire moudre les moulins, & seruir aux Tanneurs, Teinturiers, Parcheminiers & autres artisans. Les murailles d'Yssoudun sont bonnes, les fossez larges, auec tours & boulevars: Le chasteau joignant entouré de murailles & fossez, où passe la riuiere, est comme vne ville separée, auec vne grosse tour qui luy sert de defense. La maison du Roy y est logée auec l'Auditoire de la Iustice, l'Eglise S. Estienne, le Conuent des Benedictins & autres bastimens contigus, plus eminens que les autres parties de la ville, dont les plus apparens y ont leur habitation, comme en l'endroit plus fort. La ville est plus ample & spacieuse, habitée de la Bourgeoisie, des marchands & des artisans, où sont les hales, les hostelleries, & quatre faux-bourgs assez grands. De la Tour & Bailliage d'Yssoudun dépendent plusieurs Baronnies & grand nombre de fiefs. Chatros, ville & Chastellenie, est situé entre Bourges & Yssoudun. La riuiere d'Arnon, qui est joignante, est bordée d'vne prairie, auec les bois taillis & de haute fustaye, qu'on nomme bois de Fontmoreau; de l'autre costé qui regarde Yssoudun, est vn agreable & excellent vignoble.

Chasteau-Roux, ville & Baronnie ancienne est logée en Berry, estant à seize lieuës de Bourges, & huict d'Yssoudun, & dependant de son Bailliage. Il est maintenant erigé en Duché & Pairrie, appartenant au Prince de Condé. La ville est ceinte de murailles, tours & fossez, de mesme que le chasteau, auec quatre grands faux-bourgs: la riuiere d'Indre passe aupres. La terre a plus de vingt lieuës de tour, & en dependent douze cens fiefs ou arriere-fiefs.

a Merula. Sancerre, *Sacrum Cereris* & *Cæsaris*, ou *Xantodorum*[a], Comté, proche de Loire & à dix lieuës de Bourges, assis sur vne coste haute. La ville a quatre portes, dont l'vne a nom Cesar, le chasteau est entre cette porte & celle de l'Oye: Le circuit de la ville est de deux mille cinq cens pas. Du Comté dependent trente-vne Chastellenies ou parroisses auec pres de cinq cens fiefs. Sainct Satur, ville, est sise au dessous de Sancerre, auec tours & fossez, & vne Abbaye ancienne, dont le chasteau est ceint de murailles fortes, & de bonnes tours. La terre est maintenant au Prince de Condé.

Les Aiis d'Angillon, *Aiacia*, ville & chasteau, est à quatre lieuës de Bourges, & six de Sancerre. Le chasteau est fort, & a huict cens pas de tour. Il y a vne Eglise Collegiale de Chanoines, & neuf parroisses sous la ville & Chastellenie, qui a plus de deux cens fiefs qui en releuent. La ville est ancienne, & a souffert plusieurs ruines & bruslemens, soit de Vercingentorix Chef ou Roy des Berruyers, lequel y mit le feu & dans plusieurs autres citez, lors que Cesar voulut assieger Bourges, soit des Anglois & Bourguignons sous Charles septiéme, le surnom d'Angillon vient de Dam ou Dom Gillon, qui en a esté Seigneur autresfois: la riuiere de Colin passe au dessous.

Mont-faulcon, ville & Baronnie, à huict lieuës de Bourges, & cinq de la Charité, auec chasteau en lieu eminent, clos de murailles, fossez & nombre de tours, de mesme que la ville, au dessous de laquelle passe la petite riuiere, nommée la Vau-vire. Cette Baronnie comprend vingt-huict parroisses, & entr'autres le bourg & chasteau de Baugy, où sont neuf Foires franches toutes les années. Dans l'enclos de ces parroisses sont plus de cinquante estangs grands & larges, & entr'autres celuy de Poligny, qui a quatre lieuës de tour, auec vne garenne au milieu d'enuiron vne lieuë de tour, fournie de grande quantité de connils. La pesche de ces estangs ou viuiers, porte beaucoup de reuenu au Seigneur; & lors qu'ils sont à sec & qu'on ne les remplit point d'eau, on y seme souuent du millet, lequel y croist fort haut; duquel aussi lors qu'on vient à le cueillir, on laisse les estoubles hautes, afin que le poisson qu'on y remet s'y puisse cacher estant poursuiuy des cignes, herons, aigretes, butors, cormorans & autres animaux qui les deuorent, & dont les estangs sont fort peuplez, ce qui sert aussi au poisson contre les gelées.

Lury, petite ville, mais ancienne, à six lieuës de Bourges, close de murailles, tours & fossez, auec chasteau qui a vne grosse tour quarrée, qu'on nomme Donjon, & les riuieres d'Arnon & Theols, qui passent au pied. La Chastellenie n'a que cinq parroisses, comprise celle de la ville, & va iusques au Cher.

Gracay, ville & Baronnie ancienne, close de murailles, & ornée de belles maisons: On y fait de bons draps de laine, & le pays est garny de bois taillis & de haute fustaye, auec les estangs pres des riuieres.

Linieres, ville & Baronnie, close de murailles, auec chasteau fermé de mesme, à dix lieuës de Bourges. La riuiere d'Arnon qui naist pres de Montlusson en Bourbonnois, passe dans la ville, & la terre a plus de trois lieuës d'estenduë. La Chastellenie de Rizay en depend & consiste en cinq parroisses, auec vn ancien chasteau, au pied duquel passe la petite riuiere de Cynaise, qui se vient rendre dans l'Arnon. Les habitans de Linieres ont plusieurs Foires franches, & ceux de la basse court du chasteau se disent auoir esté affranchis de tous subsides par le Roy Louis vnziéme. En l'vn des estangs du pays, qui sont en grand nombre, passe la riuiere d'Ygneres, au bourg de Theue.

Saincte Seuere, ville & Baronnie, sur les confins du Berry & du Limosin, à dix-sept lieuës de Bourges, auec chasteau, sous lequel passe l'Indre: Il y a vn beau vignoble, auec plusieurs landes & bruyeres, pour paistre le bestail de la Communauté. Les habitans s'occupent à tanner les cuirs, & ont deux foires l'an.

Argenton, ville & chasteau, fait la separation du Berry & de la Guyenne: Le chasteau est assis au sommet d'vne montagne, auec sept grosses tours & trois moindres; la plus grosse est nommée la tour d'Eracle, en l'autre est le puys qu'on appelle du Donjon, qui est fort profond. Au reste des tours y a des cisternes, où l'on fait reserue d'eau. La ville est ceinte de fortes murailles, auec quantité de tours, au pied desquelles passe la Creuse, qu'on nomme ainsi d'vne fontaine dont elle naist à cinq lieuës au dessus de Felletin dans la haute Marche; d'où elle descend d'vn cours pressé & impetueux iusques à ce qu'elle se rend dans la Vienne au Bec des deux eaux, sous le port de Piles en Touraine; où elle commence à porter batteau, & abonde en truites, brochets & autre bon poisson. La ville de sainct Marcel est bastie pres d'Argenton, & dans vne partie de son ancien circuit. Argenton est de la maison de Montpensier, & a sous soy vingt-deux parroisses.

Boussac, ville & Chastellenie, sur les confins du Bourbonnois & de la Marche, d'où vient que les habitans l'appellent Bout de sac. Elle est close de murailles, tours & fossez, & le chasteau de mesme, assis sur vn haut rocher entre deux riuieres, sçauoir la petite Creuse & le Veyron. Plusieurs parroisses y sont comprises, & entr'autres Leract, où sont trois forts chasteaux; Moserines, dont le chasteau a vn double fossé. Clugnat, auec le fort chasteau de Baptisses; Iallesches, auec le chasteau de la Terrade, & la Vaulfranche, belle place auec Commanderie: le quartier abonde en estangs & tres-bon poisson, en bois taillis, chastaigniers, bestes fauues & noires, gibiers, & toute autre chasse.

La Chastre, *Castra*, sous laquelle passe l'Indre, est vne ville assez grande & peuplée de marchands de draps & autre trafic, quoy qu'elle soit esloignée des meilleures villes du Berry, il y a chasteau.

Chasteaumeillant, dont les murs ont esté ruinez, est vne Chastellenie, qui a quatre lieuës d'estenduë, & dont le chasteau est fort, ceint de murailles & de plusieurs petites tours, & au dedans vne grosse tour quarrée, bien bastie, haute de septante-deux pieds, large de quarante-sept, & espaisse de quinze.

Le bourg & Chastellenie du Chastelet a vne petite riuiere au pied, auec huict parroisses qui en dependent, où sont assises plusieurs belles maisons & forts chasteaux, de la maison de Montpensier. Il y a plusieurs autres places qui suiuent, sçauoir la Motte-fully, à vne lieuë de saincte Seuere; Marueil, bourg & chasteau, à sept lieuës de Bourges, où passe l'Arnon, & où sont de bõnes mines de fer auec plusieurs forges; Voulon, Neufuy, S. Sepulchre, où passe l'Indre, auec vn ancien chasteau; Agurande, sur les confins de la Marche, auec fortes murailles & fossez, & la Creuse qui passe au dessous; l'vn des faux-bourgs de la ville, qu'on nomme Agurandete, est assis au pays de la Marche: Et pres d'Agurande est vne autre petite ville qu'on nomme Clins-dessus. La Chastellenie de Masseure & du Coudray est à quatre lieuës de Bourges, ioignant le Cher: Le chasteau du Coudray fort somptueux & de grand artifice, auec parcs clos de murailles & quantité de bestes rousses, est dans cette Chastellenie.

DVN-LE-ROY est sur les limites du Bourbonnois, auec vne forteresse, qu'on appelle la grosse Tour, & vn faux-bourg aussi grand que la ville, sur le passage & chemin de Bourges à Lyon. Le bois de Mousu, de haute fustaye est à demy lieuë de la ville, & la riuiere d'Auron est de l'autre costé, qu'on n'a pû rẽdre nauigable, quoy que les Maire & Escheuins de Bourges y ayent employé depuis quelques siecles beaucoup de peine & de despense. Elle porte de bon poisson & en quantité; la prairie, qu'on appelle de Premarests, deuers Chasteau-neuf, laquelle a plus d'vne lieuë d'estenduë, est le long de cette riuiere, & à costé croissent des vins excellens: les jardinages y sont beaux & plantureux en arbres & tres-bons fruicts. Dun-le-Roy est siege Royal, dependant du Bailly de Berry; la ville & Baronnie de Culant sur la Marle, la ville & Chastellenie de Chasteau-neuf sur Cher, où se fait trafic de bleds, vins, laines & draperie, celle de sainct Iulian & plusieurs autres parroisses, & entr'autres celle de Quinquempoix, y ressortissent, & ses Foires qui ont leur franchise, sont frequentées des marchands du Bourbonnois, du Berry & du Limosin.

VIERZON, *Versio* ou *Euersio*, pour auoir esté souuent ruiné & bruslé, est à huict lieuës de Bourges, en situation agreable pres des forests & garénes, & de deux riuieres qui sont ioignantes d'vn costé, sçauoir le Cher & l'Eure, & de l'autre est le chasteau du costé d'Orient, en vne colline & lieu le plus eminent de la ville, où le costau prend sa descente de tous costez. C'est vn petit siege Royal, auec ressort de deux parroisses, Mery & Themon, & trafic de laine & draperie.

MEHVN, *Medinum, Magdunum*, & selon aucuns *Mediolanium*, sur Yeure; à quatre lieuës de Bourges, auec vn chasteau tres-fort & bien assis, où passent l'Eure d'vn costé, & vn marais qu'on y nomme l'Estang, de l'autre: le reste est garny de profonds fossez qu'on peut facilement remplir d'eau. Le vieil chasteau ayant esté ruiné, Charles septiéme le fit bastir de nouueau & magnifiquement. La ville a deux grands faux-bourgs auec plusieurs jardins & vergers. C'est vn bon siege Royal, où ressortissent les Chastellenies de la Loue & de Fouecy, auec treize parroisses. Le terroir abonde en froment & en legumes. Il y a force prez & des bois assez proches, qui portent mesmes de glandée, de grand profit aux habitans, & y a bonne chasse.

Aubigny sur Nerre, estoit vn siege Royal estably par Louis vnziéme: mais Charles huictiéme ayant donné la ville à Beraud Stuart, Seigneur Escossois, il fut transferé à Concressaut, où il est encores. La riuiere de Nerre abondante en truites passe dans la ville, & coule le long des prairies enuiron trois lieuës, & se vient ioindre à la Sauldre pres de Clemont. Le terroir est fort plaisant & porte de tous fruicts.

Concressaut, *Concordiæ saltus*, est vn gros bourg sans autre closture que de quelques fossez, entre Sancerre & Aubigny, en vn vallon. Le chasteau est clos de murailles de pierre de taille, auec six fortes tours distantes également l'vne de l'autre, & vn fossé au pied, qui a cent pieds de large, & douze de profond, & ne manque iamais d'eau, à cause de la Sauldre qui se deriue ordinairement dedans: Les murs du chasteau sont fort épais, & les bastimens hauts, faits de brique de diuerses couleurs: Le dessus est d'ardoise bien rangée, & le sommet de plomb doré & enrichy de figures de plusieurs animaux, & particulierement d'ours & de cygnes peints excellemment & apres le naturel. C'est vn air fort bon, le pays fertil en tout, foisonnant en bestail, & mesmes en cheuaux: L'abondance des bois fait que la sauuagine y est si ordinaire, qu'elle paist souuent auec les troupeaux priuez. Les Chastellenies de Vailly, d'Argent, de Clemont & de Beaujeu, auec plusieurs parroisses, ressortissent au siege Royal y estably.

La Chapelle d'Angillon, ville & chasteau, sont tous deux bien clos auec tours & fossez, & vne riuiere qui ioint la ville. Il y a vn grand parc de bois de haute fustaye, qui a quatre lieuës de tour, & au milieu est vne allée fort droite, & large de de dix-huit à vingt pieds, faite en façon de chaussée, & le long d'icelle plusieurs cabinets & petites loges ombragées de verds rameaux, auec de grands estangs ou viuiers.

Sainct Aignan, ville & Comté, est logée ailleurs par aucuns, d'autant qu'elle est és confins de Touraine & d'Orleans, à vingt lieuës de Bourges. La ville est forte & close de bonnes murailles, le chasteau est esleué, spacieux & fort. Les riuieres d'Eure & de Sauldre iointes au Cher qui porte icy de gros batteaux, coulent le long de la ville, qui est fort marchande, à cause de l'Eure qui est aussi nauigable, & de la fertilité du pays abondant en tout, sçauoir en bleds, vins, foins, legumes & autres fruicts, auec bois de toute sorte; & lequel outre sa bonté naturelle participe de la Sologne & de la Touraine qui l'auoisinent. Le Comté a treize parroisses de son ressort. Selles est vne petite ville ioignante sainct Aignan.

Leuroux, petite ville bien fermée, est à quinze lieuës de Bourges, auec vne autre Chastellenie proche, qu'on nomme Bouges, qui a vn chasteau clos de murs, tours & fossez.

Vatan est à dix lieuës de Bourges, auec chasteau & maison de plaisance au dedans. La ville est bien habitée, & y a trafic de laines & draperie: Le terroir est couuert de prez, estangs, bois, vergers & arbres fruictiers.

Le Berry a plusieurs autres lieux qui luy appartiennent, ou qui luy sont donnez, quoy qu'ils soient des pays voisins. Le Blanc, *Oblincum*, fait la separation du Limosin d'auec le Poictou par la Creuse: On y range de plus Preuilly, Seuilly, *Soliacense castrum*, la Perouse, la Salle-le-Roy, Chastillon, Buzançais, Palluau, Menesto sur

Cher, Enet, sainct Palais, Cluys ou Cuys, Tradegoulat, Bourg-Dieu, Quantilly, Valençay, Nançay Comté, à la maison de la Chastre, Montron, chasteau bastionné sur le Cher, & la ville de S. Amand en bas, Bommiers chasteau au Prince de Condé, & autres. Le lieu de Bois-belle, ou Henrichemont, que le Duc de Sully auoit commencé à faire bastir, & fait eriger en Principauté sous le Roy Henry le Grand, est à demy-journée de Bourges, & est appellé vulgairement Rougemont. Il y auoit desia de fort belles maisons basties.

Qualité. Il se peut recueillir de la description des lieux susmentionnez, & des qualitez particulieres qui leur sont attribuées, que le pays de Berry en general est fourny de tout ce qui est necessaire à la vie. Il abonde en bleds, & en vins, qui sont excellens en plusieurs endroits, & de bonne garde, comme l'on a remarqué de ceux d'Yssoudun, qu'on les conserue vingt ans [a]; & les plus renommez vignobles d'Yssoudun sont à Creue-cœur, Champ-fort, Haute-roche, & Pied-rouan. On ne leur prefere pas ceux d'Orleans. Chasteau-roux, Sancerre, sainct Satur, Argenton, la Fretay & Reully, en produisent aussi, qui sont en estime. Les bois & les pasturages rendent le pays fameux, aux endroits où la terre est seche & semble inutile: aux autres, où elle est rougeastre, grasse & feconde, elle porte froments, seigles, orges & auoines. L'air y est temperé, & l'abondance des arbres, des plantes & des fruicts, rend le pays agreable: les herbes y sont delicates & sauoureuses pour la nourriture du bestail, principalement des brebis & des moutons, qui par cette bonne pasture portent des laines fort fines. Les moutons du Bourbonnois qui portent la laine grosse & longue, sont menez en Berry, où leur laine se raffine & rend meilleure de la moitié dés la premiere année. Il y a des fruicts de toutes sortes, des legumes, des chastaignes, poires, pommes, pesches, prunes, noix; des chanvres, du lin, & des mines de fer à Mareul & ailleurs, & quelques mines d'argent. A demy-lieuë de Bourges on void des carrieres, d'où l'on tire de la pierre fort bonne à bastir. La chasse s'y trouue en abondance, & de toutes sortes: Et pour les oiseaux de riuiere, ils s'y voyent aussi de toutes especes, sçauoir oyes, canards sauuages & domestiques, herons, butors, cygnes, cormorans, aigretes, plongeons, sarcelles, poules de riuiere, auec le meilleur poisson qu'on puisse trouuer en tout le voisinage.

a Pap. Masso.

Mœurs. On n'attribuë aux Berruyers aucune qualité particuliere pour leurs mœurs: Ce qu'on en peut presumer, est qu'estans dans vn pays delicieux & abondant, ils ne sont pas tant addonnez au trauail, hors du trafic qu'ils font au dehors, & des marchands ou artisans pour les laines & la manufacture de leurs draps de toutes sortes. Leur fidelité enuers le Roy Charles septiéme est remarquable, qui fut appellé Roy de Bourges par les estrangers & les ennemis de France.

Richesses. Le pays ne peut estre que riche par le grand rapport de ses fruicts, l'abondance & la bonté de ses laines, & le trafic qui se fait de l'vn & de l'autre. Les Berruyers ont esté iadis grands forgerōs [b], & le peuple se sçauoit de nature bien aider du fer à tous vsages, ce qui n'est pas tant auiourd'huy, soit par la diuersité des temps, soit parce que les forests y estoient plus grandes qu'elles ne sont à present & plus frequentes: Il y a encore à Bourges vne ruë nommée des Armuriers. Les draps de Berry sont fort estimez, & sont en effet les plus fins & les meilleurs qu'on puisse voir ny en France, ny és prouinces estrangeres. La police qu'on a establie dans Bourges pour les marquer, est singuliere: Chaque année sont esleus six hommes à cét effect, sçauoir deux marchands Drapiers, vn Teinturier, vn Foulon, vn Tisseran, & vn Tondeur, lesquels ont la charge de les visiter dans l'Hostel de Ville, où tous les draps sont apportez, pour les recognoistre, & iuger s'ils sont dignes de la marque & armoirie ancienne de la ville, qui est vn mouton; Ceux qui les exposent autrement en vente, sont amendables à l'arbitre des Maire & Escheuins de la ville, ausquels Louis douziéme en a donné le pouuoir [c]. La pluspart de la ville fait vn grand trafic de draps & laines fines, où l'on trauaille à force, & leurs foires frequentes les debitent, comme à Chasteau-roux, qui en a quatre où les marchands du pays, ceux de Poictou, de la Xainctonge & du Limosin abordent. A Bourges, outre les ouuriers & artisans de toutes sortes, le negoce de ses draps a lieu principalement, auec quantité de foires franches; Et par le moyen de la riuiere d'Eure plusieurs marchandises de Tours & d'ailleurs, y sont portées, & les laines, chanvres, cordages, bleds & autres denrées ou marchandises, sont chargées au retour. Il y a fort peu de lieux remarquables dans le Berry, qui n'ait leurs foires, & leur trafic des bleds, vins, legumes, cuirs, laines, bestail gros & menu, ou autre chose dont ils ont le plus,

b Strab lib 4. Cæs. lib. 7.

c en l'an 1508

Ceux d'Aubigny & de Concressaut trauaillent tellement aux draps, sarges, & estamets, que ceux de Bourges mesmes, d'Orleans, Beauuais, de la Picardie, & de la Champagne les enleuent iournellement pour les transporter de ce Royaume aux pays estrangers.

La grosse Tour de Bourges, qui est d'ailleurs forte & bien munie d'artillerie, celles de Dun-le-Roy, de Sancerre, d'Yssoudun, de Veure, la bonne assiete de plusieurs places, & la grande quantité de chasteaux, qu'on compte iusques au nombre de cent vingt-quatre, suffisent pour remarquer la force de ce pays & par nature & par art. Sa richesse & son grand peuple aident aussi de ce costé-là, & le rendent considerable, pour en pouuoir tirer vn notable secours au besoin de l'Estat, le pays estant d'ailleurs assis comme au cœur & au milieu de la France. Forces.

Nous auons reserué à parler en cet endroit du surplus qui regarde la Iustice & le Gouuernement de Bourges, qui est la capitale du pays. Les Maire & Escheuins cognoissoient autresfois de toutes causes ciuiles & criminelles; & leurs appellations deuoluoient immediatement à la Cour de Parlement de Paris: Mais Louis vnziéme attribua les causes ciuiles au premier Iuge & Magistrat de Bourges, qui est le Preuost, laissant au Maire les causes criminelles, dequoy il iouyt auec les Escheuins & autres Iuges deputez par les Bourgeois, dont est appel pardeuant le Bailly, par Ordonnance de Charles huictiéme. Ce priuilege a esté confirmé par les Rois subsequens, & verifié au Parlement de Paris[a]. Ils ont leur corps de Iustice, & prisons, auec iours de plaid dans l'Hostel de Ville. Cette Iurisdiction est non seulement sur Bourges, mais aussi sur la Septaine qu'ils appellent, *à Septo vrbis*, qui sont dix-neuf parroisses. Les Bourgeois de Bourges ne peuuent estre tirez ou adiournez hors des murs de la ville, ou distraits de la Iurisdiction ordinaire, auec plusieurs autres exemptions & priuileges: Les biens des Berruyers n'estans pas sujets à confiscation pour crimes, demeurent aux heritiers. Le Bailly de Berry, au siege capital ou principal de Bourges, a vn fort beau ressort de la pluspart des lieux susmentionnez, sauf ceux qui sont erigez en Bailliage, comme Yssoudun, Dun-le-Roy, Mehun, & autres: Il y a aussi siege Presidial. Le Conseruateur des Priuileges royaux de l'Vniuersité y est aussi, vn Maistre des Eaux & forests, & Mareschaussée, Generalité de finances, auec la Monnoye, dont le ressort s'estend aux Duchez de Berry, d'Orleans, du Bourbonnois, & Niuernois, & en quatre Comtez sçauoir Gyen, Hurepoix, Buzençois, & la Marche. Gouuernement.

a 1551.

Le Berry a esté premierement Comté, qui fut vendu par Herpin, qu'on croit auoir esté le premier Comte, au Roy Philippes premier, pour se croiser auec Godefroy de Buillon[b]: Il fut depuis erigé en Duché, & baillé en appennage aux enfans du Roy Iean, & le troisiéme d'iceux nommé Iean, estant mort sans hoirs masles, le Duché fut reüny à la Couronne, & donné depuis à Marguerite, fille du Roy François premier, mariée à Emanuel-Philibert Duc de Sauoye. Les Berruyers ou Bituriges anciens auoient grand ressort, & plusieurs villes sous eux[c]. Le pays est auiourd'huy sous vn Gouuerneur & Lieutenant general pour le Roy, & ressortit pour la Iustice en la Cour de Parlement de Paris.

b G. Corrof. du Haillan.

c Cæs. de bel. Gal. lib. 8.

Nous auons deduit ailleurs ce qui est de la Primatie de l'Archeuesque de Bourges, & de ses Suffragans[d]: Comme aussi de son Vniuersité celebre pour l'estude des Loix, & des excellens Docteurs, lesquels y ont enseigné[e]. Il y a quelque nombre de personnes de la Religion pretenduë reformée à Yssoudun, Argenton, Chasteauroux, Chastillon, la Chastre, Aubigny, & ailleurs. Religion.

d Discr. gen. de la France, relig.

e Alciat Bar. Rebuff. Duaren. Balduin. Cont. Doneil. Cuiac. Ioan. Mercer.

NIVERNOIS.

LE NIVERNOIS qui prend son nom de Neuers, ville capitale du pays & Duché, est borné au Leuant du Duché de Bourgogne, dont il estoit autréfois partie; au Midy du Bourbonnois, au Couchant du Berry, & au Nord du Gastinois & de la Sologne. Confins.

Il est arrousé de trois riuieres principales, qui sont nauigables, sçauoir Yonne, *Icauna*, Allier, *Elauer*, & Loire, *Ligeris*. L'Yonne part des hautes montagnes de Moruan prés Chastel-Chinon, & passe par vne partie du Niuernois sans nauigation, & en cet endroit separe les Riuiere

Dioceses

Dioceses d'Autun & de Neuers, commence à porter batteau à Clamecy en Niuernois, reçoit la riuiere de Choré (qui naist aussi dans le Niuernois) entre Clamecy & Auxerre, passe par Auxerre, Ioigny & Sens, & à Montereau entre dans la Seine. Allier passe pres de Maringues en Auuergne, où elle commence à porter batteau, pres de Vichy & de Moulins, & vne lieuë au dessous de Neuers entre dãs Loire, au lieu nommé Conflans, qui est comme confluent, de mesme que les lieux où Marne[a] & Oyse entrent en Seine, sont ainsi nommez. Quant à Loire, dont nous (a Pres de Paris) auons parlé ailleurs,[b] & de sa source, ayant commencé de porter batteau à Roane, il est nauigable durant cent soixante lieuës; & passe à Marsigny, Bourbon-Lancy, (b Disc. gen. de la France.) Desize en Niuernois, Neuers, la Charité, Cosne, Gyen, Orleans, Blois, Amboise, Tours, Saumur & Nantes.

Les autres riuieres qui coulent par le Niuernois, sont Nyeurre, l'Arron, l'Alaine, Quenne, l'Andarge, l'Ysseure, Cressonne, Acolin, Abron, Besbre, Acolastre, Laubois, Narcy, Guerchy, Noain, Arrou. Nyeurre, qu'on croid auoir donné nom à Neuers, entre dans Loire sous le grand pont de Neuers, & a deux chefs ou sources de mesme nom, qui coulent separément enuiron sept ou huict lieuës, & s'assemblent à trois lieuës au dessus de Neuers pres de Bisy, parroisse de Parigny: L'vn des chefs vient de Giry, & l'autre des estangs de Bonraiz pres de Champenus: Sur cete riuiere sont plusieurs moulins & forges de fer & d'acier. L'Arron entre en Loire pres Desize, passe par les estangs de Crux à Chastillon, à Isenay, à Cercy-la-Tour, & entre en Loire pres Desize. L'Alaine vient de Luzy, passe à Taiz, & au dessous de Cercy-la-Tour entre en Arron. La Quenne part des estangs de sainct Martin de la Bretonniere, passe pres sainct Saulge, forme aucuns bon estangs, fait mouldre plusieurs moulins, passe à Suaney-Freterene, à Montigny sur Canne, à Sauigny, & pres de Colonges sous Cercy entre en Arron. L'Andarge vient des vallées d'Vnflan, fait l'estang d'Anlezy, & celuy du Perray à Romeney, passe dessous l'Angy & Aubigny, & entre en Arron pres de Vernueil. L'Ysseure vient de Lichy, passe par les Amognes, par Prie, & ioignant Imphy entre dans Loire. Cressonne separe le Niuernois de la Bourgogne pres Crona & Tanay, & entre en Loire.

Les riuieres d'Acolin & d'Abron, qui sont voisines, viennent du Bourbonnois, entrent en Niuernois, passent à Cocaye, à Dorne, Thory, Lurcy, & s'estans assemblées pres d'Aury entrent dans Loire. Besbre vient aussi du Bourbonnois, passe à Dompierre & Sept-fons en Niuernois, & pres delà entre en Loire. L'Acolastre vient au dessus d'Asy-le-vif, fait l'estang de Parenches, & pres de Laugenay entre en Loire. Laubois naist dans le Bourbonnois, passe par la Guierche & par sainct Germain en Niuernois, & pres delà entre en Loire. Les riuieres de Narcy & Guerchy sourdent en Niuernois, & apres auoir seruy à plusieurs moulins & forges entrent dans Loire à Mesue. Noain vient des estangs d'Entrain, passe à Donzy, à Vergiers, à Suilly, & à Cosne entre en Loire. L'Arron vient du haut Moruan, passe par la liziere de Niuernois, entre Luzy & Autun. Il est remarqué[c] sur les riuieres d'Abron (c Guy Coquille.) & d'Arrou, qu'elles peuuent auoir donné nom aux peuples que Cesar appelle *Ambarri*, proches & alliez des Hedues[d], & se seroient auiourd'huy ceux du Bazois, (d Cæs. lib. 7. bell. Gall.) & partie de Moruan.

Neuers. NEVERS, *Nouiodunum Eduorum*[e], & depuis *Niuernensium*[f]. On y void encor (e Cæs. lib. 7. de bell. Gall.) l'enceinte des vieilles murailles hautes & épaisses, dont l'espace plus prochain remply de terre iusques au haut, s'appelle auiourd'huy la Cité, & est l'endroit le plus (f Not. prou. Gall. Merula. Aymo. in init. hist.) fort de la ville. Dans cet enclos sont l'Eglise Cathedrale, les maisons de l'Euesque & des Chanoines, le Chasteau & maison Seigneuriale du Duc, les Eglises & Conuents des Freres Prescheurs & Mineurs, auec plusieurs maisons des particuliers, & en outre deux parroisses de sainct Iean & de sainct Sauueur. La ville est assise sur Loire, là où Nyeure sembouche dedans, & à vne lieuë au dessus du confluent de Loire & d'Allier. Il y a plusieurs belles & anciennes Eglises, de sainct Cyre, sainct Arille, sainct Estienne, l'Abbatiale de sainct Martin, nostre Dame de Neuers, aux Religieuses, l'Abbaye de sainct Sauueur, Prieuré sous Cluny. Celles de sainct Gildard, & sainct Loup, qui est auiourd'huy sous l'Abbaye de sainct Laurens, sont hors de la ville. Le Thresorier, qui est vne des dignitez de l'Eglise Cathedrale, par ancienne coustume, a droict d'entrer au chœur, & y prendre sa seance ordinaire, ayant l'espée au costé, l'oyseau sur le poing, botté & esperonné[g]. Neuers est composé (g Guy Coquille.)

d'vnze parroisses, & l'ancienne closture de la Cité est comprise dans les murailles nouuelles, qui sont depuis trois cens ans ou enuiron, auec trois mille pas de tour. Il y a plusieurs fortes tours, les fossez sont profonds, & les murailles bien rempa-rées par dedans, sans aucuns bastiments priuez qui les attouchent. Elle a vn beau pont sur Loire, composé de vingt arches & vingt piles de pierre de taille. La premiere pile deuers la ville est creuse & voûtée en dedans auec canonieres pour defendre la muraille de la ville, & batre à fleur d'eau ceux qui par batteau en voudroient approcher. Les deux bouts du pont ont leur pont-leuis, l'vn deuers la ville, l'autre deuers les champs, auec des fortes tours pour les defendre, & batre aux aduenuës. Les quatre Escheuins de Neuers sont éleus par vingt-quatre Conseillers qui representent le corps de la ville. On élit tous les ans quatre Maistres, auec le Receueur & Scribe du grand Hospital.

Le Niuernois a plusieurs autres villes, dont les vnes sont closes d'ancienneté, & les autres depuis cēt ans ou enuiron. Desize est vne petite ville située en vne Isle formée par la riuiere de Loire, qui n'est point plate, comme sont les autres Isles sur riuieres, mais éleuée & surgissant en vne petite montagne, où est le chasteau, & partie de la ville, le Prieuré de S. Pierre, & le Conuent des Religieuses de saincte Claire: Tout ce haut a ses vieilles murailles. La ville est à sept lieuës de Neuers, & son nom ancien est diuersement écrit, *Decisa*[a] ou *Decetia*: On y a trouué plusieurs medailles des Romains. Clamecy, *Clamenciacum*, est sur Yonne, (là où Beuvron s'y décharge) auec l'Eglise Collegiale de sainct Martin, & siege d'Eslection: L'Yonne commence là de porter batteau. Sainct Pierre-le-Monstier, ville Royale, éclipsée du Duché de Niuernois, a vn Bailliage & siege Presidial, & est enclose dans le pays de toutes parts[b]: Sa Preuosté n'est pas prouince, comme aucuns ont creu. La ville est petite, mais bien bastie; l'air en est mauuais, ce qu'on attribuë ou à vn estang d'eau croupissante qu'elle a du costé d'Orient, ou aux montagnes dont elle est close de toutes parts, sauf au Midy, dont le vent ne porte point santé. Moulins-Engilbers, petite ville, mais forte & habitée par gens de trauail & d'industrie, assise au pied des montagnes de Moruan, a vne Eglise Collegiale de Chanoines. Sainct Saulge, petite ville auec Prieuré, Lusi, ville és confins de Bourgogne, à sept lieuës d'Autun. Corbigny lez sainct Leonard, dont l'Abbé en est Seigneur en toute Iustice, auec droict de Bailliage & Chastellenie: L'Abbaye est pres de la ville. Premery petite ville, auec l'Eglise Collegiale de sainct Marceau, appartient à l'Euesque de Neuers, lequel y a droict de Chastellenie & Bailliage, & son chasteau est ioignāt la ville. Donzy, grande & bonne ville, capitale d'vn petit pays, appellé de son nom, auec Eglise Collegiale de Chanoines, sous le nom de saincte Caradea. Dreue est dans le Donzois, auec chasteau assis sur le sommet de la montagne, au pied de laquelle est vne fort belle source d'eau, d'où part vne riuiere qui produit de bon poisson. Entrain petite ville bien assise enuironnée d'estangs, où sont plusieurs sources de bonnes eaux. Nous auons logé sainct Pierre-le-Monstier dans le Niuernois, dont il suit les coustumes, & est de son Eslection & Eueséché. Le reste du pays, & le menu des bourgs & parroisses se comprennent communément sous huict contrées ou endroits principaux, esquels on a accoustumé de le diuiser. La premiere contrée se nomme les Vaux de Neuers, qui comprend les Chastellenies de Cusy & de la Guierche, les Seigneuries d'Aubigny sur Loire, Cours-les-barres, sur Loire, Aspremont, Neuf-Vis, au delà de Loire, deuers le Berry, auec plusieurs parroisses principales, de Marly, Varennes lez-Neuers, Garchisy, Chaulnes, Chastinges, la Marche, Parrigny, Troussanges, Gernugny sur Loire, Solangy: Tous ces lieux prennent aux portes de Neuers, & vont iusques au plus pres de la Charité, iusques où va le Niuernois. En vn autre endroit de la mesme contrée sont Franay-les-Chanoines, Doyseux, Chasteau-neuf-au-Val-de-Bargis, Beaumont, la Ferriere, Rigny, Vrsy, Giry & Pougues, dont il sera parlé dans la qualité du pays. La seconde contrée est celle des Amognes, où sont Montigny, sainct Iean de Lichy, sainct Pere-à-Ville, Richy, Omer, sainct Sulpice-le-Chastel; & presque en mesme assiete sont Baleray, Cigongnes, Prie, Vuez, Bona, Sardolle, Beaumont-sur Sardolle. La troisiesme consiste és vallées de Montenoyson, qui voyent pour chef le chasteau de Montenoyson, fort & remarquable, auec les parroisses de Nolay, Luray, Ligny, Champalemand, sainct Reuerian, sainct Benin-des-bois, sainct Franchy, Crux, Oulon-Arthe, Premery, ja mentionné, Trigny, Champlin, Nully, Ars-en-Bouy, Coruol-

Villes & lieux.

a Antonin.

b Guy Coquille.

le Dampernard. La quatriesme est és vallées d'Yonne, qui sont partie dans le Diocese de Neuers deçà Yonne, partie en celuy d'Autun, la riuiere faisant separation des deux, auec les Chastellenies de Mex-le-Comte, Monceaux-le-Comte, Neuf-fontaines, Tannay, Dormecy, Clamecy, & sainct Leonard, dont a esté parlé, & autres. La cinquiesme est Moruan, dont partie est en Niuernois, partie en la Seigneurie de Chastel-Chinon, & partie en Bourgogne. La sixiesme est au bas & és vallées de Moruan, deuers le Niuernois, dont partie est appellée Bazois, & est arrousée des riuieres d'Arron, Canne, Alesne, Andarge & autres, & icy sont Monstruillon, Chastillon, Cercy, Lusy, sainct Saulge, Moulins-Engilbers & Desize, dont a esté déja faite mention. La septiesme est entre Loire & Allier, commençant à leur confluent, & tirant contremont iusqu'en Bourbonnois. Les lieux de Cheuenon, Sermoise, Chalay, Meaulse, Mars, Magny, S. Parisi le-Chastel, Lotheny, Liury, Chantenay, Thory-sur-Abron, Aury-sur-Loire, S. Germain en Very, Lamenay, Ganay, Cossaye, Lucenay les-Hayes, auec Casteau-neuf-sur-Allier, la Ferté-Chauderon & S. Pierre-le-Monstier, y sont compris. La huictiesme est le Donziois, autresfois Baronnie separée, & depuis vnie au Comté de Neuers, où sont Dõzy, Entrain, Dreue, S. Sauueur en Puisaye, Coruol-l'orgueilleux, Billy & Estaiz, auec le Chastel de Cosne-sur-Loire. Tannay, Dornecy sur Yonne, Champagne, Amasy, Asnan sont encores des villes closes.

Qualité. Le Niuernois fournit à ses habitans d'assez bon bled, & des vins dans les Vaux de Neuers & ailleurs, du pasturage pour le bestail, tant au découuert des bois, qu'aux prairies du bois à bastir & à chauffer. La pierre à bastir se trouue à deux lieuës de Neuers, qui est fort belle, se porte à Orleans, à Blois, Amboise & autres lieux sur Loire. Pres Desize son les mines de charbon de pierre, noir, gras & visqueux, qui prend & entretient le feu, comme le charbon de bois: mais le feu en est plus ardẽt, & les ferronniers en vsent plus volontiers. Il y a de pareilles charbonnieres pres du Liege, qu'on y nomme Oullieres, & en Languedoc aussi dans les Ceuenes. Les mines de fer & d'acier s'y trouuent aussi, & autrefois d'argent, pres S. Leonard & à S. Laurens. En la parroisse de Pougues sont deux fontaines fort proches l'vne de l'autre, l'vne dite de sainct Ligier, & l'autre de S. Marceau, qui passent par les mines de vitriol, couperose ou nitre; on les compare en goust & faculté aux eaux de Spa pres du Liege sur la Meuse. Elles sont ordonnées pour diuers maux en certaine saison de l'année.

Mœurs. Le peuple y est paresseux & nonchalant pour la plus part, à cause des commoditez que les habitans des villages ont pres de leur porte, d'où vient qu'ils n'ont pas si grand soin du labourage & du vignoble.

Riuieres. Les riuieres nauigables que nous auons mentionnées, pour aider au trafic & au transport du fer & de la pierre de Neuers, les autres moindres qui seruent aux forges de fer & d'acier, auec le charbon de pierre, & l'abondance du bois peuuent rẽdre le pays riche. L'industrie des habitans de Neuers & de Desize en leur verrerie & ouurages ingenieux, & l'abod des fontaines de Pougues ne peuuent aussi que porter profit & reuenu aux habitans du pays.

Forces. Nous auons décrit la force & bonne situation des villes de Neuers & Desize, auec quelques autres chasteaux qui sont dans le pays, qui est peuplé, & peut fournir plusieurs hommes de guerre.

Genealogie. Les premiers Comtes & marquis de Neuers estoient enuiron l'an huict cens quatre-vingts-huict, sous l'Empereur Charles le Gros & ses successeurs; & sous le Roy Louys fils de Lothaire, l'an neuf cens quatre-vingts-sept, fut Guillaume, Comte de Neuers, dont la femme Gilberte prenoit aussi tiltre de Comtesse (ce qui fait iuger que le Comté estoit alors patrimonial & hereditaire) & ses successeurs de pere en fils continuerent iusques en l'an mil cent soixante-huict, que Guillaume 5. mourut sans enfans au voyage de la Terre-saincte, auquel il auoit accompagné le Roy Louys le Ieune. A luy succederent Reynaud & Guy ses freres, dont le dernier eut vne fille, nommée Agnes, qui succeda aux Comtez de Neuers, Auxerre & Tonnerre, qui lors estoient dans la maison de Neuers, & espousa Pierre de Courtenay, qui fut depuis Empereur de Constantinople. Le Comté de Neuers fut porté par femmes dans la maison de Bourgogne, tant des anciens Ducs que des derniers. Par le mariage de Marguerite de Flandres auec Philippes dit le Hardy, Duc de Bourgogne, fils du Roy Iean, & apres la mort de Iean de Bourgogne, Comte de

Neuers, dernier masle de cette branche, decedé en l'an mil quatre cẽs nonante-vn, Charles de Cleues recueillit le Comté, & François son fils luy ayant succedé, la terre fut erigée en Duché & Pairrie hereditaire l'an mil cinq cens trente-huict. Apres son decez arriué l'an mil cinq cens soixante-vn, & celuy de François second du nom & Iacques ses fils, sans enfans masles, Henriete leur sœur aisnée, eut en partage le Duché de Niuernois, & espousa l'an mil cinq cens cinq Louys de Gonzague fils puisné de Federic Duc de Mantoüe & de Marguerite Paleologue, Marquise de Montferrat, dont est sorty Charles né l'an mil cinq cens octante, qui se disoit de Gonzague & de Cleues, Duc de Niuernois, Donziois & Retelois, Seigneur souuerain de Charle-ville, Marquis d'Isle, &c. Il a esté Duc de Mantoüe & de Montferrat, duquel & de Catherine, fille de Charles de Lorraine, Duc de Mayenne, nasquit Charles second, & de luy Charles troisiéme à present Duc de Mantoüe. Mais le Duché de Neuers est pretendu par Marie & Anne filles de Charles, & tantes du Duc de Mantoüe, lesquelles en iouyssent, & y sont maintenuës par le Roy.

Le pays de Niuernois, en ce qui est du Domaine du Duché, est composé de trente-deux Chastellenies, qui ont esté presque toutes mentionnées cy-dessus: Et sous le Duché sont quatre Baronnies principales, sçauoir la Ferté-Chauderon, dont le Seigneur se dit Mareschal & Seneschal de Niuernois, auec droict de conduire la premiere bataille en l'armée du Comte ou Duc en allant, & l'arriere-garde au retour, & de battre monnoye, comme il pretend: la Roche-milay, où est la montagne de Beuuray, place de l'ancienne Bibracte de Cesar [a], proche d'Autun, où se tient vne Foire renommée, le premier Mercredy du mois de May; Franay-les-Chanoines; & la Guierche vnie au Duché, & aliénée. Dans Neuers est le principal siege du Bailliage & Pairrie du pays, pour cognoistre des procez de la ville, Preuosté & Chastellenie, & des causes des Nobles de tout le Bailliage, & autres priuilegiez de l'entier Duché en premier instance, auec le iugement de toutes les appellations releuées des Iuges ordinaires establis en chaque Chastellenie, & des Baillifs & Iuges des Seigneurs inferieurs, auec qualité de Bailly & Iuge de Pairrie, dont les appellations ressortissent nuëment en la Cour de Parlement de Paris. Le Bailly a son Lieutenant general, auec les Aduocats & Procureurs generaux du Niuernois. Pour le Domaine du Duché, & autres Seigneuries de la maison, est establie à Neuers vne Chambre des Comptes composée d'vn President, quatre Maistres des Comptes, vn Procureur general au Domaine, deux Secretaires & vn Huissier: Les Comptes du Thresorier general de la maison, & des fermiers particuliers du Niuernois & Retelois y sont rendus. Il y a vn siege d'Eslection pour le Roy, pour le faict des Tailles & Aides, auec des Receueurs, Controlleurs, & autres offices royaux, & à cette Eslection respond partie du Niuernois, qu'on appelle le petit Autunois, le reste est de l'Eslection de Vezelay: Celle de Neuers est de la Generalité de Moulins: Celle de Clamecy de la Generalité d'Orleans, & Vezelay, de celle de Paris. Il y a sept greniers à sel dans le pays, sçauoir Neuers, sainct Pierre-le-Monstier, Desize, Luzy, sainct Saulge, Moulins-Engilbert, & Clamecy, aux offices desquels le Duc de Neuers a droict hereditaire de nomination. Le pays est regy par ses coustumes particulieres distinguées des autres de toute ancienneté.

[a] Li. 1. bel. ciuil.

L'entier pays s'estend és Dioceses d'Autun & d'Auxerre: Et en tout le Diocese de Neuers sont deux cens septante Eglises Parrochiales, quatre Abbayes d'hommes, & deux de filles, quarante-deux Prieurez, cinq Eglises Collegiales, auec trois Commãderies de sainct Iean de Hierusalem, à sçauoir Bisches, Fueilloux & Tournis. De l'Euesché de Neuers se meuuent quatre fiefs principaux portans tiltre de Baronnie, sçauoir Druy, Poiseux, Cours-les-barres, & Giury: Et pour recognoissance de superiorité, les Seigneurs de ces fiefs sont tenus de porter l'Euesque en sa chaire Pontificale le iour de son entrée à Neuers. Il y a quatre maisons ou Conuents de l'Ordre des Chartreux dans le pays, & vn College de Iesuites à Neuers. Religion.

BOVRBONNOIS.

Noms. LE BOVRBONNOIS prend son nom d'vne terre & Baronnie ancienne dans le pays, dite Bourbon-l'Archambaut, à la difference de Bourbon-Lancy ou l'ancien & Lanceaulme, desquelles places il sera parlé cy-apres.

Confins. Le Niuernois luy est au Nord, le Forests & l'Auuergne au Midy, le Berry au Couchant, & la Bourgogne au Leuant. Riuieres. Il n'est arrousé que de deux riuieres, Loire & Allier.

Villes & lieux. Moulins. MOVLINS est la ville capitale du pays, sur Allier, siege des Ducs de Bourbon, lesquels y auoient le chasteau, qui est fort, & maison de plaisance tres-agreable, assortie de iardins, belles fontaines, parterres & compartimens industrieux, quantité de beaux orengers & citronniers, & quelques vieux murtes. La ville est accompagnée de beaux & grands faux-bourgs, peuplez de toute sorte d'artisans, annoblie de l'Escheuinage, auec plusieurs exemptions & immunitez. Au Chasteau est vne tour quarrée, soustenuë d'vn seul pillier, auec vn arc de pierre dans la chambre de Charles de Bourbon Connestable de France, qui soustient tout le reste du bastiment: Il y a deux Chapelles, l'vne basse, l'autre haute; & deux Eglises principales dans la ville, Nostre Dame & sainct Pierre. Les autres villes sont Bourbon l'Archambaud, assis entre les riuieres de Cher & d'Allier, à quatre lieuës de Moulins; premiere Seigneurie de ceux qui ont depuis commãdé sur tout le pays. Bourbon-Lancy est assis delà Loire, & compris dans la Bourgogne pour la pluspart; & deux freres Barons de Bourbon, l'vn du nom d'Archambaut, & l'autre de Lancy ou Anceaulme, partagerent les terres. Le Chasteau est en forte assiette, où est la saincte Chapelle bastie cõme celle de Paris, par Iean Duc de Bourbon; où sont gardées des reliques precieuses, & se voyent plusieurs belles peintures & figures de relief en bois & en marbre. Les Thermes ou bains de Bourbon sont remarquez pour leur antiquité & structure Romaine. I. Aubery, Bourbonnois, Docteur en Medecine, en a fait vn docte & curieux traité publié l'an mil six cens quatre. Montluçon, és confins du Bourbonnois & du Berry, est assis au pendant d'vne colline, au pied de laquelle coule vne petite riuiere, nõmée Cherere, *Charus*. A vne lieuë de la ville sont les bains de Neri, qu'on croid auoir esté bastis par les Romains, auec vne si belle source, que sur le ruisseau qui en naist, treize moulins tournent ordinairement; d'où vient que dans le pays on a accoustumé de dire, qu'à Montluçon y a treize moulins d'eau chaude, & vne forest verte en toute saison, d'autant que c'est vne garenne de bois de buys, qui est de longue estenduë, qu'on nomme la garenne de Neri. Le Donjon est vn grand bourg en Bourbonnois, auec Euo, qui est au Diocese de Bourges, & est le lieu du General de l'vn des Ordres des Chanoines de sainct Augustin. Mont-meraud, la Palisse où passe la Besbre, auec Chasteau, Chantelles, belle maison, aux Ducs de Bourbon, S. Amand, Gannat, Varennes sur Allier, le Mont-aux-Moynes, S. Geran, Souuigny petite & ancienne ville, Aynay-le-Chastel, Chambon, Ialigny, Chastel-le-Perron, Chauue-roche, Chasteau-morand, Cosne sur Loire y appartiennent aussi.

Qualité. Le pays a force terres labourables & fertiles en seigles & legumes pour la pluspart. Il abonde en fruits, en forests, en bestail gros & menu, auec quantité d'huile de noix. On louë particulierement le terroir de Montluçon pour sa fertilité, pour ses grandes forests & pasturages, abõdance de fruits, & beaux vignobles, iusqu'à pouruoir de vin les pays qui l'auoisinent.[a] On donne aussi au pays des mines & forges de fer en certains lieux.[b] Les eaux de Bourbon sont fort estimées, tirans leur vertu du soufre, du nitre & de l'alum; celles de Bourbon-l'Archambaud, qui sont plus proprement du Bourbõnois, sont plus chaudes & desseichantes. Nous auons parlé des bains de Monluçon; & outre ceux-là on en void de dispersez en d'autres endroits,[c] qu'on experimente pour diuers maux. Le poisson y abonde en la riuiere d'Allier.

a Le Limosin.
b Gros, Souuigny, &c.
c Vichy sur Allier, S. Pardons, pres de Bonny.

Mœurs. Les habitans de Moulins sont courtois & officieux, & ont vn fort bon langage. On iuge que ceux de Montluçon & des lieux voisins, sont rudes; mais ce n'est qu'à cause de leur accent; car pour leurs actions, ils ne cedent point aux autres en ciuilité.

Le profit du pays consiste és artisans de Moulins, pour les bons cousteaux & autres ouurages semblables, dont ses grands faux-bourgs sont remplis. Montluçon fait quelque trafic en vins & en laines; & les bains d'eaux chaudes y attirent les voisins & les estrangers. Richesses

Robert Comte de Clermont, & cinquiéme fils du Roy S. Louys espousa Beatrix fille de Iean de Bourgogne & d'Agnes fille d'Archambaud de Bourbon,[a] & la terre fut erigée en Duché par Philippe de Valois,[b] en faueur de Louys Comte de Clermont (fils de Robert) qui fut surnommé le Grand, & fut premier Duc de Bourbon. Il y a eu vne grãde suite de Ducs de Bourbon, possesseurs de plusieurs autres belles terres, sçauoir de la Marche, de Ponthieu, d'Auuergne, Forests, Montpensier; tous Princes, & pourueus de charges & offices de la Courõne, iusqu'à Susanne de Bourbon, fille vnique de Pierre Duc de Bourbon, laquelle espousa Charles de Bourbon Comte de Montpensier Connestable de France, son plus proche parent; & estant decedée en l'an 1521. sans enfans, l'institua son heritier vniuersel; en la personne duquel decedé l'an 1526. le Duché fut reüny à la Couronne, auec le Comté de Clermont. Il y a vn gouuerneur pour le Roy, vn siege Presidial à Moulins pour tout le ressort du Bourbonnois, où sont dix-sept Chastellenies Royales, auec Generalité de finances. Le tout ressortit à la Cour de Parlement & Chambre des Comptes de Paris. Le Baron de Chatelus & Chasteau-morant, erigé en Marquisat, pretend d'estre le premier Baron du Bourbonnois. Gouuernement.

a S. Marthe. Hist. gen.
b Gaguin. li. 8.

Le Bourbonnois appartient à diuers Dioceses, sçauoir Bourges, Autun, & Clermont en Auuergne, & n'y a point de siege d'Euesché. Il y a vn College de Iesuites à Moulins. Religion.

AVVERGNE.

L'AVVERGNE conserue le nom de ses peuples anciens, *Aruerni*,[c] que les Auteurs Grecs[d] n'ont gueres alteré *Ciuitas Aruernorum*.[e] Noms.

Le Forests luy est au Leuant, le Velay & le Geuaudan en [Lan]guedoc au Midy, le Bourbonnois au Nord, & le haut Limosin auec le Perigord au Couchant. Il peut auoir quatre-vingts dix lieuës en longueur, & cinquante en largeur. Confins.

c Cæs. lib. 1. de Bell. Gall.
d Ptolem. Plutarch. Strab li. 4.
e Gall. in Aquit. ou fr. Vienn.

L'Auuergne est diuisé en haut & bas pays: Le haut est montagneux, & entendu communement par le nom d'Auuergne, & le bas qui est en plaine, par le nom de Limagne, *Alimania*, dequoy nous parlerons cy-dessous. Diuision.

Le haut Auuergne est borné au Leuant par la Limagne à Langeac, au Midy par le Geuaudan à Sauguet, au Couchant par le Quercy à Figeac, & au Nord par le Limosin à Argentat, où passe la Dordogne, qui diuise les deux pays. Haut Auuergne.

SAINCT FLOVR est la ville capitale, assise sur vn roc esleué & entaillé tout à plomb: (qu'on croid n'auoir esté autrefois qu'vn bourg appellé Mon-plan) Euesché, siege Royal, & Eslection. Villes & lieux.

AVRILLAC ou ORLIAC, *Aureliacus*, Bailliage & siege Presidial, dont dependent S. Flour, & les 4 Preuostez de Murat, qui est ville assez grande & riche, Mauriac, Maurs, & Salers, dont la Iustice appartient au Roy, & la terre à vn Seigneur qui prend qualité de Baron: Outre le siege Royal il y a Eslection particuliere. Murat porte titre de Vicomté, & a vn Chasteau fort esleué. Mauriac a vn College de Iesuites, des premiers establis en France, & est ville marchande, auec de belles foires pour toute sorte de bestail, & particulierement de cheuaux des meilleurs de France. Outre les villes & lieux mentionnez, on y void encores Besse ville tres-bien bastie & proche du mont d'Or, auec la Chapelle celebre de nostre-Dame de la Vassiuiere; Carlat; Chaudesaygues, place forte au Marquis de Malause, du nom de Bourbon; Aubijoux; Riom és montagnes ou le chetif, à la difference de celuy du bas Auuergne; Sainct Martin de Marmaroux; Peyre, Fontanges, Mont-salin, le Roquebra; Pleaux, Comté; Pontgibaut & Rore. La Tour Baronnie, le port-Dieu, auec Chasteau, Murols Baronnie, au Comte d'Estain, Fenders Abbaye, sont aux enuirons de Besse; Espenchars, la tour de Luguarde, Soubreuise, S. Agnac & autres places y appartiennent aussi, auec Madic, tres belle maison, au Marquis de Curton, sur les confins du Limosin.

Bas Auuergne ou Limagne.

Le bas Auuergne est borné au Leuant par le Forests à Tiers, ou bois des Mortes au Midy par le Velay & le haut Auuergne, au Couchant par la Marche, & le Limosin, au Nord par le Bourbonnois. Sa longueur depuis S. Porsain iusqu'à Alegre, est de trente lieuës, & sa largeur depuis Selle dans la Baronnie de Montguaillé iusqu'à Roc, de vingt-trois lieuës. Aucuns tirent son nom de la riuiere de Limonne, qui descend du haut Auuergne, passe à sainct Fleuret, à Nochers, sainct Saturnin, S. Amans, & entre dans Allier à Martin.

Villes & lieux.

CLERMONT, ville ancienne & tres-forte, mesme du temps de Gregoire de Tours, & de *Sidonius Apollinaris*,[a] est la capitale du bas Auuergne, voire de l'entier pays, & appellée *Aruernum oppidum, vrbs & ciuitas Aruerna*.[b] *Augustonemetum* de Ptolemée, selon Scaliger,[c] *Gergobia* de Cesar, à plusieurs,[d] d'autant que le mont nommé Gergoy, qui n'en est pas esloigné, est iugé trop petit, pour vne si grande ville que l'ancienne Gergouie, & d'ailleurs és enuirons de Clermont se trouuent en plusieurs endroits certains restes de murailles de ville, fortes & espaisses, auec autres marques & ruines de vieux bastimens, quantité de medailles & colomnes de marbre, qu'on y descouure. La ville est asseurée sur vn costau au pied de la montagne qu'on appelle Puy de Domme, entourée de collines fertiles, d'où coulent plusieurs ruisseaux qui arrousent les iardins & lieux de plaisir qui sont dehors. Elle est entre deux riuieres, sçauoir l'Artier qui descend de Royac & Chamalieres, reçoit Lunac pres de Lusat, & se va rendre dans Allier pres de Marignac; & Bedat, qui passe au milieu de Montferrand, pres d'Entraigues & Maringues, & se rend dans Allier, pres d'vn lieu nommé la Veine. C'est vn siege d'Euesché, & l'Eglise Cathedrale de nostre-Dame est fort celebre & bien bastie, couuerte de plomb estamé, auec la maison Episcopale au deuant, & vne belle fontaine dont la source & des autres qui sont dans la ville, vient de Royac. Il y a trois Eglises Collegiales, sçauoir Nostre-Dame du Port, qu'on croit estre la plus ancienne du Diocese, sainct Geneys & S. Pierre, outre les Conuents des Cordeliers, & des Carmes, & trois maisons pour des Religieuses. Antoine du Prat Chancelier de France, natif du pays, y a fondé & fait bastir vn tres-bel Hospital. Les Abbayes de sainct Alyre, dont le bastiment est fort, & orné de colomnes, tombeaux, & autels de marbre & de jaspe, façonnez à l'antique; de sainct André, de Chantoin, tenuë par les Carmes deschaussez dés l'an 1633. & celle des Religieuses de saincte Claire, auec les Conuens des Capucins, Minimes, & Iacobins, sont hors la ville. Il y a siege Presidial à Clermont, & à l'opposite de la ville est MONTFERRAND, ville forte & bien assise, sur la riuiere de Bedat, où fut establie vne Cour des Aydes, par la faueur & autorité du Chancelier du Prat, sous le Roy François premier. Elle a vn Chapitre, vne Commanderie, trois Conuens de Religieux, & vn de Religieuses. Le Bailly de Montferrand administroit autresfois Iustice par tout le pays. RIOM capitale du Duché d'Auuergne, ville & Seneschaussée du pays, auec siege Presidial, est trauersé par vne petite riuiere, & la Iustice s'exerce dans le Palais des anciens Seigneurs d'Auuergne. Il y a aussi Generalité de Finances, Mareschaussée, Monnoye, & Iuge des Marchands, auec trois Eglises seruies par des Chanoines, sçauoir S. Amable, autrefois Abbaye, Nostre-Dame du Marturet, & la saincte Chapelle, outre le Conuent des Capucins, & vn autre de Religieuses: Les Peres de l'Oratoire y sont aussi establis. Clermont, Montferrand & Riom sont assises à demy lieuë l'vne de l'autre d'vn costé & deux de l'autre, belles d'assiette, riches & bien basties.

a Lib. 5. ep. 12. & lib. 7. ep. 1.
b Plin. lib. 37. c. 7. Iornand. Sid. li. 7. ep. 12. & li. 7. ep. 5. Aymon. lib. 3. c. 61.
c Merula ex ipsius litteris.
d Bellesorest li. 2.

Le bourg & Chasteau de Chamalieres, qui appartient au Roy, est proche de Clermont, & y a Eglise Collegiale. Les Chasteaux de Sancey, Beaurepaire, & Durtol n'en sont pas esloignez, non plus que les bourgs de Nonan, Royac & Beaumont, qui abondent en bleds & en vins; Lempde, qui appartient à l'Euesque; Onat, au Chapitre, auec les bourgs & Chasteaux d'Obeyne, Pereyniat, Romaniat & Chanonat. On void aussi en ces quartiers les ruines d'vn ancien Chasteau, dit de Montroienon, qu'on croid auoir esté basty par Iules Cesar assiegeant *Gergouia*, & estre comme *Mons Romanorum*.

Au dessus de Riom, ou és enuirons sont l'ancien Chasteau de Chazeron, le bourg de Chasteau-guyon, les Chasteaux de Tournelles, le bourg & Chasteau de Sabazat, auec Eglise Collegiale, sainct Bonnet de la Tourreste, Woluic, Chastelguy, Blanzac, Marsat, auec Abbaye, & vn Prieuré de religieuses, & la ville d'Enezat, au Marquis d'Effiat.

BILLON appartient à l'Euesque de Clermont, & est entouré de montagnes chargées de vignoble: Le ruiſſeau de Ricochet paſſe au milieu de la ville. L'Egliſe de ſainct Cerneuf eſt la principale, ſeruie par grand nombre de Chanoines; celle de ſainct Loup eſt eſtimée tres-ancienne. Il y a vn Conuent de Capucins, & vn de Religieuſes fondé par la Dame de ſainct Ayran, auec College de Ieſuites des plus anciens de France, eſtably par Guillaume du Prat Eueſque de Clermont. Les bourgs d'Egliſe nefue de Spirat, auec chaſteau; Chars & Choriat; les Chaſteaux de Montegat Liſtenoies, au Comte de Lude; de Mouſun, qui eſt fort, & a vne belle Iuſtice & de tres-beaux fiefs, appartenant à l'Eueſque de Clermont; la Molliere, Aulterat, le Chier, les Cornets, la Rochette, l'ancien Chaſteau de Montmorin, Couppet & Ieuſſel ſont proches de Billon ou és enuirons.

YSSOIRE appartient à l'Abbé du lieu, & eſt ville forte & cogneuë par les guerres paſſées, auec terroir abondant en bleds & en vins. La riuiere de la Couſſe, qui vient du lac de Pauain, entre dans Allier à vne lieuë d'Yſſoire, & paſſe dans les foſſez de la ville. Il y a Eſlection, & Cöuens de Capucins & de Religieuſes. Les bourgs du Broc, auec Egliſe Collegiale, les Chaſteaux de Steyran & Ville-neufue au Comte de ſainct Ayran, ceux de Nonnette, Vaudable & Yboy remarquables pour leur beauté & fortereſſe, le Breul bourg & Chaſteau, Milbeau, Chaſteau, & ceux de ſainct Firgues, appartenant au Marquis de Canillac, Chelus, Bonde, Sanſat, Pertu, Chadieu, Champeix gros bourg & Prieuré, où paſſe vne riuiere rapide qui ſe décharge dans Allier, Nichers, Plauſat, la Sauuetat, gros bourg & Commanderie, ſont dans le voiſinage d'Yſſoire, auec les Abbayes de Bleſle pour femmes, & de Megemont.

BRIOVDE eſt vne ville baſtie à l'antique, les ruës aſſez mal diſpoſées, ſur les confins de cette partie d'Auuergne. Elle appartient aux Chanoines, qui en ſont Comtes & Seigneurs temporels, comme les Chanoines de l'Egliſe de ſainct Iean ſont Comtes de Lyon. Elle n'eſt d'aucun Dioceſe, & releue immediatement du Pape. L'Egliſe en eſt ſeruie par leſdits Chanoines, de meſmes que celle de Lyon. Il y a pluſieurs Conuens de Religieux dedans & dehors la ville, où ils tiennent l'Egliſe de ſainct Ferriol, qui eſt fort celebre. La riuiere d'Allier paſſe aſſez pres: Et au bourg de Vieille-Brioude eſt vn pont de pierre ſur l'Allier, fait d'vne ſeule arche, & merueilleux en ſa longueur & hauteur. Il y a Eſlection eſtablie de nouueau.

Les Conuens des Religieuſes de ſaincte Florine d'Oeſter, de l'Ordre de Fontevraut, auec celuy de Lauaudieu, Ordre de ſainct Benoiſt, & les Chaſteaux d'Auberac, la Motte de Canillac, Vicomté & gros bourg, Montgon-Lazerac, Prieuré, ſont proches de Brioude. Auzon eſt ville & Baronnie, auec Egliſe Collegiale. La voûte de Chillac, qu'on dit communement Sillac, eſt proche de la vieille Brioude ſur Allier. Langeac eſt vne petite ville, auec Chaſteau au bord de la riuiere d'Allier, erigée en Marquiſat depuis quelques années: Vn peu plus bas vers le Leuant eſt Pulhaquet, qui a de grands faux-bourgs, & pres de là vne petite riuiere, qui ſe deſcharge dans Allier. La ville & Marquiſat d'Alegre eſt au pied d'vne montagne, où eſt vn grand & fort chaſteau, qui la commande entierement: Cette montagne eſt fort haute & ronde, & fait voir en ſon ſommet vn grand lac, qu'on tient comme vn precipice, au pied coule vn ruiſſeau qui naiſt de certains eſtangs & ſe rend dans la riuiere de Borne. A deux lieuës d'Alegre finit l'Auuergne, & y eſt ſeparé du Velay, & en cette extremité eſt la ville de ſainct Paulian. La chaiſe-Dieu, petite ville, qui enferme l'Abbaye, laquelle neantmoins a ſes murailles & ſes tours ſeparées, eſt à deux lieuës de cette montagne: Le bois de l'Amandy, qui eſt de grande eſtenduë, auec la Chapelle de la ſaincte Trinité, fort celebre pour la deuotion & grand abord du peuple à certains iours de l'année, & ſituée dans vn precipice entouré de rochers, en eſt proche. Le grand Chaſteau de Clauellier, la ville & bourg d'Arlene auec Chaſteau, quelques maiſons enfermées de murailles en façon de fortereſſe, pour ſa defenſe, ſont au meſme endroit, & la riuiere de Dore y paſſe. Le Chaſteau & parroiſſe de Montrauel, le bourg & Chaſteau de Viueros; ſainct Antheme, où paſſe la riuiere d'Auſe, qui prend ſa ſource dans les confins de Foreſts & d'Auuergne; la Roue; ſainct Germain-l'air, au Marquis de Canillac, où ſont des eſtangs qui produiſent la riuiere de Doulon, qui ioint Allier en Brioude & Vieille-Brioude; ſainct Verin, ou ſainct Veir à ceux du pays, où paſſe Doulon; la Val; ſainct Didier couuert de rochers grands & inacceſſibles, & entourez à demy de Doulon; Enual auec ſa forte & haute tour quarrée, ſont lieux voiſins & non eſloignez de cette montagne & riuiere de Doulon.

Sainct Germain-Lambron appartient aux Seigneurs de Brioude. AYGVEPERSE est la ville capitale du Duché de Montpensier & Dauphiné d'Auuergne, dont toutes les terres y ressortissent: Il y a Eglise Collegiale, & vne saincte Chapelle seruie par des Chanoines, auec vne Abbaye de Religieuses de saincte Claire. L'ancien Chasteau de Montpensier estoit au dessus de la ville, & a esté demoly dés l'année 1634. Le Chasteau & Marquisat d'Effiat, basty magnifiquement & à la moderne, Denone, Biausat, Arbouses, sainct Geneyx, la Font de Vansac, S. Agolin, la Roche-l'Hospital, auec les Prieurez de Pontratier, de Religieuses, & d'Escurolles, en sont proches. Esbreulle est à l'Abbé du lieu, la riuiere de Sioulle passe pres du Chasteau, & les places de sainct Quintin, Mata, Marsillac, le Chastelard, Rochefort & Aiuiers, sont en ce quartier. Sainct Porsain est au Prieur du lieu, où passe la riuiere de Sioule bien pres delà sur vn pont de pierre: l'Abbaye de sainct Gilbert, le Prieuré d'Aubeterre de Religieuses, & les Chasteaux de Beaulin, Briale & des Morelles sont en ce voisinage. Cusset est fort d'assiette, de murailles & de fossez larges, profonds & bien bastis. La ville est au Roy, & y a Eglise Collegiale auec vne Abbaye de Religieuses, qui ont de beaux reuenus dans la ville. Vichy pres de laquelle passe la riuiere d'Allier en est proche. Les Chasteaux de Seresac, du Chaussain, le Vernet, Albret, & Busset, Comté, dont le seigneur porte le nom de Bourbon, sont en cét endroit. Ce sont les villes principales de la Limagne, qu'on compte en nombre de treize, auec la pluspart des Forts & places de leur voisinage: On qualifie les autres villes du nom d'Aggregées, qui entrent à leur tour dans l'Assemblée des Estats du pays.

THIERS, ville fort peuplée & de grand commerce, est du Duché de Montpensier: La riuiere de Durolle, sur laquelle on fabrique les ouurages dont il sera parlé cy-apres, passe sous les murailles de la ville, & à demy lieuë delà entre dans la Dore; les moulins à papier & les martinets pour battre & forger des lames de cousteaux sont sur cette riuiere. Il y a vn beau Chapitre & Eglise Collegiale, vne Abbaye de Benedictins, & vne maison de Religieuses. La Dore passe à vn quart de lieuë delà, & commence à porter batteau au pont de Thiers. Les Chasteaux de la Chassagne, Montgaulié Baronnie, Selle, Mauber, la Versiere, les Hors, Genetoux, le Croix-lavort, Noaliat Prieuré, Monpeyroux, Abbaye, & Ris, en sont proches. La riuiere d'Allier passe aussi à vn quart de lieuë de la ville.

Cropiere, bonne ville, quoy que petite, est à l'Euesque de Clermont: Il y a aussi des Religieuses, dont la Dame Prieure a part en la seigneurie: La riuiere de Dore passe pres des murailles de la ville, qui est auoisinée des Chasteaux de Belesme, la Barge, Hauteribe, Laudan, Courreiene, au Cômandeur de Crottes, Sauuiat, Prieuré & bon bourg, Fredeuille, Volaure, Comté & Chasteau spacieux, & la plus belle parroisse d'Auuergne, à la Dame de sainct Ayran, Augeroiles & Menlhiat Prieurez, & du bourg d'Aubusson, Baronnie & fort Chasteau autre que celuy de la Marche.

Lezoux est ville Royale, entre les riuieres d'Allier & de Dore, en pays bon, agreable & d'vn air fort temperé, pour seruir de retraite en temps contagieux, tel que l'Auuergne a ressenty auec les autres Prouinces de France. C'est vne ville ancienne, où se trouuent quantité de medailles, vrnes & marbres anciens. L'Eglise de S. Pierre y est seruie par des Chanoines. On publie la bonté des fruits du terroir de Lezoux, & particulierement des melons. Aux enuirons de ce lieu sont les bourgs ou Chasteaux de Muel Vicomté, Moiessat, la Garde, Barônie, Codeigniac, Crottes, Commanderie, Fontenilles, Ligonne, Beaubost, la Terrasse, la Forest de Buillon, Seschalle, sur lequel est la montagne de Corroure fort agreable & couuerte de bon vignoble, Beauregard, gros bourg, où est vne belle maison appartenant à l'Euesque de Clermont, Vertayon, dont le Chasteau fut démoly l'an 1633. Verdonnet, Chasteau-neuf, la Borde, & la Commanderie du Culhiat. Tous ces lieux sont remarquez pour la quantité & qualité des bleds & des vins.

Maringues est vne des bonnes villes d'Auuergne, & appartient au Duc de Boüillon. Le port qu'elle a sur la riuiere d'Allier, est le premier du pays, ce qui luy cause vn grâd traffic. La riuiere de Murge passe pres des murailles de la ville, & à vn quart de lieuë delà entre dans Allier. Non loin delà sont les Chasteaux de Tose & Montgascon, appartenans au seigneur de Maringues, Randan, Comté & Chasteau à la Marquise de Seneçay, Thuret & Sauuaniat, Nusillat, la Veyne, Prieuré de Benedictines, qui sont en grand nombre, le Pont-du-Chasteau, au Baron de Canillac, où passe Allier, Aynezat au Marquis d'Effiat, Entragues, Varennes, sainct Ignat, Palerle, sainct Bonnet, Mezet, Dallet, les Marties d'Artiere, & Ligniat. Cornon, petite ville à l'Euesque de Clermont & au Baron du lieu, auec Eglise Collegiale, a pour voisins les Chasteaux ou bourgs de Goldolle, Dieuxferer, Millefleur, la Roche do Marniac, Orset, le Crest auec Eglise Collegiale, Monton, & les Marties de Veyre. Les fruits de ces lieux se transportent à Paris. Sainct Amand abonde aussi en fruits & en vignoble, de mesme que sainct Saturnin, auec Chasteau, & le bourg de la Lalende.

Vic-le-Comte estoit la principale ville du Comté d'Auuergne reüny à la Couróne auec l'entier pays. On y void vn superbe Palais basty par les Ducs d'Albanie, & vne saincte Chapelle y ioignant, seruie par des Chanoines. Les Chasteaux de la Cuelle, d'Anual, la Chaux, & ceux de Mercurol, Busseau & Crain, qui sont vieilles pieces & vont en ruine, estoient de l'ancien Comté d'Auuergne, & sont de ce voisinage. L'Abbaye du Bouscher est à vne lieuë de Vic-le-Comte. Oliergues est petite ville, pres de laquelle passe la riuiere de Dore.

Sauxilanges, ville où est vn Prieuré riche & bien basty, & à vne lieuë delà est le Chasteau d'Vsson (qui est au Roy) assis sur vn des hauts rochers d'Auuergne, taillé en pilliers ronds naturellement & sans art: Au sommet du rocher & dans le donjon est vne source tres-belle, laquelle remplit vne cisterne & fait des petits lacs dans les basses enceintes. A vne lieuë de la ville est l'Abbaye Royale de Manlieu, où l'on conserue les reliques de sainct Sebastien, qui sont veuës auec veneration & curiosité.

Ardes est la principale ville du Duché de Mercœur, & appartient au Duc de Vendosme, auec la ville d'Alenche; Arlenc auec Chasteau, est au Comte de Tournon.

Sainct Geruais est petite ville, au Comte de sainct Ayran & à la Dame de Maintenon, de la maison de Salleuert, où estoit vne race de Deuins, appellée des Marques, dont le dernier s'est precipité & noyé dans vn estang. La Chartreuse est proche delà, où passe la riuiere de Sioule, qu'on appelle communement le port-saincte Marie. Le pont Aumur, les Chasteaux de Chalus & de la Maison-neufue, Chas & Roche-dagou en sont proches. La riuiere de Chay, qui garde son nom iusques à Tours, prend sa source pres de Chas. A cette contrée appartiennent aussi les Chasteaux de Linieres, Groulieres, Salleuert, Bramont, Vicomté, Beaufort, les Roches, Chasteau neuf, Marquisat, au Comte de sainct Ayran, le bourg & Chasteau de Punsac, la Chanac, le Montet-de-Gelac, à l'Euesque d'Agen, auec l'estang dont le sable est de couleur d'or & mis sur le papier dore l'escriture, Blot-l'Eglise, Blot le-Chasteau, Montepon, saincte Christine, & l'Abbaye de sainct Menat, où l'on monstre de belles reliques, & la riuiere de Sioule passe sous vn pót de pierre. Artonne est petite ville auec Eglise Collegiale. Arment est ville & Barounie, au Duc de Ventadour, auec plusieurs beaux fiefs qui en releuent. En cet endroit sont les Chasteaux du Puy-sainct Guimier, Banson, Tessonnieres, Preschonnet & Barmontet, auec l'Abbaye de Religieuses de l'Esclache, le Prieuré de Brisons auec Chasteau, & la Celeste, Conuent de Cordeliers dans vn desert, auec vne forteresse que tient le Commandeur du lieu. Orrival est vn bourg renommé à cause de son Eglise dediée à la Vierge Marie, & fort frequentée. Le bourg & Chasteau de Rochefort, auec titre de Comté, appartenant au Marquis de Curron, est proche d'Orrival, de mesmes que Cordeis, Alaniat, la Tour d'Oriere & Vareilles. Croc est vne petite ville sur les frontieres de la Marche & de l'Auuergne. Ambert est deuers le Forests, où sont deux Cóuens, l'vn de Religieuses, l'autre de Recollets; & les Chasteaux de Champetieres, la roche de Bas-rieux, la roche Sauine, & le Prieuré de Chaumont en sont proches. Polignac & Craponnne sont du costé du Velay. Le Liuradois est vn petit pays qui a trois lieuës en longueur, & demy en largeur. Entre Boutounargues & Tourguyon fut coupée vne montagne de plus de deux cens toises, pour donner passage à l'eau qui couuroit ce pays contenu entre Arlen & la Tour-guyon, d'où l'on tire le nom de Liuradois, comme deliuré d'eau, qui est à vne lieuë des confins de l'Auuergne & du Forests, lesquels on establit en la montagne des Mortes.

Le nombre des riuieres grandes ou petites dont l'Auuergne est arrousé, & des montagnes dont il est clos & enceint, est à considerer pour cognoistre la qualité de ce grand & noble pays, tres-abondant és choses qui se trouuent ailleurs, & renommé pour plusieurs singularitez qu'on y remarque de tout temps. Nous auons mentionné la pluspart des riuieres qui passent par les villes & lieux de cette Prouince.

uieres. La riuiere d'Allier est celle qui a plus de nom dans le pays: Elle naist en Velay, passe à Brioude, au Pont-du-Chasteau, Maringues, & Moulins, & perd son nom pres de Neuers, au Bec d'Allier, où elle entre dans Loire. La Dordogne a sa source au Mont-d'or, passe à Croc, à Bergerac, & S. Macaire, où elle entre dans la Garomne. Le Cher, dont nous auons parlé ailleurs [a] passe à S. Amant. La Sioule prẽd son nom ou le donne à vn village nõmé Sioule, dessus le Pont-au-Mur, passe par Esbreulle, S. Porsain, & à deux lieuës de Moulins entre dans Allier. Dore commence à S. Eloy, qui est contigu à S. Amant, passe à Fournoux, à Doranges, descẽd au Liuradois sous Arlant, passe à Rioux, Ambert, Oliergues, & Cropiere, & dessous Puy-Guillaume entre dans Allier. L'Alaignon a sa source dans le Lyouran, passe au pont de Vernet, à Massiac, & se va rendre dans Allier. La Ruë passe à Condat, & se descharge dans la Dordogne. La Iordane vient des montagnes du Mas de Iordane, à deux ou trois lieuës d'Orliac, où elle passe, & à vn quart de lieuë delà entre dans Sere. La Sere naist au Lyouran, bien pres de la source d'Alaignon, passe à Tiesac, à Vic, Roquebrou, & à Bretenous en Quercy. L'autre sourd és montagnes du cap de Cabre, passe à la Roque-vieille, à Marmaignac, au Ponter, lieu de passage pres d'Orliac, auec vn beau pont, & entre dans la Sere à vne lieuë d'Orliac. La Toire vient des montagnes de S. Flour, passe à Entraygues en Roüergue, à sept lieuës d'Orliac, & se iette dans le Lot.

a La Marche.

Montagnes. L'Auuergne est vn des pays abondans de France, & comme on le diuise en haut & bas, le dernier porte en soy tout ce qui est necessaire à la vie, en bleds, vins, chairs, poisson, fruits, laines, outre les eaux viues, le bois, & autres commoditez. Le haut est ainsi nommé à cause des hautes montagnes qui entourent le plat pays du costé d'Occident: Il n'a que des segles, & manque de vin. Nous auons dit ailleurs [b], que le mont Gebenna ou *Cemmenus*, estoit mesmes dans l'Auuergne, qu'il separoit des contrées voisines; [c] mais ce qui est à remarquer sur les montagnes de cette Prouince excellente & singuliere est, que ce ne sont point des monts descouuerts & rochers nuds, mais montagnes de terre fertile, qui produisent vn tres-bon herbage, auec quantité de simples pour la Medecine, dont la singularité ou rareté est telle, qu'on vient d'Italie mesmes pour les cueillir. D'ailleurs il y a si grande nourriture de bestail, qu'on a accoustumé de dire que le haut Auuergne produit plus de laict, que le bas ne porte de vin, quoy qu'il soit de longue estenduë, & qu'il ait à ses costez de beaux & amples vignobles, ce qui fait qu'il n'y a coin de France où les fromages soient à si bon prix que ceux d'Auuergne, nonobstant la longue voicture. Les deux plus grandes montagnes du pays sont le Cantal & le Lyouran: Le Cantal est plus haut & plus rude, presque tousiours chargé de neiges, & dure bien deux ou trois lieuës, allant de sainct Flour à Aurillac, auec plusieurs sources qui ont des qualitez diuerses. Pres du mont de S. Cosme (partie du Cantal) qui est chargé d'arbres & de pasturages, en vn lieu nommé la Cherre se void vne fontaine qui se glace durant les plus grandes chaleurs de l'Esté, & degele lors que l'Hyuer est plus violent, auec des fumées chaudes & des exhalaisons comme d'vne fournaise. Le Lyouran va de Murat-le-Vicomte à Salles.

b Disc. gen. de la France.

c Caes. Com. Bell. Gall.

Cantal.

Le Puy ou Poy-de Dome pres de Clermont est le plus accessible de tous les monts de renom du pays, & a de bons pasturages, & de simples exquis. On y remarque des restes & ruines d'anciens edifices. Les Mont-d'or est moyen, *Duranius*, abõdant en sources d'eau: Il y a des bains au pied, où l'eau est chaude, froide ou tiede, pour s'en seruir selon les maladies. Pres de ce mont & de la ville de Besse est vne autre mõtagne où se void vn lac de grande estẽduë, dont on n'a sceu trouuer le fonds, espouuentable & merueilleux en ce qu'on asseure qu'y iettant vne pierre, les tonnerres & esclairs sont entendus, auec pluye & gresle qui s'ensuiuent: Pres de ce lac est le creux qu'on appelle de Soucis, que nous auons mentionné ailleurs, [d] rond au dessus, duquel on publie aussi des choses presque pareilles, & qu'en Esté, sans y ietter rien dedans, on y entend des bruits, comme d'vn tonnerre, ou entreheurt des vents. Les montagnes qui sont au dessus de Clermõt, allant à Pontgibaut, ont vne mine d'argent fort abondante. [e] Le Mont-d'or a ce nom-là, parce que les estangs de ce quartier, arrousez & remplis des eaux qui en naissent, monstrent au fonds quelques paillettes d'or qu'on y void reluire: Le poisson qui s'y nourrit est meilleur,

d Disc. gen. de la France.

e P. Foder. 7.

a Idem. plus beau & plus cher que celuy des autres endroits.[a] A Rochedagon, dix lieuës de Clermont, est vn rocher de moyenne grandeur, où se trouuent des pierres claires & brillantes naturellement, qui esgalent la beauté des vrays & bons diamans, si on les a vne fois taillez à faces.

Dans les mesmes montagnes entre la Commanderie qu'on nomme le Louys & le Chasteau de la Cullie est vne fontaine qu'on nomme Vineuse, parce qu'elle a le goust du vin, de sorte que pour boire il suffit de mesler la sixiesme partie d'vn pot
b Cl. Champier singular. d'Auuer. Pol. Med. de vin auec cette eau.[b] A quatre lieuës de la Cullie, sur le chemin d'Yssoire dans les montagnes pres la Croix-Morant sont les bains d'Abein fort chauds, dont l'eau guerit ou soulage la lepre & autres maladies.[c] Aucuns pensent que la veine
c Idem. est de fer.[d]
d Pol. Med.

Pres de Clermont & de l'Abbaye & bourg de sainct Alyre se void le ruisseau dit Tiretaine, jadis *Scateon*, qui naist d'vne fontaine dont l'eau s'endurcit & petrifie, de sorte qu'elle a fait vn pont sous lequel passe cete petite riuiere, dequoy nous auons
e Discours general de la France. parlé ailleurs.[e] La mesme eau coulant dans la prairie auoit tellement accreu, se cõuertissant tousiours en pierre, que le pont en auoit desia 8 toises de longueur, & 4. de largeur, de sorte qu'on fut contraint de le couper. Cette eau est alumineuse, & pres de la mesme ville sont deux bains qu'on appelle de sainct Marc, l'vn d'eau calcineuse, & l'autre d'eau sulphurée. Sous le mont de Gergoye, dont nous auons parlé sur la mention de *Gergouia*, du costé de Cornon, estoit vn lac ou estang abon-
f 1626. dant en poisson, qui a esté desseiché depuis quelques années[f] par vn Flamand.[g] Les
g L'Estrade. bains d'eau chaude abondent & sont frequents en Auuergne, comme à Chasteau- Bains & eaux minerales.
guyon pres de Riom, à Vichy pres de Cusset, qui ont vne belle source & sont fort commodes; & non loin delà sont des eaux minerales, comme aussi pres de la riuiere de Dore, vers Cropiere, sous le bourg de Fredeuille; à Medaignes pres de Lezoux; à Vic-le-Comte pres la riuiere d'Allier, qu'on appelle les eaux de saincte Marguerite, dont on publie de grands effects; à sainct Nyons pres d'Artonne, qui sont aussi fort renommées & des plus exquises de France. Les bains de Chaudes-Aygues sont aussi fort estimez. Pres de Clermont est vne colline où le bitume coule, comme d'vne source, qui est noir & gluant, dont les habitans se seruent à diuers
h Pol. Med. Charron. Cl. Champier. Singular. vsages, & on luy donne aussi qualité propre à conforter les nerfs.[h] Les bois de sapin qui sont pres d'Ambert, à Polignac, Alegre, & autres lieux du costé du Vellay, produisent la poix que les habitans en font; & pres de Montferrand est vne fontaine à plusieurs petites sources, qui produit vne eau fort claire, & qui neantmoins non loin de son issuë se conuertit en poix ou bitume espais, si bien qu'elle en fait
i De la peguo. vne petite montagne qu'on appelle dans le pays, montagne de la poix;[i] cette conglutination se fait principalement en Esté, où les sources ne coulent pas si abon-
k P. Foderay. dammment, & l'Hyuer aussi n'empesche pas l'eau de s'epaissir.[k] Il se trouue du saffran en quelques lieux pres de Riom, auec des carrieres de pierre noire & fort belle, des mines de marbre iaspé & tres beau pres de Brioude, du costé de Pouliat; de charbon de pierre, pres de Sauxilanges; d'or & d'azur à la source d'Allier, & du *Lapis Lazuli*, dans la montagne d'Vsson & au mont d'or, auec celles d'argent à Pontgibaut. Il s'y trouue aussi des verrieres en quelques endroits & vne terre pres de l'Abbaye de Menat, qui iette & vomit des flames de feu. Les vins abondent & sont excellens dans la Limagne, surquoy le tesmoignage d'vn homme du pays, tres-
l Iean Sauaron Orig. de Clermont. docte & fort curieux,[l] ne sera point suspect: On donne l'aduantage aux vins de Ris, apres à ceux de Bourrassol, puis à ceux de Martres & de Couron; mais Clermont emporte la principauté: On void vn grand & beau vignoble durant trente lieuës depuis S. Poursain iusqu'à Langhat. Il asseure que les races des meilleurs vins d'Orleans prouiennent des crocetes tirées des vignes d'Auuergne, dont elles laissent le nom au terroir & au vin, appellez vulgairement l'Auuergnat. Vne fueille verdoyante mise dans le vin de Clermont s'entretient sans flestrir ny secher, & mise dans les vins d'Orleans & de Sancerre se recuit & reduit en poudre,
m Li. 4. ep. ad Alorum. tant ils sont violens & corrosifs. La loüange d'Auuergne donnée par *Sidonius Apollinaris*, Euesque du pays, ne sera point transcrite icy,[m] & se recueille assez de sa description & des qualitez que nous luy auons baillées.

Les Auuergnats sont accorts & rusez, laborieux & ardents au gain. Ils s'a- Mœurs.
donnent fort au traffic, & neantmoins ayment les procez, & sont violents en leurs poursuites & en leurs autres actions. Le pays a nourry de bons esprits de tout tẽps, dont le tesmoignage en est rendu par ceux qui en ont dressé les beaux Elo-

ges.

ges. [a] Ils reüssissent aux lettres & aux armes, & la noblesse y est valeureuse & courtoise. Le langage du peuple y est grossier: mais les gens de qualité de toutes professions s'accoustument à la langue Françoise, & en acquierent les graces, soit pour l'accent, & la prononciation, soit pour les termes, plustost qu'aucuns de leurs voisins plus esloignez de la Cour & des Prouinces où l'on parle le mieux. a S. æn Sam. mar. in elog.

Richesses. Le pays est trop bon pour ne rendre pas ses habitans riches & aisez: Ils profitent en plusieurs sortes selon les diuerses denrées, fruits & marchandises qu'ils ont ou trauaillent chez eux. On transporte le bled par la riuiere d'Allier à Orleans, Nantes, & autres lieux, & les fruits à Paris, où ils portent rarement du vin. Ils font aussi traffic de leurs chanvres. Le bon papier & les cartes de Chamalieres pres de Clermont, d'Ambert & de Thiers, se vendent par toute la France, & se portent en Espagne, Italie, Flandres, Angleterre, Turquie, & iusqu'aux Indes, auec les cousteaux, canifs, ciseaux, & autres ferremens qui se font à Thiers & à Ambert. Les burats, camelots & estamines qui se trauaillent à Cropiere, à Oliergues & à Ambert, se transportent à Lyon & en Italie. Les cuirs tanez à Lezoux, à sainct Amand & à Croc, sont portez à Lyon & ailleurs, auec les poëles & chauderons de Sauxilanges, & les bonnes arquebuses du Mont & de sainct Gelat. Il y a des haras de cheuaux, & quantité de mulets en diuers lieux, comme à Langeac, à Ardes dans le Duché de Mercœur, à Besse, à Ambert, dont il se fait tres-grand traffic pour l'Italie & pour l'Espagne, & le bestail qui se nourrit en plusieurs endroits est mené à Lyon & à Paris. Les fromages sont transportez par tout le Royaume & hors d'iceluy, dequoy les habitans du pays tirent vn grand profit, & de leurs autres fruits & denrées, comme sont les legumes, safrans & laines, & mesmes de leurs draps & tapisseries. Ceste Prouince a esté riche & abondante en tout temps, puisque Strabon [b] a publié la quantité d'or & d'argent que Lueric fils de Bitite portoit auec soy, ce que nous auons rapporté ailleurs, [c] & Thierry Roy des Goths inuitoit les soldats à le suiure sous l'espoir du butin & des richesses du pays. [d] b Lib. 4. c Discours general. d Greg. Tur. lib. 3. c. 5. & 11.

Forces. Les forces & la puissance ancienne des Auuergnats se trouuent publiées par diuers Autheurs, sçauoir Strabon en quelques endroits, [e] parlans du combat fait sur l'Isere, où Bituite leur Roy perdit six vingts mille hommes de deux cens mille qu'il en auoit. Ils combattirent depuis contre Iules Cesar sous Vercingentorix, qui les conduisoit. Leur Empire & commandement s'estendirent iusqu'à Narbonne, Marseille, l'Ocean & le Rhin, [f] osants mesmes se dire & publier freres des Romains & descendus de Troie. [g] La force du pays consiste aujourd'huy en ses habitans naturels, qui sont tels que nous auons deduit cy-dessus, en sa noblesse genereuse, & en sa forte situation en general, la closture de ses montagnes, & l'assiette du pays au cœur de la France, auec plusieurs bonnes & fortes places & chasteaux capables de resistance. e Lib. 4. f Lib. 7. Liu. li. 61. g Strab. li. 4.

Gouuernement. Ils ont eu leur Roys ou leurs Generaux d'armée, & se sont depuis maintenus libres, à quoy le Senat Romain les maintint, [h] & retint prisonnier leur Roy Bituitus, pour les affranchir de sa domination, dequoy la memoire & la reputation ont passé iusqu'à des Autheurs bien plus bas. [i] Le pays d'Auuergne n'estoit autrefois qu'vn seul Comté, qui fut depuis diuisé & partagé en trois, & puis reduit à deux. [k] Les Comtez d'Auuergne & de Clermont ayans esté confisquez sur Guy de la Tour par sa felonnie, sous le Roy Philippes Auguste, ils furent reünis à la Couronne, mais le titre de Comte demeura à Guillaume son fils & à ses successeurs, auec vne petite contrée de son patrimoine, dite le Comté d'Auuergne. L'ancien Comté fut laissé à Guy de Dampierre & à Archimbaud son fils pour le tenir en fief de la Couronne, à laquelle estant encore reuenu, il fut baillé par le Roy S. Louys à Alfonse son frere, qui deceda sans enfans. Ceste troisiesme reünion tint iusqu'en l'an 1360. que la plus grand' part du Côté fut erigé en Duché, & baillé en Appennage à Iean, Duc de Berry & Comte de Poictou, fils du Roy Iean, sous la charge de reuersion, laquelle aduint; & l'an 1400. Charles VI. bailla le Duché d'Auuergne à Iean, fils de Louys Duc de Bourbon, auec le Comté de Montpensier, sous la mesme charge de reuersion, qui arriua en la personne de Pierre Duc de Bourbon; qui laissa vne fille, nommée Susanne, laquelle espousa Charles, Comte de Montpensier & Connestable de France, sous le Roy Louys douziesme, & ayant retenu l'Appennage du Duché d'Auuergne, deceda sans h Luc. li. 1. Arvernique ausi Latios se fingere fratres, sanguine ab Iliaco. i Cæsar. Plin. li. 4. c. 19. k Sidon. li. 7. ep. 7. Aymon. li. 5. c. 49. l Iean Sauaron Orig. de Clermont.

enfans. Il y eut procez entre Louyse de Sauoye mere de François I. & Charles, Connestable de France, pour la succession de ceste terre entr'autres, & Charles estant decedé sans enfans, par transaction passée entre le Roy & Madame sa mere le 25. Aoust 1527. le Duché d'Auuergne demeura à la Couronne. C'est la terre qu'on a nommée Royale; & outre icelle, & les Comtez de Clermont & d'Auuergne reünis par mesme moyen à la Couronne, est aussi vn destroit dans l'Auuergne, qui se nomme le Dauphiné d'Auuergne, & est dans la maison & Duché de Montpensier. [a] Apres la mort de Charles de Bourbon, Connestable de France, Comte de Montpensier, Dauphin d'Auuergne & Comte de Clermont, la Royne Catherine de Medicis disputa le Comté de Clermont & d'Auuergne, qui furent adiugez à la Royne Marguerite par Arrest de la Cour de Parlement de Paris de l'an 1606. & par son decez & disposition au profit du Roy n'estant que Dauphin, les terres ont esté reünies inseparablement à la Couronne. L'Euesque de Clermont fut démis de sa pretension sur le Comté d'Auuergne par Arrest de l'an 1551. en faueur de la Royne Catherine de Medicis. Nous auons assez desduit la Iustice & les finances du pays en traictant des villes en particulier. Il ressortit à la Cour de Parlement de Paris, & pour les armes l'Auuergne a deux Gouuerneurs & Lieutenans generaux pour le Roy, l'vn pour le haut, & l'autre pour le bas pays, ou la Limagne. La Cour des Aydes cy-deuant seante à Montferrand est aujourd'huy dans la ville de Clermont: toutesfois on la nommé la Cour de Clermont-ferrand.

a Plaid. de M. Seruin pour la Royne Marguerite.

Nous auons mentionné les Eueschez d'Auuergne, qui sont sainct Flour & Clermont, auec les Eglises Collegiales, & principales Abbayes & Prieurez, qui sont en grand nombre dans le pays. Il y a quelques habitans faisans profession de la Religion pretenduë reformée à Yssoire, & quelques lieux voisins, lesquels y ont l'exercice, de mesmes qu'à Maringues. Outre les Colleges de Iesuites establis à Mauriac & à Billom, il y en a vn de nouueau à Montferrand, pour recompenser la translation de la Cour des Aydes en la ville de Clermont. Religion.

PERIGORD.

LE PERIGORD a le nom de ses peuples anciens, *Petrocorij*, [b] *Petrogori*, [c] *Vesunnici*, de la ville capitale, *Vesunna*, à Sidonius. [d] *Petrocorij à petris*, parce que le pays est pierreux. Noms.

b Cæs. Com. bel. Gal. c Plin. d Lib. 8. Ep. 10.

L'Agenois luy est au Midy, le Quercy au Leuant, le Limosin au Nord, & le Bourdelois au Couchãt. Sa lõgueur est de 33 lieuës, & sa largeur de vingt-quatre. Confins & estenduë.

Il est arrousé de plusieurs riuieres & gros ruisseaux, sçauoir la Dordogne, l'Isle, la Vesere, Droume, la Creuse, le Loup, Ver, Lisonne, le Seu, Zoly, le Ceon, Beluer, la Cleuse, le Bandiat, l'Auuezere, & Tardoire. L'Isle qui vient du haut Limosin, est nauigable depuis Perigueux iusqu'à Libourne, où elle entre dans la mer. La Droume entre dans l'Isle à Loubardemont. La Vesere qui vient du bas Limosin, se descharge dans la Dordogne à Limeul. Le Bandiat se rend dans la Droume au dessus de Brantome. L'Auuezere vient d'entre le haut & bas Limosin, & entre dans l'Isle vne lieuë au dessus de Perigueux. On remarque de Tardoire & du Bandiat, que le premier venant de la Roche-foucaud, & l'autre de la Vau-guyon, ils s'assemblent en la forest de Braconne, y entrent, & se perdent sous terre, pour renaistre à deux lieuës delà contre le Chasteau de Touure, & former le Touure pres d'Angoulesme. [e] Riuieres.

e Voy l'Angoulmois.

Ce pays est couuert de belles maisons & chasteaux portans titre des fiefs importans pour la pluspart. Nous les marquerons icy, sauf à parler des lieux cy-apres, Bourdeille; Essidueil, Marquisat; Marueil, Baronnie; Hautefort, Marquisat; S. Aluaire; la Douze; Marquisat; les Bories; Aube-roche, Baronnie; Neufvic; Mont-real; Beauregard; la Roderie; Bernardiere; Riberac, Comté; S. Aulaye; la Roche-Chalais; Longa de l'Armandie; Longa de Barriere; Ronihac; Peyraux; Miramont; Griniols; Rastignac; Lassieu; Puy-Guilhem; la Force, qu'on estime l'vne des plus belles du pays; Gurçon; Tajac; la Chapelle-Faucher; Aserac; Montenseys; Montegrier; Marouates; Boursac, Ver, Lair, Lardimarie, Mont-Bassilhac, Clarens, Fermis, Roche-vigneron; Boisse-Pardaillan, Belles maisons.

Diuiſion. Caſtelnau; Piles. Les autres ſeront mentionnées en la deſcription des lieux. On diuiſe communement le Perigord en haut & bas. Le haut eſt appellé le Blanc, ou ſont Perigueux & Bergerac. Le bas eſt nommé le Noir, où eſt Sarlat.

Villes & lieux. Peri-gueux. PERIGVEVX, *Veſuna Petrocoriorum*, [a] dont la ville vieille & vne tour, qui eſt aſſez entiere, conſeruent encore le nom. C'eſt vne ville fort ancienne, où l'on remarque des reſtes & ruines d'vn Amphitheatre, qu'on appelle les Rolfies; les maſures en ſont grandes & vaſtes, & le baſtiment pareil à celuy de la tour Viſone qui en eſt proche, dont Ptolemée fait mention, & où l'on croid que Venus eſtoit adorée. Elle eſt ronde, auec des murailles eſpaiſſes de ſept pieds, & hautes de cent, & n'a ny porte ny feneſtres pour receuoir le iour: On y entre par deux grottes ſouſterraines. On diſtingue Perigueux en ville & Cité, qui eſt la ville ancienne. L'Egliſe Cathedrale eſt d'vn baſtiment ancien, & ſes voûtes ſont faites en forme de Croix. La ville eſt cloſe de fortes murailles, tours & bons foſſez, aſſiſe ſur la riuiere de l'Iſle (laquelle y eſt trauerſée d'vn beau pont) en vne plaine ceinte de montagnes & coſtaux, dans le cœur du pays, & où l'on entre par ſept portes. L'Egliſe Collegiale ou Abbatiale de S. Front ſeruie par 24 Chanoines eſt vnie à l'Eueſché, & eſt plus entiere en ſes voûtes que la Cathedrale ruinée pendant les guerres, & dont le clocher eſt fait en pyramide ronde, & poſée ſur vne haute tour quarrée. La Cité qui eſt cloſe de murailles baſties de pieces antiques & des ruines d'vn vieil Palais, qui preſentent pluſieurs fragmens de ſtatuës & inſcriptions, contient l'Egliſe Cathedrale compoſée de dix-huict Chanoines & quatre Archidiacres, auec pluſieurs maiſons nobles des Gentils-hommes du pays, (qui ſont de vieux Chaſteaux) & ſe trouue ſeparée de la ville nouuelle 150. pas ou enuiron. Perigueux a vn Arſenal muny de quelque artillerie, & eſt regy par vn Maire & ſix Conſuls qui ont Iuſtice, & ſont eſleus par les habitans de la Cité qu'on y nomme le Puy-ſainct-Front, auec vn ſeptieſme pris dans la Cité. C'eſt vn Seneſchal, ſiege Preſidial & Eſlection dependant de la Generalité de Bordeaux. Outre S. Front, il y a vne autre parroiſſe dans la ville, nommée S. Sillan, quelques Conuens & vn College de Ieſuites. Hors de la ville ſont pluſieurs Conuens de Religieux & Religieuſes. Les habitans de la ville & Banlieuë iouyſſent de quelques priuileges & immunitez. A vne lieuë de Perigueux eſt la Chapelle de Noſtre-Dame des Vertus, ſiſe dans vn bois, & fort frequentée. On void auſſi hors de la ville quelques reſtes de camp ou retranchement de Ceſar, qui en conſeruent encores le nom.

[a] Ptolom. Anton.

Bas Perigord. BERGERAC, ſur la Dordogne, eſt aſſis en vne grande plaine qui n'eſt point commandée, auec pluſieurs belles fontaines, & vn gros ruiſſeau qui fait mouldre cinq à ſix moulins à bled, & vn à cuiure: Il y a vn Seneſchal eſtably. La ville ayant eſté fortifiée pendant les guerres, fut renduë au Roy en l'an 1621. & a eſté démantelée: Il y a pluſieurs Conuents de Religieux.

Les autres villes & lieux du haut Perigord ſont Brantoume; Bourdeille; l'Iſle; Riberac, Comté; Montpon; Muſſidan; Tiuiers; Eſſideuil, petite ville, où paſſe le Loup; Miramont, petite ville; ſainct Aſtier, Egliſe Collegiale de quatorze Chanoines, auec vn pont ſur l'Iſle; Limueil, la Roche-Beaucour, Egliſe Collegiale de dix Chanoines; Chancelade, Abbaye & Chaſteau; la Sauuetat; Aymet; Caſtillonnes, ſur Dordogne; la Linde, ville Royale; la Force, Chaſteau; Gurſon, Chaſteau; Montrauel, grand bourg, à l'Archeueſque de Bordeaux; Montegrier; le Chaſteau de Beauſejour; la Tour blanche, petite ville, auec Chaſteau clos de murailles, vn Official ſeparé, & la maiſon de la Fueillade; Montrou, ville & Chaſteau, au ſieur de Lauriere-Pompadour; Salignac, ville bien baſtie, & Chaſteau.

Bas Perigord. SARLAT eſt la ville capitale du bas Perigord; elle eſt ſituée comme dans vne Iſle entre la Dordogne & Vezere, dont elle eſt diſtante de deux lieuës ou enuiron, & vne petite lieuë de la Droume. L'aſſiette en eſt forte, & elle a repouſſé deux ſieges pendant les guerres ciuiles. C'eſt vn Seneſchal & Eueſché. Son reſſort a treize ou quatorze lieuës de long, & dix ou douze de large, iuſqu'à la Seneſchauſſée d'Agen. Sur les bords de Vezere & dans ce reſſort ſont les villes, bourgs & Chaſteaux de la Tourette, Rouffillac, Fenelon, Veyrinhac, Gauleiac, la Gazaille, Curſac, Montfort bourg & Chaſteau dependant du Vicomté de Turene, Domme ville haute & forte d'aſſiette, auec Chaſteau; la Roque-Gajac à l'Eueſque de Sarlat; Caſtelnau-bourg & Chaſteau au Duc de la Force,

Feyrac; Beynac, Chasteau & gros bourg, l'vne des quatre Baronnies de Perigord; Sainct Cyprien, ville appartenante à l'Archeuesque de Bordeaux, auec vn bon Prieuré; Goudon, Alat de Ferrieres, bourg & Chasteau, le Cascla, Mousseq, Bethon, Ciourac, bourg & Chasteau, le Suquet; Bigarroque, bourg à l'Archeuesque de Bordeaux, auec vn parc renommé, le chasteau qui auoit esté fortifié, a esté desmoly depuis peu; la tour de Buysson, Cunhac, sainct Chamassy, bourg & Chasteau; Badefou, Lenquais; Couse, bourg à l'Archeuesque de Bordeaux, où se fait du bon papier; Terrasson, grand bourg, auec Abbaye & vn pont sur la Vezere; Condat, bourg, Chasteau, & Commanderie de Malte; la Fleunie, la Filoulie, Sauue-bœuf, Felez, Montignac-le-Comte, ville & fort Chasteau, ancienne demeure des Comtes de Perigord, auec vn pont sur la Vezere; le Brueil, Losse, Tonnac, grand bourg, Sarjac, sainct Lionse, Clerans, la Roque sainct Christophe, auec port; Marzac, Sayac, las Ayzies bourg & Chasteau, & Campaule.

Le ressort de Sarlat a cinq Iudicatures Royales, qu'on y appelle Bastilles, sçauoir Domme, Villefranche, Montpasier, Beaumont & Moulieres, auec vn grand nombre de Iustices de Seigneurs particuliers: neantmoins la Iustice de ces Bastilles a esté alienée à diuers Seigneurs. Le bas Perigord qu'on appelle le Noir, contient quelques autres lieux & Chasteaux, sçauoir Issigeac, Belluer, où est la forest de la Bisiede; Biron, ville & Baronnie, cy-deuant Duché & Pairrie; Cailus, Doyssac, Borbieres, la Roque-Miral, sainct Genies, la Capelle Albarel, Puymartin, Puybeton, la Faye, le Repaire, Theobon, Cadoim, Abbaye, sainct Auy, & plusieurs autres. La terre de la Conqueste, ou la Double est vn petit pays de quatre lieuës de long, & autant de large, & depend de Monpont, qui est au Comte de Gurson.

Ce pays est montagneux & remply de sources, qui forment dans chaque vallon vn gros ruisseau ou vne petite riuiere, d'où vient qu'il a bon air & fort pur, des prairies & quantité de foin, auec le bon poisson qui abonde en la plus part des riuieres. Les vins y sont petits, si ce n'est le long de l'Isle & de la Dordogne, particulierement à Domme, Daglan, sainct Martial & Berguieres, qui sont enleuez par les Limosins. Les chastaignes abondent en l'vn & l'autre Perigord, mais dans le Sarladois les Chastagners y sont entez; & ceux de Perigueux sont la plus part sauuages, de sorte que le fruit n'en est pas si bon. Il y a force noyers dans le bas Perigord, tellement que le traffic des huyles de noix est grand à Sarlat, d'où ceux du Limosin & d'Auuergne les transportent chez eux, & ils sont mesmes portez en Languedoc. Il y a vne grande quantité de mines de fer, à Nortrou, Essiducil, Marueil, la Chapelle-Poumier, & diuers autres lieux, auec grand nombre de forges, sçauoir à sainct Iammes, Bernardiers, la Roche-Cusset, la Roquette, & autres lieux. On trouue des croustes argentées aux enuirons de Nortrou, & là pres se void aussi de la pierre rapportant au Lapis Lazuli.[a] A quatre lieuës de Perigueux & ailleurs se tire de la terre rougeastre qui a la couleur & l'effet du Bol-Armenien. Il s'y trouue des eaux sulfurées & alumineuses, des bains chauds, des simples, & toute espece de capillaire. A deux lieuës de Perigueux est vne fontaine dont l'eau se conuertit en pierre, se gele comme glace, & forme mille figures, conuertissant ce qu'on y iette en pierre, ou le reuestant de crouste pierreuse, & est neantmoins bonne à boire.[b] On dit aussi que pres de Miraumont est vne cauerne, qu'on nomme le Cluzeau, qui va sous terre pres de cinq à six lieuës, où l'on a veu de belles sales & chambres pauées de menuës pierres & diuersifiées à la Mosaïque, des formes d'autel & de peintures en diuers endroits, auec fontaines & ruisseaux; dont l'vn est fort creux, court auec roideur, & est large de cent ou six-vingt pieds, au delà duquel on n'a point osé passer, quoy qu'on ait veu que ceste cauerne s'estendoit encores plus auant: Ceux du pays asseurent ces merueilles, & les estrangers qui ont voyagé les escriuent.[c] La riuiere qui coule pres de Marsan a son flux & reflux.

Qualité.

Les Perigordins tiennent des Gascons leurs voisins, ils ayment plus les armes que les lettres, & ont le naturel fort & rude, pour s'esmouuoir facilement par querelles & desir de nouueauté.[d] Ils ne sont pas si subtils que les Limosins.[e] La noblesse du pays, où elle est en grand nombre, & issuë de familles anciennes, est loüée pour sa bonne nourriture & courtoisie, & les femmes pour leur

Mœurs.

a Bellesorest.

b Richeom. des miracles c. 20.

c I. Syncer. tin. Merula.

d Thuan. l. 1. 8.

e Cl. Champier. Singular.

humeur sage & mesnagere. Merula exalte leur beauté, mais vn estranger[a] aussi bien que luy, restraint ceste bonne partie aux Dames de bon lieu, & asseure que pour le commun, il n'y a point remarqué les mesmes graces, à quoy toutesfois personne n'est obligé de croire. Le langage du Perigord est fort mauuais: toutesfois approchant de la soudaineté du Gascon, & moins grossier que le Limosin. a I. Syncer. Itiner.

Richesses. Le Perigord fait vn grand traffic de chastaignes, qui sont portées à Bergerac & à Bordeaux, & delà en Flandres & en Angleterre. Les bois & les ruisseaux y sont si frequents & commodes, que des martinets & forges à fer, & pour les poëliers & chauderonniers y trauaillent en fort grand nombre, comme aussi pour les papetiers, & la Couse seule, qui n'a qu'vne lieuë de cours, fait mouldre six vingts moulins, tant à bled qu'à papier; ce qui porte vn notable profit aux habitans, qui se seruent de leurs ouurages de fer pour le labourage, & à rompre leur terre pierreuse & pleine de graue, & les transportent à Bordeaux & dans les Prouinces voisines. Au Martinet de Montreüil on bat le cuiure qu'on porte d'ailleurs. Ceux qui sont voisins de la Dordogne ont la commodité du traffic en bleds, vins, chastaignes & marrain, qu'on transporte à Bordeaux. Les autres nourrissent quantité de pourceaux & les conduisent par terre à la Rochelle, à Broüage, à Bordeaux, à Bayonne & à sainct Iean de Luz.

Forces. Ses forces consistent en la ville de Perigueux, qui est bonne place, & en plusieurs Chasteaux qui sont dans le pays, en sa noblesse qui est d'vne valeur ancienne & recommandable, & au courage de ses habitans.

Gouuernement. Il y a eu quelque suite de Comtes de Perigord, depuis Guillaume qui estoit au temps de Charles le Chauue:[b] Mais le pays est reüny à la Couronne depuis long temps. Nous auons parlé de sa Iustice & de ses finances, le tout ressortissant à Bordeaux, soit en sa Generalité, soit en sa Cour de Parlement. Il y a vn Gouuerneur & Lieutenant general pour le Roy. Le Iuge d'appeaux du Comté & pour les quatre Baronnies anciennes, est encores dans Perigueux. Les maisons de Bourdeille, d'Autefort, Talerand, Gurson, de Foix, de Gontaut-Biron, & de Caumont-la Force sont les plus anciennes. b Corlieu.

Religion. Les deux Eueschez sont Perigueux & Sarlat, auec plusieurs Abbayes que nous auons mentionnées, & dans la description du pays, & en traictant les Archeueschez de France auec leurs Suffragants.[c] Il y a plusieurs habitans qui font profession de la Religion pretenduë reformée, en diuers lieux où l'exercice en est permis, comme à Bergerac, Montrauel, Limeuil, la Linde, où ils sont quasi tous de ladite Religion, & ailleurs. c Discours gener. Religion.

QVERCY.

Noms. Confins & estenduë. LE QVERCY garde le nom de ses peuples, *Cadurci*[d]. L'Auuergne & le Roüergue luy sont au Leuant, le haut Languedoc au Midy, l'Agenois au Couchant, & le Perigord au Septentrion. Sa longueur du Leuant au Ponant est de dix-huict ou vingt lieuës, & sa largeur de vingt lieuës ou enuiron, de sorte que le pays est quarré, presqu'aussi long que large. d Cæs. lib. 7. bell. Gal. Plin. lib. 4. c. 19.

Riuieres. Il est arrousé de plusieurs riuieres, dont les principales sont la Garomne, la Dordogne, où est assis Soüillac; le Tarn, qui vient du Geuaudan, passe à Merlan, Vabres, la Vaur, Villemur & Montauban; & dessous Moyssac, au lieu nommé la Poincte, entre dans la Garomne; & le Lot qui vient du Geuaudan, passe à Cahors, à Ville-neuue-d'Agenois, & se rend dans la Garomne pres d'Eguillon. Les moindres sont Laueyron, Selé (où est assis Fiacre) qui entre dans le Lot sous sainct Cyrq de la Popie; Baue; Sore; Borreze, la Lere, le Conde, Lemboulas, la Licte, Bargalone, Leudon, le Seu, la Seune, le Vert, la Masse, la Teze & Bonete. Le Lot a cela de considerable, que par ses contours il forme plusieurs presqu'Isles, iusques à en compter six ou sept principales, sçauoir à Cadenac, Monbrun, Sauuaignac pres Cajarc, Cahors, Luzech, Preyssac & Puy-l'Euesque: Il se trouue aussi des grains d'or dans son sablon.

On diuise le pays en haut & bas Quercy. Le haut est au dessus de la ville de Cahors, & est appellé vulgairement le Causse, à *Cautibus*, ou de quelque vieil mot Celtique ou Gaulois, comme le mot de Craus en Prouence [a]. Le bas est celuy qui est au dessous de la mesme ville, vers Montauban & Moysac. Mais apres auoir posé que Cahors est la ville capitale du pays, dont elle a pris le nom, ou de ses peuples, seul Diocese d'iceluy, & seul vray & ancien Seneschal, auec six sieges royaux qui en dépendent, compris Cahors, sçauoir Montauban, Figeac, Lauzerte, Martel & Gourdon, nous mentionnerons tous les sieges, auec les autres lieux, Chasteaux & Seigneuries voisines, & qui sont dans l'enceinte du pays, pour en donner vne cognoissance generale & particuliere, sauf des lieux de moindre consideration. Diuision.

a. Camden. Brit.

CAHORS, *Diuona Cadurcorum* [b], sur le Lot, *Olda* ou *Oldus*, où elle a trois beaux ponts remparez de plusieurs portes bien hersées, est vne ville ancienne, dequoy elle a des marques dans son enceinte, és masures & restes d'vn Amphitheatre, dont presque la moitié s'est conseruée, la forme des Thermes, auec quelques pauez antiques. L'Eglise Cathedrale dediée en à sainct Estienne, conserue de precieuses reliques qu'on monstre annuellement le iour de la Pentecoste. Il y a vn siege Presidial, auquel ressortissent les Iuges Royaux susmentionnez, excepté Montauban, où a esté estably vn autre siege Presidial, qui n'est que pour son seul ressort. On remarque au delà de l'enceinte de Cahors vne grande source d'eau, qu'on appelle aujourd'huy la fontaine des Chartreux, & qu'on croit estre le *Diuona* [c] dont Ausone a parlé. Cette source à son yssuë fait mouldre quatre moulins. Villes & lieux. Cahors.

b. Ptolem. Merula ex Ios. Scal. Vinet. ad Auson.

c. Diuona Celtarum lingua fons; addita Diuis.

La ville de MONTAVBAN est dans le Quercy, & tout le ressort de son Diocese & nouuel Euesché, ou la plus grande partie est dans le Languedoc, à cause dequoy l'Euesque n'est point des Estats de Quercy, & entre en ceux du Languedoc, où il est Suffragant de Thoulouse, la ville de Montauban retenant son second rang dans les Estats du Quercy. La ville est assise sur le Tarn: La petite riuiere de Tescou en passe fort pres, & separe le Quercy du terroir de Thoulouse: Sur cette riuiere estoit l'Abbaye de sainct Martin, au lieu où est aujourd'huy Montauban: mais elle changea son nom de *Mons Aureolus*, selon aucuns, en celuy de sainct Theodard, & fut erigée depuis en Euesché [d]. Vne partie du pont & du faux-bourg de Montauban auec tout le Diocese sont du bas Languedoc, la separation en estant faite par la riuiere de Tarn, le pont est haut & long, mais fort estroit. Il y a vne grande place, qu'on appelle les Couuertes, qui est quarrée & assise au milieu de la ville. C'est le lieu du Marché & la demeure de tous les Marchands. Vne belle fontaine qu'ils nomment Griffon, a dix tuyaux, separant la ville du faux-bourg sainct Anthoine; & le circuit entier de Montauban est diuisé en trois villes, sçauoir la Vieille ville, qui est contre le Tarn, la Nouuelle du costé de Cahors, qui ceint la Vieille, & Ville-Bourbon qui se ioint à la Vieille auec vn pont, & n'estoit auant les premieres guerres qu'vn faux-bourg nommé sainct Iacques. Toutes ces villes estoient tres-bien fortifiées depuis long-temps: mais dés l'année mil six cens vingt-neuf tous leurs bastions ont esté ruinez & demolis. Montauban.

d. Iean 22. Pape.

Outre les villes de Figeac, sur Seré, Abbaye; Martel, Gourdon, dont le fort chasteau a esté démoly, & Lauzerte, il y a plusieurs autres villes dans le Quercy, sçauoir Moyssac, Abbaye sur le Tarn qui se ioint à la Garonne demy lieuë plus bas, ville bien bastie, auec vne Eglise qui est aussi de belle structure; Caylus, Moncuq, auec les villes qu'on appelle Basses, comme Ville-Real, Albias petite ville, separée en deux par l'Aueyron, Negrepelisse, Montpesat, Monticous; Caussade, ville assez grande, à trois lieuës de Montauban, Baronnie au Duc de Sully; Soüillac, Mirabel; Molieres, petite ville reunie au Domaine du Roy; Castelnau de Monratier, à la maison de Roquefeuil; Moncibrier, Durand, sainct Seré ville & chasteau, & autres villes fermées. Saluiac, sainct Germain, Gramat, sont bourgs ouuerts; Malause, Marquisat; Caluiniac, Vicomté; Caziliac, Baronnie, sont des fiefs du pays. Montbrun est vne maison agreable & place forte sur le Lot, elle a tiltre de Baronnie ancienne. S. Cyrq, Baronnie, à la maison de Cardaillac: le chasteau est appellé Sieurac, Seneuirres Marquisat, à present, au Marquis de Gouuerner, belle maison, Cadenat ou Capdenat, Capdenau, est vne place tres-forte, assise sur Lot, lez Figeac, qu'on appelloit autrefois le Chasteau Escriniol, Cadenat.

dequoy il appert par les anciennes chartres & quelques manuscripts qui sont dans le pays, & encores s'y void vne tour qui porte & retient ce nom ancien; le Fort fut basty l'an quatre cens septante-sept par vn Cheualier Wisigoth venu d'Espagne, & tout le bourg est assis sur vne montagne haute & ronde qui le ceint de tous costez comme vne muraille. Plusieurs[a] ont creu que c'estoit *Vxellodunum* de Cesar, qui l'assiegea & le prit auec les trauaux qu'il fit pour couper la fontaine, dont il empescha l'vsage aux habitans: mais ils se sont mespris; la montagne qu'on void pres de Martel[b], laquelle a le nom de Puech-d'Yssoldun, auec de vieilles masures, & vne porte qu'on appelle porte de Rome, ont verifié le contraire, & iustifié ce qui en est creu vulgairement & par tradition des paysans mesmes des lieux voisins, qui en content l'histoire au vray. La riuiere que Cesar mentionne, sans la nommer, est la Dordogne, où Martel est assis, & la fontaine y est monstrée. La place de Cadenat appartient au Duc d'Vsez, de mesme qu'Acier, qui est la plus belle maison du pays, bastie par Iacques Galiot de Genollac, grand Escuyer & grand Maistre de l'Artillerie sous les Roys Louys douziesme, François premier & Henry second. Sainct Sulpice, Marquisat, en est proche, & est entré dans la maison d'Vsez, du nom de Crussol, par le mariage de Claude d'Ebrard de sainct Sulpice auec Emanuel de Crussol Duc d'Vsez. Piquecos lez Montauban, Roussillon lez Cahors, la Chapelle-Lozieres lez Mouissac, basty à la moderne, de mesme que Millac & Vaillac, sont dans le pays, auec Cardaillac, & autres Chasteaux qui sont la pluspart bastis & fortifiez selon le temps & durant les guerres des Anglois.

a Masson, Garumna.

b In finib. Cadurc. Cæs. lib. 7. de bel. Gal.

Les anciens Vicomtez du pays sont Burniquel sur l'Aueyron, auec vn fort Chasteau, *Brunichildum*, dont on rapporte le bastiment à Brunichilde ou Brunehaut iouyssant du Quercy, & Monclar erigé depuis en Marquisat. Les quatre principales & plus anciennes Baronnies, sont Castelnau de Bretenous, qui est vne belle maison, Puy-Cornet, Gourdon & Luzech. Les Marquisats de Themines, Montpesat, Seneuieres, les Comtez de Vaillac, & de Cabreres, & le Vicomté de Peccaluel sont de nouuelle erection. Le Comté de Negrepelisse est de plus vieille datte. Roquemadour dans le ressort de Martel, est vn lieu celebre, pour l'espée de Roland, nommée Durandal, laquelle y fut transportée de Blaye[c], & pour l'Eglise de nostre Dame, qui dépend de l'Euesque de Tulle, & est frequentée par la deuotion des lieux voisins[d].

c Chro. Bourdeloise.

d Cl. Cham. per. singul.

Qualité.

L'air de tout le Quercy est bon & fort sain, mais particulierement dans le haut Quercy. Le pays abonde en fruits, & le vin n'y manque point en aucun endroit: mais le plus excellent est celuy de Cahors & des lieux circonuoisins; sur quoy l'on remarque que le Roy François premier fit planter vne vigne à Moret du plant de Cahors, & la fit long-temps cultiuer à vn vigneron qui en estoit natif, & estant reuenu dans sa maison fut vulgairement appellé le Prince, par vn surnom que ceux de sa famille ont depuis retenu. Il y a grand nombre de bestail menu dans le haut pays, qui porte de tres-bonne laine pour draps & sarges: le bas ne manque pas de prairies. Il se recueille force safran vers Caussade, qu'on estime meilleur que celuy d'Espagne. Il se trouue de la venaison dans quelques forests du haut Quercy, particulierement des sangliers: & pour l'autre chasse on fait cas des perdrix des enuirons de Cahors par dessus celles de toute la Guyenne. Il y a eu des minieres d'argent du costé de Roüergue, qui ont duré long-temps, & en est faite mention dans les registres de la Cour des Monnoyes à Paris. Au lieu de Mie, prés de Tegra dans le haut Quercy, on a découuert depuis quelques années vne fontaine où l'on trouue du soulfre & du vitriol, de sorte qu'on a recours à ces eaux comme à celles d'Encausse; & à Padirac proche de Mie, on void vn puys fait naturellement, profond de deux ou trois cens coudées.

Les anciens[e] ont parlé du lin de Quercy, & de ses toiles, mais aujourd'huy on n'y trauaille plus. La montagne d'Angely a des tulipes iaunes, qu'on appelle tulipes de Quercy, pour estre differentes des autres: On y a veu aussi des coquilles de poissons marins appierries, & assez grandes. Pres de Marsillac est vne grote, qu'on nomme la Crose de Rouby; où l'eau appierrie & ressemblant au crystal fait voir plusieurs belles figures; Et entr'autres vne colomne qui est au milieu, laquelle est torse, & esleuée iusques à la voute de la Grote, & l'eau de la source ou fon-Polemie, fontaine de Polemius, fait aussi vne incrustation de

e Sidon. Apollin.

pierre au bois lequel y a demeuré quelque temps. Au dessus du chasteau du Bas, & du temps d'Ebard de sainct Sulpice Euesque, vne mine d'or fut trouuée sous vn rocher qui auance dans la riuiere, où l'on n'a depuis osé foüiller à cause de sa profondeur. On remarque encor auiourd'huy les restes d'vn aqueduct long de trois lieuës, où il fallut couper des montagnes entieres pour faire le canal qu'on void du costé de Vers & Velles, pour vn des grands trauaux de l'antiquité, qu'on attribuë à Pontius Polemius Prefect du Pretoire dans les Gaules, qu'vn ancien Euesque du pays [a] a mentionné. La Fon-Polemy, la roque des Arcs, & le chasteau voisin & antique, nommé Poulminiac, conseruent la memoire de l'ouurage & de son Auteur. Dans la terre de Sommieres se voyent des pierres de grandeur prodigieuse en forme d'autels, qu'on pourroit à peine dresser ou remuer auec cent paires de bœufs: Elles ont sept ou huict aulnes en quarré, & sept ou huict pieds d'épaisseur; la pierre-leuée qu'on void pres de Poictiers peut estre pareille à celle-cy.

Mœurs. Les habitans sont doux & de bonne conuersation, capables des sciences & de la guerre, la Noblesse y estant martiale & genereuse, & qui a donné de grands Capitaines, cogneus en ces derniers siecles, [b] & plus auant [c]. Il y a eu aussi des personnages signalez en sçauoir [d]. Cesar mentionne Lucterius de Quercy, lequel auoit *Vxellodunum* en sa Clientele.

Richesses. Le pays n'est pas riche ny de grand trafic, n'ayant point de riuiere nauigable que le Tarn qui passe à Mautauban & à Moyssac, extremité du pays, où se fait trafic des vins de Galhac, & des prunes de sainct Antonin qu'on porte à Bordeaux. Il y a trois grandes foires à Gramat, où se vendent quantité de cheuaux: A Varaire en vne autre foire se debite le bestail menu pour la Guyenne, & à Concots le Languedoc se pouruoit de pourceaux.

Forces. Il n'y a point de place forte où il y ait garnison entretenuë. Cadenat y est considerable pour son assiete, & le pays generalement pourroit fournir trois ou quatre mille hommes de pied, & mille cheuaux.

Gouuernement. Les anciens Quercinois ont esté estimez des Romains, qui les tenoient pour libres, comme il le faut prendre dans Cesar, [e] & sous le droict du *Latium*, les rendirent capables de toutes magistratures, dequoy l'on void des exemples & monuments [f] encor aujourd'huy. Iules Cesar conquit ce pays, qui des Romains vint aux Goths, & des Goths à Clouis premier, & au partage des Rois d'Austrasie. Il a esté depuis aux Rois ou Ducs d'Aquitaine, & aux Comtes de Thoulouse, iusques à la reünion des plus grandes Seigneuries, (sous lesquelles ce pays pouuoit estre compris,) à la Couronne de France. Le Quercy est sous le Gouuernement general de la Guyenne, & a pour son Gouuerneur particulier celuy qui possede la charge de Seneschal au pays, ces deux charges estans iointes. Les Consuls des huict villes principales, auec deux Ecclesiastiques & autant de la Noblesse, s'assembloient autresfois auec Lettres du Roy sous l'Euesque & Comte de Cahors, President-né, & par son mandement ou du Gouuerneur du pays: Mais l'establissement des Esleus a comme abrogé ces formes, veu qu'ils procedent au principal sujet de l'Assemblée. Le Quercy est sous la Generalité de Bordeaux: Mais la plus grãd' part du Dioceze de Montauban est du Languedoc & de la Generalité de Toulouse, si ce n'est depuis l'erection nouuelle de la Generalité de Montauban: Des trois Elections & receptes du pays, la ville de Montauban qui ne tient que le second rang, est la plus grande. Nous auons deduit la Iustice & les sieges du Seneschal de Quercy, auec les Presidiaux tant de Cahors que de Montauban, qui n'est estably que depuis peu. Le siege de Martel respond pour vne partie de son ressort au siege Presidial de Briue en Limosin, (où aucuns mettent la ville de Martel) & de là en la Cour de Parlement de Bordeaux, qui reçoit aussi les Officiers du siege de Martel; le reste respond à Cahors, & à la Cour de Parlement de Toulouse, auec l'entier pays de Quercy, qui ressorte aussi à la Cour des Comptes, Aides & finances de Montpelier pour les Aydes, & pour les Comptes à Paris, auec la Guyenne. La riuiere de Dordogne regle les differends du ressort de Martel. Les Tailles sont reelles en Quercy, comme en Languedoc.

Outre les maisons nobles qui ont esté mentionnées cy-dessus, & où sont les deux Vicomtes de Borniquel, du nom de Cominges, & sainct Aluere, dont est le Vicomte de Bidue, du nom de Lostange, celles du Vicomte de Tegra, du nom de Gousou, qui a porté vn grand Maistre de Malte, & des Barons du nom de Cardaillac, qui sont au nombre de six, dont l'vn est le Comte de Bieule en Quercy, & parmy les

a Sidon. Apollin.

b Themines, c Saluezou Quercinois, & non Perigordin, selon du Thou.

d Fr. Roaldes, Iurisconsulte.

e lib. 7. Eleutheri.

f Inscript. à Lion, Chapelle de S. Pierre des Nonains.

autres sont les Barons de sainct Cyrq, & de la Capelle-Malriual : auec plusieurs autres, qui peuuent estre aussi anciennes, se trouuent dans ce pays renommé.

igion. Cahors est le vray & ancien Euesché du pays, & Montauban y est aussi, en tant que la ville, où est son siege, y est comprise. Parmy les Abbayes, celle de Moyssac, dont la fondation est rapportée à Clouis I. reuenant de Toulouse, où estoient autrefois mille Moines, a esté depuis secularisée. Celle de Figeac a pour Auteur Pepin en l'an sept cens cinquante-cinq. Il y en a quelques autres, sçauoir de Marsillac, Souillac, Roquemadour, & la Garde-Dieu. Le nombre des Catholiques est beaucoup plus grand que de ceux de la Religion pretenduë reformée. Nous auons parlé ailleurs de l'Vniuersité de Cahors [a].

a Disc. gen. de la Fr. relig.

ROVERGVE.

oms. LE ROVERGVE, de mesme que les pays precedens, a le nom de ses peuples, *Rutanoi* [b], *Ruteni* ou *Rutheni* [c].

b Ptolem.
c Cæs. lib. 1. & 7. bel. Gal. Plin. lib. 3. c. 5. & lib. 4. c. 19. Sid. lib. 7. ep. 9

fins & stéduë. Le Quercy luy est au Couchant, les hautes Seuenes & le Geuaudan en Languedoc au Leuant, l'Albigeois dans la mesme prouince au Midy, & l'Auuergne auec le Quercy au Nord. Sa longueur depuis sainct Iean de Brueil iusques à S. Antonin est de trente lieuës, & sa largeur depuis sainct Pierre d'Yssis frontiere du Languedoc, iusques au Mur de Barrés, de vingt lieuës.

iuieres. Sa principale riuiere est le Tarn qui passe à Monstueges, à Compeyre, Millaud, S. Rome, Broquiar, Peire, Brousse, & de là entre dans l'Albigeois. L'Aueyron naist d'vne fontaine assise dans la terre de Seuerac, passe à Rodez, à Ville-Franche, à la Gueprie, Boursiquel, S. Antonin, Montricour, Vieule, Negrepelisse, Loubejac, & se perd dans le Tarn à l'Issemare. Le Lot sort d'Auuergne ou de Geuaudan, & entre en Roüergue dessus sainct Quintin au mesme pays, passe à S. Giuicys, & se perd dans la Garomne, comme nous auons desia dit [d]. Dourbie sort d'entre le Geuaudan & les Seuenes, & entre dans le Tarn au dessus de Millaud. Dordou prend sa source en la montagne de sainct Thomas, & se joint au Tarn dessus Brousse en Roüergue. Viaur naist dessous Segur en Roüergue, & se joint à l'Aueyron au pont de la Guepie, frontiere d'Albigeois. Lezert vient de la montagne de Lerdairolles, & passe à Sauue-terre. Sarnon naist en la montagne de Larsac, passe à sainct Rome, dit de Sarnon, & entre dans Dordou à sainct Ysery. Nous auons parlé du Tarn ailleurs [e].

d Quercy.
e Quercy.

Diuision. Le Roüergue est diuisé en haute & basse Marche, & au Comté de Rodez, qui est au milieu des deux ; Millaud est la capitale de la haute, & Ville-franche de la basse Marche.

Haute Marche. MILLAVD est vne ville assez grande & bien assise, sur la riuiere de Tarn, où elle a deux ponts de grand passage : Elle auoit esté fortifiée pendant les dernieres guerres, mais les bastions en ont esté demolis & les fossez comblez, dés l'an mil six cens vingt-neuf. Son terroir & des lieux voisins abonde en amendes, d'où l'on croit que le nom luy a esté donné [f]. C'est vn siege Royal & Eslection, & depuis il y a eu erection d'vn Seneschal & siege Presidial, par Edit du mois de Septemb. 1641.

f Amenlau.

VABRES, ville & siege d'Euesché, auec le pays joignant appellé de son nom, est de la haute Marche. L'Euesque se tient a S. Ysery, lieu clos & bon chasteau, & est Seigneur de Vabres. Il y a plusieurs lieux censez de ce quartier de pays, comme S. Iean d'Auquas, à l'Abbesse de Nonenque, Combret sur le Tarn, Beaumont au Prieur du lieu, auec chasteau, Roquefueil, Baronnie ; auec la pluspart des lieux suiuans, lesquels y appartiennent, ou sont de la haute Marche.

Les villes de saincte Affrique, Compeyre, sainct Rome de Tarn auec vn pont de pierre ; le pont de Camares, sainct Sernin, sieges Royaux qui vont d'vn bout du pays à l'autre, auec les bourgs fermez de Creyssels, au Roy ; Nant, Abbaye du tiltre de sainct Pierre, dont l'Abbé est seul Seigneur en toute justice, & a vn chasteau assez fort, sainct Bauzely ; la Couuerteyrade, la Caualarie places dependantes de la Commanderie de S. Aulary, sainct Iean de Brueil, Cornus, Peyre Brousse, fort chasteau, au Vicomte d'Arpajou, Roquefort, sainct George, petite ville à l'Euesque de Vabres, Saluanez Abbaye, Montlaur, Baronnie, au Comte de Caylus, Brusque au Vicomte d'Arpajou.

RODEZ, *Segodunum Rutenorum*[a], *Rutena*[b], ville ancienne, prise & reprise par les Goths, François & Sarrazins[c], assise sur vne colline, & entourée de montagnes, entre les riuieres d'Aueyron & vn ruisseau assez grand, qui entre dans Aueyron pres de la ville: On la distingue en Cité, dont l'Euesque est Seigneur, & en Bourg, qui estoit aux Comtes. Il y a vn siege Presidial estably par Edict du Roy, du mois de Iuillet 1635. L'Eglise Cathedrale de nostre Dame est belle, & le clocher fort haut, fait de brique, est de figure octogone, plat au dessus: Le voisinage pratique vn dire commun, Clocher de Rodez, Cloche de Mende, & Eglise d'Alby. Comté de Rodez

a Ptolem. b Greg. Turo. c Id. lib. 2. hist. c. 16. & seq. & de vit. patr. c. 3.

Les terres de Durenque & Caumont, Baronnies, au Vicomte d'Arpajou, celles de Tolet, Requista, Coupiac, Baronnies, & le Vicomté de Peyrebrune, au Vicomte de Panat, Ledergues, ville au Marquis de Malause, Cap-longue & autres terres sont censées du Comté, auec la Guiolle, ville qui est au Roy, Aubin, Bel-Caire, bourg & chasteau au Vicomte d'Arpajou, S. Ginieys riue d'Olt ou Lot, S. Cosme, au Comté de Clermont de Lodesue, Entraygues, sur les Lot, Ville-contal, Sallez, Lurau, petite ville, de belle maison à l'Euesque, Espaliou, le Mur de Barres, Pinet, auec chasteau, Cyssene, petite ville, Seuerac forte place, erigée en Marquisat, Estain, Comté.

VILLE FRANCHE, ville assise au plus beau du pays, en vn air doux & temperé, Seneschal & siege Presidial, où ressortissoit autresfois toute la prouince, auec vn Bureau de quatre Thresoriers du Domaine du Roy, & quatre Controlleurs censez du corps du Seneschal, & vne Eslection. Basse Marche.

S. ANTHONIN, ville assise en vne vallée close de montagnes a ses aduenuës mal-aisées, à cause de l'aspreté des rochers; la riuiere de l'Aueyron qui reçoit la Bonnete en cet endroit, passe contre les murailles de la ville & sous vn pont de pierre, qui est joignant. C'est vne extremité du pays, du costé de Quercy. Leur trafic & richesse principale consiste en prunes qui se transportent bien loin. Bournasel, Vicomté & belle maison, Belcastel, Priuasac, S. Vensa, bon bourg & chasteau, Loc-Dieu Abbaye, Nanselle, Sauueterre, Saluetat, Najac & autres lieux, sont rangez sous cette partie du pays. Il y a plusieurs autres bonnes places dans le Roüergue, que nous n'auons pû si bien distinguer dans les destroits que nous auons posez, sçauoir Roupeyroux petite ville & Prieuré, Brezols, tous lieux fermez siz dans les Eueschez de Rodez ou de Vabres.

L'air y est generalement bon & temperé, plus froid que chaud, parce que le pays est composé de montagnes & de vallons. Les eaux n'y sont mauuaises que du costé de Larzac, & en quelques endroits du Causse, qui manquent de fontaines, tellemẽt qu'on s'y sert de cisternes. On diuise communément le pays en montagnes, Causses & riuieres, & le Causse est entendu pour ce qui est entre les riuieres au pied des montagnes, dont les quatre y sont tres-grandes, à nourrir bestail, sçauoir Aubrac, la Vaisse, Roquefueil & le Leuezou. Le plus haut des montagnes a des terres labourables qui produisent du seigle en abondance, principalement aux enuirons de Rodez, Bozouls & Seuerogues, qui est l'entour de Seuerac & le Larsac. Il y a force chastaignes & noix, dont on fait de l'huile; des pommes & poires en grande quantité, iusques à en nourrir le bestail. Les meilleurs vins sont au terroir de Broquiers, Varen & Marsillac qu'on met aussi dans le Quercy: La montagne d'Aubrac nourrit quantité de bestail à corne, & porte vn bon reuenu au Prieur du lieu: La venaison y abonde en chevreulx & sangliers, & les cerfs n'y sont pas en si grand nombre: L'autre chasse n'y manque point, & y a quantité de phaisans: On trouue dans le pays plusieurs mines de metaux & d'argent-vif, & de vitriol à Najac. L'antimoine se tire en plusieurs endroits, sçauoir au Mur de Berrez, à Peyrusse, & pres de Ville-franche: En la montagne de Cransac se trouue aussi du charbon de pierre tres bon, auec des mines de soulfre & d'alum. Les bains & eaux de Cransac dont on void brusler la montagne, lors qu'il pleut, à cause de ses vaines sulfurées, sont en reputation comme celles de Vic en Auuergne. Les Allemands entendus en Mines, qui ont voyagé & veu le Roüergue, estiment qu'il y en a beaucoup d'argent, qui pourroient estre ouuertes. On y a ouuert aussi des mines de cuivre & d'arsenic, qu'on recognoist en ce que les plantes & herbes ne croissent pas sur la montagne. Celle qu'on nomme le Puech-du-lou a vne mine d'azur. Le safran se trouue és jardins des particuliers. On nourrit de bon cheuaux à Aubrac, Bonneval & Nant, & en tout au- Qualité.

tre endroit qui produit plus de seigle que de froment. Roquefort en Vabres se fait cognoistre bien loin par ses fromages excellens qui sont transportez és prouinces voisines & par toute la France. Les merueilles de nature pour ces endroits & prouinces du Royaume, qui sont montueuses, que nous auons desia alleguées[a], se voyent aussi à deux lieuës de Rodez pres de la Vayssiere, où est vn goulfre, que ceux du pays nomment Tindoul, ayant soixante pas d'ouuerture, & deux cens de profond, à costé duquel est vn autre trou dont la profondeur ne se peut point trouuer, ce goulfre est taillé en roche. La Cauerne dite Bouche-roland[b] est à vne lieuë de Marsillac, & presente vne ouuerture plus grande que la porte d'vne ville: On y a basty vne muraille auec vne petite porte pour y entrer, & la cauerne est si creuse, qu'elle va sous terre iusques à Rodez, qui est distant sept lieuës de là.

a Auuergne, Perigord, Quercy.

b Theuet. lib. 4. c. 8.

Meurs. Les habitans sont assez rudes & tumultueux, grands plaideurs, quoy qu'ils soient d'ailleurs fort laborieux, & addonnez à leur ménage: Ils sont habiles & ont l'esprit bon, se vantent eux-mesmes, dequoy leurs voisins les accusent particulierement, & de publier par trop leur valeur. La Noblesse y est courtoise & courageuse, & le langage du commun peuple y est fort grossier.

Richesses. Nous n'establirons pas leur richesse és mines d'argent ou des autres metaux, quoy que pour le fer il y ait dans le pays quelques forges pour y trauailler: mais le plus grand trafic est pour le bestail qui se nourrit en tres-grande quantité dans les montagnes, comme nous auons dit; pour les cheuaux, & particulierement pour les mulets qui se vendent en la foire de Rodez, où les Espagnols les viennēt acheter, d'où vient vn grand profit aux habitans du pays. Ils font aussi quelque trafic de leurs laines, quoy que grossieres. Le reste de leurs commoditez se peut recueillir de partie du discours precedent sur la qualité du pays. Les pruneaux de sainct Anthonin sont portez iusques dans les pays estrangers. Les marchands de Bordeaux les transportent en Angleterre.

Forces. Il y a des places fortes & de bons chasteaux en Roüergue, sçauoir Seuerac, Brusque, la Roque sur la riuiere de Durbie, Montmejan, sainct Veran, Dalgues, sainct Ysery, & autres. Le pays peut fournir au Roy deux mille hommes de pied, & mille cheuaux.

Gouuernement. La ville de Rodez a eu ses anciens Comtes, qui ont eu suite & successeurs, & le Comté estant paruenu à la maison d'Armagnac, en la personne de Henry le Grand dernier Comte d'Armagnac, il a esté reüny à la Couronne: Neantmoins le Iuge d'Appeaux, ou Seneschal du Comté y est encores, & le compte de son domaine se rend ailleurs[c] qu'en la chambre des Comptes de Paris, où le reste du Roüergue, qui est de la Generalité de Bordeaux, respond. Pour la Iustice soit ordinaire, soit des Aydes, le pays entier est du ressort de la Cour de Parlement de Thoulouse, & de la Cour des Comptes, Aydes & finances de Montpelier. Il n'y a qu'vn seul Seneschal, qui par sa charge est Gouuerneur dans le Roüergue, comme celuy de Quercy, & recognoist le Gouuerneur & Lieutenant general pour le Roy en Guyenne, dont cette prouince depend, & est vn membre ancien. C'estoit autresfois vn pays d'Estats, & auoit son Syndic general, & s'assembloit annuellement. Le plus ancien Baron du pays est celuy d'Arpajou, ayant entrée aux Estats comme ceux d'Estain, de Cauillac, Clermont, de Lodesue, Queylus, Panat, Roquefueil, Bournasel, Vesins, Cornusson, Tolet, S. Vensa, Broquiers Mostueicols, Elbes, Arbieu, Sessac.

c Pau.

Religion. Nous auons mentionné les Eueschez, Abbayes & principaux Prieurez du Roüergue, & deduit ailleurs ce qui regarde son spirituel[d]: Ses Ecclesiastiques ont de grans reuenus soit dans le pays mesmes, soit ailleurs. Il y a plusieurs riches Commanderies de l'ordre de S. Iean de Ierusalem, ou de Malte, à sçauoir S. Aulary, la Bastide, Millau, Las-Canabices, S. Felix, la Selue, Martria. Il y a deux Colleges de Iesuites, sçauoir à Rodez & à Ville-franche. Les villes de Millaud, sainct Anthonin, sainct Afrique, sainct Iean de Brueil, & les lieux de Creissels, Cornus & autres ont plusieurs habitans de la religion pretenduë reformée, auec l'exercice dans l'enclos des villes.

d Disc. gen. de la France, relig.

GVYENNE.

a Plin. 4. l. 19. b lib. 3. de bel. Gal.

LA GVYENNE, *Aquitania, ab aquis*, & de ses anciens peuples *Aquitani* [a], & *Garumni* à Cesar [b], ainsi appellez de la riuiere de Garomne. Pline tesmoigne que la Guyenne a esté appellée *Aremorica*, c'est à dire, region maritime. Nous auons traicté vne partie de ses peuples, selon l'ancien ressort de cette noble prouince, comme nous dirons plus particulierement en l'article du Gouuernement. Noms.

La Guyenne d'aujourd'huy, en n'y comprenant que les pays ou Seneschaussées qui seront cy-apres decrites, est borneeau Couchant de la mer Oceane, au Midy des monts Pyrenées, au Leuant du Languedoc & du Quercy, & au Nord de l'Angoulmois & de l'Aulnis. Confins.

La Guyenne que nous auons à décrire, cõprendra trois Seneschaussées & cinq Dioceses: Les Seneschaussées sont Bordeaux, Bazas & les Lannes; les Eueschez sont Bordeaux, Bazas, Ayre, Aqs & Bayonne. La Xainctonge qu'aucuns y adioustent, comme estant de la Guyenne, qu'on appelle de Louys XI. a esté décrite comme vn pays & Gouuernement particulier. Sous cete diuision sont plusieurs endroits de pays que nous toucherons en leur lieu. Diuision.

c Ptole. Strab. d Amm. Eutrop. e Strab. lib. 4. & ibi Casaub. f Vinet. in Auson. Merula. g Chron. Bordel.

BORDEAVX, *Burdigala, Biturigum Viuiscorum* [c], *Burdegala* [d] *à Biturigibus* ou *Burgis Gallis*, selon Isidore de Seuille, dans la seconde Aquitaine, comme nous auons dit ailleurs, en parlant de Bourges: Elle est assise sur la riuiere de Garomne, en l'embouchure qu'elle fait dans l'Ocean [e], où se forme comme vn Lac qui a flux & reflux, ainsi que la mer. Sur l'autre riue de Garomne sont des collines complantées d'arbres & de vignobles, & vn petit bois de cyprés, d'où tous ceux qui transportent du vin, prennent des mains du Maire ou des Iurats, vn rameau auant que partir, & chaque vaisseau paye quelque droict [f]. On donne à Bordeaux le pays de Medoc au Couchant, le Bazadois au Leuant, les Landes au Midy, & la Garomne au Nord, auec dix-huict degrez de longitude, & quarante-cinq degrez trente minutes de latitude. La riuiere de Diuise entre dans la ville, & auant qu'y venir se separe en deux; l'vn des bras gagne les murailles de l'ancienne ville, & se va rendre en la Garomne par delà le Pont-sainct-Iean, & l'autre passe plus haut vers le Nord, & se décharge aussi dans la Garomne, au lieu de l'estang des Anguilles. C'est vne grande & agreable ville, ornée de tres-belles maisons, qui contient en sa rondeur 2583 brasses, & 905 de long [g]: On y entre par treize portes; les murailles du costé de la terre sont fortes & terrassées, auec le bastion de Saincte-Croix. Son port & havre est nommé le Port de la Lune, soit à cause de sa forme en Croissant, telle qu'on la void venant à Bordeaux, en montant & en descendant du costé de la mer; ou si l'on veut, parce que les ondes du port dependent du cours de la Lune. Il ne reste aucune marque de l'ancien Havre & Arsenal enclos dans la ville, si ce n'est à l'embouchure du Peugue, où sont deux tours anciennes, esquelles on trouua l'an 1581 vne grosse chaine de fer, laquelle y estoit encor attachée: Ce fut lors qu'on ferma de murailles l'entre-deux de ces tours. La Tour de Cordoüan, qui est vn phare excellent, est selon plusieurs en mesme endroit qu'estoit l'Isle Antros, dont Mela [h] fait mẽtion, à l'embouchure de la Garomne. C'est vn ouurage de Louys de Foix excellent Ingenieur, duquel est faite mentiõ en l'histoire de Monsieur de Thou. Cõme la ville est ancienne, elle en possede de beaux monumens. L'an 1594. furent trouuez hors de la ville pres du Prieuré de S. Martin, le long de la Diuise, trois belles statuës de marbre blanc auec des inscriptions Latines, qui furent esleuées en l'Hostel de ville dans des niches richement élabourées, auec les armes du Roy & de la ville: Ce sont pieces & Antiques Romaines, qui ont chacune six pieds de haut: Celle du milieu à vne teste & point de mains: les autres deux sont sans teste & sans mains. On trouua au mesme lieu plusieurs autres medailles & restes d'vn ancien paué, qui sont encores gardées curieusement, & les maisons des particuliers conseruent aussi des statuës en marbre, qui sont fort singulieres. On void aussi hors de la ville vn Amphitheatre, qu'on appelle le Palais de Gallien, & les vieux Bordeaux.

h Lib. 3.

papiers

papiers & tiltres depuis cinq cens ans le nomment les Arenes, comme celuy de Nismes. Il a deux portes, & chacune a cinq arcs l'vn sur l'autre. Du costé droit où est l'entrée, venant de la ville, il y a 33 arcs, qui ne font que la moitié de l'Amphitheatres: Le reste est entierement ruiné. Les pilliers ou palais de Tutele, ancien bastiment, qui de 24 colomnes n'en fait voir que 18 fort hautes auec leurs arcades, ont aussi des marques d'antiquité dans la ville. Sur ces colonnes sont grauées des statuës d'hõmes & de femmes: on en void 15 dãs le palais & 16 au dehors. Il y a vn Maire & six Iurats, & autant de quartiers de ville, qu'on appelle Iurades, sçauoir sainct Eloy, sainct Pierre, sainct Michel, sainct Remy, sainct Eulaye, & sainct Mexens. Il y auoit anciennement cinquante Iurats, qui furent reduits à vingt-quatre. & depuis à douze par Edoüard Roy d'Angleterre. Le nombre de six est depuis l'an mil cinq cens quarante-huict. Les Maire & Iurats portent tiltre de Regens & Gouuerneurs de la ville, precedent en tous actes les Nobles de la prouince, & touts autres du Royaume, s'ils n'ont droict de monter és hauts sieges du Parlement. Le Maire est tousiours vn Seigneur du pays, & deux des Iurats sont de la Noblesse, deux, Aduocats en Parlement, & deux, bourgeois ou marchands. Ils font marcher deuant eux quand ils vont en corps, quarante Archers du Guet, vestus de casaques d'escarlate, & sont suiuis des Officiers de la ville, qui sont le Clerc, Procureur, Syndic, & Thresorier, les Assesseurs, le Notaire, Portier, Cheuaucheur, Trompetes & autre Officiers politiques qui sont en grand nombre. & entr'autres vn Fourrier de la ville, les Visiteurs de la riuiere, les Intendans des œuures publiques. Le Maire est vestu de velours blanc & bleu, auec paremens de brocatel, & marche quelque pas auant les Iurats, qui ont des robes & chaperons de damas blanc & rouge, doublé de tafetas rouge: Ez entrées des Rois, de velours blanc & rouge, doublé de tafetas, & celle du Maire de brocatel. La ville a de grands reuenus, lesquels auant l'an mil cinq cens quarante-huict se montoient par an soixante mille liures, procedans de diuers droicts attribuez à la Communauté, & entr'autres les vacans de la ville & banlieuë, auec les reuenus du Comté d'Ornon & de la Baronnie de Veyrines. Ces rentes ont diminué, & s'en est aussi beaucoup perdu d'autres. Le Maire souloit prester serment en l'Eglise de sainct Seuerin, comme font encor aujourd'huy certains Officiers de la ville, prenans le chaperon & marques de Iurade: mais le Maire preste en l'Eglise Metropolitaine de sainct André entre les mains de l'Archeuesque, ou du Doyen du Chapitre, en son absence. Les Maire & Iurats ont Iustice haute, moyenne & basse dans la ville & Banlieuë, qui leur a esté confirmée par Ordonnance de Philippes le Bel de l'an mil deux cens nonante-cinq. Leurs appellations ressortissent nuëment à la Cour de Parlement, & auant son institution, le Seneschal de Guyenne, qu'on appelloit pour lors Iuge de Gascogne, en cognoissoit. Il y a dans la ville deux grandes Eglises, dont l'vne est Cathedrale, asçauoir celle de S. André bastie en forme de croix par les Roys d'Angleterre, & l'autre Collegiale, dediée à Sainct Michel. Au Cemetiere de l'Eglise Sainct Seuerin se void vne tombe de pierre remplie d'eau, lequelle croist & descroist, selon que la Lune augmente ou diminue. Il y a douze Parroisses, huict Conuents de Religieux, vn de Religieuses, & le College des Iesuites. L'Archidiacre de Medoc en l'Eglise sainct André est Chancelier perpetuel de l'Vniuersité de Bordeaux[a]. Le College de Guyẽne est encor dans la ville (où sont neuf classes & quatorze Docteurs) auec celuy de Medecine. C'est vne Generalité de finances, siege Presidial, Eslection, siege de l'Admirauté, & de la Connestablie ou Mareschaussée, Iuge & Consuls des Marchands: Et sur touts la Cour de Parlement, composée de quatre Chambres & six Presidens au Mortier, laquelle sied au Palais de Lombriere, où les Ducs de Guyenne estoient logez. L'Eglise Collegiale de S. Seuerin est hors de Bordeaux, où les anciens Ducs de Guyenne, ou autres commandans aux armées, ayans à marcher prennent sur l'Autel l'espée & l'estendard benis par l'Euesque. Les chasteaux du Ha ou Far, & Trompete ou Tropeite, ont esté bastis sous Charles 7 l'an mil quatre cens cinquante-deux, le premier en lieu marécageux pres de l'Eglise saint Andé, auec vn beau pauillon, & l'autre sur la riuiere auec double muraille, & seruent comme de citadelle. La mason de Puy-Paulin, qui est dans la ville, & appartiẽt au Duc de Candale, cõserue la memoire de Ponce Paulin disciple d'Ausone natif de Bordeaus & yssu de famille illustre. Cette maisõ dõne aux heritiers de Cãdale, qui en sõt possesseurs, le premier rãg entre les Bourgeois. La Chartreuse & l'Hospital, fondez par François Cardinal de Sourdis, Archeuesque de Bordeaux, sõt

[a] Eugene Pape 7. May 1441. Louys 11, 1472.

deux bastimens tres-magnifiques, particulierement la Chartreuse, qui a jardins, vergers, parterres, estangs, viuiers & autres ornemens. C'estoit auparauant vn marais qui a esté desseiché.

La Seneschaussée de Bordeaux peut auoir vingt lieuës de ressort en longueur & largeur. Les villes & bourgs qui en dépendent sont Rions, petite ville sur la Garomne, Potensac sur la Garomne, & Cadillac, ville capitale du Comté de Benauges, dont les precedens lieux dépendent aussi, & sont de l'heritage de Candale; dont est aussi Langon, qui est de la Seneschaussée. Bazas, & Barsac, siege Royal & bourg tres-bien basty. A cinq lieuës de Bordeaux est vne Pointe qu'on appelle le Bec d'Ambez, où la Garomne & la Dordoigne se rencontrent, & la premiere comměce de s'appeller là Gironde. Le Bourg, *Ebromagum*,[a] siege Royal & Mairrie, est en cet endroit, & est dit sur mer ou Dordogne, auec Etolieres au Comté de Vaillac, qui est à 3 lieuës de Blaye, & Mōtandre, bourg & château. Libourne en la place du port & bourg ancien de Condat, est sur la Dordoigne & l'Isle, enuironnée de marais & close de bonnes murailles, auec sept portes, trois du costé de la terre, & quatre vers la riuiere, qui aboutissent toutes auec les ruës de la ville à la Halle, ou place publique. La ville est grande, & n'a qu'vne seule Eglise Parrochiales, auec trois Conuents. Il y a vn Maire & des Iurats qui ont Iustice, auec les autres Officiers de la ville. Castillon, Fronsac & sainct Emilion, auec Eglise Collegiale & Mairrie en sont proches. Fronsac, Duché,[b] est sur la riuiere de l'Isle, le Chasteau en a esté démoly. On y ioint Coutras, qui a vn chasteau au milieu du bourg, composé de six ou sept cens feux, sur la pointe des riuieres de l'Isle & a la Droume, qui perd son nom au bout du bourg dans l'Isle iusques à Libourne, où l'Isle perd aussi le sien dans la Dordoigne. De ces deux lieux ioincts ensemble dépendent vingt-neuf Parroisses, qui portent en tout iusques à vingt-cinq mille liures de rente. Le chasteau de Cadillac au Duc d'Espernon est des plus beaux & mieux meublez de France : Il y a Eglise Collegiale dans la ville, & vn Conuent de Capucins. Blanquefort & sainct Aubin sont dans le pays de Medoc. *Meduli*[c], entre la mer & la Garomne, dessous Bordeaux, auec les chasteaux & maisons de Ludon, Agassac, le Pian, le Taillan, Cante merle, Yssan, tres belle maison, de mesme que Margaux, Castillon, Vertueil, Abbaye, Lesparre, gros bourg, Soulac, & plusieurs autres petites villes ou bourgs. Aucuns croyent que *Nouiomagus* du temps d'Antonin, est aujourd'huy le bourg de Soulac surnommé *de finibus terræ* dans de vieilles Chartes[d]: Ce qu'on appelle le pays d'entre deux mers, entre la Garomne & la Dordogne, est de la mesme Seneschaussée, où l'on met sainct Macaire, qui est au Roy, & Libourne, dont nous auons desia parlé, Carbonnieres (où commence le flux & reflux de la mer, que ceux du pays appellent le Mascaret) & Larmont. Entre Libourne & Bourg pres du port de Cusac se voyent les ruines du chasteau de Montauban, Seigneurie du vaillant Regnaut celebré par les Romans.

Libourne.

Le pays de Buchs est ioignant le Medoc le long de la mer, & prend le nom de ses peuples anciens, *Boij*[e] ou *Boates*, auec leur promontoire, Cap de Buchs, *Curianum*,[f] & leur Seigneur nommé Captal, de la maison de Foix de Candale : On luy donne trois parroisses, sçauoir le Cap, Gujan & Casaux. Le Captalat du Certes, qui appartient au Duc de Mantoüe, comme heritier du Duc de Mayenne, en a esté démembré, & consiste en cinq parroisses, sçauoir Certic, Lentou, Comprian, Mios & Biganos. On void vne Chapelle de nostre Dame en vn endroit nommé Arcalxon[g], dans les montagnes des pins, au Captalat de Buchs, où l'on peut aussi ranger dans l'enclos de la Seneschaussée, Biscarosse, Vicomté; l'Isle sainct George & Botirans; Budos; Vsa, Vicomté, dont le Seigneur porte le nom de Salusses; Montferrand, premiere Baronnie de Guyenne, à la ville de Bordeaux; la Treue, belle maison, de mesme que Langoyran, sur la Garomne; Creon, au Roy; la Seube, auec Abbaye; le Comté de Benauges; Pressac, chasteau auec tiltre de Souldan; Curton, Marquisat; Cusaques, Baronnie; Guitres, auec Abbaye; Barraut, Marquisat; Rausau; Pommiers, Vicomté; l'Abrede tres-belle maison.

BAZAS ou VASAS, *Cossio Vasatum*[g], *Vascorum*[h], *Vasatium ciuitas*[i], ville ancienne dont les habitans, sont appellés *Cocosates*, par Cesar & Pline, à vne iournée de Bourdeaux, siege d'Euesché, assise dans les Landes, grand pays de la Guyenne, acquel on donne cinquante lieuës de France en longueur, trente en largeur, appellé Landes, à cause de sa sterilité, notamment entre Bordeaux & Bayonne, estant assez fertile ailleurs: C'est vn Seneschal & siege Presidial.

Bazas.

a Merula ex Ios. Scal.

b M. le Cardinal Duc de Richelieu.

c Auson. 7. 5. ad Theuo.

d El. Viner. in Aus. Chron. Bourdel. Masson. in Garumna.

e Paulin. ad Auson. ep. 1.

f Ptoleme.

g Belle-forest Lestang.

h Auso. in Parent. carm. 14. Ptole. emend.

i Plin lib. 4. c. 19.

k Greg. lib. 6. c. 21. Sidon. li. 7. ep. 7.

Le Diocese de Bazas est de plus grande estenduë que la Seneschaussée, & comprend deux lieux qui sont du Duché ou Seneschaussée d'Albret, sçauoir Castet-jaloux & Chastel-moron, qui ressortissent au Presidial de Bazas és cas de l'Edict. Quatre riuieres l'arrousent, la Dordogne, la Garomne, le Drot (qui vient de demy lieuë au dessus de la Reole en Bazadois, non loin du bourg de Gironde, & ioint la Garomne à Caudrot petite ville au Diocese de Bazas) & le Ciron, qui vient du Diocese d'Auch, & se rend dans la Garomne demy lieuë au dessus de Cadillac. Outre Bazas, qui est la ville principale, & a vn chasteau appartenant à l'Euesque, Castet-jaloux au Roy, auec chasteau & garnison entretenuë, & Castel-moron, cy-dessus mentionnez, la Reole sur la Garomne, auec chasteau, dont les fortifications ont esté démolies, & le riche Conuent des Celestins, Caudrot, Monsegur au dessous duquel passe le Drot, qui est fort poissonneux, Langon ville & port à l'extremité du Bazadois auec chasteau au Duc d'Espernon, & Sauue-terre ville ancienne, sont du pays & Seneschaussée.

La Seigneurie & Iustice de Bazas sont en pareage entre le Roy, l'Euesque & le Chapitre. On void encores dans le mesme pays Blaignac Comté & nouueau Marquisat, de sept Parroisses en Iustice, auec vne fort belle maison sur la Dordogne, au Comte de Barraut Seneschal du pays; le Comté ou Baronnie de Rozan, de douze parroisses en Iustice; & la Baronnie de Pujols, au Marquis de Duras; Castets, Vicomté, sur la Garomne, dont le Fort a esté démoly, au Vicomte de Fauas; Castelnau, Baronnie ancienne & belle maison pres de la riuiere de Ciron; Roquetaillade, Baronnie; Grignols, Baronnie anciéne & nouueau Marquisat, de vingt-vne parroisse. Il y a plusieurs autres villes & terres Seigneuriales, sçauoir Aillas, Meillan, Couture, Mauuesin, premiere Baronnie du pays, dont le chasteau a esté basty par les Anglois, Coquenent, Saumac, Sauignac, la Motte-Mongaux, Case-neuue, Montpoüillan & quelques autres.

Le Seneschal du pays s'en qualifie Gouuerneur, sous celuy de Guyenne: Il n'y a point de President Presidial, ayant esté supprimé & remboursé. Le Diocese est composé de trois cens parroisses, & de vingt-cinq ou trente Prieurez, auec quatre Abbayes, sçauoir sainct Ferme, Blasimont, Riuet & Fon-Guilhem, trois Eglises Collegiales, sçauoir Castet-jaloux, nostre Dame d'Vzeste & sainct Michel-de-la-Reolle: Le Prieuré de la Reolle est Conuentuel. Il y a deux Commanderies de Malte, Courts & Roquebrune, & vne de sainct Anthoine, appellée Pondaurat.

Aqs. AQS, & vulgairement Dax, *Aquæ Augustæ* [a], *Tarbellæ* [b], *Aquensium ciuitas* [c], à vne iournée de la mer, là où ses flots battent les Pyrenées, ville ancienne, petite & forte. Les eaux qui ont donné nom au lieu y abondent dedans & de hors la ville, où sont des bains qui ont de vieux sieges de marbre. C'est la ville capitale des peuples anciens & renommez, dits *Tarbelli* [d], Eueſché, Eslection & siege Presidial, où ressortissent Bayonne, sainct Seuer, dit Cap de Gascogne, & Tartas Les Gascons appellent Lannes, tant la Seneschaussée que l'entier pays des Landes.

[a] Ptolem.
[b] Auson. & ibi Scalig.
[c] Notit. Prou.
[d] Plin. in Aquit. Ptole. Tibull. Auso.

La Seneschaussée des Lannes, dont le siege d'Aqs est le principal, auec erection de siege Presidial, est de grande estenduë, ayant quinze lieuës de longueur, & autant de largeur. Le pays est arrousé de plusieurs riuieres. L'Adour prend sa source és monts Pyrenées, au dessus de Bagnieres, coule en la plaine de Bigorre, reçoit Larros, entre dans les Lannes, passe à Ayre, sainct Seuer, Magron, où elle est nauigable Pontous, Aqs, Saubusse, & à Bayonne se rend dans la mer. La Douse naist en Armagnac, reçoit le Midou au Mont-de-Marsan, & porte basteau à Tartas iusques à Ladour, où elle se perd vne lieuë plus bas. Le Gauas, le Louz & les deux Luys petites riuieres, viennent du Bearn, entrent dans les Lannes. Le Gauas vient à Tursan, à Geaune, sainct Louboue, Pimbou, Samadet en Hagetmau, & se perd dans l'Adour sous-Montaut en Chalosse. Le Louz passe à Hagetmau, bourg & tres-belle maison, à Montfort terre de Poyane, & se perd en l'Adour à Celle de Vignoles. L'vn des Luys passe au dessous de Barsac, à Monuy & Brassenpoy: L'autre passe à Saut, Amou, & dans les terres de Caujac, où les deux s'assemblent, & coulans par la Preuosté d'Aqs entrent en l'Adour au dessous de Tercis. Les Gaues Bearnois, riuieres rapides, prennent leur source és monts Pyrenées, arrousent le Bearn & bien peu du terroir des Lannes, s'assemblent sous Sorde, passent à Peyre-Hourade, bourg & maison du Vicomte d'Ourte, & à Hastingues, & demy lieuë plus bas entrent en l'Adour, ne portans basteau qu'enuiron deux lieuës. La Vidouse riuiere des Basques diuise les terres de Gramont, passe à Came, à Bidache, à Guiche, & se perd en l'Adour demy lieuë au dessous, n'estant aussi nauigable que deux lieuës. La Niue, riuiere rapide, naist en la basse Nauarre, passe dans le Bailliage de Labour, à Cambou, à Dastaris & à Bayonne, où il entre dans l'Adour. Les Niuelles, riuieres de Labourt, viennent des montagnes voisines, l'vne passe à sainct Pé, & se perd dans la mer à sainct Iean de Luz: L'autre separe la France de l'Espagne, & coulant entre Fontarabie & le Bourg de Handaye, se perd dans la mer vn peu plus bas. Le siege d'Aqs comprend Poüillon, Sorde, Hastingues, le Vicomté d'Ourte, vne partie des terres de Gramont, & autres Seigneuries.

Sainct Seuer est la capitale du pays de Chalosse, qu'il comprend auec le Tursan, surnommée depuis long-temps Cap de Gascogne, dautant qu'elle fait la teste & frontiere de la Gascogne auec le Bearn. Ayre dont nous auons déja parlé, en dépend aussi, auec son faux-bourg, qu'on nomme le Mars, & vne Abbaye où est l'Eglise de sainct Quyteyre, frequentée par les François & les Espagnols, auec deuotion & croyance de miracle en la guerison des fols. Outre la ville d'Ayre dépendent de ce siege pres de cent cinquante Parroisses, où l'on compte six villes. S. Seuer est sis au dessus de l'Adour, on void contre les murs les ruines d'vn vieil château qu'on croit auoir seruy d'Amphitheatre, & auoir esté nommé *Castrum Cæsaris*: C'a esté vne ville forte, tenuë par les Anglois pour la capitale du pays, auec quatre faux-bourgs fort grands. Elle fut ruinée l'an mil cinq cens soixante-neuf: Il y a vne Abbaye fondée l'an mille, par Guillaume Sanche d'Arragon, qui se qualifie dans les actes, Comte de Gascogne & Duc de Guyenne. Outre la Iustice du Roy, y sont celles de l'Abbé & de la ville: C'est vn beau siege Royal, où sont quatre Lieutenãs, vn Assesseur criminel & quatre Cõseillers, & prend mesmes tiltre de Seneschal, outre lequel est le Preuost & Iuge ordinaire, & ce sont les Officiers de la Iustice, ou leurs supposts qui font valoir la ville. Geaune, capitale du Marquisat de Castet-nau, voisine des pays d'Armagnac & de Bearn, ressortit à sainct Seuer, & est arrousée du ruisseau de Bas, qui vient du Bearn & ne tarit point. Pimbo du Domaine des Comtes de Tursan, auec Chapitre composé d'vn Doyen & de sept Chanoines, sur les frontieres de Bearn, renommée pour ses vins excellens, & arrousée du Gabas, est du mesme ressort. Sainct Loubouer, ville ruinée, auec vn Chapitre composé d'vn Doyen & de huict Chanoines, Orgoux, & Sault de Nauailles, arrousée de Luy, en dépendent aussi: Hagetmau, Baronnie, auec vn chasteau proche, & le Chapitre de sainct Gerons, composé d'vn Doyen & de huict Chanoines, dont l'Eglise est fort frequentée, Louigner, Comté, où est le bourg d'Orsac, que les Espagnols visitent les iours des marchez, où se vend grande quantité de bestail, Roquefort en Tursan, arrousé de Luy, Pontaud, Abbaye, auec Monget, grand bourg, Samadet, Barronnie, arrousée du Gabas & de Luys, Douasit, Poyaller, auec chasteau, & Mugron, où est vn port & la riuiere de la Doue fort poissonneuse; Momuy, auec vn fort chasteau, Montgaillard, sainct Maurice & la Riuere, Benquet, Solposse, Gouts & Artigue-brande, où la Doue est nauigable iusques à la mer, Cauna, auec chasteau, Puyo & Campet, auec chasteaux forts d'assiete, Iuliac, Vicomté, Castandet, & S. Gein, bourg & belle maison, auec vn estang de grande estenduë, Amou, Gauiac, auec chasteau tres-fort & des mines de bitume, sont places en tiltre de Barronie la plus grand' part, qui ressortissent au mesme Seneschal de sainct Seuer. Les Abbayes de Sorde, Caignote, la Honse, du Biele & Artous, sont fondées en la Seneschaussée des Lannes outre celles de S. Seuer & de Pontaud, & vne Commanderie de S. Anthoine, sur le Gauas pres de Samadet. S. Seuer. Pays de Chalosse & Tursan.

Outre la Chalosse, & le Tursan, ancien Vicomté, dont la capitale estoit la ville d'Ayre que l'Euesque tient en pareage auec le Roy (& le nom de Tursan est formé de méme qu'Ayre du fleuue *Aturrus*, Ladour) y est le pays de Marsan qui n'est pas de la Seneschaussée des Lãnes, mais bien du Diocese d'Ayre, & situé dans les Lãdes parmy le sablon & la bruyere: C'est vn ancien Vicomté qui a esté premierement aux Comtes de Bigorre, & depuis entra dans la maison de Bearn. Ses confins sont le Condomois au Leuant, le Basadois au Nord, le Bearn au Midy, & le bas Albret au Couchant. Sa longueur depuis la ville de Grenade iusques à celle de Gauarret est d'onze lieuës, & sa largeur de Caseres à Sabre, de dix lieuës. La ville capitale bastie par Pierre Vicomte de Marsan est le Mont-de-Marsan, ceinte de deux petites riuieres, la Douse & le Midou, dont nous auons desia parlé: Il y a vn Marsan.

Conuent de Cordeliers, & vn de Filles de saincte-Claire, qui a esté transporté ailleurs, à cause que la maison a esté démolie. Les grains du Bazadois & de l'Armagnac se debitent au marché du Mont-de-Marsan, où ceux de la Chalosse & du pays des Basques s'en pourruoyent. Roquefort sur la Douse, Grenade, Caseres, Dufort & Renung sont du pays, qui a vn Seneschal & corps d'Officiers, dont les appellations vont au Parlement de Bordeaux & au Presidial de Condom. Il n'y a point d'Elections, mais le pays s'assemble par Estats, & fait annuellement vn don gratuit au Roy, qui est receu par le Thresorier du Domaine, & le compte en est rendu en la Chambre des Comptes de Pau. Il y a deux Baronnies, Roquefort & Hontaux; l'Abbaye de sainct Iean de la Castele est pres de Caseres sur l'Adour, qui est entre-deux.

Le Marsan n'est pas peuplé, n'a que des seigles, millets, de la cire & du miel. Peu de gens y font profession de la Religion pretenduë reformée.

Gauardã. Le Gauardan est vn ancien Vicomté incorporé depuis plusieurs siecles à la maison de Bearn, & ioint au Marsan pour le faict de la Iustice & des finances, & ne faisant qu'vn mesme corps d'Estats : Il dépend de l'Archeuesché d'Auchs. Gauarret en est la ville capitale, auec Iuge Royal, dont les appellations vont au Seneschal de Marsan, & le Marquisat de la Case, erigé de nouueau y appartient. La Baronnie de Capsius en a esté distraite, & vnie au Duché d'Albret, lors de l'erection d'iceluy.

Nebou lan. Le Nebousan est vn pays separé auec tiltre de Vicomté & Seneschaussée seante à sainct Gaudens ville capitale, dont les appellations ressortissent au Parlement de Thoulouse : Il y a quelques Chastellenies qui en dépendent, sçauoir sainct Blancard, Mauuesin, Sauueterre, qu'on met aussi dans le Bazadois, & autres. Il s'assemble par Estats, où les Abbez du ressort & la Noblesse sont appellez, où sont le Vicomte de l'Arboust, le Baron de Ramefort, & autres. Le pays confine du Leuant auec Cominges, du Midy auec les vallées d'Aure, du Couchant auec la Bigorre, du Nord auec le Magnoat.

Ayre. AYRE, de la riuiere, *Aturus*, ou *Atyrus*, l'Adour, *Aturensium ciuitas*[a], siege d'Euesché, sous le Seneschal des Lannes, qui s'estend deçà & delà la Garomne. La ville est appellée *Vicus Iulius* dans Gregoire de Tours, & c'est la Ville des anciens Sociates selon P. Marca en son hist. de Bearn liu. 1. Chap. 9.

Bayonne. BAYONNE est pareillement compris dans les Landes[b] & dans le pays de Labourd, dont la ville de Lourde, *Lapurdum*[c], conserue le nom : L'Euesque de Bayonne est appellé *Lapurdensis* dans ses vieux tiltres : & le nom de Bayonne est recent, selon, aucuns : C'est vne ville ancienne, assise au pied des monts Pyrenées, sur la riuiere de l'Adour, du costé d'Espagne, à 4000 pas de la mer. Il semble que les Bojes luy ont donné nom : C'est vn Euesché, & siege dependant du Seneschal de Lannes, qui s'estend outre la riuiere d'Iron, iusques à S. Iean de Luz, qui separe la France de l'Espagne. La ville est munie & fortifiée comme ville frontiere, qui a son Gouuerneur parculier, qui commande aussi au Bailliage de Labour, Vicomté d'Ourte, Marepne, Gosse, Seignaux & Cap Breton, & iouit de quelques priuileges & exemptions. L'Euesché s'estendoit autresfois dans les Royaumes de France, de Nauarre & de Castille.

Qualité. La Guyenne en general est vn pays fort tempéré, esloigné du Septentrion & par consequent moins froid, & d'autre part couuert des monts Pyrenées, qui le defendent des ardeurs trop vehementes du Midy; assis entre les deux mers pour en receuoir des raffraischissemens & humectations moderées, tant par le respir & souffle des vents, que par les pluyes assez frequentes. Le terroir en est fertile, plantureux & foisonnant en moissons & en fruicts; ce qui est entre les riuieres de Garomne & de Dordoigne dans le Bazadois abonde en bleds & en vins. Ce qu'il y a de Landes a son vtilité pour le pasturage du bestail, qui s'y nourrit en grande quantité : Elles sont voirement steriles en certains lieux, mais ailleurs assez fertiles, notamment là où l'on se sert de la Marne[d], qui se trouue en plusieurs endroits de ces campagnes, & est vne terre chaude, laquelle mélée auec la sablonneuse fait vn temperament propre à la production des fruicts. La Marne a esté cogneuë des Grecs & des Latins[e]. Hist. de Bearn. par P. Marca.

L'air & le terroir d'autour de Bordeaux sont bons; s'il n'y a pas quantité de bleds, la riuiere luy enfournit. La mer & les vapeurs malignes portées des eaux & des lieux humides rendent l'air aucunement mauuais, & le pays subjet à maladies, & par fois à la peste[f]. Les vins excellens sont ceux de Graue, ou terre sablonneuse, de Larmont, de la Bastide, de Tolleue, de sainct Emilian, de Langon, de Prenac; les costaux de Chalosse & de Tursan en la Seneschaussée des Lannes en portent aussi de fort bons.

a Notit. prouinc. Scal. in Auson. lib 2. c. 7.

b Merula ex Ios. Scalig. Dupleix Louys 13.

c Notit prou. Imperij. P. Marca Hist. de Bearn liu. 1. ch. 8.

d Marga. Plin lib. 17 c 6 & 7.

e Plin. ibid.

f Polit. Med.

Le vin de Graue est cogneu par toute l'Europe Occidentale & Septentrionale, d'où l'on apporte dequoy échanger auec cette liqueur. Il y a abondance de chairs, diuersité de poisson, & du pain delicat à Potensac & autres lieux voisins de Bordeaux. Les ondes de la mer Oceane qui monte & descẽd trois fois en vingt-quatre heures, ont souuent ietté sur le riuage des pieces d'ambre gris de couleur noirastre, pres de la ville, ou à six ou sept lieuës de là [a]. On void au Cimetiere de l'Eglise de S. Surin ou Seuerin, lez Bordeaux, vn sepulchre taillé d'vne pierre entiere, qui a de l'eau croissant & décroissant en forme de flux & reflux, mais irregulierement. Le Medoc a du liege, de la poix, des tourdres des huitres qu'Ausone mesme a chantées [b], d'assez bons vins, & du sel à Soulac, de mesme qu'au terroir d'Aqs est vne fontaine d'eau salée. Le terroir de Buchs abonde en pins resineux, d'où les habitans & ceux d'Armagnac, Bearn, & Bigorre, ausquels cette resine est communiquée, font des chandelles & leurs logis en sont noircis de la fumée. Le pays d'entre deux mers a des lins & des chanvres en abondance le long de la riuiere. Le reste des loüanges & aduantages de la Guyenne sera reserué pour la Gascogne & autres parties de ceste grande & noble prouince, que nous auons cy-deuant entamée en certains pays qu'on luy peut attribuer. [c] Nous auons parlé des eaux & des bains d'Aqs, ausquels on doit adiouster ceux de Cambon, Tersis & Vignolles au païs de Chalosse. Les marais du pays se desseichent, à quoy le Duc d'Espernon a fait trauailler par des Flamands, en vn endroit qu'on y appelle l'Isle d'Espernon.

a Nostre Dame des Fatons ch. 31.

b Medullica ostrea.

c Poictou, Xaintonge, Auuergne, Quercy, Roüergue, Perigord.

Mœurs. Comme la Guyenne est vne prouince de fort grande estenduë, dont nous auons desia traitté vne partie, outre les autres qui doiuent suiure, les mœurs en sont aussi differentes; & pour ce que nous venons de descrire, on peut iuger des inclinations par les exercices de habitans. Ceux de la ville de Bordeaux sont partagez en deux occupations principales, sçauoir des lettres, ou fonctions des charges publiques, (lesquelles y sont en tres-grand nombre, & fort autorisées, principalemẽt en la Cour de Parlement, dont les officiers sont puissans en maisons, terres & fiefs, & sont fort splendides) & de la marchandise & traffic, où ils ne peuuent estre qu'attachez au profit & à leurs affaires. Ceux de la campagne peuuent participer aux mœurs & bonne conuersation de ceste puissante ville, & ne peuuent estre qu'industrieux & soigneux entr'autres choses de la culture de leur vignoble, d'où ils retirent vn si grand profit. Ceux des Landes sont estimez plus vigoureux, adroits & martiaux que ceux de la Seneschaussée de Bordeaux.

Richesses & forces. La Garomne vnit en traffic Bordeaux & Toulouse & la Guyene rapporte tout ce qui est necessaire pour l'entretien de la vie, comme bleds, vins, huiles, prunes, qu'elle distribuë aux nations estrangeres auec les laines, pastels & lieges Les pastels y descendent de l'Albigeois, Agenois & Toulouse, & à Bordeaux arriuent plusieurs vaisseaux Espagnols, Bretons, Anglois & Flamands qui apportent du poisson sec & salé, auec autres marchandises, & rechargẽt des bleds, des vins & du pastel. Le port de Bordeaux est fort beau, où peuuent entrer les plus grands nauires, pour y estre en seureté, & n'auoir faute d'eau, soit à y entrer au montant, ou pour en sortir, y ayant marée. Le traffic est fort different & de plusieurs sortes à Bordeaux, & par toutes les contrées que nous auons mentionnées, sçauoir en poix-resine, en poisson salé, & autres denrées, en drogues & espiceries, miel, dont le Bazadois abonde, soyes & draps; mais le plus grand, & qui est du crû dãs le païs, c'est pour les vins, dequoy nous auons desia parlé. [d] Strabon au liu. 4 tesmoigne, que les Tribelliens auoient des mines d'or assez abondantes. Les forces de la Prouince consistent en ses richesses, nombre d'habitans, fortes places, voisinage de la mer & des monts Pyrenées.

d Qualité.

Gouuernement. En traitant le Poictou & la Rochelle, qui estoient parties de l'Aquitaine, nous auons deduit sommairement le gouuernement de ceste Prouince sous diuers Estats, & dans la reuolution des siecles, par les Romains, les Wisigoths sous l'Empereur Honorius, Clouis premier, & ses successeurs qui l'auoient en partage auec titre de Royaume d'Aquitaine, iusqu'aux Rois faineants, sous lesquels s'establirẽt les Ducs, à qui Charles Martel, Pepin & Charlemagne eurent à faire. Charlemagne se rendit paisible possesseur de l'Aquitaine, & establit des Gouuerneurs dans les villes, particulierement à Bordeaux, où se trouue Huon de Bordeaux mentionné dans les Romans. Les successeurs de Charlemagne reprindrent l'Aquitaine dans leurs partages, sous pareil titre de Rois d'Aquitaine; & lors du declin de l'Empire, les Ducs reuindrent encores iusqu'à Guillaume Duc de Guyenne, dont Eleonor fut fille & heritiere, laquelle apres auoir espousé Loüis le Ieune Roy de France qui la repudia, fut mariée à Henry Duc de Normandie & depuis Roy d'Angleterre, de sorte que la Guyenne fut deslors possedée par luy & ses successeurs, & ne leur a esté arrachée que sous le Roy Charles septiesme l'an 1451. Les suittes plus particulieres de ce gouuernement abbregé se voyent ez Annales d'Aquitaine,[a] & autres qui en ont recueilly l'Histoire;[b] mais la plus certaine & curieuse recherche des Ducs de Guyenne, & de tout ce qui peut auoir appartenu à ceste Prouince, sous l'ancien nom d'Aquitaine, est deüe à Iean Besly, Aduocat du Roy au siege de Fontenay-le-Comte, homme sçauant & tres-curieux de l'Histoire. a Bouchet. b L'Estang.

Nous auons desduit ce qui est du gouuernement particulier de Bordeaux pour la Iustice & pour la police; elle auoit anciennement vn Senat, dont Strabon & Ausone font mention. Son antiquité & celle de Bourg sur mer ont esté descrites par Elie Vinet. Le ressort de la Cour de Parlement y establie a esté plus grand qu'il n'est à present, de mesme que celuy du Seneschal, qui se qualifie encores grand Seneschal de Guyenne, comme plus ancien, quoy que le ressort ait esté restraint, & la Cour Presidiale & autres cours de Bordeaux, se disent Cours de Guyenne. Les tailles sont reelles dans le Bourdelois, qui suit ses coustumes, & le reste du Parlement, horsmis la Xaintonge, se regle par le droit escrit. Il y a vn Gouuerneur & Lieutenant general pour le Roy en Guyenne, outre les Gouuerneurs particuliers des Chasteaux Trompette & de Ha, & autres, & ceux de Bayonne & de la Seneschaussée des Lannes. Tout le pays compte en la Chambre des Comptes de Paris.

Religion. Nous auons parlé cy-deuant de la Primatie d'Aquitaine, qui est contentieuse & debatuë entre les Archeuesques de Bordeaux & de Bourges.[c] La Bulle du Pape Clement cinquiesme, qui auoit esté Archeuesque de Bordeaux, ne pouuoit qu'estre fauorable à ce siege; l'Archeuesque a seance en la Cour de Parlement. Il y a plusieurs habitans à Bordeaux, qui font profession de la Religion pretenduë reformée, & qui en ont l'exercice hors de la ville, & fort peu en tout le reste du pays, hors de Castel-jalous & Meillau. Les escholes de Bourdeaux estoient anciennement fort estimées, selon le tesmoignage des Anciens,[d] & ont eu des Professeurs renommez en ce dernier siecle.[e] La plus commune opinion ne donne des Euesques a Bayonne que depuis l'an 900 sous le Roy Charles le Simple, ce qui est contredit par P. Marca en son histoire de Bearn, liu. 1. ch. 8.

c Discours general de la France, Relig. Chron. Bour del. d Auson. Sidon. Apoll. Eufeb. e Georg Buchan. El. Vinet.

GASCOGNE.

Noms. LA GASCOGNE, ancienne *Nouempopulania*,[f] *minor Aquitania*, troisiesme partie de l'Aquitaine d'Auguste, ou l'entiere Aquitaine de Iules Cesar, selon les bornes qu'il luy donne, a pris son nom des Vascons peuples d'Espagne, si ces mesmes peuples ne sont originaires des Gaulois, comme aucuns asseurent.[g] Le denombrement des neuf peuples de l'ancienne Gascogne, auec ce qui est des anciens Gascons, sera fait cy-dessous,[h] Le nom de Vascuença parmy les Espagnols pour partie des Cantabres, & le mot de Basques peuuent estre tirez de la source du nom des Vascons; le François change la lettre V en G, comme icy, en la riuiere de Varde en Gard au bas Languedoc, Walles en Galles en Angleterre, Vapineum en Gap en Daufiné & autres.

f Auson. g Ptolem. c. 6 lib. 2. Strabon lib. 4. h Merula. Iuuen. Sat. 15. i Gouuernement.

Confins. La Gascogne est enfermée entre la Garomne, les monts Pyrenées, la mer Oceane, & la Guyenne d'aujourd'huy, de sorte que le Quercy, le Roüergue & le Languedoc luy sont au Leuant, l'Espagne & les mots Pyrenées au Midy, la Guyenne & la mer au Couchant, & le Perigord au Septentrion.

Diuision. La diuision de la Gascogne en haute (dont nous auons traitté quelques parties en suitte de la Seneschaussée des Lannes) & basse, & selon qu'elle est sise sur la Garomne, delà ou deçà la riuiere, apparoistra en traitant les Seneschaussées, Duchez ou Comtez dont elle est composée, là où seront mentionnez les peuples anciens qui l'ont habitée.

L'ARMAGNAC, Comté & Seneschaussée, est de grande estenduë. Sa longueur depuis Leyrac iusqu'au port d'Espagne en la vallée d'Aure est de vingt cinq lieuës ou enuiron. Sa largeur depuis Auuillar & autres lieux assis plus haut sur la riuiere de Garomne iusqu'aux confins du Bearn, de dix-sept ou dix-huict.

AVCHS ou AVX, *Augusta*[a] *Auscorum*, [b] sur la riuiere de Gers, en est la capitale & premiere ville, voire de toute la Gascogne & Nouempopulanie, siege d'Archeuesché, qui est le plus riche benefice de France, veu qu'il se porte par fois à la somme de cent mille liures. Il y a vingt-quatre Chanoines, quarante Prebendiers, plusieurs Archidiaconats, [c] & Abbayes, qui ne peuuent estre possedées que par des Chanoines, suiuant les titres de leur fondation. Le Prieuré de sainct Orins y vaut huict à dix mille liures de rente. C'est vne Eslection, & y a College de Iesuites. Le Roy & l'Archeuesque y sont Seigneurs en pareage. Et par Edit du Roy, du mois de Feurier 1639 il y a eu erection d'vn siege Presidial. La ville est ancienne, dequoy on y void quelques marques ez mazures: le bastiment & le chœur de l'Eglise de Nostre-Dame est fort somptueux & magnifique. La ville est bien assise, & de difficile accez.

[a] Ptolem. [b] Plin. li. 4. c. 19. Mela li. 3. c. 1. [c] huict ou dix.

Le Comté d'Armagnac est composé de diuerses Seigneuries, dont la principale est le Comté de Fezensac, où estoient autresfois trois cens Gentils-hommes hommagers: Auch en estoit censée la capitale. Vic-Fezensac, Iegun, Larepax, Lupiac, Castera, Valence, Vinent & Aubiet en dependoient. A Vic-fezensac estoit autresfois le Chasteau du Comte: Il y a Eglise Collegiale & siege Royal, la ville est close, & assise sur la Douse. Iegun est vn siege Royal, Eglise Collegiale & ville close. Larepax, Lupiac & Valence sont de mesmes au Roy, mais l'Abbé de Fleurant est conseigneur de la derniere, de mesmes que le Baron de Montaut à Aubiet. Castera qui a des Seigneurs particuliers, & Vinent, sont lieux ouuerts. Fezensac

LECTOVRE, ville ancienne & seconde d'Armagnac, sur le Gers, a esté vn Comté particulier, *Lactorum ciuitas*.[d] ou Lactura en l'Itiner d'Antonin. C'est vn Euesché, siege du Seneschal d'Armagnac, & siege Presidial: Il y a vn fort Chasteau, & la ville est close d'vne triple muraille, assise sur vn mont presque inaccessible, & bien fortifiée. Elle est assez esloignée de la riuiere, mais il y a vne fontaine dans la place, auec quatre-vingt puits. Lectoure.

[d] Goltz. ex vet. inscript.

Le Vicomté de Fezensaguet est vne autre piece du Comté d'Armagnac, & a eu autresfois iusqu'à trente Gentils-hommes hommagers; Mauuesin en est la capitale, sur le Rat, où est le siege principal de la Iudicature. La ville a esté démantelée, & le Chasteau qui estoit tres-fort, a esté démoly. Montfort & Puycasquier villes closes & Royales, auec Tuget, où est vn bon Prieuré, luy appartiennent. Fezensaguet.

Le bas Comté d'Armagnac est la troisiesme Seigneurie, & Nogaro en est la capitale, sur le ruisseau de Modou. C'est vne ville close & siege Royal, auec Eglise Collegiale: Aignan le Feuget, Riscle, Barcelonne, Plaisance, sur la riuiere de Larios, en dependent, auec quantité de Gentils-hommagers. Bas Côté d'Armagnac.

Riuiere Basse est vne Seigneurie jointe au Comté & Seneschaussée d'Armagnac, Iudicature Royale, dont dependent les sieges particuliers de Castet-nau, la Deuese, & Mauburguet sur l'Adour. Les Abbayes de Tasque & de Casades y sont assises. Riuiere Basse.

La Seigneurie d'Euzan est vnie au Comté, Eauze en est la capitale: C'estoit autresfois la Metropolitaine de la Nouempopulanie, *Elusa*, [e] & ses peuples *Elusates*, [f] *Elusaberris*, à Pomp. Mela; mais elle fut ruinée par les Vandales ou par les Goths: ou bien par les Normans enuiron l'an 870. comme l'estime P. Marca en son histoire de Bearn. liu. 1. ch. 6. tellemét que son siege fut vny à celuy d'Auch, dont l'Eglise a esté renduë Metropolitaine. Vne petite ville du mesme nom fut bastie dessus l'ancienne sur la Gelise, & close de murailles, c'est vn siege Royal. Les villes de la Bastide & de Casaubon, qui ont esté démantelées, & ont titre de Baronnie, celles de Mauciet, qui est la seconde d'Euzan, & Bretaigne auec forts ou citadelles, y appartiennent. Il y a vn Gouuerneur particulier dans le pays. Il y a vn petit espace de terre qui se nomme Cieutat, qui estoit la place d'*Elusa*. Euzan.

[e] Ammian. Marcell. li. 8. Sulpit. Seu. hist. sac. li. 2. [f] Plin. Claud. Cæs. 3. Comment. emend où pour Flusates se doit lire Elusates. Merula, Dupleix.

Le Comté de Pardiac est vny à la Seneschaussée d'Armagnac depuis peu de temps: Il auoit son Seneschal ou Iuge d'appeaux auec plusieurs hommagers: mais c'est aujourd'huy vne Iudicature Royale, ressortissant au Seneschal d'Armagnac, auec quelques lieux qui en dependent. Montlezun en est le siege principal, la ville a esté démantelée, & le Chasteau démoly; Ville-condal a quelque reste de murailles & portes, & a esté autresfois la capitale du Comté. Tillac est vn bourg appartenant au Roy. Pardiac.

Le Vicomté & Bailliage de Bruillois, dont la Plume, ville close, est le siege principal, a pour lieux dependans, Leyrac pres de Garomne & sur le Gers, & Caude- Bruillois.

costé, ville close & siege Royal, & Serignac. Leyrac a esté démantelée, le Prieur qui a six mille liures de reuenu, en est conseigneur auec le Roy. Tout le Bailliage ressortit en tous cas au Seneschal d'Armagnac & siege de Lectoure.

uuilar. Le Vicomté d'Auuilar est vn fief vny au Comté d'Armagnac, & n'a que la ville d'Auuilar & la banlieuë, sur la Garomne, le chasteau a esté démoly : Il y a quelques Gentils-hommes hommagers.

omagne Lomagne, Vicomté, est vne Iudicature Royale, auec quatre lieux (qu'on nomme proprietez ou bastilles dans le pays) qui en dependent, sçauoir la Vit, sainct Clar, sur l'Arros, Miradous, & Gardonuille. Il y a plus de cinquante fiefs qui en dependent.

'Isle-ourdain. L'Isle-Iourdain est vn fief ancien & fort noble, acquis par les Comtes d'Armagnac, dont le Seneschal se dit aussi Seneschal de l'Isle-Iourdain. La ville est sur la Saue, a esté démantelée, & le chasteau razé : Il y a Eglise Collegiale, & plusieurs Gentils-hommes qui en releuent. Les Seigneurs de ceste maison ont porté le nom de Iourdain, & la ville n'est qu'à quatre lieuës de Thoulouse.

'allée d'Aure. Outre les fiefs & terres susmentionnées, qui ressortissent au Seneschal d'Armagnac, il y a encores vne autre Seneschaussée, dont les appellations y deuoluent en tous cas. Elle est composée de quatre vallées des monts Pyrenées, sçauoir Aure, Barousse, Magnoac & Nestez, qui comprennent plusieurs villes & villages, & confinent auec la vallée de Beusse, qui est du Royaume d'Arragon. La vallée d'Aure estoit de l'ancien domaine de Nauarre,[a] & a deux petites villes, sçauoir Sarancolin & Arru, & plusieurs bourgs bien peuplez. La riuiere de Neste passe au long de la vallée & la trauerse pour se rendre dans la Garomne à Mont-real. Elle est enuironnée de hautes & rudes montagnes, & on n'y peut entrer que du costé d'Occident, si ce n'est qu'on vueille trauerser les destroits des montagnes, que les habitans appellent ports. La montagne d'Agella du costé d'Espagne est au fond de la valée, grande & spatieuse, ayant enuiron trois lieuës de tour, & deux lieuës de hauteur, esloignée de plus d'vne grande lieuë de toute habitation : Du sommet on void l'Espagne qui n'est qu'à vne lieuë & demie delà, & pour y aller on peut passer en vn destroit de la montagne, nommé le port d'Agella.

a Iean du Puy en sa Rech. des mines des Pyrenées c. 8.

Magnoat Magnoat est entre les monts Pyrenées, le Cominge, l'Estrac & Bigorre, & a six ou sept bonnes lieuës de long, & autant de large. Les riuieres de Gers & la Solle passent dans le pays, & la Bayse, fort sujette à se desborder, le separe d'auec la Bigorre. Il y a deux petites villes, sçauoir Castet-naut, & Magnoac, où le siege de la Iustice, & Mauleon, & quelques maisons ou chasteaux, comme Termes au Duc de Bellegarde, & autres. Pour le general du pays, il ne recognoist point d'autre Gouuerneur que celuy de Guyenne. La Chapelle de nostre-Dame de Gareson est en ces quartiers, & est fort frequentée par la deuotion du peuple circonuoisin & de plusieurs pelerins.[b]

Les habitans y sont grossiers & ont la langue grasse : Il y a beaucoup de noblesse pour l'estenduë du pays ; mais les plus remarquables sont le Comte de Peguillain, le Vicomte de Sere, les Barons de Beaurepeau & de Fontanilles. Il y a vn Seneschal & Iuge estably, où respondét aussi la Barthe, Baronnie ancienne, vnie au Comté d'Armagnac, en la vallée de Nestes ; Vigner, & Val-cabrere en la vallée de Barousse. Les vallées susdites terminent au port d'Espagne, appellé Aragnoet, assez frequenté pour aller à Sarragousse : Les habitans ne payent point de taille, & ne sont obligez qu'à garder quatre tours ou forteresses qui sont dans les vallées. Ils remettent annuellement ez mains du Receueur de la Prouince la somme de neuf cens liures d'octroy, & iouyssent de plusieurs autres priuileges, comme estans limitrofes d'vn Royaume estranger, & frontaliers (comme on les nomme.) Ils ont vescu de tout temps en bonne intelligence & confederation auec les Espagnols leurs voisins, sous des loix & conditions escrites, qu'ils appellent Lies & Passeries, Droict de Marque, & Clarigations.[c] Le Lieutenant general de la Seneschaussée d'Armagnac est Iuge né de ces Passeries, auec les officiers des vallées & ceux d'Espagne, & dans les conferences qui se font annuellement, ou de deux en deux ans, on traite auec grande egalité de la reparation des griefs que les particuliers des deux Royaumes, soient marchands ou autres, ont receu pendant l'année. Le Roy baille à ces fins ses Lettres Patentes seellées du grand seau. Le Seneschal & Iuge des vallées a ses Lieutenans aux sieges en dependans.

b Voy le liure de Molinety Theologien & Predicat.

c T. Liue.

Comté de Gaure. Le Comté de Gaure est enclos dans l'Armagnac entre Auch & Lectoure, & comprend les villes de Fleurance ou Florence sur le Gers, sainct Puy & la Sauuetat. La Iudicature de Verduu a six sieges, sçauoir Verdun, le Mas de Verdun & Grenade sur la Garomne, Beaumont & Gimont sur la Gimone, & Cologne, auec quatre Baronnies, sçauoir Terride au Marquis de Mirepoix, Faudoas, Launac & Marestang. La Iudicature de Riuiere consiste ez villes de Marsiac, Beau-marché, Trie, Bologne, saincte Foy, Galan & Montreal sur la Garomne. Ces deux Iudicatures ne font qu'vn pays & vne recepte & Eslection, qui s'appelle Riuiere-Verdun, & ont esté autrefois sous vn mesme Iuge. Verdun. Riuiere.

Le Comté d'Astarac confine du Leuant auec la Cominge, du Midy auec le Magnoat, du Couchant & Septentrion auec Armagnac & Riuiere-Verdun. Sa longueur est de sept lieuës de Gascogne, & sa largeur de huit. Le pays est composé de costes, & autant de plaines, où coulent le Gers, la Bayze & la Bayzolle. Ses villes sont Mirande, sur les deux riuieres de Bayze, qui se joignent demie-lieuë au dessus au bourg de sainct Miqueau; Maseube, où est le siege de la Iustice, & l'Abbé de l'Escale-Dieu en est conseigneur; Lechan & Pauie sur le Gers; Simorre sur la Gimonne, Abbaye; Castel-nau de Barbarens, sur Larots. Le pays ressortit au Seneschal de Toulouse, & est sous le Gouuerneur de la Guyenne: Il porte du froment, des seigles, millet, foins, & vins, qui se transportent du costé des Pyrenées, & vers Agen & Bordeaux, par la Garomne. Il y a quelques maisons & chasteaux, sçauoir Bellegarde, Masses, la Palu, & autres. Le Comté est de la maison de Candale. Astarac.

Le Comté d'Armagnac a eu plus de dix-huict cẽs fiefs sujets à ban & arriere-ban, dont les plus qualifiez ont esté les quatre premiers & hauts Barons du pays, sçauoir les Barons de Montaut, de Montesquiou (c'est le Comte de Carmain du nom de Monluc) de Pardaillan, & de l'Isle: & apres ceux-là sont encores quatre vice-Barons,[a] pour tenir en l'absence des hauts Barons, le premier rang dans l'ordre de la noblesse. Les premiers ont esté appellez Pairs du Comté, comme nous auons remarqué de ceux de Champagne, qui estoient au nombre de sept. Ils estoient Conseillers nez en tous les affaires de leur Seigneur, à cause dequoy ils ont aujourd'huy seance & voix deliberatiue dans les Estats du pays, voire mesmes en la Cour du Seneschal d'Armagnac, tant en Audience qu'en la Chambre du Conseil, prenans rang de premiers Conseillers apres les Lieutenans generaux & particuliers, & la main droite en Audience, comme les Pairs de France en la Cour de Parlement de Paris. Ils sont aussi Chanoines dans l'Eglise d'Auchs, & ont seance dans le Chœur, pretendans auoir voix en Chapitre, & de tirer leurs portions Canonicales, lors qu'ils s'y trouuent. Le Comte d'Armagnac est le premier Chanoine dans la mesme Eglise, à quoy le Seneschal ou son Lieutenant pourroit auoir succedé & en contester la place.

a Rebuffe, Barons.

La Recepte d'Armagnac est composée de sept petites Receptes ou Collectes, qui sont Auchs, auec quatre ou cinq villes ou Proprietez, & plusieurs villages; Vic-Fezensac, auec cinq ou six villes, & cent villages; Iegun auec ses villes ou Proprietez; Fezensaguet; bas Comté d'Armagnac; Euse, & Riuiere-Basse. Chaque Collecte a eu & retient encores vn Syndic ou Deputé d'entre la noblesse, & deux du tiers Estat, lesquels s'assemblent par deuant le Iuge-maie ou Lieutenant general de la Seneschaussée, auec permission du Roy ou du Gouuerneur de la Prouince, de sorte que les Esleus & les Thresoriers de France procedent au departement des impositions auec leur assistance. Les Collectes du Bruillois, de Lomagne, d'Auuillar & l'Isle-Iourdain font vne recepte & eslection nouuellement establie; elles estoient auparauant ayde à la Recepte d'Agenois. La Collecte de Pardiac, qui estoit auparauant de la Recepte de Cominge, depend aujourd'huy d'vne Recepte ou Eslection nouuelle establie à Mirande en Astarac. La ville de Lectoure, comme estant exempte de toutes tailles & imposts, n'est point comprise en aucune Recepte ou Eslection.

Les Comptes du domaine d'Armagnac sont rendus en la Chambre des Comptes de Pau, & pour les tailles & autres impositions, en celle de Paris. L'entier Comté ressortit à la Cour de Parlement de Toulouse, & à la Cour des Comptes, Aydes & Finances de Montpellier, pour les Aydes. Quoy que le Seneschal se die Gouuerneur du pays, il est du gouuernement de Guyenne. Lectoure a vn Gouuerneur particulier.

b Cæs. Plin. Auson. Sidon.

LA BIGORRE, ancien Comté, sejour des peuples, *Bigerrones*,[b] ou *Bigerri*, confine au Leuant auec la vallée d'Aure, le Vicomté de Nebouzan, Riuiere-verdun & Pardiac; au Couchant auec le Bearn; au Midy auec l'Arragon, aux vallées de Drotou & de Teua; & au Nord auec le pays de Riuiere-

Basse en Armagnac. Sa longueur du Midy au Septentrion est de douze lieuës, & sa largeur du Leuant au Couchant, de six lieuës du pays.

Riuieres. Ladour. Elle est arrousée de plusieurs riuieres. Ladour naist d'vne fontaine nommée Cap-Adour en la montagne de Tourmalet en Barege, coule par le vallon de Campan, descend à Bagneres en Bigorre, arrouse Tarbe, passe à Maubourguet en Riuiere-Basse, & se descharge dans la mer à Bayonne, sans iamais perdre son nom. Leschez sort à Castet-loubon en Lauedan, passe dans la Baronnie d'Angles, baigne le Chasteau de Benac, entre dans Vic-bigorre, & pres du Chasteau de Parabere se perd dans l'Adour à Maubourguet. Larros naist à Esparros dans la vallée de Barousse, baigne l'Abbaye d'Escale-Dieu en Bigorre, passe à Goudon & Tournay, & au bourg & Abbaye de sainct Seuer de Rustan, qui est du diocese de Tarbe, & non du Comté, & se jette dans l'Adour pres de Riscle en Armagnac. Le quartier de Bigorre, qui auoisine Larros, se nomme Rustan.

Diuision. On la diuise communement en pays de plaine, & pays de montagne, à quoy on adiouste le Rustan, dont nous venons de parler.

Pays de montagne. Ses montagnes sont encloses entre celles de la vallée d'Aure d'Arragon, & de Bearn & cét interualle contient les vallées de Lauedan, & de Barege, laquelle confine auec celle de Brotou en Arragon. Elle contient plusieurs parroisses, dont la principale est Luz. La vallée de Lauedan a deux lieuës de longueur depuis Peyre-hite iusqu'à Lourde, qui est sise à l'embouscheure de la vallée. Elle est accompagnée de quatre vallons qui sont à ses aisles, Dauantaigues à l'Orient; Azun, Estreme de Salles, & Batsoriguere au Couchant; Cauteres en est vn cinquiesme, où prend sa source l'vn des Gaues, qui descend à Peyre-huite, & ce vallon depend de l'Abbaye de sainct Sauin. L'entrée du valon d'Azun est proche de sainct Sauin, & son extremité est au village d'Arrenx, qui confine auec la valée de Penticouse en Arragon. Estreme de Salles & Batsoriguere confinent auec les montagnes de Bearn. Le Vicomté de Castet-loubon, qu'on nomme communement Vicomté de Lauedan, auec le Chasteau de Beaucens, est assis plus bas, & icy s'assemblent les deux Gaues, de Barege & de Cauteres, auec le ruisseau d'Azun, qui composent le Gue de Lauedan, lequel arrouse Lourde, & coule à sainct Pé de Generes, qui est vne lieuë au dessous, auec son Abbaye de mesme nom, où il prend le nom de Bearnois pres Betarram. Le bourg de Campan, où passe l'Adour, est tres-beau, & fournit de beurre depuis Toulouse iusques prés de Bordeaux, & en la valée de Lauedan est le bourg d'Argeles, & quelques vieux Chasteaux. Les vallés & le Vicomté de Lauedan faisoient 5000 feux en l'an 1300.

Plaine de Bigorre. La plaine de Bigorre est en forme d'ouale, & commence à s'ouurir à la ville de Bagneres d'vn costé, & pres celle de Lourde de l'autre, iusqu'à Vic bigorre. Sa longueur est de cinq lieuës, & sa largeur d'vne lieuë: Elle est enclose des costaux de Ger, Montaner & Moncaup en Bearn du costé d'Occident, & au Leuant des costaux de Bigorre, où est le quartier de Rustang. La plaine est tres-agreable à la veuë, bien peuplée, arrousée & cultiuée, remplie de boscages, couuerte de prairies & de vignes à haute branche. Baigneres sur l'Adour, est vne ville prenant nom de ses bains tres-chauds & renommez: Elle est ancienne, agreable & recommandée pour ses eaux dés le temps des Romains, qui l'ont appellée *Vicus Aquensis*,[a] en vne inscription qu'on a mis sur le haut d'vne fontaine dans le lieu. On y a trouué nombre de medailles & pieces d'or auec les Images des Cesars, & autres marques d'Antiquité en quelques bastimens dans la ville, qui a merité la description d'vn Poëte sçauant & tres-curieux [b]

TARBE, est la capitale du pays, où estoit vn Chasteau ou Fort pour les Romains, nommé Begorre.[c] Elle est bastie en long, auec vne seule rue. C'est aujourd'huy le siege de l'Euesque, & du Seneschal du pays, qui est seant dans les restes du vieil Chasteau des Comtes. Il y a huict Consuls dans la ville, auec Iustice criminelle, deux Eglises Parrochiales & quelques Conuents de Religieux: On void des pieces antiques ez faux-bourgs de Tarbe, & a trois lieuës delà est Vic-Bigorre vescu ou bourg du pays.

Rabastens en la closture de ses murailles est vne jolie & ancienne ville; mais elle a souffert tant de changemens: & pour la ville & pour le Chasteau, qu'on n'y void rien que des ruines. Elle s'appelloit au commencement, & selon quelques memoires du pays,[d] nouuelle Bastide, d'où vient le nom de Bastide de Clarence en la basse Nauarre, ville fondée par quelques habitans exilez de Rabastens, qui fut le second nom qu'on luy donna. C'est vn autre siege Royal. Lourde, *Lapurdum*, selon aucune[e] ville & Chasteau tres-bien assis, & sainct Pé sur le Gaue, Ybos, & le bourg de

a Scalig. Auson. Lect. in Comment. Cæs.
b Du Bartas.
c Notit. Prouinc.
d Noguez de Tarbe.
e Sidon. Apol. 18 ep. 11. & ibi Sauaro.

Goudõ, auec plusieurs Chasteaux que nous auõs ja mentiõnez, & Tostat, Benac, Parabere, & autres, sont dãs la plaine, où est aussi le Chasteau de Luc, basty à la moderne.

Le pays est sous le gouuernement de Guyenne, & le Seneschal s'en dit aussi gouuerneur: L'entiere Seneschaussée, dont dependent quatre Iudicatures Royales [a], ressortit à la Cour de Parlement de Toulouse.

[a] Bagneres Vic Rabastens & Goudon.

Les Estats du pays s'assemblent en vertu des commissions du Roy, & sont composez pour l'ordre de l'Eglise, de l'Euesque de Tarbe, des Abbez de sainct Pé, sainct Sauin, l'Escaledin, & de Reole; des Prieurs de sainct Lezer & de sainct Orens, & du Commandeur de Borderes, qui est de l'ordre de Malte. Pour la noblesse, du Vicomte de Lauedan, des Barons de Barbasan: Antin, Castet-bajac, Bazeillac, des Angles, de Benac, du Vicomte d'Aster, & autres, & des deputez des principales villes & des vallées. Ils octroyent au Roy, comme Comte de Bigorre, vne donation de huict mille liures, qui a esté augmentée de trois mille liures, de laquelle somme & des deniers du domaine les comptes sont rendus en la Chambre des Comptes de Pau. Outre ce le pays fournit au Roy, comme souuerain du Comté & Roy de France, la somme de 1674 liures, que le Thresorier remet en la recepte generale de Bordeaux, à raison de quatre lances & demy, à quoy il a esté abandonné par les Rois Charles sixiesme & septiesme, à cause de la fidelité & generosité des habitans pour la Couronne de France contre les Anglois. Le Vicomté de Lauedan est au Marquis de Malause, du nom de Bourbon, & celuy d'Aster, auec Angles & Semeac, au Comte de Gramont. Parabere & Antin sont de nouueaux Marquisats. Ceux des valées qui se trouuent limitrofes auec les Arragonois, ont confederation & passeries auec eux, comme nous auons desia remarqué pour l'Armagnac, & l'Abbé de sainct Sauin, lequel y possede des terres frontieres, enuoye de deux en deux ans des deputez pour les confirmer, & faire rendre Iustice suiuant les articles. Les habitans du pays sont obligez à la garde de quatre ports ou passages contre les Espagnols, sçauoir Champan, Barege, Cauteres & Azun.

Le pays & Seneschaussée d'Agenois ont le Perigord au Septentrion, l'Armagnac & la Bigorre au Midy, Cahors au Leuant, & Basas auec les Lanes au Couchant. La longueur est de douze lieuës, & la largeur d'autant. Il est arrousé de plusieurs riuieres, où sont assises presque toutes les villes qui en dependent, sçauoir la Garomne, Dordogne, le Lot & Drot. Agenois

AGEN, *Aginnũ Nitiobrigum*, [b] est la ville capitale, Seneschal, siege Presidial & Eueſché. Elle est assise sur la Garomne, ville riche, agreable & fort ancienne. Son terroir est arrousé de la Garomne, du Lot & de la Dordogne. Le port saincte Marie, Esguilhon, Duché sur l'emboucheure du Lot dans la Garomne; Tonneins, qu'on appelle dessous, ou le grand, au Comte de la Vau-guyon; Tonneins dessus, au Duc de la Force; Marmande & Gauderot, sont sur la mesme riuiere de Garomne. Saincte Foy, bonne ville & siege Royal à trois lieuës de Bergerac, est sur la Dordogne, & Gensac petite ville en est à vne lieuë. Sur le Lot sont Pene, grande Iurisdiction de 38 Parroisses; Ville neufue; saincte Liurade; Cassenueil, auec Chasteau; le Temple, qui en est à demie lieuë, de mesmes que la Fit, la Parade; Clayrac, dont l'Abbaye, qui vaut seize mille liures, appartient à ceux de S. Iean de Latran par don du Roy Henry le Grand; & sur le Drot sont Ville-real, Castillonés, la Sauuetat, les Alemands, Duras, ville & Marquisat. Entre la Garomne & le Lot sont Castel-sagrat, au Roy, Clermont d'Entragues, Puy-merol, bonne place, à deux lieuës d'Agen; Preissas, la Sauuetat de Saueres, Beauuille, Pujols, Bajaumont, Montpesat, Doulmeirac, Clermont, pres du port saincte Marie. Entre le Lot & le Drot sont Monsenprou ou mont S. Prou, ville Royale & Prieuré, Monsegur, Cuzols, Blanquefort; Mont-Flanquin, grande Iurisdiction & bonne place; Cancon, ville & Chasteau, Montaut, Lauzun, ville & Comté; S. Barthelemy, Vertueil (dont les appellations vont à Nerac, capitale d'Albret, dont vne fille a esté mariée au Comte de Lausun, seigneur de Vertueil) Mon-clar, S. Pastour, Montastruc, bien assis & sur vne motte quasi inaccessible, au S. de Flamarens, Gontaut, au Roy, Escassefort, petite ville, Leuignac, Miramõt, & Sauueterre, voisine de Blanquefort. Entre le Drot & la Dordogne sont Somensac, Ville-neuue dite la Cremade, pour auoir esté bruslée & destruite autresfois, & depuis restablie, & S. Angel. Toutes les susdites villes, appartenãtes à des Seigneurs particuliers, sont tres petites, & contiennent fort peu de maisons, Lausun, qui est la plus grande, n'en ayant pas plus de cent. On met quelques autres lieux dans l'Agenois, sçauoir Valence & Golpech, la Roque-timbaut, Haute-faye, auec Tournon, ville forte, qui est de la Seneschaussée d'Agen,

Agen.

[b] Ptolem. l. 2. c. 7. Auson. Cæs. li. 7. Scal. in Auson.

d'Agen, quoy qu'elle depende du Comté d'Armagnac: La ville & le Chasteau sont sur le haut d'vne montagne, & les aduenuës sont difficiles de tous costez.

Outre le Seneschal & siege Presidial d'Agen, qui sont d'vne fort grande estenduë, la ville est honorée de deux compagnies souueraines, l'vne est la Chambre my-partie, cy-deuant seante à Nerac, & composée de six Conseillers de la Religion pretenduë reformée, auec vn President, & Aduocat general creé en ladite Chambre. L'autre est la Cour des Aydes, composée de quatre Presidents, 14 Conseillers ja receus, deux Aduocats & vn Procureur general. On auoit cy-deuant estably vne pareille Cour à Perigueux, qui fut supprimée & vnie à la Cour de Parlement de Bordeaux.

Condoumois. Le Condoumois peut auoir depuis Terraube iusqu'à Caumont douze lieuës de Gascogne en longueur, & deux lieuës de largeur. CONDOM en est la capitale, siege d'Euesché[a] & Seneschaussée distraite de celle d'Agen, & dont le Seneschal se dit Seneschal de Gascogne, entendant Condom, où est aussi vn siege presidial. Elle est assise sur le confluent de Baise & de Gele, & ceinte de tous costez de collines chargées de vignoble, auec des murailles doubles quasi par tout, vieilles & nouuelles, elle a six Parroisses, & vne Eslection qui a esté autrefois de plus grande estenduë. Les autres villes & lieux sont Caumont sur la Garomne, ancienne Seigneurie, Mont-real, autrefois belle & riche ville, maintenant ruinée: Monrejan, Francescas, Moncrabeau, Damazan, la Gruere, le Roumiou, Ressingle, la Cassagne & plusieurs autres. La Iustice s'exerce à Condom, partie pour le Roy, partie pour l'Euesque, & parce que la ville est au cœur & au milieu du pays, on appelle le Seneschal, le siege de Gascogne; Condom ayant eu des conseigneurs, en a pris le nom de *Condominium*.[b] L'Agenois & le Condomois ressortissent en la Cour de Parlement de Bordeaux. Il y a plusieurs maisons illustres dans l'Agenois & Condomois, sçauoir Fimarcon, Monluc, Caumont, Flamerens, Gurson, Duras, Bajaumont, premier Baron d'Agenois, qui est auiourd'huy le Comte de Lognac, Pujols, Theobon & autres.

[a] Ican 22. 1328

[b] Dupleix, hist. de France vie de Clot. 5.

Albret. Le pays, Duché & Seneschaussée d'Albret prend son nom de Labrit, bourg qui est au milieu du pays des Landes ou Lanes, auec titre de Baronnie, dans le Vicomté de Tartas, qui entra par mariage en la maison de Labrit, à laquelle plusieurs pieces tirées de l'Agenois, du Bazadois, & autres terres ayans esté iointes & vnies, il y eut erection en simple Duché sans Pairrie sous le nom d'Albret, faite par Henry secōd en faueur d'Antoine Roy de Nauarre, & de la Royne Ieanne, Dame de ces terres, & ayeule paternelle du Roy regnant, l'an 1556.

Du Leuant il confine à l'Armagnac & à la riuiere de Garomne, qui separe l'Agenois de l'Albret, du Midy au Condomois & Seneschaussée des Lanes, du Couchant à la mer Oceane, & du Septentrion au Bourdelois & au Perigord. D'vne extremité du pays à l'autre, sçauoir du bourg sainct Esprit à Puy-normand, il y a trente lieuës; mais comme il est composé de plusieurs terres, qui le forment en triangle, la Seneschaussée du Bazadois, & partie de celle du Condomois & de Marsan y sont enclauées.

Riuieres. La riuiere de Garomne arrouse le pays du costé d'Orient par l'espace de dix à douze lieuës, la Dordogne du Septentrion durant six ou sept lieües, & l'Adour du Midy durant huict ou dix. La Bayze qui naist en vne valée qu'on appelle Lanne de bouc au pied des monts Pyrenées, passe à Nerac, & à trois lieües delà se rend dans la Garomne. La Gelise prend sa source à Eauze en Armagnac, passe à Sos ville d'Albret, & à demi-lieüe de Nerac entre en la Bayze. Lauance vient des sables pres du lieu de Durance, passe à Castet-jaloux, & à trois lieües delà se descharge dans la Garomne vis à vis de saincte Baseille: Elle reçoit pres de Castet-jaloux trois belles sources qui font trauailler des moulins à bled, à draps, & à cuivre, qu'on appelle martinets: Chacune de ces sources fait vn grand ruisseau, qui sans croistre ny diminuer produit de bon poisson. La Douse passe à Tartas ville d'Albret, & à vne lieuë au dessous va dans l'Adour.

Nerac. NERAC est la ville capitale du pays: On la diuise en trois, sçauoir le grand & le petit Nerac, & le Chasteau, qui est ancié & magnifique, auec des iardins tres-beaux, ornez d'allées de cyprez & de lauriers. On va du Chasteau par vn pont sur la Bayze en vn parc & garenne fort agreable, où sont deux fontaines, dont la plus reculée porte vne inscription sur vne table de marbre auec dedicace au Roy Louys XIII. heureusement regnant, lors Dauphin, pour conseruer & honorer la memoire du

Roy Henry le Grand nourry & esleué en ces quartiers.

Le pays est sous le gouuernement de la Guyenne, & ressortit au Parlement de Bordeaux, & à la Generalité de la mesme ville, quoy que pour le domaine, Nerac ayt eu cy-deuant vne Chambre des Comptes vnie à present à celle de Pau. Pour les cas Presidiaux & le spirituel, il dépend la pluspart du Presidial & Euesché de Condom. C'est vne Seneschaussee composée de quatre sieges, sçauoir Nerac, Tartas, Castet-jaloux & Castelmoron, à chacun desquels ressortissent vingt-cinq ou trente ville ou villages.

Nerac estoit l'ancien sejour des Ducs d'Albret: Barbaste en est à vne lieuë, sur la Gelise, où se void vn rare edifice composé de quatre tours, & vn beau pont de pierre de huict arches. A demi-lieuë de Barbaste sont les parcs de Durance, auec quantité de cerfs, sangliers, faisans, herons & butors. On estime ce lieu-là vn des plus agreables de France pour toute sorte de chasse, & a esté autrefois les delices du Roy Henry le Grand durant son sejour à Nerac.

Castet-jaloux est sur la Garomne, auec Chasteau, où sont enseuelis les anciens Seigneurs d'Albret. Tartas dont le fort Chasteau fut démoly en l'an 1621. auec les Tartas. deux tours du bourg de Labrit, ancien sejour des premiers Seigneurs, est sise sur la Douze, & comprend plusieurs Iurisdictions Royales dans les terres vastes des Landes, & entr'autres Labrit, Lesperon, Marempne, Vicomté, le vieil Boucã, bourg & port maritime, où estoit autresfois l'emboucheure de l'Adour, & l'abord des vaisseaux qui montoient à Bayonne (mais le canal est à sec par la nouuelle ouuerture a Thuan. qu'on a faite ioignant ladite ville) [a] Vignolles, Baronnie & Chasteau sur le Louz, maison ancienne de la Hire; Poyanne, Pouy, Chasteau sur l'Adour, & autres. Castelmoron est arrousé des riuieres de Garomne & de Dordogne, & le Drot passe au milieu; le Vicomté d'Alhas, du domaine de Nauarre, respond à ce siege. Il y a quelques Abbayes dans le pays, & quelques Conuens de Religieuses, entr'autres celuy de Parauis, qui est fort renommé, à deux lieuës de Nerac, de l'ordre de Fonteuraut: Il y a des filles des plus releuées maisons de Gascogne.

b Plin. l. 3. c. 4. Sid. l. 7. ep. 6. c Ptolem. Strab. li. 4. & ibi Casaub. d idem. e Greg. li. 7. c. 34.

Le Comté de COMENGES a le nõm de ses peuples anciens, *Conuenæ*,[b] cogneus Comté de Cominges. Noms. des auteurs Grecs leus correctement.[c]

La ville ancienne, *Lugdunum Conuenarum*,[d] fut destruite,[e] & la ville de sainct Bertrand, siege de l'Euesché, où restent des inscriptions & autres marques d'Antiquité, fut bastie de ses ruines, par sainct Bertrand son Euesque, l'an de Christ mil cent.

Le pays est borné du Languedoc au Leuant; de la valée d'Aran & des terres du Cõfins & estendue. Royaume d'Arragon au Midy; du Nebousan & Baronnie de la Barthe au Couchãt; du Comté de Gaure & Riuiere-verdun au Nord. Sa longueur depuis la valée d'Aran iusqu'à Muret est de dix-huict lieuës de Gascogne, & sa largeur de Boulogne iusqu'à sainct Martori de six lieuës.

La riuiere de Salat, *Sala*, naist en la montagne de Salant, port & passage d'Espa- Riuieres. gne. La riuiere & la montagne prennent leur nom des puits salez qui sont aux enuirons, & de l'eau mesme dont on fait du sel. La Saue prend sa source és Lannes de Bouc au pied des Pyrenées, & se descharge dans la Garomne à Grenade, trois lieuës au dessous de Toulouse. La Girone naist aussi aux Lannes, passe à Boulogne, ville de Cominge, & se rend dans la Garomne entre Castel-ferrus & Belle-perche proche de Castel Sarrazin.

Sainct Bertrand est petite ville proche de la Garomne, & au bas est le village de Braccauere, auec vn Conuent de Cordeliers. L'Euesque a le Chasteau d'Alan à 5 lieuës de sainct Bertrand. Le pays & Comté a huict Chastellenies, sçauoir Muret, Samathan, Cazeres, Aurignac, sainct Iulien, Salies, Castillon, & l'Isle en Dodon, ou la Saue, d'où vne partie de Comenge prend nom, & s'appelle le Sauez, ou bien de la riuiere de Saue. Ce sont autant de sieges Royaux, & y a vn Iuge-maje, auquel tout le pays respond, & qui tient ses assises en celuy des sieges que bon luy semble, dont les principaux sont Samathan & Muret, qui disputent la presseance aux Estats du pays. La Baronnie d'Aspect, sainct Martory, & quantité d'autres lieux depẽdent du Comté, dont la Iurisdiction ressortit au Seneschal & Cour de Parlement de Toulouse, de mesmes qu'en la Cour des Comptes, Aydes & finances de Montpellier pour les Aydes, quoy que le pays soit du gouuernemẽt de Guyenne, & que pour les finances en sa recepte & Eslection, il depende aussi de la Generalité de Bordeaux, dont les comptes se rendent en la Chambre des Comptes de Paris. Quant à l'Eueslque de Comenge, seant à sainct Bertrand, il a seance aux Estats generaux du Languedoc, d'autant qu'vne partie de son diocese y est située, & c'est ce qu'on appelle le petit Cominge.

Les lieux du petit Commenges sont de la Generalité de Toulouse, dequoy il sera parlé dans le Languedoc, de mesme que de l'Euesché de Coserans, qui luy peut aussi appartenir. LOMBERS, qui est fort proche de Samathan, est vn Euesché moderne, & Eglise Cathedrale de Commenges sur la Saue, de sorte qu'on y en compte trois, sçauoir S. Bertrand, Coserans & Lombers. Samathan est aussi sur la Saue qui separe le corps de la ville ou le bourg, du marché, auec vne closture de muraille & des fossez; tellement que c'est comme vne triple ville, consistant au bourg, au marché & au Chasteau. Muret est assis sur la Garomne, à trois lieuës de Toulouse. COSERANS, Vicomté ancien, est composé de la Cité, fermée de murailles (où est l'Eglise Cathedrale en haut) separée de la ville nommée sainct Lezer, (à cause de Glycerius Euesque) par vn corps de garde: on passe la riuiere de Salat pres delà sur vn pont de pierre, au milieu duquel est vne forte tour qui est gardée: Le pont se ferme la nuict, & au bout est vne chapelle, appellée par les François & par les Espagnols, Nostre-Dame du bout du pont.[a]

Coserans

a Nostre Signore del cap del Pon.

Qualité. Nous traitterons separement la qualité des differents pays & terres de la Gascogne, selon le rang que nous leur auons donné, & y adiousterons en suite ce qu'on a remarqué de singulier en plusieurs montagnes & vallées, qui sont encloses dans lesdits pays, ou y aboutissent.

Armagnac. L'Armagnac est arrousé de plusieurs riuieres, sçauoir du Gers qui prend sa source pres de Castet-nau de Magnoac, trauerse l'Estarac, passe pres des villes d'Auch, Fleurence & Lectoure, & pres de Leyrac, se rend dans la Garomne; de Larrats qui passe par Fezesanguet & Lomagne, & entre dans la Garomne pres d'Auuillar; la Bayse qui diuise l'Armagnac en haut & bas, & passe à trauers du Comté de Fezensac: L'Adour qui diuise le bas Armagnac & la Riuiere-Basse; & Larros.

Le pays abonde en bleds & en vins, qui sont tres-bons par tout, excepté dans les valées, en volaille tres-bône, gibier & bestes noires en plusieurs endroits. Les eaux minerales & bains de Barbotan en la Baronnie de Casaubon dans le quartier d'Euze, sont en reputation pour plusieurs sujets.

Bigorre. L'air de Bigorre est grandement froid en la montagne à cause des neiges, les eaux aussi sont froides, mais fort claires & crystalines. Le terroir pierreux & sablonneux produit plus de segle & de millet que de froment. Les valées y sont plus fertiles, auec vn air doux & temperé, & entr'autres celle de Campan. Il y a du vin au bas de la plaine au terroir de Rustan, où il est fort estimé, & en celuy de Vic & és enuirons, où l'on vse du plant de certains vergers qu'ils nomment hautains, attachât les souches à des arbres plantez en ligne droite. Le pays ne manque pas de bestail, & s'y nourrit des iuments qui sont petites. La chasse y est en assez grande quantité & de toutes sortes, auec perdrix rouges, grises & blanches, qui ont les pieds velus; les sangliers y sont rares, comme on remarque aussi des cerfs en Armagnac. Les loups & les ours qui descendent des montagnes endommagent fort le bestail. Les lacs d'Azun, de Cauteres & de Lourde abondent en truites & en brochets. Il y a des mines d'or, d'argent, de fer, de plomb & d'argent-vif en diuers lieux: mais on n'y a point trauaillé encores, ioint que les forests y manquent pour cet effet. Les mines d'ardoise à Lourde, Baigneres & autres lieux y seruent, puisque la pluspart des maisons en sont couuertes. Le marbre fin, blanc & iaspé, & le commun se trouuent aussi dans les montagnes, mais on ne le tire pas.

Les cheuaux de Lauedan sont grandement estimez, & autant que ceux d'Espagne, dont l'herbage les rend plus beaux & plus nobles. Sous les Comtes de Bigorre & les Princes de Bearn les haras de cheuaux estoient entretenus dans le pays, qui en fournissoit les prouinces esloignées. On croid aussi que la plupart des cheuaux qu'on vend comme nez en Espagne, sont nez dans les Pyrenées ou valées prochaines, lesquels on a traduits & nourris en Espagne.

Les bains salutaires & de diuerse temperature qu'on void à Baigneres recommandẽt fort le lieu, les vns passent par les minieres de soulfre & d'alum, & les autres par le vitriol, le bitume & l'antimoine. On y adiouste aussi ceux de Bareges & de Cauteres, où l'on se baigne, & autres sources à sainct Saluadour en Barege & pres du Gaue, qui sont bonnes à boire, & purgatiues: On en experimente ailleurs pour diuers effects, & en differents degrez de chaleur. Le bourg & les eaux d'Encausse, où sont trois sources fort renommées, sont aussi dans la Bigorre selon aucuns.

Capots. Les Cagots, Capots, Gahets, ou Gezits qu'on void en plusieurs endroits de la Gascogne & en Bearn, sont remarquez principalement dans la Bigorre; c'est vne sorte d'hommes, lesquels quoy que beaux de face, ont l'halcine & la chair puante, & sont tenus pour ladres dans le pays, pour en fuyr la conuersation, & leur bailler quartier dans les faux-bourgs des villes, auec vne closture separée dans les Eglises. Ce sont pauures gens, personnes industrieuses, & viuants de leur trauail, presque tous charpentiers & tonnelliers. Les croyances sur leur extraction & origine sont diuerses, quoy qu'on recognoisse generalement qu'il y a en eux vne suite & effect de malediction de Dieu, à cause de leurs peres & de ceux dont ils sont descendus, soient Goths, Wisigoths, Sarasins ou autres: Il y en a aussi dans la haute Nauarre, comme tesmoigne P. Marca en son hist. de Bearn liu. 1. chap. 16.

Agenois. L'Agenois consistant en quatre plaines de riuieres que nous auons mentionnées,[a] se met au rang des meilleurs pays de France, d'autant que les plaines de Loire, de la Seine, du Rosne, de la Charente, Vienne & Marne, ne sont pas cōparables en fertilité à celles de l'Agenois, ce qui a fait dire à vn tres-excellent homme, Genie de la nature, que la ville d'Agen a eu l'honneur d'auoir pour Citoyen,[b] que cette grande bonté de terroir nuit plus aux habitans qu'elle ne leur profite, d'autāt que satisfaits de la seule esperance d'vne belle moisson, ils mesprisent non seulemēt les charges ciuiles, mais aussi le trauail des champs, & cultiuent encores moins leur esprit. Ce qui n'est point sur la riuiere n'est pas negligé, & tout y est labouré ou mis en vignoble, à quoy l'on employe les terres plus maigres, où le vin croist fort bon & en grande quantité, iusques là qu'outre la prouision du pays il s'en transporte 15 ou vingt mille tonneaux par an à Bordeaux, & en Bretagne, Normandie, Angleterre, Escosse & Pays-Bas. Le bled se porte aussi à Bordeaux, & delà en Espagne. Ils ont abondance d'huile de noix, qui leur sert à tout, pour les viādes, potages & lampes. Le beurre & le foin y sont assez rares par le defaut du pasturage du pays, dont le grand peuple est entierement occupé à la culture des terres labourables. On recommande particulierement le terroir de Ville-neuue, qu'on estime le grenier de la Prouince, & pour les vins, ceux du Port saincte Marie, de Clerac & de Puiols. Le bois y est en abondance, & à tres-bon prix.

a Garonne, Dordogne, le Lot, le Drot.

b Iules Cæsar Scaliger.

Condomois. Le Condomois porte aussi dans vn grand & beau terroir, & vn pays fourny de plus de deux cens villes ou bourgs fermez, tout ce qu'on sçauroit desirer de fruits pour la vie & pour le delice. Les Gouuerneurs de Guyenne ont accoustumé en tēps de guerre d'y dresser les magasins de viures, & d'y faire les monstres & reueuës des gens de guerre.

Albret. On recommande la bonté de l'air & des eaux du pays d'Albret, & les cheuaux y sont bons & de grand trauail. Nous auons parlé de Nerac, dont les habitans & des enuirons trafiquent en bleds, vins & lieges, qui croissent en abondāce dans le païs. Ceux de Castet-jaloux en bestail, cire, miel, vins, & ont peu de bled, & le ressort de Tartas en resine, cire & bestail, dont ils tirent de grands reuenus à cause de la commodité de la mer, où ils ont des ports. En la coste de la mer qui est depuis teste de Buch, iusqu'à Bayonne, & dans le pays d'Albret, tout le long de sa coste, se trouue plus d'ambre gris qu'en toutes les autres costes de France.

On compare le terroir de Cominges à celuy de Foix[c] en plusieurs parts. Il abonde en froment, vin, foin, huile de noix, millet, & autres fruits & denrées.

c Polit. Med.

Valées des mōts Pyrenées & mines. Nous auons parlé des quatre valées des monts Pyrenées dans le Cōté & Seneschaussée d'Armagnac, & entr'autres de celle d'Aure, où sont des mines de fer & de plōb en grande abondāce, auec des marques d'azur & de crystal fort dur & approchant de la nature du diamant. La mine de plōb tenant argent y est si bonne, qu'elle enuoyoit ses fleurs iusqu'au coupeau au dessus duquel on trauailloit.[d] On void de pareilles mines en la montagne d'Amadet en la mesme valée, & au mōt d'Auuezia sōt des marbres de toutes couleurs. Les mines & marchassites de cuivre azurées s'y trouuent aussi, & des crystals tres-solides & reluisans, auec autres qui sont iaunes & transparents, de nature de topaze, des violets, pers & couleur d'azur, ressemblants aux saphirs, & ne leur cedans point en beauté & perfection. Les mines de plomb, d'argent & d'azur de roche, se voyent dans les montagnes qui suiuent, auec vn feu mineral si violent, que par sa vehemence les rochers en sont desbrisez au plus haut.

d Iean du Puy, rech. des mines. c. 8.

Le reste des richesses & merueilles de cette vallée se peut voir dans la relation de Iean du Puy, qui en a recherché toutes les mines & secrets, de mesmes que ceux de la valée d'Arboust dans les mesmes monts Pyrenées, qui est entre les valées de Lozan, Luchon & Goueilh, où sont dix-sept ou dix-huict beaux villages, estant tout ce pays, quoy qu'appellé valée, au plus haut des Pyrenées, sauf le lieu d'O, qui en est au pied, & où passe la Neste, naissant de trois estangs qui sont en la montagne d'Asperges. C'est là comme vne mer de mines qui bruslent le pays de l'ardeur de leur feu, de sorte qu'il ne croist point d'herbe dans la montagne. En cette valée d'Arboust est la montagne d'Esquierre, auec vne mine tres-abondante de plomb tenant argent, iusques là que les ouuriers en ont tiré les deux quintaux par iour. Cette montagne a force perdrix blanches, faisans, paons sauuages, butors, autours, aigles & autres oyseaux rares. La montagne d'Asperges est de hauteur presque incroyable, & composée de grands marbres & rochers entassez: La neige y est ordinaire & endurcie comme verre ou crystal. On y void trois estangs, que ceux du pays nomment Boms, qui sont glacez la pluspart du temps, & enuironnez de grands marbres & rochers faits en forme de tours, clochers & pyramides d'extreme hauteur, auec vne telle symmetrie qu'il semble que tout l'art du monde y a esté employé. Dans la valée de l'Arboust est aussi la montagne qu'on nomme du Lis, à cause de la grande quantité de lis, lesquels y fleurissent au Printemps, differens en couleur, & accompagnez de plusieurs autres belles fleurs qui ne sont pas cogneuës. Cette montagne a plus de six lieuës de tour auec de belles & espaisses forests, fournies d'arbres de hauteur & grandeur merueilleuse, plusieurs ruisseaux & fontaines, & des mines de plomb tenans vne bonne partie d'argent. On y void vne fontaine qu'on nomme le Goueilh d'argent, dont l'eau a des vertus rares, iusqu'à faire cesser la fievre en mangeant du pain trempé dedans: Les eaux de Baignieres & de Luchon viennent de cette montagne. La valée de Goueilh sise entre celle de Loron, l'Arboust & Barousse, est de belle estenduë, auec plusieurs villages: La Pique coule le long d'icelle, & se rend dans la Garomne: Elle est fertile en grains. La valée de Luchon qui est dans le Comté de Cominge, a plusieurs mines és lieux de Sier, de Lege & d'Augirein dans la Chastellenie de Castillon, & au mont de la Souquette est vne belle & riche mine de plomb & d'argent tenant d'or. En la montagne de Riuiere-Nert au Vicomté de Coserãs, sont des mines d'or & de cuivre fort abondantes, de mesmes qu'en la valée Dustou, & d'Erce au mesme pays, où l'on a trouué des sources d'or, d'argent, de plomb, d'estain commun, d'azur de roche, d'arsenic, & des marcassites d'or & d'argent & d'autres sortes. Les traces des fontes anciennes, & des voyages faits pour tirer les mines, les souspiraux necessaires, larges & profonds, les esgouts pour destourner & receuoir les eaux, auec grande quãtité de meules à mouldre les mines, ont esté veuës & recogneuës en ces quartiers, où l'on a trouué aussi des lingots d'argent & de plomb. Ce sont où peuuent estre les Indes Françoises, & l'ont esté des Romains: mais il y a plusieurs siecles qu'on a cessé de les trauailler, iusqu'à la recherche de l'autheur desia cité, qui a esté discontinuée depuis long-temps.

Montagne de Lis.

Cominges & Coserans.

Les eaux chaudes d'Encausse sortent de la montagne de Maupas, entre la ville d'Aspect de l'ancien domaine de Nauarre, & le bourg d'Encausse en Bigorre, nommé Encausse, *Aquensis*; & au lieu nommé Millas paroissent aussi les voyages & trauaux des Romains pour les mines & marcassites d'or & d'argent, & le talc lequel y est en abondance. Le lieu de Portet en la terre d'Aspect fait voir vne petite montagne, auec vne excellente mine d'or pur, d'azur, & de vert-azur, trauaillée en l'année 1596.

Mœurs. Les mœurs des anciens Gascons sont descrites par Strabon, [a] qui les baille pour grands guerriers & vaillans hommes, ce qui leur demeure encores, pour les faire estimer generalement plus propres aux armes qu'aux lettres, quoy qu'ils ayẽt l'esprit prompt & subtil, auec meslange de melancholie, [b] ce qui les peut faire reüssir à l'estude, s'ils s'y veulent adonner. Ils sont plus taciturnes que parleurs, quoy qu'on les accuse d'vser par fois de rodomontades, comme les Espagnols. Ils ne sont pas bigots pour la pluspart: mais assez religieux dans les villes, amateurs de leur liberté, nonchalans & peu laborieux, grãds chasseurs, & nets en leur viure & en leurs habits, ce qu'vn auteur ancien [c] attribuë à tous les Aquitains. Le commun peuple est sobre, toutefois espargnant par force, d'autãt que faute de commerce & de trauail ils n'amassent gueres d'argent, dont il est neãtmoins assez liberal, parce qu'il a

a Lib. 3.

b Dupleix in Vascon.

c Amm. Marcell. lib. 15.

de la gloire & de l'ambition, laquelle paroist particulierement en la Noblesse, qui se laisse emporter à vne vanité exterieure, pour paroistre par dessus ses moyens & sa naissance.[a] Ce qu'on leur impute d'estre sujets à desrober, n'est point pour ceux des villes, mais bien pour ceux de la campagne, où ils sont rusez, malicieux & menteurs. Les habitans de Bigorre suiuant leurs demeures sont ou rudes & vindicatifs, iusqu'aux meurtres, en la montagne, ou grossiers en la plaine. Ceux d'Agen s'adonnent plus au profit de leurs terres, & augmentation de leurs heritages, qu'aux lettres.[b] Ils sont courtois & bien nourris. Les habitãs de Condom en sont de mesmes, pleins de franchise, & capables de tout exercice de recreation & de gẽtillesse, pour s'en acquitter de bonne grace. Le langage de ceux d'Armagnac, Albret, Condom, & autres leurs voisins est de mesme façon & accent: Ceux qui sont voisins de la Garomne, par le commerce & la frequentation des estrangers, ne gardent pas leur langue naturelle: Les plus proches de la montagne à Auchs, Aqs, Marsan, & autres, parlent differemment, & sont plus Gascons de langage & de mœurs; mais en cela ils conuiennent tous qu'ils prononcent le B pour l'V, & non pas tant au contraire, ou point du tout.[c]

a Baron de Fenelle.

b Iul. Cæs. Scal.

c Dupleix.

Richesse. Ceux d'Armagnac n'ont point d'autre traffic auec l'Espagnol que par le moyen de la vallée d'Aure, où le port d'Espagne appellé Araignoüet, & ceux de la valée viuent d'intelligence auec la valée de Beusse en Arragon, comme nous auons desia dit. L'Armagnac n'a point d'autre commerce, les artisans sont rares dans les villes & à la campagne, & les impositions y sont grandes & leuées auec rigueur. La Noblesse y possede beaucoup de bien rural & taillable, & y despend bien son reuenu. La Bigorre a eu autresfois plus de commerce en Arragon, où ceux de la montagne portoient des toiles de lin, & amenoient des poulains, qu'elle n'a pour le present, que ce traffic cesse, quoy qu'ils ayent des passages en diuers lieux pour y aller, neantmoins ils y font encores passer leurs laines & des cheuaux, & vendent leur bestail en la valée de Lauedan. La richesse de l'Agenois se recueille de la qualité du pays au commerce de ses vins & de ses bleds, & en la grande fertilité de son terroir. Nous auons mentionné le traffic & les reuenus du pays d'Albret au mesme endroit,[d] où nous auons aussi exageré les diuerses mines des valées des monts Pyrenées, dont la richesse seroit inestimable, si auec vne despense Royale on y faisoit trauailler, comme il a esté fait autresfois, n'y ayant rien d'esgal pour ce regard en toute la France ny en l'Europe.

d Qualité.

Forces. L'Armagnac est vn grand pays fourny de Noblesse, & duquel le Roy peut tirer vn notable secours de gens de pied & de cheual; la ville de Lectoure est forte & bien assise, comme nous auons dit en son lieu. La Bigorre est de beaucoup moindre consideration, & sa vraye fortification est celle de la nature, les monts seruans de barriere contre l'Espagnol, où sont quatre passages difficiles & malaisez, le long des monts Pyrenées, que les habitans sont tenus de garder à leurs despens, sçauoir Azun, Cauteres, Barege & Campan, quoy que le dernier entre aussi dans la terre d'Aure. Le chasteau de Lourde est fort & basty sur vn haut rocher: partie d'iceluy & des murs de Lourde sont d'vne ancienne structure, qu'on rapporte au temps des Romains, auec les autres marques & restes de colomnes ou trophées qu'on void dans le pays. La place a esté tousiours estimée bonne[e], & le Roy y tient garnison & morte paye tant contre l'estranger que pour contenir en deuoir le peuple rude & sauuage des valées de Lauedan & de Barege.

e Froissard.

Gouuernement. En traitant les Comtez & autres pays de Gascogne, nous auons déduit vne bonne partie de leur Gouuernement pour les armes[f], la Iustice & les finances; & pour ce qui regarde la plus anciẽne denomination du pays, & le nombre de ses peuples, nous n'y donnerons que ceux que Ios. Scaliger baille pour les neuf anciens, sçauoir Comenges, *Conuena*, Coserans, *Consoranni*, Bigorre, Lectoure, Bazas, Oloron, Lascar, Aqs, *Tarbelli*, & Ayre, partie desquels ont esté veus. P. Marca en son histoire de Bearn croid que ce sont les Tarbelliens, Euse, Auch, Basas, Bearn, Ayre, Bigorre & Comenge. Le nom de *Nouempopulania*, a demeuré depuis Auguste iusques à Pepin. Les premiers Gascons estoient dans les Pyrenées touchant l'Espagne, dont ils estoient censez peuples[g]: Mais la Nouẽpopulanie fut assubietie aux Romains par Iules Cesar, lequel y enuoya P. Crassus son Lieutenant: Et lors de la dissipation de l'Empire les Goths s'en rendirent maistres, comme le deduit fort exactement P. Marca en son hist. liu. 1. chap. 14. & 15. Les Vascons Espagnols passerent en Aquitaine, & s'y arresterent, Charles-magne & Pepin eurent à faire à eux, qui fu-

f Gou. de Guyenne.

g Strab. li. 4. Ptolem. Plin. li. 3. c. 2.

rent depuis meslez auec les Aquitains, & sous les Ducs de Guyenne; où l'on a veu aussi en diuers temps des Comtes hereditaires de Bordeaux & de Gascogne, & des Comtes de Poictiers & de Gascogne, comme il se void en la Table de Iean Besly, publiée l'an mil six cens dix-sept. Les Ducs de Gascogne, separez de ceux d'Aquitaine, sont deduits au liure 1. chap. 27. & suiuants de la mesme hist. du sieur Marca, qui fait voir aussi que les Ducs de Gascogne ont esté hereditaires liu. 3. chap. 3.

Armagnac. Nous y adiousterons ce qu'aucuns Autheurs ont escrit, & qui est mesme porté par des memoires anciens sur le sujet de l'Armagnac, qui est vne grande terre dont les Comtes ont pretendu de mettre en leurs tiltres, par la grace de Dieu, & de batre monnoye, comme aussi d'estre yssus d'vn puisné de Ferdinand premier Roy de Castille, nommé Sance ou Sanson Miraria ou Mitarra selon le sieur du Beloy, contredit par le sieur de Marca, auec vne longue suite & succession de Comtes, qui furent Seigneurs puissans dans la Guyenne. La ligne masculine legitime finit en Charles heritier de Iean cinquiesme, & en Louys d'Armagnac Duc de Nemours & Viceroy de Naples sous le Roy Louys douziesme. Marie d'Armagnac sœur de Charles, fut mariée à Iean second Duc d'Alençon, dont le petit-fils Charles dernier Duc d'Alençon pretendit au Comté d'Armagnac apres le dechez de son grãd oncle le Comte Charles, quoy qu'il y eust eu vne confiscation. Ce denier Duc d'Alençon espousa Marguerite sœur du Roy François premier, laquelle eut en dot le Comté d'Armagnac, & le porta à son second espoux Henry second Roy de Nauarre, ayeul maternel du Roy Henry le Grand, qui fut par ce moyen Comte d'Armagnac de son chef, & en sa personne la terre a esté finalement reünie à la Couronne.

Bigorre. Le Comté de Bigorre est tres-ancien, depuis le Comte Eneron ou Arista, fondateur du Royaume de Nauarre, apres auoir conquis Pampelune & les païs qui en dépendent, sur les Sarrazins, en l'an huict cens trente[a]. La maison de Bigorre fondit & entra en celle de Bearn l'an 1280. par le mariage de Marthe fille de la Comtesse Petronille auec Gaston de Bearn, qui fut troublé en sa possession, & la terre mise en sequestre, ou és mains du Roy, iusqu'à vn arrest de son Parlement de Paris qui l'adiugea à vn des Roys de Nauarre (qui estoit fondé sur vne donation faite à l'vn de ses predecesseurs) qui fut comte de Bigorre & en transmit le droict à ses successeurs, lesquels y iouyssent de plusieurs droicts royaux par le consentemẽt des Roys. Cete terre auec celle de Foix, d'Armagnac, & autres Vicõtez & Seigneuries, ayant en fin appartenu au Roy Henry le Grand du chef maternel, fut reünie à la Courõne par Edict du mois de Iuillet de l'an 1607. & les officiers en furẽt rendus Royaux.

[a] Rodet. de Toled. hist. d'Esp.

Albret. Nous auons parlé des Seigneurs de l'Abrit, Vicomtes de Tartas, auec l'erection en Duché sous le nom d'Albret, lequel toutesfois auoit esté desia pris du temps de Charles d'Albret Connestable de France[b], ayeul de Iean de Labrit pere d'Alain, dont le fils nommé Iean second du nom espousa Catherine de Foix Royne de Nauarre (& perdit le Royaume en l'an 1512. De leur mariage sortit Henry II Roy de Nauarre) que nous auons desia mentionné.

[b] Ioan. Iudi des Vrsins.

Religion. L'Archeuesché d'Auchs auec ses Suffragans, & les Abbayes ou Prieurez qui en dépendent, est deduit ailleurs entre les Eueschez que nous auons ja mentionnez, & qui sont dans le surplus du pays, sçauoir Tarbe, Agen, Condom, sainct Bertrand, Coserans & Lombers. L'exercice de la Religion pretenduë reformée est à Vic-Fezensac, Mauuesin, où ils font quasi tous profession, Euze, Maucict, & l'Isle-Iourdain en Armagnac. Dans la Bigorre, il y en a fort peu, & n'y a autre exercice que de la Religion Catholique. Ceux d'Agen, où estoit establie cy-deuant la Chambre my-partie, en ont l'exercice hors de la ville. Les habitans de Nerac, Castet-jaloux & Castel-moron sont quasi my-partis en la Religion: Ceux de Tartas sont tous Catholiques.

COMTE' DE FOIX.

Noms. LE pays & Comté de FOIX est ainsi nommé de Foix ville capitale, sur laquelle les plus doctes & curieux ne recherchent ou ne trouuent point d'autre antiquité.

Confins. Le Languedoc luy est au Leuant, le Cominge au Couchant, le pays de la Riuiere au Nord, & les monts Pyrenées qui le separent de l'Espagne, au Midy.

Lariege est la plus grande riuiere du pays, & a quinze lieuës de cours : Larget en a beaucoup moins, & se forme des ruisseaux coulans des montagnes de la vallée des Barguilleres. La Rise petite riuiere coule à trauers d'vne montagne, & s'y cache pour en sortir contre le Mas d'Azils, passe à Sabarat, aux Bordes, à Campagne, & par le Douezan & au dessous de Rieux finit son cours. Le Lers n'est point du Foix, & n'y paroist qu'en la fin de son cours entre Hauteriue & Sauerdun au dessus de Cinte-gabelle: La fontaine dont elle sort à Belesta dans les terres de Mirepoix, a flux & reflux chaque heure du iour depuis la fin de Iuillet iusqu'au commencement de Ianuier. Riuieres.

Le pays est diuisé en seize Chastellenies, dont celle de Foix est la principale, & la ville capitale du Comté : Deux riuieres, sçauoir l'Ariege & l'Arget lauent le pied de ses roches. La maison de l'Abbé de Foix & le chasteau rendoient cette place fort considerable pour la force du pays & vne barriere contre l'Espagnol, mais l'vn & l'autre ont esté démolis par commandement du Roy: C'est le siege du Seneschal du pays, le Bureau & Recepte des deniers, & le lieu où se tiennent les Estats, & le Syndic general en doit estre habitant, ou de la ville de Maseres: Cette Chastellenie contient vingt & tant de lieux qui en dépendent. La deuxiéme Chastellenie est Merens, où est l'Hospital de saincte Susanne : C'est vn chasteau tres-fort sur la frontiere, auec garnison entretenuë & Gouuerneur particulier. La troisiesme est Aqs ville riche & fort proche d'Espagne, *ab aquis*, où sont des bains chauds: C'est vn Archipresbyterat dépendant de Foix: Il y a six lieux qui en dépendent. La quatriesme, est Montalir. La cinquiesme Lordat, auec quatorze lieux qui luy appartiennent: Le chasteau qui estoit grandement fort a esté démoly. La sixiesme Castet-Verdun, auec vnze lieux dépendans: C'est vne Barõnie, & celle d'Hornollac en est proche. La septiesme Quier, auec dix-huict lieux dependans. La huictiesme Tarascon auec dix lieux y appartenans: C'est vne petite ville sur l'Ariege, dont les deux bras se ioignent en cet endroit. La neufiesme est sainct Pol auec neuf lieux, le Seigneur est l'vn des Barons des Estats du pays. La dixiesme Mont-gaillard bourg ouuert, fort beau, & chasteau tres-fort & comme imprenable par son assiete, auec garnison entretenuë & Gouuerneur. L'vnziesme la Bastide de Ferou, auec vingt trois lieux dépendans, dont est le Mas d'Azils auec ses appartenances. La douziesme, Camerade auec 9 lieux, dont est Fornel. La treiziesme, le Carlat auec huict lieux. La quatorziesme, sainct Ibars auec quatre lieux. La quinziesme, Sauerdun auec dix lieux: La ville est le long de l'Ariege, & est diuisée en quatre villes fermées autrefois, & dont la quatriesme estoit estimée imprenable, assise sur vn haut, & fortifiée : C'estoit anciennement la citadelle du Comté, appellée par aucuns Sauuedorn: Il n'y a auiourd'huy ny portes ny murailles. La seiziéme & derniere, est Bareilles, auec huict lieux. Le rang des quatre villes maistresses est Foix, Maseres, Tarascon & Sauerdun. Maseres auoit autrefois vn chasteau considerable, où estoit la demeure des Comtes, mais il a esté démoly par les habitans pour se maintenir dans leur priuilege de ne loger aucun à tiltre de Capitaine: Il en est de mesme de Clarmont. Diuision. Villes & lieux. Foix.

PAMIES, *Castrum Apamia*[a], sur l'Ariege, assise au milieu du Comté de Foix, siege d'Eueschè, & belle ville, si les guerres passées ne l'eussent mise en mauuais estat. Il y a deux Chapitres, l'vn sous l'Euesque, & de la regle de sainct Augustin, l'autre sous vn Doyen, & secularisé, auec plusieurs beaux Conuens de Religieux & de Religieuses. La ville est diuisée en six parties sous six Consuls & armoiries differentes: le Mercadal a vn lyon, Ville-neufue des fleurs de lys, la Place trois barres, Romengous vne aigle à deux testes, les trois Barris vn chasteau, Lolmet vn ormeau. La Iustice y est partagée entre le Roy & l'Euesque, & les appellations vont ou au Seneschal de Foix, ou à celuy de Thoulouse à l'option des parties. Cette ville est le fredelas des vieux tiltres. P. Marca hist. de Bearn liu. 8. chap. 8. qui a esté nommée Pamies, à cause du chasteau de ce nom.

a P. Moyne de Vallernay, hist. d'Albig.

Les quatre Baronnies principales du pays sont Rabat, sainct Paul, Arniac, & du Fort. Leran, Vicomté, est vne Seigneurie particuliere du Gouuernement de Foix, sans auoir entrée aux Estats. Miglos, maison ancienne, y a tenu rang de Baron apres les quatre.

Le Doumezan est vn petit païs en Souueraineté, dépendant du Gouuernement & du Seneschal de Foix qui iuge en premier & dernier ressort les causes de la terre; Doumezan.

du Leuant il confine à Escouloubre en Languedoc & à la riuiere d'Aude; du Midy au Capsi en Arragon, où est vne petite ville nommée Puech-Valadou auec chasteau; du Couchant aux montagnes de Foix, & du Septentrion au pays de Sault. Il y a plusieurs bourgs & chasteaux qui en dépendent, où l'on compte Querigut & son chasteau, auec garnison pour le Roy, & autres. Les deux Parroisses ou Cures de terre, sont du Diocese d'Allet.

Andorre. L'Andorre est vne valée au pays de Foix, où le Roy & l'Euesque d'Vrgel sont Seigneurs Souuerains, à trois ou 4 lieuës d'Aqs. Les Iuges & Officiers nommez Viguiers, sont establis, l'vn par le Roy, l'autre par l'Euesque, auec superiorité sur vn Iuge ordinaire mis alternatiuement.

Les lieux de Sabarat sur la Rise, Montaut, Mongausy, où est vne Eglise de nostre Dame visitée par les pelerins, Prieuré appartenant aux Chanoines de Foix, Hauteriue ville & Baronnie, où l'Ariege commence à porter batteau, auec Iuge particulier qui respond au Seneschal de Thoulouse, les Bordes, Saurat, Vic-de-Sos, & Siguer, bourgs qui reçoiuent ou donnent le nom à trois valées, & les Cabanes, appartiennent au Foix, auec Arnable, Amplan, Verdun, Loubens, qui donne le nom à la famille de Verdale, Paliers, Baronnie, & autres.

Le Mas de Pamies appartenant à l'Euesque, l'Abbaye de Boulbonne, Celles, sainct Pol, & Gaudannes, ont esté ou sont encores de belles maisons dans le pays.

Qualité. L'air du pays est bon, subtil, & plustost chaud que froid: Les eaux y abondent, & les fontaines y sont belles & frequentes dans les villes & à la campagne. Le terroir est assez bon, & produit du froment, des seigles, auoines, millets, & du bled noir. Les meilleurs vins sont à Pamies, & les vignobles de Foix, de Bareilles, du Mas d'Azils, Sabarat & les Bordes, pouruoyent le pays; la montagne de Tarascon qui en est priuée consume les vins de la plaine, de sorte que pour la nourriture de ses habitans le Foix se passe de ses voisins. Les chairs sont bonnes à cause de l'abondance des pasturages, d'où ceux du pays tirent les beures & les fromages qu'ils enuoyent dehors. Bien que la chasse soit permise indifferemment, on ne remarque point que le gibier y manque, y estant en fort grande quantité, & de toutes sortes, sangliers, cerfs, biches, chevreulx & menuës bestes, auec abondance d'oyseaux. On y void des ours & des faulcons excellens, qui se prennent à Hornollac dans leurs aires. Les eaux d'Aqs sont estimées pour leur vertu & proprieté, quoy qu'elles ne soient pas tant cogneuës & experimentées des estrangers, ausquels ceux du pays n'en permettent point l'vsage, & en cet endroit se trouue vn nombre infiny de couleuvres qui ne sont point venimeuses, ce qu'on attribuë à la chaleur extreme des eaux voisines. Outre les eaux d'Aqs, on void encores celles de Tarascon & de Saurat. Les riuieres de l'Ariege & de l'Arget font voir l'or & l'argent dans leur sablon apres les rauines de pluyes, ce que leurs noms rendus plus expressement par ceux qui ont escrit en Latin tesmoignent assez [a]. Les mines de fer sont les plus cogneuës & les meilleures en Foix, & ce en trois lieux principalement, sçauoir à Vic-de-Sos qui est la plus riche, à Niaux & à Castelnau de Durban, qui est la moins estimée, & dont le fer ne sert qu'à falsifier le bon. La minne d'argent de Gadannes fut trauaillée il y a quelque temps: Au village de sainct Pol à vne lieuë de Foix en vne montagne en fut descouuerte vne pareille, & des marcassites d'argent fort riches, où certains Espagnols qui les venoient tirer furent surpris par les habitans du lieu [b]. Les montagnes de Foix sont haut loüées pour plusieurs choses qui s'y trouuent [c]: Elles sont pleines de pasturages, de mines, eaux sulfurées, resine, terebenthine, poix, encens, liege, marbre, iaspe, charbon de pierre, &c. On void des lacs merueilleux, des precipices effroyables, des vallées fertiles, plusieurs fontaines qui ont leur source au plus haut, diuerses herbes & des simples rares, auec les daims, chamois, que les habitans appellent Isars, & autre grosse chasse, & bestes sauuages. La montagne de Tabor ou Taue est remarquable sur toutes, ou est vne plaine, & en la plaine vn Lac couuert de truites: L'eau en est extrement froide & claire, là où si l'on iette quelque chose, les tonnerres & les foudres sont ouys en l'air suiuis de gresle, pluye & tempeste. La montagne est haute à merueille, & ceux qui s'y trouuent le matin sont rauis & esblouys de l'esclat & excellente beauté des rayons du Soleil, qui se presentent-là en leur naissance.

[a] Latiege auri-rigera, Larget, argentigera Thuan. lib. 129. Masson.

[b] Iean de Puy, rech. des mines, c. 38.

[c] Polit. Med. Bertr. Helie. hist. des Comtes de Foix.

Mœurs. Les hommes y sont hautains, querelleux, & peu asseurez en leurs paroles, gens à se battre au premier rencontre, & à y prendre leurs auantages auec armes à feu qui leur sont ordinaires, & qu'on y appelle Poitrinals. Les païsans sont assez laborieux, principalement ceux de la montagne qui trauaillent tout le long du iour, pour passer la nuict à gueter les passans & en tirer quelque argent. Les femmes y tiennent du pays, estans rudes, mal propres & fort peu agreables. La difficulté des passages & le peu de commerce que ceux de Foix ont auec les Espagnols, font iuger que la rudesse leur est naturelle & ne vient point de la communication qu'ils ont auec eux.

Il n'y a point de pays où le fer & sa mine soit meilleur qu'en Foix, de sorte que le trafic en est grand, on le trauaille en cloux dans le pays és martinets qu'on y void en grand nombre: On a fait autrefois des lames d'espée en la ville de Foix. Le fer est enuoyé à Thoulouse & à Bordeaux par la riuiere: On fait aussi quelque profit des laines qui sont portées en Espagne, d'où l'on retire du sel de Cardonne, & les draps grossiers trauaillez des laines de Foix sont vendus à Thoulouse & à Bordeaux. Richesses

Nous auons mentionné les places qui sont gardées pour le Roy, les autres chasteaux ayans esté démolis & ruinez; Merens, Mongaillard, Querigut & Sou ont des garnisons & Gouuerneurs, ou dans le Foix ou dans le Domezan, qui est de son Gouuernement. L'assiete du pays, les places & chasteaux tres-forts qu'on y voyoit, & la valeur des Seigneurs [a] & soldats de Foix, le rendoient autrefois beaucoup plus considerable qu'il n'est à present. On y a veu cy-deuant trois Capitaines dits des Persans, & de diuerses Communes, qui pouuoient amener aux occasions iusqu'à deux mille hommes de pied. Forces.

a Gaston de Foix & autres.

L'origine des Comtes de Foix est deduite par le sieur Marca en son hist. de Bearn liu. 8. chap. 8. & suiuants, depuis enuiron l'an 1008. qu'ils commencerent, & leur suite se porte iusqu'à Catherine sœur de François-Phœbus, Comte de Foix, Prince de Bearn, Comte de Bigorre & d'Armagnac, & Roy de Nauarre, succeda à son frere, comme estant mort sans enfans à Pau, apres auoir esté couronné à Pampelune, en l'an 1481, & fut mariée (comme nous auons desia remarqué) auec Iean d'Albret, qui fut pere de Henry Roy de Nauarre, duquel fut fille vnique & heritiere Ieanne d'Albret ayeul paternelle du Roy regnant, de sorte que la reünion du Comté de Foix à la Couronne fut faite auec les autres terres, que nous auons desia décrites, apres vne longue suite de Comtes de Foix, Seigneurs tres-puissans, & qui ont iouy de plusieurs autres belles terres, & du Royaume de Nauarre, iusques à Iean d'Albret, sur qui Ferdinand Roy d'Arragon, se seruant de l'authorité du Pape, en vsurpa la meilleure partie.

Nous auons déduit les Chastellenies du pays, dont la principale est celle de Foix, siege du Seneschal Comtal, où elles ressortissent auec trois sieges Royaux, de Pamies, Sauerdun & Lezat, ville & Abbaye. Tout le pays compte en la Chambre des Comptes de Pau; Et pour la Iustice, il respond nuëment à la Cour de Parlement de Thoulouse. Les Estats s'y assemblent annuellement par Deputez des trois Ordres: Il y a vn Gouuerneur pour le Roy, outre celuy de la ville de Foix, & des autres places que nous auons mentionnées. Le pays est exempt de Tailles & de gabelle, de sorte qu'ils vsent de sel d'Espagne, particulierement de celuy de Cardonne en Catalogne, qui est semblable au verre, & dont on fait toute sorte de meuble & de vaisselle. Gouuernement.

Pamies n'estoit autrefois qu'vne Abbaye, dont S. Antonin estoit le Patron, qui fut erigée en Euesché par le Pape Boniface huictiesme, & fait Suffragant de l'Archeuesque de Thoulouse: Neantmoins il y a quelques lieux importans qui appartiennent à d'autres Dioceses, sçauoir Sauerdun à celuy de Rieux, Maseres à celuy de Mirepoix. Le Diocese d'Alet y occupe aussi quelques lieux qui sont dans le Domezan. Les Abbayes sont celle de Foix, de l'Ordre de sainct Augustin, auec des Chanoines Reguliers; Bolbonne; auec le Mas d'Azils; Comme-longue & Lezat, qui sont tenuës en commande, à la reserue de Bolbonne. Il y a plusieurs habitans qui font profession de la Religion pretenduë reformée, auec exercice en diuers lieux. Religion.

BEARN.

Noms. LE BEARN est ainsi nommé de la ville ancienne *Benearnum* ou *Benarnus*, mentionnée dans Antonin[a], *ciuitas Benearnensium*[b]. P. Marca en son histoire de Bearn, estime que les peuples dits *Venami* ou *Venarni*, dans Pline sont les Bearnois.

a Itin. Scal. in Aul. li. 1. c. 7.
b Not. prou. Gal in Aquit. 3. Nouempop. Greg. Turon.

Cōfins, & estendue. Il est posé au pied des monts Pyrenées, & a pour ses confins au Leuant le Comté de Bigorre, au Couchant la Preuosté d'Aqs, partie du Vicomté de Soule & de la basse Nauarre, au Midy les montagnes d'Arragon & celles de Roncal en la haute Nauarre, & au Septentrion le bas Armagnac, le Tursan & la Chalosse. Sa longueur à prendre des confins d'Arragon est de dix-huict lieuës. Sa largeur est inesgale, la plus grande de dix lieuës, la mediocre de six, & la plus petite de deux. Figure & situation. La figure de sa situation approche de celle d'vn triangle, qui a les deux costez plus longs, dont la basse est entre l'Orient & le Midy, dans les montagnes d'Asson, Ossau, Aspe & Baretons, & la pointe entre l'Occident & le Septentrion vers le lieu de Belloc, Sallies & Cassauer; le costé droict prend depuis Pontac iusqu'à Belloc, & le gauche depuis la vallée de Baretons iusques à Cassauer & Sallies. Le pays est sous le cinquiesme climat, qui s'estend iusqu'au quarante-troisiesme degré & demy: Il est proche de l'extremité, où le plus long iour de l'Esté est de quinze heures & vn quart.

Riuieres. Villes & lieux. Par la deduction du cours des riuieres du pays, & sous la forme que nous luy auons desia donnée, nous prendrons cognoissance de toutes les villes & lieux qui le composent, & ce qui en defaudra y sera adiousté, auec vne description plus exacte de sa qualité.

Le Bearn a deux riuieres principales, qui portent le nom de Gaue, appellé *Gabarus* par quelques Escriuains du moyen aage[c]. La premiere naist au Leuant dans les montagnes de la vallée de Barege en Bigorre, sur la frontiere d'Arragon: Cette source est assez proche de celle de l'Adour, mais elle est plus grande en Bigorre, & arrouse à sa main gauche les montages d'Asson en Bearn, & ouurant son chemin à trauers d'vne campagne longue de douze lieuës, baigne l'Eglise nouuellement bastie de nostre Dame de Betarram au lieu de l'Estele, le chasteau & Baronnie de Coarrase, les murailles de la ville de Nay, ville marchāde & agreable, & trois lieuës plus bas la ville de PAV assise auec son chasteau, parterre, jardin & parc, sur vne croupe qui regarde la riuiere en bas, & au delà, les costaux de Iuranson: Elle est esloignée des monts Pyrenées pres de sept lieuës.

c Theodulph. ep. Aurel sous Charles le Chauue.

LASCAR *Lascurris* dans les vieux tiltres, siege d'vn Euesque, est vne lieuë au dessous de Pau, esleuée sur vne petite colline, & arrousée de plusieurs belles fontaines ou ruisseaux. Elle iouyt de l'aspect agreable de la plaine & de la riuiere, qui n'est distante qu'vn quart de lieuë. La ville d'ORTEZ est cinq lieuës plus bas, bastie sur le penchant d'vne longue colline, dont la croupe conserue les masures de l'ancieu chasteau de Moncade auec la vieille tour, où l'on dit que le Prince Gaston Phœbus gardoit son thresor du temps du Roy Charles sixiesme: Elle aboutit au bord de la riuiere, où elle a vn beau pont de pierre, qui la separe d'vn petit lieu qui luy sert de faux-bourg. Belloc est à deux lieuës delà auec les restes de l'ancienne cité de Bearn[d], pour le distinguer de celuy qu'on nomme d'Oleron, lequel est composé de celuy d'Ossau & d'Aspe. Le Gaue d'Ossau prend sa source au plus haut des Pyrenées, où se fait la separation du Bearn & de l'Espagne, pres du village de Saillen en Arragon: On void deux sources sur la croupe de la montagne, proches l'vne de l'autre; celle du Gaue descend dans le montagnes du Bearn, & celle de Galego se iette du costé d'Espagne. Le Gaue est icy extremement rapide & rencontre à trois lieuës de la montagne d'Ossau, l'Hospital de Gabas basty pour seruir de retraitte aux passans, qui en ces routes difficiles reçoiuent de grandes incommoditez de la neige. En cet endroict se ioinct au Gaue de Saillen vn ruisseau de mesme nom, qui arrouse la montagne de trois costez ou pointes, qu'on nomme les trois Sœurs, dont les deux tournent deuers le Bearn, & la

d Benearnum.

trisiesme deuers l'Arragon : Du plus haut de ces pointes on descouure les deux mers, & les monts de Castille. A deux lieuës de Gabas on void les montagnes soulfreuses d'Aygues-cautes, & vne lieuë plus bas la riuiere entre dans la valée d'Ossau longue de deux lieuës, où le lieu de Laruns fait front à l'emboucheure de la montagne; Bielle est au milieu, où se tiennent les Assemblées generales de la valée, & Arudy vne lieuë plus bas, sur la riuiere, auec vn beau marché pour la commodité des lieux voisins. Le Gaue sortant de la valée coule vers la ville d'OLORON *Iluro* ou *Ilurona*, en l'Itiner. d'Antonin, qui en est à trois lieuës, assise auec sa vieille tour sur vn tertre haut esleué, baignée de la riuiere à main gauche, & separée d'vn beau faux-bourg par vn pont de pierre. C'est le siege de l'vn des Euesques du pays, ou bien le lieu de saincte Marie.

Icy vient aboutir de l'autre costé le Gaue d'Aspe, qui naist au plus haut des Pyrenées en vn endroit nommé Somport *Summus portus* ou *Summus Pyreneus*, en l'Itiner. d'Antonin, en la separation du Bearn & de l'Arragon, pres du Monastere de saincte Cristine, & du lieu de Camp-franc en Arragon, & à deux lieuës plus bas entre la vallée d'Aspe au lieu d'Vrdos. Cette vallée est estroite, mais longue de cinq lieuës, & sert de canal pour le commerce de Lyon, de Limoges, & du Bearn auec la ville de Saragosse. Elle comprend la Baronnie de Lescun, assise sur les confins de Nauarre & d'Arragon, & le lieu d'Acous, où se tiennent les Assemblées generales de la valée. Le Gaue apres auoir arrousé ce lieu distant quatre lieuës d'Vrdos, rencontre assez pres delà l'Eglise d'ancienne deuotion de nostre Dame de Sarrance, sort par l'emboucheure de la vallée à Pene-d'Escot, où paroissent les efforts faits à coups de pics dans la dureté des rochers, pour faire le passage des cheuaux & des mulets, que l'inscription grauée en la cime du roc tesmoigne auoir esté faits du temps de Iules Cesar: Le bourg de saincte Marie est separé d'Oloron par vn pont où le Gaue d'Aspe se ioint à celuy d'Ossau. La ville de NAVARRENS est assise à trois lieuës delà, & à pareille distance est Sauue-terre auec son chasteau vieil & ruiné, où finit vne campagne estroite, mais longue de sept lieuës, qui commence à Lurbe au dessus d'Oloron. La riuiere de Suson, qui naist és montagnes de Soule, se ioint icy au Gaue d'Oloron, qui à deux lieuës de là sort du Bearn, & entre en la Preuosté d'Aqs pres de Sorde: Et sous ce lieu les deux Gaues ioints ensemble & meslez auec l'Adour, se perdent dans la mer à Bayonne.

Ces riuieres tres-rapides ne portent point batteau dans le pays, mais elles sont poissonneuses, & portent des truites & des brochets en abondance, & mesmes des saumons dont on fait la grande pesche à Peyre-horade: Neantmoins il en mõte iusques à Belloc & Ortés d'vn costé, & iusques à Sauue-terre & Oloron par l'autre Gaue. Ces poissons venans de la mer n'entrent point dans l'Adour, qui est pesant & morne, de mesme que les alauses & les lamproyes n'entrent point dans le Gaue, qui est violent & rapide. Les saumons entrez dans le Gaue, & ayans eschapé les rets des pescheurs, qu'on y nomme paisselles, vont iusques aux racines des montagnes, où ils frayent & produisent des Saumonneaux qu'on appelle Toquaas sur les lieux, & Ausone, *Salares*[a], ressemblans à de petites truites (qu'on appelle saulmonées) de goust excellent, qui entrent dans la mer, où ils se nourrissent, & puis remontent dans l'eau douce, où seulement on les prend.

[a] In Mosella.

On remarque dans le pays quatre autres petites riuieres qui portent de tres-bonnes truites. L'vne est Loson, fort rapide & naissante dans les mõts de Lauedan, laquelle passe en Bearn par les monts de Louuier, & en Ossau pres d'vne mine abõdante de fer qui s'y trauaille. Vn peu au dessus de la forge aboutissent trois Dioceses, celuy de Tarbe par les montagnes de Lauedan, celuy de Lascar par celles d'Asson, & celuy d'Oloron par celles d'Ossau, en sorte que les 3 Euesques pourroient estre assis en vne table chacun en son diocese. En ce mesme endroit sont deux torrens qui sortent du milieu de deux rochers, & se meslent ensemble pour entrer dãs Loson, qui se descharge dans le Gaue au dessus de Nay. L'autre est le Nez, du cours de deux lieuës, sans autre eau que celle de sa grande source proche du chasteau de Rauenac, qui passe au bourg de Gan, à Iuranson, & entre dans le Gaue pres de Pau. La troisiéme est celle du Vert, foisonnante en truites excellentes, qui naist pres de la valée de Roncal en la haute Nauarre, & y passe par le milieu, où est assis Aramits lieu destiné pour les Assemblées, & se rend dans le Gaue à Momor vne lieuë au dessous

dessous d'Oloron, laissant à sa gauche le valon de Iobayg, qui a vne belle forest & vn fonds reuenant en bleds. Lourdios est vn autre ruisseau, abondant en truites, qui entre dans le Gaue, à l'opposite du lieu de Lurbe.

Le pays enfermé des deux Gaues a quatre lieuës de largeur, qui consiste en collines meslées de vignoble, terres labourables, fougere & pasturages. Il y a quatre bourgs priuilegiez, Asson, Bruges, Gan, Monein, auec quelques autres, dont les principaux sont Luc auec Abbaye, Lagor, Vielesegure, Saobalade auec Abbaye & Maslac. La ville de Salies, dont les murailles furent démolies, est assise à la pointe de cette langue de terre entre Belloc & Cassauer. Elle a vne source d'eau salée, dont on fait du sel blanc pour l'vsage du pays & des circonuoisins: La source est à découuert, de sorte que les eaux tant de la pluye que d'vn ruisseau remplissent bien souuent son lict: Mais les habitans puisent l'eau douce & la separent de la salée, à quoy ils se seruent d'œufs de poule, qui iettez dedans s'enfoncent dans la douce, & surnagent à la salée. Cette partie du Bearn, qui est depuis le Gaue Bearnois iusques à la Bigorre, vers le bas Armagnac, Tursan & Chalosse, a cinq lieuës de largeur, & fait le costé droit du triangle. On la diuise en trois portions, celle d'enhaut où est le chasteau de Montaner, & le Parsan de Montanerés, & des Lanes, où est le chasteau de Pontac. Le Parsan de Vicuilh vient en suite, qui confine auec le bas Armagnac, & est meslé de vignoble, terres labourables & chastagniers, & produit les bons vins, dont se fournissent les valées. La petite ville de Lembeye est la capitale de ce quartier, que les habitans exaltent comme la premiere du pays, qui luy en porte enuie, rencontrans sur le nom de la ville, qui en leur langage est significatif de cette passion. La ville de Morlas, qui preside au tiers Estat, & monstre son ancienneté par ses ruines, est située entre Pau & le Vicuilh. Elle a priuilege de battre monnoye, laquelle autrésfois auoit cours par toute la Gascogne. La troisiéme partie comprend les bourgs de Garlin & de Thése, & le quartier de Saubestre, dont le chef est le bourg de Garos, qui confine au Tursan & à la Chalosse. Le costé gauche du triangle a esté desia décrit: Il separe le Bearn de la Soule & de la basse Nauarre, en sa longueur. Entre la Preuosté d'Aqs & la Nauarre s'enfonce vne pointe de terre, où est situé le bourg de la Bastide de Ville-franque en Bearn, qui confine auec les terres de Gramont en Nauarre. On recueille de la description faite cy-dessus, que le Bearn contient iusqu'à onze villes, dont les sept sont sur riuiere, sçauoir, Nay, Pau, Lascar, Ortez, Oloron, Nauarrens & Sauueterre: Les autres n'en ont point, mais chacune a ses ruisseaux & bonnes fontaines; ce sont Morlas, Lembeye, Pontac & Salies; & outre ce on y compte quatre cens trente-quatre bourgs & villages, & trois cens cinquante maisons nobles, ayans entrée aux Estats.

Qualité. Le Bearn jouït d'vn fort bon air, & se trouue exépt de contagion & des maladies populaires, lors que ses voisins en sont trauaillez. Le pays est inégal & meslé de montagnes, plaines & valées, de sorte que le terroir est de diuerse nature: Il est neantmoins sec & aride generalement, ce qu'on tasche d'amêder auec le fumier & la marne, dont nous auons parlé ailleurs,[a] outre les pluyes, lesquelles y sont assez frequentes, mesmes durant le printemps. Ils tirent la marne des entrailles de la terre, & comme de certaines mines, & en ont de trois sortes de couleurs, noire, rouge & grise. Le pays est fort souuent battu de la gresle, qui se forme dans la montagne, outre son infertilité naturelle, hors du millet, dont il rapporte quantité, pour seruir de nourriture aux paysans, & le gros bled, les raues & les chastagnes qu'on cueille au quartier qui est depuis la Bigorre iusqu'à la riuiere du Gaue de Midy, auec les fruits à noyau & à pepin, lesquels y sont tres-bôs, & plus agreables que ceux du voisinage. Les vins de Iurâson pres de Pau, sont d'vne bonté exquise, & plus estimez que ceux de Chalosse, & du Bourdelois: Ceux de Gan, Gelos, S. Haust & Artigueloube en approchent. La venaison en chevreulx & sangliers, & le gibier, y abondent, auec quantité de perdrix rouges beaucoup plus grosses qu'on ne les void ailleurs. La terre voisine des montagnes n'a ny fruits ny vignes: Elle a de l'orge en abondance, des forests & grand pasturage à nourrir le bestail & en tirer le laict, le beurre, & les fromages, qui sont vendus dans les pays voisins. Ce qu'on y void de montueux est agreable en ses valées fertiles, comme nous les auons desia décrites, auec commodité de nourrir les chevres, lesquelles y sont en abondance. Il y a plusieurs fontaines d'eau viue, nombre de moulins, de grandes prairies, & le meilleur air. La vallée de Iosbaige est estimée le grenier & les delices de Bearn.

[a] Qualité de Guyenne.

La fontaine d'Aigues-cautes dans la montagne d'Ossau est fort renommée pour les effets singuliers qu'on luy attribuë en la guerison ou soulagement de diuerses incommoditez : Il y a du soulfre, du nitre & de l'alun. Celle d'Ogeu pres de la ville d'Oloron est alumineuse, & a des qualitez particulieres, & celle d'Aas, qu'on appelle l'eau des arquebusades, sert aux blesseures faites auec armes à feu : On y compte aussi celles d'Aspe, d'Ayquesbonnes, & de Baure. Outre la mine de fer de Loubie, ou Louuier, qui employe & occupe deux forges tres belles & de grand reuenu, & les mines de S. Pol pres d'Aqs, il y en a d'autres de plomb, de cuiure, & d'argent, qui ne sont pas ouuertes : on y en a trouué aussi de talc fort blanc & delié : les carrieres de marbres blanc, gris & noir beau & fort, n'y manquent point : Le blanc & le gris sont au mesme lieu de Loubie, & le noir se trouue en diuers endroits de la montagne.

Les Bearnois ont vne gayeté & promptitude naturelle, auec vn esprit bon, curieux & propre aux lettres. Ils sont fideles & vaillans en guerre, & comme ils aiment la liberté & l'honneur, ils y font leur deuoir plus par douceur & par raison, que par la rigueur de la discipline. La Noblesse ne cede point en courage, addresse & gentillesse à celle du reste de la France. Ils sont sobres & bons ménagers, quoy que fort honorables & courtois à receuoir les estrangers. Les paysans y sont de grand trauail, & d'vn esprit ouuert capable du mesnage & de la plaiderie. Les femmes sont accortes, propres en habits, chastes & aimans leurs maris passionnément, de sorte que la coustume qu'elles ont de les plaindre & déplorer en public, auec plusieurs termes & encherissemens, peut proceder de l'abondance du cœur. Elles sont agreables generalement, mais plus dans les valées vers le Midy. Le peuple de Bearn aime sa langue naturelle, y est bien disant, & l'estime sur toutes autres, iusques là que les actions, predications & procedures publiques ne se faisoient point en autre langue, & la langue Françoise n'y a esté introduite és actes de Iustice, que par l'Edict d'vnion [a]. On y parle assez diuersement, & chaque ville y a ses dialectes & termes particuliers. Mœurs.

a Octob. 1620.

Le Bearn ne rapporte pas sa prouision de bleds, ny de vins, de sorte que pour le premier les habitans recourent à la Bigorre, & pour l'autre au pays de Chalosse. Ils profitent de plusieurs autres denrées, & ont du lin chez eux en abondance, qu'ils distinguent en gros & petit : Les draps & les toiles qu'ils en font sont assez belles, mais non pas blanches, On en porte quantité en Espagne, & la plus part des paysans de Bearn en sont habillez. Ils vendent la graine de lin à Bayonne, où les marchands estrangers la viennent acheter pour en tirer de l'huile, ou l'employer aux teintures. La plume des oyes qui se nourrissent à grandes troupes dans le pays est venduë en Espagne & à Bayonne, dequoy se retire beaucoup d'argent. Les troupeaux de bestail qu'ils nourrissent, soit à corne, soit moutons, auec les poulains & jumens, & ceux qu'ils recouurent d'ailleurs, comme les mules de Poictou, & les pourceaux de Perigord par le soin des marchands de Xaintonge & de Poictou, sont menez & vendus en Espagne du costé de Sarragosse, dont ils rapportent de grandes sommes, outre le profit qu'ils font sur la monnoye d'Espagne. De leurs laines grossieres se font des capes qu'on vend à Thoulouse & à Bordeaux. Les capes de Bigorre ont esté cogneuës des anciens. [b] L'Arragon & la Castille leur procurent aussi vn gain particulier, veu que tous les printemps ils y vont à troupes pour y faucher les foins & les bleds, & sont tres-bien payez de leur salaire, tellement qu'outre leur frugalité dans leurs maisons, ils releuent & recompensent en plusieurs sortes par commerce & par industrie ce qui peut défaillir à leur terroir. Ils ont encores du marrain & du buis à faire des peignes, qu'on vient acheter chez eux de diuers endroits du Royaume. Nous auons parlé des sources d'eau salée, qui sont à Salies, dans la description du pays : le sel qu'on en fait & cuit au feu est bon & fort blanc, il est vn peu corrosif, alumineux, & moins fort que celuy de la mer. L'eau de la source qui est à découuert au milieu de la ville, qui en a la proprieté & disposition, est partagée par les habitans à certaine mesure distribuée aux chefs de famille. L'autre source est au Roy qui l'afferme auec le reste de son Domaine; elle est couuerte, & l'eau s'en tire auec des pompes. Par les Ordonnances du Roy l'vsage de tout autre sel que celuy de Sallies, est defendu dans le pays, auec permission de le transporter & vendre iusques à la riuiere de Garomne seulement. Les sources sont viues & si abondantes, qu'on en tire tous les iours iusques à cent charges de cheual : Ceux de Bigorre & de Nebousan s'en pouruoient. Richesses.

b Sulp. Sever. subpir. occunat.

Forces. Ses forces consistent en la defense naturelle des monts Pyrenées contre l'inuasion des estrangers, & en la ville de Nauarrenx, petite, mais forte, ayant cinq bastions royaux reuestus d'vne belle muraille, & vne assiete fort auantageuse. C'est l'Arsenal du pays, bien fourny d'armes & d'artillerie[a], auec garnison entretenuë[b] & Gouuerneur particulier. On estime qu'Oloron & Sauueterre sont en aussi bonne assiete pour estre mis bien tost en estat d'vne forte defense. Il y a plusieurs tertres fossoyez, que le vulgaire dit auoir esté des trauaux des Sarrazins passans par ces montagnes pour aller en France, mais ce sont plustost des Forts bastis par les Seigneurs du pays, ayans guerre auec leurs voisins. Les Anglois y ont aussi laissé des marques de leurs bastiments en plusieurs terres ou chasteaux, qui ont les fenestres longues, estroites & en voûte, auec les trois Roses. Le fort de Mongiscart en la parroisse de Virrenx est assis bien haut, & d'vn accez mal-aisé, auec trois grands & profonds fossez: Vn reste de tour qui auoit trois toises de hauteur fut demoly l'an mil six cens vingt-vn; le chasteau du Haut, auec fenestres à l'Angloise & les trois Roses, se void au pied de Mont giscard. Les Bearnois ont tousiours esté belliqueux, & ont fait des exploits de guerre sous leurs anciens Princes naturels: & si depuis soixante ans ou enuiron ils ont esté en paix chez eux, ils ne restent pas d'estre adroits & d'aimer les armes: On y leueroit aisement iusques à six mille hommes pour la defense du pays; & pour seruir le Roy ailleurs on y en peut faire quatre mille bons soldats & bien armez, auec peu ou point de Caualleríe. Ils ne pouuoient estre contraints sous leurs anciens Seigneurs, de sortir du pays que trois fois l'année pour aller sur les terres de Bigorre, d'Armagnac & d'Aqs pendant huict iours. Ils ont eu cy-deuant leurs Chefs & Capitaines des Parsans ou quartiers du pays, en nombre de six, sçauoir Pau, Vicvilly, Oloron, Ossau, Nauarrenx & Ortez, qui faisoient leurs reueuës deux fois l'an: Mais le nom & la forme en ont esté supprimez dés l'an mil six cens vingt, & au lieu de ce on baille commission à quarante Gentils-hommes, qui leuent aux occasions vne compagnie de cent hommes de pied chacun.

[a] 45. canons 40 moyennes coleu rines

[b] & 400. hommes.

Gouuernement. Le Bearn a eu ses Vicomtes establis par l'Empereur Louis le Debonnaire, en l'an huict cens dix-neuf, comme le sieur Marchatâche l'establir en son histoire de Bearn, liure 4. chap. 3 faisant suiure & succeder plusieurs Vicomtes du nom de Centulle ou de Gaston. Elle a eu ses Princes & Seigneurs souuerains, dont Guillaume Dapifer de Moncade en espousant Marie Vicomtesse, a esté l'vn des plus signalés; le Comté de Bigorre y fut joint par mariage auec l'heritiere. Gaston Vicomte ne laissa que deux filles, dont l'vne fut mariée auec Roger-Bernard Comte de Foix, à qui l'heritage de Bearn & de Bigorre escheut auec l'aduis & consentement des Estats du pays en l'an mil deux cens quatre-vingts six, de sorte que toutes ces terres furent vnies inseparablement, & le Royaume de Nauarre y fut encor adiouté par le mariage de Gaston quatriéme, qui viuoit sous Charles septiéme, qu'il seruit pour la reduction de la Guyenne, auec Eleonor fille de Iean Roy de Nauarre. De luy fut petit fils François Phœbus Roy de Nauarre, auquel decedant sans enfans succeda Catherine sa sœur, qui fut mariée auec Iean de Labrit ou d'Albret. Iceluy fut pere de Henry second Roy de Nauarre, duquel est yssuë Ieanne d'Albret, ayeule du Roy regnant, lequel se trouuant dans le pays fit son Edict du mois d'Octobre mil six cens vingt, par lequel fut ordonnée l'vnion à la Couronne de France, non seulement des pays de Bearn, Andorre & Domesan, mais aussi du Royaume de Nauarre; & par mesme moyen des Officiers de la Chancellerie de sainct Palais; auec le Conseil de Pau, qui ne firent qu'vn mesme corps de Iustice, comme il sera dit cy-apres. Les Princes de Bearn portoient d'or à deux vaches de gueules, couronnées d'argent, accollées & clarinées d'azur.

Les Rois de Nauarre auoient estabi vn Lieutenant general sur le Bearn, & la basse Nauarre, qui faisoit sa residence à Pau, & representoit leur personne, soit pour les armes, soit pour la Iustice & les finances, les prouisions des officiers, les graces & pardons. Cette authorité auoit esté diminuée auant l'Edit d'vnion, & a esté depuis reglée à l'exemple des autres Gouuerneurs & Lieutenans generaux des prouinces, auec pouuoir neantmoins de faire des reglemens a la requeste des Estats du pays, pour estre obseruez comme loy. Les Estats satisfaits de leurs demandes par le Gouuerneur pour la conseruation de leurs libertez, font vn don gratuit au Roy de la somme de 20000 liures, qui a esté depuis augmenté de seize mille liures par an. Le Gouuerneur conuoque les Estats, & en son absence le Lieutenant de Roy. Toutes les villes de Bearn ont six Consuls, & les villages quatre, lesquels sont changez de quatre en quatre ans, auec toute Iustice ciuile & criminelle en premiere instance, & sauf l'appel : Ez matieres criminelles ils ne peuuent passer à condemnation, sans l'aduis du Parlement. Les Gentils-hommes ont aussi des Consuls dans leurs terres, auec Iustice moyenne & basse, la haute Iustice estant par toute reseruée au Roy. Le Seneschal de Bearn, ou ses Lieutenans de robbe longue, qu'on appelle Iuges, nommez & pourueus par le Roy auec gages, cognoissent de toutes causes ciuiles en premiere instance, ou par appel des Consuls, sauf l'appel en Parlement; instruisent les procés criminels, & enuoyent leur aduis clos & seellé à la Cour de Parlement qui l'approuue, ou l'emende. Tous ces Iuges & Lieutenans ont leur Cour & siege, qui sont en nombre de cinq, qu'on appelle aussi Seneschaussées, sçauoir Pau, où est le premier, le second à Oloron, & les autres à Ortez, Morla & Sauueterre. Le Procureur general du Parlement a treize Substituts nommez & pourueus par le Roy auec attribution de gages, qui sont nommez Procureurs particuliers en vn tel Parsan ou quartier du pays, où ils ont leur fonction & exercice de leurs charges, pour informer chacun en son destroit de tous excez & delicts.

Le liure des Coustumes du pays est appellé le For de Bearn, terme emprunté de la haute Nauarre, dont les Coustumes s'appellent *Los fueros* [a], de mesmes que celles d'Arragon. C'est comme le registre gardien & tuteur de leur liberté, dont ils sont fort jaloux, & pour laquelle ils requirent l'intercession de la Reine mere du Roy, entrant en France, en luy faisant present d'vne vache d'or massif paissant en vn pré d'or. Le premier article oblige le Seigneur de Bearn à prester serment à son aduenement, qu'il rendra iustice à ses subjets sans exception, & le 8. oblige ses subjets au serment de fidelité. Le Roy reguant estant en Bearn fut requis & supplié d'obseruer le premier, sous la promesse qui luy fut faite, d'obeyr au 8. ce qui fut executé par le Roy, qui presta & receut le serment contenu au For, dequoy fut dressé acte.

[a] Forum.

Quoy que les Seigneurs de Bearn fussent souuerains, ils gardoient les coustumes du pays, que sa Majesté mesme a reseruées en son Edict d'Vnion, & iugeoient les differens de leurs subjets dans leur Cour Majour en dernier ressort. Cette Cour estoit composée des Euesques de Lascar & Oloron, & des douze Barons du pays. Et dés l'an mil deux cens vingt, sous Guillaume Raimond de Moncade, toute la puissance de cette Cour fut transportée aux Douze Iurats, esleus & choisis par les Bearnois, comme le monstre le sieur de Marca en son histoire de Bearn liu. 6. ch. 22. 23. 24. Mais Alain de Labrit ayeul & curateur de Henry 2. Roy de Nauarre, erigea vn Conseil ordinaire à Pau; duquel & de la Chancellerie de Nauarre seant à S. Palais, le Roy a fait vn corps & Cour de Parlement de Nauarre seant à Pau, par Edict de l'an mil six cens vingt, & autre du mois de Iuin de l'an mil six cens vingt-quatre, auec commutation de la charge de Vis-Chancelier de Nauarre en vn office de troisiéme President audit Parlement, ou pour tenir rang du iour de la reception de Vis-Chancelier. Cette Cour est composée de quatre Presidents, vingt vn Conseiller, vn Procureur general, deux Aduocats generaux, & de deux Chambres, l'vne ciuile & l'autre criminelle. Par le mesme Edit de 1620. les actes de Iustice doiuent estre faits en langue Françoise.

Le Domaine de Bearn reuient par années communes à la somme de septante-cinq mille liures : On y comprend les Monnoyes tant de Bearn que de la basse Nauarre, lesquelles s'afferment conioinctement : Celle de Pau est en forme de moulin sur l'eau du Gaue, l'autre est à Morlas : On y fabrique vne espece de monnoye particuliere marquée d'vne croix & de la premiere lettre du nom du Roy, couronnée auec deux vaches, [b] qui sont les armes du pays. Il y a vn Thresorier du Domaine, & vn du Fisc, auec prouisions & gages du Roy. La Donation des Estats se leue par cinq Receueurs en tiltre d'office, qui remettent les deniers entre les mains du Thresorier general des finances de la maison de Nauarre, ou de son commis resident dans le pays.

[b] Vaquetes. les six valent vn sols.

La Chambre des Comptes de Pau, & celle de Nerac, ont esté vnies & erigées en Chambre des Comptes de Nauarre par Edict du Roy donné en Auril 1624. pour iuger des cõptes des Domaines de Nauarre, Bearn, Foix, Bigorre, Nebousan, Aure, Magnoac, Nestez, Marsan, Albret, Armagnac, Rodez, &c. auec deux Presidens,

18. Maistre des Comptes, vn Procureur, vn Aduocat general & deux Secretaires. Lors que les biẽs Ecclesiastiques estoiẽt incorporez au domaine, il y auoit vn Procureur Ecclesiastique. Les Tailles sont reelles en Bearn, & tous ceux qui possedẽt fiefs ou maison noble sont receus aux Estats, & ont pareils priuileges que les Gentils-hommes d'extraction, lesquels y jouyssent de l'exemption des dismes par le benefice des Prestres du pays, qui les leur remirent en consideration de la défaite des Gots ; qui estoient entrez en Bearn, & ne se reseruerent que les premices, dont ils viuent ; le tiltre d'Abbé que plusieurs Gentils hommes y portent, peut proceder de là. Les Estats, la Cour de Parlement & la Chambre des Comptes n'ont point d'autre siege que la ville de Pau, ornée des plus beaux jardins de France, auec de tres-belles figures releuées & faites de cyprés, & honorée de la naissance du Roy Henry le Grand. Le Bearn que nous auons qualifié souueraineté, a esté estimé par aucuns vn fief releuant du Duché de Guyenne, surquoy sont interuenus des arrests de la Cour de Parlement de Thoulouse, sous le Roy Louis douziéme & sous Philippes 3. Roy de France, le Vicomte de Bearn fut condamné d'en faire hommage au Roy d'Angleterre, Duc de Guyenne. Le sieur de Marca President au Parlement de Pau, a dressé l'histoire de Bearn, auec vne cognoissance & curiosité fort singuliere. Le Baron de Nauailles, dont la terre est à la maison de Benac en Bigorre, tient le premier rang dans les Estats. La succession de Lescon & de Lautrec a esté recueillie par la maison d'Andoins, entrée dans celle du Comte de Gramont par les femmes. Les autres Baronnies sont Coarrase, Miossens & Gerderest, qui sont à vn mesme Seigneur ; le Baron de Myossens Seigneur de Pons en Xainctonge, du nom & armes d'Albret, dont il est yssu par masles, est de la maison de Bearn par les femmes. Monein a esté substitué à la Baronnie de Miremont distraite du Bearn depuis fort long temps. Il y a plusieurs autres maisons anciennes, sçauoir Sansons, Incamps, dont est le Seigneur de Loubie, &c.

Le droit de battre monnoye de cuiure, d'argent & d'or, dans la ville de Morlas, est vne marque de la Souueraineté des Princes de Bearn, & cette monnoye dont la valeur aux sols & deniers est plus grande que de ceux de France d'vn tiers, n'est plus en cours, si ce n'est en taxes de Iustice, & autres actes comme des sols & liures parisis, dans les Greffes de France. Ce droit appartenoit en proprieté aux Vicomtes & Seigneurs de Bearn, qui en auoient la possession depuis six cens ans, surquoy le lecteur doit voir le ch. 16. du liu. 4. de l'hist. de Bearn par le sieur Marca.

Religion. Les Euesc hez du pays sont Lascar bastie sur les ruines de l'ancien *Benearnum*, & Oloron [a], auec trois Abbayes, sçauoir Luc, la Reole & Saobalade. Ils ont seance en la Cour de Parlement de Pau. La Religion pret. reformée fut receuë en Bearn, comme au reste de la France, mais elle y fut establie & soustenuë de l'authorité de la Reine Ieanne femme d'Anthoine de Bourbon Duc de Vendosme, ayeul du Roy regnant, laquelle en fit profession ouuerte, & fauorisa ceux de ladite Religion à l'exclusion des Catholiques qui furent priuez des charges, & des Ecclesiastiques, dont les biens furent vnis au Domaine, & appliquez à l'entretenement des Colleges. Le Roy Henry quatriéme restablit les Euesques, auec l'exercice de la Religion Catholique en vingt-quatre lieux, & en toutes les Eglises de Patronage lay. Le Roy regnant, apres les arrests donnez en son Conseil dés l'année mil six cens dix-huict, pour la main-leuée des biens Ecclesiastiques, fut dans le pays en l'an mil six cens vingt, où il restablit entierement l'exercice de ladite Religion, par le changement de l'Estat & gouuernement du pays, qui estoit entre les mains de ceux de la Religion pretenduë reformée depuis l'année mil cinq cens soixante-trois. Le nombre des Catholiques est beaucoup moindre és villes d'Ortez, où est aussi vn College, de Sauueterre, Sallie, & Belloc, & és lieux de leur voisinage. Les Eglises pretenduës reformées du Bearn estoient censées de France, auant l'vnion du pays, ce que l'Edit du Roy de l'an mil six cens vingt mentionne, comme ayant esté accordé au traicté fait à Lodun. Il y a vn College de Iesuites estably de nouueau.

[a] Iluro Antonino.

PAYS DES BASQVES.

a Gascogne.

LE pays des BASQVES, comme nous auons remarqué cy-deuant [a], peut auoir pris nom des Gascons ou Vascons anciens, qui l'ont premierement habité auant qu'habiter dans la Nouempopulanie, à laquelle ils ont donné leur nom. Noms.

Il commence à la coste de la mer de Bayonne, suiuant qu'elle s'estend iusques à Fontarabie, & delà il s'aduance vers l'Orient tout le long des monts Pyrenées, qui bornent l'Espagne. Sa longueur est de quinze lieuës de Gascogne, & sa largeur de six ou sept. Confins.

On le diuise en trois diuerses petites prouinces ou Iurisdictions, sçauoir le pays de Labourd, la basse Nauarre, & le pays & Vicomté de Soule. La Biscaye & Guipuscoa, où est Fontarabie, pays possedez par le Roy d'Espagne, comme voisins & aucunement conformes en langage, peuuent estre aussi pays des Basques, estans mesme compris sous le nom des Cantabres anciens. Diuision.

b Ios. Scal.

Le pays de Labourd, *Lapurdensis tractus* [b] est composé de vingt-trois grands bourgs ou villages, dont les principaux sont S. Iean-de-Luz & Siboure, situez sur la coste de la mer, à vne grande lieuë de Fontarabie. Il n'y a qu'vn pont entre les deux bourgs, posé sur vn grand canal de la riuiere de Niue, par où le reflux de la mer monte tous les iours, de sorte qu'on les peut prendre pour vn seul, qui est vn des bons bourgs de France, & vn beau port de mer, quoy qu'en celuy qui suit, nommé Vstarits soit le siege de la Iustice du pays, auec Baillif Royal, son Lieutenant de robe-longue, & Procureur du Roy, ressortissant au Senechal de Lannes, & siege de Bayonne, au Presidial d'Aqs, & Cour de Parlement de Bordeaux. Il y a outre ce quelques iustices des Seigneurs, sçauoir és lieux de Guissen, Bardos & Vrt, appartenans au Comte de Gramont, en la Baronnie d'Espellete, & au lieu de Macaye, Vicomté pour la Iustice moyenne & basse [c]. Le bourg d'Andaye n'est separé de Fontarabie que par la riuiere de Bidasso, laquelle est mitoyenne entre les Roys de France & d'Espagne. Pays de Labourd.

c Au sieur de Belsunse.

La mer Oceane luy est au Couchant, la riuiere de Bidasso, la Iurisdiction d'Iron en la prouince de Guipuscoa, trois valées de la haute Nauarre, sçauoir la Terre de cinq villes, la valée de Lerin & la valée de Bastan au Midy; la basse Nauarre au Leuant, & la Bidouse auec l'Adour au Nord. Sa longueur est de cinq lieuës, & sa largeur d'autant. Confins & estenduës.

Il est arrousé de la riuiere de Niue, apppellée *Errobi* au langage du pays, qui descend des montagnes de la basse Nauarre, & vient de trois sources, dont l'vne est pres de S. Iean-de-pied-de-Port, l'autre en la terre de Baigorry, & la 3 en celle d'Ossez. Apres auoir passé à Iatsu, Cambo, & Vstarits, qui sont du pays, elle se ioint auec l'Adour, & les deux entrent dans la mer à vne lieuë de Bayonne, iusques où elle est nauigable depuis le lieu de Cambo, & produit de tres-bon poisson & de toutes sortes. Le pays répond à l'Euesque de Bayonne, comme il est mesme qualifié és anciens Conciles [d].

d Episc. Lapurdensis.

La NAVARRE est vn nom nouueau, demeure des Gascons & des Cantabres. La basse Nauarre confine au pays de Labourd du Couchant, à la haute Nauarre & à ses contrées, sçauoir les valées de Bastan, de Valderro, de Ronceuaux & d'Ahescoa du Midy, au pays de Soule du Leuant, & au Bearn ressort d'Aqs & souuraineté de Bidache du Nord. Elle n'a pas plus d'estenduë que le pays de Labourd, & peut auoir six lieuës de longueur & de largeur. Basse Nauarre. Noms. Confins.

Elle est diuisée en diuerses contrées & Iurisdictions, sçauoir Cize, Mixe, Ostabarez, Arberone, Baigorry, & Armendarits. Sainct Iean-de-pied-de-Port, estoit anciennement la capitale, auec forteresse située sur vn haut rocher, & démolie à present. Le Capitaine qui y commandoit se disoit Garde de la terre de Nauarre deçà les Ports, c'est à dire deçà les monts Pyrenées, au pied desquels la Diuision. Villes & lieux.

ville est assise, auec quelques restes de murailles & fossez. C'est *Imus Pyrenæus* dans l'Itiner. *d'Antonin.* [a]

Sainct PALAIS, ou S. Pelage, est fermé de la riuiere de Bidouse d'vn costé, assise en lieu fort esleué, close de quelques murailles, & de deux fossez, auec vne porte à chaque bout de la ville. La Bastide-Clarence a des restes de murailles & fossez, & deux portaux. Ostabat est petite ville, au Seigneur de Luxe. Garris n'est point fermé, c'est le siege de la Iurisdiction de Mixe. Larçabau est au Roy, ville fermée auec double fossé. La Baronnie de Lantabat est aussi dans le pays, auec plusieurs autres lieux dans les Iurisdictions susmentionnées, qui portent diuers tiltres de fiefs, sçauoir Gramont & Luxe Comtez, Meherin & Chaux Vicomtez, & autres terres nobles, dont les Seigneurs ont entrée aux Estats, en grand nombre [b], sans y comprendre plusieurs maisons affranchies de tailles par les Roys, qu'on y appelle Remissionnées.

a Sarita en ses Notes. P. Marca hist. de Bearn.

b 105.

Bidache. La Souueraineté de Bidache est situé entre les pays de Labourd & la basse Nauarre: C'est vn bourg assez beau, dont le terroir peut auoir trois ou quatre lieuës de circuit, assis sur la Bidouse qui commence à y estre nauigable, & reçoit tous les iours le reflux de la mer. La terre est du patrimoine des Comtes de Gramont, lesquels y pretendent souueraineté, qui leur est contestée par les Officiers du Roy: Il y a vn chasteau tres beau & fort, lequel a resisté à l'armée de l'Empereur Charles le Quint, il y croist plus de vin qu'en Basque, à cause que le lieu est plus esloigné des monts Pyrenées, & on y parle Gascon. Les mines de fer n'y sont pas trauaillées.

Qualité. La basse Nauarre est montueuse, aspre & bien peuplée; les terres qu'on y cultiue auec grand labeur sont d'assez bon rapport en froment, auoine, & plusieurs sortes de millet, & entr'autres de celuy que les habitans y appellent Panis, auec fruicts à noyau & à pepin. Il y a peu de vignes, qui neantmoins produisent du vin delicat: La venaison & le gibier n'y manquent point: Les habitans y font du cidre en abondance, qu'ils appellent Pommade, & en Basque *Sagarnoua* [c]. Ils ont à cet effect grande quantité de vergers à pommes, la boisson en est de fort bon goust, & d'vn vsage ordinaire au peuple: Il y a des eaux minerales à Laccarre.

c Sagar, pomme. Arnou, breuuage.

Mœurs. Les bas Nauarrois ont vne belle disposition de corps, sont fort bons pietons & adroits à tous exercices, courtois, nez aux lettres & aux armes, propres en habits, diserts en leur langue, qu'ils ont en grande estime, dequoy nous parlerons encor cy-dessous. La Noblesse s'addonne fort à la chasse, est vaillante, affable & splendide en meubles, habits & cheuaux. Les Damoiselles sont habillées à la Françoise, & les autres portent les cheueux flotans sur les espaules & bien peignez, auec colets plissez comme des peignoirs, & fraizes de toile de coton, ayans le reste de leur habit fort propre & gay, & l'assortiment d'vne beauté naturelle, grace à bien danser, & vne douceur attrayante & modeste, meslée de complexion amoureuse, sçauoir les filles qui gardent vne foy inuiolable à leurs amans, & pour les femmes, l'amour & l'adultere y sont presque incognus.

Richesses. Le pays est estroit & peu cultiué, de sorte qu'il n'a pas des fruicts pour nourrir ses habitans la moitié de l'année, excepté du cidre, dont ils ont leur prouision. La haute Nauarre, le Bearn, & la Chalosse les pouruoyent de vins, & Bayonne de bleds. Ils ont de grands bois & amples pasturages par tout, auec vn herbage bon & sain, de sorte que tout leur bestail est de bonne vente, & les cheuaux quoy que petits sont en estime & recherchez. Ils tirent aussi de l'argent de leurs laines, vont vendre partie de leurs pourceaux en Espagne, & les chairs salées sont portées à Bayonne & autres villes de France, où les jambons de ce pays-là, comme ayans vn goust particulier & agreable, sont estimez sur tous autres. Ceux de la frontiere vendent les toiles de lin, la volaille, & autres petites denrées en la haute Nauarre.

Forces. Il n'y a point de forteresse dans le pays, & les villes y sont mal fermées, les habitans peu aguerris, toutesfois courageux, de sorte que le Roy en pourroit tousiours tirer mille hommes de pied, bons soldats, bien armez & habillez, si c'estoit mesme pour aller recouurer la haute Nauarre.

L'entier Royaume de Nauarre est partagé en six Merindades, Bailliages ou

Gouuernemens, dont le premier est celuy de Pampelune, sejour des Roys: le second celuy de Estella, où est la principauté de Viane, titre des aisnez de Nauarre: le troisiesme celuy de Tudelle: le quatriesme Olite: le cinquiesme Sanguoessa: & le sixiesme est celuy de sainct Iean de Pié-de-Port, que les Espagnols appellent *Terra de Bascos*, ou *Vltrapuertos*, [a] parce qu'il est à eux delà les monts Pyrenées qui separent ceste partie qui est la Basse Nauarre, de la Haute au pont d'Arraneguy, qui est entre Ronceuaux & sainct Iean de Pié de Port. Ferdinand Roy d'Arragon appuyé de l'authorité spirituelle du Pape Iules second en l'an 1513. occupa sur Iean d'Albret, qui auoit espousé Catherine Royne & heritiere de Nauarre, de Bearn & autres terres que nous auons desia descrites, les cinq premieres Merindades, qui sont toutes delà les monts; la derniere & plus grande fut conseruée aux successeurs de la Royne Catherine, dont est issuë Ieanne d'Albret Royne de Nauarre, & ayeule paternelle du Roy Louys treiziesme heureusement regnant. Ce fut Henry II. Roy de Nauarre, qui erigea la Cour ou Chancellerie seante à S. Palais, auec le corps des trois Estats, lesquels s'y assemblent encores sous l'authorité du Roy; & pour la Chancellerie & Iustice souueraine du pays, elle a esté vnie au Conseil de Pau, par Edict du Roy, donné au mois d'Octobre de l'an 1620. & autre de l'an 1624. souz le nom de Cour de Parlement de Nauarre, seante à Pau, en laquelle doiuent estre deux Conseillers natifs & originaires de la basse Nauarre. Le mesme Edict de l'an 1610. porte vnion & incorporation de la Couronne de Nauarre à celle de France. Les Iurisdictions inferieures qui ressortissent au Parlement sont exercées ou par des Baillifs & leurs Lieutenans, nommez Alcaldes, qui sont comme Iuges Royaux, ou par les Consuls des villes & villages, outre les hautes Iustices des Barons, dont on appelle aussi au Parlement. Les Consuls ou Iurats de sainct Iean de pied-de-Port ont la Iustice criminelle, non seulement pour l'instruction, mais aussi pour le iugement au fonds, sans prendre aduis de la Chancellerie de sainct Palais, comme ils faisoient auparauant; & de leurs ordonnances est appel au Parlement; ce qui a esté reglé par l'Edict du Roy de l'an 1624. lequel establissoit aussi vn Seneschal en la basse Nauarre, mais il fut reuoqué par vne Declaration du Roy, en la mesme année. Le Bearn & la basse Nauarre ont vn mesme Gouuerneur pour le Roy.

a Garibay lib. 25 c.5.

La ferme du domaine ne monte communément qu'à la somme de quatre mille liures. La monnoye establie à sainct Palais est au mesme titre & alloy que celles du Bearn. Le Roy n'impose rien sur le pays, mais les Estats font annuellement vn don à sa Majesté, qui reuient le plus souuent à la somme de huict mille liures, qui se leue sur les biens des roturiers. La recepte de ces deniers, de mesme que du domaine & du Fisc, se fait par vn mesme Thresorier, qui a prouisions & gages du Roy, & compte en la Chambre des Comptes de Pau. Leurs coustumes generales sont semblables à celles de Bearn, & sont redigées en vn volume appellé For, en langue Bearnoise; il y en a outre ce des particulieres & locales. Auant l'Edict d'vnion ils se seruoient du langage Bearnois en la Chancellerie & Iustice.

Capots. Nous auons fait mention dans la Bigorre d'vne race particuliere & separée du commun, nommez Capots ou Cagots. [b] Le Bearn & la basse Nauarre en ont parmy eux, & par leurs coustumes non seulement ils sont exclus de toutes charges & honneurs, mais aussi le mariage & la conuersation familiere des autres auec eux sont defendus: Ils ne peuuent porter armes, & viuent comme en esclauage sous diuers noms de Chrestiens, Gezits, Gezitains. On en void aussi dans la haute Nauarre, où l'on les nomme Agotes ou Cagotes. On les croid communement descendus des Goths des Sarrazins qui auoient autresfois occupé ce pays souz leur Roy Abderama.

b Chiens Goths.

Religion. Il n'y a point d'Euesché dans la basse Nauarre, mais elle respond partie à l'Euesque de Bayonne, & partie à celuy d'Aqs. Il y a fort peu d'habitans faisans profession de la Religion pretenduë reformée.

Noms. Le pays & Vicomté de SOVLE estoit anciennement appellé *Cuberoa* [c] par les Basques, & depuis a eu le nom de Soule, *Subola* pour s'estre maintenu seul dans l'obeyssance des Roys de France, parmy les pays dont il est enuironné.

c Vous estes chaud en langage Basque.

Confins. La basse Nauarre luy est au Couchant, & la haute ez vallées de Saluzar & de Roncal, auec les monts Pyrenées & la vallée d'Ansо en Arragon, au Midy, & le

Bearn au Leuant & au Nord. Son estenduë est presque esgalle à la basse Nauarre, mais il n'est pas si bien peuplé.

Villes & lieux. La principale & seule ville est Mauleon auec vn Chasteau fort d'assiette, & la ville est assise sur la riuiere de Sazon, qui descend des Pyrenées auec deux sources, l'vne au lieu de saincte Grace, & l'autre à Larraon: Elle est rapide & non nauigable, produisant des truites excellentes, & abondamment. Les autres lieux sont saincte Grace, Abbaye auec Eglise Collegiale composée d'vn Doyen ou Abbé, & de douze Chanoines, & assise au haut des monts Pyrenées sur la lisiere de la haute Nauarre; Montory, Tardets, Barcinx, & grand nombre de Parroisses. Le Capitaine du Chasteau de Mauleon exerçoit anciennement la Iustice du pays, assisté de la Noblesse, & particulierement de dix Gentils-hommes, qu'on appelloit Potestats. Tous les susdits bourgs, sauf saincte Grace, ont Iustice moyenne & basse, & la haute appartient au Iuge general du pays, seant à Lizarre pres de Mauleon, dont les appellations pour les cas Presidiaux vont au siege Presidial d'Aqs ou de Bordeaux, à l'option de l'appellant. Les Edicts du Roy des années 1620. & 1624. auoient attribué ce pays au Parlement de Pau, mais par arrest du Conseil du Roy sur les oppositions & grande instance des habitans, il a esté rendu au Parlement de Bordeaux, où ils ont mieux aymé ressortir. Le Chasteau de Mauleon a vne garnison entretenuë auec Gouuerneur, qui l'est aussi du pays, & depend de celuy de Guyenne. Le pays a eu ses Vicomtes, & n'a esté entierement reüny à la Couronne que sous les regnes de Charles huictiesme & Louys douziesme. Pour le spirituel, il respond à l'Euesque d'Oleron, lequel y a vn Vicaire & Official.

Qualité du pays des Basques. Outre ce que nous auons dit de la basse Nauarre, qui fait partie du pays des Basques, on remarque en general, que l'air y est temperé en toutes saisons, de sorte qu'on y void des personnes de fort longue vie, & peu de malades. Les monts Pyrenées sont plus hauts en la basse Nauarre, qu'au pays de Labourd, & beaucoup plus au pays de Soule qu'en la basse Nauarre; tellement que les habitans ne retirent pas leur prouision de grain. Ils recueillent du froment & du millet, dont le menu peuple s'entretient. Le froment y est exquis, & le pain tresbon: Les vignes rapportent peu, & coustent beaucoup à entretenir: mais le cidre supplée à ce defaut. Les Pyrenées de ce pays produisent quantité de beaux sapins pour les masts des nauires, & des simples rares [a]. On y descouure aussi des veines d'or, d'argent, de fer & de cuiure, mais les habitans ne sont pas curieux de les rechercher. On y void des eaux minerales, qui ont esté experimentées, & sur tout celles de Cambo au pays de Labourd sont en reputation, où l'on vient du costé de France & d'Espagne.

[a] Rapontic. Hellebore. Gentiane.

Mœurs. Les habitans sont pleins de franchise & de viuacité, d'humeur agreable, grands danseurs auec leurs tambours, dont Scaliger fait mention [b], fort fideles & liberaux. On ne les void ny gueres riches, ny pauures aussi, & point de mendiants, qui soient du pays mesme. Quant à leur langue, de laquelle il n'est pas comme de leurs mœurs descrites par Strabon [c], & desquelles ils n'ont rien aujourd'huy, c'est vne des langues primitiues ou matrices moindres, d'entre les vnze que Ios. Scaliger a posées, dequoy nous auons parlé ailleurs amplement [d], où nous renuoyons le Lecteur, & dirons icy que le langage Basque est si particulier, & s'escrit auec vne si grande difficulté, qu'il n'y a point de langue en laquelle on voye moins de liures, iusques-là que les trois pays dont nous venons de parler, [e] & qui en vsent, ont esté contraints d'emprunter vne langue estrangere pour escrire leurs contracts & les actes de Iustice. Ceux de Soule & de Labourd se seruent de la langue Françoise, & la basse Nauarre de la Bearnoise, sauf en quelques Iurisdictions subalternes plus proches de la frontiere, où ils vsent de la langue Espagnole ou Catalane. La langue Bearnoise est entenduë en la plus part du pays, sur lequel on remarque de plus, qu'il s'y trouue des sorciers, & en a esté fait quelque recherche & punition au pays de Labourd.

[b] Li. 1. Poet. c. 18.

[c] Li. 3. Geog. Cantabri.

[d] Discours general de l'Europe & de la France, Languedoc.

[e] Labourt basse Nauarre Soule.

Richesses & forces. Le pasturage du bestail, & le traffic que tout ce pays en fait en Espagne, est la richesse de ceux qui habitent dans les montagnes. Les autres qui se trouuent proches de la coste de la mer au pays de Labourd s'adonnent fort à la nauigation, & voyagent aux terres neufues, à la pesche des moluës, dequoy ils retirent de grandes commoditez, & à Orogne village situé sur la mer pres sainct Iean-de-Luz se fait la pesche des baleines qu'ils tuënt à coups de flesches, les sçauent couper, & en cuire les huiles, ce que les Holandois apprennent d'eux, qui en tirent grand profit. Il n'y a point d'autre place gardée que le Chasteau de Mauleon au pays de Soule, & les autres villes du pays sont mal fermées ou point du tout.

Nous auons parlé amplement de tout le gouuernement de la basse Nauarre, & de Soule; le pays de Labourd respond à la Cour de Parlement de Bordeaux, apres la premiere cognoissance du Baillif de Labourd en toutes matieres ciuiles & criminelles, reseruez quelques cas dont le Seneschal des Lannes au siege de Bayonne cognoist en premiere instance, & par appel és causes ordinaires, comme nous auons desia dit. Le Gouuerneur de Bayonne l'est aussi du pays de Labourd. La deduction des premiers Roys de Nauarre à commencer par Enneco Comte de Bigorre est doucement estallée par le sieur Marca liu. 2. ch. 8. & suiuants de son histoire de Bearn.

LANGVEDOC.

LE LANGVEDOC est la premiere Narbonnoise dans la diuision que l'Empereur Auguste fit de toute la Gaule en dix-sept Prouinces, & fut appellée depuis *Septimania* [a], des soldats Septumans ou de la septiesme legion des Romains logée à Beziers, d'où les peuples de la ville & des enuirons furent dits Septumans [b], & *GOTHIA*, par les Goths, qui s'en saisirent l'an 500. ou enuiron. Le nom de Languedoc ne vient pas des Goths, comme aucuns [c] ont creu : mais du terme oc, qui est l'oüy des autres Prouinces de France. Le mot d'Auenterre vsurpé par Nicole Gilles pour ce grand & noble pays est incogneu aux Historiens, comme les Modernes [d] ont remarqué. Noms.

a Sidon. li. 3. ep. 1. Greg. Tur. li. 8. c 29

b Plin. l. 3. c. 4 Mela li. 2. c. 5.

c Myræus Geogr Eccl. Pasq. lib. 1. c 3

d Catel. hist. du Langued.

Il est borné du Rosne au Leuant, de la mer Mediterranée & des monts Pyrenées au Midy, de la Garomne au Couchant; des riuieres du Tarn, de Tescou, de l'Aueyron & de Biaur, auec les montagnes de Roüergue & d'Auuergne, au Septentrion. Confins.

Les riuieres qui arrousent le Languedoc, & qui entrent en la mer Mediterranée, sont le Rosne, Vistre, Vidourle, Berange, Salazon, le Lez, l'Amausson, Pallas, Eraut, Orb, Aude, & Berre. Riuieres.

Le Rosne dont la source est ez Alpes, trauerse le pays de Valais, puis le lac de Lausanne, d'où il sort à Geneue, & arriue à Lyon, où la Saone le joint, & en ce long cours reçoit plusieurs grandes riuieres, & delà passe le long du Viuarez à sainct Pierre-des-boeufs, où commence le Languedoc, à Serieire, Peraud, Andance, Tournon, & prez de Crussol, à Soyon, Charmes, Beau-chastel, la Voulte, au Pousin, à Bays, Rochemaure, à Teils, à Viuiers, au Bourg, au Pont-sainct-Esprit, Roquemaure, Lers qui est vn Chasteau en Isle, sainct André, Aramont, Vallebregue, Ville-neufue lez Auignon, Beaucaire, Fourques, sainct Gilles, Pecais, & en ce long cours separe le Daufiné & la Prouence du Languedoc, le long du Viuarez & des dioceses d'Vzez & de Nismes, & reçoit les riuieres suiuantes du mesme costé du Languedoc, le ruisseau de Limonin passant en vn village de mesme nom, & faisant la separation du Lionnois d'auec le Viuarez, (aucuns toutesfois disent que c'est Chauanay) puis Cansé qui suiuant aucuns passe à Annonay; le Dous venant du Vellay, passant à saincte Agreue & se perdant dans le Rosne à Tournon; Erieu venant des Boutieres, quartier du Viuarez, separant le haut d'auec le bas Viuarez, & entrant dans le Rosne à Beau-chastel; Ardeche, qui passe à Vogueer & à Aubenas, & separe l'Vzeige du Viuarez depuis l'emboucheure de Chassezat qui passe aux Vans, & fait ceste separation depuis son commencement ; Ceze qui vient des Ceuenes d'Vzez, passe à sainct Ambrois, à Bagnols, & entre au Rosne à Codolet; le Gardon qui est double, d'Alez & d'Anduse, venans tous deux des Ceuennes, & passans l'vn à Alez & l'autre à Anduse & se ioignans à Ners, d'où le Gardon entier passe à Bocoyran, sainct Anastaziers, & sous le Pont de sainct Nicolas à vne lieuë d'Vzez, reçoit Rosne.

Alzon, qui naist au dessus de la mesme ville, au dessous de laquelle il reçoit Eysfene, & se perd dans le Gardon qui passe en suite prez de sainct Priuat souz vn pont dit du Gard ou Gardon, l'vne des plus belles antiquitez de l'Europe, ayant trois ponts voûtez l'vn sur l'autre, dont le plus haut seruoit de conduit d'eau d'Vzez à Nismes, dont les vestiges se trouuent encor non loing delà, & finalement se iette dans le Rosne à Coms.

Vidourle. Vidoul le Sourd au dessous du Chasteau de sainct Roman ez Ceuennes, passe à sainct Hippolite, à Sauue, Quissac, & Sommieres, & entre en l'estang aprez auoir receu le Vistre, qui vient de Nismes, & passe à Bernis.

Berangé naist au dessus de Castries, passe à Fontmagne, à sainct Brez, & se rend en l'estang non de Taur, mais de Perols.

Salazon passe au Chasteau de Salazon & au dessous du Crez, & entre en l'estang.

Le Lez. Le Lez, *Ledum*, a sa source en la Val-de-Montferrand, passe à Prades sous Montferrier, à Castelnau, & prez de Montpellier sous le pont Iuuenau, & entre en l'estang à Lates, apres auoir receu l'Arrieyre, ou Merdanson petit ruisseau qui passe contre Montpellier.

L'Amausson naist au dessus de Grabels au diocese de Montpellier, passe au pont de l'Amausson, & entre en l'Estang.

Pallas passe pres de Loupian, & se perd en l'Estang. On croid qu'il se nomme ainsi d'vn temple voisin, ou de ses masures, dit de Palias, la Deesse.

Eraud. Eraud prend sa source du Mont-aygual ez Ceuenes, passe pres de sainct Guilhem le desert, d'Agnane, de Gignac, Montagnac, & Pesenas, puis à Castelnau de Guers, pres de sainct Tibery, de Florensac, & à Agde, & delà se rend en la mer Mediterranée, receuant en ce chemin Arré de Vigan, Vis du Larsac, Buege de sainct Iean, Lergue de Lodeue, Boïne de Lezignan, Peyne de Pesenas, & Tougue de Valros.

Orb. Orb vient des montagnes de sainct Pons de Tommieres, passe pres de Bedarrieus, Cessenon, à Besiers sous vn pont de pierre, à Ville-neuue lez Besiers, & se perd dans la mer au dessous de Serignan, où il fait vn Grau ou Canal: Il reçoit Vernesobre de sainct Chignan, la Iau de sainct Pons, & Vieoussan.

Aude. Aude, *Atax*, vient des Pyrenées, passe à Angles, Puech-Valadon, Querigut, Mijanés & Sou au pays de Donesan, à Axat, Balbianes, Quilhan, Couisa, Alet, Limous, Coffolens, Carcassonne, Trebés, Marseillete, Pechairic, & à Narbonne par vne Robine ou Canal fait à la main depuis Salleles; le vray Aude passe à Coursan, & se iette en l'estang de Vendres au pas du Loup, le canal de Narbonne va dans l'estang de Bages à la Nouuelle. Il reçoit la riuiere de Fresqueil qui passe à Villepinte, à Alfonne & pres de Carcassone, où il se perd dans Aude; Argentdouble qui passe à Caunes, Rieux & Liran; Cesse qui passe à Cabesac & à Bisan; & Orbieu passant à la Grasse.

Berre se perd en l'estang de Bages, & passe à Sijan.

Latet. La riuiere de Latet est du pays & Comté de Roussillon, qui est voisin du Languedoc, & appartient à la Gaule & à la France mesmes par plusieurs raisons qui seront deduites ailleurs. Elle vient des Pyrenées, passe à Olite, Ioncet, Ville-Franque, Vinsa, Rodés, Ilha, Perpignan, & Canet, où elle entre en la mer.

Garomne. Les riuieres susmentionnées entrent en la mer Mediterranée. La Garomne qui naist ez Pyrenées en la Val-d'Aran appartenant au Roy d'Espagne, pres de Boussost, vient à Fos premier village de France, à sainct Beat, Valentine qui est vis à vis de sainct Gaudens, au Foure ou Houre, où elle reçoit le Salat, à Caseres & Carbonne au delà de Garomne, quoy que du Languedoc, à Marquefaue & à Muret au delà de Garomne, & à Toulouse, reçoit le petit Lers, passe pres de Castel-Sarrasin en Languedoc, & reçoit le Tarn à la pointe de Moyssac en Quercy, & delà costoyant la Gascogne & le reste de la Guyenne iusqu'à Bordeaux se descharge dans la mer au dessous de Blaye, receuant plusieurs belles riuieres, dont aucunes sont du Languedoc, sçauoir le Salat qui naist ez Pyrenées en Castillonnez, passe à sainct Girons, sainct Lesé, Saliés, & se rend en la Garomne au Foure; Voulp qui se iette en la Garomne à Tersac; l'Arise qui vient des Pyrenées, passe à Durban, au Mas d'Azils & à Rieux, & se rend dans la Garomne à Carbonne; l'Ariege qui sort des Pyrenées, passe à Ax, Tarascon, Foix, Barilhes & Sauerdun en Foix, à Cinte-Gabelle, Haute-riue & Benerque, & se ioint à la Garomne à demie-lieuë delà. Dans l'Ariege entrent Larget pres de Foix, apres auoir passé par la Verguesere: & Lers, dit de Foix, à la difference de l'autre, & naissant à la Fontestorgier ez Pyrenées, passant à Chalabre, Mirepoix, Caudiés, Belpuech, Cinte-gabelle, & au dessus d'Auteribe se perdant en l'Ariege, Lalese passant à sainct Ibars, Lezat, & sainct Supplice, & entrant dans l'Ariege; & Lers, dit le Petit, qui naist pres le Mas sainctes Pucilles en Lauraguais, passe à Montgiscard & pres de Castelnau & se iette en la Garomne, apres auoir receu Giron, qui passe à Loubens, Verfoeil & Garidech.

Le Tarn sort de la montagne de Losere en Geuaudan, passe par le Geuaudan à Florac, Espagnac, Quesac saincte Eremie, & sainct Chely, & par le Roüergue à Compeyre, Millaud, Creissels, & sainct Rome, puis par l'Albigeois à Ambiler, Albi, Galhac, l'Isle d'Albigeois, Rabastens, & finalement par Ville-longue, Villemur & Ville-Bourbon partie de Montauban, & se iette en la Garonne, separant le Languedoc d'auec le Quercy depuis son emboucheure dans la Garomne iusqu'au Tescon qui fait ceste separation, laquelle est faite vn peu plus haut par l'Aueyron, qui separe en suite le Languedoc d'auec le Rouergue. Tarn.

Le Tarn reçoit le Tarnou petite riuiere; Dourbie qui vient des Ceuennes, & se iette dans le Tarn pres de Millud; Sernou qui sort de saincte Eularie en Lodeues, passe à sainct Rome de Sernou, & se iette dans le Tarn pres de la Sorgue, qui vient de pres du Chasteau de Sorgue, & passe à Cornus; Agout qui vient des montagnes de la Caune, trauerse le Castrés, passe à Fraysse, Brassac, Roquecourbe, Castres, la Vaur, sainct Paul & Damiate, receuant en ce chemin Caulet, Toret, Durenque, Dadou &c. Tascou petit ruisseau qui entre dans le Tarn à Montauban, & separe le Quercy du Languedoc, & l'Aueyron qui vient du Roüergue, passe à Rodés, Ville-franque & Najac au mesme pays, & au Chasteau de la Guepie en Languedoc, où il prend le Biaur, à sainct Antonin en Roüergue, & Negrepelisse en Quercy. Le Biaur vient du Roüergue, & se separe de l'Albigeois, passe à Segur, Bonnecombe, Tanus, Pampelone, pont de Sirou, & au pont de la Guepie, où il se iette dans l'Aueyron: Il reçoit Lezert qui vient du Roüergue, passe à Sauueterre & à Castelmari, où il commence à separer le Roüergue d'auec le Languedoc, & se rend dans le Biaur au Port de Mirandol. Le Serou qui venant du Roüergue passe à Rosieres, Monestiers & Cordes, se iette en l'Aueyron au dessous de Milhars en Albigeois.

Loire prend sa source en la montagne du Gerbier de Ion pres de Concourin en Viuarez, passe à Goudet, & delà en Velay pres du Puy, Monistrol, sainct Rambert, & pres de plusieurs autres lieux du mesme pays, & va dans le Forests & autres Prouinces de France. [a]

a Discours general de la France. Riuieres.

Allier naist en Geuaudan dans la forest de Mercovre, ou selon aucuns d'vn lieu nommé la Verune en Viuarez, passe par les Concoules, Lengoigne & autres villes & lieux dudit pays, faisant la separation du Velay d'auec le Geuaudan, passe à Pont-de-Chasteau, à Marengue en Auuergne, à Moulins en Bourbonnois, & delà se va ioindre auec le Loire, où il perd son nom entre Moulins & Neuers.

Les monts Pyrenées appartiennent aucunement au Languedoc, non seulement parce que le Foix, qui n'en a esté distraict que par l'authorité de ses Comtes, & n'enuoye point aux Estats du pays, à cause de l'exemption des tailles dont il iouyt, en est vne partie; mais aussi d'autant que les montagnes de Sault separent le diocese de Narbonne, d'auec le Comté de Roussilon. Mais le mont Gebenna, ou *Cemmenus*, qui sont nos Ceuennes d'aujourd'huy, est entierement du Languedoc, dequoy nous auons parlé ailleurs [b], & dans la description de la Prouince en ses belles parties, nous en ferons mention, & de ce qu'il y a de montueux. Montagnes.

b Discours general de la France, Montagnes

Les forests y sont en grand nombre: mais il y en a moins au bas qu'au haut Languedoc, là où celle de la Gresigne en Albigeois emporte le prix non seulement dans la Prouince, mais bien loing au delà. Forests.

Il y a peu de belles maisons, pour la grande estenduë de la Prouince. On en peut toutesfois marquer quelques-vnes, sçauoir Preignes au diocese de Besiers, Lauagnac en celuy d'Agde & pres de Montagnac, Canet pres de Clermont, Ceyras sainct Felix pres de Gignac au diocese de Lodeue, Sallcles pres de Narbonne, Belles maisons.

bonne, Villalliers pres de Carcassonne, la Grange-des-Prez lez Pesenas, Graullet & Castel-fadese en Albigeois, au Comte d'Aubijous, Gay prez de Castres, au Comte de Bieule, les deux Espinets, la Cipierre & Fontaine-lestang à l'entour de Toulouse, sainct Priuat pres d'Vsez, la Verune, prez de Montpellier, Monpeyroux.

Ports. Toute la coste de la mer depuis le Rosne iusqu'au Comté de Roussillon est bordée d'estangs, qui ont des Graus ou Canaux que l'impetuosité de la mer ouure ou change de temps en temps, par lesquels à trauers la plage la mer est iointe aux estangs, de sorte que les vaisseaux d'Italie, d'Espagne & de la Barbarie abordent aux lieux assis pres des estangs, comme sont Ayguesmortes, Perols, Lates, Frontignan, Marseillan, Serignan, Vendres, Narbonne, la Nouuelle, Laffranquit, & autres. La seule ville d'Agde a l'abord fort aisé par l'emboucheure de la riuiere d'Eraud, & on y a trouué vn lieu fort propre, là où par ordre du Roy & de l'Eminentissime Cardinal Duc de Richelieu, grand Maistre, chef & sur-Intendant General de la Nauigation & Commerce de France, l'on a entrepris de bastir vn port pres du cap d'Agde & de l'Isle de Brescou; qui sera tres-commode & capable d'vn grand nombre de vaisseaux, si la muraille qu'on y fait peut resister aux flots violents de la mer, poussez par les vents Orientaux & Marins, & s'il se peut garentir des sables que les mesmes vents y ietteront; car on le croid asseuré des vents Meridionaux par les rochers de Brescou, & des Occidentaux par les monts Pyrenées, quoy qu'esloignez, & des Septentrionaux par leur foiblesse pres du port, & par les collines qui les en couurent. Les riuieres de Garomne & du Rosne, qui sont grandes & profondes, ont autant de ports fort commodes, tout le long de leur cours, qu'il y a des villes & des lieux assis en leurs riuages.

On a proposé aux Roys François premier & Henry IV. diuers moyens de conionction des deux mers Oceane & Mediterranée, & depuis peu l'on en a fait vne nouuelle offre au Roy regnant & au Cardinal Duc de Richelieu, son principal Ministre, & pourueu de la charge d'où depend en particulier l'execution de cét aduis & conionction des mers, par vn canal nauigable, qui ne se peut faire qu'en la Prouince de Languedoc, à le prendre de la riuiere de Garonne en celle d'Aude, pour transporter toutes marchandises & autres choses de la ville de Narbonne en celle de Bordeaux, ou au contraire.

Diuision. La diuision plus ordinaire de ceste Prouince est par les vingt-deux dioceses ou Eueschez qui composent ses trois Seneschaussées anciennes, sçauoir Toulouse, Carcassonne, Beaucaire & Nismes, auec ses deux Generalitez, Toulouse & Montpellier, & la partagent en haut & bas Languedoc. Le haut comprend les vnze dioceses suiuantes, sçauoir Toulouse, Carcassonne, Albi, Castres, Mirepoix, la Vaur, sainct Papoul, Alet & Limous, Rieux, le petit Comenges & le bas Montauban, qui sont de la Generalité de Toulouse. Le bas consiste ez dioceses de Narbonne, Besiers, S. Pons, Lodeue, Agde, Montpellier, Nismes, Vsez, Viuiers, le Puy, & Mende, qui sont de la Generalité de Montpellier. Les pays, Duchez, Comtez, Vicomtez, Baronnies & autres Seigneuries anciennes ou nouuelles qui sont dans la Prouince, seront mentionnées ou comprises souz ceste diuision, auec les Seneschaussées nouuelles, & autres Iurisdictions inferieures. Les Estats generaux du Languedoc sont composez de ces vingt-deux dioceses. Le haut & le bas Languedoc s'entretouchent entre Carcassonne & Narbonne, au lieu de Trebés.

Haut Languedoc. Toulouse. TOVLOVSE est la ville capitale du Languedoc, *Tolosa* [a], *Volcarum Tectosagum*, siege des Rois Goths [b], & nom de leur Royaume, ville tres-ancienne & colonie des Romains, qui a eu son petit Senat & vn Capitole, où les Capitouls se sont assemblez long-temps apres, [c] auec Amphitheatre, dont les masures se voyēt pres de la ville contre le Chasteau S. Michel, au terroir des Ardenes, ou Arenes [d], où sont aussi des traces d'Aqueduct, & pres de la Cypiere, le cami [e] des Arcs, & autres marques d'antiquité en certains Temples qu'on a creus estre de Iupiter, d'Apollon & de Pallas. [f] C'est encor' aujourd'huy la seconde ville de France, capitale de la Langue d'oc, & qui ne cede qu'à Paris, soit pour son circuit, soit pour ses autres aduantages : neantmoins les Anciens la baillent encore plus grande, & composée de quatre [g] ou cinq [h] villes; les diuers assauts qui luy ont esté liurez par les Goths, Sarrazins, Anglois & autres, en ont sans doute causé

a Cæs. Plin. Mel. Iust. Strab. Ptol.
b Iornand. hist. Goth. c. 31. Isid. Chr. Goth. Cassiod.
c Catel. Mem. du Langued.
d Idem.
e Chemin.
f Catel.
g Auson. in Tolosa.
h Id. ep. ad paulin. 25.

quelque dechet. Elle a esté autresfois diuisée en bourg & cité auec separation de murailles, Magistrats, officiers & reuenu, y ayant douze Capitouls dans la ville, & autant au bourg; mais l'an 1346. le bourg fut enfermé dans la ville, de sorte que depuis fort long temps il n'y reste plus de difference entre ville & bourg; & pour le nombre des Capitouls & des regions de la ville, il a esté fort diuers, & finalement remis en l'année 1438. à huict quartiers & Capitolats, qui sont la Daurade, sainct Estienne, le Pont-vieil, la Pierre, la Dalbade, sainct Pierre de Cuisines, sainct Barthelemy, & sainct Sernin. Celuy de la Daurade est le premier qui comprend 868 maisons dans le corps de la ville, ou dans le faux-bourg sainct Cyprien. L'Eglise de la Daurade en est la principale, & est fort ancienne, de mesme que l'Eglise de sainct Nicolas au faux-bourg S. Cyprien, ou *Sant Subra*. Le Conuent des Religieux de sainct Dominique, l'Eglise sainct Ignace, ou la maison professe des Peres Iesuites, les Conuens des Religieuses de saincte Claire de sainct Subra, & des Vrsulines, l'Hospital de la Graue pour les pestiferez, le grand Hospital sainct Iacques à S. Subra, le College de S. Nicolas ou de Mirepoix, celuy des Iesuites auec leur Nouitiat, la Viguerie, la Foraine, le pont de S. Subra ou de la Daurade, ou Pont-neuf à la difference du Pont-vieil, quoy qu'il soit fort ancien, la place de la Daurade, & le lieu des marchez publics, qui n'estoit autresfois qu'vn pré ou jardin, la Capelle ou place Redonde, & celle des Peyrolieres, & les portes Pinte ou Peinte, de Taillefer, qui est fort ancienne; & de l'Isle sont en ce quartier. La Daurade.

Le Capitolat de S. Estienne prend nom de l'Eglise Cathedrale & Metropolitaine, s'estend iusqu'aux faux-bourgs; & contient 1300 maisons. L'Eglise sainct Estienne est fort vaste & bien bastie, auec plusieurs Chapelles [a] voûtées autour du chœur. Au grand Autel de la parroisse est representée en relief, & trauaillée industrieusement l'histoire du decez de la Vierge Marie. L'edifice du chœur de l'Eglise, qui auoit esté bruslé en l'an 1609. fut refait à neuf, plus magnifique qu'auparauant. Le Cloistre est plus ancien que le reste de l'Eglise, & s'y voyent des statuës ou Images Gothiques à demy relief. Les Eglises S. Iacques, de sainct Sauueur, qui est fort ancienne, auec son grand Cimetiere, de S. George, de sainct Rome, de S. Albin, le Conuent des Religieuses de S. Pantaleon, les Chapelles des Penitens Blancs, Noirs & Bleus, le College de S. Martial, fondé par le Pape Innocent VI. l'an 1359. la maison Collegiale de Bolbonne appartenant à l'Abbé de Bolbonne au Comté de Foix, l'Archeuesché, la maison commune ou Hostel de ville auec son grand & petit Consistoire, & ses belles sales, où sont celebrez les premiers iours de May les jeux floraux [b] instituez par Dame Clemence, releuée en marbre dans l'Hostel de ville, pour les exercices de Rhetorique & de Poësie, & l'Arsenal sont en cét endroit; & à l'Archeuesché sont ioignans l'Officialat, ou lieu de la Iustice de l'Euesque, le Metropolitain, ou Cour de l'Archeuesque, la Chambre des Decimes, l'Escarlate ou prisons des Ecclesiastiques. Les places de S. Estienne, auec la fontaine ou Grifoul, de S. George, auec le Pylory ou Eschaffaut pour l'execution des condamnez, des Clotes, de sainctes Carbes, de Montolieu, & de Roaux, s'y voyent aussi, auec les portes de sainct Estienne, de Montolieu, & la porte neuue. S. Estienne.

[a] 14.

[b] L'Anglatine P. Fab. Agon. li. 11. c. 10. & li. 1. c. 31.

Le Capitolat du Pont-vieil n'a que 275 maisons: Ce pont est de structure Romaine ou Gothique assez grossiere. L'Eglise de S. Benoist des Fueillans, les Conuens des Religieuses de saincte Scholastique, des Repenties, & des Hospitalieres de sainct Iean de Hierusalem, la Bourse, ou le lieu de la Iustice du Prieur & Consuls des Marchands, auec le beau pont de pierre & de brique, qu'on a basty de nouueau, commencé depuis l'an 1544. & acheué depuis quelques années, la Cage, d'où l'on plonge d'ancienneté les blasphemareurs dans la riuiere de Garonne, la Halle, le Chay-Redon ou Caue Ronde, la porte de Muret & la Caualerie appartenant aux Cheualiers de Malte, sont de ce quartier. Pont-vieil.

Le Capitolat de la Pierre ainsi nommé d'vne place ou marché de ce nom, est tout dans la ville, & n'a que 414 maisons: On n'y void que l'Eglise de sainct Geraud, autresfois de sainct Pierre, le Conuent des Augustins, & la place Mage auec sa Croix. La Pierre.

La Dalbade contient 748 maisons qui sont dans la ville, dans l'Isle de Tonis, ou dans les faux-bourgs. L'Eglise de la Dalbade est tenuë par les Peres de l'Oratoire depuis l'an 1620. & ils font les offices ausquels le Curé & les Prestres La Dalbade.

estoient tenus. L'Eglise de S. Iean, le Conuent de la petite Obseruance fondé par Louys XI. & tenu par les Recollects, depuis l'an 1501. le Conuent de saincte Claire, l'Eglise de Nostre-Dame du Feretra ou Feretral, l'Inquisition, le Temple, l'Isle de Tounis, ou de S. Antoine, qui est dans la riuiere de Garõne, peuplée d'artisans, auec son pont basty de brique, qui va depuis la ville iusqu'à l'Isle, les moulins du Chasteau Narbonnois, & le port Garaut sont de ce Capitolat.

S. Pierre de Cuisines. S. Pierre de Cuisines prend nom de l'Eglise & Parroisse de ce nom-là, & a 838 maisons dans l'enceinte des murailles de la ville. Les Eglises & Prieurez de S. Quentin & de S. Iulien, la Chapelle saincte Radegonde, les Cordeliers ou la grãde Obseruance, les Conuens de la Mercy, du tiers Ordre de S. François, des Minimes, des Capucins, des Chartreux, (acheué de bastir l'an 1612.) des Religieuses du tiers Ordre fondé de nouueau, auec les Penitens Gris y appartiennent. Le College de Foix fondé par Pierre Cardinal de Foix l'an 1454. auec deux belles Bibliotheques, l'vne de liures manuscripts & l'autre de liures imprimez, ceux de S. Raymond, de Narbonne, fondé par Gaubert Archeuesque d'Arles & de Narbonne, l'an 1342. de Papillon, de Secondat, & celuy de l'Esquile commencé à bastir l'an 1561. continué en 1583. 1590. & 1608. aux despens de la ville & par les soins des Capitouls, pour les langues Hebraique, Grecque & Latine, auec la sale de la Theologie, bastie l'an 1327. les sales ou estudes du Droict Canon & Ciuil, basties l'an 1518. les escholes de Medecine remises par les Capitouls l'an 1600. les moulins du Basacle, qui estoient prés d'vn chasteau, dit *de Badaclo*, auec la porte de mesme nom, & celle de las Croses, & le port de Vidou, sont de ce Capitolat.

S. Barthelemy. S. Barthelemy s'estend dans la ville & dans le faux-bourg, & sans comprendre le Palais, ny la Seneschaussée, il y a 38 moulons, qu'on appelle, contenans 914. maisons. L'Eglise S. Barthelemy, appellée dans les anciens actes, Chapelle Royale, celle de S. Michel, la Chapelle de nostre-Dame de Nazareth, & autres, auec les Conuens des Carmes, de la Trinité, & des Carmes Deschaussez y appartiennent. Le Palais assis au lieu où estoit anciennement le chasteau Narbonnois, la plus forte place de tout le pays, & qui estoit encore sous le Roy Charles VI. auec la sale de l'Audience bastie en l'an 1492. la Conciergerie, où estoient anciennement les prisons des Comtes de Toulouse, la Chancellerie, la Table de Marbre, la Seneschaussée depuis transferée au lieu appellé Mirabel, les prisons des Hauts-murats, [a] le tout enclos dans le Palais, où sied le Parlement, sont de ce quartier, auec la Threforerie, où sont les titres du Roy, & les Thresoriers de France sont seans, la Monnoye, & les portes du chasteau & de Montgaillard. a Hautes murailles.

S. Sernin. Le 8 & dernier quartier est celuy de S. Sernin, qui est de la ville & des faux-bourgs, & contient 580 maisons. L'Eglise de S. Sernin, qui est fort belle & ancienne, où sont enterrez les Euesques & les Nobles, [b] & les anciens Comtes ont leurs tombeaux, & celle du Taur ou Taureau, auec les Cõuents de saincte Croix ou S. Orens, des Benedictins reformez estably de nouueau, des Religieuses de S. Sernin, de saincte Catherine de Siene, des Carmelites, fondé de nouueau, y appartiennent. Les Colleges de S. Bernard, de Perigord (fondé par le Cardinal de Talayran, de la maison des Cõtes de Perigord) & de Magalone; les Cours du Seneschal, Viguier & Iuge d'Appeaux, auec les portes d'Arnaud-Bernard, de Pesonuille, de Villeneuue & de Matebiou, sont de ce Capitolat. Les Capitouls ont vn pareil pouuoir chacun dans son quartier, & sont nobles durant & aprés leur année. Ils ont les clefs & la garde de la ville, auec Iustice criminelle, Cour & prisons, & autres priuileges; leurs Images demeurent dans l'Hostel de ville aprés leur année, comme il se pratique pour le Preuost des Marchãds & les Escheuins de Paris, & pour les Consuls de Montpellier. La Seneschaussée de Toulouse est de fort grande estenduë & de la description precedente se recueille que tous les ornemens & cõmoditez d'vne puissante ville s'y rencontrent, l'assiette sur vne belle riuiere, [c] auec le cõmerce & traffic auec Bordeaux & autres bõnes villes de France, la richesse de ses habitãs, la Iustice souueraine de la Prouince, en vn Parlement, qui est le second de France, soit pour son institutiõ qu'il a mesmes d'vn tẽps esgal à celle du Parlement de Paris, [d] soit pour l'estẽduë de son ressort & les bonnes qualitez de ses Iuges; vn siege Metropolitain, vne fameuse Vniuersité, vn riche & magnifique Hostel de ville; vn pont qu'on estime comme vne des merueilles du Royaume, grande quantité d'Eglises, auec de precieuses Reliques, des Conuents, Colleges & autres bastimens publics, & nombre infiny de

b Cimetiere des Nobles.
c Garonne.
d Philippes le Bel.

maisons particulieres tres-bien basties, le reste estant basty de brique, laquelle n'est pas desagreable.

Il y a plusieurs villes & bons lieux qui sont ez enuirons de Toulouse, ou de son diocese, sçauoir Castelnau de Strettesons qui est à mille pas ou enuiron de la riuiere de Garomne; Grisolles, assez prés de la Garomne, où l'on trauaille de bons ciseaux; Auteriue petite ville, sur l'Ariege à quatre lieuës de Toulouse & prés de Comté de Foix, auec Buset sur le Tarn, Iudicature Royale; Carmaing, Mont-joyre, *Mons-jouis*, bourg & Chasteau, qui en sont à pareille distance. Les villes ou bourgs de Bresueil, à l'Archeuesque de Toulouse, de Castanet, Pompignan, Fronton, aux Commandeurs de Malte, S. Sulpice sur le confluent de l'Agout & du Tarn, Montastruc, Auriac, S. Iulian, Grepiac, Miramont, Fourqueuaux, Belpuech de Garnaguez, Aussonne, Quint, Vieille-Toulouse à vne lieuë de Toulouse, S. Iory, & plusieurs autres lieux qui sont des Vigueries de Villelongue, de Rieux, ou du Temporel de l'Archeuesque, sont compris dans le Diocese, qui s'estend plus auant que le pays, qu'on peut appeller le Toulosan.

a Ptolem. b Plin. CARCASSONNE est vne ville fort ancienne, *Carcaso Volcarum Testosagum*,[a] *Carcassum*.[b] Elle a deux parties, Ville & Cité, separées par murailles, & police de chaque Communauté, & par la riuiere d'Aude, auec vn beau pont de pierre au dessus, & des faux-bourgs à chaque costé. La ville est assise en bas, le long de la riuiere, bien bastie, & les ruës fort droites, auec vne place quarrée, du milieu de laquelle on void les quatre portes de la ville, qui est bastionnée & en bon estat de defense. La Cité domine la ville, est entournée d'vne double muraille, auec fossez à fonds de cuue; le Chasteau a son Gouuerneur pour le Roy, & morte paye, auec les Archifs pour la garde des titres, non seulement de la ville & Seneschaussée, mais aussi de plusieurs endroits du Royaume, où l'on void des actes tres-anciens, & d'vne escriture diuerse, sur les escorces d'arbres, fin linge, & autre matiere, comme aussi toute sorte de vieilles armes, harnois & machines de guerre. C'est le siege du Seneschal, siege Presidial, & de l'Euesque, dont le diocese se trouue assis entre ceux de Narbonne, Mirepoix, sainct Papoul & Toulouse. Le Preuost & Connestable pour la Iustice ordinaire du Roy y est aussi seant, & dans la ville ou bourg est le Viguier de la ville & Viguerie. Carcassonne.

Les villes ou bourgs du Carcassés ou du diocese sont la Grasse petite ville & Abbaye, en Corbiere, contre la riuiere d'Orbieou; l'Abbaye de Nostre-Dame prés de Carcassonne; Campendut, l'vne des vingt-deux Baronnies des Estats du pays, à la maison de Pordiac en Gascogne; Montolieu, petite ville & Abbaye contre le ruisseau d'Alsau; Ville-longue, Abbaye; Marseillette contre l'estang qui en prend nom; Puecheric, petite ville & Baronnie; Trebes, au Roy, sur Aude; S. Hilaire, Abbaye; Villemoustousson, Baillie Royale; le Mas de Cabardés; Ceissac, Marquisat nouueau, à la maison de Guilhems de Clermont; Montreal, petite ville & Chastellenie Royale, auec Eglise Collegiale; Villalier, bourg & belle maison à l'Euesque de Carcassonne; Cossolens, l'vne des vingt-deux Baronnies des Estats; Conques, bourg au Roy, contre le Fresquel, où est vn ouuroir de draps tres-bons & de toutes sortes, depuis la toison des laines iusqu'à la derniere teincture, fabriqués par les Saptes; Dousens, Commanderie de Malte; Marmorieres, qui peut prendre nom des marbres qui sont en ces quartiers; Cabaret; Alsonne, petite ville, contre le Fresquel; Alayrac; Salleles, bourg & belle maison sur Aude; la Caunete, bourg où l'on a trouué vne mine d'argent; Preyssan, Baronnie à la maison de Mirepoix.

La Iurisdiction du Seneschal est de fort grande estenduë, comprenant l'entier diocese de Carcassonne, partie de celuy d'Alby, & l'entier diocese de Castres.

c Greg. Tur. li. 3. ALBI, *Albiga*,[c] ou *Albia* des Daciens, sur le Tarn, est la ville capitale du païs d'Albigeois, & le siege d'vn Euesché. Le Roy n'y a qu'vn Viguier, Iuge des sousmissions des contracts & des cas Royaux, d'autant que l'Euesque est Seigneur de la ville. Au bourg du bout du pont y a vn Lieutenant du Iuge d'Albigés, par emprunt, en la place du lieu d'Artés. L'Eglise Cathedrale est tres-belle & bien seruie, y ayant plus de trente Chanoines, & prés de 50 Prestres, outre l'Eglise Collegiale de S. Michel, & autres, auec plusieurs Conuents. Les reuenus de l'Eglise y sont fort grands, & l'Euesque a plus de 50 ou 60 mille liures de rente par années Albi.

communes. La ville est close de bonnes murailles & fossez, la riuiere qui passe sous vn beau pont prés des murailles ayde à son traffic, & la rend riche & marchande, auec la fertilité de son terroir en bleds, vins & pastels.

Albigeois. L'Albigeois comprend les dioceses d'Albi & de Castres, auec plusieurs Iudicatures, sans perdre son nom, & auant l'erection de l'Euesché de Castres, ce n'estoit qu'vn seul diocese: neantmoins parce que nous suiuons l'ordre des Eueschez, nous ne comprendrons sous l'Albigeois que le seul diocese d'Albi, comme c'est aussi l'opinion d'aucuns, que le pays & le diocese ont icy mesmes bornes. L'Albigeois, compris le Castrés, peut auoir douze lieuës de long, & huict à neuf de large, de la Senasse à sainct Antonin en Roüergue.

Le diocese d'Albi est entre ceux de Castres, de S. Pons, & du bas Montauban, & entre le Quercy & le Roüergue. Ce diocese tient ses Estats particuliers, aprés que ceux de la Prouince ont esté tenus, les Ecclesiastiques, Barons, & Consuls des villes principales y assistent; le mesme se practique en Vellay, Geuaudan & Viuarez, comme il sera dit en son lieu.

Les villes & lieux sont Lescure, petite ville close, l'vne des Baronnies des Estats de ce diocese; Ville-franque, clos de murailles, au Comte d'Aubijous, du nom d'Amboise; Castel-vieil, petite ville close sur le Tarn; Girossens, ville & Chasteau, Capitainerie & siege du Iuge de Terrebasse, au Roy; Orbaing, bourg fermé; Bonnecombe, Abbaye; Treuas, Baronnie alienée par la maison de Ventadour; Milhars, maison du Comte de Cessac; du nom de Casilhac, en Quercy; Cestairols, Baronnie des Estats du diocese; Riuiere, Baronnie à la maison de Cheuerry; Galhac, l'vne des douze villes maistresses du diocese, sise contre le Tarn, siege principal du Iuge d'Albigés, Abbaye sous le nom de sainct Michel de Galhac & Commanderie, lieu renommé pour ses bons vins; Valence, petite ville close de murailles & fossez, l'vne des douze maistresses, dont le benefice est de l'Archidiacre de l'Eglise Cathedrale de Montpellier, l'vn des sieges du Iuge d'Albigés, & Clauairie; Ambilet, Vicomté & lieu fort contre le Tarn, au Baron du Pujol en Guyenne; Paulin, Vicomté & fort Chasteau; Realmont, l'vne des douze maistresses, prés de la riuiere d'Adou, auec Preuosté Royale & Clauairie, petite ville, mais marchande & forte, close de bonnes murailles, auec quatre portes qu'on void toutes de la place; Lombers, Chasteau & ville ruinée, Baronnie ancienne au Roy, comme Comte de Castres, auec Iuge Royal, l'vne des douze villes maistresses, à laquelle Denat a succedé, à cause de sa ruine; Artés; bourg sur le Tarn, au Roy, ancien siege du Iuge d'Albigés, qui est aujourd'huy au bout du pont d'Albi; Cahusac de Vere, l'vne des douze villes maistresses; Denat, petite ville close, à l'Euesque d'Albi; Berens, bourg, auec port, & vn Lieutenant du Iuge du Comté de Castres; la Graue, petite ville & Chasteau sur le Tarn; la Guepie contre la riuiere de Biaur, où elle se perd en Aueyron, qui met le Chasteau en Albigeois, & le bourg en Roüergue; Pechbegon, bourg & Clauairie; Candelh, Abbaye, Cuniale, petit bourg, & titre de grande Baronnie, au Roy; Coffolens, bourg au Roy, à l'emboucheure d'Agout dans le Tarn; Florentin, petite ville fermée, au Marquis de Mirepoix: Cadalen, l'vne des douze villes maistresses, & l'vn des sieges du Iuge de Terrebasse, au Roy; l'Isle d'Albigeois contre le Tarn, l'vne des villes maistresses, & l'vn des sieges du Iuge d'Albigés; Rabastens sur le Tarn, ville maistresse du diocese, Clauairie, & l'vn des sieges du Iuge d'Albigés; qui a donné nom aux anciens Vicomtes de Paulin; Saluagnac, ancien Chasteau & petite ville, à la maison d'Arpajon; Montmiralh, ville au Roy, auec Chasteau, qui s'appelle aussi Castelnau de Montmiral, l'vne des villes maistresses du diocese; Pene, ville & Chasteau de garde, au Roy, contre la riuiere de Vere, l'vne des villes maistresses; Cordes, ville sise sur vne colline en façon de donjon, close de trois murailles, proche de la riuiere de Serou, l'vne des villes maistresses & des sieges du Iuge d'Albigés; Monesties, petite ville & Baronnie, à l'Euesque, contre le Serou, auec vn Chasteau proche, dit Combefa, à l'Euesque, l'vne des villes maistresses; Castelnau de Leuis, petite ville close proche du Tarn, Baronnie des Estats d'Albigeois, & de ceux de la Prouince, auec vn beau Chasteau; Pampelonne, petite ville au Roy, & l'vn des sieges du Iuge d'Albigés; Pont de Sirou; Alban; Villeneuue; sainct André, clos de murailles auec vn bon & fort Chasteau, & quelques autres.

CASTRES, *Castra*, ou *Castrum*, ancien Comté est vne ville assise sur la riuiere d'Agout, qui separe la ville en deux & la partie qui est vers le Midy; nommée ville Goudou, comme qui diroit ville Goudou. Elle est capitale du diocese, & siege d'vn Seneschal Comital pour le Roy, & vn Iuge d'Appeaux, qui vont au Seneschal de Carcassonne. La Chambre de l'Edict my-partie d'vn President & de Conseillers de la Cour de Parlement de Toulouse, & d'vn President & Conseillers de la Religion pretenduë reformée y est seante, en nombre de dix Conseillers de part & d'autre. Castres

Le diocese confine auec ceux de la Vaur, S. Pons & Albi. Les villes & lieux sont S. Amans de Valtoret, où passe la riuiere de Toret, à la maison de Boysseron; Castelnau de Brassac prés d'Agout; Roque-courbe, petite ville & Chasteau sur l'Agout; Vielmur, petit ville & Abbaye de femmes; Graulhet, Baronnie & belle maison, au Comte d'Aubijous du nom d'Amboise; Brassac; Briateste, petite ville & Chasteau de garde au Roy, siege du Iuge de Terrebasse; Damiate, autre siege du mesme Iuge, sur l'Agout; Burlats, sur l'Agout; Eglise Collegiale, Ambrez ancienne Baronnie, ayant entrée aux Estats du Languedoc, à present Marquisat, à la maison de Gelas de Gascogne; Lautrec, Vicomté au Roy; Venés, Baronnie; S. Geruais, ou S. Germier Vicomté, de la maison de Toulouse de Lautrec; la Cabarede, bourg en la Val de Toret; Valdurenque, à cause de la riuiere de Durenque; Seruiez, à la maison de Castelnau; Viane, bourg & Chasteau au Roy, dans le Comté de Castres; la Caune petite ville; Montfa, Vicomté de la maison de Toulouse; Villemagne, Abbaye, & autres lieux. Par Arrest de la Cour de Parlement de Paris du 10. Iuin 1519. le Comté de Castres, confisqué sur Iacques d'Armagnac, Duc de Nemours, par le Roy Louys XI. fut adiugé au Roy François I. nonobstant certaine donation dudit Comté, & l'Arrest fut executé le 25. Mars de l'an 1521. ce qui le reünit deslors au domaine & Couronne de France.

MIREPOIX, sur la riuiere de Lers, & est le siege d'vn Euesché, Baronnie ancienne, qu'on estime l'vne des vingt-deux des Estats du Languedoc: Elle appartient au Marquis de Mirepoix, du nom de Leuis, dont les predecesseurs auoient le titre absolu de Mareschal, & le Marquis s'est depuis nommé Mareschal de la Foy. Le Roy a part en la Seigneurie. Mirepoix.

Le diocese confine auec ceux d'Alet, de Pamies, de Carcassonne & de S. Papoul. Les villes & lieux sont Cintegabelle, petite ville sur l'Ariege; Gibel, Baronnie au Roy, qu'aucuns mettent dans le Comté de Foix; la Garde de Mirepoix, sejour ordinaire des Seigneurs de Mirepoix; Laurac le grand; bon bourg & vieil Chasteau, qui donne le nom au pays de Lauraguez (Laurac, dit Buc, est au diocese de S. Papoul) Leran, Baronnie à la maison de Leuis, puisné de celle de Mirepoix, qu'aucuns mettent en Foix; Fan-jaux, *Fanum Iouis*, ville où se tient l'Assiette & Assemblée du diocese, & qui est du Comté de Lauraguès; Monsegur, Vicomté à la maison de Leuis; la Roque d'Olm, l'vne des villes maistresses du diocese; Chalable, petite ville & Baronnie; Belesta[a] auec sa fontaine, qui a flux & reflux; le Carla (il y en a deux en ce diocese, & vn en celuy de Rieux) les Allemans, petite ville & Viguerie Royale; Puy-verd, Baronnie; le Peyrat, bourg auec ses mines de jayet. L'Abbaye de Bolbonne, qui est du Comté de Foix, est en ce diocese.

[a] Bel estang.

LA VAVR, sur la riuiere d'Agout, est au Roy, lequel y a vn Lieutenant du Iuge de Ville-longue. Elle est chef d'vn diocese, qui est entre ceux de Toulouse, Castres & Montauban. Ses villes & lieux sont la Gardiole, Baronnie, l'vne des 22 des Estats du Languedoc, à la maison de Foix, de Rabat; Soreze petite ville & Abbaye en Lauraguez, contre la riuiere de Sor, qui luy donne nom, suiuant aucuns; Cuq; Toulsa; Verdale; Haupoul; S. Germer, à la maison de Toulouse, de Lautrec; Reuel, petite ville au Roy; S. Amans; Puylaurens, ville & siege principal du Iuge de Ville-longue, auec Eglise Collegiale; S. Paul de Cadajoux, Eglise Collegiale; Anxillon, village & nom de famille; Engarrauaques en Lauraguès, à la maison de Vesins; Mazamet & la Bruguiere, petites villes; la Crosille, Vicomté; Auriac, outre celuy qui est au diocese de Toulouse. La Vaur.

S. PAPOVL, quoy que chef de l'Euesché, est vn petit lieu, appartenant à l'Euesque & au Roy situé dans le pays & Comté de Lauraguès, où est aussi la plus grand' part du diocese, qui est entre ceux de Toulouse, Mirepoix & Carcas- S. Papoul. Lauraguez.

sonne. Le Comté de Lauragués appartenant au Roy va dans les dioceses de Toulouse, la Vaur & Mirepoix, où est Laurac, qui luy donne nom. Le Roy y a vn Seneschal [a] & siege Presidial seant à CASTELNAVDARY, qui est la ville capitale du pays & Comté, où est aussi le Viguier du Lauragués, vne Eglise Collegiale, & vn Chasteau ruiné.

Castel-naudary. — [a] Demembré du Seneschal de Toulouse.

Les villes & lieux du diocese sont Villepinte, petite ville close, contre le Fresqueil; le Mas sainctes Puelles, petite ville ruinée pendant les guerres de 1622. Auignonnet, petite ville, au Roy; Laurac-le-Buc; la Pommarede, Baronnie; le Villarsauari, bourg; Fendelle, Baronnie; Villeneuue le Comtal, Baronnie; la Bessede, petite ville & chasteau; Bram, Chasteau; Proulhe, Abbaye ou Prieuré fort riche, de Religieuses de l'Ordre sainct Dominique.

Alet. Limous.

ALET, *Electum*, ancienne Abbaye, est vne ville assise sur la riuiere d'Aube, dans le terroir & Comté de Razés, *Reda*, où est aussi LIMOVS, ville fort proche d'Alet, & qui a esté le siege de l'Eueschê, transferé depuis en l'Abbaye d'Alet. L'Archeuesque de Narbonne tient vn Official forain à Limous, parce que le terroir de Razés luy a esté autresfois adiugé contre l'Euesque d'Elne au Comté de Roussillon: neantmoins pour les tailles Limous est rangé sous le diocese d'Alet, & c'est pourquoy on joint ces deux villes pour marquer la recepte du diocese.

Le diocese confine auec ceux de Narbonne & de Mirepoix, & auec les Comtez de Foix & de Roussillon, ou autres terres du Roy d'Espagne. Ses villes & lieux sont Arques, Baronnie des Estats du Languedoc, à la maison de Ioyeuse entrée en celle de Guyse, du nom de Lorraine; Costaussa; Couisa, Baronnie, à l'Archeuesque de Narbonne, sur la riuiere d'Aube; Quilhan, petite ville & Baronnie, au mesme Archeuesque, sur Aude; Caudies sur la Bolsane, petite ville & Iudicature Royale, dans le païs de Fenoulledes compris en ce diocese, auec celuy de Sault; Iocou, Abbaye, au païs de Sault; S. Paul de Fenoulledes, petite ville, sur la Bolsane, auec Eglise Collegiale; la Serpent, à la maison d'Ax; Montferrand, où sont des bains; Puylaurens, Chasteau de garde, en la frontiere de Roussillon; Querigut, que nous auons mentionné ailleurs, [b] & Castelfisel, Chasteaux gardez sur la mesme frontiere; Rennes, où sont aussi des bains. Limoux est vne ville agreable, assise sur la riuiere d'Aude, où sont de belles sources d'eau au pied de la montagne; c'est vn siege Royal, ressortissant au Seneschal de Carcassonne, de mesmes que l'entier diocese d'Alet, ou les pays y compris. Au pays de Sault il y a vn Baillif pour le Roy.

[b] Donesan en Bearn.

Rieux.

RIEVX est vne petite ville située sur la riuiere de Rise, erigée en Cité & Eueschê par le Pape Iean XXII. Son terroir & la ville mesmes se sont autresfois nommez de Voluestre, [c] & vn quartier du diocese, où la ville de Montesquiou est assise, qu'on appelle de Voluestre, en garde encores le nom, c'est possible de la riuiere de Volp, qui arrouse partie du diocese. Rieux est vne Iudicature Royale.

[c] Catel Mem. du Langued.

Le diocese qui confine auec ceux de Toulouse & de Pamiers, où le Comté de Foix s'estend en Gascogne & au delà de Garomne, comprend le Mas d'Azils, dont il a esté parlé au Comté de Foix; Calhers Abbaye, Galhac, Toulsa, petite ville à l'Abbé de Calhers & au Roy, siege du Iuge de Rieux, Feulhans, Abbaye; Lezat, Abbaye contre la Leze; Montesquiou de Voluestre, siege du Iuge de Rieux; Castagnac, Caseres & Carbonne sur la Garomne; Sales, Abbaye de femmes: S. Sulpice de Lezadois, siege du Iuge de Rieux. Noé: Marquefaue, petite ville: le Fossaret, siege du Iuge de Rieux.

Nous auons parlé du Comté de Comenges situé dans la Gascogne, & de la ville & Eueschê de S. Bertrand, bastie des ruines de l'ancien *Lugdunum Conuenarum*. Partie de ce diocese se trouue assis dans le Languedoc, & s'appelle communemét le petit Comenges, consistant en onze villes ou lieux, qui sont Valentine, ville maistresse sur la Garomne, ayant sainct Gaudens de l'autre costé de la riuiere, en la Gascogne, & Vicomté de Nebousan; il y a vn Lieutenant du Iuge de Riuiere; sainct Beat, petite ville, que la Garomne partage en deux, auec vn autre Lieutenant du Iuge de Riuiere. La ville est forte, assise entre deux montagnes qui luy seruent de closture, ses marchés sont frequentés par ceux de la frontiere d'Espagne. Les autres lieux ne sont pas importans. L'Archidiacre de Riuiere en l'Eueschê de Comenges seant à sainct Bertrand, est Prieur de sainct Beat. A cause des lieux susdits qui sont du Languedoc, l'Euesque de sainct Bertrand entre dans les Estats de la Prouince.

Petit Comenges.

Montauban.

Le Tarn & le Tescou separent le Quercy du Languedoc, & le Tarn met la ville de Montauban & plusieurs lieux de son diocese dans le Quercy, & le bourg dit Ville-bourbon auec les autres villes & lieux, qui sont de la Iudicature de Villelongue, & font le diocese du bas Montauban, dans le Languedoc; à cause dequoy, bien que Montauban auec quelques autres lieux du diocese soit du Quercy, l'Euesque a seance aux Estats du Languedoc, auec ses Consuls des villes & lieux à leur tour, sçauoir Castelsarrasin, ville & vieil chasteau démoly, au Roy, siege du Iuge de Villelongue: Monteich, petite ville, à vne lieuë de Montauban, autre siege du mesme Iuge: Montbeton Baronnie, à la maison de Caumont: Reyniés, Vicomté, à la maison de la Tour: Villemur, Vicomté auec chasteau sur le Tarn, au Roy: Dieupantale, qui donne nom à la maison de Marquestaud: Beauuais, où est le Iuge des rigueurs du seel mage & autres.

NARBONNE, *Narbo*,[a] *Narbo Martius*,[b] Colonie des Romains,[c] est vne ville fort ancienne & celebrée par toute sorte d'Autheurs, capitale d'vn Diocese, ville ou cité Maistresse, Archiepiscopale, & ayant Primatie, comme nous auons dit ailleurs:[d] selon Strabon elle est des Volques, Arecomiques, auec les villes de Besiers, Nismes &c. Elle a porté nom de Duché & ancien Vicomté, qui fut eschangé auec le Roy pour la terre de Nemours. Elle est pleine d'antiquitez & inscriptions Romaines, outre vne Hebraique qu'on y remarque. Il y a eu vn Capitole ou Palais ancien,[e] dont on void auiourd'huy les traces prés de la porte du Roy, où sont quelques marbres & ruines, que le vulgaire appelle Capduel, Capitole. Les Rois des Wisigoths se seruirent de ce Palais, qui fut depuis donné aux Archeuesques de Narbonne par les Rois de France, & abbatu l'an 1451. Ce qui est a remarquer de plus dans la ville, consiste en ses Eglises, où l'on void vn chef-d'œuure en peinture, representant le Lazare ressuscité, & au beau bastiment de l'Archeuesché. C'est vne ville fort importante encor' auiourd'huy, vne des clefs de France, frontiere à l'Espagnol, fortifiée de nouueau auec grande despense, comme nous auons cy-deuant remarqué.[f] Elle est diuisée selon sa largeur en deux parties par vn canal, qu'on appelle Robine, tiré de la riuiere d'Aude: celle qui est du costé de Besiers est nommée la Cité, & l'autre le bourg, & n'a que deux portes en tout, sçauoir celle de la Cité, nómée la porte du Roy, celle du bourg, la porte Connestable. Outre les Consuls, qui sont esleus annuellement de 26. familles de la ville, qui ont le principal soin de la garde & gouuernement d'icelle,[g] il y a vn Gouuerneur pour le Roy. Il y a vn ancien pont prés de Narbonne, qui auoit presque vne lieuë de longueur, pour passer les estangs qui se trouuent sur le chemin de Besiers, & finissoit au bord de l'estang de Capestang: les restes qu'on en void auiourd'huy ont le nom de Ponsorme. C'estoit vn ouurage des Romains, de mesme qu'vn autre grand pont, composé de plusieurs arcs de pierre, qui trauersoit le susdit estang, & a esté couuert & enseuely par les sablons.[h] La ville a esté beaucoup plus grande d'enceinte, & de plus grand commerce qu'elle n'est à present: la closture de ses murailles est nouuelle, faite aux despens des Euesques suffragants, & entr'autres de ceux de Nismes & d'Vsez. L'air n'en est pas sain, à cause de son assiette fort basse, & des estangs qui l'auoisinent. On y a battu monnoye anciennement, dequoy Sidonius mesmes fait mention, & les anciens Vicomtes l'ont fait battre sous leur nom dans la ville.[i]

Bas Languedoc Narbonne.

a Ptol. Polyb. lib. 4. Mart l. 8. ep. 71. Strab. li. 7.
b Plin. li. 3. c. 4. Mela Auson. in Vrb.
c Plin. Mela li. 2.
d Disc. gen. de la France. Religion.
e Auson. Sid. Greg. Turon. li. 1. de Mirac. c. 92.
f Disc. gen. de la France. Forces.
g Catel. Mem. du Langued.
h Idem.
i Idem.

Les villes & lieux du diocese, sans y comprendre Limous, qui est du Rasés, dont nous auons parlé au diocese d'Alet, sont S. Polycarpe, Abbaye: Capestang, petite ville & Baronnie, à l'Archeuesque de Narbonne, auec Eglise Collegiale: Carante Abbaye: Fontfroide, Abbaye ancienne en vn desert: Caunes, Abbaye: Pechserguier, Azilhe ou Azilhan, petite ville, auec vn Conuent de Religieuses: Perignan, Baronnie: Peyriac de mer, de Narbones, ou de Corbiere, bourg contre l'estang de Bages, auec des Salins: Peyriac de Menerbés, petite ville, Preceptorie de Malte: Ginestas, Clauairie du domaine du Roy: Oms, autre Preceptorie de Malte: Montbrun, Archipresbyterat: Rieux, petite ville, sur la Cesse, & ancienne Baronnie, l'vne des 22. des Estats du Languedoc, auec tiltre nouueau de Comté: Ferrals: Lusignan, petite ville sur le Taur, Baronnie & Chastellenie Royale, dependant du Comté de Castres: Talayran, Baronnie, dont les Seigneurs ont seance dans les Estats du pays: Mous: Roquefort, Archipresbyterat: Leucate, place & chasteau de garde, sur la frontiere d'Espagne, & proche du Comté de Roussillon, entre la mer & l'estang, dit de Leucate: Fitou, derniere poste de France en Roussillon, contre l'estang de Leucate: Roquefissade, chasteau de garde, sur la mesme frontiere: Termes, chasteau de garde & Archipresbyterat: Bages, sur l'estang appellé de son nom: Ajac, Archipresbyterat. Il y a quelques lieux de ce Diocese, qui sont du Comté de Roussillon. Le petit pays de la Corbiere qui est dans la montagne, & a Sejan pour sa capitale, à l'Archeuesque, où sont des salins, & celuy de Termenes sont en ce Diocese. L'Eglise Cathedrale de Narbonne a des Archidiacres de Corbiere & de Rasez. Le Conuent des Religieuses des Olieous est aussi dans le mesme Diocese.

Beziers. BEZIERS, *Batiræ*[a], *Bliterræ*[b], *Baterræ*, comme porte vne inscription en marbre, quell'on y void, ou *Iulia Bliterrensis*, est vne ville ancienne, colonie des Romains, *Septimanorum militum*, comme nous auons desia dit. On y marque les ruines & fondemens d'vn Amphitheatre, ou autre ancien bastiment dans le logis de la Croix blanche; la riuiere d'Orb passe contre la ville, & le Liron se joint à l'Orb dessous le pont. Le sejour en est fort agreable, tant pour la beauté de la ville, que pour celle de la campagne, qui rapporte toute sorte de bons fruits; les Eglises & les Conuents y sont en bon nombre: l'Eueschê & le College des Iesuites sont logez en fort belle assiete, en diuers endroits de la ville: & l'Eglise de S. Nazaire ne cede point à aucune autre de la prouince. C'est vn siege du Seneschal de Carcassonne, siege Presidial, & chef de Viguerie Royale.

[a] Ptolem.
[b] Plin. li. 3. c. 4.

Le Diocese confine auec ceux d'Agde, de Lodeue & de Narbonne, est proche de la mer & du pays de Roüergue. Les villes & lieux plus proches & autres sont Boujan, Serignan, contre l'Estang: Ville neuue-la-Cremade, ou lez Besiers, contre la riuiere d'Orb, Baronnie à la maison de Cardailhac de Bieule, & dont le Seigneur a seance dans les Estats de la prouince: Espondeillan, à la maison du Caylar: Magalas, Baronnie, à la maison de Malhac, contre le Liron, dont le Seigneur est l'vn des Barons des Estats depuis quelques années: Aumelas, Baronnie, Cabrieres, Chastellenie Royale & lieu ruiné: Casouls, Archipresbyterat, & beau lieu, Ionsels, Abbaye: Tezan, bon bourg fermé, au Roy, & donnant nom à vne famille de Gentils-hommes qualifiez dans le Languedoc, dont le Baron du Pujol est Chef, si ce n'est vn autre lieu de mesme nom dans le Diocese de Narbonne: Muruiel, Baronnie & petite ville à la maison d'Hebram: Faugeres, Baronnie, à la maison de Narbonne: Gignac, ville & chef de Viguerie Royale, pres de la riuiere d'Eraud: Ville-magne ou Valmagne, Abbaye: Cassan, bon Prieuré: Caux, petite ville & Baillie Royale: Bosigues, Baronnie, à la maison de Thezan du Pujol, Archipresbyterat: Seruian, Baillie Royale; Vendres, qui prend son nom d'vn ancien temple de Venus[c], contre l'estang dit de Vendres: Espiran, Abbaye; Becdarieus, petite ville close de deux riuieres & ruinée és dernieres guerres, à l'Abbé de Valmagne, & à la maison du Pujol: le Poget, Baronnie: Porcayragnes, bon bourg, où sont des Salins; Noyes, Roquebrune: Fontcaude, Abbaye.

[c] Ptolem. l. 2. c. 10. portus Veneris, Mela.

S. Pons. Sainct PONS, dit de Tommieres, est vne ville assise sur la riuiere de Iaur, & entre les montagnes, ancienne Abbaye erigée en Eueschê par le Pape Iean 22. L'Euesque en est seul Seigneur, & le Diocese est assis entre ceux de Castres, Alby, Narbonne & Besiers. Ses lieux sont Cessenon, petite ville & Chastellenie Royale, sur l'Orb; Ferrals, sainct Chignan-de-la-Corne, petite ville & Abbaye, au pied de la montagne de saincte Colombe, & sur la riuiere de Versenobre; Olonsac, au Roy: Siran, où est le siege du Iuge de Carcassonne pour le pays de Menerbez, Menerbe, chasteau de garde: Anglez, Chastellenie & Baillie Royale: la Saluetat, bon bourg où se fait le meilleur beurre du Languedoc: Olargues, Baronnie: Crusy, petite ville & Baronnie.

LODEVE est vne ville assise joignant la riuiere de Lergue, & dont l'Euesque est seul Seigneur, où il a haute Iustice, & vne Cour & prison rigoureuse, où les creanciers serrent leurs debiteurs en vertu de ses lettres. Il se dit Comte de Montbun, qui est vn chasteau joignant la ville, & tout le Diocese releue de luy. Lodeue a deux parroisses, & l'Abbaye de S. Sauueur, le Diocese n'en a que 48. & hors de la ville est vn tres beau Conuent de Recollects.

Le Diocese est assis entre ceux de Montpelier, Agde & Beziers, & joint le Roüergue. Clermont est la ville maistresse ou Diocesaine: Elle est riche & fort peuplée, son marché vaut vne bonne foire, pour y vendre toute sorte de bestail, & en pouruoir tout le bas Languedoc & les pays voisins: C'est vne des vingt-deux Baronnies des Estats, & porte tiltre de Comté, releuant de celuy de Mountbrun. Les autres lieux sont sainct Guilhem, dit le Desert, belle & ancienne Abbaye, sur la riuiere d'Eraud: Montpeyroux, Baronnie: sainct Guiraud: Lozieres, dont la maison de Temines porte le nom: sainct Felix, Vicomté: le Caylar de Lajou, Baronnie, auec fort chasteau à l'Euesque de Lodeue Albaïgue: le Bosc d'Oyras, à la maison de

Clermont del Bosc; Ceyras; Arboras, Abbaye de femmes, Canet, bon bourg, sur Eraud; les Deux-Vierges, Baronnie; sainct Iean-de-Fos, petite ville; outre les Ribes, Soubez, Pegueyrolles, Laurous & sainct Priuat qui sont en la montagne; & en la plaine, sainct André, sainct Saturnin, la Coste, Nebian, & plusieurs autres lieux ouuerts.

La riuiere de Soulondre qui passe entre la ville & le chasteau de Montbrun, naist à deux bonnes lieuës de Lodeue, & se joint auec Lergue au dessous de Montbrun: Les riuieres de Gourgas, de Laurous, de Salagou & de la Marguerite naissent dans le Diocese, & entrent dans Lergue, qui les reçoit toutes, & se décharge dans Eraud, qui costoye le Diocese durant quatre ou cinq lieuës és lieux de sainct Guilhem, sainct Iean-de-Fos, sainct André & Canet.

Les chasteaux de Montbrun, du Caylar, de Clermont, de Mallevieille, de Moresc, de sainct Michel & de Lozieres sont bonnes places & maisons de guerre, les belles maisons sont Canet, bastie à l'Italienne par le Cardinal de Clermont; Ceyras, bastie à la moderne & fort logeable, sur la riuiere de Lergue, accompagnée de belles fontaines, aux hoirs du Mareschal de Temines; & Montpeyroux, qui paroist depuis quelques années, & est d'vne tres-belle structure. Les montagnes de Lodeue ont deux fascheux passages, sçauoir le Pertus, où est vn Fort basty par les Anglois, & le pas de l'Escalete; par lesquels le Roüergue communique auec le Languedoc.

Il y a pres de huict cens fiefs se mouuans de l'Euesque: L'appel des Iuges & Seigneurs ressortit à la Viguerie Royale de Gignac, ou au siege Presidial de Beziers pour les cas de l'Edict. Il y a fort peu d'habitans faisans profession de la Religion pretenduë reformée dans le Diocese, & n'y a exercice qu'au lieu de Sainct André.

[a] Ptole. Strab. Mela. Plin. [b] Strab. lib. 4.

AGDE, *Agatha*[a], est vne ville fort ancienne, contre la riuiere d'Eraut, qui se rend dans la mer bien pres de la ville, colonie des anciens Marseillois[b], & appartenant à l'Euesque sous le nom de Comté. Nous auons parlé cy-deuant du port desseigné en cét endroit, & qu'on y a fort auancé. Prés de la ville à l'emboucheure d'Eraut dans la mer est vn Conuent de Capucins de l'Eglise nostre Dame, dite du Grau, qui est fort frequentée par la deuotion de tous les lieux voisins. Il y a vn Lieutenant du Maistre des ponts dans la ville. Agde.

[c] Plin. lib. 3. c. 4. lib. 8. c. 48. [d] Ptole. Mela. Itin. Anton.

Le diocese est entre ceux de Montpelier, Lodeue & Beziers, & proche de la mer: Il est petit, mais c'est la fleur du Languedoc. Pesenas ou *Piscenæ*[c] est au Roy, auec chasteau ruiné, dont le Capitaine Chastelain est chef de la Iustice, Eglise Collegiale, grenier à sel, bonnes foires, & vn College des Peres de l'Oratoire: Elle est contre la riuiere de Peyne, & pres de celle d'Eraut. Sainct Tibery, *Cessero*[d] est petite ville pres d'Eraut, auec Abbaye & Baillie Royale; Montagnac est vne ville sise prés d'Eraut, auec bonne foire, & Baillie Royale. Les autres lieux sont Loupian, bourg fermé, Castelnau de Guers, Baronnie sur Eraut; Marseillan petite ville contre l'étang à l'Euesque d'Agde, auec grenier à sel; Florensac, prés d'Eraut, petite ville & Baronnie appartenant au Duc d'Vsez, qui en a seance aux Estats de la prouince; Vias, Baronnie à la mesme maison, prés d'vn ruisseau nommé Tongue; sainct Pons de Malscas, Villevariac ou Villemanne, petite ville; Ville manne, Abbaye champestre, dont l'Eglise est fort belle; Meze *Mesuæ collis*[e], petite ville contre l'estang, à l'Euesque d'Agde; Brescou, petite Isle, prés du riuage de la mer auec vn Fort; Cap-de-Sete, dont le Fort a esté ruiné, entre l'estang & la mer, là où sous le regne de Henry quatriéme, auoit esté fait dessein de construire vn port: Nous auons parlé ailleurs de ce promontoire.

[e] Mela.

[f] Catel. liu. 1. ch. 6. l'an 1100

MONTPELIER n'est point vne ville ancienne[f]: mais quelque origine qu'on luy baille, & quoy qu'ayent esté les villes ou citez de Maguelonne, & de Sustantion, & dont la premiere bastie en vne Isle, auoit son port nommé Sarrazin, & l'autre a eu tiltre de Comté, les Euesques de ce Diocese n'y furent iamais si bien & en si honorable & agreable demeure, qu'à Montpellier, où ils sont depuis lõg-temps[g]. Montpellier.

[g] 1516. Fr. 1. [h] Latara.

La riuiere du Lez *Ledum* que Pomp. Mela mentionne auec le chasteau de Lates[h], passe bien prés de la ville, qui est d'vne iuste grandeur, tres bien bastie, & mieux maisonnée que ville de France, pour le commun des habitans, qui sont generalement bien logez, tous les edifices estans de pierre de taille, à quoy fournissent encor auiourd'huy les carrieres voisines, & font qu'aux vieux bastimens s'adioustent iournellement de nouuelles maisons basties à la moderne & fort agreables. Les Eglises & Conuents y ont esté en fort grand nombre, mais les premiers troubles aduenus pour la Religion dés l'an mil cinq cens soixante-vn, en amenerent la ruine entiere, soit dans la ville, soit és faux-bourgs, qui furent aussi démolis, à cause du siege qui fut mis deuant la ville en cette mesme année ou peu apres, & dans lesquels furent abbatuës trente-six Eglises ou Conuents tres-beaux & capables de loger le Roy auec sa Cour, comme portent les memoires baillez à vn excellent Historien de nostre temps[a], qui en a voulu faire mention expresse. Ces edifices, ny les iardinages, lesquels y estoient fort spacieux & agreables, n'ont pû estre remis depuis ce temps-là, ce qui a rendu la ville deffectueuse en cet endroit, pour le plaisir de la promenade & le diuertissement de la bonne compagnie qui est dedans. L'Eglise de sainct Pierre, qui est la Cathedrale, & dont on attribuë le bastiment au Pape Vrbain cinquiéme, estoit magnifique & dans vn grand espace; les soins de l'Eminentissime Cardinal-Duc de Richelieu, se sont portez à la faire rebastir en partie, apres en auoir veu les ruines au voyage de sa Majesté de l'an mil six cens vingt-neuf, tellement qu'elle sert aujourd'huy, & a esté paracheuée depuis peu. Il y a plusieurs Conuents de Religieux bien logez, particulierement les Capucins, qui sont dans la ville, les Iacobins ou Dominiquains en l'Eglise qu'on appelle de S. Matthieu, les Peres de la Trinité, les Penitens en l'Eglise de sainct-Croix, & les Obseruantins qui sont hors la ville, outre les maisons des Religieuses, qui consistét en vn ancien Conuent sous le nom de sainct Guilhem, & vne maison nouuellement establie de de la Visitation nostre Dame. L'Eschole de Medecine, laquelle y est fort ancienne & renommée par toute l'Europe, dont nous auons rapporté cy-deuant la fondation,[b] a son Auditoire, ses logemens, & Theatre Anatomic. Le Iardin Royal est hors de la ville, auec vn amas de simples exquis & recherchez de toutes parts, & les départemens necessaires pour toute sorte de curiosité vtile & faisant à la Medecine en cette partie, qu'on nomme Botanique. Il y a sept Professeurs du Roy, & vn Docteur aggregé, vn Chancellier & Iuge de l'Eschole. Le Palais, où s'assemblent toutes les Cours de Iustice, soit la Cour des Comptes, Aides & Finances, soit la Cour Presidiale, presente l'esperance d'vn plus beau bastiment & mieux ordonné, commencé depuis long-temps, lequel estant acheué seruira d'vn agreable ornement à la ville, qui reçoit par là l'vn des principaux auantages, depuis qu'elle a perdu la reputation & l'effect de son negoce & grand commerce que luy causoit le voisinage de la mer, & qui faisoit cognoistre ses marchands iusques dans la Palestine,[c] Nous auons parlé ailleurs de l'vnion de la Cour des Aides auec la Chambre des Comptes, qui sont deux compagnies souueraines jointes ensemble, & composans vn corps de pres de cent officiers, qui rendent la ville riche & considerée comme la seconde du Languedoc. Les Thresoriers generaux de France y sont aussi seants & logez dans vne fort belle maison, qu'on croit auoir esté bastie par Iacques Cœur, homme tres-riche, sous le Roy Charles septiéme, aussi bien que celle que nous auons mentionnée ailleurs[d]. Le Seneschal y prend tiltre de Gouuerneur, comme celuy de la Rochelle, & autres lieux. Les Consuls qui sont en nombre de six, selon le nombre des quartiers que l'on y nomme Sixains, sont Viguiers de la ville par vnion de la charge auec le Consulat, qui est fort honorable & bien seruy; le premier Consul porte le baston de Viguier, & les autres en son absence: On les appelle Consuls Majours, à la difference de quatre Consuls moindres, dits de Mer ou de Marchands, auec lesquels on crée aussi annuellement des Ouuriers pour la reparation des murailles, fontaines & autres ouurages publics. Les autres Iustices consistent en vn Garde & Iuge du petit seel auec vn Style particulier & rigoureux contre les debiteurs, qui sont conuenus & contraints de quelque ressort qu'ils soient, en vertu de la soumission; vn Conseruateur du droict de l'Equiualent, des Lieutenans du Visiteur general des gabelles & du Maistre des ports, outre les Visiteurs & Controlleurs generaux des gabelles, lesquels y sont quasi tous residens. La Monnoye y establie est ouuerte depuis l'an 1637. sur la fin. Le College Royal a esté baillé aux Peres Iesuites; & l'Eschole en droict, composée de quatre Professeurs du Roy, vn Recteur & Prieur des Docteurs, y est fort ancienne. La citadelle bastie depuis les guerres des années mil six cens vingt-vn, & mil six cens vingt-deux, a quatre bastions, deux dans la ville, & deux dehors, auec garnison & Gouuerneur.

Le Diocese confine auec ceux d'Agde, de Lodeue & de Nismes. Les lieux plus proches & autres sont Maguelonne où est l'ancienne Eglise Cathedrale, & la sepulture des Euesques de Maguelonne ou de Montpelier, dont le Fort a esté démo-

a Thuan. hist. lib.

d Disc. gen. de la France. Religion.

c Itin. Benjam &c.

f Disc. gen. de la France.

e Bourges en Berry.

ly depuis peu, n'y ayant que l'Eglise assise entre l'estang & la mer, appartenant au Chapitre de Montpellier; Lates, contre l'Estang à l'embouchure du Lez; Agnane, ville & Abbaye, à l'Abbé; Carauete, Baronnie, aux Consuls de Mõtpellier; Montferrand, Comté, à l'Euesque de Montpellier; Castries contre le ruisseau de Beraugé, Baronnie, ayant seance aux Estats du pays, à la maison de la Croix; Gigean, petite ville & Abbaye de femmes; Boissefon, prés de la riuiere de Veriobie; Mauguio ou Melguel, petite ville & Comté à l'Euesque de Montpellier; Sustantion, qui a esté vne ville ancienne, entierement ruinée, au dessus de Castelnau lez Montpellier, prés du Lez; Villeneuue lez Maguelonne, petite ville au Chapitre de Mõtpellier, contre l'Estang de Maguelonne, lieu de la naissance d'Arnaud de Villeneuue grãd Philosophe & Medecin: Vignogoul, Abbaye de femmes pres de Montpellier: Baraue, petite ville à l'Euesque de Montpellier, sous le Marquisat de la Marquerose, prés de la riuiere de la Vene, qui entre en l'estang, lieu cognu par ses bains renommez dans le pays: le Terrail à l'Euesque de Montpellier, lieu principal du Marquisat de la Marquerose: Pegayeroles, Baronnie: Cournonterral, Baronnie: Frontignan, *Forum Domitij*, ville contre l'estang, Chastellenie Royale, auec grenier à sel, siege des gabelles, & Bureau de la foraine & trafic ordinaire par mer, à cause de l'estang qui est proche: Les-Matelles, petite ville en la Val & Comté de Montferrand, à l'Euesque de Montpellier: la Roquete, Baronnie, a la maison de Roquefueil: Ganges, Baronnie, l'vne des 22 des Estats du Languedoc, prés de la riuiere d'Eraut: Montlaur, Baronnie, à la maison du Bosquet en Quercy & en Languedoc. Muruiel, à l'Euesque de Montpellier, où se trouuent quelques antiquitez: Mireuaux, Chastellenie Royale dépendant de Montpellier: Poussan, Pignan, & autres lieux. Lunel est à quatre lieuës de Montpellier & autant de Nismes: c'est vne ville dont les murailles & la citadelle ont esté demolies depuis quelques années, Iudicature Royale, du ressort de Montpellier, & grenier à sel. Prés de la villeest vn bourg nommé Lunel-vieil, qui est à vn Seigneur particulier.

[a] Ptolo. Strab. li 4. [b] Plin. li. 3. c 4. Mela. li. 1 Plin. lib. 3. c 4. Auson. Strab. lib. 4. [c] Plin. ibid. Strab. ibi. [d] Capduel.

Nismes.

NISMES, *Nemausus*[a] *Volcarum Arecomicorum*[b], dont elle estoit la cité maistresse, ayant sous soy vingt-quatre bourgs: Elle a esté colonie des Romains, dequoy les anciennes inscriptions & les medailles font foy, outre les tesmoignages des anciens & les marques & ornemens accoustumez, sçauoir vn Capitole, que Poldo d'Albenas, qui a escrit des antiquitez de Nismes, trouue en la maison qu'on nomme quarrée[d], ou qui peut auoir esté ailleurs: vn Amphitheatre, qui se void encor aujourd'huy presque entier & tres-beau, appellé depuis *Castrum, Arenarũ*, à cause des Goths qui le fortifierent, & dont le nom d'Arenes a demeuré: prouenant du sable qu'on auoit accoustumé d'y espandre, & vn champ de Mars. La maison quarrée est plustost vne Basilique ou Pretoire, lieu pour rẽdre Iustice, basty par l'Empereur Adriã[e] à l'honneur de Plotine sa femme, qu'vn Capitole. Le bastiment est plus long que large, auec dix belles & hautes colomnes aux costez, six de front & autant à l'autre bout, couuert de grands quartiers de pierre, pour s'y pouuoir promener. Le temple qu'on nomme de Diane, qui est hors de la ville & proche de la fontaine, est aujourd'huy ruiné: il y auoit aux costez deux rangs de colomnes de tres-belle structure. Les traces des vieilles murailles & la Tour-magne, dite autresfois Lampese, qui estoit le long d'icelles, marquent que la ville a esté beaucoup plus grande qu'elle n'est à present. La fontaine est vne grande source d'eau viue & claire, qui fait moudre deux moulins, & qu'on fait entrer dãs la ville, en certain endroit qu'on y nomme l'agau, *ab aquis*: c'est cõme vn lac ou abysme, dequoy nous auons parlé ailleurs[f], & Ausone en a fait mẽtion[g]. La ville presente plusieurs pierres grauées en inscriptions, dont aucunes parlent d'vn Dieu *Nemausus*: & les medailles auec deux testes & le reuers d'vn crocodil attaché a vne Palme, sõt de l'Empereur Auguste qui vainquit l'Egypte, & est marqué par les lettres *Diui F.* qui sont sous la representation du crocodil, qui sert aujourd'huy d'armoirie à cette ancienne ville: où les Goths rẽdus maistres du pays ont abbatu les testes de plusieurs aigles qu'on y void en diuers endroits. Strabon[h] cõparant Nismes auec Narbonnne, dit que l'vne vaut mieux pour son cõmerce auec les estrãgers, mais que pour la forme de Republ. & son Gouuernemẽt, Nismes est à preferer. C'est aujourd'huy vne bonne ville, bien assise & d'vn grãd passage & cõmunication, soit sur le grand chemin de Toulouse & Mõtpellier, pour aller à Lyon & en Daufiné, soit pour la descẽte du Roüergue, d'Auuergne, des Ceuenes & du Viuarez, desquels païs plusieurs personnes s'arrestent & habituent dans cette ville-là, laquelle est aussi voisine de la Prouence, d'Auignõ & d'Orenge.

[e] Spartian. Adrian.

[f] Disc. gen. de la France. [g] In Burdig.

[h] li. lib. 4.

Le

Le Seneschal qu'on appelle de Beaucaire & Nismes, lequel est de fort grande estenduë, y est seant auec vn siege Presidial, vn Iuge des Conuentions Royaux, Viguerie, grenier à sel, & College Royal. Il y a eu autrefois vn chasteau bien basty & assis, qui seruoit comme de citadelle, lequel est ruiné, & vne Abbaye de femmes, dite de la Fon, qui est aussi ruinée. La maison du Roy ou Thresorerie est vn bastiment assez beau & ancien, au meilleur & plus agreable endroit de la ville.

Le diocese attouche ceux de Montpellier, d'Vsez & de Mende, contient la petite contrée de la Vaunage, & la meilleure partie des Ceuenes. Il est de grande estēduë & fourny de plusieurs villes & lieux, dont les principaux sont Alez ville & Côté, au Duc d'Angoulesme par sa femme Charlote de Montmorency, cōtre le Gardon, auec Eglise Collegiale, la Baronnie d'Alez en releue & appartient à la maison de Cambis, la ville est agreable, & y a quelques restes d'vn tres-beau iardin que le Connestable de Montmorency auoit fait dresser; Anduse contre Gardon, ville, Presbyterat & Baronnie à la maison d'Ayrebaudouse; la Sale, petite ville au Baron de la Fare; Valeraugue; Sauue, ville & Baronnie au Duc d'Angoulesme, Viguerie, Archipresbyterat & Abbaye, contre la riuiere de Vidourle; Sumene, petite ville & Baronnie; Meyrueis sur Ianre, ville & Baronnie, auec chasteau ruiné; le Vigan, contre la riuiere d'Arre, au Prieur & au Roy, lequel y a vn Viguier; Aimargues, petite ville & Baronnie au Duc d'Vsez; sainct Gilles ville & Abbaye, pres du Rosne, à l'Abbé & au Roy, ancien tiltre des Comtes de Thoulouse & de toute la prouince du Languedoc, l'Eglise en est fort belle; Massillargues, petite ville, contre le Vidourle, grenier à sel & Baronnie, à la maison de Louet-de-Caluisson; Aigues-mortes, ville contre l'estang, à vne lieuë de la mer, auec vn canal ou robine tirée du Rosne, Eglise Collegiale, siege des gabelles, Bureau de la foraine & Viguerie: Il y a vne tour fort belle, qu'on nomme Constance, pour le phare ou lanterne de mer; garnison & Gouuerneur; la tour de la Roine & plusieurs autres le long des murailles, qui sont tres-bien basties; Sommieres, sur le Vidourle, ville & chasteau gardé, auec Viguier pour le Roy, qui se dit Capitaine & Chastelain, grenier à sel, & bonnes foires: Montredon, Baronnie au Roy, & Ville-vieille sont lez Sommieres. Beaucaire est assis sur le Rosne, auec Eglise Collegiale & vieil chasteau démoly en l'année 1632. C'est vne Iudicature Royale, & le Viguier s'en disoit cy-deuant Capitaine & Chastelain, grenier à sel, siege des gabelles, Bureau de la foraine; la ville est bonne & de commerce à cause du Rosne, lequel y separe le Languedoc de la Prouence, & d'vne celebre foire qu'il y a le iour de la Magdelaine 22. de Iuillet: Elle est du Diocese d'Arles. Sainct Hippolyte & Quissac sont deux bourgs contre le Vidourle, en la Baronnie de Sauue. Les autres lieux sont Vauuert, village & Baronnie, auec vn bon chasteau, qui se nommoit autrefois Posquieres, donnant nom à la famille de Posquieres en Aramont, qui l'a possedé cy-deuant, l'vne des vingt-deux Baronnies des Estats du Languedoc, appartenant à la maison de Ventadour, du nom de Leuis; Montpesat, Baronnie; Belle-garde, Baronnie au Duc d'Vsez; Manduel, Baronnie, à la maison de Fayn, de Peraut; Toyras, dans les Ceuenes, à la maison du Caylar de sainct Bonnet, de mesme que sainct Iean-de-Gardonenque; Tournac, Abbaye; sainct Martial, Archipresbyterat; Vissec & Ierle, Baronnie; Cauisson, petite ville en la Vaunage, Baronnie des vingt-deux des Estats; Aubays, Baronnie; Gallargues, au Roy auec vn Iuge & Capitaine du chasteau, lequel est ruiné, Meyne, auec fontaine cognuë pour ses eaux minerales; Franqueuaux, Abbaye: Psalmody, Abbaye, dite communement Saumosy; Ledenon, Baronnie; Sernhac, Baronnie; Pecais, Fort basty pour la garde des salins qui sont au terroir; Fourgues, Chasteau de garde, du domaine du Roy, mais alienė, contre le Rosne, où il se separe en deux branches.

VZEZ *Vsetia*[a], ou *Castrum Vsetiense*[b], ancien Euesché, que sainct Firmin & sainct Ferreol ont administré[c]; l'vnziéme Octobre est la feste & iour du decez de sainct Firmin, Euesque, dont le bourg, chasteau & Eglise de S. Firmin, à present ruinés, cōseruent la memoire, comme l'Eglise qui estoit hors de la ville, en vn endroit qu'on appelle encor de ce nom là, estoit sous le nom de sainct Ferreol. C'a esté vne Baronnie, Vicomté, & finalement Duché & Pairrie par erection faite sous le Roy Charles IX, en faueur d'Antoine de Crussol, l'an mil cinq cens septante-deux, & Iustice d'vn Seneschal Ducal. L'Euesque porte tiltre de Côte, & le Roy y est conseigneur, y ayant vn Viguier & Iuge, qui ont deux sieges ou Lieutenans, l'vn à Vsez pour la Viguerie basse, l'autre à S. Iean-de-Marueiols pour la Viguerie ou Bail-

a Greg. Tur.
b Notit. prou. & ciu. Gal.
c Greg. Turo.

lie haute. Il y a chasteau pour le Roy, pour l'Euesque, & pour le Duc: La riuiere d'Alzon passe au dessous de la ville, & fait mouldre quantité de moulins à bled & à draps; la ville est bonne, bien bastie, & marchande, à cause du lanifice & manufacture des sarges, dont le trafic la rend riche, & la fait cognoistre aux prouinces estrangeres.

Les villes & lieux du Diocese sont sainct Ambrois, sur la riuiere de Cese, petite ville à l'Euesque; les Vans, petite ville & Baronnie, au Comte de Roure, contre la riuiere de Chassesas; Sabran, Baronnie ancienne, aux maisons de Nicolai, & de Montcalm, de Montclus; Vallabregue, petite ville sur le Rosne, qui l'enferme comme vne Isle; Salindre, Barõnie, à la maison de la Fare; Teyrargues, Baronnie & belle maison au Marquis de Portes; sainct Iean de Maruejols, siege de la Viguerie d'Vsez; Montclus, Baronnie, auec chasteau; Ville-neufue lés-Auignon, petite ville sur le Rosne, qui se passoit cy-deuant sous vn beau pont rompu depuis certaines années, auec vn Bureau de la foraine, Chartreuse, & vne tour gardée, qui est au bout du pont; Genoulhac, petite ville dont l'Euesque d'Vsez est Prieur, auec part en la Seigneurie; Chambourigaud, bon bourg & lieu de passage, arrousé de trois petites riuieres & enclos des montagnes de Portes & Lozere; Laudun, petite ville & Baronnie, contre le ruisseau de Taue, à la maison de Ioyeuse entrée en celle de Guise; Las-Cours, belle maison dependante de Laudun; Portes, Vicomté erigé en Marquisat, à la maison de Budos, bourg & chasteau assis sur vne des plus hautes montagnes des Ceuenes, auec vne grande & forte tour; Montfrin, Baronnie; sainct André lez Villeneuue, chasteau gardé pour le Roy; Roquemaure, petite ville & Baronnie, au Roy, Viguerie à present, & auparauant l'vn des sieges du Viguier de Beaucaire; Barjac, petite ville & Baronnie, à la maison de Roure; le chasteau de Banes, bien assis en est proche. Aramon, petite ville & Baronnie ioignant le Rosne; Bocoyran, Baronnie, sur le Gardon; sainct Ginieys de Malgoires, Baronnie, prés du Gardon, au Duc d'Vsez, de mesme que Remolins; Naues, Baronnie; Venejan, Baronnie & chasteau pres du Rosne, à la maison de Monteil de Grignan; Villefort, petite ville & chasteau dans les Ceuenes, lieu bien assis & grand passage, clef des Ceuenes & du Languedoc; Aigremont Barõnie; Seynes, Abbaye de femmes; Lussan, bon bourg & chasteau, à vn seul Seigneur, de la maison d'Audibert; Lers, Isle & chasteau sur le Rosne; Montmiral, Baronnie; Montfaucon, Baronnie; Roquefort, Baronnie à la maison de Polignac. Bagnols, ville & Baronnie à Monsieur le Prince de Condé, comme ayant esté de la maison de Montmorency, est assis non loin du Cese, en terroir delicieux & plein de belles sources d'eau, qui luy ont donné nom[a]; le Roy y a sa iustice, & a esté autrefois vn des sieges du Viguier de Beaucaire: C'est vn Prieuré auec Conuent de Religieuses; la ville du Pont-sainct-Esprit en est à deux lieuës, assise sur le Rosne, auec vne citadelle & Gouuerneur, Viguerie, Grenier à sel, siege des gabelles, Bureau de la foraine, & beau pont sur le Rosne, de vingt-deux arches, & cent neuf pas; C'est vn Prieuré, auec Conuent de Religieuses. La Chartreuse de Vaubonne, le Prieuré ou Abbaye de sainct Nicolas, dit de Campagnac, sur le Gardon; sainct Priuat, belle maison, pres du Gardon, & le pont du Gard dont nous auons desia parlé, ouurage admirable, dont l'autheur & l'ouurier n'ont laissé aucune inscription ou memoire d'eux, sont en ce Diocese auec plusieurs bons lieux, sçauoir sainct Anastasiers, qui auoit vn chasteau entre Vsez & Nismes, qui a esté démoly; sainct Quentin, cognu pour ses bons ouurages de poterie; Combas, & quelques chasteaux, comme la Bastide, sainct Victor & autres: Il y a quelques lieux ja nommez & autres qui sont de la Recepte d'Vsez & du Diocese d'Auignon, sçauoir Tauel, Pujaud, dont l'estang a esté desseché, Roquemare, Villeneufue, &c.

[a] Balneola.

VIVIERS *Viuarium* ou *Alba Heluiorum*, est la ville capitale du Diocese, assise contre le Rosne, & appartient à l'Euesque auec tiltre de Comté. La riuiere d'Achasse, qui se descharge dans le Rosne, baigne vne partie des murailles.

Le Diocese de Viuiers contient moins que le pays & Bailliage du Viuarez, lequel a quelques lieux deçà le Rosne, qui sont du Diocese de Vienne, & outre ce, la pluspart du haut Viuarez est de l'Archeueschė de la mesme ville; Tournon est partie de l'Archeuesché de Vienne, partie de l'Euesché de Valence. Il y a quatre ou cinq parroisses qui sont du Diocese de Viuiers & de la Viguerie d'Vsez, & vingt-deux parroisses, comme Pradelles, Montlor & autres qui sont aussi du Diocese de Viuiers & de son taillable, & de la Seneschaussée du Puy.

Viuarez

Viuarez. Le Viuarez touche le Lyonnois, le Forests, le Vellay, le Geuaudan, l'Vzege & le Daufiné par le Rosne, en sorte que du Leuant il a le Rosne qui le separe du Daufiné, du Nord le Lyonnois ou le Forests auec la riuiere de Limonin entre S. Pierre-le-bœuf & Seriere, du Couchant le pays de Vellay, du Midy la riuiere d'Ardeche lez le sainct-Esprit. Sa longueur peut estre de vingt-deux lieuës, sa largeur plus grande, de dix-sept, & la moindre de dix lieuës. On le diuise communement en haut & bas, la riuiere d'Erieu en faisant la separation, auec deux Bailliages ou sieges Royaux, l'vn à Annonay pour le haut Viuarez, & l'autre à Villeneuue-de-Berg pour le bas.

Les villes & lieux principaux sont Andance, petite ville sur le Rosne; S. Agreue, petite ville, & grenier à sel; Abs, Comté au sieur de Plezian, & la Roche d'Abs, iadis ville capitale du pays, *Alba* [a] *Heluiorum* [b], ruinée par les Allemans, où restent de belles marques de son antiquité; le bourg sainct-Andeol, ville contre le Rosne, à l'Euesque de Viuiers en partie; Villeneuue-de-Berg, en pareage entre le Roy & l'Abbé de Mazan; l'Argentiere, à l'Euesque, l'vne des vnze Baronnies des Estats du Viuarez; la Gorce, Baronnie; Mazan, Abbaye; Cruas, Abbaye; Iohannas; Pradelles, au Vicomte de Beaune, qui en est proche, & frontiere du Geuaudan; le Pousin, ville ruinée, sur le Rosne, du Duché de Valentinois; Bays sur Bays, ruiné de mesmes, dont le Vissenescbal du Crest en Valentinois est Iuge; la Voute, Comté, à la maison de Ventadour, sur le Rosne, l'vne des vnze Baronnies du Viuarez; Priuas, bonne ville cy-deuant, Baronnie & à present Vicomté, dont Tournon-lez-Priuas depend; elle a esté ruinée en la derniere guerre de l'an mil six cens vingtneuf; Tournon, ville & Comté sur le Rosne, l'vne des vnze Baronnies des Estats du Viuarez, ancien chasteau [c], auec College des Iesuites; Soyon, bourg, sur le Rosne, portant tiltre de principauté, au Duc d'Vsez; Chalançon, l'vne des vnze Baronnies du Viuarez, au Comte de Tournon; le Cheylar Baronnie des Estats du Viuarez, à la maison de Ventadour, auec le chasteau de Brion, portant tiltre de Comté; Aubenas, ville & Baronnie des Estats du Viuarez, contre la riuiere d'Ardeche, à la maison d'Ornano, auec College de Iesuites; Ioyeuse, petite ville, erigée en Duché [d] & l'vne des Baronnies des Estats du Viuarez; Annonay, sur Deom & Cance, qui separe les deux faux-bourgs de la ville, Marquisat, à la maison de Ventadour l'vn des sieges du Baillif du pays, qui souloit estre à Bocieu; Crussol, chasteau ruiné, Comté & l'vne des vnze Baronnies des Estats, au Duc d'Vsez; Montlor, Marquisat, à la maison d'Ornano, & Boulogne, à la maison de Hautefort, de l'Estrange, Baronnie des Estats du pays; Scrieyre, bourg, & Sarrats, chasteau, contre le Rosne, Bonlieu Abbaye, Borne, en pareage auec le Roy, Balasuc, Baronnie; sainct Remesy Baronnie ou Comté, à la maison de Beluesé de sainct Brez; les Chambons, Abbaye; Valons, dont les murailles & le chasteau ont esté abbatus; sainct Marcel; sainct Montan, entre Viuiers & le Bourg, auec vn chasteau qui domine le lieu, & vn terroir fertil en bleds, tres-bons fruicts & principalement en oliues; Sainct Thome, lieu fermé de murailles, auec chasteau, sous lequel passe la riuiere d'Escontaix; Mirabel, Chomeyras; Vals, renómé pour ses eaux; Dezagne, Charmes au Duc d'Vsez, & autres lieux qui sont en grand nombre, iusques à trois cens quinze parroisses, dont le haut & le bas Viuarez sont composez, & portent l'vnziesme du total des tailles de la prouince. L'Euesque de Viuiers est Prince de Donsere & de Chasteau neuf.

a Plin. lib. 3.
b Cæs. Strab. li. 4.
c Greg. de Tours, li. 4. c. 31. & 34. *Tanreduunum.*
d l'an 1582.

La riuiere d'Erieu qui naist prés de sainct Agreue, le Cance qui naist en Vellay & passe par la Vau-Cance, & le Doux se déchargent dans le Rosne, & la Deom entre dans le Cance, assez prez d'Annonay. Le pays qu'on appelle des Botieres Botieres. en Viuarez, est vn endroit d'enuiron six lieuës de longueur, & deux de largeur, le long des montagnes, auec des aduenuës difficiles, venant de Ville-neuue de Berg & Priuas au Puy, & finissant d'vn autre endroit au pont des Ollieres, sur la riuiere d'Erieu.

Les lieux & maisons considerables y sont les Molines, la Motte, la Chiese, & le Cheylar, aupres duquel souloit estre le chasteau de Brion, & autres.

Le pays de Borne, qui peut auoir quatre ou cinq lieuës de long & autant de large, situé és confins des dioceses d'Vsez, Viuiers & Mende, est ainsi appellé, à cause qu'il sert comme de borne, ou est borné par tous ces dioceses: Il est neantmoins attribué au pays de Viuarez, quoy qu'vne grãde partie des parroisses soit du diocese d'Vsez, est clos de montagnes, & presque inaccessible, la riuiere de Chassesac passe par le milieu; Ce petit enclos ne porte point de bled ny de vin, que fort mauuais: Ils nourrissent quantité de bestes à laine, & ont abondance de chastaignes: Il y a des minieres d'argent, de plomb & de cuivre, la riuiere de Bordesac descend de ces lieux-là, dont les principaux sont Tines ou Tigne, saincte Marguerite, Pleinchamp, Moussargues, Valgorge, &c.

Des vnze ou douze Barons du pays de Viuarez, celuy qui est de tour se trouue aux Estats generaux du Languedoc, & preside en l'assemblée ou Estats particuliers du Viuarez, qui se tiennent en suite, dans l'vne des sept villes capitales qu'il choisit. Ces villes se peuuent toutes dire chefs du Diocese, d'autant qu'à leur tour chacune entre aux Estats de la Prouince, où le Baron de Viuarez pretend deuoir preceder ceux des autres dioceses, & le Syndic y auoir entrée & voix, comme celuy de Geuaudan. Les affaires du pays concernans les debtes, les ordonnances des Gouuerneurs, Imposition des deniers, nomination & entretien des Lieutenans [a] du Preuost general, nomination du Syndic & Greffier du diocese & pays, qui sont à vie, se traitent en ces Estats particuliers, où preside le Baron de Tour ou son subrogé, auec le Commissaire general deputé par le Roy ou le Gouuerneur de la prouince, le Iuge du Viuarez ou ses Lieutenans, Commissaires ordinaires, & le premier Consul de Viuiers, Commissaire né sans opiner, & auec droict de remonstrer. Les Opinans sont en l'ordre suiuant, l'Euesque de Viuiers ou son Vicaire, le second Consul de Viuiers, le Baillif d'Annonay, le Consul d'Annonay, le Baillif de Montlor, le Regent d'Aubenas, le Baillif de Tournon, le Consul de Tournon, le Baillif de Crussol, le Baillif de l'Argentiere, le Consul de l'Argentiere, le Baillif de Brion, le Consul de Cheylar, les Baillif & Consul de Ioyeuse, le Baillif de la Voute, le Consul de Rochemaure, le Baillif ou Chastelain de Boulogne, le Baillif & Consul de Pradelles, le Baillif ou Chastelain d'Abs, les Consuls de Bourg & de S. Agreue, le Baillif de la Gorce, les Baillifs & Consuls de Priuas alternatiuement, le Baillif ou Chastelain de sainct Remesy. Il y a trois bureaux des tailles, où les Collecteurs des parroisses portent les deniers, sçauoir Viuiers, l'Argentiere & Tournon. Le pays ressortit au Seneschal de Nismes.

[a] Deux pour le bas Viuarez, & vn pour le haut.

Il y a plusieurs Abbayes dans le pays, sçauoir Crüas, les Chambons, Bonnefez, Masan, & autres Conuents de Religieuses, au faux-bourg de la Reclusiere lez Annonay, qui est fort ancien, Ville-Dieu au bas Viuarez. Pierre Bertrand Cardinal, natif de Colombiers, lez Annonay, qui deceda l'an 1346 [b], fondateur d'vn College à Paris, & du Conuent de saincte Claire, & d'vn Hospital à Annonay, dota le Conuent des Celestins pres d'Annonay, dit de Colombiers.

[b] Genebrard, lib. 4.

Le Puy. LE PVY, *Anicium* [c], du mont Anis, où la ville commença d'estre bastie, & depuis *Podium*, & le Puy du mont nostre Dame, *ciuitas Velaunorum* [d], *Velana ciuitas* [e], de ses anciens peuples, dont le païs du Vellay a pris son nom, & desquels Cesar fait [f] mention, est vne ville fort grande & populeuse, dont l'Euesque se dit Comte de Vellay; n'est Suffragant d'aucun Archeuesque, & depend immediatement du Pape, de sorte que les appellations des sentences données par ses Officiaux se releuent en Cour de Rome. Le Puy est assez proche du cours du Loire; il y a vn Seneschal, & vn Baillif pour le Roy, & vn autre pour l'Euesque conseigneur, faisans exercer la iustice communement & par indiuis, dont les appellations deuoluent audit Seneschal, & pour le cas de l'Edict au siege Presidial de Nismes. C'est la plus grande ville du Languedoc apres Thoulouse, sans port de mer ny riuiere nauigable, auec dix fontaines, dont aucunes y viennent par tuyaux & borneaux qu'on appelle. La ville a six Consuls, & vn Gouuerneur particulier. L'Eglise de nostre Dame est la Cathedrale, où furent les commencemens & la naissance de la ville; il y a deux chœurs, dont le principal est occupé par l'image de la Vierge Marie, sur l'Autel, où personne ne celebre que les Chanoines du Puy, les Prelats ou Abbez; la deuotion à nostre Dame-du-Puy est fort grande, & plusieurs reliques [g] y sont gardées, on és autres Eglises Collegiales & Parrochiales, sçauoir sainct Agrepne, sainct George, & sainct Voisy, outre les parroisses de sainct Pierre-la-Tour, & sainct Hilaire, le Conuent des Benedictins à S. Pierre-le-Monastier, quatre Conuents de femmes, sçauoir saincte Claire, saincte Catherine de Sienne, nostre Dame, & la Visitation de saincte Elizabeth, & vn College de Iesuites. Les Carmes, les Cordeliers, Iacobins, & Capucins, auec les Commanderies de sainct Iean & de S. Barthelemy, sont és quatre principales aduenuës & portes de la ville. A vne lieuë du Puy est l'Abbaye de Doue, au bourg appellé Briue, & à demy-lieuë est vn pont

[c] Greg. Tur. li. 10. c. 45.
[d] Not. prou.
[e] Greg. Turo.
[f] lib. 7. Com.
[g] Voy le liure du P. Odo de Gassey Iesuite.

sur Loire, où se bastit vne Chartreuse sur le bord de la riuiere. L'Euesché du Puy est fort noble, à cause du grand nombre des fiefs importans qui releuent du Comté de Vellay, qui s'estend beaucoup plus auant que le pays.

Vellay. Le pays de Vellay confine auec le Viuarez du Leuant, auec le Geuaudan du Midy, l'Auuergne du Couchant, & le Forests du Septentrion. Sa longueur depuis le pont Salamon sur la riuiere de Semene, iusqu'au pont de Vabres sur la riuiere d'Allier, est de 13 lieuës, & sa largeur depuis Craponne iusques pres de S. Agrepne, de dix lieuës. On le diuise en la contrée deçà les Boys, qui est le costé du Puy, qui est l'vn des Bailliages Royaux du pays, & la contrée delà les Boys, qui est le ressort du Bailliage de Montfaulcon; les grandes montagnes de Mezeres, du Pertuys & Meigal, couuertes de bois, font cette separation.

Les villes & lieux sont sainct Pierre de la Tour, Abbaye; S. Curdu, Abbaye; Montfaulcon; Rochebaron, Baronnie, qu'autres mettent en Forests; Monistrol, ville auec chasteau & Eglise Collegiale assez pres de Loire; Seaulue, Abbaye de femmes; S. Poullan petite ville & Archipresbyterat, à deux lieuës du Puy, ancien *Ruessium* de Ptolemée, selon aucuns[a], & autrefois siege Episcopal, au Vicomte de Polignac; Clauas & Belle-combe, Abbayes de femmes; Seruieres; Beaudiné, Baronnie, à la maison d'Vsez, de Crussol; S. Didier, petite ville & Baronnie; le Monastier-sainct-Chaffie, Abbaye; la Roche-en-Reynier, Barōnie, à la maison de Vantadour; Polignac, Vicomté auec chasteau dont l'assiete est forte, & dans lequel on void vne pierre où est grauée l'image d'Apollon, accompagnée d'vne inscription ancienne: C'est la premiere Baronnie des Estats du Vellay, & le seul qui entre en ceux du Languedoc, le chasteau de la Voûte en est proche, siz sur Loire; Solignac, petite ville, Baronnie, Archipresbyterat, au Vicomte de Polignac; la Brousse, Baronnie; Tense, sur la riuiere de Lignon, autrefois ville close, mais demantelée depuis les premieres guerres pour la Religion; Yssingheaux auec chasteau; Aurec; Bausac, & autres. Craponne, ville close de murailles, est mise dans le Vellay. L'Euesque iouyt de plusieurs terres & Seigneuries, comme Monistrol, Yssingheau, Tense, Chateul, Meseres, Mercuer, & autres.

a Catel.

Le Vellay a ses Estats particuliers apres la tenuë de ceux du Languedoc, où se trouuent les Prieurs de Chamalieres, de Goudet, de Grazac, du Bouchet, de sainct Nicolas, l'Abbé du Monastier, auec le Doyen, Preuost, & Deputé du Chapitre de l'Eglise Cathedrale du Puy. Le Comte de Montlor y entre comme l'vn des Barons, à cause du chasteau & place de Monbonnet, à trois lieuës du Puy, le Vicomte de Polignac premier Baron, & plusieurs autres pour la Noblesse; & l'Euesque du Puy comme Comte de Vellay, en est le President né.

Les riuieres de Riotor, Furan, Dumiere, Aubie ou Semene, Retournac, Vorey, arrousent le pays & se rendent dans Loire ou dans Lignon, qui naist pres du bourg de Fay & de la montagne de Mesene, passe à Tense, & pres des chasteaux de la Brosse & de Lignon, & se rend dans Loire, pres de Confolent.

Mende. MENDE, anciennement *Vicus Mimatensis* est la ville capitale du Geuaudan, & chef du Diocese; l'Euesque se dit Comte du pays, par transaction de l'an 1306, entre le Roy Philippes le Bel & Guillaume Euesque de Mende.

La ville est assise dans le haut Geuaudan, non loin de la riuiere d'Ol, en vn vallon agreable, d'vn air doux & temperé, & en terroir abondant en bleds, foins, & plusieurs sortes de fruicts, produisant aussi du vin & du safran. L'Eglise Cathedrale est seruie de 15 Chanoines, comprises les Dignitez, & de cent ou six-vingts Beneficiers: Il y a 3 Cōuents, sçauoir des Cordeliers, Carmes, & Capucins. Le Bailliage du païs, qui est commun entre le Roy & l'Euesque, a sa seance alternatiue à Mende & à Maruejols, & l'Euesque qui a toute iustice dans Mende, y a ses Officiers qui ne recognoissent pas ceux du Bailliage, de mesme que les Officiers Royaux de Maruejols ne recognoissent pas ceux de l'Euesque. La ville est riche & bien peuplée: Il y a vn Lieutenant du Preuost general du Languedoc, qui a pareille autorité que les Preuosts des Mareschaux, & est assisté de douze Archers.

Geuaudā. Le pays de Geuaudan, qui a le nom de ses peuples anciens, *Gauali*[b] ou *Gabali*, cōfine du Leuant aux pays de Viuarez & du Vellay, du Midy aux Dioceses de Nismes & d'Vsez, du Couchant au Roüergue, & du Nord auec le haut Auuergne. Le Diocese cōtient du Midy au Nord l'espace de vingt lieuës, & du Leuant au Couchant dix lieuës. On le distingue en bas Geuaudan, qui est assis dans les Ceuenes, & le haut qui est de beaucoup plus grande estenduë.

b Plin. Cæsar.

Les villes & lieux sont, Apchier, Comté; Roure, chasteau auec tiltre de Comté, à la maison de Beluesé, de Grimoal; Barré, grand bourg & Baronnie, auec plusieurs foires[a], & des masures de deux vieux chasteaux, & d'vne chapelle dite de S. Iean, démolie; Chirac petite ville & Conuent contre le Tarn; Canillac, Marquisat à la maison de Beaufort; Florac, petite ville close, & Baronnie sur le Tarn, au Duc d'Angoulesme, auec deux faux-bourgs & vn chasteau proche de la ville, les riuieres de Mimelte ou Memente, de Vebron & Tarnon, se iettent là dans le Tarn; Grese ancien Vicomté & chasteau ruiné; Grisac, Baronnie, à la maison de Roure, petite parroisse & ancien chasteau, la terre est affranchie de tailles; Espagnac, contre le Tarn, petite ville au Prieur du lieu, proche de Quesac, auec Eglise Collegiale de dix Chanoines, fondée par le Pape Vrbain cinquiesme, natif du diocese, & de la maison de Grimoal du Roure, auec vn fort chasteau, & grande tour de l'Eglise de nostre Dame, celebre pour la deuotion qu'on y a; la Canourgue; Fay, Baronnie; Bagnieux, cogneu pas ses bains; le Malzieu, du Duché de Mercœur; Langoigne, au Prieur; Maruejols, à trois lieuës de Mende, ville Royale de pareille situation & grandeur que Mende, auec Eglise Collegiale de dix Chanoines, compris le Doyen, trois Conuents de Religieux, dont les maisons sont ruinées; Marchastel, Baronnie; Mõstrol; sainct Germain de Calberte, gros bourg aux hoirs du Marquis de Portes; sainct Estienne de Val-francesque, beau bourg au Duc d'Angoulesme, comme Comte d'Alez; sainct Herimie sur le Tarn, bon Prieuré: Mercoyre, Abbaye de femmes; Peyre, Baronnie; le Tournel, Baronnie; Chasteau-neuf de Randon, Baronnie, dont dependent plusieurs autres places; Gondras, Baronnie; Iauouls, bourg & ville ancienne, *Anderitum* ou *Auderetrum*[b], où se voyent des marques d'antiquité, & se trouuent quantité de medailles, vrnes & vases; sainct Alban, Baronnie; Bedoesc, petit bourg, auec vne tour & maison forte, iointe auec l'Eglise, fondée comme celle d'Espagnac, dont le lieu est proche, par le Pape Vrbain cinquiesme, auec dix Chanoines; S. Laurens auec chasteau & benefice annexé au Chapitre de Mont-pellier; sainct Iean de Gabriac, dont le chasteau a esté démoly; sainct Martin de Bobaus, grande parroisse à trois lieuës d'Alez, & plusieurs autres parroisses qui sont des Ceuenes & de son Archipresbyterat dans le Diocese de Mende, & qui portent le nom des riuieres ou ruisseaux qui y passent & perdent leur nom dans les Gardons, qui coulent diuersement à sainct Iean-de-Gardonenques, Anduse ou Alez.

[a] Douze ou treize dans l'année.

[b] Not. Senec. Catel.

Le Geuaudan s'assemble par Estats particuliers apres la tenuë des Estats generaux de la prouince, & par les trois ordres. L'Euesque de Mende en est President né, & le Chapitre de Mende a la premiere voix des Estats pour les Ecclesiastiques: la seconde est au Dom ou Prieur d'Aubrac, qui est vn Conuent fort riche, & de grand nombre de Religieux, le lieu est situé au plus haut de la montagne de mesme nom: la troisiesme est au Prieur de sainct Herimie: la quatriesme au Prieur de Lengogne: La cinquiesme à l'Abbé des Chambons au pays de Viuarez, pour quelques fiefs qu'il possede en Geuaudan; les autres deux sont à deux Commandeurs de sainct-Iean de-Hierusalem, qui parfont les sept Ecclesiastiques, ayans voix & seance aux Estats. Pour les Nobles y assistent les huict Barons, sçauoir le Baron ou Comte d'Apcher, Seigneur de Sainct Chely; le Baron de Peyre, dont la lignée masculine a defailly; le Baron ou Duc de Mercœur, dont dependent Malzieu & Saugues; le Baron de Randon, Baronnie ancienne, dont le chasteau est ruiné, au Vicomte de Polignac: les Anglois l'ayans occupé, le Connestable de Guesclin l'assiegea, & mourut pendant le siege; le Baron ou Marquis de Canillac; le Baron de Tournel, d'où depend le lieu de Bagneux; le Baron de Florac; & celuy de Senneret ou Ceuaret.

Les susdits Barons vont par tout aux Estats de la Prouince, & outre ce nombre, & apres le premier rang qui leur est deu, il y a plusieurs autres Nobles qui ont voix & entrée aux Estats du Geuaudan, sçauoir le Seigneur du sainct Alban, fief remarquable dans le pays, possedé par la maison de Clauisson; le Seigneur de Portes; le Compteur de Motferrand, fief releuant du Roy, possedé par le Baron de sainct Vidal; le Seigneur de Moranges du nom de la Molete, comme possesseur des portions des vingt quatre habitans de la Garde-guerin, qui s'en disoient autrefois les Consuls & Gouuerneurs nobles; le Seigneur d'Arpajou, & autres. Le tiers Estat est composé des Consuls des villes principales: Le pays respond au Seneschal de Nismes.

Qualité. Le Languedoc abonde en tout ce qui est necessaire à la vie, & fournit toutes les commoditez de son entretenement, de son bien estre & de sa santé, donnant pour surcroist la delectation & le plaisir des yeux & du goust. Nous viendrons à la preuue de toutes ces parties auec quelque ordre, prenant de chaque endroit de la prouince ce qu'on y remarque de plus abondant ou de plus singulier, pour l'appliquer aux termes generaux que nous auons posez. Les bleds du Languedoc sont principalement és plaines fertiles de Toulouse, qui les enuoye à Bordeaux par la Garomne; le Narbonnez, l'Albigeois, le Lauraguez, Beziers, Lodeue, Agde, Nismes, Beaucaire, & presque tous les Dioceses de la Prouince en fournissent pour leurs voisins, pour l'Espagne & pour l'Italie. Les vins excellens sont à Gailhac & à Rabestens en Albigeois, à Laudun en Vsege, à Nismes & à Beaucaire; les vins blancs à Limoux, nommez blanquete; le muscat à Frontignan, Vic, Mireuaux & Balaruc au Diocese de Montpellier, à Azillez & Malhac en Minerbez. Le vin de Gailhac, outre sa generosité, est de bonne garde, & se transporte tant plus facilement aux Royaumes estrangers. Mais c'est generalement que le pays produit des vins, iusques dans le Viuarez, où ceux de Ioyeuse, de l'Argenterie & du voisinage sont fort estimez: l'on y façonne les vignes en treilles ou hautains, comme nous auons remarqué de quelques lieux de la Gascogne, & comme il se pratique en Anjou, en Daufiné, en Prouence, en Piedmont & en Italie, auec cette difference que ceux du Viuarez n'ont pas des arbres pour ayder à supporter les seps, mais du bois mort[a]. L'huile du bas Languedoc, outre son abondance, est plus douce que celle d'Espagne; l'oliuier semble estre vn arbre reserué à cette belle partie de la prouince, puisque le haut Languedoc, le Roüergue, l'Auuergne, le Daufiné & le reste du Royaume, excepté la Prouence n'en voyent point. Quant au sel, c'est aussi le bas Languedoc qui en a les mines abondantes; il se fait & congele és bords des estangs & marais salans, dits salins, de Pecais au diocese de Nismes, & de ceux de Narbonne, Peyriac & Sigean, qui seuls subsistent en la Prouince; car on a noyé ceux de Porqueyragnes au Diocese de Beziers; d'Oueilhan en celuy de Narbonne; de Mese & de Marseillan en celuy d'Agde; de la Porquiere, de Mireuaux, de Frontignan & de Ville-neufue en celuy de Montpellier, & autres, à cause de la trop grande quantité, & que ceux de Pecais suffisent pour fournir tout le bas Languedoc, le Roüergue, l'Auuergne, le Daufiné, le Lyonnois, & les fermes estrangeres, voire l'Europe entiere; estans iugez les plus nets, plus blancs & plus salans qui soient au monde, ce que nous auons exaggeré ailleurs[b]. Ceux de Narbonne, Peyriac & Sijan seruent au haut Languedoc & pays voisins. Le haut Languedoc fournit grande quantité de bœufs, vaches & veaux, & le bas nourrit abondance de moutons, qui paissent dans les garrigues, comme on les y appelle, couuertes de thym, de rosmarin, de lentisque, serpoulet, lauande, aspic & autres plantes odoriferantes, qui donnent bon goust à la chair; ou bien il enuoye en Esté ses brebis dans les montagnes des Ceuenes & Geuaudan, qui sont capables de nourrir six mois de l'année plus de cent mille bestes à laine. Il y a de bons cheuaux en quelques endroits du Languedoc, & des mulets en abondance en Vellay & en Geuaudan; d'où l'on recouure aussi des faulcons & vautours, qui nichent comme les aigles en ses plus hautes montagnes. Le poisson de la mer Mediterranée est porté iusques à Toulouse & ailleurs, tant frais que salé, & abondamment, comme sont thoms, soles, rougets, turbots, qu'on y appelle rhoms, langoustes; anchoyes, sardines, mellettes, tenilles, coquilles, huitres, escreuices de mer. Le poisson de la mer Oceane est aussi porté dans Thoulouse du costé de Bayonne; & deuers Bordeaux y vient grãde quantité d'huitres, moules & autres coquilles. Les riuieres y fournissent aussi des alozes, lamproyes, esturgeons, saumons, brochets, truites, barbeaux, escreuices, anguilles, &c. Le Lauraguez a grande quantité de cailles és mois de Iuillet, Aoust Septembre, qui sont meilleures qu'en Italie; & des aloüetes en hyuer, qui se trouuent aussi és plaines de Thoulouse, où l'on prend les benarris ou ortolans és mois de May & d'Aoust, qui sont portez iusques à Paris dans des males pleines de millet, pour la table du Roy & de ceux qui en veulent faire la despense. La volaille & toute sorte de gibier abondent en toute la prouince. Les oyseaux de riuieres foisonnent au bas Languedoc, où sont aussi les bons fruicts & tres-delicats, à sçauoir les raisins muscats, les melons excellens, les bonnes figues, panies, auberges, mirecotons, abricots, grenades, pesches, & tout autre fruict à noyau; & les fruicts à pepin, tant d'hyuer que d'este, n'y manquent point; les chastaignes des Ceuenes & les

a Pradel. lib. 3. c. 4.

b Discl. gen. de la France.

Qualité.

prunes d'Albigeois y croissent aussi en grande abondance & excellence. Les passerilles ou raisins secs, qu'on range apres ceux de Grece & d'Italie, mais qui doiuent estre preferez à ceux d'Espagne[a], sont de Frontignan, Mireuaux, Gigean & autres lieux du Diocese de Montpellier, & se transportent bien loin, auec les figues seches & les oliues confites des dioceses d'Agde, Lodeue, Beziers, & autres. On y trouue par tout pierre, plastre, chaux & bois pour bastir, soit sur les lieux, soit assez pres. Les marbres de toutes couleurs se tirent & polissent fort bien à Caunes prés de Narbonne, à Roquebrune pres de Beziers, au Cap-de-Sete, au Diocese d'Agde, à sainct Pons de Tommieres, pres de sainct Martin de Londres au Diocese de Montpellier, & au terroir de Botonnet lez ladite ville: les monts Pyrenées en sont pleins, nommément prés de sainct Beat, Diocese de Comenges. Prés de Montagnac au Diocese d'Agde se caue de l'albastre fort blanc; & à sainct Barthelemy, sainct Iulien, & Secheras en Viuarez, sont des mines de vernis tres-bonnes, dont se vernissent les poteries du Dauфiné & du Lyonnois. Les montagnes de Fenoulhedes ont des mines de fer & d'argent, dont on en a descouuert depuis peu à Caunetes prés de Carcassonne, prés de Limous au Diocese d'Alet, où se voyent des grotes & carrieres que les anciẽs ont mieux cogneuës que ceux d'auiourd'huy. Le Boulidou à Perols prés de Montpellier, semble participer des mines de cuivre. Les sables des riuieres qui coulent des monts Pyrenées[b], se trouuent meslez d'or & d'argent; & on trouue de l'or qu'on appelle de pailiole és riuieres de Tarn, du Doux, de Cese, du Gardon, de Chasselat, d'Eraut, & autres qui naissent aux montagnes du Languedoc. En la Baronnie de Tournel en Geuaudan se sont veuës des mines des fer, de plomb & d'argent, comme il appert des comptes que les clauaires rendoient és années mil trois cens six & mil trois cens sept, où ils se chargent des emolumens prouenus des mines d'argent du pays. Le Iayet de la Bastide, de Peyrat, & de Chalabre au Diocese de Mirepoix, dont se trauaillent de fort iolis ouurages, doit estre adiousté à ce que dessus, auec les mines de charbon de pierre, qui sont en Geuaudan & és Ceuenes. L'azur commun se trouue en quelques montagnes de Lodeue, où les mines d'or ont esté aussi trauaillées par les Iuifs, dont le nom en reste au Puech des Iusious, mont des Iuifs, & au Puech ou mont d'or. Les eaux minerales y abondent & sont excellentes à Rennes en Rasez, Vals & sainct George en Viuarez, Meynes au Diocese de Nismes, auec les bains de Montferrand au Diocese d'Alet, de Bagnieus en Geuaudan, & de Balaruc prés de Montpellier; les deux derniers estans fort renommez & d'vne vertu fort experimentée. Les eaux bitumineuses des sources descouuertes à Alez Diocese de Nismes, sont aussi remarquables. A Gabian au Diocese de Beziers & à Gignac est vne fontaine d'huile ou petrole, qui sert à la lampe & à plusieurs maladies. Les simples & herbes rares se trouuent és montagnes de Geuaudan & des Ceuenes, dont l'vne y est appellée l'Hort de Diou, iardin de Dieu; & en celles de Lodeue à l'Escãdorgue frequentée par les Herboristes, & où se fait vne eau souueraine à guerir les pulmoniques, qu'on appelle de mille fleurs, tirée & alambiquée de la fiente des vaches qui paissent en cette montagne; cette eau transportée bien loin ne perd point sa vertu; le bon capillaire se trouue dans les montagnes du mesme pays; la piuoine masle, *paeonia*, se cueille abondamment à la Gorce en Viuarez,[c] dont se fait trafic iusques aux foires de Lyon. La montagne de Lozere fournit les viperes excellentes pour la theriaque. Du bois de buys, qui est aussi en Viuarez, se façonnent diuers ouurages, & delà les marchands Alemands le transportent. Le Puy produit grande quãtité de saphirs fins, jacynthes, vulgairement appellées Iargons; & les camayeux y sont mis ordinairement en œuure & faits de coquilles de mer. Le Lauraguez est le pays du pastel[d] pour les bonnes teintures, qui se debite en Espagne & par toute l'Europe; il a les fueilles basses, & se cueille à diuerses fois depuis le commencement iusques à la fin de l'Esté; il s'en trouue vn peu en Albigeois. Le salicor ou sode naist en tous les lieux maritimes, & sert à composer le sauon & le verre, qui se fait par tout le Languedoc auec vn merueilleux artifice; les ouuriers en sont tous Gentils-hommes. Le safran croist à foison en Albigeois & en Geuaudan; celuy d'Albigeois est le meilleur & d'vn grand reuenu aux habitans. Le vermillon ou graine d'escarlate, qui égale en bonté & valeur la cochenille qui vient des Indes, se trouue en plusieurs lieux du Diocese de Montpellier, autour de Narbonne, és garrigues de Nismes & d'Vsez; il sert aux Apoticaires & aux Teinturiers. Le verdet ou verd-de-gris, pour la teinture & pour les Peintres, est vne denrée propre à Mont-

[a] Du Pradel, liu. 33.

[b] Larger, Latiege, Aude.

[c] Pradel. lib. 6.

[d] Guede à Paris, *Glastum* aux anciens.

pellier, & qui luy porte reuenu. Les laines fines & les vers à soyes sont aussi de la qualité, ou plustost de la richesse du pays, dequoy nous traiterons cy-apres. Aux remarques faites sur la nature du terroir, & apres vne varieté si grande en ce qu'il rapporte en tous ses endroits, se ioint la bonté de l'air & sa temperature, qui n'est ny dans la trop grande rigueur de l'Hyuer, ny dans les excessiues chaleurs de l'Esté, ce qui contribuë fort à la santé des habitans, auec ses bonnes eaux qui sont par tout, particulierement à Nismes, Montpellier & ailleurs. Les iours beaux & serains du bas Languedoc au cœur mesmes de l'Hyuer sont capables de faire rajeunir les vieillards, & les chaleurs vn peu ardentes y sont ralenties ou soulagées par le Garbin qui est vn doux vent qui se leue ordinairement apres midy. Les pluyes y sont plus rares, mais plus violentes qu'ailleurs : Pendant la secheresse on s'y sert fort des puits à rouë pour arrouser les iardins. On y void quantité de scorpions & lezards verds.

Mœurs. Les habitans du Languedoc sont nez & propres à tout, aux armes, aux lettres, à la marchandise, & à l'Agriculture. Pour le premier, comme il abonde en noblesse & en gens de guerre, l'exercice n'y peut estre que grand: mais ceux du bas Languedoc principalement par vne naturelle inclination qu'ils y ont, ou l'habitude qu'ils en ont prise eux & leurs peres aux premieres & dernieres guerres animés du zele de la Religion, sont bons soldats & courageux, à Nismes, en la Vaulnage, à Vsez, dans les Ceuennes, & ailleurs. Quant aux lettres, ils y reüssissent heureusement, ceux de Toulouse pour le droict, dont ils ont vn soin particulier, à cause du Parlement, à quoy la reputation du docte Cujas natif de Toulouse, de Guy du Faur Seigneur de Pybrac President au Parlement de Paris, Iean Estienne Duranti, Pierre du Faur Baron de sainct Iory, & Philippes Bertier premiers Presidents au Parlement de Toulouse, Guil. Maran Professeur en Droict à Toulouse, & autres, sert de preuue. Le bas Languedoc semble cultiuer vn autre genre d'estude, pour les langues, l'histoire, & la poësie, ayans possible l'esprit plus subtil & ouuert, comme ils l'ont en effet, particulierement ceux des Ceuenes, du Viuarez, & des villes qui y aboutissent, iusques à en estre fins, rusez & capables de mal, auec vne grande inclination à la chicane & à la plaiderie, qui ne requiert pas vn esprit pesant. Les ouurages de Iean Mercier Professeur du Roy en langue Hebraique natif d'Vsez, de Nicot issu de Nismes, la memoire du Pape Vrbain cinquiesme né en Geuaudan, & plusieurs excellents Medecins de Montpellier tels que sont Rondelet, Ioubert, du Laurens, Saporte, Varanda, Ranchin, qui ont escrit & seruy les Roys, marquent la bonté des esprits du pays. La marchandise est exercée auec industrie, actiuité & diligence par tout le Languedoc, mais principalement à Toulouse, Carcassonne, Nismes, Vsez & autres lieux. L'Agriculture & le labeur des champs sont en soin principal à toute la Prouince, qui est cultiuée generalement, & rapporte fruict. Quant à la conuersation, elle est bonne par tout, mais on y remarque des differences du haut au bas Languedoc, d'autant que ce dernier preuaut en douceur & courtoisie, dequoy les villes de Montpellier & de Beziers emportent le prix, n'y ayant rien d'esgal à la premiere quant à ce point, ce qu'vn estranger a remarqué,[a] & sans doute ressenty; la gentillesse de leurs habitans & des Dames principalement, est loüée par quelques autheurs anciens;[b] les graces du corps, le teinct du visage & la proprété en habits y trouuent leurs aduantages par dessus le reste du pays; & à Nismes des tout temps se sont veuës des beautez excellentes.

a Merula, nihil humanius.
b Froissart c. 6.

Richesses. La richesse du Languedoc se recueille de sa qualité en tout autant de fruits & de denrées qu'elle produit. Les bleds de l'Albigeois vont en Roüergue, ceux de Narbonne, Beziers & tout le bas Languedoc bordent de vaisseaux chargez tous les ports voisins, d'où ils vont en Espagne & en Italie. Les vins de Gaillac passent iusqu'aux pays Septentrionaux, ceux de Frontigan sont portez en Angleterre, en Italie & en Espagne. Les huiles vont à Toulouse, & par la Garomne qui se rend dans la mer, sont communiquez à toute la France, & les pays beaucoup plus esloignez où les oliuiers ne viennent point, s'en fournissent. Les Sels, outre l'immense reuenu que le Roy en retire, dequoy nous auons parlé cy-deuant,[c] & le fournissement des fermes du Daufiné & du Lyonnois, vont en Suisse, Geneue & Sauoye; le traffic & le profit du pastel est grand pour le Lauraguez, il a esté autresfois plus profitable aux habitans du pays, par le grand trāsport qui s'en faisoit de Toulouse à Bordeaux iusques à cent mille bales tous les ans, mais il s'est fort diminué par le defaut de cul-

c Disc. gen. Richesses.

ture,& l'vsage de l'Indighe, que les teinturiers meslent auec le pastel. Le safran se debite en Suisse & en Alemagne. Les prunes d'Albigeois, dites de S. Antonin qui est sur les confins, y viennent en abondance & ioignent leur reuenu à celuy du pastel. Le Salicor se transporte en Italie, où ils en font les beaux verres qu'ils vendent en diuers endroits de l'Europe. Le layet porte profit à ceux de Chalabre & de la Bastide de Peyrat, comme le verdet, les futaines, les couuertes, qu'ō porte iusqu'à Venise pour y estre teintes en escarlate, & seruir aux plus grands de l'Europe, les pouldres de senteurs, parfums, medicaments excellents, & la cire blanche aux habitans de Montpellier. Ceux de Nismes, d'Vsez, & des Ceuenes profitent par la manufacture des sarges, cadis, & burates fines, & Carcassonne par ses draps de Sapte fabriquez à Conques, de mesme que Limous & Beziers. Les soyes se font en tout le bas Languedoc, par les vers à soye, qu'on y appelle Magnans, & les meuriers, dont la fueille les nourrit, & qui croissent particulieremēt és enuirons de Bagnols. Les mulets du Geuaudan sont achetez par les Espagnols, & les pays du Vellay & du Viuarez en traffiquent aussi, & en iuments & cheuaux, & finalemēt chaque diocese a son negoce particulier, qui s'exerce diuersement: là où les riuieres ne se trouuent point, la voye des mulets qui abondent en tout le bas Languedoc, y supplée pour le transport des denrées, en telle quantité qu'vn seul lieu dans le diocese de Lodeue [a] en fournit iusques à cinq cens, & vn autre fournit des meules d'Esmouleurs à tous les endroits de l'Europe. [b]

a Monpeyroux
b S. Priuat.

Forces. Les forces du Languedoc se preiugent par la seule description de la Prouince qui est de fort grande estenduë, fournie de tres-bon nombre d'habitans aguerris, auec plusieurs riches & bonnes villes closes de murailles & fossez, & pres de 2400 mandemens & iurisdictions, & beaucoup plus de parroisses, & quantité de forts Chasteaux & places gardées pour le Roy sur la frontiere & ailleurs, outre celles qui ont esté démolies en diuers temps, & qui n'ont que le nom de Chasteu & Chastellenie sans soldats ou garnison, comme Montreal, Tour de Cabardez, Gallargues, Beaucaire, Greses, Roquemaure, Frōtignan, Pezenas, Cabaret, Lombers, Lesignan, Pech-serguier, le Fossaret, Cessenon, Mireuaux, Cabrieres, Castelnau-darry, Castel-sarrasin, Penc, Meyrueis, S. Beat, S. Girons, Pech-celsi, Buset, Perignan, Fiac, Montosse, Viane, Roque-courbe, S. Leze, Castillon, & Sallies en Comenge, & plusieurs autres nouuellement ruinées. Les villes & forteresses de frontiere, & autres qui sont gardées presentement, sont Carcassonne, Applet & Belcaire en Sault, la Motte, Fourques, S. André lez Villeneuue, Curdespine, Pech-laurens, Roquefissade, Aguilar, Peyre pertuse, Queribus, Termes, Leucate, la Tour du bout du pont de Villeneuue, Sommieres, la Tour Carbonniere, le Fort de Pecais, Aygues-mortes, & les citadelles du pont S. Esprit & de Montpellier. La Prouince peut fournir nombre de Caualerie au Roy, & beaucoup plus d'Infanterie, tres-bonne au bas Languedoc & dans les Ceuenes, & en tout douze à quinze mille hommes de pied, & mille ou douze cens cheuaux.

Gouuernement. Cette Prouince fut aux Romains qui commencerent par la Prouence, & suiuirent en Languedoc; les Goths ou Wisigoths l'ont tenuë long-temps, & les autres nations barbares l'ont ou dominée, ou infestée; Charles Martel vainquit les Sarrasins, & fut au bas Languedoc, où il chastia quelques villes qui leur auoient adheré. De tous les Seigneurs qui l'ont tenuë ou en gros ou en diuerses pieces & fiefs, les Ducs de Septimanie, Marquis de Gothie, dont Bernard fut le premier sous Louys le Debonnaire, les Comtes de Toulouse & de sainct Gilles ont esté les plus puissans, outre lesquels ont esté & ont finy en diuers temps les Comtes de Carcassonne, de Razes & de Castres, les Vicomtes de Narbonne, de Beziers, de Nismes, & d'Agde, les Seigneurs de Mont-pellier, & autres. Le mariage de Ieanne fille vnique de Raymond Comte de Toulouse, auec Alphonse Comte de Poictiers, frere du Roy sainct Louys, sous le traitté & cōdition qu'en defaut d'hoirs masles, le pays de Languedoc reuiendroit de plein droict & seroit reüny à la Couronne, sans changement ou alteration des coustumes du pays, [c] fut suiuy de la reünion, Alphonse estant decedé sans enfans en l'an mil trois cens soixante-vn sous le Roy Iean. Le Comté de Carcassonne, & le Vicomté de Beziers reuindrent à la Couronne sous le mesme Roy sainct Louys. Nous auons parlé de celuy de Castres, [d] pour le Vicomté de Narbonne, il en fut fait vn eschange sous le Roy Louys douziesme, comme nus auons desia marqué. Quant à Mont-pellier, apres la suite de plusieurs Sei-

c Bod. li. 4. de rep. c. 1.
d Dioc. de Castres.

gneurs du nom de Guillaume, Marie fille vnique du dernier de ce nom espousa Pierre Roy d'Arragon en l'an mil deux cens quatre, apres la dissolution de son mariage auec le Comte de Comenge. D'elle nasquit Iammes ou Iacques Roy d'Arragon, Seigneur & natif de Montpellier: Marie mourut à Rome l'an 1219. apres sa poursuite enuers le Pape Innocent troisiesme, pour la confirmation de son mariage, qu'elle obtint. A Iacques Roy d'Arragon succeda Pierre, pour le Royaume d'Arragon, & Iacques pour celuy de Mallorque la Seigneurie de Montpellier, lequel mourut l'an 1311. & de luy fut petit fils Iacques troisiesme Roy de Mallorque & Seigneur de Montpellier, qui fit vente au Roy Philippes de Valois l'an 1349. de la Seigneurie de Montpellier & de ses dependances pour le prix de six-vingt mille escus. La lignée des Roys de Mallorque, puisnez des Roys d'Arragon ayant finy, Pierre Roy d'Arragon l'an 1350. confirma la vente de Montpellier, qui de Seigneurs particuliers estoit tombée en la maison d'Arragon ou de Mallorque, & de cette main estrangere est reuenuë à la Couronne de France.

Le Languedoc est sous vn Gouuerneur & Lieutenant general pour le Roy; cy-deuant il n'y a eu qu'vn Lieutenant de Roy, mais depuis l'an 1632. on en a fait trois, l'vn pour les dioceses & pays de Vellay, Viuarez & Geuaudan, l'autre pour les dioceses d'Vsez, Nismes, Montpellier, Agde & Lodeue, & le troisiesme pour le haut Languedoc. La Cour de Parlement est establie à Toulouse, (où ressortit la prouince, & partie de la Guyenne,)[a] composée de six Presidents au Mortier, la grand' Châbre, deux des Enquestes, & vne des Requestes; & en chacune des Châbre des Enquestes deux Presidents; la grand' Chambre est composée de 18. Conseillers & deux Presidents, outre les deux Aduocats generaux & le Procureur general. L'Archeuesque de Toulouse a seance & voix deliberatiue en Audience & au bureau. Le Parlement enuoye annuellement vn President & dix Conseillers en la Chambre de l'Edict my-partie seante à Castres pour les causes où ceux de la Religion pretenduë reformée ont interest, outre le Procureur general creé en la mesme Chambre. Nous auons parlé cy-deuant de la Cour des Comptes, Aydes & Finances,[b] qui pour le fait des aydes & procez a le mesme ressort que la Cour de Parlement; & pour les comptes, ceux de la seule prouince de Languedoc y sont veus. Cette compagnie est composée de dix Presidents, 48. Conseillers, Maistres & generaux, outre les bureaux des Correcteurs qui sont 14. & des Auditeurs qui sont 22. & trois gens du Roy. Le Comté de Gaure seul, qui est dâs la Guyenne, compte à Montpellier; & pour les Gabelles, le haut Auuergne qui se sert du sel de Languedoc, appartient à la Iurisdiction & ressort de la mesme Cour vnie depuis l'an 1629. comme nous disons ailleurs.[c]

a Rouergue, Quercy, la Gascogne.

b Disc. gen. Gouuernement.

c Discours general, Gouuernement.

Les trois Seneschaussées anciennes & de plus grande estenduë en Languedoc sont Toulouse, Carcassonne, Beaucaire & Nismes; les quatre nouuelles & moindres sont celles de Lauraguez, seante à Castelnaudarry, Montpellier, & le Puy en Vellay. Il y a six sieges Presidiaux, sçauoir Toulouse, Castelnaudarry, Carcassonne, Beziers, Mōtpellier, & Nismes. Au Seneschal de Toulouse ressortissent les Viguiers & Iuges de Toulouse, Rieux, Albigeois, Ville-longue, Riuiere, Verdun, Comenge, & autres de Guyenne; à celuy de Lauraguez, le Viguier de Lauraguez, le Iuge d'Auteribe &c. Au Seneschal de Carcassonne & Beziers, ayans chacun son siege, le Preuaut de la Cité de Carcassonne, & de Realmont en Albigeois, les Viguiers de Beziers, de Gignac, de Carcassonne, de Limous, de Fenoulledes, de Narbonne, d'Alby, de Lautrec, & de Mirepoix, les Chastellenies de Montreal, de Cabrieres, de Cessenon, de Pezenas, les Bailes de Montagnac, de S. Tibery, de Seruian, de Caux &c. le Iuge de Terrebasse, & le Seneschal Comtal de Castres. Au Seneschal de Beaucaire, & Nismes, les Viguiers de Nismes, Beaucaire, Vsez, le Vigan, les Baillifs du Viuarez & du Geuaudan. Au Seneschal du Puy, le Baillif du Vellay, &c. Au Seneschal & Gouuerneur de Montpellier, le Viguier de Montpellier annexé au Consulat, ceux de Lunel, Sommieres, Aygues-mortes, Sauue, & les Iuges des Baronnies de Montpellier & de Gallargues. Les autres officiers establis en la Prouince, selon l'ordre general que nous auons desduit ailleurs pour la Iustice & les finances, sont en grand nombre, sçauoir trois Maistres des œuures & reparations royales, des Capitaines des minières, vn Lieutenant du grand Maistre de l'Artillerie, vn Preuost general de la Connestablie & Mareschaussée, & vn Lieutenant general en chaque Seneschaussée, six Visiteurs & autant de Contrerolleurs generaux des gabelles, auec leurs Lieutenans en huict sieges, trois maistres des ports, pōts, chemins,

&c. auec leurs Lieutenans en plusieurs bureaux, dits de la Foraine, les grands Maistres & les particuliers des eaux & forests, capitaines, forestiers & autres officiers, les Commissaires & Controlleurs des guerres, outre dix-huict Thresoriers generaux de France en chaque Generalité,[a] qui sont aussi Intendants des gabelles, grands Voyers, &c. & les autres officiers des finances, domaine, gabelles & foraine, comme ils sont establis en toutes les Generalitez de France, & comme nous les auons posez & distinguez au discours general, du Gouuernement. Les Consuls des villes principales ont la faculté de porter les robes rouges d'escarlate, és iours solennels de leur installation, & autres.

a Toulouse, Montpellier.

Les Estats de la Prouince se tiennent annuellement par les trois ordres, du Clergé, de la Noblesse & du tiers Estat. Le premier est composé de deux Archeuesques & vingt Euesques ou leurs Vicaires & enuoyez: l'Archeuesque de Narbonne est le President. Le second, de vingt-deux Barons pris de chaque diocese, selon leur droit, faculté & seances qui ne sont pas bien reglées, & à cause des mouuemens de l'an 1632. le Roy en a priué quelques vns, & substitué d'autres. Le troisiesme est des vingt deux Consuls des villes capitales des dioceses, que nous auons tous suiuis, vingt-deux Consuls vieux & vingt-deux Consuls des villes que l'on appelle diocesaines, trois Syndics generaux des trois anciennes Seneschaussées, le Greffier des Estats & le Thresorier de la bourse du pays, outre le Greffier pour le Roy, & les Commissaires pour sa Majesté, dequoy & de l'Edict du Roy fait en Octobre mil six cens trente-deux, qui regle lesdits Estats, nous auons parlé au lieu cy-dessus allegué,[b] auquel le lecteur est renuoyé pour euiter la redite & longueur du discours.

b Discours general, Gouuernement.

La grande estenduë de cete Prouince, qui enferme plusieurs pays dans son Gouuernement, & auroit requis diuers traittez particuliers, jointe auec l'amour d'vn air où i'ay esté esleué, m'y a fait possible plus eslargir qu'és autres Prouinces ou Contrées de France, descriptes iusques icy. Dans l'ordre que i'y ay suiuy en la distinction des dioceses, & le denombrement general des lieux & des fiefs nombreux qu'on y remarque, auec les sources & cours des riuieres, & autres belles circonstãces du païs, i'ay esté secouru & guidé par les memoires de feu Antoine Ranchin, mon frere, Conseiller du Roy en la Cour des Cõptes, Aydes & Finances de Montpellier, lequel ayant esté auparauant Aduocat general de sa Majesté en la Cour des Aydes de la mesme ville, vnie depuis à la Chambre des Comptes par Edict du mois de Iuillet de l'an mil six cens vingt-neuf, dans le fidelle & assidu seruice rendu au Roy en vne charge si importante durant l'espace de 20. & tant d'années, s'estoit acquis vne science parfaite de la Prouince, & ioignant aux choses de fait & qui gisent en memoires vne grande lecture de l'histoire & vne vigueur esgale de iugement & d'esprit, se trouuoit tres-capable de dresser vn ouurage du Languedoc ancien & nouueau, digne de la cognoissance du public, duquel i'ay creu pouuoir obtenir cette grace, que de publier vne verité & rendre de bonne foy ce qui appartient à vn chacun, & mesmement à ceux-là de qui ie tiens vne partie de mon institution, ou confirmation és bonnes lettres.

Religion.

La description du Languedoc nous baille vingt-deux Euesques, dont les deux sont Archeuesques & Metropolitains, sçauoir Narbonne, qui est fondee en Primatie, & Toulouse, qui est erigé de nouueau.[c] Les Abbez ou Prieurs principaux, qui sont quatre-vingts ou cent en nombre, ont esté nommez pour la pluspart, auec les droits temporels des vns & des autres, & autres circonstances remarquables. La Religion pretenduë reformée fut receuë en cette Prouince auant qu'aux autres de France, nommément au pays du Viuarez, comme portent les memoires historiques dressez sur ce sujet. Il y a plusieurs villes dont tous les habitans sont Catholiques; sçauoir Toulouse, Carcassonne, Narbonne, Alby, & autres; plusieurs où ceux de la Religion pretenduë reformée preualent en nombre, cõme Castres, Nismes, Vsez, Anduse, Sauue, & autres lieux des Ceuenes, du Viuarez, du Geuaudan, & du haut Languedoc, esquels l'exercice en est permis, de mesmes qu'à Montpellier, où ils sont en grand nombre, & meslez en tous ordres & compagnies. Il y en a peu à Beziers, où l'exercice est hors de la ville.

c Iean XXII.

PROVENCE

PROVENCE.

Noms. LA PROVENCE, partie de la Gaule Narbonnoise, premiere conquise & reduite en Prouince par les Romains, a retenu le nom de Prouince par excellence, auec le leger changement d'vne seule lettre, ayant esté auparauant habitée par diuers peuples, qui ont laissé partie de leurs noms aux villes qu'on y void encore aujourd'huy.

Confins & estenduë. Les Alpes & la riuiere de Var la bornent au Leuant, le Daufiné & la montagne de Velay au Nord, le Languedoc & le Rosne au Couchant, & la mer Mediterranée au Midy. Sa longueur depuis Arles iusqu'à Nice est de trente-six lieuës, & sa largeur depuis Marseille iusqu'à Cisteron ou Colmars vingt-cinq ou trente lieuës; à compter depuis Nones iusqu'à Nice on trouue quarante-cinq lieuës de longueur.

Diuision. La Prouence est diuisée communement en haute & basse partie, & entre les deux est le cœur de la Prouince. Le pays-bas est celuy qui est tout le long de la coste de la mer, où l'air est fort temperé, & la chaleur ardente. Le haut est appellé la Montagne, voisin du Daufiné, où le froid est extréme & la neige sejourne toute l'année.

Villes & lieux. Les villes & lieux clos de ceste Prouince, à commencer deuers Auignon & le long du Rosne, qui sont ses confins à l'Occident, sont Barbantane sur la Durance & le Rosne, au Roy; Boulbon, Comté de la maison d'Oraison, pres du Rosne, TARASCON, qui n'a point changé son nom ancien, [a] ou l'a fort peu alteré, sur le Rosne, qui le separe de Beaucaire en Languedoc, auec Chasteau, basty par le Roy René, Comte de Prouence, d'vne tres-belle structure; les Baux dont la forteresse a esté rasée, ville & Iudicature Royale.

[a] Strab. Ptol.

Arles. ARLES, *Arelate*, [b] *Arelas*, [c] demeure ou colonie des anciens, *Saly*, [d] & des soldats de la legion sixiesme, [e] Colonie des Romains, [f] & la petite Rome des Gaulois, [g] est toute assise sur le Rosne, ville fort ancienne, plus grande & plus cogneuë par son grand traffic, [h] qu'elle n'est à present. Elle a des restes d'vn Amphitheatre, qu'on y appelle les Arenes, comme à Nimes & ailleurs: mais il n'est si entier ny d'vn bastiment comparable à celuy-là, ny aux autres. On y void quelques colomnes ou pilliers antiques au plus haut de la ville dans le College, que le vulgaire croit estre les colomnes d'Hercules. C'a esté le siege & le nom du Royaume d'Arles ou de Bourgogne, & maintenant c'est vn Archeuesché, vn siege du Seneschal de Prouence, auec vn Lieutenant principal & particulier, vn Lieutenant des soubmissions pour les debtes & obligations, & quelques Conseillers Le Viguier se dit Capitaine du Chasteau pour le Roy, a l'intendance de la police, & autorise les Conseils de la ville, dont le premier Consul porte le baston de Viguier en son absence. C'est le seul qui precede le Iuge Royal, veu qu'en tous les autres sieges de Prouence, les Iuges precedent les Viguiers. Le Iuge ne cognoist que du ciuil, & y a vn Lieutenant criminel; les appellations deuoluent au Parlement. La ville est exempte de tailles. Le Prieuré de sainct Gilles proche d'Arles est d'vn tres-grand reuenu. [i]

[b] Cæs. Plin. Suet in Tib. Mela Strab.
[c] Auso. Oros.
[d] Ptolem. li. 2. c. 10.
[e] Sextani. Plin li. 3. c. 4.
[f] Suet.
[g] Auf. Gallula Roma
[h] Constit. Costantin. Imp ad Agric. ... prat. Gall.
[i] 75000 li.

Les Marais qui sont au bas Languedoc, depuis Beaucaire iusqu'à Ayguesmortes, & occupent l'espace de sept à huict lieuës, n'estans pas compris dans la Prouence, sont neantmoins dits terres du pays; & ce qu'on appelle Camargue est tout à la Prouence; vne branche du Rosne en fait la separation. Ces marais qu'on repute du bas Languedoc, commencent à Beaucaire, à qui ce bout en appartient, suiuent à Brossan, ou est au Duc d'Vsez, à Fourques, à S. Gilles, là où ils appartiennent à l'Abbé & à la Communauté, à Vauuert, (& sont au Duc de Ventadour, & à la Communauté du lieu,) au Cayla, à S. Laurens, & à Psalmody, là où ils appartiennent aux Seigneurs & aux Communautez des lieux. Le desseichement de ces marais a esté proposé, & empesché par les villes & Communautez voisines, au grand preiudice de leur propre terroir. La Camargue a receu des accroissemens par le Rosne en terre fertile en bleds, & abondante en pasturages: Elle est formée par deux branches du Rosne en Isle proche d'Arles, où se nourrit

Europe.

grande quantité de bestail, bœufs, & cheuaux de petite taille, & porte vn grand reuenu aux habitans de la ville. Le nom de Camargue peut estre tiré de C. Marius vainqueur des Cimbres en ces quartiers, quoy qu'aucuns y contredisent. [a]

[a] Merula.

Berre est de la Principauté de Martegue, & a de beaux Salins. Le Martegue, *Colonia Maritima*, est en Isle dans la mer; la Tour de Bouc est vne forteresse à l'emboucheure de son port, bonne place, auec garnison & gouuerneur; & Cieutat port de mer est à l'Abbé de sainct Victor de Marseille. Les trois Maries est vn bourg celebre par la deuotion qu'on a d'y voir les corps de ces trois Sainctes.

[b] Steph. Mela. [c] Ptolem. [d] Strab. li. 4. Steph.

Marseille.

MARSEILLE est vne ville tres ancienne, Colonie des Phoceens Grecs, [b] Republique & Academie fort renommée, *Masalia*, [c] *Massalia*, [d] Toute sorte d'Autheurs l'ont mentionnée, & exalté son gouuernement, sa police, ses mœurs, & son eschole, de sorte qu'elle a requis des volumes entiers contenans son histoire, ses guerres, ses colonies, sa langue, & tout ce qui la peut concerner, qui est autant remarquable que chose qu'on puisse escrire d'aucune ville qui soit aujourd'huy de l'obeyssance du Roy. On ne la tient ny du Comté de Prouence, ny des terres adjacentes: Elle n'entre pas aux charges du pays, & n'a point de voix dans les Estats, quoy que ce soit vn Euesché, & qu'elle soit comprise au gouuernement de Prouence. La ville est assise sur la mer & en vne colline, en forme d'vne harpe penchante sur le Midy, au pied de laquelle est le port qui est beau & si asseuré, que iamais vaisseau n'y a fait naufrage; il se ferme auec vne chaisne de fer, de sorte qu'il n'y peut entrer, ou en sortir aucun nauire pendant qu'il est fermé. A costé de son emboucheure est la tour sainct Iean, auec garnison & gouuerneur, & de l'autre costé sont deux petites collines, l'vne appellée de sainct Nicolas, & l'autre, Teste de More. Au dessus du port & sur le Midy de la ville est vne petite montagne, où est le fort de nostre-Dame de la Garde, qui commande à la ville, & luy sert de sentinelle pour descouurir sur la mer; il y a garnison & gouuerneur. Marseille est diuisée en quatre quartiers, dõt chacun à son Capitaine, & autres officiers: L'ancien gouuernement de la ville par quatre Comtes souuerains, dont la maison de Vintimille porte encores le nom de Comtes de Marseille, a donné lieu à ceste distinction; les quartiers sont S. Iean, Blancarie, Corps de ville, & Cauaillon. On n'y fait que trois Consuls & vn Assesseur; le premier est pris de la noblesse, & se qualifie Gouuerneur & defenseur des libertez & priuileges de Marseille: le iour de leur installation, ils portent la robe rouge d'escarlate, & le iour de Pasques, de damas cramoisy. Le Viguier est annuel & electif, de trois nõmez par les Consuls, le Roy en prend vn: Il precede les Cõsuls, marche accõpagné de douze archers, & a Iurisdiction sur la police auec les Cõsuls, & auec les Iuges de S. Loüis, de S. Lazare & du Palais, qui sont tous trois Iuges Royaux; il cognoist des causes criminelles par preuention. Le Iuge du Palais est perpetuel, & les autres sont changez & esleus annuellement par les Consuls. Outre ceste Iurisdiction y est celle d'vn Lieutenant de Seneschal de Prouence pour le ciuil, & autre pour le criminel, assistée d'vn Lieutenant particulier, vn Lieutenant des soubmissiõs, des Conseillers, & les gens du Roy. Les Iuges des marchands sont annuels & pris d'entre les bourgeois, leurs Sentences sont executoires nonobstant l'appel, qui se releue en la Cour de Parlement d'Aix, iusqu'à cinq cens liures. Les Iuges preud'hommes cognoissans des differends de la pesche, sont aussi annuels: Le Iuge de l'Admirauté cognoist des naufrages & autres questions qui naissent sur la mer, qui enuironne ceste ancienne ville, sauf en vn endroit, qui n'en fait pas plus de la quatriesme partie; & du costé de terre ferme il y a cinq parties, en l'vne desquelles qui est la porte Royale, est vne garnison entretenuë par le Roy.

Les Isles & forteresses de Chasteau d'If, Ratoneau & Pomegue sont proches de Marseille, & n'ont qu'vn seul Gouuerneur, qui prend cognoissance des nauires qui entrent au port: la petite Isle appellée Planies, auec vne tour qui n'est point gardée, y est aussi. Outre ces forts qui ont esté bastis pour la seureté du port, les sentinelles qu'on pose le long de la coste, descouurans les vaisseaux & galeres qui paroissent sur mer, seruent pour en aduertir par le moyen des feux qui se font sur les montagnes depuis Mourgues iusqu'à Marseille, qui sont soixante lieuës [e] de chemin. Le terroir de Marseille est arrousé de deux petites riuieres, Iarret & Vneaune; on n'y voit que vignes, prez & iardins remplis d'arbres

[e] 180 milles.

fruictiers; ses petites collines & vallons abondent en belles fontaines, & les champs y sont couuerts de granges, qu'on y appelle Bastides, si proches & en si grande quantité [a], qu'elles y font comme vn corps de ville. Les galeres du Roy, & autres vaisseaux bien armez & munitionnez sont ordinairement au port de Marseille, ou en celuy de TOVLON, [b] qui est tres-beau & capable d'vn grand armement; la ville est bien fortifiée, auec garnison, Gouuerneur pour le Roy, & vne belle tour à l'embouchëure du port. Cette ville est proche du cap de Ciech, dit *Citharistes* anciennement. C'est l'vn des Eueschez du pays, à neuf lieuës de Marseille. Olieoules est vn bourg fermé & fort, à demie lieuë de la mer, & a son port à sainct Nazaire; Cifour, bourg fermé, sur vn haut, auec son port au bas, nommé la Sayne village ioint, & à l'Abbé de sainct Victor.

a 15000.

b Telo Martius. Antonin.

Isles d'Yeres. Les Isles d'Yeres [c] sont Ribandon & Ribandas, qui sont petites, & sont vn siege du Seneschal, auec des salins: Elles ont esté fortifiées depuis ceste derniere guerre contre le Roy d'Espagne.

c Stœchades voy le discours general.

L'Isle de Porqueirolles est à la maison d'Ornano, il y a forteresse & garnison.

L'Isle de Porte-Croix est assez grande, auec forteresse, garnison, & vn beau iardin remply d'Orengers.

L'Isle du Titan est grande, & est appellée ainsi à cause qu'on void tousiours leuer le Soleil de ce costé-là: Ces Isles sont distantes de deux lieuës de la terre ferme, & sont nommées Isles d'or, à cause des mines qu'il y peut auoir, ou que la terre en reluit & semble estre dorée. L'Isle de Bregançon est petite, & voisine des precedentes, fort proche de terre ferme, auec Gouuerneur & bonne garnison.

Les Isles de saincte Marguerite & sainct Honoré de Lirins, Abbaye, sont proches d'Antibe: où se void aussi le port de Cannes. Celle de saincte Marguerite a vne forteresse, garnison & Gouuerneur.

Bargeols est ville fermée, au dessous de laquelle est vne fontaine d'eau salée, & vne petite riuiere: Il y a vne source d'eau dans la ville, qui fait tourner plusieurs martinets ou moulins à poudre & à papier.

Antibe est ville sise sur la mer, *Antipolis*, [d] au Roy, à trois lieuës de Nice, & le lieu de sainct Laurens à vne lieuë; le fleuue ou torrent du Var y separe la France des terres du Comté de Nice; Brignole sur Caramy, est vn siege du Seneschal: ville renommée pour ses prunes fort delicates.

d Ptolem. Plin. Tac. Strab.

Aix. AIX est la ville capitale de la Prouence; la petite riuiere de Larc passe au dessous. On n'y fait que trois Consuls & vn Assesseur qui prend place aprés le premier Consul pris d'entre la noblesse plus qualifiée de la Prouince, & les Consuls se disent Procureurs du pays, dont ils ont le soin & la charge auec celle de la ville, qui est diuisée en cinq quartiers, dont chacun a son Capitaine & autres officiers. La ville est ancienne, *Aquæ Sextiæ, Colonia*, [e] appellée ainsi à cause de ses eaux ou bains, & que ç'a esté vne Colonie fondée par C. Sextius Consul Romain. Outre ses officiers ordinaires, ceste seule ville possede & enferme tous les honneurs & charges releuées de la Prouince. Le grand Seneschal de Prouence y a son principal siege; la Cour de Parlement y est seante, auec la Cour des Comptes, Aydes & Finances, les Thresoriers generaux de France, outre l'Vniuersité, & le College Royal, dit de sainct Louys, tenu par les Peres Iesuites; & pour le spirituel, c'est vn Archeuesché dont le Prelat est Procureur né & premier du pays.

e Ptol. Vell. Paterc. Solin.

Le terroir en est tres-beau en vignoble, oliuiers, amendiers, belles prairies & grands iardins aux enuirons de la ville, arrousez d'eaux de fontaine, & de deux ruisseaux, Barret & Larc, qui passent prés de la ville.

S. Maximin, au Roy; Orguon, sur la Durance, auec Chasteau, au Duc de Guise; Salon dans le terroir de la Crau, à l'Archeuesque d'Arles; Senas, Baronnie; Malamort, sur la Durance, à l'Euesque de Marseille; Castelano, siege Royal, sont villes & lieux qui suiuent, & sont dans le cœur du pays.

APT est vn Eueshé & ville Royale, assise sur vne riuiere, *Apta Iulia*, renommée pour ses bonnes prunes.

Draguignan est ville assise en terroir agreable & fertile, close de belles murailles, siege du Seneschal, auec autres Iurisdictions, comme en la ville d'Arles.

Forcalquier est vn autre siege du Seneschal, ancienne Seigneurie & Comté separé du Comté de Prouence.

Manosque est vne ville & Bailliage auec Chasteau, aux Cheualiers de Malte; vn des Commandeurs s'en dit Seigneur & Bailly, comme on remarque qu'en Portugal est vn autre grand' Croix, qu'on nomme Bailly de certaine ville.

a Strab. Plin. FREIVLS, *Forum Iulij* [a], est proche de la mer Euesché, dont le Prelat est Seigneur du lieu. On y void quelques restes de l'Antiquité Romaine. Frejuls.

b Ios. Scal. apud Merul. CISTERON, *Cistero* [b], est Euesché, auec vn fort Chasteau & garnison pour le Roy; la ville est assise sur la Durance, dans la haute Prouence.

c Ptolem. Plin. DIGNE, *Dinia* [c], où passe le Bleons, est vn siege du Seneschal, & Euesché: Il y a des bains fort salutaires RIES est sur le Vardon, à l'Euesque. Anot est au Roy, Colmars au Roy, auec riuiere, ville forte & munie; Antreuaux bourg fermé auec garnison; Seyne auec sa grande tour, & Guilleaumes separent la Prouence de Terre-neuue; pays appartenant au Duc de Sauoye; & les vallées de Chanan, & de Barreme qui comprend Barreme, S. Iacques, Clumans, Chandon, Lambruysse, Tartonne, sont de la Prouence du costé du mesme pays. Ces derniers lieux depuis Cisteron, auec les Mees, & quelques autres, sont de la montagne.

Les autres Eueschez du pays sont Grace, Vense, Glandeue, & Senés, les deux premiers ont esté. Il y a plusieurs autres bons lieux qui sont dans le pays, sçauoir Marignane, Lorgues, S. Paul, Pertuis, Peyrolle, la Vallette, Monstier, S. Tropez, Solliers, S. Remy, & autres, qui sont sieges Royaux, dont les Viguiers se disent aussi Capitaines, outre grand nombre de bourgs appartenans à des Seigneurs particuliers, dont il sera faite mention parmy les fiefs & nobles du pays. La Tour d'Aygues, qui est à vne lieuë de Pertuys, est estimée l'vn des plus beaux, riches & façonnez bastimens de France, tant pour sa structure, symmetrie, & enrichissemens, que pour les fontaines, prairies, parcs & iardinages qui l'embellissent. La contrée du Callianés comprend les villes & villages qui sont du costé de Grace, sçauoir Grace, Callian, Montauroux, Tourrette, Gourdon, Mons, S. Cesary, & autres, qui parlent vn langage different du commun.

Les terres adiacentes sont Arles, les Baux, Sallon, Grignan, Comté; Montsegur, Chantemerle, Salles, Collonselles, Montdragon, Principauté, à l'Archeuesque d'Arles, Allain, Reonuille, Vitrolles, Daigues, Sault, Comté, & autres qui n'entrent point dans les Estats du pays, ny dans ses impositions.

La Prouince n'est pas de grande estenduë, & ne comprend auec les terres adjacentes que six cens vingt-trois villes ou villages.

Le Bastion de France estoit en Barbarie, du costé du Midy, entre Tunis & Alger, au cap de la Rose distant de cinquante lieuës d'vn costé & d'autre, & fort proche de Bonne [d], le grand Turc & les Vicerois de Tunis & d'Alger auoient consenty à ce qu'vne compagnie de marchands Marseillois le possedast, pour faciliter le negoce contre les Corsaires, n'estant pas permis par le Turc qu'on le fortifiast, ou qu'on le munist d'artillerie. Il y auoit vn Gouuerneur ou sur-Intendant sur toutes sortes de marchandises, lesquelles y estoient apportées par les Mores, au prix conuenu auec luy. La garnison estoit de trois ou quatre cens hommes, la plus part Prouençaux; il en venoit grande quantité de bleds, huiles, cuirs, cire, peaux de toutes sortes d'animaux, laines, corail, & force cheuaux barbez. Les Marseillois mesmes y vont encor pescher du corail, auquel effet il a esté cy-deuant permis par le grand Seigneur, qu'il fust construict non point en bastion, mais en maison plate; la milice d'Alger l'a démoly depuis quelques années, que les ruines & restes en ont demeuré entre les mains d'vn particulier, [e] lequel y ayant commandé, auoit abusé de son pouuoir. Bastion de France.

d Hippont.

e Moissac.

Le bas pays, qui est le long de la coste depuis Arles iusqu'à Nice, est le plus beau de la Prouence, où l'on ne void rien que vignes, & oliuiers gros comme des chesnes, & les iardins remplis d'orengers & citronniers, particulierement à Yeres, de diuerses sortes, limonnes, ou gros poncires, auec quelques palmes: les bois ont le thim, le rosmarin & les murtes en tres-grande abondance. Qualité.

Les collines y sont couuertes de vignes, figuiers, & de toute autre sorte de fruits bons par excellence, à cause qu'il n'y pleut gueres souuent, comme melons, prunes à Apt & Brignole, poires muscateles & autres, grenades, raisins muscats, pesches, abricots, fenoüil marin &c. Les vins sont tous tres-bons & violents. Ceux de Marseille sont les meilleurs & les plus meurs; les vins muscats de la

Cieutat sont en reputation; Riez, Ayguieres, Tarascon ont des vins delicats; on a de la maluoisie ou vin de Candie à la Crau & à Cuers.

Les bleds, l'huile, les amendes, les meuriers pour la soye, le riz, le sel ez salins desia mentionnez [a], & à Tolon & Seyne, y abondent pour la prouision & pour en faire part aux estrangers. Son air temperé se trouue rafreschy par vn petit vent de Midy qui se leue dés les dix heures du matin, pour moderer les chaleurs longues & fascheuses du pays: l'hyuer n'y tient pas plus d'vn mois, & il n'y gele quasi iamais, de sorte que pendant ce temps-là mesmes on y void des roses, oeillets & fleurs d'orenge, & les fruits y sont plustost meurs de quinze iours ou d'vn mois qu'ez autres endroits de la Prouince. L'abondance des grains d'Arles en la plaine de Camargue est exaltée sur tout, iusqu'à rapporter vingt-cinq pour cent. Au cœur ou milieu de la Prouence les bleds, les vins, & l'huile, qui est meilleure & plus douce qu'ailleurs, s'y recueillent abondamment, auec les autres fruits, sauf les orenges & citrons: comme le froid n'y est pas si rigoureux qu'en la montagne, la chaleur y est aussi moins fascheuse qu'au bas pays. Les vents sont forts & impetueux par toute la Prouince, ce qui leur ameine le froid qu'ils y peuuent auoir, le vent plus commun est celuy qu'ils appellent Meistrau. La pluye y est rare en Esté: mais la gresle, les tonnerres & la foudre endommagent bien souuent la campagne.

a Berte, Yetes.

La haute Prouence, & la montagne tient de celles du Daufiné qui luy sont voisines; le froid y est excessif, & les neiges ordinaires durant toute l'année. Elle ne manque pas de bled, mais il y a peu de vin, point d'huile; & ses fruits consistent en poires, pommes, prunes, noix & amendes, auec abondance de laictage; leur plus grand reuenu gist à nourrir le bestail.

La Crau, qu'aucuns y appellent terre du pays, comme non comprise dans la Prouince, a cinq ou six lieuës de long d'vne part, sçauoir de Salon à sainct Martin de Crau: Elle est infiniment pierreuse, & remarquée par les Anciens, [b] qui en ont compté des fables: le pays est fascheux & ennuyant, exposé aux vents, & au Soleil, toutefois non infertile, en bleds, en huile, & en vins excellens, outre la manne, & le vermillon [c], qu'on y cueille fort odorant & de grand reuenu, auec les bons herbages, & diuers simples.

b Strab. li. 4. Plin. Mela Solin. Arist.

c Quiquerau.

La Camargue nourrit quelques bons cheuaux pour la guerre: mais les bœufs & taureaux furieux qu'on y marque auec solennité & grand apprest, qu'ils appellent la ferrade, qu'ils font auec armes & auec beaucoup de dexterité & de courage, est à remarquer: Aprés le grand trauail employé en cét exercice par les bouuiers & la noblesse qui s'y trouue, il y a festin & resiouyssance publique, & ils combattent encores contre ces animaux fougueux & pleins d'ardeur & de generosité, qui ne se trouue qu'aux bœufs des Isles d'Arles, & non aux autres de la Prouence, ou du reste du Royaume, & s'ils sont nourris ailleurs qu'en ceste plaine grasse & humide, où ils ont l'herbe fraische & le fourrage abondant en toute saison, ils perdent ceste fierté naturelle. Ils sont communement noirs, & de taille haute. Quant aux cheuaux, ils sont vistes, sains & vigoureux.

Les Isles d'Arles, & le long du Rosne, abondent en oyes sauuages, halebrans, dont la chair est tendre & le goust delicat, differens des cannes communes pour la couleur, ayans le pennage brun, auec certaines mailles d'or; faisans, flamans, qui sont oyseaux de haute taille & d'vn pennage rouge, iaune, noir & blanc: houtardes, paons, griues, cailles, becque-figues, tourterelles. On y void aussi des francolins passans d'Espagne; les herons y multiplient sur les estangs: mais ils n'y sont pas trouuez bons à manger.

La Prouence a du poisson de mer & de riuiere, le turbot ou rhomb, la sole, le thom, des escreuices de mer, langoustes, huistres, moules, telines & autre race de coquilles, lamproyes de mer, anciennes murenes prisées par les Romains, sardines, qui sont la prouision des galeres, truites, meletes & autre sorte de poisson. On n'y void point des harans, ny de gros saumons.

Mœurs. Les Prouençaux sont adroits à toute sorte d'exercice du corps, & propres à tous jeux. Tous les villages de la Prouince ont leurs Festes, là où se donnent des prix pour courir, sauter, tirer de l'arquebuse, de l'arbaleste, & choses semblables, & la ieunesse circonuoisine y fait essay ou donne des preuues de sa force & disposition à pied & à cheual, à danser, & à faire des sauts qu'ils appellent perilleux. Ils sont curieux & de bon esprit, poëtes dez leur naissance & faiseurs de chansons, en quoy ils vengent leurs iniures, & s'y adonnent de longue main & depuis plusieurs siecles, comme il se void en quelques ouurages du temps & du pays, qui auoit des bandes de poëtes, qu'ils nommoient Troubadours, c'est à dire, Inuenteurs, comme c'est le nom & la vraye action du Poëte, que de faire & d'inuenter, & non de bastir des vers. Aucuns de leurs anciens Comtes prenans le naturel de leurs sujets, s'y sont heureusement adonnez. Les marques de leurs passe-temps & humeur gaye paroissent aussi en leurs anciennes coustumes d'auoir dans Aix vn Prince d'Amour, nommé par les Procureurs du pays, qui assiste à la solemnité du iour de la Feste-Dieu, auec belle compagnie, aprés quoy il traicte somptueusement lesdits Procureurs & Consuls auec la Noblesse, & donne le bal aux Dames; il à tous ses officiers & membres de compagnie, c'est le chef de la ieunesse, dont les Empereurs Romains ont eux-mesmes daigné de prendre le titre.[a] Le Roy de la Basoche y paroist aussi auec les mesmes ordres & suites. On y representoit le mesme iour vn Duc d'Vrbin, que ceux du pays disoient auoir esté institué par René Roy de Sicile & Comte de Prouence, qui auoit receu quelque insigne affront & desplaisir du Duc d'Vrbin de ce temps-là. La rudesse qui peut estre ez Prouençaux est pour ceux qui sont le long de la mer, conuersans en leurs voyages auec les Turcs & Africains, mais le cœur du pays, & la Noblesse n'a que ciuilité & courtoisie, quoy que le commun soit accusé de quelque vanité; les femmes y sont d'vn entregent libre en actions & en paroles, propres & somptueuses en habits, les hommes assez prompts, bien exercez à la marine, & les paysans de tres-bon esprit.

[a] Princeps iuuentutis.

La principale richesse de ceste Prouince consiste au traffic & negoce que ceux de Marseille & autres villes font en Leuant, en Espagne & en Italie. Le traffic du Leuant est le plus riche & le plus grand, qui part presque tout de Marseille, dont les vaisseaux pour la pluspart vont à Alep en Syrie, grande ville & la plus marchande du Leuant, où les Merseillois portent des reaux d'Espagne, & rapportent des soyes de Legis, des cottons, galles, rheubarbe, scamonée, & autres drogues. Les autres vont en Alexandrie & au grand Cayre en Egypte, d'où viennent les lins, Indighes, poivre, & autre espicerie; on y porte des reaux & des coraux. Ils vont aussi à Constantinople, Tripoly de Syrie, S. Iean d'Acre, Iaffe, & en toute la coste proche de Hierusalem: de mesmes qu'en Afrique ez villes de Tunis & Alger, outre diuerses villes d'Espagne le long de la coste iusqu'à Seuille & Lisbonne, & en Italie à Genes, Liuorne, & Naples, Messine & Palerme en Sicile. Les reuenus naturels du pays sont en bleds, qui se portent à Genes, & autres villes d'Italie; en vins qui vont en Angleterre, en Flandres & en Alemagne; huiles, figues seiches de Marseille & d'Antibe, prunes, amendes capres, poix-resine, poisson salé, eau d'orenge & eau naffe. Ils en rapportent les soyes qui vont par toute la France, & que les Marseillois recouurent du Leuant, auec les beaux tapis de Turquie, les camelots, le musc, ciuette, ambre-gris, sucres, dattes, pignons, raisins de Damas & de Corinthe. Tous les barbes qui viennent d'Afrique, font descente à Marseille, & sont vendus dans la Prouince, & aux Escuyers de diuers Princes. Le ris, le vermeillon, la manne, les bacilles ou fenoüil marin, le liege, la soude ou salicor du terroir d'Arles, le safran de S. Maximin, & les soyes sont encor de petits negoces du pays. Richesses.

Nous auons mentionné les places & forteresses gardée sur la coste de la mer, les garnisons entretenuës & gouuerneurs establis en diuers lieux importans, comme à Bregançon entr'autres contre les Isles d'Yeres, (où il faut que les vaisseaux venans d'Espagne & d'Italie abordent) l'artillerie & les galeres Royales ou autres vaisseaux de guerre, tant en la description de ceste Prouince, qu'au discours general de la France[b], là où la Prouence est considerée auec ses ports de mer, amples & asseurez, & sa belle assiette, comme vn endroit par où le Roy defend le reste de l'Estat de l'inuasion estrangere. Le pays est remply d'habitans affectionnez au seruice du Roy, de genereuse & ancienne noblesse, & de pilotes & mariniers experts: On fait estat que sans le laisser despourueu, il s'en pourroit tirer huict à dix mille hommes de pied, & cinq à six cens cheuaux. Forces.

[b] Forces.

Le Comté de Prouence se trouue reüny à la Couronne sous le Roy Louys XI. qui fut institué heritier vniuersel par Charles d'Anjou Comte du Maine, & nepueu de René Roy de Sicile & Comte de Prouence, qui l'auoit auparauant Gouuernement.

fait son heritier. Il auoit esté auparauant possedé par la maison d'Anjou, dont la tige est en Charles Duc d'Anjou, frere du Roy sainct Louys, & mary de Beatrix fille & heritiere de Raymond-Berenger Comte de Prouence. Charles fut depuis couronné Roy de Sicile & de Naples, & entre ses successeurs & les Roys d'Arragon ceste Couronne a esté longuement debatuë. Pour conseruer la memoire des Comtes de Prouence ez expeditions du Conseil du Roy concernans la prouince, sa Majesté prend qualité de Comte de Prouence, Forcalquier & terres adjacentes, auec les autres differences du seau, que nous auons marquées ailleurs [a]. Il y a vn seul & grand Seneschal dans le pays, auec neuf sieges, dont celuy d'Aix est appellé le siege general, où se traictent les causes priuilegiées des Marquis, Comtes, & officiers des Cours souueraines, les autres sont Arles, Marseille, & Brignolle, Yeres, Grace, Draguignan, Forcalquier, & Digne, auec le corps d'Officiers que nous auons mentionnez en décriuant les lieux.

[a Discours general, Gouuernement.]

La Cour de Parlement est establie à Aix, auec la Cour des Comptes, Aydes & Finances, & vne seule Generalité, dequoy nous parlons ailleurs [b]: La Tournelle ou chambre criminelle rapporte son erection au Roy François premier. [c] Il y a deux Procureurs generaux, vn Aduocat & vn Procureur des pauures. Elle iuge selon le droict escrit, & les tailles sont reelles dans le pays, qui s'assemble aussi par Estats, de mesmes que le Languedoc. Outre les Gouuerneurs des places, il y a vn Gouuerneur & Lieutenant general pour le Roy.

[b Discours general.]
[c 1546.]

Il y a plusieurs maisons anciennes & fiefs importans. Martigues porte titre de Principauté, au Duc de Vendosme; le Marquis de Trans, du nom de Villeneuue, est la premiere personne des Estats pour la noblesse; les autres sont le Marquis des Ars, du nom de la Coste; de Gordes, du nom de Simiane; le Comte de Carces, du nom de Ponteues, issus de Negrepont; le Comte de Grignan, du nom de Castellane, dont est aussi le sieur de la Verdiere; le Marquis d'Oraison; le Vicomte de Pourrieres; & plusieurs autres qui se disent issus des Comtes de Marseille, ou qui sont encor du nom de Forcalquier. Le Marquisat de Grimaut est de nouuelle erection. Il y a eu autresfois vn Prince de Baux, dont les terres sont appellées encore Baussenques, qui ne payent entre elles ny peage, ny passage; ces terres ont esté reünies à la Couronne.

[Religion.]

Les Archeueschez sont Aix & Arles. Les Eueschez, Marseille, Toulon, Frejus, Apt, sainct Paul de Vense, Grace, Glandeue, Pigne, Riez, Cisteron, & Senés. Les Abbayes ont esté mentionnées, dont la principale est celle de sainct Victor de Marseille; Mont-majeur est vne Abbaye proche d'Arles. Plusieurs corps Saincts, ou leurs reliques, sont gardez en diuers lieux, sçauoir ceux de saincte Magdelene & de sainct Maximin, de saincte Anne, de saincte Marthe, à Tarascon, de sainct Antoine, à Arles, & de sainct Victor, en l'Eglise de ce nom prés de Marseille. A trois lieuës de Marseille est la petite ville d'Aubaignes, d'où l'on vient au desert de la saincte Baume, qui est vne des plus hautes montagnes de Prouence; l'Eglise est dans le rocher auec cinq Autels, & à costé du grand Autel on monstre le lict de saincte Magdelene taillé dans le roc, auec vne fontaine au derriere, qui ne tarist point. Au sommet de la montagne est vne Chapelle qu'on nomme le sainct Pilon ou Pilier, & prés de la cauerne vn petit Conuent, partie dans le roc, auec vne seule porte qui est de fer; l'Eglise est seruie par des Religieux de sainct Maximin, qui est trois lieuës au dessous de la montagne. Il y a peu d'habitans de la Religion pretenduë reformée en Prouence.

[Saincte Baume.]

DAVPHINÉ.

[Noms.]

LE DAVPHINÉ a le nom des ses anciens Seigneurs, qui se nommoient Dauphins, ayant esté auparauant habité par diuers peuples, dont aucuns ont laissé leurs noms à quelques lieux de la Prouince.

[Confins.]

La Prouence luy est au Midy; la Bresse au Nord, où coule le Rosne; le Comté de Venayffe au Couchant; la Sauoye & le Piedmont au Leuant. Sa longueur prise à Lyon iufqu'au dernier lieu du Briançonnois, eft de cinq iournées & de Montelimar, qui eft l'entrée du Daufiné à ceux qui viennent du Languedoc, a fon autre bout, tirant à Rome, elle eft d'autant, fa largeur prife par le haut, ou le bas pays, n'eft que de trois iournées ou enuiron.

La Prouince eft compofée de deux Archeuefchez, fçauoir Vienne & Ambrun, & de quatre Euefchez, qui font Valence & Die, qui ont efté vnis, Grenoble, faint Paul trois chafteaux, & Gap, auec plufieurs quartiers de pays qui font enfermez dans ces deux Diocefes, dont ils prennent le nom, ou d'autres villes, lefquels pays feront traittez dans la defcription des Diocefes, ou feparément. Comme nous auons remarqué du Languedoc & de la Prouence, il y a pays bas, & pays montagneux en cette Prouince. Diuifion.

a Cæfar. li 6. Tac. b Strab. lib. 4. Ptole. Steph.

VIENNE, ville cogneuë des Autheurs anciens,[a] Cité maiftreffe des Allobroges,[b] remplie d'infcriptions Romaines, & autres marques d'antiquité, eft affife fur le Rofne, à demy-iournée de Lyon, qui eft ancien Daufiné. La ville eft ornée de belles & anciennes Eglifes & Conuents, auec vn College de Iefuites fort fplendide: Elle a dix parroiffes, outre l'Eglife Cathedrale de S. Maurice, & les Eglifes Collegiales de fainct Pierre, S. Seuer, & S. André-le-Religieux. La maifon ou tour de Pilate eft dans la ville, poffedée par des particuliers; & à deux lieuës de Vienne eft le mont & puy ou lac, qu'on appelle auffi de Pilate. Vienne a eu plufieurs forts anciens & nouueaux, qui font tous démolis; l'Eglife noftre Dame-de-la-Vie eftoit vn Pretoire, ou Auditoire public des Romains, auec pilliers & corniches elabourées. On diuife le Viennois en haut & bas: le haut commence du cofté de Lyon & prend depuis S. Genis iufqu'au grand chemin Royal, dit de fainct Martin, qui va par la combe qu'on appelle Valoire iufqu'au Rofne, lequel auec la riuiere de Guier confine & enuironne l'entier & ancien Viennois iufqu'à l'Eglife S. Vincent, qui eft entre la ville de Voreppe & Cornillon. Vienne.

Le Diocefe eft diuifé en fept Archiprefbyterats, chacun defquels a nombre de parroiffes fous foy, fçauoir Annonay en Viuarez, qui a 19. Prieurez, & 84. parroiffes; la Tour en Daufiné, auec 4. Prieurez & 81. Cures, fans comprendre l'Eglife Collegiale de fainct Chef; Romans, auec 14. Prieurez & 88. Cures, fans comprendre l'Eglife Collegiale de Romans: Sainct Vallier, auec 12. Prieurez & 83. Cures: du Marc, auec cinq Prieurez & 47. Cures: Breffieu, auec fept Prieurez & 54. Cures: Valdeyne, auec quatre Prieurez & 18. Cures. Les Abbayes font fainct Antoine de Viennois, fainct Chef, Romans, S. Pierre hors des portes de Vienne, S. André de Vienne, & Bonneuaux.

c Ptolem, Antonin. d Plin. Cæf. Ptol. Strab.

AMBRVN; *Ebrodunum*;[c] *Caturigum*,[d] ou *Alpium maritimarum*, eft vne ville naturellement forte, affife fur vn rocher & en lieu inacceffible du cofté du Midy & de l'Occident, & du Nord & du Leuant, clofe de murailles, & baftionnée, auec vne petite citadelle & Gouuerneur. L'Archeuefque eft cófeigneur de la ville auec le Roy, & le Iuge y eft eftably alternatiuement, dont les appellations vont directement au Parlement. C'eft vn Bailliage, receuant les appellations des lieux & Iurifdictions fubalternes. Ambrun.

Le Chapitre eft compofé de vingt Chanoines, parmy lefquels le Roy a vne place d'honneur, qu'il prit en fon voyage de Sufe, auec le furplis & l'aumuffe, ce qu'on dit auoir efté eftably par François I. auec vne Meffe qu'vn des Chanoines y celebre tous les iours, qu'on nomme la Meffe du Roy. On monftre plufieurs reliques gardées en cette Eglife, auec de beaux ornemens, entr'autres vne chappe dont vn Roy d'Angleterre y fit prefent, laquelle on porte en proceffion le iour de la Pentecofte, elle reprefente tous les Rois deuanciers de celuy qui l'a donnée. La deuotion y eft grande aux Feftes de noftre Dame, à qui l'Eglife eft dediée. La ville auoit autresfois fept parroiffes, mais l'on en fuprima deux par les demolitions faites ez premieres guerres de la religion, pour les fortifications. Le College des Iefuites eft fort celebre & frequenté.

e Difc. gen.

Les Suffragants de l'Archeuefque, dont les predeceffeurs ont pretendu de grandes prerogatiues, faifans battre monnoye en vn lieu diftant fept lieuës d'Ambrun, où ils prenoient tiltre de Princes, font defduits ailleurs[e], & le Diocefe s'eftend en quelques terres eftrangeres.

Le Bailliage d'Ambrun peut auoir vnze lieuës de long, & trois de large: les vallées de Barfelonne ou terre-neuue, qui eft au Duc de Sauoye, le confinent au Leuant & au Midy, la montagne faisant la separation des lieux plus proches, où est la place de Lauset gardée pour le Duc. Le Briançonnois luy est aussi au Leuant; où le mur qu'on appelle de pertuis-Rostan, qu'on estime auoir esté basty par les Romains: le grand chemin du Piedmont passe par cette muraille & pertuis. La ville de Guillestre auec murailles & chasteau qui a esté gardé autresfois, est dans le Bailliage, à quatre lieuës de sainct Paul, & à cinq de Lauset, qui sont au Duc de Sauoye. La riuiere de Durance passe le long du pays, sous cinq ponts de bois, l'vn à sainct Clemens, clos de murailles, à l'Archeuesque, les autres à sainct André, sainct Prias, la Clapiere, & la Sauine. Ceux de la Religion pretenduë reformée y sont en petit nombre.

Valence. VALENCE, *Valentia Segalaunorum*,[a] *Cauarum*,[b] est vne ville tres-bien assise; le Rosne en joint les murs, & ceux du bourg de long en long. Au bas de la ville sont trois belles sources de fontaines publiques, outre plusieurs autres dans les maisons & jardins des particuliers. [a] Ptolem. [b] Plin.

L'Euesque se dit Comte de Valence & Die, & les deux Eueschez sont vnis depuis fort long-temps,[c] Il est seul Seigneur temporel de la ville & de son mandement, comme aussi de Liuron, Loriol, Mirmande, Clion, Vsclat, Montuendres, Beaumont, Alixan, & Chasteau-neuf d'Isere. Ses officiers sont vn Bailly, Iuge-Maje & Lieutenant general, Lieutenant particulier, Procureur d'office, Aduocat Fiscal, Greffier, Courrier & Sergents. Les appellations du Bailly & du Iuge d'Appeaux deuoluent nuëment en la Cour de Parlement. L'Eglise Cathedrale composée de quatorze Chanoines, comprises les dignitez, a Iurisdiction haute, moyenne & basse indiuise auec celle de l'Euesque sur tous les Chanoines, habituez & officiers de l'Eglise, & pour l'exercer elle y a Iuge, Procureur d'office, & autres supposts. [c] 1110.

L'Abbaye de S. Ruf transferée de la ville d'Auignon prés des murs de Valence par le Pape Vrbain V. est aujourd'huy transferée au Prieuré de S. Iacques dans la ville; ce sont Chanoines de l'Ordre de S. Augustin, dependans immediatement du Pape, comme estans l'vn des chefs d'Ordre de la Prouince, & de là depend le Prieuré Conuentuel de sainct Felix.

La citadelle de Valence est fortifiée, auec garnison & Gouuerneur pour le Roy, qui commande dans la ville & ses dépendances.

Le Bourg, qui est joignant la ville, est clos de murailles, auec ses Consuls & autres faisans les affaires de la Cõmunauté. Il y a Eglise Collegiale, composée d'vn Prieur & huict Chanoines, deux Curez & plusieurs habituez, tous exempts de la Iurisdiction de l'ordinaire. La Iurisdiction haute, moyenne & basse est à l'Abbé de S. Felix & au Prieur du lieu, chacun ayant ses officiers separez, dont les appellations sont releuées deuant le Iuge d'Appeaux de Valence, auec celles de quelques autres lieux, & Iurisdiction joignant le terroir de Valence. Le terroir de la ville & du Bourg est arrousé en ses belles prairies de plusieurs fontaines qui naissent des costaux plus proches, & qui font tourner cinq moulins.

Valentinois. Le Valentinois sous le titre de Comté ou Duché, est diuisé en haut & bas: le premier est depuis l'Isere iusqu'à la Droume, le long du Rosne; l'autre est depuis la Droume iusqu'au Comté de Venaisse, & terres adjacentes de Prouence. Le haut peut contenir quatre lieuës en longueur & largeur.

Le haut Valentinois comprend Valence, S. Marcellin, Bailliage, Albon, Moras, Romans, bonne & riche ville, où l'on remarque des lieux & circonstances qui se rapportent à la ville de Hierusalem. Liuron, bourg ruiné par les guerres & le siege mis deuant au commencement du regne de Henry troisiéme, Loriol, sur le grand chemin, Alez, à l'Eglise Cathedrale de Valence, & du ressort du Iuge d'Appeaux de la mesme ville, Vire, a diuers Seigneurs, auec deux chasteaux restez de trois, du ressort du Iuge d'Alez, Vauluanes, au Roy, Beaulne, Cornillane, Ourches, à la maison de Moreton, Barcelonne, Montuendres, Chabeul, au Roy, comme Daufin, & autre-fois à vn Seigneur particulier & souuerain, auec Iuge Royal des Conuentions, qu'on appelle capitaine Chastellain, dont les mandemens s'executent par tout le Daufiné sans pareatis, & les appellations sont releuées deuant le Vibaillif de S. Marcelin, Montmeyran, Monteyson, Vspic, au Roy, comme Comte de Valentinois, le Visenefchal de Crest en est Iuge ordinaire; Montelegier au Comte de Tournon, du ressort du Iuge d'Appeaux de Valence, Beaumont; l'Estoile, au Roy, le Vibaillif de sainct Marcelin en est Iuge; la Vache, S. Thomas en Royans, la Motte,

Faugeas, la Roche-chinard, sainct Nazaire, la Beaulme d'Autun, Autun, Chasteau-double, au Roy, de mesmes que Peyrus & Combouin, & autres lieux qui sont à des Seigneurs particuliers. Tous les bourgs susmentionnez estoient autresfois clos de muraille, mais les troubles de l'an mil cinq cens soixante-quatre, ou les subsequens les ont fait demanteler. Chabueil, Estoille, Monteilles & Alixan sont encores fermez.

Le haut Valentinois est trauersé du Leuant au Couchant d'vne petite riuiere appellée Veoure, qui engraisse son terroir, & déborde plusieurs fois dans l'année; le torrent nommé Barbeyrolle, qui se descharge dans le Rosne prés de la porte du Bourg lez Valence, y apporte quelquefois du dommage. Le pays respond au Seneschal de Crest, qui est dans le Dioys & sur les confins de l'entier Valentinois; le bas respond au mesme Seneschal, & siege de Montelimar.

MONTELIMAR, *Montilium Ademari*, est vne ville assise au bas Valentinois, à vn quart de lieuë du Rosne, auec chasteau, citadelle & Gouuerneur pour le Roy: Il y a Eglise Collegiale composée d'vn Doyen & dix Chanoines, qu'on dit estre fondée par Louys vnziéme. Le ressort de son siege & Viseneschal est composé de cinquante villages ou enuiron; il est arrousé de trois riuieres; sçauoir Robion qui naist au dessus du pont de Barret, passe entre Maras & Charroux sous vn beau pont, à sainct Geruais, à Montelimar, & au dessous de la ville se décharge dans le Rosne; Iabron qui prend sa source vers Bonieres en Diois, passe pres de Dieu-le-fit, à Chasteau-neuf de Mazenc, & se joint à Robion prés de Montelimar; le Rez qui naist prés de la montagne de Tence, passe à Monjous, Reconne, prés de Taulignan, separe le Daufiné du Comté de Venaysse durant quelques lieuës, passe à Suze, à Bolene, & se décharge dans le Rosne au dessus du pont sainct Esprit. Montelimar.

Les principaux lieux du ressort sont Anconne, sur le Rosne, auec chasteau; Derbieres & Sanasse, au Roy; sainct Marcel, Prieuré; Sauzet, bourg fermé, auec chasteau; Marsanne, fermé; Roynac, Puy-sainct-Martin, Soupierre, Chasteau neuf de Mazenc, Poytlaut. Commanderie de Malte; Dieu le-fit, Alençon, Roches, Secret, la Bastie, Blacons, Taulignan; Pierre-late, bon bourg fermé, la Berre passe aupres, & le chasteau a esté démoly; Donzere & Chasteau-neuf de Rosne ou de Rat, petites principautez à l'Euesque de Viuiers: la Garde, Baronnie & belle maison: Rochefort, Pieygiron, fermé auec chasteau: sainct Geruais, bon bourg fermé: Suze, dite la Rousse, Comté, auec beau chasteau: Tullette, au Prieur de sainct Esprit: Rochegude, dont on met la moitié dans le Comté de Venaysse, & autres.

L'Eglise ou Diocese de Valence a quatre Presbyterats, sçauoir Montelimar auec quinze Prieurez, & Abbaye de sainct Tiers-de-Saon: Liuron auec dix Prieurez, Royans, auec sept Prieurez, & l'Abbaye de Verneyson, pour femmes, fondée anciennement sur la riuiere de l'Isere prés de Romans, & transferée à Valence: & S. Syluestre au haut Viuarez, où sont treize Prieurez, l'Eglise Collegiale de Tournon, & l'Abbaye de Soyon pour femmes.

Les BARONNIES sont vn pays considerable, & qui fait presque la cinquiéme partie du Daufiné, sous vn mesme Bailliage, dont le siege est à BUYS, qui est au Roy, sur la riuiere d'Auueze: Vinsobres est à plusieurs Seigneurs. Condourses est vn lieu clos auec chasteau. NYONS, ville ancienne & au Roy, la riuiere d'Aygues bat les murailles, & passe sous vn pont, qui n'a qu'vne arche tres-belle: Les grandes chaleurs du lieu & de sa valée, sont temperées par vn vent sortant de la fente d'vn rocher qui est au dessus de la ville, renduë habitable par le benefice de ce vent & le rafraischissement qui en est causé: prés de ce rocher est vne fontaine dont les eaux guerissent de plusieurs maladies. La citadelle de Nyons a esté rasée. Sainct Aubin est clos auec chasteau, & la riuiere d'Aigues, qui passe au dessous. Saincte Ialle, auec chasteau & vne petite riuiere, est fermé. Les autres lieux sont Sahunne, auec chasteau, Merindol, petite ville close, au Roy, Montbrun, Comté & lieu clos, Ville-perdrix, sainct André, Mirabel, Vanterolle, auec chasteau, Piegoun, sainct Vsomy, bourg fermé, au Roy, sainct Sauueur auec chasteau, le Poet, Arpauon, Moulans, auec deux chasteaux considerables, la riuiere d'Auueze passe contre les murailles sous vn pont de pierre, le bourg est fermé, mais la citadelle fut rasée en l'an mil six cens vingt-deux: Reillanete, auec chasteau, bourg fermé où aboutit la montagne, dite de Mont-ventoux, qui est tres-haute, & a trois mille pas de circonference, lieu inaccessible de tous costez, pourueu d'vne fontaine & de plusieurs cisternes & la plaine au dessus du rocher peut fournir du bois & du bled pour la garnison. Ce Les Baronnies.

Bailliage est fort peuplé, & en sept lieuës de longueur, & quatre de largeur, peut fournir deux mille hommes de pied, & trois cens cheuaux : mais pour la defense du pays, on y pourroit armer six mille hommes.

Die. DIE, *Dia Augusta Vocontiorum*[a], colonie des Romains, est vne ville assise és plus basses montagnes du Daufiné, & comme au centre du pays: C'est la capitale de la Temporalité ou valée du Diocese, ornée autresfois de trois tours qui ont esté rasées par arrest du Parlement, dont l'vne estoit quarrée & sembloit estre vn edifice Romain, les autres deux estoient à cinq angles, de belle structure & proportion. Deux riuieres coulent au pied de ses murailles, dont l'vne est Droume, qui vient de la parroisses de Vaudrome, huict lieuës au dessus de Die, & y forme vn lac trois lieuës au dessus, nommé le Lac de Luc, qu'on croit auoir esté vn lieu cogneu des Romains & submergé par la riuiere, dont restent quelques tours au milieu du Lac & certaines voûtes entieres. L'autre est Merosse, que les Romains auoient fait entrer dans la ville par des aqueducts, qu'on découure encores: Elle arrouse le terroir de Die, & fait mouldre sept moulins. L'Eglise Cathedrale est seruie par douze Chanoines, a ses Iuges, Officiers & Iurisdiction separée d'auec celle de l'Euesque: Elle estoit au milieu de quatre autres Eglises, sçauoir sainct Marcel, les Iacobins, sainct Pierre, & les Freres Mineurs, qui ont esté ruinées pendant les guerres, & estoient hors de la ville: le clocher de l'Eglise Cathedrale est debout, basti sur des pilliers de pierre, qui sont d'vne piece, de trois toises de hauteur, & vne de circonference: La maison de l'Euesque est entiere: Il y a citadelle dans la ville, auec garnison & Gouuerneur. On void à Die dans la grand' ruë vne maison ancienne, qu'on croit auoir esté habitée par les Vestales.

[a] Ios. Scal. apud Merul.

CREST est vne ville batuë de la riuiere de Droume le long de ses murailles, assez peuplée, auec vne belle & forte tour quarrée & logeable, outre le chasteau & logement d'alentour: La citadelle est derriere la ville. C'est le premier & principal siege du Seneschal de Valentinois & Diois, quoy que le siege de Montelimar ait aussi son Lieutenant general & particulier, & autres Officiers, auec semblable pouuoir & Iurisdiction, & qu'il iouysse de la cognoissance des matieres beneficiales de tout le Valentinois par attribution de l'Ordonnance d'Abbeville[b], à quoy le Clergé resiste, & l'a fait ordonner pour le siege de Crest par lettres patentes non verifiées.

[b] art. 19.

Le Diocese de Die est composé de quatre Archipresbyterats, sçauoir Die, le Crest, le Desert & Trieues, deux Eglises Collegiales, Crest & Grignan. L'Abbaye de Valcroissant est à demy lieuë de Die, dans la montagne qu'on appelle Glandasse, qui est fort haute, & cause des gelées, dont les vignes de douze lieuës à la ronde se ressentent.

Il y a quelques autres Abbayes, Commanderies de Malte, & de sainct Antoine, & vingt-six Eglises en tout qui sont ruinées la plus grand part, à cause des guerres. L'Euesque de Valence establit à Die vn Iuge & autres Officiers de trois en trois ans.

Il y a plusieurs bons lieux ressortissans à Die, sçauoir Chastillon, bourg fermé sur le Rez, lieu de negoce, le chasteau a esté démoly; la valée de Vaudrome, assise sur la montagne; Moulieres & S. Roman de quatre parroisses, sous la Baronnie d'Aix, maison forte; la Croix haute, montagne longue & froide, traject de Prouence en Daufiné; Glandage, dans la montagne, chasteau imprenable, qui n'est veu que du ciel, auec les aduenuës tres-mauuaises; Menglon, dans la plaine, au Chapitre de Die, le chasteau a esté démoly: Pouyols, à l'Euesque de Valence, & plusieurs autres moindres. La Mote-Chalençon est vn bourg fermé dans vn valon fertile, deux petites riuieres y passent, dont l'vne s'appelle Loule, & la Prouence est au delà. Luc dont nous auons desia mentionné le nom, est assis sur la Droume, la vallée de Vercors est sur la montagne, pays couuert de bois de haute fustaye, propre à masts de nauire: Salhans est bourg fermé, où passe la Droume, auec vne belle foire: Aouste, à l'Euesque de Valence & Die, de mesme que Bordeaux & sa vallée. Sainct Agnan, sainct Martin, la Chapelle de Vercors y sont aussi, auec la vallée de Quint, nom Romain, *à quinto lapide*, n'estant qu'à trois mille de Die, elle appartient au Roy, comme Pontaix qui en est proche, le Viseneschal en est Iuge en premiere instance, le lieu est clos & fort d'assiete, auec vn pont sur la Droume, qui tient le passage du grand chemin. Le Roc appellé le Guille en Trieue, n'est pas accessible, & est d'vne tres-grande hauteur. Mons & Mure, bons bourgs, sont en Trieues. Le Diois a quelques passages pour y entrer, qui sont fort aisez à garder, & en aucuns desquels y auoit de fortes tours, que le Roy a fait razer.

a Ep. Planci. ad Cicer. b Greg. Tur. Sidon Apol. August.

Grenoble. GRENOBLE *Cularo* [a], nom conserué en quelques inscriptions de la porte de Romans, & en vne autre pour aller à Vienne, *Gratianopolis* [b], est sur la riuiere d'Isere, au pied des Alpes, & de la montagne, qu'on nomme Chalemont; il y a vn beau pont entre la ville & le faux-bourg de sainct Laurens, le torrent du Drac passe du costé du midy, & déborde souuent. L'Eglise Cathedrale est composée d'vn Doyen & dix huict Chanoines: Celle de sainct André est Collegiale, auec vn Preuost & douze Chanoines, outre celle de saincte Marie Magdelene, & deux parroisses. On y void aussi dedans ou dehors la ville, les Conuents des Freres Prescheurs, des Cordeliers, Minimes, Recolects, Capucins & Augustins, outre la maison Professe des Peres Iesuites, & les maisons des Religieuses de saincte Claire, de Montfloiy, saincte Vrsule, & de la Visitation nostre Dame. La grande Chartreuse est à trois lieuës de la ville, auec ses dependances, & ses grands bastiments, & a costé le Conuent des Religieuses nommé Praniol & dependant de l'Ordre des Chartreux: Celuy de saincte Cecile, pour les filles reformees est a deux lieuës de la ville, proche de laquelle est le Bourg-du Pariset; & la Tour-sans-Venin.

La ville de Grenoble doit ses fortifications de huit gros bastions, & autres defenses, auec le fort de la Bastille, son agrandissement & embellissement en la reparation du logis du Roy, dit la Thresorerie, & de la tour de l'Horloge, au bastiment de la ruë de Bonne & de la place de Bon-Conseil, aux soins de Frãçois de Bonne, Duc de Lesdiguieres & Connestable de France. Le pont sur le Drac au port de Clais, d'vne seule arche, & fort haute, & le chasteau de Visile auec tous ses embellissemens & enrichissemens, sont du mesme, sous lequel Grenoble a esté orné de plusieurs maisons & edifices particuliers, qui l'ont rendu plus beau qu'il ne fut iamais, ce que Claude Expilly homme tres-docte & curieux, President au Parlement de Grenoble, & cy-deuant Aduocat general, a voulu representer & donner au public en ses actions de l'an mil six cens six, & mil six cens vnze.

Le Diocese est composé de quatre Doyennez ou Archipresbyterats, sçauoir Grenoble, le Viennois, celuy de là le Drac, & celuy de Sauoye En celuy de Grenoble, outre ce que nous auons mentionné, sont dix-sept Prieurez, nonante-quatre parroisses, deux Commanderies de Malte, & vne de S. Antoine de Viennois. Le Viennois a seize Prieurez & soixante-vne parroisse; celuy de là le Drac, dix Prieurez & quarante-deux parroisses. Le terroir de Grenoble ou son Diocese est appellé Graisiuaudan, comme qui diroit Gratianopolitan.

c Liu. Plin. li. 4 c. 5.

S. Pol-trois-chasteaux. Sainct-POL-TROIS-CHASTEAVX, *Augusta Tricastinorum* [c], est vne ville dont l'Euesque se dit Comte, & l'Eglise Cathedrale est composée de six Chanoines & quatre Dignitez. C'est vn Bailliage, dont les appellations vont au Parlement sans milieu: Cette Iustice est en pareage entre le Roy & l'Euesque, exercée alternatiuement par leurs officiers.

Le Diocese n'a que cinq lieuës de long, & quatre de large, vne partie est dans le Comté de Venaisse & dans la Prouence, la plus grande demeurant dans le Daufiné, le tout consistant en trente huict parroisses. Les lieux du Daufiné ont esté desia mentionnez dans le bas Valentinois, & ressort de Montelimar. L'Abbaye d'Aiguebelle est dans le Diocese.

d Antonin. Aimoin.

Gap. GAP, *Vapingum* ou *Vapincum* [d] est Eueſché & Bailliage: La citadelle est sur vn costau qu'on appelle Piémore, auec quatre bastions du costé de la ville, le reste est clos de fossez, il y a garnison & Gouuerneur. L'Euesque s'en dit Comte, & de Charance: La ville a son Gouuerneur particulier, & vn Bureau d'Eslection.

Gapençois. Le Gapensois a neuf lieuës de long, & six de large: Du Leuant il confine à l'Ambrunois, du Midy à la Prouence, dont il est separé par la Durance. Deux riuieres ou torrens du nom de Buech l'arrousent, dont l'vn se décharge dans la Durance à Cisteron, l'autre passe à Serres sous vn pont de pierre, & finit son cours de mesme que le premier.

Talard, Vicomté, est clos de murailles, au Comté d'Auriac, auec vn grand & beau chasteau, au pied duquel coule la Durance, la fontaine salée en est proche, & appartient au Seigneur du lieu, où elle est assise, nommé la Saulse: On en tire du sel qui se debite en diuers lieux: Ventanon, bourg fermé, auec chasteau; Serres est petite ville close, auec chasteau bastionné & garnison, au Comte de Sault. mais depuis il a esté démoly: C'est le passage pour aller de Marseille à Lyon. Veyne est vn bourg,

qui

qui a nombre de foires & de marchands riches, passage de Beaucaire & d'Auignon pour aller en Piedmont.

La Vallée & Duché de Cham-faur sont dans la montagne, le terroir est fecond en bleds & en foins, & le trafic s'y exerce en mulets, bœufs & autre bestail. Elle a quatre lieuës de long, & deux de large, est arrousée du Drac, qui prend sa source és montagnes de Mõtorsier, & passe à S. Bonnet lieu principal de la vallée prés de Lesdiguieres & Corp, auec vn pont de pierre entre ces deux lieux, puis par Trieues, & se joint à l'Isere au dessous de Grenoble. Au bout de la vallée est la maison & bourg de Lesdiguieres erigé en Duché & Pairrie pour François de Bonne, Connestable de France, né en ce lieu, & esleué dans le Daufiné; les appellations de la terre & Duché de Champ-saur & autres lieux de la maison de Lesdiguieres, appartenants au Duc de Lesdiguieres, ressortissent nuëment au Parlement de Grenoble. Lesdiguieres est orné des bastimens d'vne belle maison & Chapelle enrichies de marbres & jaspes és autels & effigie du Connestable susmentionné. Le Comté de la Roche, & Baronnie de Montmaur, appartenans à vn mesme Seigneur, qui est le troisiéme Baron des Estats du Daufiné, la Baronnie de Gribiers, au Marquis de Bressieu, celles de Vitrolle & d'Oze, au Baron de Bonne, auec vn fort chasteau, qui sont dans vne vallée de trois lieuës de long, & la vallée de Voluy sont du mesme pays. La Baronnie de sainct André en la vallée de Beauchane, arrousée du Buech, auec le passage & Fort de la Rochete, abbatu par moitié depuis quelques années, y appartiennent aussi.

Le Royanez est vn petit pays, & partie assez considerable du Daufiné, sa longueur n'est que de sept lieuës, & sa largeur de cinq. Il commence au port de Beauuoir, ville ancienne, sejour des Princes Daufins, & dont on ne void que quelques restes de murailles & palais, & le Conuent des Carmes, fondé par Humbert Daufin, & s'estend iusques à la parroisse de Douuentez, où il finit; la Chartreuse de la Val-saincte-Marie, qui est l'vne des plus riches de l'Ordre, & d'vne tres-grande enceinte, auec magnifiques logemens, a toute jurisdiction sur cette parroisse, dont les habitans sont exempts de tailles, par concession d'vn Prince Daufin fondateur du Conuent. La largeur du pays est depuis Renairel, où commencent les hautes montagnes, qui appartiennent à la Baronnie de Sassenage, iusques à sainct Nazaire, lieu fermé. Le Pont aux-Royans est vne petite ville, auec tiltre de Marquisat, dont les murs joignoient au chasteau assis sur vn rocher de merueilleuse hauteur. Sainct Laurens est sur vne colline, au haut de laquelle est le chasteau de la Bastie-du-Pont, basty auec artifice, & de belle monstre. On comprend dans le mesme pays le Marquisat de la Baulme, separé du precedent par les riuieres de Lyonne & de Chouley, dont Bourne reçoit les eaux, & de Varneson aussi, & a sept lieuës de cours, iusques à sainct Nazaire, où elle entre dans l'Isere. Toutes ces riuieres abondent en poisson, & rendent la vallée tres-fertile, composée de vingt-cinq clochers, compris le Conuent des Religieuses de sainct Iust, qui est ancien, & demoly pendant les guerres. Des quatre Archipresbyterats du Diocese de Gap, le Royannez en est l'vn.

BRIANCON, *Brigantium Segusianorum*[a], *Virgantia*[b] *Castellum*, est vne ville assise en vn lieu fort esleué, iusques-là qu'on estime que son Bailliage est le plus haut du Daufiné, & Briançon vne des plus hautes villes du monde. C'est vn Bailliage Royal, dont les appellations deuoluent nuëment en la Cour de Parlement. La ville a esté plus riche & mieux fermée qu'elle n'est à present, que presque les deux tiers en ont esté bruslez depuis quelques années. Il y a encores de bonnes tours qui la flanquent, auec vne citadelle esleuée & forte garnison.

a Ptole. Strab.
b Ammian.

Le Bailliage est composé de sept vallées, qui sont Hours, Pragela, Chasteau-Daufin, Queyras, Val-Louyse, le Monestier, & Bardonenche il a treize lieuës de long, & neuf de large. La vallée d'Hours est la plus proche de Briançon, & a sept lieuës de longueur: Le Piedmont la confine en son village nommé Galasse; Eysilles, place forte, y est assise, auec garnison pour le Roy, & n'est qu'a deux lieuës de Suze, premiere ville de Piedmont de ce costé. Le Mont-vise, tres-haute mõtagne, est en cette vallée, on la peut voir de Milan & autres lieux fort esloignez. Pragela a neuf lieuës de longueur, proche de la Peyrouse village du Piedmont, la vallée est riche & fort peuplée. La vallée de Sause est separée de celle de Pragela par le col de Sartrieres. Chasteau-Daufin confronte aussi le Piedmont, & n'a que trois lieuës de longueur. Queyras a cinq lieuës de longueur, le dernier village se nomme la Monta, distant deux lieuës de la tour de Mirabouc, gardée pour le Duc de Sauoye, & à trois lieuës de là est le chasteau de Queyras, auec garnison pour le Roy. La Val-Louyse n'a que deux lieuës de long, & confronte les montagnes du Porduissent d'vn costé, & l'Ambrunois de l'autre. La valée du Monestier a quatre lieuës de longueur, & confine la Sauoye du costé de Muryanne au village de Bonne-nuict, distant deux lieuës de la Magdeleine, lieu de la valée. La Bardonenche confine aussi la Sauoye au village de la Cro, qui est de la valée, à trois lieuës de Fourneaux, qui est des Estats de Sauoye. Allant en Piedmont on passe le mont Geneure, couuert quasi tousiours de neige, auec vn village de mesme nom, là où se trouuent ceux du pays, iusques aux femmes & filles robustes, qui trainent les passans le long de la montagne, ce qu'on appelle ramasser. Du mont-Geneure naissent deux riuieres, sçauoir la Doire qui garde son nom iusques au Pô, où elle se descharge, & la Durance qui passe par le Briançonnois, Ambrunois, Gapensois, la Prouence, & perd son nom dans le Rosne, où elle entre dessous Auignon.

Le Daufiné n'est pas semblable par tout, soit pour son air, soit pour le rapport des bleds, vins, foins, & autres fruits. Le pays des montagnes, lequel y est fort grád, est assez sterile, à cause des neiges & du grand froid; le haut Valentinois a des bleds & des seigles, & la plaine de Die abonde en grains, vins & mesmes en muscat, chanvres, herbes, & fruits de toute sorte, pommes apies, trufes, & autres des meilleurs de la prouince; les Papes seants en Auignon se pouruoyoient des bleds & des vins de Die, comme les habitans font voir par leurs Archifs. Le quartier de Trieues a force bleds, & quantité de bestail de toutes sortes. Les montagnes qui l'enuironnent sont en grand nombre, & de diuers noms: Elles ont toute sorte de chasse, cerfs, biches, chamois, sangliers, & autre tant fauue que noire, & du gibier aussi, phaisans, gelinotes, perdrix & lievres blancs; il s'en tire quantité de bois pour bastir, & mesmes de grands arbres pour masts de nauire, qu'on conduit par radeaux par la Droume dans le Rosne; le pasturage y est tres-bon, & le bestail de Prouence y est conduit en Esté à grandes troupes. Les diamans qu'on trouue dans les montagnes de Die souffrent le feu, & grauent sur le verre. La mine d'or d'Aurel, qui en a possible son nom, a esté cherchée depuis peu de temps, mais les antres où l'on marche pres de deux lieuës, font croire que les Romains y ont touché pour iouyr de la mine. Au terroir du mesme lieu entre Crest & Die, est vne fontaine dont les eaux passent par le vitriol, & ont esté experimentées pour diuerses incommoditez, & à la Motte, quatre lieuës de Grenoble se trouuent des eaux alumineuses. On fait aussi des fromages de Die, qui viennent du Glandage, & de Vaudrome. Qualités.

L'air du Gapensois est bon & temperé, & la terre y produit du froment, des seigles, auoines, orge, & force legumes, & de bons vins en quelques endroits le long de la Durance, auec quantité d'huile de noix. Le pays nourrit de beaux moutons, & des mulets: La montagne a des cerfs, sangliers, chamois, quelques ours, loups-ceruiers, faucons, autours, & quantité de gibier. On y auoit trouué à Talard & ailleurs, quelques fontaines salées, dont le menu peuple se seruoit pour le bestail, & autre vsage, mais elles ont esté desseichées & destournées dans les riuieres par des canaux sousterrains, à cause de l'interest du Fermier & de l'abus des habitans.

Le terroir du Diocese de Sainct-Pol-trois-chasteaux a de bons bleds, des vins excellens, des figues, oliues, & meuriers pour faire vers à soye. Le pasturage des montagnes du Royanez est exquis, & si sauoureux & abondant, que la Camargue mesmes & le Comté de Venaisse y font venir leurs moutons, cheuaux & bœufs en tres-grande quantité: les fruits d'hyuer s'y cueillent aussi, auec les vins de Pont & de S. André. Le Briançonnois est extremement froid; sur les sapins, melles, & autres arbres que ses montagnes nourrissent, se cueille de la manne, terebentine, & agaric: On y void des phaisans, lievres, & perdrix blanches, auec des troupes de chamois, bouc-tains & marmotes. Les valées y sont fort fertiles en bleds & en bestail; celle d'Ours manque d'eau, les habitans ont percé la montagne de Tonilles, & ont fait venir de l'eau du Piedmót iusques au haut de la mótagne, pour arrouser & bonifier leur pays, dequoy ils sont venus à bout apres trente-cinq ou quaráte ans de trauail. Les mótagnes d'Ambrun portent des bleds, vins, foins, & autres fruicts, & l'air y est si doux en quelques endroits, que la manne s'y recueille fort bonne & delicate; l'agaric, la terebentine, & plusieurs simples rares s'y trouuent aussi, auec quelques mines d'ardoise. On a remarqué dans le Bailliage d'Ambrun certains loups acharnez & deuorans les personnes & corps humains. Les mines de fer sont és montagnes de Chasteau-Daufin, du costé de Belins, de mesme qu'en la Chartreuse de Grenoble, où estoient aussi des martinets qu'on a negligez, & en Aleuart, Vizilie, Reuel, & autres lieux où elles sont trauaillées : celles d'argent & d'or s'y trouuent aussi en quelques endroits. Les autres singularitez ou merueilles du Daufiné ont esté publiées par les Autheurs du temps [a], dont la principale est la fontaine de Vif pres de Grenoble, dont l'eau bout à grosses ondes, toutes couuertes de flammes, sans que l'eau en soit eschauffée, ny les flammes esteintes par la froideur & humidité de l'eau. Sainct Augustin en a fait mention [b], & l'a comparée en quelque façon à celle d'Epire, qui allume vne torche esteinte, & l'esteint estant allumée. Ce n'est qu'vne exhalaison combustible, sortant continuellement de terre, & trauersant l'eau qui est au dessus, & non aucune source d'eau. C'est vne des merueilles que Louys vnziéme estant encor Daufin auoit remarquée : Iean Tardin Docteur en Medecine en a publié vn traicté dés l'an 1618. sous le tiltre d'Histoire naturelle de la fontaine qui brusle : La seconde est la Tour-sans-venin, qui est aussi pres de Grenoble, & en laquelle aucune beste venimeuse ne peut viure, & meurt dés qu'elle est dedans : La troisiéme est la montagne inaccessible de son temps, mais qui fut renduë accessible sous Charles huictiéme son successeur. La quatriéme consistoit en six lieuës de pays, qui sont depuis la Boissiere & Aualon iusques à Grenoble entre deux montagnes, & qu'il appelloit le plus beau jardin du monde, où estoient pres de cent maisons de Gentils-hommes, fort anciennes & bien basties, auec vignoble, prairies, arbres de tous fruicts excellens, & plusieurs fontaines, ruisseaux & riuieres, dont l'Isere tient le premier rang ; & l'vne des maisons auoit la meilleure espée qu'on sceust trouuer, que le Roy appelloit l'espée Terraille, entendant les predecesseurs du Cheualier Bayard qui en portoit le nom, & a grandement releué & illustré leur reputation pour les armes & la generosité de courage. Les Tines ou cuues de Sassonage, qui sont cauées dans le roc, & donnent indice de bonne ou mauuaise année, auec les pierres qu'on trouue au fonds, ayants certaines proprietez, tiennent rang parmy les raretez du Daufiné.

a Symphor Champier. vie de Bayard. Tardin.

b li. 21. de ciu Dei, c. 7.

Mœurs. Les Daufinois sont de grand esprit, curieux, & capables des sciences de toutes sortes, particulierement des Mathematiques, industrieux, laborieux & épargnans. Ils cherchent la besogne & l'employ loin de leur maison, comme ceux de Gap, qui au temps de la moisson vont à Arles & autres lieux : Ceux de la montagne peuuent estre plus rudes, aucuns toutesfois qui sont voisins d'Ambrun sont assez bons, & comme on dit, n'ont rien de grossier que la robbe, estans assez communicatifs. Les Briançonnois sont les plus robustes & penibles du pays, ménagers chez eux, & allans en diuers endroits de la Chrestienté pour trauailler les six mois de l'année, & en rapporter des sommes d'argent dans leurs maisons. Ils se sçauent seruir des armes, & s'y estudient dés leur jeunesse, capables d'en abuser entr'eux pour leurs querelles particulieres, & de se porter à d'autres excez dont on les accuse. L'industrie & le trauail du Daufinois montagnard paroissent au grand nombre de petits marchands qui vont & s'épandent par toute la France auec leurs paquets & boutiques portatiues, où ils gagnent leur vie, qu'ils font semblãt de quester, & deuiennent par fois bien riches, sans courre fortune de faillir ou faire banqueroute. Les habitans du pays sont generalement fort amateurs de leur liberté, constans en leurs poursuites, courtois & affables dans les villes, toutesfois gens de bon cœur & hardis. La Noblesse y est accomplie & genereuse, comme yssuë de familles anciennes & valeureuses, fort respectée à la campagne, où elle a beaucoup de pouuoir. Les femmes sont fort parées dans les villes, & les Dames y ont quelque franchise & gentillesse particuliere, où elles tesmoignent leur esprit, & ont beaucoup de soin de leur honneur & de la reputation qu'elles ont d'vne bonne nourriture.

Richesses Le trafic du Daufiné est different selon les pays ; le haut Valentinois l'exerce principalement pour les laines qu'il debite & trauaille par ses artisans ; le Diois en fait de mesme, mais il trafique en bois, comme poultres, soliueaux, aix, & semblable marrain pour bastir, qui se transporte en radeaux sur la Droume & le Rosne : Ils vendent aussi leurs vins en Trieues, la Mure, & autres lieux qui n'en ont pas. La montagne a d'autres profits par la vente des bœufs & moutõs que les Prouençaux achetent au Gapensois, & du vin vendu dans la valée de Barselonne en Terreneuue, qui est au Duc de Sauoye ; le grand chemin du Lãguedoc & de la Prouẽce pour le Piedmont luy peut aussi porter quelque commodité. Le lieu de Sainct Iulien en Trieues par le moyen de la riuiere de Buech, qui naist à la croix haute, fait porter son bois dans la Durance, & de là sur le Rosne à Cisteron, d'où il est cõduit par la mer à Marseille, & autres lieux maritimes. Ez foires de Guillestre & d'Ambrun les marchands de Prouence & de Piedmont achetent le bestail du pays, sçauoir mulets, bœufs, vaches, &c. Le Royanez met sur les riuieres de Lionne & de Bourne le bois blãc qu'il coupe en ses montagnes, & de là par la riuiere d'Isere, il est porté en Auignon, à Beaucaire, à Marseille, & à Antibe : il a encores quelque negoce de draps qui se trauaillent à Pont, & sont fort estimez, qu'on porte à Grenoble & à Lyon. Les Briançonnois, outre l'industrie qu'ils ont de gagner leur vie hors de leurs maisons, & l'argent qu'ils retirẽt de leurs fromages & des draps grossiers qu'ils font chez eux, vont acheter des mulets en Auuergne, & en quatre foires qu'ils ont à Briançon, les vendent auec quantité de jumens & de draps, aux marchands de Piedmont, de Milan, de Prouence & de Lyon. Sur la riuiere de la Morge, qui vient du Bellier, y a plusieurs forges d'acier, & à batre les lames d'espée & les faux ; de mesme que Vienne a ses martinets & diuers moulins à cet effect, dequoy reuient vn grand profit aux marchands de Vienne, & autre compagnie de Lyon qui fournit l'acier aux martinets. Il y a aussi des moulins à papier.

Nous auons mentionné les chasteaux & places fortes, qui sont gardées pour le Roy en plusieurs endroits du pays, outre celles qui ont esté demolies, & plusieurs villes qui ont esté demantelées en diuers temps, ou les Forts abbatus à Vienne & ailleurs. La ville d'Ambrun est fort considerable pour son assiete, & pour n'auoir esté iamais prise, on l'a nommée autrefois la Pucelle. Les citadeles basties en plusieurs villes, sçauoir Valence, Die & autres sont fortifiées, & pour la frontiere, les montaignes y seruent d'vn rampart naturel. La Noblesse y est en grand nombre pour seruir de ban & arriere-ban, comme elle a fait és diuerses guerres, où les Rois en ont eu besoin. La prouince est de grande estenduë, & bien peuplée, de sorte que si le Valentinois & Diois peut fournir au Roy, sans degarnir le pays, iusqu'à 3000 hommes de pied, deux ou trois cens cheuaux, dont la seule ville de Die en bailleroit 50. on peut faire estat que l'entiere prouince peut mettre sur pied iusques à dix mille hommes, auec mille cheuaux, puis qu'on estime que dans les valées du Briançonnois pour leur defense & de la frontiere se leueroient quatre mille hommes de pied. Forces.

Les Allobroges sont les plus anciens & principaux habitans du Daufiné, & ont esté autrefois vaincus, auec autres peuples des Gaules, par les armes des Romains commandées par Q. Fabius Maximus, qui les combatit au confluent de l'Isere & du Rosne [a], & en tua vn grand nombre. Cette prouince a esté subjete aux Romains, comme le reste des Gaules ; est deuenuë portion du Royaume de Bourgogne, lequel ayant esté démembré, elle a esté à des Seigneurs particuliers. Guigue-Gras, Comte de Grasiuaudan, eut vn fils de son nom, qui espousa l'vne des filles d'vn Seigneur surnommé Daufin, & à cause d'elle fut Comte d'Albon, de Viennois, & premier Daufin, qui eut plusieurs successeurs de ce nom & tiltre, iusqu'à Humbert Daufin de Viennois, lequel en l'an 1343 transporta le Daufiné à Philippes Duc d'Orleans, fils puisné de Philippes de Valois, sous la condition de porter le tiltre de Daufin, & les armes du Dauphiné escartelées auec celles de France, dequoy nous auons parlé ailleurs [b]. Humbert donna purement le mesme pays par acte de l'an 1349. à Charles fils aisné de Iean Duc de Normandie, & depuis Roy de France, sous le nom de Charles 5. dit le Sage, 1. Daufin [c] de Viennois de la maison de France. Le Comté de Valentinois & Diois, y fut depuis adiouté & vny l'an 1391. par la donation de Louys de Poictiers, au Roy Charles 6. comme accessoire & dependant de la terre & Seigneurie du Daufiné [d]. Les actes & histoire du transport susmentionné ont esté redigez au long au liu. dressé par André du Chesne [e], auec l'entiere acquisition ou reünion du Daufiné à la Couronne de France. Le tombeau d'Humbert se void aux Iacobins à Paris. Gouuernements.

a Strab. li. 4.
b Disc. gen. de la France.
c Gaguin li. 8.
d Guid. Pap. decis. 161.
e Histoire des Daufins de Vienno, &c.

Le Daufiné est sous vn Gouuerneur & Lieutenant general pour le Roy, qui a quelques prerogatiues par dessus les autres Gouuerneurs des prouinces, dequoy nous auons parlé ailleurs [f], & de l'institution de la Cour de Parlement, où sont neuf Presidens & nombre de Conseillers en diuerses Chambres ; de mesmes que de la Chambre des Comptes, composée de six Presidens & dix-huict Maistres des Comptes. Il n'y a qu'vne Generalité des finances à Grenoble [g], où les autres Compagnies sont pareillement seantes.

f Disc gen. de la France. Gouuernement.
g 1. Presid. 14. Thresoriers.

Les Bailliages sont Ambrun, Briançon, Gap, le Buys, Grasiuaudan, sainct Marcellin, Vienne, sainct Pol-trois-chasteaux, & la Seneschaussée de Crest. L'Vniuersité est establie à Valence pour la Theologie, le Droict & la Medecine.

La prouince s'assemble par Estats, où l'Euesque de Grenoble est en droict & possession de presider, quoy que les Archeuesques de Vienne & d'Ambrun y fussent, & en son absence l'Abbé de sainct Antoine, ou le Vicaire de l'Euesque. Il y a eu Edict du Roy l'an 1628. verifié en la Cour de Parlement, portant creation de six sieges ou Bureaux d'Eslection, sçauoir Grenoble, Vienne, Romans, Valence, Crest, Die, Montelimar, Ambrun, Briançon & Gap. Et depuis par autre Edict, les Elections de Crest, Die, Ambrun & Briançon, ont esté supprimées & vnies à celles de Montelimar & de Gap. Il y a vne Chambre de l'Edict my-partie d'vn President & sept Conseillers faisans profession de la Religion pretenduë reformée, laquelle est incorporée au Parlement, & seante à Grenoble. Il y a plusieurs maisons anciennes dans le Daufiné, & quantité de Noblesse, sauf au Briançonnois, où tous les Gentilshommes furent tuez, comme en Suisse, & le pays fut condamné à en payer quatre mille ducats annuels au Prince.

Religion. La Primatie de l'Archeuesque de Vienne, auec les Suffragans, a esté traictée ailleurs [a] & dans la description de la prouince, les Eueschez, Abbayes & Prieurez ont esté mentionnez, ou dénombrez en la deduction des Dioceses. Le nombre de ceux de la Religion pretenduë reformée en certaines villes ou Dioceses y est assez grand, sçauoir en celuy de Die, en la ville capitale, & en plusieurs lieux, où l'exercice s'en fait, de mesmes que dans Grenoble & à Montelimar. Ils sont en petit nombre à Valence, & és Dioceses de Gap (où l'exercice s'en fait) & d'Ambrun. Les deux tiers des vallées du Briançonnois sont Catholiques; ceux de la valée de Pragela sont quasi tous de la Religion pretenduë reformée, de mesmes qu'en la vallée de Bordeaux & au Bailliage des Baronnies.

[a] Disc. gen. de la France. Religion.

LYONNOIS.

Noms. LE LYONNOIS prend son nom de la ville capitale, qui est Lyon, dont nous parlerons cy-apres, & les anciens habitans ont esté les Segusians [b].

Confins. La Bresse luy est au Nord, la Sauoye au Leuant, le Daufiné auec le Languedoc au Midy, le Forests & l'Auuergne au Couchant. Sa longueur depuis le ruisseau de Chanson proche de Chauanay en Forests iusqu'à Anses, n'est que de 12. lieuës, & sa largeur depuis Lyon iusqu'à S. Saphorin-le-Chasteau de sept lieuës.

Villes & lieux. LYON, *Lugdunum* [c] est assis sur le confluent de la Saone, qui trauerse la ville, & du Rosne, qui ioint les murailles du costé du Leuant, auec de beaux ponts de pierre sur chacune desdites riuieres: Celuy du Rosne est long de huict cens pas, auec dix-neuf arches grandes, & sept petites. Les montagnes de sainct Iust & de sainct Sebastien sont encloses dans la ville; & sur celle de sainct Sebastien est le bouleuard de S. Iean, fort & spacieux, auec plusieurs voûtes, casemates, & garnison: La citadele qu'on y auoit bastie en l'an 1564. fut depuis démolie. Le chasteau de Pierre-Ancise, est en vn rocher sur la Saone, & contre la porte de Veyze, auec garnison, outre le Fort-sainct-Clair, contre le Rosne. C'est vne colonie des Romains, bastie & fondée par L. Munatius Plancus qui viuoit du temps de Iules Cesar, au pays des anciens Segusiens ou Sebusiens, comme il se lit dans Cesar; & pour sa situation tres-commode pour les prouinces estrangeres, elle a esté de tout temps & est encore aujourd'huy le lieu general [d] de commerce de toutes les Gaules, & vne ville tres-riche. L'Eglise Collegiale de S. Thomas, ou nostre Dame de Fouruiere, est l'ancienne place & temple de Venus [e]. Elle a eu son Senat, son Maistre des ports, & autres anciens Officiers sous les Romains. On monstre entre les portes de Veyze & de Pierre-scize vne ancienne sepulture haut esleuée sur quatre colõnes auec leurs chapiteaux, que le vulgaire croit estre d'Herode & Pilate auec Herodias, & s'appelle des deux Amans [f]; & en la court de l'Hostel de Ville se voyent deux tables d'airain contenans le discours & harangue de l'Empereur Claudius en faueur des Lyonnois qui l'auoient requis de les faire declarer citoyens Romains par le Senat.

[b] Ios. Scal. apud Merul. Plin. Ptolem. Strab.

[c] Strab. Ptol. Tac. Plin. Seneс. &c.

[d] *Emporium.*

[e] *Forum Veneris.*

[f] Voy Cl. de Rubis, hist. de Lyon.

Le nom de Lyon prouient des medailles ou monnoye ancienne batuë à Lyon, où vn lyon estoit graué d'vn costé, d'où les troupes des gens de guerres prindrent le lyon pour enseigne.

La police de la ville est entre les mains des Consuls & Escheuins, qui depuis l'an 1320. estoient en nombre de 12. mais par Edict du Roy Henry 4. de l'an 1595. ils ont esté reduits à 4. comme ceux de Paris; & de ces quatre en sont tous les ans esleus deux; & le Preuost des marchands est esleu de deux en deux ans; à quoy il est procedé le 21. Decemb. iour de S. Thomas, par les Maistres des mestiers prealablement nommez; & sont enuiron septante-deux mestiers, pris de deux quartiers de la ville, sçauoir Fouruiere & S. Nizier. Ces Maistres des mestiers ont la superintendance sur tous arts, & en l'eslection sont assistez ou de deux Escheuins, ou de l'vn d'eux, & du Preuost des marchands, qui leur seruent d'adresse, & sont nommez Terriers. Les Escheuins ont les clefs & la garde des portes, dequoy ils firent la foy & hommage au Roy Henry troisiéme l'an mil cinq cens septante-cinq, & en vertu de ce droict ils enjoignent les armes aux habitans de la ville, és occasions qui s'en presentent, & s'ils en ont receu le commandement du Roy, ou du Gouuerneur & Lieutenant general pour sa Majesté, disposans des forces de la ville, qui sont trente-six Penons, & les deux cens Arquebusiers. Ils ont Bureau de police en l'Hostel de Ville, dont ils eslisent des Conseillers & Iuges de six en six mois, & les appellations vont au Seneschal de Lyon. Ils sont nobles eux & leur posterité, & peuuent paruenir au degré de Cheualier, comme il est arriué à aucuns, & durãt leur vie sont exempts des charges patrimoniales de la ville. Le Preuost des marchands & les Escheuins sont assistez du conseil d'vn Procureur de la ville, qui l'est à vie, homme gradué, & appointé de deux cens liures par an, & d'vn Greffier ou Secretaire perpetuel, à pareils gages, auec le priuilege de Noblesse pour eux & les leurs, de mesmes que les Escheuins; les vns & les autres portent robbes d'escarlate violete, auec paremens de velours violet aux Escheuins, & de velours noir au Procureur & Secretaire. Le Receueur de la ville a seance dans le Consulat, & porte vne robbe semblable aux autres Officiers: Le mesme Receueur leue les dons & octrois tenus pour deniers Royaux, & en compte au Roy; d'où viẽt qu'ayant esté nommé par les Escheuins, il est pourueu par sa Majesté & paye finance; il est logé dans l'Hostel de Ville, & garde les clefs des Archifs. Le Voyeur ayant charge des ruës, maisons & bastimens, reparations, fortifications, & autres choses, est aussi vn Officier titulaire de la ville; il y a outre ce plusieurs autres charges & commissions de police. La ville a plusieurs deniers communs tant patrimoniaux que d'octrois, rentes & reuenus ordinaires & extraordinaires: les patrimoniaux luy appartiennent en propre, les autres sont deniers octroyez à la ville, ou assignez sur les receptes par le Roy, pour suppleer au defaut des deniers communs, ou payer les interests des sommes prestées au Roy, à qui & à sa Chambre des Comptes de Paris le compte en est rendu. Le Capitaine de la ville, cy-deuant Gouuerneur du Guet, est nommé par les Preuost & Escheuins, & pourueu par le Roy, qui reçoit son serment, ou bien le Gouuerneur & Lieutenant general, & les Preuost & Escheuins pendant leur charge. Il y a aussi vn Sergent majour en la ville auec gages du Roy, de cent liures par mois. La ville est diuisée en 36. quartiers, 22. de sainct Nizier, & quatorze de sainct Iean, qui s'appellent Penonages; les Capitaines qui ont sous eux les Dixeniers & Quarteniers, sont esleus annuellement par les Escheuins, & sont appellez Penons, à cause des penons ou enseignes de la ville; la compagnie des deux cens Arquebusiers est esleuë & commandée de mesme que les autres forces de la ville. Les habitans de Lyon sont exempts de tailles, & jouyssent de plusieurs autres priuileges & prerogatiues. Les Florentins ont par priuilege particulier la surintendance du change & negotiation d'argent en la place de Lyon, où les payemens se font quatre fois l'année, & quelques temps apres les foires franches, qui se tiennent és festes des Rois, de Pasques, en Aoust, & à la Toussaincts: la place de Lyon fait la loy aux places de dehors, & donne le prix du change. A la proposition faite par le Consul des Florẽtins, pour arrester les payemens de la foire prochaine, répondent premiers les François, suiuent les Alemãds, les Milanois, les Genouois & les Lucquois. Ce negoce fait renommer la ville par tous les endroits du monde, pour la correspondance qui s'entretient au maniment des deniers entre les marchands des places du Ponant & du Leuant. Les priuileges & concession des foires de Lyon sont principalement du Roy Louis 11. auec les amplifications de Hẽry 2. l'an mil cinq cens cinquãte. Il y a vn Iuge cõseruateur de ces

Changes.

Foires.

priuileges, qui est le Iuge des marchands frequentans les foires, dont les sentences sont executées nonobstant l'appel en baillant caution, & par corps, sans demander pareatis, en quelque ressort que ce soit.

Les Iurisdictions des Chanoines de l'Eglise de sainct Iean, Comtes de Lyon, de l'Abbé d'Esnay, de la Temporalité de l'Archeuesque de Lyon, de la Guillotiere & de Pierre-sise, de sainct Iust & sainct Irenée, sont aussi dans la ville, & ressortissent par appel au Seneschal de Lyon, qui est le Iuge Royal & ordinaire de Lyon; où depuis le Roy Philippes le Bel n'y a point d'autre Iustice temporelle, que la Royale, par transport de l'Archeuesque de l'an mil trois cens douze. Outre ces Iustices y sont celles de l'Eslection, du Grenier à sel, & de la Monnoye.

La Chambre du Clergé de France, pour le faict des Decimes, est establie à Lyon, tant pour le Gouuernement, que pour autres qu'on y peut appeller en premiere instance, où cete Chambre pretend d'en pouuoir cognoistre sans appel de ses sentences ou iugemens.

Parroisses & Eglises de Lyon. L'Eglise Cathedrale & Archiepiscopale auec Primatie, est celle de sainct Iean, size du costé de Fouruiere, au bas de la ville sur la Saone, & fondée par vn Roy de Bourgogne, à laquelle est contiguë l'Eglise de sainct Estienne. Il y a quatre parroisses dans la ville, ou ez fauxbourgs: dont la premiere est celle de saincte Croix, où est l'Eglise de ce nom, comprenant celle de sainct Iean, qui luy est contiguë & comme annexe, auec les Chapelles de S. Michel, sainct Alban, ou de Reclusiere; celle de l'Archeuesque, ou nostre Dame de Grace, qui est dans le magnifique Palais ou Hostel de l'Archeuesché basty par le Cardinal de Bourbon, Archeuesque; Nostre Dame de Pitié, dans la Conciergerie des prisons royales, & le Conuent des Religieuses de nostre Dame de Chasaux, fondé par la maison de Leuy de Ventadour.

La seconde est sainct Iust, dont l'Eglise Collegiale de ce nom estoit autrefois hors de la ville, où elle fut ruinée, & a esté depuis transferée dans son enclos, auec vingt-cinq Chanoines, & plusieurs reliques. Le Conuent des Minimes, fondé l'an 1555, est dans cette parroisse.

La troisiesme est sainct Thomas de Fouruiere Eglise Collegiale fort esleuée, en lieu où l'on croit auoir esté le temple de Minerue ou de Venus, il y a treize Chanoines, & le Superieur se dit Preuost de l'Eglise de Lyon.

La quatriesme est S. George, dont l'Eglise est vne Commanderie de Malte; les autres Chapelles sont saincte Magdelene, qui est vne Reclusiere, & nostre Dame de Laurette bastie par vn habitant de la ville, à l'imitation & mesure de celle de Laurete.

La cinquiesme est S. Paul, dont l'Eglise Collegiale est de 18 Chanoines; l'Eglise de S. Laurens y est annexe & iointe de logement. Les autres Chapelles sont S. Barthelemy, la Chapelle & Conuent des Recollects, establis l'an 1622 par la Roine, mere du Roy regnant; celuy des Capucins, estably l'an 1575. des Carmes deschaussez, establis l'an 1618; le Prieuré de S. Martin, pour les enfans orfelins de la ville. S. Pipoy; la Chapelle de Pierre-Cize, bastie dans la forteresse, auec le Conuent de l'Obseruance, ou nostre Dame des Anges, fondé par le Roy Charles 8 & la Roine Anne. Les autres parroisses sont entre le Rosne & la Saone, où est la 6, de S. Nizier, la plus grande de la ville, Eglise majestueuse & tres-bien bastie, seruie per 17 Chanoines. Les Chapelles sont S. Iacome, des Charretiers, la Chapelle & College de la Trinité, ou des Peres Iesuites depuis l'an 1566, dont le bastiment est superbe & de belle structure; le Conuent de S. Bonauenture, aux Religieux de l'Obseruance, de fondation ancienne, & l'vn des plus remarquables de l'Ordre pour son bastiment, & pour en estre prouince, dite de S. Bonauenture; la Chapelle royale des Penitens blancs, erigée l'an mil cinq cens septante-cinq, sous le Roy Henry III. qui s'en disoit Recteur, & quelques autres Chapelles. L'Hostel-Dieu de nostre Dame du pont du Rosne est en cette parroisse, fondation ancienne, premier chef & principal corps de l'Aumosne de Lyon; on en a augmenté le bastiment qui est tres-magnifique, auec quatre grands corps de logis, d'vne dimension tres-ample, & au milieu vn tres-beau Dome, le tout d'vne belle & grande dépense. Le Conuent & Eglise de nostre Dame de Confort, tenu par les Freres Prescheurs ou Iacobins y est aussi; la grande nef a esté construite par la nation Florentine dans Lyon, & le chœur y est d'vne structure excellente, auec colomnes, chapiteaux, & autres parties & ornemens d'architecture, en marbre & autre pierre semblable au jaspe, & fort agreable, aux despens d'vn particulier natif de Lyon, mais Florentin d'extraction. Le Conuent des Celestins, auec son Eglise bien construite, est vn peu plus auant sur le bord de la Saone. La septiesme est de S. Pierre, où sont l'Eglise & Monastere Royal de S. Pierre-les-Nonnains, & l'Eglise S. Sorlin ou S. Saturnin, qui est annexe & dependante. L'Eglise & Nouitiat des Peres de l'Ordre de S. Anthoine, edifiée l'an 1622. & le Conuent des Fueillans, l'Eglise des Peres de l'Oratoire, dés l'an 1614. le Conuent des Religieuses de saincte Vrsule, fondé en 1612, l'Eglise ou Nouitiat des Capucins fondé l'an 1622, auec l'Eglise ou Hostel-Dieu des Filles Orfelines sont de la parroisse. La 8, nostre Dame de la Platerie, où sont l'Eglise de ce nom, le grand Conuent des Carmes, & la Chapelle des Penitens de la Misericorde, erigée l'an mil six cens vingt-cinq. La neufiesme, sainct Vincent, où sont l'Eglise de ce nom, establie l'an mil cinq cens octante-cinq; le Conuent des Augustins; ceux des Dames-de la-Deserte; des Meres-Celestes-de-l'Annonciade, fondé l'an mil six cens vingt-cinq; des Carmelines, fondé l'an mil six cens dix-sept; & des Chartreux, commencé l'an mil cinq cens nonante-vn. La dixiesme, sainct Michel, où sont l'Eglise & Abbaye de sainct Martin d'Ainay, edifiée au lieu où estoit le fameux temple basty à l'honneur de l'Empereur Auguste; les Conuents des Religieuses de saincte Claire, fondé l'an 1588 & 1599, & de la Visitation nostre Dame; le Nouitiat des Iesuites, basty l'an 1619, & le grand Hospital de la Charité, fondé l'an 1621, d'vne grande & belle structure, auec plusieurs corps de logis. L'vnziesme, S. Irenée, est hors de la porte sainct Iust, au faux-bourg, dit de sainct Iriny La douziesme, S. Pierre de Vaise, est aussi hors de la ville. La treiziesme, nostre Dame de la Guillotiere, est au faux-bourg de ce nom, qu'on croit estre du Daufiné, auec quelques Chapelles. La quatorziesme & derniere est celle de S. Romain. La ville a six portes, & plusieurs belles places, sçauoir Bellecourt, Confort, où est vne pyramide esleuée à Henry IV. les Terreaux, les Cordeliers, S. Nizier, S. Pierre, la Grenete, le Change, la Doüane, celle de la Roche, & de S. Iean, auec quatre faux-bourgs. La ville est tres-grande & agreable, n'estant pas peuplée par tout, & ayant des vignes, prez & grands iardins dans son enceinte.

Les autres lieux du Lyonnois sont Condieu, Baronnie, aux Chanoines & Comtes de Lyon, sur le Rosne; saincte Colombe lez Vienne, au Roy, où aboutit le pont du Rosne de Vienne, auec vne belle tour au bout du pont, gardée pour le Roy; Guyort, Baronnie, sur le Rosne & sur Gier, aux Chanoines de S. Iean; Darguoire, sur Gier, aux mesmes, comme aussi sainct Andueil, auec chasteau, & Riue de Gier, S. Chamont, ville & chasteau, où passe le Gier, auec plusieurs Conuents; sainct Pol en Iarests, sainct Genis & sainct Martin-la-plaine, aux Comtes de Lyon; sainct Romain en Iarests, au Prieur du lieu; Montagny, petite ville & chasteau; sainct Genis, Laual, Breguies au Chapitre de sainct Iust; la Bresle, à l'Abbé de Sauigny; Anse, aux Comtes de Lyon; Vimy & Chasselay, à l'Abbé d'Ainay; Riuerie, petite ville.

L'air de Lyon est fort crasse, à cause des montagnes encloses dans la ville; & quoy que le pays soit raboteux, & le terroir leger, il est abondant en bleds, vins & fruicts en ses collines, vergers, iardinages & prairies. Les vins sont delicieux en quelques endroits, sçauoir à saincte-Foy, Millery, Candrieu, qui a de vins blancs excellents, & autres lieux, ou les plants en furent apportez de la Dalmatie, dont estoit natif l'Empereur Probus, qui selon les anciens en a pris le soin autrefois. Le franc Lyonnois, qui est pres de la Saone, a le terroir meilleur. A S. Martin-la-plaine a esté trouuée & trauaillée autresfois vne mine d'or & d'argent [a]: Au lieu de Chessy est vne mine de cuiure tres-bon & meslé d'argent, où se trouue aussi du vitriol de belle & haute couleur, meilleur que le Romain. Les carrieres de sainct Bel portent des pierres estincellantes de pailletes d'or: Les marbres noirs de Couzon & du Mont-d'or, sont parsemez de larmes, anneaux, & autres figures blanches comme laict [b]. Qualité.

a Thuan. lib. 129.

b Foderay.

Le peuple de Lyon est courtois & bon, laborieux & plein d'industrie; comme il est meslé de plusieurs estrangers, Italiens ou Alemans, lesquels y fondent domicile, il peut aussi participer de leurs humeurs. Il est aspre au gain & au trafic, habile & diligent apres ses affaires. La hantise des estrangers ciuilise les habitans, qui sont mesmes propres & magnifiques en habits, de mesmes que les Mœurs.

femmes, qui sont belles generalement & pour le commun. La Noblesse du pays est courtoise & bien nourrie, le paysan rusé, quoy que grossier en apparence.

Richesses. La principale richesse du Lyonnois consiste au grand trafic de la ville capitale, qui par sa belle assiete, & par les riuieres du Rosne, de la Saone, & de Loire qui n'en est qu'à douze lieuës, peut communiquer & transporter les marchandises en tous les endroits du monde. Le negoce de l'argent y est auec vne correspondance si vniuerselle, & vn profit si grand, que cela seul peut enrichir ses habitans, qui sont tous ou marchands, ou artisans & ouuriers, de toutes sortes de nations: Il n'est pas besoin de distinguer ou specifier les marchandises qui s'y vendent, puis qu'on ne peut rien demander qui ne s'y trouue; la Librairie par le grand nombre d'Imprimeurs & marchands Libraires, & la communication qu'ils ont ou peuuent auoir auec Franc-fort & autres villes d'Alemagne, y'a esté & est encor florissante & d'vn grand reuenu. Sainct Chamont aide à viure à trois lieuës aux enuirons, à cause de la soye qu'on y fait ouurer, & qu'on met dans le lieu, en estat d'estre employée, ce qui rapporte aux marchands pres de 300000 liures par années communes. La richesse, le grand nombre d'habitans, & les autres auantages de la ville de Lyon, qui est le cœur & l'vne des clefs de France, pour l'Italie & l'Alemagne, sont vne des forces de l'Estat, & sans la comprendre, on estime que le Roy pourroit tirer du pays trois mille hommes de pied, & trois cens cheuaux. Il y a vn Arsenal à Lyon, qui est tres-bien fourny.

Gouuernement. La ville de Lyon depuis sa fondation en colonie des Romains par Munatius Plancus, comme nous auons desia dit, fut à l'Empire iusques à sa decadence sous les Empereurs Arcadius & Honorius, que Stilicon, qui s'estoit seruy des Bourguignons contre les Goths, la leur liura auec la Bourgogne [a], de laquelle ils firent deslors vn Royaume, qui prit fin l'an cinq cens vingt-six soubs la premiere lignée des Roys de France, & les enfans de Clouis premier, où la ville de Lyon commença d'estre sous la domination Françoise, auec la Bourgogne reduite en prouince, laquelle reprit depuis le tiltre de Royaume dans le partage des enfans de Louys le Debonnaire. La ville est entre les mains & au pouuoir d'vn Gouuerneur, & en son absence d'vn Lieutenant de Roy, lesquels y commandent, & dans le Lyonnois, Forests & Beaujolois. Le Seneschal de Lyon, & en son absence les Escheuins commandent dans la ville, au defaut du Gouuerneur pour le Roy. Le Seneschal & siege Presidial, où sont vingt-cinq Conseillers, reçoiuent les appellations du Lyonnois, qui ressortit en la Cour de Parlement de Paris; & vse du droict écrit; & en la Chambre des Comptes & Cour des Aydes, pour les finances, Aydes & Gabelles, y ayant vne Generalité de finances establie à Lyon. Il y a quelques lieux qui dependent du franc Lyonnois, sçauoir Vimy, Fontaines, & autres qui sont voisins de la Bresse & de Dombes, & ne payent point de tailles, faisans vn don gratuit au Roy de neuf en neuf ans, de la somme qu'il plaist à sa Majesté.

Religion. La Religion Chrestienne fut establie à Lyon peu de temps apres le siecle des Apostres, que les temples & autels d'Idolatrie & vain seruice pour l'Empereur Auguste, & leurs Dieux tutelaires, furent abbatus. On compte Photin & Irenée, dont les escrits se voyent encores, pour ses premiers Euesques. Le Concile des Gaules tenu à Lyon sous Irenée, lequel y presida [b], fonda les Archeuesques de Lyon en cette prerogatiue de Primatie, que leurs successeurs s'attribuent par dessus celuy de Sens, & autres de France, dequoy nous auons parlé ailleurs [c], & les traictez faits sur ce sujet en peuuent estre veus [d]. L'Official Primatial de Lyon reçoit les appellations de toutes les Cours d'Eglise de France, & pretend de donner des sentences en certains cas, dont on ne peut appeller, & l'appellation est portée directement à Rome, où le Pape delegue vn Archeuesque ou Euesque plus voisin, pour en cognoistre & iuger: Les appellations comme d'abus ressortissent à la Cour de Parlement de Paris. L'Eglise Cathedrale de sainct Iean est composée de neuf Dignitez, compris l'Archeuesque qui est Abbé de sainct Iean, vn Doyen, Archidiacre, Precenteur, Chantre, Custode, Preuost & autres, auec vingt-six Chanoines & Comtes de Lyon, où le Roy tient la premiere place d'honneur, comme le Comte de Tournon est aussi Chanoine d'honneur en l'Eglise de sainct Iust, fondée par sainct Iust Archeuesque, & yssu de la maison de Tournon, qui garde le nom de Iust comme hereditaire, à cause de

a P. Oros.

b Euseb.

c Discours general de la France.

d Morin. Cl. Rubis. hist. de Lyon, li. 1. ch. 26. 32. & 39.

cela. Les Chanoines de sainct Iean doiuent estre Gentils-hommes de quatre generations, & leur Eglise est seruie par plusieurs Prestres, dont y en a treize qui sont perpetuels, & l'Archeuesque en est le premier, quatre qui sont appellez Custodes, & sept Cheualiers & Docteurs en droict, outre septante Prestres habituez. De cette Eglise releuent soixante-neuf Seigneuries, y comprises quatre Baronnies, auec plusieurs grands droicts dans la ville & sur les maisons, iusques à 300000 liures de reuenu en tout. L'Euesque d'Autun est œconome né de l'Euesché de Lyon, lors qu'il vient à vaquer, & au contraire [a].

a Saunthea.

Ceux de la Religion pretenduë reformée ont l'exercice hors de la ville de Lyon, tant pour les habitans que pour plusieurs marchands estrangers, Allemands de nation, & autres. Il y a quelques lieux dans le Lyonnois, qui en ont aussi l'exercice.

FORESTS.

DE FORESTS est ainsi nommé de Feurs, ville assise dans le pays, & qui estoit autresfois *Forum Segusianorum*, sous les Romains. Noms.

Le Daufiné & le Lyonnois luy sont au Leuant, le Viuarez & le Vellay au Midy, le Beaujolois & le Lyonnois au Septentrion, & les hautes montagnes d'Auuergne au Couchant. Sa longueur prise depuis la Parroisse de Limony entre Seriere & sainct Pierre de Bœuf le long du Rosne, iusqu'à Montagnet, bourg qui va de Roane à Moulins, est de trente lieuës, & sa largeur depuis S. Martin de Letra proche du Lyonnois iusqu'à Lapo qui limite l'Auuergne du costé de Thiers, de quinze lieuës. Confins & estenduë.

Plusieurs riuieres l'arrousent, celle de Loire au cœur du pays, la Saone & le Rosne sur sa lisiere. Lignon prend sa source sur la montagne de Loule, où sont trois sources abondantes, descend à Sauuin, sainct George, Cousans, & au pont de Creué, où il reçoit la riuiere de sainct Turin, & acquiert le nom de Lignon, & auec quelque impetuosité passe au dessus de Bouin, à la Boutresse, à Bonlieu, Monuerdun, la Bastie, & aprés quelques contours, où il baigne les plaines du pays, perd son nom prés de Feurs, où il entre dans Loire. Il a sept lieuës de cours, & porte batteau prés de Loire, auec quantité de bon poisson, truites, saumons, barbeaux, lamproyes, & autres qu'on prend dans ses eaux claires & viues, celebrées par les Autheurs du temps. [b] Riuieres.

b Astrée d'Vrfé.

MONT-BRISON n'estoit iadis qu'vn beau & fort Chasteau nommé Brison, assis sur vn mont, à l'entrée des plaines de Forests, & au pied des montagnes qui le separent d'Auuergne, à dix lieuës de Lyon, & deux de la riuiere de Loire. Ce Chasteau deuenu bon bourg fut clos de murailles & muny de fossez l'an 1428. auec quatre belles parroisses peuplées de bourgeois & bons artisans, la riuiere de Vesise coule au bas de la ville. L'Eglise Collegiale de nostre-Dame est seruie par des Chanoines bien rentez & logez dans vn tres-beau Cloistre; elle est somptueuse, vaste, & d'vn rare artifice, auec des clochers superbes & garnis de tres-bonne sonnerie. Villes & lieux. Mont-Brison.

Les Conuents des Cordeliers, Obseruantins & Capucins, auec ceux des Religieuses de saincte Claire, & des Vrsulines, y sont aussi, & vn College des Peres de l'Oratoire. Outre les Iustices ordinaires establies dans la ville, en sa Chastellenie, Election, Preuosté, Mareschaussée, Eaux & Forests, Receueurs pour le Roy, & Grenier à sel, c'est vn Bailliage d'vn grand ressort.

S. ESTIENNE, dit de Furan, riuiere qui passe dans la ville, est assis dans vn vallon entouré de collines. La ville a de grands faux-bourgs, & vne seule parroisse de fort grande estenduë. [c] La petite riuiere de Furan l'arrouse, & d'entrée se diuise en deux, laissant au milieu vne belle & grande place, où est vne fontaine, & vne Croix tres-belle & fort haute, l'arbre ou tronc qui est d'vne seule piece ne peut estre embrassé par deux hommes. L'Eglise Parrochiale est sous le titre de sainct Estienne, & les Conuents sont de Capucins & de Minimes, outre S. Estienne.

c 40000. ames.

les Religieuses de saincte Catherine de Sienne, & de la Visitation Nostre-Dame. C'est vne Chastellenie & Seigneurie appartenant au Marquis de sainct Priest, auec Eslection nouuellement establie. Ce qui regarde le surplus de la ville en ses artisans, ouurages & traffic, sera deduit en la qualité ou richesse du pays.

Le Forests est composé de cinq Bailliages; sçauoir Montbrison, Bourg-Argental, Chauffour, sainct Ferriol, & Roüanés, lesquels pour les cas de l'Edict ressortissent au siege Presidial de Lyon, & en la Cour de Parlement de Paris pour l'ordinaire.

Les autres villes & lieux du pays sont Boin, sur Lignon; sainct Germain-la Val au Roy; Paumiers, au Prieur du lieu; Feurs, sur Loire, au Roy, ville ancienne; sainct Galmier ou Garmier, au Roy, où est vne fontaine dont les eaux sont minerales; la Foullouse; la tour de Gees; sainct Iean de Bonefons; sainct Bonnet, auec Chasteau au Roy, où est l'Eglise Parrochiale, vn Conuent de Capucins, & autre d'Vrsulines; sainct Rambert, sur Loire, Prieuré auec douze Chanoines; Charlieu; sainct Marcelin; sainct Sauueur sur Ruë, au Prieur; le bourg Argental sur Quance; Chauanay, & autres. Les autres terres sont Cousan, premiere Baronnie du pays; Cheurieres, au Marquis de sainct Chamont; Roche-Baron, Baronnie; la Bastie, auec vne magnifique Chapelle, au Marquis d'Vrfé; Chalmasel; d'Vrfé; Montarboux; Cremeaux; Verrieres, Commanderie de Malte; Rochefort, petite ville & Prieuré, dit de l'Hospital; sainct Didier, bourg fermé; sainct Iust en Cheualet; Legnieu, Abbaye de femmes; Escotay, Baronnie; Chandieu, Prieuré & hospital; Chalam d'Ysore, auec Chasteau; Montuerdun, Prieuré; Surieu les oignons, ville à la Dame de Montagniat; Boution, Chasteau, au Marquis de la Baume; Cuzieu, au Duc d'Vsez; Montrond; Bellegarde, au Comte de la Liegue; Fontanés, Baronnie; Chazelles, Commanderie de Malte; la Roche-sainct-Prix; Palais, au Marquis du Palais; le Chasteau de Veze, aux Dames de la Benisson Dieu; Vaupriuas, & plusieurs autres terres & maisons dont ce pays est couuert en la plaine, ou en la montagne.

Roanés. Le Bailliage de Roanés porte titre de Duché, & consiste en quatre villes ou bourgs, sçauoir Roane & sainct An. Arneson & Croset qui sont au Roy. Il y a deux Baronnies, sainct André, & Chasteau-morant au Marquis d'Vrfé. Roane, auec Chasteau, est assis sur Loire, qui commence à y estre nauigable, à trente lieuës de sa source; il y a vn Conuent de Capucins, de Religieuses de saincte Vrsule, & vn College de Iesuites, mais le lieu est cogneu à cause de son port, où l'on s'embarque pour Neuers, Orleans, Paris, Tours & Rennes. Le pays est plain & beau, abondant en bleds & en bois propre à faire des vaisseaux, y ayant deux forests royales, la Malgarnie & la Magdelaine. Boisy Marquisat est la meilleure place du pays, & appartient au Duc de Roanés.

Qualité. Le pays est fertil & abondant en bleds, notamment en seigles, vins, legumes, bois, & en toute sorte de fruits, en bestail, laictage, & fromages renommez, qu'on y appelle de Roche. La plaine abonde aussi en estangs poissonneux, qui ont esté autresfois en plus grand nombre, & est enuironnée de montagnes de toutes parts, couuertes de pins & sapins propres à bastir, & produisans de la poix. Ez montagnes qui sont prés de sainct Estienne sont des mines de charbon de pierre, dont les habitans se seruent pour leur vsage ordinaire; les carrieres y sont aussi fort belles, d'où se tire de la pierre fort blanche & propre à tailler. On y remarque de plus quelques singularitez, comme la fontaine de sainct Galmier, qui a le goust du vin, [a] appellée font-fort, qui est salutaire, de mesmes que celle qui est prés de Montbrison; la petite riuiere de Cheneualet, qui entre dans Loire, & dont les eaux sont tres-propres à blanchir le linge; & le sablon porte de l'or [b], & autres. Le Forests a esté iugé capable par le nombre de ses riuieres & ruisseaux de pouuoir ioindre les mers Oceane & Mediterranée par le moyen d'vn canal entre les riuieres de Loire & de Saone vers Anse au dessus de Lyon, & sur ce dessein il y a eu des partisans qui en ont traicté, & commencé le trauail.

[a] P. Foderay, Cl. Champier, singular.

[b] Masson, in Ligeri.

Mœurs. Les Foresiens sont subtils & de bon esprit, industrieux & aspres au gain, neantmoins doux, courtois, charitables & honorables, principalement la noblesse, laquelle y est en grand nombre, bien rentée, & valeureuse.

La richesse de Forests consiste principalement en l'industrie des habitans de sainct Estienne, qui mettent le fer en œuure par excellence & en toutes sortes, ayans les eaux propres pour donner la trempe, & le charbon naturel de pierre à commodité pour le forger. On y trauaille des armes de toutes façons, canons d'arquebuses, mousquets, pistolets, espées &c. & tous ouurages de fer, enclumes pour forgerons, orféures & batteurs d'or, auec distinction d'ouuriers de plusieurs sortes, tailleurs de limes rudes, douces, bastardes, forgeurs & limeurs excellens de gardes d'espée, enrichisseurs d'armes en argent de rapport, or moulu, damasquiné, cizeleure & graueure, graueurs, esperonniers, & maistres de tout autre artifice & vsage de fer, à quoy qu'il puisse estre employé, n'y ayant ville en France, dont les habitans s'y adonnent si generalement, heureusement & auec tant de profit, frequentans les principales villes du Royaume, & traffiquans en Italie, Espagne, Portugal, Flandres, Alemagne, Angleterre, & n'est pas iusqu'aux Indes où leurs ouurages ne soient veus & debitez. Les mines de charbon, qui sont dans le terroir, & qui rendent la ville comme vne autre boutique du Dieu Vulcan, sont si abondantes & si creuses, qu'on y va bien loin auec cheuaux & charrettes, & le feu s'est tellement attaché à l'vne des perrieres ou mines, qu'elle brusle depuis trente ou quarante ans; la flamme en paroist la nuit & en temps humide; ce feu consume le charbon qui est dessous, & laisse la terre au dessus semblable à de la cendre, & incapable de porter fruit. L'industrie des habitans s'estend encores & s'addoucit à filer de la soye, faire des rubans & passemens qui se transportent aux bonnes villes de France, & dans les Royaumes estrangers. Ils y habillent aussi & tannent fort bien les cuirs. Le pays est fort habité, fourny de noblesse, auec les places & Chasteaux que nous auons mentionnez, & fort peu de garnisons entretenuës. Richesses & forces.

Le Forests a eu ses anciens Comtes, Seigneurs puissans, dont la race estant finie, Anne fille & heritiere du dernier Comte fut mariée à Louys second, Duc de Bourbon, dont les successeurs iusqu'à Charles de Bourbon, Comte de Montpensier, Connestable de France, ont iouy de la terre, & en sa personne par la confiscation, ou par son decez sans enfans masles, elle a esté reünie à la Couronne. Nous auons parlé de ses Bailliages, & Iustice ordinaire; les tailles y sont personnelles, & s'imposent par les Esleus establis à Montbrison & à sainct Estienne. Parmy la noblesse du pays & lors qu'elle s'assemble, les maisons de Cousans, S. Prix, Chalmasel & Rochebaron sont premieres en rang. Le pays est sous le Gouuerneur du Lyonnois. Gouuernement.

Pour le spirituel, il depend du diocese & Archeuesché de Lyon. Religion.

BEAVIOLOIS.

LE BEAVIOLOIS prend son nom de Beaujeu, qui est vne des villes principales du pays. Noms.

Le Lyonnois luy est au Midy, le pays de Dombes, dont il est separé par la Saone, au Leuant, le Masconnois au Nord, le Forests & la riuiere d'Azergue au Couchant. Sa longueur depuis Ioux sur Tarare iusqu'à Iulliennas est de dix lieuës, & sa largeur depuis la Saone iusqu'à Perreux, de huict lieuës Confins & estenduë.

VILLE-FRANCHE est la ville capitale du pays, à mille pas de la Saone, & cinq lieuës au dessus de Lyon, en terroir agreable & plantureux, plus longue que large, & trauersée par le ruisseau de Morgon. C'est vn Bailliage Royal & Election, où tout le pays ressortit: On y void vn ancien Conuent de l'Ordre de sainct François, qu'on croid estre le premier fondé en France & deça les Alpes par Guichard de Beaujeu, l'an 1295. peu aprés le decez de S. François; l'effigie & sepulture de Leonore de Sauoye vefue de Louys de Beaujeu, fils de Guichard, se remarquent en l'Eglise du Conuent, outre lequel celuy des Capucins & vn autre de Religieuses y sont aussi, auec vn grenier à sel, & Mareschaaussée. Villes & lieux.

Les

Les autres villes & lieux sont Beaujeu Eglise Collegiale, Thisy & Belle-ville auec des greniers à sel, Lay, Perreux, Chamelet & Amplepuys, Chastellenies, Requeins, Limas, Paulin, Claucison & autres. L'Eglise de Beau-jeu est seruie par vn Doyen & des Chanoines, qui ont dix mille liures de reuenu; leur logement est dans le Chasteau, qui est fort & spacieux.

Qualité. La plaine depuis Anse iusqu'au Masconnois ioignant la Saone, a force bleds, vins, fruicts, chanvres, huile de noix, miel, bon gibier, & perdrix fort delicates. [a] Le reste qui ioint le Loire, le Forests & l'Autunois, est pays de montagnes, plein de pasturage & de bestail. On exalte sur tout le petit terroir de la Ville-Franche, où l'on void des bois de haute fustaye, & taillis, des chastagners & vignoble abondant, & au bas les terres labourables & fertiles, les noyers en quantité, vergers pleins de fruicts, les prairies fecondes, & la Saone au bout, qui fournit la ville de poisson, outre celuy qu'on y reserue en vn bras de Morgon dans les arches basties exprès. On a remarqué dans le pays vne mine de vitriol tres-bonne.

a P. Foderay.

Mœurs. Le pays est petit & les habitans ne peuuent auoir que les mœurs de leurs voisins du Lyonnois, Forests, Autunois & Masconnois. Les habitans sont habiles, & la noblesse genereuse.

Richesses & Forces. Si le pays est bon, ceux qui l'habitent ne peuuent estre que riches, ne faisans pas toutesfois grand traffic. Le Roy en tire par années communes, outre le reuenu que le Seigneur en perçoit, qui sont douze mille liures en rentes, beaux droits, & domaine, la somme de deux cens mille liures en tailles, taillon, creuës & gabelle: & pour la force, sa Maiesté en peut estre secouruë de quatre mille hommes de pied, & deux cens cheuaux. Il n'y a ny garnison, ny place forte.

Gouuernement. On marque en l'histoire des Seigneurs de Beau-jeu fort anciens[b] & renommez, yssus de la maison des Comtes de Forests, dont le dernier du nom d'Edoüard, fils de Guichard, mourant sans enfans fit son heritier Louys Duc de Bourbon, Cõte de Montpensier,[c] & parce moyen la Seigneurie de Beau-jeu dés l'an 1400. vint en la maison de Bourbon, & retint l'ancien titre de Baronie, qui appartient auiourd'huy à Madamoiselle, fille de Monseigneur le Duc d'Orleans, frere vnique du Roy regnant; & son Bailliage seant à Ville-Frãche ressortit pour les cas de l'Edict au siege Presidial de Lyon, & pour les ordinaires, en la Cour de Parlement de Paris. Pour les Finances, le pays est aussi de la Generalité de Lyon, & Chambre des Comptes de Paris, & du gouuernement de Lyonnois & Forests. Les plus anciennes maisons sõt Racheuol, Fondras, Serpens, qui est Comte de Gondras, Nagu, qui est Marquis de Varennes, Garaduel, Marquis de l'Escluse, & autres.

b 929.

c Theuet. Vol. 2. li. 14 c. 13.

Religion. Le pays est du diocese de Lyon, & a de bons Prieurez, sçauoir Sales sous le titre de sainct Martin, où sont quarante Religieuses nobles, sainct Pierre du bourg de Thisy, &c.

BRESSE, BVGEY, VALROMEY ET GEX.

Confins. LA BRESSE, LE BVGEY, LE VALROMEY ET LE GEX, Prouinces & pays échangez par le Roy Henry quatriéme auec Charles-Emanuel Duc de Sauoye, ont du Leuant le Rosne sortant du lac de Geneue, qui les separe de la Sauoye, du Midy la mesme riuiere, qui les separe du Daufiné, du Couchant, la Saone qui les separe du Lyonnois, Beaujolois & Mascõnois, du Nord le Duché & Comté de Bourgogne, auec les Suisses, tirant du Nord au Leuant. La Bresse est separée du Duché de Bourgogne par la riuiere de la Seille; la Bresse & le Bugey ne sont separées du Comté de Bourgogne, que par quelques montagnes en certains endroits.

La riuiere d'Ain qui vient du Comté de Bourgogne, trauerse la Bresse en sa longueur, & se deschargeant dans la Saone au port d'Anton, separe la Bresse du Bugey. Veromey ou Valromey est enclos dans le Bugey, sans aucune separation remarquable, comme le pays de Dombes se trouue enclos & meslé dans la Bresse.

BRESSE.

LA BRESSE se diuise en haute & basse. BOVRG est la ville capitale de la haute Bresse : Le dedans de la ville est orné de fort belles & grandes halles, distinguées en cinq larges & longues allées, qui sont comme des ruës, toutes sous vn mesme couuert, où sont les boutiques de toute sorte de marchands & artisans, auec la Grenette ou marché au bled. Entre les halles & l'Eglise Collegiale de Nostre-Dame se void vne Croix de pierre d'vn bel artifice, où sont grauées & representées en relief toutes les singularitez de la ville. C'est vn Bailliage, & siege Presidial erigé l'an mil six cens, par le Roy Henry quatriesme, ressortissant au Parlement de Dijon, vn bureau d'Eslection & Recepte particuliere. La citadelle en a esté desmolie par le Roy regnant. Pour le spirituel, la ville est du diocese de Lyon, dont l'Archeuesque y a vn Official Forain. Elle a eu autrefois vn Euesque estably à la poursuite des Ducs de Sauoye, mais depuis le Roy François premier qui s'estoit saisi du pays, sur le procez meu par l'Archeuesque de Lyon, & apres le decez du second Euesque de Bourg, il n'y a point esté pourueu. Hors de la ville sont quelques Conuens. Mais l'Eglise du Brou, bastie par Marguerite d'Austriche femme de Philibert Duc de Sauoye est fort singuliere, sous le titre de sainct Nicolas de Tolentin; elle est de grandeur mediocre, mais la delicatesse du bastiment est telle que tout y est riant & agreable; les tombeaux des deux Marguerites de Bourbon & d'Austriche, mere & femme de Philibert, Duc de Sauoye, lequel y gist aussi, sont d'vn marbre mis excellemment en œuure, auec l'Autel de Nostre-Dame, contenant son histoire en relief; toutes les parties de l'Eglise respondent & sont d'vn pareil artifice, iusqu'à vn Conuent de Religieux qui est ioignant à l'Eglise, qui est aussi tres-beau. Haute Bresse. Bourg.

Les autres villes & lieux sont Mont-luel, haute & basse ville, auec Eglise Collegiale & grenier à sel, sur Seraine qui la trauerse; Perouge, Messimieu, Chalamon, à la maison de Montpensier; Villars, Marquisat, sur la Chalarine; Chastillonnet sur l'Ain, Pont-d'ain, Loye & Chasey sur l'Ain, auec Chasteau; Varembon Marquisat, auec Eglise Collegiale; Toissy, ville & Chasteau, & autres.

La basse Bresse comprend Pont-de-Vaux, sur la Resouse, auec Eglise Collegiale & grenier à sel; c'est vne ville fermée, erigée en Duché depuis quelques années: Pont-de-Vele, sur la Veyle, auec grenier à sel; sainct Treuie, Chastillon, sainct Iulien, sur la Resouse; Montreuel, Comté; Trefort, bourg fermé, erigé en Marquisat; Colognac ou Coligny, Comté, dont vne partie est en la Franche Comté, vn ruisseau en faisant la separation; Cusery, dans la Bresse Chalonnoise jointe à la basse Bresse. Basse Bresse.

La Bresse contient plusieurs autres lieux ou fiefs considerables, sçauoir Fromentés, Fermés, Chasteau-vieux, Cornod, Montdidier, Richemont, Gordans, Meximieu, Corgenon, Montriblod, Montelier, qui portent tous titre de Baronnie, de mesme que Satoney, Montaney, Chandé, Perex, au Comte de sainct Amour, Corsan, Monjouent, Vezion, Chassagne, Abbaye, Mirabel, Marquisat, au Vicomte de Tauanes, Baugé, Marquisat au Marquis d'Vrfé. Chastillon lez Dombes est vne ville fermée, sur les confins de la Bresse & de Dombes, & appartient à la Bresse.

BVGEY ET VALROMEY.

LE BVGEY a pour sa ville capitale, BELLAY, Eueſché, dont le Prelat est Seigneur temporel de la ville, & se dit Prince de l'Empire : L'Eglise Cathedrale de sainct Iean Baptiste est seruie par dix-neuf Chanoines, comprises quatre Dignitez. C'est vn Bailliage ressortissant au Presidial de Bourg, Eslection & grenier à sel. Bugey & Valromey. Bellay.

Les autres villes & lieux sont Pierre Chastels forteresse; l'Anieu, à la maison de Nemours; sainct Rambert, Marquisat, sur Arbarine, qui la trauerse; sainct Germain, Ambournay, Ponsin, auec Eglise Collegiale; sainct Sorlin, Marquisat; Seissel, où est vn pont suspendu sur le Rosne; Nantua, Mattefellons. Les terres de Montreal & de Roussillon sont en Bugey, mais la premiere appartient au Marquis d'Aix, lequel y a garnison, & l'autre à vn Gentilhomme du Comté de Bourgogne. Le Comté d'Entremont estoit en Bugey auant l'eschange, mais en tant qu'il est deçà le Rosne, il se trouue en Sauoye; le Valromey porte titre de Marquisat, au Comte de Chasteau-morant, & les terres de Chasteau-neuf, Montreal & Grolée, de Comté.

Le Diocese de Bellay a deux Abbayes, S. Sulpice & saincte Marie de Bons pour femmes, huict Prieurez, deux Conuents, l'vn de Chartreux, & l'autre de Carmes, & dãs la ville de Bellay y en a deux d'hommes, sçauoir des Freres Mineurs de l'Obseruance, & des Capucins, & deux de Dames, de la Visitation Nostre-Dame, & des Vrsulines. Il contient cent douze parroisses, dont les cinquante sont en Bugey & les autres en Daufiné ou en Sauoye. Le reste du Bugey est du diocese de Geneue, sçauoir tout le Valromey, & toute la Michaille, qui depend du Bailliage & Election de Bugey, auec ses lieux & parroisses, qui s'estendent depuis Chastillon de Michaille iusqu'à Seissel. La Michaille confine du Nord à la terre de Nantua, du Leuant à la riuiere de Vaceronnes, qui la separe du pays neutre, & du Midy au Rosne, & au Couchant le Valromey en est separé par la montagne, laquelle a diuers noms, selon les villages d'où elle depend. Le pays neutre & la terre de Cheisiry confinent au Leuant le Bugey, Valromey & Michaille, & le Rosne en quelques endroits.

Pour les confins de Bugey auec la Sauoye on marque certaines riuieres & montagnes qui appartiennent ou à la France, ou à la Sauoye, auec les lieux du Bugey qui sont au Roy ou à son Altesse. Les riuieres de Sauoye sont le Flon qui sort du Montespine, & entre dans le Rosne pres d'Yenne; vn ruisseau qui sort pres de Colon proche d'Yenne, & se rẽd dans le Flou, & le Guye qui coule le long des murailles de sainct Genis, & separe le Daufiné d'auec la Sauoye. Celles de France sont Furans pres de Bellay; le ruisseau de Glandis qui sort de Glandieu, pres de la mesme ville; Bremio, qui passe pres de Bregnier, & va dans le Furans; Cheran pres sainct Iean le Vieux; la Rossa pres Insurieu, qui se rend dans l'Ain; Albarine, qui naist és montagnes de Nantua, pres de Brenod, & va dans l'Ain; & Oguin, qui passe par la valée de sainct Martin, & Isernore. Les montagnes de Sauoye sont le Chat, Charna, la plus haute du Geneuois, Martel pres sainct Genis, auec vn Chasteau au dessus, de mesme nom, & le Mont-espine qui separe la valée d'Yenne de celle de sainct Genis. Celles de France sont Masiere, qui separe le Valromey d'auec la Seigneurie de Lunes, Ambiion, vn village de ce nom, pres de Bellay, Contrenus, auec vn village de mesmes, Parues de mesmes, Collombier dessus Cullos, & Cerdon ou la Serbatiere. Les lieux qui appartiennent au Duc de Sauoye dans le Bugey sont Yenne, petite ville close, du domaine du Prince, Loissey, Baronnie proche du Rosne, la Chantagne, petit pays appartenant presque tout au Marquis d'Aix, Chasteau-fort Baronnie, la Val-de-Crene, Montbel, Comté pres de sainct Genis, Gerbais, sainct Genis, ville close, frontiere du Daufiné, & le pont de Beauuoisin moitié Sauoye, moitié Daufiné. Ceux de France, outre les desia mentionnez, sont Loyettes, Briort, sainct Denis, Flaxieu, Baronnie pres de Bellay, Rochefort, Billia en Michaille, Sillans pres de Seissel, Martignia, Isarnore, Arbent, Morney, Baronnie, Liurieu, Baronnie; & en Valromey, Ostonne, Virieu le grand, au Comte de Chasteau-morant, Lunes, Chamdore, Corcelles, Cerdon, grand bourg, à la maison de Nemours, Chasteau-neuf, Baronnie, & capitale du Valromey, où est la Iustice de la valée; les Chartreuses de Riuiere & de Meyria. L'Abbaye de Cheisiry est au pays neutre.

BAILLIAGE DE GEX.

LE BAILLIAGE DE GEX n'a que cinq lieuës de long, & deux de large. La valee de Cheisery partie au Roy, au Duc de Sauoye, & au Comté de Bourgogne, luy est au Couchant. Les meilleurs villages sont Gex, ville, & Gex sur Gex, Thuerier, Collonges, Dyuonne & Versoy fort proches l'vn de l'autre. On void à Thuerier deux pierres antiques, où est graué & escrit le passage de Cesar, & à Collonges est le pas & forteresse de l'Escluse, appartenant au Duc de Sauoye, lequel possede quelques lieux dans le Bailliage, sçauoir la Baronnie de Ternier, & celle de Viry erigée en Comté. Les riuieres du pays sont Iornan, Alandon, le Liou, la Versoy, qui sortent de la montagne de Gex, & se rendent dans le Rosne. Cette montagne est autrement appellée Mijou, qui cōmence au fort de l'Escluse, iusqu'au païs de Vaux & Comté de Bourgogne, & en vn endroit dit la Combe de Mijou separe toutes ces Seigneuries & souuerainetez, & le Bailliage se trouue enfermé du Rosne, de Geneue, de la Sauoye, de la Franche-Comté, & du pays de Vaux.

La Bresse iouyt d'vn bon air, & abonde en bleds, bois, bestail de toutes sortes, & en estangs pour le poisson; le pays est plat & sablonneux, sans vignoble hors de la montagne de Reuermont, qui a six lieuës d'estenduë; le Masconnois qui en est fort proche, en a pour la prouision de ses voisins. Les villes de la Bresse son assises entre le Rosne & la Saone, & l'Ain est encore entre les deux, qui partage le pays en deux Isles fort agreables & plantureuses. Au Bailliage de Gex sont des montagnes bonnes pour le pasturage, & preferables à la plaine, qui a du bled & du vin pour nourrir les habitans. On a trouué de l'or en vne mine prés de Thuerier, & l'eau qui passe en cét endroit est bonne contre certains maux; où se remarque aussi vn arbre fort grand & capable de couurir cinquante ou soixante personnes, auec vn puits qui en temps de pluye pousse des boüillons d'eau de la hauteur d'vne pique. Qualité de la Bresse.

Les Bressans ne sont pas naturels François, & ont les mœurs de leurs voisins, Sauoyards, Daufinois ou Lyonnois. Mœurs.

La Bresse fait quelque traffic de son bled, du chanvre, & du bestail; le Bugey n'en peut faire que du bestail, & tirer quelque profit du laitage. Le Rosne & la Saone qui enferment les lieux de la Bresse, rendent son commerce aisé, & les habitans de Pont-de-Vaux portent des bleds au Masconnois, où ils chargēt des vins, qui par la Ressouse vont en Bresse. Le Pont-de Vaux estoit ville frontiere auant l'eschange, tant au Vicomté d'Auxonne en Bourgogne, qu'au Masconnois; la ville est assez forte, ayant de larges & doubles fossez, & son assiete en lieu aquatique & sablonneux, non suiet à la mine, la Ressouse qui est profonde & non gueable, la costoye du Midy. Richesses & Forces.

Toutes les terres & Seigneuries susmentionnées, & generalement tout ce qui pouuoit appartenir au Duc de Sauoye iusqu'au Rosne, & iceluy compris, fut transporté au Roy Henry le Grand par traitté fait au mois de Ianuier 1601. de sorte que toute la riuiere du Rosne dés la sortie de Geneue est de la France, sauf le pont de Grezin sur le Rosne, entre l'Escluse & le pont d'Arue, qui demeure au Duc pour la commodité du passage, sans pouuoir rien leuer sur les denrées & marchandises, soit sur le pont, soit és lieux laissez à son Altesse par delà le Rosne, & en tout ce qui est reserué pour le passage & tout le long du Rosne aucun Fort ne peut estre basty, & les terres cedées demeurent vnies à la Couronne de Frāce; en eschange dequoy sa Maiesté quitta le Marquisat de Salusses & ses dependances, auec les droits qu'elle auoit sur les places de Cental, de Mont, Roques, Palmier, & la valée & Vicariat de Barcelonette. Gouuernement.

La Bresse, Bugey, & Gex dependent de la Generalité de Dijon, & les tailles y sont personnelles. Pour la gabelle, les pays sont de la ferme generale du Lyonnois, & le sel est porté par batteaux iusqu'à Seyssel. Le pays ressortit au Parlement de Dijon, & pour ceux de la Religion pretenduë reformée, aux Chambres de l'Edict de Grenoble ou de Dijon, à leur choix. Il est du Gouuernement de Bourgogne, &

à vn Lieutenant de Roy. Le Gex a vn Bailly de robe-courte, & autres Officiers, auec vn Gouuerneur & vn Chastellain Royal. Les Geneuois ont quelques fiefs meslez, & quelques suiects dans le Bailliage.

Religion. La Bresse est du diocesse de Lyon, & le Bugey & Valromey sont sous l'Euesque de Bellay, Suffragant de l'Archeuesque de Bezançon. La Religion Catholique Romaine fut restablie dans le Bailliage de Gex, où ceux de Geneue en auoient aboly l'exercice depuis l'an 1589. qu'ils s'en saisirent sur le Duc de Sauoye, & le remirent au Roy, qui l'auoit incorporé à la Couronne par Edict, mais ayant esté depuis rendu au Duc, il a esté transporté au Roy auec les autres Seigneuries eschangées.

BOVRGOGNE.

Noms. LA BOVRGOGNE prend son nom des anciens Bourguignons, *Burgundiones*, race des Vandales, qui ayans esté chassez par les Alemands, des bourgs qu'ils auoient occupez, & qui leur donnoient nom, se saisirent du pays des anciens Autunois, *Edui*, & des Francs Comtois, *Sequani*, où ces pays leur furent baillez par Stilicon General des Romains, qui s'estoit seruy d'eux contre les Goths, comme nous auons dit parlans de Lyon. Sainct Iulien en ses Antiquitez, [a] en fait venir le nom du Val d'Ongne assis entre les maisõs de Luz & de Trichasteau, ou Tilchastel, assez proche de Dijon & du bourg d'Is sur Thille, & en ce pays d'Ongne a esté iadis vn bourg & ville renommée de ce mesme nom. [a] Li. 1.

Cõfins & estendue. Elle est bornée de la Champagne au Nord, du Bourbonnois & Niuernois au Couchant, du Beaujolois & du Lyonnois au Midy, & de la Saone qui la separe de Bresse & de la Franche-Comté, au Leuant. La Prouince est de grande estenduë, y ayant de Mascon à Auxerre, ou à Bar-sur-Seine, quarante-cinq lieuës de longueur, & si on la prend au bord du Beaujolois iusqu'à Fauchiere village sur la frontiere de Champagne, elle est de cinquante lieuës; sa largeur depuis Autun iusqu'aupres de Langres est de vingt-cinq lieuës: mais si on la prend de Bourbon-Lancy iusques à Langres, elle est de 35. lieuës.

Diuision. Le Duché de Bourgogne est composé de cinq Bailliages principaux, sçauoir Dijon, Autun, Chalon, l'Auxois, dont le siege principal est à Semeur, & la Montagne, à Chastillon sur Seine. Celuy de Dijon à 4. sieges, qui sont autant de Bailliages separez, sçauoir Nuys, qui peut prẽdre nom des Nuythons anciẽs, race des Bourguignons; Auxonne, auec Chasteau sur la Saone, ville forte & frontiere à la Franche-Comté; sainct Iean de Loosne, & Beaune. Autun en a trois, Moncenis, Semur en Brionnois, auec son annexe d'Anzy, & Bourbon-Lancy. L'Auxois a les sieges d'Aualon & d'Arnay-le-Duc. Autun & Chalon sont sieges d'Eueschè, & aux Bailliages mentiõnez seront adioustez le Masconnois, l'Auxerrois, & le Bailliage de Bar-sur-Seine, qui ressortissent au Parlement de Paris, quoy qu'ils soient du gouuernement de Bourgogne, & que les Euesques, Nobles, & tiers Estat ayent entrée aux Estats de la Prouince, de mesme que le Charolois & Vicomté d'Auxonne, les pays adiacents, & ceux de Surseance tenus par des Seigneurs qu'on a appellez libres.

Dijon. DIION, *Diuio, Dintonum* [b] *à Diuis*, est vne ville assise en plaine, costoyée de collines. L'Ousche coulant le long de l'enclos des Chartreux passe pres d'vn bastion de la ville, & Suson, qui n'est qu'vn torrent la trauerse entierement & coule par le milieu, & pres de la Chartreuse est le lac qu'on nomme de la Royne. La ville est belle, close de bonnes murailles, tours & bastions, auec citadelle, & vn chasteau flanqué de quatre tours, & deux demy-lunes à ses entrées, lequel Louys XI. fit bastir lors de la reünion de la Prouince à la Couronne. Gregoire de Tours luy donne de son temps quatre portes & trente-trois tours, & parle du vignoble de ses montagnes. L'Empereur Aurelian la restaura & eslargit. Elle est gouuernée par vn Maire, ou Vicomte Majeur & Baron d'Antilly, auec vingt-quatre Escheuins. Les Roys y faisans leur entrée iurent en l'Eglise sainct Benigne d'en conseruer les priuileges, & le Maire iure fidelité pour tout le pays; en signe dequoy il lie vne ceinture de tafetas blanc à la bride du cheual du Roy qu'il conduit auec les vingt-quatre Escheuins iusqu'à la saincte Chapelle. [c] Il est chef perpetuel du tiers Estat aux

[b] Greg. Tur. li. 3. c. 19.

[c] P. Foderay Bellefor. li. 1.

Estats du pays, qui se tiennent de trois en trois ans. Il a toute Iustice en premiere instance en tous cas sur les habitans de la ville, dont il garde les clefs. Il y a vingt-quatre Eglises dans la ville, où sont deux Abbayes, S. Estienne & S. Benigne qui en est patron, & la saincte Chapelle fondée par le Duc Philippe le Bon, cinq Hospitaux, & hors de la ville le Prieuré de l'Arey, sainct Iacques des Vignes, & la Chartreuse qui est tres-belle, où sont les tombeaux des Ducs de Bourgogne. Les autres edifices publics sont le Palais, où le Parlement est seant, auec la Chambre de Comptes, & celle du Thresor, & les autres Iustices Royales: la maison du Roy, bastie par les Ducs, l'Hostel de ville, & les Hostels des Seigneurs, par eux bastis du temps des Ducs, sçauoir Chalon, ou Orenge, Vergy, Pontaillier, Rochefort, Vienne, Bauffremont, Rotelin, & autres possedez à present par les habitans, outre les Hostels des Abbayes de Cisteaux & Clairuaux, & autres. Outre le Bailliage y sont la Gruerie, la Monnoye, & la Châcellerie, dont le Gouuerneur cognoist de tous contracts receus par Notaires Royaux; auec vn bureau des Thresoriers de France. Le Fort de Talant à present ruiné, le Chasteau & le village de Fontaines, honoré de la naissance de sainct Bernard, auec vne Chapelle bastie au mesme endroit, sont és costaux proches de Dijon, dont les habitans iouyssent de quelques priuileges. La ville est du diocese de Langres.

AVTVN, *Augustodunum Eduorum*, est ville fort ancienne, autrefois puissante & alliée des Romains, *Bibracte* de Cesar, selon aucuns, [a] gardant les monumens & restes de son premier estat, au Ianitoye, Temple de Ianus, Marchaut, Champ de Mars, Capitole, ruines des pyramides, arcs, statuës, colomnes, theatres & autres marques d'antiquité, outre les diuerses medailles qu'on y trouue. C'estoit l'eschole de la ieunesse des Gaules, [b] le Senat des Druydes, dequoy le Mont-dru & Mont-jeu, *Druydum & Iouis*, qui en sont proches, conseruent la memoire, & les Barons de Mont-jeu en portent le nom. La ville est couuerte de hautes montagnes, appellées Mont-Cenis, au pied duquel est le Chasteau, où sont l'Eglise Cathedrale de sainct Nazaire, l'Hostel Episcopal & le siege de la Iustice & Bailliage. La plus basse est nommée le Marchaut, & au pied de cette partie coule la riuiere d'Arroux abondante en truites & brochets. Le long de la ville courent deux ruisseaux descendans des montagnes, au declin desquelles & assez loin d'Autun, on a dressé des artifices pour blanchir les toiles fines qui se font au pays. La police de la ville est entre les mains du Maire qui se nomme Vir. L'Euesque d'Autun preside és Estats du pays. Autun.

a Thuan. Iulien. Antiq.

b Tac. 3. Ann.

CHALON, *Cabillinum*, [c] *Cabilonum*, [d] *Cabellion*, [e] assis sur la Saone, qui la distingue de Chaalons en Champagne, a esté ville des Eduens, comme Autun, [f] & ancien Comté. [g] Les habitans iouyssent de beaux priuileges, & entr'autres de pouuoir eslire pour Capitaine, vn Gentilhomme de leur voisinage, qui ait soin de la garde de la ville auec leurs Magistrats. Les quatre Escheuins ont chacun vne clef des portes, qui sont en pareil nombre, ils sont esleus annuellement, auec le Maire & vn Procureur Syndic. Le Bailliage est d'vn fort grand ressort, outre lequel sont dans la ville les sieges de la Gruerie, Maistrise des ports, Grenier à sel, & Iuge Consul des Marchands, auec vn Lieutenant de la Chancellerie, estably auec mesme pouuoir que le Gouuerneur de celle de Dijon & des autres Bailliages; ce qui a demeuré depuis les Ducs de Bourgogne, dont les Chancelliers establissoient ces Lieutenans. Chalon.

c Strab lib. 4.
d Cæs. li. 7. de bell. Gall.
e Ptolem. Mela.
f Strab. ibid.
g Du Chesne.

La ville & citadelle, qui a quatre bastions Royaux, ont vn Gouuerneur pour le Roy, qui l'est aussi du pays Chalonnois. L'Euesque, qui est le troisiesme Suffragant de l'Archeuesque de Lyon, se pretend Comte de Chalon par moitié, & a son Iuge & Bailly; les Chanoines y ont aussi quelque reste de Iustice. L'Eglise Cathedrale est sous le nom & titre de sainct Vincent, dont les reliques y sont gardées, que le Roy Childebert y deposa, donnant pour armes à l'Eglise & Chapitre les fleurs de lys sans nombre en champ d'azur. Les autres Eglises sont sainct George, la Commanderie sainct Antoine dans l'ancienne ville, les bons Hommes ou Minimes, auec le College des PP. Iesuites. Dans la nouuelle enceinte sont sainct Iean de Maiseau, le Temple, & Hierusalem, Commanderies de Malte, le nouueau sainct Pierre, les Carmes, les Benedictines, les Vrsulines, les Iacobines ou de saincte Catherine, les Cordeliers, & l'Hospital basty & entretenu par les habitans, & seruy par des Religieuses. L'Abbaye ou Prieuré de sainct Marcel dependant de Cluny, auec ses beaux clochers de structure ancienne & Gothique, est proche de la ville.

Le Diocese contient six Abbayes, sçauoir sainct Pierre de Chalon, Tournus, *Tinurtium*, sur la Saone, chef de plusieurs Prieurez en diuerses Prouinces de France; Cisteaux, chef de l'Ordre de S. Bernard; la Ferté sur Grosne, Maisieres, & le Conuent de Molaise pour femmes. Les murs de Chalon l'ancien en portēt les marques en leur ferme massonnerie, faite de brique en partie, & de petite pierre quarrée, dequoy sont aussi les tours qui flanquent de cinquante en cinquāte pas. On y remarque encores trois ceintures dorées qui estoient autour des murailles, dont la ville fut nommée Orbandole, & les trois cercles qu'elle porte en champ d'azur pour ses armes en font quelque foy.

Le Chalonnois comprend huict petites villes closes de murailles & fossez, & autant de gros bourgs. Les villes sont Giury, Brancion, Comté appartenant au Roy, Bellegarde, dit Seurre cy-deuant Duché & Pairrie, ville forte, Verdun, Comté, où se decharge le Doux dans la Saone, & le port de Chauort; Belleuesure, Louhans, Cuiseau, autrefois ville renommée, dont les ruines en restent; & Cusery, au Roy, du costé de la Bresse & de la Franche-Comté. Les bourgs sont Bussy, Senecey ancienne Baronnie, & à present Marquisat, Chagny, grand Bourg, Maruans, Sagy, Saincte Croix, Branges & Sagy en Reuermont, contrée de la Franche-Comté, dont le Roy est souuerain par moitié auec le Roy d'Espagne, outre vn grand nombre de villages & parroisses. Tous les lieux susmentionnez, auec les Comtez de Sauigny & de Bosjouan font la Bresse qu'on appelle Chalonnoise, à la difference de celle que nous auons desia descrite.

Chastillō sur Seine. Chastillon sur Seine, siege principal du Bailly de la Montagne, & vne ville diuisée en deux par le pont basty sur la riuiere qui trauerse la ville; l'vne des parties est nommée le Bourg, & l'autre Chaumont, & chacune a son Maire ou Magistrat, quoy que dans l'enclos de mesmes murailles. Le Chasteau, demeure ancienne des Ducs de Bourgogne, a esté ruiné. Hors de la ville est vn rocher fort esleué, auec vne source d'eau viue, qui fait moudre à six pas de là les moulins à bled & à draps, dont la ville fait vn grand traffic, & de petites tapisseries à deux couleurs, dont chaque mestier a ses ordonnances & enseignes distinctes.

Beaune. BEAVNE, l'vn des sieges du Baillage de Dijon, dont il est à sept lieuës, & à trois de Chalon, est en assiette commode, auec vn lac voisin dont elle se peut armer contre les ennemis qui ne le peuuent empescher, ceinte de bonnes murailles, fossez & remparts; Il y auoit autrefois vn fort Chasteau basty par Louys vnziesme, qui estoit fermé de quatre tours és quatre angles de la place, de mesme structure que celuy de Dijon: Elle est d'vn air doux, auec deux sources d'eau tres-belles, dont l'vne entre dans la ville, & y coule comme vne riuiere, l'autre va dans les fossez, & enuironne toute l'enceinte des murailles, & les deux font moudre plusieurs moulins. [a] Son Hospital est plustost vn Palais Royal, qu'vn logis des pauures, fondé par Nicolas Rollin Chancelier de Philippe le Bon Duc de Bourgogne. La grande sale des malades communs a vne Chapelle au bout. La grande court qui est long de cette sale à deux galeries, haute & basse, & le long d'icelles sont les chambres auec leurs cabinets & garderobes. Le Roy & le Duc de Bourgogne y ont leurs chambres richement meublées, auec linges fins, & la vaisselle necessaire pour chacune. Les conditions des malades leur donnent logement different, mais non quant au viure & l'ordinaire. Tous les offices necessaires y sont bien distinguez. La court est arrousée du ruisseau qui trauerse la ville, pour le seruice, commodité & netteté du lieu. Le Parlement de Bourgogne fut premierement seant à Beaune, & le siege de la Chancellerie y est encores. Le Monastere de Cisteaux posé dans vn bois tres-grand, & basty magnifiquement l'an 1098. par le Duc de Bourgogne Eudes ou Odon, est dans le terroir de Beaune, & abonde en cisternes, d'où aucuns luy donnent le nom de Cisteaux. C'est le chef & Archimandrite de dix-huict cens Conuents de Religieux, & de presqu'autant de Religieuses voilées. a 264.

Auxois. Le Bailliage d'Auxois estably en la ville de Semur est de grande estenduë, ayant prés de vingt lieuës de longueur, & autant de largeur. Semur est assis au milieu, entouré de montagnes, & comprenant trois clostures, de parties diuerses & si bien jointes, qu'on les prend pour vne mesme ville. La premiere porte le nom de Bourg, celle du milieu est le Donjon, & la troisiesme est le Chasteau. Le Bourg est la partie plus grande & plus habitée: Le Donjon sert de citadelle, & commande au bourg & au Chasteau, ayant yssuë par vn pont-leuis, auec des tours tres-hautes & espaisses, des murailles hautes par dehors, & remparées par dedans. Le corps de la citadelle

Semur.

est assis sur le roc, presqu'inaccessible & enuiron né de la riuiere d'Armanson, auec deux puits dedans, qui ne tarissent point.

Le Chasteau est clos de murailles, auec des tours de quinze en quinze pas, bien fortifié, auec des aduenuës difficiles, & quantité[a] de puits d'eau viue, quoy que le lieu soit fort haut & enceint de la riuiere. La ville a vn Maieur, six Escheuins & le Procureur de la ville esleus annuellement La riuiere d'Armanson enuironne Semur de trois costez, auec deux ponts tres-beaux. Le bourg de Flauigny est à demilieuë de Semur, *Flauia Eduorum*, & les ruines d'Alexie ville ancienne & renommée, à cause du siege que Cesar[b] y mit deuant, en sont à deux lieuës, au mont Auxois & au village d'Alize, où est vne Eglise dediée à saincte Regne, laquelle y souffrit Martyre, auec vne fontaine dont les eaux sont salutaires.

a 40.

b Li.7.

Les villes & bourgs de l'Auxois sont Montreal & l'Isle sous Montreal sur la riuiere de Serain, & le Chasteau de Tanlay, basty magnifiquemẽt, Auallon & Arnayle-Duc sieges du Bailliage, Noyers, Saulieu, *Sidolucum*,[c] Mombar, où passe Armanson, Viteaux, Rauieres, Mont sainct Iean, Chasteau de superbe structure, tels que sont aussi Montigny sur Armanson, Misery, Mussy-l'Eueque, Saumaise-le-Duc, Borbilly, Raigny, Bar-sur-Seine, & autres.

c Antonin.

MASCON, *Matiscona Eduorum ciuitas*,[d] est vne ville bien assise, auec des yssuës fort agreables qui aboutissent à de grandes prairies. La Saone y passe sous vn fort beau pont de pierre de treize arches, auquel commence vne prairie qui a trois quarts de lieuë de largeur, & six ou sept de longueur. Elle est regie par six Escheuins; est chef de diocese, & son Eglise Cathedrale est remarquée pour la belle structure de sa nef & de ses deux clochers, auec vne sonnerie fort harmonieuse. Le Chapitre composé d'vn Doyen & dix-neuf Chanoines, comprises les Chapelles & autres benefices, possede iusqu'à cinquante mille liures de rente. La premiere est celle de sainct Pierre, dont le Chapitre est composé d'vn Preuost & douze Chanoines, qui font preuue de noblesse de quatre generations, pour y pouuoir estre receus, & sont Curez primitifs de la parroisse. Outre la seconde parroisse de sainct Estienne, on void dans la ville quatre Conuents, sçauoir des Iacobins, Cordeliers, Capucins (en tres-agreable assiette & là où estoit autresfois l'hostel des Comtes de Mascon, du temps des Ducs de Bourgogne) & des Minimes, auec vne Chapelle & maison des Peres de l'Oratoire, & trois Conuents de Religieuses, establis depuis vingt-cinq ou trente ans, sçauoir de saincte Vrsule, des Carmelites, & de la Visitation saincte Marie. C'est vn Bailliage ancien & de grande estenduë, dont les appellations pour les cas de l'Edict deuoluent au siege Presidial de Lyon, & pour le surplus en la Cour de Parlement de Paris. Le Lieutenant general ciuil porte encore la qualité de Preuost en garde, & Iuge Royal de Mascon. Outres ces Iustices Royales & ordinaires, il y a vn bureau d'Eslection, auec deux Presidents, don les appellations ressortissent à la Cour des Aydes de Paris: Certaines parroisses qui sont du diocese d'Autun & reçoiuent leurs Commissions des Estats generaux de Bourgogne, sont de la Iurisdiction du Bailly, & non des Esleus. Les officiers du grenier à sel, qui se fournit du sel de Pecais, auec le Preuost de Mareschaux, y sont aussi seants.

d Cæs.

Mascon.

Le Masconnois a la Bresse & partie de Dombes, auec la Saone entre-deux au Leuant, le Bourbonnois au Couchant, le Chalonnois & partie du Charolois au Nord, & le Baujolois auec le Lyonnois au Midy. Sa longueur du Leuant au Couchant est de douze lieuës, & sa largeur de neuf.

Masconnois. Confins & estendue.

La Saone est la principale riuiere du pays, qui coule le lõg des murailles de Tournus & Mascon. La Grosne passe au bas de la Bussiere, descend le long des murailles de Cluny, & se perd dans la Saone entre Senecey & Chalon, Soruain petite riuiere coule le long du bourg de la Clayete, & descend en Loire.

Riuieres.

Outre Mascon le pays a cinq villes closes de murailles, sçauoir Cluny, Tournus, auec Abbaye, que nous auons mentionnée au diocese de Chalon; S. Gengoux-le-Royal, Marsilly-les-Nonnains, auec vn Prieuré de filles, lesquelles y sont en nombre de quatre-vingt ou cent, toutes nobles d'extraction, & le Bois saincte Marie. Les gros bourgs sont Chasteau-neuf, Baronnie, la Clayette, Baronnie, Mathour, la Bussiere, Tramayes, Sucigy & Lugny.

Villes & lieux.

La ville de Cluny est presqu'au milieu du pays, n'est point du diocese de Mascõ, ny d'aucun autre. L'Abbaye est chef d'Ordre de S. Benoist, dont la reigle y a esté restablie, & s'y pratique bien depuis quelques années: Certaines limites, qu'on

Cluny.

appelle les sacrez bancs, comprenans la ville, l'Abbaye & metairies y appartenans, ont le priuilege de ne releuer que du Pape. La ville & Abbaye iouyssent aussi de cette exemption & priuilege de Pairrie, que le Bailly de Mascon, ny le Presidial de Lyon, hors des cas Royaux & de l'Edict, n'y ont point de Iurisdiction, y ayant vn Iugemaje dont l'Abbé de Cluny a la nomination, duquel on appelle immediatement en la Cour de Parlement de Paris.

Les autres lieux sont la montagne & village de Dun-le-Roy, le Comté de Berzé, l'vne des quatre premieres Baronnies du pays, le Vicomté d'Amanze, auec les Baronnies de Roussey, Montbelet, Chaufailles, Vinzelles, Corcelles & Romenay, à l'Euesque de Mascon: Dio, belle maison, au Baron de Thianges, y appartient aussi.

Gouuernement. Mascon est vn ancien Comté, qui fut acquis par le Roy sainct Louys l'an mil deux cens trente-neuf. Pendant la prison du Roy Iean detenu en Angleterre, Charles Daufin & Regent en France en fit don à Iean Comte de Poictiers son frere, mais par declaration du Roy Iean de l'an mil trois cens soixante, la terre fut vnie au domaine & Couronne de France. Au traitté d'Arras le Comté fut remis par Louys vnziesme, à Philippes Duc de Bourgogne, & sainct Gengoux fut reserué pour le siege de Iustice, d'où la ville en a le nom de sainct Gengoux-le-Royal; mais apres la mort de Charles dernier Duc de Bourgogne, le Masconnois fut derechef reüny à la Couronne, par Declaration expresse faite à Arras l'an mil quatre cens septante-six.

Le Masconnois tient ses Estats à part, & les conuoque en mesme temps que la Bourgogne, ce qui se fait de l'authorité du Baillif, ou du Lieutenant general en son absence, en vertu des lettres à luy enuoyées par le Roy. Le baillif ou son Lieutenant y preside, & pour l'Eglise l'Euesque de Mascon, les Abbez de Cluny, Tournus & sainct Rigaud, auec les deputez des Chapitres de sainct Vincent & de sainct Pierre, y assistent. Pour la Noblesse, tous ceux du ban & arriere-ban s'y trouuent, & le Baillif leur en escrit à chacun en particulier. Pour le tiers Estat, les deputez de Mascon, Cluny, Tournus & sainct Gengoux sont mandez. La Noblesse y nomme son deputé triennal, à la pluralité des voix; & pour ceux de l'Eglise & du tiers Estat, les Abbez & les Chapitres susmentionnez ont la deputation par tout, de mesmes que les quatre villes desia nommées, lesquelles toutesfois s'assemblent, sçauoir celle qui est en tour & droict de nommer le deputé, dont il fait la nomination, qui est enuoyée aux Estats du pays. Le Deputé esleu par la Noblesse, auec les autres de l'Eglise & du tiers Estats, prestent serment entre les mains du Baillif & President. Ces trois deputez ausquels les officiers de l'eslection sont ioints, composent les Estats, les Esleus faisans vne quatriesme voix pour le departement des tailles & impositions, à quoy ils vaquent conioinctement, & ont leur Procureur, Syndic & Secretaire. Apres l'assemblée les trois deputez assistez d'aucuns des Esleus se doiuent trouuer à l'ouuerture des Estats de la Bourgogne, où ils ont leur seance & voix deliberatiue, auec pouuoir de remonstrer suiuant les memoires & instructions à eux baillées auant leur depart, & d'empescher la surcharge du Masconnois, qui ne doit porter que l'vnziesme de toutes les charges de la Prouince. Les Commissions des tailles sont enuoyées à ces deputez conioinctement auec les Esleus. Ils ont pouuoir par la voix de leur Procureur-syndic de s'opposer à toutes nouuelles charges & subsides, & à tous nouueaux establissemens d'officiers, ou faire les rembousemens, si besoin est, pour l'extinction de telles charges, & emprunter argent à cet effect; Dans les assemblées tenuës pour ce regard, l'Euesque de Mascon est President né.

Le Masconnois est du gouuernement de Bourgogne, auec vn Lieutenant de Roy dans le pays, & vn Gouuerneur particulier à Mascon. Il est de la Generalité de Dijon, & compte en la Chambre des Comptes de la mesme ville.

AVXERRE, *Antißiodorum*, est vne ville assise sur les bords d'Yonne, qui laue vne partie de la Cité, partie plus basse: Le Chasteau est au sommet du costau, ceinct & fortifié de grosses murailles. La ville est grande, auec siege Episcopal, & vne tres-belle maison pour le logement de l'Euesque. Le Bailliage & siege Presidial y establis sont du ressort de la Cour de Parlement de Paris. L'Eslection & grenier à sel respondent à la Cour des Aydes, & la Iustice des Eaux & Forests, à la table de marbre de la mesme ville. Il y a Mareschaussée, Iustice ordinaire du Preuost de l'Hostel de ville, & Consulat des Marchands. La ville & Comté d'Auxerre, de mesmes que le Masconnois, sont de la Generalité & Chambre des Comptes de Dijon, & du gouuernement de Bourgogne, & les Auxerrois mesmes se disent Bourguignons.

L'Auxerrois long-temps possedé par la maison de Chalon, en titre de Comté, confine à la Champagne du Nord & du Leuant, à la Bourgogne du Midy, & au Niuernois du Couchant. Du Nord au Midy on luy peut donner huict lieuës d'estenduë, & du Leuant au Couchant dix-huict. Auxerrois.

Les villes & lieux sont Coulange Chasteau Sansoy, Mailly-la ville & Mailly-le-Chasteau, Crauan & Bassou, sur la riuiere d'Yonne; les Vouues, Espigneau, Donsy, Chichiry, Appouuigny à l'Euesque d'Auxerre; Regennes, belle maison, à l'Euesque; Seignole, forte place, Hery, auec Chasteau; Bené, Beauuoir, bourg fermé au Chapitre d'Auxerre, Beauche, belle maison appartenant au Marquis d'Effiat; Escan auec Chasteau; Ville-Fargeau, Ouane, S. Amans, auec vne tres belle maison, Neufuy sur Loire, auec vn fort Chasteau, aux Seigneurs de Courtenay; Cosne, ville fermée, à l'Euesque d'Auxerre, auec vn vieil Chasteau, au Duc de Neuers; Versay, à l'Euesque d'Auxerre, auec vn beau Chasteau; Trucy, Courson, Charentenet, à l'Abbesse de sainct Iulien lez Auxerre; Bazerne, Irancy, renommé pour ses bons vins; sainct Prix. Vezelay est vne ville ancienne, non loing d'Yonne, assise sur le coupeau d'vne haute montagne, qui n'a qu'vne aduenuë. Elle appartient à l'Abbé du lieu. L'Isle, au Marquis de Nesle, Vermanton, Trein, Anus, Fontenay sur Anus, Migé, Venoy & plusieurs autres lieux en sont aussi centez, pour estre de l'Eslection, ou du Bailliage.

Le pays qu'on nomme de Puisaye, consistant en la ville & Duché de sainct Fergeau appartenant à Madamoiselle, fille de Monseigneur le Duc d'Orleans, frere vnique du Roy, & en son petit Bailliage ressortissant à celuy de Montargis, au Presidial d'Orleans, & à la Cour de Parlement de Paris, auec vn Chasteau de grande estenduë, & en la ville de la Perreuse, Bailliage du ressort du Presidial d'Auxerre, à la mesme Dame; Bleneau, au Seigneur de Courtenay & autres lieux dependants de sainct Fergeau, comme sainct Priué, sainct Martin Roncheres, Merilles, Arguien, auec Chasteau &c. & quelques bourgs & Chasteaux voisins, est de la Generalité d'Orleans & de son gouuernement, si ce n'est que l'authorité & le nom du Seigneur de sainct Fergeau, capitale du pays, y portent empeschement: neantmoins aucuns le rangent sous l'Auxerrois, à cause du voisinage, auec plusieurs autres villes que nous auons mises ailleurs, sçauoir dans le Niuernois, Orleanois, ou pays voisins, comme la Charité sur Loire, Donzy au Duc de Neuers, Clamecy, Antrain, Dreux, Gyen, Briare, Bony & quelques villes, bourgs & Chasteaux qui sont sur la riuiere d'Oyne, sçauoir Toussy, à l'Euesque d'Auxerre, Champeaux, Dracy, le Breau, belle maison, Villiers-sainct Benoist, la Grange, Grand champ, sainct Martin, Charny, Duchy, &c. Voy la Sologne, où est faite mention de la Puisaye. Puisaye.

Sur les marches de Bourgogne sont quelques terres & Seigneuries, que Bodin,[a] dit estre au nombre de six, qui font le pays qu'on appelle de Soufrance ou Surseance,[b] & pour lesquelles y a eu depuis des traittez & commissions extraordinaires pour les Eschanges entre le Roy & le Roy d'Espagne, de certaines places limitrophes du Duché, ou Comté de Bourgogne, auec bornes plantées pour l'aduenir, & entr'autres du Chastel & bourg de Fontaine Françoise, de la souueraineté de Sauigny en Reuermont, comme dependante du Vicomte d'Auxonne, Coligny-le-neuf, & autres lieux demeurez à la France, pour ceux qui sont laissez à l'Espagnol. Il en est de mesmes sur les marches de la Lorraine, comme nous dirons en son lieu.

a Li. 1. de rep. c. 6.
b S. Iulien Antiq. de Mascon.

LE CHAROLOIS aboutit & confine du Leuant & du Midy au Masconnois, du Couchant au Bourbonnois, la riuiere de Loire entre-deux, & à la riuiere d'Arroux; du Nord au Chalonnois. Sa longueur est de dix à vnze lieuës, sa largeur de huict, & sa figure presqu'en ouale. CHAROLES en est la ville capitale, siege du Bailliage Royal & Comtal, petite ville assise sur la riuiere qui vient de l'estang de Verdenat, auec vn Chasteau. Le Baillif du Comte prend cognoissance de certaines causes procedants des contracts receus par les Notaires Comtaux & non Royaux, ou pour les terres du Comte, comme Dondain & autres.

Les autres villes & bourgs fermez sont Parey le Moineau, Prieuré de Cluny auec vne belle maison, & le mont sainct Vincent, premiere Baronnie du pays; Charlieu, auec chasteau & riuiere, Prieuré de Cluny; S. Antoine de Toulon, Chaumont, tres-belle maison; Bazole, maison magnifique, bastie par le Marquis de Ragny, auec titre de Comte; Digoine, Baronnie & belle maison, dont le Seigneur porte le nom de Damas; le Sauuement. Arthus, Dondain & Sanuigne, Chastellenies; Ioncy & Lugny, Baronnies, & autres lieux qui ressortissent à Charoles, où est aussi establie vne Mareschaussée pour le Roy, auec quinze ou vingt Archers. Le Comté n'est composé que de quatre Chastellenies, & quatre Baronnies ja mentionnées.

La terre a esté des anciens & premiers Ducs de Bourgogne, desquels elle vint en la maison de Bourbon, puis en celle d'Armagnac, & finalement aux derniers Ducs de Bourgogne, & par le mariage de Maximilian d'Austriche, auec Marie fille & heritiere de Charles Duc de Bourgogne tué deuant Nancy, elle est paruenuë au Roy d'Espagne, estant toutefois vn fief de la Couronne de France, qui en a la souueraineté, de sorte que l'Archiduc Philippes en fit la recognoissance au Roy Louys douziesme l'an 1499. & le Roy François I. par l'Edict de Cremieu donne cette prerogatiue aux nobles du pays, qui sont Seigneurs hauts, moyens & bas de plusieurs terres, de ne pouuoir estre conuenus que par deuant les Officiers Royaux, de sorte qu'ils ne sont point feudaux ou iusticiables du Comte, soient-ils Ecclesiastiques ou temporels. Henry second au traicté de Cambresis de l'an 1599. reserua la mesme souueraineté. Le pays tient ses Estats par Deputez des trois Ordres qui sont créez de trois en trois ans.

Qualité. La Bourgogne est appellée la mere des Ordres [a], des bleds, des vins, des eaux, & des forests. Le pays quoy que de grande estenduë a son terroir gras & fertile par tout, de sorte qu'il fournit de bleds, non seulement les pays circonuoisins, comme le Lyonnois par la Saone, mais en enuoye aussi en Prouence & en Languedoc par le Rosne, & de là en Espagne par la mer. L'Auxois, qui est vn pays montueux, a ses costaux chargez de terres labourables. Les vins croissent en abondance dans ses collines, qui se suiuent depuis Talant pres de Dijon iusques à Cluny, mais la qualité en est également recommandée, veu qu'en Flandres & autres pays plus éloignez ils sont en estime: Ceux de Dijon, de l'Auxois, d'Auxerre, qui se portent à Paris, de Charnay, Chaxou, Vinzelle & autres lieux, mais principalement ceux de Beaune sont renommez par toute la France. Les bois taillis & de haute fustaye, la venaison de toutes sortes, & le gibier y abondent. Le bestail y foisonne auec les foins & les fruicts à noyau & à pepin. Les terres du Chalonnois se voyent diuersement semées de froment, de seigles, d'orges, d'auoines, nauetes, mils, panils, & legumes de toutes sortes. Outre la Saone qui naist à la teste de la Bourgogne, & la Seine qui a sa source au cœur du pays, le Chalonnois est serpenté de plusieurs petites riuieres, gros ruisseaux, lacs & estangs, sçauoir le Doux, la Guyote, la Seille, la Brone, Vallier, la Sane, la Dune qui sort de l'estang de Long-pendu, la Bourgeoise & la Grosne, qui le rendent si herbeux & verdoyant en prairies & pasturages, que le bestail s'y nourrit à troupeaux nombreux. Les mines de fer à Chastillon, & partout le Bailliage de la Montagne, à Mirebeau, & pres de Cluny, employent le boys du pays, qui se trouue loin des riuieres pour le pouuoir transporter: On y void aussi des mines de leton en quelques lieux proches de Mascon. La bonne pierre à faire chaux se tire pres de Beaune, & pres d'Aualon s'est descouuerte vne fontaine d'eau salée, qu'elle produit & fait couler sur la face de la terre. Le bestail du Charolois de toutes sortes est estimé le meilleur & le plus beau qui se puisse voir, & les cerfs, biches, chevreulx, sangliers, auec autre moindre chasse, y sont en grande quantité.

[a] Cluny. Cisteaux, Tournus.

Les Bourguignons ont diuerses humeurs & inclinations selon les villes & lieux

Mœurs. où ils habitent. Ceux de Dijon, Beaune & autres bonnes villes qui ont des sieges de Iustice, sont les plus ciuils, & les plus ambitieux aussi; les femmes y sont parées, quoy que fort honnestes. Le menu peuple y est addonné au trauail, principalement à la culture des vignes, à faire des draps de laine, lin & chanvre. Les Chalonnois ont l'esprit ouuert, & s'appliquent à bien parler. La franchise & bon naturel, la pieté & deuotion, la valeur & hardiesse sont des qualitez qu'on donne generalement aux habitans du pays: Ils sont par fois gens de débauche & de bonne chere, à quoy ils sont sans doute inuitez par les bons & excellens vins qu'ils ont de leur creu. Ceux du Charolois, si on y considere la Noblesse, laquelle y est en grand nombre, sont bien faits, courtois, & parlent bien, mais les paysans sont fort grossiers, déloyaux, & d'vn langage corrompu.

Quali té. Nous auons parlé du traffic des bleds * de Bourgogne, qui est capable d'enrichir le pays, mais celuy des vins est encor plus grand en diuerses sortes & differents degrez de bonté que les habitans en font, & transportẽt à Paris, Lyon, Bresse, Champagne, Lorraine, & autres pays, sçauoir les vins de Chaney, de trie ou élite de meilleurs raisins, vin Bourguignon, vins blancs, bourrus & clairets, ceux du Masconnois, qui en fait son principal cõmerce, de mesme que ceux de Chalons, qui en font part aux Autunois, Charolois, Bressans, Auxõnois & Lorrains, tant par charroy que par la Saone. Le trafic des chãvres & lins n'est pas petit, pour le Lyõnois & le Daufiné, de mesmes que du bestail & des laines. Le Charolois vẽd ses cheuaux & ses bœufs de grand prix à ceux de Paris, Lyon, Montbelliard & autres lieux. Le fer des mines de Bourgogne est porté à Lyon, & delà en Languedoc, Prouẽce & autres pays. Les foires frequentes qui se tiennent en diuers lieux de la Bourgogne, principalement à Chalon & en son Bailliage, auec la commodité de la Saone, laquelle y fait vn port celebre, seruent à la vente & debite des marchandises qu'on y amene & remporte. A Ciel lez Verdun est vne foire renommée par le trafic & abord des marchands de Lyon & autres villes sizes sur la Saone, où l'on amene aussi quantité de cheuaux d'Alemagne & de tous les pays circonuoisins. Richesses

Nous auons mentionné les citadelles de Dijon, Chalon & Semur, auec le chasteau de Beaune, qui sont places fortifiées, & fortes d'assiete. La prouince est grande, bien peuplée, garnie de Noblesse affectionnée au seruice du Roy, de mesmes que tous les habitans du pays. La Noblesse du Charolois qui ne depẽd que du Roy, & luy est fort asseurée, est tousiours en bon estat d'armes & de cheuaux: le pays peut mettre sur pied pour sa defense iusques à quatre mille hommes, & la Bourgogne en peut fournir dix ou douze mille, & sept à huict cens cheuaux. Forces.

La Bourgogne a eu titre de Royaume, soit apres les Romains comme nous auõs remarqué dans le Lyonnois, lors qu'elle prit le nom des peuples qui la dominerẽt, soit depuis ès partages de la premiere race des Rois, & en la seconde, où le Royaume en fut de beaucoup plus grande estenduë & consideration, dont Arles portoit aussi le nom. Quant au tiltre de Duché, elle l'a pris & repris en diuers temps. Robert de France troisiéme fils du Roy Robert, donna la premiere origine aux Ducs, le pays luy ayant esté baillé l'an mil trente-deux par le Roy Henry premier son frere pour son appennage, auec la condition & loy de reuersion faute d'hoirs masles, laquelle eut effet en Philippes second, qui fut Duc & Comte de Bourgogne, & Seigneur de plusieurs belles terres, & mourut sans enfans l'an mil trois cens soixante-deux; de sorte que le Roy Iean recueillit le Duché de Bourgogne par trois moyẽs ou titres, dont celuy de reuersion à la Couronne estoit le plus puissant, les autres estoient le testament & disposition de Philippes, & la proximité de sang, à cause de Ieane de Bourgogne sa mere, sœur du Duc Eudes ayeul de Philippes. Le Duché fut baillé derechef en appennage à Philippes dit le Hardy fils du Roy Iean, lequel espousa Marguerite de Flandres fille vnique de Louys troisiesme Comte de Flandres, & deuint vn Prince fort puissant; sa posterité en ligne masculine finit en Charles dernier Duc de Bourgogne, tué deuant Nancy l'an mil quatre cens septante-sept; Marie sa fille vnique & heritiere porta les Comtez de Bourgogne, de Flãdres, d'Artois, & autres terres dans la maison d'Austriche, qui regne auiourd'huy en Espagne, par son mariage auec Maximilian Archiduc d'Austriche, depuis Empereur, premier du nom, & le Duché reuint alors aussi à la Couronne, sous le Roy Louys vnziesme. Gouuernement.

Nous auons parlé du Comté de Mascon vendu au Roy sainct Louys par Iean Comte de Mascon, & Alix sa femme; de l'ancien Comté de Chalon, qui fut en suite aux Ducs de Bourgogne, & du Cõté d'Auxerre, possedé par les Comtes de Chalon & vendu au Roy Charles cinquiéme. La Cour de Parlement de Dijon n'a que le Presidial de Bourg en-Bresse dans son ressort, auec les Bailliages susmentionnez de Dijon, Autun, Chalon, qui a les terres d'outre Saone & ressort de sainct Laurens tenus à souueraineté par les Ducs de Bourgogne, Beaune, Nuys, Charoles, Bourbon-Lancis, Semur en Brionois, Moncenis, Semur en Auxois, Chastillon, Aualon & Auxonne delà Saone, auec son Vicomté. Ceux de Gex, Bellay, auec les terres de Bugey & Valromey & Bresse, pays situez le long du mont Iura, qui contiennent depuis Montluel iusqu'à S. Claude, & valée de Chisery, & enclauez entre le Rosne, l'Ain & la Saone, y furent adioustez par l'eschange du Marquisat de Salusses, & ressortissoient auparauant au Parlement de Chambery.

Par

Par Edict du mois de Iuillet de l'an 1626, la Iurisdiction des Aides en Souueraineté fut attribuée à la Chambre des Comptes de Dijon, auec creation de nouueaux officiers pour seruir par semestres auec les anciens, tant pour la fonction de la Chambre des Comptes, que pour les Aides & finances du pays, tailles, gabelles & grenier à sel: Il y eut creation de trois Presidens, douze Maistres & Generaux, deux Auditeurs & deux Substituts des Procureurs & Aduocats generaux, qui furent ioints aux Presidents, vingt Maistres des Comptes, quatre Correcteurs, & huict Auditeurs qui estoient desia establis. Les tailles sont reelles dans le pays.

La Bourgogne est pays d'Estats, où entrent pour le Clergé les Euesques d'Autun, d'Auxerre, de Chalon & de Mascon. L'Euesque de Langres, quoy que Dijon & la plusspart du Dijonnois, Bailliage de la Montagne, &c. soient de son Diocese, neantmoins parce qu'il n'a point de Seigneurie temporelle en Bourgogne, n'y est point appellé [a]. Les Abbez priuilegiez & ayans droict d'y preceder les autres, sont ceux de Cluny, Cisteaux, & sainct Benigne. [a] P. de S. Iulien Mesl. hist.

La Bourgogne, Charolois, Bresse, Bugey, Valromey & Gex sont sous vn mesme Gouuerneur & Lieutenant general pour le Roy, outre les Gouuerneurs particuliers des places, ou Lieutenans de Roy és pays.

Religion. Ce qui regarde la Religion és Eueschez & Abbayes du pays, dont les Prelats ont entrée és Estats, & les autres remarques des villes principales pour les choses Ecclesiastiques, où la ville de Chalon se trouue considerable pour les anciens Conciles que les Roys ou Empereurs y ont assemblez, a esté déduit, auec les Colleges ou maisons des PP. Iesuites ou de l'Oratoire. Il y a peu d'habitans faisans profession de la Religion pretenduë reformée, l'exercice n'estant qu'en certains lieux, comme à Vezelay, pres de Paray en Charolois, &c.

METS, TOVL ET VERDVN.

Noms, Confins & esten. duë.

METS, *Diuodurum* [b] *Mediomatricum*, [c] *Metæ* ou *vrbs Metensis* [d], est vne ville fort ancienne, cité maistresse des peuples ja nommez, & tenant le milieu entre Toul, Verdun, & Treues, (sous laquelle comme Metropolitaine de la premiere Belgique, elle estoit autresfois) ayant Toul au Midy, Verdun au Leuant, & Treues au Nord. Elle est de tres-grande enceinte, ayant pres de neuf mille pas de tour; & auant la démolition des faux-bourgs, iceux compris, elle en auoit quatre lieuës de France. La riuiere de Moselle l'enuironne du Couchant & du Nord, & se diuise en deux canaux pres de la ville, dont l'vn baigne les murailles, & l'autre entre dans Mets sous le pont de Bar qui est haut, & en sort sous vn autre qui est plus bas. La riuiere de Seille du Midy & du Leuant enuironne aussi la ville, & se partage en deux pour lauer ses murailles. La citadelle a quatre bastions, auec bons fossez, où la Moselle peut entrer en leuant vne escluse: Le fossé du costé des champs a plusieurs sources d'eau viue, & la citadelle est habitée de plusieurs artisans ou tauerniers. Il y a deux portes pour entrer dãs la ville auec deux ponts, & vne pour en sortir, du costé de la Moselle, qu'on nomme porte d'enfer; on ne peut sortir de la citadelle par là sans batteau. Le contour des murailles est fort, & muny de boulevarts, plates-formes, tours & batteries. L'Eglise principale est celle de S. Estienne patron de la ville, auec plusieurs autres, fort somptueuses. On y eslisoit de trois en trois ans vn Maistre Escheuin qui portoit l'espée, & douze hommes, lesquels composoiẽt vne Iustice, qu'on appelloit des Treize pour le ciuil & criminel, quoy qu'ils ne fussent pas de robe-longue. Ceux des Treize, qui ont esté Maistres Escheuins, portoiẽt aussi l'espée. Les Maistres Escheuins estoient estimez nobles apres leur seruice & estans hors de charge. Chacun des Treize auoit quelque cõmission ou employ dans la ville: Il y en a quatre qui ont la direction de l'Hospital, auec certains villages qui en dependent; le Gouuerneur de l'Hospital doit rendre compte à ces quatre, & eux à la maison de Ville. L'vn des Treize, nommé le Changeur, receuoit les plaintes

[b] Ptole. Tac. li. 4. Antonin. [c] Ptole. Strab. Cæs. li. 4. & 7. Tac. Plin. [d] Greg. Turo.

des batteries, & les amendes estoient à son profit; vn Thresorier gouuerne les bastimens, & en administre les deniers, auec ceux des reparations du Palais, (où s'assembloient les Treize) des ponts, murailles, fontaines, & portes. Le Mareschal des logis de la ville loge les soldats chez les bourgeois: Les Maistres Escheuins estoient quelquefois continuez les six, neuf, douze, ou plusieurs années, & renouuelloient le serment de trois en trois ans. La ville de Mets & le Maistre Escheuin auoient cette faculté que de faire battre monnoye aux armes de la ville, sçauoir des testons & autre monnoye; celle du Maistre Escheuin se nommoient Angeuins, possible Escheuines. Lors qu'il entroit en charge, il faisoit battre des pieces d'or & d'argent auec ses armes pour ses amis, ou pour letter au peuple. Par Edict du Roy, de l'an 1641. la charge de Maistre Escheuin a esté supprimée, auec les Treize & en leur place a esté estably vn Bailliage dont le Gouuerneur de Mets est le chef, auec Lieutenant ciuil, Lieutenant criminel, Lieutenant particulier, dix Conseillers, dont les quatre font profession de la Religion pretenduë reformée, vn Procureur, & Aduocat du Roy. Pour la Police, il y a vn Maire, & dix Escheuins qui sont changez de deux en deux ans, les cinq demeurent, & cinq en sont esleus de nouueau. On void pres de Mets au village nommé Iouy sur la Moselle, quelques restes d'ancien aqueduct, dont plusieurs arcs sont encor entiers, & l'ouurage en estoit fort singulier & de grande dispense [a].

[a] Diu. in Itin. Metula.

Le pays Messin est entouré de tous costez des pays du Duc de Lorraine, & vn peu du Luxembourg vers Thionville: Il auoisine aussi la ville de Strasbourg, au village de Colligny qui est du Messin, auec quelques bois qui font les limites, & peut auoir trois ou quatre lieuës de long, & autant de large, qui font deux cens villages en tout, dont plusieurs appartiennent à l'Euesque de Mets, & les principaux sont Ars, bon bourg, Chatay sainct Germain, où sont les restes d'vne ville ancienne ruinée par les Messins, Argancy, Donau, Tionville: Les autres sont au Roy, ou en pareage entre le Roy & l'Euesque. A Malatour & Vry chasteaux de frontiere, y a garnison pour le Roy.

TOVL, *Tullum* [b], *Leucorum* [c] est vne ville assise sur la Moselle, entre Mets & Langres, Bailliage & Eueshé,

VERDVN, sur la Meuse, *Verodunum* [d], *ciuitas Verdonensium* [e], Bailliage & Eueshé. Il y a vn Bailly pour l'Euesque, & vn Lieutenant du President de Mets, auec des Conseillers & Assesseurs, qui iuge iusqu'à quinze cens liures; vne citadelle, garnison & Gouuerneur. La ville est assise entre la forest d'Ardenne & le Duché de Bar: Elle a tiltre de Comté, qui comprend cent ou six vingts parroisses, qui commencent à Lyon-de-Montfaucon & Peyrepertuse, Sutrey, Falley, Longmon, Mausi, Ayoncourt, Warnoncourt, Long-champ, Monbleville, Quetnay, Chehery & autres.

[b] Ptole. Antonin.
[c] Cæs. lib. 1. Luc. li. 1. Ptol.
[d] Antonin.
[e] Notit. prou.

Les terres appartenantes aux Dioceses de Mets, Toul & Verdun, eschangées par les Euesques de la maison de Lorraine ont esté restituées, & les contracts d'eschange annullez par les traictez faits entre le Roy regnant & le Duc de Lorraine.

Qualité.

Le pays Messin est moyen, & porte peu de froment entier, le pays qu'on y appelle de l'Eueshé est le plus gras: Il y a vn bon vignoble, des noix, quantité de cerises, qu'on porte à Pont-à-Mousson & à Nancy en Lorraine, où ils en ont peu. Les meilleurs vins sont à Lory, Longueuille, Sy, & Lessy. Il s'en recueille aussi au village d'Ars en lieux pierreux, qu'on appelle vin de Varenne. Le pays abonde en eaux & estangs, de sorte qu'il ne manque pas de poisson; on y void aussi quelques mines de fer. Les cheuaux du pays Messin sont petits, mais bons.

Mœurs.

Le peuple y est vn peu grossier & rude, tenant des Alemans dont il est voisin, vaillant & laborieux, aimant sa liberté, religieux & peu curieux des lettres. Les paysans y sont meublez & propres, & les femmes bien vestuës: Ils sont sobres & espargnans en leur viure. Les gens de ville viuent à la Françoise, & enuoyent leurs enfans à Paris pour les Exercices, la Pratique, & la langue. Il y a quelques villages où l'on parle Alemand, comme à Enery & Eury, chasteaux & garnisons pour le Roy du costé de Thionuille, à Hougoudanges & Hoquencourt, à deux lieuës de la mesme ville. Au pays de l'Euesque sont aussi diuers lieux, qui vsēt de la langue Alemande, & dōt les habitās sont tenus de venir en processiō le iour de S.

Langage.

Estienne dans l'Eglise dediée à ce Sainct, qui est l'Euesché de Mets, auec des oyes qu'ils offrent au grand Autel, & de chanter en Alemand le long de la ville & de l'Eglise. Le langage ordinaire du pays est Lorrain ou François fort grossier & corrompu.

Richesses, La ville de Mets est tres-grande bien assise pour le commerce auec les Alemans, & riche. Les habitans font quelque trafic en Allemagne, ou en Lorraine: leur vin va en Allemagne & aux Pays-bas. Les harquebuses & pistolets de Mets sont vendus par tout. Les cheuaux d'Alemagne passent par Mets auant que venir à Paris, & s'y vendent à bon prix, à quoy certains iours de la sepmaine sont destinez, & d'autres pour les bleds. La ville a plusieurs droits & reuenus municipaux, tirant la maletoste, qu'ils appellent, de toutes les marchandises.

Forces. Tout le pays est armé & bien gardé: Il y a des Capitaines en diuers lieux, ausquels certains habitans choisis sont obligez de se rendre auec leurs armes, & les Communautez sont tenuës de leur fournir pouldres, bales, & argent: Les Capitaines qui ont vn Colonel à Mets, qui est du pays, les y mene, où ils sont commandez par le Gouuerneur, & faut qu'ils partent au premier coup de canon qu'ils entendent pour signal. Ces Communautez peuuent armer deux mille hommes dans deux heures. Le principal lieu qu'on garde & defend sur les passages de Mets, c'est Moulin, qui en est à vne petite lieuë, auec vn pont sur la Moselle, & bon chasteau sans garnison: Sans comprendre la citadelle, où est vne compagnie de trois cens soixante hommes, le Roy entretient ordinairement à Mets dix compagnies de soixante hommes chacune. La ville & citadelle sont bien munies d'artillerie.

Gouuernement. Les villes de Mets, Toul & Verdun reuindrent à la couronne de France sous le Roy Henry second, l'an 1552, qu'Anne de Montmorency, Connestable de France, conduisant l'armée du Roy se saisit premierement de Toul & Verdun, où le Roy fit commencer vne citadelle, & en suite de la ville de Mets, où sa Majesté entra: & depuis y a esté bastie vne Citadelle. Ce fut conformement au Traicté de Chambort fait l'an mil cinq cens cinquante & vn, auec Maurice Duc de Saxe, Albert Marquis de Brandebourg & autres Princes, pour la liberté d'Alemagne & protection des Protestans, contre l'Empereur Charles le Quint, qui l'assiegea ladite année mil cinq cens cinquante deux, & en fut repoussé, François Duc de Guise l'ayant defenduë pour le Roy, auec huict mille hommes de guerre, & grande quantité de Princes, Seigneurs & Gentilshommes François. Cette ville en la premiere race des Roys de France, & dans les partages des enfans & successeurs de Clouis le Grand estoit le nom & la ville capitale du Royaume d'Austrasie, & a depuis souffert tous les changements que la Lorraine a experimentez pour son Gouuernement.

Les villages circonuoisins de Mets ont des Maires & Iuges particuliers. Le Roy Henry second establit à Mets vn President qui estoit Iuge des causes entre les bourgeois & les soldats. La Cour de Parlement que le Roy regnant y a establie auec la suppression dudit office de President, par son Edict du mois de Ianuier mil six cens trente-trois, fut ouuerte & instalée le vingt-sixiesme Aoust de la mesme année, par le sieur de Bretagne premier President, quatre Maistres des Requestes, exerçans la charge de Presidens, & six pourueus de mesmes charges & exerçans celles de Conseillers, auec autres Conseillers & les deux Aduocats generaux, dont le sieur de Remefort de la Greliere Conseiller du Roy en ses Conseils, & son Aduocat general au Grand Conseil, commis par sa Majesté pour y faire la charge de premier Aduocat general, requit la publication & enregistrement de l'edict, qui fut ordonnée par tous les Commissaires sus-mentionnez, auec l'assistance de l'Euesque de Madaure Suffragant & Vicaire general de l'Euesché de Mets (lequel y prit la place des Ducs & Pairs, ou Euesques ayans seance dans les Parlemens) du Maistre Escheuin & des Magistrats de la ville, placez és bas sieges sur les fleurs de lys, des Doyen, Chanoines & Chapitre de l'Eglise Cathedrale, de l'Abbé de sainct Arnoulph & autres Abbez & Ecclesiastiques, de la Noblesse du pays, auec affluence & concours des peuples du pays & des lieux voisins. La Relation de ceste solemnelle installation, auec le Discours docte & iudicieux dudit sieur de la Greliere a esté par luy donnée au public. Cette Cour sert par semestres & est pleinement establie à l'aduantage du Roy & au bien de ses suiets dans la ville & ressort du Parlement. Il y a six Conseillers faisans profession de la Religion pretenduë reformée, qui seruent par semestres, auec le corps de la Cour, sans toutefois former aucune chambre, comme sont celles qu'on nomme de l'Edict.

La ville de Mets, pays Messin & Eusché ont vn Gouuernement; la ville & Comté de Toul ont aussi le leur, de mesmes que la ville & citadelle de Verdun, qui a eu cy-deuant vne forme de Gouuernement fort diuerse depuis sa soustraction de l'obeyssance des Roys de France sous la premiere & seconde race, ayant esté sous les Empereurs gouuernée par des Comtes, depuis sous ses Euesques Seigneurs temporels, sous les Ducs de Lorraine, sous vn Senat, comme ville Imperiale & libre [a], iusques à ce qu'elle est finalement reuenuë en son premier estat de la Domination Françoise.

[a] Thuan. l. 7.

Religion. Le pays a trois Eueschez, Mets, Toul & Verdun, Suffragans de l'Archeuesque de Treues: Les Abbayes des trois Dioceses sont mentionnées ailleurs. [b] Il y a grand nombre d'habitans de la Religion pretenduë reformée dans Mets, où ils en ont l'exercice: Et à vn quart de lieuë de là, au chasteau de la Horgne, s'assemblent ceux des villages du pays Messin. On void dans Mets le quartier des Iuifs, qui est particulierement habité d'eux, & où ils ont leur Synagogue: Ils prestent & empruntent l'argent des bourgeois de Mets à grosses vsures, qui ont esté moderées par la Cour de Parlement.

[b] Discours general de la France.

Iusques icy sont les prouinces, pays & terres de l'obeyssance du Roy. Celles qui suiuent sont comme estrangeres, & possédées en souueraineté par des Princes, ou autres Seigneurs temporels, sçauoir Sedan, Dombes, Orenge, Auignon & Comté de Venaisse.

SEDAN.

Sedan. SEDAN est vne ville assise sur la Meuse, à trois lieuës de Mouson, consistant en trois ruës principales & trauersantes, & en quelques autres, auec deux portes l'vne dite du Mesnil, & l'autre du riuage. La ville est entre le chasteau & la Meuse, le chasteau est assis sur vn roc fort esleué ceint de fortes murailles, fossez à fonds de cuue, larges & extraordinairement profonds: On y monte par dessous vne voûte obscure & taillée dans le roc. Il est fortifié de beaux & grands bastions par dehors, auec fossez fort creux & taillez dans le rocher. Au bas de ce chasteau, en a esté basty vn autre par Henry de la Tour Prince de Sedan, auec fossez, & tres-beau bastiment, & spacieux.

Villes & lieux. Confins & estendue. La Principauté, est bornée du Nord par le Liege ou son Diocese, dont il est separé par la riuiere de Semoy, du Leuant par le Luxembourg & la Lorraine, du Midy par la Champagne, & du Couchant par le Rhetelois. Le village de Torcy, qui est de France, la diuise de la France, & ressortit à Rhetel. Sa longueur est de trois lieuës, & sa largeur de deux.

Les lieux Balan, Baseilles, dependans sont Douzy, gros bourg; Lamecourt, Pourru S. Remy, Francheual, Dagny, Giuanne, la Chapelle, Illy; Simmanges, gros bourg & souueraineté, dont la moitié est au Duc de Neuers. Toutes ces lieux sont delà la Meuse, & au deça est la souueraineté de Raucourt, dont les lieux sont, Angecourt, Haraucourt, Raucourt, Noyers, Vadrincourt, Telone &c.

Qualité. Les habitans ont du bled, & du vin assez bon. Le pays a force bois, & les mines de fer sont à Raucourt, où sont des forges, de mesmes qu'à Hachecourt, Rumilly & Giuonne.

Mœurs. Le pays est petit, & frontiere à diuerses contrées estrangeres, dont il peut auoir les mœurs.

Richesses. Le principal reuenu du Prince consiste en ses bois, és coupes reglées & ordinaires. Les forges sont alienées à des particuliers, qui en font cens & rente.

Le reuenu entier peut estre de 75000 liures. Les forges y attirent des artisans faisans des pistolets & autres sortes d'armes.

Forces. Sedan est vne forte place, comme nous venons de la descrire en partie : Il y peut auoir dans le pays quatre mille cinq cens hommes de guerre, dont Sedan en fourniroit deux mille & bons harquebusiers. Depuis quelques années la ville a esté fortifiée de deux grands bastions, l'vn desquels se nomme le bastion de Soissons, & l'autre le bastion du Moulin.

Gouuernement. La Seigneurie & Principauté de Sedan, auec le Duché de Buillon, ont appartenu à la maison de la Mark, yssuë des Comtes de Cleues, & branche d'Aremberg, iusques à Guillaume Robert cinquiesme du nom, Duc de Buillon, Souuerain de Sedan, Iametz & Raucourt, qui mourant sans enfans institua son heritiere Charlote sa sœur, laquelle espousa Henry de la Tour, Vicomte de Turene, premier Mareschal de France, l'an mil cinq cens nonante-vn, & mourut sans enfans, instituant son mary heritier, lequel de son second mariage auec Elisabeth de Nassau, fille de Guillaume de Nassau, Prince d'Orenge, a eu Federic-Maurice de la Tour, Prince de Sedan, & Henry de la Tour, Vicomte de Turene. Il y a vn Baillif à Sedan, vn Lieutenant general, quelques Conseillers, Aduocat & Procureur General. On appelle au Conseil du Prince, où les mesmes entrent auec autres. La Police est entre les mains d'vn Maistre de ville, creé de trois en trois ans, & assisté du Procureur, & du Receueur de la ville, auec quelques Escheuins.

Religion. Le plus grand nombre des habitans fait profession de la Religion pretenduë reformé à Sedan, où l'exercice s'en fait, & en quelques lieux voisins. Il y a aussi Academie, dont les Professeurs & Regens sont de la mesme Religion.

DOMBES.

Confins & estenduë. LA Principauté de DOMBES confine à la Bresse du Nord & du Leuant, au franc Lyonnois du Midy, & à la Saone du Couchant, qui la separe du Beaujolois & du Lyonnois. Sa longueur est de sept à huict lieuës, & sa largeur de six.

Villes & lieux. Elle consiste en vnze Chastellenies, dont la premiere est Treuols, ville capitale du pays, sur la Saone, qui a sa Iustice ordinaire & le siege du Bailliage. La Chastellenie contient quelques parroisses le long de la Saone. La seconde est Beauregard, petite ville & chasteau, au Prince, auec ses parroisses. La troisiesme, Montmerle, auec ressort d'vnze parroisses. La quatriesme, Toissey, petite ville close, à mille pas de la Saone, auec quatre parroisses. La cinquiesme, Lent, petite ville close appartenant au Prince. La sixiesme, Chalamont, petite ville close, au Duc de Ponte-vaux & Marnay en la Franche-Comté. La septiesme, le Chastellard-Marlieu, sainct George de Renon. La huictiesme, sainct Triuier, petite ville close. La neufiesme, Villeneuue, au Prince, auec sept parroisses. La dixiesme, Ambeyrieu, auec chasteau ruiné, au Prince. L'vnzieime & derniere est Ligneu. Il y a plusieurs autres fiefs, chasteaux & places nobles, sçauoir Tancy, Flechieres, belle maison & petite ville; Meyssimy, Lurcy, au Marquis de Varennes, Franchelaids, au Bailly de Dombes; la Bastie, Baronnie, au Baron de Ioux; la Tour-Chabes faisant partie du chasteau de la Bergement, au Comte de Montruel; Iuys, Baronnie; & autres.

Qualité, Richesses & Forces. Le terroir est bon, abondant en grains, vignoble, prairie, & nombre d'estangs poissonnieux. Il porte aussi du chanvre ; sans autre trafic ou profit des habitans, que pour la plaiderie. Les places fortes sont le grand & petit Chamaignieu, sainct Triuier, la Bastie, Beauregard, & Barbarelle. Il y peut auoir cinquante ou soixante Gentils-hommes.

Gouuernement. Cette Principauté appartenoit aux Seigneurs de Beaujeu par leurs alliances auec les maisons de Sauoye & de Bresse, & le mariage de Humbert quatriesme, Seigneur de Beaujeu, auec Marguerite de Baugey ; iusques à Edoüard second, qui fit donation de ses terres à Louys second Duc de Bourbon ; & par le mariage de Susanne de Bourbon auec Charles Duc de Bourbon, Connestable de France, qui en fut institué heritier vniuersel, cette souueraineté vint en la maison & branche de Montpensier; iusqu'à Marie de Bourbon fille vnique de Henry Duc de Montpensier, laquelle apres auoir espousé Monseigneur le Duc d'Orleans, frere vnique du Roy, deceda l'an 1627, laissant Anne-Marie sa fille vnique, heritiere de Dombes, Duchesse de Montpensier, de sainct Fergeau, & Chastelleraut, Dauphine d'Auuergne, Princesse de la Roche-sur-Yon & du Luc, Marquise de Mesieres, Baronne de Beaujolois, Comtesse de Bar-sur-Seine & de Mortaing, Vicomtesse d'Auge, de Brosse & Domfront, Dame de Champigny, de Combrailles, Montagu, &c.

Le Parlement de Dombes est seant dans la ville de Lyon, au Palais de la Iustice du Roy, & est composé de deux Presidents, vn Maistre des Requestes, six Conseillers, Procureur & Aduocat General, deux Secretaires, vn Greffier, & quatre Huissiers. On y obserue le droict escrit. Le don gratuit qui se fait à la Princesse, de huict en huict ans, est de dix mille liures; le sel vaut trente-six mille liures; le Domaine, mille ou douze cens liures, & la monnoye ayant cours par tout le Royaume, dix mille liures.

Le pays est du Diocese de Lyon; il n'y a point d'Abbaye, & les Prieurez de Mont-Bertrand, Cissane, Girlonges, & sainct Triuier, sont annexez à diuerses Abbayes ou au Conuent des Minimes de Montmerle, qui est le seul du pays, fondé par Marie, derniere Princesse & Souueraine de Dombes. Il n'y a point d'habitans de la Religion pretenduë reformée. Religion.

ORENGE.

a Ptolem. b Plin. l. 3. c. 4. Mela, lib. 2.

ORENGE, *Arausion* [a], *Arausio Secundanorum* [b], à cause des soldats de la seconde legion est vne ville fort ancienne, dequoy les marques y paroissent aux restes de theatre que les habitans y appellent le Cere ou Cirque; & en vne porte de la ville se void vne belle Tour ou arc de Triomphe, dressé à l'honneur & memoire de C. Marius & Catulus, pour les victoires obtenuës sur les Cimbres & Teutons, où les armes & la figure des gens à pied & à cheual, & les ennemis menez en triomphe sont representez, auec les noms des chefs Romains desia nommez. Orenge.

Le Cirque est au pied de la montagne dans l'enclos de la ville, auec vn des plus beaux pans de muraille qui se puisse voir, ayant dix-huict cannes de hauteur, & soixante-quatre de longueur, qui reuient à deux cens vingt-sept pieds François; les sieges des Spectateurs s'y remarquent faits en forme de degrez & en voûtes basses; & au dedans se voyent les colomnes, chapiteaux & corniches de marbre richement entaillées, auec plusieurs arcs & portes en la muraille, qui ferment le cirque du costé de Septentrion. La riuiere d'Eygue passe sous vn pont à vn quart de lieuë de la ville, & se décharge dans le Rosne apres auoir arrousé son terroir, comme fait l'Oueze, qui se iette dans la Sorgue en vn lieu de ce nom. Le chasteau assis en vn lieu esleué, auec trois basses courts, qui ont chacune leur nom, & la ville sont entournés de beaux bastions, auec vn puits, au dedans tres-large & profond, enfonçant plus de trente toises dans le rocher, iusques à atteindre le plan de la plaine, & abondant en bonne eau. La police est entre les mains de quatre Consuls, & la Iustice ordinaire est composée de deux Iuges, changez annuellement.

La Principauté confine du Leuant & du Midy au Comté de Venaisse, du Nord au Daufiné, contre Suse, & du Couchant au Languedoc & au Rosne, à Codolet. Sa longueur n'est que de quatre lieuës, & sa largeur de trois. Confins & estenduë.

Ses villes & lieux sont Courtezon, Ionquieres, Gigondas, au Prince, villes closes, Susette, Violes, Redortier, Causan, Salerne, Beau-regard, Montmiral, Martignan, Maligeay, Baronnie, & autres. Villes & lieux.

L'air y est bon & temperé, le pays abondant en bleds & en tous fruicts: Il s'y recueille quantité de safran, d'huile, & des vins, qui ne cedent à ceux du Comté qui luy est proche: On y a des meuriers pour les vers à soye. Vn estranger Qualité.

[a] a remarqué qu'il n'y a point d'orenges, & qu'il y a vn prouerbe faisant allusion aux noms de la ville & du fruict. a I. Syncer. Itiner.

Le pays ne manque pas de fontaines & sources d'eau, mais non pas en si grande abondance qu'vn autre Escriuain de la mesme nation a cottée. [b] b Schroter. 172.

Mœurs. Le peuple y est bon, de conuersation douce & facile, aimant son Prince; les Catholiques sont zelez & affectionnez à leur Euesque.

Richesses. Les habitans profitent de leurs bleds, & des belles soyes qu'ils font, qui se vendent en Auignon & ailleurs. Le Prince impose quelques tailles leuées par vn Receueur; les deniers sont remis entre les mains du Gouuerneur, & auec le peage peuuent monter douze ou quinze mille escus.

Forces. La ville d'Orenge est forte, où sont entretenus deux cens François pour la Garnison, & cent Suisses au chasteau. Il n'y a point d'autre lieu fort, & la Principauté ne sçauroit fournir des gens pour sa defense, ou de la ville.

Gouuernement. Religion. La terre & Principauté d'Orenge a esté tenuë par diuerses maisons, ayant esté premierement à celle de Baux, iusqu'à Marie fille de Raimond de Baux, qui espousa Iean d Chalon Seigneur d'Arley, aux successeurs duquel elle a demeuré durant vn long-temps, iusques à Claude de Chalon sœur de Philibert de Chalon, mariée auec Henry de Nassau [c], dont les successeurs la possedent aujourd'huy. A Philippe qui fut restably en la Principauté d'Orenge par le Roy Henry IV. & marié auec Eleonor de Bourbon, sœur de Henry de Bourbon, Prince de Condé, succeda Maurice son frere, lequel a fait fortifier la ville & le chasteau; & à Maurice, Henry Frideric son frere, qui en iouyt à present, & se fait plus cognoistre par sa valeureuse & excellente conduite, estant General des armées pour les Estats des Pays-bas, que par cette petite terre, dont il ne tire pas dequoy la garder. c Guicciard.

Le Parlement d'Orenge est composé d'vn President, & huict Conseillers, dont les quatre sont Catholiques, & les autres de la Religion pretenduë reformée, & vn Aduocat General du Prince; lesquels s'assemblent à certaines saisons de l'année pour iuger les appellations releuées des Officiers ordinaires d'Orenge, & du ressort. Il y a vn Gouuerneur pour le Prince, lequel a tout pouuoir dans la ville pour les armes, & confirme les Consuls creez. Les procez sont iugez selon le droict escrit, lequel est enseigné dans Orenge par des Professeurs que le Prince y appointe. On bât la monnoye dans la ville.

L'Euesque d'Orenge est suffragant de l'Archeuesque d'Arles, & les Catholiques sont entretenus esgalement auec ceux de la Religion pretenduë reformée, dont le Prince fait profession, & y sont en nombre presqu'esgal. Il y a College pour les arts dans la ville, outre l'Vniuersité en droict & en Medecine.

AVIGNON ET COMTE DE VENAISSE.

Auignon. AVIGNON, *Auenio* [d], *Cauarum* [e], ville ancienne, sur le Rosne, a esté agrandie de la moitié sous les Papes y seants, enuironnée de belles & hautes murailles de pierre de taille, auec des tours crenelées, decorée de beaux & grands Palais, iusques au nombre de sept [f], qui égale celuy des parroisses des Colleges [g], des Hospitaux, des Conuents tant de Religieux que de Nonnains, & finalement des portes de la ville. La police est entre les mains de trois Consuls & vn Assesseur, qui est Docteur. Le Conseil de la ville est composé de Gentils-hommes, Docteurs, bourgeois & marchands, en nombre de 48; la moitié en est changée tous les ans. Le premier Consul doit estre noble & natif de la ville, le second noble estranger ou bien bourgeois, & le dernier marchand ou Notaire. Il y a sept Capitaines creés par le Conseil, vn pour chaque parroisse, pour la garde de la ville, & les choses concernans la guerre; deux Maistres de victuaille, ayans iurisdiction sur les Viuandiers, Bouchers, Poissonniers, &c. & donnans taux à tous

d Strab. lib. 4.
e Ptole. Mel. lib. 2. c. 5. Plin. lib. 3. c. 4.
f Grand & petit Palais, la Motte, Salences, S. Iean du Roy René, &c.
g S. Nicolas du Roure, Dijon, S. Michel, de la Croix, Senanque, S. Marceau ou S. Martial.

les viures, au bois, &c. deux Maistres des ruës, ayans soin & intendance des choses qui en dependent, deux Maistres des chemins, qui sont comme les Voyers; des Maistres experts de tous mestiers, pour rapporter les differens qui naissent en chaque art, tous creez par le mesme Conseil. Apres le decez des Papes, ce Conseil depute deux hommes, l'vn de la Noblesse, & l'autre Docteur, pour aller à Rome, & rendre les deuoirs & hommages au nouueau Pape, & luy demander la confirmation de la transaction passée auec la ville, & de ses statuts & priuileges. Le Viguier & les deux Iuges, dits de S. Pierre, nommez chaque année par le Vice-legat, rendent iustice aux habitans, & sont receus par le Conseil; les Iuges iurent entre les mains du Viguier, qui a son siege à S. Pierre, d'obseruer les statuts de la ville, & sont seuls competans des causes ciuiles des habitans, sans prendre espices de leurs sentences, dont on appelle au Vice-legat, ou à la Rote, ou au Viguier, à l'option des parties; le Viguier est Iuge Souuerain des causes qui n'excedent quatre ducats d'or. Le Vice-legat, si on appelle deuant luy, donne vn Commissaire, duquel on peut encor appeller au Viguier, qui prend vn Assesseur, & iuge en dernier ressort. Les causes criminelles appartiennent ou à l'Auditeur, ou aux Iuges, par preuention. S'il s'agit de punition corporelle d'vn citoyen, le Vice-legat en prend cognoissance par appel de la sentence renduë par les Iuges assistez d'Assesseurs. L'Auditeur cognoist entre personnes priuilegiées, ou estrangeres; des causes d'estat & qui regardent l'interest de la Chambre; & de luy on appelle au Vice-legat, qui commet la cause à la Rote, où sont cinq Auditeurs, desquels on appelle à Rome, & qui n'ont point de Iurisdiction ordinaire, ains seulement deleguée. Nonobstant l'appel deuolu à Rome, les sentences sont executoires. Les causes criminelles se terminent dans la ville de l'authorité du Vice-legat, qui ordonne de l'execution. L'année de l'Auditeur expirée, il est syndiqué ou recherché de son administration par des personnes nommées au Conseil de la ville, & pendant cela il ne peut sortir d'Auignon, qu'il n'y ait eu sentence. Il y a vn autre tribunal & Iurisdiction particuliere du Vicegerent pour la Chambre Apostolique, sur les Moines, Religieux & Religieuses, Escholiers & Docteurs; & de ses sentences on appelle au Vice-legat, qui commet la cause à son Auditeur. La Iurisdiction du Primicier n'est que sur les Docteurs & Escholiers. L'Archeuesque a son Vicaire pour les choses spirituelles, & son Aduocat Fiscal & autres Officiers; & de ses sentences ou du Vicaire est appel au Vice-legat. Il y a outre ce le Bureau & Tribunal de l'Inquisition, qui est le plus haut & souuerain de tous, pour les choses de la foy & de la religion, dont on ne peut appeller: L'Inquisiteur est de l'Ordre de saint Dominique, donné par le Pape & par la congregation des Cardinaux du saint Office à Rome, pour cognoistre des faits de sa charge priuatiuement à tous autres, mesmes aux Legats & Vice-legats, & à tout autre ordre de Religieux.

Le gouuernement de la ville d'Auignon est entre les mains d'vn Vice-legat mandé par celuy que le Pape a choisi pour son Legat en la ville, & au Comté de Venaisse; il prend Bulles du Pape & du Legat, qui sont publiées à son arriuée dans la ville en la grand' Chapelle du grand Palais, en presence des Consuls & des Deputez du Comté. Ses pouuoirs s'estendent sur toutes sortes d'affaires, il donne graces & dispenses, & agit comme souuerain, tant en la Temporalité qu'en la Spiritualité, en la ville & au Comté. Ses Bulles sont verifiées és Cours de Parlement de Prouence & du Daufiné, où il est recognu pour les benefices. Le Parlement de Toulouse ne verifie & approuue les Bulles que des Legats François, tels qu'ont esté les Cardinaux de Bourbon, d'Armagnac, & autres. Le Vice-legat est accompagné de son Auditeur, & d'vn Dataire, qui luy est comme vn Maistre des Requestes. Il y auoit cy-deuant vn General enuoyé par le Pape, auec pouuoir sur ce qui regardoit la guerre dans la ville & au Comté, mais la charge en a esté supprimée depuis l'an 1628, de sorte que le Vice-legat l'exerce aujourd'huy.

Auignon est d'vne grande enceinte; le pont qui estoit sur le Rosne auoit 22 arches, dont les seize estoient au Roy; il est abbatu en partie depuis long temps; au bout est vne masse de pierre, seruant de forteresse. Les Eglises en sont fort belles, entr'autres celle des Freres Prescheurs. On monstre aux Celestins le tombeau du Pape Clement VII. où l'Autel est fait d'vn beau marbre, & aux Cordeliers la sepulture de Laure celebrée par Petrarche. Des deux Palais plus beaux & plus anciens, l'vn est habité par le Vice-legat, & l'autre par l'Archeuesque.

Cõfins & Estéduë. Le Comté de VENAISSE est borné de la Prouence, contre Orgon au Leuant; du Daufiné & Principauté d'Orenge au Nord; du Languedoc à S. André & Villeneufue, le Rosne entre-deux, au Couchant; de la Prouence, à Barbantane, la Durance faisant la separation, au Midy. Sa longueur depuis Cauaillon iusques à la Palus prés du Pont sainct-Esprit, est douze lieuës, & sa largeur depuis Auignon iusques au delà de Carpentras de six lieuës.

Villes. Les principales villes closes, & chefs de Diocese; sont Carpentras, Cauaillon & Vaison. CARPENTRAS, *Carpentoracte*[a], *Vindausica*[b] est vne Iudicature, & le Thresorier general du Comté, receuant tous les reuenus & finances que le Pape en retire, y a son Bureau, de mesme que le Recteur & Iuge ordinaire du Comté, lequel y a son siege, dont on appelle au Vice-legat. La ville est gardée par vne compagnie de cent hommes Italiens sous vn Capitaine dependant du General ou Vice-legat d'Auignon: Au dessus de la ville est le mont-ventoux, auec son estang. CAVAILLON, *Cabellio*[c], *Cabellion*[d], ainsi dite des Cauares, selon Nostra-damus, est petite ville; la Durance en passe fort prés, à la pointe d'Orgon, commencement de la Prouence. VAISON, *Vasio*[e] *Vocontiorum*[f], petite ville size prés de la Durance, & lauée par la Sorgue, qui prend sa source pres de la fontaine de Vaucluse cogneuë par les vers de Petrarche, & par sa belle source separée en deux bras; qui font vne Isle garnie d'vn bourg portant le nom d'Isle, & se rejoignans passent à Vaison, sous le nom de la riuiere de Sorgue; l'vne des branches va dans Auignon, où elle trauerse la ville, & par ses diuers canaux luy porte beaucoup de commodités pour les moulins, teintures, arrousement des jardins, & à tenir la ville nette.

Les autres villes & lieux sont l'Isle, sur la Sorgue; Pont de Sorgue, Vaulrias, Bolene, Caderousse, à la maison d'Ancesune; Mornas, auec chasteau; Du Tor, Baronnie, Masan, au Seigneur de Causan; Brantou, au mesme, auec forteresse & garnison Italienne; Chasteau-neuf, qu'on appelle du Pape. La ville ancienne mentionnée par Florus & autres, sous le nom de *Vindelium*, *Vindalus*[g], estoit en ces quartiers, & selon l'aduis des plus doctes[h], c'est auiourd'huy le port de la Traillie, ou bien le pont de Sorgue, proche d'Auignon[i]. On y void plusieurs autres terres, sçauoir Serignan, Baronnie, & premier fief du Comté; Caromb, belle maison, au Comte de Montrauel; Baume, Baronnie, & autres. Tous les lieux principaux ont des Gouuerneurs Italiens, & chaque ville vne compagnie, auec vn Capitaine pour la garder.

a Plin.
b Notit. prou.
c Plin. Anton.
d Ptole. Steph. Strab.
e Plin. li. 3. c. 4.
f Mela. li. 2. c. 5. Ptolem. lib. 2. c. 10.
g Strab. lib. 4. ibi Ios. Scal.
h Ios. Scal.
i Mer. Masson. in Rodan.

Qualité. Tout le pays est plain & beau, abondant en bleds, vins tres-bons, huiles, & toute sorte de fruicts excellents; il a du vermillon ou autre graine, laquelle y rapporte du safran, & de tres-beaux meuriers.

Mœurs. Le peuple y est bon, courtois & affable; tenant plus de la Prouence que du Languedoc & du Daufiné. Les femmes y sont propres & parées.

Richesses. Le pays est bon & riche en toutes façons, outre les bons viures, & de toutes sortes; la ville d'Auignon est d'vn grand trafic & vente de tous draps: Vn bras de la Durance sert aux Teinturiers qui trauaillent mieux en draps & soye garancées & teintes en cramoisy, qu'en autre part de France: Elle a quantité de soyes, & des moulins à papier.

Forces. Outre les forces estrangeres, & les places gardées pour le Pape. Seigneur temporel & Iurisdictionnel d'Auignon & du Comté, le pays est bien peuplé, & quoy qu'il soit de petite estenduë, il pourroit fournir quatre mille hommes de pied, & cinq cens cheuaux. Les places fortes d'assiete sont l'Isle Vaison, Menerbe-au-Barroux, auec chasteau assez fort.

Gouuernement. La ville d'Auignon & le Comté ont souffert les mesmes & diuers changemens de domination que le reste des Gaules; ayans esté sous les Romains, les Goths, les Bourguignons, & les François: & depuis sous le Royaume d'Arles, en Boson sous Charles le Chauue: aux Comtes de Prouence, & aux successeurs de Charles d'Anjou (frere de sainct Louys) lequel espousa l'heritiere de Prouence, iusques à Ieanne Reine de Naples & de Sicile, qui aliena la ville d'Auignon l'an 1342. & le 9. de Iuin, par vente faite au Pape Clement 6. pour 80000. florins. Nostra-damus[k] fait de Cauaillon vn Comté, ayant Auignon dans ses dependances, dont les Comtes de Toulouse prenoient le tiltre, auec celuy du Venaissin, *Venatio*, à cause de la chasse dont le pays abonde, lequel Comté fut acquis par les Papes l'an 1228. par transaction passée auec les Rois de France, sur les terres de Raimond Comte de Toulou-

k part. 2.

se. Depuis la retraite des Papes reuenus à Rome, le Comté auec la ville d'Auignon a esté regi par des Legats châgez de trois ans en trois ans, & sous les formes de Gouuernement & de Iustice cy-dessus décrites. Auignon garde vne transaction passée par la Communauté auec les Comtes de Prouence, suiuant laquelle ses statuts & ceux du Comté, & le droit escrit, sauf là où le ciuil est contraire & derogatoire au droict Canon, la ville est gouuernée, & la Iustice renduë dans la ville & au Comté. C'est la premiere & plus honorable Legation de Rome, que celle d'Auignon, dont le Legat est *à latere*, Vicaire general du Pape au spirituel & au temporel dans son ressort. Les trois Iudicatures du Comté sont Carpentras, l'Isle, & Vaulrias, dont est appel au Recteur, Magistrat enuoyé par le Pape, seant à Carpentras, ou au Iuge des Appeaux, & delà au Vicelegat; les autres villes ont leurs Viguiers, Iuges ou Baillifs, & à Carpentras est vn Iuge particulier des obligations. La ville d'Auignon ne paye point de tailles, mais pour l'entrée & sortie de toutes marchandises le Pape prend vn droit qui s'afferme vingt-cinq ou trente mille escus, employez aux charges de la ville; & du Comté se peut tirer de finances & reuenus pareille somme receuë par vn tresorier general, duquel auons parlé. Les portes, les murailles, le grand & petit Palais d'Auignon, sont gardez par des compagnies Italiennes; & les principales places du Comté, qui ont des Capitaines & Gouuerneurs, auec autres compagnies, sont Carpentras, Vaulrias & Cauaillon.

Les trois Euesques du Comté Carpentras, Cauaillon & Vaison sont Suffragans de l'Archeuesque d'Auignon, où les Papes ont esté seants durant septante ans ou enuiron. Les Iuifs ont vne ruë & quartier separé dans la ville, & à Carpentras aussi. Il y a Vniuersité en Auignon, qui doit sa fondation aux Papes, durant le seiour desquels elle fut florissante. Paul de Castro & André Alciat y ont enseigné.

FRANCHE-COMTE'.

LE nom de BOVRGOGNE a esté consideré cy-deuant en traitant le Duché de Bourgogne; le nom & tiltre de Comté seront examinez cy-dessous. [a] Cete partie de la Bourgogne a esté appellée Franche, à cause de son exemption des tailles, ou pour l'affranchissement du Comté de toute autre souueraineté. Ses anciens peuples sont les Sequanois, [b] diuisez des Heluetiens par le mont Iura [c], & la prouince, *Maxima Sequanorum*. [d] On la dit aussi haute Bourgogne. *Noms.*

a Gouuernement. b Sequani. Cæs. lib. 1. Cic. Strab. Ptolem. Plin. Amm. Marcel. Sidon. c Cæs. lib. 1. d Sext. Ruf. Golut. Mem. de la Franche-Comté.

La Lorraine & la haute Alemagne luy sont au Nord; la basse Bourgogne ou Duché au Couchant; la Sauoye & la Bresse au Midy; les Suisses au Leuant. Sa longueur peut estre de trente-cinq ou quarante lieuës, & sa largeur de trente ou trente-trois. *Confins & estenduë.*

On la diuise communément en Haute & Basse, & Dolane. Les villes & lieux de la haute, ou Bailliage d'Amont, sont GRAY, sur la Saone, belle ville & bien bastie en ses ruës, Eglises & autres edifices publics & particuliers, decorée de fontaines dans la ville, & d'vne riche & feconde campagne au dehors. C'est vn des sieges principaux du Bailliage, auec chasteau. VESOVL, ville close de fortes murailles, bien bastie, & vn beau vignoble au dehors, est vn autre siege du Bailliage: elle est assise sur vne riuiere qui non loin de là se mesle auec la Saone. Baulmes-les-Nonnes est le troisiéme siege: Les Preuostez de Mont-boson sur Lugon, Iussey sur riuiere, Faucougne & Mont Iustin en dependent, auec autres lieux, comme Port-sur-Saone, Cromary & autres. *Diuision. Haute Bourgogne.*

Le Bailliage d'Aual ou basse Bourgogne comprend six sieges de Iustice, sçauoir Montmorot, Salins, Pôtarlier, Poligny, Arbois, & Orgelet. SALINS est ville grâde & fameuse, prenant son nom des fontaines salées & du sel tres-blanc qui s'y fait: Elle est close de fortes murailles & hautes tours, ornée de beaux edifices, auec deux grands chasteaux qui l'embrassent, dont l'vn a nom Bracon, & l'autre Belin, & s'estendent le long d'vne valée estroite, qu'on nomme Scodingue. Outre les Eglises de ses quatre parroisses, & trois Hospitaux dedans ou dehors la ville, elle a trois grandes Eglises, dont la principale est de sainct Anatol, les autres sont de sainct Maurice, & sainct Michel. ARBOIS a de beaux & grands faux-bourgs, des fos- *Basse Bourgogne ou Bailliage d'Aual.*

fez qu'on peut nommer jardinages, & les montagnes des enuirõs sont garnies d'arbres, qui luy peuuent auoir donné nom, puis que les autheurs Latins l'appellent *Arborosa*[a], ses vins sont renommés d'autant qu'ils se conseruent longuement. POLIGNY a de fortes murailles, & vn chasteau nõmé Grimoine : La ville est tres-bien bastie, & decorée de belles fontaines en tous les endroits communs. PONTARLIER est en plaine sur le Doux, & le fort chasteau de Iura, assis au sommet d'vne haute montagne, en est prés, & semble imprenable à cause de son assiete. Outre les villes & sieges mentionnez, y est aussi la grande Iudicature, qui ne recognoist la Iurisdiction du Bailly[b], auec NOZEROY size au haut d'vn mont qui est comme au milieu du pays, auec le chasteau plombé ou couuert de plomb, enfermé de mesmes murailles auec la ville, muny de huict tours, bons fossez, & quantité d'artillerie. La ville est celebre, marchande, ayant quatre belles foires dans l'an, & sa feste de sainte Antoine, où se rendent toutes les Dames du pays. On estime que son premier nom, qui se prenoit des noix, dont le terroir abonde, fut changé en Nazareth par vn des Seigneurs de Chalon[c]. Chastel-chalon est vn lieu renommé par son Conuent, qui ne reçoit que des filles de bonne maison. Orgelet est ville agreable & marchande, auec chasteau : Les habitans s'addonnent au trafic & au lanifice.

a Ammian. lib. 16.

b Golut. Mem. de la Franche-Côté, li. 1. c. 7.

c Gilb. Cognat Nozer. burg.

Bailliage de Dole. Dole.

Le Bailliage de Dole est de moindre estenduë que les autres, & n'a que trois sieges, sçauoir Dole, Quingé, & Ornans. DOLE est ville ancienne, assise sur le Doux, capitale du Comté, siege du Parlement, de la Chambre des Comptes & de l'Vniuersité : Elle est toute neufue, & rebastie depuis 120. ans : Charles V. la fit ceindre de fortes & hautes murailles, & la rendit vne ville de guerre, auec sept bastions grands, massifs & reuestus de gros quartiers de pierre taillez & releuez. Elle est deuenuë ville frontiere, parce qu'Auxonne & le ressort de S. Laurens en ont esté distraits: Partie de la ville est en plaine auec des ruës spacieuses, & beaux bastimens, les autres deux endroits sont en colline. La riuiere de Doux entre dans la ville d'vn costé, & en sort par l'autre, ce qui donne vne grande commodité aux habitans en temps de guerre, ou autrement durant la nuict que la ville est fermée. Ses places, Palais & Eglises, sont des bastimens tres-beaux, & apres diuerses ruines des guerres[d], ses habitans la remirent & fortifierent de nouueau, outre ce que nous auons rapporté de Charles V. aduenu depuis. Quingey est sur la Louue, de mesmes qu'Ornans. Rochefort, Vercel & Loye sont de ce Bailliage, auec Fraisans, Orchamps, Gendré, Montmiré & Colone Preuostez. Le College de S. Hierosme, où se gardent plusieurs bons liures M S. & celuy des Peres Iesuites à Arc, auec les Capucins, & la Confrairie du S. Crucifix, sont en la ville & terroir de Dole.

d 1575.

Outre les villes cy dessus mentionnées, qui ont entrée & voix dans les Estats du pays, y sont encores Iougne, ville ancienne, frontiere de Sauoye, auec ses faux-bourgs dits les Hospitaux ; Vsier, auec chasteau, dont les habitans sont renommez pour la raillerie & leurs bons mots[e]; Mortes, bourg ouuert ; sainct Hyppolite, dont les habitans sont robustes, industrieux & guerriers : La ville est toute enfermée de montagnes, comme d'vne muraille ; Bourg, sur le Dan entre deux chasteaux voisins & de mesme nom, de mesme que Cleruaux ; sainct Claude, où est vn Conuent celebre & fort visité auec deuotion, pour les reliques de ce sainct, que l'on y monstre : là où les habitãs vendent plusieurs petits ouurages faits de bois fort ingenieusement, & qui se transportent auiourd'huy deuers les estrangers: Morant, Turmaye, Campignole, sur Dan : Monet, vieil bourg ruiné : Mirebel, dont les ruines sont grandes, & les masures font voir quel lieu c'estoit auant les guerres : Sorlin, auec vn vieil chasteau : Baume, auec son Monastere dependant de Cluny : Arley, demeure des Ducs de Bourgogne : Bleterrans sur la Celle, auec murailles, tours & chasteau.

e Merula.

Lons-le-Saunier.

Lons-le-Saunier est vne ville petite & agreable, dans vne plaine entourée de collines, fossoyée & flanquée : On y void vne belle & large ruë, accompagnée du long des deux costez de maisons & boutiques, de longues & larges allées couuertes, & la grande ruë se trouue au milieu, commode pour les foires & marchez, & capable de contenir & ranger vne petite armée. Le chasteau est clos de bonnes murailles, mais le dedans est ruiné: le nom de la ville est pris d'vn mot de Saulnerie & mesure d'eau salée, qui contient 24. muids, duquel mot & mesure on se sert en la grande Saulnerie de Salins, ville dont nous auons parlé : aucuns l'appellent Leon-le-Saulnier. La ville a vn Maire ou Mayeur & des Escheuins, & le Prince d'Orenge pour Seigneur. Le siege de Montmorot, que nous auons mentionné dans le Bailliage d'Aual & basse Bourgogne, est en ceste ville, quoy que le nom de Montmorot demeure en l'inscription des sentences, & autrement, auec l'assistance du Preuost de Montmorot en la prononciation & execution des sentences contre les criminels: La ville est de grand trafic auec celebres foires. Restent Montfleur, Cheuaunes, S. Amour, Mont-rou, bien assis. L'Isle sur le Doux, Luxeul, auec vn ancien Conuent, Rougemont, petite ville, sur la frontiere d'Alemagne, & voisine de Mont-belliard, où se fait assemblée de la noblesse du pays le iour & feste de S. George; Gys sur riuiere, Ionuille. Les bourgs plus considerables sont la Motte, Roche-Iean, Frasne, Fon-Sene, grand bourg, dit ainsi de la riuiere de Sene, laquelle y prend sa source, & fait tourner iusqu'à vingt-sept moulins sur l'Angelon, auec Chasteau & grand parc clos de murailles; le Chasteau de Monriual auec plusieurs sources d'eau en est proche: Crotene, grand bourg, sous vn chasteau nommé Saugean, Chastillon auec chasteau, Montroland prés de Dole, sainct Lothain, bourg vaste & bien basty: Saulbie, Dornon &c.

a Cæs. Comm. de bell. Gall lib. 1.
b Ptolem.
c Liu. 1.

BESANÇON, *Vesontio, sequanorum*,[a] *Visuntium*,[b] est vne ville fort ancienne, libre & Imperiale, assise sur le Doux, dont l'assiette est descrite par Cesar,[c] & l'enceinte s'entrouue differente aujourd'huy, les restes de la vieille muraille s'y remarquans en plusieurs endroits, auec d'autres monumens d'antiquité. La ville est compartie en ruës belles, longues & droites, & des plus larges qu'on puisse voir ailleurs, les maisons bien basties, & quasi toutes d'vn esgal frontispice. Le Doux passe par le milieu en forme de fer de cheual, la partage en deux, & l'on passe de l'vne à l'autre par vn beau pont. La maison de ville est magnifique, & a vne aigle sur la porte, auec la statuë de Charles quint, & vne fontaine au deuant, dont le bastiment est exquis. Elle est quarrée & tient les quatre ruës qui l'enuironnent, ayant dans son enclos les Halles, l'Arsenal, & des beaux greniers, le siege de Iustice auec ses sales, chambres, archifs, & prisons. On y void six fontaines en diuers endroits de la ville, auec figures & statuës de bronze, representans vn Bacchus, les Graces, Charles-Quint sur vn aigle, des Tritons, vn Neptune, & des Nymphes. Certains lieux publics y gardent quelques noms anciens, le Chaumar, du champ de Mars, Chammuse, du champ Muses, des Chamlu, du champ de la Lune, Charmont, *Charitum mons*. Ronchau, *Collis Romæ*, la Rhée, & autres. Son dehors n'est pas moins beau en ses fortifications, belle campagne, riche vignoble, prairies amples, fruits de tres-bon suc, & les bleds si abondans, qu'elle est le grenier de toute la Bourgogne. On y entre par cinq portes, & outre l'Hostel de Ville, celuy de Granuelle y est remarquable, plein de pieces rares & curieuses, en marbre & en bronze, sçauoir des statuës de Iupiter, de Iunon, de Diane, Hercule, Mercure, Thetis, & autres Nymphes, auec celles de plusieurs Cesars & Empereurs, & des peintures exquises de Michel-Ange, Raphaël Vrbin, Martin Denos, & autres, outre vne Bibliotheque tres-bien garnie de manuscrits. Les Escholes publiques ont aussi leurs Bibliotheques. Les Eglises y sont en bon nombre, sçauoir deux Metropolitaines: La Cathedrale est dediée à S. Estienne, laquelle a de tres-beaux ornemens, & on y monstre le sainct Suaire, auec les tombeaux de diuers Comtes de Bourgogne. De ceste Eglise on descend à celle de S. Iean, & là prés on void ceste partie ancienne de la ville, que l'on appelle communement la porte noire, à cause de son vieil bastiment, & de ses figures ou caracteres hieroglyphiques. Il y en a huict parrochiales, trois Conuents de Religieux ou Religieuses, cinq Hospitaux, plusieurs belles Chappelles, l'Eglise & College des Iesuites, outre l'Academie fondée par l'Empereur Ferdinand l'an 1564.[d] De chacun des sept quartiers de la ville sont esleus quatre personnes, qui font le nombre de vingt-huict, lesquels en eslisent deux de chaque quartier, qui sont quatorze, pour gouuerner la ville auec tout pouuoir, & durant l'année chacun d'eux par sepmaines prend place de President. Les quatorze sont esleus par les vingt-huict, & les vingt huict par tout le peuple; les quatorze establissent vn Aduocat du fisc, vn Syndic Defenseur ou Procureur du fisc, vn Greffier ou Secretaire d'Estat, vn Greffier, Thresorier, Maistre ou Intendant des œuures publiques, des Intendans des Greniers, des Pauures, vn Maistre de la monnoye, Garde des prisons, & autres officiers. Chaque quartier a son Capitaine auec tous ses membres & officiers. L'administration finie des quatorze & vingt huict font battre & forger aux despens du public des pieces d'argent de certain poids, auec l'effigie de l'Empereur d'vn costé, & de l'autre les armes de la ville, & des sept quartiers. Chifflet Medecin à Besançon en a dressé l'Histoire & les Antiquitez en langue Latine.

Besançon.

d Chifflet. part. 1 c. 8.

La

La Franche-Comté est en plaine ou en montagne. La plaine a pour son partage, & possede plus que la montagne, les terres labourables produisans en abondance toute sorte de grains, qui nourrissent l'entier pays, & iusques-là, que les fruits d'vne seule année peuuent suffire pour trois. Le meilleur terroir est celuy de Vaux d'Amour, le lōg de la riuiere du Doux; la Vaux-Louë, sur la Louë; Lons-le Saunier, Bleterans (terrain à bled) le pasturage accompagne la fertilité, d'autant que le pays est arrousé & engraissé de riuieres & d'infinis ruisseaux. Les vins de Vesoul, qu'on appelle Gradions, d'Arbois, de Poligny, Besançon, Galle-perdrix à Dole, sont les plus estimez, ils sont de fort bonne garde iusques à trente ans.[a] Les bois & forests pour le bastiment, chauffage, gland, pasturage, sont en telle abondance dans le pays, & d'vn tel profit, qu'on estime qu'ils valent vne troisiesme partie des grains, & à cause de ce sont appellez par les laboureurs & mesnagers le troisiesme grenier de Bourgogne. Les riuieres de la Saone & de l'Ougnon, qui viennent du Voge; le Doux, la Louue & l'Ain du mont Iura, reçoiuent toutes les eaux du pays iusqu'aux moindres fontaines & estangs, & portent toutes sortes de poisson; toutesfois on donne particulierement la carpe à la Saone, le barbeau à l'Ougnon, le brochet au Doux, l'ombre à la Louë, & la truite à l'Ain. A ces eaux on ioint celles du Fre-puis ou Frais-puits qui est pres de Vesoul, dont la source est tres-abondante & merueilleuse, iusqu'à inonder parfois la campagne de Vesoul, lors qu'il a pleu, & que ses eaux viennent à monter. C'est vn trou large de quinze toises, & profond de vingt, & la superficie en est si haute, qu'elle esgale le sommet d'vn clocher voisin;[b] les eaux de Luxeu' sont recommandées pour leurs vertus medicinales. Les cheuaux de la Franche-Comté sont de bon seruice, mesme pour la guerre, ce qu'vn ancien a remarqué,[c] & y a des haquenées naturelles.[d] Les mines de fer & d'argent se descouurent en quelques endroits, & les riuieres du Doux & de la Louë y charrient l'or. Les albastres clairs & tres-blancs qu'on leue à sainct Loutain, & les iaspez qu'ō trouue à l'entour de Salins, sont tres-beaux & si abondants, qu'on en leue des colomnes hautes de douze ou quinze pieds, tres-grosses, & de durée infinie. Les marbres noirs se tirent aussi à sainct Loutain, à Toraise & à Torpe, durs & fort obscurs, il y en a d'autres qui tiennent presqu'autant du gris que du noir: On y en void aussi du marqueté de rouge, & autre parsemé de paillettes ou poudre dorée. Les pierres de Sampans, pres de Dole, sont fort remarquables, de couleur rouge, belle & naïfue, & embellie d'infinies figures & representations d'hommes, animaux, estoilles & autres choses en la nature, iusqu'à y trouuer & rencontrer des armoiries entieres colorées & blasonnées, qu'il ne falloit que dresser sur des tables.[e] On remarque finalement certaines fueilles ou pierres leuées des grottes & cauernes, semées de quantité de diamans clairs & taillez, & d'vne eau degenerante de la beauté naïfue des vrais diamants, & autres qui representent des boutons de diamans. Les grottes d'Acelle (*Auricella*) Quingé & Courte-fontaine font voir plusieurs autres belles figures de colomnes, heaumes, animaux, tombeaux, & autres grotesques & ieux de la nature.

Le pays de montagne est riche en bestail, tient vne bonne partie du gibier & de la venaison, auec les sources poissonneuses des riuieres; il a part aux vins, a la commodité des bois, & aux bleds; le pasturage en est tres-bon; & pour les metaux, dōt nous auons desia parlé, ils sont de sa portion. L'air bon & serain de la Franche-Comté, ioint auec sa fertilité, la fait estimer comme vne autre Italie. Celuy de Pesme & d'Orgelet est fort subtil, & en la montagne, il se trouue si temperé, que les habitans y viuent longuement, & sans maladies ou incōmoditez. Prés de Salins sont les sources merueilleuses d'eaux salées & douces, proches les vnes des autres, dont les Romains, qui ont veu & regenté tout ce pays, n'ont pas eu cognoissance, & n'ont esté en vogue & grand reuenu, que sous les Rois & Cōtes des Bourgogne, qui firēt construire cet ample bastiment au bas du bourg de Salins, qu'on appelle la grande Saulnerie, pour en loger les officiers, enserrer les sources d'eaux salées & douces, & comprend les seruices necessaires pour tirer, façonner & conseruer le sel. Les puits à Muire consistent en quelques autres bastimēs & offices pour les sources des eaux douces, & ne sont point si magnifiques & commodes, que la grāde Saulnerie; mais l'vn & l'autre sert auec vn bel ordre & distribution de charges, à la cōfection du sel, qui se cuit & abonde par ce moyen, auec vn tres-grand reuenu qui s'en retire;[f] & au sel de Salins, se pourroit adiouster celuy de Gronson, Mont-morot & Lons-le Saunier, si l'on y trauailloit, & que le bois n'y manquast point. Cette abondance des

a Golut. li. 1. c. 6.

b Id. ch. 13.

c Vegece.

d Golut. li. 1. ch. 19.

e Id. ch. 20.

f Golut. mem. de la Franche Comté li. 1. c. 23. & suiu.

sels dans le pays a fait appeller les Francs-Comtois salez pendant les guerres qu'ils auoient auec les François.

Les habitans du pays ont l'esprit bon, & la conuersation assez agreable. Ils sont laborieux, mesnagers & attachez à leur profit particulier, pour lequel on les accuse de se desdire par fois. Ils ont aussi le courage & la valeur pour combattre en guerre à pied & à cheual. Pour la preuue de ce dernier, les Escriuains du pays[a] mettent en auant des hommes illustres issus de la terre & Comté de Bourgogne, sçauoir ceux de la maison de Vienne, en la seconde & troisiesme race des Rois de France, Vauldré, Mouy, saincte Phale, Rie, Lescut, les Comtes de Coligny de Chastillon sur Loing, Laual, Lorge de Montgommery, Pluuiaut de Rochefort, & autres qui dedans le pays, & comme arbres transplantez dehors, ont creu & heureusement fructifié. On marque aussi des hommes excellens issus du Comté, releuez en charges d'Eglise,[b] & de lettres.[c]

a Id. c. 34.

b Cardinaux.

c Chanceliers de France, Rochefort & Montagut.

Richesses

La Franche Comté est esloignée de la mer, degarnie de fleuues nauigables, & par consequent mal propre pour dresser & entretenir traffic de marchandise; elle a toutefois de grandes richesses & commoditez naturelles en ses bleds, vins & sels, dont les pays voisins, les Suisses, & quelque partie de l'Alemagne s'y fournissent. Les bleds sont portez à Lyon par la Saonne pour le Lyonnois, & autres pays qui sont sur le Rosne. Les Suisses & Grisons en tirent aussi grande quantité, pour en fournir le pays de montagne, qui a peu de grains, & tels qu'ils ne se peuuent pas conseruer vne demie année.

Forces.

Nous auons mentionné les fortifications de Dole, Besançon, & autres villes du pays, qui a de fort bons pas pour sa defense, & plusieurs barrieres pour le garder au dehors. En la basse Bourgogne sont plusieurs forts Chasteaux, sçauoir saincte Anne, Mont-mahou, Chastillon, Ioux, la Chaux, Chastel-villain, Vaugrenans, Eusie, Arlé, Beaufort, S. Laurent, Montmorot, & autres. Outre les bans & arriere-bans, il y a trente enseignes de gens de pied, departies en trois legions ou regimens, dont le premier est pour le Bailliage d'Amont, le second pour celuy d'Aual, & le troisiéme pour le Bailliage de Dole, commãdez par les Baillifs ou autres principaux officiers du pays. La conduite & disposition de ces forces est en la charge du Gouuerneur de la Prouince, auec l'aduis de la Cour de Parlement. Les gens de pied qu'on y peut leuer, selon le grand nombre des feux qui sont dans le païs, est mis à 10500 hommes & quinze cens cheuaux.[d]

d Collut li. 2. c. 35.

Gouuernement.

Les anciens Rois de Bourgogne ont possedé la Franche-Comté, & apres les Rois, & pendant les premiers Ducs de Bourgogne elle a eu ses Cõtes hereditaires, qui sont aussi nommez Palatins, feudataires de l'Empire. Les plus asseurez Comtes de Bourgogne commencerent à Otto surnommé Guillaume, fils de Gelberge, enuiron l'an 1000, & finissent à Louys de Malain, Comte de Flãdres & de Bourgogne, dont la fille nommée Marguerite fut mariée auec Philippes, Duc de Bourgogne, dit le Hardy, duquel nous auons desia parlé, & dont les successeurs finiront à Charles dernier Duc & Comte, dont la fille vnique & heritiere fut mariée à Maximilian d'Austriche. La Franche Comté a eu ses Connestables, Baillifs generaux, Seneschaux, Gouuerneurs, Gardiens & Mareschaux, qui ont cessé au dernier gouuernement du pays, où la charge de Bailly general a esté diuisée en deux sous Philippes le Hardy, & depuis en trois, comme nous les auons descrits. Le Parlement de Dole a esté ambulatoire, comme ceux de France, mesmes sous les derniers Comtes, & fut rendu sedentaire sous le Duc Philippes, dit le Bon, l'an mil quatre cens vingt-deux. Il fut composé ou restably auec vn President, deux Cheualiers, deux Maistres des Requestes ordinaires, vnze Conseillers, dont les cinq sont d'Eglise, 2 Aduocats, vn Procureur general, vn Greffier, vn substitut Procureur, & quatre Huissiers, outre vn Chancelier du Prince, qui estoit pour lors Archeuesque de Besançon, & ce l'an mil cinq cens, par Philippe Roy de Castille, pour lequel le Prince d'Orenge Gouuerneur general du pays fit l'ouuerture du Parlement. Les Conseillers, Procureur general, & Greffier, portent la robbe d'escarlate & le chaperon, les Cheualiers portent la mesme robbe, fourrée d'hermines & reiettée sur l'espaule par la main gauche, sous laquelle l'espée est penduë auec vn bourrelet de cheualier sur l'espaule. Le President ne porte point de robbe, mais le Paludament ancien, libre d'vne main, & restraint en l'autre, auec le mortier en teste, comblé d'or ou de perles. Il est le Chancelier ou Garde-des-seaux du pays. L'autorité de cette Cour est grande, faisant Edicts, & ayant l'autorité des seaux & de la Chancellerie, auec tout pouuoir és affaires de paix, & en plusieurs aussi de la guerre, conjointement auec le Gouuerneur. La Chambre des Comptes fut ambulatoire au commencement, mais Philippes le Hardy la rendit sedentaire à Dole; elle fut plainement establie sous la maison d'Austriche, & par le Roy Philippes l'an 1590. auec sept Maistres, 4 Auditeurs & vn Secretaire. Elle cognoist de tous differends sur le domaine du Prince, dont les comptes y sont rendus. Il y a vn Procureur general du pays, des Fiscaux & autres officiers inferieurs. Les Estats s'y assemblent, où sont les Seigneurs des trois Bailliages, & autresfois y estoient des maisons fort anciennes, de Vergy, de Vienne, & de Chalon, dont le Prince d'Orenge de la maison de Nassau tient plusieurs terres dans le pays.

Religion. L'Archeuesque de Besançon est le seul Prelat de la Franche-Comté, & se dit Prince de l'Empire. Il y a grand nombre d'Abbayes, Prieurez, Commanderies, Chapitres ou Eglises Collegiales. Les Abbayes de sainct Paul & de sainct Vincent dependent de la nomination des Comtes de Bourgogne, comme il a esté declaré par plusieurs Papes. Celles du Bailliage d'Amont sont Luxeul, Lure, Belle-vaux, la Charité, Lieu-croissant ou les Trois Rois, & plusieurs autres. Baume les Nonnes est pour les femmes. Les Chapitres sont Gray, Champlite, Rupt, Ray, Calmoustier, & sainct Hipolyte. Le Bailliage d'Aual a les Abbayes de sainct Claude, dont l'Abbé se dit Prince de Grand-val, Baume, Goille, Balerue, Mont-saincte-Marie, Mont-Benoist, Rosiere, & Chastel-Chalon. Les Chapitres & Canonicats sont à sainct Anatole, sainct Mauris, sainct Michel, Salins, Poligny, Arbois, Nozeroy & Chauannes: Les Commanderies, Rufé, Arbois & Salins. Au Bailliage de Dole sont les Abbayes de Dam-Paris, de Buillon, deux Chapitres & vne Commanderie.

L'Vniuersité de Dole doit son institution à Philippes le Bon Duc de Bourgogne, l'an 1423. sous le Pape Martin cinquiesme. L'Archeuesque de Besançon en est Chancelier: elle a deux Professeurs en Theologie, cinq Professeurs en droict, deux pour le Canon, deux pour le Ciuil, vn particulier pour les Instituts, vn Lecteur des matieres criminelles, auec quatre Professeurs en Philosophie, deux en Medecine, vn Professeur en lettres humaines, vn pour la langue Grecque, & autre pour la langue Hebraïque. Outre ces Docteurs y sont le Recteur, les Distributeurs, comme Maistres d'Hostel, Chapelains, Secretaires, Thresoriers, Bedeaux, Massiers, Sergents, Vergers, Imprimeurs, Libraires, & autres officiers & supposts, pour tout le seruice & vsage de la maison & Colleges.

LORRAINE.

Noms. LA LORRAINE est ainsi nommée de Lothaire, petit-fils de l'Empereur Louys le Debonnaire, *Lotharingia*, Lotar-ruch, ou Lot-reich, regne de Lothaire, dequoy sera parlé cy-dessous, partie de l'ancienne Austrasie, Oost-reych, Royaume Oriental, auquel estoit opposée la Neustrie, Royaume Occidental, ancienne diuision de la France.

Cōfins, & estendue. L'Alsace luy est au Leuant, la Bourgogne au Midy, la Champagne au Couchant, & la forest d'Ardenne au Nord, où sont Treues & Luxembourg. Elle est vn peu plus longue que large. Sa longueur prise de Longwy à Phaltzbourg est de quarante lieuës, & sa largeur de Bar à Valdreuange, de trente lieuës.

Riuieres. Elle est arrousée de plusieurs belles & grandes riuieres, dont la Meuse luy appartient moins que les autres, la Moselle & la Sare pour la plus grand' part, & les autres entierement. La Moselle, que le Poëte Ausone a descrite & recommandée pour diuers aduantages, sort du mōt de Voge, passe à l'Estraye, Remiremōt, Espinal, Chastel, Charmes, Bayon, & se destournant vn peu du Leuant au Couchant, vient à Toul, à Fruar, Pont-à-Mousson, & Mets, & coulant encor plus auant iusques à Treues se mesle dans le Rhin. La Sare naist prés de Salms, passe en diuerses villes qui en prennent nom, sçauoir Sar-burg, Sar-Vberden, Sar-Alben, Sar-pruch & autres, & sous les murailles de Treues se iette dans la Moselle. Elle est nauigable, reçoit plusieurs petites riuieres, & est la plus grande qui se descharge dans la Moselle, cōme fait la Voloye, la Mortane se mesle dans la Murte qui reçoit plusieurs riuieres, coule longuement pres de la Moselle, où elle entre finalemēt, la Seille s'y ioint à Mets.

L'vne & l'autre Nide s'estans iointes se deschargent dans la Moselle sous Bossonville.

Les Bailliages principaux de la Lorraine, & de plus grande iurisdiction, sont ceux de Nancy de Vosges, d'Alemagne, Montreux, & Phaltz-bourg. Villes & lieux.

NANCY, sur la Murte qui baigne se murailles, est la ville capitale du Duché, petite, mais forte & tres-bien bastionnée, demeure des Ducs en vn Palais magnifique & dans la ville vieille, qui est iointe à la nouuelle, & les deux bien fortifiées. Elle est bien assise, & en lieu plain. Les tombeaux des Ducs sont dans les Eglises de sainct George & de sainct François, qui sont prés du Palais, mais celuy de René qui vainquit Charles dernier Duc de Bourgogne, est le plus superbe. On y void vn Arsenal bien fourny d'armes & d'artillerie, & pres de la ville est vne Croix dressée, auec tables & inscriptions en langue Françoise, pour conseruer la memoire de la iournée & défaite des Bourguignons, dont la Chapelle est bastie au lieu du combat. Sainct NICOLAS, Niklas-burg, est à deux lieuës de Nancy, sur la Murte, où est vne Eglise grande & esleuée, auec des colomnes fort hautes & minces, & deux belles tours. Le lieu n'est point clos de murailles, mais il est fort grand, bien basty & disposé, auec nombre d'habitans, belles foires, commerce & grand abord de personnes deuotes, à cause des reliques de sainct Nicolas, qu'on y fait voir. Les autres lieux qui dependent du Bailliage de Nancy, sont Luneuille, sur le Rauon petite riuiere, où le Duc de Lorraine a vne maison tres-belle; sainct Diey sur le Rauon; Preny, Amance prés de Nancy, ancienne demeure des Ducs; Rauon, & dix-huict villages. Phaltz-burg est ville forte, frontiere d'Alemagne, auec chasteau & titre de Principauté. Nancy.

Sarburg est ville sur la Sare, dont le Duc fait hommage à l'Euesque de Mets, comme de Sarwerden. Vaudemont a titre d'ancien Comté, Bailliage & Seigneurie souueraine, dont depend Vezelise grande ville, sur Brenon belle riuiere qui entre dans Modon, il est au premier Prince de Lorraine, ou au second fils du Duc. Saincte Marie aux-Mines est vne Capitainerie separée du Bailliage de Nancy: On y parle Alemand, comme en tout le Bailliage d'Alemagne, qui est d'vn grand ressort, de l'ancien partage de la Lorraine, dite Austrasie. Borkenhein est la capitale du Comté de Sarwerden, qui n'est qu'vn Chasteau. Plombieres est ville non close de murailles, cogneuë par ses bains, les montagnes luy seruent de closture & la rendent forte. Blamont est belle ville & Comté signalé vers l'Alsace, auec deux Chasteaux; Valdreuange est sur la Sare, capitale du Bailliage d'Alemagne où respondent Sirkin, Dieuze, Homburg, sainct Auod, Putlange, Beringen, Faulquemont, Schemburg, & huict villages. Mirecour est la capitale de celuy de Vosges, où respondent Neuf-chasteau, Dompaire, Charmes, Bruyeres, Plombieres, Archer, & huict villages.

Le Duché de BAR a trente lieuës de longueur, & seize de largeur; il embrasse la Lorraine, comme en croissant. On y comprend Bar-le-Duc, Ligny, sainct Michel, Arq, Fou, Longwy, Arancy, Estain, la Mothe, place tres-forte, la Mache, Bournion, Clermont, Hatonchastel, Varennes, Vanne, & quelques autres villes. Bar-le-Duc est vn Bailliage, de mesme que sainct Michel, sur la Meuse. Celuy de Bar, d'où dependent Gaudrecour, la Marche, & pres de cent villages, qu'on nomme la Mouuance, ressortit par appel au Presidial de Sens, & en la Cour de Parlement de Paris; l'autre ressortit dans le Duché mesmes a vn Parlement estably & seant à S. Michel, qu'ils appellent sainct Mihel. A ce Bailliage respondét le Pont-à-Mousson, qui a titre de Marquisat releuant de l'Empire, & Vniuersité renommée, auec plusieurs Conuents, & vn College des PP. Iesuites, il y a vn Chasteau separé de la ville, & la Moselle passe entre-deux; Clermont & ses dependances, Stenay, Iamets auec Chasteau, Chastel sur Moselle, la Mothe, Haton-Chastel, Estain, Varennes, Longuion, Longwy, Brie-la-Chaussée, Thiocour, Aspremont, & dix-huict villages. Le Marquisat de Pont releue de l'Empire, & n'a que la ville auec trente villages; Espinal sur la Moselle est vn petit Bailliage qui ressortit au Conseil du Duc; & celuy de Chastel respond à la Cour de sainct Michel. Remiremont est vne belle ville, assise, presqu'à la source de la Moselle: C'est vne Abbaye & terre à part, qui estoit anciennement de l'Empire, & qui recognoist le Duc par droict de protectió & association, & contribuë aux aydes generaux: Les Religieuses qui s'y enferment font preuue de leur noblesse de huict generations.

Le Comté de Salms est en la Lorraine & l'Alsace, confine auec l'Euesché de

Strafbourg, contient fix cens villages ou bourgs en fix lieuës de longueur & quatre de largeur,auec plufieurs Chafteaux affis fur la montagne;la ville de Bandoüiller en depend. Il eft poffedé par moitié par les Rheingrafs & les Ducs de Lorraine, à qui il vient du cofté maternel: Les premiers Comtes de Salms eftoient yffus de Hongrie, & obtindrent, il y a plufieurs fiecles, cette terre en fief des Empereurs, pour recompenfe de feruices. Le Rheingraf Prince de Salms eft vaffal du Duc de Lorraine,à caufe de fa terre & belle maifon de Neuuiller. Le Comté de Naffau eft pres de la Lorraine,outre la Sare, & la demeure des Comtes eft à Sar-bruch, qui vaut comme,pont-fur-la-Sare.Le Duc pretend auffi d'auoir eu Arreft en la Chambre Imperiale à Spire,par lequel le Comté releue de luy,qui recognoift auffi l'Euefque de Mets.

Il y a plufieurs autres bonnes places dans le pays, fçauoir Balfen, ville fortifiée & fife dans des marais, Baufremont, Chafteau & nom d'vne famille ancienne, Ramberuillers, Darué, où eftoit garnifon & gouuerneur particulier, Marfal, ville forte fife fur vn marais, où font les Salins; Denfe, auec Chafteau & Salin, de mefmes qu'à Salone; Dun fur Meufe auec vn fort Chafteau. Stenay fur la Meufe a vne citadelle tres-forte & garnifon, la ville & frontiere au Duché de Bourgogne; Vic petite ville, clofe de murailles & de tours de vingt en vingt pas, auec des Salins, eft le fiege du Suffragant de Mets; Moyenuic a de beaux Salins; Biche, vn fort Chafteau; Rofieres, auec Salins. Vaucouleur lieu renommé pour la naiffance de la Pucelle d'Orleans,eft donné à la Champagne, & par autres à la Lorraine, ou au Barrois.

Qualité. La Lorraine & le Bar ne cedent à aucun pays en la fertilité & abondance de toutes chofes, pour fe pouuoir entierement paffer de leurs voifins, fi ce n'eft pour l'huyle d'oliue. Le bled froment, les bons vins, les chairs, les poiffons excellents en fes riuieres & eftangs, fçauoir des tres belles truites, & faulmons frais, auec toute forte de legumes, foins,& tout beftail,iufques aux bons cheuaux, s'y voyent pour l'vfage du pays, & pour en faire part aux eftrangers. Si la montagne y eft fterile,le dommage en eft recompenfé par les profits du beftail en beurre, bons fromages;bois fapin,terebentine,faifans,fangliers,cerfs,outardes, poules de bois, & par tout volaille delicieufe;la venaifon y eft fi abondante qu'on en a des boucheries ouuertes. Les cheuaux font de la montagne de Voge, & du Bailliage d'Alemagne,& on les eftime fort pour la vifteffe, fierté & grandeur. On n'y void pas quantité de bœufs, de forte que le commun fe fert de cheuaux pour le labourage. La chaux, le fable, & la pierre de taille y abondent;le marbre blanc & noir eft pres de Nancy;le porphyre,iafpe,& bonne roche fe trouuent és montagnes vers Sirck & le Treuirois. Les belles & grandes chalcedoines, qui efgallent l'agathe & l'azur, & les perles qui fe tirēt en la riuiere de Vologne pres Bruyeres,auec les grains d'or, publient la richeffe & fingularitez de ce pays. Les mines principales de la Lorraine font à faincte Marie-aux-mines,& en tout le val de Lieure, à la Croix, au Chipaul, Luffe & és enuirons dans la Preuofté de fainct Diey,au Buffant & au Tillot Preuofté d'Arches,où font plufieurs riches & fecondes veines d'argent, cuivre-rofette, plomb,fer,acier,arfenic antimoine & autres mineraux. A Vaudreuanges font des mines de tres-beau & naturel azur, & à Schaluembourg font les agathes & grenats; les fontaines de la valée de Vagny font remplies de femblables pierres precieufes,que les Alemands portent & prifent fort,au prix mefmes des Orientales & Indiennes. La matiere dont on fait les miroirs & le verre excelle par deffus toute autre de la Chreftienté. Il y a fix Salins dans le pays, fçauoir Moyenuic, Dieufe, Marfal,Chafteau-falin, Salonne, & Rofieres, dont le fel eft fin, de bon gouft, & tres-blanc. Les eaux de ces fontaines & puits falans font propres à corriger les intemperies froides & humides. Les carpes du lac de Linder qui a quatorze lieuës en rondeur, & qu'on pefche trois fois l'année, font tres-belles, & fi bonnes qu'on n'en trouue point ailleurs de pareille faueur, on les appelle carpes au miroir. Les bains chauds de Plombieres à deux lieuës de Remiremont font frequentez par les François & par les Alemands, pour les vertus & qualitez falutaires qu'on en a experimentées; ils font meflez de fouffre & d'alum dans vne plus grande quantité de plomb,ce qui leur a donné nom. Il fe parle en Lorraine de quelque malin efprit, qu'ils nomment Ternequin,qui apparoift la nuict aux habitans faifans chemin, en forme d'vne lanterne pour les efclairer, & qui les conduit en des precipices ou profonds paffages.

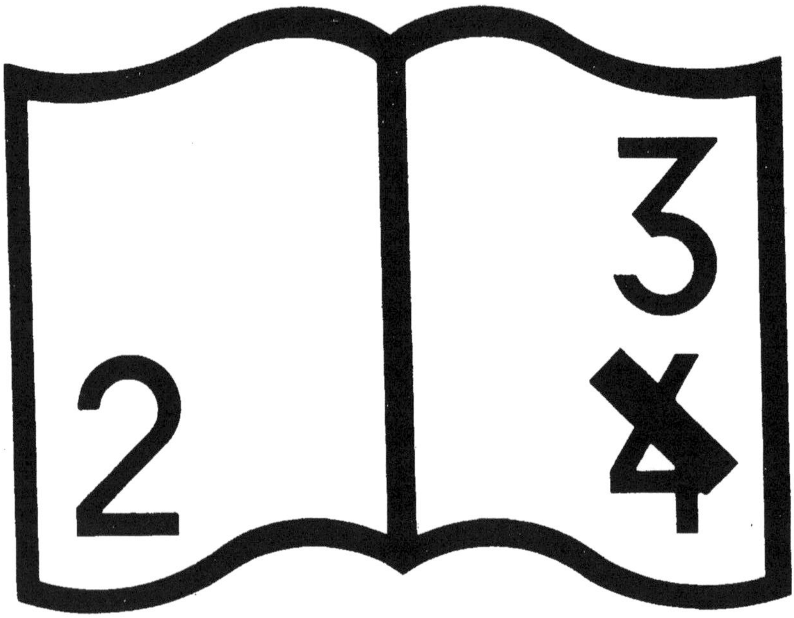

Pagination incorrecte — date incorrecte

NF Z 43-120-12

Les Lorrains sont meslez des mœurs & humeurs des Alemands & des François, ils sont assez grossiers, & n'ont point la viuacité, l'air & la gentillesse du François. Il en sort de bons artisans & de bons soldats, & l'alliage des deux nations les peut faire bien reüssir & durer à la guerre. La noblesse de Lorraine voyage en Italie, & vient aux Academies de France, où elle se forme aux actions & à la politesse de la nation, s'habillant mesmes à la Françoise dans ses terres, de mesmes qu'elle se sert aussi de la langue Françoise plustost que de l'Alemande. Le peuple y est assez franc, & comme il n'a pas l'esprit delié, il n'est pas aussi tant capable de se corrompre. Le Bailliage d'Alemagne, comprenant les villes & lieux qu'on appelle Lorraine Alemande, parle Alemand, le reste vse de la langue Françoise, mais fort corrompuë. Pour le viure, il est fort net & propre, mais pour le boire d'autant, il tient plus d'vne nation que de l'autre. Ceux de Bar rapportent aux François en ciuilité, courtoisie & liberalité: Et generalemēt les Lorrains sont deuots, assez ouuerts de cœur & de langue, prompts & hardis, tenans de la force du corps & de l'ordre en guerre, des Alemands, enclins à jeux, & s'aymans entr'eux.

Le pays est riche en toutes façons, pour ses fruicts abondans, sels bestails, mines, & autres choses. L'Alsace, le Treuirois & Cologne, se fournissent du sel de Lorraine; qui vaut au Duc vn million de liures ou enuiron. Les diuerses mines que nous auons mentionnées, ne peuuent estre que d'vn grand profit au Prince & aux particuliers. Les pierres d'azur, les perles, chalcedoines, dont se font de beaux vases, la matiere des miroirs & verres, se vendent aux estrangers, auec les dentelles & autres ouurages. Les toiles, napes & seruietes d'Espinal & Neuf-chasteau, vont en Alemagne, & en France iusques en Languedoc & en Prouence; les femmes & les filles trauaillent à ces toiles. Les cheuaux tant du pays, que ceux d'Alemagne, qu'on mene aux foires de Lorraine, leur portent du profit; & finalement c'est vne terre de tres-bon reuenu au Prince, qui en domaine ou impositions peut faire iusqu'à vn million d'or; la seule pescherie du lac que nous auons mentionné, porte par an iusques à seize mille liures. Le papier & cartes d'Espinal se portent en Alemagne & au Comté de Bourgogne. Richesses

On compte huict fortes places dans la Lorraine, sçauoir Nancy, la Mothe, Marsal, Iametz, Luneville, Clermont, Estenay, & Biche. Nancy en est la principale, fortifiée dés l'an mil cinq cens quatre-vingts sept. Pendant les guerres qui estoient en France, & pour l'apprehension du passage des Alemands, les faux-bourgs furent ceints de murailles, & le tour de la ville aggrandy: Il y a esté encor trauaillé depuis, qu'elle a esté fortifiée à la moderne, & reduë l'vne des meilleures places de la Chrestienté: Son Arsenal est tres-bien fourny de toutes munitions. La Mothe est comme imprenable pour son assiete, mais elle fut batuë, minée & prise par les armes du Roy, commandées par le Mareschal de la Force, apres cinq mois de siege, le vingt-huictiesme du mois de Iuillet mil six cens trente-quatre. Il y a plusieurs autres chasteaux importans, comme à Bar-le-Duc, & iusques à cinquante ou soixante villes closes de murailles. Le Duc de Lorraine, outre ses Gardes, Archers, Mousquetons & cheuaux-legers, pouuoit leuer facilement iusqu'à 15000 hommes de pied, & 2000 cheuaux; & en l'an 1634 il conduisit en personne & à ses despens pour le seruice de l'Empereur contre le Roy de Suede seize mille hommes effectifs, & quatre mille cheuaux. Forces

La Lorraine d'auiourd'huy fait vne partie de l'ancien Royaume de Mets ou d'Austrasie, qui est la France Orientale, comme nous auons desia dit; lequel Royaume estoit l'vn des partages de celuy de France, en la premiere lignée des Roys. Sous les enfans de Louys le Debonnaire, & dans le partage par eux fait, la Lorraine commença de prendre son nom de Lothaire l'vn d'iceux, & autre son fils de mesme nom, auec le tiltre de Royaume particulier, mais plus estendu & beaucoup plus grand que le pays d'auiourd'huy en titre de Duché. Sous les successeurs du mesme Empereur, les Lorrains de la domination Françoise vindrent en celle des Alemands, & au refus des Roys de France de les receuoir ou reprendre sous leur Empire, Arnoul fils de Caroloman bastard de Louys le Germanique fut esleu Roy d'Alemagne, & de Lorraine, laquelle continua d'estre aux Alemands; & Charles le Simple à qui les Lorrains s'estoient donnez, renonça depuis au Royaume de Lorraine, en faueur de Henry Roy d'Alemagne, lequel luy en fit hommage. La troisiesme race des Roys de France suruenant, la Lorraine qui auoit esté desia occupée par l'Empereur Othon le Grand, & baillée à Charles de France en tiltre de Gouuernement

Duché par Othon second, demeura exposée, Charles ayant esté priué du Royaume de France par le consentement des François, qui defererent la Couronne à Hugues Capet; lequel surprit Charles dans Laon, & le confina en vne prison à Orleans. En cette lignée de Roys, Charles sixiesme & Louys vnziesme ont fait quelques efforts pour rauoir vne si belle piece de leur heritage, & les diuerses guerres estrangeres & intestines qui ont trauaillé le Royaume en tant de sortes, en auoient empesché iusques icy la vindication, qui ne se pouuoit faire que par armes, quoy qu'auec beaucoup de iustice, nonobstant les tiltres, prescriptions pretenduës, & longue possession des Ducs de Lorraine, iusques auiourd'huy; ioint que les Ducs precedens ont fidelement & affectionnément seruy les Roys, & se sont interessez auec la France aux occasions cottées dans l'histoire; & plusieurs alliances sont aussi interuenuës de la maison de Lorraine auec celle de France, dont les principales sont de Charles troisiesme Duc de Lorraine auec Claude de France fille de Henry second, de Louyse de Lorraine fille du Comte de Vaudemont auec le Roy Henry troisiesme, & finalement de Henry Duc de Bar & depuis Duc de Lorraine, auec Catherine, sœur de Henry quatriesme.

Les Ducs de Lorraine sont d'vne fort longue & ancienne suite, depuis les premieres collations & inuestitures faites par les Empereurs, & apres Godefroy de Buillon & ses successeurs, qui ont iouy du Duché, & du Royaume de Hierusalem. Ils ont eu de belles prerogatiues, estans exempts de la Iurisdiction de la Chambre Imperiale, quoy que les Princes de l'Empire, auec le droict de Marche sur leurs voisins Princes de l'Empire, sans congé ny attache; & pour cognoistre de tous appels & duels entre le Rhin & la Meuse, & le tiltre vnique de Marchis, à cause de ce droict. Ayans releué de l'Empire, ils n'ont pû pretendre droict de Souueraineté absoluë, nonobstant le blason du bras armé, pour signifier qu'ils ne tenoient que de leur espée. [a] Le Duché de Bar est vn fief releuant de la Couronne de France, ce qu'Antoine & François Ducs de Lorraine recognurent par acte authentique sous le Roy François premier; [b] & les Barrois n'ont iamais eu besoin de Lettres de Naturalité. Nous ne prendrons les Ducs que depuis René Duc de Lorraine, qui cõbatit Charles Duc de Bourgogne, & recouura par ce moyen son Estat auec l'aide des Suisses, iusques à Charles cy-deuant Comte de Vaudemont, lequel ayant épousé Nicole fille de Henry Duc de Lorraine, en estoit deuenu Seigneur. Ses mauuais comportemens enuers le Roy Louys treiziesme, heureusement regnant, & dont les iustes armes reçoiuent iournellement des effects singuliers de la benediction de Dieu, l'ont fait iuger cy-deuant atteint du crime de felonnie enuers son Souuerain, & par Arrest de la Cour des Pairs du trentiesme Aoust 1633. le Duché de Bar, dont il auoit refusé de rendre hommage à sa Maiesté, fut reüny à la Couronne. Le Roy s'estant en suite transporté dans la Lorraine, se rendit maistre des principales places, entra dans Nancy le vingt-quatriesme du mois de Septembre de la mesme année.

a Bodin lib. 1 de rep. c. 10.
b Id. li. 1. c. 11.

Les principaux ordres de la Lorraine consistent en la Cheualerie ou Noblesse ancienne, qui iouyt de plusieurs beaux priuileges, reseruant le serment du Duc à son aduenement pour la conseruation de ses droicts, & se prouignant par les alliances des nobles estrangers ou annoblis par le Prince, qui espousent leurs filles, & des masles en prouenans. Les principaux sont les Marquis de Haraucourt, du Chastelet, de Bassompierre; les Comtes de Lenoncour, de Ligneville, de Ludres, Beaumeau, Ragecour, Mitry, & autres, en nombre de douze; & six Marquis; outre les Seigneurs Alemands, qui sont vassaux; les autres se trouuent yssus des maisons ja mentionnées, sçauoir les Marquis de Trichasteau, d'Esne; les Barons de Chambley, Stainville, Netancour, Vaubecour, Armoises, de Lemont, Sauigny, Florainville, & plusieurs autres.

La Lorraine n'a point de Chancelier, mais bien vn Mareschal pour les armées, qui l'est à vie, & vn Preuost general du pays. Les actions & possessoire des fiefs des Bailliages ressortissent à l'anciẽne Cheualerie, qui a le droict de Souueraineté pour en iuger és Assises qui se tiennent à Nancy. Les autres actions vont à la Chambre des Comtes de Nancy, ou au Conseil du Duc. Sainct Michel, où est estably le Parlement, ne cognoist que des appellations des Bailliages du Barrois, & non de Bar, comme il a esté dit. Chastel-sur-Mosel, quoy qu'il ne soit pas dans le Barrois, ressortit à S. Michel. Le Maistre-Escheuin, & les Escheuins de Nancy, & les Gouuerneurs des places estoient à vie. La Chambre des Comptes a vn President, quatre

Maistres des Requestes, quatre Secretaires d'Estat, & plusieurs Conseillers. Le Conseil du Prince estoit composé de Seigneurs, & gens de robe-longue. La Monnoye se bat à Nancy & à saincte Marie.

Il n'y a point d'Euesché dans la Lorraine, qui dépend pour le spirituel de diuers Dioceses, mais principalement de ceux de Mets, Toul, Verdun, & Treues. Il y a quantité de Prelats qui peuuent porter mitre, & en premier lieu le Primat de Nancy, qui a son Eglise qu'on nomme Primatiale, dediée à nostre Dame (outre les Eglises parrochiales de sainct George, de sainct Eure, de nostre Dame, & de Villeneuue de Nancy, & celles des Capucins, Minimes, & Cordeliers) le grand Preuost de Diey, & les Abbez de Longueville, de Tolley & de sainct Pierreuot. Les Abbez qui ont droict de porter crosse sont ceux de Rangeual, Ianuiller, Bonfai, Estiual, saincte Marie-aux-Breistroff, Clairlieu, de l'Isle, de Haute-seille, Viller, de S. Benoist, Lune-ville, & Chamousey, auec le Prieur de Flauigny, & les Cheualiers de l'Ordre de sainct Benoist. Religion.

Il y a trois Abbayes de Dames & Chanoinesses, qui ne font point de vœu, & peuuent sortir pour se marier, si bon leur semble, sçauoir Remiremont, Espinal, & Boissiere-aux-Dames: On n'y reçoit que des filles de grande maison, & nobles de quatre generations de pere & de mere. Les Abbesses seules sont astreintes par vœu, & ont voulu obliger les Dames à se cloistrer, mais elles s'en sont defenduës. Il y en a de mesmes à Bosleduc en Brabant, & à Mons en Haynaut, en Suaube & autres endroits d'Alemagne. Chanoinesses.

Nous auons mentionné la ville du Pont-à-Mousson, qui est ancienne, auec son Vniuersité, où la Theologie, la Philosophie, & les lettres humaines sont enseignées par les PP. Iesuites, la Iurisprudence & la Medecine par des Professeurs. Terres de surseance.

Il y a certaines terres qu'on nomme de surseance, pour n'auoir esté encore iugé ou conuenu entre les Princes, à qui la Souueraineté en doit appartenir, sçauoir entre le Roy de France, le Roy d'Espagne, & le Duc de Lorraine, comme estans ces terres sur la lisiere de Lorraine du costé d'Orient, & auoisinans la Champagne, & la Franche-Comté. Bodin [a] y met la terre & Seigneurie de Lommes: Il y a quelques villes & bourgs, comme Vaucouleurs, & autres, qui sont de cette qualité, & où cependant les Seigneurs & Feudataires iouyssent & exercent le droict de Souueraineté, iusques à ce que la question ayt esté arbitrée entre les Princes, & par Commissaires à ce deputez; la ville de Fontenoy est iouye souuerainement par la Duchesse de Croüy, & d'autres par quelques Seigneurs, qui en vsent de mesmes. Il en est de mesmes sur les marches de la Bourgogne, comme il a esté dit en son lieu.

a. Li. 16. de rep.

ESTATS DV DVC DE SAVOYE.

DISCOVRS GENERAL.

LE DVC DE SAVOYE possede plusieurs Estats vnis, lesquels estants autrefois diuisez entre diuers Princes, ou Republiques, estoient neantmoins fort considerables. L'Histoire a remarqué les anciens Comtes de Geneue entre les plus puissans Princes du Royaume d'Arles: Les Ducs de Sauoye possedent en Souueraineté tout ce que ceux là tenoient, excepté la ville de Geneue, qui s'en est soustraite il y a enuiron cent ans. Les Marquis de Suse issus, comme aucuns estiment, de la Royale maison de Charlemagne, ont eu celle de Sauoye pour heritiere: Les Marquis d'Iurée anciennement si redoutables, que les trois derniers, Berenger, Adelbert, & Ardouin ont tenu l'Empire, ou le Royaume d'Italie, n'ont point eu d'autres successeurs, que la mesme maison. Les Marquis de Salusses, Princes renommez és Histoires de France & d'Italie, ont eu mesme fortune: Ceux de Montferrat, alliez aux plus grands Roys ont perdu les plus beaux fleurons de leur Couronne, pour enrichir celle de Sauoye. Les Comtes de Prouence ne l'ont pas peu rehaussée par la cession du Comté de Nice. Ast, Verceil, & Quiers jadis Republiques si florissantes, qu'vne seule d'icelle mettoit trente mille hommes en campagne, sont auiourd'huy membres des mesmes Estats. Que si iadis les Allobroges ont esté vn peuple & vn Estat fort nombreux & puissant, comme l'Histoire Romaine en fait foy, & ne comprenoit pas tous les pays qui sont de la maison de Sauoye, il se peut faire que la force de l'vn est de plus grande consideration, que l'autre n'a point esté.

Les Estats du Duc de Sauoye sont partie deçà, partie delà les Monts, où ils sont enclos dans les Alpes mesmes, pour embrasser tous les habitans que les anciens ont nommez *Cisalpini*, *Inalpini*, *Subalpini*, *Transalpini*. Ils confinent auec les Suisses, le Pays eschangé le long du Rosne, le bas & haut Dauphiné, la Prouence, la riuiere de Genes, le Montferrat, l'Alexandrin, le Nouarois, Milanois, & pays de Valey.

Estendue. Leur estenduë plus ample est du Septentrion au Midy, & si on la veut prendre selon le patrimoine ancien de la maison de Sauoye, du pays de Vaux & Comté de Rhomont, qui sont tenus par ceux de Berne & de Fribourg, iusques à Nice, il y auroit presque quatre degrez de latitude: Mais si on la mesure seulement du bord meridional du Lac de Geneue vers sainct Gingoux, au dessus de Tonon, & tirant en droite ligne vers Nice par les pays que le Duc de Sauoye possede, il y en a plus de trois degrez, lesquels à raison de soixante mils pour degré, qui est la supputation plus commune des Geographes, reuiennent à plus de deux cens mils d'estenduë droite de pays, qu'on ne peut faire en moins de douze grandes iournées, à cause du chemin & des destours necessaires; & c'est autant que de Milan à Rome, ou de Lyon à Calais.

La largeur de ces Estats n'est pas esgale, estants assez estroits en aucuns lieux. La plus grande est de sept à huict iournées, & la moindre de trois ou quatre.

Confins. Leurs confins du Septentrion, si on y comprend le pays de Vaux, sont le Comté de Bourgogne, & autrement le mesme pays, le long du Lac de Geneue; du Couchant au Midy, le Rosne au sortir de Geneue. Auant l'eschange du Marquisat de Salusses auec la Bresse & autres pays, la Sauoye s'estendoit au delà du Rosne le long de la Saone iusques à Lyon, Mascon, & tout ce quartier du Duché de Bourgogne. Laissant le Rosne à Bellay, & tournant de l Orient au Midy, la Sauoye est costoyée du bas & haut Dauphiné, & finalement des hautes montagnes de Prouence iusques à la Mer de Nice, où le Duc possede, outre le Comté, les riches vallées de Dolce-Aqua, & de la Pincipauté de Marro, & d'Oneille; & remontant delà par les confins de Genes, de quelques terres Imperiales, & des Langhes vers le Taner, où est l'Albesan, & les terres du Montferrat acquises par S. A. R. on entre dans le Comté d'Ast, puis en Piedmont, & dans le Vercellois iusques à la Sesia qui separe les Estats de Sauoye d'auec ceux de Milan.

Ces Estats consistent en cinq Duchez, sçauoir Sauoye, Chablais, Aoste, Geneuois, & partie du Montferrat; Trois Principautez, Piedmont, Oneille, & Barcillonnette; Quatre Marquisats anciens possedez iadis par des Seigneurs particuliers qui tenoient rang de Princes, sçauoir Suse, Iurée, Salusses & Ceue; Six Comtez de mesme nature, Maurienne, Tarentaise, Nice, Verceil, Ast & Tende, outre grand nombre de Marquisats, Comtez, Baronnies, & Seigneuries qui releuent de la Souuraineté de Sauoye.

Le titre de Marquis d'Italie est donné aux Ducs de Sauoye d'ancienneté, d'autant qu'ils possedent & commandent les principales marches & aduenuës d'Italie, sçauoir Iurée, Suse & Nice. Plusieurs prenans mal la signification de noble titre, les appellent Marquis en Italie. Il sera parlé cy-apres de la qualité de Roy de Chipre: Ils se disent aussi Vicaires perpetuels & Princes de l'Empire, pour auoir esté declarez par l'Empereur Henry septiesme en la personne d'Amé le Grand, Vicaires generaux & perpetuels de l'Empire en toute l'Italie.

Nous auons mis le Duché de Montferrat, quoy qu'il ne soit pas entierement possedé par le Duc de Sauoye (comme nous auons desia dit) à l'exemple des Ducs de Saxe, de Bauiere, de Lorraine, & autres, qui portent le nom absolu des Souuerainetez, qu'ils ne tiennent qu'en partie. Il en prend donc le tittre à cause d'vne grande partie d'iceluy deçà le Pô, & delà le Taner, qui a esté iointe & acquise à la maison de Sauoye, du consentement de l'Empereur, & des Roys de France & d'Espagne.

Le titre d'Altesse ne fut donné qu'aux Ducs de Sauoye, lors qu'il cōmença d'estre mis en vsage en Italie. Les Ducs de Venise retenoient celuy de Sublimité, & tous les autres n'auoient que l'Excellence. L'Empereur & les Roys ne donnoient de Serenissime qu'à eux seuls, comme Maximilian 2. le donnoit au Duc Emanuël-Philebert, & le Roy Philippes 3 à Charles-Emanuël, son fils, comme il se void dans le Formulaire des lettres de Sansorin Florentin, & dans les Relations de l'Ambassadeur de Venise.[a] & ailleurs,[b] & plus au long au liure du titre Royal fait par l'Historiographe de Sauoye.[c] Tous les Princes d'Italie ont pris depuis le titre d'Altesse, mais les Ducs de Sauoye pour se maintenir dans la possession où ils sont d'estre distinguez des autres contre vne telle nouueauté qui leur pourroit estre preiudiciable, & pour autres considerations cōtenuës au mesme traicté,[d] comme il sera dit cy-apres, y ont adiousté la qualité de Royale, qui leur est donnée communement dans les liures imprimez en France & ailleurs. Altesse Royale.

a Thres. Polit. part. 2.
b Martha de Iurisdict. part 1 c. 31 41. 5.
c P. Mo od. ch 1. page 13.
d Tit. reg.

Les Ducs de Sauoye ont eu de tout temps des Vassaux fort releuez. Amé huictiéme a dit autrefois,[e] qu'outre les Duchez d'Aoste & de Chablais, qui estoient dans sa maison, il auoit des Princes pour vassaux, entendant ceux des maisons de Geneue, Salusses & Montferrat. Le Pape Clement 7 estant en Auignon, luy fit hommage du Comté de Geneue, qui luy estoit escheu.[f] Les Ducs de Nemours, de Mayenne & de Mercœur deuindrent les hommes liges des mesmes Princes pour les fiefs par eux tenus dans les Estats de Sauoye.

e Lettre imprimee és actes du Concile de Basle.

f Bald. Bellamera.

Les maisons illustres qui subsistent auiourd'huy dans les mesmes Estats, & qui sont descenduës ou alliées des Roys & des Princes, seruent encores à faire voir la grandeur de ce Prince. Les principales sont en Sauoye, la maison de la Chambre alliée à celle mesme de Sauoye, à celle de Bourbon & de Chalon, dont le Marquis d'Aix est chef: La maison de Geneue, laquelle ne subsiste auiourd'huy qu'en la personne d'Albert Eugene de Geneue, Marquis de Lullin, qui est Cheualier de l'Annonciade, Grand Escuyer de Madame Royale, Gouuerneur des pays de Chablais, & porte le nom & les pleines armes de Geneue. En cette branche il y a eu plusieurs Cheualiers du mesme ordre de Sauoye. La maison de Chalant qui possedoit iadis la Val d'Aoste, a eu aussi de grandes alliances auec les Princes & Seigneurs voisins. La maison de Menton, de Douyn & de Roussillon pretendent estre originaires, celle de Menton, d'Oliuier, nepueu de Charles-Magne, comme on void dās la vie de sainct Bernard de Menton, yssu de la mesme famille; les autres deux d'vn frere du fameux Gerard de Roussillon, marié à la petite-fille de Charles-magne, qui fut Gouuerneur de la Prouence, du Daufiné & de la Sauoye. Il y a plusieurs autres maisons illustres en Sauoye, qui seront rapportées en leur lieu; Nous ne touchons icy que celles qui ont eu alliance auec les Princes, comme sont en Piedmont les Lascaris yssus de Constantinople & de famille Imperiale, cy-deuant Comtes de Tende & Princes de Vintimille; les Carrets, qui sont aussi de race Imperiale, & alliez auec plusieurs maisons de Princes; les Comtes de Valpergue, sainct Martin & Castelmont yssus du Roy Ardoin en Italie; le Marquis de Lans, de la maison d'Est ou de Ferrare fort releuée en Italie; le Marquis de Ceue, yssu de ceux de Montferrat, les Barons de Garde, de Valgrana & de Mulassan cadets de la maison de Salusses; les Marquis de Cirié, chefs de la maison de Doria; les Marquis de Ville, descendus des Princes de Ville, qui furent Princes de la Morée; les Blandiats de sainct George, yssus des Princes de Pologne, & alliez aux plus grandes maisons d'Italie. On pourra voir les autres dans la description du Piedmont. Maisons illustres.

Richesses.

LA bonté & fertilité des pays subiets à ce Prince, les rendent fort considerables, de sorte que pour bien comprendre les richesses generales & particulieres de ces Estats, il faut faire reflexion sur ce qu'ils rapportent en fruits, comme il sera dit en la qualité de la Sauoye & du Piedmont. Leur belle situation pour le passage d'Italie, & la grande commodité du commerce qu'ils peuuent auoir auec les meilleures Prouinces de l'Europe, entant qu'ils confinent la France, l'Italie & les Suisses, sont aussi la cause de leur richesse & abondance. Par le Pô qui passe à Turin & trauerse la meilleure partie d'Italie, on peut receuoir & enuoyer toute sorte de marchandises iusques à la mer Adriatique. Le port de Ville-franche pres de Nice est vn des meilleurs de toute la mer Mediterranée ; de sorte qu'on y peut establir le plus seur commerce d Italie, à quoy ne sert pas de peu la commodité du traiect en Barbarie, où les pilotes Nissards se rendent dans 8 ou dix iours, & rapportent des Isles voisines comme Corse, & Sardaigne, & autres, quantité de belles & riches marchandises, & en particulier le corail qu'ils y peschent en toute liberté. Les finances ont beaucoup augmẽté en ces Estats, de mesmes qu'és Estats voisins, comme nous auons assez particulierement remarqué pour la France. Le Duc tire du seul Piedmont plus de douze cens mille escus d'or de reuenu annuel, tant de son Domaine, Tailles, qu'ils appellent Tax, [a] que des Gabelles, [b] Daces, peages & Traites foraines, qui sont grandes en ces quartiers-là, à cause de la necessité des passages, & de la quantité de grains, bestail, soyes, toiles & choses semblables qu'on en tire ou qu'on y voicture. Le Duc Charles-Emanuel, tres-habile Prince, fort honorable, genereux & liberal, auoit accoustumé de dire qu'il n'auoit point d'autre ordinaire en ses finances que sa volonté, entant qu'il possedoit vn si beau pays, & qu'il auoit d'ailleurs les cœurs du peuple qui luy estoit fort affectionné, de sorte qu'il en retiroit ce qu'il luy plaisoit ; & c'est ce qu'on appelle parties casuelles, qui excedent quelquesfois la valeur de l'ordinaire. Il a fait durant sa vie vne tres-grande despense, soufferte par ses Estats en guerre presque continuelle, durant l'espace de quarante ans, outre les grands deniers distribuez à ses partisans en France & en Alemagne, où il a presque tousiours eu & entretenu des intelligences. Le reste des richesses du pays de la Sauoye & du Piedmont, auec les terres qui en dependent, sera traité en la description particuliere de ces Estats.

[a] 160000 escus.
[b] 100000 escus.

Forces.

La situation des Estats de Sauoye n'est pas moins importante & considerable pour le passage des armées en Italie, qu'elle l'est pour le trafic & commerce, d'où vient que l'Italie ayant esté celle qui a donné ordinairement la loy à l'Europe pour l'Empire, les plus grands faits d'armes, lesquels y ont porté consequence, ont esté ioüez sur le theatre des Alpes, comme fait voir particulierement l'Autheur de l'Apologie Italienne pour la Sauoye. Cette mesme situation est tres-auantageuse pour se defendre, à cause de la difficulté des aduenuës, qui peuuẽt estre gardées par peu de gens contre vn grand nombre. Ces aduantages naturels sont aidez de tout ce que l'art peut contribuer à bien munir vne forteresse, ce qui se void és chasteaux de Montmeillan, Myolans sur l'Isere, & de Nisse, & en la citadelle de Carmagnolle, qui sont des plus celebres de l'Europe, de mesme que la citadelle de Turin, sur le plan de laquelle on a basti celle d'Anuers ; & toute la ville de Turin nouuellement aggrandie de la moitié par S.A.R. & flanquée de grands bastions royaux ne cedera pas mesmes à celle d'Anuers. Coni, Fossan, Sauillan, Rauel, Cauors, Ast, Verceil, Chiuas, Ville-neufue d'Ast & plusieurs autres places, que l'histoire des guerres de Piedmont fait cognoistre par les sieges qu'elles ont soustenus, peuuent tirer vn adueu des Capitaines experimentez, que le Piedmont est capable de donner assez long-temps de l'exercice à des armées puissantes & Royales, auant que pouuoir estre entierement dompté & assuiety. Le pays, quoy qu'assez petit, est tres-bien peuplé & fourny de bons hommes, qui aiment grandement leur Prince.

Les plus fortes garnisons sont celles de Verceil, d'Ast, de Nice, de Carmagnolle & de Montmeillan, qui sont d'ordinaire en temps de paix de quatre à cinq cents hommes chacune ; & dans tout l'Estat és places gardées on fait compte qu'il y a pres de trois mille cinq cens hõmmes, tous les pays estãs capables d'en armer & de gens d'eslite bien exercez iusques 25000 hommes de pied, & 3500 cheuaux, la pluspart de Noblesse bien montée. Pour les forces sur mer, le Duc peut entretenir iusques à cinq ou six galeres ; & d'ordinaire il y en a quatre armées de Cheualiers de sainct Maurice & de sainct Lazare, dont le Duc est grand Maistre : Ils sont entretenus des rentes des Commanderies, & vont en course auec ceux de Malte, ou sont pres de la personne du Duc de Sauoye ; ils portent la croix blanche pommettée & doiuent estre en nombre de quatre cens tous Seigneurs ou Gentilshommes qualifiez. Les forces sont commandées au besoin par vn Admiral, dont la charge estoit exercée par le Duc de Sauoye Victor-Amedée, n'estant que Prince de Piedmont. Les autres places fortes du Piedmont & de la Sauoye, & celles-là mesmes qui ont esté mentionnées seront plus particulierement décrites en parlant des pays où elles sont assises.

Gouuernement.

LE principal Gouuernement des Estats de Sauoye reside en la personne du Duc, lequel est souuerain & absolu en tous ses Pays, sans autre ordre, ou temperament qui y resiste. Il a son Conseil aupres de soy, composé d'vn Grand Chancelier, & des Conseillers d'Estat choisis des trois Estats, de l'Eglise, Noblesse, & Magistrats. Outre ceux-cy il a ses Referendaires, qui sont comme les Maistres des Requestes en France. Il a aussi ses Secretaires, qui sont de deux sortes: les vns ont qualité de Cōseillers d'Estat, les autres ne sont que Clercs, ou Commis de Chancellerie; les premiers font toutes les expeditions des commandemens, & des finances, toutefois auec despendance du premier Secretaire, qui a seul la confiance des affaires estrangeres, comme est auiourd'huy le sieur Carron, Seigneur de sainct Thomas. La Iustice est administrée souuerainement par trois Parlements, qu'ils appellent Senats, establis à Chambery pour la Sauoye, à Turin pour le Piedmont, & à Nisse pour le Comté & les Vallées qui en dependent. Il y a des Iuges dās les principales villes, qu'en Sauoye on appelle Iuges-Mages, & en Piedmont Prefets, outre les Iuges particuliers que les Seigneurs hauts Iusticiers, & Bannerets establissent en leurs terres & Seigneuries, qui iugent en premiere instance, l'on appelle d'eux aux Senats, chacun selon sa Prouince. Le Duc de Nemours Prince de la maison de Sauoye a vn Siege Presidial à Annissi pour le Geneuois, qui est son appannage, duquel on appelle au Senat de Chambery; le Prince Maurice, d'Oneille, & le Prince Thomas, de Carignan, ont pareillement les leurs en Piedmont pour leurs apannages, qui iouyssent des mesmes priuileges.

Les finances sont administrées par deux Generaux, vn deçà & l'autre delà les Monts, & par les Thresoriers des Prouinces, de la guerre, & des estappes, sur tous lesquels sont establies deux Chambres des Comptes, l'vne en Sauoye, l'autre en Piedmont, composées de Presidents de la Chambre, Presidents aux Fināces, Maistres Auditeurs des Comptes & d'Aduocats & Procureurs Patrimoniaux, qui iugent en Sauoye difinitiuement de toutes les choses appartenantes au Domaine. En Piedmont les Maistres Auditeurs, s'ils ne sont Docteurs, n'ont point de voix pour les procez.

La Sauoye & le Comté de Nisse ont des Gouuerneurs, qui ont qualité & authorité de Lieutenans Generaux, & ont la direction de tous les affaires de leur Gouuernement, comme ceux de France. Les autres Prouinces ont aussi des Gouuerneurs, comme encores toutes les Villes & Forteresses principales, qui ne peuuent estre establis que par l'authorité du Duc, mesmes dans les apannages des Princes ses freres. Tous ces Gouuerneurs tant generaux, que particuliers, ne sont pour l'ordinaire que de trois ans; le Duc les continuë plus ou moins selon qu'il en est satisfait. Le plus souuent il les change d'vn lieu à l'autre.

Les armes estoient iadis commandées sous l'authorité du Duc par vn seul qu'on nommoit le Mareschal de Sauoye, comme autrefois le Mareschal de Bourgogne. Le Duc Emanuel-Philibert sage Prince, iugeant que c'estoit partager l'authorité du Souuerain, que de laisser vn cōmandement si absolu entre les mains d'vn seul, abolit cette charge. Le Duc Victor-Amedée a vn General de l'Infanterie, [a] vn General de l'Escadron, ou de la Caualerie de Sauoye, [b] vn General de la Caualerie Italienne, [c] vn General de la Caualerie estrangere, [d] vn grand Maistre de l'artillerie en Sauoye, [e] & vn autre en Piedmont. [f]

Les Ducs de Sauoye ont de toute ancienneté esté seruis à la Royale, par grands Maistres, grands Escuiers, grands Chambellans, grands Veneurs, grands Voyers, & par autres moindres Officiers seruants par quartier. Ils ont quatre sortes de gardes ordinaires, d'Archers, de Cuirasses ou Lāces, de Suisses, & d'Arquebusiers à cheual, tous vestus de liurées, excepté les Cuirasses. La Duchesse a pareillement vne compagnie de gardes à cheual, vestuë de liurée. Les compagnies des gardes à cheual sont ordinairemēt cinq cens hommes. Quand le Duc marche en ceremonie à pied, il est

a le Comte de Verrue.
b Dom Felix frere naturel de S. A & son Lieutenant general en Sauoye.
c le Marquis Ville
d Dom Maurice frere naturel de S. A.
e le Marquis de S Maurice.
f le Marquis d'Ogliani.

il est suiuy des Archers auec leurs pertuisanes, qu'ils appellent des lances, des Arquebusiers tous le morion en teste auec leurs grandes plumes, & des Suisses tambour battant. Ces trois sortes de gardes sont tousiours en faction dans le Palais; les Arquebusiers à cheual sont à la grand' porte, les Suisses au bas de l'escalier, & les Archers auec les gardes de Madame dans la sale, chacun auec son pistolet. Ces gardes sont commandées par quatre Capitaines, qui se tiennent auprés de la personne du Duc, & seruent tous ensemble, & non par quartier, comme en France.

Le Duc a aussi sa Chapelle, qui iouyt des mesmes priuileges & exemptions de residence, que les saincts Canons ont attribué aux Chapelles Royales. Elle est composée d'vn grand Aumosnier, qui est ordinairement vn Euesque, des Aumosniers ordinaires & de quartier, des Chapellains & Clercs en bon nombre, & d'vn grand corps de Musique, de clairons & autres instrumens. Quand le Duc fait Chapelle, c'est à dire, quand il assiste en ceremonie aux Offices diuins, on luy dresse tousiours vn daiz dans le Chœur au costé de l'Euangile, auec vn grand marchepied, & les bancs pour luy, & la Duchesse richement tapissez, & couuerts de coussins. Il entre en l'Eglise auec ses gardes, tambour battant, & trompettes sonnantes. L'Archeuesque ou Euesque qui officie, ne sied point en son siege Episcopal en sa presence, mais en vn siege bas qu'on luy prepare exprés. On ne donne l'encens à l'Euesque qu'apres le Duc. Les Nonces & Ambassadeurs sont à l'autre costé, sans marchepied, & sans acoudoir, sur vn tapis, & vn coussin pour le genouïl: il y a toutefois vn banc tapissé pour eux, quand ils se doiuent asseoir. Les enfans & freres du Duc, & les autres Princes du sang, qui s'y trouuent, sont sous le dais, mais sans accoudoir. Les Cheualiers de l'Ordre y ont aussi leur banc, comme tous les corps des Magistrats.

La succession des Estats de Sauoye a tousiours esté deferée aux masles, à l'exclusion des femelles, de mesme qu'en France, comme il se verifie, entr'autres exemples, en la succession d'Edouard auquel succeda Aymon son frere, à l'exclusion de Ieanne sa fille, mariée au Duc de Bretagne: & en celle de Philibert second, auquel succeda Charles troisiéme, à l'exclusion de Louyse sa fille, mariée au Comte d'Angoulesme, mere du Roy François premier. Quant à la Regence des meres ou des ayeules il y a eu exemple en la tutelle d'Amé huictiéme, lequel a esté ensuiuy iusques auiourd'huy, en la personne de Madame Christine de France veufue du feu Duc Victor Amedée, à l'exclusion des oncles des derniers Ducs.

Religion.

Les Estats du Duc de Sauoye ont deux Archeuesques, de Turin, & de Tarentaise, qui a son siege à Mostiers, & vnze Euesques, sçauoir de Geneue, qui a son Siege à Annissy, de Maurienne, qui a son siege à sainct Iean, d'Aoste, de Verceil, d'Iurée, d'Ast, d'Albe, de Fossan, de Saluces, de Mondeui, & de Nisse. Fossan a esté erigé du temps du feu Duc Charles Emanuel; Saluces par les derniers Marquis de Saluces; Mondeui, il y a enuiron deux cens ans: tous les autres sont des plus anciens de la Chrestienté. Ce qui monstre en quelle consideration estoient iadis ces Estats, puis qu'anciennement on ne multiplioit pas les Eueschez, comme on a faict depuis. Les Euesques de Belley & de Losanne estoient autrefois des Estats de Sauoye, mais celuy-là est demeuré à la France auec les terres eschangées, & celuy-cy est detenu par Messieurs de Berne, auec tout le pays de Vaux, ancien patrimoine de la maison de Sauoye. Le Duc de Sauoye ne laisse toutefois de nommer encor auiourd'huy l'Euesque de Losanne, qui exerce sa Iurisdiction dans Fribourg, qui est de son Diocese. Il ne souffre point dans ses Estats l'exercice d'autre Religion, que de la Catholique, Apostolique & Romaine; & est chose remarquable qu'encore que Geneue ait esté la principale source de la Religion Pretenduë Reformée en France, elle n'a peu toutefois l'establir dans la Sauoye, où elle est comme enclauée. Ce qui est deu principalement au soin & à la rigueur que les Ducs y ont apportée, qui leur a esté plus facile à cause de la moindre estenduë de leurs Estats, & pour la ialousie que les Papes ont tesmoignée de ne laisser introduire aucune nouueauté en Italie en fait de Religion. Il y a neantmoins quelques Vallées en Piedmont aux confins du Daufiné, qui sont separées de l'obeïssance de l'Eglise Romaine, il y a plus de trois cens ans, comme nous dirons en son lieu.

[a] Disc. vniuersel, Religion.

Outre ce qui a esté dit ailleurs [a] des Ordres des Cheualiers qui sont en Sauoye, nous dirons icy que le premier & plus ancien a esté celuy qu'on a nommé de Sauoye ou du Collier, qui n'auoit point au commencement l'image de l'Annonciade ou Annonciation de Nostre-Dame, mais vne Rose semblable aux autres du Collier, comme les Secretaires, Herauts & Thresoriers de l'Ordre la portent encor auiourd'huy. Charles le Bon tris-ayeul du Duc d'à present, changea la Rose en l'Annonciade, qui a donné nom à l'Ordre. Le Duc Emanuel-Philibert y adiousta cinq Cheualiers à l'honneur & memoire des cinq playes de Nostre-Seigneur, auec les Constitutions & Reglemens necessaires; & le mesme a vni l'Ordre de sainct Lazare à celuy de sainct Maurice, auec nouuel habit, les loix & la forme qu'on obserue à present.

Genealogie.

APres la maison de France, celle de Sauoye se trouue auiourd'huy la plus ancienne de toutes les maisons des Princes Chrestiens Souuerains, qui ait continué dans vne succession non interrompuë de masles legitimes, tousiours alliez des plus grands Rois & Princes. Estant chose certaine que la plusparc des maisons, que possedent auiourd'huy les Couronnes de l'Europe, n'ont commencé à tenir rang de Prince, que long-temps aprés celle de Sauoye, laquelle a donné des Emperieres & des Reines à la Chrestienté, il y a plusieurs siecles. La France doit tous les Rois & Princes du sang qu'elle a eu depuis cinq cens ans à la Reine Alix de Sauoye mere de Louis septiesme, & le Portugal pareillement depuis cinq cens ans, tous ses Rois depuis Alfonse premier iusques à nostre temps, à Mathilde de Sauoye. Cette maison a reciproquement receu des Princesses de toutes les plus grandes Couronnes de l'Europe; neuf filles d'Empereurs, ou de Rois y ont esté mariées: & on y remarque comme vne prerogatiue particuliere, que Mme sœur du Roy, & fille de Henry le Grand, est la cinquiesme fille du Roy, laquelle y a continué sans interruption les alliances Royales; ce qui ne se trouueroit pas possible en aucune autre. Et quand elle n'auroit autre honneur, que d'auoir esté si souuent alliée à la France, il luy suffiroit bien pour le comble de sa gloire, que le sang de Sauoye ait esté iusques à vingt fois conioint par diuers mariages à celuy de France, comme a fait voir l'Historiographe de Sauoye [b] dans son liure des alliances de ces deux maisons. Presque tous les Autheurs anciens & modernes, tant Allemands, François, qu'Italiens, sont d'accord qu'elle prend son origine de l'Auguste maison de Saxe, si bien les vns la font venir d'vne branche, les autres d'vne autre. La plus vray-semblable opinion est, qu'elle ait pour tige Immede, ou Amedé de Saxe, celebre dans les Histoires d'Allemagne, qui fut pere d'Humbert, & cetuy-cy de Huges Marquis d'Italie (differét d'vn autre Hugues Marquis de Toscane, qui viuoit en mesme temps, duquel font mention Glaber; Sylvestre second, & les tiltres de l'Eglise de Verceil, ainsi que le mesme Historiographe de Sauoye en son liure du Tiltre Royal promet de faire voir au public. De cet Hugues nasquit BERALD Lieutenant General du Roy d'Arles & de Bourgogne, Rodolphe troisiéme du nom, en qui fut esteinte la maison des Rois de Bourgogne, & ce Royaume la pluspart diuisé entre les principaux Seigneurs, où furent ceux de Zeringen, de Geneue, & de la haute Bourgogne, & les Daufins de Viennois. La Maurienne & la Sauoye escheurent en partage (du consentement toutefois de l'Empereur Conrad le Salique heritier de Raoul, ou Rodolphe) au fils de Berald.

[b] Pierre Monod de la Comp. de Iesus.

HVMBERT dit aux blanches mains, qui espousa (selon les Histoires & Chartres plus fidelles) Ancilie de N. Ce fut luy qui assista l'Empereur Conrad en la guerre qu'il fit contre les Princes rebelles du Royaume de Bourgogne. Il eut de sa femme Amé, Burchard, Eudes & Aymon, tous nommez dans les anciens tiltres. Pingon luy donne aussi Elizabeth mariée au Comte de Mascon; Pistorius & la Chronique de Constance y adioustent N mariée à Luidfrid Comte de Zeringen.

AME' premier du nom surnommé Cauda succeda à son pere, & espousa Adelais fille & heritiere de Mainfroy Marquis de Suse, qui porta ce Marquisat à la maison de Sauoye. De ce mariage nasquirent Humbert, decedé en ieunesse, & Amé son successeur. Adelais se remaria apres la mort d'Amé à Othon qualifié Marquis d'Italie par les Autheurs du temps; duquel elle eut Pierre allié à la maison de Geneue. Berthe mariée à l'Empereur Henry IV. & Adelais femme de Rodolphe esleu Empereur contre Henry.

AME' second du nom succeda à son Pere. La ressemblance du nom n'en a fait qu'vn dans les Histoires de Sauoye, mais des plus curieux de ce siecle [a] en ont recogneu la difference dans les anciens Titres: c'est luy qui auec sa mere Adelais fut vn des principaux mediateurs de la reconciliation de l'Empereur Henry IV. son beau-frere, auec le Pape Gregoire septiéme, à Canosse en Italie. Il espousa Ieanne de Bourgogne, c'est à dire, fille d'vn des Princes, qui pour estre Seigneurs de quelque partie de cet ancien Royaume, se faisoient tous dire de Bourgogne. D'elle il eut Constance mariée, selon aucuns, à Boniface second Marquis de Monferrat, &c.

[a] Saincte Marthe, Duchesne, P. Monod.

HVMBERT second du nom marié à Gisle de Bourgogne, fille de Guillaume surnommé Teste hardie, & veufue du Marquis Reynier, duquel, & non d'Amé, elle auoit eu Ieanne mariée à Guillaume de Normandie, Comte de Flandres. Il mourut enuiron l'an 1105. aprés auoir eu de sa femme, Amé son successeur, Humbert mort en ieunesse, Renaud, ou Reynier, Preuost de sainct Maurice de Chablais, Alix Reine de France, femme de Louis le gros, & mere de Louis le Ieune, Agnes, femme d'Archambaud Seigneur de Bourbon. Humbert est qualifié Comte de Maurienne, & Marquis d'Italie en vne Charte de l'Abbaye de la Noualese, de l'an mil nonante-trois.

AME' troisiéme du nom, auquel les Historiens de Sauoye donnent communement trois femmes, la premiere de Lorraine, la troisiéme de Mascon: Il n'y a pas de grandes preuues d'autre, que de la seconde, qui fut Mahaut, ou Mathilde; les autres l'appellent Guigone fille du Comte d'Albon, Daufin de Viennois. Amé eut grande guerre auec le Comte de Geneue, qu'il tua en bataille, & contraignit son fils à luy faire hommage de toutes ses terres. Il fit deux voyages en la Terre-saincte: au premier il secourut les Cheualiers de sainct Iean de Ierusalem, qui auoient perdu leur grand Maistre, en memoire dequoy il print en ses armes la Croix de l'Ordre, que ses successeurs ont tousiours depuis portée. Les modernes ont attribué ceste action à Amé le Grand, mais les vieilles Chroniques ne parlent que d'Amé fils d'Humbert second, qu'elles appellent Amé second. Au second voyage il se croisa auec son neueu le Roy Louis le Ieune, & mourut à son retour en Chipre l'an mil cent quarante-huict. Ses enfans furent Humbert son successeur, Iean, & Pierre Religieux de l'Ordre de sainct Antoine, Guy Abbé de Namurs, & Chanoine de Liege, Ancilie, ou Alise femme d'Humbert second, Seigneur de Beaujeu, Mahaut ou Mathilde mariée a Alphonse premier Roy de Portugal. Quelques-vns adioustent Constance mariée au Marquis de Montferrat.

HVMBERT troisiéme du nom. On veut qu'il ait eu trois femmes. La premiere Mathilde d'Elsas, de laquelle il n'eut lignée. La seconde Anne, ou Germaine de Zeringen, de laquelle il n'eut que deux filles promises successiuement à Iean fils du Roy d'Angleterre, & mortes auant la consommation du mariage. La troisiéme fut Beatrix (qu'aucuns appellent Pernelle) fille de Girard Comte de Vienne & de Mascon, de laquelle il eut vn fils qui luy fut miraculeusement promis par sainct Anthelme Euesque de Belley. On luy donne aussi vne fille appellée Leonore, des alliances de laquelle quelques vns doutent. Il adhera constamment au sainct Siege dans le Schisme que Frideric Barberousse suscita, duquel pour ce sujet il souffrit genereusement de grandes persecutions, dans lesquelles il fut fort consolé de sainct Pierre Archeuesque de Tarentaise, auquel il auoit grande confiance. Il se rendit mediateur de la paix entre les Rois de France & d'Angleterre, fit (selon aucuns) le voyage de la Terre saincte auec le Roy Philippe Auguste, & mourut l'an mil cent quatre-vingts huict.

THOMAS, qui fut ainsi nommé en memoire de sainct Thomas de Cantorbie, grand amy de son pere. Il se trouua en sa ieunesse à la prise de Constantinople, & autres exploits faits en Grece par les François & les Venitiens, remit sous son obeïssance la plus grande part du Piedmont, que Frideric auoit fait rebeller. Il eut de Beatrix de Geneue vne heureuse lignée. Amé son successeur; Humbert qui mourut en Prusse en vne bataille; Thomas Comte de Flandres, qui continuera la lignée, Aymo qui eust la Val-d'Aoste pour apanage; Guillaume esleu Euesque de Valence, & Legat en France sous Innocent quatriéme, empoisonné par les ennemis de l'Eglise; Amé Euesque de Maurienne, Pierre qui succeda depuis au Comté, Boniface qui fut premierement Euesque de Belley, puis Archeuesque de Cantorbie, appellé communement l'Angelique pour sa beauté & pureté; Philippe qui succeda depuis au Comté; Leonore mariée au Marquis d'Est Azon; Marguerite femme d'Herman le vieux Comte de Quibourg; Beatrix mariée à Remond Berenger, duquel elle eut quatre filles Reines. Thomas mourut l'an 1233.

AME' quatriéme du nom fut marié deux fois, en premieres nopces à Anne Daufine fille du Daufin André, de laquelle il eut Beatrix, mariée premierement à Mainfroy Marquis de Saluces, & puis au Roy de Naples de mesme nom, fils de l'Empereur Frideric second, & Marguerite espouse du Marquis de Montferrat, Boniface le Geant. En secondes nopces Amé épousa Cecile de Baux, de laquelle il eut Boniface son successeur, Beatrix la ieune, Constance mariée à Emanuel fils de Ferdinand III. Roy d'Espagne. Amé mourut l'an 1253.

BONIFACE succeda à son pere Amé, combatit fort ieune en Flandres pour Charles d'Anjou frere du Roy S. Louis, fut fait prisonnier en Piedmont par la conspiration des Turinois, qui s'estoient rebellez, & mourut en prison à Ast l'an 1263. auant qu'auoir esté marié.

PIERRE oncle de Boniface, & septiéme fils du Comte Thomas, succeda à son neueu : sa valeur luy acquit le nom de Petit Charlemagne : il remit sous l'obeïssance de Sauoye, les Duchez d'Aoste & de Chablais, auec le pays de Vaux, estendit ses limites du costé des Suisses, vangea l'iniure faite à son neueu, & contraignit les Turinois à recognoistre leur faute. D'Agnes heritiere de Foucigni il n'eut qu'vne fille appellée Beatrix, qui fut mariée au Daufin Guy quatriéme du nom. Il mourut l'an 1268.

PHILIPPE frere de Pierre luy succeda : il auoit premierement esté Archeuesque de Lyon, & eut de grandes guerres auec l'Empereur Rodolfe pour le pays de Vaux, qu'il finit heureusement par le Traité de paix fait au Siege de Payerne. Il se maria auec Alexis fille & heritiere d'Othon, Comte de Bourgogne, à cause de laquelle il porta le tiltre de Comte de Bourgogne auec celuy de Sauoye, mais il n'en eut point d'enfans. Il regla auant sa mort les differens qui pouuoient naistre en la maison de Sauoye pour la succession, attendu que n'ayant point d'enfans, il faloit courir au plus proche, sçauoir est aux enfans de Thomas Comte de Flandres, par sa femme Ieanne fille aisnée de Baudouin Comte de Flandres, & puis Empereur de Constantinople, de laquelle toutefois il n'eut lignée, mais bien de Beatrix de Fielque, niece du Pape Innocent quatriéme, & sœur d'Adrian cinquiéme, qui le fit pere d'vn autre Thomas, d'Amé, qui fut depuis surnommé le Grand, & de Louis tige de la brâche de Vaux. Ce Thomas (lequel par distinction on peut appeller troisiéme du nom, encor que ny luy, ny son pere n'ayent point esté Comtes de Sauoye) estoit fort ieune quand son pere mourut, en l'an 1259. tellement que ses oncles Pierre & Philippe, sans auoir esgard que son pere estoit leur aisné (la question n'estant pas encore bien decidée alors, si le neueu deuoit estre preferé à l'oncle) entrerent en la succession de l'Estat, & mesmes Philippe luy suruesquit, lequel voyant que Philippe fils aisné de Thomas estoit en fort bas aage, & que la maison de Sauoye auoit de puissants ennemis, qui se preuaudroient de sa minorité, ordonna par son testament qu'Amé frere de Thomas (qui estoit desia mort) & oncle du Prince Philippe succederoit en la Souueraineté des Estats de Sauoye, & que son neueu Philippe seroit Prince de Piemont, Vassal toutefois d'Amé. En ce Philippe commença la branche des Princes de Piedmont & d'Achayë, qui ne dura gueres plus de cent ans. Le Comte Philippe mourut enuiron l'an mil deux cens quatre-vingts deux.

AME' cinquiéme, fils de Thomas de Sauoye, Comte de Flandres, succeda à son oncle le Comte Philippe. Sa valeur plus que sa stature luy acquit le nom de Grand. Il la fit cognoistre en plusieurs occasions aux François, Anglois & Allemands. L'Empereur Henry septiéme, le declara Prince de l'Empire, le fit son Vicaire general en toute l'Italie, & sous sa conduite s'achemina à Rome, où il fut couronné. On remarqua en ce Prince vne sagesse admirable, qui le rendit confident des Guelfes, tandis qu'il seruoit actuellement l'Empereur chef des Gibellins. De sa premiere femme Sibylle de Baugey, qui luy porta la Bresse en dot, il eut Edouard

& Aymon, qui luy succederent; Iean mort en ieunesse; Bonne mariée au Daufin Iean: Beatrix femme du Duc de Clarence; Leonor mariée en la maison de Chalon; Marguerite espouse de Iean Marquis de Montferrat; Agnes mariée à Guillaume Comte de Geneue. Quelques-vns font ces deux dernieres filles de la troisiéme femme d'Amé, mais contre la foy des anciens tiltres. Amé espousa en secondes nopces Alexie fille de Humbert de la Tour, de laquelle il n'eut point d'enfans. Il se remaria pour la troisiéme fois à Marie fille du Duc de Brabant, Anthoine, & sœur de l'Imperatrice: De ce mariage nasquit Marie femme de Hugues Daufin, Catherine. Elizabeth mariée à Leopold Duc d'Austriche, fils de l'Empereur Albert, & frere de l'Empereur Frideric; Blanche mariée à Galeas Vicomte; Ieanne ou Anne mariée à l Empereur d'Orient, Andronic, duquel elle eut Iean & Manuel. Ce fut vn grand bon-heur & non moindre courage à vn pere de marier neuf filles toutes hautement. Amé mourut en Auignon l'an 1323. où il poursuiuoit vne nouuelle Croisade.

EDOVARD fils aisné d'Amé le grand, qui signala son courage en la bataille de Mont en Puelle, où il fut des premiers à secourir la personne du Roy de France. Il espousa Agnes de Bourgogne, petite fille de S. Louis, de laquelle il n'eut qu'vne fille appellée Ieanne, mariée à Iean Duc de Bretagne, qui pretendoit la succession de Sauoye: mais les Barons du pays respondirent que tandis qu'il y auoit masles legitimes du nom & armes de Sauoye, la quenoüille n'y auoit lieu. Les liberalitez & magnificences d'Edouard laisserent sa maison fort endebtée. Il mourut à Paris en l'an 1329.

AYMON son frere luy succeda, qui par sa sagesse remit les affaires de Sauoye en bon estat. Il estoit vniquement aimé du Roy Philippe de Valois, qu'il accompagna auec les principaux Seigneurs de ses terres, en toutes les plus grandes entreprises qu'il fit en Flandres, & fut choisi de luy pour vn des Arbitres de la paix. Il espousa Violant Paleologue, fille de Theodore Marquis de Montferrat, lequel institua les masles de sa fille ses heritiers en defaut de masles issus de luy, ordonnant que les masles de Violāt fussent preferez à toutes les filles issuës de luy, d'où est venu le plus ancien droit de la maison de Sauoye sur le Montferrat, par le defaut des masles de la maison des Paleologues. De ce mariage nasquirent Amé son successeur, Iean qui mourut en ieunesse. Blanche mariée à Galeas Viscomte, premier Duc de Milan. Quelques-vns adioûtent Catherine. Aymon, qui fut surnommé le Bon, mourut en l'an 1343.

AME' 6. du nom, surnommé le Verd, pour auoir emporté l'honneur d'vn Tournoy le 1. iour de May. Ce fut vn des grands Princes de son temps, qui fit ses premieres armes en la bataille de Crecy, conduisant mille lances Sauoisiennes, qui arresterent le cours de la victoire des Anglois. Il dressa depuis vne puissante armée Nauale en faueur de Iean Empereur de Constantinople son parent, qui auoit esté fait prisonnier du Roy des Bulgares, passa en Orient où il contraignit le Bulgare à relascher l'Empereur, qu'il remit en son throsne, & obtint de luy qu'il vint en personne à Rome abiurer le schisme. Frideric Marquis de Saluces s'estant rebellé contre luy, il l'assiegea dans Saluces, & le contraignit de luy rendre hommage la seruiette au col, en memoire dequoy il institua l'Ordre du Collier, comme nous auons dit au discours des Ordres. Il accompagna le Roy Louis d'Anjou au recouurement du Royaume de Naples, auec deux mille lances Sauoysiennes, où il laissa la vie. De sa femme, Bonne de Bourbon, il ne laissa qu'vn fils qui fut son successeur.

AME' 7. du nom, dit le Roux, qui conduisit heureusement l'Auant-garde de France en la bataille de Rosebecque, se trouua au siege d'Ipre auec sept cens lances Sauoysiennes, puis à l'Escluse auec deux mille, & presque en toutes les occasions de guerre auec le Roy Charles sixiéme son cousin germain. Il espousa Bonne de Berry, fille de Iean Duc de Berry, frere du Roy Charles cinquiéme, de laquelle il eut Amé son successeur; Bonne mariée à Louis de Sauoye, Prince de Piedmont & d'Achaie, en qui fut esteinte ceste branche; Ieanne espouse de Iean-Iacques Marquis de Montferrat. Amé mourut l'an 1391.

AME' huictiéme du nom, succeda fort ieune à son pere, & y eut grande contention entre sa mere & son ayeule pour la tutelle & Regeance; l'ayeule preualut. Ce Prince fut si sage, & si riche qu'on l'appelloit le Salomō de son temps; aussi aima-t'il tant la paix, que le nom de Pacifique luy en est demeuré. Il trauailla fort à appaiser le schisme des trois Papes, & à accommoder les querelles de France & de Bourgogne, ayant espousé Marie fille de Philippe le Hardy. Le nom de Comte (qui estoit commun aux plus grands Princes, quand la maison de Sauoye commença, la Castille, l'Arragon, le Portugal, la Sicile, & autres n'ayants en ce temps-là que des Comtes) commençant à s'auilir, il le changea en celuy de Duc, que l'Empereur Sigismond luy donna à Chambery l'an mil quatre cens seize, & non à Constance, ou Monluel, comme aucuns escriuent. La saincteté de vie qu'il mena apres la mort de sa femme, particulierement apres auoir laissé l'administration de ses Estats à son fils, pour se retirer à Ripaille, non en qualité de Moyne, mais auec les six Cheualiers de sainct Maurice qu'il auoit creés, comme nous auons dit ailleurs, obligea les PP. assemblez au Concile de Basle de l'eslire Pape au lieu d'Eugene quatriéme, qu'ils deposerent; il y resista iusques à tant que ceux qui pouuoient auoir authorité sur sa conscience, l'asseurerent qu'ils ne pouuoit refuser ceste charge sans offenser Dieu; il la tint neuf ans sous le nom de Felix, iusques à tant qu'il creut, que pour donner la paix à l'Eglise il deuoit volontairement descendre du throsne auquel il n'estoit monté que par force. Les Autheurs du temps en escriuirent chacun selon sa passion; la pluspart toutefois ont celebré sa vie comme Angelique, & ont publié que Dieu l'honora de plusieurs miracles, comme on peut voir dans le liure qu'en a fait l'Historiographe de Sauoye, intitulé *Amedeus Pacificus*, que l'Annaliste Bzouius a copié mot à mot dans son dix-septiesme tome, supprimant le nom de l'Autheur. Amé mourut en l'an mil quatre cens cinquante. Il eut de Marie de Bourgogne, Amé Prince de Piedmont, qui mourut en la fleur de son aage; Louis qui luy succeda; Philippe Comte de Geneue, qui ne se maria point; deux Anthoines morts en ieunesse; Marie espouse de Philippe-Marie Duc de Milan; Marguerite morte en enfance; autre Marguerite femme de Louis d'Anjou Roy de Naples; Bonne mariée au Comte de Montfort, fils aisné du Duc de Bretagne.

LOVIS succeda à son pere, fut Prince doux & pacifique, demeura tousiours attaché aux interests de la France. Sa bonté l'ayant rendu fort complaisant à sa femme, Anne fille de Ianus de Lusignan Roy de Chipre, fut cause de quelque trouble dans sa maison, qui l'obligea de prier le Roy Louis XI. d'arrester Philippes son puisné dans le chasteau de Loches, où il fut deux ans. Louis venant en France pour tascher d'appaiser les commencemens de la guerre appellée Du bien public, mourut à Lyon l'an 1464. Il eut de sa femme seize enfans, neuf masles, & sept filles, dont cinq furent mariées Amé fut l'aisné; Louys premierement Comte de Geneue, & puis couronné Roy de Chipre auec sa femme la Reine Charlotte, fille vnique, & heritiere du Roy Iean: Ils en furent tous deux violemment priuez par le bastard Iaques assisté du Soldan d'Egypte; Ianus Comte de Geneue; Iacques Comte de Rhomont, pour lequel Charles Duc de Bourgogne commença la guerre aux Suisses, Philippe Comte de Bresse, qui fut depuis Duc; Aymon mort en ieunesse; Pierre & Iean-Louys esleus successiuement Euesques de Geneue; François Euesque d'Ausch, & de Geneue. Les filles mariées sont, Charlotte, au Roy Louys vnziesme; Marguerite, au Marquis de Montferrat, Iean; Bonne, à Galeas Sforce Duc de Milan; Agnes, à François d'Orleans, Duc de Longueuille; Marie, à Louys de Luxembourg Comte de S. Paul. La maison de Sauoye a tousiours esté fort liberale à marier plusieurs filles.

AME' neufiesme du nom, surnommé le Bien-heureux à cause de sa saincte vie, & des grands miracles que Dieu opera par son moyen tant durant sa vie, qu'aprés sa mort Il donnoit tout aux pauures iusques au propre Collier de son Ordre. Il espousa Ioland fille du Roy Charles septiesme, & sœur du Roy Louys XI. laquelle se disoit en ses tiltres Ioland premier-née de France, Duchesse de Sauoye &c. Il eut d'elle Charles Prince de Piedmont, qui mourut auant son pere, Philibert, & Charles successiuement Ducs; Bernard mort au berceau; Iacques-Louys Marquis de Gex; Claude-Galeas mort au berceau; Anne, mariée à Federic Roy de Naples. Marie, qui espousa le Marquis de Hocberg & de Rotelin; Louyse, mariée en la maison de Chalons, & puis Religieuse de sainte & miraculeuse vie. Amé mourut enuiron l'an 1473.

PHILIBERT succeda à son pere, & fut marié à Blanche-Marie, fille du Duc de Milan, Galeas; mourut ieune & sans enfans l'an 1481. s'estant eschaufé en vn Tournoy.

CHARLES son frere luy succeda, qui porta le nom de Guerrier, parce que dés sa ieunesse il fit de grands exploits d'armes. Il espousa Blanche de Montferrat, fille du Marquis Guillaume, celle qui engagea les pierreries de la maison de Sauoye pour prester de l'argent au Roy Charles VIII. en son voyage de Naples. De ce mariage nasquit vne seule fille, Ioland-Louyse mariée dans la mesme maison de Sauoye. Charles mourut ieune l'an 1490. & ne laissa qu'vn fils qui luy succeda, & fut

CHARLES-IEAN-AME'. Il estoit au berceau, quand son pere mourut. Blanche sa mere eut la regence qu'elle administra auec grande reputation de bonté, & d'authorité non moindre, ayant sceu promptement dompter la rebellion de quelques principaux Seigneurs du pays, qui s'appuyoient des estrangers. Le ieune Duc se fit admirer au Roy Charles huictiesme, luy faisant vne belle harangue à l'âge de six ans. Il mourut peu de mois aprés par le desastre d'vne cheute l'an 1496. La droite ligne estant faillie, il fallut auoir recours pour la succession au plus proche, qui fut

PHILIPPE second du nom : il estoit cinquiesme fils du Duc Louys, & desia fort âgé, quand il succeda à son neueu. Il auoit seruy le Roy Louys XI. & Charles VIII. en toutes les plus grandes occasions de guerre & de paix, & fut honoré de plusieurs grandes charges & gouuernemens en France. Il fut marié deux fois, la premiere à Marguerite de Bourbon, de laquelle il eut Philibert, qui luy succeda, & Louyse, mere du Roy François premier: la seconde, à Claude de Bresse, de la maison de Bretagne, de laquelle il eut Charles, qui succeda à son frere Philibert; Louys mort ieune; Philippe, tige de la branche de Nemours, pere de Iacques Duc de Nemours, & cetui-cy de Charles mort sans enfans, & de Henry pere des deux ieunes Princes de Nemours aujourd'huy viuants, de grande esperance. Du second mariage du Duc Philippe nasquit encor Philiberte, mariée à Iulian de Medicis Duc de Nemours, & deux fils morts en ieunesse. Il eut aussi hors de mariage René de Sauoye appellé communement le grand Bastard, fort renommé dans l'histoire de France: le Connestable Anne de Montmorency espousa sa fille. Philippe ne regna qu'vn an, & mourut l'an 1497.

PHILIBERT second, surnommé le Beau succeda à son pere, & espousa en premieres nopces Ioland-Louyse de Sauoye, fille vnique du Duc Charles premier du nom, & en secondes nopces Marguerite, fille de l'Empereur Maximilian premier, laquelle irritée contre la France pour auoir esté delaissée du Roy Charles huictiesme, auquel elle auoit esté promise, tascha d'humilier ceux qu'elle voyoit dans la Cour de son mary plus affectionnez à la France, & entre autres le bastard René, qui s'y retira auprés de sa sœur, Louyse Duchesse d'Angoulesme; d'où nasquirent quelques froideurs entre le Roy Louys douziesme & le Duc Philibert, qui ne laissa de faire passer en Italie pour le Roy bon nombre de sa Caualerie sous la conduite de Coursinges Sauoiard, fort renommé en l'histoire de ce temps-là. Philibert mourut en l'âge de vingt-quatre ans l'an 1504.

CHARLES III du nom (y comprenant Charles-Iean-Amé) succeda à son frere, quoy qu'il fust du second lit, & en exclut par les loix de l'Estat (qui preferent tousiours les masles en quelque degré qu'ils soient, aux filles) Louyse, qui estoit du premier. Ce qui donna sujet aux guerres que le Roy François premier son neueu luy fit depuis. Charles dés son premier aduenement, fut fort affectionné à la France, assista le Roy Louys douziesme de ses forces aux guerres de Milan & de Genes, fut compris dans la ligue de Cambray pour le recouurement du Royaume de Chipre, facilita le passage du Roy François en Italie, le receut magnifiquement à Turin, & fit la Ligue du Pape Leon & des Suisses auec la France, aprés la iournée de Marignan. L'alliance qu'il contracta auec la maison d'Austriche, espousant Beatrix fille du Roy de Portugal, & sœur de la femme de l'Empereur Charles cinquiesme, ne fut pas si heureuse. Le Roy le croyant par là attaché aux interests d'Espagne, luy fit la guerre, & le despoüilla de la pluspart de ses Estats. En mesme temps Geneue se retira de son obeyssance, & les Bernois se saisirent du pays de Vaux. Il mourut à Verceil l'an 1553, & eut de sa femme Beatrix Adrian-Iean-Amé, mort au berceau: Louys Prince de Piedmont, mort en Espagne: Emanuel Philibert fait Cardinal en sa premiere enfance, & puis par la mort de son aisné, resté Prince de Piedmont. Il en eut trois autres, & autant de filles, tous morts en enfance.

EMANVEL-PHILIBERT succeda aux droits, plus qu'aux Estats de son pere, afin qu'il ne deust pas moins à sa valeur, qu'à sa naissance le recouurement d'iceux. La bataille qu'il gaigna à sainct Quentin, estant General des Armes d'Espagne, & Gouuerneur des Pays-bas, luy en ouurit le chemin par la paix de l'an 1559. & le mariage de Madame Marguerite de France fille du Roy François. Il fut tenu pour vn des plus sages Princes du siecle, tant en paix qu'en guerre, ayant non seulement sceu recouurer tous ses Estats, mais les asseurer par de bonnes Citadelles qu'il y bastit, s'entretenant auec les deux Couronnes auec tant d'addresse, qu'il tira de grands auantages de toutes deux. Il mourut à Turin l'an 1580, ne laissant qu'vn seul fils

CHARLES-EMANVEL XI Duc de Sauoye en l'âge de dix-huict ans, Prince doüé de rares & excellentes qualitez pour la paix & pour la guerre, incomparable s'il eust eu autant d'heur, comme il possedoit de merite. L'an mil cinq cens huictante cinq il espousa Catherine, fille puisnée de Philippe second Roy d'Espagne, dont il eut Philippe Emanuel mort en Espagne l'an 1607 en l'âge de dix-neuf ans; Victor Amedé son successeur; Emanuel Philibert Viceroy de Sicile, Grand Prieur de Castille, & Generalissime des Galeres d'Espagne, decedé l'an 1624; Maurice-Emanuel Prince d'Oneille, marié auec la fille aisnée de Victor Amedé, & Thomas Prince de Carignan, marié auec Marie de Bourbon, sœur de Louys de Bourbon, Comte de Soissons. Les filles ont esté Marguerite, laquelle espousa François second, Duc de Mantoüe, dont elle n'a laissé qu'vne fille, nommée Marie-Isabelle, mariée auec Alfonse d'Est, fils de Cesar, Duc de Modene, decedé l'an mil six cens vingt-six; Marie & Catherine, qui ont choisi le tiers Ordre de sainct François, pour viure dans leur Palais auec vn rare exemple d'humilité & de deuotion. Leur mere deceda l'an mil cinq cens nonante-sept. Et le Duc leur pere l'an mil six cens trente, le vingt-sixiesme de Iuillet, âgé de soixante-neuf ans.

VICTOR AMEDE' succeda l'an mil six cens trente à Charles-Emanuel son Pere. C'estoit vn Prince sage, & valeureux, doüé d'vn esprit excellent, auec vne grauité douce, & affable. Dés l'an 1619. il espousa Madame Chrestienne de France, fille de Henry le Grand & sœur du Roy Louys treiziesme. Princesse doüée d'vn incomparable esprit, d'vne bonté pareille, & d'vne liberalité sans exemple. Ce fut par son entremise que le Roy fit la paix de Queras l'an mil six cens trente-vn, par laquelle vne bonne partie du Montferrat a esté vnie aux Estats de Sauoye, & le Duc joint si estroictement à la France, qu'il a esté Generalissime de ses armes en Italie, où il a donné des preuues signalées de son courage, & bonne conduite; particulierement en la iournée du Tesin en l'année 1636, où sa presence & ses troupes donnerent l'entiere victoire à celles de sa Majesté, conduites par le Duc de Crequy Mareschal de France, l'vn des plus vaillans & experimentez Capitaines du Royaume. Il deceda en l'année 1638, ayant laissé deux fils, sçauoir François-Hyacinthe qui luy succeda en l'âge de sept ans, & n'auoit deux ans apres, auquel a succedé Charles-Emanuel, regnant aujourd'huy, sous la tutelle & Regence tres-heureuse de Madame la Duchesse sa mere.

PRETENSIONS DV DVC DE SAVOYE.

LA principale & plus noble pretension de la maison de Sauoye est sur le Royaume de Chipre, à cause dequoy le Duc Victor Amedée prit & reçoit le tiltre & qualité d'Altesse Royale; & de l'aduis de son Conseil, Cours & Senats de Sauoye, Piedmont & Nisse, il ordonna [a] qu'à l'aduenir en toutes Patentes & autres Actes & Escritures publiques on mettroit ses tiltres en cette forme, Victor Amedée par la grace de Dieu Duc de Sauoye, Chablais, Aoste, Geneuois, Montferrat, Prince de Piedmont, Marquis de Salusses, Comte de Geneue, Romont, Nisse, Ast, Tende: Baron de Vaux & Fossigny, Seigneur de Vercel, du Marquisat de Cettu, Royaume de Chipre.

a Trat. del titol. reg. &c.

Oneglie & Marro : Marquis d'Italie, Prince & Vicaire perpetuel du sacré Romain Empire, Roy de Chipre, &c. Le droict en procede de ce qu'en l'an mil quatre cens trente-deux Louys Duc de Sauoye, fils d'Amé 8, espousa Anne, fille de Ianus de Lusignan Roy de Chipre, de Hierusalem & d'Armenie: & à Ianus succeda Iean son fils, lequel estant mort sans enfans masles, Charlotte sa fille vnique fut mariée en secondes nopces auec Louys Comte de Geneue, son cousin germain; & en Charlotte estoit faillie la race des Lusignans premiers & anciens possesseurs du Royaume de Chipre; de sorte que Louys demeuroit le plus proche heritier de cette Couronne, de laquelle il iouyt, & en fut recognu Roy iusques en l'an mil quatre cens soixante-deux, que Iacques bastard du Roy Iean, & Euesque de Nicosie, ayant quité le Sacerdoce, s'en empara auec l'aide du Souldan d'Egypte, & des Venitiens, dont l'Ambassadeur Marco Cornaro donna sa fille à Iacques; qui mourut laissant sa femme enceinte d'vn fils, auquel estant mort la mere succeda, & à la mere la Republique de Venise, qui se saisit de l'Isle l'an mil quatre cens septante, & en a iouy iusques à ce que le grand Seigneur l'eust conquise, l'an mil cinq cens septante. Charlotte pendant son mariage auec Louys Comte de Geneue couronné Roy de Chipre, passa transaction auec luy & Anne Doüairiere de Sauoye, l'an mil quatre cens soixante deux, par laquelle en cas du decez de Charlotte sans enfans, Louys deuoit demeurer Roy & Seigneur de Chipre; & au cas du decez de l'vn & de l'autre sans enfans, Anne en deuoit estre Roine & heritiere. Et par autre acte de l'an mil quatre cens soixante-cinq, Charlotte aprés l'occupation des Venitiens, & la poursuite qu'elle auoit faite enuers les Papes Paul second & Sixte quatriesme, fit donation du Royaume à Charles Duc de Sauoye, son neueu, qu'il adopta & luy transporta tous ses droits pour en iouyr, & le recouurer, tant luy que ses successeurs. Ces tiltres ont semblé suffire à son Altesse d'aujourd'huy pour reprendre la qualité & les armes du Roy de Chipre; & pour appuyer cette dignité & pretension fondée, comme il est dit, les Escriuains modernes ont mis en auant de belles considerations & remarques aduantageuses & recherchées, seruans au relief de la maison; qui est veritablement tres-ancienne & d'vne Noblesse exquise, n'y ayant point de Prince en Italie qui ne luy doiue ceder, ny en Alemagne, qui le surmonte. Et comme la Royale & Imperiale maison de France est incomparable parmy les Roys pour son ancienneté & belles prerogatiues déduites en leur lieu, [a] celle de Sauoye tient les premiers rangs parmy les autres puissances, & se trouue approchante de la Royauté, dont elle a participé en quelque sorte par ses alliances auec les Rois de France, de Portugal, d'Espagne & de Chipre; sur quoy nous n'insisterons pas dauantage & renuoyrons le Lecteur au docte, elegant & ingenieux traicté escrit pour ce regard en langue Italienne par Pierre Monot Iesuite [b], & digne Historiographe de Sauoye, & à l'Arbre dressé en Latin pour les maisons de Saxe & de Sauoye par Philibert Pingonius, addressé l'an mil cinq cens septante à Charles-Emanuël Duc de Sauoye ayeul du Duc d'aujourd'huy.

a Discours general de la France. Personne des Roys.

b Trattato del Titolo Regio Alliance de France & de Sauoye.

Montferrat. La pretension sur l'entier Marquisat ou Duché de Montferrat est fondée sur trois chefs principaux. L'vn est à cause du mariage d'Aymon fils d'Amé le Grand, Comte de Sauoye (succedant à Edoüard son frere) auec Yoland fille aisnée de Theodore Paleologue, Marquis de Montferrat, l'an mil trois cens trente, auec ce pacte exprés, confirmé par vn testament, que venant la race des Paleologues à faillir sans hoirs masles, les masles issus de ce mariage succederoient au Marquisat, & seroient preferez aux filles des Paleologues, & aux autres masles issus d'elles. [c] Le Comte laissa des masles, & eut Amé V pour successeur, de sorte que les Paleologues ayans failly, les Ducs subsequens y ont pretendu droict. L'autre consiste en la soubmission faite de son fief par vn Marquis de Montferrat, lequel auoit esté puissamment assisté par vn Duc de Sauoye contre le Duc de Milan. La cause fut portée deuant l'Empereur Charles cinquiesme, sous Charles troisiesme Duc de Sauoye, & pere d'Emanuël-Philibert, & ne fut iugée que pour le possessoire, comme il appert de la Sentence, en faueur de la Duchesse de Mantoüe, fille d'vn Marquis de Montferrat; le petitoire en est encores pendant en la Chambre Imperiale. Le Duc possede la meilleure partie du Montferrat, comme nous auons dit au commencement. La troisiesme pretension n'est que pour la dot de Madame Blanche de Montferrat, mariée au Duc de Sauoye, Charles premier du nom, laquelle n'ayant point esté payée,

c Philib. Pingon. Arbor. Gentilitia.

ny les fruicts promis, le tout monte à vne grande somme, de laquelle les Ducs de Sauoye ont pretendu de se payer en fonds de terres, faute d'autre satisfaction.

Geneue.

La ville de Geneue a donné le nom aux anciens Comtes de Geneue, qui ont eu de grandes guerres auec ceux de Sauoye, comme aussi auec les Euesques pour le fait de la Iurisdiction ordinaire, qui se trouuoit partagée dans ladite ville. La maison des Comtes de Geneue faillit enuiron l'an mil quatre cens en la personne de Robert de Geneue, soy disant Pape Clement, seant en Auignon. Leur succession fut adiugée en la Chambre Imperiale de Spire au Duc de Sauoye Amé huictiesme du nom; en effet le Comté a tousiours esté, & est tenu par la maison de Sauoye, quoy qu'il y ait eu quelques debats entre les Ducs & les Euesques pour la iurisdiction, & que depuis plus de deux cens ans les Ducs ayent tousiours nommé les Euesques, & en ayent mesme donné de leur maison cinq ou six. Ils ont outre ce pretendu priuatiuement aux Euesques, & à tous autres, d'auoir la souueraineté de la ville, & d'en auoir obtenu des Empereurs & des Papes toutes les declarations necessaires. Le changement de Religion aduenu l'an mil cinq cens trente-six les a empeschez de iouyr de leur droict, auquel ils eussent sans doute preualu sur les Euesques, puis qu'on escrit que le Duc Charles trisayeul du Duc d'àpresent, a esté receu dans la ville, auec les formes & deuoirs de Souuerain. Les preuues de ce faict se voyent ez ch. 31. & 38. de l'Apologie de Sauoye.

Pays-bas.

La mort de l'Archiduchesse, Isabelle d'Austriche, decedée dans Bruxelles, donne lieu à vne pretension de S. A. R. & des Princes ses freres sur les Pays-bas, que ceste vertueuse Princesse possedoit par la donation à elle faicte l'an 1598 par Philippes II Roy d'Espagne, son pere, en la mariant auec l'Archiduc Albert. Leurs raisons principales consistent au droict de representation, comme estans en la place de leur mere, Catherine-Michelle, Infante d'Espagne, & sœur germaine de l'Archiduchesse, leur tante; dont ils sont par ce moyen les plus proches heritiers, dautant que Philippes IV Roy d'Espagne, à present regnant, represente le Roy Philippes III son pere, qui n'estoit que demy-frere de l'Infante Isabelle, née du troisiesme mariage de Philippe II auec Madame Elisabeth de France, sœur du Roy Charles neufiesme, & Philippes III est prouenu du quatriesme mariage, auec Anne d'Austriche. Le droict des Wisigoths & Espagnols, [a] la disposition du droit Romain, & la Coustume des Pays-bas, [b] fauorisent & fondent ceste premiere raison, pour la succession des plus proches, auec les Arrests & preiugez de la Cour de Parlement de Paris, en semblables faits, où il s'agissoit de successions importantes. Et au fait des freres ou sœurs conioints des deux costez, preferables aux autres, qui ne le sont que d'vn seul, le Droict Ciuil, & les opinions des celebres Docteurs [c] sont encor amenées, auec la Coustume des mesmes pays, rapportée par les mesmes Autheurs. A quoy on adiouste, que l'Infante Catherine-Michelle mere de S. A. R. estoit aisnée, & le Roy Philippes III puisné, comme né d'vn mariage posterieur.

a Leg. Vvisig. Oth. l. 4. tit. 2. § 5.

b Louys Goul. l. 7. c. 40. & l. 11. c. 3 Bouti. l. 1. c. 78 de la somme Rural.

c Ch. du Moulin art. 15 en la Coust. de Blois, & Artois 105. Chopin. l. 2. de mor. Paris. tit. 5.

Par Traicté fait entre Ieanne Duchesse de Brabant & de Limbourg, & Philippes le Hardy, Duc de Bourgogne, l'an 1396 il fut stipulé que si Antoine II fils de Philippes, par elle institué son heritier, decedoit sans enfans, les Duchez viendroient à Philippe Comte de Neuers, troisiesme fils du Duc; ce qu'elle voulut afin que ses terres & heritages eussent leur grandeur separée & non confuse auec celle de Flandres, [d] & que ses pays fussent mieux traictez & regis sous vn Prince particulier. Outre le droict de representation, S. A. R. & les Princes ses freres peuuent encor venir, & estre admis à la succession dont s'agit, de leur Chef, *iure suo*, conioinctement auec le Roy d'Espagne, à quoy l'on faict aussi seruir les loix des Wisigoths & Espagnols. [e] Et là sont considerables les meubles, & grands acquests faits par l'Archiduchesse és années 1605. 1620, 1621 & 1622, consistants és villes d'Oldenzeel, Linghem, Vatendunk, & plusieurs autres sises au Palatinat, auec le Duché de Iulliers: desquels meubles & acquests la moitié est deuë à S. A. R. & aux Princes, suiuant la coustume des Pays-bas. [f]

d Mer. des hist. l. 4. Romenay hist. de Niuernois.

e al. 4. tit. §. 298.

f Boutillier somme rural l. 1. c. 78.

Le Roy d'Espagne oppose trois choses aux raisons susmentionnées, sçauoir la renonciation faicte par l'Infante Catherine en son contract de mariage, la condition ou stipulation du retour des terres aux Roys d'Espagne, en defaut d'enfans masles ou femelles, apposée au contract de donation, & le testament, ou derniere disposition du Roy Philippes second.

Les responses doctes & subtiles, puisées du Droict-escrit & de la Coustume des Pays-bas, auec les authoritez des Iurisconsultes renommez, Allemands & François, contre la renonciation alleguée, les distinctions qui s'y doiuent apporter tant pour les biens qui sont ou propres, ou qui consistent en acquests, que pour les successions escheuës ou à escheoir, collaterales, ou directes, se peuuent voir en la consultation entiere faite à Paris & couchée au recueil & suite de l'Histoire de nostre temps. [a] L'Infante Catherine n'estoit pas en âge lors qu'elle fit la renonciation, & ne l'a point ratifiée par aucun acte depuis sa maiorité, ce que le Duc & les Princes ses freres croyent aussi deuoir seruir pour la conseruation de leur droict. Il est pareillement respondu à la condition du retour, de laquelle s'ensuiuent les inconuenients enoncez en la consultation, de mesme qu'au testament de Philippes second, que le Conseil Iuge inofficieux & contenant vne tacite exheredation de l'Infante Catherine, mere de S.A.R. C'est vn sommaire du droict & des fondements de ceste pretension, à laquelle sa Majesté Catholique oppose auec plus d'effect, que la condition du possesseur, lors mesme qu'il se trouue plus puissant, est tousiours meilleure, principalement s'il s'agit des interests des Princes entr'eux.

a Merc Fran- çois tom. 20. année 1634.

Milan. Par le contract de mariage entre Charles-Emanuël Duc de Sauoye & Catherine-Michelle fille de Philippes II Roy d'Espagne, fut accordé que le premier fils procreé de ce mariage auroit le Duché de Milan, qui ioint au Piedmont luy donneroit tiltre de Roy de Lombardie. Et par ce moyen, la pretension des Ducs de Sauoye sur le Duché de Milan, demeure tousiours bien fondée, encores que l'aisné prouenu dudit mariage, soit mort en Espagne.

SAVOYE.

Noms. LA SAVOYE est appellée *Sabaudia* ou *Sapaudia* dans le liure des Notices des Prouinces, & parmy celles de la Gaule Narbonnoise, & frequemment par les Escriuains du moyen âge, sans qu'on puisse dire auec certitude, ou mesmes vray-semblance, d'où elle a tiré ce nom-là. C'est la demeure des anciens Allobroges, ses principaux & plus remarquables habitans, comme sera dit cy-aprés [b], ou des Sabbares, selon Volaterranus; & finalement aucuns luy donnent les Sebusiens ou Segusiens.

b Gouuernement.

Confins & estenduë. La Sauoye est prise, ou generalement pour tout ce que les Ducs de Sauoye possedent deçà les Monts, ainsi qu'on l'entend communement, ou pour vn Duché special distingué de la Vald'Aoste, du Geneuois, Chablais, Foussigni, de la Tarentaise & de la Maurienne. La Sauoye prise en general a maintenant pour confins au Couchant le Rhosne, & le Guier le long du Pays eschangé, au Midy le Daufiné, au Nord le Lac de Geneue, & pays de Vallay, à l'Orient le Piedmont. Son estenduë en droite ligne, en y comprenant la Vald'Aoste, dés le Pont de Beauuoysin au Couchant, iusques à la Vallée de Valesa à l'Orient, est de plus de deux degrez de longitude, qui font soixante lieuës Françoises, & dés le bord du Lac de Geneue au dessus d'Euian, iusques aux confins du Daufiné, à Essilles, vn degré & demy de latitude, qui font quarante-cinq lieuës Françoises. Mais si on restraint la Sauoye à ce qui fait vn particulier Duché distingué des autres, elle n'a qu'enuiron douze lieuës d'estenduë dés le Rhosne iusques à la Maurienne, & contient le Lac du Bourget qui a quatre lieuës de longueur, & est tout bordé de gros bourgs & villages; les lauarets plus delicats que la truite, ne naissent en autre part que dans ce lac: Le lac d'Aiguebelette, les vallées de Chantagne, qui produit des vins tres-delicats, celles des Bauges fort fecondes en pasturages, de sainct Pierre, & de Miolans abondante en grains & fruicts de toute sorte; comme aussi tout ce qu'ils appellent la Combe de Sauoye. On y remarque specialement la coste de la montagne depuis sainct Ioire au dessous de

Chambery tirant à Chenin, Tormeri, Mommeillan, Arbi, Crues, sainct Philippes, iusques au delà de Miolans, qui porte des vins blancs & clairets, qui ne cedent en bonté à gueres d'autres.

Les principales villes sont Chamberi, Mommeillan, Rumilly, sainct Genis, Aiguebelle, Aix, les Eschelles, sainct Pierre d'Albigni, Miolans & Conflans, outre quantité de gros bourgs & villages, dont ce pays est tout remply. Villes & lieux.

La Capitale de ce Duché est, CHAMBERY, *Camberium*, ancien sejour des Ducs, Siege d'vn Parlement, qu'ils appellent Senat, composé de quinze Senateurs, & quatre Presidents, qui a tousiours esté en grande estime, non seulement dans le pays, mais aussi parmy ses voisins. Les decisions de ses Arrests recueillis par son premier President le sieur Faure, [a] (vn des grands hommes du siecle pour la iurisprudence) sont alleguées dans tous les tribunaux de Iustice. Tout ce qui est deçà les Monts est du ressort de ce Parlement. Il y a pareillement vne Chambre des Comptes, composée de quatorze Auditeurs, quatre Presidents, & des Generaux & Thresoriers des Finances de Sauoye. Il y a aussi vn Bailliage pour tout le ressort de ce que particulierement on nomme Sauoye, duquel il y a appel au Senat, comme de tous les autres Bailliages & Presidiaux deçà les Monts. La ville estoit autresfois fort grande, mais ayant esté bruslée il y a enuiron deux cens ans, elle fut resserrée dans des murailles plus estroites; elle a toutesfois trois fauxbourgs fort grands & bien bastis. Son assiette est fort agreable, dans vne plaine presque toute entourée de fecondes collines, où l'on voit quantité de beaux chasteaux. Elle est embellie de plusieurs fontaines d'eau viue, qui ont la pluspart leur source dans la colline de sainct Martin, & sont distribuées par des canaux, en diuers quartiers de la Ville, laquelle d'ailleurs est arrousée de deux petites riuieres, qui luy donnent beaucoup de commoditez, & particulierement l'Albane, qui passe par dessous la pluspart des ruës par des canaux, & sert à nettoyer la ville. Elle a vn fort beau chasteau, qui toutesfois n'est pas acheué, non plus que la saincte Chapelle, où iadis reposoit le sainct Suaire; & laquelle est seruie par vingt-deux Chanoines, & vn Doyen, qui est Chef du Clergé de Sauoye, sous l'Euesque de Grenoble, d'autant que l'Euesché de Grenoble est composé de quatre Decanats, dont celuy de Sauoye en est l'vn, qui a plusieurs Prieurez, & parroisses sous soy, comme Lemens, la Motte, sainct Ioire, Bessi, Entremont, sainct Bardot, & plusieurs autres.

a Cod. Fabrianus.

Le peuple de Chambery est fort Catholique, & deuot, comme tesmoigne quantité de belles Eglises qu'on y voit dans la ville, & aux fauxbourgs, sçauoir sainct Pierre de Lemens, Prieuré & parroisse, sainct Leger parroisse, sainct Pierre parroisse, sainct Laurent parroisse, sainct Anthoine Preceptorie de l'Ordre, sainct Iean du Temple Commanderie de Malte, sainct Dominique, beau Conuent des freres Prescheurs, sainct François, tres-belle Eglise des Cordeliers Conuentuels, saincte Marie l'Egyptiaque, des Cordeliers Obseruantins, vn Conuent de Capucins, vn autre d'Augustins deschauffez, vn des plus beaux Colleges, & Eglises qu'ayent les Iesuites deçà les Monts, basty par la liberalité du feu Duc Charles-Emanuël. Il y a aussi deux Monasteres de saincte Claire, vn de saincte Vrsule, vn de Carmelines, vn de la Visitation, & plusieurs deuots Oratoires, & Chapelles.

MOMMEILLAN, que quelques-vns estiment estre *Mantula* celebre dans l'histoire de Bourgogne, est le lieu plus renommé de toute la Sauoye, estendu sur vne plaine resserrée par les monts voisins, & contre laquelle passe la riuiere d'Isere; la ville est petite, ceinte de foibles murailles, mal flanquée, bastie incommodément, & mal peuplée. Le chasteau couure la teste d'vn haut rocher, planté au milieu d'vne plaine: il est defendu de diuers precipices, auec cinq gros bastions reuestus & entretenus de tenailles de mesme estoffe, fossoyez du costé de la ville, où son aduenuë est mal-aisée, estant flanquée & pourueuë de pont-leuis. Il y a vn puits creusé en la montagne, & ceste place est tenuë pour vne des meilleures de toute l'Europe. Mommeillan.

Entre Mommeillan & Chambery est le deuot Conuent de nostre Dame de Myans, tenu par les Obseruantins de sainct François, celebre pour plusieurs miracles qu'on tient y estre arriuez; mais particulierement parce que cete seule Chapelle resta entiere dans vn effroyable tremblement de terre, qui abysma la ville de S. André, & cinq parroisses voisines, du temps de l'Empereur Frideric second, dont encores auiourd'huy tout le territoire d'alentour s'appelle les abysmes.

Rumilli, *Rumilliacum*, est vne petite ville bien peuplée, assise sur la riuiere du Seran, qui a vn territoire fort fertile, particulierement en grains, & a tout autour quantité de chasteaux, seiour d'vne ancienne Noblesse. Il y a vne forteresse tout proche, appellée de l'Annonciade, & vne Abbaye de Dames, appellée Bon-lieu.

Aix, *Aquæ*, est vne petite ville, chef d'vn Marquisat tenu par la maison de la Chambre. Il y a vn Doyenné auec vn Chapitre de Chanoines seculiers, & dans leur Eglise est conserué auec grande veneration, & abord des voisins, vn Crucifix qu'on croit auoir esté fait du bois de la vraye Croix, par sainct Ierosme. Il y a des bains fort celebres en ce lieu, d'alum & de soulfre, où l'on void vn grand concours, particulierement du Dauphiné & du Lyonnois.

Les Eschelles, *Scalæ*, ont pris leur nom d'vn grand chemin sur lequel elles sont, qui est tout taillé dans le roc; Quelques vns ont creu que c'est le lieu qu'Annibal ouurit auec le feu & le vinaigre. Il y a vne Commanderie de Malte, & vn Sepulchre de marbre, des plus beaux qu'on puisse voir, fait par vne Duchesse de Sauoye, où l'on void toutes ses alliances representées, auec des statuës fort bien trauaillées.

Miolans est chef d'vne ancienne Baronnie, & a vn chasteau assez fort, basty sur la pointe d'vn rocher. Conflans est vne ville assise sur l'Isere, à l'entrée de la Tarantaise, importante pour le passage, mais difficile à fortifier; Elle est chef d'vn Marquisat de mesme nom.

L'Abbaye de Hautecombe sur le Lac du Bourget, est celebre pour les superbes tombeaux des anciens Comtes de Sauoye, lesquels y auoient choisi le lieu de leur sepulture. On void icy la fontaine qu'on appelle des Merueilles, à cause qu'elle coule & se seiche plusieurs fois en vne heure.

Les principales & plus anciennes maisons de Sauoye, sont les Marquis de la Chambre, & de sainct Maurice de la maison des Chabo, le Comte de Mommayeur, le Baron de la Serra, les maisons de Grolée, Chasteaufort, Seissel, Mouffi, Chastillon, Tournon, l'Escheraine, de Gruffi, de Sonnas, & plusieurs autres.

De la Sauoye on entre au Duché de GENEVOIS, anciennement Comté, possedé par les Comtes de Geneue, qui tenoient rang de Princes, dequoy les actes se voyent dans le Caualier de Sauoye; Ils estoient vassaux de la maison de Sauoye, comme il appert par les hommages continuels qu'ils en ont fait ou de gré, ou de force, quand ils se sont voulu sousleuer. Il y eut vne question celebre pour ce regard, quand le Comté escheut à Robert de Geneue dernier masle de cette maison, qui estoit pour lors Pape, soy disant Clement septiesme, seant en Auignon. Car il pretendoit que la qualité de Pape le deuoit exempter de l'hommage; Il fut dit toutefois qu'il le presteroit par Procureur. Le Docteur Bellamera dressa lors vn beau Conseil sur ce subiect, qui se trouue dans ses œuures. Apres la mort de Robert, ses sœurs pretendirent la succession, & principalement l'aisnée mariée à la maison de Villars; le Prince d'Orenge de la maison de Chalon, & le Duc de Bauieres y pretendirent aussi; la Chambre Imperiale vouloit que la proprieté en fust deuoluë à l'Empire. Amé huictiéme premier Duc en obtint l'adiudication de l'Empereur Sigismond, auec cession de tous les droits que la Chambre Imperiale y pouuoit pretendre, & deffenses expresses à tous autres de porter les pleines armes de Geneue. Il transigea pareillement auec la maison de Villars pour toutes ses pretensions, & demeura paisible possesseur de ce Comté, qu'il donna depuis en Appenage à son fils Amé, qui mourut sans enfans. Ianus de Sauoye, fils du Duc Louys, en fut depuis inuesty, qui ne laissa pareillement aucuns masles. Finalement il fut donné en Appennage à Philippe de Sauoye, Duc de Nemours, qui l'a laissé à sa posterité, qui le tient en fief du Souuerain de toute la maison; & fut érigé en Duché par le Duc Emanuël Philibert en faueur de Iacques de Sauoye, ayeul du Duc de Nemours d'auiourd'huy.

Le Geneuois, en y comprenant les Baronnies de Foussigny & de Beaufort, confine auec le Pays eschangé, le Comté de Bourgogne, la Sauoye, le Chablais, la

Tarantaise, & la Vallée de Cremayeur, qui est de la Val d'Aoste, Il a enuiron quinze lieuës d'estenduë de pays fort fertile & planteureux, il estoit autrefois plein de Noblesse releuée, dont plusieurs maisons sont esteintes. Les plus celebres sont de Clermont, de Viry, de Menton, de Douyn, de Chiuron, de Hauteville, de Compois, de Roussillon, de Beaufort, de sainct Ioire, de Sacconay, de Crosilles, de Saleneuue, de Lornay, d'Aranton, de Coudray, de Nouery, & plusieurs autres, qui peut estre ne sont moins nobles que celles-cy, mais elles ne sont pas de nostre cognoissance.

La ville d'Annissi est auiourd'huy la Capitale du Geneuois; quelques-vns l'appellent Nyssi, du mot Grec νῆσος qui signifie Isle, parce qu'anciennement elle estoit fort grande, & contenoit toute la plaine, qui est depuis la ville moderne iusques au port de Brogni, tellement qu'elle estoit comme entourée du Lac, & des riuieres du Thiou & du Cier. Les autres l'appellent *Annexiaquum* ou *Annesiacum*, *quasi Annexum aquis*. Anciennement on l'appelloit *Ciuitas bouis*. On y trouue plusieurs medailles, vrnes, inscriptions, & autres monumens de grande antiquité. Elle fut toute bruslée l'an 1448. & depuis a esté ceinte d'vn petit pourpris. Son assiette est fort agreable, ayant en teste vn Lac de trois lieuës d'estenduë, & vne de large, qui se descharge par quatre canaux dans la ville, & y porte les batteaux. On pourroit multiplier ces Canaux d'eau douce, & rendre cette ville vne petite Venise. Elle a vn Chasteau qui est assez beau, mais non guieres fort, parce qu'il est commandé. Le Duc de Geneuois y a vn Presidial composé d'vn President, & de deux Collateraux, desquels on appelle au Senat de Chambery. Il y a pareillement vne petite Chambre des Comptes pour les finances de l'Appennage, & vn Iuge Mage pour les premieres instances de tout le ressort. La ville quoy que petite, est embellie de fort belles Eglises. Celle de nostre Dame est vn Doyenné auec bon nombre de Chanoines; les Ducs de Geneuois y ont leur sepulture. Sainct Maurice est la grande parroisse; Le Sepulchre est vn Prieuré ancien des Freres du Sepulchre. Sainct Dominique est vn beau Conuent des Freres Prescheurs. Il y en a vn autre de sainct François, où les Chanoines de sainct Pierre de Geneue ont fait leur residence, & leurs offices dés l'année 1536. qu'ils furent bannis de Geneue par les Autheurs du changement fait en la Religion. Les Religieuses de saincte Claire, qui furent pareillement chassées de Geneue en la mesme année, s'arresterent en cette ville, où l'Euesque a aussi tousiours tenu depuis son siege. C'est là où ce grand Prelat François de Sales, vray miroir des Euesques, a donné commencement au deuot Ordre des Dames de la Visitation, qui en peu de temps s'est si heureusement multiplié dedans & dehors la France. Annissi

Les autres lieux & places plus remarquables sont Entremont Abbaye, Tamiers Abbaye, *Sancti Amedei Mons*, saincte Catherine Abbaye de Dames, Cheyseri Abbaye qui confine auec le Comté de Bourgogne, Taloire, grand bourg & Prieuré Royal, la Rocheville fermée & celebre pour ses marchez, Fauerge ancienne Baronnie, maintenant Comté, Tono, ville marchande, Clairmont grand Bourg, & Baronnie, Claumont grand Bourg, les Clefs Baronnie, Menton Baronnie renommée pour sainct Bernard de menton, qui a donné le nom aux Alpes Penines, & non sainct Bernard de Clairuaux, Vgine, ville close, Torens, Baronnie, Viry Baronnie, Mornay Baronnie, Crusilles grand Bourg. Albi, ville close, Montou Baronnie, & plusieurs autres. On louë fort les vins de la coste des Semines, montagnes du Geneuois; & est remarquable que les montagnes de la Tarentaise continuans auec celles du Geneuois enuiron trois iournées d'estenduë, sont fort fertiles en vins blancs & clairets.

Le Foussigny est vne ancienne Baronnie possedée iadis par des cadets de la maison de Geneue, & puis venuë par alliance aux Dauphins, & finalement à la maison de Sauoye par eschange de la Tour du Pin, & autres terres qu'elle possedoit en Dauphiné. Elle appartient maintenant au Duc de Nemours en proprieté, la souueraineté estant du Duc de Sauoye. Elle a vn Bailliage separé, & vn Iuge Mage resident à Bonneuille. On la diuise en haut & bas Foussigny, qui n'est pas si montagneux que l'autre. La plus haute montagne du pays est la glaciale, appellée maudite par les habitans, à cause des neiges perpetuelles, dont se forme le crystal: Elle est si eminente que sortant de Lyon par la porte sainct Sebastien, on l'apperçoit, quoy que la distance soit de quarante lieuës de pays, de sorte qu'elle n'est point habitée en sa cime, comme sont toutes les autres du Foussigny. La ri- Foussigny uiere d'Arue, qu'on estime plus rapide que le Rosne mesme, dans lequel elle entre sous Geneue, fort de cette montagne, dont les glaces venans à fondre l'enflent par fois extraordinairement.

illes & eux. Sallanche est la ville capitale du haut Foussigny, assise entre la montagne & l'Arue. Quoy qu'elle n'ait ny portes ny murailles, c'est la plus grãde de toute la Baronnie, auec de beaux & riches marchez. Les autres sont Flumet & Megeue, bourgs fermez dans les montagnes; Cluse est estimée la ville capitale de l'entier pays, tres-forte de situation au bord de l'Arue, auec deux faux-bourgs, en l'vn desquels est le Conuent de l'Obseruance : Elle est au milieu du pays, & les Assemblées pour les Affermes & creation d'vn Baillif s'y tiennent. Taninge est petite ville, auec marché où l'on vend les faux qui se distribuent par tout le pays, & vn beau Conuent de Religieuses de saincte Claire. Samoen est vne grande parroisse & marché, entre les montagnes & la riuiere: Son excellent fromage, nommé Vacherin, se distribuë aux nations estrangeres; l'Abbaye de Six en est proche.

Bonne-ville est à l'entrée du bas Foussigny, ville size pres d'Arue, auec vn ancien chasteau qui domine la ville, au Duc de Nemours; c'est le siege du Iuge-mage du pays; les chasteaux de Pressy, d'Asnieres & des Tours se voyent au dessus. Bonne est vn lieu agreable pour la situation, la Forteresse en a esté ruinée. Les autres lieux sont S. George, Passy, bon bourg, renommé pour ses vins, Contamine, Abbaye; S. Ioire, gros bourg, bien peuplé, Baronnie au Comte de S. Maurice; Vieu, petite ville bien assise auec chasteau: Boege, grand bourg & Baronnie; Chamony, bourg. Le Lac benit est au dessus d'vne montagne du costé de Bonne-ville, il a mille pas en rond; deux parroisses voisines le benissent tous les ans le iour de sainct Claude, pour estre preseruées de son inondation.

Chablais. Le Duché de CHABLAIS suit le Geneuois, & comprend les Bailliages de Ternier & Gaillard, & les terres de sainct Victor & Chapitre: Il a le bord du Lac de Geneue au Nort, le pays de Valay au Leuant, le Foussigny au Midy, & le Geneuois au Couchant. Sa longueur est de neuf à dix lieuës, & sa largeur de trois à quatre. C'est la demeure des anciens *Veragri*, & peut-estre partie de la Colonie *Equestris*, d'où quelques vns tirent son nom *à Caballis*. C'est vn pays fort fertile, abondant & agreable, semé de grand nombre de gros bourgs, & chasteaux, seiour d'vne ancienne Noblesse. Le Marquis de Lullins, dont il a esté parlé cy-dessus y a sa maison. Les principales familles nobles sont d'Armance, de Lucinge, d'Alinges, où est vne forteresse; de Chatelard, de Monthou, de Corsinge, de Vallon, de Charmoisi, de sainct Paul, & plusieurs autres; les Vallées d'Aux & d'Abondance en despendent, qui ont chacune vne ancienne Abbaye. Tilly sur le Lac en a vne autre.

TONNON en est la ville capitale, bien bastie en sa Maison commune, belles places, & autres edifices particuliers, où est vn fort beau logis du Marquis de Lullins, accompagné de iardins & parterres agreables. On y void des Conuents de Capucins, Barnabites, & vne societé de Prestres, comme ceux de l'Oratoire. Les yssuës de la ville sont en belles plaines & prairies, auec force bleds & bons vins de Seruagnin. Ripaille est au dessous, celebre pour la retraicte d'Amé premier Duc, qui y mena vne vie solitaire, & delà fut fait Pape par le Concile de Basle; Euian, *Auianum*, Comté & ville ancienne & bien peuplée, n'en est pas esloignée: Pour y venir on passe la Drance sur vn pont de pierre de vingt-deux arches, les rosmarins & les beaux lauriers s'y voyent dans les maisons & iardins. Du Chablais on entre dans le pays de Gauot, qui a trois ou quatre lieuës d'estenduë, où est la petite ville de sainct Gingot ou Gingulphe.

Aoste. Le Duché D'AOSTE est composé de six grandes Vallées, outre celle qui luy donne le nom, qui luy donnent plus de trente lieuës d'estenduë, depuis Courmajeur qui aboutit au Foussigny, iusques à Varal sur la Sesia; en l'Estat de Milan. Il a pour confins le Nouarrois, le Vallay, le Foussigny, la Tarantaise, & le Piedmont. La Vallée abonde en rares pieces & monumens d'antiquité Romaine. Il est fort ancien dans la maison de Sauoye, aussi bien que le Chablais. Les Comtes s'en disoient Ducs, auant que la Sauoye fust erigée en Duché. La maison de Chalant portoit iadis le titre de Vicomtes d'Aoste, & possedoit les plus beaux chasteaux de la contrée: Il n'y a pas beaucoup de Noblesse; Outre ceux de la maison de Chalant, qui sont de Chastillon & de Fenis, on y remarque les sieurs d'Auiso, de Valaise, de Cly, de Nus, & de Serres.

Aoste, *Augusta Prætoria*, est la Capitale, Colonie des Romains, ancien Euesché, ville assez belle, presque dans le milieu de la Vallée; enrichie d'vn arc triomphal d'Auguste presque entier, d'vn Colysée, & de plusieurs autres monumens de la grandeur Romaine, son terroir est estroit, mais fort fertile, particulierement en bons vins muscats. Les villes & lieux principaux de ce Duché sont Bard chasteau & forteresse imprenable, qui serre la Vallée; Donas qui est au dessous, où est vn chemin taillé dans le rocher plus de deux cens pas, que les habitans croyent estre le passage d'Annibal; Mont-Iouet que les anciens appellerent *Mons Iouis*, ou *Mons Bardus*, forteresse assise sur vn roc qui domine la Vallée; sainct Vincent; Verrez Tour, ou Chasteau fort; Chastillon bonne ville, & chasteau; Cly, Hur, Fenis; Issoigne, Morges, Auise, bons bourgs, outre plusieurs autres qui sont dans les Vallées de Valeisa; Gressonay, Gresenche, Rema, Courmaieur, & Cogne.

La Maurienne a esté la premiere demeure des Comtes de Sauoye, & leur plus ancien titre: C'est vne Vallée d'enuiron dix-huict lieuës d'estenduë. Elle commence à l'emboucheure de l'Arc & de l'Isere au dessus de Montmeillan, & finit à la descente du Moncenis; confine auec la Sauoye, la Tarantaise, le Dauphiné, & le Piedmont, & contient plusieurs autres moindres Vallées qui sont à costé. Et quoy qu'elle semble n'estre que rochers, elle abonde en pasturages, & a des grains suffisamment pour soy, & mesmes des vins en la partie meridionale. Le saffran y croist fort bon, & en quantité. Elle contient cent parroisses assez bien peuplées. La maison de la Chambre en possedoit autrefois la pluspart. Ses principaux Chasteaux furent rasez par le commandement de la Duchesse Blanche, pour vne rebellion qu'auoient fait les Seigneurs de cette maison. Mauriene.

Il n'y a pas beaucoup de Noblesse dans le pays, dont les habitans nourris dans les montagnes ne la souffrent pas volontiers, & n'ayment qu'à traffiquer. La maison toutefois du Pont est celebre dans nos Histoires, à cause de Pierre du Pont, qu'on appelloit le petit Bayard.

La Capitale est sainct Iean, qui est au mitan de la Vallée, Euesché ancien, & celebre dés le temps des premiers Roys de Bourgogne. Les autres places sur le chemin sont la Chambre, sainct Iulien, sainct André renommé pour ses bons fromages, Modune, qui a au dessus nostre Dame des Charmez, qui est en grande veneration aux habitans; Vsse, Braman, Lanebourg entre les autres qui sont dans la montagne.

La Tarentaise est vn ancien Comté d'enuiron douze lieuës d'estenduë; & confine auec la Sauoye, la Maurienne, le Fossigny, & la Val-d'Aoste. Elle contient quatre vingts bourgs, ou villages assez bien peuplez, & comprend les Vallées des Tignes & d'Isere, à qui la riuiere de ce nom doit sa source, & donne son nom; comme aussi à la maison qui la possede en titre de Comté. Le bourg sainct Mauris est chef d'vn Marquisat, qui s'estend bien auant tirant au petit sainct Bernard, où est Colomne-Ieu, *Columna Iouis*, lieu renommé pour la tyrannie que iadis le Diable y exerçoit contre les passans. Delà on entre en la Val-d'Aoste par vn passage inaccessible quand on a leué le pont qui est sur la riuiere. Ce pays estoit iadis habité par les Centrons,[a] peuples des Alpes Graies. La Capitale sous les Romains s'appelloit *Forum Claudij*, & puis *Tarantasia*, qui a donné le nom à toute la Prouince: Auiourd'huy on l'appelle Mostiers, & est Archiepiscopat ancien & renommé dans les Conciles. La ville est petite, Isere passe au milieu & le long du Palais de l'Archeuesque, pres duquel est vn pont de pierre pour passer d'vne part à l'autre, qui semblent estre deux villes. Elle est assise en vne plaine agreable, close de montagnes de toutes parts; les aduenuës en sont difficiles par des destroits costoyez de torrens & de precipices. Les salines du Prince sont à Mostiers, & la chasteau ou Fort de Briançon ou Briançonnet, en est à vne lieuë: C'est vn rocher rõd, inaccessible de tous costez, sinon du costé de la riuiere, où sont deux ou trois cens degrez pour y monter. Il fut pris l'an mil six cens par le Duc de l'Esdiguieres, sous le Roy Henry quatriesme. Le passage commun pour aller de la Sauoye à la Tarentaise, & delà en Italie est en cet endroit, fort facile à garder. Le Fort de sainct Iaqueme est en mesme assiette, & en mauuaises aduenuës. Le bourg sainct Mauris a quelques restes de murailles. Tarentaise.

[a] Cæs. li. 1. Strab. Anton. Schud. lib. 1. c. 14.

Qualité.

NOus auons touché la qualité des pays en particulier, en les descriuant. La Sauoye generalement a ses collines & vallons abondans en bleds & en vins, & les mõtagnes ont les pasturages; En quelques endroits elles sont steriles en bleds, à cause des grandes neiges, & le seigle y demeure treize mois en terre, veu qu'ils le sement en Aoust & ne le moissonnent qu'en Septembre de l'année suiuante, si la recolte n'est accablée de neiges auant ce temps-là. Les pasturages y sont abondãs, pour y nourrir gros & menu bestail, duquel outre les chairs, les habitans retirent encores des laines, cuirs, beurres & fromages. Le Foussigny en fournit Geneue en partie, en enuoye à Lyon & en Alemagne; il a du menu bled, auoine & legumes excellẽs. Montmeillan, Chantagne, à trois lieuës de Chambery, Coste-rouge & le bas Foussigny ont de bons vins, de mesme que la Maurienne & le Geneuois, où est aussi le lac d'Annissy, qui a de belles truites toute l'année, & des carpes au mois de May. Le Lac donne à ceux de Chablais les brochets, les truites, ombles ou cheualiers tachez comme la truite, & esgaux en bonté, les perches & autre bon poisson. Les noix pour les huiles, les belles chastagnes pour la nourriture des mõtagnards, les pommes, poires & autres fruicts d'esté & d'hyuer se trouuent dans les vallées. Les eaux de Chambery & d'Annissy reüssissent si bien en la teinture, que les marchands preferent les soyes teintes en ces quartiers à plusieurs autres. On attribuë à la froideur des eaux l'enfleure du gosier, ou le goitre des habitans, qui l'appellẽt ainsi dans le pays. La partie Meridionale des costes de Maurienne, Val-d'Aoste & Canauez produit du safran suffisamment pour tout l'Estat.

Les montagnes & bois ont quantité de venaison en sangliers, cerfs, daims, cheureulx, bouquetains & marmotes, qui sont comme particulieres en ce pays, hors du Dauphiné, où l'on en void aussi; elles sont fort delicates à manger. Les lievres blancs & autres ordinaires, le gibier de toutes sortes, les perdrix blanches en la Maurienne, & les gelinotes en Sauoye, qui excellent par dessus celles des autres pays, y foisonnent. Le Geneuois a dans ses Geneuriers vne grande quantité de griues pendant tout l'hyuer. La peau des lievres blancs y est fort chaude, de sorte qu'on la debite pour la porter deuant l'estomach; ils muent en Esté & deuiennent gris, mais en hyuer ils muent aussi & reprennent le poil blanc. On void dans le pays deux sortes de faisans & de gelinotes; outre les perdix blanches, les grises & les rouges y abondent. Les jalores y sont vne espece particuliere d'oiseau plus gros que le pigeon ramier, pesant à voler & changeant de plumage selon les saisons, estant en esté presque tout blanc, & en hyuer gris & obscur, les pieds velus, d'vne plume plus deliée que celle du vautour; la chair en est de tres-bon suc, plus delicate que la perdrix, & bonne pour les malades. Le Lac de Geneue, qui serpente par les collines dans vn tour de dix-sept lieuës, & est large de quatre ou cinq, prenant le nom des lieux où il passe, de Morges, Thonon, Euian, Losanne, Vevay, &c. fournit la Sauoye de poisson, comme nous auons desia remarqué; mais les autres lacs & estangs qu'on y void, en pouruoyent aussi le pays; celuy du Bourget à deux lieuës de Chambery, est celebre pour les belles truites, & lauarets, qui ne trouuent point ailleurs, & sont de meilleur goust que la truite. La fontaine qu'on appelle des Merueilles est à Haute-Combe, & se descharge dans ce lac, elle coule & se seche deux fois en vne heure. [a] Le poisson de ces lacs est preferable à celuy des riuieres, pour estre ferme & nourry en eau viue, claire & spacieuse, de sorte qu'il participe au goust de ceux d'eau douce & de la mer. Les salins n'ont pas esté encore bien recognus dans les Estats de Sauoye; la seule Tarentaise sembloit auoir cet aduantage à cause de la fontaine d'eau salée, qui a sa source au village nommé Salins, & au pied d'vn rocher assez proche de Mostiers: mais on a descouuert depuis peu d'autres sources de sel blanc en Sauoye, capables d'en fournir toute la Prouince, à quoy les mines de charbon de pierre, qui sont proches, peuuẽt seruir vtilemẽt pour le cuiure. Il y a en Sauoye quantité de bois de haute fustaye, chesnes, pins & sapins pour les poultres, & autres moindres pour les planchers. Les noyers y abondent pour en faire de tres-beaux meubles pour l'vsage & embellissement des maisons. Le buys y est trauaillé au tour pour toute sorte d'vtensiles belles & commodes. Là où les briques ne peuuent pas estre faites par le defaut de la terre, les fi-

[a] Masson. Itera.

nes ardoises se trouuent en abondance, & font vne plus noble couuerture des maisons. La chaux y est fort bonne, les beaux marbres n'y manquent point, & les rochers estans polis ne cedent point aux fins marbres ou porphyres de la Grece & de l'Italie. La Val-d'Aoste a des bains & eaux minerales, qui ne sont pas si cogneuës & frequentées à cause du difficile accez; les bains d'Aix, pres de Chambery sont fort estimez, & de grand abord pour ceux de Lyon, Geneue & Grenoble: Les eaux passent par le soulfre & l'alum: Le sel nitre, le soulfre & tout ce qui est necessaire pour les poudres, abondent en Sauoye, d'où les estrangers en tirent grande quantité, quoy qu'à Montmeillan on trauaille incessamment à en faire. Le crystal se trouue parfaictement beau dans les glaciers du haut Foussigny & de la Val-d'Aoste, d'où les habitans le portent à Milan, là où il est trauaillé mieux qu'en part du monde. Les glaces demeurent & se conseruent en ces quartiers-là durant plusieurs siecles, sans se resouldre, croissans chaque année, & couurans les sommet des montagnes, auec vne profondeur merueilleuse: Elles se purgent d'elles-mesmes, & restent nettes, claires & solides, comme le crystal, sans pouuoir bien discerner, si c'est mineral ou simple glace, qui en quelques endroits, au fonds & pres de terre, se conuertit en vray & fin crystal. Au pied de ces glaciers, & là où ils defaillent, l herbe croist & le bled vient à maturité. Cette glace fonduë ou pulurisée par les habitans leur sert de remede à quelques maladies, estant beuë dans du vin grossier. Le sang & la graisse du boquetain, animal fort chaud, gris & grand comme vn cerf, viste & agile, *rupicapra*, [a] ont aussi des proprietez & vertus pour guerir plusieurs incommoditez. Les chamois se prennent en telle quātité par les paysans, qu'ils en ont leurs saloirs pleins, & en mangent le long de l'année. La chaleur des marmotes, animal qui se trouue dans les Alpes, gros comme vn chat, auec les iambes fort courtes, le poil rude, le museau & les oreilles comme vn escurieu, auec quatre dents longues & trenchantes, est bonne à l'estomach, & profitable, de mesmes que sa graisse, à plusieurs maladies. Cette beste dort les six ou sept mois de l'année depuis la mi Septembre iusques en May, sans aucune nourriture; on en void des sauuages & des domestiques; les sauuages font leur prouision de foin en Aoust auec vne merueilleuse industrie, pour y reposer & dormir le temps que nous auons dit. Les ours, loups, loups-ceruiers & autres animaux sauuages se trouuent dans les mesmes montagnes, où se voyent aussi des grottes & puits profonds, allant à Sallanche, auec sources d'eau, & des mines d'alum blanc. Le manganez, sable à faire les verres de crystal, se trouuent en la Val-d'Aoste, où les marchands Milanois & Lorrains le viennent achepter.

a Plin.

Mœurs.

Les villageois de la Sauoye sont grossiers en leurs mœurs & en leur langage: Ils sont francs, sobres, bons mesnagers, grands trauailleurs, soit à cultiuer la terre, soit autrement, & ayment fort leur Prince. Le paysan y est assez subiet, & la Noblesse authorisée. Les Sauoyards sont officieux aux estrangers, industrieux, & qui reüssissent bien parmy les nations voisines, sçauoir en Italie, en France & en Allemagne, estans accoustumez au trauail & à l'espargne. Les Gentilshommes sont fort courtois & d'agreable conuersation, se ressentans d'vne Cour, qui a esté tousiours vertueuse & pleine de ciuilité. Ceux qui sont dans les villes ayment les Lettres, sont de bon esprit, & fort aduisez.

Richesses.

Nous auons recommandé l'assiette du pays pour le passage en Italie. [b] La Sauoye en particulier ne peut profiter que du bestail & de ce qui en prouient, comme nous auons desia remarqué, [c] par le traffic de Geneue, où ils peuuent porter leurs denrées de toutes sortes; par celuy de Lyon, Allemagne, Piedmont, & Milan, où leurs crystals sont vendus: Le bestail de Sauoye est mené à Geneue, au Milanois & au Montferrat. Si la Sauoye n'attire pas l'argent des contrées estrangeres, elle se passe aussi de ses voisins en toutes choses, & n'en emprunte rien.

b Discours general de la Sauoye.
c Qualité.

Forces.

LEs forces de la Sauoye se doiuent recueillir & reprendre au Discours general que nous auons desia déduit, & selon les places fortes que nous auons décrites cy dessus, où Montmeillan tient le premier rāg; les Forts de Conflans, de Charbonnieres & de l'Annonciade pres de Rumilly ne sont pas considerables. Il y a assez de peuple, mais il n'est pas tant aguerry pour le commun. La Noblesse est valeureuse & bien exercée en la milice, dequoy nous parlerons encor cy-dessous.[a]

[a] Piedmont. Mœurs & Forces.

Gouuernement.

LE Senat & Parlement de Sauoye est seant à Chambery, où ressortissent tous les Bailliages Ducaux de la Prouince, & les Iustices des Seigneurs, comme celle du Duc de Nemours pour le Foussigny & autres terres du Geneuois, dont le Presidial est à Annissy. Les fiefs principaux de la Sauoye en ses parties, & les maisons Illustres en ont esté mentionnées dans la description du pays.

Religion.

LA Sauoye a son Archeuesque, dit de la Tarentaise, resident à Moustier, & pour Suffragans les Euesques de Sion & d'Aoste. Sion, *Sedunum*, est vne ville confederée auec les treize Cantons des Suisses. Les Euesques de S. Iean de Maurienne, & de Geneue sont du pays, & y resident, sçauoir celuy de Geneue à Annissy, comme nous auons desia dit: Ils sont Suffragans de l'Archeuesque de Vienne. Les Abbayes de Haute-Combe & de Bonlieu y sont renommées, la premiere pour la fondation, & les tombeaux des Ducs de Sauoye; & l'autre proche de Rumilly est pour les Dames de maison noble, comme le nom du lieu le donne à cognoistre.

PIEDMONT.

Noms. LE Piedmont, qui est ainsi appellé parce qu'il est au pied & à la racine des Alpes, qui separent l'Italie de la France, faisoit iadis vne partie de la Gaule Cisalpine & Transpadane. Confins. Il confine au Leuant auec l'Estat de Milan deçà le Pò, à Verceil, & le long de la Sesia qui le borne, & delà le Pò, auec le Montferrat. Au Couchant auec la Maurienne, le haut Dauphiné, & la Prouence; Au Septentrion à la Val-d'Aoste (que quelques vns comprennent dans iceluy) & aux Valesans, d'où la Sesia prend sa source: Au Midy auec partie du Dauphiné & de la Prouence, auec le Riuieres. Comté de Nice, la riuiere de Genes, les Langhes du Montferrat, & l'Alexandrin. Il est trauersé du Pò, du Taner, de la Doire, de la Sture, du Belbo, & de la Bormia, Estendue. & arrousé de plus de 18 autres fleuues assez grands. Sa plus longue estenduë du Couchant au Leuant est de la Vallée de Barcillonnette à trois lieuës d'Ambrun, iusques au Cairo, qui est sur la Bormia vers le Montferrat & le Genois, & compréd cinq iournées de pays, c'est à dire pres de cent milles d'Italie. Celle du Midy au Septentrion, à la prendre en droite ligne du Col de Tende, ou du Marquisat de Ceua, iusques aux montagnes de la Val-d'Aoste & du Valey, n'est guieres moindre. Il est toutefois plus estroit en quelques endroits, & presque tout couronné de hautes montagnes & Alpes Penines, Graies & Cottiennes, qu'on appelle maintenant de la Val-d'Aoste, Montcenis, & Mont Geneure; & des Apennins qui commencent au Col de l'Argentiere, & trauersent toute l'Italie.

Ce pays estoit iadis habité de cinq sortes de nations, sçauoir est des Statielles, Bagiens, Thurinois, Salasses, & Lybiciens, dont la pluspart estoient compris dans la haute Ligurie. Il est maintenant diuisé en quatre Prouinces principales, qui ont chacune leur President particulier dans le Senat de Turin. La premiere est la Principauté de Piedmont, qui comprend la Vicairie, ou Principauté de Barcillonnette, les Marquisats de Suse, d'Iurée & du Canauez, le Comté de Verceil, les territoires de Quiers, Sauiglian, Fossan, Mondeuis, Coni, & plusieurs autres. La seconde est du Montferrat. La troisiesme, le Comté d'Ast, auec le Marquisat de Ceua; La quatriesme, le Marquisat de Saluffes. Le Piedmont n'a point de grandes villes cõme Milan, ou Genes, mais il est tellement semé de bonnes villes, gros bourgs, terres & chasteaux, que quelques vns ont dit qu'il ne sembloit qu'vne ville. On y en compte pres de mille; Ce qui procede de la bonté du pays, lequel estant par tout fertile, chacun s'accommode en son quartier sans l'aller chercher ailleurs; ce qui a donné le plus souuent occasion de faire de grandes villes. Il est diuisé en dix Eueschez (y comprenant Aoste & Nisse) & a plus de trente anciennes Abbayes, outre vn grand nombre de Commanderies de Malte & de S. Maurice.

La Principauté de Piedmont commence au pied du Montcenis, où l'on rencontre le bourg de la Noualeise, où est vne ancienne Abbaye de S. Benoist fondée par Frodoinus Prince du sang de France, & grandement enrichie & augmentée par Charlemagne. Plusieurs Abbayes tant en Italie, qu'en France, & en Espagne en dependoient iadis, comme on lit en la Chronique de sainct Benoist. Elle est maintenant en commande. Passant outre on rencontre Prouince ou Principauté de Piedmond.

SVSE, *Segusium, Segusio*, située au pied des Alpes Cottiennes sur la Doire, qui vient du Mont Geneure, & reçoit à Suse vn torrent qui a sa source dans le Lac qui est au dessus du Montcenis, & descend par des precipices pour se descharger auec la Doire dans le Pò, tout ioignant Turin. La ville est ancienne, Colonie de Pompée, qui ouurit le premier en ces quartiers le chemin qui va en France par le Mont Geneure, celuy du Montcenis ayant esté desia frequenté auparauant. Elle fut bruslée par Constantin le Grand, & puis par Frideric premier, surnommé Barberousse. La maison de Sauoye y perdit alors le thresor de ses Chartes. Elle donna iadis le nom aux Marquis de Suse, Princes qu'on tenoit issus du sang de Charlemagne, lesquels possedoient Turin, & vne grande partie du Piedmont. La terre fut vnie à la maison de Sauoye par le mariage d'Adelais fille & heritiere du dernier Marquis, auec Amé premier du nom, enuiron l'an mil vingt-cinq. La ville est fortifiée de deux chasteaux assez bons, s'ils n'estoient commandez des montagnes voisines; le Duc y tient ordinairement vne bonne garnison; le commerce y est assez grand, pour estre à l'embouchеure de deux grands chemins qui vont d'Italie en France. La fabrique des monnoyes y estoit iadis si celebre, que les liures Segusiennes estoient des plus vsitées d'Italie. Il y a vne Abbaye sous le tiltre de sainct Iude, fondée par le dernier Marquis, & tenuë auiourd'huy en commande. On y void vn arc triomphal d'ancienne structure, qui tient toutefois plus du Gothique, que du Romain; ce qui doit faire douter, si c'est le Trophée d'Auguste dont parle Pline, comme quelques vns ont creu. Cette ville a donné le nom à toute la Vallée, laquelle est fort abondante en bleds, vins, pasturages, & fruicts, entre lesquels il y a des pommes excellentes, qu'on appelle Susines du lieu où elles naissent. La Doire qui l'arrouse, a sur ses bords de bons villages, & chasteaux; les principaux sont sainct Ambroise, qui a au dessus la miraculeuse Abbaye de sainct Michel de l'Escluse bastie, comme tiennent ces peuples, de la main des Anges. On l'appelle de l'Escluse, parce que ce lieu estoit iadis appellé *Clusæ*, à cause que les Roys des Lombards y auoient basty vn grand rampart pour fermer les aduenuës aux estrangers. Cette Abbaye est celebre pour estre vn des quatre Chefs d'Ordre de sainct Benoist, duquel depend grand nombre d'autres Abbayes & Prieurez tant en Italie, qu'en Frãce, comme on peut voir par le recueil qui a esté fait de nouueau des Arrests du Conseil, & Lettres patentes du Roy expediées en faueur de l'Abbé, pour estre maintenu en sa possession dans le Royaume. Auillane grand bourg, & autrefois fort riche à cause du commerce, mais fort ruiné en ces dernieres guerres; Il est deffendu de deux chasteaux posez sur deux collines qui commandent le passage. Elle a deux Lacs assez grands tout proches, où l'on pesche grande quantité de carpes, & autre poisson. La Commanderie de S. Antoine de Renuers en est proche, qui est fort riche, & a esté ordinairement possedée par des Seigneurs de marque; la plus-part des Commanderies d'Italie dependent de celle-cy. Suse.

Riuoli, celebre pour le beau chasteau que le Duc Charles y bastist, à cause que c'estoit c'estoit le lieu de sa naissance. Il l'a aussi enrichy de fort belles & curieuses peintures. A costé on voit l'Abbaye de Riualte, les chasteaux & terres d'Arpignan, Villars, Pianezze, Caselette, Colen & Grolias.

TVRIN, *Augusta Taurinorum*, Colonie des Romains, & capitale d'vn Duché sous les Lombards, cõme aujourd'huy de tout le Piedmõt. Elle est sise à 20 milles du pied des Alpes, en belle & spacieuse plaine, le long du Pò d'vn costé, & de la Doire de l'autre. Le Duc Charles-Emanuël auoit cõmencé de l'aggrandir; & le Duc Victor Amedée a acheué le dessein; & ceint la ville nouuelle & vieille de grands bastions royaux, & de murailles toutes neuues, auec les dehors reuestus, qui rendent cette place l'vne des meilleures de l'Europe, outre sa Citadelle qui est tres-forte, & a vn puits basty auec grãd artifice, & commodité: Elle a aussi vn chasteau ancien qui sert de Palais aux Ducs, auquel se voit la fameuse galerie bastie par le Duc Charles-Emanuël, & enrichie de rares peintures, statuës, armes de toutes sortes, liures manuscripts, & autres raretez qui y sont soigneusement conseruées. Vne tour magnifique a esté esleuée au milieu de la ville, qui est sur vn ruisseau nõmé la Dorette qui s'embouche dãs le Pò, & coule par tous les quartiers de Turin. Ses places Royales, auec des allées couuertes, & garnies de marchands, & artisans de toutes sortes, ses belles Librairies qui ont cõmencé auant les autres d'Italie, son Vniuersité, & Academie de toutes sciences, le Senat, & la Chãbre des Comptes, le sejour du Duc & de sa Cour Royale, la rẽdent celebre, de mesme que la multitude de ses Eglises & Cõuents. Elle est siege d'vne Metropolitaine sous le titre de S. Iean Baptiste, dans laquelle se conseruent plusieurs precieuses reliques, & particulierement le S. Suaire, qui y est tenu en grande veneration. Outre les parroisses qui sont en bon nombre, tous les Mendians soiẽt anciens, soient reformez y ont des Conuents, cõme aussi les PP. Iesuites vn beau College pour toutes les sciences qu'ils enseignent. Il y a pareillemẽt quatre Cõuents de Religieuses. Les plus anciennes familles (sans y cõprendre les estrangeres) sont des Balbes, Bellecombes, Bergera, Birague, Brochards, Capris, Castagne, Gonteri, Gromi, Lobetti, Losa, Nomis, Parpaglia, Piosasc, Rouere, Scarauelli, Vasqui, & autres. La ville est enuironnée de lieux & bastimens de plaisir, où le Prince se retire pendant les grandes chaleurs de l'Esté, comme le Parc, qui est aux portes de la ville, & à cinq mils de tour, en vne assiette des plus belles de l'Europe, entourée du Pò, de la Doire & de la Sture, remplie de bosquets, lacs, fontaines, & de toute sorte de chasse. Vn peu plus bas sur le Pò est le Valentin, maison de plaisance bastie auec beaucoup de magnificence par la Duchesse, Madame sœur du Roy. Le Palais de Millefleurs n'est qu'à deux mils de la ville. La colline au delà du Pò est toute semée de maisons de plaisance, qui feroient vne grosse ville, si elles estoient ralliées. Il y a quantité d'inscriptions, & autres monumens d'antiquité, qui sont recueillis dans vn liure à part. [a]

Sortant de Turin, & long du grand chemin d'Italie, on passe à l'Abbaye, qui est vnie à l'Archeuesché; à Settimo bon bourg; à Chiuas ville close de murailles, & d'vn bon fossé, fortifiée de six bastions; & delà on entre dans le Comté de Verceil, duquel nous parlerons plus bas, apres auoir descrit le reste du Piedmont.

[a] Pingonius in Augusta Taurinorum.

Suiuant doncques les montagnes, qui separent le Piedmont du Dauphiné, de Suse allant à Pinerol, on passe Iauen gros bourg ceint de murailles, Rean, Cumiana, Piosasc ancien Comté, d'vne des plus grandes familles de Piedmont, Frosasa; & de là à

PINEROL, jadis Appennage des puisnez de la maison de Sauoye, sous le titre de Prince de Piedmont & d'Achaie; ville grande, & ornée de plusieurs belles Eglises, deffenduë d'vn fort chasteau, & ceinte de bastions Royaux depuis qu'elle a esté acquise par le Roy. Delà par les Vallées de la Perouse, & de sainct Martin partagées entre le Roy & le Duc, on entre dans celle de Pragela, qui est de France.

Briqueras, forte place à l'emboucheure de la Vallée de Luserne, laquelle aboutit à celles de Bibiane, du Villars, & d'Angrogne, ancien sejour des Vaudois, qui ont depuis suiuy la Religion pretenduë reformée, & y sont tolerez par le Duc.

Cauours, ville assise au pied d'vn haut rocher à double pointe, esleué au mitan d'vne large campagne; il y a deux bons chasteaux au dessus de chacune des poinctes, qui se deffendent l'vn l'autre, & semblent imprenables.

Moncalier, grand bourg sur le Pò, celebre pour les bons vins de sa colline: Carignan renommé dans les guerres du Piedmont, fort pour son assiette, quoy qu'il ne soit pas clos. Appennage du Prince Thomas oncle du Duc d'aujourd'huy. Piobes, Vigon, Pancalier, Polongbera, Morette, Scarnasis, & toutes les terres de ce quartier sont les plus fertiles du Piedmont. Ville-franche est remarquable pour la surprise de Prosper Colonne, quand le Roy François descendit en Italie par le Col, ou destroit de l'Argentiere.

Quiers, Chieri, *Cherium*, grande ville, assez bien fortifiée pour son assiette, pleine de belles maisons, & d'vne ancienne Noblesse. Les principales sont les Balts, Balbiani, Benzi, Bertoni, Biscaretti, Borgarelli, Broglia, Buschetti, Docloli, Eribaldi, Pietrauiua, Raschieri, Simeomi, Tana, & Villa: outre les Costa, les Macetti, & autres qui en sont sortis Les fusteines de Quiers sont estimées entre toutes les autres. Autour de Quiers sont Riue Marquisat, Poirins ville close, Trufarel, Arignan, Bardesan, Cinsan, & beaucoup d'autres. Son territoire confine auec le Comté d'Ast & le Montferrat.

De Carignan tirant au Midy, l'on trouue Carmagnole, de laquelle il sera traicté au Marquisat de Saluces. Racconis gros bourg, celebre pour la quantité des soyes qu'on y trauaille, Caualimor, &

Sauillan petite, mais belle ville, assise entre deux riuieres, & si bien fortifiée que l'Empereur Charles V. y passant dit n'auoir veu vne place plus capable de soustenir vn long siege. Elle a vne riche Abbaye de Benedictins sous le titre de S. Pierre; les principales familles sont les Begiami, Cambiani, Crauetta, Faletti, Ogieri, Solere, & Taparelli. FOSSAN, place forte sur la Sture, & siege Episcopal. Ses plus anciennes familles sont les Baratta, Baua, Dionigi, Geuoni, Montforti, & Operti.

Queras, Cherasco. *Clarascum*, place forte pour son assiette (qui est en vne colline baignée du Taner) & pour les murailles & bouleuarts qui l'enuironnent: Cette ville est fort agreable à cause de ses longues & droites ruës, & des maisons, & Eglises bien basties. Les familles Nobles sont les Lelij, Lunelli, Mentoni, Rayneri, & Ratti. L'ancienne cité de Polenzo estoit voisine, qui ne paroist plus que dans les ruines d'vn grand Amphiteatre. Les chasteaux & bourgades de Bra, de Poca Paglia, de saincte Victoire, de Baudisse, & de Canal sont celebres pour leurs bons vins, & Cerisole pour la fameuse iournée en laquelle les Espagnols furent desfaits par les François comme Benne & la Trinité, pour les factions de leurs Seigneurs.

MONDOVI, *Mons Regalis*, ville Episcopale, assise sur vne colline, & diuisée en trois parties, qui la rendent fort grande, celebre pour la deuotion d'vne miraculeuse Image de nostre Dame, à laquelle y a vn grand abord. Le Duc Charles Emanuël y fit bastir vne des belles Eglises d'Italie, qui est seruie par les Feüillans en titre d'Abbaye. La Citadelle est en la place la plus haute de la ville, comme aussi l'Eglise Cathedrale, & le Palais de la Cité. Outre les Conuents des Religieux Medians, il y a vn College des Iesuites, & vne Vniuersité de toute sorte de sciences. On y tient trois grands marchez toutes les semaines auec grand concours. Les reliques des Guelfes & Gibellins viuent encor dans les cœurs de ses citadins. Entre les plus nobles familles on compte les Donzelli, Fausssoni, Ferreri, Morozzi, Pensa, Vasgini, & Viualdi. Le territoire de Mondoui comprend plusieurs bonnes Vallées, comme celles de Frabosa & de Cazau, où est vn fort celebre Monastere de Chartreux, comme aussi en celle de Pez. Mondeui.

CEVA, ville & forteresse, capitale d'vn ancien Marquisat de mesme nom, qui auoit plus de 26. chasteaux en dependans. Elle est sise sur le Taner, non guieres loin de sa source; Les principales terres de ce Marquisat sont Bagnasc, Garrez, Ormea (place forte, & chasteau qui confine au Genois) & Prier. Ceua.

Les Langhes, ainsi s'appellent les collines des anciens Liguriens, qui font le commencement des Apennins en ces quartiers, confinent auec les Genois & le Monferrat, & sont arrousées des deux Bormies, qui se vont rendre au Taner. Les principales places & chasteaux de ces Langhes estoient iadis tenus par les Carrets & Scarampes, grandes & puissantes familles, & sont Cortemiglia, Crauesana, Cesole, Roccaueran, Spin, Mombaldon, Gorzen, Mombarque, Millesimo, Cairo & Carquere: la iurisdiction de ces deux dernieres est partagée entre le Piedmont, le Montferrat & l'Alexandrin. Ce sont les confins de la partie orientale & meridionale de la Prouince du Piedmont, à l'Occidentale est Les Langhes.

CONI, *Cuneum*, ville forte, sise à l'embouchere de la Sture & du Gés, celebre pour le fameux siege qu'elle soustint contre le Roy François I. sans pouuoir Coni.

estre prise. Elle est fort marchande, & des plus riches du Piedmont. Les familles qui s'y rendent plus remarquables sont la Chiesa, Corua, Ferraris, Louern, Malopera, Morri & Rabia. L'Abbaye de sainct Dalmas n'en est pas loin, ny les Bains de Vaudier, qui sont fort salubres. Pour aller à Nice on passe à Limon, puis dans le Comté de Tende, qui estoit jadis de la maison Imperiale des Lascaris, auec bon nombre d'autres villes qui sont sur la coste de Genes. Le passage que le Duc Charles-Emanuël a fait tailler dans le roc de la montagne de Tende, d'vne grande longueur, pour la commodité des voictures, est vn œuure qui se peut comparer aux plus magnifiques des anciens Romains. La ville est au delà de la montagne, comme aussi la ville, & chasteau de Brigue; le bourg d'Entragues, Andon, Roccauillon restent de deça, comme aussi Demont dans la Vallée de Sture, petite place, mais forte, qui commande toute la Vallée. Tirant en haut on treuue les Bains de Vinay, Pierrepore, Brezez, & l'Argentiera, qui donne le nom à la montagne, en laquelle est vn Lac assez grand, duquel d'vn costé sort la Sture qui descend en Piedmont, & de l'autre l'Vbaye qui trauerse

La Vallée & Principauté de Barcillonnette, Appennage du Prince Cardinal de Sauoye, qui s'estend iusques à trois lieuës d'Ambrun: Ses principales villes, & bourgs sont Barcillonne bruslée en ces dernieres guerres, Iosier, Faucon, Castelar, Reuel, Lauzet & Moglans.

Les Vallées Septentrionales du Piedmont, qui aboutissent à la Tarantaise & à la Val d'Aoste sont grandement riches en bestail & en pasturages. Apres auoir laissé en la plaine Leiny, Caselle, Autesan, Cirié gros bourg, & Marquisat, Vulpian ville close, & celebre dans les guerres du Mareschal de Brissac, Mathi & Balenger, on entre en la Vallée de Lans, qui prend son nom d'vn gros bourg, où estoit iadis vn fort chasteau renommé dans les premieres guerres du Piedmont. Cette Vallée iointe à celle de Corio contient plus de quarante bonnes terres & villages & confine auec le

Canauois. CANAVOIS, ancien Marquisat dependant de celuy d'Iurée, dans lequel sont les anciens Cõtez de Valpergue & de S. Martin, qui sont tenus par deux familles de mesme nõ, issuës du Roy Ardouin, lesquelles ont iadis possedé plus de 50. chasteaux en ces contrées, & en tiẽnent encor grand nõbre; Et quoy qu'elles fussent de mesme sang, cela n'a seruy par vn long espace de temps qu'à faire croistre leur haine, tãdis que celle de S. Martin a tenu le party des Guelfes, & celle de Valpergue, des Gibellins. Les principaux chasteaux & places de ces Cõtez sont Riuera, Camagna, Barbanie, Riuare, Belmont, Valpergue, Chasteau-neuf, Castellamõt, Cornie, Pont, chef d'vne Vallée de mesme nom; Soana, Sparon, Loragna, chef d'vne Valée dãs laquelle est Ceresole, lieu celebre pour la bonté de ses fromages, d'où l'Orc prend son origine, qui porte quantité de sable d'or, Fauria, Riuarol, Aglié chasteau fort celebre, saincte Benigne, Abbaye de grand renom, que S. Damian appelle *Fructuariensis*; S. George, Folis, Caluse, Visque, Strambin, Marcenasse, S. Martin, ancien chasteau, chef du Comté; Cly & Bros, qui donnent leurs noms à des Vallées; Roman, Pauon, & Parella, qui sont proches

Yurée. D'YVREE, Lamporegio, *Eporedia*, ancien Euesché, Colonie des Romains, capitale de la Prouince, qui eut iadis des Marquis celebres dans l'Histoire, pour s'estre fait couronner Empereurs, & Roys d'Italie, comme furent Adelbert, Berenger & Ardoüin. La ville est petite, mais bien assise; Elle serre l'entree de la Val d'Aoste, & reçoit la Doire Balthee, sur laquelle est vn pont de pierre. Outre les autres Eglises il y a vne ancienne Abbaye de sainct Estienne. Ses principales familles sont la Grome, Orengiano, Scaglia, Seria, & Taillant.

Le Comté de Verceil confine auec le territoire d'Yuree, la Val d'Aoste, le Montferrat, & le Milanois.

VERCEIL, *Vercellæ*, est la capitale, siege d'vn Euesché, & Cathedrale sous le titre de S. Eusebe, vn de ses premiers Euesques. Elle estoit celebre sous l'Empire des Romains, particulieremẽt pour ses minieres, & fut iadis chef d'vne Republique florissãte, assujettie depuis aux Ducs de Milan, & finalemẽt aux Ducs de Sauoye, il y a 200 ans. Son assiette est forte pour estre baignee d'vn costé de la Sesia, & fortifiee par tout de grãds boulevards & bastiõs royaux que le Duc Victor Emanuël y a fait nouuellemẽt bastir: Elle a aussi vn bõ chasteau, & vne citadelle où le Duc entretient ordinairemẽt vne grosse garnison, à cause que c'est la clef de ses Estats du costé du Milanois. La ville est assez grande, pleine d'Eglises, & Oratoires fort beaux. Les moines blancs, qu'ils appellent Camisots, y ont vne riche Abbaye, & vne Eglise des plus belles d'Italie : elle a aussi vne autre Abbaye fort riche, appellée de S. Estienne. Tous les Mendiants y ont des Conuents, & les PP. Iesuites vn College. L'Hospital de la ville est vn des plus beaux & des mieux seruis de la Lombardie. Il y a sept ou huict beaux Monasteres de Religieuses, quantité de belles maisons & palais, vne Noblesse fort ancienne. Les maisons plus renommées sont Aiazza, Alciati, Alfei, Auogadri, Bolgari, Bondoni, Birronzi, Cagnuoli, Centori, Confalonieri, Cipelli, Caresana, Cuzani, Dionisi, Gattinara, Lanze, Langeschi, Lelia, Legnani, Pettenati, Ranzi, Raspi, Roasenda, Salamoni, Sandri, Sandigliani, Tissoni, Vassalli, Vialardi, & plusieurs autres. Les terres plus remarquables du Vercellois sont Ariglian, Stropiana, Carezana, le Riue, Dezana, Balsola, Mazin, Crescentin, forteresse ceinte de bons bastions, & Verruë delà le Pò, fameuse pour le siege qu'elle soustint ces années passées contre les Espagnols; Ciglian grosse terre, & Marquisat, Tronsan, Santia, ou sant-Agatha place forte, & renommée dans les histoires des guerres du Piedmont; S. Germain iadis place forte, mais demantelée par le feu Duc Charles-Emanuël; & quantité d'autres moindres, qui sont en la plaine, entre Iurée & Verceil. Le territoire de Verceil entre autres choses porte tres-grande quantité de ris, & en fournit vne partie de la Lombardie.

BIELLE, *Bugella*, & son territoire font vne partie du Comté de Verceil; c'est vne fort belle ville, riche, & bien peuplée, ornée de fort belles Eglises de toute sorte de Religieux. Ses principales familles sont la Bertodana, Ferrera, Groma, Pozzo, & Scaglia Ses bourgs, & terres meilleures sont Andorno chef d'vn Marquisat, & d'vne vallee fort grande & riche; Chiauassa, Trinier, Marquisat, Roasenda, Masseran, Principauté appartenante à la maison Ferrera; Creuecœur, forteresse de grande importance pour le passage, Cessale, Valdengo, Ponderano, Gagliano, Sandigliano; La Motte celebre pour la iournée de l'an 1614; Saraual, Gattinare, Buronzo & plusieurs autres qui sont sur la Sesia. Bielle.

Tout ce que dessus est de la Prouince du Piedmont, qui fait vne des quatre des Estats de Sauoye, qui sont en Italie: la seconde est

LE MONTFERRAT, que nous auons dit cy-dessus estre vn des cinq Duchez de la maison de Sauoye, parce qu'elle en possede vne grande partie, & est diuisé en ce qui est le long du Pò, & sur le Taner; le long du Pò le Duc Victor Amedée a acquis par les Traitez de Ratisbonne & de Queras tout ce que les Marquis de Montferrat y possedoient depuis Castillon, qui est à trois milles de Turin, iusques à Trin, qui est la capitale, petite ville, mais fortifiée d'vne bonne citadelle par le mesme Duc. Les autres places sont Liuorno, Bianzé, S. Sebastien, Palasol, Fontaney, Vulpian, Caluse, Candia, S. Raphaël, S. Damian, place forte, & celebre pour deux grands sieges; & plus de quarante autres terres fort fertiles. Sur le Taner est Albe, *Alba Pompeia*, Colonie des Romains, ancien Euesché, & assez grande ville, de laquelle sont originaires les Fallets, vne des plus anciennes & puissantes familles du Piedmont; Dian celebre pour ses bons vins, Cameran Comté, & chasteau fort; Rodelle, & plusieurs autres. Montferrat.

Le Comté d'Ast fait la troisiesme Prouince du Piedmont, & confine auec l'Alexandrin & le Montferrat.

AST, *Asta*, est la capitale, ville ancienne, colonie des Romains, située entre le Taner & la Verse, auec vn bon chasteau, & vne forte citadelle que le Duc Victor Amedée y a fait bastir, sous le nom de saincte Christine, qui est celuy de Madame sœur du Roy, son espouse. Cette ville est de grande estenduë, & fut iadis Republique fort celebre & fleurissante, de laquelle sortoient iusques à trente mille combattans, & s'y tenoient les plus grandes foires d'Italie. C'est le Siege d'vne Eglise Cathedrale fort ancienne, embellie de plusieurs nobles Monasteres d'hõmes & de Dames, & de tres-belles maisons & Palais. L'Euesque d'aujourd'huy pretend que dix-sept parroisses de ce Comté dependent de luy en souueraineté. Neantmoins on asseure au contraire, que la terre d'Ast a esté baillée autresfois à Louys Duc d'Orleans, frere du Roy Charles VI. lors qu'il espousa Valentine, fille de Iean Galeas Vicomte, & Duc de Milan, auec toutes les terres qui en dependoient. Desquels droits ont iouy les Ducs d'Orleans, & leurs heritiers, iusques à ce que François I. par le traicte de Madrit pour partie de sa rançon le bailla à Charles V. Empereur, duquel les Ducs de Sauoye ont droict. La noblesse y fait grande profession de maintenir la dignité. Les maisons qui y fleurissent au- Ast.

iourd'huy le plus, sont l'Alfera, Ancisa, Asinara, Bunea, Busca, Caquerana, Damiana, Garretta, Isnarda, Malabaila, Montafia, Nata, Peletta, Pallida, Ponte, Possevina, Briuia, Rottara, ou Rouera, Scarampa, Solara (qui s'est prouignée dans plusieurs grands fiefs du Piedmont) & Turca. Tout ce Comté est plein de collines les plus agreables & fertiles du monde, particulierement en bon vin Ses places plus remarquables sont Villeneufue place forte, & garnie de bons bastions; Montechiar, Monteil, Corneillan, Baudiser, Guarene, la Monta, Maglian, Rouiliase, Canal, Ferrere, Castellinard renommée pour ses vins blancs, Montafia, Cortance, Calos, Tiole, Gouon, Ruat, & plusieurs autres.

Le Marquisat de Saluces est la quatriesme Prouince, & fut iadis possedée par des Seigneurs qui tenoient rang de Princes; il confine auec la Prouence & le Daufiné au Couchant & au Midy.

SALVCES, *Salutiæ*, est la capitale ville, bastie des ruines de l'ancienne *Augustæ Vagiennorum*: elle est assise sur vne agreable colline, assez grãde, auec vn beau chasteau, & vne Eglise Cathedrale des plus belles & magnifiques d'Italie; son Euesque ne recognoist aucun Metropolitain. Ses plus anciennes familles sont les Cauazza, Chiesa, Leoni, Piscina, Purpurati, Torre, & Vacca, outre les maisons qui sõt issuës des anciens Marquis de Saluces, comme celle de Cardé, de Valgrana, de Mulasan, & de la Mante. Ce Marquisat est chef de plusieurs bonnes villes, & de plus de 58 chasteaux, & des vallées de Grana, de Macra & de Varaite, de Bronda; & du Pò. Ses places principales sont Carmagnole grande ville, & bien fortifiée, auec vne des plus celebres citadelles de l'Europe, fort riche pour ses grands trafics, marchez & foires; Reuel place forte, Barges grãde ville & riche, où se font les meilleurs fuzils pour les arquebuses; Droné bonne ville, & fort chasteau, proche duquel est l'Abbaye de S. Constance; Busca, chef d'vn ancien Marquisat, Dogliani grand bourg, la Mãte, où est vn fort beau chasteau; Vevzol, où est aussi vn chasteau fort magnifique; Pagne renommé pour ses vins delicats, Cartignan, Cardé; Caramagne, Stafarda & Casanuoua, trois riches Abbayes de l'Ordre de Cisteaux; Monrozzo, S. Pierre, & les Vilars, derniers confins, proches de Chasteau-Daufin, qui est de la France; Mombrac, où est vn beau Conuent de Chartreux, Castellar, Paesana, & Crisol, où le Pò commence à se faire cognoistre, ayant sa source dans le Mouuise, la plus haute montagne d'Italie, comme il est le plus grand de ses fleuues. Le passage qui fut ouuert par les Marquis de Saluces dans le roc de cette montagne à force de fer & de feu est fort remarquable, puisque on y voit vne voûte longue d'vn demy mille, dans laquelle les mulets peuuent aysément passer du Marquisat au Daufiné.

NISSE, *Nicæa* [a], ville ancienne, que Strabon donne aux Marsellois, qui en ont esté les fondateurs [b], est assise vis à vis d'Antibe en Prouẽce, sur le bord de la mer; la riuiere de Var la met en Italie. C'est comme vne double ville, diuisée par vn ruisseau, dont on passe vne partie sous vn pont qui ioint les deux villes. Son Amphitheatre, qui auoit deux parties en ses deux bouts, auec plusieurs autres pieces d'antiquité hors de la ville, ou bien prés; le bourg nõmé Acharaca, entouré d'vn bois tres-beau; & les temples de Pluton & Iunon, auec l'antre de Charon sont mentionnez par Strabon [c], qui recite les superstitions de ceux du pays. Son chasteau est aujourd'huy remarqué pour sa belle & forte assiete, auec aspect sur la mer, ioint auec la ville par vn costau fort ardu. Sous le roc & ioignãt le riuage est vne fontaine & tres-abondante source d'eau, dont les vaisseaux qui abordent en cette coste s'accommodent. C'est la frontiere & boulevart d'Italie, siege Episcopal & Iustice separée, comme nous auons desia dit. Le port est à Villefranche, qui en est distante deux lieuës, & qu'aucuns disent estre le port d'Hercules, & les trophées d'Auguste mentionnez par Ptolemée [d]. Il y a deux chasteaux, l'vn au faiste de la montagne, l'autre au bord de la mer, tenant au bourg du costé de Lebeche; vn peu au dessus se void le Mole, où le Duc de Sauoye tient ses galeres. Le peage du lieu vaut au Prince trente-cinq mille escus [e]; & les vaisseaux Italiens, Espagnols, Anglois & François y abordent. Les droits que S. A. R. a sur la mer de ce costé-là ont esté desduits curieusement, en vn docte Traicté du sieur Cauda Conseiller d'Estat de Sauoye. La Mantiga maison de plaisance, est à vn mille de Nisse, d'où l'on y và tousiours sous les orengers, qui ont le fruict, la fueille & la fleur presqu'en toute saison; le lieu est orné de fontaines & de iardinages, enrichy de peintures.

Nisse.

[a] Strab. l. 4.
[b] Ptolem.
[c] Ibid.
[d] Ludou. della chiesa, lib. 1. Castiglione. Spec. Nautic. Aurig.
[e] Mem. de M. de Breues.

L'entier Comté de Nisse a plus de deux iournées de longueur, & vne de largeur: & plus de 100 terres ou bourgs: Il est entre la Prouence, la mer Mediterranée, la coste de Sauonne vers Vintimiglia, le col de Tende, le col de l'Aignel, & les Alpes. Les autres lieux du Comté sont le chasteau de sainct Alban, qui sert de phare aux Mariniers, Port-Maurice, auec chasteau, sainct Sospir, Sospel, lieu fermé, Breglio, petite ville, Briga, TENDE auec chasteau, capitale d'vn Comté de mesme nom, qu'on attribuë à celuy de Nisse; sainct Martin, petite ville, Lantosco Vtello, que les habitans abbregent en Vis, Blora, auec sa vallée, composée de quelques villages; Boglio ou Bueil, ville & chasteau, Comté où sont encor quatre ou cinq forts chasteaux: Calours, ville & chasteau, Lescarene, Dolceaqua grand' vallée, & bien peuplée, & autres.

Le Duc possede outre le Comté de Nisse sur la coste de la mer, la Principauté d'Oneille, & du Marro, laquelle est presque toute enclauée dans l'Estat des Genois, si ce n'est au destroit de Lenau & Pornas, par lequel elle se conioint au Marquisat de Cene, & au territoire d'Ormée. Ce sont deux vallées fort riches & fertiles, particulierement en bonnes huiles, orengers, citrons & limons, qui y font vn perpetuel Printemps. Elle est peuplée d'enuiron soixante bourgs & villages, outre les villes d'Oneille & du Marro, qui sont assez grandes.

Qualité.

LE Piedmont possede les commoditez & delices que la marine & les pays chauds produisent, cōme les oliues, orenges, citrons, limons, figues, melons, artichaux, pignons, grenades, amandes & fruicts semblables. La plaine porte des grains en telle abondance, qu'apres auoir pourueu & fourny tout l'Estat, elle en a de reste plus de la moitié pour ses voisins, dont les habitans retirent de grandes commoditez. Le mesme terroir produit des bleds, des vins & des fruicts: Ils se seruent des hauteins faits d'arbres fruictiers, sur lesquels croist la plus part du vin, & sement l'entre-deux de bleds. Les endroits bas & aquatiques, particulierement le Vercellois, portent du riz en abondance. Les collines ont les vins blancs, muscats, clairets, doux & piquans, & les maluoisies, en telle bonté & varieté pour toutes les saisons de l'année, que l'Italie en a peu de semblables, & la France peu de meilleurs que ceux de la coste de Sallusses, Montcallier, Gattinara, Carema, Canauese, & de la Val d'Aoste. Les montagnes du Piedmont ont de bons pasturages, & les cōmoditez prouenantes du bestail passent en la Lombardie & à la riuiere de Genes. La campagne porte quantité de meuriers, dont les vers à soye se nourrissent, nommément à Carignan & Raccony, où les Genois viennent faire leur prouision. Le terroir de Quiers donne la graine pour les teintures, qui est recherchée de tous costez. Entre le Taner & le Pô vers les Langhes, on void si grāde abondance de perdrix, que les habitans en viuent d'ordinaire, & les faisans de Piedmōt ont quelque chose par dessus les autres. Les truites de la Dore, de l'Orc, du Taner, & generalement des riuieres infinies qui baignent cette belle prouince, sont trouuées plus sauoureuses; ce que les curieux attribuēt au sable d'or, dont elles se repaissent, & que les eaux tirent des mines qui sont és mōtagnes voisines, dont les riuieres prennent leur source. Le Canauez a porté plusieurs arbres de poivre, lequel y croist fort bon, ce qui ne se void pas possible ez meilleurs pays d'Italie, ou dans la Prouence. Le Comté de Nisse nourrit des palmes qui portent leur fruict assez bon, si ce n'est que les habitās, pour la commodité qu'ils ont d'en troquer en Barbarie auec des chastaignes & des pōmes, en negligent la culture. Les cires blanches & jaunes se faisoient autrefois dans le Piedmōt, mais les guerres en ont troublé la manufacture, de mesme que plusieurs autres. Il y a du lin pour les toiles, & des chanvres pour les cordages, dont il se fait trafic à Ville-franche. On trouue du marbre blanc à Montdeui, & de beaux jaspes en la coste de Nisse. Les mines d'argent ont esté descouuertes en la vallée de Lucerne & de Lans, auec celles de Vitriol & d'alum [a], à quoy il fut soigneusement trauaillé il y a quelques années, par ordre & traité fait auec son Altesse, par vn Baron Aleman, qui en auoit ja trouué iusques à 115 dans le seul Piedmont, d'or, d'argent, de cuivre, de vitriol & de fer, dont celles de vitriol & de cuivre estoient les plus abondantes, particulierement en la vallée de Lans, où le cuivre venoit comme à fleur de terre. Nous auons mentionné le sable d'or charrié par les riuieres de Sture, de Taner & autres sortans des montagnes, dont les Piedmontois tirent vn no-

[a] Pingon. hist. et Turino.

table grain. Les mines de fer sont plus trauaillées, comme à Creue-cœur & ailleurs, de sorte qu'il y a dequoy en fournir les pays voisins, outre les lames d'espées, cousteaux, canons d'arquebuse, roüets & autres ouurages, qui se font en diuers endroits. Les Anciens[a] font mention du trauail des Romains pour auoir l'or des mines de Verceil. Les belles fleurs, comme Peones, martagones, narcisses, hyacinthes, anemones, & autres sortes, auec les simples & herbes pour la Medecine, se trouuent en certains endroits des Alpes. L'agaric se cueille sur certains arbres, que les paysans appellent Melles, qui sont gros à merueilles[b], & sont plantez le long de quelques lacs.

[a] Strab. Plin.

[b] comme six hommes. Relat. de M. de la Garenne.

Mœurs.

LA reputation des Allobroges, Salasses, Taurins, Alpins, & autres peuples qui ont les Sauoyards, Val-d'Aostains, Turinois & autres pour successeurs, est fort belle dans l'histoire[c], pour leurs faits d'armes contre les Romains, Annibal, & ailleurs. Les troupes de gens de guerre tirez de la Sauoye ont agi & assisté les autres Françoises durant vn fort long temps, comme il est remarqué curieusement par les Autheurs du pays.[d] L'histoire de Sauoye recommande vn de ses Comtes, Amedée, ou Amé sixiéme, dit le Comte Verd, pour auoir restably Iean Paleologue Empereur dans son siege de Constantinople.[e] Ce que nous auons dit de la valeur des Caualiers & Noblesse de Sauoye, & de leur ciuilité, peut-estre aussi appliqué à celle du Piedmõt. Et pour le commun du peuple, les Escriuains, qui en sont originaires, font cette distinction, que les plus voisins du Pô & des Alpes Cotties & Graies sont plus ouuerts & entiers, là où ceux qui habitent vers l'Apennin & pays des Langhes sont plus fins & rusez. Les Autheurs[f] leur attribuent d'autres qualitez differentes. Ceux de Bielle sont des fins negotians; ceux de Turin, de Verceil & leurs voisins, qui pratiquēt le plus auec les Lombards, sont altiers, grands professeurs de noblesse, & bons hommes de cheual. Ils conseruent encor quelques restes de la faction Guelphe & Gibelline: ils sont entierement Italiens pour la langue & pour les habits; ceux de Nisse ont le langage approchant du Prouençal. Les habitans des Alpes parlent & s'habillent grossierement. Le peuple de Nisse est subtil, poly & addonné au negoce; le reste du Piedmontois n'en est pas si curieux, pour profiter la belle cõmodité qu'il en a par le Pô auec les Milanois, & les Venitiens aussi; les artisans n'y sont pas en trop grand nombre, & generalement ils s'adonnent aux armes, aux lettres & à la bonne chere, à quoy la fertilité & abondance du pays les inuitent, & distrayent possible d'vn plus grand trauail & soin du trafic. Ils viuent bien entr'-eux, deferent fort au Magistrat, & sont obeyssans à leur Prince.

[c] Strab. li. 4. Cic. pro. Fonteio. Liu. in 2. bel Plin. li. 2.

[d] Apolog. de Sau. ep. dedic. au Roy.

[e] Amedeus Pacificus ou hist. du Pape Felix V.

[f] Pingon hist. de Turino.

[g] Iul. Cæs. Scal. Iac. Phil. Bergo. Poggio. &c.

Richesses..

LE Piedmont est riche, puis qu'il a tous les biens & fruicts plus exquis qu'on sçauroit desirer, & en grande abondance; le pays est extremement habité, & est comme vne seule ville de deux ou trois cens mils de tour. Nous ne mettons pas les mines d'or ou d'argent, qui se doit tirer des entrailles de la terre, pour marquer sa richesse, mais bien ses moissons plantureuses, qu'il communique au dehors, & la varieté & excellence de ses vins: son trafic en bestail, que ceux de Saluces vendent aux Prouençaux; ses laines & draps de Pinerol & autres lieux; les armes qui se trauaillent à Barges; les toiles, lins & chanvres. Les huiles de Nisse, auec le reste de ses fruicts & marchandises, papiers, bois de sapin pour les arbres des galeres & nauires, qu'on vend aux Genois, portent vn notable profit à ses habitans, qui ont cet aduantage d'estre entre Genes & Marseille, & d'y exercer vn grand trafic, receuans les draps de laines, cadis & sarges du Languedoc, & les draps de soye de Genes, & de seruir comme d'vn entrepost commode & d'vn riche magazin. Nous auons déduit les richesses generales des Estats du Duc de Sauoye, qui se tirent principalement du Piedmont, seul capable d'entretenir ses armées.

Forces.

LEs forces ont esté pareillement considerées en gros; celles du Piedmont consistent en plusieurs places tres-fortes & bien munies, sçauoir Turin, Cauours,

Verceil, Ast, Nisse & Carmagnole, & toutes autres qui se trouuent sur la frontiere de Lombardie. Le puits de la citadelle de Turin est remarquable pour son estendué & capacité, qui reçoit iusques à cinq ou six cens cheuaux, sans estre empeschez en montant ny en descendant. Les pas du Comté de Nisse, & les passages estroits des Alpes, sont vne forteresse naturelle, qui est encor soustenuë de l'art & du bastiment de plusieurs forts & chasteaux. Les forteresses assemblées dans l'enclos de Nisse, sont de telle importance, qu'en l'an 1542. elle soustint les rudes assauts de l'armée Turquesque, qui se presenta deuant auec cent ou deux cens voiles, & c'est auiourd'huy l'vne des plus fortes places de l'Europe. Nous auons mentionné les garnisons diuerses entretenuës par son Altesse, outre les principales de Verceil, d'Ast, & autres. Et pour vne plus particuliere asseurance de tous ces Estats, on y a tousiours adiousté l'affection & bien-vueillance des subjets, auec la valeur, conduite & addresse des Princes.

Gouuernement.

LE Piedmont a esté aux Romains, aux Goths, aux Lõbards, & aux Empereurs, sous des Marquis, appellez ainsi des marches d'Italie, à quoy Charles-magne donna commencement, ayant distribué les terres & les villes à ses Capitaines; & les villes se sont aussi maintenuës dans quelque liberté pour vn temps, comme Verceil, Ast, & autres. Mais les Comtes & Ducs de Sauoye sont Princes de Piedmont depuis plusieurs siecles, & ceste noble & importante Prouince est le tiltre du fils aisné des Ducs, comme la Principauté de Walles l'est des aisnez du Royaume d'Angleterre. Le Comté de Nisse a esté vni à la Sauoye apres auoir esté aux Princes de Piedmont depuis 200. & tant d'années, & ayant autrefois dependu des Comtes de Prouence, desquels il est paruenu aux Comtes de Sauoye, ou aux Princes de Piedmont.

Le Gouuernement de Piedmont est descrit au discours general des Estats de Sauoye. Tous les Bailliages, sauf ceux du Comté de Nisse, qui a ses coustumes & Iuges separez pour la Iustice, & les finances, ressortissent à Turin, qui a son Senat, & Chambre des Comptes, auec vne fameuse Vniuersité, principalement pour le Droict & les Arts. Nous adiousterons au discours general, pour les Senats ou Parlements de Sauoye & de Piedmont, qu'il y a deux Chambres en chaque Senat; & des quatre Presidens, vn qu'on appelle Criminel, qui preside és affaires criminelles, sans que pour ce regard il y ait Chambre destinée, telles que sont les Tournelles en France, mais bien des iours particuliers, affectez aux causes criminelles. Les Chambres des Comptes n'ont point de Bureaux separez de Maistres, Correcteurs & Auditeurs, mais ils sont tous commis par la Compagnie à rapporter les comptes: Des quatre Presidens, il y en a vn qu'on nomme President des Finances.

Religion.

L'Archeuesché de Turin, & les Eueschez de Nisse, Verceil, Ast, Mondeui, Yurée, Fossan, Albe, & Salusses, auec son exemption de tous Metropolitains, ont esté mentionnez. L'Euesque de Nisse est Suffragant de l'Archeuesque d'Ambrun. Fossan a esté erigé nouuellement sous le Duc Charles Emanuel. Les Vallées de Perouse, sainct Martin, Lucerne & Angrogne font en partie profession de la religion pretenduë reformée; [a] les habitans en sont soufferts par S. A. à cause de leur simplicité & obeïssance pour le tribut. Le Piedmont a plusieurs Abbayes anciennes, comme sainct Michel de la Cluse, Noualesa, & autres. Les Euesques de Mondeui, d'Yurée, & autres du Montferrat & Mantoüan, sont Suffragants de l'Archeuesque de Turin, auec celuy de Salusses, si l'exemption par luy pretenduë n'a pas lieu.

a Thuan. l. 27.

TABLE

TABLE

DES PROVINCES,

VILLES, LIEVX, ET AVTRES choses remarquables contenuës en ce volume.

A

Rr

Table

B

C

Comtes,

D

E

Table

F

Table

G

K

L

Tt

Table

N

Poissons

Q

R

S

Table

V

Table des Matieres.

X

Y

FIN.

www.ingramcontent.com/pod-product-compliance
Ingram Content Group UK Ltd.
Pitfield, Milton Keynes, MK11 3LW, UK
UKHW021103290826
14628UKWH00014B/302

9 782012 857919